Aura Heydenreich

Literatur und Naturwissenschaft: Interformation und epistemische Transformation

Literatur- und Naturwissenschaften

Publikationen des
Erlangen Center for Literature and Natural Science/
Erlanger Forschungszentrums für Literatur und
Naturwissenschaften (ELINAS)

Band 9

Aura Heydenreich

Literatur und Naturwissenschaft: Interformation und epistemische Transformation

Literatur in Wechselwirkung mit Astronomie, Mikrobiologie, Relativitätstheorie und Quantenphysik

DE GRUYTER

Diese Arbeit ist als Habilitationsschrift an der Friedrich-Alexander-Universität Erlangen-Nürnberg angenommen worden. Sie entstand am Department für Germanistik und Komparatistik und im Rahmen des ELINAS, dem *Erlanger Forschungszentrum für Literatur und Naturwissenschaften*, das durch die *Emerging Field Initiative* der Friedrich-Alexander-Universität Erlangen-Nürnberg gefördert wurde.

ISBN 978-3-11-072697-8
e-ISBN (PDF) 978-3-11-072988-7
e-ISBN (EPUB) 978-3-11-073001-2
ISSN 2365-3434
DOI https://doi.org/10.1515/9783110729887

Library of Congress Control Number: 2023943696

Bibliografische Information der Deutschen Nationalbibliothek
Die Deutsche Nationalbibliothek verzeichnet diese Publikation in der Deutschen Nationalbibliografie; detaillierte bibliografische Daten sind im Internet über http://dnb.dnb.de abrufbar.

Einbandabbildung: Belén Nicole Otto Ruiz
Satz: Integra Software Services Pvt. Ltd.
Druck und Bindung: CPI books GmbH, Leck

www.degruyter.com

Denn um dem Denken eine Grenze zu ziehen, müßten wir beide Seiten dieser Grenze denken können (wir müßten also denken können, was sich nicht denken läßt).

Ludwig Wittgenstein: *Tractatus logico-philosophicus*

Die reine Mathematik ist eine Art Dichtung in logischen Begriffen. [...] Bei solchem Streben nach logischer Schönheit werden die geistigen Instrumente erfunden, deren wir für das tiefere Eindringen in die Gesetzlichkeit der Natur bedürfen.

Albert Einstein zu Emmy Noethers Mathematik

The difference between art and science is not that between feeling and fact, intuition and inference, delight and deliberation, synthesis and analysis, sensation and cerebration, concreteness and abstraction, passion and action, mediacy and immediacy, or truth and beauty, but rather a difference in domination of certain characteristics of symbols.

Nelson Goodman: *Languages of Arts*

Der ästhetische Text ist so etwas wie ein gleichzeitig von mehreren Mannschaften gespieltes Spiel, bei dem jede Mannschaft die Regeln einer anderen Sportart befolgt (oder nicht befolgt). Ist es möglich, daß [...] die Art, wie die Baseballspieler von ihrer Norm abweichen, in einem Zusammenhang steht mit den Abweichungen der Fußballspieler von der ihren? Eben das ist der Eindruck, den ein Kunstwerk erzeugt.

Umberto Eco: *Semiotik*

Inhaltsverzeichnis

Einleitung

Modelle und Simulationen gelten als epistemische Medien für Mathematik, Physik, Astronomie, Klimatologie, Erdsystemwissenschaften, Biologie, Biowissenschaften, Medizin. Modellbasiertes Denken kommt in den Sozialwissenschaften, den kognitiven Wissenschaften, den Computerwissenschaften, der Archäologie oder der Architektur zum Einsatz.[1] Während die naturwissenschaftliche Forschung üblicherweise Experimente, Theorien und deren Falsifikationen heranzieht, die sich hauptsächlich auf technische Geräte und den mathematischen Formalismus stützen, untersuchen neuere Ansätze der Wissenschaftsphilosophie, wie wissenschaftliche Modelle und Simulationen in kulturelle Prozesse eingebettet sind.[2] Zudem fragen sie danach, wie Modelle als Teile materieller Kulturen geformt oder epistemisch transformiert werden. Darüber hinaus werden Modellen und Simulationen aufgrund ihres Artefakt-Charakters[3] und aufgrund ihres Mediationspotentials eine gewisse *agency* und Autonomie zugeschrieben.[4] Die Wissenschaftsphilosophie geht so weit, nach den epistemischen Funktionen der Fiktion[5] im Prozess der wissenschaftlichen Modellierung und Simulation zu fragen.[6] Roman Frigg und James Nguyen ziehen Parallelen zwischen wissenschaftlichen Modellen und fiktiven Figuren, Objekten oder Orten der literarischen Fiktion.[7] Auch die epistemische Funktion der Imagination wird intensiv diskutiert.[8]

---

1 Vgl. Roman Frigg: *Models and Theories. A Philosophical Inquiry*. London, New York: Routledge 2022; James Nguyen und Roman Frigg: *Scientific Representation*. Cambridge u. a.: Cambridge University Press 2022; Lorenzo Magnani, Nancy J. Nersessian und Paul Thagard (Hrsg.): *Model-Based Reasoning in Scientific Discovery. Proceedings of an International Conference on Model-Based Reasoning in Scientific Discovery*. New York u. a.: Kluwer Academic/Plenum Publishers 1999.

2 Vgl. Axel Gelfert: „Cultures of Modelling. Rudolf Peierls on ‚Model-Making in Physics'". In: *Studia Metodologiczne* 39 (2019). S. 49–71. Vgl. auch ders.: *How to Do Science with Models. A Philosophical Primer*. Dordrecht, Cham: Springer 2016.

3 Vgl. Tarja Knuuttila: *Models as Epistemic Artefacts. Toward a Non-Representationalist Account of Scientific Representation*. Helsinki: University of Helsinki Press 2005.

4 Vgl. Mary S. Morgan und Margaret C. Morrison (Hrsg.): *Models as Mediators. Perspectives on Natural and Social Sciences*. Cambridge, New York: Cambridge University Press 1999.

5 Vgl. Roman Frigg: „Models and Fiction". In: *Synthese* 172.2 (2010). S. 251–268; John Woods (Hrsg.): *Fictions and Models. New Essays*. Vorwort von Nancy Cartwright. München: Philosophia 2010.

6 Vgl. Mauricio Suárez (Hrsg.): *Fictions in Science. Philosophical Essays on Modeling and Idealization*. New York, London: Routledge 2009.

7 Vgl. Roman Frigg und James Nguyen: „The Fiction View of Models Reloaded". In: *The Monist* 99.3 (2016). S. 225–242.

8 Vgl. Amy Kind: *Imagination and Creative Thinking*. Cambridge u. a.: Cambridge University Press 2022; Christopher Badura und Amy Kind (Hrsg.): *Epistemic Uses of Imagination*. New York,

https://doi.org/10.1515/9783110729887-001

Vor dem Hintergrund dieser interdisziplinären Debatte soll es in meiner Studie um Formen des Austauschs zwischen der Literatur und den Naturwissenschaften gehen: zwischen Diskursen und Praktiken der Wissensproduktion, der Re-Präsentation und der Simulation, die zu epistemischen und ästhetischen Transformationen führen können. Der Ausgangspunkt meiner Fragestellung beruht auf einer zweifachen Beobachtung: Zum einen führt die Wissenschaftsphilosophie,[9] wie bereits dargelegt, in letzter Zeit eine kritische Debatte[10] um Formen der Modellierung und Repräsentation[11] in den Naturwissenschaften[12] und problematisiert[13] dabei auch die Funktion der Fiktion[14] in der wissenschaftlichen Modellierung.[15]

London: Routledge 2021; Amy Kind und Peter Kung (Hrsg.): *Knowledge through Imagination*. Oxford: Oxford University Press 2016.

9 Vgl. Roman Frigg: „Scientific Representation and the Semantic View of Theories". In: *Theoria: An International Journal for Theory, History and Foundations of Science* 55 (2006). S. 49–65; Lorenzo Magnani und Nancy J. Nersessian (Hrsg.): *Model-Based Reasoning. Science, Technology, Values*. New York, Boston: Kluwer Academic 2002.

10 Vgl. Brigitte Falkenburg und Wolfgang Muschik (Hrsg.): *Models, Theories and Disunity in Physics*. Frankfurt a. M.: Klostermann 1998.

11 Vgl. Mauricio Suárez: „Scientific Representation. Against Similarity and Isomorphism". In: *International Studies in the Philosophy of Science* 17 (2003). S. 225–244.

12 Vgl. Roman Frigg und Stephan Hartmann: Art. „Models in Science" (2012). In: *The Stanford Encyclopedia of Philosophy. Summer 2018 Edition*. Hrsg. von Edward N. Zalta. Stanford: Stanford University Press; Roman Frigg: Art. „Models in Physics" (2009). In: *Routledge Encyclopedia of Philosophy Online (REP Online)*. London: Taylor and Francis; ders.: *Models and Theories*. Chesham: Acumen Publishing 2012; Margaret C. Morrison: „Modelling Nature. Between Physics and the Physical World". In: *Philosophia Naturalis* 35 (1998). S. 65–85.

13 Vgl. P. Godfrey-Smith: „The Strategy of Model-based Science". In: *Biology and Philosophy* 21 (2006). S. 725–740; ders.: „Models and Fictions in Science". In: *Philosophical Studies* 143 (2009). S. 101–116; Roman Frigg: „Fiction and Science". In: *Fictions and Models. New Essays*. Vorwort von Nancy Cartwright. Hrsg. von John Woods. München: Philosophia 2010. S. 247–288; Suárez: *Fictions in Science* (Anm. 6); ders.: „Fictions, Inference and Realism". In: *Fictions and Models. New Essays*. Vorwort von Nancy Cartwright. Hrsg. von John Woods. München: Philosophia 2010. S. 225–246; ders.: „The Role of Models in the Application of Scientific Theories. Epistemological Implications". In: *Models as Mediators. Perspectives on Natural and Social Sciences*. Hrsg. von Mary S. Morgan und Margaret C. Morrison. Cambridge, New York: Cambridge University Press 1999. S. 168–196.

14 Vgl. Margaret C. Morrison: „Fictions, Representations and Reality". In: *Fictions in Science. Philosophical Essays on Modeling and Idealization*. Hrsg. von Mauricio Suárez. New York, London: Routledge 2009. S. 110–135; Roman Frigg: „Fiction and Scientific Representation". In: *Beyond Mimesis and Convention. Representation in Art and Science*. Hrsg. von Roman Frigg und Matthew C. Hunter. Dordrecht: Springer 2010. S. 97–138; Ronald N. Giere: „Why Scientific Models Should Not be Regarded as Works of Fiction". In: *Fictions in Science. Philosophical Essays on Modeling and Idealization*. Hrsg. von Mauricio Suárez. New York, London: Routledge 2009. S. 248–258.

15 Vgl. Alisa Bokulich: „Explanatory Fictions". In: *Fictions in Science. Philosophical Essays on Modeling and Idealization*. Hrsg. von Mauricio Suárez. New York, London: Routledge 2009. S. 91–109.

Zum anderen diskutiert neuerdings auch die Literaturwissenschaft die Frage nach einer Poetik der Modellierung.[16] Die Debatte ist fruchtbar, sodass sich die Frage stellt, ob und wie Modelle als Mediatoren[17] zwischen unterschiedlichen Diskurssphären untersucht werden können, wie es Morgan und Morrison vorgeschlagen haben.

Modelle werden hier nach Axel Gelfert als *funktionale Entitäten* bezeichnet,[18] die symbolisch, semiotisch, mathematisch, diagrammatisch oder ästhetisch konfiguriert werden können. Sie weisen mit Morgan und Morrison eine explorative Dimension in der Theorie-Konstruktion auf und fungieren somit als Mediatoren zwischen Denotation und Repräsentation bis hin zur experimentellen Simulation und zur Exemplifikation neuer symbolischer Korrelationen.[19] Mit Knuuttila lassen sich Modelle zudem als *epistemic tools* verstehen, als epistemische Artefakte.[20] Sie ermöglichen es, das verstehensrelevante Wissen in einem bestimmten Bereich formal, medial, symbolisch oder materiell zu konfigurieren, um es neu zu korrelieren und entsprechend neu zu interpretieren.

---

16 Vgl. Robert Matthias Erdbeer, Florian Kläger und Klaus Stierstorfer: „Across Philologies. Modelling and Literary Form". In: dies (Hrsg.): *Literarische Form / Literary Form. Theorien – Dynamiken – Kulturen. Beiträge zur literarischen Modellforschung / Theories – Dynamics – Cultures. Perspectives on Literary Modelling.* Heidelberg: Winter 2018. S. 9–31. Vgl. auch Robert Matthias Erdbeer: „Poetik der Modelle". In: *Textpraxis: Digitales Journal für Philologie* 11.2 (2015); Friedrich Balke, Bernhard Siegert und Joseph Vogl (Hrsg.): *Modelle und Modellierung.* Paderborn: Fink 2014; Reinhard Wendler: *Das Modell zwischen Kunst und Wissenschaft.* Paderborn: Fink 2013; Stefan Matuschek und Sandra Kerschbaumer: „Romantik als Modell". In: *Aufklärung und Romantik. Epochenschnittstellen.* Hrsg. von Daniel Fulda, Sandra Kerschbaumer und Stefan Matuschek. Paderborn: Fink 2015. S. 141–155. Die oben genannten Ansätze greifen zurück einerseits auf den Modellbegriff, den Herbert Stachowiak in der Philosophie systematisch darlegt (vgl. Herbert Stachowiak: *Allgemeine Modelltheorie.* Wien, New York: Springer 1973) oder auf den kybernetischen Modellbegriff nach Bernd Mahr. Vgl. Bernd Mahr: „Modellieren. Beobachtungen und Gedanken zur Geschichte des Modellbegriffs". In: *Bild – Schrift – Zahl.* Hrsg. von Sybille Krämer und Horst Bredekamp. München: Fink 2003. S. 59–86; ders.: „On the Epistemology of Models". In: *Rethinking Epistemology.* Bd. 1. Hrsg. von Günter Abel und James Conant. Berlin, Boston: De Gruyter 2012. S. 301–352.

17 Vgl. Morgan und Morrison: *Models as Mediators* (Anm. 4); dies.: „Models as Mediating Instruments". In: dies (Hrsg.): *Models as Mediators. Perspectives on Natural and Social Sciences.* Cambridge, New York: Cambridge University Press 1999. S. 10–37.

18 Vgl. Axel Gelfert: „The Ontology of Models". In: *Springer Handbook of Model-Based Science.* Hrsg. von Lorenzo Magnani und Tommaso Bertolotti. Cham: Springer 2017. S. 5–23.

19 Vgl. Morgan und Morrison: „Models as Mediating Instruments" (Anm. 17).

20 Vgl. Knuuttila: *Models as Epistemic Artefacts* (Anm. 3).

Bereits Ernst Cassirer hat mit seiner grundlegenden Monografie „Substanzbegriff und Funktionsbegriff"[21] gezeigt, welche symbolischen Modellierungsprozesse der modernen naturwissenschaftlichen Begriffsbestimmung zugrunde liegen. Aktuelle Debatten in der Wissenschaftsphilosophie[22] greifen seine These auf, dass mit der Etablierung des wissenschaftlichen Modellbegriffs der theoretischen Physik eine erkenntniskritische Wende eingezogen sei, sodass eine Abkehr von der Abbildtheorie schon um 1900 durch die Mathematisierung der theoretischen Physik beginne. Cassirer sei hier zitiert:

> Denn an die Stelle einer irgendwie geforderten inhaltlichen Ä h n l i c h k e i t zwischen Bild und Sache ist jetzt ein hoch komplexer logischer Verhältnisausdruck, ist eine allgemeine intellektuelle Bedingung getreten, der die Grundbegriffe der physikalischen Erkenntnis zu genügen haben. Ihr Wert liegt *nicht* in der Abspiegelung eines gegebenen Daseins, sondern in dem, was sie als Mittel der Erkenntnis leisten, in der Einheit der Erscheinungen, die sie selbst aus sich heraus herstellen.[23]

Cassirer hat diese erkenntniskritische Wende der Naturwissenschaften als Voraussetzung ihrer theoretischen Fundierung bereits zu Beginn des Jahrhunderts systematisch beschrieben:

> In dem Maße, als sich diese Einsicht in der Wissenschaft selbst entfaltet und durchsetzt, wird in ihr der naiven A b b i l d t h e o r i e der Erkenntnis der Boden entzogen. Die Grundbegriffe jeder Wissenschaft, die Mittel, mit der sie ihre Fragen stellt und ihre Lösungen formuliert, erscheinen nicht mehr als passive A b b i l d e r eines gegebenen Seins, sondern als selbstgeschaffene intellektuelle S y m b o l e.[24]

---

21 Vgl. Ernst Cassirer: *Substanzbegriff und Funktionsbegriff. Untersuchungen über die Grundfragen der Erkenntniskritik*. Text und Anm. bearb. von Reinold Schmücker. In: ders.: *Gesammelte Werke. Hamburger Ausgabe*. Bd. 6. Hrsg. von Birgit Recki. Hamburg: Meiner 2000.

22 Vgl. Michael Friedman: „Ernst Cassirer and the Philosophy of Science". In: *Continental Philosophy of Science*. Hrsg. von Gary Gutting. Malden: Blackwell 2008. S. 69–83; ders.: „Ernst Cassirer and Contemporary Philosophy of Science". In: *Angelaki: Journal of the Theoretical Humanities* 10.1 (2005). S. 119–128; Karl-Norbert Ihmig: *Grundzüge einer Philosophie der Wissenschaften bei Ernst Cassirer*. Darmstadt: Wiss. Buchges. 2001; ders.: *Cassirers Invariantentheorie der Erfahrung und seine Rezeption des „Erlanger Programms"*. Hamburg: Meiner 1997.

23 Ernst Cassirer: „Der Begriff der symbolischen Form und die Systematik der symbolischen Formen". In: ders.: *Gesammelte Werke. Hamburger Ausgabe*. Hrsg. von Birgit Recki. Bd. 11: *Philosophie der symbolischen Formen*. Teil 1: *Die Sprache*. Text und Anm. bearb. von Claus Rosenkranz. Hamburg: Meiner 2001. S. 1–15, hier S. 4. Hervorhebung im Original.

24 Cassirer: „Der Begriff der symbolischen Form und die Systematik der symbolischen Formen" (Anm. 23), S. 3. Hervorhebung im Original.

Diese erkenntniskritische Wende im Feld der Naturwissenschaften, die Cassirer mit der „Philosophie der symbolischen Formen“[25] umfassend rekonstruiert, ist allererst die Bedingung dafür, die natürliche Sprache und die formale Sprache der wissenschaftlichen Modellierung überhaupt als symbolische Formen vergleichend zu untersuchen.

Nelson Goodman folgte der Kulturphilosophie Cassirers und etablierte die folgenreiche Unterscheidung zwischen dem Verständnis des Prozesses der Modellierung als *representation of*,[26] die der alten Abbildtheorie noch Rechnung trägt, jedoch in Frage zu stellen sei, und der *representation as*[27] als Verfahren der Modellierung,[28] deren Determinante nicht die Denotation, sondern die Exemplifikation sei[29] – geprägt im Falle der Wissenschaft[30] durch theoretisch-systematische Prinzipien, im Falle der Kunst durch ästhetische Prinzipien.[31]

Bas van Fraassen greift diese Unterscheidung in der Wissenschaftsphilosophie in „Scientific Representation: Paradoxes of Perspective“[32] auf und buchstabiert sie für den gesamten Prozess der wissenschaftlichen Darstellung aus. Diese Archäologie der Modellierungsformen in Wissenschaft und Kunst[33] ist für meine vorliegende Studie wichtig. Sie stellt die Frage, ob eine vergleichende Beobachtung der Prozesse der Modellierung in der Literatur und in den Naturwissenschaften aufschlussreich sein könnte für die Untersuchung ihrer Wechselwirkungen untereinander.

---

25 Hierfür ist vor allem der dritte Band der „Philosophie der symbolischen Formen“ zu beachten, der in der literaturwissenschaftlichen Debatte im Vergleich zur wissenschaftsphilosophischen Debatte vergleichsweise wenig rezipiert wurde: Ernst Cassirer: *Philosophie der symbolischen Formen. Teil 3: Phänomenologie der Erkenntnis.* Text und Anm. bearb. von Julia Clemens. In: ders.: *Gesammelte Werke. Hamburger Ausgabe.* Bd. 13. Hrsg. von Birgit Recki. Hamburg: Meiner 2002.

26 Vgl. Nelson Goodman: *Languages of Art. An Approach to a Theory of Symbols.* 2. Aufl. Indianapolis: Hackett 2008, S. 27–31.

27 Vgl. Nelson Goodman: *Sprachen der Kunst. Entwurf einer Symboltheorie.* Übers. von Bernd Philippi. Frankfurt a. M.: Suhrkamp 1997, S. 36–40.

28 Vgl. Goodman: *Languages of Art* (Anm. 26), S. 27–31.

29 Vgl. zum Begriff der Exemplifikation Goodman: *Languages of Art* (Anm. 26), S. 52–57.

30 Vgl. Roman Frigg: „Scientific Representation Is Representation-As“. In: *Philosophy of Science in Practice. Nancy Cartwright and the Nature of Scientific Reasoning.* Hrsg. von Hsiang-Ke Chao und Julian Reiss. Berlin, New York: Springer 2017. S. 149–179.

31 Vgl. Catherine Z. Elgin: „Telling Instances“. In: *Beyond Mimesis and Convention. Representation in Art and Science.* Hrsg. von Roman Frigg und Matthew C. Hunter. Dordrecht: Springer 2010. S. 1–17.

32 Vgl. Bas C. van Fraassen: *Scientific Representation. Paradoxes of Perspective.* Oxford: Clarendon Press 2013.

33 Vgl. Roman Frigg und Matthew C. Hunter (Hrsg.): *Beyond Mimesis and Convention. Representation in Art and Science.* Dordrecht: Springer 2010; Frigg: *Models and Theories* (Anm. 1).

In diesem interdisziplinären Kontext des Austauschs zwischen epistemischen Kulturen der Wissensmodellierung wirft meine Studie folgende Fragen auf: Wie und wann greift die Literatur auf Modelle, Simulationen und diskursive Praktiken der Naturwissenschaft zurück? Welche Funktionen haben diese für die Eröffnung neuer Spielräume des Imaginären, für die Anbahnung neuer Denk- und Schreibperspektiven? Wie rekurriert die Wissenschaft auf die diskursiven Praktiken der Literatur, um sich durch Modelle und Simulationen epistemische Zugänge zu neuen Forschungsproblemen zu sichern? Welche Funktion können literarische Verfahren für die Gewinnung neuer epistemischer Zugänge in der naturwissenschaftlichen Forschung haben? Welche Interpretationsprobleme ergeben sich beim Transfer von Fragestellungen dadurch, dass in beiden Diskurssphären unterschiedliche textuelle, diagrammatische, algorithmische bzw. kodifizierende Praktiken zur Geltung kommen? Bei allen festgestellten Wechselwirkungen gilt es – das versteht sich – zunächst die Differenzen in den Modellierungsprozessen beider Felder zu berücksichtigen, um dann in einem nächsten Schritt die Funktion der Modelle als Mediatoren untersuchen zu können, wie es Morgan und Morrison vorgeschlagen haben.[34]

Die Idee, die meiner Studie zugrunde liegt, ist, dass Literatur und Physik aus der Perspektive Jurij Lotmans als sekundär modellierende Systeme im Raum der Semiosphäre operieren.[35] Da Lotman in seiner kultursemiotischen Theorie neben dem Begriff der „natürlichen Sprachen“ auch den der „Wissenschaftssprachen“[36] nennt, gehe ich von folgenden Voraussetzungen aus:

Die Literatur bedient sich nach Lotman des *primär modellierenden* Systems der Sprache als Kommunikationssystem sowie *sekundär modellierender* Verfahren für deren ästhetische Gestaltung. Die Physik indes bedient sich der Sprache als Kommunikationssystem der Messung zwecks Skalenvergleich anhand von Zahlen und technischer Experimentalverfahren. Das ist ihre primäre Dimension der Modellierung. Die Physik bedient sich zudem *sekundär modellierender* Verfahren der Mathematik, die sie für die theoretische Modellierung einsetzt.[37]

34 Vgl. Morgan und Morrison: *Models as Mediators* (Anm. 4); dies.: „Models as Mediating Instruments“ (Anm. 17).

35 Vgl. Jurij M. Lotman: *Die Struktur des künstlerischen Textes*. Hrsg. von Rainer Grübel. Frankfurt a. M.: Suhrkamp 1973, S. 22–23. Über die Literatur schreibt Lotman, dass „sie eine besondere Sprache [spricht], die als sekundäres System über der natürlichen Sprache aufgebaut wird. Deshalb wird sie als sekundäres modellierendes System definiert“ (S. 40–41).

36 Lotman: *Die Struktur des künstlerischen Textes* (Anm. 35), S. 22. Vgl. dazu auch Andreas Schönle (Hrsg.): *Lotman and Cultural Studies. Encounters and Extensions*. Madison: University of Wisconsin Press 2006.

37 Die Meta-Reflexion über die theoretische Modellierung in der Physik ist historisch parallel zur Etablierung der Theoretischen Physik im System der Wissenschaftsdiszplinen ab 1900 zu verfolgen. Vgl. Rudolf Stichweh: *Zur Entstehung des modernen Systems wissenschaftlicher Disziplinen.*

Die zentrale Fragestellung meiner Studie lautet: Unter welchen zeichen- und symboltheoretischen Bedingungen lassen sich die Wechselwirkungen zwischen den beiden sekundär modellierenden Systemen der Physik und der Literatur beobachten und beschreiben? Inwiefern, in welcher Weise und in welchem Rahmen kann die narrative Modellierung der Literatur auf formale Aspekte der Physik zurückgreifen? Inwiefern kann andererseits die theoretische Modellierung der Physik unter bestimmten Bedingungen und zu bestimmten Zwecken sekundär modellierende Verfahren der Literatur mit einbeziehen? Eine hierfür wichtige These ist die, dass die beiden Felder der Literatur und der Physik auf theoretisch-systematischer Ebene zwar aufgrund ihrer funktionalen Differenzen zu konzeptualisieren sind, dass sich jedoch bestimmte Bereiche ihrer semiologischen Praxis lokal verschränken lassen – in gewissen historischen Kontexten, unter bestimmten Bedingungen, in konkreten Einzeltexten. Dies induziert einen Grenzprozess und eröffnet eine *transdiskursive Kontaktzone.* Diese erweist sich, wie ich zu zeigen versuche, als Ermöglichungsraum für epistemische Wechselwirkungen. Ich werde anhand konkreter Texte der Frage nachgehen, wie sich dieser Grenzprozess vollzieht.

Um den Prozess der Grenzüberschreitung zu beschreiben, durch den die Verschränkung zwischen den Prozessen der Modellierung und Signifikation der beiden Felder erfolgt, schlage ich in dieser Studie das Konzept der *Interformation* vor. Der Begriff der Interformation versteht sich in Abgrenzung zu dem der *Information*: Im

---

Physik in Deutschland 1740–1890. Frankfurt a. M.: Suhrkamp 1984. Vgl. hierzu Cassirer: *Substanzbegriff und Funktionsbegriff* (Anm. 21); ders.: *Zur Einstein'schen Relativitätstheorie. Erkenntnistheoretische Betrachtungen* (1921). Text und Anm. bearb. von Reinold Schmücker. In: ders.: *Gesammelte Werke. Hamburger Ausgabe.* Bd. 10. Hrsg. von Birgit Recki. Hamburg: Meiner 2001; ders.: *Determinismus und Indeterminismus in der modernen Physik. Historische und systematische Studien zum Kausalproblem.* Text und Anm. bearb. von Claus Rosenkranz. In: ders.: *Gesammelte Werke. Hamburger Ausgabe.* Bd. 19. Hrsg. von Birgit Recki. Hamburg: Meiner 2004. Vgl. hierzu auch Ludwig Boltzmann: Art. „Model". In: *The New Volumes of the Encyclopaedia Britannica.* Bd. 30. 10. Aufl. London: „The Times" Printing House 1902. S. 788–791. Ernst Cassirer und Bas van Fraassen zitieren übereinstimmend als eine der ersten wichtigen modelltheoretischen Reflexionen Heinrich Hertz: „Ist uns einmal geglückt, aus der angesammelten bisherigen Erfahrung Bilder von der verlangten Beschaffenheit abzuleiten, so können wir an ihnen, wie an Modellen, in kurzer Zeit die Folgen entwickeln, welche in der äußeren Welt erst in längerer Zeit oder als Folgen unseres eigenen Eingreifens auftreten werden [...] Die Bilder, von welchen wir reden, sind unsre Vorstellungen von den Dingen; sie haben mit den Dingen die *eine* wesentliche Übereinstimmung, [...] aber es ist für ihren Zweck nicht nötig, daß sie irgendeine weitere Übereinstimmung mit den Dingen haben. In der Tat wissen wir auch nicht und haben auch keine Mittel zu erfahren, ob unsere Vorstellung von den Dingen mit jenen in irgend etwas anderem übereinstimmen, als allein in jener e i n e n fundamentalen Beziehung." In: Heinrich Hertz: *Die Prinzipien der Mechanik. In neuem Zusammenhange dargestellt.* Mit einem Vorworte von H[ermann] von Helmholtz. Hrsg. von Ph. Lenard. In: ders.: *Gesammelte Werke von Heinrich Hertz.* Bd. 3. Leipzig: Barth 1894, S. 1.

Falle der Information geht man in vielen Kommunikationsmodellen davon aus, dass Sender und Empfänger über den gleichen Code verfügen, sodass die Codierung und Decodierung einer Botschaft und ihre Übertragung problemlos funktionieren. Im Falle der Interformation funktioniert die Übertragung der Botschaft nicht nach diesem bekannten Modell – weil sich Physik und Literatur unterschiedlicher Codes bedienen. Die Interformation wird als derjenige semio-logische Prozess zu beschreiben sein, der die Schnittstellen zwischen den verschiedenen Sphären der diskursiven Praxis sichtbar macht. Die Regeln, nach denen an diesen Grenzorten Bedeutung entsteht, stehen nicht von vornherein fest, denn sie werden selbst zum Gegenstand komplexer semio-logischer Aushandlungsprozesse. Den ‚Grenzort' nenne ich *transdiskursive Kontaktzone*. In exemplarischen Fallbeispielen werde ich zeigen, wie die Interformation mit ihren spezifischen textstrategischen Verfahren zum Einsatz kommt und wie sie die Exploration epistemischer Wechselwirkungen zwischen den Diskurssphären der Literatur und Physik ermöglicht. Zudem führe ich exemplarisch vor, wie die Wechselwirkungen zwischen Literatur und Physik neue ästhetische und epistemische Zugänge hervorbringen. Schließlich werde ich danach fragen, welche Erzähltechniken in den Diskursen der Naturwissenschaften verwendet werden, um bereits bestehende Forschungsfragen zu rekonzeptualisieren und Forschungsdiskurse neu zu organisieren, und welche narrativen und immersiven Techniken in der wissenschaftlichen Modellierungs- und Simulationspraxis zum Einsatz kommen.

An dieser Stelle ist die Abgrenzung von den anderen literaturwissenschaftlichen Begriffen vorzunehmen, bei denen das Präfix ‚inter-' verwendet wird: Mit ‚Intertextualität' werden die Bezüge zwischen Texten definiert und analysiert; mit ‚Intermedialität' wird das „Überschreiten von Grenzen zwischen konventionell als distinkt angesehenen Ausdrucks- oder Kommunikationsmedien"[38] definiert. Für die Wechselbeziehungen zwischen der Literatur und den Naturwissenschaften wurde bisher noch kein Konzept vorgeschlagen.[39] Die Interformation ist ein textstrategischer Prozess, der semio-logische Diskurssphären in Wechselwirkung versetzt.

Ich werde die Interformation also als eine textstrategische Praxis darstellen, die den Grenzverkehr zwischen den Zeichenordnungen der Physik und der Literatur organisiert und in beiden Sphären formalästhetische Wirkungen hervorbringen kann. Ich versuche zu zeigen, dass man sowohl eine grundsätzliche Differenz zwischen den unterschiedlichen Praktiken der Wissensmodellierung feststellen kann,

38 Werner Wolf: Art. „Intermedialität". In: *Metzler Lexikon Literatur- und Kulturtheorie. Ansätze – Personen – Grundbegriffe*. Hrsg. von Ansgar Nünning. 5. Aufl. Stuttgart, Weimar: Metzler 2013. S. 344–346, hier S. 344.

39 Die Abgrenzung von Jürgen Links Interdiskursanalyse nehme ich in dieser Studie an einer anderen geeigneten Stelle vor. Vgl. S. 192–194 im IV. Kapitel dieser Studie.

die metatheoretisch zu reflektieren ist, als auch (dennoch) punktuell Korrelationen eruieren kann, die sich aufgrund von abduktiven Inferenzen plausibilisieren lassen. Die Interformation eröffnet, wie zu zeigen sein wird, durch wechselseitige *constraints* beider diskursiver Ordnungen die Möglichkeit der explorativen Modellierung im Sinne Axel Gelferts,[40] um herkömmliche Forschungsfragen neu zu orientieren, Lösungsansätze neu zu perspektivieren und somit Forschungsdiskurse neu zu organisieren. Aus eben diesem Grund gilt es überdies nicht nur zeichen- und symboltheoretische Ansätze zu berücksichtigen, sondern auch modelltheoretische Ansätze – und damit die Wissenschaftsphilosophie.

Um die Prozesse der Modellierung in Literatur und Naturwissenschaft untersuchen zu können, ist es notwendig, einen Raum von Zeichen festzulegen, in dem beide operieren. Erst wenn diese Gemeinsamkeit vorauszusetzen ist, kann man in einem nächsten Schritt überprüfen, in welcher Weise sich die Prozesse der Semiose in Literatur und Naturwissenschaft unterscheiden und ob es dennoch möglich ist, dass sich ihre Sphären durch ihre Modellierungspraktiken verschränken. Es gilt, die zeichen-, symbol- und kulturtheoretischen Eigenschaften jenes Raums der Zeichen zu definieren, in dem es möglich ist, sowohl die Bereiche und Phasen theoretisch zu definieren, in denen die Modellierungspraxen der beiden Felder sich grundsätzlich *global* voneinander unterscheiden, als auch diejenigen speziellen Bereiche und Phasen zu definieren, in denen die Modellierungspraxen beider Felder wechselweise *lokal transdiskursiv* aufeinander Bezug nehmen, um Verstöße gegen Regeln und epistemische Routinen der eigenen Diskurse zu simulieren und deren Folgen zu reflektieren. Dann lässt sich in beiden Feldern anhand des Rekurses auf die Verfahrensweisen des jeweils anderen Feldes reflektieren, wie die Zeichenordnungen im jeweils eigenen Feld herkömmlich organisiert sind und wie diese punktuell reorganisiert werden können: durch neue symbolische, semantische oder formale Korrelationen.

Deshalb wird diese Studie zunächst mit Lotmans Konzept der Semiosphäre denjenigen Raum der Zeichen vorstellen und entfalten, der beides zulässt: zum einen die Spezialisierung der Felder nach eigenen zeichen- und symboltheoretischen Regeln, die metasemiologisch reflektiert und systematisch kodifiziert werden. Zum anderen lässt die Semiosphäre aber an gewissen Schnittstellen und Kontaktzonen die punktuelle Verschränkung mit anderen semiologischen Feldern zu. An diesen Schnittstellen werden nicht normative, sondern deskriptive metasemiologische Debatten geführt: über Möglichkeiten der Überschreitung diskursiver

---

40 Vgl. das Kapitel „Exploratory Uses of Scientific Models“. In: Gelfert: *How to Do Science with Models* (Anm. 2), S. 71–101; sowie Grant Fisher, Axel Gelfert und Friedrich Steinle: „Exploratory Models and Exploratory Modeling in Science: Introduction“. In: *Perspectives on Science* 29.4 (2021). S. 355–358.

Grenzen und über die möglichen Konsequenzen der transdiskursiven Verschränkung mit Feldern, die nach anderen diskursiven Praktiken funktionieren.

Lotman führte das Konzept der Semiosphäre 1990 ein, in einem Aufsatz der „Zeitschrift für Semiotik".[41] Die weiteren systematischen Überlegungen, die Lotman damit verknüpft, liegen erst seit 2010 ins Deutsche übersetzt vor – dank der Editionen seiner Bücher „Die Innenwelt des Denkens. Eine semiotische Theorie der Kultur"[42] und „Kultur und Explosion"[43] des Konstanzer Exzellenzclusters „Kulturelle Grundlagen der Integration".[44] Lotman bringt das Konzept der Semiosphäre folgendermaßen auf den Punkt: „Die Semiosphäre ist jener semiotische Raum, außerhalb dessen die Existenz von Semiosen unmöglich ist."[45] Etymologisch geht der Begriff auf die griechischen Wörter *σημεῖον/sêmeion* (‚Zeichen') und *σφαῖρα/globe* (‚Sphäre' = ‚Raum') zurück.

Albrecht Koschorke hat das Konzept der Semiosphäre in seiner Studie „Wahrheit und Erfindung: Grundzüge einer allgemeinen Erzähltheorie"[46] für die Konzeptualisierung einer kultursemiotisch orientierten Narratologie übernommen und verortet es im Rahmen aktueller Kulturtheorien, wobei er seine Vorzüge als kulturtheoretisches Paradigma in Abgrenzung von Luhmanns Systemtheorie[47] und in Auseinandersetzung mit den poststrukturalistischen Theorien aufzeigt. Koschorke schlägt vor, Lotmans Theorie zu berücksichtigen, weil sie einen dritten Weg weist zur Überwindung der grundsätzlichen Widersprüche zwischen den systemtheoretischen und den diskursanalytischen Zugängen bzw. zwischen den

41 Vgl. Jurij M. Lotman: „Über die Semiosphäre". Übers. von Wolfgang Eismann und Roland Posner. In: *Zeitschrift für Semiotik* 12.4 (1990). S. 286–305. Eine ausführliche Darstellung des Konzepts und dessen Einbettung in die kultursemiotische Theorie der Tartu-Schule findet sich in ders.: *Die Innenwelt des Denkens. Eine semiotische Theorie der Kultur*. Hrsg. von Susi K. Frank, Cornelia Ruhe und Alexander Schmitz. Übers. von Gabriele Leupold und Olga Radetzkaja. Berlin: Suhrkamp 2010, S. 163–293.

42 Lotman: *Die Innenwelt des Denkens* (Anm. 41).

43 Jurij M. Lotman: *Kultur und Explosion*. Hrsg. von Susi K. Frank. Übers. von Dorothea Trottenberg. Berlin: Suhrkamp 2010.

44 Genauere Informationen finden sich auf der Webseite des Exzellenzclusters: https://www.exc16.uni-konstanz.de/317.html (zuletzt besucht am 21. Januar 2023).

45 Lotman: „Über die Semiosphäre" (Anm. 41), S. 289.

46 Albrecht Koschorke: *Wahrheit und Erfindung. Grundzüge einer Allgemeinen Erzähltheorie*. 3. Aufl. Frankfurt a. M.: Fischer 2013. Vgl. auch die englische Ausgabe: ders.: *Fact and Fiction. Elements of a General Theory of Narrative*. Übers. von Joel Golb. Berlin, Boston: De Gruyter 2018.

47 Vgl. Albrecht Koschorke: „Die Grenzen des Systems und die Rhetorik der Systemtheorie". In: *Widerstände der Systemtheorie. Kulturtheoretische Analyse der Werke von Luhmann*. Hrsg. von Albrecht Koschorke und Cornelia Vismann. Berlin: Akademie 1999. S. 49–60.

strukturalistischen und den dekonstruktivistischen Zugängen.[48] Die Dialektik zwischen der System- und Prozessdynamik lässt sich gemäß Koschorke im Brennglas der Dialektik zwischen „Codes und Narrativen“[49] beobachten. Wenn es um die Sedimentierung und Konsolidierung der Systeme geht, so setzen diese in der metasemiotischen Kommunikation auf die Festigung der je eigenen Regelsysteme und auf deren Habitualisierung – und dies geschieht durch eine klare Abgrenzung vom anders organisierten semiologischen Umfeld. Aber ausgerechnet die Grenze, die die Identität des Systems funktional stabilisiert, registriert zugleich die Differenz zwischen den beiden semiologischen Feldern, die sie voneinander trennt, und entfaltet eine gegenläufige metasemiotische Dynamik: Sie nimmt die Regelsysteme beider semiologischer Felder zur Kenntnis, vergleicht sie und spielt sie gegeneinander aus. Damit erweist sich die Grenze als subversiver Mechanismus gegen die metasemiotischen kommunikativen und signifikativen Praktiken des Zentrums des Systems. Dieser Weg ist auch für meine Studie anschlussfähig, die sich auf zwei bestimmte Felder der Semiosphäre konzentriert, die Physik und die Literatur.

Albrecht Koschorke weist in „Wahrheit und Erfindung“ zusätzlich darauf hin, dass „[e]ine Erzähltheorie, die der Universalität ihres Gegenstands Rechnung trägt, ohne eine entsprechende Kulturtheorie nicht zu haben ist.“[50] In diesem Sinne untersuche ich in meiner Studie kulturtheoretische Ansätze, die sich vergleichend mit den Feldern der Sprache, Literatur und Naturwissenschaft auseinandersetzen, und prüfe anschließend, wie der Grenzprozess, die Differenzen und die Wechselwirkungen zwischen den semiologischen Feldern in narrativen Konfigurationen modelliert werden. An dieser Stelle drängt sich die Frage auf, ob sich ein Ansatz der interformativen Kultursemiotik ergänzen und flankieren lässt durch eine *interformative Erzähltheorie*, um die Wechselwirkungen zwischen Literatur und Naturwissenschaften zu untersuchen.

Lotman beschreibt in seiner Abhandlung „Über die Semiosphäre“ den entscheidenden Unterschied zwischen dem Ansatz der Kultursemiotik der Semiosphäre und dem der herkömmlichen Semiotik mit dem Argument, dass neuere Forschungen die durchgängige homogene Struktur eines isolierten Zeichensystems als eine heuristische Abstraktion erweisen. Lotman betont, dass die Zeichen-

48 Vgl. Albrecht Koschorke: „Zur Funktionsweise kultureller Peripherien“. In: *Explosion und Peripherie. Jurij Lotmans Semiotik der kulturellen Dynamik revisited.* Hrsg. von Susi K. Frank, Cornelia Ruhe und Alexander Schmitz. Bielefeld: transcript 2012. S. 27–40.

49 Vgl. Albrecht Koschorke: „Codes und Narrative. Zur Poetik der funktionalen Differenzierung“. In: *Grenzen der Germanistik. Rephilologisierung oder Erweiterung?* Hrsg. von Walter Erhart. Stuttgart, Weimar: Metzler 2004. S. 174–185.

50 Koschorke: *Wahrheit und Erfindung* (Anm. 46), S. 22.

systeme, wenn sie als isoliert anzunehmen wären, alleine nicht funktionsfähig wären.[51] Ihre Funktionsfähigkeit sei nur dadurch gesichert, dass sie in einem semiotischen Kontinuum eingebunden sind, das „mit semiotischen Gebilden unterschiedlichen Typs, die sich auf unterschiedlichem Organisationsniveau befinden, angefüllt ist."[52] Die Kultursemiotik geht von einem komplexen Kontinuum eines Zeichenraums aus, in dem sich unterschiedliche semiotische Gebilde auf unterschiedlichen Niveaus und nach unterschiedlichen Organisationsregeln entfalten: „Der kleinste Funktionsmechanismus der Semiose, ihre Maßeinheit, ist nicht die einzelne Sprache, sondern der gesamte semiotische Raum einer Kultur. Ebendiesen Raum bezeichne ich als Semiosphäre".[53] Der Raum der Semiose darf also nicht als Summe einzelner Sprachen betrachtet werden, die jeweils solitär nebeneinanderher operieren.[54]

Lotman bildete das Konzept der Semiosphäre in Anlehnung an Vernadskijs Konzept der Biosphäre: „Die Biosphäre hat einen ganz bestimmten Aufbau, der ohne Ausnahme alles, was in ihr vorgeht, bestimmt [...]. Der Mensch, wie man ihn in der Natur beobachten kann, ist wie alle lebendigen Organismen, wie jedes Lebewesen eine Funktion der Biosphäre in ihrem bestimmten Raum und ihrer Zeit."[55] Auch die heutigen *Earth System Sciences* unterscheiden verschiedene Sphären der Erde nach ihren jeweiligen materialen Eigenschaften: Lithosphäre, Pedosphäre, Hydrosphäre, Kryosphäre und Atmosphäre.[56] Trotz ihrer notwendigen Differenzierung stehen diese Sphären in vielfachen wechselseitigen Beziehungen zueinander – sie überschneiden und durchdringen sich, sie bedingen sich wechselseitig oder bilden gemeinsam größere Sphären. So umfasst die von

51 Vgl. Lotman: „Über die Semiosphäre" (Anm. 41), S. 288.
52 Lotman: „Über die Semiosphäre" (Anm. 41), S. 288.
53 Lotman: *Die Innenwelt des Denkens* (Anm. 41), S. 165.
54 Vgl. Lotman: „Über die Semiosphäre" (Anm. 41), S. 290.
55 Vladimir I. Vernadskij: *Razmyšlenija naturalista. Naučnaja mysl' kak planetarnoe javlenie* [= Überlegungen eines Naturforschers. Das wissenschaftliche Denken als planetarische Erscheinung]. Kn. 2. Moskau 1977, T. 2, S. 32. Die deutsche Übersetzung von Wolfgang Eismann und Roland Posner stammt aus Lotman: „Über die Semiosphäre" (Anm. 41), S. 289. Vgl. zu Vernadskijs Konzept der Biosphäre außerdem Vladimir I. Vernadskij: *The Biosphere*. Vorwort von Lynn Margulis und Kollegen. Einleitung von Jacques Grinevald. Hrsg. von Mark A. S. McMenamin. Übers. von David B. Langmuir. Überarbeitete und kommentierte Ausgabe. New York: Copernicus 1998.
56 Diese können auf unterschiedlichen Niveaus je nach ihren chemischen Zusammensetzungen weiter differenziert werden: Im Falle der Erdatmosphäre geht man von der Troposphäre aus – die der menschlichen Sphäre am nächsten steht – über die Stratosphäre, Mesosphäre, Thermosphäre bis hin zur Exosphäre, die die Grenze zum Weltraum bildet. Die Ebenenstruktur ist bloß ein heuristisches Modell. Vgl. für die „Sphären der Erde" z. B. die Plattform des Forschungsbereichs Erde und Umwelt der Helmholtz-Gemeinschaft (*Earth System Knowledge Platform*): https://www.eskp.de/grundlagen/schadstoffe/die-unterschiedlichen-sphaeren-der-erde-935792/ (zuletzt besucht am 15. März 2023).

Vernadskij nicht nach materialen, sondern nach funktionalen Eigenschaften definierte Biosphäre (heute auch Ökosphäre genannt) sämtliche genannten Sphären, in denen biologisches Leben stattfindet.

Vor diesem Hintergrund ist der Vorschlag Lotmans durchaus interessant, die Semiosphäre als denjenigen Raum theoretisch zu konzeptualisieren, in dem Prozesse der Semiose stattfinden.[57] Lotman geht von der vielschichtigen Organisation eines komplexen Raumes der Semiose aus: „Der Begriff ist mit Bedacht gewählt: Wie die Biosphäre, die nach der Definition von Vladimir Vernadskij einerseits die Gesamtheit und organische Einheit der lebenden Materie und andererseits auch die Bedingung für die Fortdauer des Lebens darstellt, so ist auch die Semiosphäre zugleich Ergebnis und Voraussetzung der Entwicklung der Kultur."[58] Der Raum der Semiose ist die Bedingung dafür, „dass diese Sprachen überhaupt existieren und funktionieren: er geht ihnen voraus und steht in ständiger Wechselwirkung mit ihnen."[59]

---

57 Der Begriff der ‚Semiose' existierte bereits in der griechischen Antike und bedeutete dort die Existenz eines Zeichens und den Akt seiner Interpretation. Im Englischen wird der Begriff der ‚Semiose' mit dem Zeichenprozess gleichgesetzt. Vgl. Martin Krampen: „Models of Semiosis (Modelle der Semiose)". In: *Semiotik. Ein Handbuch zu den zeichentheoretischen Grundlagen von Natur und Kultur*. Bd. 1. Hrsg. von Roland Posner, Klaus Robering und Thomas Albert Sebeok. Berlin, New York: De Gruyter 1996. S. 247–287, hier S. 247. In der Semiotik von Charles Sanders Peirce findet sich der Prozess der Semiose aufgrund der triadischen Zeichenrelation folgendermaßen definiert: „All dynamical action, or action of brute force, physical or psychical, either takes place between two subjects [...] or at any rate is a resultant of such actions between pairs. But by ‚semiosis' I mean, on the contrary, an action, or influence, which is, or involves, a cooperation of three subjects, such as a sign, its object, and its interpretant, this tri-relative influence not being in any way resolvable into actions between pairs." In diesem Sinne definiert Peirce die Wissenschaft der Semiotik als „the doctrine of the essential nature and fundamental varieties of possible semiosis". In: Charles Sanders Peirce: *Collected Papers of Charles Sanders Peirce*. Bd. 5: *Pragmatism and Pragmaticism*. Hrsg. von Charles Hartshorne und Paul Weiss. 4. Druck. Cambridge, MA: The Belknap Press of Harvard University Press 1974, 5.488. Ähnlich argumentiert Morris: „The properties of being a sign, a designatum, an interpreter, or an interpretant are relational properties which things take on by participating in the functional process of semiosis. Semiotic, then, is not concerned with the study of a particular kind of object, but with ordinary objects in so far (and only in so far) as they participate in semiosis." In: Charles William Morris: *Foundations of the Theory of Signs*. Chicago: University of Chicago Press 1938, S. 4. Auch Eco bezeichnet den Prozess der Semiose als „paramount subject matter of semiotics". In: Umberto Eco: *A Theory of Semiotics*. Bloomington: Indiana University Press 1976, S. 316.

58 Lotman: *Die Innenwelt des Denkens* (Anm. 41), S. 165.

59 Lotman: *Die Innenwelt des Denkens* (Anm. 41), S. 163.

Als Hauptkennzeichen der Semiosphäre definiert Lotman ihre Heterogenität: „Die Sprachen innerhalb eines semiotischen Raums sind ihrer Natur nach verschieden, und ihr Verhältnis zueinander reicht von vollständiger wechselseitiger Übersetzbarkeit bis zu ebenso vollständiger Unübersetzbarkeit. Die Heterogenität ergibt sich aus der unterschiedlichen Art und Funktion der Sprachen."[60] Hinzu kommt noch, dass sämtliche Elemente der Semiosphäre „nicht in einem statischen, sondern in einem beweglichen, dynamischen Verhältnis zueinander stehen, dessen Formel sich ständig ändert."[61]

Zu den wichtigsten Funktionen der Semiosphäre zählt Lotman: 1. die Übertragung von Informationen; 2. das Erzeugen neuer Information, d. h. das Erzeugen von Texten, die nicht eindeutig nach entsprechenden Algorithmen aus bereits vorhandenen ableitbar sind, sondern ein gewisses Maß an Unvorhersehbarkeit besitzen, und 3. das kulturelle Gedächtnis als Möglichkeit, Informationen zu speichern und zu tradieren.[62] Lotmans Grundprämisse ist, dass die Struktur der Semiosphäre asymmetrisch ist. Unter „semiotischer Asymmetrie"[63] versteht er die Tatsache, dass es in den meisten Fällen zwischen den Sprachen der Semiosphäre keine eineindeutigen Sinnentsprechungen gibt. Dies gilt im Falle der Beziehungen zwischen Physik und Literatur erst recht. In diesem Sinne charakterisiert Lotman die Semiosphäre als Informationsgenerator.

Lotman konzentriert sich in seinen späten Studien vor allem auf die zweite Funktion, also auf die Erzeugung neuer Informationen, die nicht aus bereits zuvor bestehenden Codes ableitbar sind. Dementsprechend ist es ihm wichtig, Abstand vom Strukturalismus zu gewinnen, der von der Homogenität jedes Systems ausgegangen war. Er bezeichnet diese Vorstellung als unrealistisch und geht in seiner Konzeption der Semiosphäre von inhärenten Asymmetrien aus. Diese sind alleine schon dadurch gegeben, dass in kommunikativ orientierten Texten die Funktion überwiegt, Information zu übermitteln, während in wissenschaftlichen und künstlerischen Texten die Funktion dominiert, neue Mitteilungen zu generieren. Mit meinem Konzept der Interformation möchte ich diesen Prozess beschreiben.

In „Kultur und Explosion" sieht Lotman Kunst und Wissenschaft in der Funktion vereint, Neues zu generieren – im Gegensatz zur Technik. Dieser schreibt er eine sukzessive, evolutive Dynamik zu, der Kunst und Wissenschaft hingegen eine explosive. Seine Sprengstoff-Metaphorik ist hier im Sinne der Disruption zu verstehen, der Änderung von Regeln und Codes im Rahmen der Zeichen- und Symbolsysteme:

---

60 Lotman: *Die Innenwelt des Denkens* (Anm. 41), S. 166.
61 Lotman: *Die Innenwelt des Denkens* (Anm. 41), S. 169.
62 Vgl. Lotman: *Die Innenwelt des Denkens* (Anm. 41), S. 10.
63 Vgl. Lotman: *Die Innenwelt des Denkens* (Anm. 41), S. 169.

> Die größten wissenschaftlichen Ideen sind in einem gewissen Sinne der Kunst verwandt: Ihre Entstehung ähnelt einer Explosion. Die technische Realisierung neuer Ideen entwickelt sich nach den Gesetzen einer sukzessiven Dynamik. [...] Daher ist das Neue in der Technik die Realisierung des Erwarteten, das Neue in Wissenschaft und Kunst die Erfüllung des Unerwarteten.[64]

Im Folgenden definiere ich die Semiosphäre als ein Feldkontinuum der Zeichen, Zeichenfunktionen und Zeichenkorrelationen, das Folgendes umfasst: 1) die Gesamtheit aller sprachlichen Zeichen sowie mathematischen, grafischen und diagrammatischen Symbole, 2) die Gesamtheit der zwischen ihnen bestehenden Zeichenrelationen und Zeichenfunktionen, 3) die Gesamtheit der Codes, die die Bedeutung von Zeichenkonventionen und Zeichenfunktionen regeln, und 4) schließlich die Gesamtheit der Akteure als Zeichennutzenden, die die Zeichenfunktionen und -relationen in Prozessen der Modellierung und Kommunikation, der Repräsentation und Signifikation einsetzen.[65]

Aus Lotmans kultursemiotischer Sicht grenzen sich die Felder der Semiosphäre voneinander ab und spezialisieren sich je nach ihren eigenen systemischen Regeln der Zeichenverwendung in Erkenntnis-, Darstellungs- und Signifikationsprozessen. Ich benenne in meiner Studie diejenigen Felder der Semiosphäre, deren Zeichenprozesse durch miteinander kaum kompatible Codes geregelt sind, wie die der Physik und Literatur, als *semio-logische Felder*. Der Bindestrich in diesem Wort ist bewusst gesetzt und soll deutlich machen, dass im physikalischen und im literarischen Feld unterschiedliche Logiken der Verwendung von Zeichen eingesetzt werden. Die Grenze zwischen den semio-logischen Feldern trägt zur Konstitution jedes einzelnen Feldes bei, indem sie es von anderen Feldern trennt. Sie bildet einen janusköpfigen Zwischenraum, den der Bindestrich markiert. Sie gehört beiden Feldern zugleich an und kann sich deshalb gleichermaßen als trennend wie als verbindend erweisen.[66] Dennoch hat sie überdies auch eine gewisse Filterfunktion: Im Sinne Lotmans können Informationen aus anderen semio-logischen Sphären sie passieren, jedoch nur dann, wenn sie dazu eine Umcodierung erfahren. Dies bedeutet, dass diese Informationen gemäß der Zeichenlogik des zu erreichenden Feldes resemiotisiert werden, damit sie darin lesbar werden. Ebendiese Grenze zwischen den semio-logischen Feldern werde ich ausloten und sowohl wissenschaftliche als

64 Lotman: *Kultur und Explosion* (Anm. 43), S. 16.

65 Das vorliegende Modell bevorzugt eine triadische Zeichenbeziehung, die die dynamischen Komponenten des Zeichens, Objekts und Interpretanten vorsieht. Vgl. dazu FN 57.

66 Eine vergleichende Studie zur Konzeptualisierung der Grenze aus systemtheoretischer und aus kultursemiotischer Perspektive bietet Albrecht Koschorke: „Die Grenzen des Systems und die Rhetorik der Systemtheorie“ (Anm. 47).

auch literarische Texte untersuchen, die durch bestimmte Verfahren und Schreibweisen der Interformation den Grenzprozess zum je anderen Feld induzieren.

Da ich im Folgenden sowohl die Systemdynamik als auch die Prozessdynamik der Interformation in den Fokus nehmen werde, benutze ich die Bezeichnung des „semio-logischen Feldes" mit Bezug auf die globale Makroebene der Beschreibung, auf der die Logiken der Zeichenverwendung theoretisch und systematisch abgesichert werden. Zugleich ist auf konkreter Mikroebene zu berücksichtigen, dass im Diskurs Regeln und epistemische Praktiken nicht starr gegeben, sondern stets neu diskursiv ausgehandelt werden, historisch kontextualisiert, verifiziert, falsifiziert, neu organisiert werden, deshalb spreche ich, wenn es um die Dynamik der Aushandlungen geht, von *semio-logischen Diskurssphären*.

Denn die Grenze zwischen den Feldern der Semiosphäre konstituiert sich laut Lotman durch die Fremdheit der Zeichennutzer füreinander, durch die Inkompatibilität der Codierungen ihrer Texte und durch die Inkommensurabilität der Prozesse der Semiose.[67] Diese Grenze ist deshalb wichtig, weil die Semiosphäre selbst so konzeptualisiert ist, dass sie nur durch ihre Grenze einen Kontakt zum anders organisierten semiologischen Feld herstellen kann. Nach Lotman ist „[d]ie Grenze [...] ein zweisprachiger Mechanismus, der die äußeren Mitteilungen in die innere Sprache der Semiosphäre übersetzt und umgekehrt."[68]

Lotman bezog sein Konzept der Semiosphäre im Rahmen seiner semiotischen Kulturtheorie ursprünglich auf sprachlich konstituierte kulturelle Räume.[69] Ich entwickle dieses Konzept weiter für die Untersuchung der Wechselwirkungen zwischen Physik und Literatur. Da es hierbei um die Grenzüberschreitung zwischen zwei verschiedenen semio-logischen Diskurssphären – der Naturwissenschaft und der Literatur – geht, die ihre Aussagen hier nach formallogischen, dort nach ästhetisch eigenlogischen Aussageregularitäten organisieren, spreche ich von den Schnittstellen als *transdiskursiven Kontaktzonen*.

Dementsprechend werde ich im Folgenden unterschiedliche zeichen- und symboltheoretische Ansätze berücksichtigen, um darzulegen, wie die beiden Sphären zeichenlogisch zu differenzieren sind. Sodann lässt sich die Frage stellen, welche Folgen eine solche zeichen- bzw. symboltheoretische Differenzierung dafür hat, wie beide Sphären in ihrer jeweiligen Eigenlogik Wissen symbolisch organisieren. Zu

67 Vgl. Lotman: „Über die Semiosphäre" (Anm. 41), S. 291.

68 Lotman: „Über die Semiosphäre" (Anm. 41), S. 291.

69 Dem Konstanzer Sonderforschungsbereich „Kulturelle Grundlagen der Integration" ist es zu verdanken, dass die Konzepte der kultursemiotischen Tartu-Schule rezipiert, übersetzt und der Forschung im deutschsprachigen Raum zugänglich gemacht worden sind. Vgl. hierfür Koschorke: „Zur Funktionsweise kultureller Peripherien" (Anm. 48).

untersuchen wird auch sein, wann es zeichen- bzw. verstehenstheoretisch möglich ist, dass sie miteinander wechselwirken.

Natürlich steht auch meine Studie in einer Tradition des Nachdenkens über Beziehungen und Wechselwirkungen zwischen Literatur und Naturwissenschaft, in der sie gewisse neue Akzente zu setzen versucht. Sie fokussiert hierfür zunächst die Beziehungen zwischen Literatur *und* Physik und fragt danach: Ist dieses ‚und' ein trennendes oder ein verbindendes? Die Antwort darauf ist hochkomplex. Sie erfordert insbesondere die Erkundung des Zwischenraums zwischen den beiden symbolischen Formen im Sinne Ernst Cassirers.[70] Zu dieser Erkundung hatte Dirk Vanderbeke in „The *and* in ‚Science and Literature'" angeregt.[71] Diese Anregung greift meine Studie auf und legt sie dahingehend aus, dass das ‚und' als Konjunktion doppeldeutig zu verstehen ist: Es verbindet zwar die Lexeme, markiert aber zugleich auch eine Grenze zwischen den zwei Symbolsystemen Physik und Literatur. Seit der Ausdifferenzierung und Autonomisierung dieser beiden Sphären sind die Kommunikationsprozesse zwischen ihnen stets Gegenstand kontroverser Debatten gewesen. Es ist anzunehmen, dass ihre kommunikativen Probleme Effekte und Wirkungen noch tiefer liegender Differenzen sind, nämlich von zeichen- und symboltheoretischen Differenzen in den Praktiken der Modellierung, Begriffsbestimmung, Semiose und Signifikation.

Zur Genealogie dieser Kontroverse gehört zunächst die Debatte zwischen Geistes- und der Naturwissenschaften zum Ende des 19. Jahrhunderts, die insbesondere zwischen Matthew Arnold[72] und T. H. Huxley[73] verlief. Sie gipfelte in der Polemik um die „Zwei Kulturen"[74], die C. P. Snow in den 50er Jahren anstieß,

---

70 Vgl. Ernst Cassirer: *Philosophie der symbolischen Formen*. Teil 1: *Die Sprache*. Text und Anm. bearb. von Claus Rosenkranz. In: ders.: *Gesammelte Werke. Hamburger Ausgabe*. Bd. 11. Hrsg. von Birgit Recki. Hamburg: Meiner 2001; ders.: *Philosophie der symbolischen Formen*, Teil 3 (Anm. 25).

71 Dirk Vanderbeke: „The *and* in ‚Science and Literature'". In: *Anglistentag 1997 Gießen. Proceedings*. Hrsg. von Raimund Borgmeier, H. Grabes und Andreas H. Jucker. Trier: Wissenschaftlicher Verlag 1998. S. 243–258.

72 Vgl. Matthew Arnold: „Literature and Science (1882)". In: ders.: *The Complete Prose Works of Matthew Arnold*. Bd. 10: *Philistinism in England and America*. Hrsg. von Robert H. Super. Ann Arbor: University of Michigan Press 1974. S. 53–73.

73 Vgl. Thomas H. Huxley: *Science and Education*. New York: Collier 1900; Aldous Huxley: *Literature and Science*. London: Chatto & Windus 1963.

74 Vgl. C. P. Snow: *The Two Cultures and the Scientific Revolution*. Cambridge: Cambridge University Press 1959; ders.: *The Two Cultures and a Second Look. An Expanded Version of the Two Cultures and the Scientific Revolution*. 4. Aufl. New York: A Mentor Book 1963; ders.: *Die zwei Kulturen. Literarische und naturwissenschaftliche Intelligenz*. Übers. von Grete Felten und Karl-Eberhardt Felten. Stuttgart: Klett 1963; Lionel Trilling: „The Leavis-Snow Controversy". In: ders.: *Beyond Culture. Essays on Literature and Learning*. Oxford: Oxford University Press 1980. S. 126–154.

wobei seine Argumentation eher bildungspolitisch orientiert war. Die genannten Positionen sind in dem materialreichen Band von Helmut Kreuzer[75] zusammengefasst und finden sich in dem umfassenden Forschungsbericht „Literatur- und Wissenschaftsgeschichte“[76] von Nicholas Pethes. Die Kontroversen im Nachgang von C. P. Snows vereinfachender Rede von den „Zwei Kulturen“ bezogen sich unter anderem auf unterschiedliche Einschätzungen der Akteure aus der literarischen und der naturwissenschaftlichen Sphäre über die kulturelle Relevanz ihres jeweiligen Feldes.

Forschungsimpulse

Überblickt man die Geschichte der Untersuchung von Relationen zwischen den beiden Feldern, so stellt man fest, dass es unterschiedliche Ansätze zur Darstellung der Korrelationen zwischen ihnen gibt. Diese könnte man in Anlehnung an Olav Krämers Vorschlag,[77] der für die germanistische Forschung erarbeitet wurde und den ich für die Zwecke dieser Studie aus komparatistischer Sicht erweitern will, unter den Stichwörtern der *unidirektionalen Rezeption*, der *direkten Konfrontation*, der *parallelen Ko-Evolution*[78] und der *grenzenlosen Zirkulation* zusammenfassen.[79] Krämer hebt drei Ansätze hervor, die innerhalb der germanistischen Literaturwissenschaft für die Konzeptualisierung der Beziehungen zwischen Literatur und Wis-

75 Vgl. Helmut Kreuzer (Hrsg.): *Die zwei Kulturen. Literarische und naturwissenschaftliche Intelligenz. C. P. Snows These in der Diskussion.* Stuttgart, München: Deutscher Taschenbuch Verlag 1987. Vgl. dazu auch George Rousseau: „The Discourse of Literature and Science“. In: *University of Hartford Studies in Literature* 19 (1987). S. 1–24; ders.: „Literature and Science. The State of the Field“. In: *ISIS: Journal of the History of Science Society* 69 (1978). S. 583–591.

76 Nicolas Pethes: „Literatur und Wissenschaftsgeschichte. Ein Forschungsbericht“. In: *IASL: Internationales Archiv für Sozialgeschichte der deutschen Literatur* 28.1 (2003). S. 181–231. Vgl. auch ders.: „Poetik/Wissen. Konzeption eines problematischen Transfers“. In: *Romantische Wissenspoetik. Die Künste und die Wissenschaften um 1800.* Hrsg. von Gabriele Brandstetter und Gerhard Neumann. Würzburg: Königshausen & Neumann 2004. S. 341–372.

77 Vgl. Olav Krämer: „Intention, Korrelation, Zirkulation. Zu verschiedenen Konzeptionen der Beziehung zwischen Literatur, Wissenschaft und Wissen“. In: *Literatur und Wissen. Theoretisch-methodische Zugänge.* Hrsg. von Tilmann Köppe. Berlin, Boston: De Gruyter 2011. S. 77–115.

78 Zu einem ähnlichen Ergebnis kommt Benjamin Specht in seiner Studie „Physik als Kunst“. Bisherige Richtungen der *literature and science*-Forschung fasst Specht darin unter dem Vorzeichen dreier Entwicklungstendenzen zusammen: denen der „Kompensation“ (im Sinne Odo Marquards), der „Konvergenz“ (vgl. Joseph Vogls kulturwissenschaftliche Orientierung der „Poetologie des Wissens“) und der „Konkurrenz“ (gemeint sind hier die *science wars* der 90er Jahre). Vgl. Benjamin Specht: *Physik als Kunst. Die Poetisierung der Elektrizität um 1800.* Berlin, Boston: De Gruyter 2010.

79 Vgl. Krämer: „Intention, Korrelation, Zirkulation“ (Anm. 77).

senschaften eine wichtige Rolle gespielt haben. Er gliedert sie nach den Erklärungsweisen, die die Autoren der Studien einsetzen, um die Beziehungen zwischen den beiden Sphären zu begründen: Beim „intentionalistischen“[80] Zugang geht man von einer nachweisbaren Rezeption naturwissenschaftlichen Wissens durch Autoren und Autorinnen aus (Studium, belegbare Recherchen, Brief- und Tagebucheinträge usw.). Die anderen beiden Typen, denen die Erklärungsmuster der „Korrelation“ bzw. „Zirkulation“[81] zugeschrieben werden, visieren viel breitere kulturelle Tendenzen in viel größeren epochalen Zeitabschnitten an. Der korrelationistische Ansatz geht von einer parallelen literatur- und wissenschaftsgeschichtlichen Ko-Evolution aus, während der wissensgeschichtliche Ansatz der „Poetologien des Wissens“[82] die Zirkulation des Wissens über Grenzen hinweg im Rahmen diskursgeschichtlicher Formationen voraussetzt. Da meine Arbeit die Wechselwirkungen zwischen Literatur und Physik fokussiert, werden an dieser Stelle die bisherigen einschlägigen Studien in diesem Bereich dargestellt.

Rezeptionsorientierte Zugänge

Es wurden zum einen rezeptionsgeschichtliche Studien publiziert, deren Untersuchungsfokus in eine Richtung geht: von der Physik zur Literatur. Beispielhaft soll hier die Studie von Elisabeth Emter[83] genannt werden, die die Rezeption physikalischen Wissens in der Literatur untersuchen. Emters Studie bezieht sich auf den Zeitraum von 1925 und 1970 und zeigt auf, wie physikalische Erkenntnisse philosophisch rezipiert und kritisch reflektiert (Ernst Cassirer,[84] Moritz Schlick,[85] Hans Reichenbach[86]) und zudem auch literarisch verarbeitet wurden

80 Krämer: „Intention, Korrelation, Zirkulation“ (Anm. 77), S. 79.

81 Krämer: „Intention, Korrelation, Zirkulation“ (Anm. 77), S. 79.

82 Vgl. Joseph Vogl (Hrsg.): *Poetologien des Wissens um 1800*. München: Fink 1999; ders.: „Poetologie des Wissens“. In: *Einführung in die Kulturwissenschaft*. Hrsg. von Harun Maye und Leander Scholz. München: Fink 2011. S. 49–71.

83 Vgl. Elisabeth Emter: *Literatur und Quantentheorie. Die Rezeption der modernen Physik in Schriften zur Literatur und Philosophie deutschsprachiger Autoren (1925–1970)*. Berlin, New York: De Gruyter 1995.

84 Vgl. Ernst Cassirer: „Determinismus und Indeterminismus in der modernen Physik“. In: ders.: *Zur modernen Physik*. Darmstadt: Wiss. Buchges. 1957. S. 127–376.

85 Vgl. Moritz Schlick: „Die Kausalität in der gegenwärtigen Physik“. In: *Die Naturwissenschaften* 19.7 (1931). S. 146–162; ders.: *Raum und Zeit in der gegenwärtigen Physik. Zur Einführung in das Verständnis der Relativitäts- und Gravitationstheorie*. 3. Aufl. Berlin: Springer 1920.

86 Vgl. Hans Reichenbach: *Philosophie der Raum-Zeit-Lehre*. Hrsg. von Andreas Kamlah und Maria Reichenbach. In: ders.: *Gesammelte Werke in 9 Bänden*. Bd. 2. Braunschweig: Vieweg 1977;

(Robert Musil,[87] Hermann Broch,[88] Gottfried Benn,[89] Max Bense[90]). Emter arbeitet heraus, wie die genannten Autoren sich mit den Phänomenen der Entropie, der Relativitätstheorie oder Quantentheorie auseinandersetzen. Sie präsentiert eine umfassende Dokumentation, die belegt, dass die Rezeption auch vor Literatur- und Kulturzeitschriften, etwa „Merkur",[91] „Neue Deutsche Hefte",[92] „Die Neue Rundschau"[93] und „Sprache im technischen Zeitalter"[94] keinen Halt machte. In der Zeit zwischen 1925 und 1970 gehen eine Fülle von Studien und Artikeln, die zum Teil von Physikern, zum Teil von Philosophen und Schriftstellern stammen, auf moderne physikalische Theorien ein. Bereits sie stellten fest, dass Literatur, Philosophie oder Kulturtheorie naturwissenschaftliche Inhalte nicht bloß assimilierten, sondern dass sich die literarische und die naturwissenschaftliche Sphäre durch die Interferenz ihrer erkenntniskritischen Funktion bewusst werden.[95] Dieser Denkrichtung kön-

---

ders.: „Die philosophische Bedeutung der Relativitätstheorie". In: *Albert Einstein als Philosoph und Naturforscher*. Hrsg. von Paul Arthur Schilpp. Übers. von Hans Hartmann. Stuttgart: Kohlhammer 1955. S. 188–207.

87 Vgl. Gerhard Meisel: „Verkehr und Entropie in Musils Kakanien". In: *Medien und Maschinen. Literatur im technischen Zeitalter*. Hrsg. von Theo Elm und Hans H. Hiebel. Freiburg im Breisgau: Rombach 1991. S. 304–332.

88 Vgl. Hermann Broch: „Denkerische und dichterische Erkenntnis (1933)". In: ders.: *Kommentierte Werkausgabe*. Bd. 9,2: *Schriften zur Literatur*. Teil 2: *Theorie*. Hrsg. von Paul Michael Lützeler. Frankfurt a. M.: Suhrkamp 1975. S. 43–49; Theodore Ziolkowski: „Hermann Broch und die Relativität im Roman". In: *Hermann Broch. Perspektiven der Forschung*. Hrsg. von Manfred Durzak. München: Fink 1972. S. 315–328.

89 Vgl. z. B. Gottfried Benn: „Goethe und die Naturwissenschaften". In: ders.: *Gesammelte Werke in der Fassung der Erstdrucke*. Bd. 3: *Essays und Reden*. Hrsg. von Bruno Hillebrand. Frankfurt a. M.: Fischer 1989. S. 175–206.

90 Vgl. Max Bense: *Aesthetica. Einführung in die neue Aesthetik*. 2. Aufl. Baden-Baden: Agis 1982; ders.: „Literaturmetaphysik. Der Schriftsteller in der technischen Welt (1950)". In: ders.: *Ausgewählte Schriften in vier Bänden*. Bd. 3. Hrsg. von Elisabeth Walther. Stuttgart: Metzler 1998. S. 159–251.

91 Vgl. Carl Friedrich von Weizsäcker: „Das neue Bild vom Weltall". In: *Merkur* 4 (1950). S. 384–403; Gisela Uellenberg: „Naturforschung und Unerforschlichkeit". In: *Merkur* 5 (1951). S. 201–203; Werner Heisenberg: „Atomphysik und Kausalgesetz". In: *Merkur* 6 (1952). S. 701–711; Erwin Schrödinger: „Unsere Vorstellung von der Materie". In: *Merkur* 7 (1952). S. 131–145.

92 Vgl. Werner Heisenberg: „Atome mit Haken und Ösen. Über das Verhältnis von humanistischer Bildung, Naturwissenschaft und Abendland". In: *Neue Deutsche Hefte* 1 (1954). S. 21–28; Erwin Reisner: „Über den philosophischen Sinn der physikalischen Aporien". In: *Neue Deutsche Hefte* 4 (1957/1958). S. 603–615.

93 Vgl. Fritz Heinemann: „Auf der Suche nach Sinn in einer zerbrochenen Welt". In: *Die neue Rundschau* 60 (1949). S. 85–119; Arthur March: „Die Denkweise der heutigen Naturwissenschaften". In: *Die neue Rundschau* 63 (1952). S. 244–259.

94 Vgl. Kurt Hübner: „Über den Begriff der Quantenlogik". In: *Sprache im technischen Zeitalter* 4 (1964). S. 925–934.

95 Vgl. Emter: *Literatur und Quantentheorie* (Anm. 83), S. 241.

nen auch jene Untersuchungen zugeordnet werden, die sich mit der Rezeption physikalischer bzw. naturwissenschaftlicher Theorien[96] in Werken einzelner Autoren beschäftigen.[97]

Systemtheoretisch orientierte Zugänge

Im Forschungsfeld wurden auch die Unterscheidungen berücksichtigt, die Luhmanns soziologische Systemtheorie vorsieht:[98] Thomas Klinkert legte in „Epistemolo-

---

96 Carsten Könneker untersuchte die Literarisierung der Quantenmechanik in Hermann Brochs „Unbekannte Größe“: Carsten Könnecker: „Hermann Brochs Rezeption der modernen Physik. Quantenmechanik und ‚Unbekannte Größe'“. In: *Zeitschrift für deutsche Philologie* 118 (1999). S. 205–239. Vgl. auch ders.: *„Auflösung der Natur – Auflösung der Geschichte“. Moderner Roman und NS-„Weltanschauung“ im Zeichen der theoretischen Physik.* Stuttgart: Metzler 2001. Jürgen Daiber widmete seine Studie der „Rezeption naturwissenschaftlicher Theorien im Werk von Botho Strauß“: Jürgen Daiber: *Poetisierte Naturwissenschaft. Zur Rezeption naturwissenschaftlicher Theorien im Werk von Botho Strauß.* Frankfurt a. M.: Lang 1996. Gregor Streim untersuchte die „Reflexionen der modernen Physik in Gottfried Benns Poetik des Absoluten“: Gregor Streim: „‚Risse im Parthenon‘. Reflexionen der modernen Physik in Gottfried Benns Poetik des Absoluten“. In: *Ästhetik von unten. Empirie und ästhetisches Wissen.* Hrsg. von Marie Guthmüller und Wolfgang Klein. Tübingen, Basel: Francke 2006. S. 403–425. Malte Herwig untersuchte die Rezeption der Naturwissenschaften im Werk Thomas Manns: Malte Herwig: *Bildungsbürger auf Abwegen. Naturwissenschaft im Werk Thomas Manns.* Frankfurt a. M.: Klostermann 2004.

97 Beispielhaft sei hier die Studie von Marika Natsvlishvili genannt: Marika Natsvlishvili: *Naturwissenschaft und Literatur im Dialog. Komparatistische Fallstudien zur europäischen Erzählliteratur des 20. Jahrhunderts.* Würzburg: Königshausen & Neumann 2012. Natsvlishvili legt eine komparatistisch ausgerichtete Arbeit vor, die dem Konnex von Literatur und Naturwissenschaft gewidmet ist und sich dabei auf die europäische Prosa des 20. Jahrhunderts fokussiert. Die Arbeit widmet sich zum einen literarischen Wissenschaftlerfigurationen, z. B. Kopernikus und Kepler in John Banvilles Wissenschaftler-Tetralogie, zum anderen einigen zentralen naturwissenschaftlichen Theorierichtungen – von der Hirnforschung der ersten Hälfte des 20. Jahrhunderts in G. Benns „Gehirne“ und M. Bulgakows „Das hündische Herz“ über die Chemie in P. Levis „Il sistemo periodico“ zur Biogenetik in M. Houellebecqs Roman „Le particules élémentaires“. Die Auswahl dieser Theorierichtungen bzw. des Textkorpus' wird damit begründet, dass die Mehrzahl der berücksichtigten Romanautoren über eine naturwissenschaftliche Ausbildung verfügten. Entsprechend widmen sich die literarischen Analysen vor allem den Problemen der Fiktionalität vs. Faktualität, dem autobiographischen Schreiben und dem autofiktionalen Genre sowie den Techniken der Konstruktion von (antithetischen) Figurenkonstellationen. Weniger berücksichtigt werden dabei allerdings die Rekonstruktion wissenschaftshistorischer Kontexte der einschlägigen naturwissenschaftlichen Theorien und ihre ästhetische Modellierung in narrativen Strukturen.

98 Vgl. Bruce Clarke: „Science, Theory, and Systems“. In: *Interdisciplinary Studies in Literature and Environment* 8.1 (2001). S. 149–165.

gische Fiktionen“[99] dar, dass für das Subsystem Literatur nicht nur die Leitdifferenz ‚schön/hässlich‘, sondern auch die Unterscheidung ‚fiktiv/wahr‘ charakteristisch sei, wobei sich die zweite Differenz als anschlussfähig erweist für die Konzeptualisierung des Konnexes zwischen Literatur und Naturwissenschaften. So erweisen sich Wahrheit und Fiktion nach Klinkert als „symbolisch generalisierte Kommunikationsmedien“.[100] Dies wiederum ist der Ausgangspunkt für Betül Dilmacs Studie „Literatur und moderne Physik. Literarisierungen der Physik im französischen, italienischen und lateinamerikanischen Gegenwartsroman“.[101] Dilmac widmet sich der poetischen Funktionalisierung physikalischer Theorien des zwanzigsten Jahrhunderts in romanischen Literaturen der vergangenen beiden Jahrzehnte.[102] Ihre zentrale These ist, dass sowohl in der modernen Physik als auch in der Gegenwartsliteratur Tendenzen bestehen, die grundsätzliche Zweifel an der Möglichkeit vollständiger Erkenntnis bzw. objektiver Darstellung von Wirklichkeit erkennen lassen. Dilmac zeigt, wie literarische Texte Problemkonstellationen inszenieren, an denen sich die Wissenschaften und die Literatur mit ihren je eigenen Zugängen und Methoden abarbeiten. Die Literatur als Medium der Beobachtung zweiter Ordnung im Sinne Luhmanns kann das durch Konkurrenz gekennzeichnete und nicht immer konfliktfreie Verhältnis zwischen den beiden Bereichen erfahrbar machen.[103]

Korrelationistische Zugänge

Die korrelationistischen Ansätze argumentieren auf der Basis einer ko-evolutiven parallelen Entwicklung in den Feldern der Literatur- und der Wissenschaftsge-

---

99 Thomas Klinkert: *Epistemologische Fiktionen. Zur Interferenz von Literatur und Wissenschaft seit der Aufklärung*. Berlin: De Gruyter 2010.

100 Klinkert: *Epistemologische Fiktionen* (Anm. 99), S. 25–38.

101 Betül Dilmac: *Literatur und moderne Physik. Literarisierungen der Physik im französischen, italienischen und lateinamerikanischen Gegenwartsroman*. Freiburg im Breisgau: Rombach 2012.

102 Dilmacs Textkorpus vereint eine Auswahl von Romanen der französischen (Michel Rios „Le Principe d’incertitude“, 1993; Michel Houellebecqs „Le Particules élémentaires“, 1998; Jean-Philippe Toussaints „Monsieur“, 1986; Patrick Devilles „Langue vue“, 1988), italienischen (Daniele Del Giudices „Atlante occidentale“, 1985) und mexikanischen Literatur (Jorge Volpis „En busca de Klingsor“, 1999).

103 Hierbei werden von Dilmac mehrere Funktionen der Literatur in Bezug auf die Wissenschaft herausgearbeitet: die von Odo Marquard so bezeichnete Kompensationsfunktion der Literatur als Medium der Kontingenzbewältigung, die Betonung der menschlichen individuellen Sichtweise als Reaktion auf den entanthropomorphisierten Zugang der Naturwissenschaften und die Synthese komplementärer Perspektiven.

schichte.[104] Anzuführen sind hier Untersuchungen wie die von Karl Richter, die sich den Interrelationen zwischen Lyrik und Wissenschaftsgeschichte in der Epoche der Aufklärung widmet.[105] Horst Thomé untersuchte die Literarisierung wissenschaftlicher Theorien im Roman in der Epoche des Realismus[106] und Michael Titzmann die Korrelationen zwischen Literatur und Wissensgeschichte in der Epoche der Goethezeit.[107] Bernadette Malinowski führt in ihrem Beitrag zur methodischen Reflexion der Korrelationen zwischen Literatur- und Wissenschaftsgeschichte aus:

> Erst durch diese doppelte Optik – also zum einen durch die Rekonstruktion der in die Literatur eingegangenen wissenschaftlichen Spezialdiskurseme innerhalb ihres wissenschaftlichen Kontextes, zum anderen durch die Rekonstruktion ihres Funktions- und Bedeutungswandels im literarischen Medium – wird der literarische Text überhaupt erst als Medium, als eine über sich selbst hinausweisende Vermittlungsinstanz verstehbar.[108]

Benjamin Spechts Studie „Physik als Kunst. Die Poetisierung der Elektrizität um 1800"[109] setzt als methodische Ausgangsbasis auf Michael Titzmanns Konzept des „kulturellen Wissens"[110], also auf die literar-, kultur- und wissenschaftshistorische

---

104 Peter Freese widmete sich in einer umfangreichen Studie dem Zweiten Gesetz der Thermodynamik und dem wissenschaftlichen Konzept der Entropie, das er in seinen wechselnden kulturellen Kontexten untersucht: von Clausius, Helmholtz, Boltzmann im Bereich der Physik bis hin zu Nietzsche und Bergson in der Philosophie, Shannon und Wiener in der Informationstheorie, und zum amerikanischen Roman der Nachkriegszeit. Vgl. Peter Freese: *From Apocalypse to Entropy and Beyond. The Second Law of Thermodynamics in Post-War American Fiction*. Essen: Verl. Die Blaue Eule 1997.

105 Vgl. Karl Richter: *Literatur und Naturwissenschaft. Eine Studie zur Lyrik der Aufklärung*. München: Fink 1972.

106 Vgl. Horst Thomé: *Roman und Naturwissenschaft. Eine Studie zur Vorgeschichte der deutschen Klassik*. Frankfurt a. M.: Lang 1978.

107 Vgl. Michael Titzmann: *Anthropologie der Goethezeit. Studien zur Literatur und Wissensgeschichte*. Hrsg. von Wolfgang Lukas. Berlin: De Gruyter 2012; ders.: „Wissen und Wissensgeschichte. Theoretisch-methodologische Bemerkungen". In: *Natur – Religion – Medien. Transformationen frühneuzeitlichen Wissens*. Hrsg. von Thorsten Burkard, Markus Hundt, Steffen Martus, Steffen Ohlendorf und Claus-Michael Ort. Berlin: Akademie 2014. S. 17–35.

108 Bernadette Malinowski: „Literatur und Naturwissenschaft". In: *Theorien der Literatur. Grundlagen und Perspektiven*. Bd. 2. Hrsg. von Hans Vilmar Geppert und Hubert Zapf. Tübingen: Francke 2005. S. 21–47, hier S. 27. Vgl. auch Bernadette Malinowskis jüngst erschienene Studie und darin vor allem das Kapitel „Literatur und Wissenschaft: Problematisierung einer Leitdifferenz". In: dies.: *Literarische Wissenschaftsgeschichte und Wissenschaftstheorie. Kehlmann – Del Giudice – Serres*. Berlin, Boston: De Gruyter 2021, S. 39–113.

109 Specht: *Physik als Kunst* (Anm. 78).

110 Vgl. Michael Titzmann: „Kulturelles Wissen, Diskurs, Denksystem. Zu einigen Grundbegriffen der Literaturgeschichtsschreibung". In: *Zeitschrift für französische Sprache und Literatur* 99 (1989). S. 47–61.

Kontextualisierung des physikalischen Wissens, und fragt darüber hinaus auch nach der spezifisch literarischen Funktionalisierung dieses Wissens, um die ästhetischen Strategien der Poetisierung physikalischen Wissens herauszuarbeiten. Specht widmet sich der Kontextualisierung der physikalischen Elektrizitätslehre um 1800 in geschichtsphilosophischen, anthropologischen und ästhetischen Zusammenhängen zu Beginn der ästhetischen Moderne. Er arbeitet einerseits heraus, wie Vokabular, Erkenntnisse und Methode der neuen physikalischen Theorie die kommunikative Semantik der Epoche prägen, und legt andererseits dar, welchen Beitrag die literarischen Texte von Kleist, Novalis, J. W. Ritter und Arnim dazu leisten, den weltanschaulichen Gehalt der neuen Theorie zu reflektieren.[111] Clemens Özelts Studie bietet einen interessanten Einblick in die epistemische Funktion des wissenschaftsphilosophischen Dialogs, der in der Kultur der Weimarer Republik im Kontext der Debatte um Identitätsbildung eine wichtige diskursintegrative Rolle zwischen Politik, Literatur und Physik spielte.[112]

Doch nicht nur die Korrelationen zwischen den beiden Feldern beschäftigt die Forschung, sondern auch die Möglichkeiten ihrer Konfrontation werden ausgelotet. Diese spitzte sich in den sogenannten *science wars*[113] zu – ausgelöst durch Alan Sokals Polemik gegen gewisse postmoderne und poststrukturalistische Ansätze, die naturwissenschaftliche Begrifflichkeiten zu eigenen Zwecken einsetzten.[114] Dem waren Debatten um die Ansätze der *Science and Technology Studies* vorausgegangen. Beispielhaft stehen hierfür die Arbeiten von Bruno Latour und Steve Woolgar[115]

---

111 Vgl. Specht: *Physik als Kunst* (Anm. 78), S. 3.

112 Vgl. Clemens Özelt: *Literatur im Jahrhundert der Physik. Geschichte und Funktion interaktiver Gattungen 1900–1975.* Göttingen: Wallstein Verlag 2018. Özelt diagnostiziert den historischen Kontext der Weimarer Republik als *Renaissancism* und führt den Gelehrtendialog der Renaissance, namentlich Galileo Galileis „Dialog über die zwei hauptsächlichsten Weltsysteme" als gattungsparadigmatisches Beispiel vor. Da dessen konstitutives Gattungsmerkmal der Perspektivwechsel sei, der eine Evidenzerfahrung vermitteln könne, eigne er sich in exemplarischer Weise für die kulturelle Vermittlung neuer Weltbilder.

113 Vgl. Keith M. Ashman und Philip S. Baringer (Hrsg.): *After the Science Wars.* London, New York: Routledge 2001; Keith M. Parsons (Hrsg.): *The Science Wars. Debating Scientific Knowledge and Technology.* Amherst, New York: Prometheus Books 2003.

114 Vgl. Alan D. Sokal: „Transgressing the Boundaries. Towards a Transformative Hermeneutics of Quantum Gravity". In: *Social Text* 46/47 (1996). S. 217–252; Alan D. Sokal und Jean Bricmont: *Eleganter Unsinn. Wie die Denker der Postmoderne die Wissenschaften mißbrauchen.* München: Beck 1999.

115 Vgl. Bruno Latour und Steve Woolgar: *Laboratory Life. The Construction of Scientific Facts.* With a New Postscript and Index by the Authors. Princeton: Princeton University Press 1986.

sowie Andrew Pickering[116] und das sogenannte *strong programme*[117] der Wissenschaftssoziologie. Die dortigen Thesen dienten auch in der Literaturwissenschaft als Argumentationslinien und wurden zum Gegenstand der kritischen Untersuchung Dirk Vanderbekes. Hier geht es vor allem um die Debatte der sozialen Konstruktion von Wahrheiten in den Naturwissenschaften.

Vanderbeke gibt in seiner Monografie „Theoretische Welten und literarische Transformationen. Die Naturwissenschaften im Spiegel der ‚science studies' und der englischen Literatur des ausgehenden 20. Jahrhunderts"[118] einen ausgezeichneten Überblick über die Argumentationslinien der Kontroverse, die in den sogenannten *science wars* vor allem im englischen Sprachraum geführt wurden. Er setzt sich einerseits mit den Ansätzen der *Science and Technology Studies*, andererseits mit den *Rhetorics of Science* auseinander.

Der erste wichtige Punkt der Kontroverse ist der von den Naturwissenschaften erhobene Anspruch, zu wahren Erkenntnissen und Aussagen über die Realität gelangen zu können. Bei allen berechtigten Einwänden der Vertreter dieser Theorien gegen die Verfechter eines naiven Realismus in den Naturwissenschaften, die Vanderbeke anerkennt, gebietet er dennoch Vorsicht vor einer polemischen Zuspitzung der Debatte. Er stellt die berechtigte Frage, ob die Tatsache, dass die Ergebnisse wissenschaftlicher Theorien stets unter dem Zeichen der Vorläufigkeit stehen und dass ihre Vorhersagen im Prozess der Forschung stets überprüft und gegebenenfalls auch falsifiziert werden – ob also diese eigentlich selbstverständlichen Prämissen der wissenschaftlichen Forschung dazu berechtigen, den Naturwissenschaften jeglichen Geltungsanspruch auf die Formulierung propositionaler Wahrheiten abzusprechen[119] bzw. die empirische Adäquatheit ihrer theoretischer Modellierungen in Frage zu stellen.

Die zweite Linie der Argumentation stellt die Frage nach den institutionellen Diskursen, die zur Konstruktion von Fakten führen, und nach der Sicherung der

---

116 Vgl. Andrew Pickering: *Constructing Quarks. A Sociological History of Particle Physics*. Edinburgh: Edinburgh University Press 1984; ders (Hrsg.): *Science as Practice and Culture*. Chicago, London: University of Chicago Press 1992.

117 Vgl. Barry Barnes, David Bloor und John Henry: *Scientific Knowledge. A Sociological Analysis*. London: Athlone 1996; David Bloor: *Knowledge and Social Imagery*. London: Routledge & Paul 1976; ders.: „The Strengths of the Strong Programme". In: *Scientific Rationality. The Sociological Turn*. Hrsg. von James Robert Brown. Dordrecht: Springer Netherlands 1984. S. 75–94.

118 Dirk Vanderbeke: *Theoretische Welten und literarische Transformationen. Die Naturwissenschaften im Spiegel der ‚science studies' und der englischen Literatur des ausgehenden 20. Jahrhunderts*. Tübingen: Niemeyer 2004.

119 Vanderbeke verweist auf das Problematische dieser Debatte: „Es ist ein [...] logischer Fehlschluss, die [...] prinzipielle Unmöglichkeit eines absoluten Wahrheitsbeweises als hinreichenden Gegenbeweis gegen die Existenz irgendeiner Wahrheit anzuführen. Daß etwas nicht bewiesen

Macht über diskursive Ausgrenzungsstrategien. Die institutionalisierte wissenschaftliche Praxis wird als kultureller Prozess beschrieben, in dem unterschiedliche Forschungsverbünde um Fördergelder konkurrieren und dabei ihre Antragsstrategien verfolgen, wobei in *peer-review*-Begutachtungen über die Veröffentlichung wissenschaftlicher Ergebnisse entschieden wird. Latour und Woolgar weisen nach, wie sich Aufschreibsysteme entwickeln und etablieren, die der Protokollierung von Experimentergebnissen in Laboren dienen. Knorr-Cetina zeigt, dass Experimentalsysteme errichtet werden, die die „Fabrikation von Erkenntnissen" ermöglichen.[120] Es ist kaum von der Hand zu weisen, dass die Gewinnung wissenschaftlicher Erkenntnisse sowie die Verbreitung und Etablierung wissenschaftlicher Theorien nicht zuletzt auch Prozessen der sozialen Aushandlung unterliegen. Vanderbeke stellt jedoch die Frage, ob diese von der Seite der konstruktivistischen Wissenschaftssoziologie gut dokumentierten Befunde genügen, um den wissenschaftlichen Erkenntnisprozessen den Anspruch auf Objektivität generell abzusprechen,[121] weil sie durchweg sozial determiniert seien.[122] Letztere ist die Position, die die Vertreter des *strong programme* der Edinburgh School verfechten.[123] Diese Debatte wurde in den letzten dreißig Jahren extensiv geführt. Demgegenüber stehen Positionen der Wissenschaftsphilosophie und Wissenschaftstheorie, die die Kriterien der wissenschaftlichen Objektivität[124] bzw. der empirischen Adäquatheit theoretischer Modelle[125]

---

werden kann, bedeutet [...] nicht, dass es damit auch widerlegt ist." In: Vanderbeke: *Theoretische Welten* (Anm. 118), S. 51.

120 Vgl. Karin Knorr-Cetina: *Die Fabrikation von Erkenntnis. Zur Anthropologie der Naturwissenschaft*. 3. Aufl. Frankfurt a. M.: Suhrkamp 2012.

121 Zum Problem der Objektivität im Kontext dieser Debatte vgl. aus wissenschaftshistorischer Perspektive: Lorraine Daston und Peter Louis Galison: *Objektivität*. Übers. von Christa Krüger. Berlin: Suhrkamp 2017; Lorraine Daston: „Die Kultur der wissenschaftlichen Objektivität" (1998). In: *Ansichten der Wissenschaftsgeschichte*. Hrsg. von Michael Hagner. Frankfurt a. M.: Fischer Taschenbuch Verlag 2001. S. 137–160.

122 Vgl. Bruno Latour: „A Relativistic Account of Einstein's Relativity". In: *Social Studies of Science* 18.1 (1988). S. 3–44; ders.: *Science in Action. How to Follow Scientists and Engineers Through Society*. Cambridge: Harvard University Press 1987.

123 Vgl. stellvertretend dazu: Pickering: *Constructing Quarks* (Anm. 116).

124 Vgl. Willard van Orman Quine: *Word and Object*. Cambridge, MA: The MIT Press 1960. Deutsche Fassung: ders.: *Wort und Gegenstand*. Hrsg. und übers. von Joachim Schulte und Dieter Birnbacher. Stuttgart: Reclam 2011. Vgl. auch Willard van Orman Quine: „Two Dogmas of Empiricism". In: *The Philosophical Review* 60.1 (1951). S. 20–43; Karl R. Popper: *Objektive Erkenntnis. Ein evolutionärer Entwurf*. Übers. von Hermann Vetter. 2. Aufl. Hamburg: Hoffmann und Campe 1974.

125 Vgl. Bas C. van Fraassen: *The Scientific Image*. Oxford, New York: Clarendon Press 1980; ders.: *Laws and Symmetry*. Oxford, New York: Clarendon Press 1989.

diskutieren und problematisieren. Ian Hacking gibt einen guten Überblick über ihre wichtigsten Problemkomplexe in „The Social Construction of What?“.[126]

Im Rahmen meiner Studie kann auf diese wissenschaftssoziologische Kontroverse nicht eingegangen werden. Mein Zugang grenzt sich zum einen nach ‚unten‘ von den empirischen Phänomenen ab, der Fokus der Untersuchung liegt auf Zeichen- und Symbolsysteme. Zum anderen grenzt sich mein Ansatz nach ‚oben‘ auch von den mentalen Phänomenen ab, weil er keine neurokognitionswissenschaftliche Untersuchungsmethoden einsetzt. Seine Untersuchungsgegenstände sind Zeichen, Symbol- und Signifikationssysteme, die in schriftlicher Form fixiert sind. Drittens grenzt sich mein Zugang überdies von der Untersuchung wahrheitstheoretischer Aussagen ab: Die Bedingungen und Möglichkeiten der Untersuchung von Wahrheitsurteilen werden in der Philosophie und Erkenntnistheorie verhandelt, die im Rahmen formaler Systeme operieren. Meine Studie hingegen stellt Möglichkeiten vor, Physik und Literatur als sekundär modellierende Systeme vergleichend zu untersuchen und dabei kultursemiologische und modelltheoretische, narrative und ästhetische Aspekte zu fokussieren. Zu wahrheitstheoretischen Urteilen äußert sie sich nicht.

In diesem Zusammenhang verdient auch der Ansatz der Rhetorik der Naturwissenschaften Erwähnung, dem Vanderbeke den zweiten Teil seiner theoretischen Überlegungen widmet. Dessen Vertreter sind unter anderen Alan Gross,[127] Charles Bazerman,[128] Lawrence Prelli[129] und Jeanne Fahnestock.[130] Die Vertreter dieses Ansatzes fördern wichtige Erkenntnisse zutage, indem sie die rhetorischen Verfahren analysieren, die in den wissenschaftlichen Fachtexten zum Einsatz kommen. Sie gehen von der berechtigten Grundannahme aus, dass auch naturwissenschaftliche

---

126 Ian Hacking: *The Social Construction of What?* 3. Aufl. Cambridge: Harvard University Press 1999.

127 Vgl. Alan G. Gross: *The Rhetoric of Science.* Cambridge: Harvard University Press 1990; Alan G. Gross, Joseph E. Harmon und Michael S. Reidy: *Communicating Science. The Scientific Article from the 17th Century to the Present.* Oxford, New York: Oxford University Press 2002.

128 Vgl. Charles Bazerman: *Shaping Written Knowledge. The Genre and Activity of the Experimental Article in Science.* Madison: University of Wisconsin Press 1988; Charles Bazerman, Robert Krut, Karen Lunsford, Susan McLeod, Suzie Null, Paul Rogers u. a (Hrsg.): *Traditions of Writing Research.* New York: Routledge 2010.

129 Vgl. Lawrence J. Prelli: *A Rhetoric of Science. Inventing Scientific Discourse.* Columbia: University of South Carolina Press 1989.

130 Vgl. Jeanne Fahnestock: *Rhetorical Figures in Science.* New York: Oxford University Press 1999; dies.: *Rhetorical Style. The Uses of Language in Persuasion.* Oxford: Oxford University Press 2011; dies.: „Accomodating Science. The Rhetorical Life of Scientific Facts“. In: *The Literature of Science. Perspectives on Popular Scientific Writing.* Hrsg. von Murdo W. MacRae. Athens: University of Georgia Press 1993. S. 17–36.

Fachtexte auf das Medium der Sprache angewiesen sind. Das gesamte Repertoire der antiken Rhetorik von der *inventio* über die *dispositio, argumentatio* und *elocutio* bis hin zur *actio* und *pronuntiatio* wird auch in der wissenschaftlichen Kommunikation angewandt, sowohl in derjenigen zwischen Experten untereinander als auch im Kontext der Popularisierung wissenschaftlichen Wissens im Dialog mit der Öffentlichkeit. Dieser Befund ist unbestritten. Doch Vanderbeke arbeitet in seiner ausführlichen Auseinandersetzung mit dem Ansatz der Rhetorik der Naturwissenschaften heraus, dass hier die „Grenzen zwischen wissenschaftlicher und literarischer Sprache aufgelöst werden".[131] Diese Einebnung führt dazu, dass sowohl dem literarisch-fiktionalen Diskurs sein eigenes Potential abgesprochen wird als auch dem naturwissenschaftlichen Diskurs die eigene Spezialisierung und Ausdifferenzierung.[132] Zwar ist die Relevanz der Ergebnisse dieser Forschungsrichtung anzuerkennen. Doch gleichzeitig stellt sich die Frage danach, ob die Konsequenzen zutreffend sind, die aus diesen Befunden gezogen werden. Vanderbeke problematisiert dies:

> Nun lässt sich kaum bestreiten, daß die Ubiquität der Rhetorik vor der Wissenschaft nicht Halt macht und daß sich rhetorische Elemente in wissenschaftlichen Texten finden. [...] Die Frage, die sich hier allerdings stellt, lautet, ob daraus dann auch eine prinzipielle Gleichartigkeit der Textsorten oder selbst der darin enthaltenen rhetorischen Elemente abgeleitet werden kann.[133]

Auch Specht kritisiert einerseits die extremen Positionen der *science wars*, die lediglich die Unterschiede in den Prämissen und Methoden kultur- und naturwissenschaftlicher Zugänge markieren und sich somit um die Eröffnung eines produktiven Dialogs bringen, aber auch jene Strömungen der Kulturwissenschaft, die es literarischen Texten absprechen, ästhetische und stilistische Eigenheiten zu besitzen.[134]

Gegen diese radikale These der Einebnung der Grenzen zwischen der literarischen und der wissenschaftlichen Sprache wenden sich linguistische Untersuchungen zur Fachsprache der Physik, wie sie zum Beispiel Winfried Thielmann vorgelegt hat. Thielmann führt in seiner Analyse vor,[135] wie die Fachsprache der

131 Vanderbeke: *Theoretische Welten* (Anm. 118), S. 59.

132 Vgl. Vanderbeke: *Theoretische Welten* (Anm. 118), S. 56.

133 Vanderbeke: *Theoretische Welten* (Anm. 118), S. 56.

134 Vgl. Specht: *Physik als Kunst* (Anm. 78), S. 16.

135 Vgl. Winfried Thielmann: *Fachsprache der Physik als begriffliches Instrumentarium. Exemplarische Untersuchungen zur Funktionalität naturwissenschaftlicher Begrifflichkeit bei der Wissensgewinnung und -strukturierung im Rahmen der experimentellen Befragung von Natur.* Frankfurt a. M., New York: Lang 1999; ders.: *Deutsche und englische Wissenschaftssprache im Vergleich. Hinführen – Verknüpfen – Benennen.* Heidelberg: Synchron 2009.

Physik „operationale Konzepte“[136] einsetzt, und gelangt zum entgegengesetzten Befund: Das Problem sei nicht, dass es keine Grenze mehr gäbe zwischen der natürlichen und der wissenschaftlichen Sprache, sondern vielmehr, dass beide so weit auseinandergedriftet seien, dass die epistemologische Leistungsfähigkeit eines Konzeptes nur noch an der Möglichkeit der mathematisch-symbolischen Formalisierung und an dem Maß an empirischer Adäquatheit gemessen werde. Das Problem liege vielmehr darin, dass mit dieser komplexen mathematikbegrifflichen Arbeit an der Entwicklung eines Konzeptes in der Fachwissenschaft nicht zugleich eine sprachliche, terminologische und begrifflich-semantische Innovation einhergehe. Die oben erwähnte entscheidende konzeptuelle Verschiebung in der Verwendung wissenschaftlicher Fachbegriffe, die sich durch die zunehmende operationale Formalisierung ergibt,[137] droht dazu zu führen, dass eine breitere populärwissenschaftliche Rezeption rein operationale Konzepte in unsachgemäßer Weise ontologisiert.

Bernadette Malinowski und Gert-Ludwig Ingold verweisen aus eigener Erfahrung auf die Herausforderungen, die die Zusammenarbeit zwischen Physik und Literaturwissenschaft über fachdisziplinäre Grenzen hinweg mit sich bringt:

> Insbesondere das Fehlen einer fächerübergreifenden Wissenschaftssprache sowie einer gemeinsamen theoretischen und methodischen Grundlage, aber auch bestehende und wissenschaftshistorisch tradierte Vorurteile gegenüber der jeweils anderen Disziplin und nicht zuletzt das auf beiden Seiten ungenügend reflektierte, der eigenen Disziplin zugrundeliegende Wissenschaftsverständnis, erschwerten [...] die kommunikativen Prozesse [...].[138]

Das Problem der starken Ausdifferenzierung zwischen den Wissenschaftsverständnissen beider Felder hat Manuel Illi[139] in seiner archäologisch angelegten Rekonstruktion der diskursiven Formationen der Sprache, der Mathematik und der Physik sehr überzeugend aufgezeigt. Illi betrachtet einerseits die Entwicklung sprachphilosophischer Konzeptionen rationalistischer (Leibniz, Baumgarten, Meier, Sulzer)

---

136 Winfried Thielmann: „Concept Formation in Physics from a Linguist’s Perspective“. In: *Physics and Literature. Concepts – Transfer – Aestheticization.* Hrsg. von Aura Heydenreich und Klaus Mecke. Berlin, Boston: De Gruyter 2021. S. 149–161.

137 Vgl. dazu Brigitte Falkenburg: „Das Verhältnis von formalen Sprachen und verbalen Fachsprachen in den neueren Naturwissenschaften“. In: *Fachsprachen. Ein internationales Handbuch zur Fachsprachenforschung und Terminologiewissenschaft.* Hrsg. von Lothar Hoffmann, Hartwig Kalverkämper und Herbert Weigand. Berlin: De Gruyter 1998. S. 910–921.

138 Bernadette Malinowski und Gert-Ludwig Ingold: „Chancen und Grenzen des interdisziplinären Dialogs. Erfahrungsbericht über das Seminar ‚Farben und Licht in ästhetischer und physikalischer Perspektive‘“. In: *Physikerinnen stellen sich vor. Dokumentation der Deutschen Physikerinnentagung 2003.* Hrsg. von Cosima Schuster. Berlin: Logos 2004. S. 107–112.

139 Vgl. Manuel Illi: *Sprache in Wissenschaft und Dichtung. Diskursive Formationen von Mathematik, Physik, Logik und Dichtung im 17. und 18. Jahrhundert.* Berlin, Boston: De Gruyter 2017.

sowie empiristischer und sensualistischer Prägung (Berkeley, Hume, Condillac) und andererseits die parallele Entwicklung in der Physik im 17. und 18. Jahrhundert, die zur Symbolisierung, Formalisierung und Entliterarisierung der Fachsprachen der Physik und Mathematik führten. Diese Entwicklung führte zu Beginn des 20. Jahrhunderts bis hin zum Programm der vollständigen, widerspruchsfreien Axiomatisierung der Mathematik durch David Hilbert bzw. zur Idee der vollständigen logischen Formalisierung in der Sprache des formalen Kalküls durch Gottlob Frege.[140] Deshalb sind in diesem Zusammenhang noch weitere Forschungsrichtungen zu berücksichtigen: so etwa mathematikhistorische Untersuchungen wie die auch in der Literaturwissenschaft vielfach rezipierte Arbeit von Herbert Mehrtens „Moderne – Sprache – Mathematik".[141] Zudem ist auf die Verbindung hinzuweisen, die Sybille Krämer zwischen Wissenschaftsgeschichte und Medienphilosophie herstellt,[142] wobei sie den „operativen Symbolismus" der mathematischen und naturwissenschaftlichen Begriffsbildung untersucht und die Genealogie des Modells der „berechenbaren Vernunft" rekonstruiert.[143] Vor diesem Hintergrund sind wiederum die Forschungen zu den Beziehungen zwischen Literatur und Mathematik zu erwähnen, für die exemplarisch die Studien von Andrea Albrecht[144] und Franziska Bomski[145] genannt seien.[146]

---

140 Vgl. I. Grattan-Guinness: *The Search for Mathematical Roots, 1870–1940. Logics, Set Theories and the Foundations of Mathematics from Cantor Through Russell to Gödel.* Princeton: Princeton University Press 2000.

141 Herbert Mehrtens: *Moderne – Sprache – Mathematik. Eine Geschichte des Streits um die Grundlagen der Disziplin und des Subjekts formaler Systeme.* Frankfurt a. M.: Suhrkamp 1990.

142 Vgl. Sybille Krämer: *Figuration, Anschauung, Erkenntnis. Grundlinien einer Diagrammatologie.* Berlin: Suhrkamp 2016; Sybille Krämer und Horst Bredekamp (Hrsg.): *Bild – Schrift – Zahl.* München: Fink 2003; Sybille Krämer und Christina Ljungberg (Hrsg.): *Thinking with Diagrams. The Semiotic Basis of Human Cognition.* Berlin, Boston: De Gruyter 2016; Eva Christiane Cancik-Kirschbaum, Rainer Totzke und Sybille Krämer (Hrsg.): *Schriftbildlichkeit. Wahrnehmbarkeit, Materialität und Operararativität [i. e. Operativität] von Notationen.* Berlin: Akademie 2012.

143 Vgl. Sybille Krämer: *Berechenbare Vernunft. Kalkül und Rationalismus im 17. Jahrhundert.* Berlin, New York: De Gruyter 1991.

144 Vgl. Andrea Albrecht, Gesa von Essen und Werner Frick (Hrsg.): *Zahlen, Zeichen und Figuren. Mathematische Inspirationen in Kunst und Literatur.* Berlin: De Gruyter 2011.

145 Vgl. Franziska Bomski: *Die Mathematik im Denken und Dichten von Novalis. Zum Verhältnis von Literatur und Wissen um 1800.* Berlin: De Gruyter 2014; Franziska Bomski und Stefan Suhr (Hrsg.): *Fiktum versus Faktum? Nicht-mathematische Dialoge mit der Mathematik.* Berlin: Schmidt 2012.

146 Vgl. auch die aktuelle Forschungsdebatte in der *Scientia Poetica*: Andrea Albrecht und Franziska Bomski: „Grabenkämpfe und Brückenschläge. Interdisziplinarität in der Praxis". In: *Scientia Poetica* 26.1 (2022). S. 191–200.

Natürlich führten die *Literature and Science*-Debatten zu einer Sensibilisierung für die Relevanz dieser Themen auch im physikalischen Diskursfeld. So lässt sich beobachten, dass der Einsatz rhetorischer Elemente in fachwissenschaftlichen Texten immer mehr auch von den Naturwissenschaftlern selbst thematisiert und auf ihre Konsequenzen hin reflektiert wird. Exemplarisch seien hier im Bereich der Wissenschaftsphilosophie frühe Arbeiten von Max Black[147] und Mary Hesse[148] zum Problemkomplex der Metapher und der Modellierung in der Physik genannt. In der Wissenschaftsgeschichte der Physik widmete sich beispielsweise Klaus Hentschel der epistemischen Funktion analogischen Denkens in der naturwissenschaftlichen Forschung,[149] und Klaus Mecke untersuchte die epistemische Funktion der Metapher in den Erkenntnisprozessen der theoretischen Physik.[150] Christina Brandt erforschte die epistemischen Funktionen der Metapher in der Genetik und Biologie[151] und Lutz Kasper die Vorteile eines metaphorologischen Zugangs für den Physikunterricht.[152]

---

147 Vgl. Max Black: *Models and Metaphors. Studies in Language and Philosophy*. 7. Aufl. Ithaca, New York: Cornell University Press 1981; ders.: „More about Metaphor“. In: *Dialectica* 31.3/4 (1977). S. 431–457.

148 Vgl. Mary B. Hesse: *Models and Analogies in Science*. 2. Aufl. Notre Dame: University of Notre Dame Press 1970; dies.: *Forces and Fields. The Concept of Action at a Distance in the History of Physics*. London: Nelson 1962.

149 Vgl. Klaus Hentschel: „Die Funktion von Analogien in den Naturwissenschaften, auch in Abgrenzung zu Metaphern und Modellen“. In: ders (Hrsg.): *Analogien in Naturwissenschaften, Medizin und Technik*. Fachtagung der Deutschen Akademie der Naturforscher Leopoldina und der Abteilung für Geschichte der Naturwissenschaften und Technik der Universität Stuttgart vom 17. bis 20. März 2008. Stuttgart: Wiss. Verl.-Ges. 2010. S. 13–66. Vgl. zu dieser Forschungsdebatte aus literaturwissenschaftlicher Perspektive die jüngst erschiene Studie von Sarah Maria Teresa Goeth: *Analogie zwischen Wissenschaft und Ästhetik. Eine Vermittlungsfigur der Moderne bei Kant, Novalis und Goethe*. Berlin, Boston: De Gruyter 2023.

150 Vgl. Klaus Mecke: „Das physikalische Modell – eine quantitative Metapher?“. In: *Metapher und Modell. Ein Wuppertaler Kolloquium zu literarischen und wissenschaftlichen Formen der Wirklichkeitskonstruktion*. Hrsg. von Wolfgang Bergem, Lothar Bluhm und Friedhelm Marx. Trier: Wissenschaftlicher Verlag 1996. S. 225–252; ders.: „Zahl und Erzählung. Metaphern in Erkenntnisprozessen der Physik“. In: *Quarks and Letters. Naturwissenschaften in der Literatur und Kultur der Gegenwart*. Hrsg. von Aura Heydenreich und Klaus Mecke. Berlin, Boston: De Gruyter 2015. S. 31–85.

151 Vgl. Christina Brandt: *Metapher und Experiment. Von der Virusforschung zum genetischen Code*. Göttingen: Wallstein 2004.

152 Vgl. Lutz Kasper: „Metaphern der Physik – eine fachdidaktische Reflexion“. In: *Analogien in Naturwissenschaften, Medizin und Technik*. Fachtagung der Deutschen Akademie der Naturforscher Leopoldina und der Abteilung für Geschichte der Naturwissenschaften und Technik der Universität Stuttgart vom 17. bis 20. März 2008. Hrsg. von Klaus Hentschel. Stuttgart: Wiss. Verl.-

Wissenspoetologische Zugänge

Deutlich profiliert hat sich in der germanistischen Literaturwissenschaft der wissenspoetologische Ansatz Joseph Vogls,[153] der auf der theoretischen Grundlage der historischen Epistemologie[154] und der Diskursanalyse Michel Foucaults basiert. Gemäß Foucaults Analysen in der „Ordnung der Dinge“[155] und der „Archäologie des Wissens“[156] geht dieser Ansatz von einer gemeinsamen *episteme* aus, von einem gemeinsamen „diskursiven Boden“,[157] dessen Aussageregularitäten die diskursive Praxis einer Epoche prägen. Das gemeinsame „Aussagefeld“[158] durchquert den gesamten Wissensraum in der literarischen, wissenschaftlichen und politischen Kommunikation. So sind die „archäologischen Isomorphismen zwischen den verschiedenen Formationen“[159] aufzuzeigen, um jenes „archäologische Modell jeder Formation zu definieren“,[160] das die Wissensformen in ihren Äußerungs- und Darstellungsverfahren bedingt. Einen Überblick über die verschiedenen Richtungen des wissensgeschichtlichen Ansatzes bietet das von Nicholas Pethes, Roland Borgards, Harald Neumeyer und Yvonne Wübben herausgegebene Handbuch „Literatur und Wissen“.[161] Der Wissensbegriff, der den einschlägigen Untersuchungen zugrunde liegt, ist jeweils unterschiedlich.[162] Die Bandbreite ist groß: Vom spezifischen Wissen über literarische Formen, wie Heinz Schlaffers Beitrag zur Debatte

Ges. 2010. S. 91–119; ders.: „Analogien, Metaphern und Modelle der Physik“. In: *Modelle*. Hrsg. von Silke Mikelskis-Seifert. Velber: Friedrich 2011. S. 32–36.

153 Vgl. Vogl: *Poetologien des Wissens um 1800* (Anm. 82).

154 Vgl. Ludwik Fleck: *Entstehung und Entwicklung einer wissenschaftlichen Tatsache. Einführung in die Lehre vom Denkstil und Denkkollektiv*. Frankfurt a. M.: Suhrkamp 1980; Gaston Bachelard: *Epistemologie*. Hrsg. von Dominique Lecourt. Übers. von Henriette Beese. Frankfurt a. M.: Fischer Taschenbuch Verlag 1993; Hans-Jörg Rheinberger: *On Historicizing Epistemology. An Essay*. Übers. von David Fernbach. Stanford: Stanford University Press 2010.

155 Michel Foucault: *Die Ordnung der Dinge. Eine Archäologie der Humanwissenschaften*. Übers. von Ulrich Köppen. Frankfurt a. M.: Suhrkamp 1974.

156 Michel Foucault: *Archäologie des Wissens*. Übers. von Ulrich Köppen. Frankfurt a. M.: Suhrkamp 1981.

157 Michael Gamper: *Elektropoetologie. Fiktionen der Elektrizität 1740–1870*. Göttingen: Wallstein 2009, S. 10.

158 Foucault: *Archäologie des Wissens* (Anm. 156), S. 193.

159 Foucault: *Archäologie des Wissens* (Anm. 156), S. 229.

160 Foucault: *Archäologie des Wissens* (Anm. 156), S. 229.

161 Roland Borgards, Harald Neumeyer, Nicolas Pethes und Yvonne Wübben (Hrsg.): *Literatur und Wissen. Ein interdisziplinäres Handbuch*. Stuttgart, Weimar: Metzler 2013. Vgl. hierzu auch Ralf Klausnitzer: *Literatur und Wissen. Zugänge – Modelle – Analysen*. Berlin: De Gruyter 2008.

162 Vgl. Bernhard J. Dotzler: „Explorationen. Literaturforschung und die Geschichte des Wissens und der Wissenschaften“. In: *Berichte und Abhandlungen*. Bd. 9. Hrsg. von Berlin-Brandenburgische Akademie der Wissenschaften. Berlin: Akademie 2002. S. 311–327; Bernhard J. Dotzler und Sigrid

zu verstehen ist,[163] über den Begriff des „kulturellen Wissens",[164] den Michael Titzmann vorschlug, bis hin zu dem wissensgeschichtlichen Ansatz,[165] der in der Nachfolge der Diskursanalyse Foucaults und der *cultural poetics* Stephen Greenblatts von der Zirkulation soziokultureller Energien zwischen den Diskursen ausgeht.

Im deutschsprachigen Raum fand zusätzlich noch eine intradisziplinäre literaturwissenschaftliche Grundsatzdebatte darüber statt, ob, wie und unter welchen Bedingungen *Wissen* prinzipiell in der Literatur generiert, verhandelt oder dargestellt werden kann. Dieser Ansatz reiht sich in die Tradition der analytischen Literaturwissenschaft ein und setzt einen engeren Wissensbegriff voraus, der an die Bedingung der propositionalen Wahrheit geknüpft ist und namentlich durch Tilmann Köppe vertreten wird.[166] Diese Debatte fand im Umfeld der „Zeitschrift für Germanistik" statt.[167] In meiner Studie schlage ich vor, den Fokus der Untersuchung von den wahrheitstheoretischen Fragen, die im Rahmen der Literaturwissenschaft kaum zu klären sind, zu verlagern, um eine differenzierte vergleichende Analyse der Praktiken der Symbolisierung, der Bezugnahme, der Modellierung und der Bedeutungszuschreibung in Literatur und Physik zu versuchen. Dazu ist es notwendig, den Fokus der Analyse etwas genauer zu umreißen, um die hierfür

---

Weigel: „Vorwort. Literaturforschung/Wissenschaftsgeschichte". In: dies (Hrsg.): *„fülle der combination". Literaturforschung und Wissenschaftsgeschichte.* München: Fink 2005. S. 9–13.

163 Vgl. Heinz Schlaffer: *Poesie und Wissen. Die Entstehung des ästhetischen Bewußtseins und der philologischen Erkenntnis.* Frankfurt a. M.: Suhrkamp 1990.

164 Vgl. Titzmann: „Kulturelles Wissen, Diskurs, Denksystem" (Anm. 110); Christine Maillard und Michael Titzmann: „Vorstellung eines Forschungsprojekts. ‚Literatur und Wissen(schaften) in der Frühen Moderne'". In: dies (Hrsg.): *Literatur und Wissen(schaften) 1890–1935.* Stuttgart, Weimar: Metzler 2002. S. 7–37.

165 Vgl. Roland Borgards und Harald Neumeyer: „Der Ort der Literatur in einer Geschichte des Wissens. Plädoyer für eine entgrenzte Philologie". In: *Grenzen der Germanistik. Rephilologisierung oder Erweiterung?* Hrsg. von Walter Erhart. Stuttgart, Weimar: Metzler 2004. S. 210–222.

166 Vgl. Tilmann Köppe (Hrsg.): *Literatur und Wissen. Theoretisch-methodische Zugänge.* Berlin, Boston: De Gruyter 2011; ders.: „Literatur und Wissen. Zur Strukturierung des Forschungsfeldes und seiner Kontroversen". In: ders (Hrsg.): *Literatur und Wissen. Theoretisch-methodische Zugänge.* Berlin, Boston: De Gruyter 2011. S. 1–28; ders.: *Literatur und Erkenntnis. Studien zur kognitiven Signifikanz fiktionaler literarischer Werke.* Paderborn: Mentis 2008.

167 Vgl. Tilmann Köppe: „Vom Wissen *in* Literatur". In: *Zeitschrift für Germanistik* 17 (2007). S. 398–410; Roland Borgards: „Wissen und Literatur. Eine Replik auf Tilmann Köppe". In: *Zeitschrift für Germanistik* 17 (2007). S. 425–428; Andreas Dittrich: „Ein Lob der Bescheidenheit. Zum Konflikt zwischen Erkenntnistheorie und Wissensgeschichte". In: *Zeitschrift für Germanistik* 17 (2007). S. 631–637; Tilmann Köppe: „Fiktionalität, Wissen, Wissenschaft. Replik auf Roland Borgards und Andreas Dittrich". In: *Zeitschrift für Germanistik* 17 (2007). S. 638–646. Vgl. auch Gideon Stiening: „Am ‚Urgrund' oder: Was sind und zu welchem Ende studiert man ‚Poetologien des Wissens'?". In: *KulturPoetik* 7 (2007). S. 234–248; Fotis Jannidis: „Zuerst Collegium Logicum. Tilmann Köppes Beitrag ‚Vom Wissen in Literatur'". In: *Zeitschrift für Germanistik* 18 (2008). S. 373–377.

notwendigen Begriffe zu schärfen und zu präzisieren. Denn in der Debatte um „Literatur und Wissen“[168] ist zu beobachten, dass nicht in jedem Fall Abgrenzungen zwischen Wissen, Wissenschaften und Naturwissenschaften stattfinden, sodass des Öfteren der Terminus „Wissen(schaften)“[169] fällt. Zu beobachten ist auch, dass sich die betreffenden Sammelbände auf heterogene Wissenskontexte beziehen:[170] Verhandelt werden Problemkomplexe aus ökonomischen,[171] juristischen,[172] meteorologischen[173] und medizinischen[174] Bereichen, hinzu kommen die *ecocritical studies*[175] und die *animal studies*.[176]

---

168 Vgl. dazu auch Klausnitzer: *Literatur und Wissen* (Anm. 161).

169 Vgl. Christine Maillard und Michael Titzmann (Hrsg.): *Literatur und Wissen(schaften) 1890–1935*. Stuttgart, Weimar: Metzler 2002.

170 Vgl. Lutz Danneberg und Friedrich Vollhardt (Hrsg.): *Wissen in Literatur im 19. Jahrhundert*. Tübingen: Niemeyer 2002; Maillard und Titzmann: *Literatur und Wissen(schaften) 1890–1935* (Anm. 169); Thomas Klinkert und Monika Neuhofer (Hrsg.): *Literatur, Wissenschaft und Wissen seit der Epochenschwelle um 1800. Theorie – Epistemologie – komparatistische Fallstudien*. Berlin, New York: De Gruyter 2008; Caroline Welsh und Stefan Willer: „Einleitung. Die wechselseitige Bedingtheit der Wissenskulturen – ein Gegenentwurf zur Trennungsgeschichte“. In: dies (Hrsg.): *„Interesse für bedingtes Wissen“. Wechselbeziehungen zwischen den Wissenskulturen*. München: Fink 2008. S. 9–18.

171 Vgl. Bernd Mahl: *Goethes ökonomisches Wissen. Grundlagen zum Verständnis der ökonomischen Passagen im dichterischen Gesamtwerk und in den „Amtlichen Schriften“*. Frankfurt a. M.: Lang 1982; Stefan Neuhaus: „Soll und Haben. Literarisches und ökonomisches Feld im 19. Jahrhundert“. In: *Literatur und Ökonomie*. Hrsg. von Sieglinde Klettenhammer. Innsbruck: Studien Verlag 2010. S. 90–109; Joseph Vogl: *Kalkül und Leidenschaft. Poetik des ökonomischen Menschen*. 2. Aufl. Zürich, Berlin: Diaphanes 2004.

172 Vgl. Maximilian Bergengruen: „Moosbruggers Welt. Zur Figuration von Strafrecht und Forensik in Robert Musils *Der Mann ohne Eigenschaften*“. In: *Figurenwissen. Funktionalisierung des Wissens bei der narrativen Figurendarstellung*. Hrsg. von Lilith Jappe, Olav Krämer und Fabian Lampart. Berlin, Boston: De Gruyter 2012. S. 324–344; Jörg Schönert (Hrsg.): *Literatur und Kriminalität. Die gesellschaftliche Erfahrung von Verbrechen und Strafverfolgung als Gegenstand des Erzählens. Deutschland, England und Frankreich 1850–1880*. Tübingen: Niemeyer 1983.

173 Vgl. Urs Büttner und Ines Theilen (Hrsg.): *Phänomene der Atmosphäre. Ein Kompendium Literarischer Meteorologie*. Stuttgart: Metzler 2017; Michael Gamper: „Rätsel der Atmosphäre. Umrisse einer ‚literarischen Meteorologie‘“. In: *Zeitschrift für Germanistik* 24 (2014). S. 229–243.

174 Vgl. Pascal Fischer und Mariacarla Gadebusch Bondio (Hrsg.): *Literatur und Medizin. Interdisziplinäre Beiträge zu den „Medical Humanities“*. Heidelberg: Winter 2016.

175 Vgl. Evi Zemanek: „Elemental Poetics. Material Agency in Contemporary German Poetry“. In: *Ecological Thought in German Literature and Culture*. Hrsg. von Gabriele Dürbeck, Urte Stobbe, Hubert Zapf und Evi Zemanek. Lanham u. a.: Lexington Books 2017. S. 281–296.

176 Vgl. Frederike Middelhoff, Sebastian Schönbeck, Roland Borgards und Catrin Gersdorf (Hrsg.): *Texts, Animals, Environments. Zoopoetics and Ecopoetics*. Freiburg im Breisgau, Berlin: Rombach 2019.

Deshalb ist es auch in diesem Bereich angebracht, sich vor allem auf die Studien zu den Beziehungen zwischen Literatur und Physik zu beziehen.[177] Michael Gamper verfolgt in „Elektropoetologie. Fiktionen der Elektrizität 1740–1870"[178] einen wissensgeschichtlichen Ansatz; er untersucht, wie sich das Phänomen der Elektrizität an der Schwelle der Phase der Epistemologisierung zwischen 1740 und 1870 als diskursiver Gegenstand etabliert. Gamper untersucht die unterschiedlichen Facetten dieser mit William Gilbert um 1600 neu aufgetauchten Positivität zwischen der „wissenschaftlichen Hypothese, der technischen Anwendung, der philosophischen Spekulation, der künstlerischen Darstellung und der literarischen Narration."[179] Gamper fokussiert einen interessanten Abschnitt in der Wissensgeschichte der Elektrizität, die als Gegenstand der physikalischen Naturwissenschaft noch nicht beschrieben und formalisiert, sondern gemäß Hans-Jörg Rheinberger noch als „epistemisches Ding"[180] oder mit Yehuda Elkana als *„concept in flux"*[181] zu bezeichnen ist. Gamper zeigt, dass in diesem wissensgeschichtlichen Kontext epistemologische Aussagen über die Elektrizität nicht ohne die differenzierte Untersuchung epochenspezifischer diskursiver Praktiken zu machen sind, weil ihr Wesen und Funktion stets „an poetologische Verfahren [ihrer] Hervorbringung und Darstellung gebunden sind."[182] Gamper zeigt überdies, dass die Schwelle der Epistemologisierung eine wissenschaftsgeschichtlich paradoxe Situation ist: Einerseits erfährt das Phänomen eine rapide Verbreitung und immense Popularisierung durch öffentliche experimentelle Aufführungen, andererseits werden im Übergang zwischen dem naturphilosophischen Diskurs und der naturwissenschaftlichen Disziplin, die sich im 19. Jahrhundert etabliert,[183] große Kontroversen darüber geführt, wie das Phänomen theoretisch konzeptualisiert und experimentell gesichert werden kann. Benjamin

177 Christian Kassung widmet sich aus diskursgeschichtlicher Perspektive der Verarbeitung der thermodynamischen Theorie in Robert Musils „Der Mann ohne Eigenschaften". Vgl. Christian Kassung: *Entropie-Geschichten. Robert Musils „Der Mann ohne Eigenschaften" im Diskurs der modernen Physik*. München: Fink 2001.

178 Gamper: *Elektropoetologie* (Anm. 157).

179 Gamper: *Elektropoetologie* (Anm. 157), S. 8.

180 Vgl. Hans-Jörg Rheinberger: „Begriffsgeschichte epistemischer Objekte". In: *Begriffsgeschichte der Naturwissenschaften. Zur historischen und kulturellen Dimension naturwissenschaftlicher Konzepte*. Hrsg. von Ernst Müller und Falko Schmieder. Berlin, Boston: De Gruyter 2008. S. 1–9; ders.: *Experimentalsysteme und epistemische Dinge. Eine Geschichte der Proteinsynthese im Reagenzglas*. Göttingen: Wallstein 2001; ders.: *Experiment, Differenz, Schrift. Zur Geschichte epistemischer Dinge*. Marburg an der Lahn: Basilisken-Presse 1992.

181 Yehuda Elkana: „Helmholtz' ‚Kraft'. An Illustration of Concepts in Flux". In: *Historical Studies in the Physical Sciences* 2 (1970). S. 263–298. Hervorhebung von AH.

182 Gamper: *Elektropoetologie* (Anm. 157), S. 7.

183 Vgl. dazu Stichweh: *Zur Entstehung des modernen Systems wissenschaftlicher Disziplinen* (Anm. 37).

Franklin, Alessandro Volta, Johann Wilhelm Ritter und Georg Christoph Lichtenberg beteiligen sich an dieser Debatte. Gamper zeigt anhand der Texte von Novalis, Kleist, Arnim und Stifter, dass ausgerechnet dieser Zustand des (Noch-)Nicht-Wissens, der noch widersprüchlichen Aussagen und Konzeptualisierungsversuche ein diskursiv besonders fruchtbarer Boden ist für die Beteiligung der Literatur an der von Gamper so genannten „Wissenspoetik der Elektrizität", der „Elektropoetologie".[184]

An dieser Stelle knüpft nun meine Studie an und nimmt eine Abgrenzung vor, die einer Erläuterung bedarf. So ist der Ansatz der Diskursanalyse sehr aufschlussreich, wenn es darum geht, die Praktiken der Kommunikation, Signifikation und Wissensgenerierung aus den Feldern Biologie, Linguistik und Ökonomie, Recht und Medizin zu untersuchen, deren zeichentheoretische Grundlagen Foucault in der „Ordnung der Dinge", der „Archäologie des Wissens" sowie in „Überwachen und Strafen" analysiert hat. Jedoch weist Foucault darauf hin, dass die Mathematik und mathematische Physik, die die vorliegende Studie in den Fokus nimmt, für die historische Diskursanalyse wenig zugänglich sind, weil das Symbolsystem der Mathematik nach eigenständigen, autonomen Regeln operiert. Die Regeln der Formation und Transformation der eigenen Diskursdisposition werden nach Foucault[185] im Falle der Mathematik und der mathematischen Physik innerdisziplinär geklärt. So heißt es bei Foucault in der „Archäologie des Wissens":

> [...] diese Geschichte erzählt die Mathematik im Prozeß ihrer eigenen Ausarbeitung unaufhörlich über sich selbst. Was sie in einem gegebenen Augenblick gewesen ist (ihr Bereich,

184 Zu einem ähnlichen Ergebnis kommt auch Benjamin Specht. So wird auch deutlich, wieso das noch unerklärte Phänomen der Elektrizität Wissenschaftler und Dichter zugleich faszinieren konnte: weil es sich als verbindendes Medium zwischen Organischem und Anorganischem, zwischen Kraft und Phänomen, zwischen Geist und Materie konzeptualisieren ließ. Specht formuliert in Anlehnung an Hans Blumenbergs „Paradigmen zu einer Metaphorologie" und an Harald Weinrichs Konzeption der Metapher als Bildfeldtheorie fünf Kriterien, nach denen die Elektrizität als ‚epochale Metapher' um 1800 fungieren kann: die Schwierigkeiten der wissenschaftlichen Konzeptualisierung des Phänomens zwischen der Experimentalpraxis und der symbolischen Beschreibung, das spannungsvolle Verhältnis zwischen Bild und Begriff und die damit verbundene Breite des Deutungsspielraums zwischen Offenheit und Konvention, die Syntheseleistung der metaphorischen Begrifflichkeit zwischen Konkretion und Abstraktion sowie die tropische Funktionalisierung der Elektrizität im Pendeln zwischen dem Metaphorischen und dem Metonymischen. Vgl. Specht: *Physik als Kunst* (Anm. 78), S. 414–419. So legen sowohl Specht als auch Gamper sehr überzeugend dar, dass die Aporien, die die Elektrizitätslehre um 1800 im wissenschaftlichen Kontext aufwirft, ihre Entsprechungen im kulturhistorischen Kontext haben und dass ausgerechnet anhand des spannungsvollen Bildfelds, das die Elektrizität bietet, epochale Problemkonstellationen aufscheinen – und in literarischen Texten nicht nur topisch oder motivisch verhandelt werden, sondern so, dass sie deren Struktur, poetologische Voraussetzungen und epistemologischen Implikationen prägen.

185 Vgl. Foucault: *Archäologie des Wissens* (Anm. 156), S. 266–270.

> ihre Methoden, die Gegenstände, die sie definiert, die Sprache, die sie benutzt), wird nie in das äußere Feld der Nicht-Wissenschaftlichkeit zurückgeworfen, sondern wird ständig [...] in dem formalen Gebäude neu definiert, das sie konstituiert.[186]

Foucault beschreibt infolge der Untersuchungen in der „Ordnung der Dinge" sowie in der „Archäologie des Wissens" die verschiedenen Weisen, in denen diskursive Formationen „zutage treten"[187]. Foucault führt hierfür vier verschiedene Schwellen an: Die erste „Schwelle der Positivität"[188] ist dann erreicht, wenn sich eine gewisse diskursive Praxis vereinzelt, das heißt, wenn „ein und dasselbe Formationssystem der Aussagen angewendet wird".[189] Die zweite „Schwelle der Epistemologisierung" ist dann erreicht, wenn „Verifikations- und Kohärenznormen zur Geltung" gebracht werden, um eine beherrschende „Funktion als Modell, als Kritik oder als Verifikation im Hinblick auf das Wissen auszuüben."[190] Die dritte „Schwelle der Wissenschaftlichkeit" ist dann erreicht, wenn die durch gewisse Darstellungsformen gezeichnete epistemologische Figur „einer gewissen Anzahl formaler Kriterien gehorcht."[191] Foucault betont hier, dass die „Aussagen" nicht mehr nur „archäologischen Kriterien" zu entsprechen haben, sondern darüber hinaus auch „bestimmten Konstruktionsgesetzen der Propositionen".[192] Dann ließe es sich sagen, dass die diskursive Formation die „Schwelle der Wissenschaftlichkeit"[193] überschritten hat. Schließlich folgt die vierte Schwelle, die „Schwelle der Formalisierung"[194]. Foucault nennt folgende Kriterien, an denen man festmachen kann, dass der „wissenschaftliche Diskurs"[195] diese Schwelle erreicht hat: wenn die notwendigen Axiome vorhanden sind, die legitimen propositionalen Strukturen definiert werden können und wenn die notwendigen Transformationen klar formuliert worden sind. Meine historische Analyse wird zeigen, dass im Falle von Einsteins Spezieller Relatitivitätstheorie (Kap. VII.1) die Schwellen der Positivitäten, der Epistemologisierung, der Wissenschaftlichkeit und der adäquaten mathematischen Formalisierung in ein und derselben Abhandlung überschritten worden sind und zugleich zu einer epistemischen Transformation geführt haben. Doch im Falle der Relativitätstheorie und der Quantentheorie bleiben Probleme der Epistemologisierung auch noch nach der erfolgreichen Formalisierung bestehen, werden aber später aus dem Diskurs der theoretischen Phy-

186 Foucault: *Archäologie des Wissens* (Anm. 156), S. 268.
187 Foucault: *Archäologie des Wissens* (Anm. 156), S. 268.
188 Foucault: *Archäologie des Wissens* (Anm. 156), S. 265.
189 Foucault: *Archäologie des Wissens* (Anm. 156), S. 265.
190 Foucault: *Archäologie des Wissens* (Anm. 156), S. 266.
191 Foucault: *Archäologie des Wissens* (Anm. 156), S. 266.
192 Foucault: *Archäologie des Wissens* (Anm. 156), S. 266.
193 Foucault: *Archäologie des Wissens* (Anm. 156), S. 266.
194 Foucault: *Archäologie des Wissens* (Anm. 156), S. 266.
195 Foucault: *Archäologie des Wissens* (Anm. 156), S. 266.

sik verlagert in wissenschaftsphilosophische bzw. wissenschaftspopularisierende Diskurse.[196] In der Quantentheorie gelang die vollständige Formalisierung nach der Entdeckung der ersten Positivität durch Planck um 1900 mit den Arbeiten von Heisenberg, Born, Pauli, Jordan, Schrödinger und Dirac bis 1927. Die Schwelle der Formalisierung wurde zwischen 1925 und 1927 überschritten, jedoch dauern die Kontroversen um die Probleme der Epistemologisierung seit 1927 bis heute an. Das „Oxford Handbook of the History of Quantum Interpretations"[197] umfasst eine ganze Reihe verschiedener Interpretationen[198] der Quantentheorie: von der *Kopenhagener Deutung der Quantentheorie*[199], die von Bohr und Heisenberg vertreten wurde, über die *Hidden Variables Theory* David Bohms[200] und die *Viele-Welten-Theorie* Wheelers[201] bis hin zur

196 Natürlich gab es hier auch Vorläufer wie Poincaré, Lorentz und Michelson-Morley. Doch die epistemologischen Kontroversen und Interpretationen wurden nach der Formalisierung der Theorie weiter fortgeführt, das hat Klaus Hentschel in seiner umfassenden wissenschaftshistorischen Untersuchung zu den Interpretationen der Relativitätstheorie gezeigt. Vgl. Klaus Hentschel: *Interpretationen und Fehlinterpretationen der speziellen und der allgemeinen Relativitätstheorie durch Zeitgenossen Albert Einsteins*. Basel, Berlin: Birkhäuser 1990.

197 Olival Freire Jr (Hrsg.): *The Oxford Handbook of the History of Quantum Interpretations*. Oxford: Oxford University Press 2022. Vgl. auch Daniel Greenberger, Klaus Hentschel und Friedel Weinert (Hrsg.): *Compendium of Quantum Physics*. Berlin, Heidelberg: Springer 2009.

198 Vgl. auch John S. Bell: *Speakable and Unspeakable in Quantum Mechanics*. Cambridge: Cambridge University Press 1987.

199 Vgl. hierfür Werner Heisenberg: „Die Entwicklung der Deutung der Quantentheorie". In: ders.: *Gesammelte Werke. Collected Works*. Abt. C, Bd. 1: *Physik und Erkenntnis 1927–1955*. Hrsg. von Walter Blum, Hans-Peter Dürr und Helmut Rechenberg. München: Piper 1984. S. 434–449; ders.: „Die Kopenhagener Deutung der Quantentheorie". In: ders.: *Gesammelte Werke. Collected Works*. Abt. C, Bd. 2: *Physik und Erkenntnis 1956–1968*. Hrsg. von Walter Blum, Hans-Peter Dürr und Helmut Rechenberg. München: Piper 1984. S. 27–42; ders.: „Kritik und Gegenvorschläge zur Kopenhagener Deutung der Quantentheorie". In: ders.: *Gesammelte Werke. Collected Works*. Abt. C, Bd. 2: *Physik und Erkenntnis 1956–1968*. Hrsg. von Walter Blum, Hans-Peter Dürr und Helmut Rechenberg. München: Piper 1984. S. 119–136; Don Howard: „The Copenhagen Interpretation". In: *The Oxford Handbook of the History of Quantum Interpretations*. Hrsg. von Olival Freire Jr. Oxford: Oxford University Press 2022. S. 521–542.

200 Vgl. David Bohm: „A Suggested Interpretation of the Quantum Theory in Terms of ‚Hidden' Variables. I and II". In: *Physical Review* 85.2 (1952). S. 166–179 und 180–193. Neu abgedruckt in: John A. Wheeler und Wojciech Hubert Zurek (Hrsg.): *Quantum Theory and Measurement*. Princeton, New Jersey: Princeton University Press 1983, S. 369–396.

201 Vgl. Wheeler und Zurek: *Quantum Theory and Measurement* (Anm. 200); John A. Wheeler: „Assessment of Everett's ‚Relative State' Formulation of Quantum Theory". In: *Reviews of Modern Physics* 29.3 (1957). S. 463–465; Hugh Everett III: *The Everett Interpretation of Quantum Mechanics. Collected Works 1955–1980 with Commentary*. Hrsg. von Jeffrey A. Barrett und Peter Byrne.

Dekohärenztheorie[202], um nur ein paar bekanntere exemplarisch zu nennen.[203] Nun stellt Foucault in dem Kapitel seiner „Archäologie des Wissens", das sich mit dem Verhältnis zwischen Wissenschaft und Wissen beschäftigt, die Fragen, die für meine Studie von entscheidender Bedeutung sind. Zum einen fragt Foucault: „warum wurden systematisch ‚literarische' [...] Texte ausgeklammert?"[204] Und zum anderen: „Und um sich nur einmal an die Ordnung der Wissenschaften zu halten, warum wurden Mathematik, Physik oder Chemie [in der „Archäologie des Wissens" und in der „Ordnung der Dinge"] stillschweigend übergangen?"[205] Foucault nennt selbst eine mögliche Antwort: „Die Archäologie beschreibt keine Disziplinen."[206] Foucault erläutert weiterhin:

> Zweifellos gibt es nur eine Wissenschaft, bei der man diese verschiedenen Schwellen nicht unterscheiden noch eine solche Gesamtheit von Verschiebungen zwischen ihnen beschreiben kann: die Mathematik, die einzige diskursive Praxis, die mit einem Mal die Schwelle der Epistemologisierung, die der Wissenschaftlichkeit und die der Formalisierung überschritten hat. [...] [I]hre ursprüngliche Positivität mußte eine schon formalisierte diskursive Praxis konstituieren. Daher rührt die Tatsache, daß ihre Einführung so enigmatisch (der Analyse so wenig zugänglich, in die Form des absoluten Anfangs so eingezwängt) und zugleich so sehr bewertet ist [...].[207]

Foucault bestätigt, dass die diskursive Praxis der Mathematik – und implizit auch der theoretischen Physik – eigenlogisch operiert, dass deren Ansätze und Methoden formal, mathematisch orientiert sind, und somit der klassischen historischen Diskursanalyse wenig zugänglich sind. Deshalb spreche ich auch von einer spezifischen semio-logischen Diskurssphäre, weil man mit Cassirer behaupten kann, dass die Physik sich dann autonomisiert, wenn sie ihre methodologischen Zugänge mathematisch formalisiert.

Princeton: Princeton University Press 2012; David Wallace: „Worlds in the Everett Interpretation". In: *Studies in History & Philosophy of Modern Physics* 33B.4 (2002). S. 637–661.

202 Vgl. Maximilian Schlosshauer: *Decoherence and the Quantum-to-Classical Transition*. 3. Aufl. Berlin: Springer 2008; Erich Joos, H. Dieter Zeh, Domenico J. W. Giulini, Claus Kiefer, Joachim Kupsch und Ion-Olimpiu Stamatescu: *Decoherence and the Appearance of a Classical World in Quantum Theory*. 2. Aufl. Berlin u. a.: Springer 2003.

203 Vgl. für einen systematischen Überblick über die Interpretationen der Quantentheorie aus wissenschaftsphilosophischer Perspektive: Cord Friebe, Meinard Kuhlmann, Holger Lyre, Paul M. Näger, Oliver Passon und Manfred Stöckler: *Philosophie der Quantenphysik. Zentrale Begriffe, Probleme, Positionen*. 2. Aufl. Berlin, Heidelberg: Springer Spektrum 2018. Vgl. für einen historischen Überblick über die Debatte auch Thomas Ryckman: „Quantum Interpretations and 20th Century Philosophy of Science". In: *The Oxford Handbook of the History of Quantum Interpretations*. Hrsg. von Olival Freire Jr. Oxford: Oxford University Press 2022. S. 777–796.

204 Foucault: *Archäologie des Wissens* (Anm. 156), S. 253.

205 Foucault: *Archäologie des Wissens* (Anm. 156), S. 253. Ergänzung von AH.

206 Foucault: *Archäologie des Wissens* (Anm. 156), S. 254.

207 Foucault: *Archäologie des Wissens* (Anm. 156), S. 268.

Deshalb muss eine Analyse, die sich mit dem Feld der theoretischen Physik beschäftigt, den Prozess der symbolischen Formalisierung berücksichtigen, denn dieser trägt zur Etablierung der Wissenschaft bei. Er wird in meiner Studie als Prozess der sekundären Modellierung benannt, deren Funktionen ich sorgfältig untersuche. In diesem Zusammenhang ist eine Auseinandersetzung mit Cassirer wichtig. Cassirer zeichnet die erkenntnistheoretische Wende, die sich zu Beginn des 20. Jahrhunderts in den Naturwissenschaften durch die Mathematik vollzieht, und hat gezeigt, dass sich die Zeichenprozesse und die Begriffsbestimmungen in der theoretischen Physik über die formalen und funktionalen Operationen der Mathematik, also der sekundären Dimension der Modellierung, definieren. Das wissenschaftliche Wissen ist in diesem Fall darüber konstituiert. Vor diesem Hintergrund kann eine Abgrenzung meiner Arbeit von früheren Studien vorgenommen werden. Während Studien, die dem Ansatz „Literatur und Wissen“ zuzuordnen sind, ihren Fokus an den Schwellen zwischen der Auffindung erster Positivitäten und auf die Schwelle der Epistemologisierung legen, versucht diese Studie eine andere Phase der Etablierung einer Theorie in den Blick zu nehmen. Ihr geht es um die Schwelle der Wissenschaftlichkeit, die zur Formalisierung und zur letztendlichen Konstituierung und Etablierung einer Theorie führt. Die Studie wird sowohl die Leistungen literarischer Verfahren in Prozessen der theoretischen Modellierung der Physik untersuchen als auch den Umgang literarischer Texte mit der hohen Hürde der formalen Symbolisierung.

Denn eine Analyse der Wechselwirkungen zwischen den beiden Feldern erfordert ein beidseitiges Zugeständnis: einerseits, dass die mathematische Physik einen eigenlogischen Umgang mit Zeichen und Symbolen in ihren *theoretischen* Form-Modellierungen pflegt, und andererseits, dass die Literatur in ihren *ästhetischen* Form-Modellierungen ihrerseits einen eigenlogischen Umgang mit Zeichen und Symbolen verfolgt. Erst wenn diese Differenzen aus zeichen-, symbol-, kultur- und physiktheoretischer Perspektive herausgearbeitet sind, können die möglichen punktuellen und textuellen Wechselwirkungen zwischen beiden Feldern untersucht werden.

Das ist eine Frage der Semio-Ethik, die in der aktuellen Forschung in anderen Zusammenhängen diskutiert wird.[208] Die Semio-Ethik impliziert, dass man Andersartigkeiten in der Verwendung von Zeichensystemen im jeweils anderen Feld

208 Vgl. Susan Petrilli: *Sign Studies and Semioethics. Communication, Translation and Values.* Berlin, Boston: De Gruyter Mouton 2014; John Deely: „Preface. In Her Own Voice“. In: Susan Petrilli: *Sign Crossroads in Global Perspective. Semioethics and Responsibility.* Hrsg. von John Deely. New Brunswick, London: Transaction 2010. S. vii–ix; ders.: „The Seventh Sebeok Fellow. Editor’s Introduction“. In: Susan Petrilli: *Sign Crossroads in Global Perspective. Semioethics and Responsibility.* Hrsg. von John Deely. New Brunswick, London: Transaction 2010. S. xi–xiii; Augusto Pon-

anerkennt und bei der Untersuchung der Wechselwirkungen zwischen beiden Feldern berücksichtigt. Jeder Versuch, die Wechselwirkungen zwischen den beiden Feldern der Physik und Literatur darzustellen, hat die Unterscheidungen in ihren Praktiken der Modellierung, Symbolisierung und Bedeutungszuschreibung zu berücksichtigen. Man wird kaum eine gemeinsame Ebene der Wechselwirkungen annehmen können, wenn man nicht bereit ist, diese Differenzen zu akzeptieren und in den Untersuchungsansatz zu integrieren. Deshalb lege ich hier die These zugrunde, dass die symbolischen Konfigurationen, die sich aus den Wechselwirkungen der beiden Felder ergeben, in ihren Prozessen der Modellierung stets daran laborieren, dass diese Differenzen nicht aufhebbar sind. Bernadette Malinowski hat ebenfalls darauf verwiesen, dass „unser wissenschaftliches Handeln nach wie vor von der Vorstellung geleitet ist, dass die Differenz, die beide Bereiche voneinander trennt, doch größer ist als die Affinität, die beide miteinander verbindet."[209]

In der Auseinandersetzung mit der „Archäologie des Wissens" wird auch deutlich, dass für die Felder der Physik und Literatur nach der Autonomisierung und Formalisierung beider kaum mehr von einer grenzenlosen *episteme* ausgegangen werden kann, im Rahmen derer das Wissen semio-logisch unhinterfragt zirkulieren kann. Denn sowohl die mathematische Physik als auch die Literatur nehmen auf ihrer je eigenen Weise in diesem theoretischen Kontext eine Sonderstellung ein. Einerseits wird die Literatur von Foucault als „Gegendiskurs" konzeptualisiert.[210] Man könnte sich vorstellen, dass dies mit der Non-Konformität gegenüber Codes zu begründen ist, vielleicht auch mit der Tatsache, dass literarische Texte Zeichenprozesse anderer Diskurse funktionalisieren, überlagern und umcodieren. Andererseits nehmen auch die Mathematik und die mathematische Physik eine Sonderstellung ein, eine gewisse Autonomie. Deshalb ist für diese Art der Auseinandersetzung echte interdisziplinäre Arbeit erforderlich, denn auch in der mathematischen Physik hat „jede historische Peripetie ihr formales Niveau und ihre formale Lokalisierung."[211] Das heißt, dass auch ihr ein komplexes System von Regelsystemen unterliegt, die die Zeichenprozesse organisieren. Die Ana-

zio: „Foreword". In: Susan Petrilli: *The Self as a Sign, the World, and the Other. Living Semiotics.* New Brunswick, London: Transaction 2013. S. xiii–xvi.

209 Malinowski: „Literatur und Naturwissenschaft" (Anm. 108), S. 23. Vgl. auch Bernadette Malinowskis jüngst erschienene Studie und darin vor allem das Kapitel „Literatur und Wissenschaft: Problematisierung einer Leitdifferenz". In: dies.: *Literarische Wissenschaftsgeschichte und Wissenschaftstheorie* (Anm. 108), S. 39–113.

210 Vgl. Achim Geisenhanslüke: *Gegendiskurse. Literatur und Diskursanalyse bei Michel Foucault.* Heidelberg: Synchron 2008.

211 Foucault: *Archäologie des Wissens* (Anm. 156), S. 268.

lyse kann nur vorgenommen werden, wenn man sich auf sie als eine bereits konstituierte Disziplin einlässt. Denn „[e]s handelt sich dabei um eine rekurrentiale Analyse, die sich nur innerhalb einer konstituierten Wissenschaft und nur, wenn ihre Formalisierungsschwelle überschritten ist, vornehmen lässt."[212]

Aus den oben genannten Gründen geht mein Ansatz davon aus, dass die diskursiven Praktiken der Physik und der Literatur unterschiedlichen semio-logischen Regularitäten und Habitualitäten unterworfen sind und dass die beiden deshalb auch als unterschiedliche semio-logische Diskurssphären zu konzeptualisieren sind. Ich gehe aber auch zugleich davon aus, dass es Schnittstellen der Wechselwirkung zwischen ihnen gibt. Deshalb greift meine Studie grundlegende zeichentheoretische und wissenschaftsphilosophische Ansätze auf, um die grundsätzlichen zeichen- und symboltheoretischen Bedingungen historisch und systematisch zu rekonstruieren, unter denen literarische und physikalische Texte sich zwar semiologisch voneinander unterscheiden, aber dennoch in bestimmten lokalen Kontexten wechselwirken können. Sie stellt die Frage: Was muss man wissen, um die zeichen- und symboltheoretischen Bedingungen der textuellen Wechselwirkungen zwischen den beiden semio-logischen Diskurssphären der Physik und Literatur zu verstehen? Deshalb spreche ich bei den Korrelationen, die zwischen den beiden diskursiven Sphären hergestellt werden, von *transdiskursiven Korrelationen.* Im Prozess der *Interformation* werden genau diese Differenzen auf Metaebene reflektiert, indem die habituellen Regeln der diskursiven Praxen beider Sphären beleuchtet bzw. rekonstruiert werden.

So versucht meine Studie in einem ersten Schritt die grundlegenden zeichen- und wissenschaftstheoretischen Annahmen historisch und systematisch zu rekonstruieren, die die beiden semio-logischen Felder *global* voneinander unterscheiden. In einem zweiten Schritt soll jedoch gezeigt werden, dass ausgerechnet die Grenzen zwischen den Feldern sich als *lokale* epistemische Schnittstellen und Kontaktzonen konzeptualisieren lassen, die ganz eigene epistemische Dynamiken auslösen. An diesen Stellen werden die beiden unterschiedlichen diskursiven Sphären miteinander verschränkt. Ausgerechnet die diskursiven Spannungen, die diese Verschränkungen verursachen, führen zu intensiven historischen und systematischen Grundsatzdebatten, zur Infragestellung der zentralen Grundannahmen und epistemischer Routinen beider Felder. So können neue Wege für die Exploration der Reorganisation diskursiver Ordnungen und zur Neubeschreibung der Realität eruiert werden.

An dieser Stelle soll noch klargestellt sein, inwiefern sich mein Konzept der Interformation von der Interdiskurstheorie Jürgen Links unterscheidet, obwohl es

212 Foucault: *Archäologie des Wissens* (Anm. 156), S. 270.

dieser durchaus wichtigen Impulse verdankt. Link denkt die Dimension der Interdiskursivität nach eigener Aussage von der elementaren Alltagssprache her – vom Bereich der öffentlichen Meinung, der „Popülärreligion, Konversationen (heute Talkshows), Kunst und Literatur, später dann Populärwissenschaft, Mediopolitik und Mediounterhaltung".[213] Mein Konzept der Interformation hingegen ist enger gefasst und bezieht sich konkret auf die Verschränkung zwischen Literatur und den spezialisierten wissenschaftlichen Diskursen, für die in dieser Studie exemplarisch die theoretische Physik steht. Auch in der Art der Beschreibung der Kopplungsstrukturen und ihrer Mechanismen legt das Konzept der Interformation einen anderen Schwerpunkt und nimmt auf etwas Bezug, was Link so gut wie ausschließt. So führt Link aus: „Nun leuchtet es ein, dass die schöne Literatur nicht beliebig und nicht alle interdiskursiven Elemente, Verfahren, Teilstrukturen aufnimmt und verarbeitet. *Operativ-interdiskursive Elemente wie mathematische Formalisierung, Klassifikationsschemata, Meßverfahren usw.* treten hinter imaginären Elementen wie bildlichen Analogien, Metaphern, Symbolen, Figurationen menschlicher Subjekte usw. weitgehend oder ganz zurück. Die Gesamtheit der (nicht-operativen) interdiskursiven Elemente ließen sich als *elementar-literarische Anschauungsformen* auffassen, die aus der Tendenz zur Reintegration der Spezialdiskurse generiert werden".[214] Mit meinem Zugang der Interformation schlage ich hingegen vor, in der Analyse nicht nur die „elementar-literarischen Anschauungsformen" zu berücksichtigen, sondern ergänzend dazu auch die operativen Konzepte wie „mathematische Formalisierung, Klassifikationsschemata, Meßverfahren", die Jürgen Link an der oben genannten Stelle ausschließt. So spreche ich auch von *trans*diskursiven Kontaktzonen, weil ich damit auch die Grenzübergänge zwischen einer Kunst (der Literatur) und einer Naturwissenschaft untersuche und dabei die eigenlogischen Formen, Verfahren, Operationen, Praktiken beider semio-logischer Diskurssphären und ihre unterschiedlichen Logiken der Verwendung von Zeichen zu berücksichtigen versuche. Insofern sind die von mir diskutierten Wechselwirkungen Bezüge, die gelegentlich auch quer zu den betreffenden semio-logischen Feldern der Künste und der Wissenschaften verlaufen.

---

213 Jürgen Link: „Diskursanalyse unter besonderer Berücksichtigung von Interdiskurs und Kollektivsymbolik". In: *Handbuch sozialwissenschaftliche Diskursanalyse.* Bd. 1: *Theorien und Methoden.* Hrsg. von Reiner Keller, Andreas Hirseland, Werner Schneider und Willy Viehöver. 2. Aufl. Wiesbaden: VS Verlag für Sozialwissenschaften 2006. S. 407–430, hier S. 412–413.

214 Jürgen Link: „Literaturanalyse als Interdiskursanalyse. Am Beispiel des Ursprungs literarischer Symbolik in der Kollektivsymbolik". In: *Diskurstheorien und Literaturwissenschaft.* Hrsg. von Jürgen Fohrmann und Harro Müller. Frankfurt a. M.: Suhrkamp 1988. S. 284–307, hier S. 286. Erste Hervorhebung von AH, zweite Hervorhebung im Original.

Bemerkungen zum eigenen Zugang

Zusammenfassend sei gesagt, dass die vorliegende Studie gegenüber den genannten vorausgehenden Forschungsansätzen, denen sie viele Impulse verdankt, eigene Akzente in folgender Hinsicht setzt: Während die literaturwissenschaftliche Einflussforschung nur eine einseitige Richtung der Untersuchung kennt – von der Physik zur Literatur –, geht es mir dezidiert um wechselseitige Bezüge zwischen Physik und Literatur. Deshalb untersuche ich sowohl literarische als auch fachwissenschaftliche Texte. Während die soziologische Systemtheorie kaum Wechselwirkungen zwischen den autonomisierten und ausdifferenzierten Systemen vorsieht, versuche ich in dieser Studie jene lokalen Zonen zu identifizieren, in denen diese sehr wohl stattfinden. Für Diskurs- und Interdiskursanalyse stehen theoretische Physik und implizit die Mathematik nicht im Vordergrund, während sich meine Studie auf sie fokussiert. Die *Science and Technology Studies* wiederum sind ein sozio-technologisch orientierter Ansatz, der den Unterschied zwischen den symbolischen Formen und diskursiven Praktiken beider Felder aufhebt.

Diese Studie konzeptualisiert Physik und Literatur als semio-logische Felder, die Zeichen und Symbole verwenden, die sich in ihren Logiken der Zeichenverwendung unterscheiden. Trotz dieser Eigenlogiken sind produktive Wechselwirkungen unter bestimmten Bedingungen annehmbar. Im Gegensatz zu der etwas zu statischen Kultursemiotik möchte ich die Interformation als einen prozessualen Ansatz in Anlehnung an Whitehead[215] profilieren, der sowohl systemdynamisch als auch prozessdynamisch operiert – jedoch auf unterschiedlichen Ebenen und durch unterschiedliche Verfahren. Ich nehme an, dass die Wechselwirkung zwischen Physik und Literatur prozessual davon abhängig ist, welche Achse zur Determinante der Zeichenfunktionen wird – zu einem bestimmten Zeitpunkt des Prozesses der Semiose. Entsprechend werden die Spielregeln der Bedeutung motiviert. Ich nehme an, dass Physik und Literatur als semio-logische Felder dann ausdifferenziert sind, wenn ihre Prozesse der Semiose im Rahmen der Systemdynamik nach je eigenen Logiken verlaufen. Man könnte sogar behaupten, dass die Felder der Semiosphäre die zunehmende Autonomisierung einer Achse der Zeichenfunktion zulassen: im Falle der Literatur wäre es die semantische Achse der Zeichenfunktion, im Falle der Mathematik die syntaktisch-formale Achse, im Falle der Physik die pragmatische Achse. In solchen Fällen verlaufen die Prozesse der Semiose – je nach Autonomisierungsgrad – graduell zunehmend über je eine Determinante: In der Mathematik

215 Gemäß Whitehead ist die Tendenz der schöpferischen Kreativität eine der grundlegenden Tendenzen der Natur und der Kultur. Vgl. Alfred North Whitehead: *Process and Reality. An Essay in Cosmology*. Gifford Lectures Delivered in the University of Edinburgh During the Session 1927–28. Hrsg. von David Ray Griffin und Donald W. Sherburne. New York: Free Press 1985.

wird die formale Achse autonom auf Kosten der Semantik, die Prozesse der Semiose werden hauptsächlich durch mathematische Codes kontrolliert. In der Literatur autonomisiert sich zunehmend die semantische Achse, es entwickeln sich sekundäre Referenzen, die die alltagspragmatischen Bedeutungen weit übersteigen – bis hin zur Annahme einer verdoppelten Referenz (Ricœur); die Prozesse der Semiose funktionieren hauptsächlich über dichte semantische Signifikationsprozesse. Die Physik verbindet die formale mit der pragmatischen Achse, die Kontrolle des Prozesses der Semiose verläuft über den Dreiklang der Messungen, der Mathematik und der Experimente, die wiederholbar und reproduzierbar sein sollen. Es wird jedoch zu zeigen sein, dass die Physik auf die semantische Achse der Zeichenfunktion nicht ganz verzichten kann, weil diese die Referenz auf die Außenwelt vermittelt – so wird hier die Semantik zur Subdominante. Auch die Literatur hat formale Verfahren der Literarizität entwickelt, die zur Verdichtung der Semantisierungsprozesse führen.

Mit meinem Ansatz der Interformation werde ich die Prozesse der Modellierung *in* Physik und Literatur als eigenlogische Bereiche ebenso untersuchen wie die Prozesse der Modellierung *zwischen* Physik und Literatur – in solchen Fällen, in denen Texte dafür sorgen, dass Grenzprozesse und Kontaktzonen zwischen den beiden semio-logischen Diskurssphären als Schnittstellen lokal induziert werden. Dabei werde ich erzähl- und zeichentheoretische Aspekte in Texten beobachten, in denen die theoretische Physik auf Verfahrensweisen der Literatur zurückgreift und diese für ihre eigenlogischen Modellierungen heuristisch fruchtbar macht. Andererseits gilt es, auch die verstehensrelevanten physiktheoretischen Aspekte zu beleuchten – für die Analyse jener literarischen Texte, die auf Konzepte, Verfahren und Formrelationen der theoretischen Physik zurückgreifen. Aus diesen Gründen schlage ich vor, die bestehende Bandbreite vorliegender Ansätze um einen neuen Ansatz ergänzen: um den zeichen- und erzähltheoretisch orientierten und physiktheoretisch reflektierten Interformation.

Ich gehe davon aus, dass Wechselwirkungen zwischen den beiden semiologischen Diskurssphären durch die Prozessdynamik der Interformation entstehen können, z. B. im Kontext der Entstehung neuer Modelle und Theorien in der Physik. Warum wird das so selten berücksichtigt? Die Wechselwirkungen sind nicht „aufspürbar“ im Begründungskontext wissenschaftlicher Theorien – deshalb kommen sie in den Lehrbüchern kaum vor. Konkret nachweisbar sind sie eher im sogenannten Entdeckungskontext, in den historischen Originalarbeiten der Physiker, in denen ihre ursprünglichen Schreibweisen, Denk- und Argumentationsfiguren rekonstruierbar und analysierbar sind. Der Schreibprozess ist der wichtigste Indikator des Interformationsprozesses. Dies werde ich anhand der Schreibweisen von Kepler, Einstein und Kip Thorne darlegen. Insofern hat die Interformation eine epistemische und eine kulturpoietische Funktion: Sie gestaltet/vollführt/demonstriert die dynamische Prozessualität der kulturellen Semiose an den Grenzbereichen zwischen Zeichenordnungen, die unterschiedlich codiert sind. Sie operiert – wenn auch unterschiedlich – sowohl im wissenschaftlichen als auch im literarischen Feld. Ihre entscheidende Funktion in beiden Feldern ist die Infragestellung bestehender Codes, epistemischer Routinen, habitualisierter diskursiver Praktiken. Daher gilt es, sowohl Konvergenzen als auch Differenzen zwischen den Spielregeln, die in den jeweiligen Feldern in Bezug auf Repräsentation, Kommunikation und Signifikation habitualisiert sind, auf Metaebene zu reflektieren und zu problematisieren. Aus diesem Grund operiert der interformative Prozess üblicherweise auf unterschiedlichen Ebenen gleichzeitig, in einer vielschichtigen – mindestens ternären[216] – Modellierungskonfiguration. Während die primäre und die sekundäre Dimension der Modellierung in der Phase der Formation die *globalen* Differenzen zwischen den Feldern markieren, induziert die tertiäre Dimension der Modellierung *lokale* Korrelationen zwischen beiden Feldern im Rahmen einer symbolischen Probesimulation, um den gezielten Verstoß gegen die je eigenen Systemregeln auf Metaebene zu simulieren.

Die Codierung durch das sprachliche Zeichensystem der alltagspragmatischen Kommunikation bezeichne ich im Folgenden mit Lotman als *primäre Dimension der Modellierung*. Der Prozess der *primären* Semiose ist derjenige der Denotation, die den Bezug zur realen Welt nach herkömmlichen, konventionellen Codes herstellt. Darüber hinaus gelten in diesem Feld die eigenlogischen Codes der *sekundären Dimension* der Modellierung – also die Codes des ästhetischen Symbolsystems der Literatur. Die Literatur nutzt zwar das Zeichensystem der Sprache zur Referenz auf die ‚Welt', suspendiert aber auch zugleich diese primäre Dimension der Modellierung, die primäre Referenz – das wird im Kapitel zu Ricœur zu zeigen sein –, zugunsten einer sekundären Dimension der Modellierung mithilfe der institutionalisierten Fiktionalität und Literarizität.

Für die Physik gelten die Sprache und Messung als erste Phase des Modellierungsprozesses, als primär modellierende Dimension, während die Mathematik als sekundär modellierendes System gilt. Die Sprache der Mathematik ist, wie im Kapitel zu Goodman zu zeigen sein wird, syntaktisch dicht, wenn sie mit der Menge der reellen Zahlen operiert. Aber auch die Physik stellt in bestimmten Phasen der theo-

216 ‚Ternär' bedeutet, dass das betrachtete System drei verschiedene Ebenen aufweist, auf dem es operiert. ‚Tertiär' meint ‚die dritte'. Die Bezeichnung wird nicht wertend verwendet. Es geht lediglich um eine gewisse Sequenz und Dependenz. Die sekundäre Dimension ist von der primären abhängig, weil die primäre für sie konstitutiv ist. Die sekundäre Dimension geht aber über die primäre hinaus und operiert nach zusätzlichen Strukturen, Prinzipien und Codes. Ebenso geht die tertiäre Dimension darüber hinaus und operiert nach zusätzlichen Codes, bzw. können hier auch neue ausgehandelt werden. Vgl. für die Unterscheidung dieser Ebenen im Prozess der Modellierung der theoretischen Physik das Kapitel VII.1 in dieser Arbeit zu Einsteins Relativitätstheorie, S. 356–375.

retischen Modellierung zum Zwecke der Entwicklung neuer Theorien von dem Modus der Symbolisierung der Denotation auf den Modus der Symbolisierung der Exemplifikation durch die eigene Form um.[217] Dies wird auch in den aktuellen Forschungsergebnisse der Wissenschaftsphilosophie so diskutiert. Beispielhaft sei hier die Publikation des Wissenschaftsphilosophen Roman Frigg genannt: „Scientific Representation Is Representation-As".[218] Die sekundäre Dimension der Modellierung verfügt – das werde ich im Folgenden durch Goodmans philosophischen Ansatz verdeutlichen – über ein dichteres[219] Symbolsystem, über komplexere Operationen und weit mehr Korrelationsmöglichkeiten. Im Falle der Literatur sind alle Verfahren der Poetizität und Literarizität als sekundäre Dimension der Modellierung involviert, im Falle der Physik sind es die Operationen und Verfahren der Mathematik.

In manchen Fällen, in denen im Feld der Physik Anomalien bzw. *blind spots* auf experimenteller Ebene festgestellt werden, die auch mathematisch – also über die sekundäre Dimension der Modellierung – nicht zu lösen sind, wird zusätzlich eine tertiäre, explorative Dimension der Modellierung aktualisiert.

Hier wird mit Fiktionalität, aber auch mit anderen literarischen Verfahren explorativ operiert, um die herkömmlichen epistemischen Routinen zu hinterfragen und die Möglichkeit der Herstellung neuer Korrelationen zu eruieren, die zu neuen Symmetrierelationen führen können, zu neuen Möglichkeiten der Formalisierung, zur Reorganisation von Forschungsdiskursen und somit zu epistemischen Transformationen.

Die tertiäre Dimension der Modellierung exemplifiziert die Möglichkeit der Reorganisation jedoch nur unter der Bedingung der Metareflexion. Deshalb ist die Funktion dieser dritten Dimension der Modellierung die der transdiskursiven Metareferenz. Denn hier werden die Zeichen-, Darstellungs- und Erkenntnisprozesse unterschiedlicher semio-logischer Diskurssphären vergleichend reflektiert. Erst vor dem Hintergrund dieses Vergleichs und der darauffolgenden Metareflexion setzt ein Grenzprozess ein. Wenn dies erfolgt ist, dann wird eine gewisse lokale Transformationsrelation zwischen den Sphären konfiguriert, die auch zur Rückkopplung mit den primären und sekundären Dimensionen der Modellierung im jeweiligen Ausgangsfeld führt und einen Prozess der Transformation gewisser epistemischer bzw. diskursiver Praktiken auslösen kann. Insofern hat die Interformation nicht nur eine epistemische, sondern auch eine kulturpoietische Funk-

---

217 Die Begriffe ‚Denotation' und ‚Exemplifikation' werden ebenfalls nach Goodmans „Sprachen der Kunst" (Anm. 27, S. 59–63) verwendet.

218 Frigg: „Scientific Representation Is Representation-As" (Anm. 30).

219 Der Begriff der ‚semantischen Dichte' wird nach Nelson Goodmans „Sprachen der Kunst" verwendet und im Kapitel zu Goodman ausführlich definiert und expliziert. Vgl. Goodman: *Sprachen der Kunst* (Anm. 27), S. 217.

tion. Die Kopplung und Verschränkung führt zu Transaktionen zwischen den Codes der beiden semio-logischen Diskurssphären und infolgedessen auch zu konstruktiven und destruktiven Interferenzen zwischen ihnen.[220] Diese Etappe des Interformationsprozesses nenne ich *Interkonfiguration*. Konvergenzen und Divergenzen der Kopplung lassen sich somit testen wie in einem symbolischen Experimentalsystem. Das Ziel ist, neue diskursive Räume zu eröffnen, um neue Möglichkeiten der Formalisierung zu diskutieren und somit die Forschungsdiskurse neu zu organisieren.

Die verschiedenen Dimensionen der Modellierung werden hier aus heuristischen und analytischen Gründen differenziert, doch soll damit keine Hierarchie aufgestellt sein – interessant sind ihre Überlagerungen, ihre Überschneidungen sowie die Konsequenzen, die sich daraus ergeben. Meine Studie beleuchtet diese Prozesse der Modellierung in bestimmten historischen Phasen der Theoriereorganisation in der Physik und/oder in bestimmten Phasen der Reorganisation von Zeichenkorrelationen in der historischen und kulturellen Semantik durch die Literatur.

Meine These, die ich hier vorwegnehme und im Folgenden anhand mehrerer Durchgänge durch symbol-, zeichen- und kulturtheoretische Ansätze sowie anhand von neun Textanalysen sowohl literarischer Texte als auch physikalischer Fachtexte begründen möchte, lautet: Physik und Literatur greifen stets dann auf die Verfahrensweisen der je anderen Diskurssphäre zurück, wenn es aus heuristischen, epistemischen oder ästhetischen Gründen angebracht erscheint, die epistemischen Routinen der eigenen semio-logischen Diskurssphäre zu hinterfragen, die *blind spots* zu kennzeichnen und neue Möglichkeiten der Modellierung einzuführen, die Non-Konformität mit den Regeln des eigenen Feldes simulieren. Ich behaupte damit nicht, dass die literarische Sprache aufgrund des Einflusses der Prozesse der Formalisierung in der Physik, Mathematik und Logik selbst ‚diszipliniert' und ‚formalisiert' wird, sondern vielmehr, dass die diskursive Praxis der Physik auf die Verfahren der Literatur dann rekurriert, wenn es ihr um einen sehr differenzierten Umgang mit Non-Konformität und um die Reorganisation von Wissensstrukturen geht. Literarische Verfahren erlauben es, das Verlassen habitueller diskursiver Praktiken zu erproben und die Reorganisation der Codes zu erforschen. Für ähnliche Zwecke greifen literarische Texte auf Formprinzipien, Symmetrierelationen, Konzepte und Begriffsbestimmungen der theoretischen Physik zurück –

220 Vgl. dazu auch van Fraassens Auseinandersetzung mit Ecos Theorie der Interpretation und die Frage nach der potentiellen Übertragbarkeit literaturwissenschaftlicher Konzepte in den wissenschaftstheoretischen Bereich: Bas C. van Fraassen: „Literate Experience. The [De-, Re-] Construction of Nature". In: *Sulla traduzione intersemiotica*. Hrsg. von Nicola Dusi und Siri Nergaard. Bologna: Il Mulino 2000. S. 331–358.

wenn es gilt, Prozesse der Dekonstruktion und Reorganisation von Zeichenordnungen in der kulturellen Semantik einer bestimmten historischen Epoche vorzuführen.

Zu zeigen wird sein, dass literarische und physikalische Texte auf die Verfahren des jeweils anderen Feldes dann zurückgreifen und auf tertiärer Dimension der Modellierung dann untereinander korrelieren, wenn es darum geht, die Logik der je eigenen Prozesse primärer Modellierung (mit Objektbezug) und sekundärer Modellierung (mit Systembezug) explorativ in Frage zu stellen. Zusätzlich gilt es dann, auszuloten, wie eine mögliche Neuordnung der symbolischen Korrelationen in einem bestimmten Bereich des eigenen Feldes dazu beitragen könnte, Zeichenfunktionen in ihren althergebrachten konventionellen intensionalen und extensionalen Korrelationen umzuordnen.

Die Regeln der Re-Encodierung für interformative Grenzkonfigurationen sind textstrategisch modelliert. Deshalb ist die Interformation stets auf die Narration angewiesen. Diese ist die institutionell geregelte literarische Praxis, die unterschiedliche ästhetische Verfahren und Methoden der Perspektivierung bietet, um herkömmliche Weisen der Welterzeugung, die nach konventionellen Codes funktionieren, von solchen zu unterscheiden, die gemäß umstrukturierter und reorganisierter Codes und diskursiver Praktiken operieren. Deshalb wird diese Studie die Schlüsselfunktion der Narration für den Prozess der Interformation herausarbeiten. Damit will sie zeigen, wann und unter welchen Bedingungen sich literarische, aber auch naturwissenschaftliche Texte interformativer Verfahren in einem narrativen Rahmen bedienen. Wissenschaftliche Abhandlungen nutzen narrative Schreibverfahren zusätzlich zu den ihnen eigenen deskriptiven und explikativen Argumentationsverfahren hauptsächlich in der explorativen Phase der Entwicklung neuer Theorien, was ich anhand der Texte von Albert Einstein für die Entwicklung der Speziellen Relativitätstheorie und von Kip Thorne im Bereich der Theoretischen Astrophysik zeigen werde.

An dieser Stelle sei nun zusammenfassend festgehalten, dass ich die Interformation als einen Prozess beschreiben werde, der sich in den *transdiskursiven Kontaktzonen* zwischen zwei verschiedenen semio-logischen Diskurssphären der Semiosphäre abspielt. Markiert werden diese Kontaktzonen durch eine *transdiskursive Interpolation*, die zum Beispiel eine Gleichung sein kann, die mitten in einem literarischen Text erscheint. Diese Gleichung steht im literarischen Text unter einer bestimmten Semiotizitätsvermutung, jedoch sind die Prozesse ihrer Semantisierung und Semiotisierung zunächst in dieser Diskurssphäre durch eine hohe Unbestimmtheit charakterisiert. Die Interpolation induziert wiederum einen Grenzprozess, denn sie erzeugt Spannungen zwischen einer paradigmatischen Kollision der Codierungen und einer syntagmatischen Korrelation diskursiver Praktiken zwischen den beiden semio-logischen Diskurssphären. Um den betreffenden Text zu analysieren, ist es notwendig, die historische diskursive Formation und ihre Aussageregularitäten zu rekonstruieren, aus denen die Gleichung stammt. Die *wissenschaftshistorische Kontextualisierung* ist notwendig, um die Prinzipien, Grundannahmen, epistemischen Voraussetzungen und Bedeutungen der symbolischen Codierungen zu veranschaulichen. Denn diese gelten als Voraussetzungen und Annahmen, die zwar in die diskursive Sphäre der Literatur bis zu einem gewissen Grad übertragen, aber auch zugleich umcodiert wurden und sich so im Prozess der *Interkonfiguration* in literarischen Verfahren niederschlagen, die wiederum eine gewisse Unbestimmtheit in den Semiotisierungs- und Semantisierungsprozessen provozieren und zugleich neue Formen, Verfahren und Schreibweisen, also die *Reorganisation epistemischer und/oder ästhetischer Ordnungen* induzieren. Da die primäre Dimension der Modellierung, die Sprache mit ihren herkömmlichen konventionellen Codes, keine semiotisch gesicherten Übersetzungsmechanismen bzw. Entsprechungen bietet, wird die sekundäre Dimension der Modellierung durch innovative ästhetische Verfahren aktiviert. Für die möglichen Transformationen ist eine tertiäre Dimension der Modellierung jedoch notwendig, um die möglichen Innovationen und Transformationen metapoetisch, metaepistemologisch und metafiktional zu reflektieren.

Somit kann der Prozess der Interformation in ästhetische bzw. epistemische Transformationen münden, wie ich exemplarisch in den folgenden neun Analysen von Texten aus Physik und Literatur zeigen werde. So wird der Prozess der Interformation im textstrategischen Sinne ternär modelliert: Die primäre Modellierungsdimension – mit Objektbezug – erhält zunächst die Differenz, jedoch wird diese temporär suspendiert (das wäre die Funktion der Fiktion in literarischen Texten und physikalischen Gedankenexperimenten). Wir können sie als Ebene der ‚externen Referenz auf die Außenwelt' bezeichnen. Die sekundäre Dimension der Modellierung – mit internem System- bzw. Diskursbezug – kann die Widersprüche und Anomalien in den Prozessen der Modellierung nicht auflösen. In solchen Fällen wird eine tertiäre Dimension der Modellierung eröffnet, die Bezüge zu einem ganz anderen semio-logischen Bereich herstellt. Das ist die Dimension der Interferenz (oder transdiskursiven Metareferenz) mit den anderen semio-logischen und diskursiven Praktiken, Schreibweisen, Verfahren der Codierung und Symbolisierung und der Metareflexion, Transaktion zwischen Codes und der epistemischen bzw. ästhetischen Transformation.

In meinen Beispielanalysen werde ich zeigen, wie die analysierten Texte die semio-logischen Diskurssphären punktuell miteinander verschränken. Die Verschränkungen bewirken eine metasemiologische Reflexion des semio-logischen Grenzverkehrs zwischen den Diskurssphären. Konvergenzen und Divergenzen werden dabei auf verschiedenen Ebenen der Grenzkonfiguration durch ein narratives *emplotment* exemplifiziert, Transformationen werden kritisch reflektiert. Dabei entsteht eine Transformationsrelation, die sich auf die primären und sekundären Dimensionen der Modellierung rückkoppelnd auswirkt und diese durch symbolische Probesimulationen reorganisiert. Den Prozess der Interformation werde ich zunächst theoretisch einführen, bevor ich sie an den Beispieltexten exemplarisch vorführe.

Zum Gang der Untersuchung

Die Studie gliedert sich in zwei Teile: in den theoretisch-begrifflichen Teil A und den erzähltextanalytischen Teil B, der exemplarische Analysen an literarischen und fachwissenschaftlichen Texten erprobt. Teil A versucht die zeichen- und symboltheoretischen Differenzen zwischen den Feldern zu skizzieren und die Bereiche zu identifizieren, in denen Wechselwirkungen möglich und nötig sind. Er schreitet zunächst unterschiedliche analytische Zugänge ab, die bewusst so ausgewählt sind, dass sie bei aller Unterschiedlichkeit Folgendes gemeinsam haben: Sie fokussieren die Dialektik zwischen der Strukturierung eines Regelsystems (Systemdynamik) und der Erneuerung dieses Systems (Prozessdynamik) durch seine Kollision mit anders organisierten semio-logischen Feldern.

Im ersten Kapitel soll Jurij Lotmans Konzept der Semiosphäre als Raum sprachlicher Zeichen und formaler Symbole, in dem Physik und Literatur operieren, vorgestellt werden. Im Rahmen der Semiosphäre spezialisieren sich einzelne semio-logische Felder aufgrund ihrer je eigenen Logik der Verwendung von Zeichen in Kommunikations- und Signifikationsprozessen. Die spezifische Logik der Verwendung von Zeichen und ihrer Codierung sichert dabei die Systemdynamik der einzelnen Felder.

Im zweiten Kapitel widme ich mich zunächst der Systemdynamik anhand der kulturphilosophischen Ansätze Ernst Cassirers und Nelson Goodmans und rekurriere auf die kulturtheoretische Symbolphilosophie Cassirers, um darzustellen, unter welchen symboltheoretischen Bedingungen sich die mathematischen bzw. physikalischen Funktionsbegriffe systematisch konstituieren. Goodman, auf den ich anschließend eingehe, entwickelt unter Berufung auf Cassirer[221] eine Symboltheorie aus der Perspektive der analytischen Philosophie, die die spezifischen Notationssysteme der Künste und Wissenschaften miteinander vergleicht.[222] Goodman zeigt, dass es sehr wichtig ist, die Merkmale der Notationssysteme trennscharf voneinander zu unterscheiden, dass sich jedoch dann, wenn sie aneinandergrenzen oder gar miteinander kollidieren bzw. sich durch bestimmte Modellierungen korre-

221 Vgl. Nelson Goodman: *Ways of Worldmaking*. Indianapolis: Hackett 1978, S. 1.
222 Vgl. Nelson Goodman: *Languages of Art. An Approach to a Theory of Symbols*. 2. Aufl. Indianapolis: Hackett 1976.

liert sehen, verschiedene Weisen der symbolischen Welterzeugung überlagern, die es differenziert zu analysieren gilt. Nur so erhält man ein komplexes Bild als dichte Beschreibung der symbolischen Organisation von Wirklichkeitserfahrungen. Goodman analysiert in „Languages of Art" die symbolischen Notationssysteme der Künste (Musik, Malerei, Literatur) und die der Wissenschaften. Dabei unterscheidet er zwischen zwei Weisen symbolischer Bezugnahme: jenen der Denotation[223] und jenen der Exemplifikation.[224] Diese Unterscheidung ist, wie wir sehen werden, wichtig für die Konzeptualisierung des eigenen Ansatzes der Interformation.

Ab dem dritten Kapitel widme ich mich bestimmten Verfahren, die der Prozessdynamik der Semiosphäre zuzuschreiben sind: Die Herstellung einer transdiskursiven Kontaktzone zwischen den semio-logischen Diskurssphären durch die Interpolation und die daraus resultierenden Wechselwirkungen. Auch Ricœur widmet sich der oben genannten Dialektik zwischen Sedimentation und Erneuerung, die Lotman und Koschorke darlegen.[225] Dabei werde ich mir zunutze machen, dass bereits Ricœur selbst auf eine mögliche Korrelation zwischen den Verfahren der literarischen und der wissenschaftlichen Modellierung hinweist. Zudem lässt sich auch eine Verbindung zwischen den Theorien Ricœurs und Lotmans herstellen. Denn der Bereich der primären Referenz bei Ricœur ist meines Erachtens durchaus mit dem Bereich der primären Modellierung bei Lotman in Verbindung zu brin-

---

223 Vgl. Goodman: *Languages of Art* (Anm. 222), S. 3–6.

224 Vgl. Goodman: *Languages of Art* (Anm. 222), S. 52–56. Vgl. dazu Catherine Z. Elgin: „Making Manifest. The Role of Exemplification in Science and the Arts". In: *Principia: An International Journal of Epistemology* 15.3 (2011). S. 399–413; Inga Vermeulen, Georg Brun und Christoph Baumberger: „Five Ways of (not) Defining Exemplification". In: *From Logic to Art. Themes from Nelson Goodman*. Hrsg. von Gerhard Ernst, Jakob Steinbrenner und Oliver R. Scholz. Frankfurt a. M.: Ontos 2009. S. 219–250; Gerhard Ernst: „Induktion, Exemplifikation und Welterzeugung". In: *Symbole, Systeme, Welten. Studien zur Philosophie Nelson Goodmans*. Hrsg. von Jakob Steinbrenner, Oliver R. Scholz und Gerhard Ernst. Heidelberg: Synchron 2005. S. 99–109.

225 Dem Zugang Ricœurs werde ich mich in dieser Studie anschließen: Auch sein Parcours beginnt auf der semiotischen Ebene der Zeichen, geht zur semantischen Eben des Wortes über und schließlich bis hin zur diskursiven Ebene des gesamten Textes und seiner poetischen Konfiguration. Ricœur weist darauf hin, dass die Regeln der semiologischen Zeichenverwendung auf verschiedenen Ebenen nach unterschiedlichen Codes operieren. Ricœur verweist zudem auf die Parallele zwischen der epistemischen Funktion des metaphorischen Mechanismus als interaktive Kopplung zwischen zwei semantischen Sphären einerseits und der Funktion der wissenschaftlichen Modellierung als Verfahren der Kopplung zweier theoretischer Felder andererseits, wie dies auch Max Black und Mary Hesse im Bereich der Wissenschaftsphilosophie (speziell: im Falle der Elektrodynamik Maxwells) gezeigt haben. Auch diesem Hinweis geht meine Studie nach. Sie wird jedoch mit Lotman und Goodman zusätzlich die Frage stellen: Was passiert, wenn die beiden genannten semio-logischen Diskurssphären von einer grundsätzlichen Asymmetrie zwischen der formal-symbolischen und der semantischen Signifikation geprägt sind, wie im Falle der Literatur und der Physik?.

gen – und die sekundäre literarische Referenz bei Ricœur lässt sich mit der sekundären literarischen Modellierung Lotmans korrelieren.

Nachdem ich mit Cassirer und Goodman die symbolisch-syntaktische Dimension des Prozesses der Interformation analysiert und im Anschluss an Ricœur die semantische Dimension des Transfers untersucht habe, gehe ich mit Umberto Eco zur pragmatischen Dimension des Prozesses der Interformation über. Mein Fokus wird dabei auf konkreten Texten und ihren Erzählstrategien liegen. Die Fragen, die sich dabei stellen, lauten erstens: Welche Textstrategien werden im Prozess der Interformation konkret eingesetzt? Und zweitens: Wie fordern die betreffenden Textstrategien die interformative Mitarbeit des Lesers heraus? Zu fragen sein wird, wie interformative Textstrategien „die Ordnung der Interpretation" zugleich „regulieren und stimulieren".[226] Mein Ansatz fordert die Mitarbeit des Lesers heraus, um die diskursiven Formationen zu rekonstruieren, in denen sich der Text einschreibt. Diese Rekonstruktion der wissenschaftshistorischen Kontexte wird in einem nächsten Schritt für die Interpretation fruchtbar gemacht. Auf die Rekonstruktion diskursiver Formationen folgt sodann die Analyse der Interkonfiguration. Hier wird danach gefragt, welche Spannungen der zu untersuchenden Text zwischen den Codes und Regeln beider diskursiver Formationen aufweist. Zudem werde ich untersuchen, wie diese Spannungen auf der Metaebene reflektiert werden und welche Aushandlungen zwischen den nahezu inkompatiblen Regeln der beiden semio-logiscehn Diskurssphären durchgeführt werden. Es wird zu erweisen sein, wie die transdiskursiven Aushandlungen *blind spots* beider Felder aufzeigen. Daraus ergibt sich die Notwendigkeit der Aussetzung epistemischer Routinen und der Suche nach Möglichkeiten der schöpferischen Neugestaltung, die ich Interkonfiguration nenne. Gelegentlich ergeben sich dadurch – wie ich dies im Falle von Einsteins Relativitätstheorie zeige, epistemische Transformationen.

Im vierten Kapitel fasse ich die vorhergehenden theoretischen Ausführungen zusammen und stelle wichtige Eckpunkte des Ansatzes der Interformation vor.

In ihrem zweiten Teil B konzentriert sich meine Studie auf erkenntnistheoretische und erzähltechnische Phänomene der interformativen Wechselwirkung. Fokussiert werden darin aus historischer Perspektive die Schwellenepochen um 1600, 1800, 1900 sowie um 2000 und analysiert werden sowohl literarische als auch wissenschaftliche Texte. Die Anordnung der Kapitel im Teil B folgt nicht der

---

226 Eco fordert die Mitarbeit des Lesers heraus, bei der Rekonstruktion dessen, was der Text „nicht sagt (aber voraussetzt, anspricht, beinhaltet, miteinbezieht), um dabei Leerräume aufzufüllen und das, was sich im Text befindet, mit dem intertextuellen Gewebe zu verknüpfen". In: Umberto Eco: *Lector in fabula. Die Mitarbeit der Interpretation in erzählenden Texten*. Übers. von Heinz-Georg Held. München: Deutscher Taschenbuch Verlag 1987, S. 1.

literarhistorischen Chronologie, sondern fokussiert bestimmte Problemkomplexe der Physik in den Bereichen der Astronomie, der Optik, der Mikrobiologie, der Speziellen und Allgemeinen Relativitätstheorie, der Theoretischen Astrophysik sowie der Quantenfeldtheorie, die alle jeweils in der kulturellen Semantik bestimmter historischer Epochen virulent sind.

Folgende epistemologische Schwellenkomplexe stehen dabei im Mittelpunkt: 1) der Übergang von der ptolemäischen zur kopernikanischen Astronomie um 1600; 2) der Übergang von der liminalen zur subliminalen Welt in der Mikrobiologie um 1650 anhand der Entdeckung neuer optischer Instrumente und die Reorganisation dieses Feldes der Mikrobiologie um 1800 anhand des grundsätzlichen Zweifels an optische Technologien und anhand der Neu-Disposition des Feldes durch die Umstellung von der taxonomischen Kategorisierung zur funktionalen Konzeptualisierung der Spezies; 3) der Übergang von der Newton'schen Mechanik und Maxwell'schen Elektrodynamik zur Speziellen Relativitätstheorie um 1900; 4) die Allgemeine Relativitätstheorie und die theoretische Astrophysik um 2000 und 5) der Übergang von der Quanten- zur Quantenfeldtheorie im 20. Jahrhundert.

Konkret untersuchen werde ich im fünften Kapitel eine interformative Wechselwirkungskonstellation zwischen Literatur, Optik und Astronomie in der Schwellenepoche zwischen dem ptolemäischen und dem kopernikanischen Weltbild in Keplers „Somnium“ von 1609 bis 1634. Diese Konstellation wird um 2000 in *crossmapping*-Verfahren[227] wieder aufgegriffen und unterschiedlich literarisch konfiguriert. Einerseits soll in meiner Studie dann eine Konfiguration der narrativen Interformation in Raoul Schrotts Romans „Finis Terrae“ (1996) untersucht werden (V.2) und andererseits die Konfiguration der lyrischen Interformation in Durs Grünbeins Gedicht „Avicenna“ (2006), das den Übergang zwischen der Kepler'schen Astronomie und der Newton'schen Gravitationsphysik literarisch reflektiert und lyrisch modelliert (V.3).

Sodann wendet sich meine Studie im sechsten Kapitel einer interformativen Wechselwirkungskonstellation zwischen Literatur und Mikrobiologie zu, die den Schwellenübergang der Entdeckung der subliminalen, mikrobiologischen Welt mit-

227 Vgl. Elisabeth Bronfen: *Crossmappings. Essays zur visuellen Kultur*. Zürich: Scheidegger & Spiess 2009. „Beim Verfahren des *cross-mapping* geht es um das Feststellen und Festhalten von Ähnlichkeiten, die sich zwischen ästhetischen Werken ergeben, für die keine eindeutigen intertextuellen Beziehungen im Sinne von explizit thematisierten Einflüssen festgemacht werden können. Es geht darum, die Transformation, die sich durch die Bewegung von einer historischen Zeit in eine andere ergibt, hervorzuheben oder die Bewegung von einem medialen Diskurs in einen anderen nachzuzeichnen.“ In: dies.: „Cross-Mapping. Kulturwissenschaft als Kartographie von erzählender und visueller Sprache“. In: *Kulturwissenschaften. Forschung – Praxis – Positionen*. Hrsg. von Lutz Musner und Gotthart Wunberg. 2. Aufl. Wien: WUV 2003. S. 121–150, hier S. 122. Hervorhebung im Original.

tels optischer Technologien problematisiert. Ereignet hat sich dies um 1650. Problematisiert, reflektiert und neu perspektiviert wird es um 1822 in E. T. A. Hoffmanns „Meister Floh“ (Kap. VI).

Ein dritter Komplex gilt der physikalischen Interformation in der Theoretischen Physik. Kapitel VII.1 widmet sich der Entstehung von Einsteins Spezieller Relativitätstheorie anhand einer Lektüre von Einsteins Abhandlung „Zur Elektrodynamik bewegter Körper“ (1905), die aus interformativer und aus narratologischer Perspektive erfolgt. Untersuchen werde ich dabei die Verschränkung literarischer und physikalischer Verfahren im Rahmen einer neuen theoretischen Konfiguration – jener der Speziellen Relativitätstheorie, die die Konzeptionen von Raum und Zeit grundlegend verändert und sie zur vierdimensionalen Raumzeit verbindet.

Ein nächster Komplex widmet sich der Interformation zwischen Literatur und der Allgemeinen Relativitätstheorie in der Theoretischen Astrophysik, die durch eine literarische Fragestellung nach einem für Menschen durchquerbaren Raumzeittunnel motiviert ist (VII.2). Deshalb bezeichne ich diese Wechselwirkungskonstellation als eine der literarisch-physikalischen Interformation, die sich im Medium der Theoretischen Astrophysik vollzieht. Hier wird die Analyse einer wissenschaftlichen Abhandlung von Thorne und Morris (1988) zeigen, wie Carl Sagans Roman „Contact“ (1985) die physikalische Modellierung der Allgemeinen Relativitätstheorie mit genuin literarisch-narrativen Verfahren verschränkt. Sagans literarische Verfahren fanden Anklang im Feld der Physik – und lösten dort eine Neukonzeptualisierung der theoretischen Modellierung der „durchquerbaren Wurmlöcher“ und ihre Etablierung als theoretische Objekte der Allgemeinen Relativitätstheorie sowie als Forschungsgegenstände der Theoretischen Astrophysik aus.

Einsteins Raumzeit-Konzeption wird im Roman von Richard Powers „The Time of Our Singing“ (2003) (VIII.1) und in Thomas Lehrs Roman „42“ (2006) (VIII.2) problematisiert. Beide Romane errichten transdiskursive Kontaktzonen, die Einsteins Relativitätstheorie, Zeitphilosophie und Kosmologie durch Verfahren der physikalisch-literarischen Interformation verschränken.

Ein letzter Themenkomplex meiner Studie widmet sich im neunten Kapitel einer neuen Schwellenphase des Übergangs von der Quanten- zur Quantenfeldtheorie. Letztere ergab sich aus der Vereinigung der Quantentheorie mit der Speziellen Relativitätstheorie, die im wesentlichen Paul Dirac gelungen ist. Dietmar Daths Roman „Dirac“ (2006) realisiert eine Verschränkung der narrativen und quantenfeldtheoretischen Modellierungsverfahren zu einer interformativen Konfiguration im Feld der Literatur. Die These, die hier als Ausgangspunkt der Interpretation dient, ist, dass Daths Metabiographie die Dirac-Gleichung literarisch zu seiner Erzählinstanz re-encodiert. Es wird zu zeigen sein, wie der Roman auf mehreren Ebenen interformativ modelliert ist.

Im Resümee gehe ich ein weiteres Mal auf eine Idee Jurij Lotmans ein. Lotman schlägt vor, zu untersuchen, ob nicht jede Kultur über eigene Mechanismen der Erzeugung von Unbestimmtheit verfügt, um semiologische Felder miteinander zu verschränken und Wege zur Erzeugung des Neuen zu eröffnen. Ich gehe der Frage nach, inwiefern das Konzept der Interformation als ein solcher Grundmechanismus verstanden werden könnte, der in beiden Feldern – der Kultur und der Wissenschaft – operiert und diese gelegentlich auch miteinander verschränkt, zu Differenzkonstellationen der Grenze, der Schwelle und der unsicheren Übergänge zum Neuen, bis hin zur kulturellen Explosion.

Für die Texte, die interformative Verfahren einsetzen, schlage ich den Modus des *interformative reading* vor. Mit diesem Begriff sei die Praxis der *interformativen Lektüre* benannt. Diese setzt eine dichte wissenschaftshistorische Kontextualisierung und die nötige zeichen-, erzähl- und physiktheoretische Metareflexion voraus, um die Verfahren der Modellierung nach den Regeln ihrer jeweiligen semio-logischen Referenzsphäre zu rekonstruieren und die jeweiligen semiologischen Innovationen und Transformationen semio-ethisch zu reflektieren.

A Theoretische Grundlagen der Interformation: Historische und systematische Perspektiven

I System- und Prozessdynamik in der Semiosphäre

1 Jurij Lotmans Konzept der Semiosphäre

Jurij Lotman beschreibt in seiner kultursemiotischen Abhandlung „Über die Semiosphäre“ den entscheidenden Unterschied zwischen dem Ansatz der Kultursemiotik und dem der klassischen Semiotik.[1] Die letztere geht von einer atomaren, elementaren Einheit jedes Zeichens aus und bestimmt von dieser Prämisse aus seine phonetischen, syntaktischen und semantischen Kombinationsregeln. Die Kultursemiotik Lotman'scher Prägung hingegen wählt einen holistischen Ansatz und geht von einem globalen semiotischen Raum aus: Dieser umfasst die Gesamtheit der Zeichenverwender, Texte und Codes einer Kultur – den Raum der sogenannten Semiosphäre. Die einzelne Sprache ist für Lotman eine „Funktion, eine Verdichtung des semiotischen Raums.“[2] Der Raum der Semiose darf nicht als Summe einzelner Sprachen betrachtet werden, die in ihrer jeweiligen Solitarität nebeneinanderher operieren. Vielmehr ist der Raum der Semiose die Bedingung dafür, „dass diese Sprachen überhaupt existieren und funktionieren; er geht ihnen voraus und steht in ständiger Wechselwirkung mit ihnen.“[3] Lotman konzipiert die Semiosphäre in Anlehnung an Vernadskijs Konzeption der Biosphäre und geht, wie Vernadskij, von der vielschichtigen Organisation eines komplexen Raumes der Semiose aus.

> Der Begriff [der Semiosphäre] ist mit Bedacht gewählt: Wie die Biosphäre, die nach der Definition von Vladimir Vernadskij einerseits die Gesamtheit und organische Einheit der lebenden Materie und andererseits auch die Bedingung für die Fortdauer des Lebens darstellt, so ist auch die Semiosphäre zugleich Ergebnis und Voraussetzung der Entwicklung der Kultur.[4]

Der reale Raum der Semiosphäre ist bei Weitem nicht so homogen, wie er in der Metabeschreibung erscheint, so Lotman: Die „semiotische [...] Realität [ist] verschwommen und voller Übergangsformen.“[5]

1 Jurij M. Lotman: „Über die Semiosphäre“. Übers. von Wolfgang Eismann und Roland Posner. In: *Zeitschrift für Semiotik* 12.4 (1990). S. 286–305.

2 Jurij M. Lotman: *Die Innenwelt des Denkens. Eine semiotische Theorie der Kultur*. Hrsg. von Susi K. Frank, Cornelia Ruhe und Alexander Schmitz. Übers. von Gabriele Leupold und Olga Radetzkaja. Berlin: Suhrkamp 2010, S. 164.

3 Lotman: *Die Innenwelt des Denkens* (Anm. 2), S. 163–164.

4 Lotman: *Die Innenwelt des Denkens* (Anm. 2), S. 165. Ergänzung von AH.

5 Lotman: *Die Innenwelt des Denkens* (Anm. 2), S. 164. Ergänzung von AH.

https://doi.org/10.1515/9783110729887-002

Aufgabe der Kultursemiotik ist es nicht, die Homogenität eines Zeichensystems zu postulieren und ihre Funktionsfähigkeit nach eigenen Regeln im ‚luftleeren Raum' zu demonstrieren. Vielmehr geht die Kultursemiotik von einem komplexen Kontinuum eines Zeichenraums aus, in dem sich unterschiedliche semiotische Gebilde auf unterschiedlichen Niveaus nach unterschiedlichen Organisationsregeln entfalten: „Der kleinste Funktionsmechanismus der Semiose, ihre Maßeinheit, ist nicht die einzelne Sprache, sondern der gesamte semiotische Raum einer Kultur. Ebendiesen Raum bezeichnen wir als Semiosphäre",[6] so Lotman. Ihm zufolge sind die semiotischen Systeme nicht unabhängig von dem Raum, in dem sie operieren, sondern stehen in Wechselwirkungen mit diesem Raum: „Die Kultur organisiert sich in einer bestimmten räumlich-zeitlichen Form, außerhalb ihrer kann sie nicht existieren. Diese Form realisiert sich in Gestalt und zugleich mit Hilfe der Semiosphäre."[7] Die Funktionsweise der Gesamt-Semiosphäre beeinflusst nun aber auch die Funktionsweisen einzelner ihrer spezialisierten Felder. Lotman definiert das Konzept der Semiosphäre anhand der Begriffe der ‚Homogenität' und der ‚Individualität': „Aus beiden Begriffen zusammen ergibt sich die Getrenntheit der Semiosphäre von dem sie umgebenden außersemiotischen und anderssemiotischen Raum."[8] Sogleich fügt er jedoch hinzu, dass diese Begriffe formal schwer zu präzisieren seien, hingen sie doch von ihrer pragmatischen Funktion und vom jeweiligen Beschreibungssystem ab.

1.1 Die funktionelle Asymmetrie der Semiosphäre

Zunächst gilt es hier, die spezifischen Funktionsmechanismen darzustellen, die Lotman der Semiosphäre zuschreibt: Sie ist „gekennzeichnet durch die Merkmale der Getrenntheit von Äußerem und der Ungleichmäßigkeit im Innern."[9] Einzelne Felder und ihre Räume der Semiose werden durch Grenzen getrennt, die den inneren Raum der Semiose von dem äußeren Raum separieren. „Der erste und wesentliche Akt jedes semiotischen Modellierens einer Kultur ist die Identifikation einer Schicht von kulturell relevanten Phänomenen. Diese erfordert eine gewisse

6 Lotman: *Die Innenwelt des Denkens* (Anm. 2), S. 165. Hervorhebung im Original.

7 Lotman: *Die Innenwelt des Denkens* (Anm. 2), S. 177.

8 Lotman: „Über die Semiosphäre" (Anm. 1), S. 290.

9 Lotman: „Über die Semiosphäre" (Anm. 1), S. 290. „Ähnlich wie wir, wenn wir einzelne Beefsteaks zusammenkleben, keine Kuh erhalten, sondern durch das Zerlegen der Kuh Beefsteaks, so erhalten wir durch das Summieren von semiotischen Akten nicht das semiotische Universum. Im Gegenteil, allein die Existenz eines solchen Universums – der Semiosphäre – macht den einzelnen Zeichenakt zur Realität" (S. 290).

primäre Kodierung."[10] Die Außenwelt wird semiotisiert, indem sie eingeteilt wird in Objekte, die im Rahmen einer bestimmten Substruktur, einer bestimmten Sprache der Semiosphäre, „etwas bedeuten, symbolisieren, indizieren, kurz: die einen Sinn haben, und Objekte, die nur für sich selbst stehen."[11] Dabei funktioniert jede Teil-Semiosphäre als spezialisiertes Feld, als Substruktur der gesamten Semiosphäre – und jeweils verschiedenartig: Erstens auf der Ebene der primären Modellierung und primären Semiose, weil die Prozesse der Selektion in jedem Feld und für jedes modellbildende System nach unterschiedlichen Relevanzerwägungen ablaufen. Zweitens, weil die Prozesse der sekundären Modellierung der modellbildenden Systeme nach spezifischen semiotischen bzw. formal-symbolischen Operationen ablaufen:

> Jeder Akt des semiotischen Begreifens muss in der umgebenden Wirklichkeit die wesentlichen von den unwesentlichen Elementen trennen. Elemente, die keine Bedeutung tragen, sind vom Standpunkt des jeweiligen modellbildenden Systems quasi nicht existent. Die Tatsache, dass sie real existieren, tritt angesichts ihrer Irrelevanz in diesem System in den Hintergrund. Sie existieren zwar, sind aber im System der Kultur quasi inexistent.[12]

1.2 Zentrum und Peripherie spezialisierter Felder der Semiosphäre

Ein wichtiges Merkmal der Semiosphäre ist ihre strukturelle Heterogenität. Denn ihr semiotischer Raum besteht aus verschiedenen spezialisierten Zeichensystemen, die an bestimmten Punkten in Raum und Zeit jeweils Funktionen der Semiosphäre ausüben. Das Verhältnis der verschiedenen Systeme zueinander reicht von „vollständiger wechselseitiger Übersetzbarkeit bis zu ebenso vollständiger Unübersetzbarkeit."[13]

Die höchste Stufe der strukturellen Organisation ist nach Lotman das Stadium der Selbstbeschreibung eines spezialisierten Feldes der Semiosphäre. Das entspricht der systematisch-normativen Festschreibung der semiotischen und formal-symbolischen Codes, der operativen, syntaktischen, semantischen und pragmatischen Funktionsweisen der Symbolisierung. Die strukturelle systematische Selbstbeschreibung ist ein wichtiges Moment der Konstitution der Semiosphäre eines spezialisierten Feldes, denn sie schreibt die Regeln fest, durch die in einem spezialisierten Feld Aussagen zu treffen sind. Das, was in das System der Selbstbeschreibung eindringt, besitzt Relevanz und ‚existiert'. Alles andere wird erst gar

10 Lotman: *Die Innenwelt des Denkens* (Anm. 2), S. 84.
11 Lotman: *Die Innenwelt des Denkens* (Anm. 2), S. 177.
12 Lotman: *Die Innenwelt des Denkens* (Anm. 2), S. 83–84.
13 Lotman: *Die Innenwelt des Denkens* (Anm. 2), S. 166.

nicht durch semiotische Zeichenprozesse realisiert. Obwohl es in Wirklichkeit existiert, spielt es keine Rolle für das normative Regelsystem der betreffenden Semiosphäre. Dies verhindert ein Übermaß an semiotischen Zeichenprozessen, die für die funktionelle Ausrichtung eines bestimmten Feldes der Semiosphäre irrelevant sind und insgesamt die Spezialisierungsfunktion der Semiosphäre bedrohen würden. Dort, wo die normativen Selbstbeschreibungen des spezialisierten Feldes der Semiosphäre festgelegt werden (durch Theorien, Lehrbücher, Fachpublikationen und in einschlägigen Institutionen), ist die Intensität der metasemiotischen Aktivität des Feldes am höchsten. Denn dort herrscht eine Vielfalt an semiotischen Prozessen der Diskursivierung der Regeln des funktionalen Feldes, die es zu kanonisieren gilt. Die Orte mit der höchsten Aktivität der metasemiotischen Beschreibung des Feldes bezeichnet Lotman als ‚Zentren'. Jedoch lässt sich die Exklusivität dieses Zentrums-Begriffs relativieren: Konkurrieren doch stets mehrere Akteure, Theorien und Institutionen untereinander auf demselben Feld, um auf ihm die Diskurs- und Deutungshoheit über die Sprache der Metabeschreibung seiner semio-logischen Prozesse zu erringen.

Man könnte sogar die Prozesse der Metasemiose, die sich im Zentrum der Semiosphäre abspielen, die eine systematische Meta-Beschreibung ermöglichen und somit die Identität des Feldes sichern, von jenen Prozessen der Metasemiose unterscheiden, die sich an den Grenzen des Feldes abspielen. Das Zentrum sichert die Kontinuität durch Systematisierung und Sedimentation, die Peripherie indes setzt – durch die Korrelation mit anderen Feldern – Prozesse der Erneuerung in Gang. Dadurch gerät das Selbstverständnis der eigenen Operationen in Frage, und die habitualisierten, bereits routinierten Verfahren der Symbolisierung und Signifikation werden neu perspektiviert und gelegentlich auch reorganisiert. Die Prozesse der Metasemiose im inneren Kern des Feldes bezeichne ich als Prozesse der *formativen Metasemiose*, die Prozesse der Semiose an der Grenze der Semiosphäre als Prozesse der *interformativen Metasemiose.*

Auch in der Beschreibung Lotmans ist die Einteilung in Kern und Peripherie kein formales, unverrückbares Faktum. Die Konzeptualisierung des Zentrums und der Peripherie eines spezialisierten Feldes der Semiosphäre unterliegt gewissen feldtheoretischen Gesetzmäßigkeiten. Dynamik und Flexibilität sind vorgesehen und hängen davon ab, wie sich die Akteure im Feld bewegen und welche Resonanz ihre entsprechenden Theorien in den entsprechenden diskursiven Fachgemeinschaften finden. Zudem kommt es darauf an, wie lange gewisse Theorien den objektiven Anspruch darauf erheben dürfen, den Metadiskurs eines spezialisierten Feldes der Semiosphäre zu dominieren – bis sie ggf. falsifiziert sind und an Geltungsanspruch einbüßen. Deshalb ist zu betonen, dass Zentrum und Peripherie eines Feldes der Semiosphäre nie statisch zu betrachten sind. Sie sind stets von der Metasprache und den Metakategorien der Beschreibung abhängig.

Deshalb nennt Lotman als entscheidende Strukturgesetze der Semiosphäre ihre „Binarität und Asymmetrie“,[14] weil sich jede Semiosphäre auch innerlich aufspaltet, das heißt: Binnengrenzen aufweist, herumgruppiert um unterschiedliche Kernstrukturen, die versuchen, die Hoheit über die Prinzipien der Metabeschreibung der jeweiligen spezialisierten Semiosphäre zu erlangen. Diese unterschiedlichen Strömungen sorgen für dynamische Prozesse. Sie sind die Bedingung der Produktivität, der dynamischen Erneuerung im Raum der Zeichenprozesse.

Je strikter die normativen Vorgaben der systematischen Selbstbeschreibung eines Feldes der Semiosphäre sind, desto mehr verliert es an Flexibilität. Die Kapazität, eigene Codes zu erneuern, verringert sich bei einem wachsenden strukturellen und normativen Niveau der Selbstorganisation.[15] Lotman betont, dass die Metabeschreibung des stark verdichteten Zentrums eines spezialisierten Semiosphäre-Feldes und dessen Peripherie in einem intrikaten dialektischen Verhältnis zueinander stehen: Die Metaebene der Selbstbeschreibung ist durch ein komplexes dreifaches Verhältnis mit dem Feld der Semiosphäre verbunden: Sie unterhält a) ein Verhältnis zur Sprache der Kern-Semiosphäre, die sie adäquat beschreibt, b) ein Verhältnis zur alltäglichen Realität, die sie natürlich nur in Ausschnitten in ihrem Raum durch semiotische Zeichenprozesse re-präsentieren kann, und c) ein Verhältnis zur Peripherie der Semiosphäre, die sie keineswegs adäquat repräsentiert: „an der Peripherie der Semiosphäre [...] geht die ideale Norm nicht aus der ‚darunterliegenden‘ semiotischen Realität hervor, sondern steht im Widerspruch zu ihr.“[16]

Lotmans feldtheoretisches Beschreibungskonzept erlaubt einen Doppelblick auf die Semiosphäre: die Untersuchung der systematischen Metabeschreibung der normativen Vorgaben und die Untersuchung der konkreten kultursemiotischen Operationen, die auf der Ebene der Texte durchgeführt werden. Lotman sieht also durchaus Unterschiede zwischen der Ebene der systematischen Selbstbeschreibung und der Ebene der historischen semiotischen Praxis: „Die Liste dessen, was im System einer Kultur ‚nicht existiert‘, in der Praxis aber geschieht, ist immer ein wichtiges typologisches Charakteristikum des jeweiligen Systems.“[17]

Lotman unterscheidet sehr wohl zwischen den Ebenen, die in der Saussure'schen Terminologie als die *langue*, das ‚System‘, und die *parole*, die ‚Rede‘ bezeichnet werden. Anders als der klassische Strukturalismus lehnt es Lotman in seiner kultursemiotischen Theorie jedoch ab, eine bestimmte Ebene zu fokussieren und die andere als weniger relevant zu betrachten oder gar ganz zu ignorie-

14 Lotman: *Die Innenwelt des Denkens* (Anm. 2), S. 164. Hervorhebung im Original.

15 Vgl. Lotman: *Die Innenwelt des Denkens* (Anm. 2), S. 170.

16 Lotman: *Die Innenwelt des Denkens* (Anm. 2), S. 171.

17 Lotman: *Die Innenwelt des Denkens* (Anm. 2), S. 171.

ren. Ihn interessiert vielmehr die Beschreibung des Spannungsverhältnisses zwischen den beiden Ebenen: „die Werke, die aus der realen semiotischen Umgebung hervorgehen, treten in Widerspruch zu der künstlichen Norm. Dies ist das Gebiet der semiotischen Dynamik. Hier entsteht das Spannungsfeld, in dem künftige Sprachen sich entwickeln."[18]

An eben diesem Spannungsfeld setzt in meiner Theorie die Interformation an. Aus ihm erwächst eine intensive meta-semiotische, ja semio-logische Dynamik, die dazu führen kann, dass die Peripherie durch die Verschränkung ihrer Codes mit einem anderen Feld der Semiosphäre und durch die nachträgliche Herstellung semiotischer Kohärenz auf einem komplexeren Niveau, das zusätzliche Differenzierungen erlaubt, komplexere Modellierungsansätze bietet als die des sogenannten Kerns oder Zentrums der Semiosphäre. Diese interformativ gewonnenen Regeln können sich lokal entfalten und ihre eigenen Ansprüche auf die Metabeschreibung des spezialisierten Feldes der Semiosphäre entwickeln.[19]

Lotmans Kultursemiotik ist deshalb fruchtbar für die vorliegende Studie, weil sie die Semiosphäre aus feldtheoretischer Perspektive konzeptualisiert. Die feldtheoretische Perspektive schreibt nicht die Definition der Codierungen für ein gesamtes System in jedem seiner Punkte fest wie aus einer ‚Vogelperspektive'. Sie erlaubt vielmehr die Herausbildung eines feineren kultursemiotischen Beschreibungsinstrumentariums, das die kontextuelle, lokale Intensität der Code-Operativität bzw. der Code-Gültigkeit indiziert. Das heißt, dass die Gültigkeit der Codes nicht gleichermaßen für Zentrum und Peripherie eines bestimmten Felds der Semiosphäre als absolut gesetzt ist. Selbst wenn auf der Karte der Metabeschreibung die Grenzen des Territoriums und die Reichweite der Gültigkeit der Codes in einer bestimmten Weise festgelegt sind, muss das nicht unbedingt mit der Realität des lokalen Feldterritoriums der Semiosphäre übereinstimmen. Von außen gesehen funktioniert die Semiosphäre zwar nach internen Codes. Die Struktur ihres Binnenraums weist jedoch dennoch Irregularitäten und Asymmetrien auf, weil ihr die Abgrenzung zur externen Semiosphäre nicht vollständig gelingt. Während das Zentrum der Semiosphäre eine gewisse Homogenität der Codierungen aufweist, nimmt diese ab, je mehr man sich der Peripherie nähert. Zieht man einen synchronen Schnitt durch ein spezifisches spezialisiertes Feld der Semiosphäre, und versucht man das Beobachtete zu beschreiben, so wird man lediglich einen „Anschein der Einheitlichkeit" feststellen, so Lotman: „Erscheint die Metastruktur im Zentrum als die ‚eigene' Sprache, so ist

---

18 Lotman: *Die Innenwelt des Denkens* (Anm. 2), S. 178.
19 Vgl. Lotman: *Die Innenwelt des Denkens* (Anm. 2), S. 164.

sie an der Peripherie eine ‚fremde' Sprache, die die darunterliegende semiotische Praxis nicht adäquat abbilden kann."[20]

So wird das Zentrum der Semiosphäre von der Peripherie vor immer neue Herausforderungen gestellt: Je mehr man sich von ihm entfernt, desto weniger Geltung haben die dort herrschenden homogenen Regeln und Codes, und desto disponierter erweisen sich die Felder der Semiosphäre dazu, auf Regeln und Codierungen ihrer Grenzfelder einzugehen, sich mit ihnen zu verschränken und anhand von Grenzkonfigurationen die Spielregeln der eigenen Semiosphäre punktuell zu verändern. So beschreibt Lotman auch die dynamischen Prozesse, die sich innerhalb der Semiosphäre vollziehen:

> Im Kernbereich befinden sich die dominierenden Zeichensysteme, in denen Zeichenbenutzer, Texte und Kodes in elaborierter Weise aufeinander abgestimmt sind. Zur Peripherie gehören Zeichenbenutzer, die kaum einen Kode gemeinsam haben, Texte, die unverständlich sind, weil ihre Kodes verloren gegangen sind, und Kodes, die heterogen und fragmentarisch sind. Der Austausch zwischen Innerem und Äußerem sowie zwischen Kernbereich und Peripherie einer Semiosphäre führt zur Schaffung neuer Kodes, zur Produktion neuer Arten von Texten und zu Veränderungen bei den Zeichenbenutzern, die sie für neuen Sinn empfänglich machen.[21]

Zudem erlaubt eine feldtheoretische Beschreibung flexible Definitionen der Codes, die nicht absolut gesetzt werden, sondern immer relativ zum betreffenden Bezugsrahmen betrachtet werden müssen. Lotman merkt an, dass es erhebliche Unterschiede geben kann zwischen der Art, wie eine Selbstbeschreibung vom Innenstandpunkt einer Semiosphäre mit Begriffen operiert, die der eigenlogischen Entwicklung des Zeichen- und Symbolsystems entsprechend herausgearbeitet wurden, und der Art, wie diese „von einem äußeren Beobachter in den Kategorien eines anderen Systems durchgeführt wird."[22]

> Das, was vom Innenstandpunkt einer gegebenen Kultur wie eine äußere nicht-semiotische Welt aussieht, kann sich vom Standpunkt eines äußeren Beobachters aus als ihre semiotische Peripherie darstellen. So hängt der Verlauf der Grenze einer gegebenen Kultur vom Standpunkt des Betrachters ab.[23]

Aus diesem Grund ist die binäre Asymmetrie auch im Sinne Lotmans die Grundvoraussetzung der Kreativität in der Semiosphäre.

---

20 Lotman: *Die Innenwelt des Denkens* (Anm. 2), S. 178.
21 Lotman: „Über die Semiosphäre" (Anm. 1), S. 287.
22 Lotman: „Über die Semiosphäre" (Anm. 1), S. 295.
23 Lotman: „Über die Semiosphäre" (Anm. 1), S. 294.

1.3 Der kultursemiotische Grenzbegriff

Das Innere einer Semiosphäre wird durch eine Grenze abgesteckt, die sie vom außersemiotischen bzw. anderssemiotischen Raum trennt. In seiner Konzeptualisierung ihrer Grenzen bezieht sich Lotman zunächst auf einen mathematischen Grenzbegriff:

> Ähnlich wie in der Mathematik eine Grenze eine Menge von Punkten genannt wird, die gleichzeitig sowohl zum Außen- als auch zum Innenraum gehören, ist die semiotische Grenze eine Summe von zweisprachigen Übersetzer-„Filtern", bei deren Passieren der Text in eine andere Sprache [...] übersetzt wird, die sich a u ß e r h a l b der gegebenen Semiosphäre befindet.[24]

Die Grenze hat dann die Funktion, Elemente aus dem nicht- oder anderssemiotischen Raum, die in die Semiosphäre eindringen, zu semiotisieren, das heißt nach den intern dominierenden Codes lesbar zu machen.

> Die Funktion einer beliebigen Grenze und eines Gewebes oder Films (von der Membrane der lebenden Zelle über die Biosphäre, die nach Vernadskij wie ein Film unseren Planeten bedeckt, bis zur Grenze der Semiosphäre) besteht in der Beschränkung des Eindringens, der Filtration und der adaptierenden Einarbeitung des Äußeren in das Innere. Diese invariante Funktion wird auf verschiedenen Ebenen unterschiedlich realisiert. Auf der Ebene der Semiosphäre bedeutet sie das Trennen des Eigenen vom Fremden, die Filtration der äußeren Mitteilungen und ihre Übersetzung in ihre eigene Sprache, ebenso wie auch die Umwandlung äußerer Nicht-Mitteilungen in Mitteilungen, d. h. die Semiotisierung des von außen Hereindringenden und dessen Verwandlung in Information.[25]

Betont werden muss, dass Lotman die semiotische Grenze nicht unbedingt in Anlehnung an eine territoriale, geografische Grenze definiert. Das erscheint auf den ersten Blick zwar so, wenn man semiotische Räume mit Sprachräumen und mit territorial organisierten Staaten verbindet. Doch wenn man rein kultursemiotisch argumentiert und sich von der geografischen Vorstellung löst, dann verläuft die Grenze in einem einzelnen Text stets dort entlang, wo anders organisierte Zeichensysteme bzw. kultursemiotische sekundäre Modellierungen zum Einsatz kommen, die aus dem inneren Standpunkt einer Semiosphäre nach heterologischen Regeln operieren.

Lotman konzeptualisiert die Semiosphäre im Rahmen seiner kultursemiotischen Theorie und beschreibt Grenzübergänge zwischen unterschiedlichen Sprachen und Kulturen. In der vorliegenden Studie, die den Bezügen und Relationen zwischen Physik und Literatur gewidmet ist, schlage ich vor, das Konzept der Se-

---

24 Lotman: „Über die Semiosphäre" (Anm. 1), S. 290. Hervorhebung im Original.
25 Lotman: „Über die Semiosphäre" (Anm. 1), S. 292.

miosphäre und deren Mechanismen als Grenzübergänge zwischen zwei unterschiedlichen semio-logischen Feldern zu untersuchen, die unterschiedliche Logiken der Semiose (der Bedeutungszuweisung) einsetzen, man könnte von unterschiedlichen Sphären der Semiose oder von unterschiedlichen Diskurssphären sprechen. Hier ist jedoch anzumerken, dass die primäre Dimension der Modellierung, die der Sprache, von beiden Diskurssphären genutzt wird. Erst durch die sekundäre Modellierung, die auch mit einer sekundären Semiose einhergeht, werden die Differenzen deutlicher. Die tertiäre Modellierungsdimension ist die der Metamodellierung, Reflexion und Transformation.

Für die Codes, die aus der Metaperspektive eines bestimmten Feldes der Semiosphäre intern gelten, schlage ich den Begriff der *homologischen Codes* vor, abgeleitet aus dem griechischen *homo* (‚gleichartig') – das wären die internen Codes eines spezialisierten Feldes der Semiosphäre. Diejenige spezialisierte Semiosphäre, die aus der Innensicht ihrer Akteure nach internen Codierungssystemen funktioniert, sei hier *homologischer Bereich der Semiosphäre* genannt. *Homologisch* ist aus dem Griechischen ‚übereinstimmend' abgeleitet und soll hier zeigen, dass die Akteure, die auf diesem spezialisierten Feld tätig sind, über die Codes der Zeichenverwendung in einem gewissen historischen Kontext weitgehend miteinander übereinstimmen. Regeln, die aus der inneren Perspektive der Semiosphäre ‚verschieden' sind, seien *heterologische Codes* genannt; *hetero* steht im Griechischen für ‚verschiedenartig'. Aus der Innenperspektive eines spezialisierten Bereichs der Semiosphäre wäre ein anderer spezialisierter Bereich, der überwiegend nach verschiedenen Codesystemen arbeitet, ein *heterologischer Bereich der Semiosphäre*. Eine Übertragung aus dem homologischen in den heterologischen Bereich der Semiosphäre wäre durch metasemiotische Reflexion, Re-Encodierung und Transformation möglich.

Sobald fremde Zeichensysteme im Bezugsrahmen einer Semiosphäre aktualisiert werden, wird diejenige Grenze aktiviert, die die zweisprachigen Filtermechanismen zur Verfügung stellt, die jene Zeichen und Symbole, die nach heterologischen Codes funktionieren, in solche zu übersetzen versuchen, die nach homologischen Codes funktionieren. Jeder Satz einer fremden Sprache oder eines fremden Zeichen- und Symbolsystems aktiviert eine Grenze, die signalisiert, dass hier nach anderen Codes operiert wird, und dass eine Übertragung, ein semio-logischer Transfer notwendig ist.

Es lässt sich folgern, dass sich jeder semio-logische Bereich der Semiosphäre durch die Abgrenzung von den anders organisierten Bereichen die Identität seiner eigenen Systemoperationen sichert. Dies ist die wichtige Dimension der Erhaltung und Stabilisierung des Systems. Die Grenze zwischen dem internen und dem externen Bereich der Semiosesphären konstituiert sich durch die Fremdheit der Zeichennutzer füreinander, durch die Inkompatibilität der Codierungen ihrer Texte und durch die Inkommensurabilität der Semioseprozesse.[26] Die Grenze hat nach Lotman eine doppelte Funktion: einerseits die der Abschließung der Semiosphäre zum Zwecke ihrer Individualisierung, andererseits (durch die Verschränkung mit anderen Feldern und ihren Sphären der Semiose) die der Beschleunigung semiotischer Prozesse von der Peripherie her. Lotman versieht die Grenze mit einem doppelten Mechanismus, je nachdem, von welchem Standpunkt aus sie definiert wird:

> Man muß allerdings berücksichtigen, daß wenn die Grenze vom Standpunkt ihres immanenten Mechanismus aus zwei Sphären der Semiose vereint, sie von der Position des semiotischen Selbstbewußtseins (der Selbstbeschreibung auf der Metaebene) der gegebenen Semiosphäre aus diese beiden voneinander trennt. Sich seiner selbst in kultursemiotischer Hinsicht bewußt zu werden heißt, daß man seine Spezifik erkennt, seine Opposition zu anderen Sphären. Das veranlaßt dazu, die Absolutheit jener Eigenschaften zu betonen, durch die die gegebene Sphäre konturiert wird.[27]

Ich schlage die Hypothese vor, dass auch die Grenze der jeweiligen Felder der Semiosphäre ternär organisiert ist. Die primäre und sekundäre Dimension wäre die des Schutzes vor den äußeren semio-logischen Sphären und der damit verbundene Beitrag zur Individualisierung des eigenen Feldes der Semiosphäre – sie setzt also auf homologische Regeln und Operationen der Symbolisierung und Signifikation. Die tertiäre Funktion wäre die der Verschränkung mit anderen semio-logischen Diskurssphären – sie verschränkt die homologischen Regeln mit heterologischen Regeln der Symbolisierung und Signifikation. Diese Verschränkung wird zum Katalysator der Erneuerung semiotischer Prozesse im eigenen Feld der Semiosphäre. Die beiden Funktionen, die in dem Grenzmechanismus inbegriffen sind, werden, so Lotman, nicht stets in gleichem Maße aktualisiert: Zu unterschiedlichen historischen Zeiten dominieren unterschiedliche Tendenzen.[28]

Weil die Grenze einen notwendigen Teil der Semiosphäre bildet, braucht die Semiosphäre eine nicht organisierte äußere Umgebung und konstruiert sich diese, falls sie fehlt. „Die Kultur schafft nicht nur ihre innere Organisation, sondern auch ihren eigenen Typ der äußeren Desorganisation.“[29] Um die Schutzfunktion der Individualisierung ausüben zu können, konstruiert sich die Semiosphäre ein Bild des Außenbereichs jenseits der eigenen Grenze, das nicht unbedingt mit der Realität übereinstimmt.

---

26 Vgl. Lotman: „Über die Semiosphäre“ (Anm. 1), S. 291.

27 Lotman: „Über die Semiosphäre“ (Anm. 1), S. 293.

28 Vgl. Lotman: „Über die Semiosphäre“ (Anm. 1), S. 293. „In unterschiedlichen historischen Entwicklungsstadien einer Semiosphäre kann dieser oder jener Aspekt der Funktion der Grenze dominieren und den anderen relativieren oder vollständig unterdrücken“ (S. 293).

29 Lotman: „Über die Semiosphäre“ (Anm. 1), S. 293.

> Am Beginn jeder Kultur steht die Einteilung der Welt in einen inneren („eigenen“) und einen äußeren Raum (den der „anderen“).[30]
> Der Raum innerhalb dieser Grenze wird als „unser eigener“, als „vertraut“, „kultiviert“, „sicher“, „harmonisch organisiert“ usw. erklärt. Ihm steht der Raum „der anderen“ gegenüber, der als „fremd“, „feindlich“, „gefährlich“ und „chaotisch“ gilt.[31]

Mithilfe der kultursemiotischen Konzeption Lotmans lässt sich auch die Debatte um die „zwei Kulturen“[32] rationalisieren. Die Quintessenz dieser Debatte, die C. P. Snow in den 50er Jahren anstieß, lässt sich kultursemiotisch diagnostizieren, denn erkennbar ist, dass Snow in seiner berühmt-berüchtigten Rede die Stereotypen der wechselseitigen diskursiven Konstruktion der ‚fremden‘ Sphäre darstellte. Die wechselseitige Konstruktion eines Bildes vom anderen semio-logischen Feld der Semiosphäre, das angeblich unterkomplex operiert, ist ein Prozess, der sehr wenig mit der Realität des anderen semio-logischen Feldes zu tun hat. Vielmehr hat er etwas mit der Konstruktion der Identität und Individualität des eigenen, nach homologischen Codes organisierten binnensemiotischen Raumes zu tun. An der vermeintlichen semiotischen Desorganisation und semio-logischen Unterkomplexität der ‚fremden Sphäre‘, so der rhetorische Trick, lässt sich die hohe, differenzierte Organisiertheit der semio-logischen Mechanismen der eigenen Sphäre bestens demonstrieren.

Die Codes der fremden Semiosphäre, die heterologischen Codes, sind nicht in sich unterkomplex, sie liegen lediglich außerhalb der Konventionen der homologischen Codes, die ein bestimmtes Feld zu seinen semiotischen Mechanismen erklärt hat. Deshalb ist die gegenseitige Unterstellung von Unterkomplexität relativ. Sie wird aus der Sicht derer konstruiert, die ein bewusst unterkomplex gedachtes ‚Außerhalb‘ als Folie dazu nutzen, um die Komplexität der eigenen semio-logischen Operationen vorzuführen. Lotman merkt hierzu an: „Die äußeren Strukturen, die jenseits der semiotischen Grenze liegen, werden zu Nicht-Strukturen erklärt. Die besondere Bewertung des inneren und des äußeren Raumes ist ohne Belang. Wichtig ist nur das Faktum der E x i s t e n z d e r G r e n z e selbst.“[33] Die Akteure des jeweiligen Feldes, die ausschließlich in den Metakategorien der eigenen Semio-

30 Lotman: *Die Innenwelt des Denkens* (Anm. 2), S. 174.
31 Lotman: *Die Innenwelt des Denkens* (Anm. 2), S. 174.
32 Vgl. C. P. Snow: *Die zwei Kulturen. Literarische und naturwissenschaftliche Intelligenz*. Übers. von Grete Felten und Karl-Eberhardt Felten. Stuttgart: Klett 1963. Siehe hierzu auch die Originalausgabe: ders.: *The Two Cultures and the Scientific Revolution*. Cambridge: Cambridge University Press 1959. Vgl. auch ders.: *The Two Cultures and a Second Look. An Expanded Version of the Two Cultures and the Scientific Revolution*. 4. Aufl. New York: A Mentor Book 1963.
33 Lotman: „Über die Semiosphäre“ (Anm. 1), S. 294. Hervorhebung im Original.

sphäre denken, sichern deren Individualität und Legitimität, indem sie sie vom Außenbereich abgrenzen. Dafür führen sie Gegenbeispiele semiotischer Aktivitäten aus dem anderen Feld vor, die nicht nach ihren eigenen Regeln und Codes funktionieren – was alleine bereits genügt, um ihnen den semiotischen Status abzusprechen. Lotman beschreibt es folgendermaßen:

> Die Antike konstruiert sich die „Barbaren" [...]. Dabei ist völlig unwichtig, daß diese „Barbaren" erstens über eine wesentlich ältere Kultur verfügen konnten und zweitens natürlich auch kein einheitliches Ganzes darstellten, sondern eine Vielfalt kultureller Entwicklungsstufen repräsentieren konnten, die von den höchsten Zivilisationen des Altertums bis zu Stämmen in einem sehr primitiven Entwicklungsstadium reichte. Nichtsdestoweniger konnte die antike Zivilisation sich als ein kulturelles Ganzes fühlen, indem sie einfach diese vermeintlich einheitliche „barbarische" Welt konstruierte, deren grundlegendes Merkmal das F e h l e n einer mit der antiken Kultur gemeinsamen Sprache war. Die äußeren Strukturen, die jenseits der semiotischen Grenze liegen, werden zu Nicht-Strukturen erklärt.[34]

2 Grenzverkehr zwischen den Zeichenordnungen

Nach Lotman könnte man nur dann von einer kreativen Leistung in der Semiosphäre sprechen, wenn die Übersetzung einer Mitteilung von einer Sphäre der Semiose in die andere nicht reibungslos gelingt, sondern erst dann, wenn zwischen den Codes ein Verhältnis der „wechselseitigen Unübersetzbarkeit"[35] besteht. Lotman gibt das Beispiel der Übertragung einer biblischen Parabel in ein Gemälde. In diesem Fall der Intermedialität gebe es thematische Entsprechungen, aber keine Äquivalenzen im Bereich der Notationssysteme (im Bereich der Sprache, des Materials und des Stils). Diese Kombination zwischen Übersetzbarkeit und Unübersetzbarkeit zwischen zwei Sphären bestimmt im Wesentlichen die kreativen Funktionen der Semiosphäre.[36] Die Präsenz eines Ausschnittes aus einem spezialisierten Feld der Semiosphäre in einem anderen Feld, das nach heterologischen Codes funktioniert, hat nach Lotman eine Katalysator-Funktion: An der Grenze zu einem ‚fremden Text' entsteht eine Unbestimmtheitszone, eine Zone erhöhter semiotischer Aktivität und verstärkter Sinnbildung. Registriert wird ein Code-Switch zwischen zwei semio-logischen Feldern. Somit werden durch den Text selbst und durch seinen Leser unzählige Kontexte aktiviert, die den fremden Code zu kontextualisieren bzw. zu dechiffrieren versuchen. Kommt der Text in einer fremden Sprache daher, dann liefern adäquate Übersetzungen

---

34 Lotman: „Über die Semiosphäre" (Anm. 1), S. 293–294. Hervorhebung im Original.

35 Lotman: *Die Innenwelt des Denkens* (Anm. 2), S. 24.

36 Vgl. Lotman: *Die Innenwelt des Denkens* (Anm. 2), S. 24.

die Möglichkeit, semantische Äquivalenzen herzustellen und den fremden Text semiotisch zu integrieren.

> Damit diese für sie Realität gewinnen, muß sie die Texte notwendigerweise in eine der Sprachen ihres Innenraums übersetzen und die nichtsemiotischen Fakten semiotisieren. Daher kann man die Grenzpunkte der Semiosphäre mit den Rezeptoren der Sinnesorgane vergleichen, die äußere Reize in die Sprache unseres Nervensystems übertragen, oder mit Übersetzungsapparaten, die für eine gegebene semiotische Sphäre die ihr äußere Welt adaptieren.[37]

Die Semiosphäre kann also mit anders organisierten semio-logischen Texten nur über ihre Grenze in Berührung kommen. Die Grenze hat die wichtige Funktion, anders organisierte semio-logische Kombinationen zu filtern und zu transformieren: „[Ä]hnlich wie äußere chemische Stoffe von einer Zelle nur assimiliert werden können, wenn sie in die ihr eigenen biochemischen Strukturen übertragen werden – beide Fälle sind besondere Erscheinungen ein und desselben Gesetzes."[38]

Lotman bezieht sich mit seiner Konzeptualisierung der Semiosphäre vor allem auf kulturelle Räume. Im Falle des Austausches zwischen Physik und Literatur gibt es diese zweisprachigen Übersetzungsfilter nicht. Nach Lotman markiert die Grenze immer dann den Ort des Nicht-Verstehens, wenn ein semiotisches bzw. formal-symbolisches Gebilde aus einem anderen Zeichensystem stammt, dessen Regeln der Symbolisierung und sekundären Modellierung den Zeichennutzern der literarischen Semiosphäre nicht geläufig sind.[39] Lotman betont, dass man, sobald man sich im Bereich der Semantik befindet, auf die außersemiotische Realität Bezug nehmen muss. Allerdings „darf man nicht vergessen, daß diese Realität für die gegebene Semiosphäre ‚eine Realität für sich' nur in dem Maße wird, wie sie in ihre Sprache übersetzbar ist."[40] Die Zeichennutzer betrachten anders organisierte semio-logische Felder, die sich jenseits der Grenzen ihres Semiosphärefeldes konstituieren, aus der Sicht der Meta-Kategorien ihres eigenen Feldes. Dieses artikuliert sich vor allem in Bezug auf die Ebene der sekundären Modellierung und auf die sekundären Prozesse der Semiose, die sich daraus ergeben. Denn dort operieren beide Felder – Physik und Literatur – einigermaßen autonom. Beide entfernen sich von den Konventionen der Denotation, von den allgemein akzeptierten Codes der alltagspragmatischen Sprache, und erstellen, je für sich, eigenlogische Korrelationen nach homologischen Codes.

Weil Physik und Literatur nicht nur, wie die alltagspragmatische Sprache, auf der primären Ebene der Semiose operieren, sondern sekundär modellieren, funk-

---

37 Lotman: „Über die Semiosphäre" (Anm. 1), S. 290.
38 Lotman: „Über die Semiosphäre" (Anm. 1), S. 292.
39 Vgl. Lotman: „Über die Semiosphäre" (Anm. 1), S. 292.
40 Lotman: „Über die Semiosphäre" (Anm. 1), S. 292.

tioniert die Übertragung der Information nach dem üblichen Kommunikationssystem nicht – gibt es doch zwischen Physik und Literatur keinen gemeinsamen Code. Physik und Literatur wären insofern für die gesamte Semiosphäre im Sinne Lotmans ein „enantiomorphe[s] Paar [...]“,[41] das durch eine funktionale Asymmetrie charakterisiert ist. Die Asymmetrie zwischen zwei semio-logischen Diskurssphären lässt sich dadurch charakterisieren, dass es keinen konventionell akzeptierten semiotischen Übersetzungscode zwischen ihnen gibt. Die sekundären Modellierungen des literarischen und des physikalischen Feldes sind holistisch – die Bedeutung ergibt sich erst aus dem Ensemble eines gesamten Symbolsystems, das in einer bestimmten Konfiguration operiert.

Im Falle mathematischer Gleichungen bzw. wenn es um Konzepte der theoretischen Physik geht, die in die literarische Semiosphäre transferiert werden, gibt es dafür kaum Äquivalente, die bereits semantisch codiert sind, weil die Physik ihre operationalen Konzepte sekundär modelliert – über die Mathematik. Konzepte bzw. Gleichungen, die aus der Physik in einen literarischen Text wandern, aktualisieren automatisch eine semio-logische Grenze in der Semiosphäre der Literatur. Denn es geht nicht um eine Mitteilung in einer übersetzbaren Sprache. Das Feld der Literatur verfügt ‚nur‘ über Mechanismen der literarischen Semiose. Diese bieten vorderhand kein Archiv an Möglichkeiten, um Gleichungen, die formal-symbolisch modelliert sind, Bedeutungen zuzuschreiben. Deshalb ist der Akt des Transfers (und implizit der Akt des Zitierens) einer physikalischen Formel in einem literarischen Text nicht äquivalent mit der Mitteilung einer üblichen textuellen Information an den Leser. Denn für den Leser eines literarischen Textes, der keine mathematischen Codierungen kennt, bedeutet das Lesen einer physikalischen Formel, wie zum Beispiel die der Wheeler-de-Witt-Gleichung in Thomas Lehrs „42“, keinen Zuwachs an Information. Was er ahnt, ist, dass der Text ein bestimmtes Code-Modell mitteilt. Die Botschaft konzentriert sich zunächst auf die formale Sprache, also auf die Frage, nach welchen Codes in dem anderen Feld der Semiosphäre sekundär modelliert wird. Der Empfänger ist nicht auf den Inhalt konzentriert, sondern zunächst einmal auf den Code der Mitteilung, den es zu entziffern gilt, um überhaupt zur Mitteilung vorzudringen. Lotman bemerkt grundsätzlich zu einem solchen Transfer: „[J]edes beliebige Bruchstück einer semiotischen Struktur [bewahrt] die Mechanismen für die Rekonstruktion des ganzen Systems. Gerade die Zerstörung dieser Ganzheitlichkeit ruft einen beschleunigten Prozess der ‚Erinnerung‘, der Rekonstruktion des semiotischen Ganzen anhand seines Teils, hervor.“[42]

41 Lotman: „Über die Semiosphäre“ (Anm. 1), S. 304.
42 Lotman: „Über die Semiosphäre“ (Anm. 1), S. 295.

Erst wenn der Leser seine Mitarbeit investiert und den betreffenden Kontext der physikalischen Formel rekonstruiert, kann er erkennen, dass die Wheeler-de-Witt-Gleichung auf ein Code-Modell verweist, das aus der Theorie der Quantengravitation stammt. Erst durch die Identifizierung jenes Feldes der Semiosphäre, die diesen Code nutzt, um sekundär zu modellieren, und erst nachdem der Leser zu verstehen beginnt, wie die ‚Realität' nach diesem Code sekundär modelliert wird (wie dieser Code also genutzt wird, um damit in der theoretischen Physik symbolisch zu operieren), erst durch die Rekonstruktion dieses spezifischen Modus der Symbolisierung, beginnt er im Interpretationsprozess zu verstehen, was ihm dieses Code-Modell mitteilen soll. Für die Übermittlung dieses Typs von Information bedarf es in dem literarischen Text zunächst der Interformation – denn die literarische Semiosphäre verfügt nicht über das nötige Archiv an Möglichkeiten der Modellierung nach heterologischen physikalischen Codes im eigenen Feld. Deshalb lassen sich physikalische Gleichungen und Konzepte nicht einfach assimilieren und in die Sphäre der literarischen Semiose integrieren. Sie müssen zunächst in literarische Verfahren umcodiert und vor dem Hintergrund der Transaktion von Codes und der daraus sich ergebenden Wechselwirkungen neu modelliert werden – und das heißt: *re-encodiert* werden.

Nach Lotmans Kommunikationstheorie in „Kultur und Explosion", die an der Informationstheorie orientiert ist, gilt der Grundsatz, dass, je weniger wahrscheinlich der Inhalt einer Nachricht ist, desto höher deren Informationswert einzustufen ist. Übertragen auf die literarsemiotische Code-Theorie bedeutet dies: Je weniger wahrscheinlich der Transfer und die Integration eines Konzepts zwischen zwei Sphären der Semiose ist, desto höher wird der Innovationsgrad des Transfers sein.

> Die peripheren semiotischen Gebilde müssen nicht geschlossene Strukturen (Sprachen) sein, sondern können aus Sprachfragmenten oder auch nur aus einzelnen Texten bestehen. Indem sie für das gegebene System „fremde" Texte sind, erfüllen diese Texte im Gesamtmechanismus der Semiosphäre die Funktion von Katalysatoren.[43]

Lotman merkt in diesem Zusammenhang an: „Die Rolle solcher neuen Codes können unterschiedliche formale Strukturen spielen, und je asemantischer diese Strukturen sind, desto besser erfüllen sie die Funktion der Reorganisation von Bedeutungen."[44] Wenn solche Gleichungen oder Konzepte in literarische transferiert werden, dann weiß man, dass sie im Rahmen der physikalischen Korrespondenzregeln, die ihnen im Referenzsystem der Physik zustehen, eine Referenz auf die Welt haben. Aber diese ist im literarischen Text auf den ersten Blick nicht evident. Die Gleichung

---

43 Lotman: „Über die Semiosphäre" (Anm. 1), S. 295.

44 Lotman: *Die Innenwelt des Denkens* (Anm. 2), S. 44.

wechselt die Sphäre der Semiose und ist nun nicht mehr eine reine Mitteilung, weil sie jenes semiotische Bezugssystem verlassen hat, in dem sie als solche dechiffrierbar gewesen war. Sobald sie den Semioseraum des literarischen Textes betritt, verwandelt sie sich und neigt der „reinen Syntagmatik zu", wie Lotman formuliert: „d. h., aus Texten werden ‚Codes Nr. 2'."[45] Um diesen Mechanismus zu beschreiben, greift Lotman auf Claude Lévi-Strauss zurück: „Als Claude Lévi-Strauss von der musikalischen Natur des Mythos sprach, meinte er diese Tendenz der Mythen, sich in einen reinen syntagmatischen, asemantischen Text zu verwandeln, nicht mehr Mitteilung von gewissen Ereignissen zu sein, sondern Schema der Organisation der Mitteilung."[46] Der Mythos wird zum asemantischen Code, zum Schema einer symbolischen Form der Mitteilungsorganisation.

Auch im Falle des Transfers von der Physik zur Literatur ist die Struktur des Codes aus der Sicht des literarischen Textes aufgrund seiner mathematischen Form schwer zu semantisieren. Für den naturwissenschaftlich wenig informierten Leser ist es ohne wissenschaftshistorische Kontextualisierung schwer möglich, den Code adäquat zu dechiffrieren. Die Gleichung, das Konzept transportiert mit sich die Schreibweisen, Verfahren, Schemata einer anderen symbolischen Form der Wissensorganisation. Sie verweist hier in erster Linie auf ihre *Form* der Wissensorganisation. Insofern kann man diese Interpolation als transdiskursive Metareferenz bezeichnen – und sogar behaupten, dass die Gleichung hier die Funktion der Wissensorganisation hat, während der literarische Text die Funktion der Wissensreorganisation übernimmt.

Deshalb hat der Prozess, der sich im literarischen Text vollzieht, um den Code lesbar zu machen, den Charakter der Metasemiose. Die physikalischen Codes und ihre Prozesse der Semiose werden reflektiert, ihre Unübersetzbarkeit wird problematisiert, eine Unvereinbarkeit mit literarischen Prozessen der Semiose wird vorgeführt. Anschließend kommt es zu formalen Innovationen im literarischen Text: Er experimentiert mit formalen Verfahren der Kopplung und Verschränkung mit den physikalischen Codes. Damit werden die physikalischen Codes in der literarischen Sphäre durch einen Grenzprozess aktualisiert. Es ist bereits bekannt, dass sich die physikalische semio-logische Sphäre durch einen viel höheren Grad an Codestabilität auszeichnet. Die literarische Sphäre zeichnet sich hingegen durch ein hohes Maß an Instabilität ihrer Codes aus. Diese grundsätzliche Asymmetrie ist bedeutsam für den Prozess der Interformation. Die transdiskursive Interpolation der Gleichung bzw. des physikalischen Konzepts in die literarische Diskurssphäre trägt zu einer erhöhten Dynamik und Aktivität in den Prozessen der literarisch-kulturellen

45 Lotman: *Die Innenwelt des Denkens* (Anm. 2), S. 50.
46 Lotman: *Die Innenwelt des Denkens* (Anm. 2), S. 50.

Bedeutungszuschreibung bei. Die Gleichung, die nach anderen semio-logischen Codes funktioniert, erhöht die Unbestimmtheit der Semioseprozesse und erzeugt eine Dynamik der vergleichenden Metareflexion der Codierungsprozesse in beiden Diskurssphären. Diese führt dazu, dass der semio-logische Prozess an sich und seine Regeln der Codierung in Frage gestellt werden. Nicht selten führen nun der metareflexive Vergleich und die entsprechenden diskursiven Aushandlungen zu einer textstrategischen, epistemischen oder ästhetischen Reorganisation: Literarische Verfahren suggerieren, dass die Reorganisation von Codes strukturell notwendig sei, und exemplifizieren diese zugleich performativ. Sie setzen damit eine die Regeln verändernde Kreativität in Gang. Dabei kommt es auch im literarischen Bereich zur Metareferenz, das heißt zur Reflexion auf die eigene Form – denn auch hier werden literarische und narrative Verfahren produktiv und dynamisch (nicht reproduktiv) neu orientiert, wie zu zeigen sein wird.

Wie gezeigt, ist es wichtig, in einem literarischen Text die Funktion eines operativen physikalischen Konzepts oder einer physikalischen Gleichung nicht als gewöhnliche Mitteilung zu verstehen, sondern als Signal für eine Metareferenz. Es ist der Hinweis auf die Prozesse der sekundären Modellierung, der Hinweis auf ein Code-Modell, das im literarischen Umfeld eigenlogische Reflexionen im Sinne der Metareferenz auf die eigene Form auslöst und schließlich auch zu ästhetischen Innovationen führen kann.[47] Für Lotman entstehen ästhetische Effekte in literarischen Texten auch deshalb, weil die Kunst die Möglichkeit hat, zwischen diesen beiden kommunikativen Systemen zu oszillieren und eine strukturelle Spannung zwischen ihnen zu erzeugen: zwischen der Einstellung des Textes auf die Vermittlung einer Mitteilung und der Einstellung des Textes auf die Vermittlung eines Codes, den es für die Interpretation des Textes zuerst zu rekonstruieren gilt. In diesem Zusammenhang erschließt sich auch Lotmans Definition der Literatur als modellbildendes System: „Die hohe Fähigkeit der Poesie zur Modellbildung hängt mit ihrer Verwandlung von einer Mitteilung in einen Code zusammen."[48]

Lotman verweist auf diese besondere Kippstruktur der Oszillation, die literarischen Texten eignet – jene zwischen der Einstellung auf die Mitteilung, wenn der Code der Übermittlung bekannt ist, und der Einstellung auf den Code, wenn dieser zunächst konstituiert werden muss. Gleiches gilt auch, wenn wissenschaftliche Texte die Funktion der Metapher oder die Funktion der Fiktion, des Gedankenexperiments, nutzen, um vom Modus der Symbolisierung der Denotation zu dem der Exemplifikation zu wechseln. Aus meiner Sicht bedeutet das, dass litera-

47 Für Lotman sind zum Beispiel ein Signal für ein Code-Modell „rhythmische Reihen und Wiederholungen sowie das Auftreten zusätzlicher Subsysteme, die vom Standpunkt der ICH-ER Kommunikation ganz überflüssig sind." In: Lotman: *Die Innenwelt des Denkens* (Anm. 2), S. 45.
48 Lotman: *Die Innenwelt des Denkens* (Anm. 2), S. 48.

rische Verfahren epistemische Effekte erzielen können durch die oszillierende Kippstruktur zwischen der Vermittlung von Information und dem Prozess der Interformation, das heißt zwischen der Vermittlung einer Mitteilung nach bestehenden und bekannten Codes und der Verschränkung von Codes mit denen einer anderen semio-logischen Diskurssphäre. Durch die reflektierte Transaktion zwischen heterologischen und homologischen Codes kann es zur Herausbildung neuer Codes kommen, deren Funktionsweise es zu verstehen gilt.

Über diesen ‚Umweg' der Aktualisierung eines anderen Codes im eigenen System kommt es implizit auch im literarisch sekundär modellierenden System zu einer Selbstreflexion über die eigenen Codes. Denn die Rekonstruktion der Regeln jenes fremden Systems, auf das die physikalische Gleichung bzw. das physikalische Konzept referiert, kann im Rahmen des eigenen Systems der poetischen Sprache nur durch dessen Transformation geschehen. Insoweit verursacht der Transfer mit einer Systemreferenz auf eine asemantische Erkenntnisstruktur auch eine Dynamik der Autokommunikation im poetischen System, der Selbstreflexion und formalen Innovation.[49] Für den Leser wird dieser Prozess der Interformation, der sich durch die Verschränkung von literarischen und physikalischen Codes vollzieht, zum „Modell der Umdeutung der Realität".[50]

Denn die Codes, die den Transfer ermöglichen, sind erst noch auszuhandeln. Sie entstammen weder ausschließlich der einen Semiosesphäre noch ausschließlich der anderen: Vielmehr eröffnet sich eine dritte Dimension der Semiose, die die beiden vorgenannten Sphären und ihre Felder miteinander verschränkt.

Hierbei kommt es zur gegenseitigen Explikation, Reflexion und Aushandlung zwischen Codes. Das löst erneut eine intensive metasemiotische Aktivität aus, die nun allerdings nicht mehr im Zentrum des Feldes operiert, sondern an seiner Grenze. Beide Felder aktivieren Argumentationsmodelle, durch die sie die Legitimität der je eigenen Codes zu plausibilisieren versuchen. Durch diese doppelte Rechtfertigung wird den Akteuren beider Felder sichtbarer, wie stark die Codierungen in der je eigenen Semiosphäre durch Metaprinzipien konventionell festgelegt sind.

Der physikalische Text (bzw. das zitierte Konzept oder die Gleichung) erhöht die metasemiotische Aktivität in seinem Umfeld, weil er dazu tendiert, seiner neuen semiotischen Umgebung die Regeln seiner primären und sekundären Dimensionen der Modellierung zu exemplifizieren, nach denen die Aussageformation funktioniert, der er selbst entstammt. Das Textfragment wird versuchen, die

---

49 Vgl. Lotman: *Die Innenwelt des Denkens* (Anm. 2), S. 44.
50 Lotman: *Die Innenwelt des Denkens* (Anm. 2), S. 46.

Regeln der Aussageformation aus seiner Herkunft im fremden kultursemiotischen Kontext zu rekonstruieren. Doch diese Idealvorstellung funktioniert nicht:

> Diese Rekonstruktion einer bereits verlorenen Sprache, in deren System der vorliegende Text eine Sinngebung erfahren würde, ist praktisch immer die Schaffung einer neuen Sprache und nicht die Wiedererschaffung der alten, auch wenn das vom Standpunkt des Selbstbewußtseins einer Kultur so aussieht.[51]

Das bedeutet, dass die Integration fremder physikalischer Konzepte, die nach völlig anderen, heterologischen, mathematischen Regeln funktionieren, nicht spurlos an den homologischen Codes der literarischen Semiose vorbeigehen. Eine Probesimulation auf einer tertiären Ebene (in einem ‚dritten Feld', an der Grenze der beiden Sphären der Semiose, die keiner der beiden Felder oder beiden zugleich angehört) würde ein Spielfeld eröffnen, auf dem man die homologische Sicht verändern und die Codes der eigenen sekundären Modellierung als Spielregeln betrachten könnte, die sich mit anderen Modellierungsregeln verschränken lassen könnten. Das führt gelegentlich dazu, dass eine semio-logische Sphäre, die aufgrund ihrer globalen Makro-Codierungen nicht dazu bereit ist, das fremde Konzept so zu integrieren, wie es ist, stattdessen lokal und kontextuell auf transaktionale Modellierungen und auf die Kreolisierung von Codes setzt. Mitunter kommt es dazu, dass sie auch ihre eigenen Codes transformiert, um die Funktionsweise heterologischer Codes ins eigene System einzukatalysieren.[52] Hiervon bleiben aber die primäre und sekundäre Dimension der Modellierung und der Semiose nicht unberührt. Die lokalen Verschränkungen, der Transfer der Konzepte einer Semiosesphäre in eine andere, und die damit einhergehenden Transaktionen haben einen katalytischen Effekt innerhalb des Feldes. Auch die primären und sekundären Semioseprozesse werden dadurch dynamisiert, dass ihre Regeln plötzlich in Frage stehen und zum Teil lokal transformiert werden.

> So wird die Semiosphäre vielfach von inneren Grenzen durchschnitten, die ihre Bereiche in semiotischer Hinsicht spezialisieren. Der Informationstransfer über diese Grenzen hinweg, das Spiel zwischen den unterschiedlichen Strukturen und Substrukturen, das unablässige zielgerichtete „Eindringen" dieser oder jener Struktur in ein „fremdes" „Territorium" führt zur Erzeugung von Sinn, zur Entstehung neuer Information.[53]

51 Lotman: „Über die Semiosphäre" (Anm. 1), S. 295.
52 Vgl. Lotman: „Über die Semiosphäre" (Anm. 1), S. 295.
53 Lotman: „Über die Semiosphäre" (Anm. 1), S. 296.

2.1 Interformation als Grenzprozess zwischen den Feldern der Semiosphäre

In dieser Studie werfe ich die Frage auf, ob der Prozess der Interformation, der nicht nur primär, auf semiotischer Ebene, sondern ternär (in drei Dimensionen der Modellierung und Semiose) operiert, als ein solcher Grenzprozess zwischen den Semiosesphären der Physik und der Literatur betrachtet werden kann. Er wäre dann nicht nur ein semiotischer Filter, der für die Operation des Grenzübergangs von einer Semiosphäre in eine andere steht, sondern ein semio-logischer Filter, der die sekundären Modellierungen miteinander vernetzt, und Operationen der Inter-Codierung durch Reflexion und Transformation erprobt. Denn im Zuge der Modellierung wird auch die jeweilige Logik der Verwendung von Zeichen vorgeführt und eine tertiäre Dimension der Transaktion eröffnet. So wird transdiskursiv ausgehandelt, wie die heterologischen und die homologischen Codes der Modellierung miteinander verschränkt werden können. Wenn es die dafür nötigen Verfahren im Repertoire der Literatur (noch) nicht gibt, dann kann es zur formalen Innovation kommen.

Das bedeutet überdies, dass die Codes der Modellierung erst hergestellt werden müssen. Spannungen, Widersprüche und Differenzen dürfen dabei nicht ignoriert, sondern müssen geradezu zwangsläufig in den Vordergrund gestellt und exemplarisch vorgeführt werden. Ihre Differenzen sind es, die die interformativen Prozesse tragen – sie sind die Bedingungen einer Innovation. Diese Form der Verschränkung, die mit radikalen Differenzen konfrontiert ist, ist so spannungsvoll, dass sie Innovation geradezu provoziert. Und selbst wenn eine Form dafür gefunden wird, die sich dazu eignet, die Verschränkung im Rahmen einer „Fabelkomposition"[54] (wie es Ricœur mit Aristoteles nennen würde) zu exemplifizieren, sind die Differenzen, Aporien und Probleme damit noch nicht gelöst – jedoch zumindest in einer literarischen Konfiguration modelliert worden. Diese bietet den Anlass dazu, die Differenzen und die sich daraus ergebenden komplexen Prozesse der Signifikation zu analysieren. Diese verschränkte Konfiguration von Codes wird in ihrer semantischen Dimension zum dynamischen Interpretanten für die Rezeption.

Die Interformation eröffnet eine tertiäre Dimension der Transaktion, die es ermöglicht, gewisse Spielregeln einer anderen sekundär semio-logischen Sphäre im je eigenen auszuprobieren. Und zwar in einem geschützten Bereich der tertiären Dimension der Modellierung – um zu erkunden, was diese neue Korrelation im eigenen Feld an Neu-Sortierung, Neu-Organisation und Neu-Ordnung, das heißt an Möglichkeiten der Transformation und der Innovation, ergeben wird.

---

54 Paul Ricœur: *Zeit und Erzählung*. Bd. 1: *Zeit und historische Erzählung*. Übers. von Rainer Rochlitz. München: Fink 1988, S. 104.

Die Physik hat sich dafür den institutionell geregelten Bereich der tertiären Dimension der Modellierung und tertiären Semiose nach den narrativen Verfahren des Gedankenexperiments geschaffen. Lässt es sich generalisieren, dass jede semio-logische Sphäre Räume der Probesimulation benötigt, im Rahmen deren die homologischen Spielregeln, die des eigenen Spielfeldes, mit heterologischen Spielregeln, denen eines fremden Feldes/Systems, verschränkt und neu ausgehandelt werden können?

2.2 Sekundäre Modellierung und rhetorische Codierung

Die Existenz rhetorischer Strukturen ist eminent wichtig für Lotmans semiotische Theorie der Kultur. Sie nämlich geben die Hinweise darauf, dass ein Wechsel des Codes oder womöglich eine Verdoppelung der Codierungsstruktur eines Textes vorliegt. Lotman definiert einen Text, der rhetorische Figuren zur sekundären Modellierung einsetzt, als einen, „der sich als Struktureinheit von zwei (oder mehr) Subtexten darstellen lässt, die mit Hilfe unterschiedlicher, ineinander nichtübersetzbarer Codes chiffriert sind."[55] Auch betont Lotman, dass die fremden Codes als lokale Strukturen im Text repräsentiert werden können – oder als kontinuierliche Argumentationsstränge, die stellvertretend für eine spezifische diskursive Praxis stehen und kontinuierlich den gesamten Text durchziehen. Dann benötigt der Text eine mindestens doppelte Lektüre: eine aus der Perspektive der literarisch-rhetorischen Codes und Verfahren und eine aus der Perspektive der physikalischen. Diese doppelt perspektivierte Lektüre werde ich in den folgenden neun exemplarischen Analysen vorführen. Zunächst bleibt hier festzuhalten, dass das, was Lotman für den rhetorischen Text festhält, auch für die interformativ operierenden Texte zu überprüfen ist: „Zu den rhetorischen Texten zählen wir alle Fälle von kontrapunktischen Kollisionen unterschiedlicher semiotischer Sprachen innerhalb einer einzigen Struktur."[56] Für den Prozess der Interformation heißt das, dass zu den interformativen Texten zwischen Physik und Literatur diejenigen Texte zu zählen wären, die physikalische und literarische Codes, Schreibweisen und Modellierungsverfahren zu einer ‚kontrapunktischen Kollision' bringen. Resultiert daraus eine semio-logische Überlagerung, eine ästhetische Verschränkung, so könnte man mit Lotman von einer „intermediären Kodierung"[57] sprechen.

55 Lotman: *Die Innenwelt des Denkens* (Anm. 2), S. 82.
56 Lotman: *Die Innenwelt des Denkens* (Anm. 2), S. 82.
57 Lotman: *Die Innenwelt des Denkens* (Anm. 2), S. 83.

Lotman geht auf Jakobsons Typologie der Tropen ein, der die Metonymie aufwertet, sie als Gegenpol zur Metapher betrachtet und folgende Differenz einzieht: „the internal relation of similarity (and contrast) underlies the metaphor; the external relation of contiguity (and remoteness) determines the metonymy".[58] Entsprechend der Zwei-Achsen-Theorie der Sprache, die Jakobson eingeführt hat, ersetzt eine Metapher einen Begriff auf der paradigmatischen Achse und erstellt eine Beziehung der Äquivalenz durch Similarität, eine Sinnverbindung durch die Herstellung einer Ähnlichkeit. Eine Metonymie hingegen operiert auf der syntagmatischen Achse und stellt eine Verbindung durch Berührung, durch Kontiguität her. Lotman möchte diese beiden Tropen aber nicht, wie Jakobson, als Gegenpole verstanden wissen, sondern schlägt vor, sie als „isofunktional"[59] zu verstehen: Sie bedingen sich gegenseitig. Die metonymische Übertragungsoperation provoziert als (Gegen-) Reaktion die metaphorische. Das entspricht auch dem Prozess der Interformation, der zunächst eine metonymische Relation voraussetzt, indem eine Gleichung (ein physikalisches Konzept) für die symbolische Form der Mathematik steht, deren Aussageregularitäten sie gehorcht. Wird diese Gleichung in eine literarische Sphäre übertragen, so sprechen wir von einer metonymischen Übertragung, weil die Gleichung ihre semiotischen Codes von der symbolischen Form der Mathematik und von deren Aussageregularitäten her bezieht. Durch diesen Transfer entsteht im Rahmen der Textkonfiguration eine Relation der Kontiguität, der Berührung, zwischen zwei inkompatiblen Semiosesphären – zwischen den physikalischen Codes und den literarischen. Die literarischen Codes werden durch die schiere Präsenz eines fremden Codes dazu aktiviert, Korrelationen auf paradigmatischer Ebene herzustellen, um die Semiotisierung des Konzepts zu erproben, das interpoliert worden ist. Natürlich ist es klar, dass diese nur eine Annäherung sein kann, die den fremden Code umspielt, problematisiert, auf seine Brauchbarkeit in der eigenen Sphäre der Semiose hin hinterfragt und entsprechend auch transformiert. Diese Annäherung geschieht durch die Oszillation zwischen einer konstruierten asymptotischen Korrelation und deren Metareflexion einerseits und der Tendenz zur Erhaltung der Differenz andererseits. In diesem Unbestimmtheitsraum setzt der interpretatorische Prozess ein, die textuelle Mitarbeit des Lesers am Prozess der Interformation. Für Lotman sind die Tropen ein „Mechanismus zur Erzeugung semantischer Uneindeutigkeit [...], ein Mechanismus, der das notwendige Maß an Unbestimmtheit in die semiotische Struktur der Kultur bringt".[60] Aus diesem Grund soll in dieser Studie zunächst mit Goodmans Symboltheorie die bipolare

58 Roman Jakobson: *Selected Writings*. Bd. 2: *Word and Language*. Den Haag, Paris: De Gruyter Mouton 1971, S. 232.

59 Lotman: *Die Innenwelt des Denkens* (Anm. 2), S. 61.

60 Lotman: *Die Innenwelt des Denkens* (Anm. 2), S. 64.

Asymmetrie zwischen den Symbolsystemen analysiert werden (Kap. II.2). Sodann seien anhand von Ricœurs Theorie die Wechselwirkungsmechanismen des metaphorischen Prozesses und die Erzeugung von Unbestimmtheit durch die Suspendierung der primären Referenz und die Herstellung einer sekundären, unsicheren Referenz durch semantische Korrelationen analysiert. (Kap. III.1)

Lotman legt mit seiner Theorie der Semiosphäre einen sehr wichtigen Grundstein für die Erforschung der semiotischen Mechanismen der wechselwirkenden Modellierung zwischen Physik und Literatur, weil er sich in seiner gesamten semiotischen Theorie der Kultur jenen asymmetrischen Prozessen der Übersetzung widmet, die im Grunde ‚regelwidrig' sind. Lotman bezieht sich nicht auf den spezifischen Fall von Physik und Literatur, sondern spricht allgemein über asymmetrische kultursemiotische Transferprozesse als Prozesse der kulturellen Innovation: „Eine solche ‚regelwidrige' und ungenaue, allerdings in bestimmter Hinsicht äquivalente Übersetzung ist ein wesentliches Element jedes schöpferischen Denkens. Gerade diese ‚regelwidrigen' Annäherungen geben Impulse für die Entstehung neuer Sinnverbindungen und prinzipiell neuer Texte."[61]

Lotman definiert ein Paar von „unvereinbaren bedeutungstragenden Elementen, zwischen denen in einem bestimmten Kontext ein Verhältnis der Adäquatheit entsteht, [als] eine semantische Trope."[62] Er betont, dass Tropen für die semiotische Theorie der Kultur keineswegs etwa nur Schmuckelemente sind, sondern vielmehr den kreativen Kern des semiotischen Mechanismus jeder Kultur bilden. Diese schöpferische Aktivität ist überdies nicht nur auf die Semiosphäre der Kunst konzentriert, sondern gehört für Lotman fundamental auch zum Typus etwa der wissenschaftlichen Kreativität. Deshalb wählt Lotman bewusst auch Beispiele aus der diskursiven Praxis der Wissenschaft, um diese kreativen Operationen darzustellen:

> Bei allen Versuchen beispielsweise, abstrakte Ideen durch anschauliche Analogien zu illustrieren, kontinuierliche Prozesse in diskreten Formeln [...] wiederzugeben oder räumliche physische Modelle von Elementarteilchen zu bauen u. a. m. handelt es sich um rhetorische Figuren (Tropen). Und genauso wie in der Poesie dient auch in der Wissenschaft eine regelwidrige Nachbarschaft oft als Anstoß zur Formulierung einer neuen Regel.[63]

In der Physik wird das, was sich zunächst als regelwidrige Nachbarschaft zeigt, durch quantitative Äquivalenzen mathematisch modelliert, im Rahmen von Gleichungen formalisiert und in propositionales Wissen transformiert. Lotman behauptet nicht, dass die Physik ‚nur' mit Tropen arbeitet, er zeigt lediglich auf die

---

61 Lotman: *Die Innenwelt des Denkens* (Anm. 2), S. 54.
62 Lotman: *Die Innenwelt des Denkens* (Anm. 2), S. 54.
63 Lotman: *Die Innenwelt des Denkens* (Anm. 2), S. 54.

‚Wurzel' dieses Prozesses, auf den Beginn, auf die Feststellung einer noch regelwidrigen Äquivalenz. Dies – so meine ich – gilt sowohl für Physik als auch für Literatur, aber auch für die Wechselbeziehungen zwischen beiden Feldern. „Je tiefer [...] die Kluft der Unübersetzbarkeit zwischen zwei Sprachen ist, umso akuter wird das Bedürfnis nach einer gemeinsamen Metasprache, die [...] eine Brücke schlagen und der Herstellung von Äquivalenzen dienen kann",[64] so Lotman. Er präzisiert aber auch das logische Modell, das eine Trope charakterisiert, als eine bewusste Setzung, die nicht nur auf der Ebene der Metasemiose operiert, sondern deren Raffinesse gerade darin besteht, dass sie aktiven Anteil an der unmittelbaren Textstruktur hat und diese sekundär modelliert. Interessanterweise stellt Lotman fest, dass das Spezifische der Trope darin liegt, einerseits ein irrationales Element aufzuweisen – „die Äquivalenz bewusst nichtäquivalenter und nicht einmal derselben Reihe angehörender Textelemente"[65] – und zugleich etwas „Hyperrationales, weil sie eine bewusste Konstruktion unmittelbar in den Text der rhetorischen Figur einschließt."[66] Die Trope schreibt der Modellierung der Textkonfiguration ihre neue semantische Innovation als Beziehungsrelation ein und lässt diese sich weiter formal entfalten. Sie baut damit eine bewusste Unbestimmtheitsstelle in die Textkonfiguration ein, weist durch die harte Kollision der Semiosesphären auf das Problem prinzipieller Unübersetzbarkeit hin und eröffnet dennoch einen Weg der Verschränkung durch eine sich asymptotisch annähernde Äquivalenz. Somit stellt sich die Frage, ob es sich heuristisch lohnen könnte, diesen neuen Weg in der Modellierung zu bestreiten. Er könnte, selbst wenn er Unbestimmtheiten aufwiese, epistemisch produktiv sein. „Die Zugehörigkeit der ‚Rhetorik der Figuren' zur Ebene der sekundären Modellbildung hat mit der Rolle der Metamodelle zu tun", so Lotman, „durch die sie sich von der Ebene der primären Zeichen und Symbole abhebt."[67] Doch Lotman betont auch, dass es falsch sei, das „rhetorische Denken als spezifisch künstlerisches dem wissenschaftlichen Denken gegenüberzustellen."[68]

> Innerhalb des wissenschaftlichen Bewusstseins können wir zwei Sphären unterscheiden. Die erste ist die rhetorische – der Bereich der Vergleiche, der Analogien und der Modellbildung. Hier werden neue Ideen vorgebracht und überraschende Postulate und Hypothesen aufgestellt, die früher absurd erschienen wären. Die zweite Sphäre ist die logische. Hier

64 Lotman: *Die Innenwelt des Denkens* (Anm. 2), S. 55.
65 Lotman: *Die Innenwelt des Denkens* (Anm. 2), S. 55.
66 Lotman: *Die Innenwelt des Denkens* (Anm. 2), S. 55.
67 Lotman: *Die Innenwelt des Denkens* (Anm. 2), S. 56.
68 Lotman: *Die Innenwelt des Denkens* (Anm. 2), S. 65. Auch Lotman sieht zwei verschiedene Dimensionen der wissenschaftlichen Forschung, die explorative Dimension und die begründende, logisch deduktive Dimension.

> werden die neuen Ideen einer Überprüfung unterzogen, die notwendigen Schlüsse gezogen und innere Widersprüche in der Beweisführung und Argumentation beseitigt.[69]

Lotman geht nicht mit der systemtheoretischen Annahme Luhmanns konform, dass die Systeme durch funktionale Differenzierung spezialisiert sind und jedes in seinem Gebiet operiert, ohne dass Überschneidungen zwischen ihnen möglich sind. Aus Lotmans Sicht erreichen die kulturellen Zeichenprozesse erst dann die notwendige kultursemiotische Komplexität, wenn sie in der Lage sind, Übertragungs- und Übersetzungsprozesse von einem Raum der Semiosphäre in einen anderen durch eigens dafür vorgesehene Mechanismen operativ zu bewältigen. Die Funktionsmechanismen der Übertragung werden aktiviert, selbst wenn nicht gewährleistet ist, dass die Übertragungsprozesse vollständig funktionieren werden. Dennoch sind die unterschiedlichen Felder der gesamten Semiosphäre notwendigerweise durch Wechselwirkungsmechanismen miteinander funktional verbunden: selbst wenn es im Extremfall dazu kommt – wie ich das im Falle der Wechselwirkungen zwischen Physik und Literatur zu denken vorschlage – dass die Verbindungen aufgrund der funktionellen Asymmetrien zwischen den beiden Systemen durch interformative Grenzprozesse zustande kommen.

Eher vergleichbar ist die Lotman'sche Konzeption der Semiosphäre mit der symbolischen Kulturtheorie Goodmans, und zwar in der Hinsicht, dass (wie es Goodman in „Sprachen der Kunst" annimmt) die unterschiedlichen Symbolsysteme der Kunst und der Wissenschaften über ihre Notationssysteme und über den Modus der Symbolisierung spezialisiert sind. Goodman und Lotman sind sich in dem Punkt einig, dass nur durch die Annahme unterschiedlicher Sprachen der Kunst und der Wissenschaft, die in der umgebenden Realität jeweils unterschiedliche Dinge erkennen, ein komplexes „stereoskopische[s]" Bild entsteht, das „den Anspruch [hat], für die Kultur insgesamt zu stehen."[70]

Im Unterschied zur Luhmann'schen Systemtheorie lassen die Kulturtheorien Goodmans und Lotmans dezidiert Wechselwirkungen zwischen den spezialisierten Zeichen- und Notationssystemen der Literatur und Wissenschaft zu, und stellen Instrumente zur Verfügung, um diese zu erforschen. Denn erst die verschränkten Beobachtungs- und Darstellungsperspektiven, die durch die Beiträge und Zugänge verschiedener Felder und Beschreibungssysteme der Semiosphäre entstehen, sind komplex genug, um einen begründeten Anspruch auf Adäquatheit zu erheben. Lotman nennt es das „stereoskopische Bild"[71] und meint damit, dass auch die mensch-

69 Lotman: *Die Innenwelt des Denkens* (Anm. 2), S. 65.
70 Lotman: *Die Innenwelt des Denkens* (Anm. 2), S. 177.
71 Lotman: *Die Innenwelt des Denkens* (Anm. 2), S. 177.

lich-körperliche Wahrnehmung so operiert: Die beiden Augen des Menschen sehen zwei Ausschnitte der Welt, die sich nicht vollständig überschneiden. Das Bild, das von jedem Auge einzeln wahrgenommen wird, eröffnet noch keine dreidimensionale Tiefendimension. Erst die Leistung des Gehirns, beide Bildausschnitte aufeinander zu überlagern und zu einem einzigen Bild zu verschmelzen, erzeugt die notwendige dreidimensionale Tiefendimension.

II Systemdynamik: Formation

1 Ernst Cassirers symboltheoretische Kulturphilosophie

Die symbolphilosophische Dimension stelle ich zunächst anhand von Cassirers „Philosophie der symbolischen Formen“[1] dar, die ihre historischen Wurzeln einerseits in Kants Metaphysiklehre und Humboldts Sprachphilosophie hat und andererseits in der historisch-systematischen Analyse der Entwicklung mathematischer und naturwissenschaftlicher Begriffe in den Theorien von Descartes,[2] Leibniz[3] und Newton[4] im 17.–18. Jahrhundert, von Huygens und Maxwell im 19. Jahrhundert,[5] in der physikalischen Theoriebildung von Max Planck, Heinrich Hertz und Albert Einstein im 20. Jahrhundert[6] sowie in der mathematischen Theoriebildung durch die Mengenlehre von Cantor und Dedekind, die Invariantentheorie von Felix Klein und die Gruppentheorie von Hermann Weyl.[7] Cassirers Symbolphilosophie bildet neben derjenigen von Nelson Goodman, die sich hauptsächlich mit den Symbolsystemen der Kunst beschäftigt, eine theoretische Basis, um Zugänge zu den semio-logischen Feldern der Natur- und Literaturwissenschaften zu eröffnen.

1 Ernst Cassirer: *Philosophie der symbolischen Formen.* 3 Teile. In: ders.: *Gesammelte Werke. Hamburger Ausgabe.* Bde. 11–13. Hrsg. von Birgit Recki. Hamburg: Meiner 2001–2002.

2 Vgl. Ernst Cassirer: *Descartes. Lehre – Persönlichkeit – Wirkung.* Text und Anm. bearb. von Tobias Berben. In: ders.: *Gesammelte Werke. Hamburger Ausgabe.* Bd. 20. Hrsg. von Birgit Recki. Hamburg: Meiner 2005.

3 Vgl. Ernst Cassirer: *Leibniz' System in seinen wissenschaftlichen Grundlagen.* Text und Anm. bearb. von Marcel Simon. In: ders.: *Gesammelte Werke. Hamburger Ausgabe.* Bd. 1. Hrsg. von Birgit Recki. Hamburg: Meiner 1998.

4 Vgl. Ernst Cassirer: *Das Erkenntnisproblem in der Philosophie und Wissenschaft der neueren Zeit.* Bd. 1. Hrsg. von Tobias Berben. In: ders.: *Gesammelte Werke. Hamburger Ausgabe.* Bd. 2. Hrsg. von Birgit Recki. Hamburg: Meiner 1999.

5 Vgl. Ernst Cassirer: *Das Erkenntnisproblem in der Philosophie und Wissenschaft der neueren Zeit.* Bd. 4: *Von Hegels Tod bis zur Gegenwart (1832–1932).* Hrsg. von Tobias Berben. In: ders.: *Gesammelte Werke. Hamburger Ausgabe.* Bd. 5. Hrsg. von Birgit Recki. Hamburg: Meiner 2000.

6 Vgl. Ernst Cassirer: *Zur Einstein'schen Relativitätstheorie. Erkenntnistheoretische Betrachtungen* (1921). Text und Anm. bearb. von Reinold Schmücker. In: ders.: *Gesammelte Werke. Hamburger Ausgabe.* Bd. 10. Hrsg. von Birgit Recki. Hamburg: Meiner 2001.

7 Vgl. Ernst Cassirer: *Philosophie der symbolischen Formen.* Teil 3: *Phänomenologie der Erkenntnis.* Text und Anm. bearb. von Julia Clemens. In: ders.: *Gesammelte Werke. Hamburger Ausgabe.* Bd. 13. Hrsg. von Birgit Recki. Hamburg: Meiner 2002.

https://doi.org/10.1515/9783110729887-003

Jürgen Habermas sieht die spezifische Leistung von Cassirers Philosophie in der „semiotische[n] Transformation der Kantischen Erkenntnistheorie".[8] Der menschliche Geist könne sich selbst nur indirekt begegnen – „über ein symbolisch vermitteltes Verhältnis zur Welt".[9] Dafür sei ein „Ensemble öffentlich zugänglicher, intersubjektiv verständlicher symbolischer Äußerungen und Praktiken"[10] unabdingbar.

Ausgangspunkt Cassirers ist die Analyse der Begriffskonstitution und der Begriffsfunktionen in der Sprache, Mathematik und Physik. Er kommt zu dem Ergebnis, dass die herkömmliche logische Begriffslehre sich Ende des 19. und zu Beginn des 20. Jahrhunderts als ungenügend erwies, um die prinzipiellen Probleme zu bezeichnen, die die Naturwissenschaft seiner Zeit untersuchte.

1.1 Prinzipien der symbolischen Begriffsbildung

Cassirer verbindet seine Argumentation mit einer Kritik an dem System der Konzeptualisierung, das in der philosophischen Logik zu seiner Zeit noch vorherrschte. Der sachliche Gehalt der mathematischen Erkenntnisse beruhte auf einer Grundform des Begriffs, die in der Logik selbst nicht zu klarer Bezeichnung und Anerkennung gekommen war.[11] Der wesentliche Punkt von Cassirers Kritik bezog sich darauf, dass die Form der Begriffsbildung, die in der Mathematik und Physik praktiziert wurde, durch die zeitgenössische philosophische Theorie systematisch nicht adäquat erfasst werden konnte. Die Mathematik und die Physik konstituierten ihre eigenen Konzepte, theoretischen Modelle und schließlich gesamte wissenschaftliche Systeme nach eigenen methodisch und systematisch streng entwickelten Prinzipien. Diese gingen mit der symbolischen Form- und Relationenlogik konform, aber nicht mit der substanzontologisch fundierten Logik, der die Philosophie noch verpflichtet war. Die Aufgabe der sich seinerzeit konstituierenden Wissenschaftsphilosophie sei es, so Cassirer, adäquate Formen der Beschreibung der wissenschaftlichen Begriffsbildung zu erarbeiten. Für die historisch-systematische Rekonstruktion dieser Form der symbolischen Konzeptualisierung wählt Cassirer je drei Bereiche aus der Mathematik und drei Bereiche der Physik. Für den Bereich der Mathematik:

8 Jürgen Habermas: „Symbolischer Ausdruck und rituelles Verhalten. Ein Rückblick auf Cassirer und Gehlen". In: *Institutionalität und Symbolisierung. Verstetigungen kultureller Ordnungsmuster in Vergangenheit und Gegenwart.* Hrsg. von Gert Melville. Köln: Böhlau 2001. S. 53–67, hier S. 60.

9 Habermas: „Symbolischer Ausdruck und rituelles Verhalten" (Anm. 8), S. 58.

10 Habermas: „Symbolischer Ausdruck und rituelles Verhalten" (Anm. 8), S. 58.

11 Vgl. Ernst Cassirer: *Substanzbegriff und Funktionsbegriff. Untersuchungen über die Grundfragen der Erkenntniskritik.* Text und Anm. bearb. von Reinold Schmücker. In: ders.: *Gesammelte Werke. Hamburger Ausgabe.* Bd. 6. Hrsg. von Birgit Recki. Hamburg: Meiner 2000, S. VII.

a) die symbolische Modellierung der Zahlensysteme und der Mengenlehre von den natürlichen bis hin zu den komplexen Zahlen;
b) die historisch-systematische Entwicklung der Geometrie von der euklidischen bis hin zur projektiven Geometrie Felix Kleins und die daraus resultierende symbolische Konzeptualisierung des Funktionsbegriffes des ‚Raums';
c) die methodische Konzeptualisierung der Symmetriegruppen und Äquivalenzklassen aufgrund der Befunde der projektiven Geometrie;

und für den Bereich der Physik:
a) die Konzeptualisierung des Raumbegriffs;
b) die Konzeptualisierung des Mannigfaltigkeitsbegriffs;
c) die Konzeptualisierung des Feldbegriffs.

Zudem wies Cassirer auch unter dem Einfluss Einsteins und Weyls auf die grundlegende Bedeutung physikalischer Prinzipien der Relativität, der Invarianz und der Symmetrie- und Energieerhaltung[12] für die theoretischen Modellierungen der Physik hin. Obwohl es offensichtlich sei, dass die Formen der Begriffsbildung in den einzelnen Disziplinen methodologisch bedingt unterschiedlich seien, versucht Cassirer die Disziplinen trotzdem in der „Gesamtheit ihres prinzipiellen Aufbaus"[13] zu verfolgen, um einheitliche Grundfunktionen, die diesen Aufbau beherrschen, herauszuarbeiten. Cassirer weist nach, dass es die systematischen Regeln und Prinzipien sind, die die symbolischen Formen eines spezialisierten Feldes bestimmen. Letztendlich sind es tiefliegende Symmetrie- und Invarianzprinzipien, die die methodische ‚Syntax' der symbolischen Formen der Mathematik und der Physik determinieren. Cassirers Studien erleben in der heutigen Wissenschaftsphilosophie im englischen Sprachraum eine echte Renaissance.[14]

---

12 Vgl. Cassirer: *Zur Einstein'schen Relativitätstheorie* (Anm. 6).

13 Cassirer: *Substanzbegriff und Funktionsbegriff* (Anm. 11), S. VII.

14 Vgl. J. Tyler Friedman und Sebastian Luft (Hrsg.): *The Philosophy of Ernst Cassirer. A Novel Assessment*. Berlin: De Gruyter 2015; Michael Friedman: „Ernst Cassirer and Contemporary Philosophy of Science". In: *Angelaki: Journal of the Theoretical Humanities* 10.1 (2005). S. 119–128; T. A. Ryckman: „Einstein, Cassirer, and General Covariance – Then and Now. On Two Unpublished Letters from Ernst Cassirer to Kurt Goldstein". In: *Science in Context* 12.4 (1999). S. 585–619; Karl-Norbert Ihmig: *Grundzüge einer Philosophie der Wissenschaften bei Ernst Cassirer*. Darmstadt: Wiss. Buchges. 2001; ders.: *Cassirers Invariantentheorie der Erfahrung und seine Rezeption des „Erlanger Programms"*. Hamburg: Meiner 1997; Louis Dupré: „Cassirer's Symbolic Theory of Culture and the Historicization of Philosophy". In: *Symbolic Forms and Cultural Studies. Ernst Cassirer's Theory of Culture*. Hrsg. von Cyrus Hamlin und John Michael Krois. New Haven: Yale University Press 2004. S. 35–46; Gregory B. Moynahan: *Ernst Cassirer and the critical science of Germany, 1899–1919*. London, New York: Anthem Press 2013.

1.2 Der Übergang vom Substanzbegriff zum Funktionsbegriff

Cassirer zeigt, dass die ontologische Auffassung charakteristisch ist für die aristotelische Tradition der Begriffsbildung, nach der die Begriffe durch sukzessive Abstraktion aufgrund festgestellter Gemeinsamkeiten und Unterschiede gegebener sinnlicher Mannigfaltigkeiten entstehen. Seine Kritik zielt darauf ab, dass die Begriffe den sinnlichen Mannigfaltigkeiten nicht entgegentreten, um sie nach präzisen Kriterien neu zu sortieren, sondern dass die Begriffe durch die Feststellung gemeinsamer Merkmale von Objekten entstehen. Diese Art der Begriffsbildung nennt Cassirer den „Gattungsbegriff": „Jede Reihe vergleichbarer Objekte besitzt einen höchsten Gattungsbegriff, der alle die Bestimmungen, in welchen diese Objekte übereinkommen, in sich faßt".[15] Dieser Gattungsbegriff weist jedoch folgende Probleme auf: Je präziser er gefasst ist, d. h. je mehr Merkmale Teil der Begriffsbestimmung sind, desto weniger Elemente gibt es, die auf diese Begriffsbestimmung zutreffen.[16] In der Frege'schen Terminologie der Begriffsbildung könnte man Cassirers Kritik so umformulieren: Je präziser die Intension definiert ist, desto weniger Elemente umfasst die Extension. Und umgekehrt: Je weniger Merkmale in den Gattungsbegriff eingehen, desto umfangreicher, aber auch unpräziser, ist sein Geltungsbereich, seine Extension. Das Problem in der Operationalisierung dieser Form von Begriffsbestimmung ist deutlich, so Cassirer: „Die ‚Begriffspyramide', die wir kraft dieses Verfahrens aufbauen, endet nach oben hin in der abstrakten Vorstellung des ‚Etwas', einer Vorstellung, die eben in ihrem allumfassenden Sein, kraft dessen jeglicher beliebige Denkinhalt unter sie fällt, zugleich von jeder spezifischen B e d e u t u n g gänzlich entleert ist."[17] Die zentrale Forderung, die Cassirer jedoch für die Herausbildung eines wissenschaftlichen Begriffs stellt, ist die eindeutige Bestimmung:

> Was wir vom wissenschaftlichen Begriff zunächst verlangen und erwarten, ist dies, daß er an Stelle der ursprünglichen Unbestimmtheit und Vieldeutigkeit des Vorstellungsinhalts eine scharfe und eindeutige B e s t i m m u n g setzt, während hier umgekehrt die scharfen Grenzen sich zu verwischen scheinen, je weiter wir das angegebene logische Verfahren verfolgen.[18]

15 Cassirer: *Substanzbegriff und Funktionsbegriff* (Anm. 11), S. 4.

16 Vgl. Cassirer: *Substanzbegriff und Funktionsbegriff* (Anm. 11), S. 4. Damit benennt Cassirer das Grundschema der scholastischen Definitionsregel: *„definitio fi(a)t per genus proximum et differentiam specificam."*

17 Cassirer: *Substanzbegriff und Funktionsbegriff* (Anm. 11), S. 4.

18 Cassirer: *Substanzbegriff und Funktionsbegriff* (Anm. 11), S. 4–5. Hervorhebung im Original.

Das ist der wichtige Punkt, auf den Cassirer in der Kritik des Substanzbegriffs abzielt: Die Begriffsbildung der aristotelischen Tradition bleibt auf der Stufe der Kategorisierung aufgrund von Beschreibungen existierender Spezies, Phänomene usw. stehen. Auf dieser Ebene haben wir es mit einer beschreibenden und klassifizierenden Naturwissenschaft zu tun, die zum Beispiel in der Botanik, Zoologie und Geologie die Form und Erscheinung der Lebewesen differenziert und kategorisiert. Doch mathematische Objekte sind bereits von sich aus abstrakt, sie können nicht durch das Verfahren der zunehmenden Abstraktion erst gewonnen werden. Mathematische Begriffe wie Punkt, Linie und Zahl sind per se nicht Abbildungen gemeinsamer Merkmale empirischer Objekte, die aufgrund zunehmender Abstraktionsverfahren abgeleitet werden. Ebenso unterzieht Cassirer auch die von ihm sogenannte psychologistische Begriffsbildung einer Kritik. Denn auch diese abstrahiert auch in dem Fall gemeinsame Inhalte anhand einer *differentia specifica,* nur nicht mehr aufgrund von Wahrnehmungsinhalten, den sogenannten Abbildern der Realität, sondern aufgrund von Vorstellungsinhalten.[19]

Cassirer setzt dem Begriff der Gattungsbestimmung den symbolischen Funktionsbegriff gegenüber. Dieser zeichnet sich dadurch aus, dass er das Ergebnis eines methodisch kontrollierten konstruktiven Denkzusammenhangs ist, der semiotisch fixiert wird, intersubjektiv nachvollziehbar und somit objektivierbar und logisch rekonstruierbar ist. Die Bedeutungen symbolisch fixierter Begriffe sind Ergebnisse methodisch kontrollierter Begriffsbildung. Diese logische Form der Begriffsbildung charakterisiert sich nicht durch die mimetische Repräsentation empirischer Einzelobjekte und auch nicht durch die taxonomische Kategorisierung von Einzelmerkmalen der Spezies, sondern durch die Herausarbeitung, Objektivierung und Kodifizierung symbolisch fixierter Ordnungsrelationen, die als „F o r m [e n] d e s Z u s a m m e n h a n g s“[20] für ganze Symbolsysteme gelten. Nach der entsprechenden symbolischen Systematisierung, die durch die theoretische Modellierung erfolgt, haben diese sich im Experiment als empirisch adäquat zu erweisen.[21] Die Bedingungen für die empirische Adäquatheit sind die Präzision des symbolischen Ausdrucks, die Bestimmtheit und Differenziertheit der Aussage, die wechselseitige Bedingtheit der symbolischen Ordnungsebenen eines Systems, die Geltungskraft bzw. empirische Reichweite der Aussagen und ihre potentielle Überprüfbarkeit im Experiment (jedoch nicht die oberflächliche Ähnlichkeit der Inhalte symbolischer Modellierung mit der Realität).

---

19 Vgl. Cassirer: *Substanzbegriff und Funktionsbegriff* (Anm. 11), S. 9–10.

20 Cassirer: *Substanzbegriff und Funktionsbegriff* (Anm. 11), S. 138. Hervorhebung im Original.

21 „Der bloßen ‚Abstraktion‘ tritt daher hier ein eigener Akt des Denkens, eine freie Produktion bestimmter Relationszusammenhänge gegenüber.“ In: Cassirer: *Substanzbegriff und Funktionsbegriff* (Anm. 11), S. 11.

Dieser wissenschaftsphilosophische Vorlauf durch die beiden Monografien „Substanzbegriff und Funktionsbegriff"[22] und „Das Erkenntnisproblem in der Philosophie und Wissenschaft der neueren Zeit"[23] führte erst zur erkenntniskritischen Grundlegung der „Philosophie der symbolischen Formen",[24] Cassirers späterer Hauptschrift, die eine funktionsorientierte Konzeptualisierung der symbolischen Formen der Sprache und der Begriffsbildung in der Physik und Mathematik vorschlägt. In ihrem ersten Band erarbeitet Cassirer den Begriff und die Systematik der symbolischen Formen, untersucht die allgemeine Funktion des Zeichens, das Bedeutungsproblem sowie das Problem der Repräsentation und stellt die zentrale These der Philosophie der symbolischen Formen auf: die Abkehr von der Abbildtheorie. Sie sei in der mythischen Formenlehre noch enthalten – das zeigt Cassirer im zweiten Band, der dem Mythos gewidmet ist und charakteristische mythische Raum-, Zeit-, und Zahlbegriffe untersucht. Der Übergang von der substantialistisch-ontologischen zur funktionalen Begriffsbildung ist in der historisch-systematischen Analyse des Mythos, der Sprache und der wissenschaftlichen Begriffsbildung deutlich zu erkennen und gipfelt in den reinen symbolischen Operationen der mathematischen Begriffsbildung, die sich von jedem Anspruch an Anschaulichkeit und Repräsentation befreien und die durch rein formale Ordnungsrelationen bestimmt und bedingt sind. Für Cassirer erlangt die wissenschaftliche Begrifflichkeit erst dann ihre höchste symbolische Bestimmtheit, wenn sie von jeglichen Abbildungsansprüchen der kontinuierlich gegebenen wahrnehmbaren Welt und Ausdrucksansprüchen der Subjektivität losgelöst wird und zur eigenen klaren, distinkten, disjunkten und differenzierten Darstellungsweise durch eigens dafür gebildete Symbolsysteme kommt. Der natürlichen Sprache spricht Cassirer diese Qualität ab. Sie kann die Ebene der rein formalen Bedeutung nicht erreichen, sondern bleibt im Bereich der Darstellung. Zum gleichen Ergebnis kommt auch Nelson Goodman im Bereich der Systeme von symbolischen Kunstnotationen. Cassirer ist sich in dieser Beziehung mit Frege einig, er übernimmt dessen Konzeption der ‚reinen Bedeutung', die nur durch die formale symbolische Sprache der Mathematik erreicht werden kann. Hier zeigt sich bereits die bipolare Asymmetrie zwischen den symbolischen Formen, die sich im Falle von Literatur und Physik noch verstärkt. Die Existenz dieser semio-logischen Asymmetrie ist der Grundbestandteil eines semiotischen

22 Cassirer: *Substanzbegriff und Funktionsbegriff* (Anm. 11).

23 Ernst Cassirer: *Das Erkenntnisproblem in der Philosophie und Wissenschaft der neueren Zeit.* Bd. 3: *Die nachkantischen Systeme.* Text und Anm. bearb. von Marcel Simon. In: ders.: *Gesammelte Werke. Hamburger Ausgabe.* Bd. 4. Hrsg. von Birgit Recki. Hamburg: Meiner 2000.

24 Cassirer: *Philosophie der symbolischen Formen* (Anm. 1).

Mechanismus für Lotmans Theorie der Semiosphäre und die Grundvoraussetzung des Prozesses der Erneuerung in der Semiosphäre.[25]

Cassirer weist nach, dass das für die Mathematik keinesfalls bedeutet, dass sich die symbolische Notation mit zunehmender Abstraktion von der Realität entfernt. Gerade die reflektierte Auswahl relevanter Merkmale der empirischen Erscheinungen und die bewusste Auslassung anderer, irrelevanter, sind die notwendigen Bedingungen für eine adäquate symbolische Darstellung. Die Adäquatheit ergibt sich nicht aus der oberflächlichen ikonischen Ähnlichkeit der symbolischen Darstellung mit der Realität, sondern aus der präzisen Rekonstruktion der bestimmenden Gesetze, der bedingenden Relationen, die diese empirischen Erscheinungen ermöglichen. Sowohl die formal-mathematische als auch die begriffliche Sprache mussten sich erst von den herkömmlichen Repräsentationsansprüchen autonomisieren, um die adäquaten Ausdrücke für die logischen Beziehungsformen hervorbringen zu können. Gleichwohl sind sie stets auf die Realität ausgerichtet, an ihr müssen sie sich dennoch erweisen, zu ihr müssen sie zurückkehren.

Freges Postulat der reinen Bedeutung der Sprache der Mathematik und der exakten Naturwissenschaften und seine Unterscheidung zwischen Sinn und Bedeutung sind auch Ausgangspunkte für Ricœurs Argumentation in der „Lebendigen Metapher",[26] wie in dem Kapitel zu Ricœur zu zeigen sein wird.[27] Jedoch gibt er dieser Unterscheidung eine andere Wendung, der es gelingt, literarische und wissenschaftliche Modellierung zu korrelieren.

1.3 Ausdrucks-, Darstellungs- und Bedeutungsfunktion

Cassirer kommt zu dem Ergebnis, dass sich die symbolischen Formen in drei verschiedenen Stufen entwickeln und dabei drei verschiedene Funktionen ausüben, die je auseinander hervorgehen: die Ausdrucksfunktion, die Darstellungsfunktion und die Bedeutungsfunktion.[28] Dieses „kulturhistorische [...] Entwicklungsmodell"[29] birgt nach Ludwig Jäger die etwas problematische genetische Annahme,

25 Vgl. hierzu Kap. I.2 (S. 70–84) in dieser Arbeit.

26 Paul Ricœur: *Die lebendige Metapher*. Übers. von Rainer Rochlitz. 3. Aufl. München: Fink 2004.

27 Vgl. Kap. III.1 (S. 120–151) in dieser Arbeit.

28 Vgl. Ernst Cassirer: „Der Begriff der symbolischen Form im Aufbau der Geisteswissenschaften". In: ders.: *Wesen und Wirkung des Symbolbegriffs*. Darmstadt: Wiss. Buchges. 1965. S. 169–200, hier S. 176.

29 Ludwig Jäger: „Symbolizität. Anmerkungen zu Cassirer, Kant und Humboldt". In: *Spielräume. Ein Buch für Jürgen Fohrmann*. Hrsg. von Jürgen Brokoff, Elke Dubbels und Andrea Schütte. Bielefeld: Aisthesis 2013. S. 181–201, hier S. 196.

dass die Sprache „gleichsam als Passage“[30] fungiert zwischen der „Welt des Ausdrucks“,[31] die im Mythos vor allem zur Geltung kommt, und der „Welt der reinen Bedeutung“,[32] die in der Mathematik und den exakten Naturwissenschaften zur Geltung kommt. Gemäß dieser Annahme nimmt die Sprache eine Mittelposition ein. In ihr seien sowohl ‚noch‘ der Mythos als auch schon die Wirkung des Logos wirksam. Dagegen ist nichts einzuwenden. Das Entwicklungsmodell ist jedoch in gewisser Weise hierarchisch und kulminiert mit der Befreiung der Sprache von jeglicher Ausdrucks- und Darstellungsfunktion, sie mündet in die reine Bedeutungsfunktion der Mathematik. „Denn die Sprache gehört“, so Cassirer, „nicht ausschließlich dem Reich des Mythos an; sondern in ihr ist von den Anfängen an eine andere Kraft, die Kraft des Logos wirksam. [...] Mehr und mehr wird in dieser Entwicklung das Wort der Sprache zum bloßen Begriffszeichen.“[33] Was jedoch allen drei symbolischen Formen zugeschrieben wird, ist die weltkonstitutive Funktion. Aus diesem Grund beruft sich Goodman in seiner philosophischen Kritik der Welterzeugung auf Cassirers Philosophie.

Thomas Göller schreibt der Mittelstellung der Sprache als symbolische Form zwischen Mythos und Wissenschaft eine zentrale Funktion zu. Die Sprache sei in der Cassirer’schen Konzeption „nicht nur eine symbolische Funktion unter anderen symbolischen Formen“, so Göller, „sondern die anderen symbolischen Formen müssen die Sprache immer schon voraussetzen bzw. auf sie zurückgreifen, wenn sie ihre spezifischen Leistungen sollen vollziehen können.“[34]

Im Falle der menschlichen Sprache weist Cassirer anhand der Untersuchungen Wilhelm von Humboldts und Wilhelm Bühlers nach, dass es eine Stufe der historischen Entwicklung gab, die heute noch in der Sprache nachvollziehbar ist und die unmittelbaren menschlichen Gefühle, Emotionen und Eindrücken Ausdruck gibt. Eine spätere Entwicklung ist die der Darstellung von Raum- und Zeitsituationen, wobei hier Pronomina und deiktische Adverbien wie ‚hier‘ oder ‚jetzt‘ auf die Position des Sprechers hinweisen, von dem aus die Raumsituation perspektiviert wird. Im Großen und Ganzen bleibt auch die Darstellungsfunktion

---

30 Jäger: „Symbolizität“ (Anm. 29), S. 196.

31 Ernst Cassirer: „Form und Technik“. In: ders.: *Symbol, Technik, Sprache. Aufsätze aus den Jahren 1927–1933*. Hrsg. von Ernst Wolfgang Orth und John Michael Krois. Hamburg: Meiner 1985. S. 39–91, hier S. 86. Hervorhebung im Original.

32 Cassirer: „Form und Technik“ (Anm. 31), S. 86. Hervorhebung im Original.

33 Ernst Cassirer: „Sprache und Mythos – Ein Beitrag zum Problem der Götternamen“. In: ders.: *Wesen und Wirkung des Symbolbegriffs*. Darmstadt: Wiss. Buchges. 1965. S. 71–158, hier S. 156.

34 Thomas Göller: „Zur Frage nach der Auszeichnung der Sprache in Cassirers ‚Philosophie der symbolischen Formen‘“. In: *Über Ernst Cassirers Philosophie der symbolischen Formen*. Hrsg. von Hans-Jürg Braun, Helmut Holzhey und Ernst Wolfgang Orth. Frankfurt a. M.: Suhrkamp 1988. S. 137–155, hier S. 147.

einer gewissen mimetischen Abbildungsrelation der Realität verpflichtet, auch wenn sie die Sicht auf die Dinge unterschiedlich perspektiviert. Sobald die Sprache das dritte Stadium der reinen Bedeutungsfunktion erreicht hat, wird die Signifikation jedoch nicht mehr über eine Abbildungsrelation zur Realität hergestellt, sondern durch die komplexen wechselseitigen Ordnungsrelationen der eigenen symbolischen Form. Aus der Bildung der mathematischen Begriffe resultiert nicht eine Abbildung der empirischen Welt durch zunehmende Abstraktion, sondern eine Umformung ihrer Ordnung nach eigenen, disziplininternen logischen und methodischen Kategorien. Dabei sind zwei Prozesse, auf die Cassirer hinweist, wichtig: die Umgestaltung der herkömmlichen Ordnung und ihre Ersetzung.

Eine ähnliche Entwicklung lässt sich nach Cassirer auch in der Physik nachzeichnen, wobei hier natürlich die Ausdrucks-, Darstellungs- und Bedeutungsfunktionen in anderen Modi der Konzeptualisierung und Weisen der Symbolisierung manifest werden: Cassirer gibt das Beispiel der aristotelischen Physik, die zwar sehr viel für die Konstitution der physikalischen Wissenschaft tat, aber dennoch den substantialistischen Konzepten verhaftet blieb, etwa denen des Raums, der Ruhe und der Bewegung. Die aristotelischen Begriffe der Ruhe und der Bewegung hatten ihre Korrelate in der menschlichen Wahrnehmung bzw. in der menschlichen intuitiven Anschauung und hielten sich auch deshalb in der Geschichte der Physik sehr hartnäckig. Nach Cassirer ordnet die aristotelische Physik die sinnlichen Daten, kategorisiert sie, bleibt ihnen aber stets verpflichtet und nimmt „keinen eigentlichen Gestaltwandel, keine [...] Umprägung“[35] vor.

1.4 Symbolische Umprägung

Jedoch kommt es in der wissenschaftlichen Erkenntnis, wie in jeder Form der Erkenntnis, ausgerechnet auf diese symbolische Umprägung an. Erst durch die charakteristische Umprägung, erst durch den Gestaltwandel, können sich die Korrelationsleistungen des Geistes symbolisch objektivieren. Die mathematischen Korrelationen, die durch Gleichheitsverhältnisse der Zahlen hergestellt werden, und die Satzpropositionen, die durch die Sprache artikuliert werden, sind der konkrete, materielle Ausdruck der Arbeit des Geistes mit den sinnlichen Daten. Die Ergebnisse dieser Wechselwirkungen zwischen den selektierten sinnlichen Daten, die hergestellten Korrelationen durch geistige Operationen und die Systematisierungs-

35 Cassirer: *Philosophie der symbolischen Formen*, Teil 3 (Anm. 7), S. 526. Hervorhebung im Original.

entwürfe, die eine Übersicht über die hergestellten Korrelationen zwischen Daten bilden, bilden alle zusammen die symbolische Funktion. Sie zeichnen im Formungsprozess nach, wie der systematisierende menschliche Geist zur symbolischen Objektivation findet.

Descartes formulierte seine Kritik an der aristotelischen Physik mit dem Argument, dass diese zu sehr den Bestimmungen der sinnlichen Wahrnehmung verhaftet bliebe. Leibniz formuliert – so Cassirer – eine ähnliche Kritik wiederum an der cartesischen Lehre, nämlich, dass sie noch zu sehr dem Bilde der Massenausdehnung verpflichtet sei. Erst als Galilei, Kepler und Newton im 17. Jahrhundert das theoretische Fundament der Physik auf die systematische Basis fundamentaler Prinzipien stellten, wurde klar, dass die symbolische Umprägung mit ihren spezifischen Relevanzselektionen von Bedeutung ist. Die Physik löste sich von der empirischen Anschauung ab, konzentrierte sich auf ihre symbolisch-mathematischen, operativen Prinzipien und erhob in ihren Modellierungen keinen Anspruch mehr auf ikonisch genaue Repräsentation in allen Details. Diese Loslösung war, wie Galileis Relativitätsprinzip zeigte, sogar die Bedingung für die systematische Grundlegung der Physik. Cassirer merkt hierzu an: „So zeigt sich auch hier, daß die moderne Wissenschaft erst dadurch wahrhaft s y s t e m a t i s c h wird, daß sie sich entschließt, im strengen Sinne s y m b o l i s c h zu werden. Je weiter sie die ‚Ähnlichkeit' mit den Dingen aus den Augen zu verlieren scheint: umso bestimmter, um so faßbarer wird ihr die Gesetzlichkeit des Seins und des Geschehens."[36] Kepler, Galilei, Newton und Huygens stehen jedoch nur am Anfang dieser Entwicklung und weisen somit der Physik ihren künftigen Weg.[37] Leibniz kritisierte das cartesische System an dem Punkt, dass es für den Begriff der Form keineswegs ausschlaggebend sei, sich als Ausdehnung, als Raumform kenntlich zu machen. Leibniz stellte die Idee der Form auf eine noch breitere und fundamentalere Basis, indem

---

36 Cassirer: *Philosophie der symbolischen Formen*, Teil 3 (Anm. 7), S. 524.

37 In diesem Sinne positioniert sich auch die Descarte'sche Erkenntnismethode, die „die Herrschaft des Weltbildes der ‚substantiellen Formen' [zerstört]". In: Cassirer: *Philosophie der symbolischen Formen*, Teil 3 (Anm. 7), S. 527. Erkenntniswert hat nur diejenige Einsicht, die sich klar und distinkt darstellen lässt. Das bedeutet für die physikalische Forschung, dass der „sinnliche Inhalt" (S. 527), die qualitativen Empfindungen, wie Farbe, Geruch, Geschmack, Ton, keine objektiven Merkmale sind, die zur Darstellung der Beschaffenheit physikalischer Gegenstände beitragen. Farbe, Geruch, Geschmack usw. entsprechen eher subjektiver menschlicher Empfindungen und sind schwer objektivierbar. Sie sollten deshalb durch objektive Symbole, durch Zahl- und Größenbestimmungen ersetzt werden. Cassirer zeichnet diese Entwicklung des Descarte'schen Denkens hin zu einer rationalen Analyse der Naturerscheinungen von der ersten methodischen Schrift „Regulae ad directionem ingenii" bis hin zur „Principia philosophiae". Erst diese können einen physikalischen Gegenstand definieren und gehen in seine semiotische Beschreibung ein.

er sie prinzipiell als logische Form konzeptualisierte: „Eine strenge Gesetzlichkeit der Form, die ein exaktes Begreifen ermöglicht, besteht überall dort, wo eine Mannigfaltigkeit durch irgendeine ordnende Relation, wie immer diese im Einzelnen beschaffen sein mag, beherrscht und bestimmt wird."[38]

Auch wenn die Physik Newtons diesen Weg nicht gegangen ist, erweist sich dieser Leibniz'sche Gedanke, so Cassirer, wegweisend für die Physik des 19. Jahrhunderts, für den entscheidenden Gedanken der Erhaltung der Kraft, der zum Energiesatz führen wird. An der Formulierung des Energiesatzes durch Robert Mayer[39] wird nach Cassirer deutlich, wieso sich die begriffliche Erkenntnisfunktion von der empfindenden Ausdrucksfunktion und von der Wahrnehmungs- und Darstellungsrelation allmählich lösen musste, um das Stadium der reinen symbolischen Bedeutung zu erlangen: Denn nun erweist es sich für Robert Mayer als möglich, Gebiete, die aus der Perspektive der empirischen Wahrnehmung völlig unterschiedlich sind und deshalb auch als verschiedene physikalische Erscheinungen klassifiziert worden sind, miteinander zu verknüpfen. Mayer gelingt es zu zeigen, wie Wärme und Bewegung quantitativ vergleichbar, ineinander umwandelbar und durcheinander messbar gemacht werden können, ohne behaupten zu müssen, dass die beiden ihrem Wesen nach (substanzontologisch gesehen) gleich sind. „Der Wert des Energiesatzes besteht vielmehr nach Robert Mayer eben darin, daß er uns in den Stand setzt, Verschiedenartiges exakt zu v e r g l e i c h e n, ohne in diesem Vergleich und durch ihn seine Verschiedenheit preiszugeben."[40] Die Aussage des Energieprinzips fokussiert sich darauf, ein festes Zahlenverhältnis als Äquivalenzwert anzugeben, gemäß dem sich Wärme in Bewegung und Bewegung in Wärme verwandelt, ohne zu behaupten, dass Wärme nichts anderes als Bewegung sei.

Für das Verständnis des Prozesses der Interformation ist es von höchster Relevanz, darzustellen, dass Cassirer die verschiedenen Stufen der Symbolisierung differenziert und dass er zeigt, dass jede symbolische Form diese Entwicklungsstadien aufweist. Sind die Sprachen der Kunst und der Wissenschaft zunächst noch auf die Abbildung der Realität konzentriert, kommt es zu einer allmählichen Loslösung von diesem Stadium und zu einer weiteren Entwicklung. Erst als sich die Bedeutungsfunktion von der empirischen Anschauung loslöst, ist es möglich, formale Äquivalenzen zwischen Gebieten herzustellen, die in ihrem Wesen verschiedenartig sind und auch verschiedenartig bleiben. Die Äquivalenzrelation spielt sich auf einer Ebene der reinen symbolischen Bedeutung ab und gibt ‚nur'

38 Cassirer: *Philosophie der symbolischen Formen*, Teil 3 (Anm. 7), S. 529.

39 Vgl. J. Robert Mayer: „Bemerkungen über die Kräfte der unbelebten Natur". In: *Annalen der Chemie und Pharmacie* 42.2 (1842). S. 233–240.

40 Cassirer: *Philosophie der symbolischen Formen*, Teil 3 (Anm. 7), S. 536. Hervorhebung im Original.

die Möglichkeit einer symbolischen Transformationsrelation an, wobei die empirische Extensionsklasse der Objekte selbst nicht gleichgesetzt werden muss. Die symbolische Funktion eröffnet nach Cassirer die Möglichkeit, „Verschiedenartiges exakt zu vergleichen, ohne in diesem Vergleich und durch ihn seine Verschiedenartigkeit preiszugeben."[41] Damit wird die sekundäre Dimension der Modellierung in der Physik – die der Mathematik – etabliert.

In dem Kapitel zu Einsteins Relativitätstheorie (Kap. VII.1) wird zu zeigen sein, dass Einstein diese symbolische Funktion der Herstellung einer neuen Bedeutungskorrelation durch eine Symmetrierelation, die Lorentz-Transformation, nutzt, um zwei verschiedene Bereiche (Raum und Zeit) durch eine Äquivalenzrelation symbolisch gleich zu setzen, ohne ihre Verschiedenheit empirisch oder anschaulich preiszugeben. Aber auch in diesem Fall ist es genau wie bei Galilei und Kepler, dass die Physik sich durch ihre symbolische Funktion erstmal von dem befreit, was mit der Abbildungstheorie, mit der menschlichen Wahrnehmungsintuition zu tun hat, um die entsprechende Äquivalenzrelation denken und im Rahmen eines Gedankenexperiments vorführen zu können. Dabei spielt es eine viel größere Rolle, dass das Relativitätsprinzip erhalten wird und als durchgehendes Prinzip auch für die Elektrodynamik seine Geltung gewinnt: „Der eigentliche Maßstab für die Bewertung einer physikalischen Hypothese" – das betont auch Cassirer – „kann niemals in ihrer Anschaulichkeit, sondern er muss in ihrer Leistungsfähigkeit gesucht werden. Nicht die Einfachheit des Bildes, sondern die Einheitlichkeit der Erklärung, die Subsumtion der [...] Naturerscheinungen unter allbefassende oberste Regeln gibt den Ausschlag."[42] Sowohl die Regeln der Symbolisierung als auch die Regeln der Bedeutung werden im Rahmen des Bezugssystems festgelegt. Sie werden durch das entsprechende Symbolsystem, durch seine Ausdrucks- und Aussageregularitäten bestimmt. Cassirers Argumentation zielt darauf ab, wissenschaftsphilosophisch zu rekonstruieren, dass die Konzeptualisierungs- und theoretischen Modellierungsformen der Mathematik und der Physik im Wesentlichen prinzipiengeleitet sind. Die Prinzipien synthetisieren die epistemischen Maßstäbe der Systematik des Feldes und prägen deshalb die konzeptuelle Systematik der Begriffsbildungen und die methodische Modellierungspraxis im Feld. Dabei ist wichtig zu berücksichtigen, dass ‚symbolische Form' nicht die Form der mimetischen Repräsentation bedeutet, sondern die Form, die durch den systematischen Zusammenhang gegeben ist – die Form des methodologischen Zusammenhangs in der Physik, die Form des ästhetischen Zusammenhangs in der Literatur. Es ist also die Form der funktionalen Relationierung.

---

41 Cassirer: *Philosophie der symbolischen Formen*, Teil 3 (Anm. 7), S. 536.
42 Cassirer: *Philosophie der symbolischen Formen*, Teil 3 (Anm. 7), S. 537.

Reto Fetz untersuchte Cassirers Differenzierung zwischen der Form als *forma formata* und dem „Prozess der Bestimmung selbst"[43] als *forma formans*. Der Begriff der Form sei doppelt zu lesen, um sie als lebendige Form im Sinne Goethes zu verstehen: als „[g]eprägte Form, die lebend sich entwickelt".[44] Als *„terminus ad quem"*, als Zeitpunkt, bis zu dem etwas gilt, und als *„terminus a quo"*, dem Zeitpunkt, an dem ein neuer Gestaltbildungsprozess beginnt: „[W]as als *forma formata* am Ende eines Prozesses steht, bestimmt in seiner Verjüngung als *forma formans* den Anfang eines neuen Prozesses."[45]

Cassirers Kulturphilosophie leistet eine historische und systematische Konzeptualisierung des Mythos, der Sprache und der Wissenschaft als symbolische Formen. Der entscheidende Schritt, der in diese Richtung geführt hat, ist der systematische Übergang vom Substanzbegriff zum Funktionsbegriff, der, wie Cassirer zeigt, für alle drei symbolischen Formen gilt. Cassirers Hauptthese ist, dass die Funktionsweise des Symbolsystems bestimmt, was, wie und zu welchem Zweck repräsentiert wird. So grenzt Cassirer die Symbolsysteme grundsätzlich voneinander ab, weil sie nach einer je eigenen Logik funktionieren. Diesen Gedanken hat Niklas Luhmann in seiner Systemtheorie ausgebaut. Ohne diese fundamentale Idee Cassirers – darüber ist sich die Forschung einig – wäre Luhmanns Idee der funktionalen Ausdifferenzierung der Systeme nicht möglich gewesen. Julian Müller hält fest: „[E]s ist nicht übertrieben zu behaupten, dass es der Funktionsbegriff ist, der Luhmann als Schlüssel dient, eine eigene Systemtheorie auszuarbeiten [...]. Dass Luhmann dabei einer Cassirer'schen Wendung des Funktionsbegriffs folgt, kann gar nicht stark genug betont werden."[46]

---

43 Ernst Cassirer: *Zur Metaphysik der symbolischen Formen. Texte und Materialien zu einem Band vier der „Philosophie der symbolischen Formen"*. Hrsg. von John Michael Krois. In: ders.: *Nachgelassene Manuskripte und Texte*. Bd. 1. Hrsg. von Klaus Christian Köhnke. Hamburg: Meiner 1995, S. 4.

44 Johann Wolfgang von Goethe: „Urworte. Orphisch". In: ders.: *Goethes Werke. Hamburger Ausgabe in 14 Bänden*. Bd. 1: *Gedichte und Epen*. Bd. 1. Textkritisch durchgesehen und kommentiert von Erich Trunz. 16., durchges. Aufl. München: Beck 1996. S. 359–360, hier S. 359.

45 Reto Luzius Fetz: „Forma formata – forma formans. Zur historischen Stellung und systematischen Bedeutung von Cassirers Metaphysik des Symbolischen". In: *Lebendige Form. Zur Metaphysik des Symbolischen in Ernst Cassirers „Nachgelassenen Manuskripten und Texten"*. Hrsg. von Reto Luzius Fetz und Sebastian Ullrich. Hamburg: Meiner 2008. S. 15–34, hier S. 20. Hervorhebungen im Original.

46 Julian Müller: „Ernst Cassirer (1874–1945)". In: *Luhmann-Handbuch. Leben – Werk – Wirkung*. Hrsg. von Oliver Jahraus, Armin Nassehi, Mario Grizelj, Irmhild Saake und Christian Kirchmeier. Stuttgart, Weimar: Metzler 2012. S. 272–276, hier S. 272. Müller fügt hinzu, dass fast sämtliche frühen Schriften Luhmanns den Funktionsbegriff im Titel tragen.

Doch was Cassirer untersucht, sind die symbolischen Formen des Mythos, der Sprache und der exakten Wissenschaften. Zur Kunst und zur Literatur äußert er sich nicht wie Luhmann in systematischer Weise,[47] wenngleich er andeutet, dass sie ebenfalls als symbolische Formen konzeptualisiert und systematisiert werden können. Damit beschäftigt sich Goodman, jedoch in einem ganz anderen systematischen Kontext, im Kontext der analytischen Philosophie.

2 Nelson Goodmans symboltheoretische Kulturtheorie

Goodmans Symboltheorie versteht sich in der Tradition Cassirers, jedoch verlagert sie den Fokus der Analyse: Während Cassirer die Symbolsysteme des Mythos, der Sprache und der Wissenschaft miteinander vergleicht, analysiert Goodman die Symbolsysteme der Künste untereinander und stellt deren Notationssysteme und Repräsentationsweisen zu denen der Wissenschaften in Bezug.[48] Goodmans Symboltheorie hat den Vorzug, dass sie Kunst und Wissenschaft nicht wie die Luhmann'sche Systemtheorie als geschlossene Systeme konzeptualisiert, die durch eine Leitdifferenz voneinander unterschieden und rigide voneinander abgegrenzt werden. Vielmehr geht er davon aus, dass eine globale pauschale Charakterisierung der Kunst- bzw. der Wissenschaftssysteme nicht möglich ist. Seine zentrale Frage ist auch nicht, *was* Künste und Wissenschaften repräsentieren. Im Mittelpunkt der beiden Monografien „Sprachen der Kunst“ und „Weisen der Welterzeugung“ steht vielmehr die Frage danach, *wie* Künste und Wissenschaften symbolisieren. Goodman verlagert die Fragestellung also von „Was ist Kunst?“ zu „Wann ist Kunst?“.[49]

> Zu sagen, was Kunst tut, ist nicht zu sagen, was Kunst ist; doch gebe ich zu bedenken, ob uns nicht ersteres eigentlich wirklich interessiert. Die weitere Frage, wie sich eine stabile Eigenschaft in Begriffen einer temporären Funktion – das Was in Begriffen des Wann – definieren läßt, stellt sich nicht nur im Zusammenhang mit der Kunst [...].

---

47 Vgl. zu Cassirers Konzeptualisierung der Literatur als symbolische Form: Barbara Naumann: *Philosophie und Poetik des Symbols. Cassirer und Goethe.* München: Fink 1998; dies.: „Kulturen des symbolischen Denkens. Literatur und Philosophie bei Ernst Cassirer“. In: *Literatur und Kulturwissenschaften. Positionen, Theorien, Modelle.* Hrsg. von Hartmut Böhme. Reinbek bei Hamburg: Rowohlt Taschenbuch Verlag 1996. S. 161–186.

48 „Nevertheless, the nature of representation wants early study in any philosophical examination of the ways symbols function in and out of the arts.“ In: Nelson Goodman: *Languages of Art. An Approach to a Theory of Symbols.* 2. Aufl. Indianapolis: Hackett 1976, S. 3.

49 Es ist eine ähnliche gelagerte Frage, die auch in der Literaturwissenschaft gestellt wird, wenn zwischen den beiden Fragen „Was wird erzählt?“ (der Ebene der *histoire*) und „Wie wird erzählt?“ (der Ebene des *discours*) differenziert wird.

> Wie ich betonte, ist es ein auffallendes Merkmal der Symbolisierung, daß sie kommen und gehen kann. Ein Objekt kann zu verschiedenen Zeiten verschiedene Dinge symbolisieren, zu anderen Zeiten gar nichts.[50]

Diesen Vorschlag macht sich meine Studie zu eigen. Auch sie will, analog dazu, die Fragestellung verlagern von der Frage „Was ist Wissenschaft?“ (dafür wären Wissenschaftler:innen und Wissenschaftsphilosoph:innen zuständig) auf die Fragen „Wie funktioniert Symbolisierung in der Wissenschaft?“, „Wie funktioniert Symbolisierung in der Literatur?“ In einem weiteren Schritt fragt meine Studie danach, wann, welche Modi der Symbolisierung und welche Dimensionen der Modellierung eine lokale Verschränkung zwischen den diskursiven Praktiken der Künste und der Wissenschaften zulassen.

Das Ziel der Goodman'schen Symboltheorie ist, zu klären, wie Symbole in Verstehensoperationen der Künste und Wissenschaften eingesetzt werden. Den Begriff des ‚Symbols‘ gebraucht Goodman als einen

> sehr allgemeine[n] und farblose[n] Ausdruck [...]. Er umfasst Buchstaben, Wörter, Texte, Bilder, Diagramme, Karten, Modelle und mehr, aber er hat nichts Gewundenes oder Geheimnisvolles an sich. Das buchstäblichste Porträt und die nüchternste Passage sind ebensogut Symbole und ebenso ‚hoch symbolisch‘ wie die phantastischsten und figurativsten.[51]

Da es Goodman um eine allgemeine Symboltheorie geht, die die Wissenschaften und Künste einbezieht, versteht sich zwar seine Theorie auch in der Tradition der linguistischen Semiotik Peirce'scher und Saussure'scher Prägung, jedoch greift sie nicht vollständig auf deren linguistische Terminologie zurück. Die Saussure'sche Terminologie des ‚Signifikats‘ und des ‚Signifikanten‘ würde die Analyse zu sehr auf die Sprache fokussieren, während es Goodman darum geht, mit seiner Terminologie die Symbolsysteme der Musik, Literatur, Malerei und Wissenschaft vergleichend zu analysieren. Goodman nutzt eine neutralere Terminologie: für das ‚Bezeichnende‘ nutzt er die Begriffe der „Inskription“, „Marke“ oder „Etikett“,[52] für das ‚Bezeichnete‘[53] die Begriffe „Denotiertes“ oder „Exemplifiziertes“.[54] Die Unterscheidung zwischen Denotation und Exemplifikation ist wichtig, denn dadurch kennzeichnet sich auch die Eigenständigkeit der Goodman'schen Symboltheorie, die sich an der logischen Semantik der analytischen Philosophie orientiert.

---

50 Nelson Goodman: *Weisen der Welterzeugung*. Frankfurt a. M.: Suhrkamp 1990, S. 90–91.

51 Nelson Goodman: *Sprachen der Kunst. Entwurf einer Symboltheorie*. Übers. von Bernd Philippi. Frankfurt a. M.: Suhrkamp 1997, S. 9.

52 Goodman: *Sprachen der Kunst* (Anm. 51), S. 128–129.

53 Goodman: *Sprachen der Kunst* (Anm. 51), S. 128–129.

54 Goodman: *Sprachen der Kunst* (Anm. 51), S. 59–60.

2.1 Kriterienbasierte Skalierung

Goodman schlägt also vor, die funktionale Ausdifferenzierung nicht über die Bildung disjunkter Klassen herzustellen, die sich voneinander starr abgrenzen, ohne Übergänge zu erlauben, sondern über eine präzise definierte Positionsbestimmung der jeweiligen Symbolsysteme im Feld. Differenziert wird nach dem Modus der symbolischen Bezugnahme und danach, in welchem Ausmaß bestimmte syntaktische und semantische Kriterien für Notationssysteme zutreffen. Goodman geht es um diese symbolischen Notationssysteme, um ihre Modi der Bezugnahme auf die Realität und um die für diese Notationssysteme geltenden syntaktischen und semantischen Codes, die durch das jeweilige Symbolsystem festgelegt sind. Durch die semantischen und syntaktischen Codes wird bestimmt, wie symbolisiert wird. Das ergibt ein feineres, differenzierteres Beschreibungsinstrumentarium, mit dem man auf unterschiedlichen Ebenen der Modellierung operieren kann. Im Grunde geht es dann um eine graduelle Skalierung und um die Zuordnung einer Position im Feld, je nachdem, in welchem Grad bestimmte Kriterien für bestimmte Notationssysteme zutreffen. Das Entscheidende dabei ist, dass sich somit andere Differenzen und Abgrenzungskriterien, aber auch andere Überschneidungsfelder zwischen Künsten und Wissenschaften ergeben, als dies vor Goodman angenommen wurde.

Wenn aber das Goodman'sche Modell keine disjunktive Klassifizierung, sondern die Möglichkeit einer kriterienbasierten Skalierung bietet, dann ergibt sich daraus auch die Möglichkeit, das Verhältnis von Physik und Literatur neu zu denken, weil somit mehr Flexibilität im Feld besteht, als dies zum Beispiel durch Luhmanns Systemtheorie vorgesehen ist. Somit wird es möglich, Kriterien aufzustellen, die die Weisen der Symbolisierung und die Notationssysteme unterschiedlicher Künste und Wissenschaften voneinander unterscheiden. Es gäbe aber auch gewisse Kriterien, die für bestimmte Künste und bestimmte Wissenschaften gleichermaßen gelten würden, sodass es Überschneidungen geben könnte. Man müsste nur die Dimensionen der Modellierung und die Weisen der Symbolisierung beschreiben, durch die sich gewisse Systeme in bestimmten Punkten im Feld überschneiden.

In Bezug auf die Modi der Symbolisierung unterscheidet Goodman zwischen Denotation und Exemplifikation. In Bezug auf die Merkmale der Notationssysteme unterscheidet er zwischen deren syntaktischen und semantischen Dimensionen. Je nachdem, für welche Künste und Wissenschaften was in welchem graduellen Maße zutrifft, ergibt sich für sie die entsprechende Positionsbestimmung im Feld.

Goodman untersucht in den „Sprachen der Kunst" erstens grundsätzlich Weisen der Symbolisierung und unterscheidet zwei Arten der Repräsentation, die

„Repräsentation von“ (die „Denotation“)[55], und die „Repräsentation als“[56], (die „Exemplifikation“)[57]. Zudem untersucht er die Notationssysteme einzelner Künste und Wissenschaften. Er zeigt, dass ‚Repräsentation‘ für Malerei, Skulptur und Fotografie wesentlicher ist als für die Musik. Goodman zieht aus der Tatsache, dass Repräsentation als Modus der Darstellung nicht für alle Künste gleichermaßen gilt, auch den Schluss, dass die Kategorie der Repräsentation zur Begründung einer allgemeinen Symboltheorie ungeeignet, ja gelegentlich auch irreführend ist.[58] Zu dem gleichen Schluss war auch Cassirer im Rahmen seiner Symboltheorie gekommen.[59] Deshalb entscheidet sich Goodman für einen anderen Weg, der aus drei Schritten besteht, die auch für meine Arbeit wichtig sind. Erstens stellt er die Kategorie der Repräsentation in Frage. Zweitens differenziert er zwischen zwei Modi der Symbolisierung, die der Denotation und der Exemplifikation. Drittens untersucht Goodman die konkreten Merkmale und spezifischen Codes der Notationen, die Künste und Wissenschaften einsetzen, um ihre Funktionen als Symbolsysteme auszuüben.

2.2 Denotation versus Exemplifikation

Die Denotation ist nach Goodman eine Weise der Bezugnahme zwischen einem Symbol bzw. einem Etikett und dem, wofür es konventionell steht. Denotation ist ‚Bezugnahme auf‘, ‚Referenz auf‘ mittels eines konventionellen Etiketts, dem ein Prädikat zugeschrieben wird, das auf eine gewisse wohl definierte Extensionsklasse zutrifft. Die Denotation verläuft immer in eine Richtung, von der Inskription zu dem Denotierten, wofür es steht. Diese Weise der Symbolisierung ist wie die Beziehung zwischen einem „Prädikat und dem, worauf dies zutrifft“[60] zu verstehen. In der Peirce’schen Terminologie handelt es sich um Wissen, das logisch und semiotisch konventionell festgelegt ist. Die Denotation verweist auf die empirische Außenwelt und bezeichnet das, was durch bestehende Konventionen und Symbolschemata kategorisiert und klassifiziert worden ist. Das Symbolsystem legt fest, welche Eigenschaften eines Objektes oder welche Eigenschaften einer Klasse von Objekten relevant sind, damit das betreffende Prädikat auf sie zutrifft. Die symbolische Bezugnahme der Denotation ist stets an eine bestimmte Referenz

55 Goodman: *Sprachen der Kunst* (Anm. 51), S. 15–17.
56 Goodman: *Sprachen der Kunst* (Anm. 51), S. 36–40.
57 Goodman: *Sprachen der Kunst* (Anm. 51), S. 59–63.
58 Vgl. Goodman: *Languages of Art* (Anm. 48), S. 3.
59 Bas van Fraassen übernimmt diesen Gedanken Goodmans und führt ihn aus, um die geltende Philosophie der Repräsentation in den Naturwissenschaften, speziell in der Physik, zu hinterfragen.
60 Goodman: *Sprachen der Kunst* (Anm. 51), S. 17.

gebunden, die durch Konvention festgelegt ist. Denn die extensionale Klasse, für die sie steht, ist durch Codes festgelegt, die durch die Gemeinschaft akzeptiert wurden. Die Inskription, die denotiert, besitzt selber jedoch nicht die Eigenschaft, die denotiert wird. Auf die spezifische Form der Inskription kommt es nicht an.

Bei der zweiten Weise der Symbolisierung, der Exemplifikation, verläuft die Bezugnahme in die umgekehrte Richtung. „Exemplification is possession plus reference“[61] nach Goodman. Die Inskription, die exemplifiziert, bezieht sich erst einmal nicht auf die externe Realität, sondern auf die Merkmale des eigenen Notationssystems und auf das, was damit sekundär modelliert wird. Die Extensionsklasse, die exemplifiziert wird, wird durch das Symbolsystem selbst sekundär modelliert. Der Index verläuft genau umgekehrt zur Denotation: „Was ein Symbol exemplifiziert, das muß auf es zutreffen“, so Goodman.[62] Zum Beispiel kann mit der Buchstabenfolge ‚rot‘ die Farbe Rot denotiert werden, auch wenn sie nicht die Farbe ‚rot‘ selbst materiell vorführt. Die Buchstabenfolge ‚rot‘ hingegen führt eine Probe dieser Farbe zugleich vor Augen vor. Die Inskription, die exemplifiziert, besitzt die Eigenschaft, die exemplifiziert wird, denn durch Exemplifikation wird das, was benannt wird, zugleich gezeigt und vorgeführt.[63] Die Exemplifikation ist immer als Probe zu verstehen, die die eigenen Eigenschaften vorführt und als Referenz eine Extensionsklasse hat, die durch diese Inskription entsteht. Das heißt, dass die Exemplifikation eine Referenz auf eine in die Zukunft gerichtete Realität herstellt. Das Exemplifizierte weist auf die Zukunft hin, auf das zukünftige Erkennen dessen, was durch das Modell simuliert wird.

Mit Lotman haben wir das Symbolsystem der Sprache als primär modellierendes System definiert und das Symbolsystem der Literatur als sekundär modellierendes System. Das sei hier an dieser Stelle nochmals wiederholt, weil nun die Kategorien Lotmans mit denen Goodmans verbunden werden sollen. Das primär modellierende System der Sprache sei das System, dessen primäre Funktion die der Denotation ist (die Konnotation, die es ebenfalls gibt, ist hier zweitrangig). Das sekundär modellierende System der Literatur als Symbolsystem der Kunst sei das der Exemplifikation. Die Literatur als Kunst kann durch das primär modellierende System der Sprache „denotieren“ und durch das sekundär modellierende System der Literatur exemplifizieren. Die Exemplifikation kann sich somit gelegentlich in Texten als Gegenentwurf der Denotation entpuppen. Über das primär

61 Goodman: *Languages of Art* (Anm. 48), S. 53.

62 Goodman: *Sprachen der Kunst* (Anm. 51), S. 61. Was hingegen ein Symbol als konventionsgebundenes Etikett denotiert, muss nicht zugleich auf es selbst zutreffen.

63 Das, was es zu denotieren gilt, wird durch die Materialität der eigenen Form exemplifiziert. Mitten im Akt des Ausdrucks und durch die Symbole, durch die ausgedrückt wird, wird simultan exemplifiziert.

modellierende System der Sprache wird an der Realität angekoppelt, aber das Denotierte wird in fiktionale Klammern gesetzt. Durch diesen Rahmen hindurch wird auf die Realität referiert. Denn im selben Moment, wenn repräsentiert wird, wird die Repräsentation auch durch das Symbolsystem, durch die spezifischen ästhetischen Merkmale der literarischen Inskription, verändert.

Die Physik denotiert über das primäre methodische System der Messung, über das Zahlensystem und über das primäre System der Sprache auf die Realität. Das ist ihr System der primären Modellierung, dadurch nimmt sie Bezug auf die Außenwelt. Hinzu kommt ein weiteres theoretisches System der Modellierung, das der Mathematik. Das Symbolsystem der Mathematik verfügt über weit mehr Möglichkeiten an formal-symbolischen Operationen, um logisch zu operieren, Symmetriegruppen zu definieren, Symmetrierelationen herzustellen, Invarianzen zu identifizieren und somit neue Naturgesetze zu etablieren.

Doch bevor das, was durch die theoretische Physik herausgearbeitet worden ist, durch Experimente empirisch bestätigt wird, hat es noch nicht das Stadium der Denotation erreicht. Wenn das, was durch die mathematischen Symmetriebeziehungen gezeigt wird, sich von den früheren formal-symbolischen Konventionen ein Stück weit entfernt, aber noch keine Verifizierung erfahren hat, dann handelt es sich um einen Modus der Symbolisierung, der durch das sekundär modellierende System der Mathematik operiert. In diesem Fall wird die Symmetrierelation, die auf ein neues Naturgesetz hinweist, erst einmal nur durch das Symbolsystem der Mathematik vorgeführt und das neue Naturgesetz in diesem Symbolsystem exemplifiziert.

Die Sprache der Physik ist insofern dann eine diskursive Fachsprache, die mehrere notationale Subsysteme umfasst: erstens die operationale Sprache der Messung, das wäre die primäre Dimension der Modellierung, in der physikalische Messgrößen definiert werden. Zweitens die formal-symbolische Sprache der Mathematik, das wäre die sekundäre Dimension der Modellierung, in der mathematische Zustandsgrößen definiert werden. Die eine Sprache kann durch Umcodierung in die andere Sprache umgeformt werden. Klaus Mecke hat dies systematisch dargelegt. Eine Messerzählung lässt sich nicht nur

> [...] als Handlung, als tatsächliche Messung verstehen, sondern auch als mathematische Operation in der formalen Sprachwelt, als formale Umformung des mathematischen Objektes. So wird die Messung der ‚Geschwindigkeit eines Punktteilchens' zur Bildung eines Differentialquotienten $v = dr(t)/dt$ des ‚Punktteilchens' $r(t)$. Eine Messung an einem ‚Feld' $F(r,t)$ entspricht in der mathematischen Sprachwelt oft einer lokalen partiellen Ableitung $\Delta F(r,t)$, sie kann aber auch einem Integral $\int dnF$ entsprechen.[64]

64 Klaus Mecke: „Zahl und Erzählung. Metaphern in Erkenntnisprozessen der Physik". In: *Quarks and Letters. Naturwissenschaften in der Literatur und Kultur der Gegenwart*. Hrsg. von Aura Heydenreich und Klaus Mecke. Berlin, Boston: De Gruyter 2015. S. 31–85, hier S. 61.

In meiner Argumentation ist hiermit der Punkt erreicht, an dem gezeigt werden kann, dass sowohl die Literatur als auch die Physik sekundär modellierende Systeme entwickelt haben, durch die sie sich von der Denotation entfernen können und durch ihre eigenen Symbolsysteme einen anderen Modus der Symbolisierung aktivieren können, den der Exemplifikation. Der Index der Exemplifikation verläuft von dem innersemiotischen System der sekundären Dimension der Modellierung auf die empirische Realität. Sybille Krämer nannte diesen gesamten Komplex den des „operativen Symbolismus" und charakterisierte ihn folgendermaßen: „Der Übergang vom ontologischen zum operativen Symbolismus kann so pointiert werden: Nicht mehr verleihen die Dinge den Zeichen ihre Bedeutung, vielmehr konstituieren die Zeichen die Dinge überhaupt erst als epistemische Gegenstände."[65]

Das wäre eine feststellbare Gemeinsamkeit zwischen den beiden sekundär modellierenden Symbolsystemen, der Physik und Literatur. Doch an dieser Stelle müssen die Merkmale der symbolischen Notationssysteme der Physik und der Literatur untersucht werden. Denn diese unterscheiden sich in erheblichem Maße voneinander.

Die Modi der Bezugnahme (also der Denotation und Exemplifikation) wurden bereits erläutert, nun kommt es auf die jeweiligen Spielregeln der Notationssysteme an, die die Modi der Symbolisierung bedingen. Die Notationssysteme bestehen laut Goodman aus Charakteren und aus entsprechenden Kombinationsregeln, um die Charaktere untereinander zu verbinden.[66] Im Falle der Sprache sind es Buchstaben, im Falle der Musik sind es musikalische Noten, im Falle der Mathematik sind es Zahlen. Als „Charaktere" definiert Goodman „Klassen von Äußerungen, Inskriptionen oder Marken".[67] Hinzu kommen die notwendigen Kombinationsregeln. Die wesentlichen Merkmale, die die Symbolschemata als Notationssysteme nach Goodman erfüllen sollten, sind: Eindeutigkeit, syntaktische und semantische Disjunktivität und syntaktische und semantische Differenziertheit.[68]

---

65 Sybille Krämer: „Kalküle als Repräsentation. Zur Genese des operativen Symbolismus in der Neuzeit". In: *Räume des Wissens. Repräsentation, Codierung, Spur*. Hrsg. von Hans-Jörg Rheinberger, Michael Hagner und Bettina Wahrig-Schmidt. Berlin: Akademie 1997. S. 111–122, hier S. 111.

66 Vgl. Goodman: *Sprachen der Kunst* (Anm. 51), S. 128.

67 Goodman: *Languages of Art* (Anm. 48), S. 131. Im Original: „Characters are certain classes of utterances or inscriptions or marks. (I shall use ‚inscription' to include utterances, and ‚mark' to include inscriptions; an inscription is any mark – visual, auditory, etc. – that belongs to a character.)."

68 Vgl. Goodman: *Languages of Art* (Anm. 48), S. 127–154; ders.: *Sprachen der Kunst* (Anm. 51), S. 125–151.

2.3 Syntaktische Disjunktivität und Differenziertheit

Zunächst fordert Goodman, dass die Charaktere eines symbolischen Notationssystems syntaktisch disjunkt sein müssen.[69] Das heißt, dass zur Erstellung eines Systems von Marken, die denotieren, die Marken klar voneinander unterscheidbar sein sollen. Kein Element, das als Marke fungiert, darf zwei Klassen von Charakteren gleichzeitig angehören. Alle Inskriptionen eines Charakters sollen untereinander austauschbar sein. Daraus folgt, dass jeder Charakter als Klasse syntaktisch disjunkt ist von einem Charakter einer anderen Klasse. Überprüft wird dies durch die Äquivalenzrelation, die reflexiv, symmetrisch und transitiv ist.[70] Der Buchstabe ‚a' gehört der ‚a'-Klasse von Buchstaben an und kann nicht gleichzeitig der ‚d'-Klasse angehören. Marken, die als Elemente desselben Charakters klassifiziert wurden, sind stets miteinander identisch, egal ob ‚a' zum Beispiel als ‚**a**' oder ‚***a***' geschrieben wird.[71] Das gilt gleichermaßen sowohl für Buchstaben- als auch für die Zahlensysteme.[72]

Ein zweites syntaktisches Kriterium ist das der endlichen Differenzierung.[73] Im Notationssystem sollten klar definierte Grenzen zwischen zwei verschiedenen Charakteren vorgesehen sein, dann gelten die Charaktere als finit differenziert. Als Beispiel kann die Messskala eines Thermometers dienen, die durch klare Marken Werte voneinander differenziert: zum Beispiel 37, 38 und 39 Grad Celsius. Die Skala der natürlichen Zahlen ist syntaktisch disjunkt und differenziert: Jeder einzelne Wert auf der Skala ist durch je eine natürliche Zahl eindeutig bestimmt. Die Ordnung der Zahlen ist wohldefiniert, sie ist nach Goodman syntaktisch disjunkt,

69 Vgl. Goodman: *Languages of Art* (Anm. 48), S. 133; ders.: *Sprachen der Kunst* (Anm. 51), S. 132.

70 Daran muss erkennbar sein, dass zwei verschiedene Buchstaben bzw. Zahlen unterschiedlicher Klassen angehören. Vgl. Goodman: *Languages of Art* (Anm. 48), S. 132.

71 Selbst wenn das ‚a' auch in unterschiedlichen Mundarten phonetisch unterschiedlich klingt, wird es deshalb nicht zu einer anderen Klasse von Buchstaben gehören. Der phonetische Unterschied ist in diesem Fall nicht signifikant. Die Vokale, unterschiedlich ausgesprochen, sind Allophone, aber sie sind nur unterschiedliche Varianten eines Phonems, der als schriftliche Inskription die Buchstaben-Klasse definiert.

72 „So long as the differentiation between characters is finite, no matter how minute, the determination of membership of mark in character will depend upon the acuteness of our perceptions and the sensitivity of instruments we can devise. But if the differentiation is not finite, if there are two characters such that for some mark no even theoretically workable test could determine that the mark does not belong to both characters, then keeping the characters separate is not just practically but theoretically impossible." In: Goodman: *Languages of Art* (Anm. 48), S. 135; ders.: *Sprachen der Kunst* (Anm. 51), S. 132.

73 Goodman nennt dieses Kriterium auch das Kriterium der differenzierten Artikulation.

denn für jede neue Marke gilt ein neuer numerischer Wert.[74] Anhand dieses Systems kann den Marken, die auf der Skala eines Thermometers vorgesehen sind, der numerische Wert für die Temperatur einer Substanz eindeutig zugewiesen werden. Hier geht es um die Feststellung einer Gleichheit zwischen der Positionsmarke einer Skala und dem thermodynamischen Zustand einer Substanz, wenn sich zwischen den beiden das Gleichgewicht einstellt. Das wäre eine physikalische Messerzählung nach Klaus Mecke, die mit Mess-Instrumenten, Skalen und dem Notationssystem der natürlichen Zahlen operiert. Sie ist auf die Disjunktivität und Differenziertheit des Notationssystems angewiesen. Wenn man in einem System bleibt, ist es nicht erlaubt, die Abstände zwischen den einzelnen Marken zu vergrößern oder zu verringern. Die Differenz zwischen zwei natürlichen Zahlen ist wohldefiniert und bleibt unverändert.[75]

Ein Symbolschema wäre nicht endlich differenziert, sondern syntaktisch dicht, „wenn es unendlich viele Charaktere bereitstellt, die so geordnet sind, daß es zwischen jeweils zweien immer ein drittes gibt."[76] Ein syntaktisch dichtes Symbolschema verletzt das Kriterium der Differenzierung, weil die Anordnung der Charaktere kontinuierlich dicht ist und keine wirkliche Abgrenzung voneinander möglich. Die Menge der reellen Zahlen ist syntaktisch dicht. Denn sie stellt unendlich viele Zahlen bereit, die so geordnet sind, dass es zwischen zwei Zahlen keinen leeren Abstand, sondern prinzipiell immer eine dritte Zahl gibt.

Die Kriterien der syntaktischen Disjunktivität und syntaktischen Differenzierung gelten sowohl für das Notationsschema der natürlichen Zahlen auf einer Messskala als auch für das Notationsschema der natürlichen Sprache: denn das Alphabet ist syntaktisch disjunkt und differenziert. Im pragmatischen Kommunikationssystem der natürlichen Sprache ist klar definiert, dass, wo und wodurch einzelne Wörter bzw. Sätze voneinander getrennt sind. Es ist klar erkennbar, wo die Grenzen zwischen den einzelnen Wörtern bzw. zwischen den einzelnen Sätzen liegen und diese Codierung ist wichtig für die Bedeutungszuweisung. Im Schriftsystem ist das wohldefiniert. Sowohl das Aneinandergrenzen zweier Wör-

---

74 Die Marken können nur dem Zahlensystem entstammen, das für die Zählung bestimmt ist. Man kann nicht auf einer Skala, die als Skala der natürlichen Zahlen ausgewiesen ist, eine irrationale Zahl einführen.

75 Finit differenziert bedeutet jedoch nicht, dass das notationale Symbolschema nicht eine unendliche Anzahl von Charakteren haben kann. Es kann eine unendliche Anzahl von finit differenzierten Charakteren haben, das wäre der Fall der Klasse der natürlichen Zahlen. Alle diese Kriterien gelten als Spielregeln der Notation unverändert, bis ins Unendliche, überall, wo vereinbart wurde, dass dieses Notationssystem gilt.

76 Goodman: *Sprachen der Kunst* (Anm. 51), S. 133. „A scheme is syntactically dense if it provides for infinitely many characters so ordered that between each two there is a third." In: ders.: *Languages of Art* (Anm. 48), S. 136.

ter, die nicht zusammengehören, z. B. ‚gelbeshaus' als auch das Auseinanderreißen von Wörtern, die zusammengehören, z. B. ‚W ort' verstößt gegen Codes. Jedoch gilt das lediglich für das pragmatische Symbol- und Kommunikationssystem der Sprache, nicht für das Symbolsystem der Literatur.[77]

2.4 Semantische Eindeutigkeit, Disjunktivität und Differenziertheit

Ein Symbolsystem besteht nach Goodman aus einem Symbolschema und einem ihm korrelierten Referenzfeld, das als Gebiet der Bezugnahme gilt.[78] Als Extension oder als Erfüllungsklasse wird diejenige Klasse von Objekten benannt, die durch ein Wort denotiert wird. Ein Symbolschema der Denotation wird als ein System verstanden, das Korrelationen herstellt zwischen den Worten und dem, worauf sie zutreffen, ihre Extension. Der Begriff ‚Tisch' hat also als Erfüllungsgegenstände die konkrete Klasse von Objekten, die der Lexikonbeschreibung dieses Lexems entsprechen. Denotative Erfüllung setzt nicht voraus, dass das Symbol in irgendeiner Weise mit den Erfüllungsgegenständen übereinstimmt: „was auch immer von einem Symbol denotiert wird, erfüllt es."[79] Das betont Goodman und weist, wie Saussure und Eco, darauf hin, dass der Modus der Symbolisierung der Denotation durch gesellschaftliche Konventionen konstituiert ist. Wichtig ist vor allem im Falle von Physik und Literatur, auf die Korrelationen zu achten, die zwischen einem Symbolschema und dessen Referenzfeld bestehen. Denn es stellt sich die Frage: Wie werden diese Beziehungen hergestellt? Im letzten Abschnitt habe

---

77 Nachdem die einzelnen Charaktere differenziert wurden, geht es darum, die Regeln der Kombination ihrer Inskriptionen zu beschreiben. Die Kombinationen zwischen Charakteren können atomar oder zusammengesetzt sein. Inskriptionen können atomar sein, wie im Falle der Mathematik: $x+y=2$. Oder zusammengesetzt: Im Falle der natürlichen Sprache gibt es zwar atomare Inskriptionen, weil auch der Buchstabe ‚a' als unbestimmtes Pronomen im Englischen Sinn macht. Jedoch sind zusammengesetzte Inskriptionen üblicher, mehrere Buchstaben vereinen sich zu einem Lexem und ergeben dann gemeinsam Sinn: „Wort". Die mathematischen Symbolkombinationen sind atomar. Was die Zusammensetzung anbelangt, unterscheidet Goodman noch zwischen den Begriffen *compound* und *composite* und bezeichnet damit den Unterschied zwischen syntaktischen Zusammensetzungen, für die er den Begriff *compound* verwendet, und semantischen Zusammensetzungen, für die er den Terminus *composite* reserviert. Vgl. Goodman: *Sprachen der Kunst* (Anm. 51), S. 142. Die Buchstabenkombinationen sind zusammengesetzt, in den meisten Fällen kann erst die Zusammensetzung der Buchstaben zu einem Wort Sinn ergeben. In beiden Fällen werden die Zusammensetzungen von geltenden Kombinationsregeln bestimmt. So ergibt in der deutschen Sprache die Buchstabenkombination „xdz" keinen Sinn.

78 „A symbol system consists of a symbol scheme correlated with a field of reference." In: Goodman: *Languages of Art* (Anm. 48), S. 143.

79 Goodman: *Sprachen der Kunst* (Anm. 51), S. 140.

ich dargestellt, dass ein Symbolschema auf ein Referenzfeld Bezug nehmen kann, aber dieses nicht unbedingt denotieren muss. Es kann es auch exemplifizieren, dann wird die Richtung der Bezugnahme geändert.

Die erste semantische Forderung, die Goodman an die Notationssysteme stellt, ist, dass sie eindeutig sein sollen.[80] Diese Erfüllungsbeziehung muss invariant sein. Der Gegensatz zur Eindeutigkeit ist die Ambiguität. Eine Marke ist dann ambig, wenn die Beziehung zu ihrer Erfüllungsklasse nicht invariant ist, sondern wenn ihre Erfüllungsklasse entsprechend verschiedenen zeitlichen oder räumlichen Kontexten variiert und somit unterschiedliche Erfüllungsgegenstände aufweist.[81] Die zweite Forderung ist, dass die Erfüllungsklassen der jeweiligen Inskriptionen disjunkt sein sollen.[82]

> Wir können das Erfordernis der Disjunktivität als die Bestimmung ansehen, daß keine zwei Charaktere irgendeinen Erfüllungsgegenstand gemeinsam haben dürfen; so daß nicht nur jeweils zwei Erfüllungsklassen in einem Notationssystem disjunkt sein müssen, sondern auch jeweils zwei Charaktere verschiedene Erfüllungsklassen haben müssen.[83]

Diesem Kriterium, das gibt Goodman zu,[84] können nur logisch-formale Sprachen entsprechen, jedoch nicht natürliche Sprachen. Denn in der natürlichen Sprache gäbe es verschiedene Inskriptionen, wie ‚Arzt', ‚Vereinsmitglied', ‚Vater', die Unterschiedliches denotieren, und dennoch den gleichen Erfüllungsgegenstand haben können, das heißt auf den gleichen Menschen zutreffen könnten. Erfüllungsklassen können sich also in diesem Fall überschneiden. Aber in einem echten notationalen Symbolschema dürfen sie dies nicht, sondern müssen semantisch disjunkt bleiben. Daraus schließt Goodman, dass eine natürliche Sprache kein notationales System im strengen Sinn sein kann, das alle Kriterien erfüllt: „None of our usual natural languages is a notational system. Such *discursive languages* meet the two syntactic requirements but are exempt from the three semantic requirements."[85] Das ist

80 „[...] for obviously the basic purpose of a notational system can be served only if the compliance relationship is invariant. Any ambiguous *inscription* must be excluded since it will give conflicting decisions whether some object complies with it." In: Goodman: *Languages of Art* (Anm. 48), S. 148. Hervorhebung im Original.

81 Vgl. Goodman: *Sprachen der Kunst* (Anm. 51), S. 142.

82 Vgl. Goodman: *Sprachen der Kunst* (Anm. 51), S. 144.

83 Goodman: *Sprachen der Kunst* (Anm. 51), S. 147. „We may consider the *disjointness requirement* to stipulate *that no two characters have any compliant in common*; so that not only must every two different compliance-classes in a notational system be disjoint but every two characters must have different compliance-classes." In: ders.: *Languages of Art* (Anm. 48), S. 151–152. Hervorhebungen im Original.

84 Goodman: *Languages of Art* (Anm. 48), S. 152: „The requirement of semantic disjointness rules out most ordinary languages, even if we suppose them freed of ambiguity."

85 Goodman: *Languages of Art* (Anm. 48), S. 179. Hervorhebung im Original.

auch der Grund, weshalb für die Physik im Falle der technisch-instrumentalen Messung oder im Falle des Experiments – dort, wo es darauf ankommt, ein präzises, eindeutiges, syntaktisch und semantisch differenziertes und disjunktes Notationssystem zu verwenden, um die Ergebnisse der Messungen abzulesen, die natürliche Sprache nicht die notwendige Präzision liefert. Denn hier handelt es sich um genaue quantitative Angaben und es kommt auf physikalische Einheiten, auf physikalische Größen an. Es geht um die Feststellung der quantitativen Gleichheit zwischen der physikalischen Skala und dem physikalischen Zustand eines Systems. Für die Messung selbst ist das Ablesen anhand eines präzisen notationalen Systems entscheidend, das eindeutig, disjunkt und differenziert ist.

An dieser Stelle treffen sich die Feststellungen Freges, Cassirers und Goodmans, dass die formalen Sprachen über syntaktisch und semantisch differenzierte und disjunkte Bedeutungssysteme verfügen, die der Sprache und der Literatur nicht zukommen. Diese Systeme sind die wichtige Voraussetzung für die funktionale Asymmetrie der beiden semio-logischen Felder in der Semiosphäre und für die interessanten semiotischen Mechanismen, die sich aus der funktionalen Korrelation dieses asymmetrisch organisierten semio-logischen Sphären ergeben.

Das Notationssystem der primären Dimension der Modellierung in der Physik ist syntaktisch und semantisch eindeutig, disjunkt und differenziert. Dadurch nimmt die Physik Bezug auf die Außenwelt. Sie selektiert das für die Messung Relevante, überführt die empirischen Objekte in physikalische Einheiten und Messgrößen und identifiziert sie somit durch die Inskriptionen des operationalen Messsystems der Physik. Natürlich muss zunächst eine Theorie der Messung vorliegen, bevor man entscheidet, was für die Messung relevant ist und welche Elemente überhaupt in physikalische Größen transformiert werden, um somit semiotisiert bzw. formal-symbolisch dargestellt zu werden.

Das Gleiche wird deutlich, wenn man das nächste semantische Kriterium Goodmans anführt, das der *„semantischen endlichen Differenzierung“*: *„für jeweils zwei Charaktere K und K’, deren Erfüllungsklassen nicht identisch sein dürfen, und jedes Objekt h, das nicht beide erfüllt, muß die Festlegung, entweder das h K nicht erfüllt oder daß h K’ nicht erfüllt, theoretisch möglich sein.“*[86] Ein System ist hingegen semantisch dicht, wenn die „Erfüllungsklassen so geordnet sind, daß keine

---

86 Goodman: *Sprachen der Kunst* (Anm. 51), S. 148. Hervorhebung im Original. „The final requirement for a notational system is *semantic finite differentiation*; that is, *for every two characters K and K’ such that their compliance-classes are not identical, and every object h that does not comply with both, determination either that h does not comply with K or that h does not comply with K’ must be theoretically possible.*“ In: ders.: *Languages of Art* (Anm. 48), S. 152. Hervorhebung im Original.

Einfügung von weiteren in normaler Position die Dichte zerstören wird.“[87] Das Merkmal der semantischen Dichte verletzt überall das Merkmal der semantischen endlichen Differenzierung. Die Sprache des sekundär modellierenden Symbolsystems der Literatur ist durchgängig dicht. Sie ist nicht semantisch endlich differenziert, sondern semantisch unendlich dicht. Denn man kann hypothetisch jedem Bestandteil des Symbolschemas und jeder möglichen Korrelation Bedeutung zuschreiben. Egal, wie viele Bedeutungen durch Interpretationen bereits herausgearbeitet worden sind – stets können noch neue Bedeutungsperspektiven generiert werden.

An dieser Stelle wird erneut die funktionelle Asymmetrie sichtbar, die Lotman zwischen diesen Feldern der Semiosphäre beschrieb: das Notationssystem der theoretischen Physik ist auf der Ebene der primären Modellierung syntaktisch differenziert. So können Messungen vorgenommen werden, so kann auf die außersemiotische Welt Bezug genommen werden. Wenn die Physik durch die Mathematik im System der realen Zahlen sekundär modelliert, dann ist ihr System „syntaktisch durchgängig dicht“.

Für die Literatur gilt, dass ihr primär modellierendes System, das der Sprache, distinkt und differenziert sein muss, um die Referenz auf die außertextuelle Welt herstellen zu können. Die primäre Referenz existiert noch im Rahmen der literarischen Texte, aber als suspendierte Referenz, wie mit Ricœur im nächsten Kapitel zu zeigen sein wird. Das Notationssystem der Literatur ist jedoch, wenn es aufgrund ästhetischer Verfahren sekundär modelliert und exemplifiziert, „semantisch durchgängig dicht“.[88] So bilden die beiden Felder nach Lotman ein enantiomorphes Paar, das über eine funktionelle Asymmetrie miteinander korreliert wird. Die syntaktische Dichte der Notationssysteme der Physik/Mathematik und die semantische Dichte des Notationssystems der Sprache/Literatur sind komplementär, insofern Goodman auf Folgendes verweist: „Ein System ist nur insofern repräsentational, als es dicht ist; und ein Symbol ist nur dann eine Repräsentation, wenn es zu einem durchgängig dichten System gehört oder zu einem dichten Teil eines teilweise dichten Systems. Ein solches Symbol kann eine Repräsentation sein, selbst wenn es überhaupt nichts denotiert.“[89]

Nachdem Goodman die syntaktischen und semantischen Merkmale der Notationssysteme ausbuchstabiert, formuliert er, unter welchen Bedingungen eine Reprä-

---

87 Goodman: *Sprachen der Kunst* (Anm. 51), S. 148.

88 Goodman betont, dass die angegebenen Kriterien nichts Anderes sind, als eine Art Bauordnung für Notationssysteme, die nur vorschreibt, wogegen man nicht verstoßen darf, weil das ein Konstruktionsfehler wäre, aber die nicht vorschreibt, was oder wie konstruiert werden soll oder wie hoch der Raumbedarf für eine Familie sein soll.

89 Goodman: *Sprachen der Kunst* (Anm. 51), S. 210.

sentation als solche verstanden werden kann. Die Definition der Repräsentation gilt nicht absolut, sondern nur relativ zu einem Symbolsystem.[90] Entscheidend für die Tatsache, ob ein denotierendes Symbol repräsentiert, ist nicht, ob es dem Denotierten ähnlich ist. Es kommt nicht auf die ikonische Abbildung des Denotierten an. Entscheidend ist vielmehr die Beziehung desjenigen Symbols zu den anderen Symbolen im System.

Für die Physik ist es wichtig, dass ihre Begriffe Extensionen haben, deren Erfüllungsklassen empirisch nachweisbar sind. Dadurch macht sie Aussagen über Naturgesetze und ihre Regularitäten in der Realität. Ihr sekundäres System der Modellierung ist das der Mathematik. Wenn die theoretische Physik mit dem Zahlensystem der reellen Zahlen operiert, dann verwendet sie ein Notationssystem, das durchgängig dicht ist. Damit kann sie theoretisch modellieren und sich von dem Denotationssystem der primären, konventionell akzeptierten Modellierung der Messdaten entfernen. Gelegentlich verlässt die Physik im explorativen Kontext auch das sekundäre Modellierungssystem der Mathematik und eröffnet eine tertiäre Dimension der Modellierung, indem sie Verfahren nutzt, die der Literatur entlehnt sind: Sie führt mithilfe der Verfahren des Gedankenexperiments, der Analogie, der Metapher, der Perspektivierung oder des narrativen *emplotments* Ideen für die Entwicklung neuer Symmetrierelationen ein. Diese können nur im Modus der Symbolisierung der dichten Exemplifikation eingeführt werden.

Die Literatur verfügt in ihrem symbolischen Schema über die Merkmale der syntaktischen Disjunktivität und Differenzierung, das sind die Merkmale, die sie von der primären Sprache der Alltagskommunikation übernimmt. Darüber kann sie auch auf die außertextuelle Realität Bezug nehmen, selbst wenn diese Bezugnahme in Klammern gesetzt wird und unter das Vorzeichen der Fiktion gesetzt wird. Das wäre der Anteil der Literatur, über den sie die Sprache nutzt, um die intersubjektive Kommunikation herzustellen.[91] Das wäre die Domäne der Wissensorganisation. Doch die Literatur belässt es nicht dabei. Sie führt durch ihre spezifischen ästhetischen Verfahren, durch Tropik, Metrik, Stilistik, narrative Rahmung, Perspektivierung etc. eine sekundäre Dimension der Modellierung ein, durch die die literarische Konfiguration semantisch durchgängig dicht wird. Dadurch entfernt sie sich entschieden von den Konventionen der Denotation und wechselt den Symbolisierunsmodus von der Denotation zur Exemplifikation. Sie setzt ihr eigenes

90 Vgl. Goodman: *Sprachen der Kunst* (Anm. 51), S. 210.

91 Doch das Charakteristische an der Literatur ist, dass ihr Vokabular aus syntaktischen differenzierten und disjunkten Symbolen, keine einzige Änderung des Textes erlaubt. Dazu merkt auch Goodman an: „Selbst das Ersetzen eines Charakters in einem Text durch einen anderen synonymen Charakter (wenn sich solche in einer diskursiven Sprache überhaupt finden lassen) ergibt ein anderes Werk.“ In: Goodman: *Sprachen der Kunst* (Anm. 51), S. 196.

System der Modellierung durch, die eigenen ästhetischen Verfahren und Operationen, durch die sie symbolische Welten erzeugen und exemplifizieren kann. Jedoch macht sie per se nicht wahre, denotative Aussagen über die Realität, sondern stellt der Denotation den Modus der Symbolisierung der Exemplifikation gegenüber – das wäre die Domäne der möglichen Wissensreorganisation. Sie setzt die Denotation in Klammern, und eröffnet einen neuen Rahmen der Konfiguration. Sie stellt der Denotation den Modus der Symbolisierung der Exemplifikation gegenüber – das wäre die Domäne der möglichen Wissensreorganisation. So erzeugt sie eine eigene Welt, die die andere zwar enthält, aber zugleich auch als primäre vorläufig suspendiert. Ihr Referenzschema der Symbolisierung ist das eigene Symbolsystem. Über diesen Modus der Symbolisierung kann auf tertiärer Ebene eine chiastische Beziehung der Verschränkung hergestellt werden. Jede semio-logische Sphäre verfügt dann über ein Merkmal eines Notationssystems, das die andere nicht aufweist: Die theoretische Physik verfügt mittels der sekundären Modellierung der Mathematik über das Merkmal der syntaktischen Dichte. Die Literatur verfügt mittels eigener sekundärer Modellierung über das Merkmal der semantischen Dichte. Die Literatur verfügt über die eigene sekundäre Modellierung über das Merkmal der semantischen Dichte. Beide in Wechselwirkung sind nötig, um symbolische Welten zu erzeugen und zu exemplifizieren, wie Goodman zeigt. Die Physik hat die Chance, das Exemplifizierte in ein denotationales Schema zu transformieren, wenn sich die theoretischen Vorhersagen als empirisch adäquat erweisen. Doch dieser Status ist vorläufig, er gilt nur bis zur Falsifizierung der Theorie durch neue Experimente.

Die Literatur also verfügt nur indirekt über den Symbolisierungsmodus der Denotation, mittels des primären Modellierungssystems der Sprache. Im nächsten Kapitel wird mit Ricœur zu zeigen sein, inwiefern diese Denotation vorübergehend als suspendiert gilt und durch diese Suspendierung der primären Referenz eine sekundäre Referenz etabliert werden kann. Dann lassen sich unter bestimmten Bedingungen Goodmans Konzept der Exemplifikation, Ricœurs Konzept der sekundären Referenz und Lotmans Konzept der sekundären Modellierung untereinander korrelieren.

2.5 Dichte Symbolsysteme: syntaktische Dichte vs. semantische Dichte

Nachdem Goodman in „Sprachen der Kunst“ die Merkmale notationaler Systeme bestimmt, definiert er im letzten Abschnitt die Symptome des Ästhetischen. Diese Unternehmung wird in „Weisen der Welterzeugung“ weitergeführt und auf systematische Basis gestellt. Goodman gebraucht den Begriff „Symptome des Ästhetischen“[92] und begründet dies dadurch, dass Kunstwerke nicht essentialistisch definiert werden sollen. Mit der De-Essentialisierung des Kunstbegriffs folgt Goodman Cassirer, der (wie in II.1 gezeigt wurde) den Wechsel vom Substanzbegriff zum Funktionsbegriff für die wissenschaftliche Begriffskonstitution zeigte.[93]

Goodman entfernt sich also von der essentialistischen Definition des Ästhetischen und fokussiert stattdessen die symbolischen Funktionen der Artefakte: „Im Zweifelsfall ist die Frage nicht: ‚Welche Objekte sind (permanent) Kunstwerke?‘, sondern ‚Wann ist ein Objekt ein Kunstwerk?‘“[94] Die Funktion der Symbolisierung kann aber nie unabhängig von den Regeln und Codes des historischen Symbolsystems bestimmt werden, in dem der Text, das Kunstwerk, das Artefakt produziert, ausgestellt und rezipiert wird. „Tatsächlich wird ein Objekt gerade kraft dessen, daß es in gewisser Weise als Symbol fungiert, und so lange es so fungiert, zum Kunstwerk.“[95] Gefragt wird nicht: „Was ist Kunst?“, sondern: „Wann ist ein Objekt ein Kunstwerk?“[96] Goodman betont, dass unterschiedliche Texte, Objekte und Artefakte zu bestimmten historischen Zeitpunkten als Kunstwerke anerkannt werden, aber zu anderen historischen Zeitpunkten oder in anderen Kontexten als Gebrauchsgegenstände verwendet werden. Ein Objekt gilt als Kunstwerk, wenn es durch die exemplifizierenden Merkmale seines Symbolsystems unsere Aufmerksamkeit nachhaltig erregt. Es stellt vor unserer Aufmerksamkeit Unterscheidungen und Differenzierungen, die es durch immanente Eigenschaften vorführt bzw. ausdrückt.

Goodman definiert fünf solcher Merkmale des Ästhetischen und nennt sie „Symptome“, weil sie als Effekte der Symbolisierungsfunktion gelten und auch von dem kontextuellen Gebrauch abhängen:

a) *Syntaktische Dichte* – das Merkmal der syntaktischen Dichte wurde oben beschrieben, es gilt zum Beispiel für die Menge der reellen Zahlen und für die sekundäre Dimension der Modellierung in der Physik durch die Mathematik.
b) *Semantische Dichte* – dieses Merkmal gilt zum Beispiel für das Notationssystem der sekundären Dimension der Modellierung durch literarische Texte. Hier gibt es prinzipiell keine Grenze für die Prozesse der Bedeutungszuschreibung.
c) *Relative Fülle* – dieses Kriterium beschreibt Goodman anhand des Unterschiedes zwischen einem Holzschnitt des Fudschijama von Hokusai und einem Elektrokardiogramm. In beiden Fällen wird eine schwarze Kurvenlinie ge-

92 Goodman: *Sprachen der Kunst* (Anm. 51), S. 232–235; ders.: *Languages of Art* (Anm. 48), S. 252–255.
93 Vgl. Goodman: *Weisen der Welterzeugung* (Anm. 50), S. 19.
94 Goodman: *Weisen der Welterzeugung* (Anm. 50), S. 87.
95 Goodman: *Weisen der Welterzeugung* (Anm. 50), S. 87.
96 Goodman: *Weisen der Welterzeugung* (Anm. 50), S. 87.

zeigt, doch das eine Mal ist es eine künstlerische Zeichnung, das andere Mal ein wissenschaftliches Diagramm. Der Unterschied liegt am symbolischen Relationssystem, in dem die beiden Kurven als Symbole signifizieren. Im Falle des Elektrokardiogramms legen die theoretischen Prinzipien des Symbolsystems der Medizin fest, welche Zeichen des Diagramms relevant sind.[97] Das Koordinatensystem, die vertikale und die horizontale Skala, die Abszisse und Ordinate geben die relevanten Werte an. Alles andere – die Dicke der Striche, die Schrift, die Farbe, in der die Ziffern des Koordinatensystems gezeigt werden – ist für das Elektrokardiogramm irrelevant, wo nur die Amplitude und die Frequenz der Kurve von Bedeutung sind. Bei einer künstlerischen Zeichnung, die die gleiche Kurve repräsentiert, kann hingegen potentiell alles signifikant sein: die Dicke der Tusche, ihre Farbe, die Feinheit der Konturen, die Intensität der Schattierungen, die Feinheit der Pinselstriche, die Fülle oder Sparsamkeit an dargestellten Details, die Qualität und Materialität des Papiers, die Widmung, die Paratexte, die Rahmung, falls es eine gibt, der institutionelle Ort der Ausstellung, usw. Nichts davon darf ignoriert werden, weil es potentiell Bedeutung tragen kann. Das ist das Merkmal der relativen Fülle der ästhetischen Symbolfunktion im Vergleich zur formalen Symbolfunktion.[98] Es ist ein gradueller Unterschied.

d) *Exemplifikation* – auf sie bin ich bereits als immanente Referenzrelation auf das eigene Symbolsystem eingegangen. Sie erfordert nach Goodman nicht nur die performative Vorführung bestimmter Merkmale, sondern auch die selbstreflexive Bezugnahme auf diese Merkmale.
e) *Multiple und komplexe Bezugnahme* – mit diesem Kriterium verweist Goodman darauf, dass in solchen Fällen „ein Symbol mehrere zusammenhängende und aufeinander einwirkende Bezugnahmefunktionen erfüllt, einige direkte und einige durch andere Symbole vermittelte."[99]

Diese Charakteristika definiert Goodman als Funktionen der ästhetischen Symbolisierung. So gesehen kann man annehmen, dass auch gewisse sekundäre Modellierungen der theoretischen Physik unter gewissen Bedingungen ästhetische Symptome aufweisen können: die syntaktische Dichte, den Modus der Symbolisierung der Exemplifikation, die multiple und die komplexe Bezugnahme. In Bezug auf die semantische Dichte und auf die relative Fülle bedarf es, so meine These für die folgen-

97 Vgl. Goodman: *Sprachen der Kunst* (Anm. 51), S. 212.
98 Vgl. Goodman: *Sprachen der Kunst* (Anm. 51), S. 213.
99 Goodman: *Weisen der Welterzeugung* (Anm. 50), S. 89.

den Kapitel, einer Verschränkung mit der literarischen Modellierung, um symbolische Welten zu erzeugen, die sowohl syntaktisch als auch semantisch dicht sind.

2.6 Weisen der Welterzeugung

Nach dem oben gegebenen Überblick über die Merkmale der beschreibenden, denotativen Notationssysteme und über die Symptome der ästhetischen Symbolisierungsfunktion soll es im Folgenden um die „Weisen der Welterzeugung" im Rahmen von Goodmans Symboltheorie gehen. Goodman betont, dass es mit diesem Terminus nicht um theologische Vorstellungen zur Konzeptualisierung der Urschöpfung geht. Ebensowenig geht es ihm um die philosophische Theorie der möglichen Welten und um die Beschreibung ihrer möglichen Ontologien, so wie sie in der philosophischen Tradition von Lewis vertreten wird. Goodman möchte vielmehr den Prozess beschreiben, durch den aus bestehenden Welten neue erzeugt werden – das heißt auch, wie aus vorhandenen Versionen der Weltbeschreibung neue Versionen herausgearbeitet werden können: „[D]as Erschaffen [von Welten] ist ein Umschaffen."[100] Goodman geht es darum, wie unterschiedliche Wissenschaften und Künste durch die Materialitäten und Regularitäten ihrer Symbolsysteme unterschiedliche Beschreibungssysteme entwerfen, um Welten darzustellen. „Welten werden erzeugt, indem man mittels Wörtern, Zahlen, Bildern, Klängen oder irgendwelcher anderer Symbole in irgendeinem Medium solche Versionen erzeugt".[101]

Da Goodman die denotationalen Merkmale und die ästhetischen Symbolfunktionen der Symbolsysteme bereits untersucht hat, geht es ihm nun um eine vergleichende Untersuchung der Art, wie man mit unterschiedlichen Symbolsystemen, die über unterschiedlich dichte Medien und Weisen der Symbolisierung verfügen, unterschiedlich differenzierte Versionen der Weltbeschreibung erzeugen kann. Diese „vergleichende Untersuchung dieser Versionen und Sichtweisen sowie ihrer Erzeugung ist das", was Goodman „eine Kritik der Welterzeugung"[102] nennt.

Die Operationen, die die Symbolsysteme für die Erzeugung von Weltversionen einsetzen, sind die der Auswahl oder Selektion relevanter Elemente und Merkmale nach Arten, Gattungen und Unterarten, die Analyse der Relationen und Korrelationen, die Analyse der elementaren Bestandteile und der Art, wie sie sich in einen komplexeren Nexus zusammenfügen. Es geht also um Modi der symbolischen Komposition und Dekomposition, der Zerlegung und Zusammenfügung.

100 Goodman: *Weisen der Welterzeugung* (Anm. 50), S. 19. Ergänzung von AH.
101 Goodman: *Weisen der Welterzeugung* (Anm. 50), S. 117.
102 Goodman: *Weisen der Welterzeugung* (Anm. 50), S. 117.

Die Prinzipien, nach denen dies geschehen kann, sind für manche Symbolsysteme theoretischer Art, es müssen nicht nur praktische Überlegungen am Werk sein. Goodman gibt das Beispiel der Philosophie Whiteheads und dessen prozessontologischer Annahmen: „Eine Welt mit Punkten als Elementen kann nicht eine Whitehead'sche Welt sein, die Punkte als bestimmte Klassen verschachtelter Volumina oder als bestimmte Paare sich schneidender Geraden oder als bestimmte Tripel sich schneidender Ebenen auffaßt."[103]

Das zweite Kriterium, nach dem durch unterschiedlich spezialisierte Symbolsysteme Versionen der Weltbeschreibung erzeugt werden, ist das der „Gewichtung"[104]. Es kann zwar sein, dass eine Version der Weltbeschreibung über die gleiche Klasse an Elementen verfügt wie eine andere Version der Weltbeschreibung. Wichtig ist aber, welche Relevanz diesen Klassen zugesprochen wird. Es kann sein, dass eine Klasse von Ereignissen oder Elementen in der einen Weltbeschreibungsversion des einen Symbolsystems relevant ist und deshalb dicht beschrieben wird, während ihre Relevanz in einem anderen Beschreibungssystem als niedrig eingestuft wird. Das heißt nicht, dass sie nicht existiert, sondern dass ein anderes Symbolsystem andere Akzente setzt. Es kann sein, dass im Rahmen eines anderen Bezugssystems bestimmte Elemente oder Ereignisse nicht erfasst werden. Das heißt auch, dass hier nicht so viele Begriffe entfaltet werden, um bestimmte Klassen von Objekten, Ereignissen oder Zuständen differenziert zu beschreiben. Je höher die Relevanz einer bestimmten Klasse von Elementen im Rahmen eines bestimmten Symbolsystems eingeschätzt wird, desto differenzierter wird das Kategoriensystem entfaltet werden, um eine dichte Beschreibung dessen zu liefern, was für die Beobachtung relevant ist. Doch dies ist von einer Version der Weltbeschreibung zur anderen unterschiedlich.[105] Während Wissenschaften eher definieren und beschreiben, ist das Symbolsystem der Künste darauf ausgerichtet, auszudrücken und zu zeigen. Doch es geht hier nicht um eine dichotomische Charakterisierung, sondern um graduelle Unterschiede zwischen dominierenden Symbolisierungsfunktionen.

Jedes Symbolsystem hat zudem unterschiedliche Prinzipien, nach denen es ‚Ordnungen' erstellt und Welten erzeugt: In der Geometrie unterscheidet man zwischen euklidischen, Minkowski'schen, Riemann'schen oder Hilbert-Räumen. Jeder dieser Räume ist einschlägig für die Ordnungsstruktur einer Theorie: der Mechanik, der Speziellen oder Allgemeinen Relativitätstheorie und der Quanten-

103 Goodman: *Weisen der Welterzeugung* (Anm. 50), S. 21–22.

104 Goodman: *Weisen der Welterzeugung* (Anm. 50), S. 23–25.

105 „Ebenso wie man keine Silbe betont, wenn man alle betont, faßt man keine Klasse als relevant auf, wenn man allen Relevanz zuspricht. [...] Verschiedene Darstellungen des gleichen Sujets können dieses also gemäß verschiedenen kategorialen Schemata einordnen." In: Goodman: *Weisen der Welterzeugung* (Anm. 50), S. 23–24.

theorie. Die Algebra unterscheidet zwischen den Mengen der natürlichen, rationalen, irrationalen und reellen Zahlen, die die Skala von Elementen jeweils anders strukturieren. Die Musik unterscheidet zwischen der Achttonskala und der Zwölftonskala und ordnet ihre musikalischen Räume jeweils anders. In der Erzählkunst wird zwischen der Ordnung der Erzählzeit und der erzählten Zeit unterschieden, Prolepsen und Analepsen ordnen den Zeitfluss und erzeugen die Welt der Erzählung usw. Jedes dieser symbolischen Ordnungssysteme wird dann aktualisiert, wenn es relevant ist und trägt dazu bei, bestimmte Welten oder Weltbeschreibungsversionen zu erzeugen.

Zudem sind die Kriterien der „Tilgung“ und der „Ergänzung“[106] wichtig: Selbst eine linear erzählende Geschichte der Biografie eines Künstlers kann das Leben des Künstlers nur in Ausschnitten präsentieren. Aus den Ausschnitten wird eine Welt erzeugt. Der Wissenschaftler berücksichtigt bei der Modellierung auch nicht alle Daten, die durch Messungen erhoben werden, sondern nur diejenigen, die für den Zweck der Modellierung relevant sind. Galilei verfuhr ebenso drastisch, als er postulierte, dass nur die primären Eigenschaften eines empirischen Objekts für die Definition eines physikalischen Untersuchungsgegenstands wichtig sind: Volumen, Masse, Dichtigkeit. Farbe und Geruch der Objekte erklärte er hingegen für irrelevant.

Wie bereits gezeigt, ist eine wichtige Voraussetzung des Prozesses der Interformation die Verschränkung zwischen mindestens zwei unterschiedlichen semiologischen Feldern, ihrer diskursiven Praktiken und ihrer Sphären der Semiose im Rahmen einer Textkonfiguration. Die Abschnitte, die Cassirer und Goodman gewidmet worden sind, beschäftigten sich mit der Analyse der Modi der Symbolisierung: um die globalen Divergenzen und um die Bedingungen für lokale Konvergenzen auszuloten. Die Modi der Symbolisierung sind erstens mit Cassirers funktionalem Differenzierungsbegriff untersucht worden und zweitens mit Hilfe der Unterscheidung zwischen der Denotation und der Exemplifikation, die Goodman eingeführt hat. Aus diesem Grund galt es auch, die Merkmale der Notationssysteme zu analysieren, die die Aussageregeln der beiden Symbolsysteme prägen: die syntaktischen Regeln der formalen Modellierung und die semantischen Regeln, durch die den Modellierungen Bedeutung zugeschrieben wird. Zwischen den beiden Symbolsystemen und ihren diskursiven Praktiken gibt es erhebliche Code-Differenzen. Deshalb hat die interformative Wechselkonfiguration, die die Spannungen dieser semiologisch asymmetrischen Korrelation darstellt, eine wichtige Funktion, die der interformativen Transaktion zwischen diesen formativen Codes. Eine Vergleichbarkeit zwischen den sekundär modellierenden Dimensionen der spezialisierten Felder

106 Goodman: *Weisen der Welterzeugung* (Anm. 50), S. 27–29.

der Semiosphäre der Physik und Literatur kann sich dann herstellen, wenn beide, Physik und Literatur, von dem Modus der Symbolisierung der Denotation zum Modus der Symbolisierung der Exemplifikation im Sinne Goodmans umstellen und wenn es zur wechselseitigen Umcodierung kommt. Eine Annäherung zum spezifischen Charakter dieser Umcodierung bieten auch Nelson Goodman und Catherine Elgin. Sie beschreiben diesen epistemischen Prozess der Hervorbringung neuer, innovativer Ideen, die sich nicht in das bestehende Korpus integrieren lassen, sondern diesen subvertieren, Brüche im Fundament aufzeigen und somit eine Transformation auslösen, als Prozess der *„creation as reconfiguration“*.[107]

2.7 Creation as reconfiguration

Goodman und Elgin geht es um die epistemische Funktion des Prozesses der *„creation as reconfiguration“*.[108] Sie weisen darauf hin, dass es in diesem Fall um eine andere Art der Erkenntnisgewinnung geht als bei der Generierung neuer Informationen im Rahmen einer etablierten wissenschaftlichen Theorie. Elgin, die dieses wissenschaftsphilosophische Projekt in der Nachfolge Goodmans weitergeführt hat, sei hier zitiert:

> Ordinarily, cognitive advancement is construed as the growth of knowledge. It is accomplished by the acquisition of new (justified or reliably generated) true beliefs. A person becomes aware of a hitherto unknown but properly grounded truth and smoothly incorporates it into his epistemic corpus. On this picture, information comes in discrete bits, and the growth of knowledge is additive. To be sure, we learn some things this way. If I was previously ignorant of the atomic number of gold, I learn something new when I find out that it is 79.[109]

Goodman und Elgin zufolge ist die Hervorbringung neuer Informationen durch die Forschung wichtig, um ein bereits bestehendes theoretisches Modell zu ergänzen oder zu vervollständigen. Dies ist aber lediglich ein additiver Erkenntnisprozess, weil sich neue Informationen problemlos in das vorhandene „epistemische Korpus“[110] der theoretischen Modellierung integrieren ließen, ohne dass Codes verändert werden müssten.

---

107 Catherine Z. Elgin: „Creation as Reconfiguration. Art in the Advancement of Science“. In: *International Studies in the Philosophy of Science* 16 (2002). S. 13–25.
108 Elgin: „Creation as Reconfiguration“ (Anm. 107).
109 Elgin: „Creation as Reconfiguration“ (Anm. 107), S. 16–17.
110 Elgin: „Creation as Reconfiguration“ (Anm. 107), S. 14. Übersetzung von AH.

> Adding discrete bits of information to one's epistemic corpus does not advance understanding much. The reason is this: That the atomic number of gold is 79 is not at all surprising. No expectations are violated, for the fact fits neatly with what I already knew or reasonably believed. Nor does the information generate fruitful consequences. It does, of course, equip me to infer infinitely many more truths. But they are on the whole pretty insignificant, being logical consequences of things I already know.[111]

Dies sei zwar wichtig, so Elgin, es sei aber keine besondere Herausforderung für die Erkenntnis. Das heißt, dass es keinen disruptiven Effekt gibt, denn was die neue Information tut, ist das zu bestätigen, was die epistemische *community* bereits logisch hergeleitet hatte. Führt man diese These Goodmans und Elgins mit der Code-Semiotik Ecos zusammen, so entspräche dies einer Modellierungspraxis im Modus der *ratio facilis* – der Integration von Information in ein bereits konstituiertes epistemisches Modell, die auf überlieferten Codes basiert und alle Annahmen des Modells bestätigt: „Moreover, the newly acquired information creates no ripples. I don't need to reassess formerly accepted conclusions, reconsider my methods, or revise my standards. Rather like a piece in a jigsaw puzzle, the new information fits neatly into a cognitive slot that was already prepared for it."[112] Eine größere Herausforderung wäre der Vorschlag der Änderung bestehender Codes eines Bereichs der Semiosphäre und dessen Ausrichtung an Codierungen einer anderen Theorie durch Überlagerung und Verschränkung von Codes, wie das im Prozess der Interformation geschieht. Nach der Überlagerung mit den Codes eines anderen Feldes und der wechselseitigen Umformung wären die Wissensordnungen des Zielgebiets völlig neu zu organisieren: Das entspricht dem Prozess der Interformation.

Wenn sich dieser Vorschlag am epistemischen Horizont abzeichnet, eröffnet er bereits eine neue Sicht auf ein Gebiet und auf seine symbolischen Wissensordnungen. Nimmt man diese neue Sicht ein, so werden auf diesem Gebiet plötzlich Widersprüche deutlich, die zuvor übersehen worden waren. Versucht man die beiden Sphären zu korrelieren, so entstehen Risse im alten systemischen Fundament. Ist der Vorschlag der Überlagerung aber vielversprechend, werden die alten Codes gesprengt. Sie müssen revidiert werden. Das ist die erkenntnistheoretische Herausforderung der Interformation.

111 Elgin: „Creation as Reconfiguration" (Anm. 107), S. 17.
112 Elgin: „Creation as Reconfiguration" (Anm. 107), S. 17.

III Prozessdynamik der Transformation

1 Paul Ricœur: Das semiotische Regelsystem und die Dynamik des Schöpferischen

Dem Werk Paul Ricœurs liegt nach eigener Aussage in der Einführung zur „Lebendigen Metapher“ eine zentrale Idee zugrunde: das Verhältnis „zwischen dem Schöpferischen und der Regel“.[1] Ricœur setzt sich sowohl in der „Lebendigen Metapher“ als auch in „Zeit und Erzählung“[2] mit der Linguistik und mit der Semiotik auseinander, um über die semiotische Theorie den Bezug zum Regelsystem der Sprache herzustellen. Die Semiotik hat das Verdienst, systematische Regeln aufgestellt zu haben, die die Codierungen der Kommunikation nachvollziehbar werden lassen. Doch hat sie dabei die Makroebene der Zeichenkombination als System im Blick. Fokussiert man jedoch, so Ricœur, die historische Ebene, die Mikroebene der spezifischen literarischen Textkonfigurationen, dann zeichnen sich diese gerade nicht durch die Einhaltung vorgegebener Regeln aus, sondern durch den Verstoß gegen diese. „In allen Fällen heißt Schaffen mit Regeln kämpfen, sei es, um sich von ihnen leiten zu lassen, sei es, um sie zu überschreiten.“[3] Dieser doppelte Mechanismus der Regelhaftigkeit semiotischer Systeme und des Regelbruchs auf konkreter diskursiver Ebene ist wichtig für das Verständnis der Funktionsweise des Prozesses der Interformation auf konkreter textueller Ebene. Deshalb soll hier zunächst eine umfassende Auseinandersetzung mit der Theorie Ricœurs erfolgen.

Ricœurs Auseinandersetzung mit der Dialektik der Regel und des Regelverstoßes erfolgt in der „Lebendigen Metapher“ auf vier verschiedenen Ebenen: auf der semiotischen Ebene der Zeichen, auf der semantischen Ebene des Wortes, auf der diskursiven Ebene des Satzes (wo die logische Prädikation verhandelt wird) und auf der textuellen Ebene der literarischen Konfiguration. Ricœur zeigt, wie die Konzeption der Metapher sich von Ebene zu Ebene verändert: während die Substitutionstheorie der Metapher noch von einer einfachen Trope der ‚uneigentlichen Rede‘ auf Wortebene ausgeht, plädiert Ricœur dafür, die heuristische Funktion des Metaphorischen kontextuell zu untersuchen, und zeigt, wie sich die semantische Innovation auf Wortebene allmählich kontextuell ausweitet und sich

1 Paul Ricœur: *Die lebendige Metapher*. Übers. von Rainer Rochlitz. 3. Aufl. München: Fink 2004, S. I.

2 Paul Ricœur: *Zeit und Erzählung*. Bd. 1: *Zeit und historische Erzählung*. Übers. von Rainer Rochlitz. München: Fink 1988. Ders.: *Zeit und Erzählung*. Bd. 2: *Zeit und literarische Erzählung*. Übers. von Rainer Rochlitz. München: Fink 1989. Ders.: *Zeit und Erzählung*. Bd. 3: *Die erzählte Zeit*. Übers. von Andreas Knop. München: Fink 1991.

3 Ricœur: *Die lebendige Metapher* (Anm. 1), S. I.

https://doi.org/10.1515/9783110729887-004

bis hin zur heuristischen Funktion der ‚Neu-Beschreibung' der Welt auf gesamttextueller, diskursiver Ebene entfaltet.

1.1 Unterscheidung zwischen primärer und sekundärer Referenz

Für den metaphorischen Mechanismus ist der Kampf mit den semiotisch geregelten Codes zugleich ein Kampf mit der denotativ fixierten Bedeutung der primären Referenz. „Alles Neue hebt sich, wie Merleau-Ponty gesagt hätte, von einem sedimentierten Erwerb ab."[4] Die Metapher, hier argumentiert Ricœur mit Beardsley, ist so gesehen ein kalkulierter logischer Bruch, ein „kalkulierter Kategorienfehler",[5] jedoch nicht auf der Ebene der primären Referenz, sondern auf der Ebene der sekundären Referenz. Die diskursive Metapher evoziert die primäre semantische Differenz auf denotativer Ebene, um sie zu überschreiten. Sie synthetisiert eine simultane doppelte Aussage: auf primärer Ebene das „ist nicht", auf sekundärer Ebene das „ist wie". Ersteres ist die Markierung der Differenz, der mangelnden Identität: Achill ist – auf primärer, denotativer Ebene – kein Löwe. Zweitens wird markiert, dass die Ebene der primären Referenz verlassen und überschritten wird, um eine sekundäre Korrelation herzustellen, die des „ist wie". Die „impertinente Prädikation"[6] ist der Moment der Setzung der Gleichheit im Diskurs: ‚Achill, der Löwe'. Die elliptische Apposition provoziert eine semantische Kollision und einen logischen Widerspruch. Die Metapher lebt durch diesen doppelten Mechanismus der primären Differenz und sekundären Korrelation über das „ist wie" bzw. das „sehen als". Die Korrelation auf sekundärer Ebene wird also nicht hergestellt durch eine formale Äquivalenzrelation der Identität, Reflexivität und Transitivität. Ricœur argumentiert hier mit einem berühmten Wittgenstein'schen Zitat aus den „Philosophischen Untersuchungen", dem „sehen als": Es geht nicht zuerst um offensichtliche Identitätsfeststellungen (A = A), sondern um bestimmte Korrelationen: A kann in einer bestimmten Beziehung als B gesehen werden. Wenn man einen bestimmten Aspekt berücksichtigt und eine gewisse Perspektive einnimmt, dann kann man eine Korrelation herstellen, die eine Beziehung zwischen den beiden aufdeckt. Die Suspendierung der Bezugsrelation der primären Referenz ist erst die Bedingung der Möglichkeit der Herstellung neuer symbolischer Korrelationen durch eigene Darstellungsverfahren und ästhetische Operationen.

Mit dem Hinweis auf das Konzept des *seeing as* ist Ricœur sehr nah an der Symboltheorie Goodmans; mit dem Begriff des ‚stereoskopischen Sehens' fallen Ri-

4 Ricœur: *Die lebendige Metapher* (Anm. 1), S. I.
5 Ricœur: *Die lebendige Metapher* (Anm. 1), S. 188.
6 Ricœur: *Die lebendige Metapher* (Anm. 1), S. VI.

cœurs Zugang und Lotmans kultursemiotischer Zugang zur Semiosphäre durch die gleiche Begriffswahl zusammen. Ricœurs Diagnose für die semantische Ebene und für die Wirkung des metaphorischen Prozesses lautet: „Denn die frühere Klassifizierung, die mit dem frühen Wortgebrauch zusammenhängt, leistet Widerstand und bewirkt eine Art stereoskopischen Sehens, wobei der neue Zustand nur in der Tiefe des durch den Kategorienfehler zerrütteten Zustands wahrnehmbar wird.“[7]

Ricœur weist in Anlehnung an Aristoteles darauf hin, dass die Metapher sowohl die Dimension der ‚Epipher‘, der Intuition einer impertinenten Prädikation, einer logisch noch ungerechtfertigten Gleichsetzung, kennt, als auch die Dimension der ‚Diapher‘, das heißt die der Konstruktion. Denn die Metapher erschöpft sich nicht mit einem Wort. Ricœur argumentiert dezidiert gegen die Verfechter der Substitutionstheorie der Metapher. Das metaphorische Wort ist nur der Fokus, der Brennpunkt der Konstruktion. Die Metapher setzt damit nur ein Zeichen als Signal des Verstoßes gegen den logischen Code. Sie setzt mit dem Wort einen Brennpunkt für die diskursive Verhandlung dieser kühnen Korrelation, die Ricœur „impertinente Prädikation“[8] nennt. Ihre heuristische Funktion besteht darin, dass sie die Möglichkeit der Argumentation auf doppelter Ebene einleitet. Nach Ricœur baut die Metapher ihre sekundären Korrelationen auf den Trümmern der primären Referenz auf. Gemeint ist, dass ihre Deutung, „indem sie auf den Trümmern des wörtlichen Sinnes eine neue semantische Pertinenz erstehen läßt, *auch* eine neue Referenzperspektive eröffnet, die gerade durch die Aufhebung der Referenz entsteht, die der wörtlichen Deutung der Aussage entspricht“.[9]

Ricœur zitiert die aristotelische Definition der Metapher: „Metapher ist die Übertragung eines fremden Nomens, entweder von der Gattung auf die Art oder von der Art auf die Gattung oder von einer Art auf die andere oder gemäß der Analogie.“[10] Ricœur betont, dass im Vordergrund dieser Definition die Bewegung steht, der Prozess der Übertragung.[11] So handelt es sich nicht nur um eine Substitution auf Wortebene und auch nicht nur um den reinen figurativen Gebrauch, sondern es handelt sich bei der Metapher um ein „diskursives Phänomen“.[12] Ricœur erinnert wörtlich an den Begriff *„phora“*[13] aus der aristotelischen „Physik“, mit dem eine „Bewegung“, eine „Art der Veränderung“, eine „Ortsveränderung“

7 Ricœur: *Die lebendige Metapher* (Anm. 1), S. 227.

8 Ricœur: *Die lebendige Metapher* (Anm. 1), S. VI.

9 Ricœur: *Die lebendige Metapher* (Anm. 1), S. 226.

10 Aristoteles: *Poetik*, 1457b 6–9. Zitiert nach Ricœur: *Die lebendige Metapher* (Anm. 1), S. 20.

11 Vgl. Ricœur: *Die lebendige Metapher* (Anm. 1), S. 22.

12 Ricœur: *Die lebendige Metapher* (Anm. 1), S. 27.

13 Aristoteles: *Physik*, III, 1, 201a 15; V, 2, 225a 32–b 2. Zitiert nach Ricœur: *Die lebendige Metapher* (Anm. 1), S. 23.

bezeichnet wird.[14] Insofern kann es sich hier auch um einen Prozess der Grenzüberschreitung zwischen zwei semio-logischen Diskurssphären handeln, der die „Überschneidung der Diskurssphären"[15] verursacht. So beschreibt Ricœur in der sechsten Studie der „Lebendigen Metapher" die Funktion der Metapher im philosophischen Diskurs.[16]

Zudem ist die Metapher *„die Übertragung eines Nomens,* das Aristoteles *fremd* (*allotrion*) nennt, [...] das ‚einer anderen Sache zugehört'".[17] Das übertragene Wort betritt eine Sphäre, die bereits nach Arten und Gattungen kategorisiert ist. Die Spielregeln der Signifikation sind in dieser Sphäre konventionell geregelt. Nun schreibt Ricœur der Metapher eine performative Funktion zu: die des Verstoßes gegen die bestehende Ordnung dieser Diskurssphäre, der Verletzung ihrer Spielregeln: „[I]ndem man der Gattung den Namen der Art, dem vierten Begriff des Verhältnisses den Namen des zweiten gibt und umgekehrt, erkennt man die logische Struktur der Sprache an und verstößt zugleich gegen sie".[18] Diese doppelte Bewegung der Anerkennung der Regeln einerseits und des Verstoßes gegen die Regeln andererseits ist wichtig. Der Transfer von einer Diskurssphäre in die andere führt zu einer Kollision zwischen ihren Regelsystemen. Er ist spannungsvoll, denn er verursacht das „Durcheinandergehen der Klassifizierung."[19]

Wie ist der Vorgang des Sehens einer Ähnlichkeit zu verstehen? Das Ähnliche zu sehen, gleicht nach Aristoteles und nach Ricœur dem Vorgang, mit dem man „das Selbe im Verschiedenen"[20] sichtbar macht. So heißt es in der aristotelischen „Metaphysik": „Ähnlich (*homoia*) werden Dinge genannt, die in jeder Beziehung von demselben affiziert werden, weiter Dinge, die mehr von demselben als von Verschiedenem affiziert werden, und Dinge, deren Qualität *eine* ist."[21]

---

14 Ricœur: *Die lebendige Metapher* (Anm. 1), S. 22–23. Zum gleichen Schluss kommen auch die Vertreter der kognitiven Metapherntheorie, George Lakoff und Mark Johnson, die den Begriff der „conceptual metaphor" eingeführt haben und damit das kognitive Prozedere des „mapping across conceptual domains" beschreiben. Vgl. George Lakoff und Mark Johnson: *Metaphors We Live By*. Chicago: University of Chicago Press 1990; George Lakoff und Mark Turner: *More than Cool Reason. A Field Guide to Poetic Metaphor*. Chicago: University of Chicago Press 1989.

15 Ricœur: *Die lebendige Metapher* (Anm. 1), S. 273.

16 Vgl. Ricœur: *Die lebendige Metapher* (Anm. 1), S. 273–284.

17 Ricœur: *Die lebendige Metapher* (Anm. 1), S. 23. Hervorhebungen im Original. Vgl. auch Aristoteles: *Poetik*, 1457b 31.

18 Ricœur: *Die lebendige Metapher* (Anm. 1), S. 26. Vgl. auch Aristoteles: *Poetik*, 1457b 6–20.

19 Ricœur: *Die lebendige Metapher* (Anm. 1), S. 27.

20 Ricœur: *Die lebendige Metapher* (Anm. 1), S. 186.

21 Aristoteles: *Metaphysik*, Kap. 9, 1018a 15–18. Zitiert nach Ricœur: *Die lebendige Metapher* (Anm. 1), S. 186. Hervorhebungen im Original.

1.2 Die „impertinente Prädikation"

Ricœur kommt es erstens auf den Prozess der Modellierung der Ähnlichkeit bedeutsamer Gegenteile an und zweitens auf den Prozess der Veränderung, der durch die Aushandlung zwischen Identität und Differenz in Gang gesetzt wird. „Nun ist es die Metapher, die die logische Struktur des ‚Ähnlichen' zutage bringt, weil das ‚Ähnliche' in der metaphorischen Aussage *trotz* der Differenz, *ungeachtet* des Widerspruchs wahrgenommen wird."[22] Die logische Struktur der Metapher erhält die primäre Differenz zwischen den semantischen Kategorien und errichtet eine sekundäre Referenz auf eine Beziehung, die bisher nicht einsichtig war, die nun dank des metaphorischen Prozesses sichtbar wird und die trotz des logischen Widerstandes auf primärer Referenzebene artikuliert wird. Ricœur entschärft also den logischen Widerspruch zwischen Differenz und Ähnlichkeit, indem er jeder von ihnen eine eigene Ebene, einen eigenen Rahmen der Referenz zuspricht: Die Differenz operiert im primären Rahmen der Referenz, die Ähnlichkeit im sekundären Rahmen: „Die Ähnlichkeit ist damit die logische Kategorie, die dem prädikativen Vorgang entspricht, in dem das ‚Nahebringen' auf den Widerstand des ‚Entferntseins' trifft; mit anderen Worten, die Metapher zeigt das Wirken der Ähnlichkeit, weil in der metaphorischen Aussage der Widerspruch auf der Ebene der wörtlichen Bedeutung die Differenz aufrecht erhält".[23]

Die Metapher evoziert das Regelsystem der Entsprechung zwischen der Intension und der Extension zu einem bestimmten Referenzgebiet, aber nur, um vorzuführen, dass dieses Regelsystem transzendiert werden kann. Sie zeigt, dass die primäre Extensionsklasse eines Wortes sekundär in Frage gestellt werden kann, wenn eine bestimmte „pertinente" Korrelation zu einem anderen semantischen Feld gefunden ist. Dennoch hebt die Metapher die primäre Referenz nicht vollkommen auf. Sie benötigt die primäre Folie der pertinenten Prädikation für die Vorführung einer sekundären, impertinenten Prädikation.[24]

1.3 Unterscheidung zwischen Sinn und Referenz

Ricœur übernimmt in der „Lebendigen Metapher" und in „Zeit und Erzählung" Freges Unterscheidung zwischen Sinn und Bedeutung oder, wie die Differenzierung später benannt wurde, zwischen Intension und Extension und überträgt

22 Ricœur: *Die lebendige Metapher* (Anm. 1), S. 186. Hervorhebungen im Original.
23 Ricœur: *Die lebendige Metapher* (Anm. 1), S. 186.
24 Vgl. Ricœur: *Die lebendige Metapher* (Anm. 1), S. 107.

diese vom sprachlichen Bereich auf den Bereich des Dichterischen. Ricœur bezieht sich jedoch in seinen Schriften auf den angelsächsischen Sprachgebrauch der Frege'schen Unterscheidung, der sich in der Wissenschaftsphilosophie durchgesetzt hat. In Anlehnung an die englische Übersetzung von Freges Artikel „Sense and Reference“[25] spricht auch Ricœur von ‚Referenz‘ anstelle von ‚Bedeutung‘.

‚Sinn‘ ist für Frege das, was durch die Wörter diskursiv ausgedrückt wird, das heißt die Definition, die Intension, während ‚Bedeutung‘ das ist, worauf sich die Wörter beziehen, die sogenannte Extension. Frege führt diese Unterscheidung im Rahmen der logischen Theorie ein: „daß dem Zeichen ein bestimmter Sinn und diesem wieder eine bestimmte Bedeutung entspricht, während zu einer Bedeutung (einem Gegenstande) nicht nur ein Zeichen zugehört.“[26] Die sprachliche Definition eines Wortes ist zu unterscheiden von seiner Extensionsklasse, von dem, worauf sich das Wort bezieht. Frege gibt dafür das Beispiel des Dreiecks ABC, in dem je eine Gerade einen Winkel des Dreiecks mit der Mitte der gegenüberliegenden Seite verbindet, wie dies in der Grafik in Abb. III–1 dargestellt wird.[27] Der Sinn ist die Intension, die wörtliche Definition im sprachlichen Bezugsfeld. Dem Sinn nach ist der Schnittpunkt X zwischen den Geraden AD und BF nicht das Gleiche wie der Schnittpunkt zwischen den Geraden CE und BF. Die Bedeutung ist die Extension, das, worauf sich die wörtliche Definition außersprachlich bezieht. Der Bedeutung nach ist der Schnittpunkt zwischen der Geraden AD und BF gleich mit dem Schnittpunkt zwischen der Geraden CE und BF und auch mit dem Schnittpunkt zwischen der Geraden AD und CE. Frege weist darauf hin, dass ein und der gleiche Referent auch in der deskriptiven Sprache „durch mehrere Sinne bezeichnet werden“[28] kann.

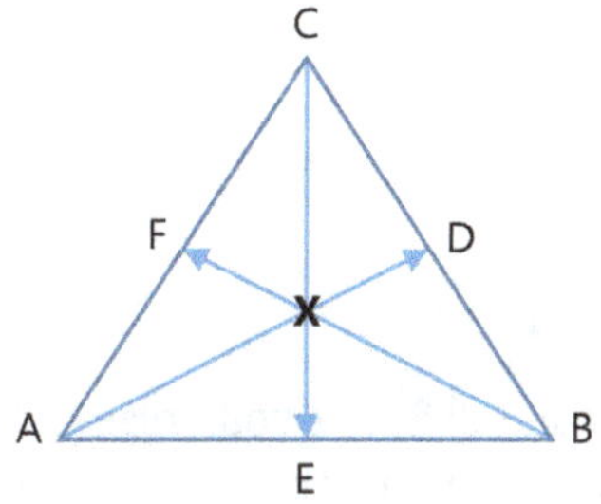

Abb. III–1: Grafik zur Illustration der Unterscheidung Freges zwischen „Sinn“ und „Bedeutung“ (© Aura Heydenreich).

---

25 Gottlob Frege: „Sense and Reference“. In: *The Philosophical Review* 57.3 (1848). S. 209–230.

26 Gottlob Frege: „Über Sinn und Bedeutung“. In: *Zeitschrift für Philosophie und philosophische Kritik* 100 (1892). S. 25–50, hier S. 27.

27 Vgl. Frege: „Über Sinn und Bedeutung“ (Anm. 25), S. 26–27.

28 Ricœur: *Die lebendige Metapher* (Anm. 1), S. III.

Ein zweites Beispiel, das Frege anführt, ist das vom Abend- und Morgenstern. Beide Begriffe (Frege bezeichnet sie ‚Eigennamen') haben die gleiche Bedeutung, den Planeten ‚Venus'. Ihre sprachliche Bezeichnung, ihr Sinn, ihre Intension ist jedoch verschieden. „Ein Eigenname (Wort, Zeichen, Zeichenverbindung, Ausdruck) drückt aus seinen Sinn, bedeutet oder bezeichnet seine Bedeutung."[29] Die Bedeutung entspricht dem Sachverhalt in der außersprachlichen Sphäre, auf die sich der Ausdruck bezieht. Die Bedeutung ist die primäre Referenz des Sinns. Danach strebt nach Frege im Grunde der Sinn. Der Sinn hat erst dann einen Wahrheitsanspruch, wenn er eine Bedeutung erlangt hat: „Das Streben nach Wahrheit also ist es, was uns überall vom Sinne zur Bedeutung vorzudringen treibt."[30] Laut Frege fehlt es in der Alltagssprache an einer symmetrischen Beziehung zwischen Sinn und Bedeutung. Die Symmetrie zwischen Sinn und Bedeutung kann nur in der formalen Wissenschaftssprache erreicht werden. „Zu einer allseitigen Erkenntnis der Bedeutung würde gehören, daß wir von jedem gegebenen Sinne sogleich angeben könnten, ob er zu ihr gehöre. Dahin gelangen wir nie."[31] Deshalb haben Frege zufolge auch nur die präpositionalen Sätze der Wissenschaft einen Wahrheitsanspruch. Diesem Urteil hat sich Cassirer im Rahmen seiner „Philosophie der symbolischen Formen" angeschlossen, wie weiter oben dargestellt wurde: Die reine Bedeutung sei nur in der formalen Wissenschaftssprache zu erreichen. (Vgl. Kap. II.1.3) Die Bedingung für die reine Bedeutung ist die Suspendierung der semantischen Dimension der sprachlichen Prädikation (die manchmal ambig sein kann) und die Reduktion auf die reine Form. Nelson Goodman hat dies durch die Analyse symbolischer Notationssysteme bestätigt. Die reine Bedeutung wäre dann ausgedrückt, wenn das Notationssystem semantisch eindeutig, differenziert und disjunkt sei.[32] Das trifft auf die natürliche Sprache nicht zu, darin sind sich Frege, Cassirer und Goodman einig. Doch dies gilt für die natürliche Sprache. Was gilt jedoch für das sekundär modellierende System der Literatur?

1.4 Suspendierung der primären Referenz

Ricœur übernimmt die Unterscheidung zwischen Sinn und Referenz von Frege und erklärt es zum Hauptanliegen der eigenen theoretischen Betrachtungen, „diese Ein-

---

29 Frege: „Über Sinn und Bedeutung" (Anm. 25), S. 31.

30 Frege: „Über Sinn und Bedeutung" (Anm. 25), S. 33.

31 Frege: „Über Sinn und Bedeutung" (Anm. 25), S. 27.

32 Vgl. zu Godmans symboltheoretische Kulturphilosophie Kap. II.2.3 bis II.2.5 (S. 105–115) in dieser Arbeit.

schränkung der Bedeutung auf die wissenschaftlichen Aussagen zu sprengen".[33] Anschließend überträgt Ricœur diese Differenzierung Freges auf den literarischen Bereich und deutet sie für die Literatur um. Ricœur zufolge gehen die literarischen Texte mit der Referenzforderung ganz anders um: „Die Hervorbringung der Rede als ‚Literatur' bedeutet gerade, daß die Beziehung des Sinnes auf die Referenz *suspendiert* wird."[34] Während die formale Sprache eine Identität zwischen Sinn und Referenz anstrebt, verhält es sich bei der dichterischen Sprache genau umgekehrt, hier „scheint die *Unterscheidung* zwischen Sinn und Referenz die Regel zu sein."[35] Die literarische Sprache strebt nach einem Freiraum, in dem sie durch Sinn-Intension eine neue Korrelation herstellen kann, die gegen die primäre Referenz gezielt verstößt. Der Verstoß ist ein *shift*. Er markiert den Wechsel der Pertinenz der Prädikation auf eine sekundäre Sprachebene, die Ebene der sekundären Modellierung, wie sie Lotman nennt. Die Metapher und die literarische Rede behalten sich vor, einer institutionell geregelten Praxis zu folgen, die die primäre Referenz gezielt suspendiert, um durch die eigene Konfiguration eine sekundäre Referenz zu entwerfen. In dem Moment, in dem die Literatur mit Metaphern operiert, so Lotman, wechselt sie von der Vermittlung einer Mitteilung zur Vermittlung eines Codes.

Diese Diskrepanz, die hier zwischen Sinn und Referenz manifest wird, ist sowohl für Ricœurs Metapherntheorie als auch für seine Erzähltheorie von entscheidender Bedeutung. Im Falle der Metapher schlägt Ricœur in Anlehnung an Frege folgende Unterscheidung vor: Auf der Ebene des Sinnes, der ‚Intension' nach Frege, hat die Metapher die Funktion der „semantischen Innovation", denn sie setzt „eine [...] neue [...] semantische [...] Pertinenz".[36] Auf der Ebene der Bedeutung, der ‚Referenz' im Sinne Freges, hat die Metapher nach Ricœur eine heuristische Funktion: das „Vermögen, die Wirklichkeit ‚neu zu beschreiben'."[37] Dank dieser heuristischen Funktion kann sowohl die metaphorische Satzkonstruktion, aber auch ein gesamter dichterischer Text zur „Verdoppelung der Referenz" führen, zur „Neu-Beschreibung" der Welt. Die entscheidende Frage, die sich Ricœur stellt, ist, wie der Moment dargestellt werden kann, wenn die Sprache von ihrem Beschreibungscharakter zu ihrem Erschließungscharakter wechselt. An dieser Stelle werde ich später mit Ecos „Lector in fabula" anschließen. Denn Eco baut in seinem Modell auf genau diese Differenzierung zwischen der „Intension", womit

33 Ricœur: *Die lebendige Metapher* (Anm. 1), S. 215.
34 Ricœur: *Die lebendige Metapher* (Anm. 1), S. 215. Hervorhebung im Original.
35 Ricœur: *Die lebendige Metapher* (Anm. 1), S. III. Hervorhebung von AH:
36 Ricœur: *Die lebendige Metapher* (Anm. 1), S. 9.
37 Ricœur: *Die lebendige Metapher* (Anm. 1), S. 9.

er die diskursiven Strukturen des literarischen Textes bezeichnet, und der „Extension“, womit die zu erschließende Welt durch die Mitarbeit des Lesers bezeichnet wird, auf.

Bei Frege wird das dialektische Spiel manifest zwischen „ist gleich“ auf der Ebene der Referenz, der Extension, und „ist nicht gleich“ auf der Ebene des Sinns, der Intension, der sprachlichen Ausdrucksdefinition. Ricœur weist darauf hin, dass es im metaphorischen Prozess um die umgekehrte Asymmetrie geht: ein „ist gleich“ auf der Ebene des Sinns wird gesetzt, obwohl auf der Ebene der Referenz, der Extension noch ein „ist nicht gleich“ gilt. Die These Ricœurs ist, dass die Metapher diesen logischen Bruch forciert und diesen Widerspruch des „ist gleich“ und „ist nicht gleich“ in sich trägt. Der logische Bruch ist der Preis dafür, dass die Metapher eine semantische Korrelation zwischen inkompatiblen Klassen herstellt. Allerdings ist der logische Bruch deshalb nicht als unsinnig von der Hand zu weisen, weil der metaphorische Prozess zwei Ebenen der Argumentation unterscheidet, die der primären Referenz auf die Realität, wie sie durch das herkömmliche Kategoriensystem wahrgenommen, klassifiziert und symbolisch geordnet wird, und die der sekundären Referenz, die sich metaphorisch nur andeutet: eine neue Korrelation wird hergestellt, die eventuell, hier argumentiert Ricœur mit Goodman, eine Reorganisation bereits gegebener logischer Ordnungskategorien simuliert.

Nichts Anderes ist das, was Cassirer Robert Mayer zuschrieb, als er das Gesetz der Energieerhaltung durch mathematisch sekundäre Symmetrierelationen herleitete. Ich zitiere das Ergebnis, zu dem Cassirer in der „Philosophie der symbolischen Formen“ in Bezug auf die Physik kommt: „Der Wert des Energiesatzes besteht [...] nach Robert Mayer [...] darin, daß er uns in den Stand setzt, Verschiedenartiges exakt zu v e r g l e i c h e n, ohne in diesem Vergleich und durch ihn seine Verschiedenheit preiszugeben.“[38] Die Aussage des Energieprinzips fokussiert nach Cassirer darauf, ein festes Zahlenverhältnis als Äquivalenzwert anzugeben, gemäß dem sich Wärme in Bewegung und Bewegung in Wärme verwandeln, ohne zu behaupten, dass Wärme Bewegung sei. Das ist der Modus, in dem die Physik mit Hilfe der Mathematik die Dialektik zwischen der Differenz auf der primären Ebene und der Äquivalenz auf sekundärer Ebene im Prozess der Modellierung fruchtbar macht.

Ausgerechnet diese unerwartete Korrelation eröffnet eine neue Sicht auf die Welt, sie hat eine heuristische Funktion. Die literarische Rede hat sich durch die Metapher, die physikalische Rede durch die mathematischen Äquivalenzwerte eine sekundäre Dimension der Modellierung erschlossen. Sie können somit Aus-

38 Ernst Cassirer: *Philosophie der symbolischen Formen*. Teil 3: *Phänomenologie der Erkenntnis*. Text und Anm. bearb. von Julia Clemens. In: ders.: *Gesammelte Werke. Hamburger Ausgabe*. Bd. 13. Hrsg. von Birgit Recki. Hamburg: Meiner 2002, S. 536.

drücke hervorbringen, die zwar Sinn besitzen, aber keine primären Referenten haben. Während das für die deskriptive Sprache ein Paradox ist, hat sich das für die literarische Rede als institutionell akzeptierte diskursive Praxis etabliert: die fiktionale Rede.[39]

An dieser Stelle beruft sich Ricœur auch auf Goodmans Definition der metaphorischen Funktion. Diese wichtige Idee liegt sowohl der „Lebendigen Metapher" als auch „Zeit und Erzählung" zugrunde. Der literarische Text wird durch Ricœur dadurch charakterisiert, dass darin die Beziehung zwischen Sinn und Referenz gekappt wird. In dieser Hinsicht gibt es eine Übereinstimmung zwischen Nelson Goodman und Ricœur in der Hinsicht, dass beide Theoretiker literarische Texte zu Aussagen erklären, die keine denotative Dimension aufweisen. Wie bereits im entsprechenden Kapitel dargestellt, kann man mit Goodman künstlerische Darstellungen, die fiktive Gegenstände vorführen, wie zum Beispiel die Gestalt eines Einhorns, Darstellungen mit ‚Null-Denotation' nennen. Dennoch bedienen sich auch diese Darstellungen eines legitimen Modus der Symbolisierung, dessen der Exemplifikation. Die Exemplifikation rechtfertigt sich jedoch nicht durch die Referenz auf die Existenz der Objekte in der außersprachlichen Realität. Das Bezugsfeld der Exemplifikation ist die Selbstreferenz auf das innersemiotische System, auf die eigene Form.

Das eröffnet nun für Ricœur die Frage, ob diese sekundäre Dimension der Referenz einen indirekten, vermittelten Bezug zur Welt symbolisch herstellt und damit „der Problematik des Verhältnisses zwischen Sprache und Welt eine im Verhältnis zur deskriptiven Sprache ganz originelle Dimension eröffnet."[40] Den sprachlichen Ausdruck der Metapher nennt Ricœur die „semantische Innovation", während die vermittelte, sekundäre Referenz im Bereich der Extension von Ricœur die „heuristische Funktion" der Metapher genannt wird. Auf das literarische Werk übertragen ginge es um formale Innovation auf der Ebene des diskursiven Ausdrucks, der narrativen Verfahren, während die Neubeschreibung der Welt, die dadurch exemplifikatorisch generiert wird, der heuristischen Funktion der Erzählung entsprechen würde: Das ist die Welt, die sie darstellt, das ist ihre Extension. Dieser Unterscheidung stimmt Eco in „Lector in fabula" zu, wie im nächsten Kapitel zu zeigen sein wird.[41] Weil es keine Identität zwischen den sprachlichen Zeichen und der bezeichneten Sache gibt, können die Zeichenverbindungen selbständige interne Korrelationen eingehen, die den Regeln der eigenen Systeme gehorchen – im Modus der Exemplifikation. Ricœur wendet sich jedoch gegen die Positionen des Formalismus,

---

39 Von Hamlet kann man sprechen, selbst wenn man weiß, dass die Figur selbst nicht existiert, sondern auf eine sekundäre Referenz in einem literarischen Werk Shakespeares angewiesen ist.

40 Ricœur: *Die lebendige Metapher* (Anm. 1), S. III.

41 Vgl. Kap. III.2 (S. 151–173) in dieser Arbeit.

Strukturalismus und Poststrukturalismus, dass die Zeichen somit keine Aussage über die Welt tätigen würden. Die Zeichen beanspruchen, trotz ihrer „Nichtidentität mit den Sachen, auf unsere Erfahrung zu verweisen, die wir mit den Sachen machen, und damit zu ihrer Erkenntnis beizutragen."[42] Insofern ist es das Anliegen Ricœurs sowohl in „Die lebendige Metapher" als auch in „Zeit und Erzählung", die „aufdeckende Funktion der Literatur" nachzuweisen, wobei Aufdeckung („*révélation*") im doppelten Sinn des „Entdeckens und Verwandelns"[43] zu verstehen sei. Doch was bedeuten für Ricœur eine Suspendierung der primären Referenz und eine Verdoppelung der Referenz? Im Falle des metaphorischen Prozesses ist es eindeutig: die metaphorische Aussage geht auf sekundärer Ebene hervor, weil die primäre Ebene als eigentliche denotative Aussage keinen Sinn (mehr) ergibt. Der Sinn einer metaphorischen Aussage wird erst durch das Scheitern der wörtlichen Deutung der Aussage hervorgerufen. „[F]ür eine wörtliche Deutung hebt sich der Sinn selbst auf. Nun bedingt aber diese Selbstaufhebung [...] den Zusammenbruch der primären Referenz."[44] Nach Ricœur liegt darin die Strategie der dichterischen Rede: die Aufhebung der primären Referenz durch die gezielte Selbstaufhebung des Sinnes. Doch das ist nur als negative Kehrseite zu verstehen. Denn die Selbstaufhebung des primären Sinnes kommt nicht ohne eine Verheißung einher. Die positive Seite der Redestrategie ist, in diesen Bruch, in diese Leerstelle hinein den Ansatz für die Innovation zu setzen, für eine Korrelation, die bisher noch nicht gesehen wurde, die durch den metaphorischen Prozess erst einhergeht, die aber die gesamte Aussage trägt. Der metaphorische *twist* ist aus der Sicht des Lesers der Anfang, die Einleitung in den Prozess der Innovation.

Ricœur argumentiert jedoch gegen diejenige Rezeptionslinie, die die poetische Funktion hervorhebt und die „Auslöschung der Referenz"[45] postuliert. Ricœur zitiert hier stellvertretend Susan Langer mit der äußerst bekannten Position, dass die Kunst mit der Sprache als Material so verfahre, dass es nicht um die „Darstellung von etwas, sondern um eine Darstellung seiner selbst"[46] ginge. In die gleiche Richtung argumentierte auch Northrop Frye in „The Anatomy of Criticism".[47] Ricœur zitiert Frye und vergleicht die Dichtung in dieser Beziehung mit der Mathematik:

42 Ricœur: *Die lebendige Metapher* (Anm. 1), S. III.

43 Ricœur: *Die lebendige Metapher* (Anm. 1), S. III.

44 Ricœur: *Die lebendige Metapher* (Anm. 1), S. 226.

45 Ricœur: *Die lebendige Metapher* (Anm. 1), S. 219.

46 Ricœur: *Die lebendige Metapher* (Anm. 1), S. 221. Vgl. dazu Susan Langer: *Philosophy in a New Key. A Study in the Symbolism of Reason, Rite, and Art*. Cambridge: Harvard University Press 1942 (dt. 1965).

47 Northrop Frye: *Anatomy of Criticism. Four Essays*. Princeton: Princeton University Press 1957.

„Das Werk des Dichters wie das des reinen Mathematikers entspricht der Logik seiner Hypothesen, ohne sich auf eine deskriptive Realität zu beziehen."[48]

Gegen diesen radikalen Ansatz der „Vernichtung der Referenz",[49] der durch den Formalismus, den Dekonstruktivismus usw. vertreten wurde, tritt Ricœur nun mit einem etwas anders gearteten Konzept ein, das er aus der Analyse von Jakobsons Text gewinnt, das Konzept der „geteilten Referenz".[50] Jakobson schreibt in „Linguistik und Poetik": „Der Vorrang der poetischen Funktion vor der referentiellen löscht den Gegenstandsbezug nicht aus, sondern macht ihn mehrdeutig. Die doppeldeutige Botschaft findet ihre Entsprechung in einem geteilten Sender, einem geteilten Empfänger und weiter in einer geteilten Referenz".[51] An einer anderen Stelle wendet Ricœur mit Jakobson den Begriff der *„split reference"*.

Ricœur zitiert an dieser Stelle Paul Henle. Henle bezieht sich seinerseits auf Peirces ikonische Dimension der sprachlichen Zeichen.[52] Doch weist Ricœur mit Henle darauf hin, dass es sich hier nicht um eine bildliche Reproduktionsrelation handeln kann. Laut Henle ist das „Dargestellte eine Formel zur Konstruktion von Ikonen."[53] Ricœur beruft sich an dieser Stelle auf Kants Schematismus-Konzeption. In Kants „Kritik der reinen Vernunft"[54] kommt dem Schema die Funktion zu, die Verbindung herzustellen zwischen den Regeln der Vernunft und dem schöpferischen Prinzip der Einbildungskraft. Ricœur dazu: „Wie also das Schema die Matrix der Kategorie, so ist das Ikon diejenige der neuen semantischen Pertinenz, die aus

48 Ricœur: *Die lebendige Metapher* (Anm. 1), S. 223. Vgl. dazu Frye: *Anatomy of Criticism* (Anm. 46), S. 101.

49 Ricœur: *Die lebendige Metapher* (Anm. 1), S. 220.

50 Ricœur: *Die lebendige Metapher* (Anm. 1), S. 220.

51 Roman Jakobson: „Linguistik und Poetik" (1960). In: ders.: *Poetik. Ausgewählte Aufsätze 1921–1971*. Hrsg. von Elmar Holenstein. Frankfurt a. M.: Suhrkamp 1973. S. 83–121, hier S. 111. Vgl. dazu ders.: „Closing Statements. Linguistics and Poetics". In: *Style in Language*. Hrsg. von Thomas Albert Sebeok. New York: Wiley 1960. S. 350–377, hier S. 371. Ricœur geht in seiner sechsten Studie auf Roman Jakobsons Kommunikationsmodell ein und dessen sechs Faktoren: Sender, Empfänger, Code, Mitteilung, Kontext und Kontakt. Je nachdem, welcher Faktor akzentuiert wird, dominiert dieser die Struktur der Mitteilung. Im Falle der poetischen Funktion wird das *„Prinzip der Äquivalenz von der Achse der Selektion auf die Achse der Kombination"* projiziert. In: Jakobson: „Linguistik und Poetik", S. 94. Hervorhebung im Original. Vgl. dazu ders.: „Linguistics and Poetics", S. 358. So formuliert Jakobson das poetische Äquivalenzprinzip.

52 Vgl. Paul Henle: „Metaphor". In: ders (Hrsg.): *Language, Thought, and Culture*. Ann Arbor: The University of Michigan Press 1958. S. 173–195, hier S. 178.

53 Henle: „Metaphor" (Anm. 51), S. 178. Übersetzung von AH. Im Original: „What is presented is a formula for the construction of icons."

54 Immanuel Kant: *Kritik der reinen Vernunft*. Bd. 1. Hrsg. von Wilhelm Weischedel. In: ders.: *Werkausgabe. Sammlung*. Bd. 3. 20. Aufl. Frankfurt a. M.: Suhrkamp 2014, S. 187–188.

dem Abbau der semantischen Felder unter der Schockwirkung des Widerspruches entsteht."[55]

Ricœur interpretiert das mit Kants Unterscheidung zwischen der reproduktiven und der produktiven Einbildungskraft. Zwischen diesen Formen der Einbildungskraft operiert das Schema, das eine „Methode zur Konstruktion von Bildern ist."[56] Diese Funktion der Schematisierung wird durch die Aktivität der Modellierung übernommen. Auch für Ricœur kann es entweder die Aktivität der narrativen Modellierung oder die der wissenschaftlichen Modellierung sein. Sie funktionieren zwar unterschiedlich, aber sie sind sich in dieser einen Beziehung gleich, sie haben die Funktion von Mediatoren zwischen der reproduktiven und der produktiven Dimension der Modellierung dank der Herstellung neuer Korrelationen.

Interessanterweise deutet Ricœur hier die ikonische Dimension der Zeichenfunktion um. Es geht nicht mehr um die Abbildung der Realität durch das symbolische Zeichen, sondern um die Herstellung einer neuen Pertinenz, die durch symbolische Korrelationen hergestellt wird. Die neue Korrelation soll durch Zeichen ikonisch, als Bild, modelliert werden, um ihr heuristisches Potential vorzuführen. Für Ricœur ist der ikonische Moment derjenige, der „einen sprachlichen Aspekt umfaßt, soweit es das vorbegriffliche Erfassen des Identischen in und trotz der Differenzen ist."[57] Die Funktion des Ikonischen ist es, die epistemischen Konsequenzen der neuen pertinenten Korrelationen vor Augen zu führen. „[D]as Schema ist dasjenige, was die Attribution zur Erscheinung bringt, sie verkörpert. Dieser prädikative Prozeß wirkt bildlich. [...] So trägt er zur Auflösung der auf der Ebene des wörtlichen Sinnes festgestellten semantischen Unvereinbarkeit bei."[58]

Hier erwiese es sich als redundant, wenn das Ikonische das bildlich repräsentieren würde, was man bereits kennt, die Merkmale der empirischen Realität. Die mimetische Abbildung ist redundant. Das Ikonische verweist vielmehr „indirekt auf eine andere, ähnliche Situation",[59] die als Schema in die Symbolisierungsrelation eingeht, um diese produktiv zu verändern. „Gerade weil die ikonische Darstellung kein Bild ist" – sondern ein Schema, eine Skizze, ein Modell –, „kann sie auf bisher unerschlossene Ähnlichkeiten der Qualität, der Struktur, der Lokalisierung, der Situation",[60] ja auch der Quantität hinweisen. Die ikonische Darstellung verweist auf eine andere Weise der symbolischen Modellierung in einem anderen Feld, auf andere Möglichkeiten der Ordnung und Kategorisierung, der Korrela-

55 Ricœur: *Die lebendige Metapher* (Anm. 1), S. 191.
56 Ricœur: *Die lebendige Metapher* (Anm. 1), S. 194.
57 Ricœur: *Die lebendige Metapher* (Anm. 1), S. 191.
58 Ricœur: *Die lebendige Metapher* (Anm. 1), S. 191.
59 Ricœur: *Die lebendige Metapher* (Anm. 1), S. 194.
60 Ricœur: *Die lebendige Metapher* (Anm. 1), S. 194.

tion, der Gewichtung, der Selektion – nach Goodman – auf Weisen der symbolischen Erzeugung von Weltbeschreibungsversionen. Die metaphorische Funktion kann darauf Rücksicht nehmen und eine „Synthesis der Heterogenen" in einer neuen symbolischen Konfiguration simulieren. Die indexikalische Dimension der Zeichenrelation verweist dabei noch auf den Ursprung, auf die Herkunft dessen, was ikonisch bloß reduziert und modellhaft dargestellt wird. Dieser Index bleibt der Index der Differenz, trotz der ikonisch modellhaften Schematisierung durch Selektion und trotz der schöpferischen Rekonfiguration durch die symbolische Zeichenrelation. Strebt das Symbolische auf Symmetrierelationen, auf konfigurative Konsonanz zu, weist der Index immer auf die fremde Herkunft des Modells hin und erhält somit die Differenz.

1.5 Modellierung durch sekundäre Referenz

Und ausgerechnet an dieser Stelle, wenn Ricœur das Schema der „verdoppelten Referenz" behandelt, greift er auf die Modelltheorie zurück, die entscheidend ist für seine Konzeption der „Konstruktion einer unbekannten Referenz".[61] „Der Durchgang durch die Modelltheorie bildet eine entscheidende Etappe der vorliegenden Studie",[62] so Ricœur. Die Idee wird hier ausführlich thematisiert, denn es wird zu zeigen sein, dass auch die theoretische Physik in bestimmten Entdeckungskontexten die primäre Referenz suspendiert, damit die sekundäre, mathematische Modellierung etwas autonomer operiert. Ricœur zieht hier eine Parallele zur Wissenschaftstheorie und zur Unterscheidung, die Max Black und Mary Hesse in der Wissenschaftstheorie der Modellierung eingeführt haben. Auch Goodman verwendet diese in seiner Symboltheorie und unterscheidet zwischen dem *representation of*, dem mimetischen Darstellungscharakter des Modells, als „Modell von Daten", das wäre dessen primäre Referenz, und dem *representation as*, dem symbolischen Charakter des Modells als sekundäre Systemmodellierung aufgrund mathematischer Symmetrierelationen. Auch die heutige Wissenschaftstheorie unterscheidet zwischen der „Modellierung von Daten", das wäre die reproduktive Dimension, und der „Modellierung von Theorien" aufgrund der hergestellten mathematischen Korrelationen zwischen den Daten. Diesen Unterschied hatten Bas van Fraassen[63] und Roman Frigg auch mit Re-

---

61 Ricœur: *Die lebendige Metapher* (Anm. 1), S. 227.

62 Ricœur: *Die lebendige Metapher* (Anm. 1), S. 227.

63 Vgl. Bas C. van Fraassen: *Scientific Representation. Paradoxes of Perspective.* Oxford: Clarendon Press 2010, S. 11–33.

kurs auf Goodman beschrieben. Friggs wissenschaftstheoretische Publikation trägt dies sogar im Titel: „Scientific Representation Is Representation-As".[64]

Ricœur verweist mit Max Black und Mary Hesse darauf hin, dass der naturwissenschaftliche Diskurs mit den Mitteln der Modellierung ähnlich verfährt. „Den Begriff der ‚Neubeschreibung durch Fiktion' rechtfertigen wir durch die von Max Black in *Models und Metaphors* dargelegte Verwandtschaft zwischen der Funktionsweise der Metapher in den Künsten und derjenigen der Modelle in den Wissenschaften. Diese Verwandtschaft auf der heuristischen Ebene bildet das Hauptargument dieser Hermeneutik der Metapher."[65] Ricœur betrachtet – ähnlich wie Goodman und Lotman – den Unterschied zwischen dem literarischen und dem wissenschaftlichen Diskurs nicht als unüberbrückbare Dichotomie, sondern als zwei Pole ein und derselben Skala, die eine Chance zur „Wechseldurchdringung" bergen:[66] An dem einen Pol siedelt Ricœur die technische oder formale wissenschaftliche Sprache ein, die ihre eindeutigen Bedeutungen durch Definitionen logisch und propositional verankern. Am anderen Pol der poetischen Sprache „stabilisiert sich kein Sinn außer der ‚Bewegung zwischen den Bedeutungen'".[67]

Metapher und Modellierung[68] sind die Orte der diskursiven Rede, die den neuen Schematismus sichtbar machen, der – nach Ricœur – die primäre Referenz suspendiert, „weil Identität und Differenz hier nicht verschmolzen sind, sondern im Widerstreit miteinander stehen."[69]

Doch wie stellt Ricœur die Verbindung zwischen Metapher und Modellierung her? Er stellt die Frage, die bis auf Aristoteles zurückgeht, nach der Verbindung zwischen den zwei Konzeptualisierungsformen der Metapher: „[W]as gibt es nun aber Gemeinsames zwischen der Aufstellung einer Gleichheit der Verhältnisse,

---

64 Roman Frigg: „Scientific Representation Is Representation-As". In: *Philosophy of Science in Practice. Nancy Cartwright and the Nature of Scientific Reasoning*. Hrsg. von Hsiang-Ke Chao und Julian Reiss. Berlin, New York: Springer 2017. S. 149–179.

65 Ricœur: *Die lebendige Metapher* (Anm. 1), S. 10. Hervorhebung im Original.

66 Ricœur: *Die lebendige Metapher* (Anm. 1), S. 136. „Die Modalitäten dieser Wechseldurchdringung hängen wiederum von dem Stabilitätsgrad der Wortbedeutungen [...] ab."

67 Ricœur: *Die lebendige Metapher* (Anm. 1), S. 136. Vgl. dazu Ivor Armstrong Richards: *The Philosophy of Rhetoric*. London: Oxford University Press 1936. S. 48.

68 „Elementar formuliert hält die Metapher zwei Gedanken verschiedener Dinge zusammen, die innerhalb eines Wortes oder eines einfachen Ausdruckes gleichzeitig wirken und deren Bedeutung die Resultante ihrer Wechselwirkung ist. Um diese Beschreibung auf das Theorem der Bedeutung abzustimmen, wollen wir sagen, daß die Metapher in einer einfachen Bedeutung zwei verschiedene fehlende Teile der verschiedenen Kontexte dieser Bedeutung zusammenhält. Es handelt sich also nicht mehr um eine bloße Verschiebung der Worte, sondern um einen Austausch zwischen Gedanken, also um eine Transaktion zwischen Kontexten." In: Ricœur: *Die lebendige Metapher* (Anm. 1), S. 139.

69 Ricœur: *Die lebendige Metapher* (Anm. 1), S. 191.

also einer Rechnung, und dem Vor-Augen-Führen, also dem Sichtbarmachen? Welcher Zusammenhang besteht zwischen den beiden Enden des derart entfalteten Fächers: zwischen der Logik der Proportionalität und der Bilderwelt des Ikonischen?“[70] Ricœur geht hier auf die Metapherntheorie von Philip Wheelwright[71] ein und auf dessen Vorschlag, in der Konzeptualisierung des metaphorischen Prozesses „zwischen *epiphor* und *diaphor* zu unterscheiden“.[72] Der Terminus der *epiphor* kam bereits in der aristotelischen Definition vor und bezog sich auf den Prozess der Übertragung, der Bewegung zwischen semantischen Feldern, die logisch nicht miteinander vereinbar sind. Es geht um die Transposition als vereinigenden Prozess, der aber logisch erstmal nicht begründbar ist, weshalb er bei Ricœur als ein Prozess des „*Sehen[s]*“, der „Einsicht (*insight*)“ und der „Apperzeption“ beschrieben wird.[73] Ricœur verweist hier auf Aristoteles’ Definition: „Denn gut zu übertragen [...] bedeutet das Ähnliche sehen“.[74] Die aristotelische *epiphora* ist nach Ricœur „dieser Blick, dieser Geniestreich: weder lehrbar noch ablernbar.“[75]

Ricœur bleibt hier jedoch nicht stehen. Der metaphorische Prozess wird durch diesen einen Geisteisblitz initiiert, durch die intuitive Anschauung einer Ähnlichkeit. Doch behauptet Ricœur mit Wheelwright, dass es keine *epiphora* ohne *diaphora* gibt, keine „Anschauung ohne Konstruktion“.[76] Nachdem die Intuition eine Ähnlichkeit zwischen zwei Sphären erblickte, bedarf es der diskursiven Form, um das, was intuitiv erfasst wurde, vor Augen zu führen. Die Transposition hat einen kreativen, aber auch einen diskursiv-produktiven Moment. Der metaphorische Prozess wird zum heuristischen, wenn er einen schöpferischen, konstruktiven Modellierungsprozess einleitet. Diesem schöpferischen Prozess, der die Geschicklichkeit eines Feldmessers erfordert, geht Ricœur nach und verschränkt ihn mit dem Prozess der wissenschaftlichen Modellierung. Dem ersten Intuitionsvorgang der Metapher folgt ein Prozess der Modellierung, der die Tätigkeiten der Selektion, Hervorhebung, Auslassung und Umgestaltung gezielt vorführt, reflektiert und problematisiert. Damit entgeht man – Ricœur zufolge – dem Dilemma der Willkür: „bis auf einen geringfügigen Unterschied ähnelt alles irgendwie allem ...!“[77]

Ricœur rekonstruiert die Genealogie dieser metaphorischen Konzeption von Aristoteles bis Max Black: zwischen der korrelierenden Intuition und der model-

70 Ricœur: *Die lebendige Metapher* (Anm. 1), S. 180.
71 Vgl. Philip Wheelwright: *Metaphor and Reality*. Bloomington: Indiana University Press 1962.
72 Ricœur: *Die lebendige Metapher* (Anm. 1), S. 184. Hervorhebungen im Original.
73 Ricœur: *Die lebendige Metapher* (Anm. 1), S. 184. Hervorhebungen im Original.
74 Aristoteles: *Poetik*, 1459a 4–8. Zitiert nach Ricœur: *Die lebendige Metapher* (Anm. 1), S. 30.
75 Ricœur: *Die lebendige Metapher* (Anm. 1), S. 184.
76 Ricœur: *Die lebendige Metapher* (Anm. 1), S. 184.
77 Ricœur: *Die lebendige Metapher* (Anm. 1), S. 186.

lierenden Konstruktion, die auf exakte Proportionen basiert. Ricœur betont in seiner Analyse der aristotelischen Metapherndefinition beide Momente, das Logisch-Analytische und das Dichterische im Mechanismus der Metapher. „Ein und dieselbe Metapher kann somit das logische Moment der Verhältnismäßigkeit und das sinnliche Moment der Bildlichkeit in sich tragen. Aristoteles macht sich ein Vergnügen daraus, diese zwei Momente einander gegenüberzustellen, die zunächst einander im Widerspruch zu stehen scheinen".[78]

Der metaphorische Prozess ist janusköpfig, er kann nicht nur auf den Geniestreich des Sehens der Ähnlichkeit reduziert werden. Genauso wichtig ist, was daraus entsteht, was sich daraus ergibt, was diese Ähnlichkeit an Veränderung mit sich bringt. Es ist ein schwieriger Weg, auf den hier eingegangen wird, denn die Argumentation muss sich für die Entfaltung des metaphorischen Prozesses den logisch etablierten Kategorien in gewissem Sinne widersetzen und diese überbieten. Sie geht eine Gratwanderung ein zwischen Genie und Kalkül. Der metaphorische Prozess erfordert sowohl die „‚Begabung des Genies' [als auch die] Geschicklichkeit des Feldmessers, der sich auf die ‚Proportionsverhältnisse' versteht".[79]

Ricœur spricht der Metapher „Informationsgehalt" zu, „weil sie die Wirklichkeit ‚neu beschreibt'".[80] Er nennt die Metapher *„shifter"*, diejenige Trope, der die Funktion zukommt, die spezifische Verschiebung oder Verlagerung von der primären zur sekundären Dimension der Sprache zu markieren. Ricœur zeigt, dass die Metapher hierfür besonders geeignet ist (im Unterschied zur Analogie und zur Allegorie), weil die Metapher als diskursive Metapher, wie sie Ricœur definiert, mit beiden Ebenen spielt: die der primären Referenz als Denotation und die der sekundären Referenz als X. Im Unterschied dazu verließe die Analogie nicht die Sphäre der primären Referenz: die beiden Vergleichsterme werden zwar

---

78 Ricœur: *Die lebendige Metapher* (Anm. 1), S. 43. Ricœur erinnert daran, dass die Metapherndefinition schon bei Aristoteles mehrere Dimensionen umfasste und dass „der gleiche Aristoteles, der ‚das Ähnliche betrachtete', [...] auch der Theoretiker der Proportionsmetapher [ist], bei der die Ähnlichkeit mehr konstruiert als gesehen wird" (S. 184).

79 Ricœur: *Die lebendige Metapher* (Anm. 1), S. 185. Ergänzung von AH. Ricœur weist durch seine Analyse der aristotelischen Definition der Metapher nach, dass die Metapher ein „kalkulierter Kategorienfehler" (S. 188) sei. Das sei nach Ricœur die einzige Umschreibung, die allen drei Fällen der Übertragung, die Aristoteles nennt, zukomme. Denn wie sonst sei die Übertragung von der Art auf die Gattung, von der Gattung auf die Art oder von der Art auf die Art zu verstehen? Das vierte Beispiel Aristoteles' sei die Übertragung des zweiten Begriffes auf das vierte in der Reihe auf dem Grund der Gleichheit, die durch ein Proportionalitätsverhältnis hergestellt wird. Hier kommt die Logik der Proportionen, die Herstellung einer Ähnlichkeit, die nicht durch einen einfachen Vergleich zustande kommt, sondern durch ein Proportionalitätsverhältnis zweiter Ordnung.

80 Ricœur: *Die lebendige Metapher* (Anm. 1), S. 28.

durch das „wie“ korreliert, überschreiten aber als solche selbst nicht die Sphäre der primären Referenz, der denotativen Dimension. Die Allegorie hingegen ist durchgehend bildlich, bewegt sich stets auf der Ebene der sekundären Referenz. Nur die Aufhebung einer primären, denotativen Sinn-Dimension ist nach Ricœur die Bedingung für die Freisetzung einer Referenz zweiten Grades, die des literarischen Textes.

Durch die Kategorienüberschreitung,[81] die die Metapher auslöst, entsteht eine Spannung und ein Widerspruch[82] zur bestehenden logisch etablierten Ordnung, die die Taxonomie der Arten und Gattungen begrifflich festlegt. Ricœur schlägt vor, den metaphorischen Prozess doppelt zu lesen: Einerseits wird eine Ordnung in Frage gestellt, andererseits ist der Vorschlag der Abweichung von oder der Auflösung der bestehenden Ordnung nur das Vorspiel. Dieses eröffnet erst den Spielraum für die Vernetzung der Diskurse untereinander. Die Überlagerung der Diskurssphären eröffnet dann eine Sicht für die Neu-Beschreibung der Welt. Ricœur ist sehr wichtig, Max Blacks und Mary Hesses wissenschaftstheoretische Perspektive auf die Metapher der rhetorischen Substitutionstheorie bzw. Abweichungstheorie entgegenzusetzen: „Infolge der nahen Beziehung, in die Max Black Modell und Metapher, also wissenschaftstheoretischen und dichterischen Begriff bringt, können wir diese Idee erschöpfend auswerten, die jeder Reduzierung der Metapher auf einen bloßen ‚Schmuck‘ direkt widerspricht.“[83] Das vierte Beispiel in der aristotelischen Definition zeigt, dass es nicht nur um eine reine Ähnlichkeit geht, sondern um eine Verhältnismäßigkeit zweiter Ordnung: „der

---

81 Das sei nach Ricœur die einzige Umschreibung, die allen drei Fällen der Übertragung, die Aristoteles nennt, zukomme. So fragt Ricœur danach, ob man nicht behaupten könnte, dass die Sprachstrategie, die das dynamische Prinzip des Metaphorischen bildet, darin besteht, die Grenzen der herkömmlichen logischen Kategorien zu überschreiten, dadurch, dass sie Ähnlichkeiten sichtbar macht, die durch die bestehenden logischen Kategorisierungen verdeckt blieben. Vgl. Ricœur: *Die lebendige Metapher* (Anm. 1), S. 188.

82 Ricœur weist durch seine Analyse der aristotelischen Definition der Metapher nach, dass die Metapher ein „kalkulierter Kategorienfehler“ (S. 188) sei. Die Dynamik des metaphorischen Prozesses würde darauf abzielen „eine frühere Kategorisierung zu brechen, um auf den Trümmern der älteren logischen Grenzen neue zu errichten.“ In: Ricœur: *Die lebendige Metapher* (Anm. 1), S. 188. Vgl. dazu Max Black: *Models and Metaphors. Studies in Language and Philosophy*. Ithaca, New York: Cornell University Press 1962.

83 Ricœur: *Die lebendige Metapher* (Anm. 1), S. 28. Vgl. hierzu Aristoteles: „Hiermit ist also dargelegt, daß der Esprit auf den analogisch gebildeten Metaphern und dem Vor-Augen-Führen basiert“. In: Aristoteles: *Rhetorik*, III, 10, 1411b 21. Zitiert nach Ricœur, S. 43. Und weiter: „Ich verstehe aber unter Vor-Augen-Führen das, was die Dinge in ihrer (aktuellen) Verwirklichung bezeichnet“. In: Aristoteles: *Rhetorik*, III, 11, 1411b 24–25. Zitiert nach Ricœur, S. 43.

vierte Begriff verhält sich zum dritten genauso [...], wie sich der zweite zum ersten verhält; das Alter verhält sich zum Leben *wie* der Abend zum Tage".[84]

Die mathematische und die literarische Konfiguration stellen die symbolischen Operationen zur Verfügung, um die Verschiebung der logischen Grenze konsequent weiter zu denken. Sie sind die konstruktive Kehrseite der Medaille, die auf die Dekonstruktion folgt, die durch den metaphorischen Kurzschluss erfolgt ist. Durch die Modellierung, die auf mehreren Ebenen der Darstellung erfolgt, kann der Konflikt zwischen Identität und Differenz mit allen Mitteln ausgetragen werden: einerseits durch mathematische Operationen, die neue Proportionalitätsverhältnisse herleiten, andererseits durch die Narration, die die notwendigen Rahmen zur Verfügung stellt, um die primäre Referenz einerseits darzustellen und andererseits die Implikationen der Verschiebung der Kategoriengrenze, die veränderte Disposition, der Entwurf einer Neu-Ordnung nach neuen Maßgaben der Überlagerung der Diskurssphären zu skizzieren.

So verweist Ricœur in „Zeit und Erzählung" auf die dreifache Mimesis und nimmt eine wichtige Differenzierung vor: zwischen der sogenannten präfigurierten Realität, der Konfiguration und der refigurierten Realität.[85] Die präfigurierte Realität geht vom „Vorverständnis der Welt des Handelns"[86] aus. Das ist der Ausgangspunkt der poetischen Konfiguration, in die nur ausgewählte Elemente der präfigurierten Realität eingehen.[87] Es findet ein starker Prozess der Selektion statt. Im Rahmen der „Konfiguration" werden die Elemente der präfigurierten Realität neu relationiert.[88] Daraus resultiert für den Leser das Denkmodell einer durch den Prozess der Neurelationierung refigurierten Realität.[89] „Durch diesen letzteren Sinn entsteht der Zusammenhang zwischen der mimetischen Funktion der Fabel und der metaphorischen Referenz. Während die metaphorische Neubeschreibung [...] eher im Feld der sinnlichen, gefühlsmäßigen, ästhetischen und moralischen Werte herrscht, die die Welt *bewohnbar* machen, wirkt die mimetische Funktion der Erzählungen vorzugsweise im Feld der Handlung und ihrer zeitlichen Werte".[90]

---

84 Ricœur: *Die lebendige Metapher* (Anm. 1), S. 26. Hervorhebung im Original. Vgl. hierzu Aristoteles: *Poetik*, 1457b 20.

85 Vgl. Paul Ricœur: *Zeit und Erzählung*. Bd. 1: *Zeit und historische Erzählung*. Übers. von Rainer Rochlitz. München: Fink 1988, S. 87–137.

86 Ricœur: *Zeit und Erzählung*, Bd. 1 (Anm. 84), S. 90.

87 Vgl. Ricœur: *Zeit und Erzählung*, Bd. 1 (Anm. 84), S. 90–104.

88 Vgl. Ricœur: *Zeit und Erzählung*, Bd. 1 (Anm. 84), S. 104–113.

89 Vgl. Ricœur: *Zeit und Erzählung*, Bd. 1 (Anm. 84), S. 113–114.

90 Ricœur: *Zeit und Erzählung*, Bd. 1 (Anm. 84), S. 9. Hervorhebung im Original.

Um ihre heuristische Funktion weiter zu entfalten, bedarf der metaphorische Prozess, der sich als Erkenntnisprozess erweisen soll, der weiteren symbolischen Tätigkeit der Modellierung. Ricœur zitiert hier den Wechselwirkungs-Ansatz Max Blacks und dessen Bild des „Schirmes, des Filters, der Linse".[91] Die optische Metaphorik soll darauf hinweisen, dass der metaphorische Prozess sowohl eine Projektion als auch die Reflexion voraussetzt. Das ‚Projizierte' passiert einen Schirm, der mit einer kleinen Öffnung versehen ist. Das heißt nach Black, dass die Transposition, die Übertragung die Selektion voraussetzt, die immer mit Auswahl, Hervorhebung von Eigenschaften und mit Auslassung und ‚Narkotisierung' anderer Eigenschaften hervorgeht (um an dieser Stelle mit Eco zu sprechen). Das Reflexionsfeld wird zur Linse, zum Schirm, zum Filter für das projizierte Konzept, das im Moment der Projektion in gewisser Weise auch eine Veränderung durch Hervorhebung und Neugewichtung von Eigenschaften, ja sogar eine gewisse Neu-Gestaltung erfährt. Hier begibt sich Ricœur sehr nah an Goodmans Konzeption der *creation as reconfiguration*,[92] wenn er schreibt, dass es im metaphorischen Prozess um eine Strukturveränderung geht, in dem „die neue Struktur aus dem Erlöschen und der Umgestaltung der früheren Konfiguration hervorgeht."[93] An dieser Stelle zitiert Ricœur Goodmans Idee, eine Metapher zu prägen hieße „ein altes Kennzeichen auf eine neue Weise zu applizieren", denn die Metapher ist eine Beziehung zwischen „einem Prädikat mit Vergangenheit und einem Objekt, das sich unter Protest hingibt".[94]

Ricœur schlägt hierfür eine interessante Lösung vor, die den metaphorischen Prozess mit dem Prozess der Modellierung – auch den der wissenschaftlichen Modellierung – eng verknüpft. Es gilt nach Ricœur, „das Verhältnis nach dem Muster des Vorganges zu konstruieren und das Paradox des Vorganges auf die Beziehung zu übertragen".[95]

Fast jedes Wort ist in diesem Vorschlag wichtig. Das Verhältnis, das durch die Metapher semantisch angedeutet wird, ist von kurzer, vorübergehender Dauer und ähnelt einem Geistesblitz, wenn er nicht in einen kontinuierlichen Vorgang übergeht, der die Ähnlichkeit entfaltet und sie modellierend prozessiert. Die Kühnheit

---

91 Ricœur: *Die lebendige Metapher* (Anm. 1), S. 185.

92 Vgl. Kap. II.2.7 in dieser Arbeit (S. 118–119) zu Goodmans symboltheoretische Kulturphilosophie.

93 Ricœur: *Die lebendige Metapher* (Anm. 1), S. 185. Der Prozess erinnert auch an Lotmans Beschreibung der Grenzprozesse zwischen unterschiedlichen Substrukturen der Semiosphäre. Ein metaphorischer Prozess führt durch den Transfer, durch die Transposition eines Konzepts in ein fremdes Umfeld einen gewagten Vorgang der dissonanten Kombination vor, die in eine kühne Prädikation mündet.

94 Nelson Goodman: *Languages of Art. An Approach to a Theory of Symbols*. 2. Aufl. Indianapolis: Hackett 1976, S. 69. Zitiert nach Ricœur: *Die lebendige Metapher* (Anm. 1), S. 185.

95 Ricœur: *Die lebendige Metapher* (Anm. 1), S. 186.

geht durch diese fortlaufende Prozessierung nicht verloren, sondern sie wird durch eine komplexe Modellierung auf mehreren Ebenen tiefer begründet. Die Paradoxie der durch die Metapher hergestellten Beziehung wird damit noch deutlicher vor Augen geführt. Jedoch nicht, um diese mit dem Prädikat der Uneigentlichkeit abzutun, sondern indem man die Paradoxie der Beziehung fruchtbar macht, indem man das Wort ‚paradox' ernst nimmt. So kann eine Beziehung jenseits der gegebenen ‚doxa' durch die Modellierung performativ vorgeführt werden. Die Paradoxie wird dann dadurch manifest, dass „die begriffliche Struktur der Ähnlichkeit Identität und Differenz zueinander in Gegensatz bringt und miteinander vereint".[96] Das Verhältnis soll als Prozess gedacht werden. Der Prozess, der sich daraus ergibt, setzt diejenige Modellierung in Gang, die die symbolische Umformung der Weltbeschreibung simuliert; eine Modellierung, die sich aufgrund einer paradoxalen Beziehung, einer impertinenten Korrelation zwischen zwei inkompatiblen Feldern ergibt.

An dieser Stelle ist die Unterscheidung von Nutzen, die die Wissenschaftstheorie in der Nachfolge Goodmans eingeführt hat:[97] Sie unterscheidet zwischen dem Prozess der primären Dimension der Modellierung als *representation of*, als mimetische Repräsentation der Realität durch einschlägige physikalische Messungen und empirische Daten, und dem Prozess der sekundären Dimension der Modellierung als *representation as*, als der Korrelation dieser empirischen Daten untereinander aufgrund des Prozesses der mathematischen Modellierung durch spezifische mathematische Operationen und durch die Herstellung subtiler mathematischer Symmetrie- und Gleichheitsverhältnisse, deren Proportionsrelationen sich als gültig erweisen können – trotz der Differenz, die durch die primäre Referenz statuiert wird. Darauf weist Ricœur hin, wenn es um die „erkenntnistheoretische Dimension der wissenschaftlichen Imagination"[98] geht.

1.6 Typologie wissenschaftlicher Modellierung

Diese kann jedoch nur dann beschrieben werden, wenn die Funktionen der wissenschaftlichen Modellierung und die Konstitution der Modelle deutlich sind. Ricœur geht auf Blacks Modell-Typologie ein, die in der Wissenschaftstheorie bis heute Akzeptanz findet. Es geht um die Differenzierung der Modell-Typen in drei Stufen: erstens die maßstabgetreuen Modelle, z. B. das Modell eines Schiffes oder eines Flugzeugs oder das Modell des Brandenburger Tors. Es sind Modelle *von etwas*, sie

---

96 Ricœur: *Die lebendige Metapher* (Anm. 1), S. 186.

97 Vgl. Kap. II.2.2 in dieser Arbeit (S. 101–104) zu Goodmans Konzepten der „Denotation" und „Exemplifikation."

98 Ricœur: *Die lebendige Metapher* (Anm. 1), S. 228.

stehen für die Kategorie der *representation of.* Sie stehen anstelle eines Originals, anstelle eines empirischen Objektes und führen vor, wie das Original aussieht (*how it looks*) und wie es funktioniert (*how it works*). Modell und Original teilen wichtige, relevante Eigenschaften, wie die Invarianz der Proportionen hinsichtlich Raum und Zeit. Andere Eigenschaften, die nicht relevant sind, müssen nicht identisch sein, sie sind beim Modell unterbestimmt.

Auf zweiter Stufe unterscheidet Black die *analogen* Modelle. Hier ähneln sich Modell und Original gemäß ihrer Struktur, gemäß ihres typischen Beziehungsnetzes und nicht gemäß der Erscheinungsform. Für die Übersetzung von der Erscheinungsform des Originals zu der des Modells müssen die relevanten Merkmale der Struktur identifiziert werden. Die Interpretationssprache liefert die Korrespondenzregeln zwischen Modell und Original anhand festgestellter Isomorphismen. Ricœur verweist hier darauf, dass der Terminus aus der Mathematik stammt. Beispiele dafür wären hydraulische Modelle von Wirtschaftssystemen oder ein Modell des Stromkreislaufs in einer elektrisch betriebenen Maschine[99] – oder auch eine Karte des U-Bahn-Netzes einer Stadt, das wäre das Beispiel van Fraassens in der gleichen Sache aus „Scientific Representation".[100]

Die dritte Stufe der Modellierung ist mit den theoretischen Modellen erreicht. Diese Modelle ahmen nichts nach, sondern führen eine neue symbolische theoretische Sprache ein, zum Beispiel neue symbolische Operationen basierend auf neu entdeckten Symmetrierelationen. Ricœur und Black geben hier das berühmte Beispiel von Maxwells Darstellung eines elektromagnetischen Kraftfelds anhand des Modells eines inkompressiblen Fluidums an. Maxwell betont hier wiederholt, dass für die Vorstellung dieses Modells die primäre Referenz auf bekannte physikalische bzw. empirische Objekte nicht möglich ist. Jede Nachahmung empirischer Objekte wäre der physikalischen Modellierung nicht zuträglich. Ich zitiere aus einem Originaltext James Clerk Maxwells „On Faraday's Lines of Force". Es ist eine seiner ersten wichtigen Publikationen auf dem Weg zur Vereinigung der Elektrizität und des Magnetismus zur Theorie des Elektromagnetismus.

> I propose, then, first to describe a method by which the motion of such a fluid can be clearly conceived; secondly to trace the consequences of assuming certain conditions of motion, and to point out the application of the method to some of the less complicated phenomena of electricity, magnetism, and galvanism; and lastly to shew how by an extension of these methods, and the introduction of another idea due to Faraday, the laws of the attractions and inductive actions of magnets and currents may be clearly conceived, without making any assumptions as to the physical nature of electricity, or adding anything to that which has been already proved by experiment.

99 Vgl. Ricœur: *Die lebendige Metapher* (Anm. 1), S. 229.
100 Vgl. Van Fraassen: *Scientific Representation* (Anm. 62), S. 82–84.

> By referring everything to the purely geometrical idea of the motion of an imaginary fluid, I hope to attain generality and precision, and to avoid the dangers arising from a premature theory professing to explain the cause of the phenomena.[101]

Deshalb wird die primäre Referenz suspendiert. Doch Maxwell erwähnt auch, dass keine der bisher bestehenden mathematischen Theorien oder Sprachen die Lösung für das Problem der Vereinigung der Theorien der Elektrizität und des Magnetismus bieten würde. Also müsste auch die Referenz auf das bestehende System der Mathematik vorübergehend suspendiert werden, um eine neue mathematische Sprache erst zu entwickeln. Das Modell wird hier also exemplifiziert, um es entsprechend neuer Symmetrierelationen zu modifizieren und zu manipulieren und auf seine Eigenschaften hin zu testen. Die Interpretations- und Korrespondenzregeln werden vom Modell aus generiert. Im „Address to the Mathematical and Physical Sections of the British Association" beschreibt Maxwell ausführlich jene Methode als ein wissenschaftliches System von Metaphern, die eine wichtige epistemische Funktion hat: die der Generierung neuer Theorien.[102]

> Physical research is continually revealing to us new features of natural processes, and we are thus compelled to search for new forms of thought appropriate to these features. Hence the importance of a careful study of those *relations between Mathematics and Physics which determine the conditions under which the ideas derived from one department of physics may be safely used in forming ideas to be employed in a new department.*
> *The figure of speech or of thought by which we transfer the language and ideas of a familiar science to one with which we are less acquainted may be called Scientific Metaphor.*
> Thus the words Velocity, Momentum, Force, [...] have acquired certain precise meanings in Elementary Dynamics. They are also employed in the Dynamics of a Connected System in a sense which, though perfectly analogous to the elementary sense, is wider and more general.
> These generalized forms of elementary ideas may be called metaphorical terms in the sense in which every abstract term is metaphorical. The characteristic of a truly scientific system of metaphors is that each term in its metaphorical use retains all the formal relations to the other terms of the system which it had in its original use. The method is then truly scientific – that is, not only a legitimate product of science, but capable of generating science in its turn.[103]

---

101 James Clerk Maxwell: „On Faraday's Lines of Force" (1856). In: ders.: *The Scientific Papers of James Clerk Maxwell.* Bd. 1. Hrsg. von W. D. Niven. Cambridge: Cambridge University Press 1890. S. 155–229, hier S. 159.

102 Vgl. dazu Jordi Cat: „On Understanding. Maxwell on the Methods of Illustration and Scientific Metaphor". In: *Studies in History and Philosophy of Science Part B: Studies in History and Philosophy of Modern Physics* 32.3 (2001). S. 395–441.

103 James Clerk Maxwell: „Address to the Mathematical and Physical Sections of the British Association" (1870). In: ders.: *The Scientific Papers of James Clerk Maxwell.* Bd. 2. Hrsg. von W. D. Niven. Cambridge: Cambridge University Press 1890. S. 215–229, hier S. 227. Vgl. dazu Cat: „On Understanding" (Anm. 101). Hervorhebung von AH.

Nancy Nersessian hat diesen Prozess wissenschaftsphilosophisch beschrieben.[104] Bas van Fraassen übernahm im Rahmen seines semantischen Ansatzes der Wissenschaftstheorie diese Idee der Unterscheidung zwischen den „Modellen von Daten“ und „Modellen von Theorien“, entwickelte sie weiter und unterschied letztendlich zwischen dem *„empirical image“*, das von maßstabgetreuen und analogen Modellen geliefert wird und dem *„scientific image“*, das durch die wissenschaftliche Theorie und durch ihre neue mathematische Sprache erst geschaffen wird.[105] Die letzteren Modelle müssen sich durch Experimente als empirisch adäquat erweisen, aber in ihren Darstellungsstrategien spielt die mimetische Ähnlichkeit mit den ursprünglichen sichtbaren Phänomenen in der Realität keine Rolle.

Das Wichtigste beim theoretischen Modell bzw. beim *scientific image* ist, das betonen Black, Ricœur und Maxwell im Grunde gemeinsam, dass „das Modell nur die Eigenschaften hat, die ihm durch sprachliche Konvention außerhalb jeder Kontrolle durch eine reale Konstruktion zugeschrieben werden“.[106] Auch hier gehen die beiden Dimensionen des „Was“ der Beschreibung und des „Wie“ der Beschreibung auseinander. Für das „Was“ der Beschreibung ist die Realität/Wirklichkeit/Welt weiterhin pertinent. Für das „Wie“ der Beschreibung, für die symbolische Form, darf sich die Mathematik bzw. die theoretische Physik von der primären Referenz und dem Postulat der Ähnlichkeit zeitweilig loslösen, es suspendieren. Erst das ist die Bedingung dafür, dass sie durch die sekundäre Systemreferenz und durch die tertiäre Referenz auf ein anderes symbolisches System eine komplexere Neu-Beschreibung der Phänomene der Realität hervorbringt.

Ricœur weist nun von hier aus auf zwei Richtungen hin, die beide für den Ansatz der Interformation wichtig sind: einerseits auf die Modellierung, auf die Aristoteles und Max Black hindeuten, nämlich die sekundäre Modellierung durch die mathematischen Symmetrie- und Proportionsverhältnisse. Andererseits auf die Modellierung durch die poetische Konfiguration, wie dies Ricœur in „Zeit und Erzählung“ ebenfalls in Anlehnung an Aristoteles andeutet: die Modellierung durch die literarische Konfiguration, die die Techniken und Verfahren der vielfachen Rahmung beherrscht und operativ einsetzt, um die primäre Ebene der deno-

104 Vgl. Nancy J. Nersessian: *Faraday to Einstein. Constructing Meaning in Scientific Theories*. Dordrecht, Boston: Nijhoff; Kluwer Academic 1984; dies (Hrsg.): *The Process of Science. Contemporary Philosophical Approaches to Understanding Scientific Practice*. Dordrecht: Nijhoff 1987; Lorenzo Magnani und Nancy J. Nersessian (Hrsg.): *Model-Based Reasoning. Science, Technology, Values*. New York, Boston: Kluwer Academic 2002.

105 Vgl. Bas C. van Fraassen: *The Scientific Image*. Oxford, New York: Clarendon Press 1980.

106 Ricœur: *Die lebendige Metapher* (Anm. 1), S. 230.

tativen Referenz zu suspendieren und zur sekundären Ebene der Modellierung überzugehen.

In „Zeit und Erzählung“ führt Ricœur die Parallele zwischen „Metapher und Erzählung“ noch etwas weiter – im Umgang mit dem Problem der Referenz. Ricœur selbst wendet sich sowohl gegen die Substitutionstheorie der Metapher, die den Vorgang der Substitution auf ein Wort beschränkt als auch gegen die Auffassung der Metapher als reines rhetorisches Stilmittel. Er zeigt in seiner Analyse, dass diese substitutive Metapherntheorie ein wesentliches Kreativitätspotential der Metapher verfehlt: die Verdopplung der Referenz. Erst wenn man die Metapherntheorie zu einer kontextuellen erweitert, die in Ricœurs Auffassung auch ganze Texte erfassen kann, kann sich das vollziehen, was Ricœur der „Lebendigen Metapher“ zuschreibt: die Neu-Beschreibung der Welt durch die Neurelationierung herkömmlicher Zusammenhänge oder mit anderen Worten die Herstellung einer neuen Weltreferenz: „In der *Lebendigen Metapher* habe ich die These vertreten, daß sich die dichterische Funktion der Sprache nicht auf die Zelebrierung der Sprache um ihrer selbst willen auf Kosten der Referenzfunktion beschränkt.“[107] So sind die metaphorische Neubeschreibung und die narrative Konfiguration eng miteinander verschlungen, sodass man „die beiden Terminologien austauschen und von [...] der Neubeschreibungsfähigkeit der narrativen Fiktion sprechen kann.“[108]

1.7 Explorative Modellierung: Welterschließende Funktion

Die Modellierung wäre derjenige dynamisch-konstruktive Prozess, der folgt, nachdem durch den metaphorischen Transfer die Dekonstruktion der logischen Kategorien erfolgt ist. Ricœur schreibt in „Zeit und Erzählung“:

> Ich ging daher so weit, nicht nur von einem metaphorischen Sinn, sondern von einer metaphorischen Referenz zu sprechen, um dieses Vermögen der metaphorischen Aussage zu bezeichnen, eine der direkten Beschreibung unzugängliche Realität neu zu beschreiben. Ich schlug sogar vor, das „Sehen wie“, in dem sich die Kraft der Metapher zusammenfaßt, zur Aufdeckung eines „Seins wie“ auf der radikalsten ontologischen Ebene zu machen. Die mimetische Funktion der Erzählung stellt ein Problem, das sich zu dem der metaphorischen Referenz ganz parallel verhält. Sie ist sogar nur ein besonderer Anwendungsfall dieser Referenz auf die Sphäre des menschlichen Handelns.[109]

107 Ricœur: *Zeit und Erzählung*, Bd. 1 (Anm. 84), S. 9.
108 Ricœur: *Zeit und Erzählung*, Bd. 1 (Anm. 84), S. 10.
109 Ricœur: *Zeit und Erzählung*, Bd. 1 (Anm. 84), S. 9.

Insofern wird bei diesem Übergang von der diskursiven Metapher zur Narration auch der Prozess der semantischen Innovation, die eine Dimension der Metapher auf der Ebene der Lexis ist, in formale Innovation auf der Ebene der narrativen Verfahren umfunktioniert, während die heuristische Funktion, die für die Prozessierung der Entdeckung des Neuen steht, weiter entfaltet wird und der Narration zugeschrieben wird: die Erzeugung einer Welt zwischen symbolischen Formen, die im Grunde nicht miteinander kompatibel sind. Ricœur fügt jedoch hinzu, dass diese Übertragung auch eine Rekonzeptualisierung des Referenzpostulats nach sich zieht.[110] Dieses sollte im Falle der literarischen Rede etwas komplexer formuliert werden: „[A]ufgrund seiner spezifischen Struktur entfaltet das literarische Kunstwerk eine Welt unter der Bedingung, daß die Referenz der deskriptiven Rede suspendiert wird. Mit anderen Worten, im literarischen Kunstwerk entfaltet die Rede ihre Bedeutung als Bedeutung zweiten Grades, und zwar durch die Suspension der erstgradigen Bedeutung der Rede."[111]

Black und Ricœur postulieren, dass das, was die Metapher in der Dichtung leistet, das Modell im wissenschaftlichen Entdeckungszusammenhang leistet. Metapher und Modell fungieren als *shifter*, mit den Worten von Margret Morrison als Mediatoren der Vermittlung auf dem Weg von der primären Referenz zur sekundären Referenz.

An dieser Stelle kann auch darauf verwiesen werden, dass Lotmans System der primären und sekundären Modellierung der Literatur parallelisiert werden kann mit Ricœurs Ebenen der primären und sekundären Referenz in der Literatur.

Ricœur lehnt sich an Max Blacks Studien zur Metapher und zur Modellierung an und vergleicht die Konzeptualisierung des Modells durch die Wissenschaftstheorie mit der Konzeptualisierung der Metapher in der Metapherntheorie, und zwar in Hinsicht auf den Wirklichkeitsbezug. „In der Wissenschaftssprache ist nun aber das Modell hauptsächlich ein heuristisches Instrument, das vermittels der Fiktion eine inadäquate Interpretation sprengen und einer neuen, adäquateren den Weg bahnen soll."[112] Tatsächlich wird der Zusammenhang zwischen der wissenschaftlichen Modellierung und der Funktion der Fiktionalität in der zeitgenössischen Wissenschaftsphilosophie intensiv diskutiert. Aktuelle Studien der Wissenschaftsphilosophen Margret Morrison,[113] Roman Frigg,[114] Mauricio Sua-

---

110 Vgl. Ricœur: *Die lebendige Metapher* (Anm. 1), S. 214.

111 Ricœur: *Die lebendige Metapher* (Anm. 1), S. 215–216.

112 Ricœur: *Die lebendige Metapher* (Anm. 1), S. 228.

113 Vgl. Margaret C. Morrison: „Models as Mediators". In: *Jahrbuch 1995/96* (1997). S. 258–261.

114 Vgl. Roman Frigg: *Models and Theories. A Philosophical Inquiry*. London, New York: Routledge 2022; Roman Frigg und Matthew C. Hunter (Hrsg.): *Beyond Mimesis and Convention. Representation in Art and Science*. Dordrecht: Springer 2010; Roman Frigg: „Scientific Modelling and

rez[115] und Paul Teller[116] setzen sich mit dem Konnex der wissenschaftlichen Modellierung und der Funktion der Fiktion intensiv auseinander.

Ricœur bezieht sich zudem auf die wissenschaftstheoretische Richtung, die durch Mary Hesse repräsentiert wird, für die das Modell ein Mittel der Neubeschreibung ist.[117] Er ergänzt, dass es wichtig sei, die erkenntnistheoretische und wissenschaftstheoretische Definition[118] der Modellierung ernst zu nehmen. Zudem geht Ricœur auf die Differenzierung ein, die durch Hans Reichenbach[119] eingeführt wurde, zwischen der „Logik der Entdeckung" und der „Logik der Beweisführung".

Make-Believe". In: *Art, Representation, and Make-Believe. Essays on the Philosophy of Kendall L. Walton.* Hrsg. von Sonia Sedivy. New York, London: Routledge 2021. S. 367–383; ders.: „Fiction and Science". In: *Fictions and Models. New Essays.* Vorwort von Nancy Cartwright. Hrsg. von John Woods. München: Philosophia 2010. S. 247–288; ders.: Art. „Models in Physics" (2009). In: *Routledge Encyclopedia of Philosophy Online (REP Online).* London: Taylor and Francis; Roman Frigg und Stephan Hartmann: Art. „Models in Science" (2012). In: *The Stanford Encyclopedia of Philosophy. Summer 2018 Edition.* Hrsg. von Edward N. Zalta. Stanford: Stanford University Press; Roman Frigg und James Nguyen: „The Fiction View of Models Reloaded". In: *The Monist* 99.3 (2016). S. 225–242.

115 Vgl. Mauricio Suárez (Hrsg.): *Fictions in Science. Philosophical Essays on Modeling and Idealization.* New York, London: Routledge 2009; ders.: „Fictions, Inference and Realism". In: *Fictions and Models. New Essays.* Vorwort von Nancy Cartwright. Hrsg. von John Woods. München: Philosophia 2010. S. 225–246.

116 Vgl. Paul Teller: „Fictions, Fictionalization, and Truth in Science". In: *Fictions in Science. Philosophical Essays on Modeling and Idealization.* Hrsg. von Mauricio Suárez. New York, London: Routledge 2009. S. 235–247; ders.: „Representation in Science". In: *The Routledge Companion to Philosophy of Science.* Hrsg. von Martin Curd und Stathis Psillos. 2. Aufl. London, New York: Routledge 2014. S. 490–496.

117 Vgl. Mary B. Hesse: *Models and Analogies in Science.* 2. Aufl. Notre Dame: University of Notre Dame Press 1970. Vgl. auch dies.: „The Explanatory Function of Metaphor". In: *Logic, Methodology and Philosophy of Science.* Proceedings of the 1964 International Congress at the Hebrew University of Jerusalem. Hrsg. von Yehôšua Bar-Hillēl. Amsterdam: North-Holland 1965. S. 249–260.

118 Die Debatte, die mit Black und Hesse ihren Anfang nahm, wird heute in der Wissenschaftstheorie intensiver denn je geführt. Die kognitive Metapherntheorie Lakoffs und Johnsons haben der Kontroverse neue Facetten hinzugefügt, wobei die Relevanz der Logik der Entdeckung immer stärker in den Fokus gerückt ist. Die vorliegende Studie bietet nicht den Rahmen, sich mit dieser Kontroverse auseinanderzusetzen. Die kognitive Metapherntheorie ist ein sehr wichtiger Beitrag, doch wenn sie mit psychologischen Mitteln argumentiert, bleibt sie eine wichtige Antwort schuldig, diese Operation an Textstrategien sichtbar zu machen. Ricœurs Zugang argumentiert hingegen weitgehend auf der Ebene der textsemiotischen und semantischen Strategien. Die textsemiotischen Strategien sind auch für den Ansatz der Interformation von Bedeutung, weil sie intersubjektiv nachvollziehbar und philologisch nachweisbar sind. Auch die Modellierung ist im Grunde eine symbolische Textstrategie bzw. eine Strategie der symbolischen Probesimulation.

119 Vgl. Hans Reichenbach: *Experience and Prediction. An Analysis of the Foundations and the Structure of Knowledge.* Chicago: University of Chicago Press 1938.

Ricœur ist es natürlich wichtig, diese in der Wissenschaftstheorie so genannte Kontext-Differenzierung zu erwähnen, denn die heuristischen Funktionen der Metapher und der Modellierung sind wichtig für den wissenschaftlichen Prozess der Entdeckung, sie werden jedoch im Kontext der logischen Rekonstruktion[120] nicht mehr hervorgehoben, dort werden sie eher narkotisiert.

In der vorliegenden Studie habe ich zunächst danach gefragt, wie die Systeme der Signifikation in der theoretischen Physik und in der Literatur funktionieren. Es lag nahe, zunächst grob davon auszugehen, dass die theoretische Physik modellorientiert ist und zur Konstitution von Bedeutungen hauptsächlich formal-symbolisch operiert, während der Bereich der Literatur semantisch orientiert ist und statt Eindeutigkeit zu fordern, Vieldeutigkeiten ausspielt, sodass in ihrem Konfigurationsprozess die Konnotationen von zentraler Relevanz sind. Das heißt, dass für die Literatur, die semantisch operiert, der metaphorische Prozess, der die sekundären Bedeutungsebenen der Wörter zur Neu-Relationierung funktionalisiert, zentral ist.

Es kann aber gezeigt werden, dass trotz der oben genannten Standardannahme, die gültig bleibt, darüber hinaus, noch ein Prozess der Überkreuzung von Verfahren zwischen der theoretischen Physik und der Literatur stattfindet. Wie Klaus Mecke bereits systematisch herausgearbeitet hat, bedient sich auch die theoretische Physik der metaphorischen Funktion,[121] um Messerzählungen und Modellerzählungen zu erarbeiten, die neue Weisen der extensionalen Bedeutungszuschreibung exemplifizieren, um dichtere Versionen der Weltbeschreibung zu erschließen. Demgegenüber kann die „schöne Literatur" auch Verfahren der formalen, symbolischen Modellierung re-enkodieren und transformieren, um mit neuen innovativen Verfahren gegen die Regeln des eigenen Systems zu des-

120 „The next phase in the discussion about scientific discovery began with the introduction of the so-called ‚context distinction,' the distinction between the ‚context of discovery' and the ‚context of justification'. It was further argued that conceiving a new idea is a non-rational process, a leap of insight that cannot be captured in specific instructions. Justification, by contrast, is a systematic process of applying evaluative criteria to knowledge claims. Advocates of the context distinction argued that philosophy of science is exclusively concerned with the context of justification. The assumption underlying this argument is that philosophy is a normative project; it determines norms for scientific practice." In: Jutta Schickore: Art. „Scientific Discovery" (2018). In: *The Stanford Encyclopedia of Philosophy. Summer 2018 Edition.* Hrsg. von Edward N. Zalta. Stanford: Stanford University Press. Vgl. auch Jutta Schickore und Friedrich Steinle (Hrsg.): *Revisiting Discovery and Justification. Historical and Philosophical Perspectives on the Context Distinction.* Dordrecht: Springer 2006.

121 Vgl. Klaus Mecke: „Zahl und Erzählung. Metaphern in Erkenntnisprozessen der Physik". In: *Quarks and Letters. Naturwissenschaften in der Literatur und Kultur der Gegenwart.* Hrsg. von Aura Heydenreich und Klaus Mecke. Berlin, Boston: De Gruyter 2015. S. 31–85.

sen Reorganisation beizutragen. Physik und Literatur setzen überkreuzte Verfahren in ihren Prozessen der Modellierung ein, um durch die Konfigurationen dichtere symbolische Weisen der Welterzeugung zu exemplifizieren. Die Narration übernimmt die Rolle der formalen Konstruktion und der Neubeschreibung der Welt und verbindet beide Prozesse: der metaphorische Prozess geht in den Modellierungsprozess über.

Ricœur deutet die Nähe zwischen den Verfahren der Metapher und der Modellierung an.

Bisher wurde in der Analyse herausgearbeitet, dass Goodman, Ricœur und Black eine Korrelation herstellen zwischen dem Prozess der Modellierung in den Naturwissenschaften und dem metaphorischen Prozess in der Literatur. Die Korrelation besteht darin, dass in beiden Fällen die primäre Referenz, die der Denotation, suspendiert wird und eine zweite Ebene erreicht wird, die mit Ricœur die Ebene der sekundären Referenz genannt wird. Doch weder Ricœur noch Goodman beschreiben diese konkrete Wechselwirkung anhand konkreter literarischer und wissenschaftlicher Texte.

Durch den Ansatz der Interformation, der hier vorgeschlagen wird, sollen diese Wechselwirkungen anhand konkreter Analysen fachwissenschaftlicher und literarischer Texte beschrieben werden. Ricœur analysiert die Überkreuzung der Verfahren zwischen Literatur und Geschichtswissenschaft. Mit dem interformativen Zugang soll gezeigt werden, wie die Sphären der Literatur und der Physik eine tertiäre Dimension der Modellierung eröffnen, zur Probesimulation möglicher Wechselwirkungen zwischen den Diskurssphären und deren Metareflexion. Somit kommt es zur Überlagerung und Überschneidung der Diskurssphären, zur paradigmatischen Kollision aus systematischer Sicht, aber dennoch zur Korrelation auf syntagmatischer Ebene bzw. auf der Ebene der Fabelkonfiguration nach Ricœur. Die Narration fungiert als die modellierende Mediatorin dieses grundsätzlichen Konflikts. Denn sie errichtet eine Konfiguration, die das Wagnis dieser interformativen Konstellation vorführt: Sie führt sowohl die Differenzen vor als auch den Versuch der asymptotischen Annäherung durch eine semio-logische Transformation, die prozessual zu verfolgen ist. Zudem reflektiert sie auf metanarrativer Ebene die konstruktiven und destruktiven Interferenzen dieser interformativen Wechselwirkungskonfiguration.

Das Konzept der Interformation verdankt der Ricœur'schen Theorie sehr viel, beschränkt sich jedoch nicht darauf, sondern geht einen Schritt weiter: Der metaphorische Prozess leitet als *shifter* den Übergang von der primären zur sekundären Dimension der Modellierung. Der Prozess der Interformation markiert den Übergang von der sekundären zur tertiären Dimension der Modellierung. Diese setzt die Grenzüberschreitung und punktuelle Überkreuzung mit einer anders organisierten semio-logischen Diskurssphäre voraus, die von formal-symbolischen Zeichenrelationen dominiert wird. Diese Überlagerung überschreitet die Zuständigkeit der Metapher, die zwei semantische Felder untereinander wechselwirken lässt.

Die Interformation lässt das literarsemiotische mit einem formal-symbolischen System der Organisation von Wirklichkeitserfahrung wechselwirken. Denn die Kollision kann im Falle der Interformation nicht auf der sekundären semantischen Ebene stattfinden, weil die semantische Ebene in der formalen Modellierung der Mathematik und theoretischen Physik der syntaktischen, formal-symbolischen Ebene untergeordnet ist. Der Prozess der Interformation bezieht stattdessen eine tertiäre Dimension ein, um dieser semio-logischen Asymmetrie zwischen den diskursiven Formationen der Physik und Literatur gerecht zu werden.

Meine These ist: Wenn in einem wissenschaftlichen Text das metaphorische Verfahren in die Modellierung einbezogen wird, dann verweist dieses hauptsächlich auf die Suspendierung der herkömmlichen Relation zwischen Sinn und Referenz und auf die Notwendigkeit der Konstruktion einer neuen Symmetrierelation. Das wird zu zeigen sein im Falle von Einsteins mathematische Modellierung der Speziellen Relativitätstheorie: die Vereinigung von Raum und Zeit ist durch die mathematische Symmetrierelation der Lorentz-Transformation eingeführt worden. Die Symmetrierelation ist eine intensionale Modellierung. Die Referenz, die Extension, die Bedeutung der Einführung dieser Korrelation führt zu einer Rekonzeptualisierung der Referenz. Dazu bedarf es der Narration, des Gedankenexperiments, zur temporären Suspendierung der primären Referenz zum Zwecke der heuristischen Neubeschreibung der Realität. Ob dann das Postulat Freges bewahrheitet wird und der neue Sinn zu einer neuen Referenz in der Realität führt, das entscheidet das Experiment.

Es kann zum Beispiel im Falle Maxwells gezeigt werden, dass die theoretische Physik zunächst durch den Einsatz der *scientific metaphor* (wie sie Maxwell benennt) eine Korrelation setzt, die dann aber in mathematische Strukturen transformiert wird. Dafür rekurriert die Physik auf die vollständige De-Semantisierung aufgrund der formal-symbolischen Prozessierung durch mathematische Verfahren. Doch nach der Formalisierung der Korrelation beginnt eine neue Phase der Re-Semiotisierung, Re-Semantisierung oder Re-Encodierung (nach Lotman). Denn die hergestellten Korrelationen existieren nicht nur auf der Ebene des intensionalen Sinns der mathematischen Form, sondern sie brauchen eine semantische Extension, um semantische Korrespondenzregeln herzustellen. Denn es stellt sich die Frage, wie die Reorganisation des extensionalen Felds durch die intensionale Symmetrierelation konkret aussieht.

Da die Mathematik lediglich monoplanar operiert und über keine Verfahren der Referenz zur Welt verfügt, ist sie auf die Sprache angewiesen. Jedoch nicht auf diejenige Sprache, die die primäre Referenz durch semiotische und semantische Codes bereits konventionalisiert hat. Gerade diese Codes müssen suspendiert werden, um die neue Sicht auf die Welt, die durch die tertiäre Korrelation hergestellt worden ist, zu eröffnen. Um die tertiäre Korrelation auszubuchstabieren, ist die theoretische Physik auf die Narration angewiesen. In den drei Kapiteln zu Keplers Astronomie (Kap. V.1) zu Einsteins Relativitätstheorie (Kap. VII.1) und zu Kip Thornes Theorie der durchquerbaren Wurmlöcher in der Allgemeinen Relativitätstheorie (Kap. VII.2) wird zu zeigen sein, dass die theoretische Physik in diesen Fällen auf folgende Mechanismen der Narration zurückgreift: Auf die Fiktion, das Gedankenexperiment, für die Suspendierung der primären Referenz; auf die Metapher zur Herstellung der Wechselwirkungsrelation zu einer anders organisierten semio-logioschen Diskurssphäre; auf die Fabelkonfiguration, die die semantische Extension der reorganisierten Welt probeweise simuliert.

Umgekehrt, wenn in der Literatur auf modellierende Verfahren der Physik und Mathematik rekurriert wird, dann geht es ebenso um die Suspendierung der Relation zwischen dem Sinn und der herkömmlichen Referenz und um die Herstellung eines neuen Sinns durch formale Verfahren und formale Korrelationen, deren Extension durch literarische, symbolische Exemplifikation vorgeführt wird. Die Interpretation dieser neuen Welt, die durch die formalen Korrelationen errichtet wird, wird dem Interpreten überlassen. Er wird die Verbindung herstellen zwischen der Welt des Werks und der eigenen Welt. Deren Realitätskorrelate, deren Korrespondenzen auf Extensionsebene, werden noch gesucht.

Doch es geht hier nicht um mögliche, alternative Welten im Sinne der *possible worlds theory*. Es geht um einen differenzierteren, komplexeren Zugang zur dichteren Beschreibung „dieser einen Welt“. Durch die *split reference*, werden nicht neue, alternative Paralleluniversen eröffnet, sondern es wird das „stereoskopische Sehen“ und Verstehen aus der Perspektive verschiedener semio-logischer Diskurssphären eingeübt. Das entspricht den narrativen und semiotischen Mechanismen der Interformation.

Interformative Modellierungen sind notwendigerweise stets auch selektiv. Sie setzen zwar Rahmen, bleiben aber in gewissen Punkten unbestimmt. Jedoch eröffnen diese Unbestimmtheitsstellen auch Möglichkeiten für Aushandlungsprozesse: Zwischen der empirischen Objektdimension der Modellierung, der die Korrespondenz zur ‚Realität‘ entspricht; ihrer symbolischen Dimension, die die Kohärenz der Modellierung und die Bezüge zu bestimmten theoretischen und/oder ästhetischen Symbolsystemen klärt; und ihrer pragmatischen Dimension, die die Bezüge zu unterschiedlichen Kontexten des Gebrauchs bzw. der Interpretation mitbestimmt. Diese drei Dimensionen gilt es in beiden Feldern – der Physik und der Literatur – zu berücksichtigen, doch jedes dieser semio-logischer Diskurssphären hat dafür eigene epistemische und ästhetische Prinzipien hervorgebracht. Stets dominieren die Regeln desjenigen Feldes, in dem hauptsächlich modelliert wird. Nachdem ich mit Cassirer und Goodman die symbolisch-syntaktische Dimension des Prozesses der

Interformation analysiert habe und im Anschluss an Ricœur die semantische Dimension des Transfers untersucht habe, die, wie bereits gezeigt, im Falle der Interformation zwischen den semio-logischen Sphären der Physik und der Literatur auch einen komplexen Prozess der Modellierung voraussetzt, werde ich mit Umberto Eco zur pragmatischen Dimension des Prozesses der Interformation übergehen.

Ricœur bezieht sich in der „Lebendigen Metapher" ebenfalls auf die Unterscheidung Freges zwischen Intension und Extension und spricht von der Verdoppelung der Referenz der Weltstrukturen auf der Ebene der Extension. Insofern können bestimmte Gemeinsamkeiten zwischen den beiden Zugängen von Ricœur und Eco gefunden werden. Man beobachtet in der Entwicklung der Eco'schen Theorie von dem „Offenen Kunstwerk"[122] über das Semiotik-Traktat bis hin zu den „Grenzen der Interpretation"[123] und „Kant und das Schnabeltier"[124], dass Eco die frühere semiotische Position, die behauptete, ausschließlich auf der Ebene der *langue* zu argumentieren, verlässt und mit Hjelmslev annimmt, dass die Verbindungen zwischen den Zeichen und der außersemiotischen Welt untersucht werden müssen. Man beobachtet auch im Falle von Ecos Theorie eine Bewegung, die bei Ricœur in Auseinandersetzung mit der Semiotik und der Sprechakttheorie festgestellt werden konnte, von der Semiotik zur Semantik und schließlich zur Pragmatik: Je mehr man sich von der der Mikro-Ebene der Zeichen hin auf der Ebene des Diskurses und zur narrativen Textebene bewegt, stellt sich tatsächlich die Frage der Bezüge der Textmodelle zur ‚Welt'.

2 Umberto Eco: Der Prozess der Semiose und die Mitarbeit des Lesers

Die Frage, die sich Umberto Eco in dem Kapitel „Peirce: Die semiosischen Grundlagen der textuellen Mitarbeit" in „Lector in fabula"[125] stellt, ist wie für Peirce als Realist und Pragmatist, aber nicht als naiver Realist, Ausdrücke mit Inhalten zu korrelieren sind, die unseren konkreten raum-zeitlichen Erfahrungen entspre-

122 Umberto Eco: *Das offene Kunstwerk*. Übers. von Günter Memmert. Frankfurt am Main: Suhrkamp 1977.

123 Umberto Eco: *Die Grenzen der Interpretation*. Hrsg. von Günter Memmert. 3. Aufl. München: Deutscher Taschenbuch Verlag 2004.

124 Umberto Eco: *Kant und das Schnabeltier*. Hrsg. von Herrmann Frank. München: Deutscher Taschenbuch Verlag 2003.

125 Umberto Eco: *Lector in fabula. Die Mitarbeit der Interpretation in erzählenden Texten*. Übers. von Heinz-Georg Held. München: Deutscher Taschenbuch Verlag 1987, S. 31–60.

chen. Eco schlägt einen Ausweg vor, der zunächst einmal etwas kryptisch klingt, der bei der weiteren Entfaltung als ein interessanter Ausweg aus dem Dilemma erscheint. Eco gibt als Beispiel das Semem „gehen“: „[...] für Peirce ist /gehen/ ein Ausdruck, der keine andere Identität hat als den Konsens seiner verschiedenartigen Manifestationen.“[126] Der Vorgang des „Gehens“ umschreibt nicht nur eine präzise Tätigkeit, sondern ist viel abstrakter umrissen, sodass es alle möglichen Manifestationen dieses Vorgangs in jeglicher kontextuellen Situation gibt. Daher ist das „Objekt dieses Zeichens die *Existenz eines Gesetzes.*“[127] Das Gesetz beruht auf einer gesellschaftlichen Konvention, die bereits in der Sprache kodifiziert ist, und die besagt, dass immer, wenn man als Mensch die Erfahrung macht, dass eine Tätigkeit von einem Körper so und so ausgeführt wird, und wenn man ein Zeichen als Repräsentamen dafür diskursiv einsetzt, diese so und so präzise beschriebene und so ausgeführte Tätigkeit dann als /gehen/ bezeichnet wird. Der Duden definiert die Tätigkeit als „schrittweises Sichfortbewegen auf den Füßen in aufrechter Haltung“.[128]

Das Objekt dieses Semems ist also nach Eco und Peirce „eine Regel, ein Gesetz, eine Vorschrift, [...] eine semantische Instruktion.“[129] Eco gibt diese Definition: Das Objekt des Semems sei „die operative Beschreibung einer Klasse von möglichen Erfahrungen.“[130]

Eco weist ausdrücklich darauf hin, dass „niemand“ behaupten kann, dass Peirce mit „Objekt“ eine „konkrete, vorfindliche Sache gemeint habe (welches in der Semiotik von Ogden und Richards „Referent“ genannt wird)“.[131] Das ist ein äußerst wichtiger Schritt in der Argumentation, in der Eco mit Peirce das änigmatische „Objekt“ der Semiose rekonzeptualisiert und ausdrücklich darauf hinweist, dass es oft, aber nicht immer ein Objekt der empirischen Realität sein muss. Es kann auch ein Objekt sein, das es noch auszuhandeln gilt. Das wäre ein offenes, „epistemisches Ding“ im Sinne von Hans-Jörg Rheinberger.[132] Jedoch geht Eco mit

---

126 Eco: *Lector in fabula* (Anm. 124), S. 33.

127 Eco: *Lector in fabula* (Anm. 124), S. 33. Hervorhebung im Original.

128 Art. „gehen“. In: *Duden online*. Hrsg. von der Dudenredaktion. https://www.duden.de/rechtschreibung/Gehen (zuletzt besucht am 09. Februar 2023).

129 Eco: *Lector in fabula* (Anm. 124), S. 33.

130 Eco: *Lector in fabula* (Anm. 124), S. 33.

131 Eco: *Lector in fabula* (Anm. 124), S. 32.

132 Vgl. Hans-Jörg Rheinberger: „Begriffsgeschichte epistemischer Objekte“. In: *Begriffsgeschichte der Naturwissenschaften. Zur historischen und kulturellen Dimension naturwissenschaftlicher Konzepte*. Hrsg. von Ernst Müller und Falko Schmieder. Berlin, Boston: De Gruyter 2008. S. 1–9; ders.: *Experimentalsysteme und epistemische Dinge. Eine Geschichte der Proteinsynthese im Reagenzglas*. Übers. von Gerhard Herrgott. Göttingen: Wallstein 2001; ders.: *Experiment, Differenz, Schrift. Zur Geschichte epistemischer Dinge*. Marburg an der Lahn: Basilisken-Presse 1992.

Peirce hier nicht so weit, das Objekt der unbegrenzten Semiose im Sinne der Derrida'schen Dekonstruktion zu überlassen. Eco setzt sich mit dieser Idee auseinander, weil sie natürlich verlockend ist, aber er verweist – genauso wie Ricœur im Übrigen – zugleich darauf hin, dass der Semiotik droht, ihre Existenzberechtigung zu verlieren, wenn sie den Anspruch nicht erhebt, die Korrelation zwischen Zeichen und Welt in irgendeiner Weise herzustellen. Doch dass diese Korrelation nicht im Kontext eines naiven Realismus hergestellt werden kann, das ist seit Kant bekannt. Eco bleibt hier jedoch nicht stehen.

In einem ersten Schritt müsste die Definition des Begriffs semiotisch rekonzeptualisiert werden. Eco vollzieht diese Rekonzeptualisierung anhand eines Beispiels von Peirce. Er rückt dabei selbst von der etwas älteren semiotischen Konzeption des konventionellen Codes, durch die Begriffe definiert werden, ab und verweist auf die Möglichkeit einer Definition, die den Prozesscharakter der Semiose betont. Die Definitionen werden nun mit einer bestimmten Handlung, mit einer bestimmten Praxis korreliert. Eco nennt zwei Beispiele, die Peirce anführt. Die erste gilt dem Semem /hart/: „Solange ein Stein unverändert hart bleibt, wird jeder Versuch scheitern, ihn mit mäßigem Druck eines Messers zu zerschneiden. Den Stein hart zu nennen, ist die Vorhersage, dass ungeachtet der Häufigkeit, mit der Sie das Experiment unternehmen werden, es doch jedes Mal scheitern muss."[133] Die Definition wird von Peirce auch mit einer bestimmten experimentellen, ja experientiellen Praxis verbunden. Das nächste Beispiel, das Eco von Peirce anführt, ist etwas länger. Eco zitiert die gesamte Definition, die Peirce für das Semem /Lithium/ anführt, nicht ohne davor darauf hinzuweisen, dass „Peirces Sprache (die gewöhnlich – und auch in diesem Fall – grauenvoll ist) einen ihrer entscheidenden poetischen Aufschwünge nimmt"[134]:

> Wenn sie in einem Lehrbuch der Chemie nach einer Definition von *Lithium* suchen, erfahren Sie vielleicht, daß es sich um dasjenige Element handelt, dessen Atomgewicht beinahe 7 ist. Wenn aber der Autor einen logischeren Kopf besitzt, wird er Ihnen mitteilen, daß Sie unter den Mineralien, die glasartig, durchsichtig, grau oder weiß, sehr hart, spröde und unlöslich sind, nach einem Mineral suchen sollen, das einer nicht glänzenden Flamme einen karmesinroten Schimmer verleiht; wenn dieses Mineral mit Kalk oder Witherit pulverisiert und dann verschmolzen wird, kann es mit gewöhnlichen Methoden in eine Chlorverbindung umgewandelt werden; im festen Zustand gewonnen, verschmolzen und mit einem halben Dutzend kräftiger Zellen elektrolysiert, bringt es ein Kügelchen eines rosigsilbrigen Metalls hervor, das auf Saolin schwimmt; und dessen Material ist eine Lithium-Probe. Die Besonderheit dieser Definition – oder vielmehr dieser Unterweisung, die dienlicher ist als

133 Charles Sanders Peirce: *Collected Papers of Charles Sanders Peirce*. 8 Bände. Hrsg. von Charles Hartshorne und Paul Weiss. 2. Druck. Cambridge, MA: The Belknap Press of Harvard University Press 1960, 1.615; Eco: *Lector in fabula* (Anm. 124), S. 44.

134 Eco: *Lector in fabula* (Anm. 124), S. 44.

eine Definition – besteht darin, daß Sie Ihnen sagt, was das Wort *Lithium* bedeutet, indem sie vorschreibt, was Sie *tun* müssen, um mit dem Objekt eine wahrnehmungsmäßige Bekanntschaft zu schließen.[135]

2.1 Experimentelle und experientielle Praxis

Eco weist darauf hin, dass die enzyklopädische Definition von Peirce etwas umständlich ist, um sie auf ökonomische Weise zu formalisieren. Doch darum geht es Peirce hier nicht in erster Linie, merkt Eco an. Es geht vielmehr um eine Definition, die anders orientiert ist. Sie liefert Informationen auf zwei verschiedenen Ebenen: Informationen zur experimentellen und zur experientiellen Praxis. Der Abschnitt zeigt, welche Handlungen experimentell ausgeführt werden sollten, um die Effekte dieses chemischen Elementes in der Realität sinnlich wahrnehmen zu können. Der erste Teil der Definition ist experimentell, der zweite Teil ist experientiell. Der erste Teil bezieht sich auf Instrumente und technische Operationen, der zweite Teil bezieht sich auf menschliche Wahrnehmungen. In einer handlungs- und praxisorientierten Definition wird der *experiencer* – derjenige, der das Experiment durchführt und dessen Ergebnisse wahrnimmt – durchaus einbezogen. Eco weist hier auch auf die Kasus-Grammatik Fillmores hin: „Wenn auch in literarisch verwässerter Form, so ist doch diese Definition ein hervorragendes Beispiel für eine semantische Analyse einer Kasus-Grammatik.“[136]

Fillmores semantische Kasus-Grammatik, die später Frame-Theorie genannt wurde, sah tatsächlich mehrere Aktantenrollen vor, die ein Prädikat in einem Satz erfordert: „Agent, Experiencer, Instrument, Object, Source, Goal, Location, Time, Path“.[137] Dieser Hinweis ist deshalb wichtig, weil Eco die Verbindung zu Greimas' narrativer Aktantentheorie herstellt, die nicht nur auf einen einzigen Satz reduziert ist, aber die Aktantenrollen ebenfalls für einen narrativen Text formalisiert. Ich erwähne dies, um darauf hinzuweisen, dass die von Peirce skizzierte praxisorientierte Definition, die experimentellen und experientiellen Charakter hat, auch zur Beschreibung der Struktur und der Funktionen narrativer Gedankenexperimente herangezogen werden könnte. Die narrativen Gedankenexperimente, die in physikalischen und in literarischen Texten vorkommen, sehen ebenfalls unterschiedli-

135 Peirce: *Collected Papers* (Anm. 132), 2.330; Eco: *Lector in fabula* (Anm. 124), S. 44–45.

136 Eco: *Lector in fabula* (Anm. 124), S. 45.

137 Charles J. Fillmore: „Some Problems for Case Grammar“. In: *Linguistics. Developments of the Sixties – Viewpoints of the Seventies.* Report of the Twenty-second Annual Round Table Meeting on Linguistics and Language Studies. Hrsg. von Richard J. O'Brien. Washington D.C.: Georgetown University Press 1971. S. 35–56.

che Aktantenrollen vor, wie in der Analyse der Gedankenexperimente Einsteins und Keplers zu zeigen sein wird. Für die Dimension der Experimentalisierung ist die Diskurssphäre der Physik zuständig. Sie gibt die Anweisung für die Messerzählung, die Modellerzählung und die Ereigniserzählung, wie dies in der Systematik von Klaus Mecke dargelegt wird. Doch für die zweite Komponente der Experientialisierung, die mit der menschlichen Wahrnehmung, mit dem menschlichen Denken und vor allem mit dem Umdenken angesichts der veränderten Wahrnehmung zu tun hat, das heißt auch mit der Rationalisierung und Plausibilisierung des epistemischen Ergebnisses des Experiments, rekurriert der wissenschaftliche Diskurs gerade im Entdeckungskontext auf die Narrativität. Die Textstrategien des Gedankenexperiments adressieren den Leser, dem bestimmte interpretative Entscheidungen nahegelegt werden, wie die der „abduktiven Inferenz“[138] nach Peirce. Die Interpretation des narrativen Textes würde nach Eco in der Tat den logischen Prozess der Abduktion involvieren.[139]

Diese Definition ist deshalb wichtig, weil sie uns eine operative Vorschrift an die Hand gibt, wie umzugehen ist mit den so genannten Objekten der Semiose, die in manchen Fällen im Diskurs der theoretischen Physik und in manchen Fällen in dem literarischen Diskurs „nur“ eine formal-symbolische bzw. eine poetische, exemplifikatorische Referenz haben. Wie instituiert sich von hier aus die Existenz eines habitualisierten Gesetzes? Eben indem sie eine Klasse von möglichen Erfahrungen beschreiben oder modellhaft exemplifizieren, die zwar noch nicht gemacht worden sind, was aber gerade nicht bedeutet, dass sie nicht existieren. Deren Relavanz wurde bloß noch nicht erkannt und beschrieben. In diesem Fall tragen der formal-symbolische Diskurs und der literarische Diskurs gemeinsam dazu bei, die symbolische Instruktion mit einer semantischen Vorschrift zu verbinden, um eine „operative Beschreibung einer Klasse von möglichen Erfahrungen“[140] zu modellieren. Denn ohne Semantik gibt es keine Pragmatik. Die Funktion des komplementären Einsatzes ist, eine Probesimulation zu liefern, als „operative Beschreibung einer Klasse von möglichen Erfahrungen.“[141] Die mathematische Physik liefert hierfür die Regel der Quantität und Proportionalität, die Erzählung liefert dafür die Qualität der Erfahrungshaftigkeit, der Experientialität.

138 Peirce: *Collected Papers* (Anm. 132), 5.153; Eco: *Lector in fabula* (Anm. 124), S. 49–50.

139 Vgl. Umberto Eco und Thomas Albert Sebeok (Hrsg.): *Der Zirkel oder im Zeichen der Drei. Dupin, Holmes, Peirce.* Übers. von Christiane Spelsberg und Roger Willemsen. München: Fink 1985.

140 Eco: *Lector in fabula* (Anm. 124), S. 33.

141 Eco: *Lector in fabula* (Anm. 124), S. 33.

2.2 Das dynamische Objekt der Semiose

Worauf Peirce und Eco hier hinweisen, ist sehr wichtig für meine Argumentation. Eco weist darauf hin, dass Peirce schon das „Objekt" des Zeichens als geteilt versteht und von zwei verschiedenen Objekten sprach: Einerseits von dem „dynamischen Objekt",[142] andererseits von dem „unmittelbaren Objekt".[143] Die Definitionen, die Eco nach Peirce zitiert, sind etwas kryptisch: das dynamische Objekt ist das Objekt, „das in gewisser Weise dazu zwingt, das Zeichen zu seiner Repräsentation zu determinieren".[144] Das unmittelbare Objekt ist das „Objekt, wie das Zeichen selbst es repräsentiert, dessen Sein so von der Repräsentation abhängig ist, daß es in dem Zeichen aufgeht."[145]

Man könnte die Vermutung aufstellen, dass das unmittelbare Objekt die Intension wäre, während das dynamische Objekt das dazu gesuchte extensionale Korrelat wäre, eine Extension, die jetzt nur hypothetisch, simulativ gilt, noch ein epistemisches Objekt im Sinne von Rheinberger ist. Deshalb kann die Extension als dynamisches Objekt noch diskursiv verhandelt werden – so lange, bis es das vorläufige Ende des Prozesses der Semiose in ein Gesetz gefunden hat, das von der Klasse von möglichen Erfahrungen ausgeht, diese jedoch auch als reale Erfahrungen ausweisen kann. Wenn es zu einem semiotischen Gesetz, zu einem Code konventionalisiert ist und zur diskursiven Gewohnheit wird, die menschlich habitualisiert ist, dann wird der Prozess der dynamischen Semiose vorerst stillgelegt.

Solang dies noch nicht der Fall ist, gilt das Signifikat als „dynamisches Objekt", als „Interpretant", ein Komplex, ein Nexus, ein Modell, ein „skelettförmiges Diagramm", ein „Umrißentwurf" des Objektes, der vorsieht „welche Modifikationen der hypothetische Status erfordern würde, um in jenem Bild realisiert zu werden".[146]

Eco unterscheidet zwischen dem „Interpretanten des Diskurses"[147] und dem „Interpretanten des Begriffs"[148] und weist darauf hin, „daß der ‚Interpretant' nicht allein das Signifikat eines Begriffs darstellt, sondern auch die aus Prämissen gezogene Schlußfolgerung eines Arguments."[149] Doch Eco ergänzt, dass weder das

142 Eco: *Lector in fabula* (Anm. 124), S. 33.
143 Peirce: *Collected Papers* (Anm. 132), 4.536; Eco: *Lector in fabula* (Anm. 124), S. 33.
144 Peirce: *Collected Papers* (Anm. 132), 4.536; Eco: *Lector in fabula* (Anm. 124), S. 33.
145 Peirce: *Collected Papers* (Anm. 132), 4.536, im Jahre 1906; Eco: *Lector in fabula* (Anm. 124), S. 33.
146 Peirce: *Collected Papers* (Anm. 132), 2.227; Eco: *Lector in fabula* (Anm. 124), S. 35.
147 Eco: *Lector in fabula* (Anm. 124), S. 38.
148 Eco: *Lector in fabula* (Anm. 124), S. 38.
149 Peirce: *Collected Papers* (Anm. 132), 1.559; Eco: *Lector in fabula* (Anm. 124), S. 38.

Signifikat eines Satzes noch die Summe seiner Interpretanten die Möglichkeiten des Satzes erschöpfen, dass weitere Deutungen und Interpretationen in der Zukunft entfaltet werden können. In diesem Sinne ist es „ein Gesetz, eine Regelhaftigkeit von unbegrenzter Zukunft".[150] Jedoch bedeutet die unbegrenzte Zukunft nicht Beliebigkeit: Die Texte setzen strategische Restriktionen und lassen nicht jede beliebige Interpretation zu. Diese Restriktionen werden, so Eco, durch die diskursiven Strategien beschränkt. Das Signifikat eines Satzes umfasst „jede seiner offenkundigen notwendigen Deduktionen."[151]

Das dynamische Objekt ist ein Modell, das sich noch im Prozess der Semiose befindet. Es ist ein Modellierungsprozess, dessen Signifikation noch nicht in semiotische Konventionen, in konventionelle Codes übersetzt worden ist. Es ist ein komplexer Schematisierungsprozess, dessen Signifikation noch nicht zur Ruhe gekommen ist und deshalb auch noch nicht in der Enzyklopädie definitorisch festgelegt ist. Ein so geartetes Modell ist auf die Narration angewiesen, weil sie die diskursiven Verfahren zur Verfügung stellt, um die Komplexität seiner Korrelationen diskursiv zu prozessieren, die entsprechenden Spielarten seiner Extensionen semantisch vorzuführen und epistemisch zu reflektieren, ohne dass der Prozess der Semiose vorschnell und undifferenziert zur Ruhe kommt, zur Gewohnheit wird und konventionalisiert wird.

Der Interpretant wird bei Peirce definiert als „alle die Zeichen, die über jenes Objekt bekannt sind."[152] Das sind alle die Zeichen, die die interpretativen Verbindungen herstellen zwischen dem unmittelbaren Objekt, dem Zeichen selbst, dem „Repräsentamen", der „Intension" und dem dynamischen Objekt, seiner „dynamischen Extension", die empirisch noch nicht realisiert ist und erst durch ein Gedankenexperiment hypothetisch vorgeführt wird.

Das dynamische Objekt ist eine hypothetische Extension, es ist ein Prozess, der Vermutungen und Hypothesen aufreiht, um dasjenige Bild, das durch ein „skelettförmiges Diagramm" angedeutet wird, in der Umrissform einer möglichen Erfahrung immer mehr zu konkretisieren. Es ist der Versuch einer semantischen asymptotischen Annäherung, ein „Umrißentwurf" eines Objektes also, wie Peirce schreibt, der vorsieht, „welche Modifikationen der hypothetische Status erfordern würde, um in jenem Bild realisiert zu werden."[153]

---

150 Peirce: *Collected Papers* (Anm. 132), 2.293; Eco: *Lector in fabula* (Anm. 124), S. 38.
151 Peirce: *Collected Papers* (Anm. 132), 5.165; Eco: *Lector in fabula* (Anm. 124), S. 38.
152 Peirce: *Collected Papers* (Anm. 132), 2.418, 1.551; Eco: *Lector in fabula* (Anm. 124), S. 34.
153 Peirce: *Collected Papers* (Anm. 132), 2.227; Eco: *Lector in fabula* (Anm. 124), S. 35.

2.3 *Ratio facilis* und *ratio difficilis*

Das dynamische Objekt kann verstanden werden als der Gegenstand der explorativen Suche, die durch die Modellierung vollzogen wird. Im Hinblick auf den vorliegenden Untersuchungsgegenstand könnte dies ein Hinweis für gewisse Phasen der Modellierung in der theoretischen Physik sein, wo diese auf die Narration angewiesen ist. Die Physik ist auf das Gedankenexperiment und die Narration angewiesen, um das formal-symbolische Objekt, das durch eine Gleichung als formal-symbolische Korrelation definiert wird, mit einer gewissen Extension zu versehen. Das formal-symbolische Objekt muss semantisiert werden, falls die Vorstellungen über seine Extension im Prozess der Kommunikation übertragen werden sollen. Jedoch hat die wissenschaftliche Community zu diesem Zeitpunkt noch keinen konventionellen Code, keine diskursive Praxis entfaltet, um das neue Konzept und seine Implikationen zu behandeln. Es ist also noch gar nicht klar, *wie* die Verbindung zwischen Intension und Extension hergestellt werden soll.

Umberto Eco bezeichnet in seiner kultursemiotischen Theorie der Codeerzeugung diejenigen Verhältnisbestimmungen zwischen Zeichen und Symbolsystemen, die nach herkömmlichen Funktionscodes geregelt sind, als solche der *ratio facilis*. Die primäre Dimension der Modellierung ist bestimmt durch Codierungsverfahren, die der *ratio facilis* entsprechen.[154] Die Modellierung nach dem gegenläufigen Prinzip der *ratio difficilis* indes verlässt, verletzt und sprengt herkömmliche Codes und tendiert zur Etablierung neuer Codes. Sie hat damit die Funktion der Codeerneuerung: Sie überlagert herkömmliche Codes, erweitert sie im Zuge neuer semiotischer Konfigurationen oder entwickelt sie neu. Eco schildert die Situation folgendermaßen: „Der Zeichenerzeuger hat eine ungefähre Vorstellung von dem, was er ‚sagen' möchte, weiß aber nicht, *wie* er es sagen soll; und er kann nicht wissen, *wie* er es sagen soll, bis er entdeckt hat, *was genau* er sagen will. Das Fehlen eines definiten Inhalts-Typus macht es unmöglich, einen Ausdrucks-Typus zu finden, während das Fehlen eines Ausdrucks-Typus den Inhalt vage und unartikulierbar macht."[155] Eco schildert genau jene Situation, die er mit dem Terminus „Diskurs" bezeichnet: „Wir werden zunächst jene Fälle untersuchen, bei denen man eine große Zahl von Inhalts-Einheiten ausdrücken muß, deren Zusammenfügung nicht vorher codiert wurde und deshalb einen *Diskurs* darstellt. Definieren wir einen Diskurs als das Äquivalent dessen, was auf der Ausdrucksebene ein Text ist."[156] Eine Zeichen-Funktion ist mit Eco dann definiert, wenn ein wohl segmentiertes hoch differen-

154 Vgl. Umberto Eco: *Semiotik. Entwurf einer Theorie der Zeichen*. Übers. von Günter Memmert. München: Fink 1987, S. 245–247.

155 Eco: *Semiotik* (Anm. 153), S. 251–252. Hervorhebung im Original.

156 Eco: *Semiotik* (Anm. 153), S. 250.

ziertes Inhalts-System über ein mit ihm korrespondierenden Ausdrucks-System verfügt.

Im Falle der *ratio difficilis* steht der Zeichenerzeuger vor der paradoxen Situation, dass der Ausdruck „sich nach einem Inhaltsmodell richten muß, das als solches gar nicht existiert."[157] In den Fällen, die ich untersuche, wird sich der Ausdruck an einem Inhalts-Modell orientieren müssen, das selbst gerade erst modelliert wird. Damit definiert Eco den Unterschied „zwischen einer *von Regeln beherrschten* und einer *die Regeln verändernden Kreativität*".[158] In diesem Fall muss der Zeichen-Erzeuger eine Zeichen-Funktion setzen oder erfinden, die nicht ganz außerhalb des Regelsystems situiert ist, (sonst wäre sie kaum zu verstehen), und sich auch nicht dessen Regeln unterwirft, denn die bestehenden Regeln geben dieses Inhalts-Modell gar nicht her. „Da jede Zeichen-Funktion auf einem Code basiert, muß er eine neue Art des Codierens vorschlagen", so Eco. Wie kann dabei vorgegangen werden? Einen Code vorzuschlagen bedeutet nach Eco, eine Korrelation vorzuschlagen. Eine Code-Korrelation jedoch etabliert sich üblicherweise durch Konvention, eine solche Konvention gibt es in diesem Fall nicht. Ist die Korrelation, die die Zeichen-Funktion bildet und den Code voraussetzt, komplex, so setzt ein Prozess der Zeichenerzeugung ein, der gleichermaßen Code, Zeichen-Funktion und die einschlägigen Korrelationen zu modellieren hat. Die verstehensrelevanten Merkmale, die im Prozess der Modellierung vorgeführt werden, werden dann mittels komplexer „Transformationsregeln in ein bestimmtes Ausdruckskontinuum ‚projiziert'."[159] „Ist der Inhalts-Typus komplex, so werden auch die Transformationsregeln komplex sein müssen, und sie werden, da sie in der mikroskopischen Textur des Signals verwurzelt sind, zuweilen gar nicht feststellbar sein. Auf diese Weise wird ein Zeichen (oder ein Text) *dicht*."[160] Diese Situation kommt, so meine These, in beiden sekundär modellierenden Systemen vor, in dem der Literatur und dem der (mathematischen) Physik.

Im letzten Kapitel dieser Studie werde ich dieses Problem analysieren (vgl. Kap. IX). Es geht um Diracs theoretische Beschreibung des Elektrons durch die Herleitung der Dirac-Gleichung.[161] Die Lösungen der Gleichung ergaben implizit auch die mögliche Existenz eines Antiteilchens, eines Anti-Elektrons bzw. der Anti-Materie.[162] Dieses Anti-Teilchen existierte nur als negative Energie-Lösung der Glei-

157 Eco: *Semiotik* (Anm. 153), S. 251.

158 Eco: *Semiotik* (Anm. 153), S. 252. Hervorhebung im Original.

159 Eco: *Semiotik* (Anm. 153), S. 252.

160 Eco: *Semiotik* (Anm. 153), S. 252.

161 Vgl. Paul A. M. Dirac: „The Quantum Theory of the Electron". In: *Proceedings of the Royal Society of London A: Mathematical, Physical and Engineering Sciences* 117.778 (1928). S. 610–624.

162 Vgl. Paul A. M. Dirac: „A Theory of Electrons and Protons". In: *Proceedings of the Royal Society of London A: Mathematical, Physical and Engineering Sciences* 126.801 (1930). S. 360–365.

chung, als intensionales formal-symbolisches Objekt, das aus der Gleichung resultiert. Es wies jedoch noch keine konkrete Extension auf. Dirac erklärte jedoch immer wieder, dass er diese Lösung der Gleichung auch nicht unter den Tisch fallen lassen könne, denn die Lösung sei richtig. Jedoch war dieses Anti-Teilchen weder mathematisch noch physikalisch denkbar oder akzeptabel. Es gab dafür auch keine Korrelation zwischen der formal-symbolischen Intension und der semantischen Extension.

Für das „wie" der Korrelation zwischen Intension und Extension schlug Dirac[163] eine Idee vor, die als „Interpretant" gelten kann: das Konzept des Dirac-Meers, das einem Gedankenexperiment bzw. einer Narration glich, die versuchte, die Korrelation zwischen dem formal-symbolisch modellierten Objekt (als Gleichungslösung) und seiner semantischen Extension (Positron als reales Teilchen) herzustellen.[164] Somit sollte der Weg dafür gebahnt werden, noch eine Entsprechung in der Realität zu finden, das pragmatische Korrelat des Positrons. Dieses wurde 1931 durch Anderson gefunden und damit wurde klar, dass Dirac durch diese unerwartete Lösung der Gleichung die Quantenfeldtheorie oder die Vielteilchentheorie begründet hatte. Von 1928 bis 1931 war das Positron auf verschiedene Interpretanten angewiesen, die seine Extension zu klären versuchten. Diese Interpretanten kursierten als textuelle, diskursive Praxis in der theoretischen Physik. Sie nahmen die diskursive Form der geregelten institutionellen Praxis der Narration an, die auf der Suche nach einer Referenz war, die sich aus der Idee der formal-symbolischen Überlagerung der Speziellen Relativitätstheorie und der Quantentheorie ergeben hatte.

Die Frage, die sich hier stellt, ist wie die Zeichenrelation funktionieren soll, wenn das Objekt, für das das Zeichen stehen soll, nur intensional durch eine formal-symbolische Relation definiert ist, zu der jedoch noch kein Objekt, kein semantisches Korrelat existiert bzw. gefunden wurde. Dieses semantische Korrelat ist Objekt der Interpretation. Ein semantisches Korrelat, das nicht genau gezeigt oder vorgestellt werden kann, ist noch ein Interpretant. Es ist ein dynamisches Objekt, das Möglichkeiten der Interpretation offenlässt. Eine mögliche intensionale Form, in dem es zumindest performativ vorgeführt werden kann, ist die des Gedankenexperiments, der Narration. Diese beansprucht noch nicht die Korrespondenz zur primären Referenz (der Realität), sondern sie modelliert ein semantisches Korrelat. Das formal-symbolische Zeichen bringt sein Repräsentamen in Form eines anderen Zeichens, in Form des Gedankenexperiments, der Narration hervor. Die Narration

---

163 Vgl. meine Analyse im neunten Kapitel (IX.3.1–IX.3.2) in dieser Arbeit (S. 571–576).

164 Vgl. Paul A. M. Dirac: „The Physical Interpretation of Quantum Mechanics. Bakerian Lecture". In: *Proceedings of the Royal Society of London A: Mathematical, Physical and Engineering Sciences* 180.980 (1942). S. 1–40.

bietet diese diskursive Praxis an, um die „Haecceitas“[165] dieses Objekts einzuschränken, jedoch seine Spezifizität nicht von vornherein zu bestimmen oder festzulegen. Vielmehr will sie sie im diskursiven Prozess aushandeln. Eco weist darauf hin, dass der ‚Interpretant‘ keine Idee ist, sondern ein weiteres Zeichen,[166] eines, das ein eigenes Repräsentamen besitzt. Das Repräsentamen hat zudem die Funktion, das Spezifische des Objektes, das bisher nur formal-symbolisch vorgestellt wurde, konkreter darzustellen. Ein Prozess der Selektion und der Präzision setzt ein. Denn das Objekt, das formal-symbolisch konstituiert ist, existiert nur, wenn es unter einem bestimmten Gesichtspunkt denkbar ist. Um denkbar und diskursiv verhandelbar zu sein, bedarf es einer gewissen Semantizität. Der Prozess der Semiose startet für dieses Objekt damit, dass es als „Abstraktion, als Modell einer möglichen (und auf ein sehr präzises Verhältnis zugeschnittenen) Erfahrung gedacht“[167] werden kann. An dieser Stelle soll erwähnt werden, dass in der Konzeption von Monika Fludernik[168] und Marco Caracciolo[169] eines der definierenden Merkmale des narrativen Diskurses die „Experientialität“[170] ist, die „Erfahrungshaftigkeit“. Dieses Konzept kann mit Eco und Peirce nur in Verbindung gebracht werden, wenn das Objekt erstmal nur als Abstraktion in den Diskurs eintritt, als Modell einer möglichen Erfahrung, einer auf präzise Korrelationen zugeschnittene Erfahrung.

Denn der narrative Diskurs stellt die notwendige differenzierte Rahmenkonstruktion zur Verfügung, um die verschiedenen Ebenen der Referenz zu unterscheiden. So kann vorgeschlagen werden, wie und warum die alte, primäre Referenz, suspendiert werden soll, um eine Grenze überschreiten zu können und um einen neuen Standpunkt, eine neue Perspektive einnehmen zu können, von wo aus andere Wahrnehmungen, andere Messungen möglich sein könnten, von wo aus aber auch andere Praktiken der Rationalisierung dessen, was nun aus neuer Seh-Perspektive wahrgenommen wird, plausibilisiert werden können. Der Perspektivwechsel, die veränderte Wahrnehmung und die notwendig gewordene neue Art der Rationalisierung werden durch eine geschickte differenzierte narrative Rahmenkonstruktion plausibilisiert. Hier wird nichts dem Zufall überlassen, wie im Falle der Texte von Kepler und Einstein zu zeigen sein wird (Kap. V.1 und VII.1). Ich führe in einer Übersicht in Abb. III–2 auf Seite 168 alle Parameter des

165 Eco: *Lector in fabula* (Anm. 124), S. 32.
166 Vgl. Eco: *Lector in fabula* (Anm. 124), S. 32.
167 Eco: *Lector in fabula* (Anm. 124), S. 32.
168 Vgl. Monika Fludernik: *Towards a ‚Natural‘ Narratology*. London: Routledge 1996.
169 Vgl. Marco Caracciolo: *The Experientiality of Narrative. An Enactivist Approach*. Berlin, Boston: De Gruyter 2014.
170 Vgl. Marco Caracciolo: „Notes for a(nother) Theory of Experientiality“. In: *Journal of Literary Theory* 6.1 (2012). S. 177–194.

Erzählens auf, die im Folgenden zu berücksichtigen sein werden, die in narrativen Diskursen als wissenschaftliche Gedankenexperimente einerseits und als literarische Gedankenexperimente andererseits zu untersuchen sein werden, wobei die Dimensionen der Experimentalität und der Experientialisierung eine wichtige Rolle spielen. Es wird zu zeigen sein, dass die Narration einen entscheidenden Beitrag dazu leistet, die operativen Vorschriften dieser Probesimulation zu exemplifizieren, oder, wie Peirce schreibt: „*what you are to do in order to gain a perceptual acquaintance with the object of the world.*“[171]

Das dynamische Objekt des narrativen Textes wäre dann in meiner Lesart die Resultante der komplexen Aushandlungsprozesse zwischen den diskursiven Strategien, die im Text aktualisiert werden, die unterschiedlichen semio-logischen Diskurssphären entstammen, die unterschiedliche Modellierungsverfahren einsetzen, die nun in dem narrativen Text überlagert werden. Das dynamische Objekt wird anhand von Textstrategien konstituiert. Es ist aber für seine Konstitution auch auf die textuelle Mitarbeit des Lesers angewiesen. Der Leser wird bekanntlich in jedem Gedankenexperiment adressiert, ja sogar als Adressat textstrategisch angelegt. In diesem Zusammenhang weist auch Eco auf den Prozess der Modellierung hin, der dafür eingesetzt wird, um das enzyklopädische Ausmaß der Diskursuniversen auf ein handliches Ausmaß zu reduzieren, um sie textstrategisch zu integrieren.[172]

2.4 Habitualisierung neuer Zeichenfunktionen

Aber es bleibt immer noch folgende Frage offen, die Eco mit Peirce stellt: Kann es eine Verbindung geben zwischen Zeichen, die semiologischer Natur sind und einem ‚dynamischen Objekt', das zur Außenwelt gehört? Wie kann man durch Zeichen die Existenz eines ‚dynamischen Objekts' der Außenwelt simulieren, wenn der Rezipient doch das Objekt kennen oder eine Erfahrung davon haben müsste, um es in der Welt wiederzuerkennen?[173] Nach Eco ist die Antwort beispielsweise in der Peirce'schen Definition des Lithium mitgegeben und sie gilt auch für ein narratives Gedankenexperiment: Es liefert eine semantische Instruktion und führt vor, was zu tun wäre, um einen adäquaten Zugang zu einer bestimmten Klasse von möglichen Erfahrungen zu finden. Das tut auch eine Modellerzählung der Physik.

171 Peirce: *Collected Papers* (Anm. 132), 2.330; Eco: *Lector in fabula* (Anm. 124), S. 44–45.
172 Vgl. Eco: *Lector in fabula* (Anm. 124), S. 123.
173 Vgl. Peirce: *Collected Papers* (Anm. 132), 2.231; Eco: *Lector in fabula* (Anm. 124), S. 50.

Nun folgt eine der schwierigsten Passagen der Argumentation: Eco geht mit Peirce und Fillmore davon aus, dass die Codierung der Zeichenfunktion nur darauf beruhen kann, dass man sich darauf verlassen kann, dass ein Zeichen eine gewisse Vorstellung beim Rezipienten evoziert. Diese Zeichenrelation kann sich nur dann gesellschaftlich etablieren, wenn sie eingeübt und habitualisiert wird. Wird sie zur Gewohnheit, provoziert sie eine „Regelhaftigkeit von Verhaltensweisen" bei mehreren Rezipienten, dann können diese miteinander kommunizieren, denn die Zeichenrelation hat sich als gesellschaftliche Konvention etabliert. Eine Gewohnheit ist nach Peirce der Garant dafür, dass diverse Interpreten auch in Zukunft vergleichbare Reaktionen zeigen werden. Die Zeichenrelation etabliert eine gesellschaftliche Praxis der Kommunikation. Es geht hier nicht um einen mentalistischen Zugang, denn die gesellschaftliche Praxis der Kommunikation ist objektivierbar und intersubjektiv nachvollziehbar. Die Korrelation zwischen Zeichen als Repräsentamen und seinem Signifikat nimmt somit die Form eines semiotischen Gesetzes an, das die gesellschaftliche Kommunikation regelt.

Nun können es einfache Zeichen sein, es können nach Peirce und Eco aber auch komplexe wissenschaftliche Konzepte sein – das Beispiel „Lithium" hat das ja gezeigt. Nichts Anderes ist es mit den Mess-, Modell- oder Ereigniserzählungen in der Physik, die von Mecke beschrieben werden. Die Ereigniserzählungen sind operative Instruktionen, die die theoretische Modellierung vorsieht, um eine Experimentalanordnung zu konstruieren, die darauf ausgerichtet ist, das theoretisch postulierte Ereignis empirisch vorzuweisen. Modell- und Ereigniserzählung basieren beide auf formal-symbolischen Relationen. Wie wird das Verhältnis zum dynamischen Objekt aus der formal-symbolischen Welt hergestellt, dessen Suche die epistemische Aktivität überhaupt angeregt hat? Wenn eine Korrespondenz zwischen Repräsentamen (dem Modell der Zeichenrelation) und seinem Signifikat zum Gesetz, zum Code geworden ist, dann heißt das, „daß das Verständnis eines Zeichens das Erlernen dessen bedeutet, was getan werden muß, um eine konkrete Situation herzustellen, in welcher sich jene perzeptive Erfahrung des Objektes vermittelt, worauf sich das Zeichen bezieht."[174]

Doch Eco geht mit Peirce noch einen Schritt weiter. So wie die semiologische Gewohnheit als gesellschaftliche Konvention schließlich zum Gesetz, zum semiotischen Code wird, so kann ein Modell, das die gleiche Struktur des Zeichens trägt, als kosmologisches Gesetz interpretiert werden. Diese Möglichkeit ist für meine Argumentation besonders interessant: Die Kategorie der Gewohnheit, der Habitualisierung hat auch einen kosmologischen Sinn, denn ein Zeichen kann als Modell genauso gut auch auf kosmologische Regelhaftigkeiten hinweisen. Peirce weist dar-

174 Eco: *Lector in fabula* (Anm. 124), S. 51.

aufhin, dass auch die Naturgesetze das Ergebnis von wiederholbaren und reproduzierbaren Gegebenheiten sind, die zu Gewohnheiten werden.[175] Peirce nennt ein Gesetz eine aktive Kraft, eine Zweitheit, in seiner Zeichensystematik, während Ordnung und Gesetzgebung eine Drittheit sind, nämlich symbolische Gesetze.[176]

Auch die Gedankenexperimente, die Kepler und Einstein in den Texten vorführen, die in den späteren Kapiteln analysiert werden, führen im Grunde vor, was zu tun ist, um die Erfahrung der Dekonstruktion alter Codes und der Rekonfiguration neuer Codes machen zu können: Es sind Grenzen zu überschreiten und Codes semio-logischer Diskurssphären zu verschränken, die sich davor als nicht kompatibel erwiesen. Diese performative Vorführung wird diskursiv geregelt durch die Konfiguration der Narration. Sie stellt die Rahmen zur Verfügung, um alte Frames mit ihren Codierungen, die es zu dekonstruieren gilt, zu unterscheiden von neuen Frames mit neuen Codierungen, die durch die Verschränkung der Verfahren unterschiedlicher semio-logischer Diskurssphären entstehen. Aus der Sicht des Systems ist diese Grenzüberschreitung und Verschränkung semio-logischer Diskurssphären nicht möglich. Doch das System reguliert die primäre Referenz, die herkömmliche Sicht der symbolischen Organisation von Erfahrung durch einen alten Frame. Die Erzählung zeigt, wie dieser primäre Rahmen, die primäre Referenz (nach Ricœur) zu suspendieren[177] und wie ein nächster Rahmen zu etablieren ist – zumindest im Modus der Goodman'schen Exemplifikation.[178] Einer, der aus einer gewagten Verbindung mit einer anderen semio-logischen Diskurssphäre hervorgeht, die eine ganz andere Form der symbolischen Organisation von Wirklichkeitserfahrung zur Verfügung stellt. So tragen das theoretische Modell und die Erzählung gemeinsam zu einer neuen Vorstellung der Organisation von Wirklichkeitserfahrung – durch ihren jeweiligen Modus der geteilten Referenz *(split reference).*

Wenn diese beiden nun paradigmatisch zur Kollision und gleichzeitig syntagmatisch zur Korrelation gebracht werden, dann stürzt vieles an alten Codierungen auf beiden Seiten ein, jedoch können daraus neue Verfahren der Modellierung hervorgehen. Was bleibt, ist die neue Modellierung als Form der Textorganisation, die eine neue Klasse von möglichen Erfahrungen generiert. Narration und Kalkulation hätten dann gemeinsam zu einem neuen Frame der symbolischen Organisation von Wirklichkeitserfahrung beigetragen.

---

175 Vgl. Peirce: *Collected Papers* (Anm. 132), 1.409.

176 Vgl. Peirce: *Collected Papers* (Anm. 132), 1.337.

177 Vgl. Kap. III.1.4 in dieser Arbeit (S. 126–133) zu Ricœur und zur Suspendierung der primären Referenz.

178 Vgl. Kap. II.2.2 in dieser Arbeit (S. 101–104) zu Goodmans Unterscheidung zwischen Denotation und Exemplifikation.

Wichtig ist, dass Eco damit den Widerspruch klärt zwischen einer intensionalen Semantik, die ein Begriff durch neue Zeichenkorrelationen definiert, und der extensionalen Semantik, die den Umfang des Begriffs betrifft, die sich also auf jenes dynamische Objekt der Außenwelt bezieht. Die symbolischen Zeichen selbst sind Teil der semiologischen Sphäre. Sie können aber in geordneter Form Vorschriften geben, auf welcher Weise sich ein Kontakt mit dem dynamischen Objekt in Form des Erkennens oder Wahrnehmens in der „Welt" realisieren lässt; und zwar durch eine bestimmte Praxis. Wenn der Text als Modell Modifikationen der Erfahrungen des „In-der-Welt-Seins" hervorruft, wie dies Ricœur mit Heidegger formuliert, weil er eine Klasse möglicher Erfahrungen vorführt, für die es bisher in dieser Form keine semantische Instruktion gab, keine symbolische Form der Beschreibung gab, dann verändert dieser Text die Sicht des Menschen auf die Welt nachhaltig. Dann hat der Text indirekt, durch den Rezipienten und seine Wahrnehmungs- und Urteilpraxis, die sich auch diskursiv manifestiert, also indirekt Einfluss auf die Welt, indem er sie als „dynamisches Objekt", als eine neue Extension, konstituiert. Sie ist durch immer neue Texte immer wieder neu zu lesen. Doch es gibt dabei keine Beliebigkeit, sondern es hängt alles von der experientiellen und experimentellen Adäquatheit ab. Deshalb spricht Peirce auch von dem Zeichenprozess als Prozess der Semiose, denn sein Interesse gilt nie „den Objekten als Gesamtheiten von Eigenschaften", sondern als „Ereignissen und Ergebnissen aktiver Erfahrungen."[179] Können diese nicht auch Lese-Erfahrungen sein? Ja, wenn auf diese Erfahrung eine veränderte Praxis der Weltwahrnehmung folgt. „Ein Objekt zu entdecken, bedeutet, [...], den *modus operandi* zu entdecken, woraus er hervorgeht."[180] Könnte man behaupten, dass das Modell der Figur Jagos aus Shakespeares Othello den *modus operandi* des Intriganten in all seinen raffiniertesten Mechanismen aufdeckt? Der Text Shakespeares wäre ein hochkomplexer symbolischer Nexus, eine semantische Instruktion, die den *modus operandi* einer intriganten Tätigkeit aufdeckt. Kein Wörterbuch und keine Enzyklopädie der Welt könnte diese semantische Repräsentation adäquater wiedergeben. Deshalb könnte man auch hier von einer Habitualisierung der Interpretationsgewohnheiten durch ein entsprechendes literarisches Komplex von Zeichenkorrelationen sprechen. Dieses Korrelationskomplex besteht darin, dass das Phänomen der Intrige immer das und dort sein wird, wo die menschliche Natur auf diese so beschriebene Weise in der Welt agiert. Auch dieser Prozess der Exemplifikation des Intrigantentums kann sich als umfassenderes Frame, als semantische Interpretationsgewohnheit eta-

---

179 Eco: *Lector in fabula* (Anm. 124), S. 54.
180 Eco: *Lector in fabula* (Anm. 124), S. 54.

blieren und konventionalisieren. Jedoch ist das Prinzip der Narration auch dann interessant, wenn es gerade zur Dekonstruktion von epistemischen Routinen beiträgt.

Eco weist wiederholt darauf hin, dass man Peirces Lehre nicht als ontologischen Realismus, sondern als pragmatischen Realismus zu verstehen hätte. Deshalb reduziert Peirce eine semantische Repräsentation eines Objektes nicht auf die Gesamtheit seiner Eigenschaften. Auch Cassirer hatte darauf hingewiesen, dass diese Form des ontologisch-essentialistischen Substanzbegriffs nicht mehr adäquat sei. Peirce geht es vielmehr um „Objekte als Ereignisse und Ergebnisse aktiver Erfahrungen“[181] so Eco. Mit dieser funktionsorientierten Begriffsdefinition kann auch ein theoretisches Modell der Physik oder eine Gleichung erfasst bzw. semantisch repräsentiert werden. Denn auch in der Beschreibung der Natur geht es um die Erfahrung bestimmter persistenter Gewohnheiten und um die Erfahrung gewisser Korrelationen, die man formal-symbolisch darstellen kann. Es geht um die Erkenntnis, dass sich etwas auf diese oder jene Weise mit Bestimmtheit nach gewissen Regeln der Korrelation wiederholen wird. Diese „allgemeinen Prinzipien“ seien „real in der Natur tätig“.[182] Es ist interessant, dass dies Peirce als Semiotiker betont und dass dies von Eco als Kultursemiotiker zitiert wird: „Erinnern wir uns der Definition von /Lithium/: sie enthält die physikalische Gesetzmäßigkeit, welche die Erzeugung von Lithium und darüber hinaus die Disposition bestimmt, die wir erreichen müssen, um Gelegenheiten zu schaffen, welche uns dieselben Erfahrungen ermöglichen.“[183]

Genau an dieser Stelle ist die Systematik der Mess-, Modell- und Ereigniserzählung, die Klaus Mecke für die theoretische Physik darstellt, anschlussfähig an die Semiotik von Peirce und Eco. Erzählt wird, welche bestimmte Disposition durch eine bestimmte Praxis zu erreichen ist, um durch eine bestimmte Experimentalanordnung als Probesimulation die Gelegenheit zu schaffen, gewisse Ereignisse als Erfahrungen zu ermöglichen. Die Erzählung bietet die notwendige semantische Rahmenkonstruktion, um die Prämissen der adäquaten Disposition intellektuell auszuhandeln. Dafür stellt sie mehrere Möglichkeiten und mehrere Perspektiven vor und zeigt, wie die Gelegenheiten geschaffen werden können, um eine bestimmte Klasse von Erfahrungen zu ermöglichen. Sie hat Vorteile: denn so kann man erzählerisch jene Vorstellungen hervorbringen, d. h. ein Gedankenexperiment vorführen, dort, wo die Errichtung einer realen Experimentalanordnung aus verschiedenen Gründen noch nicht möglich ist. Doch wichtig ist, dass für den Leser die Klasse dieser möglichen Erfahrungen experientiell, als Probesimulation zugänglich ist.

181 Eco: *Lector in fabula* (Anm. 124), S. 54.
182 Peirce: *Collected Papers* (Anm. 132), 5.101; Eco: *Lector in fabula* (Anm. 124), S. 54.
183 Eco: *Lector in fabula* (Anm. 124), S. 54.

Interessanterweise ergibt sich nun eine weitere Korrelation zwischen der Peirce'schen Konzeptualisierung der Zeichendimension, der Analyse dieser Zeichenrelation durch Umberto Eco und dem hier skizzierten Prozess des Transfers durch Ricœur: Wie wird die Differenzierung zwischen Sinn und Bedeutung durch Ricœur auf die literarische Rede übertragen? Ricœur schlägt vor, die Struktur des Werkes als dessen Sinn und die Welt des Werkes als dessen Bedeutung zu verstehen.[184] „Ein Werk interpretieren heißt die Welt entfalten, die den Übergang von der Struktur des Werkes zur Welt des Werkes regelt. Ein Werk interpretieren heißt die Welt entfalten, auf die es sich kraft seiner ‚Disposition', seiner ‚Gattung' und seines ‚Stiles' bezieht."[185] Was mit dieser Disposition gemeint ist, sind die „formalen Regeln, eine Kodifizierung, die nicht mehr *langue*- sondern Redecharakter hat. [...] Dieser Code ist derjenige der literarischen ‚Gattungen', also der Gattungen, die die Praxis des Textes regeln. Schließlich terminiert diese kodifizierte Produktion in einem einzigen Werk: diesem Gedicht oder diesem Roman."[186]

Die Metapher wird von Ricœur als „Redestrategie" benannt. Übertragen auf die literarische Rede würde dies bedeuten, dass dieser Textstrategien zugeschrieben werden, die die Funktion innehaben, die primäre Referenz zu suspendieren und aufgrund der Fiktion als geregelte institutionelle Praxis der Narration das heuristische Vermögen der Neubeschreibung der Welt zu aktivieren.

Wenn das so ist, dann ist hier die Parallele zwischen der Theorie Ricœurs und Ecos Ansatz in „Lector in fabula" zur Mitarbeit des Lesers gefunden. Eco arbeitet mit der gleichen Begrifflichkeit in seiner zentralen Übersicht, die in Abb. III–2 zu sehen ist. Unter ‚Intension' sind die diskursiven Strategien des Textes zu verstehen, seine diskursive Disposition, seine Gattungsformation, seine stilistischen Merkmale. Unter ‚Extension' sind die Weltstrukturen zu verstehen, die durch die diskursive Struktur entfaltet werden. Darunter sind die interpretatorischen Inferenzen zusammengefasst, zu denen der Leser durch die Strategien des Textes verleitet wird. Die Bedeutung wird zum Interpretandum. Die Signifikation ist das Ergebnis einer triadischen Semioserelation zwischen der intensionalen Zeichenkonfiguration, dem Objekt, auf die sich diese Zeichenkonfiguration bezieht, dem Interpretandum und dem Interpreten. Man könnte mit Goodman behaupten, dass die intensionale Zeichenkorrelation einen neuen Modus der Symbolisierung einnimmt: Sie denotiert nicht, sondern sie exemplifiziert.

184 Vgl. Ricœur: *Die lebendige Metapher* (Anm. 1), S. 214.
185 Ricœur: *Die lebendige Metapher* (Anm. 1), S. 214.
186 Ricœur: *Die lebendige Metapher* (Anm. 1), S. 213–214. Hervorhebung im Original.

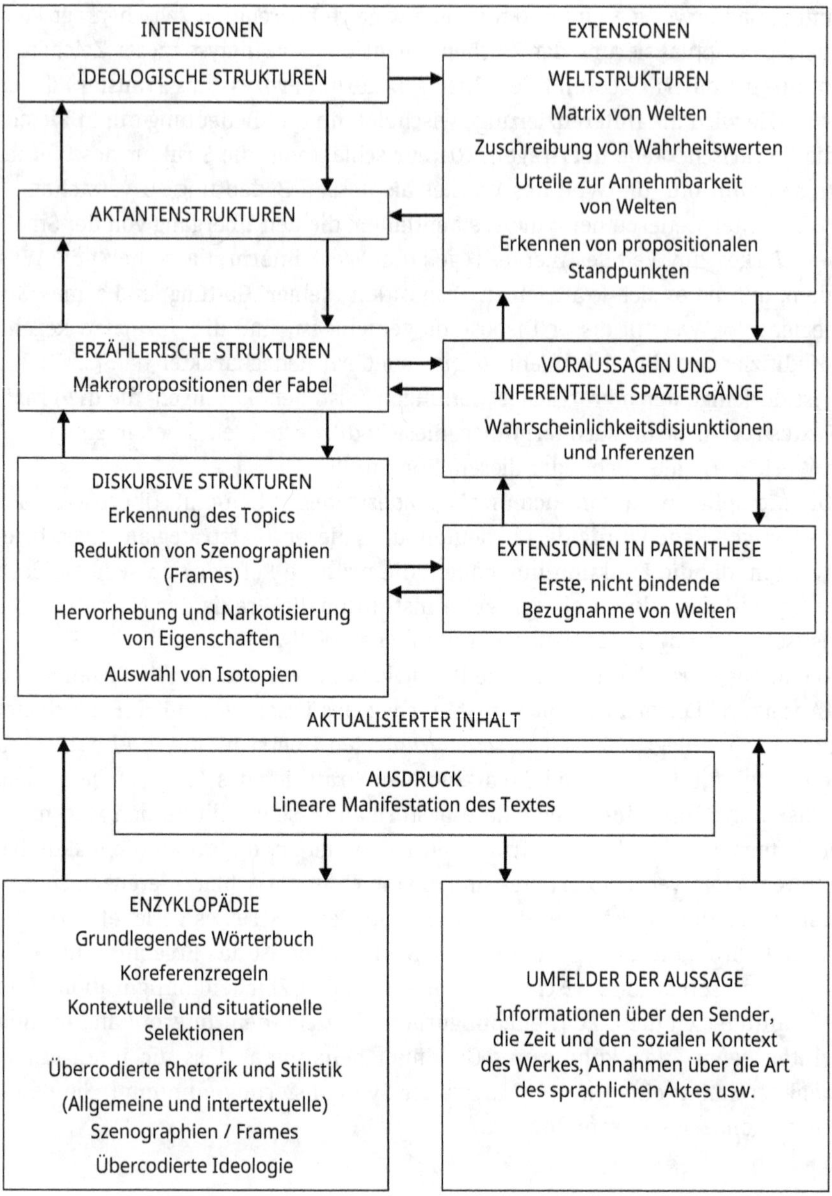

Abb. III–2: Umberto Ecos Ebenen der textuellen Mitarbeit aus „Lector in fabula“.[187]

187 Eco: *Lector in fabula* (Anm. 124), S. 89.

2.5 Die textuelle Mitarbeit des Lesers

Ecos Methodik wird hier deshalb angeführt, weil er die Gratwanderung zwischen Kultursemiotik, Erzähltextanalyse und Interpretation wagt und sich gegen die Vorwürfe der frühen Narratologie strukturalistischer Prägung wehrt, die die „interpretative Beteiligung" des Lesers als „interpretatorisch unsauberes Verfahren" zurückweist.[188] „Die Leseinstanz" wird dabei aber natürlich, so wie die „Erzählinstanz" auch, als ein „abstraktes, aber konstitutives Element innerhalb des textuellen Spiels"[189] konzeptualisiert. So wie der Erzählinstanz als Form- und Organisationsprinzip des Textes ein gewisser Anteil an der Textkommunikation zugewiesen wird, kann angenommen werden, dass dem Leser gewisse „zusammenhängende Operationen von textbezogenen Inferenzen"[190] auf der Grundlage intertextueller Leseerfahrungen zugeschrieben werden können. Während Eco also die Mitarbeit des Lesers als Teil der generativen Strategie des Textes im intertextuellen Bereich analysiert, schließe ich mich dieser Analyse an und möchte eine Sonderform der textuellen Mitarbeit hervorheben, die durch interformative Textstrategien unter dem Rekurs auf naturwissenschaftliche Kontexte operiert.

Mein Fokus wird dabei dann auf konkreten und kompletten Texten und ihren Erzählstrategien liegen. Die Fragen, die sich dabei stellen, lauten erstens: Wie wird der Prozess der Interformation konkret textstrategisch modelliert? Und zweitens: Wie fordern die betreffenden Textstrategien die interformative Mitarbeit des Lesers interpretativ heraus? Zu fragen sein wird (mit Eco), wie interformative Textstrategien „die Ordnung der Interpretation [zugleich] regulieren und stimulieren".[191]

Eco bekennt sich dazu, in „Lector in fabula" eine ähnliche Frage nachgegangen zu sein, die auch Lotman und Ricœur beschäftigt hatte: die Frage danach, wie mit dem Spannungsfeld zwischen den systematischen Regeln, die das System der Semiotik fordert, und der Instabilität der Codes der pragmatischen Rede oder des literarischen Textes theoretisch umzugehen sei. Deshalb hatte Eco im „Trattato de la Semiotica" das sogenannte „Modell Q"[192] eingeführt, das zwischen beiden erwähnten Vorstellungen, zwischen der Systematik und der Pragmatik des Diskurses, zu vermitteln versuchte, indem er zunächst eine Theorie der Codes entwarf und dann

---

188 Siehe hier Ecos Auseinandersetzung mit Claude Lévi-Strauss in: *Lector in fabula* (Anm. 124), S. 6–7.

189 Eco: *Lector in fabula* (Anm. 124), S. 7.

190 Eco: *Lector in fabula* (Anm. 124), S. 7.

191 Eco: *Lector in fabula* (Anm. 124), S. 1.

192 Eco: *Semiotik* (Anm. 153), S. 174–197.

einen Weg zu zeigen versuchte, wie es im Rahmen eines Textes zu einer „Code-Erneuerung“ kommen könne, was er durch die Verhältnisbestimmung der *ratio difficilis* beschrieb. Sein sogenanntes ‚Modell Q‘ führte Eco als Modell einer „instabilen ‚Semantischen Systematik‘“ ein, als „ein Bild, das eigens entworfen wurde, um die Veränderlichkeit der Interpretationen von Botschaften oder Texten oder Diskursen [...] zu ihrem Recht kommen zu lassen.“[193] Die Erneuerung, die Eco in „Lector in fabula“ und in seinen späteren Werken vorschlägt, ist das Konzept der *frames*, das er von Charles Fillmore[194] im Bereich der semantischen Linguistik und von Marvin Minsky im Rahmen der Theorie der Künstlichen Intelligenz übernimmt. Erving Goffman hatte dieses Konzept gleichzeitig mit Fillmore und Minsky für die Soziologie erschlossen. Der Vorzug des Projektes der Frame-Theorie, so wie sie Dietrich Busse in der zeitgenössischen linguistischen Semantik als „verstehenstheoretisch reflektierte interpretative Semantik“[195] entwickelte und wie sie Alexander Ziem für die Literaturwissenschaft als anschlussfähig erklärte,[196] besteht darin, dass sie Möglichkeiten vorsieht, die systematische Ebene mit der Einzelinstanzierungsebene zu verbinden. Dies begrüßt Eco und zeigt, dass der Strukturalismus und die klassische Semiotik in der Nachfolge Saussures daran kranken, dass sie stark auf die Systemebene fokussierten, die Rede-Ebene aber vergleichsweise untertheoretisierten. Das umgekehrte Problem schreibt Eco der Diskursanalyse und dem Poststrukturalismus zu. Diese blickten zu stark auf die Analyse der Aussageregularitäten auf der konkreten Diskurs- bzw. Textebene und profilierten sich durch die demonstrative Dekonstruktion aller systematischen Entwürfe. Im Unterschied einerseits zum Strukturalismus und zur Systemtheorie, die sich lediglich auf die Systemebene be-

---

193 Eco: *Lector in fabula* (Anm. 124), S. 7.

194 Vgl. Charles J. Fillmore: „Frames and the Semantics of Understanding“. In: *Quaderni di Semantica* (1985). S. 222–254; ders.: „Frame Semantics and the Nature of Language“. In: *Origins and Evolution of Language and Speech* 280 (1976). S. 20–32.

195 Dietrich Busse: „Diskurslinguistik als Epistemologie. Das verstehensrelevante Wissen als Gegenstand linguistischer Forschung“. In: *Methoden der Diskurslinguistik. Sprachwissenschaftliche Zugänge zur transtextuellen Ebene*. Hrsg. von Ingo H. Warnke und Jürgen Spitzmüller. Berlin, New York: De Gruyter 2008. S. 57–87. Siehe auch ders.: *Sprachverstehen und Textinterpretation. Grundzüge einer verstehenstheoretisch reflektierten interpretativen Semantik*. Wiesbaden: Springer VS 2015.

196 Vgl. Alexander Ziem: *Frames of Understanding in Text and Discourse. Theoretical Foundations and Descriptive Applications*. Übers. von Catherine Schwerin. Amsterdam, Philadelphia: Benjamins 2014.

ziehen, und andererseits zur Diskursanalyse, die sich auf der Ebene der Rede bezieht, suchen Lotman, Ricœur und Eco nach Zugängen, die einen Zwischenweg ermöglichen.[197] Eco erkennt in der Frame-Theorie einen wichtigen Beitrag, der sowohl eine *top-down*-Dynamik vom System zum Einzelkontext der Rede (zum Diskurs) vorsieht als auch eine *bottom-up*-Dynamik von der Rede zum System. Veränderungen sind in beide Richtungen vorgesehen, wie dies auch Dietrich Busse im Kompendium zur semantischen Frame-Theorie zeigt.[198]

So rechtfertigt auch Eco seinen Einsatz der Frame-Theorie in „Lector in fabula" durch den Versuch, Textsemiotiken mit Begriffssemantik zu verknüpfen und dabei die Vorgänge der interpretativen Mitarbeit der Leserschaft zu fokussieren. Ein kleiner Exkurs zu den Anfängen der Frame-Semantik ist hier unumgänglich: Fillmore führt die Frame-Semantik ein, weil ihm die einfache Wörterbuchdefinition eines Lexems, die gewisse Merkmale einer Klasse von Objekten vereinigt, zu vage erscheint. Er deutet darauf hin, dass die konkreten Kontexte, in denen die Lexeme gebraucht werden, entscheidend sind. Er ging von Freges Unterscheidung zwischen dem „Sinn" und der „Bedeutung" eines Lexems aus.[199] Für den Planeten Venus beispielsweise merkt Fillmore an, gebe es zwei verschiedene Sinnintensionen, je nachdem, aus welchem Frame, also aus welcher Perspektive der Beobachter spricht.

---

197 Diese verschiedenen Zugänge werden hier aufgeführt, weil das Problem des Spannungsverhältnisses zwischen der grundlegenden Systemebene und des Regelverstoßes auf historischer Ebene bzw. auf einzelner Textebene auch in dieser Studie berücksichtigt wird.

198 Vgl. Dietrich Busse: *Frame-Semantik. Ein Kompendium*. Berlin, Boston: De Gruyter 2012. Vgl. auch ders.: *Sprachverstehen und Textinterpretation* (Anm. 194); Dietrich Busse: „Conceptual History or Discursive History? Some Remarks on the Theoretical Foundations and Methodological Questions of Historically Semantic Epistemologies". In: *Global Conceptual History. A Reader*. Hrsg. von Margrit Pernau und Dominic Sachsenmaier. London u. a.: Bloomsbury Academic 2016. S. 107–132; ders.: „Texte, Diskurse, Wissensrahmen. Voraussetzungen und Methoden textsemantischer und diskuranalytischer Arbeit". In: *Theorie und Praxis der Text- und Diskursanalyse*. Tagungsband. Gewidmet Prof. Lali Kezba-Chundadse zum 70. Geburtstag. Hrsg. von Friederike Schmöe und Levan Tsagareli. Tbilissi (Tiflis, Georgien), Dortmund: Verlag „Universali" 2017. S. 12–41; ders.: „Historisch-semantische Epistemologie". In: *Wortschatz. Theorie, Empirie, Dokumentation*. Hrsg. von Stefan Engelberg, Heidrun Kämper und Petra Storjohann. Berlin, Boston: De Gruyter 2018. S. 31–60; ders.: „Diskurs und Wissensrahmen". In: *Handbuch Diskurs*. Hrsg. von Ingo H. Warnke. Berlin, Boston: De Gruyter 2018. S. 3–29; ders.: „Konzepte, Diskurse, Wissensrahmen. Möglichkeiten und Grenzen einer integrativen semantisch-epistemologischen Analyse in synchroner und diachroner Perspektive". In: *Aristokratismus. Historische und literarische Semantik von „Adel" zwischen Kulturkritik der Jahrhundertwende und Nationalsozialismus (1890–1945)*. Hrsg. von Eckart Conze, Jan de Vries, Jochen Strobel und Daniel Thiel. Münster, New York: Waxmann 2020. S. 151–182.

199 Vgl. Frege: „Über Sinn und Bedeutung" (Anm. 25).

Wenn er ihn morgens bei Sonnenaufgang beobachtet, dann nennt er ihn „Morgenstern". Beobachtet er ihn jedoch nach Sonnenuntergang, nennt er ihn „Abendstern". Die Perspektive der Betrachtung, die Fillmore *frame* nannte, spiele für die Sinnintension eine entscheidende Rolle, selbst wenn die Extension beider Worte, ihre primäre Referenz, die gleiche sei.[200] Fillmore schlägt vor, die Lexeme nicht abstrakt anhand von Merkmalsklassen zu definieren, sondern dabei auch relevante Kontexte zu berücksichtigen. Ihm zufolge ist eine Wörterbuchdefinition nicht ausreichend für ein Lexem. Geeigneter sei eine Enzyklopädie, die die verschiedenen Frames, die diskursiven Kontexte eines Lexems, repräsentieren kann.[201] Als Beispiel in Anlehnung an die Frame-Theorie führt Eco das Lexem /Wal/ an, das entweder als Fisch oder als Säugetier disambiguiert werden kann.[202] Als ‚Fisch' entspricht er einer bestimmten kontextuellen Selektion im Rahmen einer bestimmten Klasse von Ko-Texten, des archaischen bis mittelalterlichen Diskurses über die Fauna, der neuzeitlichen Fabeln oder der biblischen Parabeln: das wäre sein erster möglicher *frame*. Ein zweiter könnte die Diskurse nach Cuvier umfassen. Der Wal wird hier aber gemäß einer anderen taxonomischen Systematik nicht mehr als Fisch, sondern als Säugetier kategorisiert. Ein neuer systematischer Rahmen ist in der Biologie etabliert, sodass die Einzelinstanzierungen des Lexems nun auf ihn zurückgeführt werden müssen.[203] Somit kann eine enzyklopädische Erfassung eines Lexems verschiedene historische Wissenskontexte berücksichtigen und auf „ko-textuelle Okkurrenzen" verweisen, in denen das Lexem konkret verwendet wird. Dieser Verweis auf die Frame-Theorie und auf die enzyklopädische Repräsentation eines Lexems statt der einfachen lexikalischen ist für die vorliegende Studie wichtig, weil wir es bei der Interforma-

---

200 Vgl. Charles J. Fillmore: „Double-Decker Definitions. The Role of Frames in Meaning Explanations". In: *Sign and Language Studies* 3 (2003). S. 263–295. Ein weiteres berühmtes Beispiel Fillmores, mit dem er die Frame-Theorie begründete, war das der Verkaufstransaktion, zum Beispiel in der Bäckerei. Die Handlung, die dabei ausgeführt wird, ist die Übergabe eines Stücks Brot für einen bestimmten Geldbetrag. Doch aus der Perspektive der Frame-Semantik ist bei der kontextuellen Selektion der relevante Unterschied zwischen der Perspektive des Verkäufers und des Käufers auf die Transaktion: der eine würde dieselbe Aktion als „verkaufen" der andere als „kaufen" beschreiben, je nachdem aus welchem „frame" er spricht, welche Perspektive er einnimmt.

201 Das Projekt Frame-Net wurde dafür initiiert. Eco verfolgt dieses Projekt auch in seinen späteren Schriften: Umberto Eco: *Kant und das Schnabeltier*. Hrsg. von Herrmann Frank. München: Deutscher Taschenbuch Verlag 2003; ders.: *Die Grenzen der Interpretation*. Hrsg. von Günter Memmert. 3. Aufl. München: Deutscher Taschenbuch Verlag 2004.

202 Vgl. Eco: *Lector in fabula* (Anm. 124), S. 19.

203 „Eine kontextuelle Selektion verzeichnet die allgemeinen Fälle, in welchen ein gegebener Begriff in Begleitung (und folglich in Ko-Okkurrenz) mit anderen Termini auftritt, die zu demselben semiotischen System gehören." In: Eco: *Lector in fabula* (Anm. 124), S. 18.

tion mit einem Transfer operationaler Konzepte zu tun haben, die auch in der Physik je nach historischer Epoche in verschiedenen theoretischen Rahmen als Frames konzeptualisiert worden sind. Ich werde im nächsten Kapitel darauf zurückkommen und darstellen, dass diese Differenzierung im Falle des Konzepttransfers zu berücksichtigen sein wird. Zunächst aber soll im nächsten Abschnitt eine Zusammenfassung dessen, was für den Prozess der Interformation bedeutsam ist, erfolgen.

IV Der Prozess der Interformation

Als Fazit zum vorhergehenden Theorieabschnitt sollen nun im Vorfeld der neun exemplarischen Analysen die Konzepte und analytischen Begriffe, die für den Prozess der Interformation wichtig sind, zusammengefasst werden. Ich füge hier hinzu, dass dieser Prozess auf allen drei Ebenen funktioniert und analysiert werden kann, produktions-, text- und rezeptionsästhetisch: als poietische Praxis, als textstrategische Praxis und als Lektürepraxis.

Da ich keinen intentionalistischen Ansatz verfolge, sondern eher die Text- und Lesestrategien diskutiere, spreche ich hier von interformativen Prozessen auf textueller Ebene und von interformativen Lektüren, die die Mitarbeit des Lesers motivieren. Ich unterscheide also zwischen der Interformation als Prozess und der „interformativen Lektüre", der „interformativen Mitarbeit des Lesers" als eine Art des Lesens, das den Prozess der Interformation erkennt.

Die Codierung durch das sprachliche Zeichensystem der alltagspragmatischen Kommunikation bezeichne ich im Folgenden mit Lotman als Prozess der primären Modellierung. Der Prozess der *primären* Semiose ist also derjenige der Denotation, die den Bezug zur realen Welt nach herkömmlichen, konventionellen Codes herstellt. Darüber hinaus gelten in diesem Feld die eigenlogischen Codes der sekundären Dimension der Modellierung, die Codes des ästhetischen Symbolsystems der Literatur. Die Literatur nutzt zwar das Zeichensystem der Sprache zur Referenz auf die ‚Welt', zieht jedoch in vielen Fällen durch die sekundäre Dimension der Modellierung um diese Referenzrelation einen eigenen Rahmen, der die Fiktionalität der Textkonfiguration verdeutlicht und den Einsatz sekundär modellierender literarischer Verfahren legitimiert. Die sekundäre Dimension der Modellierung verfügt zudem – das habe ich durch Goodmans Symboltheorie verdeutlicht – über ein dichtes[1] semantisches Symbolsystem, über komplexere ästhetische Operationen und weit mehr Korrelationsmöglichkeiten. Durch die sekundäre Dimension der Modellierung stellt der jeweilige Text um, vom Modus der Symbolisierung der Denotation auf den Modus der Symbolisierung der Exemplifikation durch die eigene Form – worauf überdies auch reflektierend Bezug genommen wird – nach Goodman.[2] Für die Physik gelten Sprache und Messung als primäre Dimension, während die Ma-

1 Der Begriff der ‚semantischen Dichte' wird nach Nelson Goodmans „Sprachen der Kunst" verwendet und im Kapitel zu Goodman ausführlich definiert und expliziert. Vgl. Nelson Goodman: *Sprachen der Kunst. Entwurf einer Symboltheorie*. Übers. von Bernd Philippi. Frankfurt a. M.: Suhrkamp 1997, S. 217. Vgl. dazu Kap. II.2.5 zu Goodmans symboltheoretischer Kulturtheorie.

2 Die Begriffe ‚Denotation' und ‚Exemplifikation' werden ebenfalls nach Goodmans „Sprachen der Kunst" (S. 59–63) verwendet. Vgl. dazu Kap. II.2.2 in dieser Arbeit (S. 101–104) zu Goodmans symboltheoretischer Kulturtheorie.

https://doi.org/10.1515/9783110729887-005

thematik als sekundäre Dimension der Modellierung gilt. Die Sprache der Mathematik ist, wie im Kapitel zu Goodman gezeigt wurde, syntaktisch dicht, wenn sie mit der Menge der reellen Zahlen operiert. Aber auch die Physik stellt in bestimmten Phasen der theoretischen Modellierung zum Zwecke der Entwicklung neuer Theorien von dem Modus der Symbolisierung der Denotation auf den Modus der Symbolisierung der Exemplifikation durch die eigene Form um. So aktualisiert die semio-logische Diskurssphäre der Physik im explorativen Kontext der theoretischen Modellierung literarische Verfahren, wie zu zeigen sein wird, um lokal, punktuell, durch eine tertiäre Dimension der reflektierenden Meta-Modellierung andere Spielregeln auszuprobieren, die das eigene Feld systematisch nicht vorsieht.

Homologische und heterologische Codes

Für die Codes, die aus der Metaperspektive eines bestimmten Feldes der Semiosphäre intern gelten, schlage ich den Begriff der *homologischen Codes* vor, abgeleitet aus dem griechischen *homo* (‚gleichartig‘) – das wären die internen Codes eines spezialisierten Feldes der Semiosphäre. Diejenige spezialisierte Semiosesphäre, die aus der Innensicht ihrer Akteure nach internen Codierungssystemen funktioniert, sei hier *homologischer Bereich der Semiosphäre* genannt. *Homologisch* ist aus dem Griechischen ‚übereinstimmend‘ abgeleitet und soll hier zeigen, dass die Akteure, die auf diesem spezialisierten Feld tätig sind, über die Codes der Zeichenverwendung in einem gewissen historischen Kontext weitgehend miteinander übereinstimmen.

Regeln, die aus der inneren Perspektive der Semiosesphäre nicht bzw. weniger bekannt sind, seien *heterologische Codes* genannt; *hetero* steht im Griechischen für ‚verschiedenartig‘. Aus der Innenperspektive eines spezialisierten Bereichs der Semiosphäre wäre ein anderer spezialisierter Bereich, der überwiegend nach andersartigen Codesystemen arbeitet, ein *heterologischer Bereich der Semiosphäre.* Eine Übertragung aus dem homologischen in den heterologischen Bereich der Semiosphäre kann durch metasemiotische Reflexion, Umcodierung und Transformation stattfinden.

Für die Literatur sind Regeln der Metrik und Versifikation homologische Regeln. Die Regeln für mathematische Modellierungs-Operationen, wie zum Beispiel die Definition von Skalaren, Vektoren und Tensoren, sind für die Literatur heterologische, andersartige semio-logische Regeln. Das Umgekehrte gilt für die Physik. Für sie gelten primär die Mess-Codes und die Experimental-Codes, das Zahlensystem als quantitatives Messsystem, technische Experimentalsysteme und die Sprache als kommunikatives System. Das ist ihr denotativer Zugang zur Außenwelt. Durch die sekundäre Dimension der Modellierung setzt die Physik auf Regeln,

Codes und Operationen des Symbolsystems der Mathematik, das im Falle der Operationen mit reellen Zahlen ebenfalls ein dichtes System ist, jedoch eines in syntaktischer Hinsicht im Sinne Goodmans.[3] Die primäre Dimension der Modellierung wäre der Bereich der Experimentalphysik, die sekundäre Modellierung der Bereich der theoretischen, mathematischen Physik. Die tertiäre Dimension der Metamodellierung ist die der Verschränkung zwischen den Diskurssphären und der ästhetischen, epistemischen, semio-logischen Metareflexion. Wenn narrative Verfahren oder fiktionale Gedankenexperimente in physikalischen Fachtexten aktualisiert werden, dann bezieht auch das Feld der Physik (lokal, punktuell, in bestimmten explorativen Kontexten) heterologische Subcodes ein und funktioniert exemplifizierend interformativ, wie zu zeigen sein wird.

Konformität und Non-Konformität von Codes

Meine Studie schlägt die Hypothese vor, dass Literatur und Physik in ihren diskursiven Praktiken dann wechselseitig aufeinander Bezug nehmen, wenn es um den differenzierten Umgang mit der Nonkonformität mit eigenen Codes und mit der Umformung und Erneuerung von Codes geht. Die neun Textanalysen werden zeigen, dass und wie die besagten Felder in ihrer diskursiven Praxis wechselseitig aufeinander Bezug nehmen. Louis Hjelmslev führt in „Prolegomena to a Theory of Language",[4] auf die sich Eco in seinem „Trattato" bezieht, eine wichtige Unterscheidung zwischen formalen Sprachen und natürlichen Sprachen ein: Die formalen Sprachen, zum Beispiel die der mathematischen Algebra, operierten *monoplanar und konform*, weil es in ihnen keine Möglichkeit der systematischen Dekomposition zwischen Ausdrucks- und Inhaltsebene gebe. Da sich mathematische Symbole nicht mehr weiter in Ausdrucks- und Inhaltskomponenten zerlegen lassen, funktioniere das mathematische System immer nach konformen Regeln.[5]

Demgegenüber operiere die natürliche Sprache *biplanar* – ihre Wörter ließen sich immer in eine Ausdrucks- und eine Inhaltsebene zerlegen. Diesem biplanaren System der Sprache schreibt Hjelmslev das Merkmal der *Nonkonformität* zu, weil die Regeln, die in ihr für die Ausdrucksebene zuständig sind (etwa für die Phonetik oder die Syntax), nicht konform sind mit den Regeln, die für die Inhalts-

3 Vgl. Goodman: *Sprachen der Kunst* (Anm. 1). Das Kriterium der syntaktischen Dichte wird im Kapitel zu Goodman beschrieben.

4 Vgl. Louis Hjelmslev: *Prolegomena to a Theory of Language*. 2. Aufl. Madison: University of Wisconsin Press 1963.

5 Hjelmslev folgt hier dem mathematischen Formalismus Hilberts. Zitiert nach Hjelmslev: *Prolegomena* (Anm. 4), S. 110.

ebene, für die Semantik gelten. Hjelmslev unterscheidet zum Beispiel zwischen Ausdrucksfiguren auf phonetischer Ebene und Inhaltsfiguren auf morphologischer Ebene und gibt das Beispiel des Verbes ‚bin', das aus den drei Ausdrucksfiguren ‚b', ‚i', ‚n' besteht sowie aus den fünf Inhaltsfiguren ‚Sein', ‚Indikativ', ‚Präsens', ‚Erste Person' und ‚Singular'.[6] Das Entscheidende ist, dass „beide Strukturierungen nach völlig eigenen, für jede der Ebenen unabhängig geltenden Regeln"[7] bestehen. Diesen Aspekt der Unabhängigkeit zwischen den beiden Ebenen nennt Hjelmslev die Nonkonformität zwischen Ausdrucks- und Inhaltsseite.[8]

Im Sinne des Kriteriums der Konformität formaler Sprachen ist beim physikalischen Diskurs zu beobachten, dass er, wenn es um die Überschreitung der theoretischen Schwelle zur Formalisierung geht, dazu tendiert, die Sprache so präzise zu definieren, dass sie beinahe logifiziert bzw. analytisch formalisiert wird. Die Semantik hat sich der Syntax zu unterwerfen. Die semio-logische Praxis der Physik übt die Tendenz zur De-Semantisierung, um zu einem konformen System zu gelangen, das einer formalen Sprache gleichkommt.[9] Das angestrebte Ideal ist das der Konformität, Monoplanarität und Widerspruchsfreiheit. Hier darf es keine Ebenen geben, die nach einander widersprechenden Codes funktionieren.

Umgekehrt gilt im Falle der Literatur bereits die primäre Ebene der Sprache als nonkonform, weil hier Ausdrucks- und Inhaltsseite nach unterschiedlichen Regeln operieren. Das gehört laut Hjelmslev bereits zur Definition der Sprache – und wenn man zur literarischen Praxis der Kommunikation und Signifikation übergeht, dann stellt man fest, dass dieses Prinzip der Nonkonformität sich noch potenzieren und radikalisieren lässt. Zwischen den beiden Feldern der Physik und Literatur ist also mit Lotman eine „bipolare funktionale Asymmetrie"[10] in der Semiosphäre festzustellen.

---

6 Vgl. Hjelmslev: *Prolegomena* (Anm. 4), S. 101–113.

7 Winfried Nöth: *Handbuch der Semiotik*. 2. Aufl. Stuttgart: Metzler 2000, S. 85. Hervorhebung von AH.

8 Vgl. Nöth: *Handbuch der Semiotik* (Anm. 7), S. 85.

9 Herbert Mehrtens führt dies in „Moderne – Sprache – Mathematik" ausführlich aus: Herbert Mehrtens: *Moderne – Sprache – Mathematik. Eine Geschichte des Streits um die Grundlagen der Disziplin und des Subjekts formaler Systeme*. Frankfurt a. M.: Suhrkamp 1990.

10 Jurij M. Lotman: *Die Innenwelt des Denkens. Eine semiotische Theorie der Kultur*. Hrsg. von Susi K. Frank, Cornelia Ruhe und Alexander Schmitz. Übers. von Gabriele Leupold und Olga Radetzkaja. Berlin: Suhrkamp 2010, S. 10. Vgl. hierzu Kap. I.1.1 zu Lotman in dieser Arbeit (S. 60–61).

Semio-logische Asymmetrien

Diese *semio-logische Asymmetrie*, wie ich sie nennen möchte, kann auch weiter ausgeführt werden, denn die semio-logische Praxis der theoretischen Physik tendiert zur De-Semantisierung, zur Formalisierung der Bedeutung und letztendlich zur Konformität zwischen den Ebenen der Modellierung, während die semio-logische Praxis der Literatur zur Re-Semantisierung, sogar zur multiplen Semantisierung der Form tendiert. Die ‚schöne' Literatur arbeitet nicht nur mit dem gezielten Verstoß gegen Codes – sie hat überdies zusätzlich die Möglichkeit, die diskursiven Praktiken auch anderer Felder umzucodieren und sie für das eigene Feld als Subcodes[11] zu funktionalisieren, gerade auch, um die Widersprüche zwischen ihnen vorzuführen. Dies alles geschieht, indem sie die institutionell geregelte Praxis der Fiktionalität in Anspruch nimmt, die den Texten erlaubt, die primäre Ebene, die der semantischen Denotation, zwar vorzuführen, sie aber im gleichen Moment auch zu suspendieren.

Für die Erkundung der Grenzfläche, die die grenzüberschreitenden Texte errichten, schlage ich das Konzept der *semio-logischen Liminalität* vor. Als ‚liminal' bezeichnet die Victor Turner jenen Schwellenraum,[12] in dem während einer bestimmten Übergangszeit alte, bereits habitualisierte Regeln und Gesetze nicht mehr gelten, jedoch auch noch keine neuen herausgebildet worden sind. Auf die Semiosphäre übertragen, wird mit dem liminalen Raum diejenige Grenze zwischen den semio-logischen Feldern bezeichnet, die dadurch, dass sie beiden Feldern angehört, auch die Spielregeln, die in beiden Feldern gelten, exemplifizierend miteinander koppelt. Sie setzt damit Möglichkeiten frei, um mit neuen Regeln zu experimentieren. Diese werden erst im Zuge des Prozesses der Interformation aus der Verschränkung zwischen den Spielregeln der überlagerten Diskurssphären hervorgehen.

Durch die Verschränkung der Diskurssphären wird ein Übergang in ein neues, unbekanntes semio-logisches Territorium gewagt: etwa von der Physik zur Literatur oder umgekehrt von der Literatur zur Physik – jeweils in ein anderes

---

11 Vgl. Umberto Eco: *Semiotik. Entwurf einer Theorie der Zeichen*. Übers. von Günter Memmert. München: Fink 1987; ders.: *Lector in fabula. Die Mitarbeit der Interpretation in erzählenden Texten*. Übers. von Heinz-Georg Held. München: Deutscher Taschenbuch Verlag 1987.

12 Vgl. Victor W. Turner: „Liminalität und Communitas". In: *Ritualtheorien. Ein einführendes Handbuch*. Hrsg. von Andréa Belliger und David J. Krieger. 3. Aufl. Wiesbaden: VS Verlag für Sozialwissenschaften 2006. S. 249–260; ders.: *The Ritual Process. Structure and Anti-Structure*. 2. Aufl. New Brunswick, London: AldineTransaction 2008; ders.: *The Forest of Symbols. Aspects of Ndembu Ritual*. 12. Aufl. Ithaca: Cornell University Press 1970; Achim Geisenhanslüke und Georg Mein (Hrsg.): *Schriftkultur und Schwellenkunde*. Bielefeld: transcript 2015; Klaus Krüger und Alberto Saviello (Hrsg.): *Ästhetiken der Liminalität*. Kromsdorf, Weimar: Jonas 2017 [Kritische Berichte: Zeitschrift für Kunst- und Kulturwissenschaften 45.3].

Feld also, auf dem andere habitualisierte Logiken des Umgangs mit Zeichen im Prozess der Kommunikation, der Darstellung, Modellierung und Signifikation gelten. Deshalb ist nicht von vornherein klar, nach welchen Spielregeln im liminalen semio-logischen Zwischenraum modelliert wird. Denn die ursprünglichen Codes und Spielregeln, die sich in ihm überlagern, gelten nicht mehr uneingeschränkt. Neue Codes und Spielregeln hingegen sind in der Phase der Überlagerung noch nicht etabliert. Sie werden erst im modellierenden Prozess ausgehandelt und exemplifiziert.

1 Transdiskursive Kontaktzonen

Eine wichtige Voraussetzung des Prozesses der Interformation ist die Verschränkung zweier unterschiedlicher semio-logischer Diskurssphären im Rahmen einer Textkonfiguration, die ich transdiskursive Kontaktzone nenne. Sie ist gekennzeichnet durch semio-logische Asymmetrien, die zu Unbestimmtheitsstellen in den Prozessen der Bedeutungszuweisung führen.

Ich habe bereits im Theorie-Abschnitt ausgeführt, dass der Fokus der Analyse dieser Verschränkung auf den Modi der Symbolisierung liegt: zum einen, um die globalen Divergenzen vorzuführen, und zum anderen, um die Bedingungen der Möglichkeit für lokale Konvergenzen auszuloten. Die Sprache als Zeichensystem und dessen Praktiken der Signifikation wurden zunächst durch den kultursemiotischen Ansatz Jurij Lotmans analysiert. Die formalen und künstlerischen Symbolsysteme und deren Praktiken der Signifikation habe ich durch die Symboltheorien Ernst Cassirers und Nelson Goodmans analysiert. Für die Beschreibung der Verschränkungsoperation bin ich auf diejenigen Ansätze der Erzähltheorie eingegangen, die symboltheoretische und kultursemiotische Konzeptionen berücksichtigen, die Ansätze Paul Ricœurs und Umberto Ecos.

Argumentiert man mit Lotmans Kultursemiotik, dann ist selbst ein Teil-Ausschnitt eines Symbolsystems (in diesem Fall ein physikalisches Konzept, eine Gleichung oder ein Zitat, das einer wissenschaftlichen Abhandlung entstammt) daraufhin codiert, in jedem Kontext nach eigenen Codes zu operieren, selbst wenn ein Transfer in einen anderen diskursiven Kontext erfolgt. Jedes Konzept (Gleichung, Zitat, etc.), das dem Fachdiskurs der Physik entstammt, wird als Teil des diskursiven Archivs betrachtet, aus dem es stammt. Es enthält die prinzipiellen Regeln dieser Aussageformation. Selbst wenn es transferiert wird, archiviert es die Codierung des eigenen Systems der symbolischen Modellierung. Es ist folglich daraufhin codiert, die formalen, syntaktischen und semantischen Regeln des eigenen Aussagesystems auch in ein fremdes System der Modellierung zu transferieren und dort erneut zu aktualisieren. Die Felder sind also, so die

Theorie Lotmans, nicht statisch, sondern dynamisch zu konzeptualisieren. Der Konzepttransfer kann als Vektor der Induktion einer dynamischen Bewegung in der Semiosphäre betrachtet werden. Denn er führt zur Verschränkung divergierender semio-logischer Diskurssphären und zur notwendigen Interaktion zwischen den unterschiedlichen Logiken der Verwendung von Zeichen und den Aussageregeln beider diskursiver Praktiken. Diese Interaktion ist durch erhebliche Spannungen und Widerstände geprägt, die dynamische Bewegungen in der Semiosphäre erzeugen. Ein Konzept (Gleichung, Zitat eines Fachtextes), das aus der physikalischen Sphäre in die literarische Sphäre übertragen wird, wird dort aufgrund seines Aktualisierungspotentials zu einem Spannungsfaktor, weil es sich nicht ohne Weiteres als Information integrieren lässt, denn es hat die Regeln der formalen Operationen des eigenen Symbolsystems in sich archiviert. Diskursive Aussagen, die in der Physik Wahrheit beanspruchen, kommen ohne das Symbolsystem der Mathematik nicht aus. Erst aus den mathematischen Regeln der Formalisierung ergibt sich die Gültigkeit des Aussagesystems der Physik. Das Konzept wirft semio-ethische Fragen und Probleme auf, denn es wurde in seiner Referenzsphäre nach heterologischen Codes modelliert. Es wirft die Frage auf nach der Anerkennung der Andersartigkeit seiner semio-logischen Modellierung und den damit verbundenen unbestimmten Potentialen der Semantisierung im neuen Kontext. Es wird zum Subcode eines literarischen Textes, der die Prozesse der Semiose hinterfragt und mitbedingt, aber nicht vollständig bestimmt. Ich betone an dieser Stelle, dass der Transfer auch umgekehrt funktioniert: Auch funktionale Operationen, die für die sekundäre Dimension der Modellierung in der Literatur charakteristisch sind, können in das theoretische System der Physik transferiert werden und sich dort als Subcodes operational entfalten. Dann erzeugen sie in der diskursiven Praxis der Physik – vor allem im Entdeckungskontext – semio-logische Asymmetrien.

Diejenigen Textkonfigurationen, die sich im Prozess der Interformation an den Grenzen zwischen den semio-logischen Diskurssphären situieren und semio-logische Asymmetrien aufweisen, seien hier als transdiskursive Kontaktzonen bezeichnet. Somit können zwei Felder, die auf globaler Ebene semio-logisch divergieren, ihre Sphären der diskursiven Praxis lokal miteinander verschränken und damit einen Grenzprozess einleiten. Dies muss nicht zwangsläufig zur Folge haben, dass sie auch miteinander konvergieren. Sichtbar gemacht werden soll gerade die Differenz-Konstellation. Es gilt herauszuarbeiten, ob (und unter welchen Bedingungen) ihre Verfahren und Schreibweisen im Grenzprozess eher zur Konvergenz, zur Unbestimmtheit oder eher zur Divergenz neigen. Je schwieriger die Mechanismen der Überbrückung sind, desto komplexer und innovativer werden die Verfahren der Interformation.

2 Transdiskursive Interpolation

Der Grenzmechanismus ist im Übrigen nicht als territoriale Grenze zwischen Feldern konzeptualisiert: Er kann auch mitten in einem literarischen Text zum Vorschein kommen. Sichtbar wird er stets dort, wo wenig kompatible Prozesse der Semiose aufeinandertreffen.

Als Beispiele seien hier physikalische Formeln genannt, die in literarischen Texten auftauchen und zu denen dabei ausdrücklich darauf hingewiesen wird, dass sie einem fremden Code folgen, wie z. B. die Gleichungen der Thermodynamik (Abb. IV–1), und die Wheeler-de-Witt-Gleichung der Quantengravitation (Abb. IV–2) in Thomas Lehrs Roman „42".[13] Die Formeln sind in den Abbildungen weiter unten direkt aus dem Roman reproduziert. Sie sind in das Typoskript des Romans handschriftlich hinzugefügt worden, weil im Verlag gemäß der überlieferten Aussage Thomas Lehrs kein Schriftsatz für physikalische Formeln zur Verfügung stand.[14] So übernahm ein Verlagsmitarbeiter die Aufgabe, die Formel säuberlich handschriftlich zu notieren. Die Formeln werden im Roman angegeben, selbst wenn sie für die Erzählinstanz und manch andere Figuren (CERN-Besucher) relativ kryptisch bleiben:

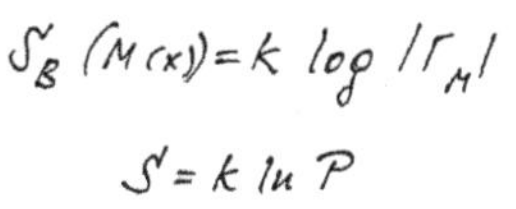

Abb. IV–1: Boltzmanns Entropieformel in unterschiedlichen Schreibweisen im Roman „42" von Thomas Lehr, S. 186[15]

Doch sie drücken dichotomische Konzepte aus, die die Aporie des Romans in Bezug auf physikalische Zeittheorien auf den Punkt bringen: Auf der einen Seite steht die Thermodynamik, deren Zeitbegriff (anschaulich mit dem irreversiblen Zeitpfeil konkretisiert) immer in dieselbe Richtung fließt, andererseits gibt es Newtons Konzeption in der Mechanik, in der Zeit reversibel ist. Hinzu kommt die Position der Theorie der Quantengravitation, deren Zeitparameter in der Wheeler-de-Witt-Gleichung „0" ist, die also gar keine Zeit im Universum vorsieht (Abb. IV–2).

Mit den Gleichungen werden Theorierichtungen anzitiert, welche die Zeit auf unterschiedlichen Erkenntnisebenen konzeptualisieren: Der zweite Hauptsatz der Thermodynamik schreibt der Zeit eine Richtung ein, die den Übergang physikalischer Vorgänge von einem unwahrscheinlichen zu einem immer wahrscheinlicheren

13 Vgl. Thomas Lehr: *42. Roman.* Berlin: Aufbau 2005, S. 223.

14 Vgl. Aura Heydenreich und Klaus Mecke: „Die Zeit ist der Abgrund, in den wir fallen. Thomas Lehr im Dialog zu 42". In: dies (Hrsg.): *Physik und Poetik. Produktionsästhetik und Werkgenese. Autorinnen und Autoren im Dialog.* Berlin, Boston: De Gruyter 2015. S. 186–227.

15 Lehr: *42* (Anm. 13), S. 186.

$$H_0\psi = \left(16\pi\hbar l^2_{Planck}\, g_{abcd}\frac{\delta}{\delta h_{ab}}\frac{\delta}{\delta h_{cd}} + \frac{\hbar\sqrt{h}R^{(3)}}{16\pi l^2_{Planck}} + \sqrt{h}\,T^{00}\left(\phi, \frac{\delta}{\delta\phi}\right)\right)\psi = 0.$$

Abb. IV–2: Wheeler-de-Witt-Gleichung im Roman „42“ von Thomas Lehr, S. 223 – in der Handschrift eines Verlagsmitarbeiters, weil im Verlag ein „Formelsatz“ fehlte[16]

Zustand symbolisiert. Die Wheeler-de-Witt-Gleichung hingegen scheint den Parameter Zeit gar nicht zu berücksichtigen und damit eben auch nicht ihre Richtung. Die Frage, die sich interpretatorisch stellt, ist ob die unterschiedlichen Zeitbegriffe, die von diesen Gleichungen impliziert werden, eine Rolle für die Zeitkonfiguration im Roman spielen.

Damit wird ein mathematisch-physikalischer Subcode in die literarische Diskurssphäre eingeführt. Dieser Subcode markiert die semio-logische Asymmetrie. Die Codes der Gleichungen stehen unter einem gewissen Semiotizitätsverdacht. Jedoch lassen sich diese Codes in den Prozessen der literarischen Semiose nicht einfach als eine Information unter vielen anderen lesen, sie bedürfen einer transdiskursiven interformativen Lektüre. Das Objekt, das lediglich unter Semiotizätsverdacht steht, jedoch im Rahmen des diskursiven Archivs der Literatur nicht semantisiert werden kann, bildet einen Marker für den Prozess der Interformation. Diese Markierung nenne ich *transdiskursive Interpolation*. Damit beziehe ich mich auf das, was die Editionsphilologie als ‚mit fremder Hand geschrieben‘ markiert. Die Aufgabe der Editoren ist, die „fremde Handschrift“ historisch zu verorten, sie zu datieren.

Im Falle der interformativen Lektüre ist eine historische Rekonstruktion der diskursiven Formation, der die Formel entstammt, geboten, um ihre entsprechenden Aussageregularitäten darzulegen und zu ermessen, inwiefern dieser präzise Kontext für die Analyse und Interpretation des literarischen Textes relevant ist. Im Zuge der kontextualisierenden Lektüre werden die Aussageregularitäten jener diskursiver Sphäre rekonstruiert, der die Gleichung entstammt, in diesem Fall die der Quantengravitation. Die Rekonstruktion löst auch dynamische Prozesse der vergleichenden Metareflexion über die Annahmen, epistemischen Voraussetzungen, Logiken der Verwendung von Zeichen in den beiden diskursiven Sphären aus, die durch dieses Verfahren der transdiskursiven Interpolation miteinander verschränkt werden.

Ebenso werde ich aber auch ein Gegenbeispiel anführen und analysieren, wie in dem Beitrag von Kip Thorne und Michael Morris *„Wormholes in Spacetime and Their Use for Interstellar Travel“*,[17] der im *„American Journal of Physics“* er-

16 Lehr: *42* (Anm. 13), S. 223.

17 Vgl. Michael S. Morris und Kip S. Thorne: „Wormholes in Spacetime and Their Use for Interstellar Travel. A Tool for Teaching General Relativity“. In: *American Journal of Physics* 56.5 (1988). S. 395–412.

schienen ist, zu Beginn ausführlich aus dem Roman „Contact“ von Carl Sagan zitiert wird. Das Romanzitat wird typographisch ab- und in einen Rahmen gesetzt, als Zeichen dafür, dass es einer anderen diskursiven Praxis entstammt, die im System der Physik nicht vorgesehen und nicht codiert ist (siehe Abb. IV–3).[18]

Die Autoren des physikalischen Fachartikels, Thorne und Morris, verweisen mehrfach darauf, dass dieses Zitat extrem ungewöhnlich ist. Hier bedarf es der Interformation, damit die Mechanismen der Semiose erst überhaupt in Gang gesetzt werden. Deshalb ist ein solches Zitat eine transdiskursive Interpolation, die als eine Markierung für die Eröffnung einer Kontaktzone gilt. Daraus lässt sich erkennen, dass sich ein Prozess der transdiskursiven Aushandlungen anbahnt. Das alles verweist implizit auf den Prozess der Interformation, den ich im Kapitel VII.2.2 ausführlich beschreibe. Er führt zur Reorganisation bestimmter Forschungsdiskurse in der theoretischen Physik. Denn es wird deutlich werden, dass die Existenz eines heterologischen Subcodes als Querreferenz oder transdiskursiver Referenz dazu beiträgt, die homologischen Regeln des Feldes der Physik in Frage zu stellen. Nach transdiskursiven, metareflexiven Aushandlungen wird die mathematische Modellierung in der Physik in dieser Frage neu konzeptualisiert. Es geht hier, wie im siebten Kapitel im Detail zu zeigen sein wird, um das Verhältnis zwischen der Raumzeitgeometrie und dem Energie-Impuls-Tensor in Einsteins Feldgleichungen zur Allgemeinen Relativitätstheorie. Dieses Verhältnis wird durch Kip Thorne wissenschaftlich neu konfiguriert – angesichts der Auseinandersetzung mit der literarischen Fragestellung des Romans „Contact“.[19]

Ein ähnlicher Fall besteht, wenn der Roman „Dirac“[20] von Dietmar Dath ganze Auszüge aus wissenschaftlichen Fachtexten zitiert, versehen mit Quellen, die aus Diracs Lehrbuch zur Quantentheorie[21] stammen. Auch hier wird eine solche transdiskursive, interformative Kontaktzone eröffnet. Die transdiskursiven Querreferenzen sind Signale dafür, dass der literarische Text an dieser Stelle vom Modus der Informationsvermittlung auf den Modus der Interformation umstellt und somit auch die interformative Mitarbeit des Lesers motiviert bzw. einfordert. Der Text aktualisiert einen Subcode einer anderen diskursiven Praxis, der Zeichenprozesse grundsätzlich anders organisiert. Der Prozess der Interformation liegt jedoch nur dann vor, wenn zu beobachten ist, dass nicht nur das physikalische Konzept literarisch umcodiert wird, sondern dass auch die literarischen Formen und Modellierungsverfahren die

18 Vgl. dazu auch Kap. VII.2.2 in dieser Arbeit (S. 446–458) zu Sagan/Thorne und dort insbesondere die Erläuterungen zu Abbildung VII.2–3 (S. 456).

19 Vgl. Carl Sagan: *Contact. A Novel.* New York: Simon and Schuster 1985.

20 Vgl. Dietmar Dath: *Dirac. Roman.* Frankfurt a. M.: Suhrkamp 2006.

21 Vgl. Paul A. M. Dirac: *The Principles of Quantum Mechanics.* 4. Aufl. Oxford: Clarendon Press 1958.

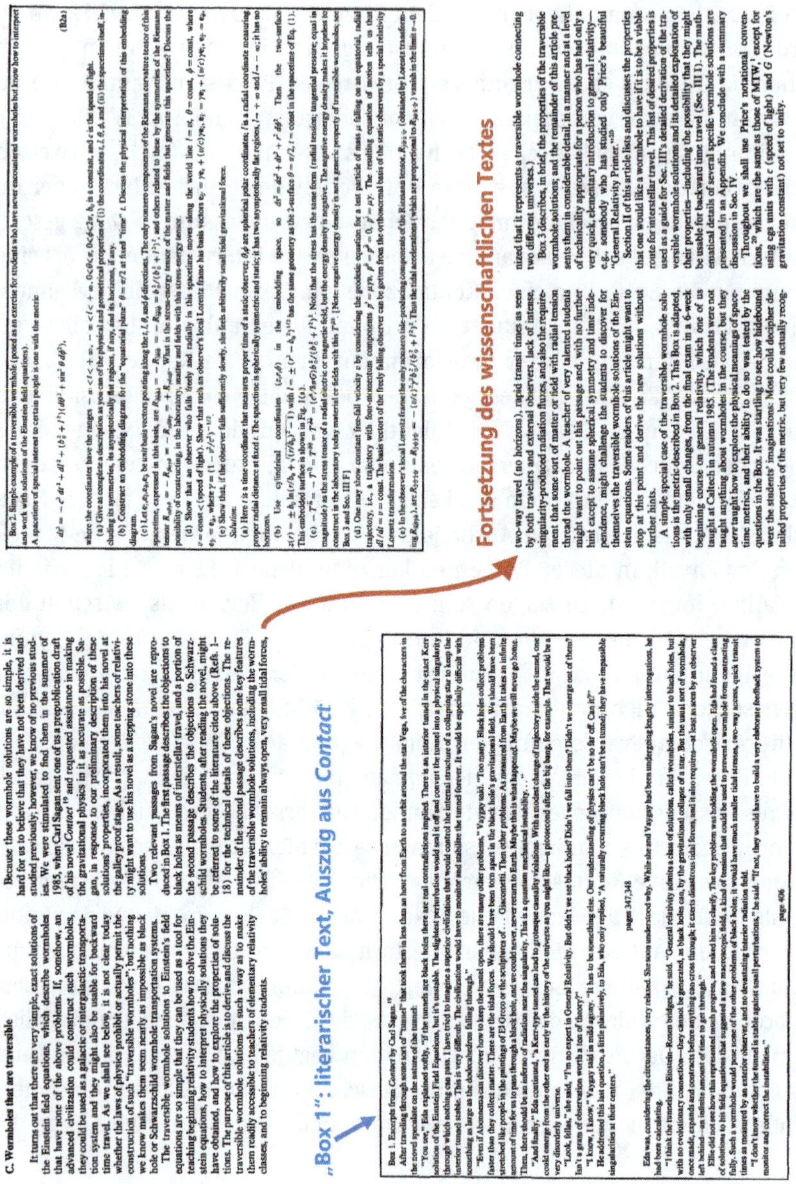

Abb. IV–3: Auszug aus dem Fachartikel von Thorne/Morris mit dem Zitat aus dem Roman „Contact", hier eingerahmt auf der linken Seite[22]

22 Morris und Thorne: „Wormholes in Spacetime" (Anm. 17), S. 397–398.

Auseinandersetzung mit dem heterologischen Code exemplifizieren: durch die eigene ästhetische Formensprache, durch Metareferenz und Metareflexion, wie ich dies im neunten Kapitel zu Daths Roman „Dirac" zeigen werde.

Die Übermittlung der Information befördert einen Zeichenprozess, der nach bekannten Spielregeln der Signifikation verläuft. Im anderen Fall, dem der Interformation, dem des Spiels des literarischen Textes mit fremden formalen Subcodes, stehen die zeichentheoretischen Mechanismen der Signifikation bei der ersten Aktualisierung der semio-logischen Codes einer anderen diskursiven Praxis gar nicht fest. Das neue ‚Sprachspiel' ist noch nicht bekannt und noch nicht durch epistemische Routinen und entsprechenden diskursiven Praktiken habitualisiert. Sie werden für jeden Text noch auszuhandeln, zu exemplifizieren und zu interpretieren sein, weil der Prozess der Interformation ein grundsätzlich ergebnisoffener Prozess ist.

Die heterologische diskursive Praxis steht im literarischen Text unter einer „Semiotizitätsvermutung",[23] die sich aber noch im Prozess der Semiose in Form von epistemischen und semio-logischen Aushandlungen und deren Bedeutungszuschreibungsprozesse konstituieren wird. Umgekehrt ist dies auch dann der Fall, wenn physikalische Fachtexte die Analogien und Metaphern epistemisch funktionalisieren oder den Einsatz fiktionaler Gedankenexperimente heuristisch einführen. Auch dann gelten diese als Marker für den Rückgriff auf andere Zeichenprozesse als diejenigen, die in der diskursiven Praxis der Physik habitualisiert und normativ akzeptiert sind. Beide Fälle sind Signale dafür, dass damit auf Codierungen und Zeichenprozesse zurückgegriffen wird, die in der Metabeschreibung, im System des jeweiligen Bereichs der Semiosphäre, nicht vorgesehen sind, sonst wären sie als Spielregeln des eigenen semio-logischen Feldes bereits codiert.

3 Kontextualisierung und historische Rekonstruktion

Im Rahmen der Rekonstruktion des Interformationsprozesses ist es wichtig, unterschiedliche Stufen zu differenzieren und den konkreten Kontext der Provenienz des Konzeptes zu klären, denn er ist es, der den Prozess der Semiose bedingt. Die Diskurssphäre, der das Konzept entstammt, schlage ich vor, *Ausgangssphäre* zu bezeichnen, diejenige, in der das Konzept interformativ umcodiert wird, als *Reflexions- und Transformationssphäre*. Für die *Ausgangssphäre* schlage ich vor,

23 Lotman: *Die Innenwelt des Denkens* (Anm. 10), S. 171.

zu unterscheiden zwischen: 1) der Ebene des Systems, 2) der Ebene der historischen Formation und 3) der Ebene der konkreten textuellen Manifestation der diskursiven Praxis. Dies soll durch einen dreifachen Index markiert werden. Ich erläutere dies am Beispiel des Konzeptes der ‚Masse' in der Physik:

- Der *systematische (Frame)-Index* des Konzeptes ‚Masse' ist der Index des Feldes der Physik;
- Davon gilt es den *historischen (Frame)-Index* bestimmter diskursiver Formationen zu unterscheiden, wie zum Beispiel den der Mechanik Newtons um 1680 oder den der speziellen Relativitätstheorie Einsteins um 1905;
- Der konkrete *textuelle (Frame)-Index* wäre dann zum Beispiel die spezifische Diskurssphäre von Newtons „Principia" von 1686 oder die Diskurssphäre von Einsteins Abhandlung „Zur Elektrodynamik bewegter Körper" von 1905.

Das jeweils übertragene Konzept, das seine Reise[24] durch die Semiosphäre antritt, trägt einen dreifachen Index: den systematischen, den historischen und den textuellen seiner Herkunft. Die Reflexion- und Transformationssphäre, die es aufnimmt und so den Prozess der Interformation vollzieht, codiert es um, re-semiotisiert es, löst somit den Grenzprozess aus und stellt die Transformationsrelation her. Im Falle literarischer Texte trägt auch sie einen dreifachen Index:

- den *systematischen (Frame)-Index* des semio-logischen Feldes, in dem operiert wird (z. B. die Literatur mit ihren spezifischen Genrecodierungen);
- den *historischen (Frame)-Index* mit den spezifischen normativen Codes einer bestimmten historischen Diskursformation;
- den konkreten *textuellen (Frame)-Index* einer bestimmten Textkonfiguration.

4 Interkonfiguration und Metareflexion

Durch jeden Konzepttransfer entsteht eine bipolare asymmetrische Funktionsrelation zwischen den beiden semio-logischen Diskurssphären. Es wird zu untersuchen sein, wie die diskursive Präsenz eines physikalischen Konzepts (oder einer Gleichung, eines Zitats) in einem literarischen Kontext die Regeln des Aussagesystems der Physik im literarischen Text als Subcode aktualisiert. Damit stellt sich eine Kontiguitätsbeziehung zwischen den beiden Feldern der Semiosphäre her. Aufgrund des Transfers kommt es zu einer lokalen Überlagerung der Aussagere-

24 Diese Bezeichnung wird verwendet in Anlehnung an Mieke Bals Konzeption der „Travelling Concepts in the Humanities". Vgl. Mieke Bal: *Travelling Concepts in the Humanities. A Rough Guide*. Toronto: University of Toronto Press 2002. Vgl. dazu auch Birgit Neumann und Ansgar Nünning (Hrsg.): *Travelling Concepts for the Study of Culture*. Berlin, Boston: De Gruyter 2012.

geln des physikalischen und des literarischen Felds – bzw., grundsätzlich gesprochen: Es kommt zu einer semio-logischen Transaktion zwischen Codes. Es handelt sich um einen Aushandlungsprozess, der die Logiken der Zeichenverwendung beider Diskurssphären mitreflektiert.

Aufgrund dessen wird in der Textkonfiguration die dynamische Grenze zwischen den beiden Diskurssphären hinterfragt, reflektiert, umspielt. Denn ausgerechnet im Rahmen dieser Textkonfiguration kommt es lokal und punktuell zu interaktiven semio-logischen Aushandlungen zwischen den eigentlich inkompatiblen Codierungen, die zu neuen, innovativen Verfahren der Poetisierung oder der theoretischen Modellierung und zu neuartigen Prozessen der Bedeutungszuschreibung führen können. Denn beide Diskurssphären überlagern sich dort, wo sie semantisch und syntaktisch dicht sind. Der Interformationsprozess ist die Resultante dieser ästhetisch-epistemischen Aushandlungen. Aufgrund der semiologischen Asymmetrie sind stets Prozesse der Dekonstruktion und Rekonstruktion, stete epistemische und ästhetische Reorganisationsprozesse beobachtbar, denn die Interkonfiguration ist auch von Unbestimmtheitsstellen geprägt. Da der Prozess der Zuschreibung von Bedeutung dicht ist, kann jedes Detail der ternären Modellierung eine spezifische Bedeutung tragen, die durch eine bestimmte Diskurssphäre bedingt ist.

Jedoch gibt es eine erhebliche Asymmetrie zwischen den syntaktischen und semantischen Aussageregeln des literarischen und des physikalischen Feldes. Dabei geht es vor allem um den jeweiligen Stellenwert der syntaktischen und semantischen Codes. In der mathematischen Modellierung ist der syntaktisch-formale Code relevant, die semantische Ebene wird der syntaktischen so gut wie vollständig subsumiert. Die physikalischen Konzepte werden fast ausschließlich formal, nämlich mathematisch operationalisiert. In der Literatur hingegen funktionieren die syntaktische und die semantische Ebene nach unterschiedlichen Codes, die nicht miteinander kongruent sind; sie subvertieren sich sogar gegenseitig. In Hjelmslevs Terminologie könnte man behaupten, dass die natürliche Sprache biplanar funktioniert – auf zwei Ebenen, wobei jede davon ihren eigenen Regeln gehorcht. Die Mathematik als formale Sprache hingegen funktioniert monoplanar – deshalb werden alle Regeln und Codes einer bestimmten Funktion der strategischen Modellierung subsumiert. Bei der Transaktion zwischen den Systemen der Physik und Literatur ist deshalb zu berücksichtigen, dass das physikalische Symbolsystem die semantischen Codes den syntaktisch-mathematischen Codes unterordnet, während das literarische System den Prozess der Signifikation über beide Ebenen verschiedenartig modelliert und gelegentlich sogar semantische und syntaktische Codes gegeneinander ausspielt. Daher gilt es, die metaphorische Dimension des Transfers zu problematisieren: Denn da der Diskurs der Physik durch die Regeln seines Symbolsystems stark formalisiert ist, kann der Transfer zwischen Physik und Literatur nur unter der formalen Restriktion funktionieren, dass die formale Modellierung in der Physik in adäquater Form berücksichtigt wird. Der metaphorische Transfer, der lediglich auf semantisch-inhaltlicher Ebene operiert, erweist sich für die Operation der Interformation als prekär bzw. defizitär, weil er sowohl die formale Ebene der Physik als auch die der Literatur verfehlt. Selbst wenn physikalische Konzepte in literarischen Texten metaphorisch verwendet werden (was häufig der Fall ist), offenbart diese metaphorische Verwendung nur die Differenz zwischen einem reinen semantischen Gebrauch in der Literatur und einem formal-operationalen Gebrauch in der Physik.

Die Interformation geht über rein semantische Verfahren hinaus (obwohl sie ihnen wichtige Impulse verdankt) und fordert einen Prozess der ternären Modellierung, der drei Dimensionen einbezieht: 1) die Dimension, die semio-logische Differenzen reflektiert; 2) die Dimension, die eine asymptotische Annäherung durch innovative formale Kopplungsverfahren anstrebt und dafür externe und interne Umcodierungen in der eigenen Diskurssphäre vornimmt; 3) die Dimension, die die ästhetischen und epistemischen Transformationen und deren epistemologische und poetologische Konsequenzen metanarrativ und metafiktional reflektiert.

Der literarische Diskurs rekurriert auf formale eigenlogische Innovationen, funktionalisiert die physikalischen Konzepte durch eigene Verfahren der Modellierung und codiert sie um. Es ist eine semio-logische Re-Encodierung, die versucht, beide Perspektiven zu berücksichtigen: die Perspektiven, Codes und Aussageregeln der Physik und der Literatur. Vorrang haben dabei die formale Modellierung und die textuellen Korrelationen auf Makro- und Mikroebene. Die semantische Sinn-Dimension ergibt sich aus der Transaktion zwischen den Codes und Spielregeln beider Diskursformationen. Da es um eine vielschichtige Modellierung als interformative Transaktion geht, wird die semantische Aussage zum komplexen dynamischen Interpretanten im Sinne von Peirce und Eco. Da das Ergebnis der Aushandlungen semantisch dicht ist, könnte alles zum Bedeutungsträger werden.

Die Verfahren der Verschränkung tragen zur doppelten Umcodierung bei: Einerseits codieren sie das transferierte Konzept extern um und resemiotisieren es, damit es in der semio-logischen Sphäre der Literatur lesbar wird. Andererseits codieren sie Schreibweisen und Verfahren der Literatur um, um die Kopplung zu vollziehen und die asymptotische Äquivalenz erkennbar zu machen. Eine vollständige Äquivalenz gelingt in der Sphäre der Literatur nicht – das ist der mathematischen Symmetrierelation vorbehalten, die symmetrisch, reflexiv und transitiv ist. Angestrebt wird eine asymptotische Form der ‚unendlichen Annäherung', die als Prozess zu verstehen ist und die für den Leser die Verschränkung mit der anderen Diskurssphäre auch formal erkennbar macht. Sowohl die Differenzen als auch die Chancen und Risiken der epistemisch-ästhetischer Interferenzen werden auf Metaebene stets reflektiert. Die semio-logische Asymmetrie macht deutlich, dass das transferierte Konzept in gewisser Weise von der semio-logischen Diskurssphäre abhängig bleibt, aus der es entstammt. Die Ausgangssphäre bedingt die Umcodierung, die Verfahren der Verschränkung, und die weitere Entfaltung der ästhetischen/epistemischen Modellierung, jedoch bestimmt sie sie nicht vollständig. Die semio-logische Diskurssphäre, in der der Prozess der Interformation hauptsächlich vollzogen wird, bestimmt die Textorganisation gemäß ihren eigenen Regeln und dominiert die Textcodierung.

Durch eine solche Korrelation und durch den Vergleich der beiden Symbolisierungssysteme kommt es zur Re-Encodierung, zur Subversion der Systemreferenz und somit auch zur Restrukturierung der Signifikationsprozesse. Deshalb weist ein solcher Konzepttransfer ein gewisses Spannungspotenzial auf. Den Anfang dafür setzt die spannungsvolle Kollision auf der paradigmatischen Ebene, die daraufhin zu einer dreifachen Spannungsrelation auf der syntagmatischen Ebene führt, die die Erzählkonfiguration in ihrer schöpferischen Ausgestaltung prägt:

1. die Spannung zwischen den beiden semio-logischen Sphären, diskursiven Archiven und den jeweiligen unbestimmten kulturellen Semantisierungspotentialen;
2. die Spannung zwischen den eigensystemischen, homologischen und den fremdsystemischen, heterologischen Codes zwischen den diskursiven Sphären;
3. die Spannung, die für die textuelle Mitarbeit des Lesers durch den Widerstreit der Lesarten erwächst, die durch die Kollision der beiden Systeme entsteht – auf der extensionalen Ebene der *storyworlds*.

Die Fragen, die sich dabei stellen, sind: Wie wird die Welt / wie werden die Welten aussehen, die aus solchen spannungsvollen Textkonfigurationen hervorgehen, die auf einer semio-logischen Asymmetrie beruhen? Wie werden die Erzählinstanzen konfiguriert? Wie werden die Figurenmodelle konfiguriert? Welches epistemologische Profil wird den Erzählinstanzen bzw. den Figuren zugeschrieben? Welcher Beitrag wird von der interformativen Mitarbeit des Lesers vorausgesetzt?

Der literarische Text führt den Leser ins Diskursive jenseits der Aussageregularitäten. Er erzeugt durch interformative Verschränkung eine Erzählwelt (oder vielleicht auch mehrere), die aus der Wechselwirkung zwischen zwei Systemen (oder vielleicht auch mehreren) resultiert, die unterschiedlichen Leitdifferenzen verpflichtet sind.

Die interformativen Textstrategien setzen auf die Sichtbarmachung der Differenzen, denn nur diese können den spannungsvollen Prozess der Dekonstruktion und Reorganisation epistemisch-ästhetischer Ordnungen in Gang setzen. Der Text ist die diskursive Resultante dieser paradigmatischen Kollision. Doch diese überführt er durch syntagmatische Korrelation in eine narrative Konfiguration, die alle Spannungen aufrechterhält. Er stellt den Grenzprozess in den Mittelpunkt und fragt danach, ob nicht gerade die Differenzen epistemisch fruchtbar seien. Die Textkonfiguration ist eine Probesimulation, die als Resultante der spannungsvollen Kollision zu verstehen ist. Auf der vertikalen, paradigmatischen Ebene wird ein Bruch sichtbar: eine Grenzüberschreitung, eine Kollision zwischen Systemen. Die Tatsache, dass der literarische Text diese auf syntagmatischer Ebene zur narrativen Wechselwirkung bringt, führt vor, dass der Text selbst zum Spielplatz der diskursiven Aushandlung dieser semio-logischen Asymmetrien gerät. Und ausgerechnet bei den Symbolsystemen, deren Symbolisierungsmodi dicht sind, wie bei dem literarischen Text, steht für den Interpreten nicht von vornherein fest, welche Elemente der dichten Konfiguration relevant sein können. Bei dichten Symbolsystemen ist potenziell jedes Detail relevant – entsprechend den Korrelationen, die der Leser herstellt. Die Funktion seiner textuellen Mitarbeit besteht darin, die Textstrategien der asymptotischen Annäherung zwischen den semio-logischen Diskurssphären zu erkennen und die Spielräume auszuloten, die die Verschränkung für die Interpretation eröffnet. Der Text versucht eine Probesimulation nach anderen Spielregeln der Bedeutung, die sich abzeichnen nach der harten diskursiven Auseinandersetzung zwischen den Regelsystemen. Der interformativ konfigurierte Text stellt zugleich legitime Fragen danach, wie zielführend die Habitualität des Regelgehorsams ist und wie sinnvoll die Herausbildung neuer Sprachspiele wäre. Dies kann zum definitiven Bruch mit alten Spielregeln führen – jedoch ohne dass die neuen dabei schon vollständig etabliert wären. Nachzuvollziehen gilt es die Prozesse der Suspendierung der primären Referenz sowie der Reorganisation der sekundären Referenz durch die Aktivierung einer tertiären Dimension der Modellierung, die auf ein anders organisiertes semio-logischen Feld und dessen Sprachspiele verweist.

5 Epistemische bzw. ästhetische Transformation: Dekonstruktion und Reorganisation

Die neue Form der Textorganisation führt symbolisch vor, was zu tun ist, um perzeptible Effekte bestimmter Klassen möglicher Erfahrungen zu erzielen: die Dekonstruktion alter Codes und der Modellierung neuer Codes semio-logischer Wissensordnungen. Denn die Codes, denen die ternäre interformative Modellierung folgt, gehorchen weder ausschließlich dem ästhetischen System der Literatur noch denen des formalen Systems der Physik. Sie entwickeln sich vielmehr neu im liminalen Spannungsfeld *dazwischen*. Die Aushandlungen zwischen ihnen finden im Zuge des Prozesses der Interformation statt und werden auch als solche mit ihren epistemologischen Implikationen vorgeführt. Die semio-logischen Aushandlungen werden durch interformative Verfahren exemplifiziert. Es werden neue Sprachspiele der Modellierung und Semantisierung exemplifiziert, die aus dem Prozess der Interformation hervorgehen und die den Prozess der Rezeption als dynamische Interpretation leiten. Auf diese Weise trägt der Prozess der Interformation zur Erhöhung der Komplexität der diskursiven Praktiken bei.

Die Literatur verfügt über die notwendigen Verfahren, um diesen äußerst spannungsvollen Prozess der Dekonstruktion und Reorganisation epistemisch-ästhetischer Ordnungen zu exemplifizieren. Wahrscheinlich besetzt sie damit eine wichtige Systemposition in der Semiosphäre. Porter Abbott[25] zufolge definierte Greimas als entscheidendes Kriterium der Narrativität die Disruptivität und geht somit über das Paradigma der strukturalistischen Narratologie weit hinaus. Wie Ricœur bietet auch Greimas[26] eine wegweisende Definition der Narrativität: als „le principe organisateur de tout discours".[27]

> It is also important to note, that, for Greimas, narrativity is as disorganizing as well as an organizing force in that it disrupts old orders even as it generates new ones. It is the „irruption of the discontinuous" into the settled discourse „into discrete states between which it sets transformations".[28]

6 Narrative Exemplifikation der interformativen Rekonfiguration

Der literarische Diskurs verfügt über die notwendige Disposition, um diese komplexe Transaktion zwischen den Codes und Spielregeln des theoretischen und des ästhetischen Symbolsystems auf unterschiedlichen Ebenen performativ vorzuführen. Der literarische Text bietet ein triplanares Ebenensystem, das zwischen *histoire, discours* und Metadiskurs unterscheidet – drei Ebenen, deren Aussageregeln oft nicht miteinander konvergieren. So kann es geschehen, dass die formale *discours*-Ebene Kopplungsverfahren der asymptotischen Annäherung durch Umcodierungen und Transformationen erzielt. Zugleich können aber auf der Ebene der *histoire* die Differenzen zwischen den Diskurssphären und ihren Symbolsystemen problematisiert werden. Dies kann durch die Strukturierung der Makropropositio-

---

25 Vgl. H. Porter Abbott: „Narrativity" (2014). In: *The Living Handbook of Narratology*. Hrsg. von Peter Hühn, Jan Christoph Meister, John Pier und Wolf Schmid. Hamburg: Hamburg University Press.

26 Vgl. Algirdas Julien Greimas: „A Problem of Narrative Semiotics. Objects of Value". In: ders.: *On Meaning. Selected Writings in Semiotic Theory*. Übers. von Paul J. Perron und Frank H. Collins. Minneapolis: University of Minnesota Press 1987. S. 84–105, hier S. 104.

27 Algirdas Julien Greimas und Joseph Courtés: *Sémiotique. Dictionnaire raisonné de la thèorie du langage*. Paris: Hachette 1979, S. 249.

28 Abbott: „Narrativity" (Anm. 25), Abschnitt 3.2.1.

nen der Fabel deutlich werden, wo einerseits der Spezialdiskurs der Literatur und seine Semantisierungspotentiale und andererseits der Fachdiskurs der Physik mit seinen festgelegten Denotationsrelationen auf Extensionsklassen der Realität buchstäblich kollidieren. Es lassen sich aber auch Figurenmodelle konstruieren, die im Verlaufe der Handlung ihre ideologischen, normativen, dogmatischen Positionen revidieren, weil sie die Notwendigkeit der Differenzierung der Diskurse in beide Richtungen einsehen und die Legitimität beider anerkennen.

Die interformative Operation kann aber auch umgekehrt erfolgen: Der Diskurs der Physik kann in seinen explorativen Phasen auch funktionale Operationen der diskursiven Praxis der Literatur in sein eigenes System transferieren und damit (wie zu sehen sein wird) eigenlogisch operieren. Die oben angeführte Mehr-Ebenen-Konfiguration der transaktionalen Interformation findet auch im Diskurs der theoretischen Physik auf diesen drei Ebenen statt. In meinen Analysen der wissenschaftlichen Abhandlungen von Albert Einstein und Kip Thorne werde ich zeigen, dass das narrative Gedankenexperiment just diese Funktion hat: die notwendigen Rahmenbedingungen zur Verfügung zu stellen für die vielschichtige Operation der transaktionalen Interformation, die auf drei Ebenen vonstattengeht und 1) formal-diskursive Verfahren modelliert, 2) physikalische Welten modelliert und diese 3) metadiskursiv-metafiktional reflektiert. Auch der Diskurs der Physik nutzt diese narrativen Verfahren als institutionell geregelte Praxis der Entfernung von der Symbolisierung der Denotation hin zur Symbolisierung der Exemplifikation.

Die Rezeption interformativer Textkonfigurationen fordert den Leser heraus. Der Interpretierende steht vor der Herausforderung eines doppelten simultanen Weltbezugs: durch die Modi der Symbolisierung und die diskursive Praxis der Physik sowie durch die Modi der Symbolisierung und die diskursive Praxis der Literatur.

Das gleicht einer textstrategisch verschränkten Modellierung, die dazu fähig ist, auf ein doppeltes System der Symbolisierung zu rekurrieren, das jeweils nach unterschiedlichen Differenzierungs-Codes, also „stereoskopisch“, funktioniert. Spannungen und Widersprüche zwischen den jeweiligen Diskurssphären gehören natürlich dazu, aber nun wird in der Rezeption verständlicher, warum sie notwendig sind. Die Differenzierung wird potenziert, weil sie gleichsam aus doppelter Perspektive vorgenommen wird: Sie verschränkt die Sicht der Physik mit der Sicht der Literatur auf die ‚Welt‘.

An dieser Stelle soll noch klargestellt sein, inwiefern sich mein Modell der Interformation von der Interdiskurstheorie Jürgen Links unterscheidet, obwohl es dieser durchaus wichtige Impulse verdankt. Link denkt die Dimension der Interdiskursivität nach eigener Aussage von der elementaren Alltagssprache her – vom Bereich der öffentlichen Meinung, der „Populärreligion, Konversationen (heute Talkshows), Kunst und Literatur, später dann Populärwissenschaft, Mediopolitik und Mediounterhaltung".[29] Mein Begriff der Interformation hingegen ist viel enger gefasst und bezieht sich konkret auf die Verschränkung zwischen Literatur und den spezialisierten wissenschaftlichen Diskursen, für die in dieser Studie exemplarisch die theoretische Physik steht. Die schöne Literatur gilt im Sinne Links als Spezialdiskurs, weil auch sie bestimmten Formationsregeln unterliegt, sowie als Interdiskurs, weil sie die re-integrierenden Kopplungsmechanismen zu den anderen Diskursen kennt. Doch in der Art der Beschreibung dieser Kopplungsstrukturen und ihrer Mechanismen legt das Modell der Interformation einen etwas anderen Schwerpunkt und nimmt auf etwas Bezug, was Link so gut wie ausschließt:

> Nun leuchtet es ein, dass die schöne Literatur nicht beliebig und nicht alle interdiskursiven Elemente, Verfahren, Teilstrukturen aufnimmt und verarbeitet. *Operativ-interdiskursive Elemente wie mathematische Formalisierung, Klassifikationsschemata, Meßverfahren usw.* treten hinter imaginären Elementen wie bildlichen Analogien, Metaphern, Symbolen, Figurationen menschlicher Subjekte usw. weitgehend oder ganz zurück. Die Gesamtheit der (nicht-operativen) interdiskursiven Elemente ließe sich als *elementar-literarische Anschauungsformen* auffassen, die aus der Tendenz zur Reintegration der Spezialdiskurse generiert werden [...].[30]

Mein Modell der Interformation bezieht sich jedoch nicht nur auf „elementare literarische Anschauungsformen", sondern genau auf diejenigen operativen Konzepte, die Link ausschließt. Eine trennscharfe Abgrenzung ließe sich so formulieren: Solange der Transfer ‚nur' auf semantischer Ebene operiert und sich dadurch die Kopplung zu den wissenschaftlichen Diskursen vollzieht, funktioniert das Modell des Interdiskurses sehr gut. Wenn jedoch der Text darüber hinaus durch Verfahren exemplifiziert, dass er die operativ-formale Dimension der diskursiven Praxis der Physik in eigene formale Strukturen umcodiert, durch eigene formale Innovationen funktionalisiert und die eigenen Codes transformiert, dann operiert der Text im Bereich der Interformation. Oder: Wenn die Literatur die Kopplung und die Verschränkung mit einem anderen Diskurs nicht nur auf semantischer Ebene, sondern zumindest bipla-

29 Jürgen Link: „Diskursanalyse unter besonderer Berücksichtigung von Interdiskurs und Kollektivsymbolik". In: *Handbuch sozialwissenschaftliche Diskursanalyse.* Bd. 1: *Theorien und Methoden.* Hrsg. von Reiner Keller, Andreas Hirseland, Werner Schneider und Willy Viehöver. 2. Aufl. Wiesbaden: VS Verlag für Sozialwissenschaften 2006. S. 407–430, hier S. 412–413. Siehe auch ders.: „Literaturanalyse als Interdiskursanalyse. Am Beispiel des Ursprungs literarischer Symbolik in der Kollektivsymbolik". In: *Diskurstheorien und Literaturwissenschaft.* Hrsg. von Jürgen Fohrmann und Harro Müller. Frankfurt a. M.: Suhrkamp 1988. S. 284–307.

30 Link: „Literaturanalyse als Interdiskursanalyse" (Anm. 29), S. 286. Erste Hervorhebung von AH, zweite im Original.

nar oder triplanar exemplifiziert – auf der Ebene des *discours*, der *histoire* und der metanarrativen Reflexion – dann handelt es sich um Interformation.

Zusammenfassend gebe ich hier eine schematische Übersicht wieder (Abb. IV–4), die den Prozess der interformativen Lektüre stützen soll. Ich übernehme sie aus Ecos „Lector in fabula"[31] und adaptiere sie für die Beschreibung des Prozesses der Interformation. Sie zeigt auf, welche systematischen Kategorien der Erzähltheorie mit dem Prozess der Interformation korreliert werden können. Deshalb dient sie als Übersicht für die kommenden Analysen, in denen ich diese Korrelationen herausarbeiten werde. Zugleich gebe ich damit einen Ausblick darauf, wie in einem weiteren Schritt eine *interformative Erzähltheorie* skizziert werden könnte. Die folgenden Lektüren einschlägiger literarischer und wissenschaftlicher Texte liefern die ersten notwendigen Bausteine für die Realisierung eines solchen Projektes.

7 Parameter der interformativen Erzähltextanalyse

Je komplexer die physikalischen Theorien und Konzepte sind, die es zu hinterfragen, zu verhandeln, umzucodieren gilt, desto komplexer sind die Prozesse der interformativen Modellierung narrativer Strukturen. Nach Ecos Modell, das in meinem Ansatz verändert und ergänzt wird, um den Prozess der narrativen Interformation darzustellen, ist zu unterscheiden zwischen der linken Spalte, die die intensionalen Textstrategien verzeichnet, und der rechten Spalte, die die extensionalen Inferenzen der semantischen Welterzeugung anführt (siehe Abb. IV–4). Die ko-operative Mitarbeit des Lesers ist gefragt, um durch Inferenzen extensionale Operationen auszuführen, die – aufgrund erzählerischer Textstrategien auf der Ebene des *discours* – Welt-Extensionen auf der Ebene der *histoire* bedingen. Es sind zwei parallel verlaufende Prozesse, die im permanenten Wechselverhältnis zueinanderstehen – darauf weisen die Pfeile hin. Auf jeder Ebene der textuellen Mitarbeit des Lesers gibt es gemäß Eco vorläufige Inferenzen, die bestimmte Schlüsse über die Extensionalität der Welten erlauben. Die Interpretation wird diese Prozesse parallel berücksichtigen.

Es ist wichtig zu betonen, dass die Integration physikalischer Konzepte stets eine formative, modellierende Tätigkeit ist. Die Differenzen zwischen den semiologischen Diskurssphären sind so groß, dass der Transfer immer nur um den Preis vielfacher grundlegender Umformungen, das heißt aufgrund hochkomplexer interformativer Modellierungen, zu bewerkstelligen ist. Insofern lässt sich meine Theorie durchaus als eine *interformative Erzähltheorie* auffassen, die jene

31 Eco: *Lector in fabula* (Anm. 11), S. 89.

Abb. IV–4: Parameter der interformativen Erzähltextanalyse (© Aura Heydenreich).

spezifischen narrativen Strukturen literarischer Texte untersucht, die aufgrund der interformativ modellierenden Mediation zwischen den Codes beider Diskurssphären entwickelt werden. Man kann dies anhand mehrerer narratologischer Kategorien beobachten, die ich in den folgenden Kapiteln untersuchen werde:

- die Anlage der Erzählinstanz in den Kapiteln zu Johannes Kepler (Kap. V.1), Albert Einstein (Kap. VII.1) und Dietmar Dath (Kap. IX);
- die Modellierung der Zeitrelationen zwischen *discours/histoire* in den Kapiteln zu Richard Powers (Kap. VIII.1) und Thomas Lehr (Kap. VIII.2);
- die Modellierung der *storyworlds* in den Kapiteln zu E. T. A. Hoffmann (Kap. VI) und Dietmar Dath (Kap. IX);
- die Verfahren der Figurenmodellierung in den Kapiteln zu E. T. A. Hoffmann (Kap. VI) und Dietmar Dath (Kap. IX).

Anhand von Keplers „Der Traum, oder: Mond-Astronomie" werde ich zeigen, wie die Verschränkung zwischen literarischen, optischen und astronomischen Verfahren zu einer interformativen Weltmodellierung führt. Dem Leser selbst bleibt dabei die Mitarbeit überlassen, den Strategien des Textes zu folgen und eine Welt des Textes zu modellieren, die dem heliozentrischen Weltmodell entspricht. Die implizite Forderung an den Leser ist, die primäre Referenz, die noch auf das ptolemäische Weltmodell basiert, somit zu suspendieren. Die Rekonzeptualisierung basiert auf die interformative Verschränkung zwischen allegorischen, optischen und astronomischen Verfahren.

An E. T. A. Hoffmanns „Meister Floh" wird zu analysieren sein, wie zwei parallele Weltstrukturen in einer Erzählung koexistieren. Meine interformative Lektüre zeigt auf, dass die scheinbar konfliktuelle Existenz der beiden Welten zurückgeführt werden kann auf die Entdeckung der subliminalen, mikrobiologischen Welt durch optische Technologien. Die Interpretation wird zeigen, dass und wie die wunderbare, märchenhafte Welt eigentlich die noch nicht strukturierte und um 1650 wissenschaftlich noch nicht kategorisierte mikrobiologische Welt ist. Der Text zeigt überdies ein interessantes Modell der interformativen Figurenmodellierung: Denn sein gesamtes Figurenpersonal – mit Ausnahme des Meisters Floh – weist zugleich eine doppelte Existenz mit je verschiedenen Namen und Identitäten in beiden Welten auf. So wird dem Leser der berühmte stereoskopische Blick eröffnet – in einem perspektivischen Kaleidoskop sich überkreuzender optischer Technologien.

An Dietmar Daths „Dirac" wird sich erweisen, dass dort alle Parameter, die die obige Grafik zeigt, interformativ modelliert sind: nach einem doppelten Modus, nämlich erzähl- und quantentheoretisch. Die Erzählinstanz, die Parameter der Figuren- und Zeitmodellierung und die zwei *storyworlds*, die extensional zu erschließen sind, basieren auf der Überlagerung zwischen erzähl- und quantenfeldtheoretischen Codes. Nachvollziehbar wird dies dadurch, dass der Roman dies auf metanarrativer Ebene und durch metafiktionale Diskussionen des Figurenarsenals reflektiert. Die Figuren im Roman fragen sich, ob es möglich ist, dass für die Komposition und Organisation des Textes, dessen Protagonisten sie sind, als Erzählinstanz eine Theorie verantwortlich zeichnet. Ich arbeite heraus, dass die Erzählinstanz in der Tat aufgrund der grundlegenden Gleichung der Quantenfeldtheorie modelliert ist: der Dirac-Gleichung. So zeigt die interformative Lektüre, dass es zwischen einem Roman und einer Gleichung eine asymptotische Verschränkung gibt, die die semio-logische Asymmetrie bewusst in Kauf nimmt, deren epistemische und ästhetische Risiken und Vorzüge stets mitreflektiert.

Nun soll im Folgenden Schritt für Schritt gezeigt werden, wie gemäß Eco die Erzählung, als Zeichenprozess aufgefasst, einen Prozess der Semiose auslöst, der nach bestimmten Textstrategien organisiert ist. Gezeigt werden soll zunächst an Keplers „Der Traum, oder: Mond-Astronomie", wie der Text seine Verfahren strategisch organisiert, um die Referenz auf die Welt dynamisch zu konstituieren. Eco und Peirce sprechen von dem sogenannten „energetischen Interpretanten", der bestimmte Reaktionen auslöst. Peirce betont immer wieder, dass es sich dabei um einen Zeichenprozess handelt. Umso interessanter ist die Beobachtung eines Prozesses der Semiose, wenn der Leser mit ganzen narrativen Zeichen*sequenzen* in Berührung kommt, die eine mögliche Klasse von Handlungserfahrungen simulieren. Wird diese narrative Zeichensequenz dazu beitragen, dass der Leser etwas erkennt, sodass der Prozess der Semiose seine Handlungsweise in der Welt, seine Sicht auf die Welt vorübergehend verändert – insofern, als er bestimmte Gesetzmäßigkeiten, bestimmte Regularitäten kennen gelernt hat, die ihm nun, beim Agieren in der Lebenswelt, wiederbegegnen?

B Interformation in der erzählanalytischen Praxis

V Interformation zwischen Literatur und Astronomie

V.1 Fiktionale Selenographie und kopernikanische Astronomie in Johannes Keplers „Der Traum, oder: Mond-Astronomie"

1 Hans Blumenbergs Unterscheidung zwischen Weltmodell und Weltbild

Hans Blumenberg führte 1961 eine Differenzierung zwischen Weltmodellen und Weltbildern ein.[1] Diese erweist sich als sehr folgenreich, wenn man sie in ihren historischen Dimensionen bedenkt. Als Weltmodell bezeichnet Blumenberg eine Gesamtvorstellung der empirischen Wirklichkeit, die von dem jeweiligen Stand der Naturwissenschaften abhängt und die Gesamtheit der Aussagen vereint, die in den Naturwissenschaften als etabliertes Wissen gelten.[2] Damit sind mehrere definitorische Kriterien genannt, die den Zweck und die Methode der Wissensgewinnung in den Naturwissenschaften charakterisieren: Da man als Ausgangsprinzip die ‚Einheit der Natur' habe, baue das Wissen im Idealfall aufeinander auf. Es werde als ein geschlossenes Gedankengebäude errichtet, das die Funktionsmechanismen eines Weltmodells beschreibt. Innerhalb dieses Weltmodells soll die Wissenssynthese – zumindest innerhalb einer Disziplin, zum Beispiel der Physik – möglichst widerspruchsfrei konzeptualisierbar sein.

Das Weltmodell besteht aus einzelnen Wissensteilbereichen, die unzählige methodische Schwellen der Überprüfung und Falsifizierbarkeit durchlaufen haben. Die Ansprüche, denen etabliertes Wissen genügen muss, sind mathematische Konsistenz und Rigorosität einerseits und experimentelle Überprüfbarkeit, Wiederholbarkeit und Reproduzierbarkeit andererseits. Dennoch ist ein Weltmodell nicht statisch: Es ändert sich ständig, weil die Forschergemeinschaft stets daran arbeitet,

1 Vgl. Hans Blumenberg: „Weltbilder und Weltmodelle". In: *Nachrichten der Gießener Hochschulgesellschaft* 30 (1961). S. 67–75. Vgl. hierzu auch Udo Friedrich: „Weltmetaphorik und Wissensordnung in der frühen Neuzeit". In: *Enzyklopädistik 1550–1650. Typen und Transformationen von Wissensspeichern und Medialisierungen des Wissens*. Hrsg. von Martin Schierbaum. Berlin: Lit 2009. S. 193–248.

2 Vgl. Blumenberg: „Weltbilder und Weltmodelle" (Anm. 1), S. 69.

https://doi.org/10.1515/9783110729887-006

es weiterzuentwickeln. Der Geltungsanspruch bezieht sich auf den jeweiligen Bereich, auf den die Theorie Zugriff hat bzw. für den sie eine gewisse explikative Reichweite beanspruchen kann.

Demgegenüber steht das Weltbild: Blumenberg zufolge liegt der Fokus bei der Konzeptualisierung des Weltbildes nicht auf dem Weltentwurf – das wäre die Funktion des Weltmodells –, sondern vielmehr auf dem Selbstentwurf des Menschen in Bezug auf das geltende oder das von den Wissenschaften propagierte Weltmodell. Es geht erstens um die axiologische Dimension seiner Selbstdefinition, also um die Reflexion über die Werte, die seine Haltung und Handlungen bestimmen. Des Weiteren geht es um die teleologische Dimension seines Handelns im Hinblick auf die gesetzten Ziele und um die pragmatische Dimension seines Handelns hinsichtlich der intendierten Zwecke und der ihm zur Verfügung stehenden Mittel in der empirischen Wirklichkeit und der sozialen Lebenswelt. Darüber hinaus geht es auch um die Erkundung und Entfaltung der Dimensionen seiner Autonomie angesichts der identifizierten Bedürfnisse, der gegebenen Zwänge und der erkannten Spielräume und Freiheitsgrade zur Selbstbestimmung der Spielregeln.[3] Im Falle des Weltmodells ist die empirische Wirklichkeit Objekt der menschlichen Erkenntnis. Im Falle des Weltbildes kann der Mensch nicht von sich selbst abstrahieren oder sich ins Jenseits katapultieren, um die Welt zu erkennen. Er ist vielmehr ein Teil von ihr und muss sich in Bezug zu ihr selbst orientieren, positionieren und definieren.

Die Differenzen sind somit klar. Die Kernfragen, die sich die Naturwissenschaften für die Konzeptualisierung ihrer Weltmodelle stellen, sind die nach den Naturgesetzen und ihren Funktionen. Im Falle der Konzeptualisierung eines Weltbildes hingegen stellt sich die Frage: Wie definiert sich der Mensch im Hinblick auf die gegebenen und wechselnden – vielleicht auch konkurrierenden – Weltmodelle? Der Mensch ist in den Naturwissenschaften zwar Subjekt der Erkenntnis, aber es geht nicht um ihn. Während die Naturwissenschaften eine Vorstellung von den Funktionsmechanismen der empirischen Wirklichkeit entwerfen, fragen sie nicht danach, wo der Mensch sich darin positioniert und was diese Position für seine Selbstdefinition bedeutet. Im Falle der Konzeptualisierung des Weltbildes ist das Verhältnis reflexiv: Die Weise, wie die Erkenntnis ausfällt bzw. formuliert wird, wirkt sich implizit und unmittelbar auf die Selbstdefinition des Menschen aus. Die Astronomie ist aber ein Sonderfall, weil sich hier, wie wir sehen werden, die Perspektiven überschneiden.

Meine These ist, dass sich die Mechanismen der Interformation für die Vermittlung zwischen naturwissenschaftlichen Weltmodellen und philosophischen bzw. li-

3 Vgl. Blumenberg: „Weltbilder und Weltmodelle“ (Anm. 1), S. 69.

terarischen Weltbildern eignen. Am Beispiel von Keplers „Somnium" soll gezeigt werden, wie sich der literarische Text mit interformativen Verfahren genau an dieser Schnittstelle des Übergangs zwischen Weltmodell und Weltbild situiert und unterschiedliche wichtige Problemkomplexe verhandelt.[4] Keplers „Somnium" markiert textstrukturell den Übergang vom naturphilosophischen zum naturwissenschaftlichen Denken. Der Text führt poetisch und leseperformativ vor, dass mit dem Beginn der Etablierung der Naturwissenschaft Weltmodelle generiert werden, die sich im bestehenden Weltbild nicht mehr integrieren lassen, sondern von diesem divergieren – um es sodann schließlich zu revolutionieren. Der Text verhandelt unterschiedliche Fragekomplexe dieses Schwellenübergangs vom geo- zum heliozentrischen Weltbild.

Erstens die Frage nach dem notwendigen Umdenkprozess des Menschen im Vollzug des Übergangs von einem Weltmodell zum neuen: Wie ist dieses neue Weltmodell für den Menschen überhaupt zugänglich bzw. nachvollziehbar? Wie lässt sich der Übergang vom ptolemäischen zum kopernikanischen Weltmodell darstellen?

Zweitens die Frage: Wie ergeben sich durch die diskursive Aushandlung neuer Weltmodelle auch neue kulturelle Semantiken, die zur Genese des Narrativs des neuen Weltbildes beitragen und zusätzlich zu seiner Legitimierung, Verbreitung und letztendlichen Objektivierung führen? Wie stehen Astronomie und Literatur in der Modellierung dieser Übergänge im Verhältnis zueinander?

Lassen sich vergleichbare Verfahren der Beobachtung, Darstellung, Durchsetzung und Objektivierung des Weltmodells bzw. des Weltbilds in Wissenschaft und Literatur ausmachen? Wären dann beide – Wissenschaft und Literatur – in ihrer je eigenen Art „Weisen der Welterzeugung"?[5] Wie lassen sich dann alte Diskurstraditionen im Lichte neuer Erkenntnisse aus der Beobachtung der Naturphänomene sowohl einbinden als auch neu deuten?

Diese Probleme werde ich anhand der Analyse von Johannes Keplers Erzählung „Somnium sive astronomia lunaris"[6] von 1634 erläutern, zu Deutsch: „Der

4 Ein früher Entwurf dieses Kapitels ist bereits veröffentlicht worden. Für die vorliegende Arbeit wurde dieser überarbeitet und aktualisiert. Die Vorstudie ist veröffentlicht in: Aura Heydenreich: „Vom astronomischen Weltmodell zum literarischen Weltbild. Johannes Keplers ‚Somnium' zwischen faktualer Kosmographie und fiktionaler Selenographie – mit einem Kommentar zu Durs Grünbein ‚Cyrano oder Die Rückkehr vom Mond'". In: *Der Himmel als transkultureller ethischer Raum. Himmelskonstellationen im Spannungsfeld von Literatur und Wissen*. Hrsg. von Harald Lesch, Stephanie Waldow und Bernd Oberdorfer. Göttingen: Vandenhoeck & Ruprecht 2016. S. 333–370.

5 Ich beziehe mich hier auf Nelson Goodman: *Ways of Worldmaking*. Indianapolis: Hackett 1978. Vgl. hierfür auch Kap. II.2 in dieser Arbeit (S. 98–119).

6 Johannes Kepler: *Joannis Keppleri Somnium seu Opus Posthumum de Astronomia Lunari*. Hrsg. von Matha List und Walther Gerlach. Faksimiledruck der Ausgabe 1634. Osnabrück: Zeller 1969.

Traum, oder: Mond-Astronomie“.[7] Er stammt aus der Feder eines Autors, der zur wissenschaftlichen Konzeptualisierung des kopernikanischen Weltmodells entscheidend beitrug. Ihm gelang nämlich beides: die kopernikanische Astronomie durch die Kepler'schen Gesetze mathematisch zu formalisieren und eine imaginäre Mondlandung als Traumdarstellung zu diskursivieren, um das neue heliozentrische Weltbild zu verbreiten. Hat die fiktionale Traumdarstellung einer Mondreise eine Funktion für die Durchsetzung der kopernikanischen Vision?

2 Keplers „Der Traum, oder: Mond-Astronomie“

Keplers Erzählung ist einer der ersten Texte der Frühen Neuzeit, die die Grenzen der irdischen Sphären überschreiten und zu einer imaginären Reise zum Mond einladen. Kepler begann seinen Mondtext 1610 zu schreiben, im gleichen Jahr, als Galilei „Sidereus nuncius“,[8] die „Nachricht von neuen Sternen“[9], veröffentlichte, in der er durch die Beobachtung der Monde des Planeten Jupiter einen endgültigen empirischen Beweis für das kopernikanische Weltmodell erbrachte. Das zu verbreiten war damals noch ein mutiger Akt der offenen Subversion (Giordano Bruno war 1600 auf dem Scheiterhaufen gestorben). Galileis Prozess und Widerrufung des „Dialogs über die beiden hauptsächlichsten Weltsysteme“[10] erfolgte zeitgleich mit der Drucklegung des „Somnium“ 1633/1634. Keplers Bücher standen schon seit 1616 auf dem *Index Librorum Prohibitorum*.

---

7 Johannes Kepler: *Der Traum, oder: Mond-Astronomie. Somnium sive astronomia lunaris*. Hrsg. von Beatrix Langner. Übers. von Hans Bungarten. Berlin: Matthes & Seitz 2011. Im Folgenden wird die deutsche Übersetzung dieses Textes im Haupttext zitiert, das lateinische Original in den Fußnoten. Die Zitatnachweise erfolgen in Klammern, direkt im Anschluss an das Zitat. Hierfür wird die Sigle „T“ verwendet, gefolgt von der Seitenzahl. Für Keplers Kommentar zum Text wird die Sigle „K“ verwendet, gefolgt von der Endnotennummer in Keplers Text und unter Angabe der Seitenzahl im Kommentar.

8 Galileo Galilei: *Sidereus Nuncius magna, longeque admirabilia spectacula pandens*. Venetiis: Baglionum 1610.

9 Galileo Galilei: *Sidereus Nuncius. Nachricht von neuen Sternen*. Hrsg. von Hans Blumenberg. 2. Aufl. Frankfurt a. M.: Suhrkamp 2002.

10 Galileo Galilei: *Dialogo sopra i due massimi sistemi del mondo tolemaico e copernicano*. Hrsg. von Ottavio Besomi. Padova: Editrice Antenore 1998; ders.: *Dialog über die beiden hauptsächlichsten Weltsysteme. Das ptolemäische und das kopernikanische*. Übers. und erläutert von Emil Strauss. Hrsg. von Roman Sexl und Karl von Meyenn. Reprogr. Nachdruck der Ausgabe Leipzig, 1891. Stuttgart: Teubner 1982.

In der englischsprachigen Sekundärliteratur gilt Kepler als eines der ersten Zeugnisse der *Science-Fiction*-Literatur der Frühen Neuzeit.[11] Ins Englische ist Keplers Text bereits zweifach übertragen, ediert und kommentiert worden.[12] Ins Deutsche wurde der vollständige Text mit den Fußnoten und den Anhängen erst 2011 übertragen.[13] Der Text hat in der germanistischen Literaturwissenschaft vergleichsweise wenig Aufmerksamkeit erhalten.[14]

Keplers Text ist gleichsam eine Beschreibung von Beschreibungen, nämlich die Beschreibung von Mond-Vorstellungen je nach Wissensstand und Beobachterperspektive. Der Text führt vor, dass zu Beginn des 17. Jahrhunderts der Mond nicht nur ein harmloses Traummotiv menschlicher Projektionen ist, sondern ein Kampfgebiet metaphysischer, theologischer und naturphilosophischer Weltanschauungen. Über ihn, über die Definition des Mondes als Erdsatelliten, wird auch die sublunare oder supralunare Stellung der Erde konzeptualisiert. Epistemologisch ist damit die Neu-Perspektivierung verbunden, der neue Blick, den man auf die Erde richtet, wissend um das geistige Abenteuer der Re-Konzeptualisierung des Mondes als Erdsatelliten. Zum zweiten ging es, so Blumenbergs Terminus in der Einleitung zu Galileis „Sidereus nuncius", um nicht weniger als um die „Stellarisierung" der Erde als Himmelskörper.[15]

---

11 Vgl. hierzu die Aussage von James Paxson: „Keplers's Somnium has often been thought of as the first work of modern science fiction." In: James Paxson: „Kepler's Allegory of Containment, the Making of Modern Astronomy, and the Semiotics of Mathematical Thought". In: *Intertexts* 3 (1999). S. 105–123, hier S. 106. Vgl. hierzu auch Arthur B. Evans: „The Origins of Science Fiction Criticism. From Kepler to Wells". In: *Science Fiction Studies* 26.2 (1999). S. 163–186; Mary Baine Campbell: „Alternative Planet. Kepler's Somnium (1634) and the New World". In: *The Arts of 17th-Century Science. Representations of the Natural World in European and North American Culture.* Hrsg. von Claire Jowitt und Diane Watt. Aldershot: Ashgate 2002. S. 232–249; William Poole: „Kepler's ‚Somnium' and Francis Godwin's ‚The Man in the Moone'. Births of Science-Fiction 1593–1638". In: *New Worlds Reflected. Travel and Utopia in the Early Modern Period.* Hrsg. von Chloë Houston. Surrey, Burlington: Ashgate 2010. S. 57–69; Elmar Schenkel: *Keplers Dämon. Begegnungen zwischen Literatur, Traum und Wissenschaft.* Frankfurt a. M.: Fischer 2016.

12 Vgl. hierzu Johannes Kepler: *Kepler's Dream. With the Full Text and Notes of „Somnium, sive astronomia lunaris" Joannis Kepleri.* Hrsg. von John Lear. Übers. von Patricia Frueh Kirkwood. Berkeley: University of California Press 1965 bzw. ders.: *Kepler's „Somnium". The Dream, or Posthumous Work on Lunar Astronomy.* Hrsg. und übers. von Edward Rosen. Madison: University of Wisconsin Press 1967.

13 Vgl. Kepler: *Der Traum* (Anm. 7).

14 Vgl. Reto Rössler: „Hypothese, Abweichung und Traum. Keplers Ellipsen". In: *Kosmos & Kontingenz. Eine Gegengeschichte.* Hrsg. von Reto Rössler, Tim Sparenberg und Philipp Weber. Paderborn: Fink 2016. S. 65–76.

15 Vgl. Hans Blumenberg: *Die kopernikanische Wende.* Frankfurt a. M.: Suhrkamp 1965, S. 156.

3 Rekonzeptualisierung der Erde und des Mondes

Warum ist ausgerechnet die epistemologische Stellung des Mondes so wichtig für die Verabschiedung des alten Weltmodells und für die Einführung des neuen? Kepler präsentiert hier eine hybride Konfiguration, die zwischen einer fiktionalen Erzählung und einem faktualen wissenschaftlichen Kommentar angesiedelt ist. Für die Durchsetzung des kopernikanischen Weltmodells ist die Aufhebung mehrerer Grenzen notwendig. Diese Grenzen sind zugleich das epistemische Fundament des ptolemäischen Weltsystems:

Es ging um die Aufhebung der von Platon und Aristoteles postulierten Grenze zwischen dem sublunaren, veränderlichen, irdischen Bereich und dem supralunaren, unveränderlichen himmlischen Bereich. Der Mond befindet sich dabei genau auf der Grenzlinie und seine Konzeptualisierung bzw. seine Re-Konzeptualisierung ist ausgerechnet in diesem Zeitalter epistemologisch höchst umstritten. Im ptolemäischen Weltmodell ist die Erde im Zentrum der Galaxie situiert und befindet sich dort in Ruhe. Die Umlaufbahn des Mondes ist nicht ausgezeichnet im Vergleich zur Umlaufbahn aller anderen Planeten. Ihre Kreisbewegung um die Erde reiht sich in ein System der konzentrischen Sphären ein. Der Mond, die Sonne und die vier Planeten Venus, Mars, Jupiter und Saturn bewegen sich, getragen von diesen Sphären, um die Erde als ihrem Mittelpunkt. Im kopernikanischen System nimmt aber ausgerechnet der Mond eine ausgezeichnete Position ein. Er allein wird zum Erdsatelliten und bewegt sich mit der Erde so wie die anderen Planeten um die Sonne.

Ein Hauptargument der Gegner des kopernikanischen Modells war, dass ein solches Doppelsystem eines Planeten mit einem Satelliten, der ihn umkreist, in der Galaxie sonst nicht beobachtet worden ist und dass diese Hypothese infolgedessen nicht hinnehmbar sei. Nun hatte aber Galilei in seinem „Sidereus Nuncius“[16] von 1610 berichtet, dass er mithilfe des Teleskops ein zweites solches Planeten-Satelliten -System im Weltall beobachtet hatte: den Planeten Jupiter und seine vier Monde. Für die Kopernikaner galt das von nun an als Beleg dafür, dass das Doppelsystem Erde–Mond kein einmaliges, ausgezeichnetes sei und deshalb als ganz natürlicher Teil des kopernikanischen Weltsystems angenommen werden dürfe. Die Kopernikaner verbanden damit noch zwei andere Hypothesen, die für die Geozentriker als ketzerisch verschrien waren und die es nun zu belegen galt. Die Überzeugung war nicht nur, dass Erde und Mond ein gemeinsames Doppelsystem bildeten, sondern daraus folgte auch, dass die grundlegenden Unterschiede zwischen ihnen argumentativ in doppelter Weise aufgehoben werden mussten: Erstens sollte gezeigt werden, dass der Mond kein unveränderlicher, ewiger Himmelskörper ist, sondern,

16 Galilei: *Sidereus Nuncius* (Anm. 8).

dass er genauso wie die Erde aus veränderlicher und vergänglicher Materie besteht. Deshalb war es wichtig, dass man abweichend von der Hypothese der perfekten Sphäre die Beobachtung von unregelmäßigen Oberflächen auf dem Mond deutlich machte. Sie waren ein Hinweis dafür, dass es auf dem Mond mögliche Krater, Berge und Vertiefungen gab. Das war die erste anzunehmende Gemeinsamkeit zwischen Erde und Mond. Der Mond sollte also angesichts der Feststellung seiner Gemeinsamkeiten mit der Erde als materieller, veränderlicher Himmelskörper rekonzeptualisiert werden. Deshalb erwiesen sich die Bilder (Abb. V.1–1), die Galilei im „Sidereus Nuncius“ veröffentlichte und die den Mond so darstellten, wie er ihn durch das Teleskop beobachten konnte, von hoher Evidenzkraft.

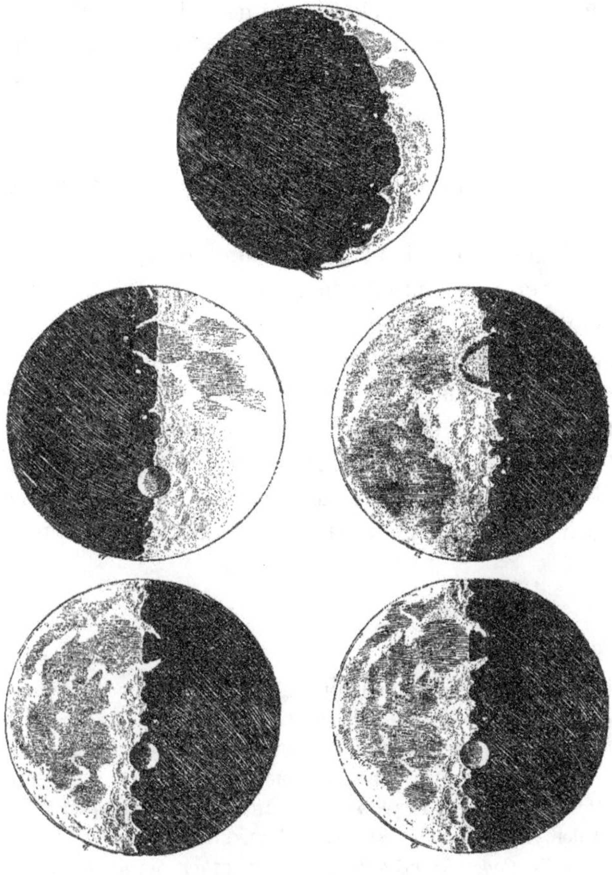

Abb. V.1–1: Mondzeichnungen aus Galileis „Sidereus Nuncius“.[17]

17 Galilei: *Sidereus Nuncius* (Anm. 8), S. 94.

Eine zweite Gemeinsamkeit verlief genau in die entgegengesetzte Richtung und war auch durch die entgegengesetzte Rekonzeptualisierung zu belegen. Gemäß des ptolemäischen Weltbildes nahm die Erde eine ausgezeichnete Position in der Mitte der Galaxie ein, war unbeweglich und gehörte nicht wie der Mond, die Sterne und die anderen Planeten zur Himmelssphäre. Angesichts des Vergleichs mit dem Mond sollte nun auch die Erde rekonzeptualisiert werden. Hans Blumenberg nennt diesen Prozess der Rekonzeptualisierung die „Stellarisierung der Erde“[18]: die Erde wird wie der Mond, die Planeten und die anderen Sterne zum rotierenden Himmelskörper.

Diesen Prozess der wechselseitigen Rekonzeptualisierung als doppelte Umcodierung stellt Kepler in seiner Erzählung vor. Sie ist deshalb signifikant, weil sie durch die Kombination der narrativen Verfahren und des wissenschaftlichen Kommentars mehrere epistemische Prozesse gleichzeitig darstellt: 1.) Die Aufhebung der Grenze zwischen der irdischen und der himmlischen Sphäre zwischen Erde und Mond; 2.) Die Re-Konzeptualisierung beider Himmelskörper; 3.) Die Durchsetzung des kopernikanischen Weltbilds.

Wie geht nun Kepler als Mathematiker und Astronom mit dem Wissen über die kopernikanische Astronomie um? Durch welche narrative Verfahren wird das Wissen um das kopernikanische Weltmodell zur Erzählung bzw. allegorischen Weltbild-Vorstellung? Wie stehen Fakt und Fiktion zueinander in Relation? Wie führen Fiktionen zur Erkenntnis von Fakten?

Man könnte behaupten, dass „Somnium“ für Kepler ein Lebenswerk darstellte, denn er schrieb 25 Jahre lang daran, bis zu seinem Lebensende. Parallel dazu entstanden alle seine maßgeblichen astronomischen Schriften, die zur Konzeptualisierung der Kepler'schen Gesetze führten und die er im Kommentar des „Somnium“ ausführlich zitiert: Von seiner frühen Dissertation unter der Betreuung von Johannes Mästlin in Tübingen[19] zum „Mysterium Cosmographicum“,[20]

---

18 Ein Terminus, den Hans Blumenberg in der Einleitung zu Galileis „Sidereus Nuncius“ verwendet und in der „Genesis der kopernikanischen Welt“ grundlegend ausführt: Hans Blumenberg: *Die Genesis der kopernikanischen Welt.* 3 Bände. Frankfurt a. M.: Suhrkamp 1981. Vgl. für diese entscheidende geschichtliche Epoche des Übergangs zwischen dem ptolemäischen und dem kopernikanischen Weltbild ebenfalls: Hans Blumenberg: *Der Prozeß der theoretischen Neugierde.* 4. Aufl. Frankfurt a. M.: Suhrkamp 1988; ders.: *Die Legitimität der Neuzeit.* Frankfurt a. M.: Suhrkamp 1996.

19 Vgl. hierzu Robert S. Westman: *The Copernican Question. Prognostication, Skepticism, and Celestial Order.* Berkeley: University of California Press 2011, S. 311–314.

20 Johannes Kepler: *Mysterium cosmographicum. De stella nova.* Hrsg. von Max Caspar. In: ders.: *Gesammelte Werke.* Bd. 1. Hrsg. von Walther von Dyck, Max Caspar und Franz Hammer. München: Beck 1938.

zur „Astronomia Nova“[21] und dem „Harmonice Mundi“.[22] Kepler hatte zudem mit seiner „Epitome astronomiae copernicanae“[23] das erste umfassende Lehrbuch zur kopernikanischen Astronomie vorgelegt. Gleich nachdem das Buch erschienen war, wurde es von der katholischen Kirche auf den Index gesetzt. Das mag der Grund dafür sein, dass Kepler sein „Somnium“ zeitlebens nicht drucken ließ. Sein Werk sah das Drucklicht erst posthum, 1634, vier Jahre nach seinem Tod, veranlasst von Keplers Sohn.

Der Aufbau des „Somnium“ ist schnell erzählt: Die Rahmengeschichte situiert den Ich-Erzähler in den Kontext der Geschichte in Böhmen 1608 und signalisiert die Neugierde des Erzählers, die ihn dazu motiviert, sich der Lektüre der böhmischen Literatur zuzuwenden. Wichtigste Lebensereignisse des Ich-Erzählers in der Extradiegese sind der Schlaf nach der Buchlektüre und die Betrachtung des Mondes. Im Schlaf träumt der Ich-Erzähler davon, dass er ein Buch liest. Es ist die Geschichte des isländischen Helden Duracotus, der mit seiner Mutter Fiolxhilde in Island lebt. Fiolxhilde ist Zauberkünstlerin, ihr Hauptgeschäft ist die Herstellung von Windsäckchen, die sie mit Kräutern füllt und an Schiffsherren verkauft. Duracotus, als neugieriger Geist, widersteht nicht der Versuchung, herauszufinden, was diese magischen Säckchen im Innersten zusammenhält. Er reißt eines auf und bringt die Mutter so um den Gewinn ihres Lebensunterhalts. Als Strafe für diesen Akt der *curiositas* verkauft die Mutter Duracotus an einen Schiffsherrn.

Somit wagt sich der Bestrafte unfreiwillig ins Unbekannte, überschreitet in einem symbolischen Akt die ‚Säulen des Herkules‘, landet in Dänemark bei Tycho Brahe und vereint dort Beruf mit Berufung als Lehrling des führenden Astronomen seiner Zeit. Man beachte hier die Umkehrung des *curiositas*-Topos, wie ihn Blumenberg anhand von Dantes Odysseus-Episode in der „Divina Commedia“ und Petrarcas Brief über den „Mont Ventoux“ beschrieben hat:[24] Im Unterschied zu den früheren mittelalterlichen Texten entpuppt sich hier die scheinbare Bestrafung als Belohnung, findet Duracotus doch durch den Ausstoß ins Unbekannte seine Berufung in der Erforschung weit umfassenderer Grenzen, derjenigen zwischen den irdischen und himmlischen Sphären. Man beachte außerdem auch die Figur der Metalepse, denn Duracotus’ lebensverändernde Begegnung mit Tycho

---

21 Johannes Kepler: *Astronomia nova.* Hrsg. von Max Caspar. In: ders.: *Gesammelte Werke.* Bd. 3. Hrsg. von Walther von Dyck, Max Caspar und Franz Hammer. München: Beck 1938.

22 Johannes Kepler: *Harmonice mundi.* Hrsg. von Max Caspar. In: ders.: *Gesammelte Werke.* Bd. 6. Hrsg. von Walther von Dyck, Max Caspar und Franz Hammer. München: Beck 1940.

23 Johannes Kepler: *Epitome astronomiae Copernicanae.* Hrsg. von Max Caspar. In: ders.: *Gesammelte Werke.* Bd. 7. Hrsg. von Walther von Dyck, Max Caspar und Franz Hammer. München: Beck 1953.

24 Vgl. Blumenberg: *Der Prozeß der theoretischen Neugierde* (Anm. 18), S. 136–142.

Brahe und seine Berufung zur Astronomie weisen deutliche Parallelen zwischen der Erzählerstimme in der Intradiegese und dem empirischen Autor, der sich im Kommentar wiederholt zu Wort meldet, auf. Hier wird die metaleptische Überschreitung zwischen der Ontologie der Erzählebenen als autofiktionales Verfahren vorgeführt.

Duracotus kommt aus Dänemark zurück nach Island und erzählt seiner Mutter die unglaublichen Geschichten seiner Forschungen der letzten Jahre – sie erwidert jedoch, dass ihr diese durch magisch-astrologische Praktiken bereits längst vertraut waren. Sie zu beschreiben oder gar zu betreiben, sei jedoch lebensgefährlich. Deshalb bedürfe es zum weiteren Austausch über die astronomischen Erkenntnisse eines Initiationsrituals, das durch Riten vollzogen wird: nach der Verhüllung der Köpfe unter einem dunklen Tuch folgt die magische Beschwörung einer dämonischen Gestalt aus Levania. Levania, so Kepler in seinen Anmerkungen, sei die hebräische Bezeichnung für den Mond (K 42, S. 39). Hier sei darauf hingewiesen, dass die Verflechtung zwischen Astronomie und Astrologie in der Frühen Neuzeit durchaus (noch) legitim war. Fast alle Astronomen waren zugleich Astrologen. Robert Westman zeigt in „The Copernican Question"[25], dass es oft Wechselwirkungen zwischen den astronomischen und den astrologischen Fragestellungen gab. Jedenfalls hatte die Astrologie die Funktion, das Wissen der Astronomie zu anthropologisieren: Sie projizierte es auf den menschlichen Erfahrungshorizont. Man war damals davon überzeugt, dass die Konjunktionen der Gestirne einen entscheidenden Einfluss auf menschliche Schicksale hätten. Die Berechnung und Beobachtung, aber vor allem die Vorhersagekraft des astronomischen Wissens beeinflusste strategische Kriegs- und Machtentscheidungen.

Mit der magischen Berufung des Dämons aus Levania beginnt schließlich die allegorische Traumerzählung einer Reise zum Mond. Doch diese Traumerzählung enthält eine Fülle von Verweisen auf astronomische Beobachtungen, mathematische Berechnungen und physikalische Naturgesetze, so dass sie als transdiskursive Kontaktzone gelten kann, die durchaus eine Fülle von Interpolationen aus dem astronomischen Diskurs enthält. Sie impliziert äußerste Nüchternheit und tiefste Rationalität. Sie entlarvt sich dadurch insgeheim als diskursives allegorisches Konstrukt, das der Vermittlung des kopernikanischen Weltmodells dient.

> Das Wesen der zweiten Bewegungen ist genau so verschieden von denen, die uns erscheinen, und viel komplizierter. Denn bei allen sechs Planeten – Saturn, Jupiter, Mars, Sonne, Venus, Merkur – treten neben den vielen Ungleichheiten, die uns und ihnen gemeinsam sind, bei ihnen drei weitere hinzu, zwei Ungleichheiten der Länge: eine täglich, die andere im Verlauf von 8 1/2 Jahren; die dritte Ungleichheit ist die der Breite: im Verlauf von 19 Jahren. (T, S. 16)

25 Vgl. Westman: *The Copernican Question* (Anm. 19).

Die Erzählung endet mit dem brüsken Erwachen des Ich-Erzählers in der Extradiegese. Kepler hat seiner zwanzigseitigen Erzählung 223 Endnoten hintan gefügt, die hundert Seiten umfassen. Dieser Kommentarteil des „Somnium" verwurzelt den Text sowohl im wissenschaftshistorischen Kontext als auch in einer starken philologischen Tradition: Cicero, Platon, Plutarch, Lukian, Philolaos und Aristarchus sind gleichermaßen seine Legitimationsinstanzen.[26] Die Anmerkungen enthalten aber vor allem auch wissenschaftliche Erklärungen, die sich auf das kopernikanische Weltmodell berufen. Im Gegensatz zur fiktionalen Kosmographie in der Traumerzählung bilden sie eine faktuale Kosmographie im wissenschaftlichen Kommentar.[27] Der Text ist also ein hybrides interformatives Gebilde zwischen allegorischer Traumerzählung und wissenschaftlichem Traktat, wobei der Traum sich durch seine Erzählkohärenz als literarische Konstruktion selbst entlarvt.

Im Gegensatz dazu weist die faktuale Kosmographie der Endnoten im Kommentar keine Kohärenz, sondern größte Disparatheit auf: Die Endnoten stehen als fragmentarische Bezüge relativ erratisch nebeneinander. Der Text führt dadurch performativ vor, wie sich der Übergang vom ptolemäischen zum kopernikanischen Paradigma und die Herausbildung des Weltbilds aus dem Weltmodell vollzieht. Zu Zeiten Keplers gab es zwar Beobachtungen, Messungen und mathematische Berechnungen, die das kopernikanische Weltmodell bestätigten, aber es gab noch keine adäquate kohärente Erzählung, die diskursübergreifend Sinn stiftete und das neue, mathematisch berechnete Weltmodell in die kulturelle Semantik integrierte, die mit dem menschlichen Erfahrungshorizont harmonierte. Ohne die Kohärenz eines Narrativs, einer Erzählung, die den Menschen und die Frage nach seinem Ort in den Mittelpunkt setzt, ergeben die Endnoten für sich genommen, wiewohl sie einem wissenschaftlichen Weltmodell entspringen, kein Weltbild. So wird dieser große, kaum bekannte hybride Text zu einem der ersten literarischen Zeugnisse der Interformation, der einer Feder entstammt, die im Schreiben mathematischer Formeln geübt war.

---

26 Vgl. z. B. Keplers Hinweise auf seine philologischen Prätexte von Plutarch und Lukian im Kommentar zum „Traum" (K 2, S. 27–28).

27 Vgl. etwa folgende Anmerkung Keplers im Kommentar: „109) Da die Erde und der Mond in jährlicher Bewegung um die Sonne kreisen, der Mond aber unterdessen auch um die Erde, geschieht es, dass der Mond, wenn er zwischen Sonne und Erde liegt und uns als Neumond erscheint, der Bewegung der Erde entgegenkommt. Doch bewegt er sich ihr nicht im gleichen Maß entgegen, wie die Erde vorrückt. Die Erde nämlich durchläuft Tag für Tag den 365. Teil ihres Umlaufs, der Mond aber nur den 30. Teil seines eigenen" (K 109, S. 61).

4 Interformative Textstrategien

Die argumentativen Strategien im „Somnium“ können wie folgt nachvollzogen werden: Das Weltmodell wird durch die Fiktivierung unter Einbeziehung des poetisch Imaginären entfaltet und entwickelt sich allmählich zu einem allumfassenden Weltbild, das auf mathematische Berechnungen, geometrischen Symmetrieprinzipien und astronomischen Beobachtungen basiert. Dies geschieht durch eine vierfache Argumentationsagenda: Erstens eine positive Agenda, die den Traum und das Imaginäre einbezieht, um ein physikalisches Gedankenexperiment poetisch performativ darzustellen. Hiermit wird mit vergleichbaren wissenschaftlichen und literarischen Verfahren vorgeführt, aufgrund welcher wissenschaftlichen Argumente das kopernikanische Weltmodell legitimiert werden kann. Zweitens wird mit dem poetischen Mittel der allegorischen Traumreise zum Mond der Beobachterblick perspektiviert, indem er vom Erdstandpunkt dekontextualisiert wird.

> Zwar[87] ist der Anblick der Fixsterne für ganz Levania derselbe wie für uns. Jedoch beobachtet man dort Bewegungen und Größen der Planeten, die von den uns sichtbaren völlig verschieden sind, und zwar so sehr, dass bei ihnen die ganze Wissenschaft der Astronomie vollkommen verschieden ist. (T, S. 13)

Drittens wird durch optische Verfahren – die der *camera obscura* – der menschliche Blick objektiviert und vom sinnlich-räumlichen Sehen des menschlichen Auges entkoppelt. Viertens wird dieses optische Experimentalsystem auch als allegorisches Verfahren dem Text performativ eingeschrieben, wie noch zu zeigen sein wird. Diese Schritte werden argumentativ vollzogen, um letztendlich zu demonstrieren, dass die Erde sich wie der Mond und alle anderen Planeten dreht und dass auf dem Mond die gleichen physikalischen Naturgesetze gelten wie auf der Erde.

Doch hinter dieser positiven Argumentationsagenda versteckt sich zugleich auch eine subversive. Denn Keplers Text gelingt zugleich auf mehreren Ebenen die Widerlegung der Thesen seiner Gegner: astronomisch gesehen gegen das geozentrische Weltbild Ptolemäus’, metaphysisch gesehen gegen die Auffassung der aristotelischen Tradition, die besagte, dass es eine absolute Grenze gäbe zwischen dem sublunaren Bereich der irdischen, sich stets verändernden Phänomene und dem supralunaren Bereich der himmlischen, ewig unveränderlichen Phänomene.[28] Ich

28 Vgl. hierzu die Erläuterungen von Alberto Jori über Platons und Aristoteles’ astronomische Vorstellungen im Kontext der griechischen Astronomie. In: Aristoteles: *Über den Himmel*. Übers. und erläutert von Alberto Jori. In: ders.: *Aristoteles Werke in deutscher Übersetzung*. Bd. 12,3. Hrsg. von Hellmut Flashar. Berlin: Akademie 2009, S. 285–296. Vgl. auch Bartel L. van der Waerden: *Die Astronomie der Griechen. Eine Einführung*. Darmstadt: Wiss. Buchges. 1988; D. R. Dicks: *Early Greek Astronomy to Aristotle*. London: Thames and Hudson 1970; John L. E. Dreyer: *A History of Astronomy from Thales to Kepler*. Hrsg. von W. H. Stahl. 2. Aufl. New York: Dover 1953.

zitiere dazu Aristoteles: „An den göttlichen Äther, den wir ein Reich der Ordnung, dazu unverrückbar, unwandelbar und unveränderlich nennen, grenzt der gänzlich wandelbare, veränderliche und, kurz gesagt, vergängliche und sterbliche Bereich."[29] Der Text des „Somnium" schließt auch eine Exegese-Kontroverse ein: Welches ist das Verhältnis des „Buchs der Natur"[30] zur Heiligen Schrift? Oder: Gibt es alternative Deutungsverfahren des sogenannten „Buchs der Natur" und ließen sich diese über die christliche Exegese mit der Heiligen Schrift vereinbaren?

4.1 Erzählebenen und Erzählinstanzen: Suspendierung der primären Referenz und Legitimierung der sekundären Referenz

Ich gehe nun zur narratologischen Analyse der Erzählung über und frage danach, welche Erzählebenen voneinander zu unterscheiden sind, welche Funktionen diese haben und wie die Ebenen miteinander zu relationieren sind. Wie viele Erzählinstanzen gibt es in diesem Text? In welcher repräsentationslogischen Beziehung stehen sie zu den jeweils erzählten Welten? In welcher zeitlogischen Beziehung steht die Erzählerstimme zum geschilderten Geschehen? Mit jeder neuen Erzählebene ergibt sich eine Verschiebung in der Art, wie die repräsentationslogische und die zeitlogische Beziehung zwischen Erzählen und Erzähltem miteinander korreliert werden.

Zu Beginn der Erzählung wird eine erste historische Erzählebene dargestellt: Die Handlung wird in Böhmen um 1608 angesiedelt, die Zeit des 30-jährigen Krieges. Ständige Streitigkeiten zwischen dem herrschenden Kaiser Rudolf und seinem Bruder, dem Erzherzog Matthias, erschüttern das Land. Es scheint übliche Praxis zu sein, dass die gegenwärtigen Handlungen der Kombattanten auf allgemeine Beispiele zurückgeführt werden, die der Geschichte Böhmens entnommen wurden. Und so scheint auch der primäre extradiegetische Erzähler, von Neugier geweckt, sich dem Studium böhmischer Literatur zuzuwenden, speziell der Geschichte Libussas, einer Zauberin. Dieser primäre Erzähler ist zwar ein homodiegetischer Erzähler, gibt sich aber in erster Reihe als Beobachter des historischen Geschehens aus, der es angesichts literarischer, philologischer und historischer Erkenntnisse zu deuten, ja mehr als das – wie es um 1600 übliche exegetische Praxis zu sein scheint – auf allgemeine Beispiele aus der Literatur zurückzuführen versucht. Was der Erzähler nach eigener Auskunft genau beobachtet, sind der Mond und die Sterne.

29 Aristoteles: *Über den Himmel* (Anm. 28), Buch 1, Kap. 2, S. 22–24 (268b11–269b18).

30 Ich verweise hier auf die umfassende Darstellung dieser Problematik bei Hans Blumenberg: *Die Lesbarkeit der Welt*. Frankfurt a. M.: Suhrkamp 1981, S. 71.

Daraufhin verfällt der Erzähler in den Schlaf und beginnt zu träumen. Der Traum hat die Funktion, die primäre Referenz, die aktuale Erzählwelt, die noch in einen konkreten historischen Kontext verortet ist, zu suspendieren, denn Traum und Wirklichkeit können nicht der gleichen ontologischen Erzählebene angehören. Der primäre Erzähler erfährt nun gleichsam eine narrative Projektion in den Traum: Was der extradiegetische Erzähler tut (er liest Bücher), tut auch die Figur im Traum, die ebenfalls mit „ich“ als homodiegetisch apostrophiert wird. Als Erzählinstanz nimmt sich die projizierte Figur im Traum zurück; sie tritt vor allem als Leser in den Vordergrund. Damit wird die Rolle des Lesers gedoppelt, zwei Mal wird der Leser figuriert, im extradiegetischen Rahmen und im Traum; die Erzählung kreiert also eine doppelte Leseinstanz, ein Lesen aus doppelter Richtung. Der Erzähler weist nun sogar darauf hin, dass hier eine Textstrategie angelegt wird, die verschiedene Leseanleitungen stimuliert.

So sind zwar der geträumte Leser und das geträumte Buch lediglich eine Projektion von der aktual historischen Welt in die Traumwelt, die die historische suspendiert, aber gleichzeitig wird das, was der geträumte Leser liest, für den realen Leser konkret materialisiert: Der Text des Buches im Traum materialisiert sich vor den Augen des empirischen Lesers und bildet somit eine metaleptische Überschreitung der Grenzen zwischen den ontologischen Erzählebenen. Durch diese raffinierte Erzählkonstruktion wird die primäre Modellierungsebene suspendiert und die sekundäre, intradiegetische Erzählebene wird durch die Materialisierung vor den Augen des empirischen Lesers authentifiziert.

Der sekundäre intradiegetische Erzähler, Duracotus, ist als autodiegetischer Erzähler angelegt. Während sich die primäre Erzählinstanz jeweils in eine Erzähl- und eine Leserfiguration gespalten hat, gibt es auch hier eine Doppelung des Ich in ein erlebendes und ein erzählendes Ich: Das Geschehen wird von dem erzählenden Ich aus der Retrospektive erzählt. Dieser Erzähler ist nicht mehr nur ein Lesender, sondern auch ein Schreibender, schreibt er doch seine Autobiografie nieder. Jedoch wird er vor dem Schreiben stets von seiner Mutter gewarnt, die ihn davon abzuhalten versucht, denn das Metier sei ganz besonders gefährlich. Der Leser beginnt zu erahnen, warum, denn der Schreibende ist auch ein werdender Forscher. Doch wie bereits ausgeführt, wird Duracotus’ Neugierde (er hatte das Windsäckchen der Mutter geöffnet) nicht wirklich sanktioniert. Die scheinbare Bestrafung stellt sich vielmehr als Glücksfall heraus. Denn die Schiffsreise, die eigentlich als seine Bestrafung ausgerufen war, bringt Duracotus auf die dänische Insel Hveen, zum damaligen Zentrum der Astronomieforschung. Dort begegnet Duracotus dem fiktiven Tycho Brahe, einer Figuration des berühmtesten, führenden Astronomen seiner Zeit:

> Auf wunderbare Weise lachten mich die astronomischen Studien an. Denn Brahe und die Studenten betrachteten ganze Nächte lang mit erstaunlichen Geräten den Mond und die Sterne; das erinnerte mich an meine Mutter, die ja auch selbst unablässig mit dem Mond zu sprechen pflegte. Durch diese günstigen Umstände gelangte ich, von Herkunft ein Halbbarbar, an Vermögen völlig mittellos, zur Kenntnis der göttlichen Wissenschaft. Die ebnete mir den Weg zu Höherem. (T, S. 9)

Diese Passage wird deshalb ausführlich zitiert, weil sie die raffinierte Machart des Textes genau illustriert: zum einen enthält er einen Rückverweis auf den primären extradiegetisch-homodiegetischen Erzähler, der ebenfalls gerne den Mond und die Sterne betrachtete. Zum anderen gibt es einen Vorverweis auf den tertiären, metadiegetischen Erzähler, den sogenannten „Dämon aus Levania“, der ebenfalls Mond und Sterne beobachten wird. Außerdem gibt es einen Vorverweis auf den Ritus, mit dem die Mutter den Dämon der Astronomie heraufbeschwören wird. Der tertiäre Erzähler wird auch schon auf der sekundären Erzählebene als solcher angekündigt: „Besonders das Land, von dem er mir so oft gesprochen hat, wünsche ich mit dir gemeinsam zu erkunden. Sehr wundersam ist nämlich, was er von ihm erzählt. Levania, so nannte er es“ (T, S. 11).

Während der autodiegetische sekundäre Erzähler aus der Retrospektive erzählt und sich in ein erlebendes und ein erzählendes Ich spaltet, geschieht mit dem tertiären Erzähler, dem Dämon aus Levania, genau das Gegenteil: Die durch ein magisches Ritual herbeigeschworene Stimme des Dämons aus Levania ist nicht die eines Ich-Erzählers, sondern die eines Wir-Erzählers. Er erzählt auch nicht aus der Retrospektive, sondern ausschließlich im Präsens. Seine Erzählung ist also eine Simullepse. Kepler merkt im Kommentar zu dieser Erzählerstimme an: „Mich erinnerte an diese Allegorie das griech. Wort daemon, das sich von δαίειν herleitet, das heißt ‚wissen‘, und fast bedeutungsgleich mit δάημων (‚verständig‘) ist“ (K 34, S. 37). Der Dämon berichtet also das, was ein kollektives Wir beobachten sollte. Interpretatorisch könnte man folgende Gründe für diesen Wechsel zu einer kollektiven Beobachtungsperspektive nennen: Die Sicht des Dämons, der Mondbewohner und der Erdbewohner, denen die Dämonen zu einer Mondreise verhelfen, verschmelzen zu einer kollektiven Beobachterperspektive, die die Funktion hat, die Darstellung der beobachteten Phänomene zu objektivieren. Denn was hier während der Mondreise beobachtet wird, sind einerseits Phänomene der Natur. Andererseits ist es aber auch eine Beobachtung zweiter Ordnung für den Leser: Der reale Leser darf beobachten, wie der astronomische Dämon, die Mondbewohner und die hinzugekommenen Erdbewohner die Phänomene astronomisch beobachten, welche Messungen sie vornehmen und was sie von ihrem Standort als Mondbewohner überhaupt sehen können. Die Inszenierung der Beobachtung zweiter Ordnung als Gedankenexperiment ist deshalb notwendig, weil auch die Leser implizit das fiktiv sehen bzw. imaginieren sollten, was sie als Erdbewohner gar nicht beobachten könnten. Faktisch können sie das nicht, weil sie ihren Standort realiter nicht verlassen können. Das kollektive Erzähler-Wir ist deshalb zugleich eine Aufforderung zur Metabeobachtung und zum Vergleich der Beobachtungen der Erde und des Monds von verschiedenen Standpunkten. Der reale Leser soll verstehen, dass er dabei unterschiedliche Sachen beobachten wird. Und er soll durch dieses Gedankenexperiment lernen, mit dem Modus der Beobachtung aus doppelter Perspektive vergleichend umzugehen: vom Mond aus und von der Erde aus.

Durch einen magischen Ritus wurde also ein Erzähler dritter Ordnung beschworen, der Dämon aus Levania, welcher träumende Erdbewohner auf einer allegorischen Reise zum Mond begleitet. Sodann wird der Rahmen geschlossen. Es ergibt sich damit eine perfekte Symmetrie zwischen der Öffnung und der Schließung der drei Erzählebenen bzw. der Ein- und Abführung der Erzählerstimmen:

> Als ich in meinem Traum bis hierhin gekommen war, riss mich ein Sturm mit prasselndem Regen aus dem Schlaf, und zugleich verlor sich das Ende des in Frankfurt beschafften Buches. Und so verließ ich den erzählenden Dämon und die Zuhörer, den Sohn Duracotus mit seiner Mutter Fiolxhilde, deren Häupter verhüllt waren, kehrte zu mir selbst zurück und fand tatsächlich meinen Kopf auf dem Kissen und meinen Körper in Decken gehüllt. (T, S. 26)

Selbst die Geste der Verhüllung des Kopfes wird doppelt angeführt, sowohl in der Diegese bei der Rahmenöffnung und –schließung als auch im wissenschaftlichen Kommentar. Schließlich folgt ein ausführlicher Kommentar, der seinerseits weder einen Erzähler noch Erzählkohärenz aufweist. Er wird vielmehr von der Stimme der wissenschaftlichen *auctoritas* geführt und weist sowohl naturphilosophische als auch philologische Autorität auf.

4.2 Traumallegorie als transdiskursive Kontaktzone

In Abb. V.1–2 ist ein Faksimile der Erstausgabe des „Somnium“ von 1634 zu sehen. Man beachte die Materialität der Zeichen: die unterschiedlichen Schrifttypen, Schriftgrößen und den Schriftsatz. Sie unterscheiden drei ontologische Erzählebenen voneinander, die von unterschiedlichen Erzählinstanzen eingeführt werden:

Jede dieser auch durch die Schrifttype unterschiedenen Erzählebenen ermöglicht die Interpretation des Textes nach einem anderen Diskursregister. Diese gilt es sorgfältig zu unterscheiden: Der historische Rahmen weist auf die politischen Diskurse der Zeit hin, auf die konfessionellen und kriegerischen Auseinandersetzungen des dreißigjährigen Krieges, auf die unübersichtlichen Interessenlagen und die entsprechenden Bedrohungen und Zensurakte. Angesichts dessen scheint die Entrückung durch die fiktionale Traumerzählung legitim. Der anschließende Traum ermöglicht die Fiktion des Heliozentrismus. Er markiert die erste Grenzüberschrei-

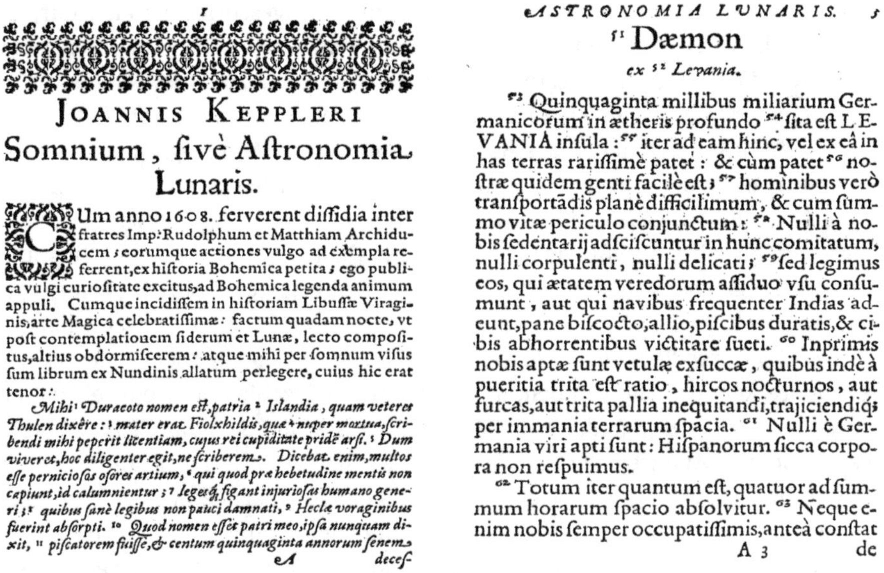
1

JOANNIS KEPPLERI
Somnium, sivè Astronomia Lunaris.

CUm anno 1608. ferverent dissidia inter fratres Imp: Rudolphum et Matthiam Archiducem; eorumque actiones vulgo ad exempla referrent, ex historia Bohemica petita; ego publica vulgi curiositate excitus, ad Bohemica legenda animum appuli. Cumque incidissem in historiam Libussae Viraginis, arte Magica celebratissimae: factum quadam nocte, ut post contemplationem siderum et Lunae, lecto compositus, altius obdormiscerem: atque mihi per somnum visus sum librum ex Nundinis allatum perlegere, cuius hic erat tenor:

Mihi[1] *Duracoto nomen est, patria*[2] *Islandia, quam veteres Thulen dixère:*[3] *mater erat Fiolxhildis, quae*[4] *nuper mortua, scribendi mihi peperit licentiam, cujus rei cupiditate pridē arsi.*[5] *Dum viveret, hoc diligenter egit, ne scriberem. Dicebat enim, multos esse perniciosos osores artium,*[6] *qui quod prae hebetudine mentis non capiunt, id calumnientur;*[7] *leges & figant injuriosas humano generi;*[8] *quibus sanè legibus non pauci damnati,*[9] *Heclae voraginibus fuerint absorpti.*[10] *Quod nomen esset patri meo, ipsa nunquam dixit,*[11] *piscatorem fuisse, & centum quinquaginta annorum senem*
A decess-

ASTRONOMIA LUNARIS. 5

[51] Daemon
ex [52] Levania.

[53] Quinquaginta millibus miliarium Germanicorum in aetheris profundo [54] sita est LEVANIA insula: [55] iter ad eam hinc, vel ex eâ in has terras rarissimè patet: & cùm patet [56] nostrae quidem genti facilè est; [57] hominibus verò transportādis planè difficilimum, & cum summo vitae periculo conjunctum: [58] Nulli à nobis sedentarij adsciscuntur in hunc comitatum, nulli corpulenti, nulli delicati; [59] sed legimus eos, qui aetatem veredorum assiduo vsu consumunt, aut qui navibus frequenter Indias adeunt, pane biscocto, allio, piscibus duratis, & cibis abhorrentibus victitare sueti. [60] Inprimis nobis aptae sunt vetulae exsuccae, quibus indè à pueritia trita est ratio, hircos nocturnos, aut furcas, aut trita pallia inequitandi, trajiciendiq; per immania terrarum spacia. [61] Nulli è Germania viri apti sunt: Hispanorum sicca corpora non respuimus.

[62] Totum iter quantum est, quatuor ad summum horarum spacio absolvitur. [63] Neque enim nobis semper occupatissimis, anteà constat
A 3 de

Abb. V.1–2: Faksimile aus der Erstausgabe von Keplers „Somnium". Die erste Seite des Kepler'schen Textes und der Beginn der dritten Erzählebene (S. 5), in der der „Dämon aus Levania" zum metadiegetischen Erzähler wird, wurden nebeneinandergestellt. Man beachte die unterschiedlichen Schrifttypen und vor allem den erheblich veränderten Schriftsatz auf der rechten Seite des Textes: die Zunahme der Schriftgröße.[31]

tung, den Akt der Fiktivierung. Unter der Lizenz der Fiktionalität löst sich die Referentialität des Realen als Legitimierungsfolie ab und stellt den Text frei für das Spiel mit dem Imaginären. Im Spiel kehrt das Reale wieder, aber in einem neuen Kontext, in dem des ‚Als-Ob', symbolisiert durch eine komplexe Rahmung, in der das Spiel des Imaginären neue Korrelationsmöglichkeiten zulässt. So wird der fiktive Standpunkt legitimiert: Nur von hier aus kann das neue, visionäre, heliozentrische Weltmodell so beschrieben werden, dass die Schreibweise den Leser zum Umdenken motiviert. Einerseits verharmlost die Fiktion die Kühnheit des neuen Weltmodells, andererseits aber wird der Traum selbst doppelt subvertiert: Erstens ist er ein Traum im Buch. In den Anmerkungen verweist Kepler darauf, dass er seinen Protagonisten träumend darstellt, „um die Philosophen in dieser Art von Literatur nach-

31 Kepler: *Joannis Keppleri Somnium* (Anm. 6), S. 1 und 5.

zuahmen" (K 2, S. 27).[32] Zweitens ist der Traum selbst geschriebene Literatur, die sich selbstbewusst aus dem überlieferten Traum-Schrifttum speist und unterschiedliche Traditionen aufweist: Ciceros „Somnium Scipionis", Macrobius' Kommentar zu Ciceros Werk[33] und viele andere allegorische Traumnarrative des Mittelalters, wie Dean Swinford gezeigt hat.[34] Das Buch im Traum ist die Autobiografie Duracotus', der den Diskurs der Astronomie einführt, ihn aber mit magischen Praktiken verwebt. Obwohl vom Lesen des Buches nur geträumt wird, trägt die Geschichte, die darin erzählt wird, autofiktionale Züge und enthält Bezüge zu Keplers Biografie. Daran wird sichtbar, wie Kepler hier textstrategisch vorgeht: Er simuliert einen graduellen Zuwachs an Fiktionalisierung, doch nur um die erste, extradiegetische Ebene als primäre Referenz zu suspendieren. Das ist die ptolemäische Referenz. Die sekundäre Referenz, die von dem intradiegetischen Erzähler Duracotus eingeführt wird, trägt nicht nur autofiktionale Züge, sondern sie wird auch durch Tycho Brahe als Astronomie-Autorität dominiert, der die Methoden, Messungen und Beobachtungstechniken zur Verfügung stellte, die die sekundäre Modellierung der kopernikanischen Astronomie plausiblisierten. Kepler hatte mit Hilfe dieser Messungen und als Nachfolger von Tycho Brahe in Prag die drei Kepler'schen Gesetze abgeleitet. Diese wissenschaftshistorische Verortung gilt als Vorbereitung für die nächste Etappe, die der tertiären, metadiegetischen Erzählebene der Mondreise, deren metadiegetische Erzählinstanz der Dämon ist, der eine Traumallegorie der kopernikanischen Astronomie präsentiert und als Gedankenexperiment für die Erdbewohner exemplifiziert.

Der Traum erlaubt die spielerische Verteidigung des Kopernikanismus unter dem Schutzmantel der Fiktion. Doch der Text hat eine klare epistemologische Agenda, weshalb er auch als ein wissenschaftliches Gedankenexperiment gelesen werden kann: Im „Somnium" werden die Leser, das heißt die Erdbewohner, dazu eingeladen, sich vom irdischen Standpunkt temporär zu verabschieden und ihren Beobachterstandpunkt imaginativ auf den Mond zu verlagern. Wozu? Sie sollen zum Umdenken animiert werden. Der Geozentrismus soll durch das Fingieren eines mystischen Selenozentrismus als Illusion entlarvt werden. Denn auch die fiktiven Mondbewohner nehmen an, dass der Mond stillsteht, während sich alles

---

32 Lateinisches Original: „ut imitarer Philosophos in hoc genere scriptionis." In: Johannes Kepler: *Somnium seu opus posthumum de astronomia lunari*. Hrsg. von Volker Bialas und Helmuth Grössing. In: ders.: *Gesammelte Werke*. Bd. 11,2. Hrsg. von Walther von Dyck, Max Caspar und Franz Hammer. München: Beck 1993, S. 317–367, hier S. 332.

33 „Somnium Scipionis" („Der Traum des Scipio") ist die mit einem Kommentar des Macrobius überlieferte Erzählung aus dem sechsten Buch von Ciceros „De re publica". Vgl. dazu den Kommentar von Beatrix Langner in Kepler: *Der Traum* (Anm. 7), S. 154.

34 Vgl. Dean Swinford: *Through the Daemon's Gate. Kepler's Somnium, Medieval Dream Narratives, and the Polysemy of Allegorical Motifs*. New York: Routledge 2006.

andere – auch die Erde – um sie dreht. Das erweist sich in der Erzählung als Fiktum – und was daraus als Faktum von den lesenden Erdbewohnern abgeleitet werden soll, ist, dass sich die Erde dreht. So beschreibt die Erzählerstimme des Dämons aus Levania aus homodiegetischer Perspektive die Wahrnehmung der Erdbewegungen vom Standpunkt der Mondbewohner:

> Obwohl[145] man sie [die Erde] sich nämlich überhaupt nicht vom Ort bewegen sieht, vollführt sie an[146] ihrem Platz eine Kreisbewegung um sich selbst, im Gegensatz zu unserem Mond, und zeigt nacheinander eine bewundernswerte[147] Fülle verschiedener Flecken, die sich beständig von Osten[148] nach Westen verschieben. (T, S. 21)[35]

Um dies wissenschaftlich zu plausibilisieren, wurde die zweite, autofiktionale Erzählebene eingeführt, nämlich die der Autobiografie Duracotus'. Das entscheidende Ereignis hier ist seine astronomische Ausbildung unter der Anleitung Tycho Brahes. Brahe war im 16. Jahrhundert einer der angesehensten Astronomen Europas. Er hatte am liberalen rudolphinischen Prager Hof ein Observatorium aufgebaut, das über Jahrzehnte hinweg die präzisesten Messungen und Beobachtungen für die Berechnung der Planetenrotationen lieferte. Mit diesen Instrumenten beobachtete Brahe 1593 erstmals eine Supernova, was ihn davon überzeugte, dass die Kristallkugeln des geozentrischen Universums nur heuristische Annahmen und keine ontologischen Entitäten sind und abgeschafft gehörten. Kepler war Brahes Nachfolger als Leiter des Observatoriums am Prager Hof und beobachtete seinerseits einen neuen Stern, eine Supernova im Fuße des Schlangenträgers. 1604 erschien seine Schrift „De Stella nova in pede Serpentarii",[36] die dieses Phänomen beschreibt. Die Tatsache, dass bei der Beobachtung keine Parallaxe vorlag, wurde von ihm so gedeutet, dass der Stern viel weiter entfernt als der Mond sein musste; in der Sphäre der Sterne. Da der Stern aber nie zuvor beobachtet wurde, war er ein Beleg dafür, dass die sogenannte Fixsternsphäre durchaus veränderlich ist. Kepler deutete diese Erscheinung als zusätzliches Argument gegen das geozentrische und für das heliozentrische Weltbild. Sodann konnte er aufgrund von Tycho Brahes umfassenden Messungen und Beobachtungen die Kepler'schen Gesetze ableiten. Die genannte narrative Ebene und dieser wissenschaftshistorische Hintergrund erfüllen die wissenschaftliche Legitimationsfunktion für das, was folgen wird, und zwar auf der scheinbar höch-

---

35 Lateinsiches Original: „[145]Etsi enim loco nequaquam moveri cernitur; [146]intra tamen locum suum, contrà quam nostra Luna, gyratur, et [147]admirabilem macularum varietatem successivè explicat, assiduè ab [148]ortu in occasum translatis maculis." In: Kepler: *Somnium* (Anm. 32), S. 328.

36 Johannes Kepler: *De Stella nova in pede Serpentarii, et qui sub ejus exortum de novo iniit, trigono igneo, Libellus Astronomicis, Physicis, Metaphysicis, Meteorologicis & Astrologicis Disputationibus endoxois & paradoxois plenus*. Prag: Sessius 1606.

sten Stufe der Fiktionalität: in der kopernikanischen Erzählung des Dämons von Levania.

Mit dem Wechsel des Standpunkts von der Erde zum Mond beginnt die allegorische Mondreise. Die Mitte der Erzählung ist somit der Schnittpunkt zweier Weltbilder: Das Genre dieses Abschnitts, die allegorische Fiktion, ist dem geozentrischen Weltbild verpflichtet, das Wissen darin entspricht wiederum dem kopernikanischen Weltmodell, das durch die Allegorese zum Weltbild entfaltet werden soll. Definitionsgemäß ist die Allegorie nicht nur das „poetische Verfahren zur Erzeugung von Uneigentlichkeit durch eigens zu diesem Zweck geschaffene literarische Ausdrucksmittel",[37] sondern auch diejenige „erzählende und/oder lehrhafte literarische Gattung, in der der Sinn durch Verweis auf eine zweite Bedeutungsebene konstituiert wird."[38] Die ‚Zweitsinnigkeit', der doppelte Boden der Allegorie, wird durch die palimpsestische Überschneidung zweier Weltbilder in der Erzählung des Dämons poetisch funktionalisiert.

Nach dem magischen Beschwörungsritus folgt die Erzählung des Dämons aus Levania, der sich diskursiv der astronomischen Expertensprache annähert. Kepler merkt dazu an: „Diese Geister sind die Wissenschaften, in denen sich die Gründe der Dinge offenbaren. Mich erinnerte an diese Allegorie das griech. Wort daemon, das sich von δαίειν herleitet, das heißt ‚wissen', und fast bedeutungsgleich mit δάημων (‚verständig') ist" (K 34, S. 37). Der Wissenschaftshistoriker Edward Rosen, der die erste kommentierte englische Übersetzung des „Somnium" vorlegte, weist in seinem Kommentar auf die alte griechische Tradition des Dämons als Wissensträger im Unterschied zur manichäisch-christlichen Konnotation des Begriffs mit dem Bösen hin.[39] Dieser Unterscheidung ist die Forschung gefolgt: Dean Swinford[40] und Fernand Hallyn[41] interpretieren das Reden des Dämons ebenfalls als allegorisches Diskurskonstrukt. James Paxson situiert Keplers Text außerdem in die genealogische Tradition anderer wichtiger allegorischer Texte des Mittelalters, wie die von Martianus Capella, Bernardus Silvestri, Dante und Chaucer.[42]

37 Bernhard Scholz: Art. „Allegorie$_2$". In: *Reallexikon der deutschen Literaturwissenschaft.* Bd. 1. Hrsg. von Klaus Weimar. 3. Aufl. Berlin, New York: De Gruyter 2007. S. 40–44, hier S. 40.

38 Walter Blank: Art. „Allegorie$_3$". In: *Reallexikon der deutschen Literaturwissenschaft.* Hrsg. von Klaus Weimar. 3. Aufl. Berlin, New York: De Gruyter 2007. S. 44–48, hier S. 44.

39 Vgl. Kepler: *Kepler's „Somnium"* (Anm. 12).

40 Vgl. Swinford: *Through the Daemon's Gate* (Anm. 34).

41 Vgl. Fernand Hallyn: *The Poetic Structure of the World. Copernicus and Kepler.* New York, Cambridge: Zone Books 1990.

42 Vgl. Paxson: „Kepler's Allegory of Containment" (Anm. 11), S. 105.

Vor der Beschwörung hebt die Mutter ausgerechnet diesen Dämon als Wissenden hervor, den „sanfteste[n] und unschuldigste[n][37] [...] [, der] durch 21 Zeichen[38] herbeigerufen [wird]“ (T, S. 10).[43] In der Anmerkung dazu erläutert Kepler, dass die Bezeichnung *Astronomia Copernicana* genau 21 Buchstaben hat (K 38, S. 38).[44] Entsprechend hat der Dämon im Traum vor allem astronomische Beobachtungen, Messerzählungen und mathematische Modellierungen zu bieten. Doch wie vollzieht sich der Beschwörungsritus? Auf doppelte Weise – in der Diegese und im wissenschaftlichen Kommentar. In der Erzählung vollzieht die Mutter einen magischen Beschwörungsritus. Im Text wird darauf hingewiesen, dass die Kopfverhüllung Teil der Tradition, des vereinbarten Rituals ist.

> Die Mutter[44] ging voraus bis zur nächsten Weggabelung[45], erhob ein Geschrei und brachte einige wenige Wörter[46] hervor, mit denen sie ihre Bitte äußerte. Nachdem sie ihre Riten[47] vollendet hat, kehrt sie zurück, gebietet mit ausgestreckter rechter Hand[47] Schweigen und setzt sich neben mich. (T, S. 11)[45]

Sodann erscheint die Stimme des Erzählers dritter Ordnung, die des Dämons der Kopernikanischen Astronomie:

> Kaum hatten wir das Haupt[49] mit dem Gewand (wie es vereinbart war) verhüllt, da erhebt sich das Gekrächz[50] einer stammelnden und dumpfen Stimme. Und sofort beginnt sie auf folgende Weise zu sprechen [...]. (T, S. 11)[46]

Zu dieser zentralen Szene in der Diegese, die als magische Praxis ausgewiesen ist, korrespondiert eine dreifache Anmerkung Keplers im Kommentar.

---

43 Lateinisches Original: „et vel [37]maximè omnium mitis atque innoxius [38]viginti et vno characteribus evocatur.“ In: Kepler: *Somnium* (Anm. 32), S. 322.

44 Vgl. das lateinische Original: „*38. Quaerendo, quae causa hujus numeri mihi fuerit, non plus profeci, quàm quod totidem inveni literas, seu characteres in vocibus ASTRONOMIA COPERNICANA; quodque totidem sunt formae conjunctionum inter binos planetas, quorum sunt numero septem. Et jucundum hoc accedit, totidem etiam esse jactus binarum tesserarum Cubicarum. Est quippè 21 Numerus Trigonicus, basi 6. Allegoria Evocationis est ex Delrio et Magia desumpta; subest autem sensus Grammaticus. Evocatur, id est, enunciatur.*“ In: Kepler: *Somnium* (Anm. 32), S. 336.

45 Lateinisches Original: „*mater [44]seorsim à me se recipiens in [45]proximum bivium, et [46]pauculis verbis, clamore sublato, enunciatis, quibus petitionem suam proponebat; [47]caeremoniisque peractis, revertitur, [48]praetensâ dextrae manus palmâ silentium imperans, propterque me assidet.*“ In: Kepler: *Somnium* (Anm. 32), S. 323.

46 Lateinisches Original: „*Vix[49] capita vestibus (vt conventum erat) involveramus; cum ecce [50]screatus exoritur blaesae et obtusae vocis; et stàtim in hunc modum,* [...] *infit.*“ In: Kepler: *Somnium* (Anm. 32), S. 323.

4.3 *Camera obscura* als ästhetisch-epistemische Experimentalanordnung

Im Kommentar wird das magische Ritual mit einer performativen Experimentalpraxis in Verbindung gesetzt. Kepler beschreibt diese ausführlich; sie scheint ihrerseits ein regelmäßiges Ritual gewesen zu sein, das er am Prager Hof in der astronomischen Sternwarte vorführte. Ich werde diese Kommentarstelle einem *close reading* unterziehen, weil ich sie für eine der Schlüsselstellen des „Somnium“ halte. Ausgerechnet an dieser Stelle führt Kepler nämlich nicht nur ein Experiment vor den Augen der Leser vor, sondern weist auch ausdrücklich auf den epistemischen Wert dieses Experiments hin: Er verknüpft die Beobachtungsanordnung mit einer Lehrmethode in der Astronomie, deren zentrales Dispositiv die Herstellung eines vom Rest der Realität abgeschiedenen, dunklen Raums ist. Somit weist er der Stelle und implizit dem gesamten Text epistemische Relevanz zu – auch im Erwerb astronomischer Erkenntnisse. Es ist die einzige Stelle im Kommentar, an dem die Endnoten sich in dieser Art verdichten bzw. verdreifachen. Das ist auch untypisch für einen wissenschaftlichen Kommentar. Es sei denn, es ist eine andere besondere Leseanweisung damit verbunden. Was verbirgt sich dahinter?

> 44, 46, 47) Auch das ist eine magische Zeremonie. Ihr entspricht in der Lehrmethode der Astronomie, dass diese überhaupt nicht lehrerhaft oder improvisierend ist; vielmehr bedarf jede klare Antwort der Ruhe, der Konzentration der Sinne, prägnanter Worte. (K 44, 46, 47, S. 40)

Kepler schildert im Kommentar die öffentliche Vorführung einer optischen Experimentalanordnung mithilfe der Dunkelkammer, der *camera obscura*:

> In meinen Prager Jahren führte ich oft auf besondere Art ein bestimmtes Experiment vor, wenn Zuschauer oder Zuschauerinnen zu mir kamen. Ich zog mich dafür jedes Mal zunächst von den plaudernden Leuten zurück in einen nahegelegenen Nebenraum meines Hauses, der zu meinem Zweck ausgewählt worden war, schloss das Tageslicht aus, passte ein ganz kleines Fenster in einen winzigen Rahmen ein und verhüllte eine Wand mit weißem Stoff. Sobald ich diese Vorbereitungen getroffen hatte, rief ich die Zuschauer. Das waren meine Zeremonien, meine Riten. (K 44, 46, 47, S. 40)[47]

---

47 Lateinisches Original (inklusive des vorangehenden Zitats): „*44. 46. 47. Haec quoque magica ceremonia: cui respondet in ratione docendi Astronomiam, quod ea nequaquam est professoria seu extemporanea, sed indiget omnis expedita responsio quiete, recollectione sensuum, conceptisque verbis. In particulari observationis cujusdam praxi, quae mihi Pragae circa illos annos crebra erat, quoties me convenerunt spectatores spectatricesve; solitus ego sum prius ab illis colloquentibus me subducere in angulum domus proximum, ad hoc opus electum, diei lucem excludere, fenestellam aptare minutissimo ex foramine, parietem albo vestire; peractis ijs, advocare spectatores. Hae mihi ceremoniae, hi ritus.*“ In: Kepler: *Somnium* (Anm. 32), S. 338.

4.4 *Camera obscura* als interformatives Verfahren zwischen Astronomie, Optik und Narration

Und in der Tat verweist Kepler darauf, dass die Dunkelkammer auch der Prototyp eines Instruments der Beobachtung und Messung, also der Gewinnung von Erkenntnissen in der Astronomie ist. Sie wurde von ihm am Prager Observatorium wiederholt zur wissenschaftlichen Beobachtung von Sonnenfinsternissen eingesetzt:

> 49) Genau mit diesem Ritus (hui, auf wie magische Art magisch!) hatten wir ein wenig früher, als ich mein Buch in Angriff nahm, die Sonnenfinsternis im Jahr 1605 vom 2. bis zum 12. Oktober beobachtet. [sic!] Ihr, die ihr dabei wart, erinnert euch an den Gesandten von Pfalz-Neuburg. Auf dem Sonnenplatz des Lusthauses in den Gärten des Kaisers fehlte uns nämlich ein verdunkelter Raum. Deswegen verhüllten wir die Köpfe mit unseren Mänteln und schlossen so das Tageslicht aus. (K 49, S. 41)[48]

Festzuhalten ist, dass der entscheidende Zeitpunkt der Beschreibung eine Sonnenfinsternis ist. Nur während der Sonnenfinsternis befindet sich der Mond genau auf der Achse zwischen Sonne und Erde: der Halb- und Kegelschatten des Mondes fällt auf die Erde und erlaubt den Erdbewohnern unter der Begleitung des Dämons aus Levania als ‚Brücke' die Möglichkeit der Überbrückung des leeren Raums als Grenze und auch die Möglichkeit der Überschreitung des alten aristotelischen ‚Limes' zwischen dem sublunaren und dem supralunaren Bereich und somit die Reise zum Mond. Genau dieses astronomische Phänomen in seiner optisch–geometrischen Darstellung zeigt der Einband der lateinischen Erstausgabe von Keplers „Somnium" von 1634 (Abb. V.1–3). Man sieht darauf den kleinen Schattenkegel des Mondes, der zur Zeit der Sonnenfinsternis bis zur Erde führt. Nur zu dieser Zeit ist die Überschreitung der Grenze möglich.

---

48 Lateinisches Original: „*49. Hoc ipso ritu (hui quàm magicà magico) observaveramus paulò prius, quàm libellum ego conciperem Eclipsin Solis, anno scilicet 1605 2/12. Octobris. Meministis qui interfuistis, Legati Palatini Neoburgici. In solario enim domus deliciariae in hortis Caesaris camerâ destituebamur obscurâ; quare pallijs obnubentes capita, ita diei lucem arcuimus.*" In: Kepler: *Somnium* (Anm. 32), S. 338. Tatsächlich liegt bei der Übersetzung ein Fehler in Bezug auf die Datierung der Sonnefinsternis vor. Während Kepler im lateinischen Original das Datum „1605 2/12" angibt, lautet die Übersetzung: „die Sonnenfinsternis im Jahr 1605 vom 2. bis zum 12. Oktober beobachtet." Keplers Angabe im Text bezieht sich jedoch auf den selben Tag, der doppelt angegeben wurde, aufgrund der Differenz zwischen dem julianischen und dem gregorianischen Kalender. Der julianische Kalender wurde in vorchristlicher Zeit unter Julius Caesar eingeführt. Da dieser mit den astronomischen Fakten nicht mehr übereinstimmte, wurde 1582 der astronomisch angepasste gregorianische Kalender eingeführt. Während der Umstellungsphase gaben die Zeitgenossen die Daten nach beiden Kalendern an und bezeichneten die Datumsangabe nach „altem" bzw. „neuem Stil". Für diesen Hinweis danke ich Ralph Neuhäuser, Astronom an der Sternwarte der Friedrich-Schiller-Universität in Jena.

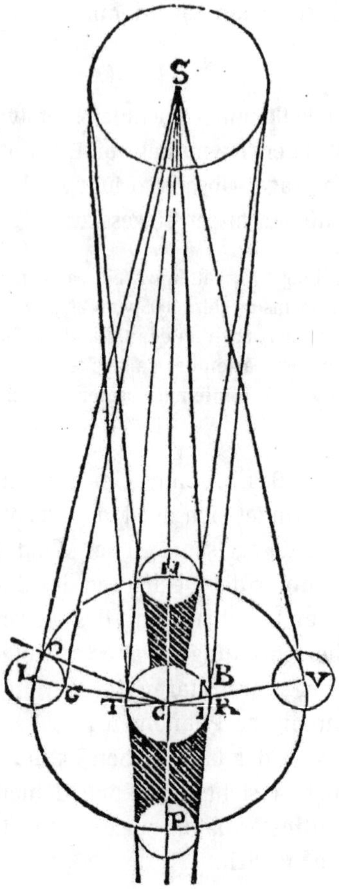

Abb. V.1–3: Faksimile aus „Joannis Keppleri Somnium, sive Astronomia Lunaris“ 1643.[49]

Natürlich ist hier auch zu beobachten, dass die Sonnenfinsternis doppeldeutig zu verstehen ist. Die Sonne verfinstert sich nur aus der Perspektive der Erdbewohner, weil sich der Mond davorschiebt. Für Astronomen, die das Phänomen sekundär, symbolisch, durch Bilder nach Messungen darstellen können, ist klar, dass die Sonne selbst nicht verfinstert wird. Lediglich der Mond wirft seinen Schatten auf die Erde. Die Menschen, die diese Brücke nun fiktiv-allegorisch beschreiten, wenn sie auf das Gedankenexperiment eingehen, werden jedoch aus epistemologischer Perspektive erleuchtet.

49 Vgl. Kepler: *Joannis Keppleri Somnium* (Anm. 6), S. 51.

Die *camera obscura* bildet den Prototyp eines Messinstruments: Durch sie wurde es ermöglicht, dreidimensionale Raumwahrnehmungen in zweidimensionale Projektionen zu verwandeln. Sie bietet ein objektives Abbild der äußeren Realität, das auf die Wand projiziert wird. Diese Projektion ist nun für mehrere Menschen gleichzeitig nachvollziehbar, wodurch das objektivierte Sehen vom einzelnen menschlichen Sehorgan entkoppelt wird. Es ist nicht die wörtliche oder zeichnerische Wiedergabe dessen, was ein Mensch durch ein Teleskop sieht, sondern es ist das Bild, das die Natur selbst zeichnet, durch die Vermittlung eines Lichtstrahls. Damit ist das Kriterium der Intersubjektivität und Reproduzierbarkeit wissenschaftlicher Beobachtungen erfüllt. Durch die Projektion auf eine zweidimensionale Fläche ist die Einführung einer Messskala möglich, die bei der Beobachtung von Sonnenfinsternissen wichtig ist, um den Parcours der Planeten im Vergleich zueinander so wie auch minimale Abweichungen, Verzögerungen usw. genau darzustellen. Die euklidische Geometrie der Ebene bietet hierfür eine Skala für die Messung von Abständen und Winkeln.

So führte Kepler in seiner Schrift zur Optik „Ad vittelionem paralipomena" die folgenreiche Unterscheidung zwischen den Begriffen der *imago* und der *pictura* ein. Die *imago* ist das Bild, das durch das menschliche Auge wahrgenommen wird und der menschlichen Physiologie und Psychologie zuzuschreiben ist. Deshalb kann es durchaus fehlerhaft sein: die *imago* ist die „Gesichtswahrnehmung eines Gegenstandes, aber mit irrtümlichen durch das Sehen bedingten Eigenschaften."[50] Hingegen ist die *pictura* das Bild, das durch Lichtstrahlen transportiert wird und „das man z. B. mit einer Lochkamera, Sammellinse oder einem Hohlspiegel erzeugen kann".[51] Es ist ein durch geometrische Optik projiziertes Bild und somit das wahre wissenschaftliche Bild in der Auffassung Keplers, weil es ungetrübt von den Fehlleistungen des menschlichen Auges ist und deshalb reproduzierbare Messungen ermöglicht, die das Bild objektivieren. So kommt es durch Kepler zu einer Neugewichtung des Verhältnisses zwischen Auge und optischem Apparat. Das Auge ist nicht mehr das alleinige Organ der wissenschaftlichen Beobachtung, es wird vielmehr zum epistemischen Problem aufgrund seiner Anfälligkeit für Fehler, optische Täuschungen und Illusionen. Seitdem misstraut der Wissenschaftlerblick den natürlichen Sinnen und konstituiert sich vielmehr über die Errichtung von Experimentalsystemen der methodisch kontrollierten Beobachtung.[52]

---

50 Johannes Kepler: *Schriften zur Optik 1604–1611*. Hrsg. von Rolf Riekher. Frankfurt a. M.: Deutsch 2008, S. 27.

51 Kepler: *Schriften zur Optik* (Anm. 50), S. 27.

52 Vgl. Hartmut Böhme: „Die Metaphysik der Erscheinungen. Teleskop und Mikroskop bei Goethe, Leeuwenhoek und Hooke". In: *Kunstkammer, Laboratorium, Bühne. Schauplätze des Wissens*

Das entspricht auch dem wissenschaftlichen Postulat, das Kepler als Erfinder des Begriffes der *camera obscura* in seiner „Astronomia pars optica“ eingeführt hat: der Gegenstand der Messung muss vom menschlichen Auge entkoppelt werden, nur so haben wir es mit einem wissenschaftlichen Gegenstand zu tun. Nur so kann eine entsprechende Messung an jedem beliebigen Ort wiederholbar und reproduzierbar sein, weil alle Messungen an der gleichen Skala ausgerichtet werden. Deshalb unterscheidet Kepler zwischen *imago*, dem Bild, das durch das menschliche Auge wahrgenommen wird, und *pictura*, dem Bild, das durch die ‚Natur selbst gezeichnet‘, durch den Lichtstrahl transportiert wird. Aus diesem Grund sehen wir als Leser das, was von dem Dämon erzählt wird, durch die Vermittlung der narrativen Experimentalanordnung der *camera obscura*. Kepler nimmt hier das vorweg, was bis heute in den Beobachtungs- und Objektivierungsverfahren der Naturwissenschaften gilt: die *camera obscura* ist die Vorläuferin der Daguerreotypie, der Fotografie und des Films.

Und tatsächlich, ab dem Zeitpunkt der Erscheinung der dämonischen Stimme und dem Wechsel der Perspektive vom „Ich“ zum „Wir“ ändert sich im Grunde auch die gesamte Beobachtungsanordnung der Erzählung. Bekanntermaßen hat der Dämon keinen Körper. Das, was er sieht, soll intersubjektiv nachvollziehbar werden. So wie die Wissenschaftler im Prager Observatorium während der Sonnenfinsternis astronomische Informationen über die Mond-Erde-Sonnenkonjunktion sammeln und auswerten durch das Beobachtungs- und Messverfahren der *camera obscura*, werden auch die Leser textstrategisch dazu aufgefordert, diese Beobachtungsanordnung als narrative Experimentalanordnung zu lesen. So wird die *camera obscura* zum interformativen epistemisch-ästhetischen Verfahren zwischen Astronomie, Optik und Narration.

Dabei geht es auch darum, zu sichern, dass das kollektive ‚Wir‘ als neue tertiäre Erzählinstanz seine Legitimierungsfunktion als objektivierende Instanz erfüllen kann. Deshalb wird diese optische Beobachtungsanordnung eingesetzt: Sie ist als objektives Messinstrument bekannt, weil sie ein Bild von außen nach innen durch einen Lichtstrahl projiziert und exakt wiedergibt.

Das ist ein interessanter textstrategischer Zug dieser Erzählstimme. Denn sie stand vor einem Dilemma: Es sollte die Differenz der Beobachtungsperspektive zwischen Mondbewohner und Erdbewohner dargestellt werden, das heißt es sollte deutlich werden, dass die Menschen mit ihrem Blickpunkt auf der Erde nur feststellen können, dass die Erde stillsteht und der Mond sich dreht. Wechseln sie aber ihren Beobachterstandpunkt von der Erde auf den Mond, dann werden sie

---

im 17. Jahrhundert. Hrsg. von Helmar Schramm, Ludger Schwarte und Jan Lazardzig. Berlin, New York: De Gruyter 2003. S. 359–396, hier S. 366.

ebenfalls beobachten, dass der Himmelskörper, auf dem sie sich befinden, zu stehen scheint, während der Himmelskörper, den sie von dort aus betrachten, sich offensichtlich dreht. Tun diese Planeten unterschiedliche Dinge, wenn man sie aus unterschiedlichen Blickwinkeln beobachtet? Damit die Vielfalt der Beobachtungsperspektiven nicht in einem Relativismus mündet, müsste eine objektive Perspektive gefunden werden. Diese ist die der Berechnung und vergleichenden Messung aus jeder möglichen Perspektive. Die Ergebnisse müssten identisch sein und nicht von der Perspektive des Beobachters abhängen. Das Ändern der Beobachterperspektive erlaubt einen Vergleich. Es erlaubt die Feststellung dessen, was gleichbleibt und was unterschiedlich ist. Die *camera obscura* ist der Inbegriff dieses Objektivierungsverfahrens, denn sie bietet eine objektive Messskala, auf der die Prinzipien von Euklids Geometrie angewandt werden können, sodass die Ergebnisse der Beobachtungen der Sonnenfinsternisse und das Erscheinungsbild des Mondes als Bilder auf eine Leinwand transportiert werden und die Bewegungen der beiden Himmelskörper gemessen und verglichen werden können.

Im Folgenden sollen die verschiedenen Lesarten der *camera obscura* ausführlich erläutert werden und es soll auf die astronomiehistorischen, mediengeschichtlichen und kunsthistorischen Dimensionen ihrer Einsatzpraxis hingewiesen werden.

Die *camera obscura* ist eine der zentralen optischen Medientechniken der Frühen Neuzeit. Sie situiert sich als technisches Dispositiv an der Schnittstelle zwischen den Wissensfeldern der Kunst und der Naturphilosophie, denn sie wird nicht nur in der Wissenschaft, sondern auch in der Malerei (beispielsweise von Leonardo da Vinci) eingesetzt. Sie ist die medientechnische Vorläuferin der Fotografie und des Films. Es war Kepler, der (wie Breidbach nachwies) die lateinische Bezeichnung dieses optischen Dispositivs einführte. „Bislang taucht der Begriff *camera obscura* erstmalig bei Johannes Kepler im Index der 1604 erschienenen ‚Ad vittelionem paralipomena' auf."[53]

Durch sie wurde es erstmalig optisch möglich, dreidimensionale Raumwahrnehmungen in zweidimensionale Projektionen zu verwandeln. Die optische Staffelung der Schärfeebenen[54] führt das zentralperspektivische Sehen technisch vor. So bringt die Dunkelkammer ein medial-ästhetisches Konzept des ‚neuen Sehens' hervor, in dem sich neue Erkenntnis- und Darstellungsformen wechselseitig bedingen.

Ihr Grundprinzip, ein Bild von außen durch die Vermittlung eines Lichtstrahls auf eine Fläche im Innern einer dunklen Kammer invertiert zu projizie-

53 Olaf Breidbach, Kerrin Klinger und Matthias Müller: *Camera obscura. Die Dunkelkammer in ihrer historischen Entwicklung*. Stuttgart: Steiner 2013, S. 16.

54 Vgl. Breidbach, Klinger und Müller: *Camera obscura* (Anm. 53), S. 20.

ren (siehe Abb. V.1–4), wird in Keplers „Somnium“ als optisches und zugleich performativ-narratives Verfahren eingesetzt.

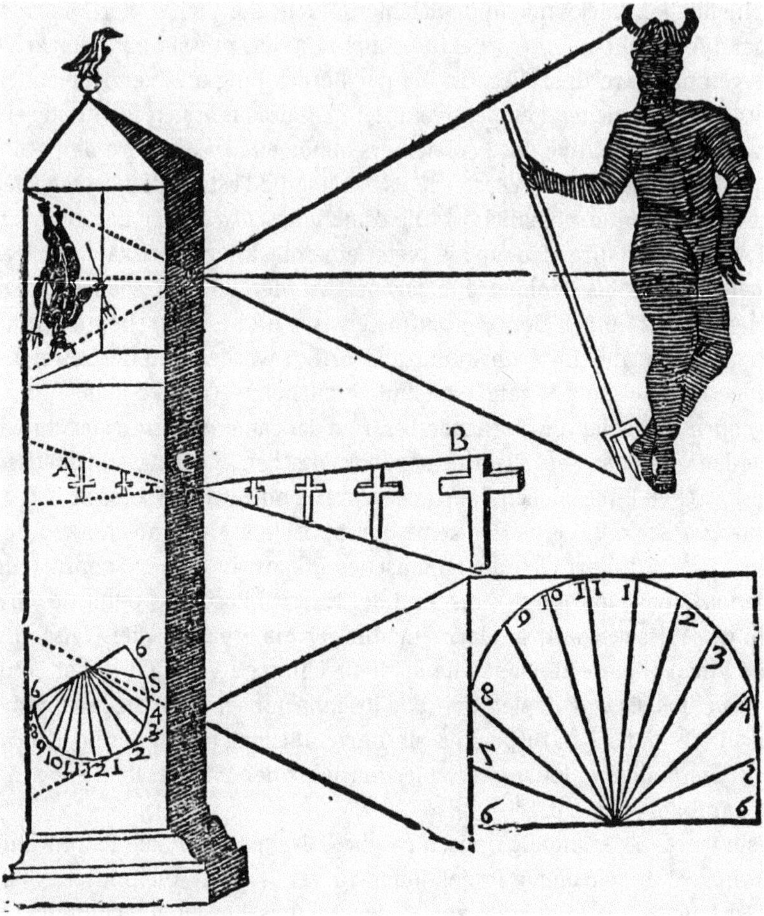

Abb. V.1–4: Illustration der Funktionsweise der Camera Obscura nach Athanasius Kircher: Das Bild wird durch das Loch ins Innere der Dunkelkammer spiegelverkehrt und invertiert projiziert.[55]

55 Athanasius Kircher: *Ars Magna Lucis Et Umbrae. In X. Libros digesta: Quibus Admirandae Lucis et Umbrae in mundo, atque adeò universa natura, vires effectusque uti nova, ita varia novorum reconditiorumque speciminum exhibitione, ad varios mortalium usus, panduntur*. Amsterdam 1671, S. 95.

Das Verfahren hat zudem eine interformative epistemische Funktion: Als optisches Verfahren soll die *camera obscura* den Lesern ein mentales Modell der kopernikanischen Vision vor Augen führen und gleichzeitig die alte ptolemäische Illusion als solche entlarven. Die *camera obscura* ist aber nicht nur ein komplexerer Schnittpunkt der Wissens- und Darstellungsdiskurse, sondern auch der Überschneidungspunkt unterschiedlicher Lesarten: Sie wird zwar in Form eines magischen Ritus eingeführt, doch der Kommentar weist auf das genaue Gegenteil hin. Dort wird sie als Beobachtungs- und Messinstrument der Objektivierung, der Sicherung von Erkenntnissen in der Astronomie evoziert. Kepler führt zudem, wie bereits gezeigt, mit der Darstellung des poetischen und des astronomischen Einsatzes der *camera obscura* vergleichbare Beobachtungs- und Darstellungsverfahren in der Praxis der beiden Diskurse vor. Doch es wird noch zu zeigen sein, dass sie auch als experimentelle performative Darstellungsanordnung inszeniert wird. Das würde einer metanarrativen Reflexion des Schreibprozesses entsprechen. Zugleich kann man aus ihrer Darstellungsanordnung eine wichtige Leseanleitung für den Text ableiten. Liest man die weiteren Ausführungen Keplers in seinem Kommentar zur performativen Experimentalanordnung der Dunkelkammer, die er zu epistemischen Zwecken inszeniert, dann lässt sich diese Lesart dreifach belegen; es geht nämlich um eine dreifache Umkehrung: die *Umkehrung des Schriftbildes*, die *Umkehrung der Leserichtung* und die *Umkehrung des Weltbildes.*

4.5 *Camera obscura* als Leseanleitung zur Umkehrung des Schrift- und Weltbildes

> 44, 46, 47) [...] Sobald ich die Vorbereitungen getroffen hatte, rief ich die Zuschauer. Das waren meine Zeremonien, meine Riten. Wollt ihr auch Zauber-Zeichen? Auf eine schwarze Tafel schrieb ich mit Kreide, was mir für die Zuschauer passend schien, in Großbuchstaben in *umgekehrter* Reihenfolge (Sieh da, der magische Ritus!), so wie die Juden schreiben. (K 44, 46, 47, S. 40; Hervorhebung v. AH)

Zwei Botschaften transportiert diese Beschreibung der performativen Experimentalanordnung. Erstens die metanarrative Reflexion des Schreibprozesses: Epistemologischer Ausgangspunkt des „Somnium“ ist sein Ende, der wissenschaftliche Kommentar, der das kopernikanische Weltmodell darstellt. Die Leseanleitung dafür, dass dieser Text ‚vom Ende her‘ zu lesen ist, wird implizit angedeutet durch die Anspielung auf die hebräische Schreibweise, die ebenfalls von rechts nach links zu lesen ist. Diese Lesart lässt sich auch mit anderen Befunden im Text belegen: Der Himmelskörper, dem die imaginäre Reise galt, heißt *Levania. Levania* die hebräische Bezeichnung für den Mond. Der Dämon wiederum, der den Leser mit wissenschaftlichen Erklärungen auf der imaginären Reise gleichsam als

Cicerone führt, ist der „Dämon von Levania“. Dieser ist die Erzählinstanz des Gedankenexperimentes, das die Leser des Textes zur Umkehrung ihrer Weltbildvorstellungen animieren soll. Das heißt nicht mehr und nicht weniger als: Die Leser werden dazu angeregt, die bisherige Art, wie sie Wirklichkeiten epistemisch organisieren zu suspendieren – die ptolemäische Lesart, und das neue Weltmodell, das kopernikanische, in Bezug auf das sie sich als Menschen selbst definieren, zu einem neuen Weltbild zu rekonfigurieren.

> Diese Tafel hängte ich draußen im Tageslicht mit ihrer *umgekehrten* Reihenfolge der Buchstaben in die Sonne. Jetzt kommt's: Was ich geschrieben habe, das erschien *umgekehrt* auf der weißbespannten Wand, in richtiger Reihenfolge, und wenn ein Windhauch draußen die Tafel bewegte, gerieten die Buchstaben drinnen an der Wand in entsprechend flatternde Bewegung. (K 44, 46, 47, S. 40–41; Hervorhebung v. AH)[56]

Natürlich ist damit auch eine Leseanleitung verbunden. Die Andeutung der Schreibweise verpflichtet zu einer bestimmten Umkehrung der Leserichtung. Nach der hebräischen Leserichtung zu lesen bedeutet, die Erzählung des Dämons vom Ende her zu lesen und die wissenschaftlichen Fakten des Kommentars als Ausgangspunkt für die Interpretation zu setzen. Was bewirkt das in der Rezeption? So wie das Bild, das die *camera obscura* auf eine gegenüberliegende Wand projiziert, invertiert wird, projiziert die *camera obscura* in Keplers Text die Welt des wissenschaftlichen Kommentars auf die *storyworld* und stellt das ptolemäische Weltbild auf den Kopf. So vollzieht sich eine Umwendung des Weltbilds angesichts der Konfrontation mit einem Weltmodell, das doppelt begründet wird: in der Metadiegese durch das Gedankenexperiment, das von dem Dämon vorgeführt wird und im wissenschaftlichen Kommentar durch die ausführliche Begründung empirischer Fakten. Durch diesen Akt der Projektion als Subversion wird der allegorische Boden der Traumerzählung auch optisch vorgeführt. Das, was zu verstehen ist, ist nicht wörtlich dem fiktionalen Text zu entnehmen, sondern dem Kommentar. Jedoch bezieht sich das ‚höhere Wissen‘ für die Allegorese nicht mehr auf die scholastische Bibel-Exegese, sondern auf die Beobachtung der Natur: auf Messungen, genaue Berechnungen, geometrische Prinzipien und daraus resultierende Gleichungen. Das Wissen, das die Leser anhand des Gedankenexperiments der Mond-Astronomie erfahren, wird durch die tertiäre Dimension der Modellierung und ihren allegorisch-

56 Lateinisches Original: „*44. 46. 47. [...] Hae mihi ceremoniae, hi ritus; vultis et characteres? In tabella nigra, quae mihi videbantur apta spectatoribus, cretâ perscripsi, literis capitalibus, literarum figurâ retrò versa (en ritum magicum) ut Hebraica scribuntur; hanc tabellam foris sub dio, situ literarum everso suspendi in Sole; ut ita quae scripseram, ea introrsum ad album parietem pingerentur situ erecto, et si tabellam ventulus agitaret foris, literae intus motu vago parietem reciprocarent.*“ In: Kepler: *Somnium* (Anm. 32), S. 338.

epistemologischen Verfahren zum Teil eines interformativen Aushandlungsprozesses. Das kopernikanische Wissen, das die Leser über die Mond-Astronomie erfahren, sollten sie auf die Erdastronomie übertragen. So wird die Referenz der primären Dimension der Modellierung – die ptolemäische – suspendiert, die sekundäre Dimension, die der kopernikanischen Astronomie legitimiert und die Erde wird zum wandernden Planeten, der sich um die Sonne dreht, rekonzeptualisiert. Der Prozess der Modellierung ist interformativ, indem er Beobachtung- und Messverfahren der Astronomie mit den literarischen Verfahren der Traumallegorie verschränkt. Die Umcodierung bzw. Re-Encodierung der Erde in die kulturelle Semantik als wandernder, sich drehender Planet, wird durch die epistemisch-ästhetische Experimentalanordnung der *camera obscura* zudem poetologisch – als Metareferenz – metadiegetisch durch die Stimme des *daimons* der Astronomie exemplifiziert.

Die *camera obscura* ist das optische Verfahren der Rahmung. Sie lässt vom realen Bild ein virtuelles, projiziertes Bild entstehen. Dadurch ergeben sich zwei Beobachtungsperspektiven: die der Natur draußen und die des projizierten Bildes der Natur in der Dunkelkammer. Drei Dimensionen des projizierten Bildes der *camera obscura* werden nun als Leseanleitungen geboten. Erstens die Richtung der Projektion des Bildes der *camera obscura*: Von der äußeren Realität ins Innere – in den Text, was zur symbolischen Reorganisation des alten Weltmodells beitragen soll. Zweitens wird mit der spiegelverkehrten Darstellung des Bildes die Umkehrung der Schreibweise und der Leserichtung suggeriert. Ziel ist ein *re-writing* und *re-reading* des vorhandenen wissenschaftlichen und kulturellen traditionsbehafteten, ptolemäisch-aristotelischen und mittelalterlichen Schriftguts. Drittens wird mit dem invertierten Bild, das auf die weiße Wand projiziert wird, die Umkehrung des Weltmodells suggeriert. Der Beobachter in der Kammer beschreibt das virtuell konstruierte Bild als optisches Artefakt, weshalb ich auf die Ekphrasis hinweise. Zwischen dem Innen und dem Außen vollzieht sich die *translatio*, der Denktransfer, die in der geometrischen Optik durch das Loch in der Dunkelkammer und durch den Lichtstrahl erfolgt.

4.6 Die Endnoten als transgressive interformative Kopplungsverfahren

An dieser Stelle möchte ich noch auf ein raffiniertes interformatives Verfahren hinweisen: Die Endnote im narrativen Text kann man als Entsprechung für das Loch in der Dunkelkammer deuten, die das Licht von außen eindringen lässt. Das ‚Licht der Aufklärung' kommt im Falle dieses interformativen Verschränkungsverfahrens für den Leser durch das Nachschlagen der wissenschaftlichen Kontexte, auf die die Endnoten im Kepler'schen Kommentar verweisen. Für den Leser, der nachliest, subvertieren diese stets die ptolemäische Erzählillusion. Die Endnoten sind im Erzähltext dicht gesetzt, es sind insgesamt 223 auf etwa 20 Seiten. Sie sind Störfaktoren, weil sie nicht zu den Schreibkonventionen eines fiktionalen Erzähltextes gehören. Sie stören den Lesefluss und verweisen stets auf die Existenz des kopernikanischen Wissens im Kommentar. Die Endnoten fungieren als Marker der transdiskursiven Metareferenz. Sie ‚perforieren' den fiktionalen Erzähltext und führen den Blick des Lesers stets nach außen. Sie stimulieren den Leser dazu, den fiktionalen Text zu verlassen und zum faktualen Kommentar, zur wissenschaftlichen Information überzugehen. Durch die Relationen, die sich über die Endnoten zwischen der Diegese und dem Kommentar (der Exegese) ergeben, wird das Wissen des Kommentars mit den axiologischen Werten, die in der *storyworld* gelten, verschränkt. Das Wissen der *storyworld* entspricht noch einer ptolemäischen Epistemologie, diese soll subvertiert werden. Das ptolemäische Weltbild wird somit zur Erzählillusion umcodiert. Das kopernikanische Weltmodell und das in der historischen kulturellen Semantik noch bestehende ptolemäische Weltbild sollen miteinander in einen Aushandlungsprozess treten – durch die Verfahren der Interformation.

Analog zum verdoppelten, spiegelverkehrten und invertierten Bild, das die *camera obscura* als objektives Bild durch den Lichtstrahl projiziert, vollzieht sich die *translatio*, der Denktransfer, durch die Allegorie,[57] die als textstrategisches Verfahren mit einem doppelten Boden operiert: als zweitsinnige Rede, als Andersrede,[58] deren Funktionsmechanismus die *inversio* ist, die Umkehrung des Gesagten durch das Gemeinte. Nur handelt es sich in diesem Fall um eine Allegorie der Astronomie, die eine doppelte Referenz hervorruft. Sie verweist auf die Suspendierung der primären Referenz, auf den Verzicht an den Glauben der ptolemäischen Astronomie und auf die Notwendigkeit der Reorganisation des Wissens im Sinne einer neuen, sekundären Referenz: die kopernikanische Astronomie.

Nachdem sich beide Hypothesen – die geozentrische wie die selenozentrische – als falsch erweisen, müsste man eine übergeordnete Beobachtungsperspektive zweiter Ordnung einnehmen, von der aus man die Naturgesetze formulieren kann, ohne dass sie vom Kontext oder vom Beobachterstandpunkt abhängig sind. Aus der methodisch komplexen Vorgehensweise der Beobachtung, Messung, mathematischen Modellierung und Formalisierung resultieren die Kepler'schen Gesetze, die für jeden Standpunkt und für jeden Kontext gleichermaßen gelten. Die Analogie

57 Zu den allegorischen Lesarten des „Somnium" vgl. auch Hallyn: *The Poetic Structure of the World* (Anm. 41); Paxson: „Kepler's Allegory of Containment" (Anm. 11); ders.: „Revisiting the Deconstruction of Narratology. Master Tropes of Narrative Embedding and Symmetry". In: *Style* 35.1 (2001). S. 126–150.

58 Vgl. Wiebke Freytag: Art. „Allegorie, Allegorese". In: *Historisches Wörterbuch der Rhetorik*. Bd. 1. Hrsg. von Gert Ueding. Tübingen: Niemeyer 1992. S. 330–392.

zwischen Erde und Mond ist keine Trope, sondern ein Fakt. Die wissenschaftlichen Beobachtungen entsprechen den semantischen Umfunktionierungen. Erde und Mond sind beide Himmelskörper, die eine Eigendrehung vollziehen und sich zudem gemeinsam um die Sonne drehen. Die Formulierung zielt auf die Erdbewohner ab, die den „Traum" lesen werden und zum Umdenken („*revolvere*") angeregt werden sollen. Der lateinische Begriff „*revolvere*" ist doppeldeutig: Er kann sowohl mit „kreisen", als auch mit „überdenken, auf etwas zurückkommen, betrachten" übersetzt werden. Auch durch die Substantivierung „Revolution" wurde diese Doppeldeutigkeit in der historischen, kulturellen Semantik archiviert. Kopernikus' Werk „De revolutionibus orbium coelestium"[59] von 1543 bezog „revolutionibus" zunächst auf die „Kreisbewegungen der Weltkörper".[60] Später wurde der Begriff zur „kopernikanischen Revolution" umfunktioniert.[61] Kepler vermerkt im Kommentar:

> 146) Die Erdkugel dreht sich auch im Tagesverlauf einmal um ihre Achse. Diese Bewegung der Erde bietet sich den Augen der Mondbewohner dar, und sie haben keinerlei ersichtlichen Grund zu der Vermutung, dass sich nicht die Kugel der *Volva* um ihre Achse dreht, sondern vielmehr die ganze Welt (woran bei uns die Volksmeinung festhält), und dass mit ihr auch ihr eigener Wohnsitz, der Mond, um die *Volva* kreist und dabei alle Seiten ihrer Kugel nach und nach betrachtet, obwohl das tatsächlich wahr ist. [...] Auch den Mondbewohnern bezeugt also der Augenschein, dass ihre *Volva* um die eigene Achse rotiert. Mag sie hier ihr Augenschein täuschen, oder mag er völlig gewisse Erkenntnis vermitteln, fest steht: Welche der beiden Möglichkeiten du auch wählen magst, der Augenschein bietet ganz gewiss ein Zeugnis dafür, dass die Mondbewohner – wenn es denn welche gibt – von der Rotation der *Volva* überzeugt sein müssen. Was zu beweisen war. (K 146, S. 73–74; Hervorhebung v. AH)[62]

---

59 Nikolaus Kopernikus: *De revolutionibus. Die erste deutsche Übersetzung in der Grazer Handschrift*. Kritische Edition. Bearb. und hrsg. von Andreas Kühne und Jürgen Hamel. In: ders.: *Nicolaus Copernicus Gesamtausgabe*. Bd. III,3. Hrsg. von Heribert M. Nobis u. a. Berlin: Akademie Verlag 2007. Vgl. dazu Owen Gingerich: *An Annotated Census of Copernicus' „De Revolutionibus" (Nuremberg, 1543 and Basel, 1566)*. Leiden, Boston, Köln: Brill 2002.

60 Vgl. Nikolaus Kopernikus: *Über die Kreisbewegungen der Weltkörper. Erstes Buch. Zweisprachige Ausgabe*. Hrsg. und eingel. von Georg Klaus. Anm. von Aleksander Birkenmajer. Nach der Übers. von C. L. Menzzer. Berlin: Akademie Verlag 1959.

61 Vgl. dazu Thomas S. Kuhn: *Die kopernikanische Revolution*. Braunschweig: Vieweg 1981; Noel M. Swerdlow und Otto Neugebauer: *Mathematical Astronomy in Copernicus's „De revolutionibus"*. 2 Bände. New York u. a.: Springer 1984; Ernst Zinner: *Entstehung und Ausbreitung der Copernicanischen Lehre*. Durchges. und erg. von Heribert M. Nobis und Felix Schmeidler. 2. Aufl. München: Beck 1988.

62 Lateinisches Original: *„Terrae globus etiam volvitur diurno spacio semel circa suum axem. Hic Tel [...] luris motus est expositus oculis Lunicolarum: nec est vlla ipsis obvia causa suspicandi; quasi non ipse Volvae orbis circa suum axem tornetur [...] pari ego jure regero, decipi Terricolarum sensus terrestres ratione cassos."* In: Kepler: *Somnium* (Anm. 32), S. 354.

Kepler selbst verweist in seinem Kommentar, wiederum im allegorischen Duktus, auf den Scheideweg, der mit der Vorführung dieses Dunkelkammer-Experiments eröffnet werden sollte, und fügt hinzu, dass es bei diesem allegorischen Scheideweg besonders um die Beachtung der Grenzen gehe. Das interpretiere ich als den Verweis auf die Grenzüberschreitung zwischen dem sublunaren und dem supralunaren Bereich, eine Trennung, die Platon im „Phaidon" postuliert hatte.[63]

> 45) Diejenigen von meinen damaligen Zuschauern, die noch am Leben sind, werden erkennen, sobald sie es sich ins Gedächtnis gerufen haben, was das für ein Scheideweg in meiner Wohnung war. Ein Scheideweg im zugrundeliegenden Himmelsschema, und zwar in doppelter Hinsicht [...]. (K 45, S. 41)

Deshalb interpretiere ich diesen Text als eine interformative Wechselwirkungskonfiguration zwischen Literatur und Astronomie im Kontext der gegebenen Schwellensituation, des Übergangs vom geozentrischen zum heliozentrischen Weltbild.

Die Interpretationsanweisung ist deutlich: Das ‚höhere Wissen' für die Allegorese bezieht sich nicht mehr auf die Exegese der Heiligen Schrift, sondern auf die genaue, intensive Beobachtung der Natur, der Positionen des Mondes und der anderen Konstellationen sowie der mathematischen Modellierung von Naturgesetzen. Insofern bildet das optische Darstellungsverfahren der *camera obscura* einen Schnittpunkt zwischen Beobachtung, Wissen und Darstellung im erkenntniskritischen, wissenschaftsgeschichtlichen und medienhistorischen Kontext.[64]

Raz Chen-Morris hatte auf die *camera obscura* in Keplers Text hingewiesen,[65] diese aber lediglich als optisches Verfahren diskutiert. Meine Lektüre widmet sich der narrativen Umcodierung und den epistemisch-ästhetischen Implikationen, die sich aus dem performativen Einsatz der *camera obscura* als literarischem Verfahren für die Interpretation des Textes ergeben. Darüber hinaus ist die Funktionsweise der *camera obscura* als Verfahren der Visualisierung in diesem Text

---

63 Vgl. Platon: *Phaidon*. Übers. und komm. von Theodor Ebert. In: ders.: *Werke. Übersetzung und Kommentar*. Abt. I, Bd. 4. Hrsg. von Ernst Heitsch und Carl Werner Müller. Göttingen: Vandenhoeck & Ruprecht 2004, S. 75.

64 Zur *camera obscura* als poetologische Medientechnologie vgl. auch Monika Schmitz-Emans: „Optische Künste und Simulacren. Die Poetisierung optischer Reproduktionstechniken in Erzählungen über künstliche Menschenschöpfungen". In: *Das Unsichtbare sehen. Bildzauber, optische Medien und Literatur*. Hrsg. von Sabine Haupt und Ulrich Stadler. Zürich, Wien, New York: Edition Voldemeer; Springer 2006. S. 213–235, hier S. 214.

65 Vgl. Raz Chen-Morris: „Shadows of Instruction and Classical Authorities in Kepler's Somnium". In: *Journal of the History of Ideas* 66.2 (2005). S. 223–243. Vgl. auch Ofer Gal und Raz Chen-Morris: „Baroque Optics and the Disappearance of the Observer. From Kepler's Optics to Descartes' Doubt". In: *Journal of the History of Ideas* 71.2 (2010). S. 191–217.

deshalb wichtig, weil sie vorführt, dass Literatur und Wissenschaft zwar unterschiedliche methodologische Wege gehen, jedoch beide auf ihrem Weg dem gleichen gemeinsamen Zweck der Komplexitätsbewältigung dienen.

Die performative Inszenierung der *camera obscura* macht auch die epistemologische Funktion der Narration deutlich. Sie plausibilisiert die Vergleichbarkeit der Verfahren zwischen Wissenschaft und Narration. Dieser Konnex ist nicht aus der zeitgenössischen Retrospektive hineinprojiziert, er wird vielmehr in der Semantik der Frühen Neuzeit mit reflektiert. Kepler selbst verwendet den Terminus *narratio astronomica* beispielsweise im Titel seiner Schrift „De Stella Incognita Cygni: Narratio Astronomica"[66] aus dem Jahr 1606. Die Dunkelkammer markiert durch die Rahmung eine Trennung, die eine bestehende Welt zweiteilt, in eine bekannte und eine entzogene Welt. In der Wissenschaft entspricht dem die Isolierung eines Systems zum Zwecke der konzentrierten Beobachtung. Die so gespaltene Welt fokussiert die Aufmerksamkeit darauf, welches Wissen notwendig ist, um das Unbekannte auf das Bekannte zurückzuführen und das neue Wissen zu objektivieren: ein legitimes wissenschaftliches Verfahren.

Der Akt der Fiktivierung,[67] im Falle des „Somnium" die Fiktivierung einer allegorischen Reise zum Mond, entspricht in der Wissenschaft der explorativen Phase der Forschung. In dieser werden Gedankenexperimente eingeführt und Gegenhypothesen zum etablierten Wissen ausprobiert, die die Variierung des Beobachterstandpunktes motivieren und herkömmliche Denkpositionen flexibilisieren: ‚Stellen Sie sich vor, dass ... ‘; ‚Nehmen wir an, dass ... ‘. Danach wird eine ganze hypothetische Erzählung ausgeführt, die auf ihre wissenschaftliche Plausibilität hin überprüft wird. Durch die neue Hypothese werden herkömmliche Denkpositionen neu konfiguriert, denn sie motiviert den Wechsel des Beobachterstandpunktes und das Einnehmen neuer Beobachtungsperspektiven. Für die astronomische Fragestellung im „Somnium" ist es die Übertragung des Beobachterstandpunktes auf den Mond und die Entwicklung der fiktiven Perspektive des Selenozentrismus. Die erweist sich als Fiktum, aber was als Fakt beobachtet werden soll, ist der Vorgang der Erd-Drehung – lateinisch *volvere* (‚sich umwälzen‘). Aus diesem Grund kommt es auch zur sprachlichen Umcodierung der Bezeichnung für die Erde. In Keplers Text heißt sie stets *volva*. Dies ist eine Ableitung aus dem Lateinischen für *volvere*. Die Erde wird also konsequent in eine *volva* (eine ‚sich Drehende‘) umcodiert und somit im kopernikanischen Sinne rekonzeptualisiert.

---

66 Johannes Kepler: *De Stella Incognita Cygni. Narratio Astronomica*. Prag: Sessius 1606.

67 Ich gebrauche den Terminus „Fiktivierung" im Sinne Wolfgang Isers. Vgl. Wolfgang Iser: „Akte des Fingierens oder Was ist das Fiktive im fiktionalen Text?". In: *Funktionen des Fiktiven*. Hrsg. von Dieter Henrich und Wolfgang Iser. München: Fink 1983. S. 121–151.

> 89, 90) Es gefiel mir, die Erde, die wir Erdbewohner so nennen, aus der Vorstellung der Mondbewohner heraus Volva zu nennen. Wir nennen ja das nächtliche Leuchten von der weißlichen Farbe auf hebräisch Lebhana, […] auf griechisch Selene […], was weißlicher Glanz bedeutet, denn so erscheint der Mond uns, die wir auf der Erde weilen. Dann ist es aber richtig, auch den Mondvölkern eine Benennung unserer Erde, die sie wie eine Art Mond wahrnehmen, zuzubilligen, die von der Erscheinungsform ihrer Gestalt abgeleitet ist. Ihnen erscheint aber diese Kugel am Himmel in ewiger Umdrehung […] Diese Umdrehung können sie aus der Abwechslung der Flecken erkennen, wie weiter unten erklärt wird. Aufgrund dieser Umdrehung also soll sie Volva genannt werden [von lat. volvere, umwälzen]. (K 89, 90, S. 52; Hervorhebung v. AH; Ergänzung i. Orig.)[68]

Das nutzt Kepler in der Diegese durch die ekphrastische Beschreibung der Perspektive der Mondbeobachter konsequent aus. Interessant sind hier seine neuen Begriffsprägungen: Die Mondbewohner werden nicht aufgrund ihres Standortes benannt, zum Beispiel als „Levanianer“, sondern aufgrund dessen, was sie vom Mond aus beobachten: die sich drehende Erde. Sie heißen *volven,* vom Lateinischen *volvere* (‚sich drehen‘).

> 146) […] Was aber das tiefer verborgene Ziel dieser Geschichte angeht, so ergibt sich für uns eine hübsche Entgegnung. Alle schreien, die Bewegung der Sterne um die Erde und genauso die Unbewegtheit der Erde lägen offen vor Augen; ich entgegne, vor den Augen der Mondbewohner liege offen die Rotation unserer Erde, ihrer Volva, und ebenso die Unbewegtheit ihres Mondes. Wenn man nun sagt, die Mondsinne meiner Mondvölker würden getäuscht, erwidere ich mit gleichem Recht, die irdischen Sinne der Erdbewohner würden getäuscht, da sie bar der Vernunft seien. (K 146, S. 74)[69]

Die Erde wird in der Logik dieser Re-Semiotisierung als Re-Konzeptualisierung konsequenterweise auch mit dem Mond analogisiert: Je nach Bewegung und Posi-

---

68 Lateinisches Original: „*Quam nos Terram appellamus, Telluris incolae: eam ex imaginatione populorum Lunarium libuit appellare Volvam. Quemadmodum enim nobis nocturnum Luminare Hebraicè Lebhana dicitur à colore albicante, et dialecto Hetrusca (ex Punica, vt puto, derivatâ) Luna; Graecè Selene […], quod albicantum nitorem significat; quippè nobis in terra versantibus talis apparet: sic etiam populis Lunaribus, appallationem nostrae Telluris, quam illi loco alicujus Luna evident, ab apparitionis specie derivatam, tribui par est. Apparet verò ijs globus iste in coelo, perpetuâ cum volutione circa suum axem immobilem, cujus volutionis indicium desumere illis licet à macularum varietate, vt infrà dicetur. A volvendo igitur Volva dicatur, et Subvolvae vel Subvolvani, qui vident Volvam: Privolvae, qui sunt privati conspectu Volvae.*“ In: Kepler: *Somnium* (Anm. 32), S. 343.

69 Lateinisches Original: „*Quantum verò attinet occultiorem illum scopum hujus fabulae, nascitur nobis amoena retorsio. Clamant omnes, oculis expositos esse motus siderum circa Terram, terrae quietem: regero ego, Oculis Lunarium expositam esse gyrationem nostrae Terrae, suae Volvae, quietem verò suae Lunae. Si dixerint, decipi Lunarium meorum populorum sensus Lunaticos: pari ego jure regero, decipi Terricolarum sensus terrestres ratione cassos.*“ In: Kepler: *Somnium* (Anm. 32), S. 354.

tion heißt sie „Neu-Volva" und „Voll-Volva" für die Mondbewohner, analog zum „Neumond" (T, S. 20) und „Vollmond" aus Erdperspektive. Auch die Kartographie des Mondes ist mit direktem Bezug auf die der Erde angelegt, der Mond-Äquator heißt „medivolvanischer Kreis" (T, S. 20).

Das, worauf der Text hier abzielt, ist die Rekonfiguration des geozentrischen Weltbildes durch die semantische Umcodierung der ptolemäischen Termini. Deshalb ist die Umbenennung der Erde in der Diegese nicht nur ein harmloser rhetorischer Trick, sondern von epistemologischer Relevanz. Sie führt zur Rekonzeptualisierung der Erde, genauer zu ihrer Stellarisierung. Durch diese semantische Umcodierung durch heliozentrische Begriffe, die auf die Erddrehung hinweisen, hat der Text ein klares Ziel: die Rekonzeptualisierung der Art und Weise, in der die Leser ihre Wirklichkeiten (Weltmodelle und Weltbilder) symbolisch organisieren. Die Mondbewohner werden eingeteilt in die „Subvolven" (T, S. 18), die die Erddrehung sehen, und „Privolven" (T, S. 17), die sie nicht sehen können, weil sie auf der erdabgewandten Seite des Mondes leben.

> Die angenehmste Betrachtung aller Leute in Levania ist die ihrer Volva, deren Anblick sie in gleichem Maß genießen wie wir den unseres Mondes. Der[125] ist ihnen, wie auch besonders den Privolven, vollständig versagt. Und nach der beständigen Gegenwart der Volva heißt diese Hemisphäre die subvolvene, der andere nach der Abwesenheit der Volva die privolvene, weil sie des Anblicks der Volva beraubt sind. (T, S. 18)[70]

Die Ekphrasis hat hier zugleich eine epistemologische Funktion, denn somit werden die Bezeichnungen der ‚Privolven' und ‚Subvolven' als allegorische Konstrukte zum Zwecke der narrativen Heuristik entlarvt. Die Subvolven werden dadurch charakterisiert, dass sie die sich drehende Erde sehen, den Privolven kommt dieses Privileg nicht zu. Die Teilung der Perspektiven zwischen Erd- und Mondbewohner ist nötig, um alternative Beobachterstandpunkte plausibel zu machen. Sie wird in der Diegese konsequent durchgehalten. Im wissenschaftlichen Kommentar hingegen spricht die gleiche Stimme mal von „Mondbewohnern", mal von „Volven" (K 89, 90, S. 52).[71] Hier vermischen sich die Begriffsprägungen

---

70 Lateinisches Original: „*Divisor circulus supra definitus est per polos conversionis Lunae menstruae transire. Iam verò Lunae orbita habet latitudinem hâc in boream, illâc in Austrum, et axis, cujus extrema Poli, rectis angulis ponitur insistere plano Eccentricae orbitae. [...] Carent conspectu Lunae, intellige tanquam inter sidera currentis. Nam cum eam inhabitent, vt jam finigimus: sic eam vident, vt nos nostram Terram.*" In: Kepler: *Somnium* (Anm. 32), S. 349.

71 Vgl. das lateinische Original: „*Quam nos Terram appellamus, Telluris incolae: eam ex imaginatione populorum Lunarium libuit appellare Vovam. Quemadmodum enim nobis nocturnum Luminare Herbraicè Lebhana dictur [...] sic etiam populis Lunaribus, appellationem nostrae Telluris, quam illi loco alicujus Lunae vident, ab apparitionis specie derivatam, tribui par est. Apparet verò ijs globus iste in coelo, perpetuâ cum voltutione circa suum axem immobilem, cujus volutionis indi-*

und auch die Beobachterperspektiven. Das hat seinen Grund, denn nach der Dekontextualisierung, womit die Befreiung des menschlichen Blicks von der begrenzten räumlichen Erdperspektive und die Verlagerung auf den Mond gemeint ist, ist der nächste wissenschaftliche Schritt die Entkontextualisierung zum Zwecke der Objektivierung.[72] Im literarischen Text als Beobachtungsanordnung zweiter Ordnung, die sowohl Sehen als auch Nicht-Sehen zeigen kann, kann Kepler diese Versuchsanordnung des vergleichenden Sehens performativ inszenieren. Durch die narrative Darstellungsanordnung, die durch die *camera obscura* unterstützt wird, kann der Leser beobachten, wie die Ptolemäer beobachten und auch, was sie dabei nicht sehen; er soll die Lehre der wissenschaftlichen Beobachtung demonstriert bekommen.

Zusammenfassend hat die *camera obscura* die Funktion, das Bild einzurahmen, den Bildausschnitt von seinem Kontext zu trennen, den Beobachter zu isolieren, die Konzentration zu garantieren und das Sehen zu fokussieren. Wie Jonathan Crary gezeigt hat, löst sich damit das Sehen vom Körper und wird vom Standort und von den physiologischen Spezifika des Betrachters dekontextualisiert.[73] Dieser Paradigmenwechsel war Kepler wichtig, hat er doch die Trennung als erster theoretisch postuliert und dann in innovativer Form narrativ inszeniert. Diese wichtige Diskussion hat Kepler durch seine intensive Beschäftigung mit der Physiologie des Auges und durch die wissenschaftliche Untersuchung der optischen Naturgesetze, die dem Projektionsbild der *camera obscura* unterliegen, mit angestoßen. Aus all diesen Gründen konnte die *camera obscura* zum „grundlegenden Modell der Wissensproduktion“[74] erklärt werden.

---

cium desumere illis licet à macularum varietate, vt infrà dicetur. A volvendo igitur Volva dicatur, et Subvolvave vel Subvolvani, qui vident Volvam: Privolvae, qui sunt privati conspect.“ In: Kepler: *Somnium* (Anm. 32), S. 343.

72 Vgl. hierzu auch Klaus Mecke: „Narratives in Physics. Quantitative Metaphors and FORMULA ∈ tropes“. In: *Narrated Communities and Narrated Realities. Erzählen als Erkenntnisprozess und kulturelle Praxis*. Hrsg. von Hermann Blume, Christoph Leitgeb und Michael Rössner. Amsterdam: Rodopi 2015. S. 31–51; ders.: „Zahl und Erzählung. Metaphern in Erkenntnisprozessen der Physik“. In: *Quarks and Letters. Naturwissenschaften in der Literatur und Kultur der Gegenwart*. Hrsg. von Aura Heydenreich und Klaus Mecke. Berlin, Boston: De Gruyter 2015. S. 31–85.

73 Vgl. Jonathan Crary: *Techniken des Betrachters. Sehen und Moderne im 19. Jahrhundert*. Übers. von Anne Vonderstein. Dresden, Basel: Verlag der Kunst 1996 bzw. ders.: *Aufmerksamkeit. Wahrnehmung und moderne Kultur*. Übers. von Heinz Jatho. Frankfurt a. M.: Suhrkamp 2002.

74 Don Ihde: „Die Kunst kommt der Wissenschaft zuvor. Oder: Provozierte die Camera obscura die Entwicklung der modernen Wissenschaften?“. In: *Instrumente in Kunst und Wissenschaft. Zur Architektonik kultureller Grenzen im 17. Jahrhundert*. Hrsg. von Helmar Schramm, Ludger Schwarte und Jan Lazardzig. Berlin, New York: De Gruyter 2006. S. 417–429, hier S. 425.

Im Zentrum der Dämon-Erzählung überlagern sich die beiden Weltmodelle palimpsestisch. Das Dämon-Narrativ ist der Kreuzungspunkt dieser konkurrierenden Diskurse, es entbirgt durch die palimpsestische Überlagerung eine vielschichtige Wahrheit, verkörpert aber auch zugleich die Gefährlichkeit dieser Wahrheit, ist es doch ein diskursiver Konnex, der herangezogen wird, um die Neuordnung des Kosmos zu plausibilisieren. Doch man sieht in diesem Text auch deutlich, wie sich die Ganzheit, die Totalität der Integration von Weltbild und Weltmodell aufzulösen beginnt. Die Narration hat hier eine entscheidende Funktion: Sie führt die Notwendigkeit der Loslösung vor. In einem nächsten Schritt folgt im Kommentar auch die kritische Problematisierung dieser Trennung.

Der literarische Text führt diese Problematisierung interformativ vor: Diesmal nicht mehr als integratives Synthese-Modell, sondern um unterschiedliche Argumentationsmuster anzuführen, die man für die jeweilige symbolische Reorganisation von Weltmodellen bzw. Weltbildern in ihrer je eigenen Berechtigung ernst nehmen und berücksichtigen muss: mathematische Astronomie (Kopernikus), experimentelle Beobachtung (Brahe), Optik (*camera obscura*), Experimentalphysik (Galilei), Philosophie und die sogenannten magischen Praktiken. Der literarische Text führt dieses Wechselwirkungsfeld unterschiedlicher ‚Kräfte' nicht nur vor, er exemplifiziert[75] es im Sinne Goodmans, er ist es *per se*!

Sowohl der Traum als auch das Sehen und die diversen Bilder vom Mond erweisen sich als historische Konfigurationen, die aus den je gültigen wissenschaftlichen Beschreibungskonventionen hervorgehen. Durch die dichte erzählstrategische Rahmung und durch den wissenschaftlich-philologischen Kommentar macht Kepler deutlich, dass auch auch frühere Theorien ihre Erklärungsfunktion erfüllt haben. Auch die kulturellen Texttraditionen, in denen sie eingebettet waren, haben ihre integrative wie kritische Funktion auf legitime Weise erfüllt, nur müssen diese von Zeit zu Zeit angesichts neuer Erkenntnisse rekonfiguriert, semio-logisch neu organisiert werden. Keplers Text argumentiert nicht apodiktische gegen die Tradition, sondern argumentiert – intertextuell in ihr verwurzelt – für das neue Weltbild und bietet Möglichkeiten an, das alte epistemisch und ästhetisch zu reorgansieren. Die komplexe erzählerische Rahmung wird nicht nur aufgebaut, weil das Ausgesprochene gefährlich ist, sondern auch, um unterschiedliche Diskursregister heranziehen zu können. Keplers Anmerkungen bilden ein dichtes Palimpsest von Querverweisen und regen zur Kontextualiserung des Textes in unterschiedlichen philologischen und wissenschaftlichen Traditionen an: Plutarch, Cicero, Quintilian, Dante, Girolamo della Porta, Philolaos, Aristarchos, Kopernikus spie-

75 Vgl. zur ausführlicheren Darstellung von Nelson Goodmans Konzept der Exemplifikation Kap. II.2 in dieser Arbeit (S. 98–119) zu Goodmans symboltheoretischer Kulturphilosophie.

len gleichermaßen eine wichtige Rolle. Sie zeigen, dass Philosophen, Literaten und Astronomen mit je eigenen diskursiven und mathematischen Mitteln an einem gemeinsamen Projekt der Bewältigung von Komplexität arbeiten.

Der Text zeigt die Gratwanderung in der Zuschreibung von Faktum und Fiktum, und dass sie relationale Größen sind. Wissenschaft und Literatur haben in ihrem Verbund gleichermaßen die Funktion, Weltmodelle und Weltbilder symbolisch zu reorganisieren und diese dicht zu beschreiben, das heißt mit Nelson Goodman, Welten zu erzeugen. Daraus ergibt sich die doppelte Codierung der Fiktion. Erkenntnistheoretisch ist sie defizitär, eine Fiktion allein beweist nichts. Denkpragmatisch aber ist sie wichtig, denn sie erlaubt, Vorstellungen von den Dingen zu ordnen und nicht die Dinge selbst. Sie ermöglicht überdies die Rekonfiguration bisheriger Diskurstraditionen, sie gewährt auch einen epistemischen Zugang zu den generierten Weltvorstellungen und sie führt Eigenschaften dieser Weltvorstellungen durch Exemplifikation vor.[76]

In Bezug auf den Ansatz der Interformation kann zusammenfassend festgehalten werden, dass der allegorische Traum bzw. die Reise zum Mond doppelt gelesen werden können: textuell als transdiskursive Kontaktzone zwischen Literatur und Astronomie, epistemisch als transgressive Brücke, als Übergang zwischen dem ptolemäischen und dem kopernikanischen Weltmodell. Die Reise zum Mond ist zwar aus der Perspektive der semio-logischen Sphäre der Literatur eine Allegorie, sie ist aber faktisch durchsetzt durch transdiskursive Interpolationen auf die Diskurse der kopernikanischen Astronomie. Kepler selbst regt in seinem dichten philologischen und wissenschaftlichen Kommentar zur Rekonstruktion beider historischen Traditionen an, der der antiken und humanistisch-neuzeitlichen Astronomie und Philologie. Durch die dichte historische Kontextualisierung, die beide Traditionen miteinander verschränkt, was in der Frühen Neuzeit noch üblich war, wird der Text zur epistemisch-ästhetischen Interkonfiguration, dank der überkreuzten Referenz.

Die *camera obscura* als epistemisch-ästhetisches Verfahren wird als Beobachtungsinstrument der Astronomie dargestellt, aber auch als ästhetisch-epistemisches Dispositiv poetologisch umfunktioniert. Sie fungiert als performative Leseanleitung, als Vermittlerin zwischen Astronomie, Optik und Erzähltheorie, und animiert nicht nur zur Umkehrung der Leserichtung sondern auch zur Umwälzung des Weltbildes. Die dicht gesetzten Fußnoten können ebenfalls als transdiskursive bzw. transgressive Interpolationen gelesen werden: Als Endnoten führen sie den Leser zum Kommentar hin, zur sekundären Modellierung der kopernikanischen Astronomie, die als sekundäre Referenz plausibilisiert und legitimiert werden soll. Zudem

76 Vgl. Catherine Z. Elgin: „Making Manifest. The Role of Exemplification in Science and the Arts“. In: *Principia: An International Journal of Epistemology* 15.3 (2011). S. 399–413.

haben die Endnoten eine interformative textstrategische Funktion: Sie stören und suspendieren die primäre Referenz, die ptolemäische Illusion, und regen als Metareferenz an zur Reflexion auf die kopernikanische Vision. Für die diskursive Aushandlung wird die tertiäre Dimension der Modellierung aktiviert. Somit wird in diesem Text durch interformative Verfahren die Reorganisation der diskursiven Tradition in der kulturellen Semantik der Frühen Neuzeit in drei Dimensionen der Modellierung – ternär – orchestriert. Und somit führt der Prozess der Interformation zur epistemischen Transformation.

V.2 Interformation zwischen astronomischen Welt- und labyrinthischen Diskursmodellen in Raoul Schrotts „Finis Terrae"

> Wenn man das Erhabene als symbolische Präsenz des Unendlichen im Endlichen verkürzt definiert, so enthält es bis in die späteste Phase des kantischen Denkens hinein noch das Problem, von dem die frühe kosmogonische Spekulation ausging: das Ungenügen der jeweiligen anschaulichen Gegenwart des Universums für den Begriff wurde Veranlassung zur Konstruktion seiner Geschichte als der Dimension, in der Totalität einzig begreiflich ist.[1] Hans Blumenberg

Um die Bedingungen der Möglichkeit des Erhabenen geht es in Raoul Schrotts Gedichtband „Tropen" (1998),[2] der durch mehrere Resonanzböden mit dem Romanerstling „Finis Terrae" (1995) korrespondiert.[3] Im Band „Tropen" wird programmatisch reflektiert, dass sich die zeitgenössische Lyrik nicht mehr in einer Naturlyriktradition situiert, die sich einer phänomenalen Beschreibung der Natur verpflichtet sieht und durch die Beobachtung das Erhabene zu erahnen versucht. Vielmehr geht es in zeitgenössischen literarischen Texten um die Beobachtung zweiter Ordnung. Es geht darum, zu beobachten, wie die Naturwissenschaften ihre Gegenstände erfassen, und darum, zu reflektieren, welche Modelle Naturwissenschaftler und Naturwissenschaftlerinnen konzipieren, um theoretische Zugänge zur Beschreibung von Naturphänomenen zu konstruieren.[4]

---

1 Hans Blumenberg: *Die Genesis der kopernikanischen Welt.* Bd. 1: *Die Zweideutigkeit des Himmels. Eröffnung der Möglichkeit eines Kopernikus.* 2. Aufl. Frankfurt a. M.: Suhrkamp 1989, S. 76.

2 Raoul Schrott: *Tropen. Über das Erhabene.* München: Hanser 1998.

3 Raoul Schrott: *Finis Terrae. Ein Nachlaß.* Innsbruck: Haymon 1995. Im Folgenden werden Zitate aus dem Roman im Haupttext zitiert. Die Zitatnachweise erfolgen in Klammern, direkt im Anschluss an das Zitat. Hierfür wird die Sigle „FT" verwendet, gefolgt von der Seitenzahl.

4 Zu den Diskursen des Erhabenen im Werk Raoul Schrotts vgl. Karen Leeder: „‚Erkenntnistheoretische Maschinen'. Questions about the Sublime in the Work of Raoul Schrott". In: *German Life and Letters* 55.2 (2002). S. 149–163; Torsten Hoffmann: *Konfigurationen des Erhabenen. Zur Produktivität einer ästhetischen Kategorie in der Literatur des ausgehenden 20. Jahrhunderts (Handke, Ransmayr, Schrott, Strauss).* Berlin, New York: De Gruyter 2006; Alexander Laska: *Zur Literarisierung naturwissenschaftlicher Erkenntnis und der Empfindung des Erhabenen. Raoul Schrotts Epos „Erste Erde" – Kritik und Kommentar.* Baden-Baden: Ergon Verlag 2019; Gundela Hachmann: „Das Erhabene im Krieg. Medialität der Maßlosigkeit bei Raoul Schrott". In: *Zeichen des Krieges in Literatur, Film und den Medien.* Bd. 1: *Nordamerika und Europa.* Hrsg. von Christer Petersen. Kiel: Ludwig 2004. S. 312–330; Anna Zsellér: „Das Erhabene der Natur als poetologisches Prinzip bei Raoul Schrott". In: *Germanistik ohne Grenzen. Studien aus dem Bereich der Germanistik.* Bd. 1. Hrsg. von Szabolcs János-Szatmári. Klausenburg, Großwardein: Partium 2007. S. 235–250.

https://doi.org/10.1515/9783110729887-007

„Finis Terrae“ reiht sich in die Genealogie jener Texte ein, die beides tun. Der Roman zeigt erstens auf diegetischer Ebene – in der Form der Entdeckungsreise des Pytheas von Massalia, der als Erster den Norden Europas kartographierte – das Erschaudern des antiken Menschen vor dem Anblick des Weltmeeres und des Sternengewölbes über ihm. Er zeigt aber auch auf struktureller Ebene die unermüdlichen Versuche der menschlichen Intelligenz, die Himmelsmechanik der Planetenbahnen zu berechnen und mit dem Parcours der Erde in Einklang zu bringen; das heißt, die sublunare und die supralunare Welt auf eine Formel zu reduzieren, die berechenbar und vorhersehbar ist und deren Freiheitsgrade durch die Wissenschaft bestimmbar sind.

So soll in diesem Kapitel[5] gezeigt werden, wie „Finis Terrae“, dessen Gattungszugehörigkeit hybrid ist und zwischen Reisejournal, Brief-/Tagebuchroman und rekonstruiertem Nachlass oszilliert,[6] sich durch seinen Aufbau als ästhetisches Konstrukt selbst reflektiert, indem er die Schöpfung der Welt und die Schöpfung seiner Selbst gleichzeitig inszeniert.[7]

1 Romanvorwort und Autorschaftsmodell

Bevor ich die Bedeutung der kosmologischen Modelle, die auch im Kapitel zu Kepler diskutiert wurden, für die Gesamtstruktur des Romans darstelle, gehe ich zunächst auf diese Struktur selbst ein. Schon das Vorwort verweist auf die komplexe Verschachtelung der Zugänge zur Welt: Das Phänomen der Metaisierung der Beob-

5 Eine frühere Fassung dieses Kapitels ist bereits veröffentlicht worden. Für die vorliegende Arbeit wurde diese überarbeitet und aktualisiert. Die Vorstudie ist veröffentlicht in: Aura Heydenreich: „Kosmos oder Chaos? Die Rettung der Phänomene im Text-Labyrinth. Platons Kosmologie und Eudoxos' Astronomie in Raoul Schrotts Finis Terrae (1995)“. In: *Quarks and Letters. Naturwissenschaften in der Literatur und Kultur der Gegenwart.* Hrsg. von Aura Heydenreich und Klaus Mecke. Berlin, Boston: De Gruyter 2015. S. 203–240.

6 Schon in der Erstausgabe unterscheiden sich die paratextuellen Angaben: „Roman“ auf dem Buchcover und „Ein Nachlaß“ auf dem Titelblatt.

7 Monika Schmitz-Emans stellt fest, dass Raoul Schrotts Texte sehr oft auf „poetisch-mythische Begründungsmodelle von Dichtung“ rekurrieren, um die eigene Tradition zu legitimieren. Durch ihre Aktualisierung wird die Kontinuität mythischer Formen aufgezeigt, die einerseits ununterbrochen fortgeschrieben werden und andererseits von unterschiedlichen aktuellen Diskursen flankiert und dadurch hybridisiert und enthistorisiert werden. Vgl. Monika Schmitz-Emans: „Die Erfindung der uralten Maschine. Raoul Schrott als Dichter und Archäologe“. In: *Die eigene und die fremde Kultur. Exotismus und Tradition bei Durs Grünbein und Raoul Schrott.* Tagung der Evangelischen Akademie Iserlohn im Institut für Kirche und Gesellschaft der EKvW, 28.–29. Mai 2003. Hrsg. von Dieter Burdorf. Iserlohn: Inst. für Kirche und Gesellschaft 2004. S. 11–48, hier S. 41–42.

achtung vollzieht sich nicht nur im Umgang mit der Natur, sondern auch im Umgang mit dem Schreiben. Auch hier lassen sich die Kategorien des empirischen Autors und des fiktiven Herausgebers, der uns in eine realistische Illusionswelt verführt, nicht mehr trennscharf auseinanderhalten. Vielmehr verdoppelt sich die Instanz des empirischen Autors in eine reale einerseits und eine fiktive andererseits, die das Vorwort zu verantworten vorgibt, indem sie über die Herausgabe eines Manuskriptes berichtet, das aus dem Nachlass einer fiktiven Persönlichkeit stammt. Jedoch wird die empirische Existenz dieser Persönlichkeit mit zahlreichen Authentifizierungsstrategien beglaubigt, die ihrerseits teils fiktiv, teils real sind. Deshalb plädiert Claudia Breitbarth dafür, die Kategorien der Authentizität und Fiktionalität im Falle dieses Romans nicht als opponierende zu verstehen, sondern vielmehr die Verfahren der „Erschaffung von Authentizitätsfiktion“[8] zu analysieren.

Im Text wird von einem denkwürdigen Besuch des Vorwortunterzeichners bei Ghjuvan Schiaparelli berichtet, von dessen Frau Sofia er später vier Manuskriptkonvolute erhält. Sie sind die Hinterlassenschaft eines in der afrikanischen Wüste verschwundenen Archäologen, der mit ihrem Mann befreundet war: Ludwig Höhnel. Die vier Hefte bilden die Manuskriptvorlagen des späteren Romans und werden im Vorwort ausführlich beschrieben.

Das erste Heft bietet laut Vorwort die Rekonstruktion des Logbuchs des antiken Geographen und Kartographen Pytheas von Massalia, das vermutlich aus dem Jahre 322 v. Chr. stammt.[9] Pytheas kommt der Verdienst zu, als erster Geograph der Antike den Norden Europas bereist zu haben und der antiken griechi-

8 Claudia Breitbarth: „Das mehrdimensionale Spiel mit Authentizitäts- und Historizitätsfiktion in Raoul Schrotts Prosawerken“. In: *Kulturbau. Aufräumen, Ausräumen, Einräumen*. Hrsg. von Peter Hanenberg, Isabel Capeloa Gil, Filomena Viana Guarda und Fernando Clara. Frankfurt a. M.: Lang 2010. S. 335–349, hier S. 343. Vgl. auch Uwe Wirth: *Die Geburt des Autors aus dem Geist der Herausgeberfiktion. Editoriale Rahmung im Roman um 1800. Wieland, Goethe, Brentano, Jean Paul und E. T. A. Hoffmann*. München: Fink 2007.

9 Das angesprochene Problem der Ambiguität und des gleitenden Übergangs zwischen Faktualität und Fiktionalität bestimmt nicht nur die Faktur des literarischen Textes selbst, sondern auch schon die der Quellen, auf die er verweist. „Über das Weltmeer“, das Logbuch von Pytheas, das hier im Roman in voller Länge ‚rekonstruiert‘ wird, ist nicht überliefert. Tatsächlich ist von Pytheas’ Schrift „Über das Weltmeer“ ein einziger Satz im Original erhalten. Der Rest seines Werkes ist lediglich fragmentarisch überliefert und kann nur aus anderen wissenschaftlichen Werken rekonstruiert werden. Eine Übersicht über die gesamte Überlieferungslage liefert folgende Ausgabe: Pytheas von Marseille: *Über das Weltmeer. Die Fragmente*. Hrsg. von Dietrich Stichtenoth. Köln, Graz: Böhlau 1959. Zur wissenschaftlichen Rezeption des Werks Pytheas’ bei den Historikern und Geographen der Antike vgl. Hans Joachim Mette (Hrsg.): *Pytheas von Massalia. De oceano*. Berlin, Boston: De Gruyter 1952.

schen Welt die ersten Reiseberichte und Karten Großbritanniens und der skandinavischen Inseln geliefert zu haben.

Das zweite Heft besteht aus Tagebuchaufzeichnungen und Briefen Höhnels an Schiaparelli, welche metatextuellen Charakter haben und ein doppeltes Unternehmen dokumentieren: Höhnel schildert, dass er einerseits an einer schriftlichen Rekonstruktion des Logbuchs Pytheas' arbeitet (deren Ergebnis hat der Leser bereits im ersten Heft erfahren). Andererseits belegen die Briefe Höhnels zweites Projekt, das Periplum von Pytheas durch eine eigene Reise nachzuvollziehen. Im Zuge dessen werden gewisse Aufzeichnungen Pytheas' im zweiten Heft zitiert und durch Höhnel metatextuell kommentiert. Zugleich wird klar, dass Höhnel diese Reise als seine letzte begreift, schildert er doch Symptome einer lebensbedrohlichen Krankheit.

So gewinnt das dritte Heft, dessen Erstellung ebenfalls dem homodiegetischen Erzähler Höhnel zugeschrieben wird, den Charakter einer Initiationsreise eines vom Sterben Gezeichneten, der durch das Schreiben Zugang zu den traumatischen Erlebnissen seiner Kindheit zu finden versucht. Auch die Auseinandersetzung Höhnels mit Schiaparelli spielt eine wichtige Rolle; Höhnel beschäftigt sich mit den Jahren der gemeinsamen Expeditionen sowie Schiaparellis lebenslange Beschäftigung mit der Astronomie des Eudoxos von Knidos. Nicht nur der graduelle Übergang zwischen verschiedenen Stufen der Fiktionalität ist charakteristisch für das Konvolut von Aufzeichnungen, sondern auch die Hybridität der Genres.[10] Der Heterogenität des Materials (ein Verfahren der Subversion von Literarizität) entspricht aber andererseits ein entgegengesetztes Verfahren, das diese sofort wiederherstellt: die Parallelisierung von Stellen in Briefen und autobiographischen Passagen. Zugleich enthält das dritte Heft metatextuelle Hinweise auf den Inhalt des vierten, auf die Expedition des Großvaters, des Admirals Ludwig von Höhnel, deren zentrales Ereignis die Entdeckung des Turkana-Sees in Kenia war.

---

10 Die wissenschaftliche Tradition der Astronomie und Geografie ist tatsächlich auch die, in die sich das erste Heft des Romans thematisch situiert. Auch die Fragmente, die uns von Strabon, Eratosthenes, Hipparchos u. a. überliefert wurden, werden als Intertexte zum konstitutiven Teil der Logbuch-Rekonstruktion in „Finis Terrae". Darin wird auch auf eine weitere wichtige Rezeptionslinie des „Pytheas-Fragments" hingewiesen, die des utopischen Reiseromans der Antike. Dessen Vertreter werden mit Antonios Diogenes' „Wunder jenseits von Thule", Hekataios von Abderas „Über die Hyperboreer", Lukians „Wahre Geschichten" genannt (FT, S. 12) und in eine genealogische Linie mit ihrem vermuteten Hypotext, Pytheas' Logbuch, gesetzt. Die jeweiligen Autoren beziehen sich tatsächlich auch auf Pytheas' Bericht. Die Erwähnung dieser genealogischen Beziehungen dient dazu, den Roman selbst in einen zweiten architextuellen Kontext neben den wissenschaftlichen zu situieren, den der fiktionalen utopischen Reiseromane. Vgl. hier z. B. Hans Bernsdorff: „Antonios-Diogenes-Interpretationen". In: *Studien zur Philologie und zur Musikwissenschaft* 7 (2009). S. 1–52.

Diese Expedition ist der Ausgangspunkt des vierten Heftes, das in weiten Teilen auf der Originalschrift des real existierenden Ritters von Höhnel (1857–1942) zur Beschreibung der Turkana-Entdeckung (1892)[11] und auf den Berichten der Leiter zweier späterer Expeditionen basiert, die sich auf die Spuren Höhnels begaben. Das sind die Expeditionen von Vivian E. Fuchs (1934),[12] im Zuge derer zwei Wissenschaftler verschwanden (deren Verbleib bis heute nicht aufgeklärt wurde), und die des österreichischen Geographen Herbert Tichy (1980),[13] der in seinem Bericht auf die Schriften seiner Vorgänger eingeht und den nicht gelösten Fall der verschwundenen Wissenschaftler noch einmal aufrollt.

Schon im Vorwort von „Finis Terrae" gibt es einen Hinweis darauf, dass die Struktur der Schreibhefte, die im Nachlass vorgefunden wurden, einer doppelten Codierung unterliegt. Das erkennt man an der „engen Lineatur, die eher an Notenzeilen gemahnt" (FT, S. 9). Damit wird die enge Verwandtschaft zwischen der Musik und der Kunst des Schreibens angeführt. Die Idee der Symmetrie, der Sphärenharmonie, die die Bildungsgesetze des Kosmos bestimmt, aber nach pythagoreischer Vorstellung auch ein Vorbild für die Harmonie der menschlichen Seele sein sollte, klingt hier bereits an.[14] Auch die strukturelle Symmetrie wird hervorgehoben: „Den Nachlaß in zwei Büchern zu je zwei Heften vorzulegen, geschieht, um die Symmetrie der einzelnen Teile deutlicher sichtbar werden zu lassen" (FT, S. 10). Das Vorwort gilt vordergründig der Verneinung der eigenen Autorschaft und der Bekräftigung des Respekts, der der Authentizität des vorgefundenen Manuskriptkonvoluts entgegengebracht wurde, indem es mit größtmöglicher Zurückhaltung ediert wurde.

Zugleich vollzieht sich beim näheren Hinsehen im Vorwort die Inszenierung eines Autorschaftsmodells. Die Autorschaft definiert sich über die Konstruktion von Ordnungsprinzipien und über die Herstellung von Symmetrieverhältnissen. Dabei wird dem Leser klar, dass jede der Entscheidungen, die in Bezug auf die Strukturierung der Hefte getroffen wurde, interpretatorische Fragezeichen aufwirft. Die Analyse wird zeigen, wie die Prinzipien der strukturellen Symmetrie durch die Einbindung der Prä- und Paratexte und durch die Heranziehung der

---

11 Vgl. Ludwig von Höhnel: *Zum Rudolph-See und Stephanie-See. Die Forschungsreise des Grafen Samuel Teleki in Ost-Aequatorial-Afrika 1887–1888 geschildert von seinem Begleiter*. Wien: Hölder 1892.

12 Vgl. V. E. Fuchs, R. C. Wakefield, J. F. Millard und D. G. MacInnes: „The Lake Rudolf Rift Valley Expedition, 1934". In: *The Geographical Journal* 86.2 (1935). S. 114–137.

13 Vgl. Herbert Tichy: *See an der Sonne. Auf den Spuren der frühen Menschen*. Wien: Orac 1980.

14 Vgl. hierzu Hans Schavernoch: *Die Harmonie der Sphären. Die Geschichte der Idee des Welteneinklangs und der Seeleneinstimmung*. Freiburg: Alber 1981, S. 60–61.

wissenschaftshistorischen astronomischen Kontexte im Zuge einer interformativen Lektüre semantisiert werden können.

Die ästhetische Machart des Romans zeigt, dass Kategorien wie Ordnung und Chaos, Symmetrie und Wahrscheinlichkeit, Setzung und Zufall, die als Ausgangshypothesen für den Aufbau der theoretischen Modelle wichtig sind, nicht dichotomisch, sondern komplementär angelegt sind. Es geht nicht um die essentialistische Betrachtung dieser Objekte – Welt und Werk – als entweder chaotisch oder geordnet, sondern es geht darum, welche Perspektive der Betrachter darauf einnimmt, mit welchen Hypothesen, explikativen Mustern und konstruierten Modellen er an den Gegenstand herangeht. Bleibt er der Innenperspektive verhaftet oder gelingt es ihm, den archimedischen Punkt für die Konstruktion der objektivierenden Perspektive einzunehmen, um „die Phänomene zu retten" (FT, S. 204)?

2 Die ‚Rettung der Phänomene' im wissenschaftshistorischen Kontext

Eine der bedeutendsten Forschungsparadigmen, die sich seit der Antike bis heute den Übergängen zwischen dem Schein des beobachteten Chaos und dem metaphysisch postulierten geordneten Kosmos widmet und dem sich auch der Astronom Schiaparelli verschrieben hat, ist für die Nachwelt in einem Kommentar zu Aristoteles' Schrift „Über den Himmel"[15] aus dem sechsten Jahrhundert nach Christus überliefert: Hier berichtet der Neuplatoniker Simplicius, dass Platon den Wissenschaftlern seiner Zeit eine Aufgabe gestellt haben soll, die als Forschungsprinzip bis in die Neuzeit große Wirksamkeit zeigte: Die ‚Rettung der Phänomene'.[16]

> GHJUVAN DULDETE MICH an seiner Seite [...], weil ich mich auf seine Arbeit einließ. Sie war ihm zur Manie geworden, zur Obsession. [...] [A]ls könnte man alles wieder von vorn beginnen und einen anderen Kosmos [...] konstruieren, einzig mit den Maßen, die ihm sein verkrüppelter Körper erlaubte. Er baute an seiner Welt und begann allen Ernstes, an sie zu glauben; es war eine statische Welt, deren Mechanismus er entwarf, um die Phänomene zu retten, wie es seine Griechen formuliert hatten. (FT, S. 204; Hervorhebung i. Orig.)

15 Aristoteles: *Über den Himmel*. Übers. und erläutert von Alberto Jori. In: ders.: *Aristoteles Werke in deutscher Übersetzung*. Bd. 12,3. Hrsg. von Hellmut Flashar. Berlin: Akademie 2009.

16 Vgl. Simplicius: *On Aristotle „On the Heavens" 2.1–9*. Übers. von Ian Mueller. London: Duckworth 2004, S. 74. Meine Darstellung bezieht sich auf Jürgen Mittelstraß: *Die Rettung der Phänomene. Ursprung und Geschichte eines antiken Forschungsprinzips*. Berlin, Boston: De Gruyter 1962. Vgl. zum philosophischen Kontext Fritz Krafft: „Der Mathematikos und der Physikos. Bemerkungen zu der angeblichen Platonischen Aufgabe, die Phänomene zu retten". In: Fritz Krafft, Kurt Goldammer und Annemarie Leibbrand-Wettley: *Alte Probleme – neue Ansätze. Drei Vorträge. Würzburg 1964*. Wiesbaden: Steiner 1965. S. 5–24.

Mit den ‚Phänomenen‘ waren die Himmelserscheinungen gemeint. Die antiken Astronomen erkannten durch Beobachtung des Himmels, dass sich die Planeten in ihren Tages- und Jahresumlaufzeiten auf unregelmäßigen, nicht-zirkulären Bahnkurven bewegten. Andererseits sah die Ideenlehre Platons vor, dass der Kreis die metaphysisch perfekte Form war, die sowohl dem Kosmos als auch den Planetenbewegungen zugrunde liegen sollte. So heißt es in Platons „Nomoi“:

> Denn nicht richtig [...] ist die Ansicht über den Mond, die Sonne, und die übrigen Gestirne, daß sie jemals umherirren, sondern ganz das Gegenteil ist der Fall – denn dieselbe Bahn und nicht viele, sondern immer nur eine einzige durchläuft jedes von ihnen in einem Kreis, es scheint lediglich viele Bahnen zu ziehen [...].[17]

Somit ist das Forschungsproblem benannt: Die beobachteten, scheinbar unregelmäßigen Bahnkurven der Planeten sollten mit der metaphysischen Annahme perfekter regelmäßiger Kreisbewegungen übereinstimmen. Gefragt war ein mathematisches Modell, das ihre Irrläufe als nur scheinhaft erwies, den regelmäßigen Lauf der Planeten geometrisch modellierte und somit die ‚Phänomene rettete‘.[18] Der erste Wissenschaftler, der sich dieser Aufgabe annahm und sie mit dem kosmologischen Modell der homozentrischen Sphären löste, war Eudoxos von Knidos.[19] Dank dieses

17 Platon: *Nomoi (Gesetze). Buch IV–VII.* Übers. und komm. von Klaus Schöpsdau. In: ders.: *Werke. Übersetzung und Kommentar.* Abt. IX, Bd. 2. Hrsg. von Ernst Heitsch und Carl Werner Müller. Göttingen: Vandenhoeck & Ruprecht 2003, S. 125.

18 Vgl. zum wissenschaftshistorischen Kontext Leonid Zhmud: „‚Saving the phenomena‘ between Eudoxus and Eudemus“. In: *Homo Sapiens und Homo Faber. Epistemische und technische Rationalität in Antike und Gegenwart.* Festschrift für Jürgen Mittelstraß. Hrsg. von Gereon Wolters und Martin Carrier. Berlin, New York: De Gruyter 2005. S. 17–24; Martin Carrier: „Die Rettung der Phänomene. Zu den Wandlungen eines antiken Forschungsprinzips“. In: *Homo Sapiens und Homo Faber. Epistemische und technische Rationalität in Antike und Gegenwart.* Festschrift für Jürgen Mittelstraß. Hrsg. von Gereon Wolters und Martin Carrier. Berlin, New York: De Gruyter 2005. S. 25–38.

19 Eudoxos von Knidos (ca. 391/390–338/337 v. Chr.) ist für seine bedeutenden wissenschaftlichen Beiträge in Geographie, Astronomie und vor allem in der Geometrie und Mathematik bekannt. Die Theorien der Proportionen und der Kegelschnitte gehen auf ihn und seine Schüler zurück. Er soll zu Platons Zeit an dessen Akademie anwesend gewesen sein. Seine Schriften sind bloß spärlich überliefert durch die Zitate in Aristoteles' „Metaphysik“, Aratus' „Phänomene“, Euklids „Elemente“. Die komplette Dokumentation der Fragmente des Eudoxos' findet sich in: Eudoxos von Knidos: *Die Fragmente des Eudoxos von Knidos.* Hrsg. und übers. von François Lasserre. Berlin, Boston: De Gruyter 1966. Zum wissenschaftshistorischen Kontext des Modells der homozentrischen Sphären vgl. John L. E. Dreyer: *A History of Astronomy from Thales to Kepler.* Hrsg. von W. H. Stahl. 2. Aufl. New York: Dover 1953, S. 87–107; D. R. Dicks: *Early Greek Astronomy to Aristotle.* London: Thames and Hudson 1970, S. 151–189; sowie die Darstellung von Hellmut Flashar im Kommentar zu Aristoteles: *Über den Himmel* (Anm. 15), S. 296–301.

Modells, das bis hin zu Ptolemäus, Kopernikus und Kepler wirksam wurde, gilt Eudoxos als Begründer der mathematischen Astronomie.

In Raoul Schrotts „Finis Terrae“ wird das Problem der Schleifenbewegungen der Planeten zunächst als imaginatives Spiel des zehnjährigen Höhnel, des homodiegetischen Erzählers, dargestellt:

> Was blieb, war die unabänderliche Mechanik des Himmels, seine kalte und distanzierte Notwendigkeit, die alles vereinnahmte, und die Nacht bekam die Präzision eines Diagramms, das seine gegenläufigen Bewegungen in Ellipsen und Kreise faßte. Und so begann ich mir die Welt vorzustellen, so wurde sie nachvollziehbar, die Planeten waren wie die Ameisen auf einer der Töpferscheiben im Dorf, sie krochen wider die Richtung, in der man den Lehm drehte, [...] die Fixsterne aber waren wie Reisende, die auf einem Schiff an ihrem Ort blieben, und die Planeten wie jene Passagiere, die an Deck vom Heck zum Bug spazierten [...]. (FT, S. 171)

Die Romanpassage spielt auf Vitruv an, der mit dem Bild der Ameisen auf den Töpferscheiben das Problem der rückläufigen Bewegungen der Planeten erklären wollte,[20] und weist spielerisch auf die Elemente hin, die sich als seine Modelllösungen erweisen werden: der Kreis und die Ellipse. Und noch eine dritte Anspielung ist interessant: der Hinweis auf die Diagramme zur Lösung dieses Problems.

3 Die transdiskursive Interpolation

Die Diagramme stammen von dem realen Wissenschaftshistoriker Giovanni Schiaparelli (1835–1910), der zwischen 1864 und 1900 als Leiter der Mailänder Sternwarte fungierte, und der im neunzehnten Jahrhundert damit das eudoxische Modell der Planetenbewegungen rekonstruierte.[21] Der Wissenschaftler liegt der fiktiven Figur im Roman zugrunde. Seine Diagramme können als diejenige transdiskursive Interpolation gelten, die als rezeptionslenkendes Signal für die interformative Lektüre des Romans gelten und zur entsprechenden Kontextualisierung, zur Rekonstruktion dieser diskursiven Formation der Astronomie auffordern. Die transdiskursive Interpolation ist textstrategisch raffiniert platziert. Betrachtet man die Materialität des Romans und dessen Struktur ganz genau, so stellt man fest, dass dieser aus zwei Büchern besteht. Schiaparellis Diagramme zur Rekonstruktion des eudoxi-

---

20 Vgl. Vitruvius: *Baukunst*. Bd. 2: *Bücher VI–X*. Nachdruck der Ausgabe Leipzig, 1796. Hrsg. von Beat Wyss. Übers. von August Rode. Zürich: Artemis; Verl. für Architektur 1987, S. 199.

21 Vgl. Giovanni V. Schiaparelli: *Le sfere omocentriche di Eudosso, di Callippo e di Aristotele*. Mailand: Hoepli 1875. Übersetzung ins Deutsche: ders.: „Die homozentrischen Sphären des Eudoxos, des Kallippos und des Aristoteles“. In: *Abhandlungen zur Geschichte der Mathematik* 22 (1877). S. 101–199.

schen Weltmodells (Abb. V.2–1) leiten das zweite Buch ein und befinden sich genau im Goldenen Schnitt des Gesamttextes: Auf den Seiten 166 und 167 von 270.[22] Die Verschränkung von epistemischen und ästhetischen Verfahren, die für den Prozess der Interformation charakteristisch ist, wird im Roman damit deutlich markiert. Zugleich verweist die transdiskursive Interpolation auf zwei historische Kontexte und zwei diskursive Formationen hin, die es zu rekonstruieren gilt: Eudoxos' Modell enstammt der diskursiven Formation der ptolemäischen Astronomie, Schiaparellis Rekonstruktion entstammt der kopernikanischen Astronomie aus der diskursiven Perspektive der zweiten Hälfte des 19. Jahrhunderts, das eine neue wissenschaftliche Umwälzung, eine neue epistemologische Schwelle mit sich bringen wird.

Der Roman regt textstrategisch einen Interpretationsprozess an, der mit dem wissenschaftlichen Forschungsprozess verschränkt wird. So wird die Entdeckungslust als kontinuierliches performatives Verfahren exemplifiziert, um theoretische Modelle so lang zu entwerfen und zu verwerfen, d. h. zu falsifizieren, bis ein mögliches Modell gefunden wird, das komplex genug ist, um die Textphänomene zu retten, das auch vorführt, wie der Roman funktioniert. Astronomische Modelle der Antike, der Renaissance und der Moderne sowie die Ursache ihrer sukzessiven Ablösung werden dargestellt. Verhandelt wird auch die Position unseres Planeten, je nachdem, in welcher Zeit man sie beschreibt: sublunar oder supralunar; als Teil des Kosmos, aber dann auch als Gegenstand der Astronomie. Platons Ideenlehre postulierte die absolute Trennung zwischen dem göttlichen Himmelsgewölbe, dem Reich der Ideen und dem bescheidenen irdischen Reich der Menschen. Dass diese Dichotomie auch das Thema von „Finis Terrae“ ist, lässt sich durch die Analyse seines raffinierten Umgangs mit Prätexten und Paratexten, die auf Platons Ideenlehre Bezug nehmen, demonstrieren.

Die paratextuelle Rahmungsstrategie des Romans verweist erstens inhaltlich auf die Ideenlehre Platons, in der sowohl das Postulat des Kreises als ideale Planetenbahn als auch das damit verbundene Forschungsproblem formuliert wurden. Zweitens präsentiert sie eine modellhafte mathematische Lösung in Form eines Diagramms und platziert drittens dieses Diagramm am Goldenen Schnitt des Romans, wodurch zudem auf ästhetische Prinzipien der Proportionenlehre angespielt wird.

Diese drei Elemente sind zentrale Punkte meiner weiteren Argumentation. Sie sind der Anlass, mich erstens mit der mythischen Kosmologie Platons ausein-

---

22 Die Proportionen zur Berechnung des Goldenen Schnitts sind: $\Phi = a{:}b = (a + b){:}a$; die Gesamtlänge von „Finis Terrae“ ist: a + b = Buch 1 + Buch 2 = 270 Seiten. Buch 1 = 61,8 % vom Ganzen = 166,86. Buch 2 = 38,2 % vom Ganzen = 103,14. Φ = 166,86:103,14 = (166,86 + 103,14):166,86 = 1,61.

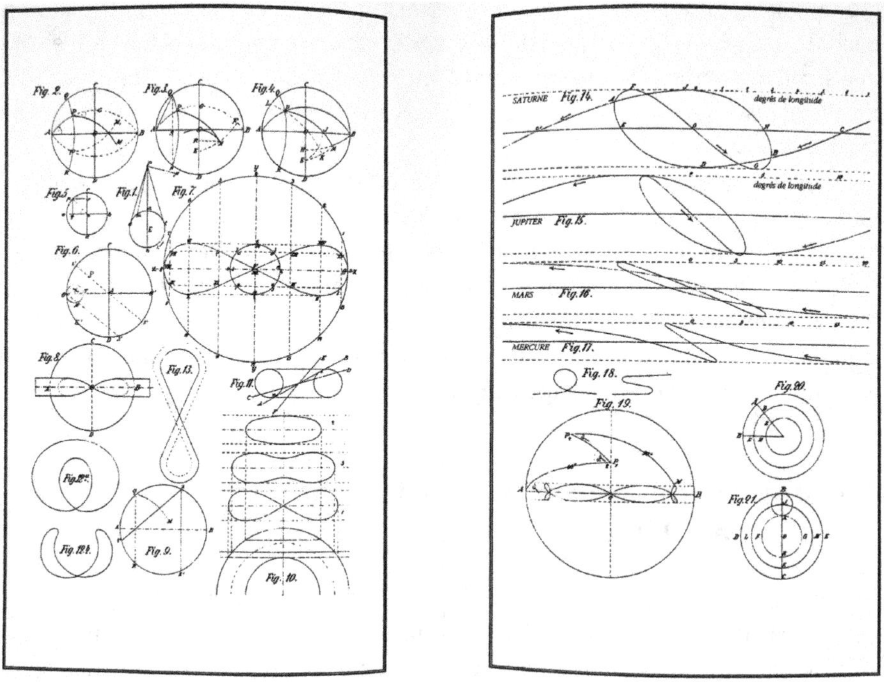

Abb. V.2-1: „G. V. Schiaparellis Diagramme zu den Planetenbewegungen der 27 Sphären" und „Rekonstruktion der Mechanik des Modells Eudoxos' von Knidos".[23]

anderzusetzen, zweitens mit dem Paradigma der ‚Rettung der Phänomene' in der Geschichte der Astronomie. Drittens gehe ich der Frage nach, inwiefern die performative Vorführung des mathematischen und metaphysischen Ringens um die ‚Rettung' etwas mit dem Interpretationsprozess des Romans zu tun hat. Deshalb werde ich die Frage stellen, welche Rolle die mythologischen und kosmologischen Modelle, die den astronomischen Pate standen, für die epistemisch-ästhetische Interkonfiguration von „Finis Terrae" spielen und wie sie die interformative Lektüre plausibilisieren. Die drei Modelle sind das Modell der homozentrischen Sphären des Eudoxos von Knidos, das kopernikanische Modell und das Kepler'sche Modell. Parallel zum Prinzip der wissenschaftshistorischen Modellfindung und Modellablösung werde ich mit philologischen Methoden drei Diskursmodelle analysieren, die zur ‚Rettung der Textphänomene' im Prozess der Romaninterpre-

23 Schrott: *Finis Terrae* (Anm. 3), S. 126–127.

tation beitragen: Platons Mythos des ‚Er' im zehnten Buch der „Politeia", das Labyrinth, das ich als Diskursmodell für die Schreibweise und als performatives Modell für den Lektüreakt verstehe, und Platons kosmologisches Schöpfungsmodell im „Timaios". Somit erweisen sich Machart und Textstrategien des Romans als interformativ.

Der Rekurs auf den wissenschaftshistorischen Kontext der ‚Rettung der Phänomene' und seine Bedeutung für den Roman Schrotts wurden bisher von der Forschung nicht beachtet.[24] Indem ich in einer transtextuellen Lektüre auf den wissenschaftshistorischen Kontext der Astronomie und auf kosmologische Mythen Platons zurückgreife, hoffe ich, plausibel zu machen, dass Schrotts Roman genau eine solche Lektüre herausfordert, weil sie seinen Gegenstand zutage fördert und zugleich nachvollziehbar macht.

4 Platons mythische Kosmologie im „Phaidon" und in der „Politeia"

Das einzige markierte Platon-Zitat findet sich in „Finis Terrae" zu Beginn des vierten Heftes: das Motto aus dem Dialog „Phaidon" (FT, S. 242). Identifiziert man noch mehr Intertexte, die sich im Roman auf die platonische Kosmologie beziehen, dann

24 Achim Nuber situiert den Roman im Spannungsfeld zwischen Individualitätserfahrung, Identitätskonstruktion und Globalisierung. Vgl. Achim Nuber: „Globale Gesellschaft in der Gegenwartsliteratur? Ein Essay mit Überlegungen zu Robert Menasses ‚Schubumkehr' und Raoul Schrotts ‚Finis Terrae'". In: *Globale Gesellschaft? Perspektiven der Kultur- und Sozialwissenschaften*. Hrsg. von Peter Schimany und Manfred Seifert. Frankfurt a. M., Berlin: Lang 1997. S. 273–289. Stefan Höppner widmet sich dem vom Roman inszenierten intertextuellen Spiel mit der literarhistorischen Tradition des utopischen Schreibens. Vgl. Stefan Höppner: „Ultima Thule im Südmeer. Schrotts ‚Tristan da Cunha' als utopischer Roman (mit einem Seitenblick auf ‚Finis Terrae')". In: *Raoul Schrott*. Hrsg. von Heinz Ludwig Arnold. München: Edition Text + Kritik 2007. S. 27–42. Edgar Platen nähert sich ihm als postmoderne Version einer historischen Arktisexpedition neben Sten Nadolnys „Die Entdeckung der Einsamkeit" und Christoph Ransmayrs „Die Schrecken des Eises und der Finsternis". Vgl. Edgar Platen: „Erhabenheit und Transitorik. Postmoderne Romane historischer Arktisexpeditionen in der deutschsprachigen Gegenwartsliteratur (Nadolny, Ransmayr, Köhlmeier, Schrott, Mosebach)". In: *Grenzen überschreiten – transitorische Identitäten. Beiträge zu Phänomenen räumlicher, kultureller und ästhetischer Grenzüberschreitung in Texten vom Mittelalter bis zur Moderne*. Internationale Tagung des MOVENS-Netzwerkes Greifswald, 13.–16. Mai 2010. Hrsg. von Monika Unzeitig. Bremen: Edition Lumière 2011. S. 31–44. Ulrike Greiner-Kemptner unterzieht den Roman einer poststrukturalistischen Lektüre unter dem Vorzeichen von Lacans Begriff des „Begehrens". Vgl. Ulrike Greiner-Kemptner: „‚Die endliche Erfahrung der Unendlichkeit'. Zu Raoul Schrotts Roman ‚Finis terrae'". In: *Österreich in Geschichte und Literatur* 42.3–4a (1998). S. 176–183.

erkennt man, dass es eine gewisse konzeptionelle Systematik in der Zitationsweise gibt. Wissenschaftshistorische Darstellungen weisen nach, dass Platons kosmologische Lehren aus vier einschlägigen Dialogstellen rekonstruiert werden können.[25] Systematisch lassen sie sich in drei Phasen einteilen: erstens die Lehren, die im „Phaidon" vermittelt werden, zweitens die Darstellungen in der „Politeia" und im „Timaios" und drittens die bereits erwähnte Lehre in den „Nomoi".[26] Auf alle Stellen nimmt der Roman Bezug.[27] Im Folgenden werde ich die Funktion der intertextuellen Verweise auf die Dialoge „Phaidon" und „Politeia" analysieren, um dann zum Schluss auf die Passage im „Timaios" einzugehen. Doch zunächst zur einzigen Stelle, die im Roman als Platon-Zitat ausgewiesen wird:

> *Die Erde in der Mitte des Himmels ist kugelförmig,*
> *sie braucht auch nicht die Luft oder irgendeine*
> *andere zwingende Kraft, die sie hindert, herunterzufallen.*
> *Es genügt, daß das Gewölbe des Himmels um sie herum*
> *Überall gleich beschaffen und die Erde in sich selbst*
> *vollkommen im Gleichgewicht ist.* (FT, S. 242; Hervorhebung i. Orig.)[28]

Diese, dem vierten Heft von „Finis Terrae" vorangestellte Stelle aus dem „Phaidon", ist das erste überlieferte Dokument der griechischen Antike, in dem die Kugelgestalt der Erde postuliert wird. Im „Phaidon" wird noch das Bild eines statischen

25 Vgl. hierzu die Erläuterungen von Alberto Jori über Platons astronomische Vorstellungen im Kontext der griechischen Astronomie in den Erläuterungen zu: Aristoteles: *Über den Himmel* (Anm. 15), S. 285–296. Vgl. auch Bartel L. van der Waerden: *Die Astronomie der Griechen. Eine Einführung*. Darmstadt: Wiss. Buchges. 1988; Dicks: *Early Greek Astronomy to Aristotle* (Anm. 19); Dreyer: *A History of Astronomy from Thales to Kepler* (Anm. 19).

26 Für die Darstellung der astronomischen Lehren Platons folge ich hier Mittelstraß: *Die Rettung der Phänomene* (Anm. 16); den Kommentaren von Francis Macdonald Cornford: *Plato's Cosmology. The Timaeus of Plato Translated with a Running Commentary*. London: Routledge & Paul 1948; Alfred E. Taylor: *A Commentary on Plato's Timaeus*. Reprint der Ausg. Oxford, 1928. New York, London: Garland 1987; sowie den Erläuterungen zu Aristoteles: *Über den Himmel* (Anm. 15), S. 119–332.

27 Eine der wichtigsten wissenschaftshistorischen Quellen, die die Entwicklung der platonischen Kosmologie anhand der vier Schlüsselstellen rekonstruiert, wird im Vorwort angegeben – die Schrift „Die Vorläufer des Copernicus im Altertum" des italienischen Astronomen Giovanni Virginio Schiaparelli. Der Hauptteil dieser Schrift beschäftigt sich mit den astronomischen Vorstellungen der platonischen Philosophie. Vgl. Giovanni V. Schiaparelli: *Die Vorläufer des Copernicus im Altertum. Historische Untersuchungen*. Übers. von Maximilian Curtze. Leipzig: Quandt & Händel 1876.

28 Vgl. dazu Platon: *Phaidon*. Übers. und komm. von Theodor Ebert. In: ders.: *Werke. Übersetzung und Kommentar*. Abt. I, Bd. 4. Hrsg. von Ernst Heitsch und Carl Werner Müller. Göttingen: Vandenhoeck & Ruprecht 2004, S. 75 (109 a).

Universums gezeichnet, in dessen Mittelpunkt die Erde ruht. Bedingung dafür ist die vollkommene Symmetrie der Formen des Himmelsgewölbes, die durch die regelmäßige Kreisstruktur garantiert wird. Demgegenüber wird an einer zweiten Stelle des „Phaidon", die in „Finis Terrae" am Ende des dritten Heftes ohne Markierung zitiert wird, der katastrophale Zustand der verwesenden Erde, auf der die Menschen wohnen, geschildert:

> [W]ir wohnen in irgendeiner Höhlung der Erde und glauben, oben darauf zu wohnen, und nennen die Luft Himmel, als ob diese der Himmel wäre, durch den die Sterne wandeln, denn wenn jemand an die Grenze der Luft gelangte oder Flügel bekäme und hinaufflöge, so würde er hervortauchen und sehen, [...] und wenn er den Anblick auszuhalten vermöchte, würde er erkennen, daß jenes der wahre Himmel, das wahre Licht, die wahre Erde, denn die Erde hier und die Steine und alles ist zerfressen und verwittert. [...]. (FT, S. 234)[29]

Wissenschaft bedeutet für Platon nicht die Auseinandersetzung mit den Phänomenen der Natur, sondern ist ausschließlich als Auseinandersetzung mit dem Logos, mit der Welt der Ideen, denkbar. Platons kosmologisches Denken basiert auf dem fundamentalen Unterschied zwischen der unveränderlichen Welt der Ideen und der scheinhaft seienden Welt der ‚Sinnendinge'.[30] Das Immerwährende als wahres Seiendes ist allein der dialektischen Vernunfterkenntnis zugänglich; das Werdende ist bloß der Wahrnehmung zugänglich und lässt deshalb nicht mehr als eine undialektische Meinungsäußerung zu.[31]

Die zitierte Stelle aus dem „Phaidon" gibt Aufschluss über diese ontologische Unterscheidung. Hier wird der „wahren Erde", die sich mit ihren perfekten Ausmaßen in der Welt des wahrhaft Seienden der Ideen befindet, die Erde gegenübergestellt, die vom Menschen bewohnt wird. Diese, zum Werden und Vergehen verdammt, befindet sich in Verwesung. Dem Menschen, der sich auf der Erde befindet, wird die Möglichkeit nicht eingeräumt, den wahren Zustand der Erde zu erkennen. Er wohnt in ihren Höhlungen und bildet sich doch ein, den Überblick zu haben. Die vermeintliche Einsicht ist jedoch trügerisch. Erst wenn es dem Menschen gelingen würde, sich von der Erde loszulösen, diese zu transzendieren und von einem privilegierten Ort von außerhalb ganzheitlich zu betrachten, würde er etwas über seinen Zustand erfahren können. Diese privilegierte Sicht der Dinge wird im Schlussmythos der „Politeia" geboten. Hier wird die Geschichte des Pam-

---

29 Die Stelle bezieht sich auf den Prätext aus Platon: *Phaidon* (Anm. 28), S. 76 (109 b–e).

30 Vgl. hierzu Mittelstraß: *Die Rettung der Phänomene* (Anm. 16), S. 6.

31 Vgl. hierzu Walter Mesch: „Plotins Deutung der platonischen Weltseele. Zur antiken Rezeptionsgeschichte von Timaios 35a". In: *Platons Timaios als Grundtext der Kosmologie in Spätantike, Mittelalter und Renaissance.* Hrsg. von Thomas Leinkauf und Carlos Steel. Leuven: Leuven University Press 2005. S. 41–66, hier S. 41.

phyliers *Er* geschildert. Dieser weiß über die Seelen zu berichten, die nach einer langen Wanderung an einen Ort gelangen, an denen über ihr weiteres Schicksal entschieden wird. Hier an diesem Ort, an dem sich *Er* befindet, bietet sich ihm die privilegierte Sicht auf das gesamte Himmelsgebäude. Die Stelle ist deshalb signifikant, weil sie die erste ausführliche Darstellung der kosmologisch-astronomischen Vorstellungen Platons ist und zugleich die pythagoreische Idee der Sphärenharmonie überliefert. Doch im Unterschied zum astronomischen Modell des „Phaidon" wird in der „Politeia" nicht mehr das Bild eines statischen Universums dargestellt. Vielmehr wird hier die Kinematik berücksichtigt, woraus sich ein dynamisches Modell ergibt, in dem die Planeten kreisförmige Bewegungen um die Erde vollziehen. Dieses Zitat aus der „Politeia" erscheint in „Finis Terrae" unmarkiert gegen Ende des Logbuchs Pytheas', kurz bevor dieser den mythischen Ort Thule erreicht, das ‚Ende der Welt' in der Vorstellung der griechischen Antike.

> [U]nd da wären sie dann am vierten Tage in eine Stelle gekommen, wo man von oben herab einen durch den ganzen Himmelsraum [...] gesehen habe, wie ein Spannbogen [...]. [D]enn nichts anderes als jener Lichtstreif sei das Land des Himmelsgewölbes, [...] und halte so den ganzen Himmelskreis zusammen, an jenen Enden aber sei die Spindel der Notwendigkeit angebracht, durch welche Spindel alle Sphären bewegt würden. An ihr seien nun Achsen und Haken aus Diamant, das Treibrad aber habe aus einer Mischung aus diesem und anderem bestanden. Die Beschaffenheit dieses Treibrads sei nun folgende gewesen: Die äußere Gestalt sei so gewesen, wie sie das Treibrad bei uns hat, man muß sich jedoch seiner Erzählung nach sie so vorstellen, als wenn in einem großen ausgehöhlten Treibrade ein anderes kleineres eingepaßt wäre, so wie man Gefäße hat, die ineinander passen, und auf dieselbe Weise muß man sich noch ein anderes, ein drittes, viertes und noch vier weitere Treibräder ineinander gepaßt denken. Denn acht Treibräder seien es insgesamt, die ineinander lägen und ihre Ränder von oben her als Kreise zeigten und um die Achse nur eine zusammenhängende Oberfläche eines einzigen Treibrades darstellten, jene Achse sei aber mitten durch alle acht ganz durchgezogen. [...] Rings im Kreis jedoch sitzen gleich weit voneinander entfernt drei weitere Frauengestalten [...]. Das sind die Töchter der Notwendigkeit, die Moiren Lachesis, Klotho und Atropos; sie singen zu den Harmonien der Sirenen.[32]

Die perfekten Proportionen des platonischen Kosmos werden – nach pythagoreischer Vorlage – durch musikalische Harmonien symbolisiert, durch die Stimmen der acht Sirenen. Diese entsprechen der Anzahl der bekannten Himmelskörper, die gemeinsam harmonisch erklingen. Sodann geht der Mythos auch auf die menschliche Welt ein, indem er die Göttinnen des Schicksals, die Moiren, darstellt. Sie sind

32 Die Politeia-Übersetzung, die nach dem Vergleich mehrerer Vorlagen als Prätext am ehesten in Frage kommt, findet sich in Platon: *Zehn Bücher vom Staate*. Buch X: *Politeia*. Hrsg. und übers. von Wilhelm Wiegand. In: ders.: *Platon's Werke*. Abt. 4, Bd. 5. Hrsg. von Wilhelm Sigismund Teufell und Julius Deuschle. Stuttgart: Metzler 1856, S. 578–579. In „Finis Terrae" (S. 83–84) wird diese Passage mit kleinen Veränderungen gänzlich übernommen.

die Vermittlerinnen zwischen der ewigen Welt der Harmoniensphären und der vergänglichen Welt der Menschen: Klotho ist für das Singen der Vergangenheit zuständig, Lachesis für die Gegenwart und Atropos für die Zukunft.[33]

Von den acht Kreisen ist der erste für den Fixsternhimmel reserviert, die anderen sieben repräsentieren die Bahnen der Sonne, des Mondes und der fünf in der Antike bekannten Planeten: Jupiter, Saturn, Mars, Venus und Merkur. Die Himmelskörper werden nach mehreren Kriterien voneinander unterschieden: nach ihrer Distanz von der Erde, nach ihrer Geschwindigkeit, nach der Breite des Ringes, auf dem sie sich befinden, und nach ihrer Farbe und Leuchtkraft.[34] Jürgen Mittelstraß, dessen Darstellung der Kosmologie Platons ich folge, zitiert in seiner Analyse der Stelle Theon Smyrnaeus, der berichtete, dass Platon bei dieser Darstellung eine Armillarsphäre vor Augen gehabt haben musste.[35]

Die Armillarsphäre diente in der Antike der Darstellung der Bewegung von Himmelskörpern. Sie bestand aus mehreren ineinander geschachtelten kreisförmigen Ringen, die sich gegeneinander drehten. Dieses platonische Modell der Konstruktion der Himmelssphären kann, behaupte ich, als Modell für die materielle Gestalt des Romans „Finis Terrae“ gelten. Das ist ein erster – struktureller Schritt – des Prozesses der Interformation. Die Isomorphismen, die darauf hindeuten, sind die Kreisformen der Ringe, die Breite der jeweiligen Ringe und ihre ineinander geschachtelte Struktur.

Analog zu den acht Ringen im platonischen Modell ist der Roman nämlich in vier Hefte strukturiert, die jeweils durch zwei Karten eingeleitet werden. Diese Karten sind auf je zwei gegenüberliegende Seiten verteilt und spiegeln sich ineinander. Das erste Heft beginnt mit der Karte des Periplums Pytheas’ (FT, S. 20–21) und endet mit Professor Szabos Brief zu den wissenschaftshistorischen Voraussetzungen der geschilderten Reise von Pytheas in der Antike (FT, S. 98–100). Auch inhaltlich sind die Hefte zirkulär aufgebaut: Das zweite Heft beginnt mit einer Karte von Cornwall und Land’s End (FT, S. 104–105); Höhnels Reise endet auf der letzten Seite des zweiten Heftes in Land’s End (FT, S. 162). Das dritte Heft beginnt mit den Diagrammen des eudoxischen Modells (FT, S. 166–167) und endet mit einer Darstellung dieses Modells, einem Zitat aus dem Kommentar von François Lasserre, der Eudoxos’ Schriftfragmente edierte (FT, S. 236–237).[36] Das vierte Heft

33 Vgl. hierzu Markos Giannoulis: *Die Moiren. Tradition und Wandel des Motivs der Schicksalsgöttinnen in der antiken und byzantinischen Kunst*. Münster: Aschendorff 2010.

34 Vgl. die Erläuterungen zu Aristoteles: *Über den Himmel* (Anm. 15), S. 288.

35 Vgl. Mittelstraß: *Die Rettung der Phänomene* (Anm. 16), S. 126, zitiert Theon Smyrnaeus: *Expositio rerum mathematicarum ad legendum Platonem utilium*. Hrsg. von Eduard Hiller. Leipzig: Teubner 1878. Vgl. auch Cornford: *Plato’s Cosmology* (Anm. 26), S. 74.

36 Vgl. hierzu auch Eudoxos von Knidos: *Die Fragmente* (Anm. 19), S. 205–206.

beginnt mit einer Karte der Südinsel am Turkana-See (FT, S. 240–241), des Ortes, an dem die Forscher der Fuchs-Expedition verschwunden sind. Über dieses Ereignis stellt der Eintrag Höhnels auf der letzten Seite des Romans Vermutungen an (FT, S. 270).

Der letzte Beweis ist der Hinweis auf die Breite der Ringe in Platons Modell des Universums. Ausgerechnet diese Stelle ist im Roman – trotz der kompletten Übernahme der restlichen Passage – ausgelassen worden. Diese Ellipse ist signifikant:

> Denn acht Treibräder seien es insgesamt, die ineinander lägen und ihre Ränder von oben her als Kreise zeigten und um die Achse nur eine zusammenhängende Oberfläche eines einzigen Treibrades darstellten, jene Achse sei aber mitten durch alle acht ganz durchgezogen. So sei nun das erste und äußerste Treibrad das breiteste, das zweitbreiteste die sechste, das dritte die vierte, das vierte die achte, das fünfte die siebente, das sechste die fünfte, das siebente die dritte, das achte die zweite.[37]

Analysiert man Anordnung und Dimensionen der Hefte und Karten in „Finis Terrae", so stellt man fest, dass sie denen der Treibräder in Platons Modell entsprechen und dass sie im Roman tatsächlich genau in der von Platon angegebenen Reihenfolge in Erscheinung treten. Ich werde zeigen, wie das kosmologische Modell Platons mit dem materiellen, ästhetischen Arrangement der Karten und Hefte im Roman „Finis Terrae" verglichen werden kann (siehe Abb. V.2–2). Man beachte in der unten angegebenen Übersicht, wie die Anordnung der Breite der Treibräder bei Platon (linke Spalte) mit der Anordnung der Hefte bzw. Karten im Roman Schrotts korrespondieren (mittlere Spalte). Platons Text verwendet in der Beschreibung des kosmologischen Modells der Armillarsphäre zwei Typen von Zahlen: einerseits Ordinalzahlen für die Reihenfolge der „Treibräder" – von außen nach innen, von 1 bis 8. Andererseits werden Zahlen angegeben, die die Breite der Treibräder beschreiben. Hefte und Karten habe ich in der Reihenfolge ihrer Erscheinung im Roman durchnummeriert, von 1 bis 8.

1) Heft 1: Logbuch des Pytheas von Massalia, 77 Seiten (S. 23–100)
2) Heft 1: Karte der Reise des Pytheas (S. 20 – 21)
3) Heft 2: Karte von Cornwall/Karte von Land's End (S. 104–105)
4) Heft 2: Ludwig Höhnels Reiseaufzeichnungen, 57 Seiten (S. 107–164)
5) Heft 3: Diagramme nach Eudoxos von Knidos (S. 166–167)
6) Heft 3: Ludwig Höhnels Briefe und Aufzeichnungen, 68 Seiten (S. 169–237)
7) Heft 4: Ludwig Ritter von Höhnels Karte des Rudolf-Sees/Ausschnitt mit der Süd-Insel (S. 240–241)
8) Heft 4: Aufzeichnungen Admiral von Höhnels, Tichys, Fuchs, 27 Seiten (S. 243–270)

37 Platon: *Politeia* (Anm. 32), S. 578–579.

Zitate aus Platon: „Politeia“, Anordnung der „Treibräder“ nach ihrer Breite		**Schrott: „Finis Terrae“, ‚Maße‘ der einzelnen Hefte bzw. Karten**		**Schrott: „Finis Terrae“, Inhalt der einzelnen Hefte bzw. Karten**	
Position		Abfolge		Umfang	
1.	„So sei nun das erste und äußerste Treibrad das breiteste“	1.	Heft 1: 77 S.	Logbuch von Pytheas	S. 23–100
2.	„das zweitbreiteste die sechste“	6.	Heft 3: 68 S.	Ludwig Höhnels Briefe und Aufzeichnungen	S. 169–237
3.	„das dritte die vierte“	4.	Heft 2: 57 S.	Ludwig Höhnels Reiseaufzeichnungen	S. 107–164
4.	„das vierte die achte“	8.	Heft 4: 27 S.	Höhnels, Tichys, Fuchs‘ Aufzeichnungen	S. 169–237
5.	„das fünfte die siebente“	7.	Heft 4: Druckbild – 15,6 cm	Ritter von Höhnels Karte des Rudolf-Sees	S. 240–241
6.	„das sechste die fünfte“	5.	Heft 3: Druckbild – 11 cm	Diagramme nach Eudoxos von Knidos	S. 166–167
7.	„das siebente die dritte“	3.	Heft 2: Druckbild – 10 cm	Karte von Cornwall/Karte von Land’s End	S. 105–106
8.	„das achte die zweite“	2.	Heft 1: Druckbild – 9 cm	Schiaparellis Karte der Reise des Pytheas von Massalia	S. 21

Abb. V.2-2: Übersicht über Abfolge und Dimensionen der „Treibräder“ im mythisch-kosmologischen Modell von Platons „Politeia“ und der Abfolge und Dimensionen der Hefte und Karten im Roman „Finis terrae“ (© Aura Heydenreich).

Sodann habe ich sie in ihrer materiellen Gestalt ‚gemessen'. Man beachte die Korrelationen zwischen Abfolge und Dimensionen der Platon'schen „Treibräder" und der Abfolge und Dimensionen einzelner Heften und Karten im Roman. Als ‚Messgröße' dient hier einerseits die Anzahl der Seiten der Hefte 1 bis 4 im Roman, sie steht für die ‚Breite der Ringe.' Andererseits dient als Messgröße die Typographie der Karten, genauer: die Dimensionen ihres Druckbildes.

Der aufmerksame Leser hat sicherlich erkannt, dass die Isomorphien zwischen dem astronomischen Modell und dem Roman nur dann völlig zulässig sind, wenn zwei Bedingungen erfüllt werden: die Vertauschung der Reihenfolge Karte/Logbuch im ersten Heft und die Berücksichtigung der Druckbild-Höhe auf der rechten Seite der Doppelkarten, mit Ausnahme der Karte von Cornwall.[38] Dass das Modell Einschränkungen hat, zeigt, dass es nicht gut genug ist, um die ‚Romanphänomene' tatsächlich zu ‚retten'. Der interformative Interpretationsprozess soll deshalb weitergeführt werden, gesucht wird nach einem neuen Modell.

Auch für die wahren Himmelsphänomene, die Planetenbahnen, erwies sich das platonische Modell nur für eine erste Annäherung als plausibel, aber nicht hinreichend präzise, wenn man es mit Beobachtungen und Messungen verglich. So lösten die Modelle einander in der Geschichte der Astronomie sukzessive ab, je nachdem, welches Modell jeweils die Erscheinungen am besten beschrieb, den Messungen entsprach und die Phänomene, trotz der beobachteten Anomalien, retten konnte.

5 Anomalie zwischen Modell und Empirie: Schleifenbewegungen des Mars

Zwar beobachteten schon die Astronomen der Antike, dass die Planeten sehr wohl kreisförmige Bewegungen vollzogen, normalerweise von Osten nach Westen. Doch sie stellten auch fest, dass jeder Planet diese Bewegung zu unterbrechen schien und stattdessen für kurze Zeit eine rückläufige Bewegung vollzog. Dies ge-

38 Ein Hinweis, der die interformative Verschränkung plausibilisiert, ist der Vergleich der im Roman abgedruckten Skizze von Schiaparellis Diagrammen mit der Skizze in der ursprünglichen Quelle, dem Originalbeitrag Schiaparellis zu Eudoxos' homozentrischen Sphären. Die Skizzen in der Originalquelle nehmen die ganze Höhe des typographischen Raums ein, während sie bei Schrott verkleinert wurden, sodass oben und unten ein breiter Streifen von je vier Zentimeter zum Rahmen hin übrigbleibt und die Höhe des Druckbilds insgesamt elf Zentimeter beträgt, womit es den platonischen Modelldimensionen entspricht und sich in der Reihenfolge der Kreise an sechster Stelle einordnen lässt. Vgl. Schiaparelli: „Die homozentrischen Sphären" (Anm. 21), S. 199.

schieht nicht mit konstanter Geschwindigkeit und nicht immer an derselben Himmelsposition. Beobachtet wurde dies am Beispiel des Planeten Mars; in diesem Punkt stimmte Platons Postulat der perfekten Kreisgestalt der Planetenbahnen nicht mehr mit der Empirie überein.

Die Schleifenbewegung der Planeten ist auch auf der zeitstrukturellen Ebene des Textes erkennbar. Das Vorwort weist kryptisch darauf hin: „Es wäre möglich, daß in diesen Briefen ein, wenn auch unbewußtes Ordnungsprinzip zum Vorschein kommt“ (FT, S. 13). Die Chronologie des zweiten Romanheftes ist nach dem Prinzip der Schleifenbewegung der Planeten konstruiert, so meine These. Betrachtet man die chronologische Anordnung der Briefe im zweiten Heft, so bemerkt man, dass zunächst eine Datenprogression vom 24. März 1988 (FT, S. 107) bis zum 18. Mai 1988 (FT, S. 144) zu erkennen ist. Sodann geschieht eine scheinbar unlogische rückläufige Bewegung auf den 15. Mai 1988 (FT, S. 148) und dann den 12. Mai 1988 (FT, S. 151), wodurch die lineare Chronologie zerstört wird. Zudem wird der 12. Mai 1988 doppelt angeführt (FT, S. 141, 151). Das ist ein Hinweis auf eine Interpretationshypothese, die zeigt, wie das Forschungsproblem der ‚Rettung der Phänomene‘ mit einem anderen Strukturierungsprinzip des Romans korelliert werden kann. Im Roman heißt es: „Aber ich habe die gegenläufigen Bewegungen der Gestirne schließlich auch verstanden, ich sah darin eine Art Zwangsläufigkeit, waren die Menschen doch auch nur Teil eines Mechanismus […]“ (FT, S. 172).

Denkbar ist, eine Korrelation herzustellen zwischen der etymologischen Herkunft des Wortes *Planet* (der ‚Wandernde‘) und den Figuren des Romans: Pytheas und Höhnel, denn diese werden hauptsächlich als Reisende, als Wanderer dargestellt. Pytheas und Höhnel markieren ihre Reisestandorte in ihren Logbüchern mit Zeit- und Ortsangaben. Die Astronomen markieren die Standorte der wandernden Planeten ebenfalls mit Zeit- und Ortsangaben. Zudem werden Menschen und Planeten in verschiedenen Kontexten im Roman einander gegenübergestellt:

> Aber jeder war nun einmal in denselben vorgezeichneten und genau abgezirkelten Bahnen befangen und denselben Gesetzen einer inzestuösen Mechanik unterworfen. Merkur, Venus, Erde, Mars, Jupiter und Saturn. Mein Vater, meine Mutter, Ghjuvan, Sofia und ich. Sofia und Ghjuvan. Seine Schwester. Und immer wieder derselbe Abstand, dieselbe Entfernung. (FT, S. 217)

Stellt man diese Korrelation her, so merkt man, dass das erste Heft, das die Reise Pytheas’ beschreibt, chronologisch linear konstruiert ist und so im übertragenen Sinne Platons Postulat der regelmäßigen, kreisförmigen Bewegung erfüllt. Aus diesem Grund ist hier Platons kosmologisches Modell der „Politeia“ als Ordnungsmodell intertextuell eingebettet. Doch auf welche anderen Modelle verweist der Roman?

6 Eudoxos' von Knidos Modell der homozentrischen Sphären

Gesucht wurde in der Geschichte der Astronomie ein Modell, das die beobachteten Irrläufe der Planeten als nur scheinhaft erscheinen ließ, den regelmäßigen Lauf der Planeten geometrisch modellieren konnte, somit den metaphysischen Annahmen Platons entsprach und die ‚Phänomene rettete'. Eudoxos ging von den oben angeführten platonischen Prämissen aus, dass sich die Erde im Zentrum des Universums befindet, dass die Planetenbewegungen gleichförmig und kreisförmig sind und dass der Mittelpunkt aller Bewegungen der Himmelsmechanik zugleich der Mittelpunkt des Universums ist. Daraus konstruierte er ein Modell, in dem statt der platonischen Kreise 27 Sphären vorgesehen waren: für Sonne und Mond je drei Sphären, für die fünf ihm bekannten Planeten je vier Sphären und für den Fixsternhimmel eine Sphäre.[39] Die homozentrischen Sphären sind alle um ein Zentrum gruppiert, aber nicht um eine Achse: Die innere und die äußere Achse sind voneinander versetzt. Der Planet ist auf dem Äquator der inneren Sphäre fixiert. Die Achse der inneren Sphäre ist eingebettet in die äußere Sphäre, sodass die erstere die Bewegung der letzteren mitvollzieht. Die Superposition der einzelnen Bewegungen erklärt die retrograden Planetenbewegungen. Der Planet vollzieht also das überlagerte Ergebnis beider Bewegungsrichtungen, die resultierende Figur ist eine 8, eine Hippopede, die in den Diagrammen Eudoxos' (FT, S. 166–167), der von mir so genannten transdiskursiven Interpolation, abgebildet ist (vgl. Abb. V.2–1, S. 251). Damit lieferte Eudoxos eine mathematische Lösung für die retardierende Bewegung der Planeten. Aus mathematischer Perspektive ist das eudoxische Modell der platonischen Lehre zutiefst verpflichtet, aber die Kühnheit der astronomischen Vision, zu behaupten, dass die mathematischen Berechnungen den realen Himmelserscheinungen entsprechen, ist für seine Zeit eine Innovation. Mit seinem Modell überschreitet Eudoxos die von Platon vorgesehene ontologische Schranke zwischen der Welt der Ideen und der Welt des Wahrnehmbaren und setzt die beiden gleich: Die Ideenlehre der Mathematik kann auf die reale Welt des Himmelskörpers übertragen werden. Eudoxos begründet damit die wissenschaftliche Astronomie aus dem Geiste der platonischen Kosmologie. Die bisher diskutierten Modelle, Platons Armillarsphäre und die Idee der Sphärenharmonie, Eudoxos' Modell der Astronomie, werden im dritten Heft des „Finis Terrae" in transdiskursiver Verflechtung von modernen Vorstellungen überlagert, wie zu zeigen sein wird. Im dritten Heft wird in

---

39 Vgl. Friedrich Heglmeier: *Die homozentrischen Sphären des Eudoxos und des Kallipos und der Irrtum des Aristoteles*. Erlangen-Nürnberg 1988. Vgl. hierzu auch den Kommentar zur Eudoxos-Edition von François Lasserre in: Eudoxos von Knidos: *Die Fragmente* (Anm. 19).

einer erneuten poetischen Metamorphose der Armillarsphäre die eudoxische Modellbezeichnung wörtlich genommen und neu interpretiert:

> […] das Planetengetriebe des Eudoxos, das Astrolabium mit seinen homozentrischen Sphären, deren Mittelpunkt die Erde war und wo der Orbit jedes einzelnen Planeten von der Bewegung dreier oder vierer Sphären abhing, 27 Umläufe insgesamt, welche die ganze Mechanik des Universums darstellten.
> Und so zog die Erde ihre Bahn zwischen den Brennpunkten der Planeten, sobald er an der Kurbel drehte, […] der Sonnenkreis 27 mal der Erddurchmesser, der Umkreis der Fixsterne 27 mal den 27 fachen Sonnenkreis, in ihren 27 Sphären, ihre Intervalle abgestimmt auf Quinten und Quarten, die Skala der Sphären. (FT, S. 206–207)

Entsprechend wird im Roman auch das eudoxische Modell der homozentrischen Sphären umgedeutet. Die Neuinterpretation, die der Roman dem Modell der homozentrischen Sphären abgewinnt, ist, dass er die homozentrischen Sphären nicht als geozentrisches Modell versteht, sondern wortgetreu den Menschen in den Mittelpunkt stellt – wobei schmerzlich deutlich wird, dass der Mensch Mittel- und Ausgangspunkt der Erkenntnis ist, dass er von seiner Materialität nicht abstrahieren kann, obwohl die Metaphysik von Platon bis Descartes die Unterscheidung zwischen *res cogitans* und *res extensa* postuliert hat. Und entsprechend erscheint die Armillarsphäre, das mechanische Modell der homozentrischen Sphären, nicht mehr als Modell der Himmelsmechanik, sondern zutiefst geprägt von der Physik des Körpers, wobei nun die Bänder und Kreise nicht mehr Planetenbahnen beschreiben, sondern metaphorisch von körperlichen Schmerzen und Qualen dominiert sind, von Bändern und Sehnen, von sich bis zum Zerbersten dehnenden Muskelfasern. An dieser Stelle spreche ich von einer transdiskursiven – epistemisch-ästhetischen – Interkonfiguration. Erinnert sei hier an Leonardos Skizze des vitruvianischen Menschen. Der vitruvianische Mensch, der dem Modell des Kosmos seine Proportionen verlieh, war in der Renaissance ein Beispiel für die perfekte Harmonie und Symmetrie zwischen Mensch und Kosmos. Obwohl die geometrischen Formen, Kreis und Quadrat, auf eine gewisse Inkommensurabilität hinweisen. Das Bild des Menschen, das – in der Postmoderne poetisch transfiguriert – bei Schrott im Zentrum der homozentrischen Sphären steht, ist das Bild eines zum Krüppel gewordenen Menschen, während die Musik der Sphärenharmonien nur noch von Dissonanzen geprägt ist. Ich zitiere:

> Die Zahnringe knirschten, ineinandergetrieben, ihre Zähne schliffen sich langsam in diesem Mahlen ab, die Bänder und Sehnen sperrten sich gegen die Bewegung, sie dehnten sich wie Muskelfasern, bevor sie sich ächzend zusammenzogen und die Drehung weitergaben, das Schraubgestänge rieb sich in seinen Scharnieren wie Knochen in ihrem Gelenk, trocken wie der Schlag der Kiefer aneinander, krächzend im Geräusch des Metalls, das in ein schrilles Singen auslief, wenn sich wieder ein Reifen an der Führung seiner Zapfen zu drehen be-

> gann, wie eine Zunge aus Stahl, die sich bis zu ihrem Zäpfchen zurückbog für einen unmöglichen Laut, einen Konsonanten, der sich in Dissonanzen aufsplitterte, von dem Adamsapfel der Planeten absprang, diesem Kehlkopf auf seinen bis zum Zerreißen gespannten Bändern im Kropf seiner Sphären, in dem sich die Verstrebungen spannten wie Adern, die sich fingerdick aus dem Fleisch arbeiteten, [...]. (FT, S. 207)

Es handelt sich hier um eine transdiskursive epistemisch-ästhetische Konfiguration, die traditionelle Bilder überlagert, die über Jahrhunderte hinweg tradiert worden sind, und sie neu interpretiert.

Doch kehren wir zunächst zur wissenschaftshistorischen Rekonstruktion der astronomie der Antike zurück. Indem der Roman Eudoxos' Diagramme und Platons kosmologische Lehre direkt gegenüberstellt, reflektiert er den metaphysischen Tabubruch, der mit Eudoxos' Lehre vollzogen wurde. Eudoxos' geniale Idee war, dass die Planeten von drei bzw. vier Kreisen getragen werden und dass erst das Ergebnis der Überlagerung der Bewegungen verschiedener Kreise eine Lösung bot, die die Anomalie, die retrograde Bewegung der Planeten mathematisch darstellte und die „Phänomene rettete". Auf den Interpretationsprozess des Romans gewendet, stelle ich die Vermutung an, dass auch für den Roman nur eine Überlagerung mehrerer Interpretationsmodelle vermuten lässt, wie er funktioniert.

7 Kopernikanische und Kepler'sche Lösungen für die Anomalie

Was mit Eudoxos' Modell nicht geklärt werden konnte, war die Frage, wie die Helligkeiten der Himmelskörper variieren. Dieses Problem klärte erst Ptolemäus mit seinem Epizykel-/Deferenten-Modell,[40] das dann wiederum von der kopernikanischen Erklärung abgelöst wurde. Auch Kopernikus ging von einer Kreisförmigkeit der Bewegungen der Himmelskörper aus und wechselte lediglich das Bezugssystem: Statt der Erde setzte er die Sonne ins Zentrum. So erkannte er, dass die rückläufige Bewegung im Grunde gar nicht von dem Planeten selbst ausgeht, sondern dadurch entsteht, dass Erde und Mars sich mit unterschiedlichen Geschwindigkeiten bewegen. Da die Erde näher an der Sonne steht als der Mars, hat sie eine größere Bahngeschwindigkeit. Folglich kann sie Mars bei ihrem Umlauf um die Sonne überholen, wodurch es nur so aussieht, als würde dieser am Sternenhimmel eine Schleife durchlaufen. Die Schleifenbewegung ist somit durch einen geometrischen Effekt vollständig erklärbar. Doch stellten bessere Beobach-

40 Für Details zum Epizykel/Deferenten-Modell vgl. Thomas S. Kuhn: *Die kopernikanische Revolution*. Braunschweig: Vieweg 1981, S. 60–76.

tungsinstrumente und präzisere Messungen später auch das kopernikanische Modell infrage. Die endgültige mathematische Lösung bot schließlich Kepler:[41] Er stellte fest, dass die Berechnungen nur dann mit den genauen Beobachtungen der Planetenlaufbahnen übereinstimmten, wenn man für diese Ellipsenformen annahm. Deshalb sahen die Kepler'schen Gesetze Folgendes vor: 1.) Planeten bewegen sich nicht auf Kreisbahnen, sondern auf elliptischen Bahnen; 2.) die Sonne befindet sich nicht im Mittelpunkt des Kreises, sondern im Brennpunkt der Ellipse; 3.) die Planeten müssen gleiche Bögen in gleichen Zeiten durchlaufen; deshalb bewegt sich ein Planet in Sonnenhöhe schneller als in Sonnenferne.

Für Kepler spielten sowohl das platonische als auch das eudoxische Modell noch eine wichtige Rolle. Sein „Mysterium Cosmographicum“ (1596)[42] ist der platonischen Ideenlehre verpflichtet, versucht er doch dort mithilfe der platonischen Körper die Dynamik der Himmelsmechanik zu beschreiben und die ‚Phänomene zu retten‘. In der „Astronomia Nova“ (1609)[43] vollzieht Kepler dann die wahre Revolution und schildert seinen intellektuellen Kampf, der zu dieser Revolution führte. Allen überlieferten Schriften zufolge waren die kreisförmigen Himmelsbahnen der Planeten ein unhinterfragbares Axiom. Doch die Mathematik ergab, dass die Berechnungen nur dann mit der genauen Beobachtung der Planetenlaufbahnen übereinstimmen konnten, wenn man für die Planetenlaufbahnen Ellipsen annahm. Diese Idee war so revolutionär, dass Kepler jahrelang zögerte, daran zu glauben.[44] Erst als er sich entschloss, dazu zu stehen, dass die mathematischen Berechnungen nicht die platonischen metaphysischen Annahmen bestätigen mussten, sondern den Ergebnissen der Messungen und Beobachtungen zu entsprechen hatten, vollzog sich die Revolution.

Tatsächlich sind die Ellipsen Keplers viel revolutionärer für die Geschichte der Astronomie als die Heliozentrik Kopernikus'. Eudoxos' Kreise und Keplers Ellipsen sind die eigentlichen Marksteine in dieser Geschichte. Erst die Ellipsen stellten wieder etwas unerhört Neues dar, das darüber hinaus noch dem vornehmsten Prinzip der Astronomie widersprach. So ist bei Kepler die Platonisch-Eudoxische Forderung der ‚Rettung der Phänomene‘ ihrem Anspruch nach erfüllt,

---

41 Der Weg zur Lösung Keplers wird im Folgenden dargestellt nach Mittelstraß: *Die Rettung der Phänomene* (Anm. 16), S. 202–221.

42 Johannes Kepler: *Mysterium cosmographicum. De stella nova.* Hrsg. von Max Caspar. In: ders.: *Gesammelte Werke.* Bd. 1. Hrsg. von Walther von Dyck, Max Caspar und Franz Hammer. München: Beck 1938.

43 Johannes Kepler: *Astronomia nova.* Hrsg. von Max Caspar. In: ders.: *Gesammelte Werke.* Bd. 3. Hrsg. von Walther von Dyck, Max Caspar und Franz Hammer. München: Beck 1938.

44 Vgl. Mittelstraß: *Die Rettung der Phänomene* (Anm. 16), S. 208–215.

ihrem Sinne nach gar entthront: Es hat sich gezeigt, dass unter der Voraussetzung der Kreisbewegung die ‚Phänomene' gar nicht ‚gerettet' werden *können.*[45]

Die beiden geometrischen Formen, die bisher als Beschreibung von astronomischen Bahnen zur Geltung kamen, waren die vollkommene Kreisbahn und die unvollkommene, aber den real existierenden Phänomenen entsprechende Bahn der Ellipse. Die Ellipse entspricht der Lösung des ersten Kepler'schen Gesetzes. Die allgemeine Lösung der Kepler-Gleichung besteht allerdings aus Kegelschnitten, den sogenannten Keplerbahnen. Keplers Theorie zufolge beschreiben Himmelskörper, die durch die Gravitationskraft an ein Schwerezentrum gebunden sind, die geschlossene Bahn einer Ellipse. Jene Himmelskörper, deren Geschwindigkeit zu hoch ist, um gravitativ am Schwerezentrum gebunden zu sein, beschreiben wiederum offene Kurven in Form von Parabeln oder Hyperbeln. Alle beschriebenen Bahnen – Kreis, Ellipse, Parabel und Hyperbel – sind Kegelschnitte.[46]

Die vier Kegelschnitte unterscheiden sich voneinander durch ihre Exzentrizität. Als Exzentrizität bezeichnet man das Maß der Abweichung der Bewegungen der Himmelskörper von der idealen Kreisbahn und das Maß der Abweichung des Kegelschnitt-Brennpunktes vom Mittelpunkt des Kreises. Ihre Werte sind verschiedene Lösungen des Kepler'schen Zweikörperproblems: Die numerische Exzentrizität 0 entspricht der Idealbahn des Kreises. Die Abweichung um den Wert 1 entspricht einer Parabel, die Abweichung um weniger als 1 der Ellipse sowie die um mehr als 1 einer Hyperbel. Der Roman spielt nun mit der doppeldeutigen Semantisierbarkeit der Kegelschnitte als geometrische Formen *und* als rhetorische Tropen. Mit *Hyperbel* wird in der Rhetorik eine Übertreibung oder eine Hinzufügung bezeichnet, in der Geometrie eine Abweichung um mehr als 1. Mit *Ellipse* wird in der Rhetorik etwas bezeichnet, was fehlt. In der Geometrie geht es um die Abweichung der Exzentrizität um weniger als den Wert 1. Die gleichen Begriffe werden verwendet für die Beschreibung der Planetenbahnen in der Astronomie. Auch Parabel, Ellipse und Hyperbel können – so meine These – als transdiskursive Interpolationen zwischen Rhetorik und Geometrie gelten, die eine transdiskursive Kontaktzone der doppelten Semantisierbarkeit eröffnen und beide kennzeichnend sind für die Prozesse der Interformation. Parabel, Ellipse und Hyperbel sind zudem alle Kegelschnitte in der Geometrie.

Die Kegelschnitte bieten außerdem den Schlüssel für den Zugang zum dritten Strukturmodell von „Finis Terrae", denn mit der doppelten Semantisierbarkeit solcher Begriffe wird im Roman gespielt. Bei der Beschreibung der Übernahme des

45 Vgl. Mittelstraß: *Die Rettung der Phänomene* (Anm. 16), S. 209.

46 Diesen wie auch zahlreiche andere physikhistorische Hinweise in Bezug auf Johannes Kepler verdanke ich Klaus Mecke.

kosmologischen Modells aus Platons „Politeia“ habe ich erwähnt, dass es bei der Lektüre auf die Bedeutung der Ellipse ankommt. Damit meinte ich die ausgelassene Passage, welche die Breite der Planetenkreisbahnen beschreibt. Ein Hinweis auf ein nächstes Modell ist in einem anderen eudoxischen Prätext eingebettet. Beim Vergleich mit der historischen Quelle merkt man, dass diesmal der Interpretationsschlüssel nicht durch die Beachtung einer ausgelassenen, sondern durch die Beachtung einer hinzugefügten Passage zu finden ist. Ich beziehe mich diesmal auf die Stelle, die das dritte Heft des Romans kreisförmig schließt. Eröffnet wird das dritte Heft von den Diagrammen Eudoxos' (FT, S. 166–167), geschlossen wird es durch eine intertextuelle Passage, die das eudoxische Modell nicht mehr aus astronomischer Perspektive geometrisch rekonstruiert (wie die Skizzen und Diagramme Schiaparellis (vgl. Abb. V.2–1), sondern nun aus einer anderen – klassischer philologischer – Perspektive wiedergibt.

> *Die äußerste Sphäre des Mondes rotierte ebenfalls im Uhrzeigersinn um die Achse der Welt und entsprach darin wiederum der Tagesdrehung der Erde. Die zweite Sphäre rotierte gegenläufig zur Achse der Ekliptik und hatte […] die Wiederkehr des Mondes im gleichen Tierkreiszeichen darzustellen, die zodiakale Wiederkehr, die Eudoxos mit 27 Tagen berechnete.*
> *Die dritte Sphäre nahm wie bei der Sonne ihren Umlauf leicht zur Ekliptik geneigt, bedingt durch die monatlich beobachtete Retrozession der Knoten seines Orbits nach Westen, welche […] 30° in 223 synodischen Monaten umfaßten*[.] (FT, S. 236; Hervorhebung i. Orig.)[47]

Die Passage stammt aus François Lasserres „Fragmente des Eudoxos von Knidos“.[48] Das ist ein neuer Fall der epistemisch-ästhetischen Interkonfiguration, die transdiskursiv verfährt, so meine These. Bis hierher stimmt das Zitat in „Finis Terrae“ mit der Vorlage Lasserres vollständig überein. Jedoch: der Vergleich zwischen Quelle und Zitat im Roman zeigt, dass eine Passage nicht der prätextuellen Vorlage entspricht. Sie wurde von Schrott hinzugefügt: „würde diese Bewegung auf ein Blatt Papier projiziert, ergäbe sie über diese Jahre hinweg […] die Zeichnung eines Labyrinths, seine ineinander verschlungenen Bahnen“ (FT, S. 236; Hervorhebung i. Orig.).

Diese Passage wurde dem Handbuch zur Kulturgeschichte des Labyrinths von Hermann Kern „Labyrinthe. Erscheinungsformen und Deutungen. 5000 Jahre eines

47 Entstammt originalgetreu aus Eudoxos von Knidos: *Die Fragmente* (Anm. 19), S. 205–206.

48 Das ist die erste umfassende Edition der Überlieferungsfragmente Eudoxos. Tonart und Methodik der Editionsphilologie werden im Roman auch nachgeahmt, indem der genaue Fundort und die Art der Aufzeichnungen mitverzeichnet werden: „[Auf die letzte Seite dieses Heftes wurde ein Blatt Papier mit einer groben Skizze von Schiaparellis Konstruktion geklebt; auf der Rückseite scheint eine mit der Maschine geschriebene Seite aus dessen Manuskript durch]“ (FT, S. 236).

Urbilds“ entnommen.[49] Die Rechtfertigung für die Identifizierung des Prätextes ist, dass auch bei Kern das Modell des Labyrinths den Schleifenbewegungen der Planeten gegenübergestellt wird und mit Eudoxos’ ‚Rettung der Phänomene‘ in Verbindung gebracht wird:

> Die fünf im Altertum bekannten [...] Planeten Merkur, Venus, Mars, Jupiter und Saturn zeigen auf ihrem Weg um die Sonne eigentümliche Schleifenbewegungen. Diese Planetenschleifen – verbunden mit einem Wechsel der Bewegungsrichtung nach rückwärts [...], dann wieder nach vorwärts – können mit der labyrinthischen Pendelbewegung verglichen werden. Dargestellt ist der unzureichende Versuch des griechischen Astronomen Eudoxos von Knidos [...], erstmals durch ein System ineinandergefügter Sphären mit unterschiedlicher Drehrichtung den Mechanismus dieser Bewegung zu erklären.[50]

8 Das Labyrinth – Vom Mythos zum interformativen Erzählmodell

Betrachtet man den Roman noch einmal genauer auf makro- und mikrostruktureller Ebene, so stellt sich heraus, dass genau dies einer seiner Kunstgriffe ist, um das Labyrinthische[51] den Ordnungsmustern gegenüberzustellen. Oder liegt sogar der Kulturgeschichte des Labyrinths ein schöpferisches Spiel zwischen Chaos und Ordnung zugrunde, das interpretatorisch fruchtbar sein könnte? Das legt zumindest Umberto Eco nahe, der in der poetologischen „Nachschrift zum ‚Namen der Rose‘“ die labyrinthische Struktur seines Romans darlegt und eine typologische Systematik angibt,[52] die auch für die Analyse von „Finis Terrae“ interessant erscheint: In der Antike dominierte das Modell des univialen, kretischen Labyrinths, zentriert und mit sieben Gängen, dem ein geschlossenes, berechenbares Weltbild entsprach. Ab der frühen Neuzeit setzt sich das System des komplexen Labyrinths als chaotisch konzipiertem Irrgarten durch, der mehrere Zugänge, Irrwege und Sackgassen bietet. Das letzte typologische Modell, auf das Eco verweist, ist das postmoderne Modell des Netzes, des Deleuze’schen Rhizoms ohne Mitte, mit aleatorischen Eingängen und Ausgängen.

---

49 Hermann Kern: *Labyrinthe. Erscheinungsformen und Deutungen. 5000 Jahre Gegenwart eines Ursymbols*. München: Prestel 1982.

50 Kern: *Labyrinthe* (Anm. 49), S. 40.

51 Ich rekurriere hier auf die Studien Manfred Schmelings zum Labyrinth als Erzähl- bzw. Diskursmodell, auf die ich im Laufe der Interpretation zurückkommen werde. Vgl. Manfred Schmeling: *Der labyrinthische Diskurs. Vom Mythos zum Erzählmodell.* Frankfurt a. M.: Athenäum 1987.

52 Umberto Eco: *Nachschrift zum „Namen der Rose“*. Übers. von Burkhart Kroeber. 6. Aufl. München: Deutscher Taschenbuch Verlag 1986, S. 64.

„Finis Terrae“ spielt alle drei Diskursmodelle gegeneinander aus, so meine nächste Interpretationshypothese: Die Makrostruktur des Romans ist durch das Ordnungsmodell der Armillarsphäre dominiert, die Mikrostruktur aber, die Schreibweise des Romans, erscheint labyrinthisch – es gibt Wiederholungen, Parallelismen, Antinomien, Synkopen und Ellipsen, *mises en abyme* und bewusste Fragmente. Alles scheint darauf angelegt zu sein, den Leser zu verwirren und ihn an der Herstellung von sinnvollen Zusammenhängen zu hindern. Auch die dritte aleatorische Netzwerk-Tendenz weist der Roman auf, insofern, als seine intertextuellen Verfahren zwischen Systematik und Rhizomatik oszillieren.

Die Parallelisierung zwischen Kosmosmodell und Labyrinthmodell ist besonders interessant, weil sie sich an signifikanten Stellen in allen vier Heften spiegelt. Im Logbuch Pytheas’ (FT, S. 48), im Logbuch Höhnels (FT, S. 135), am Ende des dritten Heftes (FT, S. 236) und auf der letzten Seite des Romans erscheint das Labyrinth als Gegenmodell zum geordneten mathematischen Modell der Himmelsmechanik (FT, S. 270). Bei näherer Betrachtung der Kontexte, in denen das Labyrinth erwähnt wird, ist ein Brennpunkt zu beobachten, der die Systematik der Zitation deutlich macht und der auf die kulturgeschichtliche Systematik referiert: die Romanmitte (FT, S. 135). Die Platzierung des Modells weist auf die Mittelachse eines Strukturmusters hin, das dem Muster des Labyrinths zunächst völlig widerspricht. Erwähnt werden in der Buchmitte die erste antike graphische Überlieferung des Labyrinths auf einem etruskischen Gefäß und die erste schriftliche Überlieferung auf einer mykenischen Tafel:

> *einen Honigtopf für alle Götter*
> *einen Honigtopf für die Herrin*
> *des Labyrinths* (FT, S. 135; Hervorhebung i. Orig.)[53]

Signifikanterweise wird hier erstens die medienspezifische Überlieferung des Labyrinths markiert – als ikonisch-visuelles und als schriftliches Zeichen – und diesem wird zweitens auch die performative Tradition des choreographischen Akts eingeschrieben. Und gewiss, die Hinweise wären nicht vollständig, wenn nicht an gleicher Stelle auch die mythologisch-literarische Tradition Homers (Plutarchs Tanz des Theseus und Vergils labyrinthisches Reiterspiel) erwähnt werden würden (vgl. FT, S. 135). Auffällig ist hier, dass auf die definitorische Systematik geachtet wird, genau wie in Kerns Labyrinth-Handbuch, weil zwischen dem Labyrinth

53 Vgl. auch Kern: *Labyrinthe* (Anm. 49), S. 17.

als literarischem Motiv, als graphischer Figur und als choreographischer Figur unterschieden wird.[54]

Dient die Gegenüberstellung von Kosmos und Labyrinth also als Lektüreanleitung? Vielleicht, wie nun eine Annäherung in drei Schritten zeigen soll. Ich gehe erstens auf eine Lesart ein, die sich an den Mythemen von Theseus und Daidalos orientiert, die das Labyrinthische auf die Erkenntnis- und Orientierungsmöglichkeiten der Figuren Höhnels und Schiaparellis bezieht und die damit verbundenen Weltbilder berücksichtigt. Zweitens biete ich eine kulturhistorisch-typologische Lesart an, die sich auf die Korrelation zwischen dem Labyrinth als Grafik/Bau und der Struktur des Romans bezieht. Drittens biete ich eine choreographisch-performative Lesart an, die die Rolle des Lesers, die Bewegung der Blickrichtung und die Dynamik der Rezeption analysiert.

8.1 Das Labyrinth als Initiations- und Erkenntnismodell

Um die vielschichtige Funktionalisierung des Labyrinths für Schrotts Roman darzustellen, referiere ich auf Manfred Schmelings Studien zum Labyrinth als Diskursmodell.[55] Schmeling analysiert die Handlungsstränge des antiken Mythos und unterscheidet unter Anderem zwischen der Perspektive des Theseus, der im Labyrinth gefangen war und dieses lediglich aus der Innensicht wahrnehmen konnte, und der des Daidalos, der das Labyrinth als Künstler geschaffen hatte, dessen Baugesetze kannte und sich deshalb aus ihm befreien konnte. Beide Mythologeme sind in den Charakteren der beiden Protagonisten in „Finis Terrae“ verankert.[56] Da ist auf der einen Seite Ludwig Höhnel: Seine Verunsicherung, seine existentielle Angst und Entfremdung, seine Obdachlosigkeit und seine Sinnsuche entsprechen dem Theseus-Mythologem. Auf der anderen Seite ist Schiaparelli als Daidalos-Figuration angelegt, aufgrund seines Drangs nach geometrischer

54 Vgl. Kern: *Labyrinthe* (Anm. 49), S. 22.

55 Vgl. Schmeling: *Der labyrinthische Diskurs* (Anm. 51); ders.: „Narrativer Konstruktivismus in den Labyrinthen der Postmoderne. Undine Gruenter, Lars Gustaffson und Felix Philipp Ingold“. In: *Labyrinth und Spiel. Umdeutungen eines Mythos*. Hrsg. von Hans Richard Brittnacher und Rolf-Peter Janz. Göttingen: Wallstein 2007. S. 252–266; ders.: „Der Erzähler im Labyrinth. Mythos, Moderne und Intertextualität“. In: *Europäischer Philhellenismus. Antike griechische Motive in der heutigen europäischen Literatur*. Hrsg. von Evangelos Konstantinou. Frankfurt a. M. u. a.: Lang 1995. 251–226.

56 Dieser dichotomische Dualismus wird durch Andeutungen Höhnels in den Briefen untergraben, die auf eine bestimmte Form von Freundschaft, ja gar von Anziehungskraft zwischen den beiden hindeutet.

Perfektion und aufgrund seines Glaubens an die Möglichkeit der Rekonstruktion kosmologischer Modelle.

Schmeling zufolge entsprechen die labyrinthischen Strukturen der modernen Erzählprosa dem selbstreflexiven Bewusstsein der Figuren. Ging es zu Pytheas’ Zeit um Verirrung bzw. um die Möglichkeiten der Orientierung im Raum, wird in der Moderne das Labyrinthische ins Ich verlagert und prägt zudem auch die formalen Strukturen dessen, was das Ich schreibend formuliert. Das Denken, der Prozess der Erkenntnis, und die Weise, wie das Gedachte formuliert wird, sind unmittelbar miteinander verflochten.[57] Ich folge in meiner Interpretation Schmelings These, dass das Labyrinth-Motiv und das narrative System aufgrund gemeinsamer kultureller, ethnologisch-anthropologischer, religiöser und sozialer Voraussetzungen miteinander korrelierbar sind.[58]

Die durch Schiaparelli angestrebte Totalität der Erkenntnis durch mathematische Darstellung entspricht dem rationalen, vernunftbetonten Glauben an die vorhersehbaren, messbaren, auf Symmetrie und Harmonie basierenden Gesetze der Natur. Das lässt sich typologisch mit dem univialen antiken Labyrinth-Modell korrelieren, das vor dem Hintergrund eines geschlossenen, berechenbaren Weltbilds überliefert wird. Entsprechend dominiert in dieser Vorstellung auch das Ideal der Kreisförmigkeit der Planetenbewegungen bzw. die Idealform des Kreises, dessen Brennpunkt der Mittelpunkt ist, der in dieser Vorstellung durch die Erde besetzt wurde. Die Makrostruktur des Romans orientiert sich (mit kleinen Ausnahmen) an kosmologischen Modellen, die einem Diskurs entstammen, in dem Logos und Mythos noch nicht entzweit waren: Platons „Politeia“ und Eudoxos’ homozentrische Sphären bzw. die Harmoniensphären der Pythagoreer. Jedoch erweist sich die Schreibweise des Romans mikrostrukturell gesehen als postmoderne *écriture*.

8.2 Das Labyrinth als Diskursmodell des Romans

In der Beschreibung seines labyrinthischen Diskursmodells synthetisiert Schmeling vier Grundverfahren des modernen labyrinthischen Schreibens: die Wiederholung, den Widerspruch, die Hypothetisierung und die Reflexivität.[59] Fast alle lassen sich in der mikrostrukturellen Erzählweise von „Finis Terrae“ wiederfinden. Die hohe Organisationsstruktur des labyrinthischen Diskurses zeichnet sich

57 Vgl. Schmeling: *Der labyrinthische Diskurs* (Anm. 51), S. 123.

58 Vgl. Schmeling: *Der labyrinthische Diskurs* (Anm. 51), S. 135.

59 Vgl. Schmeling: *Der labyrinthische Diskurs* (Anm. 51), S. 287–288.

nicht nur dadurch aus, dass im ersten und zweiten Heft viele Stellen wiederholt werden (Reisen Pytheas' und Höhnels, gleicher Parcours, zahlreiche intratextuelle Bezüge). Auch gibt es im dritten Heft zahlreiche Vorausdeutungen auf das vierte Heft, während das vierte Heft die Erzählanlage der ersten drei Hefte wiederholt: Auch das erzählt eine wissenschaftliche Entdeckungsreise im Jahr 1888, die wiederum durch einen doppelten Parcours von Fuchs 1934 und Tichy 1975 wiederholt wird. Die Reisen nehmen aufeinander Bezug, doch werden sie nicht mehr in chronologischer Ordnung dargestellt, wie noch die Reisen Pytheas' und Höhnels. Die Chronologien der Reisen im vierten Heft überlagern sich vielmehr bzw. sind ineinander verschachtelt. Während das Logbuch des ersten Heftes sich als Dokument ausgibt, ist es in weiten Teilen frei erfunden, während die Passagen des vierten Heftes eine Montage aus Originaltexten sind. Zudem gibt es auch redundante Doppelungen des narrativen Diskurses – zum Beispiel die Legende der Frau mit den Ziegen – die im ersten und vierten Heft (FT, S. 96, 248) identisch wiederholt werden, ohne dass die erzählerische Ökonomie das fordern würde.[60] Dank dieser Doppelungen verlagert sich die Aufmerksamkeit des Lesers vom Inhalt des Textes auf seine künstlerische Sprachgestaltung. Viele Passagen in den autobiographischen Aufzeichnungen Höhnels sind fragmentarisch, von Synkopen und Ellipsen durchsetzt, wechseln unmotiviert von der homo- in die heterodiegetische Perspektive, als würde ein Prozess der Beobachtung zweiter Ordnung durch das Schreiben eingeleitet und immer wieder unterbrochen.

Programmatisch steht ausgerechnet zu Beginn des dritten Heftes der Verweis auf Velázquez' Bild „Las Meninas" (FT, S. 108), auf die Verfahren der wiederholten Spiegelungen und des *mise en abyme*, welches auch eine Strategie des labyrinthischen Diskurses ist. Statt Wirklichkeitsillusionen zu erzeugen, wie das im Logbuch Pytheas' noch vorgeführt wird, werden im dritten und vierten Heft die Illusionen durch wiederholende Variierung zerstört. So erzählt der Roman eher die Geschichte der eigenen interformativen Konfiguration: Wenn er das Prinzip der Wiederholung im vierten Heft auf die Spitze treibt und seine Machart durch dreifache Verschachtelung in *mise-en-abyme*-Manier selbst zitiert, dann ist das ein Fall von Metareferenz, wobei dieses Heft die eigene Konstruktivität und die Verweigerung der Originalität durch die durchweg konstruierte Intertextualität vorführt – damit wird das vierte Heft selbst zum Metamodell des Romans und führt sein Funktionsprinzip *in nuce* vor.

Der Autor von „Finis Terrae" spielt mit der Materialität des Buches und mit der ästhetischen Materialität des Labyrinths. Er erzählt nicht die Geschichte, wie

60 Das Gleiche gilt auch für die Passagen in „Finis Terrae" (S. 159, 211), die bis auf kleinste Abweichungen identisch wiederholt werden.

ein Protagonist sich auf der Suche nach der eigenen Identität im Labyrinthischen verirrt. Vielmehr erzählt er die Geschichte, wie ein Erzähler eine Geschichte produziert, indem er sich als zufälliger Finder eines Nachlasses inszeniert, der die Geschichte der Suche nach der Identität eines anderen gleichsam doppelt erzählt, variiert und transfiguriert – und sich also gleichsam im Labyrinthischen des Erzählens selbst verirrt. Der Roman ist damit ein Meisterbeispiel kompositorischer Qualitäten eines Autors als Arrangeur, der allen möglichen vorhergehenden Prätexten durch ihre Präsenz als Referenzen seine Reverenz erweist und trotzdem seine Originalität nicht verliert.

Schmeling zufolge stünde eine derartige Präsenz des Labyrinths als Gegenstand oder Medium kultureller Kommunikation kaum zur Diskussion, wenn es als Zeichen nicht über die wesentliche Qualität verfügte, die innere und äußere Welt in ihrer ganzen Komplexität zu repräsentieren. Im Wort *Labyrinth* ist strukturell und konzeptuell auf einen Begriff gebracht, was die Welt an chaogenen und ordnenden Elementen beinhaltet: „Im Labyrinth-Muster als definierbarem Form- oder Strukturprinzip scheint die Komplexitäts-Erfahrung aufgehoben wie die Unordnung in der Ordnung.“[61]

Meine interformative Lektüre des Romans zeigt, wie der Roman in der Abfolge seiner vier Hefte die Geschichte literarischer Schreibweisen mit der Geschichte der Weltmodelle und mit der Kulturgeschichte des Labyrinths als Diskursmodell korreliert (vgl. Abb. V.2–3, S. 273–274). Das erste Heft stellt mit seiner übersichtlichen Chronologie und der Reise des antiken Forschers inhaltlich und strukturell das antike Weltbild dar, das seine Entsprechung in Platons Armillarsphäre und – durch Isomorphie – auch in dem univialen kretischen Labyrinth findet. Das zweite Heft stellt makrostrukturell (durch die Mischung von linearer Chronologie und Schleifenbewegung) und mikrostrukturell (mit den zahlreichen Doppelungen der Logbucheinträge Pytheas' sowie vielen elliptischen Sätzen) den Übergang vom linearen zum labyrinthischen Struktur- und Diskursmodell dar: Der Kosmos wird zum Irrgarten, die Planeten werden zu Irrläufern. Deshalb ist das Strukturmodell des Labyrinths darin eingebettet (vgl. FT, S. 135). Das dritte Heft wird zum einen vom eudoxischen Modell der Planetenbewegungen eingeleitet und beendet. Zum anderen enthält es das Modell aber auch auf diegetischer Ebene, wo es zugleich neu interpretiert wird: die homozentrischen Sphären stellen nicht die Erde in den Mittelpunkt des Universums, sondern den Menschen in den Mittelpunkt des Erkenntnisprozesses. Das vierte Heft ist die narrative Rekonstruktion dieses Modells, durch die Verschachtelung der Kreise ineinander und die inhaltlichen Verweise der Hefte aufeinander. Doch im Mittelpunkt steht eine Ellipse, ein Leerzeichen, der Mensch kommt darin

61 Schmeling: *Der labyrinthische Diskurs* (Anm. 51), S. 16.

Struktur und Schreibweise der Hefte	Interformatives Strukturmodell	Weltmodell bzw. Weltbild	Kulturgeschichte und Typologie des Labyrinths
Heft 1			
chronologisch-linearer Aufbau/Zirkularität; distanzierte, objektivierte Perspektive	Kreis: Platons Armillarsphäre	geschlossenes geozentrisches Weltbild	Univiales kretisches Labyrinth – ausgerichtet um ein Zentrum, mit einem Zugang und sieben Gängen
Heft 2			
Chronologie wird unterbrochen durch eine „Schleifenbewegung"; interne Fokalisierung, verlorene All-Übersicht; Gegenüberstellung der Perspektiven Pytheas' und Höhnels	Schleifenmuster: erkennbar an der gestörten Chronologie der Tagebucheintragungen	Übergang vom geozentrischen zum heliozentrischen Weltbild, von der Antike zur Moderne	Übergang vom einfachen, univialen Labyrinth zum komplexen Labyrinth (ab der frühen Neuzeit als Irrgarten)
Heft 3			
Fragmentcharakter; episodischer Aufbau; keine Chronologie; heterogene Struktur; hybride Schreibweise; Mischung aus Kindheitserinnerungen, Expeditionsberichten, Reiseeindrücken	Mechanische Rekonstruktion des Modells der homozentrischen Sphären; Mensch in der Mitte; Mensch im Maschinenmodell gefangen	modernes Weltbild	Komplexes Labyrinth als Irrgarten: mehrere Zugänge, mehrere Ausgänge, kein dezidiertes Zentrum, zahlreiche Sackgassen, Irrwege, Doppelungen; Labyrinth und Chaos miteinander verbunden

Abb. V.2-3: Übersicht über die interformative Konfiguration des Romans: In der Abfolge der vier Hefte wird die Geschichte literarischer Schreibweisen mit der Geschichte der Weltmodelle und mit der Geschichte der Diskursmodelle des Labyrinths korreliert. (© Aura Heydenreich).

Struktur und Schreibweise der Hefte	Interformatives Strukturmodell	Weltmodell bzw. Weltbild	Kulturgeschichte und Typologie des Labyrinths
Heft 4			
selbstreflexive Metaebene; ‚Autorhandschrift‘ verschwindet; Heft besteht ausschließlich aus Zitaten der Originalschriften der drei Afrika-Expeditionen, die ineinander verschachtelt sind	27 Einträge des 4. Heftes entsprechen den 27 homozentrischen Sphären des Eudoxos, sind ineinander geschachtelt, aufeinander bezugnehmend, doch der Mensch ist aus der Mitte verschwunden	postmoderne Selbstreflexivität	Struktur des Heftes führt die gesamte Romankonstruktion performativ vor; Auflösung durch das Daidalos-Mythologem, der als Schöpfer des Labyrinths gilt

Abb. V.2–3 (fortgesetzt)

nicht mehr vor. Das vierte Heft führt schließlich die Konstruktionsweise des Romans metareferentiell vor. Strukturell besteht es lediglich aus realen Zitaten aus den Expeditionsberichten Höhnels (1888), Fuchs’ (1934) und Tichys (1980). Die Handschrift des Autors verschwindet hier in gewisser Weise, er kommt nur noch als Arrangeur der Romankomposition zur Geltung.

Abbildung V.2–3 gibt eine Zusammenfassung der Korrelationen, die der Roman zwischen Welt-, Struktur- und Diskursmodellen herstellt. An ihr werden sowohl die ästhetisch-epistemische Interkonfiguration sichtbar, als auch die Korrelationen zur ästhetisch-epistemischen Transformation. Beide sind charakteristisch für den Prozess der Interformation.

8.3 Das Labyrinth als performatives Lektüremodell

Ein Merkmal des labyrinthischen Diskurses ist, dass die ästhetische Funktion dominiert: Die Textorganisation ist nicht diffus, unübersichtlich oder chaotisch-hermetisch, sondern sie entspricht Prinzipien äußerster Formkonzentration, präziser Systematik und poetischer Gestaltung.[62]

62 Vgl. Schmeling: *Der labyrinthische Diskurs* (Anm. 51), S. 285.

Die Meisterschaft von „Finis Terrae" besteht darin, dass Ordnung und Chaos strategisch angelegt sind. Der Text enthält genügend labyrinthische Strukturen, um beim Leser immer wieder Unverständnis, Unmut und neue Fragen zu provozieren, aber auch genügend subtil platzierte Ordnungs-, Symmetrie- und Poetizitätshinweise, die eine Zweitlektüre belohnen. Das ist der Blick, der dem Leser nahegelegt wird: Distanzierung, Beobachtung, Rechnen, Messen, interformative Korrelationen. So ist auch der wiederholte Verweis auf die Traditionslinie des Labyrinths als Tanzform, als dynamische Form der Choreografie, die auch Symmetriestrukturen und ästhetischen Prinzipien folgt, ein Hinweis auf den performativen Akt der Lektüre. Der Leser kann nun das Labyrinth der mikrostrukturellen Schreibweisen verlassen, sich aus der theseischen in die daidalische Perspektive erheben, die Unordnung in Ordnung überführen und damit die ‚Textphänomene retten'.

Durch den performativen Akt wird der Leser auf die Konstruktionsmechanismen des Romans aufmerksam gemacht. Die endgültige Erklärung liefert schließlich das Mythologem von Daidalos, demnach dieser die Ordnungsstruktur des Labyrinths erkennt, weil er sie selbst geschaffen hat. Meine These wird unterstützt von einem Romanzitat über Schiaparellis Versuche, die ‚Phänomene zu retten': „Er gab vor, daß der Mensch ohnedies nicht imstande war, das Geschehen zu begreifen, denn wirklich verstehen könne er nur, was er selbst geschaffen hat, die Mathematik oder eine konstruierte Maschine" (FT, S. 217). Indem der Leser die Verbindungen performativ nachvollzieht, baut er sich selbst ein Modell des Romans und erkennt so dessen Schöpfungsprinzip. Kennt er dessen Mechanismen, so erkennt er auch seine Vorlage, die in einem letzten platonischen Prätext überliefert wird. Das fehlende, im Roman nicht zitierte Modell der kosmologischen Vorstellungen Platons ist das Urmodell der Schöpfungsidee des Romans, weil sie Mythos und Logos miteinander verbindet: die Kosmologie in Platons „Timaios", die Stelle, an der der Demiurg die Weltseele, den Kosmos, zusammenfügt.

Das darin beschriebene astronomische System ist mit dem aus der „Politeia" weitgehend identisch. Der Kontext ändert sich jedoch, er ist nicht mehr ein mythisch-eschatologischer. Das kosmologische Modell des „Timaios" steht im Kontext des Weltschöpfungsdiskurses. Für die vorliegende Interpretation ist die Somatogonie interessant, in der Timaios erklärt, wie der Demiurg den Körper des Universums herstellt und somit die Mathematisierung des Universums bewirkt: Die Urelemente Erde, Feuer, Luft und Wasser werden durch Formen und Zahlen den fünf platonischen Körpern, den Polyedern, hinzugefügt. Ihr folgt die Phase der Psychogonie, in welcher der Demiurg eine Verbindung zwischen dem ‚Selben' und dem Bereich des

‚Anderen‘, zwischen der Welt der Ideen und der realen Welt herstellt.[63] Die Herstellung der Weltseele verläuft in drei Stufen: die Verbindung zwischen dem ‚Selben‘ und dem ‚Anderem‘ zu einem Dritten, dem Sein; die Aufteilung dieser Verbindung nach Zahlenverhältnissen, die musikalischen harmonischen Proportionen entsprechen;[64] die Verbindung dieser Teile zu konzentrischen Sphären, die ineinander geschachtelt sind und umeinander rotieren. Mittelstraß zufolge ist das Hauptanliegen des Demiurgen die Herstellung einer wohldefinierten Ordnung aus der vorgefundenen Unordnung. Ordnung ist in Platons Ideenwelt immer als mathematische Ordnung definiert. So apostrophiert Mittelstraß den Demiurgen ebenso als „kühle[n] Rechner und geniale[n] Konstrukteur.“[65] Ausgehend von einem mechanischen Modell der Astronomie wird dieses auf die Konstruktion der Weltseele übertragen mit dem Zweck, diesen Modellcharakter bis in den letzten Winkel seiner Welt fortzusetzen. Das funktioniert, weil dem Modell mathematische Verhältnisse zugrunde liegen, die strukturell auf unterschiedliche Gebilde übertragen werden können. Die mathematischen Verhältnisse sind die Isomorphismen, die die Übertragung des platonischen Modells auf die Strukturen des Romans erlauben. Ich behaupte, dass eine Isomorphie zu erkennen ist zwischen der Art, wie der Demiurg die große Weltseele teilt, um den Kosmos zu entwerfen, und der schöpferischen Tätigkeit des Schriftstellers, der seinen Roman konzipiert. Der Demiurg versucht die schlecht mischbare Natur des Verschiedenen, die Welt des Vergänglichen und Unregelmäßigen (dem würde das Labyrinthische in „Finis Terrae“ entsprechen) „gewaltsam mit der des Selben“ harmonisch zusammenzufügen.[66] Die mythisch-figurative Sprache des „Timaios“ stellt das Ergebnis der Mischung der Komponenten als ein langes Band dar, das nach den Proportionen musikalischer Intervalle geteilt wird. Mit dieser Teilung soll die universale harmonische Ordnung hergestellt werden, die die Seelen der Individuen ahnen und nachahmen können. Da diese Passage in „Finis Terrae“ nicht zitiert wird, seien hier die für die Interpretation einschlägigen Passagen angeführt:

> Und nachdem er so beide mit der Seelensubstanz gemischt und so aus Dreien Eins gemacht hatte, teilte er wiederum dieses Ganze in so viele Teile, als es sich gehörte [...]. Er begann aber folgendermaßen zu teilen: Zuerst entnahm er einen Teil vom Ganzen, dann das dop-

63 Vgl. hier den Kommentar zu Platon: *Timaios. Griechisch/deutsch.* Hrsg. und übers. von Thomas Paulsen und Rudolf Rehn. Stuttgart: Reclam 2003, S. 219–220. Zu den Begriffen Somatogonie und Psychogonie vgl. Filip Karfik: *Die Beseelung des Kosmos. Untersuchungen zur Kosmologie, Seelenlehre und Theologie in Platons Phaidon und Timaios.* München, Leipzig: Saur 2004, S. 203–206.

64 Vgl. hier Cornford: *Plato's Cosmology* (Anm. 26), S. 57–58.

65 Mittelstraß: *Die Rettung der Phänomene* (Anm. 16), S. 108.

66 Platon: *Timaios.* Hrsg. von Klaus Widdra. Übers. von Hieronymus Müller und Friedrich Schleiermacher. In: ders.: *Werke in acht Bänden. Griechisch und deutsch.* Bd. 7. Hrsg. von Gunther Eigler. Darmstadt: Wiss. Buchges. 1972, S. 49 (35a–c).

> pelte desselben, als dritten sodann den anderthalbfachen des zweiten, [...] als vierten den doppelten des zweiten, als fünften den dreifachen des dritten, zum sechsten das Achtfache des ersten und zum siebten das Siebenundzwanzigfache des ersten.[67]

In den einschlägigen „Timaios"-Kommentaren[68] wird auf Crantors Diagramm (Abb. V.2–4) und auf die arithmetische Zahlenprogression in der zweiten und dritten Potenz hingewiesen.

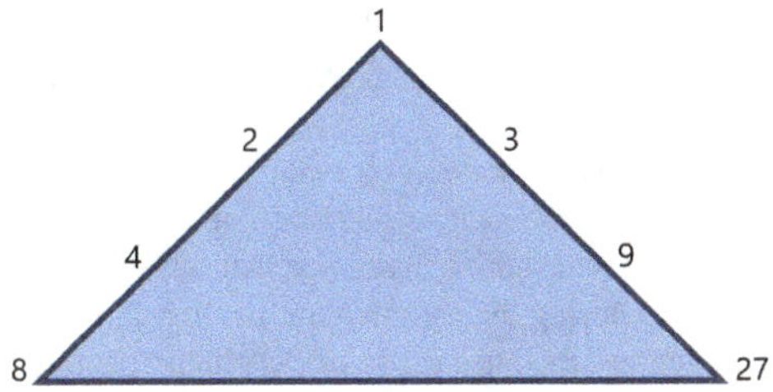

Abb. V.2–4: Crantors Diagramm (© Aura Heydenreich).

Beachten wir, um das Konstruktionsprinzip des Romans nachzuvollziehen, zunächst die linke Zahlenfolge: ausgehend von einem Vorwort, in dem die Gesamtstruktur des Romans detailliert beschrieben wird, zur symmetrischen Aufteilung in zwei Bücher (1 ➔ 2). Dazwischen liegt der Goldene Schnitt. Jedes der zwei Bücher enthält zwei Hefte, das ergibt vier (2 ➔ 4). Hinzugefügt wurden noch je vier Karten, das ergibt acht (4 ➔ 8). Auf der rechten Seite der Dreier-Progression ist festzustellen, dass das Periplum Pytheas' dreifach erzählt wird, jedes Mal ist Höhnel maßgeblich beteiligt: Als Rekonstruktion und Übersetzung seiner Version, als Bericht der eigenen Entdeckungsreise auf den Spuren Pytheas' und als fiktionale Autobiografie in Form einer Initiationsreise Höhnels in die eigene Vergangenheit (1 ➔ 3). Alle Teile zusammengenommen – Vorwort, vier Hefte und vier Karten bzw. Diagramme – ergeben neun (3 ➔ 9). Wenn man alle die Hefte begleitenden Motti, Peritexte und einzelne eingefügte Bestandteile zusammenzählt, ergibt das insgesamt 27 (9 ➔ 27). Stützen lässt sich dieser Interpretationsbefund dadurch, dass auch das letzte Heft, das durch die drei ineinander geschachtelten Reiseberichte das Strukturmodell der ersten drei Hefte wiederholt, als Krönung des poetisch-mathematischen Modells platonischer Prägung genau 27 Aufzeichnungen enthält. Jeder einzelnen ist jeweils eine Seite gewidmet.

Doch zurück zur Beschreibung der Konstruktion des Kosmos durch den Demiurgen:

67 Platon: *Timaios* (Anm. 66), S. 49.

68 Vgl. hier Cornford: *Plato's Cosmology* (Anm. 26), S. 67–68. Vgl. auch Platon: *Timaios* (Anm. 66), S. 49.

> Darauf füllte er sowohl die zweifachen als dreifachen Abstände aus, daß er noch mehr Teile von dort abschnitt und sie zwischen dieselben stellte, so daß sich zwischen jedem Abstand zwei Mittelglieder befanden.[69]

Das Interessante an der poetischen Komposition von „Finis Terrae“ ist, dass an entscheidenden Stellen, die durch musikalische Intervalle markiert werden, bestimmte Zitate auf die mythische und wissenschaftliche Überlieferung dieser kosmologischen Modelle hinweisen, die einerseits ihren Ursprung in der Idee der Sphärenharmonie haben, andererseits selbst als interformative Modelle für die Kompositionsstruktur des Romans fungieren. Noch einmal zu Platons „Timaios“:

> Indem er nun dieses gesamte Gefüge der Länge nach spaltete, legte er beide in ihrer Mitte in der Gestalt eines Chi (*x*) aufeinander und bog sie jeweils kreisförmig in eins zusammen, indem er sie an der dem Kreuzungspunkt gegenüberliegenden Stelle mit sich selbst und mit dem andern zusammenknüpfte [...]. Die äußere Bewegung sollte, gebot er, der Natur des „Selben“, die Innere aber der des Verschiedenen angehören. Die des „Selben“ führte er längst der Seite rechts herum, die des Verschiedenen [...] links herum.[70]

Ich verweise hier auf die Reihenfolge der Kreise und auf den Verlauf der Leserichtung, die im Anschluss am kosmologischen Modell der „Politeia“ ermittelt wurden. Die Richtung geht von links nach rechts: Heft 1 ➔ 3 ➔ 2 ➔ 4. Zu beachten ist hier jedoch eine Ausnahme als ‚irrläufige‘ retrograde Bewegung: 3 ➔ 2. Die Karten jedoch, die anderen Kreise, waren so disponiert, dass sie die entgegengesetzte Richtung nach links beschrieben: Karte 4 ➔ 3 ➔ 2➔ 1.

Meine interformative Lektüre zeigt, wie im Roman einerseits die Geburt der Astronomie aus dem Geiste von Mythos, Metaphysik und Mathematik dargestellt wird, zweitens aber auch, wie die Geburt der Literatur aus dem Geiste von Mythos und Mathematik sichtbar gemacht wird. Das wird auch durch die Grundthese Schmelings über das Labyrinth als Diskursmodell bestätigt:

> Das Labyrinth funktioniert [...] nicht nur als materielles Konnotat der Schöpfer-Motivik, sondern zugleich als widersprüchliches Erkenntnismodell schlechthin. Wer die Welt bzw. das Kunstwerk, indem diese sich spiegelt, als Labyrinth auffasst, geht gerade nicht davon aus, dass sich jene Welt linear vom Chaos zur Ordnung, vom Mythos zum Logos entwickelt hat, sondern versteht seine Labyrinth-Muster als angemessenes Modell der widersprüchlichen Existenz beider Sphären.[71]

Klar wird, dass hier die Funktion des Schöpfertums problematisiert wird: die der Welt und die des Werks. Solange die Genese der Welt einem Schöpfer zugeschrie-

69 Platon: *Timaios* (Anm. 66), S. 49.

70 Platon: *Timaios* (Anm. 66), S. 51.

71 Schmeling: *Der labyrinthische Diskurs* (Anm. 51), S. 235.

ben werden kann, ist es zugleich gerechtfertigt, an Weltschöpfungsprinzipien als Prinzipien der Symmetrie und Harmonie zu denken und diese in den astronomischen Weltmodellen auch wiederfinden zu wollen. Denn der Schöpfer wird sich sicherlich – siehe Leibniz – um Perfektion bemüht haben. Mit dem Schwinden an den Glauben des göttlichen Schöpfertums werden Ellipsen, fragmentarische Enden, die nicht zueinander passen, Wiederholungen, Rückläufe und Unstimmigkeiten in den viel genaueren Messungen der Planetenbahnen beobachtbar. Nun muss man (in umgekehrter Richtung) den Versuch des Menschen, den gesamten Kosmos in seiner symmetrischen Gestalt auf eine Formel zu bringen, zum menschengemachten Mythos erklären. Die Romaninterpretation stimmt dabei letzten Endes auch mit Nietzsches Diagnose überein:

> Alle Gesetzmässigkeit, die uns im Sternenlauf [...] so imponirt, fällt im Grund mit jenen Eigenschaften zusammen, die wir selbst an die Dinge heranbringen, so dass wir damit uns selber imponiren.[72]

Zum Prozess der Interformation kann als Fazit festgehalten werden: Raoul Schrotts Text eröffnet eine transdiskursive Kontaktzone zwischen Literatur und Astronomie. Schiaparellis Diagramme markieren die transdiskursive Interpolation, die den Leser zur interformativen Mitarbeit animiert: zur Rekonstruktion des wissenschaftshistorischen Paradigmas des Forschungsproblems der „Rettung der Phänomene“ in der Astronomie und zur Rekonstruktion der mythischen Quellen dieses Problems in Platons Kosmologie. Auf dieser Weise wird die Dynamik des Prozesses der Interformation textstrategisch initiiert. Durch das Forschungsproblem wird deutlich, dass die primäre Modellierung, die weitgehend mimetischen Beobachtungsprinzipien entspricht, weitgehend unterkomplex ist. Deshalb forderte schon Platon die Mathematiker und Astronomen seiner Zeit dazu auf, eine sekundäre mathematische Modellierung zu finden, die komplex genug ist, um die „Phänomene zu retten“. Schiaparellis Diagramme, mit denen im Roman die Rekonstruktion des astronomischen Modells der homozentrischen Sphären von Eudoxos von Knidos zitiert wird, steht für die erste gültige sekundäre Modellierung dieser Art in der Astronomie. Doch der Forschungsprozess wird stets weitergeführt: Immer bessere, komplexere Modellierungen sind gefordert, weil immer neue Anomalien zum Vor-

72 Friedrich Nietzsche: „Über Wahrheit und Lüge im außermoralischen Sinne“. In: ders.: *Werke. Kritische Gesamtausgabe*. Abt. 3, Bd. 2: *Nachgelassene Schriften 1870–1873*. Hrsg. von Giorgio Colli und Mazzino Montinari. Berlin, New York: De Gruyter 1973. S. 367–384, hier S. 380. Das wäre ein Fall von „astro-eisegesis“, ein Begriff, den Florian Kläger in seiner Studie untersucht: Florian Kläger: *Reading into the Stars. Cosmopoetics in the Contemporary Novel*. Heidelberg: Universitätsverlag Winter 2018.

schein kommen. Auch diese prägen die Struktur des Romans, sichtbar z. B. am zweiten Heft, dessen Chronologie an der Schleifenbewegung der Planeten angelehnt ist. Das dritte und das vierte Heft steigern das Problem. Zudem werden auf der Makro- und Mikroebene des Romans unterschiedliche Diskursmodelle gegeneinander ausgespielt: einerseits die der mathematischen Ordnung des wissenschaftlichen Modells – erkennbar markiert durch die Armillarsphäre und Schiaparellis Diagramme als transdiskursive Interpolation, andererseits das Labyrinth als chaogenes Diskursmodell. Deutlich wird somit die stetige Diskrepanz zwischen dem abstrakten Modellierungsprozess und der Komplexität der empirischen Phänomene. Doch gerade die stetig aufkommenden Anomalien sind diejenigen, die sowohl die Dynamik des Forschungsprozesses als auch die Dynamik des Interpretationsprozesses vorantreiben – und auch die Dynamik des Prozesses der Interformation. An den Korrelationen zwischen Weltmodellen, labyrinthischen Strukturen und Roman-Diskursmodellen erkennt man durch die ästhetisch-epistemischen Interkonfigurationen auch die ästhetisch-epistemischen Transformationen in der kulturellen Semantik, das kennzeichnet den Prozess der Interformation.

V.3 Lyrische Interformation: Astronomische und poetische Verfahren in Durs Grünbeins „Avicenna“ aus „Cyrano oder die Rückkehr vom Mond“

Avicenna

Die Welle, die sich bricht und schäumend ausläuft,
Der dunkle Wolkenwirbel, dem der Regen folgt,
Das Kind, das einen vollen Plastikeimer schwenkt –

Was haben sie gemeinsam? – A: Die Rotation?
B: Die Gezeitenkraft, die uns der Mond beschert?
Oder die allgemeine Trägheit der Materie: C?

Die beiden kreisen: kreisen in gebundner Rotation.
So zeigt der Mond uns immerfort dieselbe Seite –
Jahraus, jahrein das gleiche hasenschartige Gesicht.

Sein Pokerface macht sie nervös, die zarte Erde.
Unwucht, die Differenz zum Kern, bewirkt,
Daß sich die Wasserspiegel heben, senken.

War denn der Ozean ein Cognac-Schwenker?
Die Fluten schwappten an den Glasrand. Metertief
Entblößt lag manche Bucht mit ihren Muscheln.

Die Erde dreht sich schneller als der Mond umläuft.
Mit jedem Zyklus wächst sie, die Verspätung –
Der alte Trödler nimmt sich Zeit. Er bleibt zurück.

Der lyrische Zyklus „Cyrano oder die Rückkehr vom Mond“[1] widmet sich der Kulturgeschichte der Vermessung des Verhältnisses zwischen Mond und Erde. Diese spielte sich auf der Ebene der physikalischen Modellierung hauptsächlich im 17. Jahrhundert ab. Cyrano de Bergerac, der Namensgeber von „Cyrano oder die Rückkehr vom Mond“, reflektierte schon als Zeitgenosse das Ringen um die Rekonzeptualisierung des Verhältnisses zwischen Mond und Erde in seinem Roman „Les

1 Durs Grünbein: *Cyrano oder die Rückkehr vom Mond.* Berlin: Suhrkamp 2014.

https://doi.org/10.1515/9783110729887-008

États et Empires de la Lune“,[2] der 1657 postum erschien. Das Gedicht „Avicenna“[3] von Durs Grünbein (2014) aktualisiert durch lyrische Formen und Verfahren interessante wissenschaftshistorische Kontexte dieses Schwellenübergangs: die Kulturgeschichte der astronomischen Modellierung des Erde-Mond-Verhältnisses von Galileis Entdeckung der Jupiter-Monde in „Sidereus Nuncius“[4] (1610) über Keplers Beschreibung der Bewegungsbahnen der Planeten durch die drei Kepler'schen Gesetze, die in der „Astronomia Nova“[5] (1609) und in dem „Harmonices Mundi“[6] (1619) veröffentlicht wurden, bis hin zu Newtons mathematischen Grundprinzipien der Mechanik, die in den „Philosophiae Naturalis Principia Mathematica“[7] (1687) veröffentlicht wurden. Der gesamte Gedichtzyklus ist eine palimpsestartige literarische Vermessung, welche kulturgeschichtliche, lyrische und physikalische Modellierungsstrategien dieses Verhältnisses poetisch perspektiviert und in dialogischer Wechselwirkung interformativ miteinander verschränkt.

Die Konzeptualisierungsgeschichte dieses Verhältnisses ist deshalb grundsätzlich dialogisch, weil die Rekonzeptualisierung des Mondes als Erd-Satelliten im 17. Jahrhundert implizit auch zur Rekonzeptualisierung des Erdplaneten – zur „Stellarisierung der Erde“[8] – führte.[9] Das habe ich in den ersten zwei Kapiteln dieses Buches bereits dargestellt. Ab dem Zeitpunkt, als durch Beobachtung, Messung und theoretische Modellierung nachgewiesen werden konnte, dass die Mondrotation an die Erdrotation eng gekoppelt ist (dies erfolgte im 17. Jahrhundert durch die theoretischen Modelle Galileis, Keplers und Newtons), wurde auch der Erdplanet

2 Savinien de Cyrano de Bergerac: *L'Autre Monde. Les États et Empires de la Lune. Les États et Empires du Soleil.* Hrsg. von Jacques Prévot. Paris: Gallimard 2008; ders.: *Die Reise zum Mond.* Übers. von Martha Schimper. Frankfurt a. M.: Insel 2004.

3 Grünbein: *Cyrano* (Anm. 1), S. 110. Im Folgenden wird unter der Sigle ‚V. x‘ die Versnummer angegeben.

4 Galileo Galilei: *Sidereus Nuncius. Nachricht von neuen Sternen.* Hrsg. von Hans Blumenberg. 2. Aufl. Frankfurt a. M.: Suhrkamp 2002.

5 Johannes Kepler: *Astronomia Nova Aitiologētos, Sev Physica Coelestis, tradita commentariis De Motibvs Stellæ Martis, Ex observationibus G. V. Tychonis Brahe.* Heidelberg: Vögelin 1609.

6 Johannes Kepler: *Harmonices Mundi. Libri V.* Frankfurt a. M.: Tampach 1619.

7 Isaac Newton: *Philosophiae Naturalis Principia Mathematica. Societatis Regiae ac typis Josephi Streater.* London 1687.

8 Ein Terminus, den Hans Blumenberg in der Einleitung zu Galileis „Sidereus Nuncius“ verwendet und in der „Genesis der kopernikanischen Welt“ grundlegend ausführt: Hans Blumenberg: *Die Genesis der kopernikanischen Welt.* 3 Bände. Frankfurt a. M.: Suhrkamp 1981. Vgl. für diese entscheidende geschichtliche Epoche des Übergangs zwischen dem ptolemäischen und dem kopernikanischen Weltbild ebenfalls: Hans Blumenberg: *Der Prozeß der theoretischen Neugierde.* 4. Aufl. Frankfurt a. M.: Suhrkamp 1988; ders.: *Die Legitimität der Neuzeit.* Frankfurt a. M.: Suhrkamp 1996.

9 Vgl. zum wissenschaftshistorischen Kontext auch Kap. V.1 (S. 201–241) und Kap. V.2 (S. 242–280) in dieser Arbeit.

zum ‚Wanderer', wie das die etymologische Herkunft des Wortes suggeriert. Die Erde wurde ab diesem Zeitpunkt einerseits aus der privilegierten axiologischen Funktion, Mittelpunkt des Universums zu sein, entlassen. Zugleich wurde es aber andererseits auch möglich und denkbar, dem Menschen selbst die Möglichkeit der dynamischen Perspektivierung zu überlassen. Die Bewegung der Erde ermöglichte virtuell und konzeptuell den permanenten Wechsel des Beobachterstandortes und dadurch die Eröffnung immer neuer Perspektiven und Denkhorizonte.

Nicht zufällig führt Galilei ausgerechnet zu diesem Zeitpunkt das Relativitätsprinzip in die physikalische Theorie ein. Dieses besagt, dass Bewegung und Ruhe an sich keine absoluten, sondern relative Größen seien, die nur in Bezug auf das eigene Referenzsystem unter Einbeziehung eines zusätzlichen, fremden Referenzsystems feststellbar seien. In seinem „Dialog über die beiden hauptsächlichsten Weltsysteme" gibt Galilei dazu folgendes Gedankenexperiment[10] wieder: Ein Beobachter, der sich unter dem Deck eines Schiffes mitten im Meer befinde und das eigene Bezugssystem nicht zu dem eines Landufers ins Verhältnis setzen könne, könne bei einer geradlinigen, gleichmäßigen Bewegung des Schiffes nicht entscheiden, ob das Schiff stehe oder sich bewege. Das Narrativ dieses Gedankenexperiments wird nun auf die Situation der Erdbewohner übertragen: Da die Erde ebenfalls eine gleichförmige Bewegung vollziehe, scheine sie aus der Sicht der Erdbewohner, die ihr Bezugssystem physisch nicht verlassen können, still zu stehen. Das Verlassen des Bezugssystems war zu diesem Zeitpunkt nur im theoretischen Modell möglich und wird deshalb im Gedankenexperiment vorgeführt.

Abschließend führt Galilei aus, dass der Beobachter eine Entscheidung über den Zustand des Schiffes nur dann fällen könne, wenn er ein ruhendes Ufer als Bezugsgröße zur Bewegung des Schiffes einbeziehen könne bzw. wenn das Schiff seinen Zustand der gleichmäßigen, geradlinigen Bewegung ändere, das heißt bremse oder beschleunige. Nicht die Ruhe oder die Bewegung, die relativ sind, sondern erst die Beschleunigung ist diejenige relevante, invariante Größe in Bezug auf die sogenannten Galilei-Transformationsgleichungen, die in die physikalische Modellierung Einzug findet. Das ist ein fundamentales Prinzip der Physik, das von Galilei in seinem „Dialog über die beiden hauptsächlichsten Weltsysteme" formuliert wird und dessen Signifikanz nicht überschätzt werden kann: Es hat später die Newton'schen Prinzipien der Mechanik und die Einstein'schen Prinzipien der Relativitätstheorie in fundamentaler Weise geprägt.[11] Ich erwähne das hier, um daran die

---

10 Galileo Galilei: *Dialog über die beiden hauptsächlichsten Weltsysteme*. Hrsg. von Emil Strauss. Wiesbaden: Marix Verlag 2014, S. 220–222.

11 Die grundlegende historische Bedeutung dieses Prinzips für die physikalische Modellierung bis ins 20. Jahrhundert legt Max Born dar in: Max Born: *Die Relativitätstheorie Einsteins*. Komm. und erw. von Jürgen Ehlers und Markus Pössel. 6. Aufl. Berlin, New York: Springer 2001.

Behauptung anzuknüpfen, dass durch Galilei gleichsam auch das Prinzip der Dialogizität in die theoretische Modellierung einzieht. Dieses Prinzip besagt, dass es nicht möglich ist, den Zustand des eigenen Systems zu beschreiben, ohne den Zustand eines anderen Systems zu berücksichtigen und in die Definition des eigenen Zustands mit einzubeziehen. Die kopernikanische Revolution, zu der bekanntlich auch Galilei und Kepler entscheidend beigetragen haben, zeichnet sich unter anderem aus der Perspektive der Modellierungsprinzipien dadurch aus, dass die theoretische Modellierung ohne Einbezug anderer Bezugssysteme und ohne die Reflexion der Beziehungen dieser Bezugssysteme untereinander keinen wissenschaftlichen Bestand hat.

So erklärt sich auch, warum seit Galilei klar wird, dass der Mensch grundsätzlich keine Entscheidung darüber treffen kann, ob die Erde sich bewegt oder nicht, wenn er sie nicht verlässt, um sie von außen zu beobachten, oder wenn er in seine Überlegungen nicht Messungen und Beobachtungen über die Bewegungen anderer Himmelsobjekte in Bezug zur Erde einbezieht, zum Beispiel die des Mondes. Die Lösung der Gesetze der Bewegungsbahnen zweier Körper, die zueinander in einem gewissen Verhältnis stehen, die Lösung des sogenannten „Zwei-Körper-Problems“[12], wird zum Fokus und Brennpunkt der physikalischen Weltmodellierung im 17. Jahrhundert.[13] Es ist ein virulentes Problem, das zugleich die Prinzipien der lyrischen Modellierung des Gedichtes „Avicenna“ prägt, wie aus der Analyse hervorgehen wird:

Die beiden kreisen: kreisen in gebundner Rotation.
So zeigt der Mond uns immerfort dieselbe Seite –
Jahraus, jahrein das gleiche hasenschartige Gesicht.

Sein Pokerface macht sie nervös, die zarte Erde.

Das physikalische Zwei-Körper-Problem des wechselseitigen Anziehungsverhältnisses zwischen Erde und Mond wird im formalen ‚Schwerezentrum‘ des Gedichts positioniert. Es wird auch zum Gravitationszentrum der interpretativen Reflexion

12 Vgl. dazu Walter Thirring: *Lehrbuch der mathematischen Physik*. Bd. 1: *Klassische dynamische Systeme*. 2., neubearb. Aufl. Wien, New York: Springer 1988, S. 168–177.

13 Vgl. zur wissenschaftshistorischen Einordnung aus der Fülle der Literatur, exemplarisch ein paar prominente Stimmen: Thomas S. Kuhn: *The Copernican Revolution. Planetary Astronomy in the Development of Western Thought*. Cambridge: Harvard University Press 1957; ders.: *The Structure of Scientific Revolutions*. 4. Aufl. Chicago: University of Chicago Press 2012; ders.: *Die Entstehung des Neuen. Studien zur Struktur der Wissenschaftsgeschichte*. Hrsg. von Lorenz Krüger. Frankfurt a. M.: Suhrkamp 1978; Jürgen Mittelstraß: *Die Rettung der Phänomene. Ursprung und Geschichte eines antiken Forschungsprinzips*. Berlin, Boston: De Gruyter 1962; ders.: *La Révolution astronomique. Copernic, Kepler, Borelli*. Paris: Hermann 1961. Vgl. schließlich: Robert S. Westman: *The Copernican Question. Prognostication, Skepticism, and Celestial Order*. Berkeley: University of California Press 2011.

werden. Zugleich geht es auch um eine Generalisierung dieser Symmetriebeziehungen und zwar darum, dass die gleichen Bewegungsgesetze, die Kepler für die beiden Himmelskörper Erde und Mond modelliert hat, um die „Phänomene zu retten“[14], im Grunde auch für alle ‚Zwei-Körper-Beziehungen‘ (im physikalischen Sinne) auf der Erde gelten, wie Newton zeigte.

So widmet sich der gesamte Gedichtzyklus Grünbeins dem Verhältnis zwischen Mond und Erde, welches auf mehreren Ebenen poetisch artikuliert wird: Es geht um die lyrische Kulturgeschichte der Mondbetrachtung und um die kulturellen Projektionen auf den Erdsatelliten. Die imaginäre Reise zum Mond als Gedankenexperiment erfreute sich im 17. Jahrhundert besonderer Beliebtheit. Der Roman Cyrano de Bergeracs „Les États et Empires de la Lune“ (1657) ist ein offener Prätext des Grünbein'schen Gedichtzyklus'. Keplers „Somnium“[15] (1634) ist ein weiterer prominenter narrativer Beleg dafür. „Somnium“, der „Traum“ Keplers, wird in Grünbeins Zyklus durch das Gedicht „Kepler“[16] ins lyrische Mondpalimpsest dialogisch integriert. Allen drei Texten liegt Plutarchs „De facie in orbe lunae“ (‚Das Mondgesicht‘) als Hypotext zugrunde.[17]

Die Kartographie des Mondes ist dadurch gekennzeichnet, dass einzelne Mondkrater[18] nach berühmten wissenschaftlichen und kulturellen Persönlichkeiten benannt sind: Ptolemaeus, Euclides, Kopernikus, Kepler, Kant, Descartes, Leibniz, Newton, Hilbert, Alhazen, Apollonius wurden unter vielen anderen wissenschaftlichen Persönlichkeiten durch den Namen eines Mondkraters für ihre Leistungen gewürdigt. Avicenna ist eine dieser Persönlichkeiten, deren Namen auf einen Mondkrater übertragen wird, mit deren Namen also der Mond aus der Beobachtungsferne kulturell kartographiert wird.

---

14 Vgl. dazu auch Kap. V.2.2 in dieser Arbeit (S. 247–249) zur „‚Rettung der Phänomene‘ im wissenschaftshistorischen Kontext.“

15 Johannes Kepler: *Joannis Keppleri Somnium seu Opus Posthumum de Astronomia Lunari*. Hrsg. von Matha List und Walther Gerlach. Faksimiledruck der Ausgabe 1634. Osnabrück: Zeller 1969; ders.: *Der Traum, oder: Mond-Astronomie. Somnium sive astronomia lunaris*. Hrsg. von Beatrix Langner. Übers. von Hans Bungarten. Berlin: Matthes & Seitz 2011.

16 Grünbein: *Cyrano* (Anm. 1), S. 52.

17 Keplers „Somnium“ bietet in seiner Erstausgabe von 1634 in seinem umfassenden Anhang auch eine Übersetzung des Textes von Plutarch, die Kepler angefertigt hatte. Siehe dazu: Kepler: *Joannis Keppleri Somnium* (Anm. 15), S. 97–184.

18 Vgl. Charles J. Byrne: *The Moon's Largest Craters and Basins. Images and Topographic Maps from LRO, GRAIL, and Kaguya*. Cham u. a.: Springer 2016; Don E. Wilhelms: *Geologic History of the Moon. A Comprehensive Review of Lunar Science and Evolution from the Viewpoint of Historical Geology, Based on Data from both Photogeologic Observations and Lunar-Sample Analysis*. Washington D.C.: United States Gov. Print. Office 1987, S. 3.

Ein Zeichen setzt nach Peirce und Morris keine binäre, sondern eine dreistellige, triadische Relation voraus, die des *designatum*, des *designans* und des Interpretanten. In der Terminologie Hjelmslevs und Ecos geht es um eine dreistellige Zeichenfunktion, in der zwei Seiten eines Zeichens miteinander korreliert werden. Die Korrelation wird geleistet durch eine gesellschaftlich codierte Konvention. Durch die systematische Korrelation von Zeichenfunktionen und ihre sukzessive Integration in immer abstraktere Schemata, in immer komplexere Bezugssysteme von Korrelationen, verschafft sich der Mensch als „homo symbolicus“ – so Cassirer – einen symbolischen Zugang zur Welt. Es ist der Mensch, der die Korrelationen schafft und die Symbole organisiert. Er nimmt zwar Bezug auf die empirische Ordnung der Dinge, es ist aber seine Leistung, die ‚vorgefundene‘ Ordnung in Symbole zu codieren, diese untereinander zu korrelieren und somit stetige Umformungen vorgegebener Ordnungen zu prozessieren. Die Form hat sich dann als neu modellierte epistemische Korrelation im Experiment als empirisch adäquat zu erweisen. Diesen stetigen, unaufhörlichen Prozess der permanenten Re-Korrelation von Wissensordnungen führt „Avicenna“ formal und inhaltlich vor, so meine These.

Das Gedicht „Avicenna“ verschränkt lyrische und physikalische Modellierungen durch einen Prozess der Interformation, der so differenziert ist, dass er sowohl Symmetrien als auch Symmetriebrüche in seine Form integrieren kann. Diese Verschränkung der beiden sekundären Dimensionen der Modellierung durch eine dritte, vermittelnde[19], nenne ich Interformation. In diesem Kapitel soll nun gezeigt werden, wie sie im lyrischen Genre funktioniert.

Meine Analyse setzt sich zwei Ziele: Erstens, zu zeigen, wie physikalische Modellierungsprinzipien, deren historische Kontexte rekonstruiert werden, mit poetischen Modellierungsverfahren verschränkt und somit eigenlogisch re-encodiert, transformiert werden. Zweitens, zu zeigen, wie die lyrischen Modellierungsverfahren gleichzeitig poetische Symmetrierelationen herstellen und Symmetriebrüche inszenieren, die mit den physikalischen Modellierungsprinzipien konvergieren und an entscheidender Stelle von den konventionellen lyrischen Verfahren divergieren.

„Avicenna“ steht am Ende des Gedichtzyklus' „Cyrano oder die Rückkehr vom Mond“. Es ist sein vorletztes Gedicht und zugleich das längste.[20] Es thematisiert die Vollendung derjenigen theoretischen Modellierung in der Physik, die dem Mond als Himmelskörper endgültig seinen Ort als Satellit des Erdplaneten

---

19 Zur wissenschaftstheoretischen Konzeptualisierung des Prozesses der „Modellierung als Mediation“ vgl. Mary S. Morgan und Margaret C. Morrison (Hrsg.): *Models as Mediators. Perspectives on Natural and Social Sciences*. Cambridge, New York: Cambridge University Press 1999; Tarja Knuuttila: „Models, Representation, and Mediation“. In: *Philosophy of Science* 72.5 (2005). S. 1260–1271.

20 Vgl. Grünbein: *Cyrano* (Anm. 1), S. 110.

sichert: die Modellierung der Newton'schen Gesetze. Den Newton'schen Gesetzen liegen als Modellierungsverfahren die Kepler'schen Gesetze zugrunde, die die Lösung des berühmten Zwei-Körper-Problems darstellen. Auch die theoretische Modellierung in der Physik ist palimpsestisch.

Eine wichtige Bedingung für den Prozess der Modellierung als Interformation ist die Schichtung und Verdichtung von Formverfahren. Der Terminus der ‚Interformation' wurde von mir eingeführt (vgl. Einl. und Kap. IV), um ihn von der ‚Information', der Übertragung einer Botschaft an den Leser auf rein inhaltlicher Ebene, abzugrenzen. Bei der Information handelt es sich um die Übertragung einer Botschaft, wobei Sender und Empfänger den gleichen Code für die Codierung und Decodierung der Information verwenden. Die Übertragung der Botschaft ist damit gesichert. Bei der Interformation verwenden Sender und Empfänger nicht den gleichen Code, sondern unterschiedliche, zum Beispiel die poetische Sprache und die der Mathematik bzw. der Physik, die aus semio-logischer Sicht nicht kompatibel sind. Somit gerät der Prozess der Kommunikation selbst ins Stocken und wird zum Gegenstand der Reflexion. Die Übertragung der Information ist entweder fraglich oder sie wird zu einem deutlich komplexeren mehrdimensionalen Prozess, der auf vielen Ebenen gleichzeitig verläuft. Der Leser sieht sich dabei vor die Herausforderung gestellt, die vielfältigen Modellierungscodes des Gedichtes und ihre Kontexte historisch zu rekonstruieren und die entsprechenden Korrelationen untereinander zu interpretieren. Der Prozess der Interformation wäre dann ein Prozess der mehrdimensionalen Korrelation unterschiedlicher Modellierungskonventionen zwischen Lyrik und Physik.

Doch die formale Modellierung der Newton'schen Gesetze ist als heterologischer Code nur eine von vielen, die in die vielfache Schichtungsstruktur an homologischen Formverfahren des Gedichtes eingebettet und mit diesen verschränkt wird. Ich unterscheide also zwischen den heterologischen Verfahren und Codes externer Modellierungspraktiken, die nicht im Feld der Lyrik praktiziert werden und entsprechend umcodiert werden müssen, um eingebettet werden zu können, und den internen, homologischen Codes und Verfahren, die zum eigenen lyrischen Repertoire gehören. Die Fragen, die sich diese Analyse stellt, sind erstens, wie diese Modellierungsverfahren durch Interformation miteinander verschränkt werden, und zweitens, welche Funktion diese Verschränkung hat.

Betrachten wir das Gedicht „Avicenna", so lassen sich aus rein heuristischen Gründen drei verschiedene Modellierungsdimensionen unterscheiden und es ergibt sich ein ternärer Modellierungsprozess: Ich unterscheide die Ebene des primären Modellierungssystems der Sprache, die sekundäre Dimension der Modellierung durch literarische Verfahren und die tertiäre Dimension der Modellierung, die lyrische und physikalische Modellierungsverfahren miteinander verschränkt.

Die primäre Dimension der Modellierung ist sprachlich codiert und weist somit syntaktische, semantische und pragmatische Dimensionen auf. Sodann ist die sekundäre Modellierung zu nennen: Hier wirken die homologischen Codes der Literatur, speziell der Lyrik: Im Kontext der literarischen Semiosesphäre nimmt der lyrische Text eine bestimmte Gattung an, im Falle des Gedichtes „Avicenna“ die der ‚unechten‘ Terzine, und ist damit in eine bestimmte Formtradition eingebettet, nämlich die italienische Dante-Tradition.

Zu den typischen Codes der Terzine gehört die dreizeilige Strophenform, die metrische Struktur des fünfhebigen Jambus, des *endecasillabo*, und das Reimgefüge der alternierenden Kettenreimstruktur mit umarmendem oder umschlingendem Reim. Diese homologischen Codes wurden in der historischen Terzinentradition als Formverfahren so oft aktualisiert, dass sie jederzeit wiedererkennbar sind, auch wenn sie bei der wiederholten Aktualisierung variiert und transformiert wurden.

1 Primäre Dimension der Modellierung: Semantische Symmetrien und Symmetriebrüche

Vergleicht man die Isotopie-Rahmen, die das Gedicht semantisch überblendet, so sieht man, dass sich im Modellierungssystem des Gedichtes zwei widersprüchliche Ebenen miteinander überschneiden: Da wäre zuerst die eine Isotopie-Ebene, die konsequent die Kreisstruktur, den wiederkehrenden Zyklus der Rotations-Symmetrie betont, die durch folgende Lexeme dargestellt wird: ‚Welle‘, ‚Wirbel‘, ‚schwenkt‘ (1. Strophe), ‚die Rotation‘ (2. Strophe), ‚kreisen: kreisen‘, ‚gebundner Rotation‘, ‚jahraus, jahrein‘ (3. Strophe), ‚Schwenker‘ (5. Strophe), ‚dreht‘, ‚Zyklus‘, ‚Zeit‘ (6. Strophe). Suggeriert werden damit Symmetrie: „kreisen: kreisen“ (V. 7) und Regelmäßigkeit: „Jahraus, jahrein“ (V. 9).

Das semantische Feld der Symmetrie, des Zyklus’ und der Regelmäßigkeit, das die Zeit rhythmisch strukturiert, schlägt sich auch in den lyrischen Verfahren nieder: Dies wird durch die Metapher der Wasserspiegel, die sich „heben“ und „senken“ (V. 12), suggeriert, die an die Hebung und Senkung der Versfüße erinnert. Und tatsächlich könnte allein das abstrahierte metrische Schema der ersten zwei Zeilen des Gedichtes, ein Elfsilber mit der regelmäßigen Abfolge von Senkungen und Hebungen eines 5-hebigen Jambus, an eine Sinus-Wellen-Funktion erinnern.

Obwohl diese metrische Konstanz auf formaler Ebene einigermaßen durchgängig ist, wird die Brechung schon in der ersten Zeile semantisch verwirklicht; andere formale Brechungen von der regelmäßigen Alternanz folgen. Für die Interpretation des Gedichtes sind genau diese Brechungen signifikant.

Es fällt auf, dass alle Strophen an dem Isotopie-Feld der Symmetrie teilhaben, mit Ausnahme der vierten Strophe. Ihr Alleinstellungsmerkmal ist, dass in ihr kein Wort an Symmetrie und Rhythmizität erinnert, sondern im Gegenteil an Nervosität, Unwucht und Differenz (V. 10 und 11).

Das semantische Feld, das die Symmetriebrüche verzeichnet, wird durch folgende Lexeme charakterisiert:[21] „Die Welle, die sich *bricht* und *schäumend ausläuft*" (1. Strophe, Z. 1); „die allgemeine *Trägheit* der Materie: C?" (2. Strophe, Z. 6); „*Unwucht*, die *Differenz* zum Kern, bewirkt" (4. Strophe, Z. 11); „Die Fluten *schwappten* an den Glasrand" (5. Strophe, Z. 14); „Die Erde dreht sich *schneller* als der Mond umläuft. / Mit jedem Zyklus wächst sie, die *Verspätung* – / Der alte *Trödler* nimmt sich Zeit. Er *bleibt zurück*" (6. Strophe, Z. 16–18).

Die Rotationsbewegungen der Planeten bestimmen die historische, die kalendarische und die individuelle Zeit der Menschen. Die Rotationsbewegung der Erde um sich selbst bestimmt den kontinuierlichen Tagesrhythmus: die Revolutionsbewegung der Erde um die Sonne bestimmt den kontinuierlichen Jahresrhythmus und die Rotation des Mondes um die Erde bestimmt den kontinuierlichen Monatsrhythmus.

Das wäre der erste Moment der inhaltlichen Überkreuzung, auf die auch Ricœur in „Zeit und Erzählung" hinweist,[22] die Überlagerung der kosmologischen Zeit der Gestirne, in der wiederum die historische, kalendarische Zeit strukturell eingebettet ist, weil die Modellierung der kalendarischen Zeit im Rahmen der Modellierung der kosmologischen Zeit geschieht. Und schließlich bestimmen die beiden auch die anthropologische Zeit des Individuums, die noch vielerlei Differenzen einzieht. Aber selbst die Divergenzen der individuellen, phänomenologischen Zeitwahrnehmung sind nur vor dem Hintergrund der Existenz der Regularität des allgemeinen kosmologischen Referenzrahmens überhaupt wahrnehmbar. Doch selbst dort gibt es Verspätungen, wie das Gedicht darstellt.

Wie wird die Verspätung jedoch zuallererst physikalisch modelliert? An ihr zeigt sich die empirische Adäquatheit der vorhergehenden theoretischen Modellierung: Nur eine vernünftige Erklärung für die Anomalie ist in der Lage, die ‚Phänomene zu retten'. Deshalb steht diese Verspätung dreifach im Mittelpunkt: Im Mittelpunkt der astronomischen Modellierung, im Mittelpunkt der lyrischen Modellierung und im Mittelpunkt des Prozesses der Interformation – und nun im Fokus der vorliegenden Interpretation.

Es ist bekannt, dass es die perfekte zyklische kosmologische Rotations-Symmetrie nicht gibt. Ricœur berichtet, dass bereits Augustinus in seiner philosophischen Medi-

21 Alle Hervorhebungen von AH.

22 Es ist ein Part der „überkreuzten Referenz", die die kosmologische Zeit mit der historischen, kalendarischen Zeit und mit der phänomenologischen Zeit verbindet. Vgl. Paul Ricœur: *Zeit und Erzählung*. Bd. 1: *Zeit und historische Erzählung*. Übers. von Rainer Rochlitz. München: Fink 1988.

tation über das Wesen der Zeit mit dieser Schwierigkeit konfrontiert war.[23] Sie ist eine modellierende Annäherung, die jahrhundertelang (sogar noch für die astronomische Modellierung des Kopernikus) in ihrer Approximation hinreichend gut war, bis Kepler sich entschloss, den Symmetriebruch, den Messungen und Beobachtungen nahelegen, in seiner Theorie zu berücksichtigen, wenn die ‚Phänomene gerettet‘ werden sollten. (Vgl. Kap. V.1 und V.2)

Das Gedicht spielt mit dieser Oszillation zwischen Symmetrie und Symmetriebruch. Der Symmetriebruch rettete die Phänomene, das platonische Fundamentalpostulat der Kreisbewegung der Planeten erwies sich aber somit als hinfällig. Nicht der Kreis, sondern die Ellipse erwies sich als fundamental für die Planetenbahnen.

Die Modellierung beider – Symmetrie und Symmetriebruch – ist deshalb interessant, weil der Symmetriebruch nicht negativ konnotiert wird, wie zu zeigen sein wird. Er fördert nämlich die Dynamik der innovativen Modellierung – in der Lyrik wie in der Physik. Im Grunde erfahren wir, dass die Disjunktion bzw. binäre Dichotomie aufgehoben wird: Es gibt nicht entweder nur den Weg der Symmetrie oder den des Symmetriebruchs, sondern es gibt einen dritten Weg, der signalisiert, dass die Abhängigkeit der beiden voneinander als notwendig zu denken ist. Diese Abhängigkeit wird sowohl durch die physikalische als auch durch die lyrische Modellierung probesimulativ vorgeführt.

2 Sekundäre Dimension der Modellierung: Formale Symmetrien und Symmetriebrüche

„Avicenna“ stellt eine scheinbar alltägliche Quiz-Frage, wie sie in der medialen Kommunikation, zum Beispiel in einer Fernseh-Unterhaltungssendung, gestellt werden könnte: Das Wissen für die Beantwortung der Frage, was die sich brechende Welle, der Wolkenwirbel und der schwenkende Eimer gemeinsam haben, ist in A, B und C eingeteilt. Die Spielregeln scheinen klar zu sein: Man müsste sich lediglich für die richtige Kategorie entscheiden und schon wäre diese Spieletappe erfolgreich bestanden.

Doch was, wenn ausgerechnet die scheinbare Leichtigkeit der Frage- und Antwort-Quiz-Darstellung nur suggeriert wird? Was, wenn ausgerechnet diese die vertrauten Spielregeln untergräbt? Was tun, wenn jede der drei Antworten – die hier übrigens als Fragen formuliert sind – zutrifft? Aber jede auf eine je andere Weise? Und wenn diese Weisen sogar untereinander korreliert sind? Was, wenn nicht nur die aufgezählten Phänomene, sondern auch die einzelnen Antworten

23 Vgl. Ricœur: *Zeit und Erzählung*, Bd. 1 (Anm. 22), S. 28–30.

untereinander korreliert sind? Nach welchen Spielregeln wird dann das Frage-Antwort-Spiel gespielt? Und was wäre gewonnen, wenn man sich nicht auf das simple Frage-Antwort-Spiel auf der Ebene der Kommunikation und Information nach einem gleichen Code, sondern auf das etwas schwierigere Spiel der Interformation, das heißt der Re-Korrelation von Form-Modellierungsprinzipien einließe, die durch unterschiedlichen Codierungsprinzipien geprägt sind?

Im Gedicht werden drei disparate Phänomene dargestellt: die Welle, der Wolkenwirbel und ein Kind, das einen vollen Plastikeimer schwenkt. Die empirischen Phänomene sind leicht vor den Augen der Leser vorzuführen. Doch das Gedicht verbindet mit der Vorführung dieser Phänomene die Frage, ob man jemals über Korrelationen zwischen ihnen nachgedacht habe.

Sodann bemerkt man, dass das triadische Prinzip nicht nur die Form des Gedichts dominiert, sondern eine gewisse Form der triadischen Korrelation auch zwischen den Strophen besteht. Der ersten Frage A (2. Strophe, V. 4), deren Quintessenz die Rotation ist, kann semantisch die dritte Strophe zugeordnet werden: „Die beiden kreisen: kreisen in gebundner Rotation“ (V. 7). Die zweite Frage B (2. Strophe, V. 5), die das Phänomen der Gezeiten schildert, wird in der vierten Strophe wieder aufgegriffen, worin die Nervosität der Erde beschrieben wird, die von der Gezeitenkraft umfasst bzw. gerüttelt wird (V. 10). Schließlich wird die dritte Frage C (2. Strophe, V. 6), die das Trägheitsprinzip evoziert, in der fünften Strophe metaphorisch durch ein Gedankenexperiment illustriert, wobei der Ozean zum Cognac-Schwenker wird (V. 13), die Wasserwellen zu Cognacfluten und die Meeresküste zum Glasrand (V. 14).

Doch diese Korrelationen können auch revidiert werden. Eine erneute Lektüre des Gedichts bietet eine alternative Form der Modellierung von Korrelationen: Die Frage A kann sich auch auf die vierte Strophe beziehen, weil nicht nur die Anziehungskraft des Mondes, sondern auch die Eigenrotation der Erde das Phänomen der Gezeiten bewirkt (V. 11–12), während die Frage B auch auf die 5. Strophe bezogen werden kann, die eine metaphorische Umschreibung der Gezeitenphänomene bietet: Aufgrund der Drehung als *tertium comparationis* wird der Ozean zum Glas, in dem Cognac geschwenkt wird (V. 13). Die dritte Frage C kann schließlich auch auf die sechste Strophe bezogen werden, in der es ebenfalls – wenn auch im metaphorischen Sinne – um Trägheit, das heißt um die Langsamkeit des Mondes geht, der als „Trödler“ bezeichnet wird, weil er zurückbleibt (V. 18). Im Grunde ergeben also die Lektüren die Notwendigkeit eines wiederholten Lesens, das die Oszillation zwischen diesen alternativen Korrelationsmöglichkeiten zu klären versucht.

Eine dritte Lektüre ergibt Folgendes: Jedem Phänomen wird eine Gedichtzeile gewidmet, es herrscht stychische Ordnung und Übersichtlichkeit. Der Aufbau des Gedichtes gleicht einer Terzine, daran erinnert die durchgängige dreizeilige Strophenstruktur. Doch was fehlt, ist der Kettenreim, der den Gedankengang des Gedichts prozessualisiert: aba, bcb, cdc, ded, efe, fgf. Wäre diese Reimstruktur gegeben, so würde die mittlere Reimendung der ersten Strophe in der nächsten Strophe wiederaufgenommen. Sie würde sich in der zweiten Strophe in einer Anfangs- und Endzeile aufspalten, sich also spiegeln und eine neue Reimendung in sich einbetten, die erneut auf die dritte Strophe übertragen werden würde, sich doppeln, sich öffnen und einen neuen Vers rahmen würde. Horst Frank merkte zur klassischen Reimstruktur der Terzine an: „Ist es das Wesen jeder Strophe, mehrere Verse zu einer wiederkehrenden, aber jeweils in sich gerundeten Form zu vereinen, so wirkt der versverkettende Reim der Terzine dem gerade entgegen.“[24] Die Gattung der Terzine gibt es demnach auch schon vor, den Gedankengang nicht im Rahmen einer Strophe abzurunden, sondern in den nächsten Strophen prozesshaft fortzuführen. Das Wesen der Terzine ist also die Prozessualisierung der Form-Modellierung und implizit auch der Gedankengänge, die geformt werden. Der *locus classicus* für diese Feststellung ist Goethes Brief an Schiller vom 21. Februar 1798. Goethe, von Schlegels „Prometheus“ angeregt, sich mit dieser metrischen Struktur zu beschäftigen, stellt fest: „es will mir aber bei näherer Ansicht nicht gefallen, weil es gar keine Ruhe hat und man wegen der fortschreitenden Reime nirgends schließen kann.“[25]

„Avicenna“ inszeniert ein raffiniertes Spiel mit Formen der Modellierung. Denn das formale Reimprinzip der Terzine, die durch den Elfsilber, den fünfhebigen Jambus und die dreizeilige Strophenstruktur aufgerufen, aber auf phänomenaler Beobachtungsebene nicht vollständig realisiert wird, wird auf andere formale Modellierungsprinzipien übertragen – mit Lotmans Terminologie würde man an dieser Stelle von einer internen lyrischen Umcodierung sprechen. Das Gedicht bietet eine formale Ellipse, obwohl es, durch die Dreizeilenstruktur, durch den *endecasillabo*, der zwar nicht durchgehend, aber dennoch in den Versen 1, 2, 12, 13, 15, 16, 18 realisiert ist, die Erwartungen der formalen Vorgaben der Terzine erweckt.

Doch nun gilt es, die formalen Eigenheiten des Gedichtes noch näher zu beobachten, beziehungsweise dessen Spiel mit der Form näher zu beleuchten. Symmetrie und Symmetriebruch sind auch auf der formalen Ebene zu erkennen: Es gibt einen durchgehenden Jambus in der ersten, fünften und sechsten Strophe, wäh-

24 Horst Joachim Frank: *Handbuch der deutschen Strophenformen*. 2. Aufl. Tübingen, Basel: Francke 1993, S. 65.

25 Johann Wolfgang von Goethe: „Goethe an Schiller 21./25.2.1798“. In: ders.: *Sämtliche Werke, Briefe, Tagebücher und Gespräche*. Hrsg. von Karl Eibl. Abt. 2, Bd. 4: *Johann Wolfgang Goethe mit Schiller. Briefe, Tagebücher und Gespräche vom 24. Juni 1794 bis zum 9. Mai 1805*. Teil 1: *Vom 24. Juni 1794 bis zum 31. Dezember 1799*. Hrsg. von Volker C. Dörr und Norbert Oellers. Frankfurt a. M.: Deutscher Klassiker Verlag 1998. S. 507–508.

rend in der zweiten, dritten und vierten Strophe ein paar signifikante Abweichungen zu verzeichnen sind. Hier stellt man rhythmische Störungen fest. Die Verse der zweiten Strophe, 4, 5 und 6, beginnen alle auftaktisch mit einer betonten Silbe und widersetzen sich somit den regelmäßigen Jamben. Doch ausgerechnet in diesen Zeilen wird das Frage-Antwort-Spiel vorgeführt, das für das Gedicht entscheidend ist. Eine zweite rhythmische Abweichung von dem durchgehenden metrischen Schema ist in den Versen 8 und 10 jeweils am Ende der Verse zu beobachten. Auf jede einzelne Abweichung werde ich noch eingehen. Sodann ist eine kontinuierliche männliche Kadenz in den ersten zwei Strophen zu beobachten, mit der Ausnahme des ersten Verses. Sie wird in der dritten Strophe durch eine weibliche unterbrochen. Sodann stellt sich allmählich im Gedicht eine männlich-weibliche Kadenz-Alternanz ein. Auch das ist interpretatorisch relevant.

Die vollständige Analyse ergibt, dass hier eine formale Ellipse vorliegt: Die Gattung der Terzine sieht den Kettenreim vor, dieser wird im Gedicht nicht durch die Endsilben realisiert. Stattdessen wird dieses Schema als Code anzitiert, jedoch intern umcodiert und auf einer anderen Ebene formal realisiert. Das Reimschema erscheint in den letzten zwei Strophen, wo es durch die Versmetrik durchgängig intern umcodiert und formal neu realisiert wird. Drei metrische Kriterien, die Silbenanzahl der Verse (11, 12, 11–12, 11, 12), die Anzahl der Versfüße pro Vers (5-, 6-, 5- und 6-, 5-, 6-Heber) und die Alternanz der Kadenzen formen das Reimschema der Terzine um und bestätigen dieses Muster. Es gibt also eine Entsprechung zwischen der Art, wie die Anzahl von Hebungen und Senkungen von Vers zu Vers alternieren und der Art, wie die Kadenzen von Vers zu Vers alternieren: Auf eine männlich umschlingende Kadenz „m, w, m“ (V. 7–9) folgt eine weiblich umschlingende Kadenz „w, m, w“ (V. 10–12). Auch damit wäre die Terzinenreimstruktur realisiert. Doch dies erfährt eine Variation, denn in den letzten beiden Strophen wird diese Struktur variiert, hier folgt auf eine durch weibliche Kadenzen dominierte ‚Umarmung‘ „w, m, w“ (V. 13–15) eine von männlichen Kadenzen dominierte ‚Umarmung‘ „m, w, m“ (V. 16–18). Dass das keine zufällige Beobachtung ist, wird dadurch deutlich, dass die Formung der Katalexen dem gleichen Muster folgt. Sodass in den letzten vier Strophen des Gedichtes folgendes Modellschema zu erkennen ist: „akatal. – katal. – akatal“ (V. 7–9), „katal. – akatal. – katal“ (V. 10–12). Nun wiederholt sich das letztgenannte Muster mit umgekehrtem Vorzeichen: erst die Reihenfolge „katal. – akatal. – katal“ (V. 13–15). Sodann schließt das Muster der dritten Strophe diese symmetrische Modellierung ab: „akatal. – katal. – akatal“ (V. 16–18) und entspricht damit symmetrisch der Modellierung der Kadenzen.

Hier liegt eine Überlagerung homologischer Modellierungsformen vor, die zugleich die interne Umcodierung des Reimschemas signalisiert: Die Alternanz der Versfußanzahl und die Kadenzen folgen einem gemeinsamen Muster, der Ketten-

Reimstruktur der Terzine, die als solche selbst nicht formal realisiert ist. Markiert wird zunächst eine Ellipse – die fehlende Reimstruktur, die durch die Endsilben der Verse nicht realisiert ist. Gezeigt wird aber, dass das Gedicht um die Modellierungsform weiß, sie jedoch textstrategisch raffiniert umcodiert, transformiert hat und durch andere formale Strukturgesetze realisiert.

Für diese eigenwillige Form der Variation gibt es auch eine Entsprechung auf der Inhaltsebene des Gedichtes. Sie wird dort inhaltlich angekündigt, wo die ‚formale Verkettung‘ beginnt, im siebten Vers, der das inhaltlich ‚vorhersagt‘, was beginnend mit diesem Vers im Gedicht formal passiert: „Die beiden kreisen: kreisen in gebundner Rotation“ (V. 7). Die „gebundne Rotation“ ist wichtig, die Ellipse im Adjektiv ist nicht zufällig. Die Bezeichnung ist ein Fachbegriff der Astronomie und die Pointe des Gedichtes ist Folgende: Das astronomische Prinzip der gebundenen Rotation erfährt in der Lyrik eine formale asymptotische Annäherung. Die „gebundene Rotation“ wird hier als transdiskursive Interpolation zwischen den beiden Diskurssphären bezeichnet, sie markiert den Prozess der Interformation: Denn sie ist ein *terminus technicus* der Astronomie, das mit lyrischen Verfahren verschränkt, d. h. eigenlogisch re-encodiert wird. Auf dieser Weise wird die transdiskursive Kontaktzone und der interformative, epistemisch-ästhetische Aushandlungsprozess auch für den Leser eröffnet.

Die „gebundene Rotation“ bezeichnet in der Astronomie ein Phänomen zwischen zwei einander eng umkreisenden Himmelskörpern: Die Eigendrehung des masseärmeren Körpers, in diesem Fall die des Mondes, seine *Rotation*, ist nicht unabhängig von seiner Umlaufzeit um den anderen Körper, von seiner sogenannten *Revolution*. Die Eigendrehung des Mondes war früher unabhängig von seiner Umlaufzeit um die Erde. Doch die Wirkung der Gravitationskraft der Erde auf den Mond führte zur Kopplung der Umlaufzeit des Mondes an die der Erde auf 29,5 Tage. Die Erde ist also diejenige, die den Mond an sich gekettet hat, in einer „gebundenen Rotation“, sodass „der Mond uns immerfort [...] das gleiche hasenschartige Gesicht“ (V. 8–9) zeigt. Doch die Äquivalenz – die gebundene Rotation – wird nicht auf der einfachen Ebene des Ketten-Reimes umgesetzt, sondern formal intern umcodiert. Sie wird erstens durch die Anzahl der Versfüße und zweitens durch die Art der Kadenzen realisiert. Daher das doppelte „kreisen“ und der dazwischen gesetzte Doppelpunkt (V. 7).

Die hier aufgestellte These wird im Rest des Kapitels Schritt für Schritt ausgeführt unter Einbeziehung des wissenschaftshistorischen Kontextes, der mit diesem astronomischen Fachbegriff evoziert wird: dem berühmten Zwei-Körper-Problem in der Astronomie. Die entscheidende Frage, die sich im 17. Jahrhundert stellte und an der Galilei, Kepler und Newton arbeiteten, lautet: Wie lassen sich die Bewegungen der beiden Himmelskörper, der Erde und des Mondes, die untereinander in einem Zwei-Körper-System gebunden sind, physikalisch vollständig beschreiben? Die Frage erscheint aus heutiger Sicht recht banal, war damals aber virulent: Welche Kräfte halten Mond und Erde auf ihrer jeweiligen Bahn, eng einander verbunden? Und warum ‚verspätet' sich der Mond? Das Gedicht erzählt in verklausulierter Weise die Geschichte der Entdeckung und Beschreibung der Gravitationskraft, wie zu zeigen sein wird.

Als Leser beobachten wir nun, dass uns hier eine Information über eine mögliche Korrelation zwischen Form und Inhalt gegeben wird: Es wird das rhythmische Kreisen („Jahraus, jahrein") zweier bisher nur durch die beiden benannten physikalischen Körper evoziert und ab dann formal dargestellt. Doch wer kreist hier um wen? In Zeile 7 ist es inhaltlich noch nicht klar, dass es Mond und Erde sind. Hier fällt nur auf, dass ausgerechnet das Wort „Rotation" am Ende des jeweils ersten Verses der zweiten und dritten Strophe (V. 4 und 7) wiederholt wird. Das ist der einzige Hinweis, den dieses Gedicht auf irgendeine echte Reimstruktur im herkömmlichen Sinne des Wortes gibt. Und es ist ein identischer Reim, eine Wiederholung eines Wortes, der „Rotation". Ein Wort, das einerseits wieder an die formale Modellierungstradition der Terzine erinnert, an seine durch die eigene metrische Struktur „gebundne Rotation". Sind die Interpretationsmöglichkeiten mit dieser Feststellung der Form-Inhalt-Selbstbezüglichkeit erschöpft? Das Spiel zwischen Inhalt und Form beginnt erst jetzt – und auch das Spiel mit der Dialogizität.

Der Terminus der Rotation wird nämlich nicht umsonst gedoppelt. Es gibt in der Tat in der Astronomie als Fachtermini sowohl eine ‚gebundene Rotation' als auch eine ‚doppelt gebundene Rotation'. Die gebundene Rotation wird im Gedicht wörtlich erwähnt, das ist die Information, die das Gedicht dem Leser gibt. Die doppelt gebundene Rotation wird jedoch durch die formale Analyse inferiert. Sie kann außerdem nur dann inferiert werden, wenn man über die einfache Information hinausgeht und den Prozess analysiert, den ich hier als Prozess der Interformation vorführen möchte.

3 Tertiäre Dimension der Modellierung: Symmetriebrüche konvergieren interformativ

Den ersten beiden Formen der Modellierung möchte ich nun die tertiäre Modellierung hinzufügen: Das wäre die Modellierung, die nicht nach homologischen Modellierungsprinzipien und -praktiken erfolgt, sondern nach heterologischen, die auf einem anderen Modellierungssystem basieren, welches eine andere Referenzrahmung und andere Codierungskonventionen kennt. Im Falle des Gedichtes „Avicenna" ist es das astronomische Modellierungssystem.

Und damit erhält auch diese Interpretation eine Wendung auf der inhaltlichen Ebene, über die bisher erst wenig gesprochen wurde. Wer sind die „beiden“, die auf inhaltlicher Ebene umeinander „kreisen“ (V. 7)? An dieser Stelle der Argumentation erhält dieser Schlüsselvers eine doppelte Bedeutung: das „Kreisen“ bezieht sich nämlich nicht nur auf die Kettenreimstruktur, die intern umcodiert wurde. Dieser internen Umcodierung korrespondiert nämlich auch eine externe Umcodierung eines theoretischen Modells der Astronomie.

3.1 Das Zwei-Körper-Problem

Das Problem, das damit im Wesentlichen verbunden wurde, ist das bereits mehrfach erwähnte berühmte Zwei-Körper-Problem. Die Frage stellte sich nach dem Rätsel ihrer Bewegung in einem gebundenen Rotationssystem, im Grunde ist es die Frage nach der Gravitationskraft. Zunächst bezog sich die Frage auf die Bewegungen der Erde und des Mondes als Doppelsystem, doch sie gelten natürlich für das System aller Planetenbewegungen. Nach Newton galten dieselben Gesetze der Bewegung für jedes Zwei-Körper-System. Doch bevor es zur Entdeckung der Gravitationskraft kam, die universell für jedes Zwei-Körper-System des Kosmos unabhängig von ihrer Masse und von ihren Maßen gilt, fand Kepler eine theoretische, kinematische Lösung des Zwei-Körper-Problems zunächst in der Astronomie und formulierte sie in den drei Kepler’schen Gesetzen.

3.2 Die drei Kepler’schen Gesetze

Die dritte Strophe des Gedichts, dessen Quintessenz das Kreisen in gebundener Rotation ist, beschreibt die Kinematik, die Regeln der Bewegung der Planeten auf ihren Bahnen, die von Kepler aufgrund von Beobachtungen und Messungen berechnet worden sind. Kepler gelang es, die Bewegung der Planeten genau zu beschreiben und das kopernikanische System deskriptiv zu vollenden, indem er sich in der Formulierung seiner drei Kepler’schen Gesetze der Physik von einem jahrhundertealten metaphysischen Postulat verabschiedete: dass die Planetenbewegungen der durch perfekte Symmetrie ausgezeichneten Form eines Kreises folgen mussten. Damit gelang Kepler die theoretische Modellierung des kopernikanischen Systems aus kinematischer Perspektive. Die vollständige physikalische Formulierung gelang jedoch erst ein halbes Jahrhundert später durch Newton. Newton lieferte die Bewegungsgleichungen nicht nur aus rein kinematischer Perspektive der Geometrie der Bewegung, sondern auch aus dynamischer Perspektive, die generell die Ursache dieser Bewegungen klärt: die Gravitationskraft. Diese wird bei Kepler schon intuitiv vorweggenommen.

Ein Jahrzehnt arbeitete sich Kepler an diesem Problem ab. Dokumentiert ist dieses intellektuelle Ringen um die Erhaltung der Planetenbahnformen in der perfekten Rotationssymmetrie des Kreises, wie das die alte metaphysische Tradition vorschrieb – von Platon, über Aristoteles, Ptolemäus und die Scholastik bis hin zu Kopernikus. Jürgen Mittelstraß beschreibt in seiner Monografie „Die Rettung der Phänomene“[26] dieses zähe intellektuelle Ringen Keplers, der sich zwischen den beiden Erscheinungsdaten seiner ersten beiden wichtigen astronomischen Werke abspielte, des „Mysterium Cosmographicum“ (1596)[27] und der „Astronomia Nova“ (1609).[28] Auf der einen Seite stand die astronomische und metaphysische Weltmodellierungstradition, die die Form des Kreises als symmetrische Perfektion postulierte, auf der anderen standen Keplers Berechnungen und die gesammelten astronomischen Messungen des Prager Observatoriums unter der Leitung Tycho Brahes (das zu Keplers Zeit als eines der führenden astronomischen Observatorien weltweit galt), die besagten, dass sich die Planeten auf Ellipsenbahnen und nicht auf Kreisbahnen bewegen.[29] Nach langem Ringen unter ethischen, philosophischen

26 Der Urtext dieser wissenschaftsphilosophischen Aufgabe steht in Simplicius' Kommentar zu Aristoteles' „Über den Himmel“: Aristoteles: *Über den Himmel*. Übers. und erläutert von Alberto Jori. In: ders.: *Aristoteles Werke in deutscher Übersetzung*. Bd. 12,3. Hrsg. von Hellmut Flashar. Berlin: Akademie 2009. Vgl. zum wissenschaftshistorischen Kontext der Debatte: Leonid Zhmud: „‚Saving the phenomena‘ between Eudoxus and Eudemus“. In: *Homo Sapiens und Homo Faber. Epistemische und technische Rationalität in Antike und Gegenwart*. Festschrift für Jürgen Mittelstraß. Hrsg. von Gereon Wolters und Martin Carrier. Berlin, New York: De Gruyter 2005. S. 17–24; Martin Carrier: „Die Rettung der Phänomene. Zu den Wandlungen eines antiken Forschungsprinzips“. In: *Homo Sapiens und Homo Faber. Epistemische und technische Rationalität in Antike und Gegenwart*. Festschrift für Jürgen Mittelstraß. Hrsg. von Gereon Wolters und Martin Carrier. Berlin, New York: De Gruyter 2005. S. 25–38. Vgl. zum philosophischen Kontext: Fritz Krafft: „Der Mathematikos und der Physikos. Bemerkungen zu der angeblichen Platonischen Aufgabe, die Phänomene zu retten“. In: Fritz Krafft, Kurt Goldammer und Annemarie Leibbrand-Wettley: *Alte Probleme – neue Ansätze. Drei Vorträge. Würzburg 1964*. Wiesbaden: Steiner 1965. S. 5–24. Vgl. hierzu auch Kap. V.1 (S. 201–241) und Kap. V.2 (S. 242–280) in dieser Arbeit.

27 Johannes Kepler: *Mysterium cosmographicum. De stella nova*. Hrsg. von Max Caspar. In: ders.: *Gesammelte Werke*. Bd. 1. Hrsg. von Walther von Dyck, Max Caspar und Franz Hammer. München: Beck 1938.

28 Johannes Kepler: *Astronomia nova*. Hrsg. von Max Caspar. In: ders.: *Gesammelte Werke*. Bd. 3. Hrsg. von Walther von Dyck, Max Caspar und Franz Hammer. München: Beck 1938.

29 Als Nachfolger Tycho Brahes als Leiter der Prager Sternwarte gab Kepler diese Messungen vollständig heraus. Die Publikation der „Tabulae Rudolphinae“ gilt wissenschaftshistorisch als Vollendung der Belege für das kopernikanische Weltsystem aus der Perspektive der Langzeit-Messungen und Beobachtungen. Vgl. Johannes Kepler: *Tabulae Rudolphinae, quibus Astronomicae scientiae, temporum longinquitate collapsae Restauratio continetur. A Phoenice illo Astronomo-*

und astronomischen Gesichtspunkten entschied sich Kepler, der Kohärenz der Messungen und der mathematischen Modellierungen zu folgen und das kopernikanische Weltmodell aufgrund der so hergestellten Inferenzen zu modifizieren. Kepler legte dar, dass die Planeten nicht im Kreis um die Sonne und der Mond nicht im Kreis um die Erde kreisen, sondern auf einer Ellipsenbahn. Dem entspricht das ausformulierte erste Kepler'sche Gesetz: Die Umlaufbahn der Planeten ist kein Kreis, sondern eine Ellipse. Die Sonne befindet sich nicht im Mittelpunkt eines Kreises, sondern im Brennpunkt einer Ellipse. Kepler hierzu:

> Nicht eher nahm meine ermüdende Arbeit ein Ende, als bis ich eine vierte Stufe zu den physikalischen Hypothesen legte; durch höchst mühsame Beweise unter Verarbeitung von sehr vielen Beobachtungen fand ich, daß der Weg der Planeten am Himmel kein Kreis ist, sondern eine *ovale*, vollkommen *elliptische* Bahn.[30]

Kepler nahm einen Symmetriebruch und den entsprechenden Bruch mit der metaphysischen Tradition in Kauf. Heute gilt die Ellipse als die allgemeinere geometrische Form. Der Kreis gilt als entartete Ellipse, weil er nicht zwei, sondern nur einen Brennpunkt aufweist. Der Abstand des Brennpunktes vom ‚idealen Zentrum‘ als Mittelpunkt wird als Exzentrizität bezeichnet. Kepler nahm die negative Exzentrizität der Ellipse in Kauf und modellierte sie als empirisch adäquate Beschreibung der Bewegungsbahn aller Planeten um die Sonne und des Mondes um die Erde. Damit erst gelang es ihm, die ‚Phänomene‘ vollständig ‚zu retten‘, das heißt ein theoretisches Modell vorzulegen, dessen Vorhersagen den Messungen und Beobachtungen der Planetenbewegungen inklusive aller ihrer Anomalien – zum Beispiel die Bahn-Abweichungen des Planeten Mars – bis heute fast vollständig empirisch entspricht.

Die Kepler'schen Gesetze bieten nun den wissenschaftshistorischen Kontext für die erste interformative Lesart des Gedichts. Denn das zweite Kepler'sche Gesetz besagt, dass die Verbindungslinie zwischen Brennpunkt und Mond die gleichen Flächen in gleichen Zeiträumen überstreicht, sodass der Mond, wenn er sich am Apogäum befindet, eine langsamere Geschwindigkeit aufweist, als wenn er das Perigäum passiert. Dieses Gesetz bildet im Grunde die erste Lesart für die letzte Strophe des Gedichtes: „Die Erde dreht sich schneller als der Mond umläuft. / Mit jedem Zyklus wächst sie, die Verspätung – / Der alte Trödler nimmt sich Zeit. Er bleibt zurück“ (V. 16–18).

---

rum Tychone, Ex illustri & Generosa Braheorum in Regno Daniae familia oriundo Equite. Ulm: Jonas Saur 1627.

30 Johannes Kepler: *Astronomia nova. Neue, ursächlich begründete Astronomie*. Durchgesehen und ergänzt sowie mit Glossar und einer Einleitung versehen von Fritz Krafft. Übers. von Max Caspar. Wiesbaden: Marix Verlag 2005 [1929], S. 41. Hervorhebungen im Original.

Der Mond überstreicht gleiche Flächen in gleichen Zeiten auf seiner elliptischen Bahn, am Apogäum – wo die Entfernung von der Erde größer ist – langsamer als am Perigäum: das ist die erste Lesart für die im Gedicht behauptete Verspätung des Mondes. Dieses Gesetz gilt natürlich auch für die Beziehung zwischen Erde und Sonne, so Kepler:

> Denn ob sich die Erde oder die Sonne bewegt, jedenfalls ist sicher erwiesen, daß sich der Körper, der sich bewegt, in ungleichförmiger Weise bewegt, und zwar langsam, wenn er weiter vom ruhenden entfernt ist, und schnell, wenn er dem ruhenden sehr nahe steht.[31]

Es ist eben diese Verspätung, die Abweichung von der perfekten, symmetrischen Form des Kreises, die Kepler beschäftigte. Können nun Korrespondenzen zwischen dieser Form des Kepler'schen Gesetzes und der Form des Gedichts festgestellt werden? Die interformative Verschränkung von lyrischen und physikalischen Modellierungsverfahren kann zumindest nur aufgrund einer vorausgehenden lyrischen Umcodierung erfolgen. Die formal-stilistische Modellierung der Ellipse in der Lyrik erfolgt anders als die geometrische Modellierung der Ellipse in der Astronomie: In der Lyrik wird die Ellipse als ein ‚Fehlen' eines Elementes an einer entscheidenden Stelle definiert. Im Gedicht selbst wird diese Ellipse doppelt markiert, auf der Mikro- und auf der Makroebene. Auf der Mikroebene spricht das Gedicht von „gebundner Rotation" und setzt eine Vokal-Ellipse ausgerechnet in das Adjektiv, das die Drehung näher definiert. Auf Makro-Ebene erkennen wir noch eine weitere signifikante Ellipse: das Fehlen der Schlusszeile am Ende der Terzine, die den Gedankengang zu einem vollendeten Ende bringen müsste. Somit wird die mangelnde Vollendung der Form des Gedichts in einen Prozess – in einen Gedankenprozess – transformiert. Worauf deutet er hin? Zum einen auf die Systematik der Kegelschnitte: Die Differenz zwischen der geometrischen elliptischen Form und der lyrischen elliptischen Form kann dann zu einer Äquivalenz transformiert werden, wenn man die Systematik der Kegelschnitte rekonstituiert, die schon seit Eudoxos von Knidos und Apollonios von Pergos bekannt sind. Die vier Kegelschnitte sind der Kreis, die Ellipse, die Hyperbel und die Parabel.[32]

Bis auf den Kreis weisen alle Kegelschnitt-Begriffe interformative Korrespondenzen auf, denn sie definieren Formen bzw. sekundäre Modellierungskonventionen sowohl der Literatur als auch der Geometrie: Parabel, Hyperbel und Ellipse sind sekundäre Modellierungsformen der Lyrik, insofern als dass sie als stilisti-

---

31 Kepler: *Astronomia nova* (Anm. 30), S. 25.

32 Vgl. Peter Proff: „Die Deutung der Begriffe ‚Ellipse', ‚Parabel' und ‚Hyperbel' nach Apollonios von Perge". In: *Gelêrter der arzenîe, ouch apotêker. Beiträge zur Wissenschaftsgeschichte*. Festschrift zum 70. Geburtstag von Willem F. Daems. Hrsg. von Gundolf Keil. Pattensen: Wellm 1982. S. 17–35.

sche Mittel oder als Gattungs-Modellierungskonventionen gelten. Parabel, Hyperbel und Ellipse sind aber auch die geometrischen Formen, die als Kegelschnitte, als Lösungen von quadratischen Gleichungen, als sekundäre Modellierungsformen diejenigen ausgezeichneten Bahnen sind, die den Planetenbewegungen entsprechen. Die Abweichung der Ellipse vom Kreis wird durch die Exzentrizität gemessen, die die Abweichung des Brennpunkts vom Mittelpunkt kennzeichnet. Bei der Ellipse trägt die Abweichung immer ein negatives Vorzeichen, ein ‚–‘, weil die Exzentrizität kleiner ist als 0, bei der Hyperbel grundsätzlich ein positives Vorzeichen, ein ‚ +‘, weil die Exzentrizität größer ist als 0. Der Umschlagspunkt zwischen Ellipse und Hyperbel ist immer die Parabel, deren einer geometrischer Brennpunkt im Endlichen liegt, während der andere Brennpunkt ins Unendliche wandert. Eine Parabel, die sich im Unendlichen schließt, wird somit zur Hyperbel. Die Parabel gilt daher als ‚Grenzfall‘, in dem sich die Ellipse in eine Hyperbel umwandelt kann – oder umgekehrt, die Hyperbel in eine Ellipse.

Wir beobachten hier zwei verschiedene Phänomene der Interformation. Einerseits wird die Differenz auf eine andere systematische Ebene – die der Theorie der Kegelschnitte – gehoben, wo es eine mögliche Äquivalenz für die Ellipse gibt. Die Ellipse ist auch in der Geometrie nicht nur eine ovale Form. Die Abweichung von der perfekten Kreisstruktur wird auch in der Theorie der Kegelschnitte mit dem negativen Vorzeichen der Exzentrizität, dem ‚Minus‘ symbolisiert. Damit wird die Exzentrizität der Form, die Entfernung des Brennpunktes der Ellipse vom Mittelpunkt des Kreises definiert. Zweitens beobachten wir, dass das Gedicht mit diesem Fehlen, mit der Abweichung von der perfekten Form der Terzine, auch dauernd spielt, aber eben durch interne Umcodierung. Das Gedicht wendet seine eigene Logik der Formung der Ellipse an, die für seine semio-logische Diskurssphäre charakteristisch ist. Diese Umcodierung, meine ich, ist charakteristisch für die Interformation. Die Herstellung von Verschränkungsverfahren verläuft nie durch Appropriation oder mimetische Assimilation, denn es sind immer nur eigenlogische asymptotische Annäherungen. Sie sind durch eigenlogische Form-Differenzen markiert.

Bis jetzt wurden die Kohärenz der lyrischen Form analysiert und Möglichkeiten in Erwägung gezogen, wie die lyrische Gattung durch Umcodierung auf anderen Ebenen als auf der erwarteten, der Reimstruktur, variiert wurde. Doch nun betrachten wir noch zusätzliche Störungen der lyrischen Ordnung auf der Ebene der Regelmäßigkeit der Versfußalternanz und in Bezug auf die Versmaße.

Die vierte Strophe beschreibt den entscheidenden Schritt, der konzeptuell noch bei Kepler beginnt, jedoch in vollendeter Form erst durch Newton theoretisch konzeptualisiert und mathematisch modelliert wird: durch die drei Newton’schen Prinzipien, die die Dynamik der Wechselwirkungen zwischen den beiden Körpern – Mond und Erde – beschreiben. Diese galten über Jahrhunderte als beispielhaft für die Schönheit mathematischer Modellierung. Das zweite Prinzip, die Bewegungsgleichung, kondensiert die Quintessenz des mathematischen Denkens in größter formaler Einfachheit: $F = m \times a$. Doch diese scheinbare formale Simplizität wies deshalb einen hohen Grad an Poetizität auf, weil sie zugleich die notwendige Komplexität der physikalischen Modellierung aufwies, um die tiefsten Symmetrien im Bewegungssystem zweier Körper zu erfassen, und zudem auch alle möglichen Abweichungen von den Symmetrien in der physikalischen Modellierung vorsah, sodass, wenn die Initialbedingungen bekannt waren, die notwendige und die wahrscheinliche Bewegungsdynamik jedes Zwei-Körper-Systems vorhersagbar wurde. Die Differenz, die entscheidende Ausnahme von der Regelmäßigkeit der Bewegung beider Himmelskörper – Mond und Erde – wird im Gedicht nun durch die ‚Verspätung' ausgedrückt. Die ‚Verspätung' scheint die Gebundenheit der Rotationssymmetrie der beiden Himmelskörper zu brechen: „Die Erde dreht sich schneller als der Mond umläuft. / Mit jedem Zyklus wächst sie, die Verspätung – / Der alte Trödler nimmt sich Zeit. Er bleibt zurück" (V. 16–18; Hervorhebung v. AH). Das ist die semantisch-informative Ebene des Gedichts. Was besagt die Analyse der Verschränkung der Modellierungsprozesse zwischen Lyrik und Physik? Auf dieser inhaltlichen Übertragungsebene gibt es nämlich Verbindungen zwischen dem Wolkenwirbel des zweiten Verses und dem Prinzip der Rotation und der Trägheit (V. 4–6). Sodann zwischen der Gezeitenkraft, die als Anziehungskraft zwischen Mond und Erde wirkt (V. 5) und ihre entsprechende Wirkung, der „gebundne[n] Rotation", sodass der Mond der Erde das immergleiche Gesicht zeigt (V. 7–9). Diese gebundene Rotation bewirkt auch die Gezeiten, die auch durch die Hebungen und Senkungen der Wasserspiegel symbolisiert werden (V. 10–12). Der elfte Vers jedoch kündigt eine Abweichung von dieser perfekt geordneten Rotationssymmetrie an: Eine „Unwucht", eine „Differenz zum Kern".

So wie im dritten Vers des Gedichtes ein menschlicher Agent – das Kind, das einen Eimer schwenkt – zwei empirischen Phänomenen gegenübergestellt wird (Welle und Wolkenwirbel), hat man sich auch später, zunächst bei der Gegenüberstellung von Mond und Erde mit ihren jeweiligen Anziehungskräften, eine Reaktion durch eine menschliche Hand vorzustellen: Hier wird der Ozean zu einem Cognac-Schwenker anthropomorphisiert (V. 13), der wiederum auf metaphorischer Weise verursacht, dass sich die Ozeanbucht entblößt. In der letzten Strophe der elliptischen Terzine wird das allgemeine Wirkungsprinzip klar, das überhaupt das Gedicht in Bewegung gesetzt hat: die Verspätung des Mondes. Das Gedicht eröffnet also die Dichotomie zwischen der perfekten, symmetrischen Zwei-Körper-Rotation umeinander einerseits und der Brechung dieser Symmetrie durch die Verspätung des Mondes andererseits. „Der alte Trödler nimmt sich Zeit. Er bleibt zurück" (V. 18). Gefährdet er somit die ursprünglich angenommene Rotations-Symmetrie?

3.3 Die drei Newton'schen Gesetze

Die nächste Etappe der physikalischen Modellierung kommt hier ins Spiel, die als Verallgemeinerung der Kepler'schen Gesetze gilt: die Newton'schen Gesetze der Mechanik, die formal-mathematisch 1686 in der „Philosophiae Naturalis Principia Mathematica“ (1686) ausformuliert sind. Auch sie beziehen sich sowohl auf die regelmäßigen als auch auf die unregelmäßigen Bewegungen des Zwei-Körper-Systems Erde-Mond, wie das Newton wörtlich formuliert: „Alle zum Erdmond gehörenden Bewegungen und alle Ungleichheiten dieser Bewegungen sind eine Folge aus den dargelegten Prinzipien.“[33]

Hier wird eine Eigenheit der theoretisch-physikalischen Modellierung deutlich, die in der Semiosphäre der Literaturwissenschaft bisher zu wenig berücksichtigt wird: Auch die mathematische Modellierung – schon zu Zeiten Newtons – berücksichtigt sehr wohl Ordnung und Unordnung, Regelmäßigkeiten und Anomalien. Mit anderen Worten: Die Möglichkeit der Vorhersehbarkeit kann nur vor dem Hintergrund der Berücksichtigung der Kontingenz, der Unregelmäßigkeiten modelliert werden. Die grundlegende Berücksichtigung der Differenz ist die Bedingung der Modellierung der Prinzipien derjenigen Ordnung, die jederzeit mit der Kontingenz rechnet. Wäre die Möglichkeit der Kontingenz nicht in der theoretischen Modellierung ‚eingepreist‘, könnte diese nicht zum Naturgesetz werden, denn sie würde von der Empirie sofort falsifiziert. Daher zeichnet sich die theoretische Modellierung durch Mehrdimensionalität auf.

Manche Dimensionen berücksichtigen sehr wohl die Divergenz, die Differenz. Andere Dimensionen der theoretischen Modellierung stellen wiederum die Bedingungen dafür auf, wie eine mögliche Kohärenz unter Berücksichtigung aller möglichen Differenzen, die die Datenmodelle hergeben, theoretisch modelliert werden kann. Dieses Gedicht kann – stellvertretend für den gesamten Zyklus „Cyrano oder die Rückkehr vom Mond“ – als Revision der Thesen des Galilei-Essays gelesen werden, der die physikalische Modellierung als unterkomplex und eindimensional darstellt.[34]

---

33 Isaac Newton: *Die mathematischen Prinzipien der Physik*. Hrsg. und übers. von Volkmar Schüller. Berlin, New York: De Gruyter 1999, S. 417. Im Original: „Motus omnes Lunares, omnesque motuum inaequalitates ex allatis Principiis consequi.“ In: Newton: *Principia Mathematica* (Anm. 7), S. 427. Vgl. auch die deutsche Fassung von 1872 in der Übersetzung von Jakob Philipp Wolfers: „Alle Bewegungen des Mondes und alle Ungleichheiten folgen aus den angeführten Principien.“ In: ders.: *Sir Isaac Newton's Mathematische Principien der Naturlehre*. Mit Bemerkungen und Erläuterungen hrsg. von Jakob Philipp Wolfers. Berlin: Oppenheim 1872. S. 409.

34 Vgl. dazu: „Ich habe diese Sünde sicherlich auch hin und wieder begangen, aber je länger ich mich damit befasse, desto deutlicher wird mir, wie unmittelbar benachbart diese Geister waren. Es ist sicherlich falsch, wissenschaftshistorisch von dieser frühen Trennung auszugehen. Absolut. Man muss davon ausgehen, dass diese Geister und deren Denken enger zusammenhingen“ In:

Dieses Gedicht gesteht der lyrischen und physikalischen Modellierung gleichermaßen Tiefe, Komplexität und Mehrdimensionalität zu. Die Gemeinsamkeit zwischen der lyrischen und der theoretisch-physikalischen Modellierung wird darüber hergestellt, dass den Symmetrieprinzipien bzw. Überlegungen beider semio-logischer Diskurssphären ein komplexer, eigenlogischer Umgang mit Differenz und Kontingenz zugestanden wird. Sie modellieren beide gleichermaßen – wenn auch mit unterschiedlichen Mitteln – die Komplexität der konkordanten Diskordanz.

Diese Thesen wären gewagt, wenn sie sich nicht am Wechselspiel von Form und Inhalt des Gedichtes erweisen würden. Das soll nun eine vierte Lektüre des Gedichts leisten. Im Mittelpunkt stehen nochmals – aber tiefer – die Argumentationsstruktur des Gedichtes und die möglichen formalen Korrelationen. Ausgegangen werden soll nun jedoch nicht von den ausgestellten, beschriebenen Phänomenen, sondern von den drei Fragen des Gedichts:

> 4 Was haben sie gemeinsam? – A: Die Rotation?
> 5 B: Die Gezeitenkraft, die uns der Mond beschert?
> 6 Oder die allgemeine Trägheit der Materie: C?

Die konkordante Diskordanz wird schon in dieser Strophe inszeniert. Eigentlich sind es nicht drei Fragen A, B, C, sondern vier: Die allgemeine Frage nach der Gemeinsamkeit ist ihnen noch übergeordnet, sie sind quasi in ihr eingebettet. Doch die Einbettung beruht auf einem Widerspruch. Die argumentative Gesamtstruktur der Fragestellung erweist sich bei näherer Betrachtung als eine Aporie: Die Frage betont die Gemeinsamkeit, die Trennung der Fragen jedoch suggeriert eine Disjunktion, was die Konjunktion ‚oder' bestätigt.

Eine Hierarchisierung der Fragestellung wird vorgenommen. Suggeriert wird, dass nur eine der drei Antworten richtig wäre. Ihre Richtigkeit würde die anderen beiden Möglichkeiten ausschließen. Genau dagegen wehren sich die unterschiedlichen Lesarten, die durch die Ausführung des Gedichtes in den nächsten vier Strophen nahegelegt werden. Die Korrelationen überlagern sich, das Verhältnis ist nicht disjunktiv. Vielmehr ist die Modellierung mehrdimensional und zeigt folgendes: Jede neue Ebene der Argumentation erfordert eine neue Perspektivierung der möglichen Korrelationen – und das vor dem Hintergrund eines je anderen Referenzrahmens mit seinen spezifischen Codierungen. Jede neue Perspektivierung und jeder neue Referenzrahmen setzt auch eine neue Korrelation voraus. Die Kunst der Modellierung – in Lyrik und Physik – ist die der wiederholten Umcodie-

---

„Librationen. Durs Grünbein im Dialog zu ‚Cyrano oder Die Rückkehr vom Mond' und ‚Vom Schnee oder Descartes in Deutschland'". In: Aura Heydenreich und Klaus Mecke (Hrsg.): *Physik und Poetik. Produktionsästhetik und Werkgenese. Autorinnen und Autoren im Dialog*. Berlin, Boston: De Gruyter 2015. S. 50–93. S. 61.

rung, sodass die Superposition dieser unterschiedlichen, sich scheinbar argumentativ ausschließenden Korrelationen möglich wird.

Zum anderen gibt es eine Diskrepanz, einen inneren Widerspruch zwischen Form und Inhalt gleich in Bezug auf die Strophe selbst: Denn obwohl die Verse 4–6 inhaltlich eine dreifache Disjunktion suggerieren, sind sie formal fast äquivalent und setzen sich somit als Block von der restlichen formalen Modellierung des Gedichtes ab: Sie weisen selbst diejenigen Gemeinsamkeiten auf, nach denen in der übergeordneten Frage nachgefragt wurde. Es ist hier noch einmal wichtig zu betonen, dass die Gemeinsamkeit auf der Ebene der formalen Modellierung festzustellen ist und nicht auf inhaltlich-semantischer Ebene, wo sogar eine Disjunktion suggeriert wird.

Die entscheidenden Abweichungen sind: Alle drei Verse sind nicht fünf-, sondern sechshebig, alle drei weichen rhythmisch vom üblichen jambischen Schema ab und fangen mit einer Hebung an.

Bei genauerer Betrachtung sieht man, dass auch diese Regelmäßigkeit nicht von perfekter Symmetrie beherrscht wird, auch hier gibt es eine kleine, minimale Abweichung. Die sechste Zeile springt aus der Reihe und hat nicht 12, sondern 14 Silben. Das entspricht wiederum der inhaltlichen Aussage, denn es geht darin ausgerechnet um die „allgemeine Trägheit der Materie“, und auch der Buchstabe C, der die Disjunktion markieren sollte, kommt nicht am Anfang, wie in den ersten beiden Fragen, sondern erst am Ende vor. Wird damit die Disjunktion aufgehoben oder zumindest in Frage gestellt?

In der zweiten Strophe werden die drei Newton'schen Prinzipien formuliert, die auf den Modellierungen Kopernikus', Galileis und Keplers basieren und zugleich die diskursive Formation der kopernikanischen Revolution theoretisch abschließend modellieren: Beides ist in der ästhetischen Modellierung des Gedichtes sichtbar, sowohl die palimpsestisch-diskursive Synthese als auch die Dialektik der theoretischen Modellierung: Während die Verse 4–6 eine dreifache Disjunktion suggerieren (entweder A oder B oder C), können sowohl die in der ersten Strophe geschilderten Phänomene als auch die in den nächsten vier Strophen geschilderten Wechselwirkungen zwischen diesen Phänomenen auf gemeinsame tiefe Prinzipien zurückgeführt werden.

Die drei Fragen korrespondieren mit den drei fundamentalen theoretischen Prinzipien der Mechanik durch Newton. Sie sind zwar unterschiedlich, gehören aber auf formaler Ebene zusammen in der Lösung der Modellierung des Zwei-Körper-Problems, mit der Newton die Kepler'sche Theorie weiterführt. Auch dieses komplexe Modellierungsgefüge repräsentiert eine palimpsestische Überlagerung – aber von heterologischen physikalischen Modellierungskonventionen.

Das erste Newton'sche Gesetz ist das Trägheitsprinzip, das noch von Galilei in seinem „Dialog über die beiden hauptsächlichsten Weltsysteme“ formuliert wurde:

„Wirkt auf einen Körper keine Kraft, so bewegt er sich geradlinig mit konstanter Geschwindigkeit.“[35] Dieses Prinzip wird im Gedicht mit der dritten Frage im sechsten Vers überlagert, welcher die „allgemeine Trägheit der Materie“ evoziert.

Das zweite Newton'sche Prinzip nennt sich das Aktionsprinzip: „Die Änderung der Bewegung ist der Einwirkung der bewegenden Kraft proportional und geschieht nach der Richtung [...] jener Kraft.“[36] Dieses Prinzip kann der ersten Frage A zugeordnet werden, denn daraus kann die Rotation hergeleitet werden. Würde keine Kraft auf den Mond wirken, würde er sich (wie ein Komet) von der Erde wegbewegen. Jedoch übt die Erde eine Anziehungskraft auf den Mond aus und diese Gravitationskraft verursacht die Bewegung des Mondes – seine Rotation – um die Erde.

> And in the same way that a projectile could, by the force of gravity, be deflected into an orbit and go around the whole earth, so too the moon, whether by the force of gravity – [...] or by any other force by which it may be urged toward the earth, can always be drawn back toward the earth from a rectilinear course and deflected into its orbit.[37]

Das dritte Newton'sche Gesetz ist das Wechselwirkungsprinzip, das besagt, dass Kräfte immer paarweise auftreten. „Übt ein Körper A auf einen anderen Körper B eine Kraft aus (actio), so wirkt eine gleich große, aber entgegen gerichtete Kraft von Körper B auf Körper A (reactio).“[38] So erklärt sich die gebundene Rotation und das Zwei-Körper-System Erde-Mond.

---

35 Im Original: „Corpus omne perseverare in statu suo quiescendi vel movendi uniformiter in directum, nisi quatenus a viribus impressis cogitur statum illum mutare.“ In: Newton: *Principia Mathematica* (Anm. 7), S. 12. Vgl. dazu die deutsche Fassung von 1872 in der Übersetzung von Jakob Philipp Wolfers: „Jeder Körper beharrt in seinem Zustande der Ruhe oder der gleichförmigen geradlinigen Bewegung, wenn er nicht durch einwirkende Kräfte gezwungen wird, seinen Zustand zu ändern.“ In: ders.: *Mathematische Principien* (Anm. 33), S. 32.

36 Im Original: „Mutationem motus proportionalem esse vi motrici impressae, et fieri secundum lineam rectam qua vis illa imprimitur.“ In: Newton: *Principia Mathematica* (Anm. 7), S. 12. Vgl. dazu die deutsche Fassung von 1872: „Die Aenderung der Bewegung ist der Einwirkung der bewegenden Kraft proportional und geschieht nach der Richtung derjenigen geraden Linie, nach welcher jene Kraft wirkt.“ In: ders.: *Mathematische Principien* (Anm. 33), S. 32.

37 Isaac Newton: *The Principia. Mathematical Principles of Natural Philosophy*. Hrsg. von I. Bernard Cohen und Anne Miller Whitman. Übers. von I. Bernard Cohen, Anne Miller Whitman und Julia Budenz. Berkeley: University of California Press 1999, S. 406.

38 Im Original: „Actioni contrariam semper et aequalem esse reactionem: sive corporum duorum actiones in se mutuo semper esse aequales et in partes contrarias dirigi.“ In: Newton: *Principia Mathematica* (Anm. 7), S. 13. Vgl. dazu die deutsche Fassung von 1872: „Die Wirkung ist stets der Gegenwirkung gleich, oder die Wirkungen zweier Körper auf einander sind stets gleich und von entgegengesetzter Richtung.“ In: ders.: *Mathematische Principien* (Anm. 33), S. 32.

In seiner Schrift „Astronomia Nova" hat Kepler das Gesetz der Gravitation antizipiert, jedoch noch nicht formal abgeleitet. Wörtlich, ja noch metaphorisch formuliert klingt die Antizipation der Gravitation bei Kepler so:

> Wenn nämlich die anziehende Kraft des Mondes sich bis zur Erde erstreckt, so folgt daraus, daß sich um so mehr die anziehende Kraft der Erde bis zum Mond und noch viel höher erstreckt und daß sich weiterhin keines der Dinge, die irgend wie aus irdischem Stoff bestehen und in die Höhe gehoben werden, den so starken Armen dieser Anziehungskraft entziehen kann.[39]

Zugleich entspricht diesem Wechselwirkungsprinzip im Gedicht die Frage B des fünften Verses: „B: Die Gezeitenkraft, die uns der Mond beschert?" Jedes der drei Prinzipien findet seine Entsprechung in je einer Frage.

Welche formalen und inhaltlichen Korrelationen lassen sich nun vor dem Hintergrund der Verschränkung der lyrischen mit der physikalischen Modellierung herstellen? Dieses Prinzip der inhaltlichen Divergenz bei gleichzeitiger formaler Konvergenz charakterisiert tatsächlich die drei disparaten Phänomene, die in den ersten drei Versen geschildert werden. Als manifeste Bilder der empirischen Naturphänomene sind sie grundverschieden. Doch die theoretische Modellierung der Physik kann diese disparaten Phänomene formal auf einen gemeinsamen Nenner bringen, wenn sie postuliert, dass alle drei geschilderten Phänomene solche der Bewegung sind:

> 1 Die Welle, die sich bricht und schäumend ausläuft,
> 2 Der dunkle Wolkenwirbel, dem der Regen folgt,
> 3 Das Kind, das einen vollen Plastikeimer schwenkt –

Für jedes der in der ersten Strophe geschilderte Phänomene gelten nämlich alle drei Newton'schen Prinzipien: Die Welle stellt die kontinuierliche Bewegung dar, die eine Gegenkraft durch das Aufprallen an der Küste erfährt und dadurch bricht und ausläuft – in die Richtung der Küste. Eine Voraussetzung für die Existenz des dunklen Wolkenwirbels ist das Meereswasser (des ersten Verses), das einen Phasenübergang erfährt. Es verdunstet, geht in die warme Luft der Atmosphäre über und steigt mit dieser auf, wird zur Wolke. Der Wolkenwirbel rotiert vor sich hin, die Staubpartikel darin bilden Kondensationskeime für Wassertröpfchen. Die Wolke schwebt und wird erst dann in Regen transformiert, nachdem der Wind die Wolke treibt und die einzelnen kondensierten Wassertröpfchen so schwer werden, dass sie der Anziehungskraft der Erde nicht mehr widerstehen. Der dritte Vers „Das Kind, das einen vollen Plastikeimer schwenkt –" endet mit einem Gedankenstrich. Zum einen ist es ein direktes Zitat der diskursiven Forma-

39 Kepler: *Astronomia nova* (Anm. 30), S. 31.

tion der Newton'schen Physik. Zum anderen wechselt damit die Modellierung von der mimetischen Dimension der Darstellung empirischer Phänomene zur theoretischen Dimension der Suche nach gemeinsamen Ursachen für diese Phänomene. Das Gedicht wechselt also das Register von der konkreten Darstellung der empirischen Phänomene zur Darstellung des Newton'schen Experiments des Eimerversuchs. Mit diesem wollte Newton die Existenz des absoluten Raums anhand der Wirkung der Zentrifugalkräfte, die auf das rotierende Wasser wirken, demonstrieren.

> If a bucket is hanging from a very long cord and is continually turned around until the cord becomes twisted tight, and if the bucket is thereupon filled with water and then, by some sudden force, is made to turn around in the opposite direction and, as the cord unwinds, perseveres for a while in this motion; then the surface of the water will at first be level, just as it was before the vessel began to move. But after the vessel, by the force gradually impressed upon the water, has caused the water also to begin revolving perceptibly, the water will gradually recede from the middle and rise up the sides of the vessel, assuming a concave shape (as experience has shown me), and with an even faster motion, will rise further and further until, when it completes its revolutions in the same time as the vessel, it is relatively at rest in the vessel.[40]

Mit der Darstellung dieses Experiments überschreitet das Gedicht die diskursive Formation der Newton'schen Physik und greift auf die Physik des 19. Jahrhunderts vor. Diese philosophische Auseinandersetzung entfachte – ausgehend von Leibniz' Briefwechsel mit Clarke[41] und deren Auseinandersetzung über die Existenz eines absoluten oder relationalen Raums über die Beiträge Eulers[42] und Kants[43] –

40 Newton: *The Principia* (Anm. 37), S. 412.

41 Vgl. Gottfried Wilhelm Leibniz und Samuel Clarke: *The Leibniz-Clarke Correspondence. Together with Extracts from Newton's „Principia" and „Optiks"*. Hrsg. von H. G. Alexander. Manchester: Manchester University Press 1984. Vgl. auch Ernst Cassirer: *Leibniz' System in seinen wissenschaftlichen Grundlagen*. Text und Anm. bearb. von Marcel Simon. In: ders.: *Gesammelte Werke. Hamburger Ausgabe*. Bd. 1. Hrsg. von Birgit Recki. Hamburg: Meiner 1998.

42 Vgl. Leonhard Euler: *Vernünftige Gedanken von dem Raume, dem Orth, der Dauer und der Zeit. Theils aus dem Französischen des H. Professor Eulers übersetzt, theils aus verschiedenen ungedruckten Briefen dieses berühmten Mannes mitgetheilt. Nebst einigen Anmerkungen und einem Versuche einer unpartheyischen Geschichte der Streitigkeiten über diese Dinge*. Quedlinburg: Schwan 1764.

43 Vgl. Immanuel Kant: „Von dem ersten Grunde des Unterschiedes der Gegenden im Raum (1768)". In: ders.: *Werkausgabe. Sammlung*. Bd. 2: *Vorkritische Schriften bis 1768*. Bd. 2. Hrsg. von Wilhelm Weischedel. Frankfurt a. M.: Suhrkamp 1985. S. 993–1000; ders.: „Von dem Raume". In: ders.: *Werkausgabe. Sammlung*. Bd. 5: *Schriften zur Metaphysik und Logik*. Bd. 1. Hrsg. von Wilhelm Weischedel. 13. Aufl. Frankfurt a. M.: Suhrkamp 2014. S. 56–69.

eine ungeheure Wirkung im 17., 18. und 19. Jahrhundert.[44] Ernst Mach übernimmt im 19. Jh. genau dieses Eimer-Experiment mit dem Ergebnis, dass daraus genau die gegenteilige Schlussfolgerung erzielt werden könne: Der Eimerversuch sei ein Beleg dafür, dass es den absoluten Raum nicht geben könne, sondern dass das Relativitätsprinzip weiterhin gelte.

> Der Versuch Newton's mit dem rotirenden Wassergefäss lehrt nur, dass die Relativdrehung des Wassers gegen die Gefässwände keine merklichen Centrifugalkräfte weckt, dass dieselben aber durch die Relativdrehung gegen die Masse der Erde und die übrigen Himmelskörper geweckt werden. Niemand kann sagen, wie der Versuch verlaufen würde, wenn die Gefässwände immer dicker und massiger, zuletzt mehrere Meilen dick würden.[45]

Auf diese Debatte, die durch das oben zitierte Mach'sche Prinzip einen vorläufigen Höhepunkt auch deshalb erfuhr, weil sich Einstein für die Entwicklung der Allgemeinen Relativitätstheorie darauf berief, kann in diesem Kontext nicht weiter eingegangen werden, aber sie wird auf einen wichtigen Punkt für die Interpretation des Gedichtes fokussiert. Dieses Experiment steht in einer Reihe mit der späteren Experimentalanordnung Foucaults im Pariser Pantheon, mit der es ihm 1851 gelang, die Erdrotation anhand des schwingenden sphärischen Pendels anschaulich zu beweisen, ohne auf Himmelsbeobachtungen Bezug nehmen zu müssen. Das ist die Richtung, auf die Newtons Argumentation abzielte und für die er die relative Bewegung von der absoluten Bewegung unterscheiden musste. Eine Unterscheidung, die – wie zuvor Galilei im „Dialogo“ – nun Newton anhand der Vorführung von Fliehkräften mit dem Eimerversuch zu demonstrieren versuchte: Denn Newton setzt fort:

> Thus even in the system of those who hold that our heavens revolve below the heavens of the fixed stars and carry the planets around with them, the individual parts of the heavens, and the planets that are relatively at rest in the heavens to which they belong, are truly in motion. For they change their positions relative to one another.[46]

Es sind dieselben Kräfte, die im Falle des Eimerversuchs auf das Wasser ausgeübt werden, die Gravitationskraft und die Zentrifugalkraft, die sogenannte Fliehkraft,

44 Vgl. für die Kontextualisierung der Debatte aus philosophischer und kulturtheoretischer Perspektive: Jörg Dünne und Stepahn Günzel (Hrsg.): *Raumtheorie. Grundlagentexte aus Philosophie und Kulturwissenschaften.* 8. Aufl. Frankfurt a. M.: Suhrkamp 2015; Julian B. Barbour: *Absolute or Relative Motion? A Study from a Machian Point of View of the Discovery and the Structure of Dynamical Theories.* Bd. 1: *The Discovery of Dynamics.* Cambridge: Cambridge University Press 1989.

45 Ernst Mach: *Die Mechanik in ihrer Entwicklung. Historisch-kritisch dargestellt.* Leipzig: Brockhaus 1883, S. 216–217.

46 Newton: *The Principia* (Anm. 37), S. 413.

die auch im Zwei-Körper-System, im Wechselwirkungssystem Erde und Mond wirken:

> If this force is too small, it would not deflect the moon [...]; if it were too great, it would deflect the moon excessively and draw it down from its orbit toward the earth. In fact, it has to be of just the right magnitude, and mathematicians have the task of finding the force by which a body can be kept exactly in any given orbit with a given velocity.[47]

Das ist das Forschungsprogramm, dem sich Newton in der „Principia Mathematica“ verschreibt, und es ist auch die Suche, auf die sich Kepler begeben hatte. In der „Astronomia Nova“ konnte er die Prinzipien der Gravitation nur wörtlich, diskursiv und metaphorisch ausdrücken, denn die vollständige formale Modellierung der Dynamik der Wechselwirkungen existierte noch nicht. Das Gedicht realisiert nun Beides: Es lehnt sich metaphorisch an Keplers Formulierungen und formal an Newton’sche Prinzipien an und zeigt damit mögliche Korrespondenzen zwischen Metapher und Modellierung auf.

Wie lässt sich nun die Interformation mit ihren Modellierungsdimensionen für die Interpretation des Gedichtes fruchtbar machen? Indem man die Verschränkung der Modellierungsdimensionen sorgfältig analysiert. Das manifeste Wahrnehmungsbild der Phänomene wird in der ersten Strophe dargestellt:

> Die Welle, die sich bricht und schäumend ausläuft,
> Der dunkle Wolkenwirbel, dem der Regen folgt,
> Das Kind, das einen vollen Plastikeimer schwenkt –

Die Phänomene scheinen realitätsgetreu wiedergegeben, sind aber disparat, stehen ohne jeden Zusammenhang. Die stychische Anreihung ergibt auf der geschlossenen Strophenebene kaum Sinn. Doch wie bereits gezeigt, handelt es sich um eine unechte Terzine, die die Gedankengänge nicht schließt, sondern durch Verkettungen dynamisiert. Das wird durch die zweite Strophe des Gedichtes realisiert. Sie stellt die Fragen, mit denen die zusätzlichen drei Dimensionen der Modellierung aktualisiert werden; zunächst die übergeordnete Frage nach der einen Gemeinsamkeit trotz der disparaten Verschiedenheit der Phänomene:

> Was haben sie gemeinsam? – A: Die Rotation?
> B: Die Gezeitenkraft, die uns der Mond beschert?
> Oder die allgemeine Trägheit der Materie: C?

Sodann die Aktualisierung der diskursiven Formation, die den historischen Quer-Referenzrahmen, den *conceptual frame*, der theoretischen Modellierung signali-

---

47 Newton: *The Principia* (Anm. 37), S. 406.

siert – die diskursive Formation der Physik des 17. Jahrhunderts und ihre drei Hauptakteure, die das kopernikanische System vollenden: Galilei, Kepler, Newton. Schließlich entspringen dieser diskursiven Formation theoretische Prinzipien und Verfahren, die fein säuberlich aufgezählt werden und dann mit ästhetischen Modellierungsprinzipien verschränkt werden, wie bereits gezeigt wurde. Das überraschende Ergebnis ist, dass auch für die komplexe Modellierung dieses vorletzten Gedichtes des Zyklus' der gleiche Abschlussgedanke der zweiten Terzine des Zyklus' gilt: „Wie vieles übereinstimmt im Verschiedensein“.[48] Nur dass diesmal diese gnomische Feststellung auf die diskordante Konkordanz zwischen theoretischen und ästhetischen Modellierungen, für die Dialogizität der Modellierung zwischen Lyrik und Physik gilt.

Die relevanten Größen der disparaten Phänomene, die mit dem freien Auge beobachtet werden können, werden physikalisch gemessen und damit nach Van Fraassen bereits in einen theoretischen Raum situiert. Die Ergebnisse der Messungen ergeben das sogenannte ‚Datenmodell‘. Das entspricht der externen Umcodierung aus dem empirischen in den symbolischen Raum. Es wird somit in einem theoretischen Raum der Symbole situiert. Dort, in diesem theoretischen Raum, wird die Datenmodellierung weiter symbolisch prozessiert und erneuert, diesmal intern umcodiert, mit anderen symbolisch umcodierten Datenmodellen formal korreliert und in eine neue Modellierungs-Konfiguration überführt. Mit den Begriffen van Fraassens würde dann das *manifest image* bzw. das Wahrnehmungsbild der Phänomene disparat sein, während sich auf der Ebene der theoretischen, symbolischen Modellierung, im Rahmen des *scientific image*, Äquivalenzen zeigen können.[49]

An dieser Stelle kommt die fundamentale Unterscheidung zwischen dem phänomenal-empirischen Referenzrahmen und dem symbolisch-theoretischen Referenzrahmen zum Tragen.

Die beiden kreisen: kreisen in gebundner Rotation.
So zeigt der Mond uns immerfort dieselbe Seite –
Jahraus, jahrein das gleiche hasenschartige Gesicht.

Sein Pokerface macht sie nervös, die zarte Erde.

Die Protagonisten, denen die physikalischen Bewegungsprinzipien zugedacht wurden, finden im Gedicht endlich Erwähnung: Nachdem sie zunächst mit einem Pronomen bzw. Zahlwort „die beiden“ genannt werden, wodurch zunächst eine Gemeinsamkeit betont wird, erscheinen die beiden Pole des Zwei-Körper-Systems

48 Grünbein: *Cyrano* (Anm. 1), S. 12.
49 Vgl. Bas C. van Fraassen: *The Scientific Image*. Oxford, New York: Clarendon Press 1980.

selbst. Zunächst der Mond, dann die Erde, die gleich unter dem Wechselwirkungseinfluss mit dem Mond dargestellt wird, sie wirkt „nervös“. Ihre Erscheinung bleibt auch auf der Ebene der Gedichtform nicht unbeachtet, ihre Erwähnung erschüttert nämlich auch die regelmäßige Statik bzw. Architektur des Gedichtes: Die Verse 8 und 10, in denen die beiden auftauchen, sind 13-Silber, der durchgehende Jambus wird am Ende dieser Verse rhythmisch gestört. Und – ausgerechnet der Vers 8, in dem der Mond genannt wird, endet mit einer weiblichen Kadenz, die in der Gedichtform bisher nur in der ersten Zeile vorkam. Das Interessante ist, dass diese Formausnahmen, die das metrische Gleichmaß des Gedichtes brechen, untereinander dennoch vollkommen symmetrisch sind. Auch die Zeile 10, in der die Erde, der zweite Himmelskörper, der dem Zwei-Körper-Problem unterliegt, in Erscheinung kommt, hat 13 Silben, 6-Heber, zeigt eine rhythmische Störung und endet mit einer weiblichen Kadenz. Es ist der erste umarmende, umschlingende Reim, den sich die ‚unechte‘ Terzine leistet. Und es ist die signifikante Stelle der Begegnung der zwei Körper, Erde und Mond, nicht durch den Reim, sondern durch die gesamte formale Struktur dieser beiden Verse. Hier drückt sich formal das aus, was Kepler metaphorisch vorbereitete: „Würden Mond und Erde nicht durch eine seelische oder irgendeine andere gleichwertige Kraft je in ihrer Bahn festgehalten, so würde die Erde gegen den Mond emporsteigen [...], und der Mond würde gegen die Erde herabsteigen [...]; daselbst würden sie sich vereinigen.“[50]

Schließlich ist der nächste Vers, der elfte, derjenige, der der metrischen Regelmäßigkeit am meisten widersteht:

Sein Pokerface macht sie nervös, die zarte Erde.
Unwucht, die Differenz zum Kern, bewirkt,
Daß sich die Wasserspiegel heben, senken.[51]

Wie wirkt die sogenannte „Differenz“ im formal-ästhetischen Raum und was hat sie im theoretischen Raum physikalisch zu bedeuten? Lyrisch-formal wird sie ausgedrückt durch einen Vers, der als einziger im Gedicht nur über 10 Silben verfügt, den kürzesten Vers des Gedichtes: „Unwucht, die Differenz zum Kern, bewirkt“.

Der Vers beginnt zudem mit einer doppelten Hebung, die dessen Bedeutsamkeit markiert. Der Ort der gewünschten Vereinigung, den Kepler noch metaphorisch andeutet, ist im Gedicht der Ort der Differenz zum Kern. Die Differenz zum Kern markiert tatsächlich den gemeinsamen Schwerpunkt des Bahnsystems der Bewegungen zwischen Mond und Erde. Die Lösung der schwierigen Frage des Zwei-

50 Kepler: *Astronomia nova* (Anm. 30), S. 29.
51 Hervorhebung von AH.

Körper-Problems des Erde-Mond-Systems ist eine Einzentrenlösung, die Kepler vorgeschlagen hat: Die Lösung des Forschungsproblems gelingt nur, wenn man den Fokus der Aufmerksamkeit von dem Kern der Erde, von ihrem eigenen Schwerpunkt zu einem Punkt verlagert, der in der Nähe der Mantelfläche situiert ist. Dieser ist der gemeinsame Schwerpunkt des Doppelsystems Erde-Mond, also sein mathematisch berechnetes Gravitationszentrum, um das dieses System kreist.

Fokussiert man das ‚mathematisch modellierte' gemeinsame Gravitationszentrum, dann sind die Anomalien gelöst, die ‚Phänomene gerettet' und empirisch erklärt. Die Aussagen der Kepler'schen und Newton'schen Gesetze sind sich hierhin einig und beschreiben die Umlaufbahn des Mondes und die Rotation des Erde-Mond-Systems um den Schwerpunkt des gekoppelten Systems, den gemeinsamen Schwerpunkt – auch Baryzentrum genannt.

Der Mond verlagert den Schwerpunkt der gemeinsamen Rotation des Zwei-Körper-Systems und destabilisiert somit die Erde. Denn der Schwerpunkt liegt nicht im Zentrum der Erde, sondern im Erdmantel der Erde, im Brennpunkt der Bahnellipsen von Mond und Erde. Deshalb taumelt die Erde zwischen dem eigenen Schwerpunkt und dem Doppelschwerpunkt des gekoppelten Erde-Mond-Systems. Die Rotation um die Sonne ist eigentlich auch keine Kreisbahn der Erde, sondern die elliptische Bahn des gekoppelten Erde-Mond-Systems. Die Effekte dieser ‚Kopplung' wirken sich zum Beispiel in Form der Gezeitenkräfte aus, die im Gedicht ausführlich dargestellt werden. Auch hierfür hat Kepler die metaphorisch-prätextuelle Vorlage für das Gedicht geliefert:

> Der Bereich der Anziehungskraft des Mondes erstreckt sich bis zur Erde und lockt das Wasser in die heiße Zone, um dort mit ihm zusammenzutreffen, wo er gerade in den Zenith gelangt, und zwar unmerklich in eng eingeschlossenen Meeren und merklich dort, wo die Meeresstrecken sehr breit sind und die Gewässer einen weiten Spielraum zum Hin- und Herfluten besitzen. Dadurch kommt es, daß die Küsten in den seitlichen Zonen und Klimaten sowie auch in der heißen Zone dort, wo *die Küsten weiter zurückliegende Buchten im nahen Meer bilden, entblößt werden.*[52]

Ausgerechnet diesen Text übernimmt das Gedicht fast wörtlich: „Die Fluten schwappten an den Glasrand. Metertief / *Entblößt* lag manche *Bucht* mit ihren Muscheln“ (V. 14–15; Hervorhebung v. AH). Und sogar das Experiment Newtons mit dem Wassereimer, das bereits zitiert wurde, wird hier 50 Jahre früher durch Kepler vorweggenommen:

> Es ist daher wohl möglich, daß beim Steigen des Wassers im breiteren Meeresbecken dasselbe in den zugehörigen engeren Buchten, die nur nicht zu eng eingeschlossen sein dürfen,

52 Kepler: *Astronomia nova* (Anm. 30), S. 29–30. Hervorhebung von AH.

in Gegenwart des Mondes vor ihm sogar zu fliehen scheint; es senkt sich eben, weil draußen eine Menge Wasser weggezogen wird. [...]

Wenn aber der Mond weggeht, löst sich die Ansammlung der Gewässer oder die Flutmasse, die auf dem Weg zur heißen Zone ist, auf, da der Zug wegfällt, der sie in Bewegung gebracht hatte. Infolge des Schwungs, den sie bekommen, strömt sie, wie in Wassergefäßen, wieder zurück, stürmt gegen die eigenen Küsten und bedeckt sie. Da der Mond nicht da ist, erzeugt dieser Schwung einen anderen, bis der Mond zurückkehrt, die Zügel des Schwungs wieder aufnimmt, diesen im Zaume hält und entsprechend seiner eigenen Bewegung mit herumführt.[53]

Die Gezeiten werden durch zwei verschiedene Kräfte verursacht: Durch die Anziehungskraft des Mondes auf der Mondseite und durch die Fliehkraft der Erde auf der Rückseite, die durch die Eigenrotation der Erde verursacht wird (siehe Abb. V.3–1).

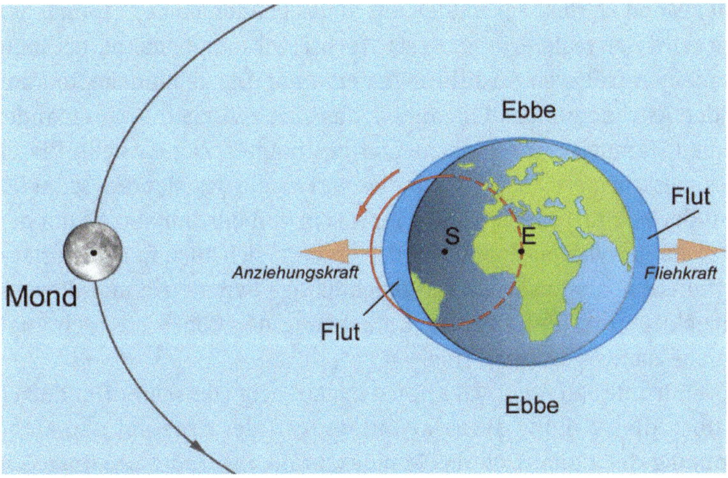

Abb. V.3–1: Gezeiten, Ebbe und Flut.[54]

Doch die modellierende Pointe des Gedichtes ist eine andere. Sie weist auf etwas hin, das empirisch noch nicht realisiert ist, was aber passieren könnte. Dadurch, dass der Mond den Gezeitenberg anzieht, wird die Erdrotation abgebremst. Die kosmologische Zeit wirkt sich auf die kalendarische Zeit implizit aus, sie sind mit-

53 Kepler: *Astronomia nova* (Anm. 30), S. 30.

54 T. Kruse: „Gezeiten, Ebbe und Flut". In: *Goruma*. https://www.goruma.de/erde-und-natur/geografie/gezeiten-ebbe-und-flut (zuletzt besucht am 17. Februar 2023).

einander auf sehr langen Zeitskalen korreliert: Vor 400 Millionen Jahren war ein Tag auf der Erde 22 Stunden lang und ein Jahr hatte 400 Tage.

Dadurch, dass die Erde durch die Fluten der Gezeiten abgebremst wird, gibt sie, so die geophysikalische Lesart, Rotationsenergie an den Mond ab. Der Impuls führt zur Entfernung des Mondes von der Erde. Diese Entfernung nimmt jährlich um rund 40 mm zu. Das ist die zweite, nicht astronomische, sondern *geophysikalische* Lesart für den letzten Vers (18) des Gedichtes: „Der alte Trödler nimmt sich Zeit. Er bleibt zurück.“

4 Von der „lunaren Libration“ zur „lyrischen Libration“ als interformatives poetologisches Konzept

Die Erde und der Mond werden verbunden durch das Phänomen der gebundenen Rotation. Damit wird der reale Prozess ihrer Wechselwirkung benannt. Ich hatte dies bereits in meinen früheren Ausführungen erwähnt. Die gebundene Rotation bezeichnet in der Astronomie das Phänomen, das sich zwischen zwei einander eng umkreisenden Himmelskörpern nach einer bestimmten Zeit einstellt: Die Eigendrehung des masseärmeren Körpers, in diesem Fall die des Mondes, seine *Rotation*, kann mit der Zeit nicht mehr unabhängig sein von der Umlaufzeit um den anderen Körper, die *Revolution* genannt wird. Hier zeigt sich auch in der Wortetymologie, dass ‚Rotation‘ als Ausdruck für gleichmäßige Symmetrie und ‚Revolution‘ als Ausdruck für die Umwendung, Umkehrung der Codes hier sehr nah beieinander, ja aneinandergekoppelt sind.

Die Eigendrehung des Mondes war früher unabhängig von seiner Umlaufzeit um die Erde. Doch die Wirkung der Gravitationskraft der Erde auf den Mond führte zur Kopplung der Umlaufzeit des Mondes an die der Erde: 29,5 Tage. Die Erde ist also diejenige, die den Mond an sich gekettet hat, in einer gebundenen Rotation, sodass der Mond „uns immerfort […] das gleiche hasenschartige Gesicht“ (V. 8–9) zeigt.

Dass sich der Mond auf seiner Umlaufbahn auf einer Ellipse bewegt und somit seine Umlaufgeschwindigkeit variiert, während die Geschwindigkeit seiner Eigenrotation als Winkelgeschwindigkeit konstant bleibt, kann ein Erdbewohner aufgrund des Effektes der Mondlibration beobachten. Wir als Menschen können mehr als nur die halbe Seite des Mondes sehen: Wir können auch ca. 9 % Prozent der abgewandten Seite des Mondes sehen, denn auch der Mond taumelt aufgrund des Schwankens zwischen dem eigenen Schwerpunkt und dem gemeinsamen Schwerpunkt. Dass die theoretische Modellierung der Astronomie in diesem Zyklus ins Poetologische gewendet wird, davon zeugt auch das Nachwort des lyrischen Zyklus' „Cyrano", das den Titel „Lyrische Libration" trägt und in dem das Zusammenspiel der Identität und der Differenz ebenfalls thematisiert wird:

> Das Überraschende an ihm war reine Identität mit sich selbst. Der Mond war der Mond war der Mond ... Er zeigte sich der Erde augenscheinlich immer von derselben Seite. Doch war das eine Täuschung und die vermeintliche Identität in Wahrheit getrübt von dem, was man die *lunare Libration* nannte, ein Effekt, der nur Langzeitbeobachtern erkennbar war, im Betrachter aber ein unmerkliches Schwindelgefühl erzeugte. Es war dies ein Taumeln, wie es einen ähnlich auch bei gewissen Worten erfassen konnte – festen, verläßlichen Größen wie Liebe, Einsamkeit oder Nacht. Sie waren stets dieselben, und doch im Sprachgebrauch, anders als die Eigennamen, niemals konstant. Auch bei ihnen gab es dies Schwingen zwischen Nähe und Ferne – ihre *lyrische Libration*, wie man sie in Anlehnung an den Astronomenausdruck nennen könnte.[55]

So wird das Gedicht zum poetologischen Gedicht, denn auch die poetischen Symmetriegesetze leben einerseits von der Modellierung ästhetischer Symmetrien, die die herkömmlichen, konventionellen Rahmungen virtuos aktualisieren, und andererseits von der Herstellung von Signifikanz durch den gezielten Bruch dieser Symmetrieregeln. Erst durch die dichte Analyse der tiefen Signifikanz der Wechselwirkungen zwischen Symmetrieeinhaltung und den wiederholten, orchestrierten Symmetriebrüchen baut sich allmählich die literarische Interpretation auf.[56]

Zusammenfassend: Das vorliegende Kapitel macht deutlich, wie der Prozess der Interformation in einem lyrischen Text funktioniert. Die *transdiskursive Interpolation* wird einerseits mit der Quizfrage markiert: „Was haben sie gemeinsam?" – die auf einer primären Dimension der Modellierung auch eine einfache Antwort suggeriert: entweder A, B oder C. Doch nicht nur *eine* Antwort auf die Frage ist richtig, sondern *jede* von den dreien und auch alle zusammen, je nachdem welche Frage gestellt wird, und in welchem theoretischen Kontext gelesen wird. Der zweite Part der transdiskursiven Interpolation ist durch den Begriff der „gebundnen Rotation" markiert, der eine doppelte Semantisierung – in lyrischer und physikalischer Hinsicht – ermöglicht.

---

55 Grünbein: *Cyrano* (Anm. 1), S. 118. Hervorhebung im Original.

56 Vgl. zu diesem Komplex der Umwendung von dem naturwissenschaftlichen zum poetologischen Diskurs: Torsten Hoffmann: „Poetologisierte Naturwissenschaften. Zur Legitimation von Dichtung bei Durs Grünbein, Raoul Schrott und Botho Strauß". In: *Schreiben am Schnittpunkt. Poesie und Wissen bei Durs Grünbein.* Hrsg. von Kai Bremer, Fabian Lampart und Jörg Wesche. Freiburg im Breisgau: Rombach 2007. S. 171–190; Olav Krämer: „Bildliches Denken als Erkenntnismodus zwischen Poesie und Wissenschaft. Grünbein über Dante, Darwin, Hopkins und Goethe". In: *Schreiben am Schnittpunkt. Poesie und Wissen bei Durs Grünbein.* Hrsg. von Kai Bremer, Fabian Lampart und Jörg Wesche. Freiburg im Breisgau: Rombach 2007. S. 241–257.

Strategisch fordert der Text zur interformativen Lektüre auf: Erstens zur Rekonstruktion der diskursiven Formation der kopernikanischen Astronomie, bis hin zur sekundären mathematischen Modellierung des Zwei-Körper-Problems durch Newtons Theorie, um die Zusammenhänge zwischen den gestellten Fragen zu eruieren. Zweitens eröffnet der Text eine transdiskursive Kontaktzone, in der ästhetisch-epistemischen Aushandlungen zwischen scheinbar inkommensurablen Modellierungskonzepten auf Metaebene ausgetragen werden. Das führt zur interformativen Exemplifikation des Konzepts der „gebundenen Rotation“ in Lyrik und Physik.

Die Analyse der *ästhetisch-epistemischen Interkonfiguration* zeigt, wie das Gedicht physikalische Prinzipien eigenlogisch re-encodiert und poetisch – also sekundär – modelliert. Ginge es hier nur um eine mimetische Modellierung, dann würde es sich um redundante Wiederholung handeln. Das Gedicht zeigt durch seine ästhetisch-epistemische Interkonfiguration, dass sowohl die sekundäre Dimension der Modellierung in der Physik als auch die sekundäre Dimension der Modellierung in der Literatur darauf ausgerichtet sind, mit Symmetrien *und* Symmetriebrüchen umzugehen. Der geschickte Umgang mit Symmetriebrüchen, so die Aussage des Gedichts, erhöht die Signifikanz der Modellierung in Lyrik *und* Physik. Durch das Zusammendenken der Ordnung der Symmetrie und der Unordnung bzw. des Symmetriebruchs in einer neuen komplexeren, tertiären Modellierungskonfiguration, in denen beide, Symmetrie und Symmetriebruch, nicht als polare Gegensätze, sondern als notwendige Komponenten einer komplexen Dynamik gedacht sind, gelingt die ästhetische Dialektik einer komplexen Modellierung, die weder einseitig das manifeste Wahrnehmungsbild der Phänomene ikonisch reproduziert, noch das ideale Streben nach Ordnung und Symmetrie als apodiktisches Ideal ausgibt, noch sich sklavisch der mimetischen Reproduktion naturwissenschaftlicher Diskurse hingibt. Vielmehr werden alle diese Komponenten berücksichtigt und in eine eigenlogische ästhetische Prozessualität eingebunden, die sowohl das komplexe symbolische Formdenken der theoretischen Physik als auch das komplexe symbolische Formdenken der Lyrik mitreflektiert. So kommt es zur je eigenlogischen Exemplifikation der doppelt gebundenen Rotation in physikalischer und lyrischer Form und damit auch zur lyrisch-physikalischen Interformation, zur *epistemisch-ästhetischen Transformation*.

VI Interformative Poetik der Optik und Mikrobiologie in E. T. A. Hoffmanns „Meister Floh“

1 Das wissensgeschichtliche Dispositiv des Sehens und der Optik um 1800

E. T. A. Hoffmanns Prosa mutet an wie ein Kaleidoskop optischer Medien, die nicht herkömmliche Sehgewohnheiten bedienen, sondern poetisch umfunktioniert werden. Das wissenschaftliche, technische und ästhetisch-mediale Dispositiv um 1800 führt in Hoffmanns Werk zur poetischen Reflexion über die Historisierung des Sehens im Wechselspiel zwischen dem Sichtbaren und dem Unsichtbaren. Die Texte reflektieren, dass das, was sichtbar und unsichtbar ist, stets neu zu perspektivieren ist: durch diskursspezifische Codierungen, die ausstellen, worauf sich der Blick, die menschliche Wahrnehmung oder die Aufmerksamkeit richten[1] und durch physiologische bzw. technische Voraussetzungen des Sehens.[2] Aufgrund dieses medientechnischen bzw. ästhetisch-wissenschaftlichen Dispositivs spricht Brüggemann von der „Eröffnung eines Sehfeldes“, das zwischen anthropomorphen und technomorphen Voraussetzungen oszilliert und einem „Schalt-, Systemkreis[] von Kunstprodukten“ gleicht.[3]

Die Brillen in „Prinzessin Brambilla“ sind Medien der illusionsbildenden Liebes-Projektion, das Perspektiv im „Sandmann“ führt bei Nathanael nicht zum genaueren Sehen, sondern zum Verkennen der Geliebten, die Fernrohre im „Meister Floh“ dienen nicht als Instrumente der Beobachtung, sondern als Waffen der gegenseitigen Bekämpfung. Statt die genaue Beobachtung zu unterstützen, führen optische Geräte zur Selbst-Täuschung. Hoffmanns Werk steht im diskursiven Umfeld eines Umbruchs in der Geschichte des Sehens, im Zuge dessen die beobachtende

1 Vgl. Sabine Haupt und Ulrich Stadler (Hrsg.): *Das Unsichtbare sehen. Bildzauber, optische Medien und Literatur*. Zürich, Wien, New York: Edition Voldemeer; Springer 2006, S. 8.

2 Vgl. Monika Schmitz-Emans: „Optische Künste und Simulacren. Die Poetisierung optischer Reproduktionstechniken in Erzählungen über künstliche Menschenschöpfungen“. In: *Das Unsichtbare sehen. Bildzauber, optische Medien und Literatur*. Hrsg. von Sabine Haupt und Ulrich Stadler. Zürich, Wien, New York: Edition Voldemeer; Springer 2006. S. 213–235, hier S. 214.

3 Heinz Brüggemann: „Das Sichtbar-Unsichtbare der Städte. Zur literarischen ikonographie urbaner Räume aus Teleskopie und Mikroskopie“. In: *Das Unsichtbare sehen. Bildzauber, optische Medien und Literatur*. Hrsg. von Sabine Haupt und Ulrich Stadler. Zürich, Wien, New York: Edition Voldemeer; Springer 2006. S. 235–254, hier S. 235.

https://doi.org/10.1515/9783110729887-009

Subjektivität neu konzeptualisiert wird.[4] Das Auge ist nicht mehr nur Organ der Wahrnehmung äußerer Vorgänge. Die Feststellung optischer Täuschungen, die durch das Auge verursacht werden, trägt dazu bei, dass es selbst zum epistemischen Objekt wird. Dies geschieht vor dem Hintergrund der Veränderungen, die um 1800 Beobachtungs- und Erkenntnismodi als kognitive und soziale Praktiken treffen und die Metamorphosen des Sehens als historische Konstruktion prägen. Das Sehen als kulturelle Praxis konstituiert sich in wechselseitigem Bezug auf physiologisches Körperwissen, anthropologische Argumentationsfiguren, optische Wahrnehmungsverfahren und ästhetische Darstellungstechniken.[5] Insofern bildet die Optik einen Schnittpunkt zwischen Beobachtung, Wissen und Darstellung im erkenntniskritischen, wissenschaftsgeschichtlichen und medienhistorischen Kontext.[6]

So soll das optische Dispositiv um 1800 aus dreifacher Perspektive dargestellt werden: Zunächst soll gezeigt werden, warum das Auge zum epistemischen Objekt wird. Sodann soll beschrieben werden, wie die optischen Präzisionsgeräte, die zur Erweiterung des Sichtbaren eingesetzt wurden, ihre Transparenz verlieren und zu Forschungsobjekten werden.[7] Und schließlich ist der interformative Konnex zwischen den optischen Beobachtungspraktiken, mikrobiologischen Theorien und ästhetischen Darstellungsverfahren anhand der Figurenmodellierung in E. T. A. Hoffmanns „Meister Floh“ aufzuzeigen.[8]

Um 1800 erforschte man die Physiologie des Auges und des Sehvorgangs und berechnete die Gesetzmäßigkeiten der Dioptrik des Auges: Der Einfall des Lichts auf die Netzhaut, die Bestimmung zeitabhängiger Helligkeitszonen und die Entstehung der Sehempfindungen. Man erforschte auch die Ursachen von Täuschungen: optische Inversionen, die mangelnde Synthese zwischen den Bildern des rechten und linken Auges und blinde Flecken.[9] Diese Vorgänge konnten nur in Kenntnis dessen untersucht werden, wie die zeitgenössische Physik die Phäno-

---

4 Vgl. Jonathan Crary: *Techniken des Betrachters. Sehen und Moderne im 19. Jahrhundert*. Übers. von Anne Vonderstein. Dresden, Basel: Verlag der Kunst 1996. S. 13.

5 Vgl. Ralph Köhnen: *Das optische Wissen. Mediologische Studien zu einer Geschichte des Sehens*. Paderborn: Fink 2009. S. 15.

6 Vgl. Schmitz-Emans: „Optische Künste und Simulacren“ (Anm. 2), S. 214.

7 Vgl. Christoph Hoffmann: *Unter Beobachtung. Naturforschung in der Zeit der Sinnesapparate*. Göttingen: Wallstein 2006.

8 Ein früherer Entwurf dieses Kapitels ist bereits veröffentlicht worden. Für die vorliegende Arbeit wurde dieser überarbeitet und aktualisiert. Die Vorstudie ist veröffentlicht in: Aura Heydenreich: „Meister Floh“. In: *E.T.A. Hoffmann Handbuch. Leben – Werk – Wirkung*. Hrsg. von Christine Lubkoll und Harald Neumeyer. Stuttgart: Metzler 2015. S. 168–173.

9 Vgl. C. Hoffmann: *Unter Beobachtung* (Anm. 7), S. 106.

mene ‚Licht' und ‚Farbe' konzeptualisierte. Dort vollzieht sich schließlich der Übergang von der Korpuskulartheorie Newtons zur Wellentheorie Huygens.[10]

Zudem bringt das technische Wissen seit dem Beginn des 17. Jahrhunderts mit dem Teleskop und dem Mikroskop Beobachtungsinstrumente hervor, die einerseits zur Entdeckung makroskopischer Strukturen und zur Begründung der mathematischen Astronomie, andererseits zur Erschließung des Mikrokosmos und zur Herstellung einer wissenschaftlichen Grundlage des Subliminalen für Botanik und Zoologie führen. So kommt es zu einer Neugewichtung des Verhältnisses zwischen Auge und optischem Apparat: War das Auge zunächst der Maßstab für Beobachtungen, an dem sich das Fernrohr messen ließ, galt es später als unvollkommen im Vergleich zur Präzision des Fernrohrs bzw. Teleskops. Seitdem misstraut der Wissenschaftlerblick den natürlichen Sinnen und konstituiert sich über die Errichtung von Experimentalsystemen der methodisch kontrollierten Beobachtung.[11] Christoph Hoffmann zeigt an einem Vergleich zweier Auflagen des „Gehlerschen Physikalischen Wörterbuchs" von 1785 und 1825, dass um 1800 die Beobachtung und die optischen Geräte zu epistemischen Objekten werden: Der zunehmende Vergrößerungskoeffizient des Linsensystems setzte stärker gekrümmte Linsen voraus, die zu Abbildungsfehlern wie chromatischen und sphärischen Aberrationen führten.[12] Diese Schwierigkeiten versuchte man anhand probabilistisch fundierter mathematischer Theorien wie jenen von Gauss und Laplace in den Griff zu bekommen.[13]

Da es vor 1800 nicht möglich war, Beobachtungsvorgänge durch fotografische Platten zu objektivieren, wurden im wissenschaftlichen Feld Korrelationen hergestellt zwischen dem Ansehen der Astronomen bzw. Mikroskopisten, der Güte ihrer Beobachtungsinstrumente und der Autorität der dargestellten Ergebnisse.[14] Vor diesem Hintergrund wird die kriegerische Metaphorik in der Auseinandersetzung zwischen den fiktiven Naturwissenschaftler-Figuren in „Meister Floh" deut-

---

10 Vgl. Jed Z. Buchwald: *The Rise of the Wave Theory of Light. Optical Theory and Experiment in the Early Nineteenth Century*. Chicago, London: University of Chicago Press 1989.

11 Vgl. Hartmut Böhme: „Die Metaphysik der Erscheinungen. Teleskop und Mikroskop bei Goethe, Leeuwenhoek und Hooke". In: *Kunstkammer, Laboratorium, Bühne. Schauplätze des Wissens im 17. Jahrhundert*. Hrsg. von Helmar Schramm, Ludger Schwarte und Jan Lazardzig. Berlin, New York: De Gruyter 2003. S. 359–396, hier S. 366.

12 Vgl. Ulrich Stadler: „Von Brillen, Lorgnetten, Fernrohren und Kuffischen Sonnenmikroskopen. Zum Gebrauch optischer Instrumente in Hoffmanns Erzählungen". In: *E.T.A. Hoffmann-Jahrbuch* 1 (1992/93). S. 91–105, hier S. 95.

13 Vgl. C. Hoffmann: *Unter Beobachtung* (Anm. 7), S. 45.

14 Vgl. Albert van Helden: „Telescopes and Authority from Galileo to Cassini". In: *Osiris* 9.1 (1994). S. 8–29.

lich. Stadler[15] und Gaderer[16] haben den optikgeschichtlichen Hintergrund der Hoffmann'schen Texte herausgearbeitet und zeigen auf, dass diese den Prozess der Beobachtung unter die Lupe nehmen und hinterfragen, ob die Präzision der optischen Instrumente zu einer Objektivierung des menschlichen Blicks führt. Diesen Studien gingen motivgeschichtliche Untersuchungen voraus, die den Einsatz optischer Geräte in Werken wie „Der goldene Topf“, „Das öde Haus“, „Der Sandmann“ und „Klein Zaches genannt Zinnober“ erschließen.[17] Sodann fokussiert sich die Forschung auf den Konnex zwischen der historischen Anthropologie und den optischen Wahrnehmungsmodellen und stellt Hoffmanns Techniken der Literarisierung des ‚technischen Blicks‘ dar.[18] Schließlich widmet sich Gaderer in seiner mediengeschichtlichen Studie dem Wechselspiel zwischen technischer Innovation und poetischer Imagination, die in „Prinzessin Brambilla“ und in „Klein Zaches“ symbiotisch verschränkt werden.[19] Zudem konzentriert sich seine Studie auf Wahrnehmungsprozesse, die durch Kristalle[20] und Spiegel,[21] Prismen oder Brillen vermittelt werden und konventionelle Wahrnehmungsformen umkehren:[22] Am Beispiel des „Öden Hauses“, in dem Zauberspiegel eingesetzt werden, die das Oszillieren zwischen Wahrnehmung und Einbildungskraft simulieren, oder am Beispiel des „Goldenen Topfs“, in dem konvexe Spiegel virtuelle Räume generieren.[23] Optische Geräte befördern die Sensibilisierung der Sinne für die Überschreitung der Schwelle zum Imaginären und für die Wahrnehmung des Wunderbaren.

---

15 Vgl. Stadler: „Von Brillen, Lorgnetten, Fernrohren“ (Anm. 12).

16 Vgl. Rupert Gaderer: *Poetik der Technik. Elektrizität und Optik bei E.T.A. Hoffmann*. Freiburg im Breisgau: Rombach 2009.

17 Vgl. Yvonne Jill Kathleen Holbeche: *Optical Motifs in the Works of E. T. A. Hoffmann*. Göppingen: Kümmerle 1975.

18 Vgl. Stadler: „Von Brillen, Lorgnetten, Fernrohren“ (Anm. 12); ders.: *Der technisierte Blick. Optische Instrumente und der Status von Literatur. Ein kulturhistorisches Museum*. Würzburg: Königshausen & Neumann 2003.

19 Vgl. Gaderer: *Poetik der Technik* (Anm. 16).

20 Vgl. E. T. A. Hoffmann: *Prinzessin Brambilla*. In: ders.: *Sämtliche Werke in sechs Bänden*. Hrsg. von Hartmut Steinecke und Wulf Segebrecht. Bd. 3: *Nachtstücke, Klein Zaches, Prinzessin Brambilla. Werke 1816–1820*. Hrsg. von Hartmut Steinecke mit Gerhard Allroggen. Frankfurt a. M.: Deutscher Klassiker Verlag 1985. S. 767–912, hier S. 829–830.

21 Vgl. E. T. A. Hoffmann: *Klein Zaches genannt Zinnober*. In: ders.: *Sämtliche Werke in sechs Bänden*. Hrsg. von Hartmut Steinecke und Wulf Segebrecht. Bd. 3: *Nachtstücke, Klein Zaches, Prinzessin Brambilla. Werke 1816–1820*. Hrsg. von Hartmut Steinecke mit Gerhard Allroggen. Frankfurt a. M.: Deutscher Klassiker Verlag 1985. S. 531–650, hier S. 594.

22 Vgl. Gaderer: *Poetik der Technik* (Anm. 16), S. 189.

23 Vgl. Gaderer: *Poetik der Technik* (Anm. 16), S. 114.

Das Sehen und die Infragestellung des Sichtbaren angesichts der imaginären Auslotung des Unsichtbaren sind zugleich mit dem serapiontischen Prinzip verknüpft. Da dieses das Sehen um eine metaphysische Dimension erweitert, handelt es sich dabei nicht um die Genauigkeit des physiologischen Beobachtungsvorgangs, sondern um das Imaginäre. Allerdings muss das imaginär Geschaute auch die Außenwelt erreichen, sodass die serapiontische Poetik auch die geeignete Korrelation zwischen Innen- und Außenwelt voraussetzt.[24] Mit Gerhard Neumanns Studien erfährt das serapiontische Prinzip eine Neu-Perspektivierung an der Schnittstelle zwischen Fakt und Fiktion, Wahrnehmung und Imagination:[25] Neumann situiert Hoffmanns Interesse für optische Effekte im Umfeld seiner bildkünstlerischen Betätigung und der Beschäftigung mit den Naturwissenschaften.[26] Aus diesem doppelten Kontext erwächst das Prinzip der Anamorphose, das an der Schnittstelle zwischen dem Einsatz technischer Geräte und dem Einsatz künstlerischer Darstellungstechniken steht und Hoffmanns Wissenschaftspoetik *in nuce* repräsentiert.[27] Zudem beschreibt Neumann Hoffmanns Erzählstrategie als Technik der Polyfokalisierung durch den simultanen Einsatz sich überkreuzender Beobachtungsmedien, deren konkurrierende optische Wahrnehmungsmöglichkeiten unterschiedliche Darstellungskonzepte generieren, die stets im Unbestimmten zwischen Fakt und Fiktion oszillieren.[28] Die Poetologie von „Des Vetters Eckfenster" zeichne sich durch die Erprobung changierender Beobachtungsperspektiven und die Narrativierung optischer Wahrnehmungsmodelle aus.[29]

Hoffmann schrieb den „Meister Floh"[30] in seinen letzten Lebensjahren zwischen 1819 und 1822. Das Werk ist weniger bekannt als „Kater Murr" oder „Des

24 Vgl. Uwe Japp: „Das serapiontische Prinzip". In: *E. T. A. Hoffmann*. Hrsg. von Heinz Ludwig Arnold. München: Edition Text + Kritik 1992. S. 63–75, hier S. 74.

25 Vgl. Gerhard Neumann: „Romantische Aufklärung. Zu E. T. A. Hoffmanns Wissenschaftspoetik". In: *Aufklärung als Form. Beiträge zu einem historischen und aktuellen Problem*. Hrsg. von Helmut Schmiedt und Helmut J. Schneider. Würzburg: Königshausen & Neumann 1997. S. 106–149, hier S. 138.

26 Vgl. Gerhard Neumann: „Glissando und Defiguration. E. T. A. Hoffmanns Capriccio ‚Prinzessin Brambilla' als Wahrnehmungsexperiment". In: *Manier – Manieren – Manierismen*. Hrsg. von Erika Greber und Bettine Menke. Tübingen: Narr 2003. S. 63–94, hier S. 72.

27 Vgl. Gerhard Neumann: „Narration und Bildlichkeit. Zur Inszenierung eines romantischen Schicksalsmusters in E. T. A. Hoffmanns Novelle ‚Doge und Dogaresse'". In: *Bild und Schrift in der Romantik*. Hrsg. von Gerhard Neumann und Guenter Oesterle. Würzburg: Königshausen & Neumann 1999. S. 107–142, hier S. 134.

28 Vgl. Neumann: „Narration und Bildlichkeit" (Anm. 27), S. 110–111.

29 Vgl. Neumann: „Romantische Aufklärung" (Anm. 25), S. 132.

30 E. T. A. Hoffmann: *Meister Floh*. In: ders.: *Sämtliche Werke in sechs Bänden*. Hrsg. von Hartmut Steinecke und Wulf Segebrecht. Bd. 6: *Späte Prosa, Briefe, Tagebücher und Aufzeichnungen, Juristische Schriften. Werke 1814–1822*. Hrsg. von Gerhard Allroggen, Friedhelm Auhuber, Hart-

Vetters Eckfenster“, die parallel dazu entstanden. Die Literaturkritik und Literaturwissenschaft fanden den Text künstlerisch mangelhaft, seine Struktur nicht überzeugend. Sehr wenige Studien setzen sich bisher mit diesem Werk auseinander. Der Untertitel des „Meister Floh“: „Ein Märchen in sieben Abenteuern zweier Freunde“ verweist auf das Kompositionsprinzip des Werks: sieben Abenteuer, deren Protagonist unter anderem ein Insekt ist, das anthropomorphe Züge trägt. Die Erstausgabe von 1822 enthält die von Hoffmann entworfenen Titel- und Rücktitelkupfer mit dem doppelten Bild des Flohs (siehe Abb. VI–1).

Abb. VI–1: Reproduktion des Umschlags der Erstausgabe des „Meister Floh“.[31]

Zum einen ist der nackte Floh als naturwissenschaftliches Untersuchungsobjekt abgebildet, zum anderen der gekleidete Floh als kulturhistorisches Subjekt. Sein Talar verweist auf die Gelehrsamkeit, die Fackel auf die Aufklärung und die Emanzipation des Flohs, die hohen Stiefel und die Cullotes auf seine distinguierte Herkunft. Der Floh wird zudem im Profil gezeigt, sein Auge blickt zurück zum Leser. All das sind Hinweise darauf, dass der Text zwei historische Epochen mitei-

---

mut Mangold, Jörg Petzel und Hartmut Steinecke. Frankfurt a. M.: Deutscher Klassiker Verlag 2004. S. 303–467, 1366–1413. Im Folgenden werden alle Zitate aus „Meister Floh“ im Haupttext zitiert. Die Zitatnachweise erfolgen in Klammern, direkt im Anschluss an das Zitat. Hierfür wird die Sigle „MF“ verwendet, gefolgt von der Seitenzahl.

31 E. T. A. Hoffmann: *Meister Floh. Ein Mährchen in 7 Abentheuern zweier Freunde*. Frankfurt a. M.: Wilmans 1822. Abgebildet in ders.: *Meister Floh* (Anm. 30), S. 1144–1145, Abb. 3a und 3b.

nander verschränkt. Der Floh wird im 17. Jahrhundert durch die Entdeckung der mikroskopischen Welt zum naturwissenschaftlichen Untersuchungsobjekt, im 19. Jahrhundert wird der literarische Text zum Medium seiner Emanzipation. Der Floh wird zum diskursiven Subjekt und übt seine Funktion als Kulturdiagnostiker aus. Die wissensgeschichtlichen und kulturhistorischen Epochen, die der literarische Text erzählerisch vorführt, werde ich in Kürze darstellen. Doch bevor ich dazu übergehe, bleiben noch ein paar Fragen offen: Weshalb wird der Floh doppelt eingerahmt und jeweils isoliert dargestellt? Die beiden Bilder sind das Ergebnis einer symmetrischen Projektion, dennoch handelt es sich nicht um eine Doppelung des Bildes. Warum wird ein Profilbild des Flohs dargestellt? Wie sind die perspektivischen Blicke der anderen vier Personen zu deuten, die unter den ornamentalen Arabesken fast verschwinden?

Um diese Fragen zu beantworten, gehe ich zunächst mal auf das „Märchen in sieben Abenteuern" ein: Der intime Freund des Flohs ist Peregrinus Tyß. Als Sohn eines reichen Kaufmanns in Frankfurt geboren, verweigert Peregrinus zunächst jeden sprachlichen Kontakt mit der Umwelt, obwohl man seinem „aufmerksamen Blick" entnehmen kann, dass er „viel mehr [denkt], als er soll". Seine Frau Patin bemerkt: „Der ist zu klug [...]! – Betrachtet doch nur einmal seine Augen, der denkt schon viel mehr, als er soll" (MF, S. 310). Das ist ein interessanter Hinweis, denn die Patin fokussiert die Aufmerksamkeit des Lesers auf den Prozess der Beobachtung zweiter Ordnung, auf die Beobachtung dessen, wie Peregrinus beobachtet. Sein Vater wiederum beobachtet besorgt, dass Tyß sich weder für Geldgeschäfte noch für das systematische Lernen interessiert. Eine Reise, die ihn in das Handelsgeschäft einweihen soll, wandelt er in eine Bildungsreise um. Erst nach dem Tod seiner Eltern kehrt er in seine Heimatstadt zurück. Hier kommt ihm Dörtje Elverdink entgegen. Sie hofft bei Tyß ein vermisstes Objekt wiederzufinden. Das von Dörtje gesuchte Objekt bleibt sowohl für Peregrinus als auch für den Leser eine Leerstelle. Letzterer erfährt nur, dass die Suche danach auch im zweiten Abenteuer weitergeht, in dem dessen Verlust auch von Leuwenhöck beklagt wird. Leuwenhöck wird vom Erzähler als Flohbändiger, Mikroskopbauer und Naturforscher vorgestellt. Historisches Vorbild dieser Figur ist der niederländische Naturforscher Antoni van Leeuwenhoek (1632–1723). Er gilt als Vater der Mikrobiologie, weil er der Welt der Mikroorganismen durch seine bahnbrechenden mikroskopischen Beobachtungen[32] wissenschaftliche Dignität verlieh.[33] Mit ihnen ließ sich die Frage nach dem Ur-

32 Vgl. Antoni van Leeuwenhoek: „Observationes Microscopicae Antonii Lewenhoeck, circa particulas liquorum globosas, et animalia in femine infectorum masculino. Ex Collectionibus Philosophicis Anglicanis num. 3. Decembr. 10". In: *Acta Eruditorum* 10 (1682). S. 321–327.

33 Vgl. King-Thom Chung und Jong-Kang Liu: *Pioneers in Microbiology. The Human Side of Science.* New Jersey u. a.: World Scientific 2018, S. 7–8: „We may fairly call Leeuwenhoek ‚The first

sprung des biologischen Lebens verknüpfen.[34] Diese wird auch im poetischen Text verhandelt, nämlich anhand der Kontroverse um die Entstehung Dörtjes. Sie erscheint im zweiten Abenteuer aus der Perspektive Leuwenhöcks in der Kulisse einer Märchenwelt, dem Reich Famagusta, in dem sie den Namen der Prinzessin Gamaheh trägt. Während der Schauplatz Frankfurt mit der Terminologie Marie-Laure Ryans[35] die aktuale Erzählwelt ist, die sich auf historische Fakten bezieht, ist das Märchenreich Famagusta eine fiktive Welt zweiter Ordnung, die in der aktualen Erzählwelt eingebettet ist. Hierin wird Dörtje angeblich vom Egelprinz getötet, Genius Thetel versucht sie zu retten. Leuwenhöck und sein Kollege Swammerdamm, dessen historisches Vorbild der Naturforscher Jan Swammerdam (1637–1680) ist, erscheinen als Magier in der imaginären Märchenwelt und finden Gamaheh nach Jahren als „kleine[s] Körnlein [...] in den Blumenstaub des Tulpenkelchs gebettet“ (MF, S. 336). Durch eine optische Experimentalanordnung mittels eines „Kuffischen Sonnenmikroskops“ versuchen sie, das Embryo „dem Schlummer zu entreißen und ihr die vorige Gestalt wieder zu geben“ (MF, S. 337). Kurz nach der Geburt der Prinzessin entbrennt ein bitterer Streit zwischen den beiden Naturforschern um die Urheberschaft des Belebungsexperiments (vgl. MF, S. 338). Auch Georg Pepusch führt eine duplizitäre Existenz und behauptet, dass er im Reich Famagusta als Distel Zeherit zugegen wäre, sodass die Rettung Gamahehs ihm zu verdanken sei (vgl. MF, S. 339). Pepusch wird vom Erzähler als Vertrauter Leuwenhöcks eingeführt, der dessen Forschungsprojekte versteht, aber deren Vermarktungsaspekte kritisiert.

Im dritten Abenteuer tritt Meister Floh auf, der sich auf der Flucht vor Leuwenhöck, dem Flohbändiger, befindet. Er behauptet, sein ganzes Volk aus dem ausbeuterischen Flohzirkus befreit zu haben und zeigt sich deshalb nur Tyß, mit dem er Dialoge mit aufklärerischem Charakter führt. Der Floh belehrt Tyß darüber,

---

microbiologist‘ because he was the first individual to actually culture, see, and describe a large array of microbial life. He actually measured the multiplication of the bugs. What is more amazing is that he published his discoveries.“ Vgl. auch Nick Lane: „The Unseen World. Reflections on Leeuwenhoek (1677) ‚Concerning Little Animals‘“. In: *Philosophical Transactions of the Royal Society of London B: Biological Sciences* 370.1666 (2015).

34 Vgl. Brian J. Ford: *The Leeuwenhoek Legacy*. Bristol, London: Biopress; Farrand Press 1991; Marc J. Ratcliff: *The Quest for the Invisible. Microscopy in the Enlightenment*. Farnham, Burlington: Ashgate 2009.

35 Vgl. Marie-Laure Ryan: *Possible Worlds, Artificial Intelligence, and Narrative Theory*. Bloomington: Indiana University Press 1991; dies.: „Transmedial Storytelling and Transfictionality“. In: *Poetics Today: International Journal for Theory and Analysis of Literature and Communication* 34.3 (2013). S. 361–388; dies.: „Texts, Worlds, Stories. Narrative Worlds as Cognitive and Ontological Concept“. In: *Narrative Theory, Literature, and New Media. Narrative Minds and Virtual Worlds*. Hrsg. von Mari Hatavara, Matti Hyvärinen, Maria Mäkelä und Frans Mäyrä. New York: Routledge 2016. S. 13–28.

dass die Annahme einer ontologisch doppelt geteilten Welt des aktual Realen und des imaginären Wunderbaren eine Illusion sei, die bloß darauf beruhe, dass seine wissenschaftlichen Kenntnisse nicht ausreichend seien, um die mikroskopische Welt als real wahrzunehmen und richtig einzuordnen: „Eure Sehnerven sind [...] zu grob für meine schlanke Taille." (MF, S. 351). Leuwenhöck und Swammerdamm, die sich auf Mikroskopie und Mikrobiologie verstehen, nutzten ihr Wissen, so der Floh, um die mikroskopische Welt als Märchenwelt zu mystifizieren und um darüber die Deutungshoheit zu behalten. Entsprechend versuchen im vierten, fünften und sechsten Abenteuer wechselweise Leuwenhöck und Swammerdamm Tyß von der Richtigkeit ihrer Annahmen in Bezug auf Gamahehs Belebung zu überzeugen. Doch dieser ist nun in Besitz der mikroskopischen Augenlinse, die ihm der Floh überreichte. Somit wird das Dispositiv der Beobachtung umcodiert: Die mikroskopische Augenlinse wird nicht mehr zur Beobachtung physiologischer Tier-Eigenschaften eingesetzt, sondern die Linse versieht Tyß mit der Gabe, die Diskrepanz zwischen Worten und Gedanken seiner Mitmenschen zu beobachten. Er stellt fest, dass ihre Handlungen zumeist von Eigeninteressen geleitet sind. Demzufolge sind alle Figuren in den restlichen vier Abenteuern in Aktionen des mimetischen Begehrens verstrickt: Georg Pepusch alias Distel Zeherit, der Egelprinz und Genius Thetel streiten um die Gunst Dörtjes. Diese und die beiden Wissenschaftler sind auf der Suche nach dem Talisman, den der Floh Tyß geschenkt hatte, die dem Besitzer Verfügungsmacht über Menschengedanken verleiht. Von der aufrichtigen Liebe Röschen Lämmerhirts bezaubert, gelangt Tyß im letzten Abenteuer zu der Überzeugung, dass ihm der Verzicht auf die Machtausübung mit unlauteren Mitteln die Weisheit und natürliche Autorität verleiht, die ihm die respektvolle Integration in die menschliche Gemeinschaft sichert, so die Deutung der Traumallegorie, mit der das siebte Abenteuer endet.

Die mikroskopische Augenlinse spielt auch als satirisch eingesetztes Mittel eine Rolle, da sie die Akteure des Polizei- und Justizapparats entlarvt. Tyß wird verhaftet, weil er unter dem unbestätigten Verdacht steht, Dörtje entführt zu haben. Die Absurdität der Ermittlungsmethoden, die nicht Gerechtigkeit herstellen, sondern die Profilierungssucht der Ermittler ausstellen, wird in dieser ‚Knarrpanti-Episode' deutlich. Die vom gleichnamigen Rat verfasste Anklageschrift basiert auf einer Fehllektüre der Tagebücher Tyß', deren Literarizität verkannt wird, sodass poetische Zitate irrigerweise als Belege für die kriminellen Absichten Tyß' herangezogen werden. Die Satire richtet sich gegen die repressive Staatsmacht und ihr juristisches System. Sie prangert nicht Abweichungen von der Norm an, sondern stellt die Normen des Systems als solche in Frage. Die oben genannte Knarrpanti-Episode war auch der Grund für die Verzögerung der Drucklegung aufgrund der Entscheidung des preußischen Ministers von Kamptz, den Druck zu unterbinden. Hoffmann war „Mitglied der ‚Immediat-Untersuchungs-Kommission' zur Ermittlung von ‚hochverräterischen Verbindungen und andern gefährlichen Umtrieben‘“.[36] Gegen ihn wurde der wohl unbegründete Verdacht erhoben, er habe sich für „Meister Floh“ aus Kommissionsakten inspiriert. Nach der Prüfung schrieb die Zensurbehörde vor, dass die Knarrpanti-Episode zu streichen sei.[37] In dieser zensierten Fassung erschien der Erstdruck im April 1822.

1908 erschien die erste, von Müller betreute vollständige Fassung des „Meister Floh“. Die DKV-Ausgabe enthält eine kombinierte Fassung der ursprünglichen Druckvorlage von 1822 samt den ehemals zensierten Passagen. In Ellingers Dokumentation[38] des Disziplinarverfahrens gegen Hoffmann wurden die zensierten Passagen veröffentlicht. Hier erschien auch die von Hoffmann verfasste „Erklärung zu Meister Floh“, die Ellinger aus juristischer, Steinecke[39] aus poetologischer und Deterding[40] aus argumentationslogischer Perspektive untersuchen. Strukturalistische,[41] phantastiktheoretische[42] und mediengeschichtlich orientierte Studien[43] betonen die raffinierte Textkomposition des „Meister Floh“. Der wissensgeschichtliche Kontext wurde bisher jedoch nicht berücksichtigt.

---

36 Kommentar in Hoffmann: *Meister Floh* (Anm. 30), S. 1372. Siehe zur Entstehung und satirischen Einordnung der Knarrpanti-Episode auch S. 1372–1377 und S. 1394–1395.

37 Der juristische Kontext um die Zensur-Affäre, die durch „Meister Floh“ ausgelöst wurde, wurde behandelt durch: Georg Ellinger: „Das Disziplinarverfahren gegen E. T. A. Hoffmann“. In: *Deutsche Rundschau* 32.10 (1906). S. 79–103 und Bernhard Schemmel und Johannes Häfner in: E. T. A. Hoffmann: *Meister Floh. Die „Knarrpanti-Episode“*. Faksimile des Handschriftenteils des Märchens „Meister Floh“ von E. T. A. Hoffmann aus dem Geheimen Staatsarchiv, Preußischer Kulturbesitz Berlin. 2 Bände. Hrsg. von Bernhard Schemmel und Johannes Häfner. Nürnberg: ICHverl. Häfner & Häfner 2003.

38 Vgl. Ellinger: „Das Disziplinarverfahren gegen E. T. A. Hoffmann“ (Anm. 37).

39 Vgl. Hartmut Steinecke: „‚Dem humoristischen Dichter muß es freistehen ... ‘. Hoffmanns ‚Erklärung‘ vom Februar 1822 als poetologischer und literarischer Text“. In: *E.T.A. Hoffmann-Jahrbuch* 11 (2003). S. 122–133.

40 Vgl. Klaus Deterding: „Die Verteidigungsschrift des ‚Meister Floh‘“. In: ders.: *E. T. A. Hoffmanns Dichtung und Weltbild.* Bd. 4: *Hoffmanns poetischer Kosmos*. Würzburg: Königshausen & Neumann 2004. S. 103–125.

41 Vgl. Petra Küchler-Sakellariou: *Implosion des Bewußtseins. Allegorie und Mythos in E. T. A. Hoffmanns Märchenerzählungen.* Frankfurt a. M.: Lang 1989.

42 Vgl. Jörn Steigerwald: *Die fantastische Bildlichkeit der Stadt. Zur Begründung der literarischen Fantastik im Werk E. T. A. Hoffmanns.* Würzburg: Königshausen & Neumann 2001.

43 Vgl. Gaderer: *Poetik der Technik* (Anm. 16).

2 Wissensgeschichtlicher Kontext: Die Mikrobiologie der frühen Neuzeit

Der Titel „Meister Floh“ deutet darauf hin, dass die Insektenforschung im Fokus steht. Es geht um eine wissensgeschichtliche Zäsur im 17. Jahrhundert: um die Entdeckung der subliminalen Welt. Die Sichtbarmachung des Unsichtbaren ist bedingt durch die Einführung neuer optischer Beobachtungsinstrumente, besonders dem Mikroskop. Wissenschaftliche Kontroversen um die Objektivierung des neu Entdeckten führten zudem zum Einsatz optischer Darstellungsverfahren als öffentliche Wissens-Vorführungsinstrumente, wie das Sonnenmikroskop und die *laterna magica*, die der Text poetisch funktionalisiert, wie ich darlegen werde.

Der wissenshistorische Hintergrund, auf den der Text rekurriert, ist der Übergang vom okkulten magischen Wissen zum modernen naturwissenschaftlichen Wissen, der sich im 17. Jahrhundert vollzieht. Die wissenschaftliche Beobachtung verlässt in dieser Zeit den Perzeptionsraum der natürlichen Sinne. Die Mikrobiologie befindet sich um 1650, zur Zeit des Wissenschaftlers Leeuwenhoek, in einem frühen explorativen Stadium, in dem die Vielfalt der Phänomene zur Kenntnis genommen wurde, es aber noch keine gesicherten Theorien zur Entstehung und Fortpflanzung der mikrobiologischen Organismen gab.

Der literarische Text zu der Zeit kann also als Medium der Beobachtung zweiter Ordnung gelesen werden, welches epistemologische und poetologische Fragen verknüpft, um wissenshistorische Problemhorizonte zu beleuchten. Dadurch, dass Hoffmann die Wissenskonstellation der Entdeckung des Unsichtbaren in der Frühen Neuzeit um 1650 in seinen Text einarbeitet und sie zugleich mit der Wissenskonstellation um 1800 konfrontiert, kann der Leser beobachten, wie sich die epistemologischen und medientechnologischen Voraussetzungen der wissenschaftlichen Beobachtung im Zuge von drei Jahrhunderten verändern.

Im Laufe des 17. und 18. Jahrhunderts werden Teleskop und Mikroskop mit den Darstellungsverfahren der *camera obscura* kombiniert: So kommt es zur Konstruktion des Sonnenmikroskops. Dieses ermöglicht die vergrößerte Projektion mikroskopischer Bilder und die Herstellung von Vergleichsmaßstäben im Beobachtungsprozess. Solchen popularisierenden Vorführungspraktiken wohnte Hoffmann in der „optisch-kosmoranischen Anstalt“ des Berliner Medientechnikers J. C. Enslen bei. Die Poetisierung öffentlicher Vorführungspraktiken in Hoffmanns „Meister Floh“ haben Müller[44] und Gaderer[45] untersucht. Müller zeigt, dass das

44 Vgl. Maik Müller: „Phantasmagorien und bewaffnete Blicke. Funktion optischer Apparate in E.T.A. Hoffmanns ‚Meister Floh‘“. In: *E.T.A. Hoffmann-Jahrbuch* 11 (2003). S. 104–121.
45 Vgl. Gaderer: *Poetik der Technik* (Anm. 16).

narrative Darstellungsverfahren des „Meister Floh“ das Wechselspiel zwischen der *camera obscura*- und der *laterna magica*-Projektion ist: Die Szenen der sieben Abenteuer sind in der „Logik und Ästhetik optischer Apparate durchformte Bildwirklichkeiten“.[46]

Um diese Wissenskonstellation darzulegen, werde ich mich mit drei verschiedenen Themenkomplexen auseinandersetzen: erstens mit dem wissenschaftshistorischen Hintergrund der Theorien der Mikrobiologie und Embryogenese; zweitens mit der Optik, das heißt mit der Wahrnehmung und Darstellung von Wissensobjekten (um festzustellen, wie die Verknüpfungen zwischen der naturwissenschaftlichen Wissensproduktion und den optischen Medientechnologien im Text dargestellt werden); drittens spreche ich über interformative Verfahren zwischen Biologie, Optik und Literatur im Medium der Narration. Anhand derer ist zu zeigen, dass die Literatur nicht nur ein Medium der poetischen Darstellung und Reflexion, sondern auch der Beobachtung und Wissensproduktion ist.

Zwar ist das Wunderbare ein typisches Merkmal des Märchens, welches sich gerade durch die partielle Aufhebung der Naturgesetze ausdrückt. Doch wenn man den zweiten wissenschaftshistorischen Kontext rekonstruiert, der für die Interpretation einschlägig ist, die Entdeckung und Erforschung der mikrobiologischen Welt mithilfe des Mikroskops um 1650, dann stellt man fest, dass sich in Hoffmanns Kunstmärchen hinter dem vermeintlich Wunderbaren die mikrobiologische Welt verbirgt, die von den historischen Persönlichkeiten wissenschaftlich erforscht wird, die im Märchen fiktiv dargestellt werden: Antoni van Leeuwenhoek (1632–1723) und Jan Swammerdam (1637–1680). Diese Welt trägt nur aus der Sicht der aktualen Welt Frankfurts fantastische Züge. Das Kunstmärchen „Meister Floh“ markiert eine durch Vernunft betonte Differenz zum Wunderbaren dadurch, dass letzteres ironisch und satirisch problematisiert wird.

3 Die Kontroverse zwischen den Theoretikern der Präformation und der Epigenese

Der Kernpunkt der realen Kontroverse, auf die Hoffmanns Text anspielt, ist die Entstehung des Lebens in der mikrobiologischen Welt. Dabei vertraten die Präformationsgelehrten, zu denen Leeuwenhoek und Swammerdam gehörten, die Ansicht, dass Insekten sich durch tierische Reproduktionsmechanismen vermehren. Leeuwenhoeks mikroskopische Beobachtungen setzten Maßstäbe in der Naturfor-

46 Müller: „Phantasmagorien und bewaffnete Blicke“ (Anm. 44), S. 108.

schung des 17. Jahrhunderts, der Floh als naturwissenschaftliches Untersuchungsobjekt beschäftigte ihn Jahrzehnte lang.[47] Insbesondere beschäftigte er sich mit der Sexualität der Flöhe und entdeckte ihre Spermatozoen. Er gehörte zur Fraktion der Animalkulisten, die davon überzeugt waren, dass die Nachkommen des Flohs im Spermium präformiert seien. In Abb. VI–2 ist ein Auszug aus Leeuwenhoeks Hauptschrift „Arcana naturae detecta"[48] zu sehen, welche die Entwicklung des Flohs vom frühesten Stadium zur erwachsenen Reife darstellt. Diese Darstellung aus naturwissenschaftlichem Kontext kann als Bild-Prätext für die Darstellung des Flohs auf dem Umschlag der Erstausgabe gedeutet werden, die aus E. T. A. Hoffmanns Feder stammt.

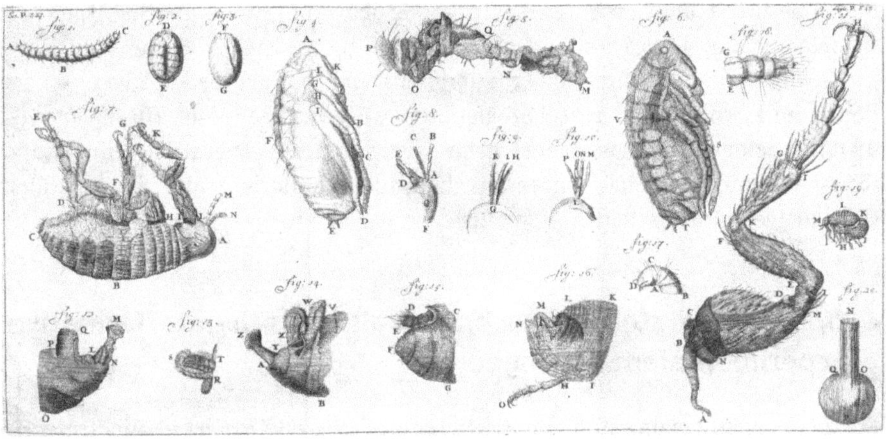

Abb. VI–2: „The development of the flea from egg to adult" aus Antoni van Leeuwenhoeks „Arcana naturae detecta" (1695).[49]

Leeuwenhoek bekräftigte seine Theorie durch die Entdeckung und Beschreibung der Spermatozoen des Flohs in seiner „Arcana naturae detecta". Die Evidenzkraft der Bilder sicherte die diskursive Hegemonie der Präformationstheorie für ein Jahrhundert.[50] Ab dem Zeitpunkt, als die Fortpflanzung und Gattungszugehörigkeit

47 Vgl. Edward G. Ruestow: *The Microscope in the Dutch Republic. The Shaping of Discovery*. Cambridge: Cambridge University Press 1996, S. 156.

48 Antoni van Leeuwenhoek: *Arcana Naturae, ope & beneficio exquisitissimorum Microscopiorum*. Leiden: Boutestein 1696.

49 Antoni van Leeuwenhoek: *Arcana Naturae Detecta*. Editio Novissima, Auctior & Correctior. Leiden: Langerak 1722, S. 326–327.

50 Vgl. Böhme: „Die Metaphysik der Erscheinungen" (Anm. 11), S. 370.

des Flohs geklärt war, war dieser nicht mehr Teil der proto-wissenschaftlichen Welt, sondern galt vielmehr als Paradebeispiel für ein wissenschaftliches Objekt, das mit Hilfe des Mikroskops empirisch beobachtet wurde und für das es verlässliche wissenschaftliche Einordnungskategorien gab. Leeuwenhoek hatte eine umfassende Korrespondenz mit den Mitgliedern der *Royal Society* geführt, die sich hauptsächlich den neuesten wissenschaftlichen Beobachtungen über das Leben, die Physiologie, die Sexualität und die Fortpflanzung der Flöhe widmete.[51] Das Mikroskop wurde sogar als „flea glass"[52] nach dem Floh als wissenschaftlichem Objekt benannt. Metaphysisch schlug sich die präformationistische Hypothese auch in Leibniz' Postulat der besten aller möglichen Welten der prästabilierten Harmonie nieder. Es ist bekannt, dass Leibniz Leeuwenhoeks mikrobiologisches Labor regelmäßig besuchte, um sich durch Mikroskop-Beobachtungen empirische Argumente für sein metaphysisches Weltbild zu sichern.

Swammerdam gehörte zur Fraktion der Ovulisten, die die künftigen Generationen im Ei vorgebildet zu sehen glaubten.[53] Die Gegner dieser These vertraten die Theorie der Ur-Zeugungslehre nach Aristoteles' „De generatione animalium", wonach kleine Insekten spontan aus der Fäulnis anderer Stoffe, also aus nicht gleichartigen biologischen Stoffen entstehen würden.[54]

4 Optische Darstellungstechniken als narrativ-interformative Experimentalanordnungen

Für die Objektivierung und Durchsetzung des Wissens bedarf es nicht nur der Beobachtungsverfahren, sondern auch der Darstellungsverfahren. Die öffentliche Vorführung optischer Beobachtungsanordnungen mithilfe der Dunkelkammer, der magischen Laterne und des ‚Kuffschen Sonnenmikroskops' erfreuten sich um 1800 großer Beliebtheit. Die zunehmende Präzision des Mikroskops führte zur Steigerung des Seh-Begehrens. Doch die Grenze zwischen dem Sichtbaren und dem Unsichtbaren ließ sich nicht allein durch den Einsatz präziserer optischer Instrumente verschieben, weil das Sehen eine komplexe Kulturtechnik ist, die tief in den

51 Vgl. Antoni van Leeuwenhoek: *The Collected Letters of Antoni Van Leeuwenhoek / Alle de brieven van Antoni van Leeuwenhoek.* Akt. 17 Bände. Hrsg. von L. C. Palm mit Leeuwenhoek-Commission der Royal Netherlands Academie of Sciences and Letters. Leiden, London: Boutestein; Taylor & Francis 1939 ff.

52 Catherine Wilson: *The Invisible World. Early Modern Philosophy and the Invention of the Microscope.* Princeton: Princeton University Press 1995, S. 80.

53 Vgl. Böhme: „Die Metaphysik der Erscheinungen" (Anm. 11), S. 374–375.

54 Vgl. Wilson: *The Invisible World* (Anm. 52). S. 140–175.

Wissensdiskursen der Zeit verwurzelt ist. Hoffmanns Text nimmt nun den Prozess der wissenschaftlichen Beobachtung gewissermaßen unter die literarische Beobachtungslupe und hinterfragt, ob alleine die Präzision der optischen Instrumente tatsächlich zu einer Objektivierung des wissenschaftlichen Blicks führt. Der literarische Text zeigt, dass die Verschiebung der Grenzen vom Sichtbaren zum Unsichtbaren stets an neue optische Technologien gekoppelt ist und dass die Erfindung dieser Technologien eine notwendige, aber nicht hinreichende Bedingung für den adäquaten wissenschaftlichen Umgang mit dem neu erworbenen Wissen ist. Die Kontextualisierung, Deutung und Interpretation der wissenschaftlichen Erkenntnisse erfordert eine breite gesellschaftliche Diskussion und die Rückprojektion auf den Horizont des Menschen. Das ist die Bedingung für die Relevanz des wissenschaftlichen Wissens. Wichtig ist hierbei die kulturelle Praxis, Raster und Muster zu erkennen und den erkannten Strukturen kontextspezifisch Bedeutung zuzuschreiben.

Im Folgenden werde ich das poetische Wechselspiel zwischen technischer Innovation und poetischer Imagination anhand von drei optischen Technologien darstellen, die die poetischen Textstrukturen modellieren: die *camera obscura*, die *laterna magica* und das Augenlinsenmikroskop. Die optischen Darstellungsverfahren eröffnen das erste und zweite Abenteuer des Märchens. Durch sie wird die Erzählwelt erst konstituiert. Schon beim ersten Auftritt des Protagonisten, Peregrinus Tyß, sieht der Leser ihn nicht, wie er handelt oder spricht, sondern wie er beobachtet: „Peregrinus befand sich in einer dunklen Kammer [...]. Dann durchbebten ihn süße heimliche Schauer, wenn [...] ihn die hellen Lichtstrahlen blendeten, die, durch die Ritzen der Türe hineinfallend, an der Wand hin und her hüpften“ (MF, S. 304). Optik, Lichtstrahlen und Projektion, die Konkurrenz zwischen dem physiologischen Sehvorgang des Auges und dem geometrischen Projektionsvorgang durch die Optik der Dunkelkammer prägen die Erzählstruktur schon in der Exposition. Dieser komplexe semiologische Aufbau lenkt die Aufmerksamkeit des Lesers also schon zu Beginn des Märchens nicht auf dessen Erzählinhalt, sondern auf seine Erzählmedien.

Die *camera obscura*, die ein Bild der Natur durch einen Lichtstrahl ins Innere einer Dunkelkammer projiziert und doppelt, ist das paradigmatische Wissensdispositiv des 17. Jahrhunderts, in welchem Leeuwenhoek und Swammerdam forschten. Die *camera obscura* steht für die mimetische Wiedergabe, für die wissenschaftliche Objektivierung des zentralperspektivischen Blicks. Ihr Grundprinzip, ein Bild von außen durch die Vermittlung eines Lichtstrahls auf eine Fläche im Innern einer dunklen Kammer invertiert zu projizieren, wurde von Johannes Kepler als Analogie genutzt, um die Abbildung der Wahrnehmungen auf der Netzhaut und damit den Funktionsmechanismus des Auges zu beschreiben.[55] Durch ihre Existenz wird die Objektivität des Sehens mit eigenem Auge in Frage gestellt – zum ersten Mal von Kepler in der „Astronomiae pars optica“: „Während bisher das Bild, die imago nur ein in der Vernunft vorhandenes Ding war, so wollen wir die wirklich auf einem Papier oder einer anderen Wand zustande kommenden Formen der Dinge pictura nennen.“[56] Die *imago* ist nach Kepler das von Menschen gesehene, durch die Vernunft vermittelte Bild. Die *pictura* ist das durch die Geometrie des optischen Lichtstrahls von der Natur gezeichnete Bild. Die *camera obscura* wurde im 17. Jahrhundert von Kepler, Descartes, Leibniz usw. zum „grundlegenden Modell der Wissensproduktion“[57] erklärt. Sie situiert sich an der Schnittstelle zwischen den unterschiedlichen Wissensfeldern. Durch sie wurde es möglich, dreidimensionale Raumwahrnehmungen in zweidimensionale Projektionen zu verwandeln. Die optische Staffelung der Schärfeebenen führt zentralperspektivisches Sehen technisch vor.[58] Deshalb wird sie auch zum wichtigen Arbeitsinstrument für Künstler wie Leonardo da Vinci oder auch Vermeer in der niederländischen Malerei.

Ich möchte die *camera obscura* auch als optische Folie für eine mögliche Lesart des „Meister Floh“-Titelkupfers vorstellen: Sie steht für das klassische Sehmodell, das zentralperspektivische Sehen und für die Objektivierung des wissenschaftlichen Blicks. Doch wie wird diese Projektionstechnik in Hoffmanns Text poetisch inszeniert? Verfolgt man die narrative Darstellung genau, so stellt man fest, dass, ebenso wie das Kupfertitelbild gedoppelt ist, sowohl die Handlungs-Schauplätze als auch das Figurenensemble des Märchens symmetrisch konstruiert sind und durch eine literarische Projektion in die Märchenwelt Famagusta doppelt konfiguriert sind. Zum aktualen Schauplatz Frankfurt gesellt sich gegenüber die imaginäre Märchenwelt Famagusta, die also als ‚invertiert‘ gilt, weil sie unter dem vermeintlichen Zeichen des Wunderbaren steht. Doch diese Umkehrung wird wiederum demen-

55 Vgl. Olaf Breidbach, Kerrin Klinger und Matthias Müller: *Camera obscura. Die Dunkelkammer in ihrer historischen Entwicklung.* Stuttgart: Steiner 2013.

56 „Johannes Keplers Optik von 1604“. In: Johannes Kepler: *Schriften zur Optik 1604–1611.* Hrsg. von Rolf Riekher. Frankfurt a. M.: Deutsch 2008, S. 27. Lateinisches Original: „Cùm hactenus Imago fuerit Ens rationale, iam figurae rerum verè in papyro existentes, seu alio partete, picturae dicantur.“ In: ders.: *Astronomiae pars optica.* Hrsg. von Franz Hammer. In: ders.: *Gesammelte Werke.* Bd. 2. Hrsg. von Walther von Dyck, Max Caspar und Franz Hammer. München: Beck 1939, S. 174.

57 Don Ihde: „Die Kunst kommt der Wissenschaft zuvor. Oder: Provozierte die Camera obscura die Entwicklung der modernen Wissenschaften?“. In: *Instrumente in Kunst und Wissenschaft. Zur Architektonik kultureller Grenzen im 17. Jahrhundert.* Hrsg. von Helmar Schramm, Ludger Schwarte und Jan Lazardzig. Berlin, New York: De Gruyter 2006. S. 417–429, hier S. 425.

58 Vgl. Ihde: „Die Kunst kommt der Wissenschaft zuvor“ (Anm. 57), S. 420.

tiert: Famagusta könnte auch als mikrobiologische Forschungswelt gedeutet werden. Das invertierte Bild der *camera obscura* erscheint eher als Bild der *laterna magica.* Mehr als das, auch die Figurenkonstellation ist demselben Darstellungsmittel unterworfen: Für jede Figur der aktualen Erzählwelt in Frankfurt gibt es eine Entsprechung in der vermeintlichen Märchenwelt Famagusta. Eine Übersicht über die Doppelung der Figurenkonstellation mit ihren Entsprechungen zwischen der aktualen Textwelt und der imaginären Märchenwelt gibt Abb. VI–3.

Schauplatz I: Frankfurt um 1800		**Schauplatz II: Famagusta um 1650**
Dörtje Elverdink	⟷	Prinzessin Gamaheh
Peregrinus Tyß	⟷	König Sekakis
Leuwenhöck	⟷	Magier I
Swammerdamm	⟷	Magier II
Georg Pepusch	⟷	Distel Zeherit
Douanier Egel	⟷	Genius Thetel
Egelprinz	⟷	Prince Legenie
Meister Floh	——	Meister Floh

Abb. VI–3: Übersicht über die Doppelung und Umbenennung der Figuren in E. T. A. Hoffmanns „Meister Floh" in den beiden Erzählwelten: Frankfurt und Famagusta (© Aura Heydenreich).

So wie die *camera obscura* das Bild doppelt und gespiegelt reproduziert, so wird hier auch die gesamte *storyworld* mit ihren Bestandteilen gedoppelt und entsprechend umcodiert: der Schauplatz der Handlung spaltet sich in Frankfurt/Famagusta, die Zeit der Handlung: um 1650/um 1800 (wobei die Zeit des Märchens nicht eindeutig ist), schließlich der Plot selbst, der sich zwischen einer Wissenschaftskontroverse und einer Liebeshandlung mit Duell spaltet. Das gleiche Verfahren ist auch für das gesamte Figurenarsenal zu verzeichnen, bis auf eine Figur: Die Modellierung des Flohs ist eine Ausnahme. Zwar erscheint auch der Floh in beiden Welten, doch er wechselt in Famagusta nicht seine Identität. Der Floh stellt also die Verbindung zwischen den beiden Ebenen des Märchens her. Er hat die Funktion der Überschreitung der ontologischen und epistemologischen Grenzen zwischen den Welten, die der metaleptischen Transgression. Diese Verschränkung zwischen poetischen und optischen Verfahren, die der Narration zugeschrieben sind, hat die Funktion, den Umgang mit der Transgression zwischen den Welten zu reflektieren und dem Leser eine Umkehrung der Blickrichtung zu ermöglichen. Doch wird bei dem optischen Verfahren der *camera obscura* das Bild auf den Kopf gestellt, so vollzieht sich im Hoffmann'schen Text nicht die Umkehrung des *Bildes*, sondern die Umkehrung des *Blicks*. Der Leser kann nicht mehr nur dem Blick vom Makroskopischen aufs Mikroskopische folgen, eine Perspektive, die von Leuwenhöck und Swammerdam vorexerziert wird, sondern auch die Umkehrung des Blicks vom Mikroskopischen aufs Makroskopische zur Kenntnis nehmen, die durch die Perspektive des Flohs geleistet wird. Er verwandelt die Mikroskoplinse in eine magische Linse in der aktualen Welt Frankfurts und verschränkt somit die beiden Welten zu einer epistemisch-ästhetischen Wechselwirkungskonfiguration. Er kehrt also die Verfahren der Beobachtung um und lässt zudem andere, zum Beispiel Tyß, beobachten, wie Wissenschaftler beobachten und wie sie darüber reflektieren, wie die Beobachtungsergebnisse in den Prozess der kulturellen Semiose zu integrieren sind. Im Folgenden kommen auch die zusätzlichen Perspektivierungen ins Spiel, die durch die Blicke der anderen vier Beobachter bereits im Titelkupfer simuliert worden sind.

Nach Jonathan Crary vollzieht sich ausgerechnet um 1800 (in der Zeit, in der der „Meister Floh“ entsteht) ein Bruch mit den klassischen Sehmodellen, wofür die *camera obscura* steht. Dies geschieht auf der Basis der Umstrukturierung des Wissens und der sozialen Praktiken, die die produktiven und kognitiven Vermögen der Menschen neu strukturierten. Während die *camera obscura* für die objektive Abbildung der äußeren Realität steht, symbolisiert die *laterna magica* die Projektion der Welt der Ideen nach außen, eine Funktion, die der Literatur durchaus inhärent ist.[59] Der Perspektivenwechsel wird im „Meister Floh“ sehr subtil orchestriert. Zunächst wird im Text die zweite optische Technologie, die den „Meister Floh“ literarisch modelliert, die *laterna magica*, im wissenschaftlichen Kontext eingeführt, zur Vergrößerung und öffentlichen Vorführung der mikrobiologischen Welt. Hier hat sie fast noch die Funktion der Objektivierung des menschlichen Blicks durch eine Doppelung der Projektion. Doch die Projektion ist hier vergrößert, auf die Menschen wirkt sie beängstigend. Deshalb werden in diesem Textabschnitt die beiden optischen Technologien semantisch erstmal so gut wie überlagert. Hier vollzieht sich eine Umbesetzung:

> Der Flohbändiger hatte unendlichen Zuspruch. [...] Personen kamen, [...] um ein Werk zu bewundern, das dem Flohbändiger ein ganz anderes Ansehen und die wahre Achtung der Naturforscher erwarb. Dies Werk war ein Nachtmikroskop, das wie das Sonnenmikroskop am Tage, einer magischen Laterne ähnlich, den Gegenstand hell erleuchtet mit einer Schärfe und Deutlichkeit auf die weiße Wand warf, die nichts zu wünschen übrig ließ. (MF, S. 329)

59 Vgl. Crary: *Techniken des Betrachters* (Anm. 4).

Als die *laterna magica* im Text zum zweiten Mal erwähnt wird, gilt sie metaphorisch als Vorführungsinstrument der Veräußerlichung imaginärer Erinnerungsbilder von Georg Pepusch, ein Vorgang, der in instrumentenoptischer Metaphorik dargestellt wird: „So wie nämlich Dörtje Elverdink davon sprach, daß sie glaube, vor langer Zeit ihn schon gekannt zu haben, war es ihm, als würde in seinem Innern wie in einer *Laterna magica* plötzlich ein anderes Bild vorgeschoben und er erblickte ein weit entferntes Sonst, das lange zurückliege hinter der Zeit als er zum ersten Mal Muttermilch gekostet, und in dem er selbst doch eben so gut als Dörtje Elverdink sich rege und bewege“ (MF, S. 345; Hervorhebung v. AH). Das Entscheidende ist hier der Wechsel der Bilder. Die *camera obscura* führt ein einziges statisches, isoliertes, dennoch von der Natur gezeichnetes Bild vor, als Projektion von außen nach innen. Bei der magischen Laterne geht es erstens um eine Projektion der inneren Gedankenwelt nach außen. Als optisches Verfahren wird es aber zudem dafür eingesetzt, um Illusionen zu erzeugen. Außerdem ist das Bild der *camera obscura* statisch und zentralperspektivisch, das der *laterna magica* hingegen dynamisch und multiperspektivisch. Die Perspektive der *laterna magica* ist eng mit dem serapiontischen Prinzip verknüpft, einem der Kernpunkte der Hoffmann'schen Poetologie: das Sehen vor den „geistigen Augen“[60] des Dichters. Allerdings muss das imaginär Geschaute auch die Außenwelt erreichen, sodass die serapiontische Poetik eine geeignete Korrelation zwischen Innen- und Außenwelt voraussetzt.[61]

Das Oszillieren zwischen den beiden markiert den medienhistorischen und wissensgeschichtlichen Umbruch zwischen der Etablierung der Zentralperspektive um 1600 und deren Ablösung durch das, was die *laterna magica* um 1800 poetologisch symbolisiert: Die Literatur als ein multiperspektivisches Inszenierungsspiel, in der die Grenze von Urbild und Abbild, von Fakt und Fiktion, von Projektion und Imagination selbstreferentiell in Frage gestellt wird. Doch wie lässt sich die Verbindung zwischen optischen Darstellungsverfahren und den Wissensdiskursen herstellen? Poetisch sichtbar gemacht wird das anhand der narrativen Verfahren, die die Kontroverse um die Entstehung Dörtjes/Gamahehs darstellen. Die Szene der Belebung nämlich wird im repetitiven Modus aus vier verschiedenen Perspektiven erzählt: zunächst durch Leuwenhöck (vgl. MF, S. 332 ff.):

> Es genügt, wenn ich euch sage, daß es uns mittelst des geschickten Gebrauchs verschiedener Gläser, die ich meistenteils selbst präparierte, glückte, nicht allein die Prinzessin unversehrt

60 Vgl. E. T. A. Hoffmann: *Die Serapions-Brüder*. Hrsg. von Wulf Segebrecht und Ursula Segebrecht. In: ders.: *Sämtliche Werke in sechs Bänden*. Bd. 4. Hrsg. von Hartmut Steinecke und Wulf Segebrecht. Frankfurt a. M.: Deutscher Klassiker Verlag 2001, S. 67.
61 Vgl. Japp: „Das serapiontische Prinzip“ (Anm. 24), S. 74.

> aus dem Blumenstaub hervorzuziehen, sondern auch ihr Wachstum […] zu befördern […]. – Nun fehlte freilich noch das Leben und ob ihr dieses zu verschaffen möglich, das hing von der letzten und schwierigsten Operation ab. – Wir reflektierten das Bild mittels eines herrlichen Kuffischen Sonnenmikroskops, und lösten dieses Bild geschickt los von der weißen Wand, welches ohne allen Schaden vonstatten ging. So wie das Bild frei schwebte, fuhr es wie ein Blitz in das Glas hinein, welches in tausend Stücken zersplitterte. Die Prinzessin stand frisch und lebendig vor uns. (MF, S. 337)

Gegen diese Darstellung legt Georg Pepusch sofort Einspruch ein (vgl. MF, S. 339–340). Eingeflochten in der Erzählung Leuwenhöcks war bereits die Auseinandersetzung mit Swammerdam um den gleichen Vorfall (vgl. MF, S. 338). Im dritten Abenteuer wird das gleiche Ereignis aus der Perspektive des Flohs präsentiert, der behauptet, dass nur seine Künste die Prinzessin belebten (vgl. MF, S. 354).

Die repetitive Erzählung der Belebung Gamahehs aus verschiedenen Perspektiven ist also doppelt motiviert: narrativ durch die Liebe, die fast alle männlichen Figuren für sie hegen und wissenschaftshistorisch durch die Anknüpfung an die Probleme, die Leeuwenhoeck und Swammerdam als Naturforscher zu lösen versuchten und die bis zu Beginn des 19. Jahrhunderts virulent blieben. Genauer gesagt wird am Beispiel der Kontroverse um die Belebung Gamahehs vorgeführt, wie Mikro-Organismen mit nicht definierbaren Genealogien entdeckt und ausgestellt wurden. Doch unklar ist, welche Schlüsse man aus dem Entdeckten zu ziehen hatte. Wie ist die allmählich sich enthüllende mikrobiologische Welt einzuordnen? Wie sind die einzelnen Mikroorganismen zu kategorisieren? Wie entstehen sie und welche sind die Mechanismen ihrer Fortpflanzung? Während die Existenz des Flohs als empirisches Untersuchungsobjekt unumstritten war, bleibt Gamaheh eine virtuelle Größe bzw. ein epistemisches Objekt. Mit ihr wird eine Paradoxie literarisch vorgeführt, nämlich die Ontologisierung der bis dahin unsichtbaren mikroskopischen Welt durch die Vermittlung des optisch Virtuellen. Ontologisch gesehen bleibt Gamaheh eine Leerstelle, die aber gerade deshalb die Wissensdiskurse des Textes organisiert. Die Weisen der Entstehung und Fortpflanzung der Mikroorganismen waren die wichtigsten Indizien für ihre Kategorisierung, wie das taxonomische System Carl von Linnés später zeigen wird.[62] Die mangelnde Kategorisierung erhöht die Möglichkeiten der „interpretatorische[n] Kontingenz“.[63] Das ist das Problem im Bereich der Mikrobiologie. Ein zweites Problem stellt sich im Bereich der optischen Medientechnologie; auf das ich später auch eingehe.

Die Debatte um die Entstehung Gamahehs zeigt das Problem der wissenshistorischen Epoche um 1800, das bis heute nicht gelöst wurde, sondern sich eher

62 Vgl. Ilse Jahn mit Erika Kraußе (Hrsg.). *Geschichte der Biologie. Theorien, Methoden, Institutionen, Kurzbiographien.* Heidelberg, Berlin: Akademie Spektrum 2000.

63 Böhme: „Die Metaphysik der Erscheinungen“ (Anm. 11), S. 371.

vertieft hat. Der Kernpunkt der Kontroverse besteht darin, dass neue Ontologien durch technologische Fortschritte und mediologische Paradigmen bedingt werden. Problematisch bleiben die Fragen: Welchen Status hat das primäre Sehbild, das durch das Auge wahrgenommene Bild, im Verhältnis zu dessen Übersetzung in ein anderes Bildmedium?[64] Kann sich die wissenschaftliche Beobachtung auf das sekundäre, auf das durch optische Technologien erzeugte, Bild verlassen? Welche Sehbilder sollten den wissenschaftlichen Fachtexten zugrunde liegen, die primären oder die sekundären Bilder? Sollte die mediale Bedingtheit der neuen Ontologien, die durch die Apparate hervorgegangenen sind, viel stärker problematisiert werden? Wie war mit dem epistemologischen Risiko umzugehen, dass manche Beobachtungen und Experimente nur durch optische Geräte prozessiert werden konnten?[65]

Im literarischen Text werden im Experiment um die Entstehung Gamahehs mehrere Erklärungshypothesen verschränkt, die unterschiedlichen theoretischen Richtungen entstammen und die zudem eklektisch auf Konzepte mehrerer wissenschaftshistorischer Epochen rekurrieren. Ausgerechnet die Tulpe, in deren Keim Gamahehs Embryo von den beiden Wissenschaftlern gefunden wird, und deren gelb-violette Farben Dörtje später in der aktualen Welt Frankfurts noch in ihrem Kleid trägt, kennt beide Weisen der Fortpflanzung: sowohl die generative Samenvermehrung, bei der aus der Kombination des genetischen Materials zweier Individuen ein drittes entsteht – das entspräche der Hypothese der Epigenetiker –, als auch die vegetative Vermehrung, bei der die Vermehrung ohne vorherige Verschmelzung von Gameten zweier Vorfahren geschehen kann. Das würde der Fortpflanzungshypothese der Präformationisten entsprechen. Zudem war Gamaheh in ihrer fertigen Gestalt bereits im Keim vorhanden. Das entspricht dem präformationistischen Prinzip, das besagte, dass alle existierende Gestalten vollends vorgebildet seien,[66] in ihrem Keim aus ihrem Schlummer zum Leben erweckt werden[67] und nur noch in ihrem Umfang wachsen würden, ihre Gestalt und Qualitäten aber nicht mehr durch ein Entwicklungsprinzip verändern könnten. Somit ist klar, dass sich das Figurenmodell Dörtjes/Gamahehs als diskursives Konstrukt entpuppt.

Gamahehs Figurenmodell ist ein ästhetisches Artefakt, das zudem den Kernpunkt einer historischen wissenschaftlichen Theorienkontroverse synthetisiert.

64 Vgl. Böhme: „Die Metaphysik der Erscheinungen“ (Anm. 11), S. 372.

65 Vgl. C. Hoffmann: *Unter Beobachtung* (Anm. 7).

66 Vgl. Böhme: „Die Metaphysik der Erscheinungen“ (Anm. 11), S. 376–377.

67 Vgl. Wilson: *The Invisible World* (Anm. 52), S. 120.

Ihre Entwicklung vom Embryo zur reifen Gestalt wird auch in der Märchendiegese durch eine aufwendige optische Experimentalanordnung und durch die Zusammenarbeit der beiden Wissenschaftler erst ins Leben gerufen. Aufgrund dieser Verschränkung zwischen diskursiven Praktiken der Mikrobiologie, der Beobachtungspraktiken der Optik und der ästhetisch-narrativen Darstellungsverfahren spreche ich von der interformativen Figurenmodellierung, auf die ich im nächsten Abschnitt zu sprechen kommen werde.

Die Urzeugungstheorie behauptete hingegen, dass die Entstehung von Lebewesen auch spontan aus unbelebter Materie möglich sei. Diese Debatte wird bis zu Beginn des 19. Jahrhunderts weitergeführt, weil keiner der naturwissenschaftlichen Lager klare experimentelle Nachweise zur Bestätigung oder Falsifizierung einer Richtung hatte. Das epigenetische Prinzip hätte den bestehenden Organismen eine Weiterentwicklung zugestanden, das präformationistische nicht. Die Vertreter letzterer Theorie konnten keine plausible Erklärung für die Entwicklung des Lebens geben und glaubten deshalb, dass das Schicksal jedes einzelnen Objektes in den Sternen steht, also prädeterminiert ist, bevor es auf die Welt kommt. Hoffmanns Text spielt darauf an, wenn er die Mikroskopisten zugleich als „Horoskop“-Deuter darstellt (vgl. MF, S. 422).

Um 1800 gerät die Präformationstheorie erheblich unter Beschuss. Es setzte sich die Theorie Johann Friedrich Blumenbachs durch, welcher nicht die Artbestimmung nach Aussehen, sondern eine funktionelle Bestimmung vorschlug. Paradigmatisch wird das in Blumenbachs einflussreicher Schrift „Über den Bildungstrieb und das Zeugungsgeschäfte“[68] von 1781 deutlich. Zeugnisse der Rezeption dieser Schrift[69] sowie auch der Virulenz der Debatte[70] gibt es bei Hölderlin,[71] Kant[72] und

---

68 Johann Friedrich Blumenbach: *Über den Bildungstrieb und das Zeugungsgeschäfte*. Göttingen: Dieterich 1781.

69 Vgl. François Duchesneau: „‚Essential force‘ and ‚formative force‘. Models for Epigenesis in the 18th Century“. In: *Self-Organization and Emergence in Life Sciences*. Hrsg. von Bernard Feltz, Marc Crommelinck und Philippe Goujon. Dordrecht: Springer 2006. S. 171–186.

70 Vgl. Jutta Heinz: „‚Unendlicher Bildungstrieb‘. Zu Blumenbachs ‚Bildungstrieb‘ und seiner Rezeption in Philosophie und Literatur bis hin zu Friedrich Schlegel“. In: *Naturforschung und menschliche Geschichte*. Hrsg. von Thomas Bach und Mario Marino. Heidelberg: Winter 2011. S. 175–203; Timothy Lenoir: *The Strategy of Life. Teleology and Mechanics in Nineteenth Century German Biology*. Dordrecht, Boston, London: Reidel 1982.

71 Vgl. Ulrike Enke: „Der ‚Trieb in uns, das Ungebildete zu bilden ...‘. Der Begriff ‚Bildungstrieb‘ bei Blumenbach und Hölderlin“. In: *Hofmannsthal-Jahrbuch* 30 (1998). S. 102–118.

72 Vgl. John H. Zammito: „Kant’s Persistent Ambivalence toward Epigenesis, 1764–90“. In: *Understanding Purpose. Kant and the Philosophy of Biology*. Hrsg. von Philippe Huneman. Rochester, NY, Woodbridge, Suffolk: University of Rochester Press 2007. S. 51–74; Brandon C. Look: „Blumenbach and Kant on Mechanism and Teleology in Nature. The Case of the Formative Drive“. In: *The*

Schelling.[73] Die Theorie Blumenbachs,[74] die als Vorläuferin von Darwins Evolutionstheorie gilt, weist eine wesentlich größere Reichweite auf, denn sie bietet mit dem Prinzip des Bildungstriebs eine einheitliche Erklärung für die Entstehung, die Regeneration und die Fortpflanzung der Lebewesen der gesamten natürlichen Stufenleiter, dem pflanzlichen, tierischen und menschlichen Bereich und gesteht – anders als die Theorie der Präformationisten – allen biologischen Formen Entwicklungsmöglichkeiten zu. Vor diesem Hintergrund kann nun die Traumallegorie des Märchenschlusses gelesen werden, in welcher durch das Figurenensemble alle Repräsentanten der natürlichen Stufenleiter vertreten sind (von der Distel über Insekten zum Menschen), die aber durch die fiktional motivierte Duplizität des Seins im Verlauf des Märchens bereits Metamorphosen erfahren haben.

5 Interformative Figurenmodellierung zwischen Literatur, Optik und Mikrobiologie

So wie die Ontologie der Erzählwelt in einem mehrdimensionalen Modell erfasst werden kann, gilt das auch für das Figurenmodell Dörtjes/Gamahehs. Ich wende hierfür das narratologische Figurenmodell an, das von Jens Eder vorgeschlagen wurde.[75] Eder gibt vier Dimensionen der Figurenmodellierung an.[76] Erstens die Dimension der Figur als *fiktives Wesen*. Diese bezieht sich auf die Darstellung der Körperlichkeit der Figur, ihrer Psyche, Kognition, Emotion und ihrer Persönlichkeitsmerkmale. Zudem geht es um die Sozialität der Figur, ihre Gruppenzugehörigkeit, ihre sozialen Rollen, ihr Status, ihr Habitus, ihre Macht und um ihr Verhalten, ihre Bewegungen, Mimik, Proxemik usw. Die zweite Dimension wäre die der Figur

Problem of Animal Generation in Early Modern Philosophy. Hrsg. von Justin E. H. Smith. Cambridge: Cambridge University Press 2006. S. 355–372.

73 Vgl. Jörg Jantzen: „Physiologische Theorien“. In: Friedrich Wilhelm Joseph Schelling: *Werke. Historisch-kritische Ausgabe*. Bd. 1,9a: *Ergänzungsband zu Werke Band 5 bis 9. Wissenschaftshistorischer Bericht zu Schellings naturphilosophischen Schriften 1797–1800*. Hrsg. von Hans Michael Baumgartner. Stuttgart: Frommann-Holzboog 1994. S. 566–668, darin S. 636–668: „Blumenbachs Theorie des Bildungstriebs.“

74 Vgl. Egbert Witte: *Bildungstrieb. Zur Karriere eines Konzepts zwischen 1780 und 1830*. Hildesheim, Zürich, New York: Georg Olms Verlag 2019.

75 Vgl. Jens Eder: *Die Figur im Film. Grundlagen der Figurenanalyse*. 2. Aufl. Marburg: Schüren 2014; Jens Eder, Fotis Jannidis und Ralf Schneider (Hrsg.): *Characters in Fictional Worlds. Understanding Imaginary Beings in Literature, Film, and Other Media*. Berlin, New York: De Gruyter 2010.

76 Ich referiere das Modell der Figurenanalyse aus Eder: *Die Figur im Film* (Anm. 75), S. 131–150, 707–764.

als *diskursives Symptom*. Hier spielt eine wichtige Rolle, aus welchen kulturellen Kontexten die Diskurse stammen, durch die die Figur konstituiert wird: Mentalitäten, soziokulturelle Schemata, Stereotypen, intertextuelle Bezüge. Zudem geht es um die dritte Dimension der *Figuren als Artefakt*: Hier geht es um die textbezogenen Merkmale der Darstellung von Figuren, um die stilistischen und ästhetischen Verfahren, die die Figuren konstituieren, um das ‚Gemachtsein' von Figuren, um ihre Eigenschaften als Artefakte: Realismus-Effekte, Typisierungen, ihre Komplexität, Konsistenz, Transparenz, Ambiguität, Dynamik. Kurz: es geht um die ästhetische Erfahrung, um die Wahrnehmung und Reflexion der Figurengestaltung. Und schließlich geht es viertens um die Dimension der *Figur als Symbol*. Darunter versteht Eder die Menge an indirekten Bedeutungen, wofür die Figur steht: als Thementräger, als Personifikation, als allegorische Gestalt oder als Exemplifikation.[77]

Dieses narratologische Modell der Figurenanalyse von Jens Eder eignet sich für die Analyse der Dimensionen der Figurenmodellierung in E. T. A. Hoffmanns „Meister Floh". Ich werde das Modell übernehmen und für die theoretischen Zwecke der vorliegenden Studie ergänzen und modifizieren, sodass es der Analyse der interformativen Figurenmodellierung dient. Ich habe gezeigt, dass die Figurenmodellierung eine Doppelung zwischen den beiden semio-logischen Sphären der Literatur und der Naturwissenschaft vorsieht, und zwar in allen vier Dimensionen, die das Modell Eders beschreibt: in den Dimensionen als *fiktive Figur*, als *Symptom*, als *Symbol* und als *Artefakt*. Sie werden als Figuren konstituiert durch den Anteil dieser beiden Sphären, der Literatur einerseits und der Optik und Mikrobiologie andererseits. Ich werde dies an den drei Protagonisten des Textes Dörtje Elverding, Meister Floh und Peregrinus Tyß demonstrieren:

Dörtje Elverdings Dimension der *Figur als fiktives Wesen* ist eine stereoskopische Projektion zwischen der aktualen Welt Frankfurts und der mikrobiologischen Welt des Märchens, in Famagusta. Sie ist als interformatives Figurenmodell konstituiert, das zwischen den beiden Diskurssphären wandert, die erzählontologisch inkompatibel sind, und sie in Wechselwirkung bringt. In der aktualen Welt ist sie ein kleines, kokettes, elegantes Wesen, das das Objekt des Begehrens des gesamten Figurenensembles ist. In der mikrobiologischen Welt wird sie als Prinzessin Gamaheh dargestellt, die dem Keim einer Tulpe entsprossen ist und dank der Belebungsmaßnahmen der beiden Magier – alias Leeuwenhoeck und Swamerdamm – überhaupt am Leben ist.

Somit kommt die Dimension der Figur als *diskursives Symptom* zur Geltung. Als diskursives Symptom ist die Prinzessin Gamaheh im Grunde ein „epistemisches Ding" im Sinne Hans-Jörg Rheinbergers. Sie wird durch diejenigen wissen-

77 Vgl. Eder: *Die Figur im Film* (Anm. 75), S. 136–137.

schaftshistorischen Diskurse konstituiert, die die wesentlichen Problemkomplexe und Kontroversen der mikrobiologischen Forschung von 1650 bis 1800 synthetisieren, die in diesem Text verhandelt werden. Es ging im Wesentlichen um die Definition und Klassifikation der um 1650 dank des Mikroskops neu entdeckten Spezies. Der Streit verlief, wie bereits dargestellt, zwischen der Fraktion der Präformationisten und der Epigenetiker. Die Präformationisten, zu denen Leeuwenhoek und Swammerdam gehörten, behaupteten, dass jede Spezies bereits im embryonalen Stadium vollendet sei und keine wesentliche qualitative Entwicklung mehr vollziehe. Uneinig waren sie sich nur über die Art der Fortpflanzung, über das männliche Prinzip (so die Animalkulisten, zu denen Leeuwenhoek gehörte) oder über das weibliche Prinzip (so die Ovulisten, für die Swammerdamm argumentierte). Demgegenüber standen die Epigenetiker, die sich mit der Theorie Blumenbachs um 1800 durchsetzten, die auf eine funktionelle Klassifikation der Spezies setzte und diesen Entwicklungs- und Verwandlungspotential zugestand. Deshalb ist diese Kontroverse um 1800 im Zeitalter Hoffmanns noch virulent und mündet schließlich später im 19. Jahrhundert in Darwins Evolutionstheorie. Das sind die Diskurse, die Dörtjes Figurenmodell konstituieren. Diese vermengen, überlagern, verschränken sich mit den Diskursen des Kunstmärchens in der Romantik, die ebenfalls Doppelgänger vorsehen. Das Doppelgängertum ist im Märchen als Verfahren anders motiviert und deshalb auch diskursiv anders codiert. Hier werden aber beide Diskurstraditionen mit ihren jeweiligen Codierungen und Aussageregularitäten verschränkt. Deshalb bezeichne ich die Figurenmodellierung als interformativ.

Diese Doppelung findet sich auch in der nächsten Dimension der Modellierung der *Figur als Artefakt*. Auch in der Handlung des Märchens selbst ist der Hauptproblemkomplex der Kontroverse die Beziehung zu Gamaheh. In der Märchenwelt ist sie der emotionale Bezugspunkt der Liebe fast aller Figuren, in der wissenschaftlichen Welt ist sie eine Leerstelle, ein epistemisches Objekt. Sie ist eine mikrobiologische Spezies, die durch die technische Beobachtungsvorrichtung des Mikroskops zwar entdeckt worden ist, um die aber mehrere widerstreitende Theorien und Modelle konkurrieren, um sie zu visualisieren und zu kategorisieren. Der literarische Text als Medium der Beobachtung zweiter Ordnung führt vor, wie sich die Definition ihrer Spezies erst durch eine diskursive Kontroverse hin konstituiert. Deshalb wird sie, im Unterschied zum Floh, ästhetisch als Artefakt, auch durch andere optische Strategien, durch andere Darstellungsmittel konstituiert: durch das Darstellungsmittel der *laterna magica*, die nicht für eine objektivierende Zentralperspektive als mimetische Wiedergabe steht, wie im Falle des Flohs, sondern für die vielfältige perspektivische Wiedergabe, in Form eines Kaleidoskops von Bildern. Diese optischen Bilder sind die Entsprechungen für die unterschiedlichen Positionen, die in der Dynamik der diskursiven Kontroverse um die Klassifizierung Dörtjes vertreten worden sind. Auch deshalb gilt die Figur Dörtjes als interformatives Artefakt. Die Komplexität und Ambiguität dieser Figur wird dadurch akzentuiert, dass fast alle Figuren des Figurenensembles auch in der Handlung selbst, in der aktualen Welt Frankfurts, jeweils eine eigene Version der Szene der Belebung Gamahehs in der mikrobiologischen Märchenwelt Famagusta erzählen. Jede Figur versucht dadurch, textstrategisch ihren persönlichen Anteil an der Belebung Gamahehs zu unterstreichen. Doch jede dieser Wortmeldungen ist unter dem Rest des Figurenensembles umstritten. So wird deutlich, wie die wissenschaftshistorische Kontroverse durch die Sprechhandlungen der Figuren im literarischen Text umcodiert und neu inszeniert wird.

Das führt mich zur letzten Dimension der *Figur als Symbol*: die Figur Dörtjes/Gamahehs steht als Symbol, als Exemplifikation für diese historische interformative Wechselwirkungskonstellation: die Entdeckung der subliminalen Welt durch die Technologie der Mikroskopie, die Kontroverse um die Klassifikation und Taxonomisierung der Spezies nach ihren jeweiligen äußerlichen Merkmalen bzw. nach physiologischen Funktionen. Auch hier liegt ein Paradigmenwechsel zwischen den *epistemen* in dieser Schwellenzeit um 1800 vor, in der zudem die Beobachtungsinstrumente selbst angesichts ihrer Fehleranfälligkeit zu epistemischen Objekten werden. Gleichzeitig werden verschiedene Diskurse virulent über die Relevanz dieser Kontroverse für den kulturellen menschlichen Wissenshorizont. Denn es geht in dieser Kontroverse um nicht mehr und nicht weniger als um die theoretischen Grundlagen der Entstehung des Lebens und damit auch um die Entstehung des Menschen.

Die repetitive Erzählung der Entstehung Dörtjes aufgrund der Wissenswelten unterschiedlicher Figuren, Wissensepochen und wissenschaftlichen Theorien, ergeben diverse Perspektiven, die nicht mehr miteinander vereinbar sind. Die Zentralperspektive der *camera obscura* ist aufgegeben und es entsteht ein multiperspektivisches, kaleidoskopisches Tableau konkurrierender Theorien über das – vermeintlich gleiche – epistemische Ding.

Ich wende das gleiche Modell der interformativen Figurenmodellierung für die Analyse der Figur des Meister Floh an. Ich werde zeigen, dass die Figur des Meister Floh textstrategisch ganz anders modelliert ist. Auch sie verbindet die beiden Welten, überschreitet also den *limes* zwischen der makrobiologischen und der mikrobiologischen Welt. Er wird anthropomorphisiert und erscheint als Figurenmodell der interformativen Wechselwirkung. An ihm wird schließlich deutlich werden, dass der literarische Text entscheidende Umcodierungen vornimmt.

Die Idee des biologischen Bildungstriebs wird in der Modellierung des Flohs anthropomorphisch umfunktioniert. Was die erste Dimension der fiktiven Figur des Flohs anbetrifft, so wird er durch einen Habitus charakterisiert, der vom intellektuellen, aufklärerischen, emanzipatorischen Bildungstrieb gekennzeichnet ist. Als Leuwenhöck bedauert, dass ihm der Floh und Dörtje, die beiden Protagonisten seiner Experimentalanstalt, entflohen seien, wirft ihm Pepusch vor, die beiden versklavt und als „ein naturhistorisches Wunder“ (MF, S. 333) ausgestellt zu haben. Das Floh-Volk ließe sich zu Recht – so Pepusch – nicht mehr von seinem Bändiger im ‚Flohzirkus‘ funktionalisieren, es habe sich emanzipiert.

Dörtjes Figurenmodell zeichnet diese noch als besprochenes Objekt aus, das durch verschiedene Diskurse und Aussageregularitäten als Symptom konstituiert ist. Der Floh hingegen emanzipiert sich und wirkt in der Handlung als diskursives Subjekt mit. Er gewinnt im Märchen die Dignität des Subjektes, das mit Vernunft und Selbstreflexion begabt ist, philosophische und naturwissenschaftliche Theorien einander gegenüberstellt, deren widersprüchlichen Aussagen in diskursiver Form präsentiert und dabei nicht nur seine *conditio animalica* reflektiert, sondern auch die Beobachtungsmechanismen der anderen beobachtet. Vor diesem Hintergrund sind die Ausführungen des Flohs zu lesen, der in Anlehnung an den Aufklärer Pierre Bayle verschiedene naturphilosophische Denkschulen einander gegenüberstellt. Einerseits erwähnt er die Position der Präformationisten, die ihre Theorien auf empirische Belege und auf dem ‚iatromechanischen‘ Gedankengut stützten. Als Vertreter dieser Richtung wird Pereira genannt, „der in den Tieren nichts weiter findet als künstliche Maschinen ohne Denkkraft, ohne Willensfreiheit, die sich willkürlich, automatisch bewegen“ (MF, S. 408). Andererseits führt der Floh philosophische Quellen zum tierethischen Diskurs an, beispielsweise Justus Lipsius und vor allem Rorarius und seine Schrift „Warum die unvernünftigen Tiere ihren Verstand besser gebrauchen können als der Mensch“. Der Floh vertritt also die Thesen der Vernunftfähigkeit der Tiere (vgl. MF, S. 407) und der prinzipiellen Entwicklungsmöglichkeit der Spezies und führt Quellen an, die belegen, dass diese Thesen seit der Antike virulent sind.

Es lässt sich rekonstruieren, welche Texte Hoffmann, der für seine wissenschaftlichen und philologischen Recherchen bekannt ist, zu Rate gezogen hat. P. Bayles „Dictionnaire historique et critique“ (dt. 1741–1744) stand den Erläuterungen zu Hieronymus Rorarius, Gomez Peireia und Rabbi Isaac Ben Harravad und dem tierethischen Diskurs, der durch die Floh-Figur geführt wird, Pate. F. Arpes „Geschichte der talismanischen Kunst, von ihrem Ursprunge, Fortgange und Verbreitung“ diente in der deutschen Übersetzung von 1792 als Inspiration für einzelne Figurennamen im „Meister Floh“ (Gamaheh, Thetel, Sekakis, Zeherit).[78] Schellings naturphilosophische und Fichtes identitätsphilosophische Schriften sowie Schuberts „Ansichten von der Nachtseite der Natur“ gelten zwar nicht

78 Vgl. den Kommentar in Hoffmann: *Meister Floh* (Anm. 30), S. 1377–1378.

als direkte Quellen, aber als generell besonders einflussreich für Hoffmanns Spätwerk.[79]

Denken wir nun an die optischen Verfahren, mit denen die Dimension der Figur des Flohs als Artefakt ästhetisch konstituiert ist, so erinnern wir uns an das Titelkupfer, das in diesem Zusammenhang sehr aufschlussreich ist.

Der Floh wird doppelt dargestellt und fungiert somit als interformative Figur zwischen zwei Welten und zwischen den beiden Diskurssphären der Literatur und Mikrobiologie: in beiden Fällen ist er isoliert dargestellt. Aber die Doppelung ist keine mimetische Abbildung. Zwischen den beiden Bildern gibt es erhebliche Unterschiede, die meine Interpretationshypothesen unterstützen: Auf dem Titelkupfer ist der Floh nackt dargestellt, als wissenschaftliches Objekt der Beobachtung (bis auf seine Stiefel als gleichsam ironischem Kontrapunkt zur strengen Beobachtungsanordnung der Wissenschaft). Es scheint so aus, als befände sich der Floh unter einer Mikroskoplinse und als ginge es um die Merkmale, die Wissenschaftler an ihm als Insekt beobachten und beschreiben können, um die mikrobiologische Welt zu taxonomisieren. Der Rücktitelkupfer am Ende des Buches präsentiert den emanzipierten Floh mit Mantel und Stiefel, der die Fackel der Aufklärung trägt. Er wird zum Symbol der Emanzipation, zum diskursiven Subjekt, zum Wortführer, allerdings nicht nur für seine gleichartigen Spezies der Tiere und Mikroorganismen. Der literarische Diskurs erlaubt es ihm, die mikroskopische Linse umzuwenden, umzucodieren. Durch sie hindurch blickt das ehemals beobachtete, besprochene und beschriebene Objekt und spricht als Subjekt aus, was es durchschaut. Er zeigt, dass er beide Welten durchschauen und einordnen kann. So erteilt der Floh auch Menschen subtile Lektionen. Er entlarvt die machtstrategischen Interessen seiner Verfolger und codiert somit die Mechanismen der Beobachtung um.

Der Floh schenkt Tyß eine mikroskopische Augenlinse: Durch das Augenmikroskop wird das doppelte Unsichtbare durch Optik und Erzähltechnik lesbar: die mikrobiologische Welt und die menschlichen Gedanken (vgl. MF, S. 360).

Die mikroskopische Augenlinse versieht Peregrinus mit der Gabe, die Diskrepanz zwischen Worten und Gedanken seiner Mitmenschen zu beobachten. Tyß stellt fest, dass deren Handlungen zumeist von Eigeninteresse geleitet sind. Er stellt unter der subtilen Anleitung des Meister Floh zudem fest, dass Beobachtungs- und Aussagesysteme umfassende diskursive Dispositive sind, die nicht zuletzt auch von Machtstrategien abhängen.

Tyß wiederum erscheint als fiktives Wesen etwas zurückhaltend in seinen sozialen Beziehungen, im Willen zur sozialen Integration nach dem Wunsch der El-

79 Vgl. den Kommentar in Hoffmann: *Meister Floh* (Anm. 30), S. 1378.

tern. Die Dimension der Figur als Symptom zeigt ihn als unschuldiges Opfer einer Verleumdungskampagne eines machtgierigen und korrupten Justizapparats, das mit Desinformations- und Polizeistaatsmethoden operiert. Die Dimension der Figur als Artefakt ist hochinteressant. Peregrinus fungiert als sich mählich entwickelnde und sich emanzipierende Beobachtungsinstanz. An ihm wird eine Art Bildungsgeschichte des Sehens vorgeführt. Er reift heran, weil er wechselnde Wahrnehmungsmodelle und Seh-Konzeptionen durchspielt und somit verschiedene Beobachtungsverfahren und Paradigmen vorführt und zugleich reflektiert. An ihm werden Wahrnehmungsmodelle durchexerziert, vom plan- und zentralperspektivischen Sehen der Dunkelkammer, zum multiperspektivischen Sehen durch die Vorrichtung der *laterna magica*, bis hin zum Augenlinsenmikroskop, das als poetologisches Symbol für die Funktionen der Literatur steht. Damit verfügt Tyß für kurze Zeit über ein optisches Dispositiv mit selbstreflexivem Metabeobachtungspotential, auf das er letztendlich aus ethischen Gründen verzichtet.

Insgesamt ist zu beobachten, dass um 1800 die zunehmende Präzision von Teleskop und Mikroskop zur Steigerung des Seh-Begehrens führte, die Eröffnung neuer Seh-Felder intensivierte und die Neugierde auf ein weiteres Sichtbarmachen des Unsichtbaren steigerte. Doch die Grenze zwischen dem Sichtbaren und dem Unsichtbaren ließ sich nicht allein durch den Einsatz präziserer optischer Instrumente verschieben, weil das Sehen eine komplexe Kulturtechnik ist, die tief in den Wissensdiskursen der Zeit verwurzelt ist. Was beobachtenswert erscheint und was empirisch gesehen wird, wird durch ein umfassendes Aussagesystem modelliert, in dessen Rahmen ein Verbund von wissenschaftlich-technischen Verfahren und ästhetischen Begriffsbildungen den Sehvorgang fokussiert und dazu beiträgt, die gesehenen Phänomene erst zu interpretieren. Neue Wissenshorizonte eröffnen neue Beobachtungsfelder, die zu neuen Experimentalanordnungen des Sehens führen, die von Hoffmann durch poetische Verfremdungstechniken auf ihre Wahrnehmungs- und Erkenntnisvoraussetzungen hin kritisch hinterfragt werden.

Das gekonnte Changieren zwischen Fokussierung, Objektivierung, Ent- und Rekontextualisierung, die stetige Neu-Perspektivierung unter veränderten Vorzeichen wird möglich durch das interformative Zusammenspiel von optischen Beobachtungsverfahren, mikrobiologischem Wissen und ästhetischen Darstellungsverfahren. Zudem macht der literarische Text deutlich, dass die mikroskopischen Bilder nicht nur indexikalisch funktionieren, sondern das Ergebnis einer Kette vermittelnder Projektionssysteme, Repräsentationskonventionen und Interpretationsakte sind. Nicht nur das sichtbar Gewordene ist auszustellen, sondern auch die Bedingungen der Sichtbarkeit sind zu problematisieren. Deshalb betreibt der Text die optisch performierte Umkehrung, sodass Meister Floh, der Beobachtete, die Wissenschaftler, die ihn beobachteten, nun seinerseits zurück beobachtet und sie im literarischen Medium zu epistemischen Gegenständen macht. Der literarische Text führt die Aporien dieser Wissenskonstellation vor. Er kann sie nicht lösen, aber aufzeigen, indem er mehrere Wahrnehmungsmodelle und kulturelle Bedeutungs- und Beobachtungshorizonte überkreuzt: astrologisches Horoskopwissen, magisches Märchenwissen, strategisches Machtstreben, optische Dispositive, mikrobiologische Beobachtungspraxen, physikalische Experimentalverfahren und metaphysische Reflexionen. Damit rekonstruiert er die komplexe und kontroverse diskursive Praxis, die für die Einbettung des neuen Wissens in größere kulturelle Sinnzusammenhänge, in den kulturellen Prozess der Semiose, notwendig ist.

Zusammenfassend kann zum Prozess der Interformation festgehalten werden, dass dem Leser zunächst eine primäre Dimension der Modellierung: die historischen Welt Frankfurts dargestellt wird. Ihr entspricht eine vermeintlich fiktive, phantastische Märchenwelt: Famagusta. Der primären mimetischen Dimension der Modellierung entspricht auch das optische Reproduktionsmodell der Dunkelkammer, das ein Bild zwar getreu reproduziert, aber auch umkehrt, auf den Kopf stellt. Die transdiskursive Interpolation wird durch die Darstellung des Meister Floh auf den Covern der Erstausgabe des Buches markiert, das noch durch E. T. A. Hoffmann selbst gestaltet wird. Die Vorderseite stellt den Floh als wissenschaftshistorisches Objekt vor, die Rückseite als diskursives Subjekt, das seine Autonomie und *agency* errungen hat. Die Rekonstruktion der beiden wisenschaftshistorischen Diskursformationen der Mikrobiologie um 1650 und der Optik und Medientechnologie um 1800 zeigen, dass die primäre Modellierung trügt und epistemisch und ästhetisch gleichermaßen in Frage gestellt werden. Aber auch das sekundäre Bild, das durch optische Technologien angefertigt wird und lange Zeit als objektiv galt, wird um 1800 epistemischn und ästhetisch in Frage gestellt. Die tertiäre Dimension der Modellierung, die epistemisch-ästhetische Interkonfiguration zeigt, dass nur eine komplexe dynamische Progression und die sukzessive Etablierung und Ablösung von Erkenntnismethoden, optischen Technologien und Darstellungsmethoden, der Komplexität der Phänomene gerecht wird. Die Funktionsweise des Prozesses der Interformation konnte hier an dem erzähltheoretischen Teilaspekt der Figurenmodellierung demonstriert werden.

VII Interformation in der Theoretischen Physik

VII.1 Albert Einsteins Spezielle Relativitätstheorie: Der Prozess der Interformation in der Abhandlung „Zur Elektrodynamik bewegter Körper“ (1905)

Das folgende Kapitel bietet eine narratologische Lektüre von Albert Einsteins Abhandlung „Zur Elektrodynamik bewegter Körper“[1] aus dem Jahr 1905, deren Schwerpunkt auf der Analyse der Verfahren der Interformation liegt.[2] Einsteins Abhandlung gilt als einer der bedeutendsten Beiträge zur Physik des zwanzigsten Jahrhunderts und als Geburtsurkunde der Speziellen Relativitätstheorie. Die Aussagen der Speziellen Relativitätstheorie haben sich deshalb als fundamental erwiesen, weil sie die symbolische Modellierung für die Rekonzeptualisierung der grundlegenden Kategorien von Raum, Zeit und Masse vorlegten.[3] Auf Grundlage der Einstein'schen Prinzipien gelang es Minkowski 1908 zu zeigen, wie Raum und Zeit zu einem vierdimensionalen Raumzeitkontinuum mathematisch vereinigt werden können. Einsteins Abhandlung zur Begründung der Speziellen Relativitätstheorie soll aus doppelter Perspektive beleuchtet werden: aus interformativer und aus narratologischer Perspektive. Ziel der Analyse ist es, diese Perspektiven zu differenzieren, letztlich aber zu zeigen, dass sie komplementär sind und sich

---

1 Albert Einstein: „Zur Elektrodynamik bewegter Körper“. In: *Annalen der Physik* 17 (1905). S. 891–921. Im Folgenden werden alle Zitate aus Einsteins „Elektrodynamik bewegter Körper“ im Haupttext zitiert. Die Zitatnachweise erfolgen in Klammern, direkt im Anschluss an das Zitat. Hierfür wird die Sigle „EbK“ verwendet, gefolgt von der Seitenzahl.

2 Ein früherer Entwurf dieses Kapitels wurde in zwei Aufsätzen in englischer Sprache veröffentlicht: Aura Heydenreich: „Epistemic Narrativity in Albert Einstein's Treatise on Special Relativity. A Narratological Approach to ‚The Electrodynamics of Moving Bodies'. The Process of Interformation (Part I)“. In: *Physics and Literature. Concepts – Transfer – Aestheticization*. Hrsg. von Aura Heydenreich und Klaus Mecke. Berlin, Boston: De Gruyter 2021. S. 49–103 und dies.: „Albert Einstein's ‚Physics and Reality' and ‚The Electrodynamics of Moving Bodies'. The Process of Interformation, Semiologic Foundations and Epistemic Transformations (Part II)“. In: *Physics and Literature. Concepts – Transfer – Aestheticization*. Hrsg. von Aura Heydenreich und Klaus Mecke. Berlin, Boston: De Gruyter 2021. S. 105–138. Das vorliegende Kapitel wurde überarbeitet, ergänzt und aktualisiert.

3 Vgl. Hermann Minkowski: „Raum und Zeit. Vortrag, gehalten auf der 80. Natur-Forscher-Versammlung zu Köln am 21. September 1908“. In: *Jahresbericht der Deutschen Mathematiker-Vereinigung*. Bd. 18. Leipzig, Berlin: Teubner 1909. S. 75–88.

https://doi.org/10.1515/9783110729887-010

als wichtige Bausteine zu einer interformativen Narratologie der Naturwissenschaften bzw. zu einer interformativen Erzähltheorie erweisen können.

Um die Praxis der Modellierung in der Physik vorzuführen und ihre unterschiedlichen Ebenen darstellen zu können, gehe ich (unter 1) zunächst auf einen metatheoretischen Text Einsteins ein, in dem dieser auf die Prozesse der Theoriebildung zurückblickt, die zur Begründung der Relativitätstheorie führten: „Physik und Realität“[4] von 1936. Bei der Analyse werden drei Dimensionen der Modellierung unterschieden: die primäre, die sekundäre und die tertiäre Dimension der Modellierung. Die Notwendigkeit der Binnendifferenzierung dieses ternären Modellierungsprozesses ist aus semiologischer Perspektive deshalb nötig, weil jede Ebene mit eigenen symbolischen Codes operiert und deshalb unterschiedliche epistemische Funktionen ausübt.

Um die Praxis der Interformation im modellierenden Vollzugsakt analysieren zu können, wende ich mich in einem nächsten Schritt dem Aufsatz „Elektrodynamik bewegter Körper“ von 1905 zu, der wiederum in zwei Abschnitte unterteilt ist (unter 2–3). Zunächst soll (unter 2) gezeigt werden, wie die Prinzipien und Modellierungskonventionen der Mechanik und der Elektrodynamik zu einer ternären interformativen Konfiguration verschränkt werden, aus der dann die Spezielle Relativitätstheorie resultiert. Die Analyse fokussiert sich darauf, wie durch diese interformative Konfiguration die geometrische Struktur der Raumzeit konzeptualisiert wird. Sodann soll (unter 3) der Prozess der physikalischen Interformation aus narratologischer Perspektive beleuchtet werden. Die Frage dabei lautet, inwiefern Einsteins Darstellung der Speziellen Relativitätstheorie Merkmale der Narrativität zugeschrieben werden können, und insbesondere, welche Art der narrativen Vermittlungsinstanz, welche Rahmungs- und Perspektivierungsverfahren, welche spezifischen Erzählebenen sie funktional einsetzt, um die Spezielle Relativitätstheorie zu entwickeln und durch Gedankenexperimente performativ vorzuführen.

Abschließend ist zu zeigen, wie die narrativen Rahmungsverfahren im interformativen Prozess mit den mathematischen Symmetrie- und Transformationsverfahren verschränkt werden. Es stellen sich dann folgende Fragen: Wie führen beide gemeinsam die symbolische Reorganisation der Wirklichkeit als Probesimulation der Aussagen der Speziellen Relativitätstheorie performativ vor? Aus dieser Frage ergibt sich die zentrale These des Kapitels, dass Einsteins Publikation physikalische und narrative Modellierungsverfahren zu einer gemeinsamen Kon-

4 Albert Einstein: „Physik und Realität“. In: *Journal of The Franklin Institute: Devoted to Science and the Mechanic Arts* 221.3 (1936). S. 313–347. Im Folgenden werden alle Zitate aus Einsteins „Physik und Realität“ im Haupttext zitiert. Die Zitatnachweise erfolgen in Klammern, direkt im Anschluss an das Zitat. Hierfür wird die Sigle „PuR“ verwendet, gefolgt von der Seitenzahl.

figuration vereinigt, wobei diese komplementäre Funktionen der symbolischen Weltmodellierung übernehmen.

Diese interformative Lektüre kann und soll weder eine logische Rekonstruktion der Speziellen Relativitätstheorie aus wissenschaftstheoretischer bzw. wissenschaftshistorischer Perspektive bieten, noch kann sie auf die mathematischen Grundlagen der theoretischen Modellierung eingehen, selbst wenn sie einzelne Aspekte davon berücksichtigt. Hierfür kann ich nur auf die umfangreiche Literatur sowie auf die Arbeiten verweisen, auf die ich meine Lektüre stütze: Aus physikalischer Sicht sind das die Rekonstruktion Max Borns in „Die Relativitätstheorie Einsteins"[5] sowie das Lehrbuch der Theoretischen Physik zur Speziellen Relativitätstheorie von Ulrich Schröder und Claus Lämmerzahl: „Spezielle Relativitätstheorie"[6] und Wolfgang Noltings „Grundkurs Theoretische Physik".[7] Hilfreich ist ebenfalls der neuere Ansatz der Darstellung der Relativitätstheorie von Nicholas Woodhouse[8] und Franz Embacher,[9] der in der Tradition von John Wheelers[10] und Hermann Bondis[11] Darstellungen steht.

Aus kulturphilosophischer Sicht stütze ich meine Lektüre auf Ernst Cassirers erkenntnistheoretische Betrachtungen „Zur Einsteinschen Relativitätstheorie",[12] aus wissenschaftshistorischer Sicht auf die umfassende Darstellung Millers „Albert Einstein's Special Theory of Relativity. Emergence (1905) and Early Interpretation (1905–1911)",[13] der die wissenschaftliche Genese der Relativitätstheorie

---

5 Max Born: *Die Relativitätstheorie Einsteins*. Komm. und erw. von Jürgen Ehlers und Markus Pössel. 6. Aufl. Berlin, New York: Springer 2001.

6 Ulrich E. Schröder mit Claus Lämmerzahl: *Spezielle Relativitätstheorie*. 5. Aufl. Haan-Gruiten: Verl. Europa-Lehrmittel – Nourney Vollmer 2014.

7 Wolfgang Nolting: *Grundkurs Theoretische Physik 4/1. Spezielle Relativitätstheorie*. 9. Aufl. Berlin, Heidelberg: Springer Spektrum 2016.

8 Vgl. Nicholas M. J. Woodhouse: *Spezielle Relativitätstheorie*. Berlin, Heidelberg: Springer Spektrum 2016.

9 Vgl. Franz Embacher: *Elemente der theoretischen Physik*. Bd. 1: *Klassische Mechanik und Spezielle Relativitätstheorie. Eine Einführung für das Lehramts- und Bachelorstudium*. Wiesbaden: Vieweg + Teubner 2010.

10 Vgl. Charles W. Misner, Kip S. Thorne und John A. Wheeler: *Gravitation*. San Francisco: Freeman 1973.

11 Vgl. Hermann Bondi: *Relativity and Common Sense. A New Approach to Einstein*. Illustr. von Kenneth Crook. New York: Doubleday & Company 1964.

12 Ernst Cassirer: *Zur Einstein'schen Relativitätstheorie. Erkenntnistheoretische Betrachtungen* (1921). Text und Anm. bearb. von Reinold Schmücker. In: ders.: *Gesammelte Werke. Hamburger Ausgabe*. Bd. 10. Hrsg. von Birgit Recki. Hamburg: Meiner 2001. Vgl. dazu Thomas Ryckman: *The Reign of Relativity. Philosophy in Physics, 1915–1925*. New York: Oxford University Press 2005; T. A. Ryckman: „Einstein, Cassirer, and General Covariance – Then and Now. On Two Unpublished Letters from Ernst Cassirer to Kurt Goldstein". In: *Science in Context* 12.4 (1999). S. 585–619.

13 Arthur I. Miller: *Albert Einstein's Special Theory of Relativity. Emergence (1905) and Early Interpretation (1905–1911)*. Reading, London: Addison-Wesley 1981.

historisch kontextualisiert, der die Vorarbeiten von Hendrik Lorentz[14] und Henri Poincaré[15] sowie die Experimente Walter Kaufmanns[16] vorstellt und die frühen Interpretationen der Theorie rekonstruiert. Zudem wurden die wissenschaftshistorischen Studien Peter Galisons „Einsteins Uhren und Poincarés Karten"[17] und Klaus Hentschels „Interpretationen und Fehlinterpretationen der speziellen und der allgemeinen Relativitätstheorie durch Zeitgenossen Einsteins"[18] berücksichtigt, der die Rezeption der Theorie durch den Neukantianismus, den Kritischen Realismus, die Husserl-Schule der Phänomenologie, den Logischen Empirismus und die Lebensphilosophie Bergsons rekonstruiert.

Klaus Mecke hat eine metatheoretische Darstellung der wissenschaftlichen Erkenntnisprozesse in der Physik vorgelegt, welche eine systematische Einteilung in Messerzählungen, Modellerzählungen und Ereigniserzählungen vornimmt.[19] Auf sie werde ich in meiner Analyse zurückgreifen. Meckes Unterscheidung zwischen Messerzählungen und Modellerzählungen entspricht meiner Unterscheidung zwischen der primären und der sekundären Dimension der Modellierung in der Physik. Darauf wird noch einzugehen sein.

---

14 Vgl. Hendrik A. Lorentz: „La théorie électromagnétique de Maxwell et son application aux corps mouvants". In: *Arch. Néerlandaises de sciences exactes et naturelles* 25.363 (1892). S. 1–190; ders.: *Versuch einer Theorie der elektrischen und optischen Erscheinungen in bewegten Körpern.* Leiden: Brill 1895; ders.: „Maxwell's elektromagnetische Theorie". In: *Enzyklopädie Mathematischer Wissenschaften* 13 (1904). S. 63–144; ders.: „Weiterbildung der Maxwellschen Theorie. Elektronentheorie". In: *Enzyklopädie Mathematischer Wissenschaften* 14 (1904). S. 145–288.

15 Vgl. Henri Poincaré: „Sur le rapports de la Physique expérimentale et la Physique matheématique". In: *Rapports presentés au Congrès international de Physique réuni à Paris en 1900*. Bd. 1. Hrsg. von Charles-Édouard Guillaume und Henri Poincaré. Paris: Gauthiers-Villars 1900. S. 1–29; ders.: „La théorie de Lorentz et le principe de réaction". In: Hendrik A. Lorentz: *Recueil de travaux offerts par les auteurs à H. A. Lorentz, Professeur de physique à l'Université de Leiden, à l'occasion du 25mo anniversaire de son doctorat le 11 décembre 1900*. The Hague: Nijhoff 1900. S. 252–278; ders.: *Electricité et Optique. La lumière et les théories électrodynamiques*. Leçons professées à la Sorbonne en 1888, 1890 et 1899. 2. Aufl. Paris: Carré & Naud 1901; ders.: *La Science et l'Hypothèse*. Paris: Ernest Flammarion 1902.

16 Vgl. Walter Kaufmann: „Die Entwicklung des Elektronenbegriffs". In: *Physikalische Zeitschrift* 3 (1901). S. 9–15; ders.: „Die elektromagnetische Masse des Elektrons". In: *Physikalische Zeitschrift* 4 (1902). S. 54–57.

17 Peter Galison: *Einsteins Uhren, Poincarés Karten. Die Arbeit an der Ordnung der Zeit.* Übers. von Hans Günter Holl. Frankfurt a. M.: Fischer 2003.

18 Klaus Hentschel: *Interpretationen und Fehlinterpretationen der speziellen und der allgemeinen Relativitätstheorie durch Zeitgenossen Albert Einsteins.* Basel, Berlin: Birkhäuser 1990.

19 Vgl. Klaus Mecke: „Zahl und Erzählung. Metaphern in Erkenntnisprozessen der Physik". In: *Quarks and Letters. Naturwissenschaften in der Literatur und Kultur der Gegenwart.* Hrsg. von Aura Heydenreich und Klaus Mecke. Berlin, Boston: De Gruyter 2015. S. 31–85.

Das „Metzler Lexikon Philosophie" bietet eine Modell-Definition, die unterschiedliche epistemische Zusammenhänge voraussetzt, in welchen die kulturelle Praxis der „Modellierung" zum Einsatz kommt. Das „Modell" wird dort definiert als:

> (1) als Bezeichnung für eine darstellende Annäherung an die Wirklichkeit, indem nur gewisse Aspekte, d. h. die als wesentlich erachteten Phänomene dieser abgebildeten Wirklichkeit berücksichtigt werden;
> (2) als bildliche Darstellung: entweder um irgendwelche anschaulich nicht zugänglichen Phänomene zu veranschaulichen oder als sichtbarer Ausdruck einer gedanklichen Konstruktion und zugleich als Anweisung für die Erklärung von Gegenständen.[20]

Die Analyse von Einsteins Abhandlung „Zur Elektrodynamik bewegter Körper" führt vor – so eine meiner Thesen –, wie sich die symbolische Praxis der Modellierung im epistemischen Vollzugsakt prozessualisiert und eine Verwandlung erfährt: von der ersten, in der oberen Definition genannten Praxis der Modellierung, durch die das Modell seine Ähnlichkeit mit der Wirklichkeit, seine ikonisch-mimetische Dimension in den Vordergrund setzt, hin zu demjenigen Prozess der Modellierung, der hier als zweite Option der Definition angeboten wird. Diese Modellierungsoption bildet nicht die Realität ab, sondern stellt einen eigenlogischen Entwurf dar, der aufgrund von Messoperationen und Symmetrieprinzipien hergestellt wird. Während des Prozesses der Modellierung rückt also die ikonische Dimension des Modells in den Hintergrund und die schöpferische, entwerfende Dimension in den Vordergrund. Letztere rekurriert zwar in gewisser Hinsicht noch auf erstere, das heißt auf gegebene Daten, relationiert sie aber neu und kommt deshalb zu einer neuen Konfiguration. Gewagt wird sogar ein Neuentwurf – aufgrund einer Praxis der Modellierung, die einem ganz anderen Bereich entstammt. Zu einer Neuschöpfung kommt es ausgerechnet durch die Verschränkung älterer diskordanter Modellierungskonventionen und ihrer wechselseitigen Umformung. Ich würde hier von der Janusköpfigkeit der modellierenden Praxis sprechen, von einem Übergang von der *mimesis* zur *poiesis* als unterschiedliche komplementäre Komponenten der Modellierungspraxis.

Mathesis und *diegesis* gehen hier eine Allianz ein: Die *mathesis* bietet einen logischen, syntaktischen, operationalen Zugang zur neuen Welt des Modells. Die *diegesis* hingegen bietet den semantischen und somit auch den pragmatischen Zugang. Denn erst die Erzählung kann die nötige Bildlichkeit bzw. die semantische Referenzebene dafür bieten, die bisher unzugänglichen Phänomene zu veran-

20 Peter Prechtl: Art. „Modell". In: *Metzler Philosophie Lexikon. Begriffe und Definitionen.* Hrsg. von Peter Prechtl und Franz-Peter Burkard. Stuttgart, Weimar: Metzler 1996. S. 332–333, hier S. 332.

schaulichen und den Ausdruck der gedanklichen Konstruktion in semantische Signifikation zu übersetzen. Damit macht sie die Bedingungen der Betrachtung sichtbar, die für die neue Modellierung notwendig sind. Sie konstituiert diese durch ihre Schreibweise mit. Die epistemische Aushandlungssphäre darüber, wie die neue Weltmodellierung zu gestalten ist, befindet sich an dieser Schnittstelle zwischen *mathesis* und *diegesis*: Sie konstituiert sich durch den diegetischen Zwischenraum des Gedankenexperiments, in dem alte Regeln nicht mehr gelten und neue noch nicht gelten, weshalb sie epistemisch noch auszuhandeln sind. Dieser liminale Raum besitzt die erzählerische Rahmungsstruktur einer Probesimulation, in welcher divergierende Wissensordnungen und ihre konkurrierenden Codes überlagert und wechselseitig umgeformt werden können.

Das „Metzler Lexikon Philosophie" führt die Definition des Modells folgendermaßen fort: „Die theoretischen Beschreibungsmodelle (z. B. als mathematische, physikalische, mechanische Modelle) fungieren als Regel für die Beschreibung oder Erklärung der in Frage stehenden Tatsachen, z. B. die Abbildung eines physikalischen Sachverhalts in einer mathematischen Darstellung."[21]

An diesem Punkt der Definition gilt es folgende Unterscheidung deutlich zu machen: zwischen a) der primären Dimension der Modellierung, die sich via Messungen auf die empirische Welt bezieht, im Sinne von van Fraassens *„data model"*[22] b) der sekundären Dimension der Modellierung, die im semiologischen System der Mathematik operiert, und c) der tertiären, interformativen Dimension der Modellierung, die zwei zuvor inkompatible Modellierungssphären miteinander verbindet und daraus eine dritte ableitet, die zur Reorganisation/Rekonzeptualisierung zentraler Aussagen der anderen beiden Dimensionen führen kann.

Ich verstehe den Prozess der symbolischen Modellierung im Sinne von Nelson Goodman, Catherine Elgin, Bas van Fraassen und Roman Frigg als Praxis der „Repräsentation als". Goodman[23] und Elgin[24] begründen zwei Modi der symbolischen Referentialisierung und unterscheiden somit auch zwei Typen der Repräsentation:

---

21 Prechtl: „Modell" (Anm. 20), S. 332.

22 Vgl. das einschlägige Kapitel in van Fraassens wissenschaftsphilosophische Monografie: „Data models and surface models" In: Bas C. van Fraassen: *Scientific Representation. Paradoxes of Perspective*. Oxford: Clarendon Press 2010, S. 166 ff.

23 Vgl. Nelson Goodman: *Languages of Art. An Approach to a Theory of Symbols*. 2. Aufl. Indianapolis: Hackett 1976.

24 Vgl. Catherine Z. Elgin: „Telling Instances". In: *Beyond Mimesis and Convention. Representation in Art and Science*. Hrsg. von Roman Frigg und Matthew C. Hunter. Dordrecht: Springer 2010. S. 1–17; dies.: „Making Manifest. The Role of Exemplification in Science and the Arts". In: *Principia: An International Journal of Epistemology* 15.3 (2011). S. 399–413; dies.: „Exemplification, Idealization, and Understanding". In: *Fictions in Science. Philosophical Essays on Modeling and Idealization*. Hrsg. von Mauricio Suárez. New York, London: Routledge 2009. S. 77–90.

representation of, wofür die „Denotation" steht, und *representation as*, wofür die „Exemplifikation"[25] steht. Roman Frigg und James Nguyen[26] plädieren für den Typus der *representation as* als typischen Modus der wissenschaftlichen Modellierung und argumentieren für diesen in der Tradition Goodmans für die wissenschaftliche Modellierung als anti-mimetische Form der Repräsentation.[27] Ich möchte dafür plädieren, *representation of* und *representation as* nicht als dichotomisch widersprüchliche, sich gegenseitig ausschließende Aspekte zu sehen. Vielmehr lassen sie sich gemeinsam auf unterschiedlichen Ebenen des ternären Modellierungsprozesses und als sukzessive Etappen funktionalisieren, wie im Folgenden zu zeigen sein wird. So möchte ich zeigen, dass die *representation of* der primären Modellierungsdimension zugeschrieben werden kann, die *representation as*[28] der sekundären Modellierungsdimension und die von mir eingeführte *representation through*, die noch zu beschreiben sein wird, der tertiären Ebene zuzuschlagen ist. Ich nenne den Prozess der Modellierung einen Prozess der (Re-)Präsentation, weil er auf verschiedenen Ebenen nach unterschiedlichen semio-logischen Regeln operiert. Da sich mit jeder neuen Ebene die symbolische Schreibweise ändert, ist jede Ebene auch eine (Re-)Präsentation in symbolischem Gewand, welche nach leicht veränderten Codes funktioniert. Die Schreibweise jeder Modellierungsdimension spielt eine wichtige Rolle für den Prozess der Signifikation.

Meine Lektüre von Einsteins Text „Zur Elektrodynamik bewegter Körper" bescheidet sich damit, den Prozess der Interformation und die damit verbundenen Verfahren der Narration aufzuzeigen. Diese prozessorientierte Lektüre stützt sich aus wissenschaftstheoretischer Perspektive auf Nancy Nersessians Ansatz des „model-based reasoning"[29] und auf denjenigen Zugang zur Wissenschaftsphilo-

---

25 Elgin: „Making Manifest" (Anm. 24).

26 Vgl. Roman Frigg und James Nguyen: „The Fiction View of Models Reloaded". In: *The Monist* 99.3 (2016). S. 225–242; Roman Frigg: „Fiction and Science". In: *Fictions and Models. New Essays*. Vorwort von Nancy Cartwright. Hrsg. von John Woods. München: Philosophia 2010. S. 247–288; ders.: „Scientific Representation Is Representation-As". In: *Philosophy of Science in Practice. Nancy Cartwright and the Nature of Scientific Reasoning*. Hrsg. von Hsiang-Ke Chao und Julian Reiss. Berlin, New York: Springer 2017. S. 149–179; Roman Frigg, Stephan Hartmann und Cyrille Imbert (Hrsg.): *Models and simulations*. Dordrecht: Springer 2009.

27 Vgl. auch Isabelle Peschard: „Making Sense of Modeling. Beyond Representation". In: *European Journal for the Philosophy of Science* 1 (2011). S. 335–352.

28 Vgl. das einschlägige Kapitel in van Fraassens wissenschaftsphilosophische Monografie, die den Problemen und Paradoxien der wissenschaftlichen Darstellung gewidmet ist: „Representation of, Representation as'". In: Van Fraassen: *Scientific Representation* (Anm. 22), S. 11–33.

29 Vgl. Lorenzo Magnani und Nancy J. Nersessian (Hrsg.): *Model-Based Reasoning. Science, Technology, Values*. New York, Boston: Kluwer Academic 2002; Nancy J. Nersessian (Hrsg.): *The Process of Science. Contemporary Philosophical Approaches to Understanding Scientific Practice.*

sophie, den zuletzt auch Bas van Fraassen in „Scientific Representation“ vertrat. Nersessian und van Fraassen schlagen vor, nicht den Weg der nachträglichen logischen Rekonstruktion wissenschaftlicher Theorien ‚von oben‘, aus der Vogelperspektive, zu wählen, sondern eine neue analytische Perspektive einzunehmen und den Fokus der Analyse auf den Prozess der Modellierung zu setzen. Van Fraassen nennt diese Analyseperspektive „view from within“.[30] Gemeint ist, dass sich die Analyse auf den Prozess der Modellierung und auf entsprechende symbolische Repräsentationsstrategien wissenschaftlicher Theorien konzentrieren sollte.

Nersessian greift die Unterscheidung zwischen dem *context of discovery*, dem sogenannten Entdeckungskontext, und dem *context of justification*, dem Begründungskontext der wissenschaftlichen Theorien auf, welche auf Hans Reichenbach[31] zurückgeht.[32] Die Vertreter des logischen Empirismus konzentrierten sich auf den Begründungskontext. Nersessian erkennt die Berechtigung dieser Perspektive durchaus an. Sie schlägt aber zusätzlich vor, den Fokus noch etwas zu verlagern und die Theoriebildung selbst im *context of discovery* zu beobachten, d. h. die konkrete Praxeologie der Modellierung zu verfolgen, ihre Funktionen zu analysieren und schließlich den Prozess der Modellierung als wissenschaftliche und kulturelle Praxis zu beschreiben.

> A [...] recasting of the problem of conceptual change in science shifts the focus of the problem from the conceptual structures themselves to the nature of the practices employed by human agents in creating, communicating, and replacing scientific representations of a domain. That is, it shifts the focus from the products to the processes, from the structures to the practices.[33]

In meiner Analyse werde ich deshalb auch die Schreibweisen, die narrativen Rahmungsverfahren und die Darstellungsstrategien fokussieren, in welchen sich

---

Dordrecht: Nijhoff 1987; dies.: *Faraday to Einstein. Constructing Meaning in Scientific Theories.* Dordrecht, Boston: Nijhoff; Kluwer Academic 1984.

30 Vgl. das einschlägige Kapitel in van Fraassens wissenschaftsphilosophische Monografie, die den Problemen und Paradoxien der wissenschaftlichen Darstellung gewidmet ist: „Relating the views ‚from above‘ and ‚from within‘“. In: Van Fraassen: *Scientific Representation* (Anm. 22), S. 184–190.

31 Vgl. Hans Reichenbach: *Experience and Prediction. An Analysis of the Foundations and the Structure of Knowledge.* Chicago: University of Chicago Press 1938.

32 Vgl. zu dieser Unterscheidung in der wissenschaftshistorischen Forschung Jutta Schickore und Friedrich Steinle (Hrsg.): *Revisiting Discovery and Justification. Historical and Philosophical Perspectives on the Context Distinction.* Dordrecht: Springer 2006.

33 Nancy J. Nersessian: *Creating Scientific Concepts.* Cambridge: MIT Press 2008, S. 5. Nancy Nersessian hat diese Forschungsposition in der Wissenschaftsphilosophie durch eine ganze Serie einschlägiger historischer Fallstudien bekräftigt: Nersessian: *Faraday to Einstein* (Anm. 29); dies.: *The Process of Science* (Anm. 29); Magnani und Nersessian: *Model-Based Reasoning* (Anm. 29).

diese Akte der Modellierung ausgestalten, um die symbolische Welt performativ vorzuführen, welche die Neu-Modellierung erzielt.

Auch der Wissenschaftsphilosoph Bas van Fraassen hatte aus einer wissenschaftsphilosophischen Perspektive (die von der Kulturphilosophie Goodmans und der Semiotik Ecos inspiriert ist) vorgeschlagen, den Blick auf den Prozess der Modellierung und auf dessen spezifische Schreibweisen zu richten. Sein Aufsatz „Literate Experience: The [De-, Re-] Construction of Nature“[34] erschien in einer Ausgabe der Zeitschrift „Versus“, die dem Thema der intersemiotischen Übersetzung gewidmet ist: „I am an avid Eco's reader, and never more avid than on the subject of interpretation. Here I will begin with Bacon, and eventually attempt some Eco exegesis. My main guiding question will be: does the theory and practice of text interpretation give us, yes or no, a clue, a telling, parallel, or fruitful analogy for the scientific study of nature today?“[35] Er führte in Anlehnung an Eco sogar das Konzept einer „literate experience“[36] ein und es stellte sich ausgerechnet die Frage, ob die literaturwissenschaftliche Theorie und Praxis der Interpretation für die Untersuchung naturwissenschaftlicher Texte fruchtbar gemacht werden kann. Im Sinne meiner Analyse verpflichtet dies auch dazu, die wissenschaftskulturelle Praxis der Modellierung zu fokussieren und am Primärtext entlang zu argumentieren.[37] Zugegeben, das ist ein ungewöhnlicher Zugang. Für die Fachkultur der Physik ist es nämlich gar nicht üblich, historische Originalarbeiten zu lesen und zu analysieren. Arthur Miller bemerkte dazu:

> While the works of literary authors are commonly considered to be an integral part of our cultural milieu, this distinction is generally not granted to scientific authors. It is difficult, for example, to imagine a teacher of English who has never read one of Shakespeare's plays. But few people today, including physics researchers, teachers of physical science or philosophers of science have carefully read Einstein's relativity paper of 1905, although it is brief, requires little mathematics, but had immense effects on intellectual and societal pursuits in the 20th century. While many different in-depth analyses of the works of high literature are available to humanistic scholars, physicists have virtually no access to analyses that guide the reader.[38]

---

34 Bas C. van Fraassen: „Literate Experience. The [De-, Re-] Construction of Nature“. In: *Sulla traduzione intersemiotica*. Hrsg. von Nicola Dusi und Siri Nergaard. Bologna: Il Mulino 2000. S. 331–358.

35 Van Fraassen: „Literate Experience“ (Anm. 34), S. 331.

36 Van Fraassen: „Literate Experience“ (Anm. 34), S. 331.

37 Vgl. zu dieser Unterscheidung zwischen dem systemorientierten und dem prozessorientierten Zugang van Fraasens Kapitel: „Relating the views ‚from above‘ and ‚from within‘“. In: Van Fraassen: *Scientific Representation* (Anm. 22), S. 184–190.

38 Miller: *Albert Einstein's Special Theory of Relativity* (Anm. 13), S. 4–5. Durch dieses Zitat soll lediglich belegt werden, dass diese Praxis des *close reading* von Primärtexten in der Physik unüb-

Für die Literaturwissenschaft formulierte Christina Brandt im einschlägigen Artikel des Handbuchs „Erzählen“ folgendes Forschungsdesiderat:

> Eine tiefergehende narratologische Analyse von Erzählweisen im naturwissenschaftlichen Feld bleibt jedoch weiterhin ein Desiderat. Dies betrifft sowohl grundlegende Analysen von Formen und Funktionen des faktualen Erzählens im naturwissenschaftlichen Diskurs als auch speziellere Teilgebiete. So ist beispielsweise die historische Entwicklung von naturwissenschaftlichen Erzählweisen im kulturhistorischen Kontext ein noch kaum erforschtes Feld.[39]

Meine Einstein-Lektüre widmet sich der Analyse des Prozesses der Interformation im Rahmen der theoretischen Modellierung der Speziellen Relativitätstheorie.

1 Ternärer Modellierungsprozess in Einsteins „Physik und Realität“

Um den Prozess der dreifachen Modellierung zu beschreiben, wende ich mich zunächst Einsteins Text „Physik und Realität“ von 1936 zu, der eine Metareflexion der eigenen theoretischen Methode der Modellierung vorstellt. Daraus wird sich erweisen, dass es notwendig ist, einzelne Dimensionen zu differenzieren, weil jeder Dimension eine andere Funktion zuzuschreiben ist. Diese differenzierte Betrachtung des Modellierungsprozesses könnte auf den ersten Blick etwas künstlich wirken, so als würde man diesen Prozess ‚sezieren‘. Doch ist es notwendig, diese zu beschreiben, denn es führt zu einem besseren Verständnis der physikalischen Methode aus literaturwissenschaftlicher Sicht.

Die Modellierungsdimensionen bedingen die symbolische Organisation von Wirklichkeitserfahrung. Zum Beispiel synthetisieren sie die syntaktischen, semantischen oder pragmatischen Codes, die für die Modellierungen in Frage kommen. Mit jeder neuen Dimension kommt eine neue Modulation dieser Codes hinzu. Jede Rahmung verfügt über eigene Regeln, Restriktionen, Grenzen, Funktionen und Codes, wie zu zeigen sein wird. Die einschlägigste operationale Definition scheint mir die von Goffman[40] zu sein. Demnach ist ein Frame ein symbolisches

---

lich ist. Es will nicht nahelegen, dass die bisherige Lücke durch die vorliegende Arbeit geschlossen wird. Das hatte Miller getan. Nur, dass der literaturwissenschaftliche Zugang diese Praxis des *close readings* von Originaltexten nahelegt, weil es ihr um den konkreten Prozess der Modellierung und um die spezifischen Schreibweisen geht.

39 Christina Brandt: „Wissenschaft“. In: *Erzählen. Ein interdisziplinäres Handbuch*. Hrsg. von Matías Martínez. Stuttgart: Metzler 2017. S. 210–218, hier S. 217.

40 Vgl. Erving Goffman: *Rahmen-Analyse. Ein Versuch über die Organisation von Alltagserfahrungen*. Übers. von Hermann Vetter. 9. Aufl. Frankfurt a. M.: Suhrkamp 2016. Die Genese der Frametheorie ist vielschichtig. Sie kann in der linguistischen Semantik (Fillmore), in der Kognitionswissenschaft

System der Organisation von Wirklichkeitserfahrung.[41] Ich berücksichtige auch die Theoretisierungen der Frames durch Charles Fillmore,[42] Marvin Minsky,[43] Dietrich Busse[44] und Alexander Ziem.[45] Ich beziehe mich auf die Frame-Theorie nur insoweit, wie sie kultursemiotisch anschlussfähig ist. Mit der ‚symbolischen Organisation' ist im Falle meiner Studie gemeint, dass jedes Feld der Semiosphäre eigene symbolische bzw. semio-logische Systeme entwickelt hat, um Wirklichkeitserfahrungen zu organisieren.

Der Aufsatz „Physik und Realität" beginnt mit einem ersten Abschnitt, der die Überschrift „Allgemeines über die wissenschaftliche Methode" trägt. Darin setzt sich Einstein mit dem Bild des ‚philosophierenden Physikers' auseinander (PuR, S. 313). Er fragt, ob es nicht besser sei, das Philosophieren den Philosophen zu überlassen. Seine Antwort lautet, dass diese Einstellung für Zeiten gerechtfertigt sei, in denen die Physik auf sicherem Fundament stehe, nicht aber für jene Zeiten, in denen „das ganze Fundament der Physik problematisch geworden ist" (PuR, S. 313).

(Barsalou, Turner) in der Künstlichen Intelligenzforschung (Minsky) und in der Soziologie (Goffman) zurückverfolgt werden. Wichtig ist für meine Argumentation, dass sie formal fixiert sind und deshalb anschaulich und objektiv nachvollzogen werden können. Die symbolische Fixierung ermöglicht nämlich – das zeigt Goffman – auch eine neue Modulation der Wirklichkeitserfahrung. ‚Modulation' ist der Terminus der deutschen Übersetzung. Im Original heißt es ‚Keys' und ‚Keyings', was auf die Regeln und Codes hinweist.

41 Vgl. Goffman: *Rahmen-Analyse* (Anm. 40).

42 Vgl. Charles J. Fillmore: „Double-Decker Definitions. The Role of Frames in Meaning Explanations". In: *Sign and Language Studies* 3 (2003). S. 263–295; ders.: „Frame Semantics and the Nature of Language". In: *Origins and Evolution of Language and Speech* 280 (1976). S. 20–32; ders.: „Frames and the Semantics of Understanding". In: *Quaderni di Semantica* (1985). S. 222–254.

43 Vgl. Marvin Minsky: „A Framework for Representing Knowledge". In: *The Psychology of Computer Vision*. Hrsg. von Patric Henry Winston. New York: McGraw-Hill 1975. S. 211–277.

44 Vgl. Dietrich Busse: *Frame-Semantik. Ein Kompendium*. Berlin, Boston: De Gruyter 2012; ders.: „Diskurslinguistik als Epistemologie. Das verstehensrelevante Wissen als Gegenstand linguistischer Forschung". In: *Methoden der Diskurslinguistik. Sprachwissenschaftliche Zugänge zur transtextuellen Ebene*. Hrsg. von Ingo H. Warnke und Jürgen Spitzmüller. Berlin, New York: De Gruyter 2008. S. 57–87; ders.: *Sprachverstehen und Textinterpretation. Grundzüge einer verstehenstheoretisch reflektierten interpretativen Semantik*. Wiesbaden: Springer VS 2015.

45 Vgl. Alexander Ziem: *Frames und sprachliches Wissen. Kognitive Aspekte der semantischen Kompetenz*. Berlin: De Gruyter 2008; englische Übersetzung des gleichen Werks: Alexander Ziem: *Frames of Understanding in Text and Discourse. Theoretical Foundations and Descriptive Applications*. Übers. von Catherine Schwerin. Amsterdam, Philadelphia: Benjamins 2014; ders.: „Frame-Semantik und Diskursanalyse. Skizze einer kognitionswissenschaftlich inspirierten Methode zur Analyse gesellschaftlichen Wissens". In: *Methoden der Diskurslinguistik. Sprachwissenschaftliche Zugänge zur transtextuellen Ebene*. Hrsg. von Ingo H. Warnke und Jürgen Spitzmüller. Berlin, New York: De Gruyter 2008. S. 89–116.

Diese Erläuterung kann zum Anlass genommen werden, die Unterscheidung zwischen der systemorientierten Analyse, die dem *context of justification* entspricht, und der prozessorientierten Analyse, die dem *context of discovery* entspricht, noch einmal deutlich zu machen. Die systematisch orientierte Darstellung präsentiert die wissenschaftliche Methode auf der Höhe ihrer gesicherten theoretischen Fundamente. Die prozessorientierte Analyse fokussiert diejenige Übergangszeiten der Evolution der Physik, in denen die epistemisch gesicherten Fundamente brüchig zu werden scheinen und deshalb neu durchdacht werden müssen, wobei auch die Begriffe, auf denen diese Fundamente ruhen, revidiert werden.[46] Wenn es um diesen Prozess der Rekonzeptualisierung fundamentaler Begriffe und um die Revision bzw. Vereinigung von Theorien geht, wenden sich auch Physiker der selbstreflexiven Analyse der eigenen Methode der Modellierung zu, so Einstein:

> In solcher Zeit [...] kann der Physiker die kritische Betrachtung der Grundlagen nicht einfach der Philosophie überlassen [...]; auf der Suche nach einem neuen Fundament muss er sich über die Berechtigung [...] der von ihm benutzten Begriffe nach Kräften klar zu werden versuchen. (PuR, S. 313)

1.1 Primäre Dimension der Modellierung

Im Folgenden stellt Einstein die von ihm so genannte „Schichtenstruktur des Wissenschaftlichen Systems“ (PuR, S. 316) vor.

> Die mit typischen Komplexen von Sinneserlebnissen direkt und intuitiv verknüpften Begriffe wollen wir „primäre Begriffe“ nennen. Alle anderen Begriffe sind – physikalisch betrachtet – nur insoweit sinnvoll, als sie mit den „primären Begriffen“ durch Sätze in Verbindung gebracht sind. [...] Die Wissenschaft braucht die ganze Mannigfaltigkeit der primären, d. h. unmittelbar mit Sinneserlebnissen verknüpften Begriffe sowie der sie verknüpfenden Sätze. In ihrem ersten Entwicklungsstadium enthält sie nichts weiter. Auch das Denken des Alltags begnügt sich im grossen Ganzen mit dieser Stufe. (PuR, S. 316–317)

Die ‚Körper‘, die in der Physik beschrieben werden, entsprechen nur bedingt den ‚Körpern‘ als empirische Phänomene, die uns in der Alltagserfahrung begegnen. Letztere sind noch keine physikalischen Objekte. Zu physikalischen Objekten werden sie nämlich erst dann, wenn ihnen eine operationale Definition von Messgrößen und Messeinheiten zugewiesen wird, die auf der physikalischen Theorie basiert. Somit werden diese Objekte im konzeptuellen Rahmen der physikali-

46 Vgl. Paul Hoyningen-Huene: „Context of Discovery versus Context of Justification and Thomas Kuhn“. In: *Revisiting Discovery and Justification. Historical and Philosophical Perspectives on the Context Distinction.* Hrsg. von Jutta Schickore und Friedrich Steinle. Dordrecht: Springer 2006. S. 119–132.

schen Theorie primär modelliert. Erst mittels dieser operationalen Begriffe – das ist das, was Einstein wohl hier mit „primären Begriffen" meint – finden sie einen Zugang von der ‚Realität', der ‚externen Welt der Wahrnehmungen', in den semiologischen Raum der Physik.

Der primären Dimension Modellierung entspricht im Sinne van Fraassens die Selektion wissensrelevanter Aspekte eines empirischen Phänomens, ihre Messung und die symbolische Darstellung der Messergebnisse, womit diese in einen theoretischen Raum situiert werden. Ich zitiere van Fraassens Definition: „*The act of measurement is an act – performed in accordance with certain operational rules – of locating an item in a logical space.*"[47] Van Fraassen[48] und Mecke[49] erklären dies übereinstimmend am Beispiel des Einsatzes des Thermometers für die Messung der Temperatur. Die Temperatur ist kein Substanzbegriff, sie ist keine ‚Eigenschaft von Körpern', sondern sie ist ein Funktionsbegriff. Der Funktionsbegriff definiert eine Messvorschrift, die eine Gleichheitsrelation zwischen zwei Funktoren bestimmt, die sich im thermodynamischen Gleichgewicht befinden.

Klaus Mecke umschreibt alle Vorgänge, die zur primären Dimension der Modellierung gehören, mit dem Begriff der „Messerzählung".[50] Die Messung entspricht dort einer konventionell festgelegten, regelgeleiteten Handlungsanweisung mit entsprechenden Angaben zur Auswahl relevanter Aspekte der zu messenden Objekte, zur Errichtung einer Skala, die die Vergleichbarkeit der Messungen ermöglicht, und zur konkreten Ausführung der Messung. Dieser engere Erzählbegriff, der aus der Perspektive der theoretischen Physik eingeführt wurde, entspricht einer Minimaldefinition[51] der Narrativität,[52] die erstens Temporalität und zweitens Sequenzialität, also eine Zustandsveränderung, voraussetzt.[53] Dieser Erzählbegriff soll im

47 Van Fraassen: *Scientific Representation* (Anm. 22), S. 165. Hervorhebung im Original.

48 Vgl. van Fraassen: *Scientific Representation* (Anm. 22), S. 174.

49 Vgl. Mecke: „Zahl und Erzählung" (Anm. 19), S. 40.

50 Mecke: „Zahl und Erzählung" (Anm. 19), S. 61.

51 Diese Minimaldefinition soll aber im Zuge der Argumentation noch weiter ausgebaut werden und zusätzliche Kriterien der Narrativität, wie Ereignishaftigkeit, Erzählwürdigkeit und den Status der Fiktionalität in einem faktual argumentierenden Text sukzessive miteinschließen. Vgl. den dritten Abschnitt dieses Kapitels (Kap. VII.1.3, S. 391–429).

52 Es ist noch an anderer Stelle zu klären, inwieweit es sich um einen regelgeleiteten illokutionären Sprechakt handeln kann, dem man aber mit Ricœur über die Modellierung auch den Status des Erzählens zusprechen kann. Vgl. hierzu Ricœurs Erzählbegriff, der in diesem Aufsatz ebenfalls an der Theorie der Sprechakte orientiert ist: Paul Ricœur: „The Model of the Text. Meaningful Action Considered as a Text". In: *New Literary History: A Journal of Theory and Interpretation* 5.1 (1973). S. 91–117.

53 Vgl. H. Porter Abbott: „Narrativity" (2014). In: *The Living Handbook of Narratology*. Hrsg. von Peter Hühn, Jan Christoph Meister, John Pier und Wolf Schmid. Hamburg: Hamburg University

Zuge der narratologischen Analyse der Abhandlung Einsteins ab dem dritten Abschnitt weiter perspektiviert werden.

Die Messerzählung spielt im Artikel Einsteins von 1905 eine entscheidende Rolle, weshalb sie hier vertiefter einzuführen ist. In Einsteins Abhandlung „Zur Elektrodynamik bewegter Körper“ wird die Messkonvention deshalb problematisiert, weil sie im Moment der Vorführung verändert wird – oder vielleicht wird sie auch nur vorgeführt, um die Notwendigkeit ihrer Veränderung zu begründen, wie zu zeigen sein wird. Einsteins Abhandlung schlägt eine Änderung konventioneller Messerzählungen vor, welche erhebliche Konsequenzen auf die Modellierung von Raum und Zeit haben wird. Deshalb sei hier zunächst die Tradition dieser Konvention kurz erläutert.

Der Messprozess ist ein Vergleich: Eine gewisse Dimension des Körpers ist gefragt, zum Beispiel die Länge eines Stabs. Diese wird an der konventionell vereinbarten Skala angelegt, welche die SI-Maßeinheiten reproduziert, und mit dieser verglichen. Eine Zahl auf der Skala stellt dann die Verbindung zwischen der Körperdimension und der Messkonvention her. Dieses Messergebnis kann deshalb als objektiv gewertet werden, weil es auf einer gesellschaftlichen Konvention und somit auf einem Code beruht. Dieser Konvention jedoch ist ein gesellschaftlicher Aushandlungsprozess vorausgegangen. Diesem Aushandlungsprozess wiederum liegt eine faktuale Erzählung zugrunde, welche die Regeln (die Codes) der Messung vorführt. Die Idee etwa, sich auf eine allgemeine Längeneinheit des Meters zu einigen, ist gar nicht alt: Sie geht auf einen Beschluss der Französischen Nationalversammlung von 1799 zurück. Dem Urmeter, einem Prototyp aus Platin, lag die topographische Messerzählung der Erdmessung zugrunde. Seine Länge entsprach – gemäß den damals aktuellen Erdmessungen – dem zehnmillionsten Teil der Entfernung vom Nordpol zum Äquator.

Sie ersetzte frühere Messererzählungen, welche menschliche Gliedmaßen als Referenzsysteme hatten: die Finger- oder Handbreite, die Handspanne, die Elle, den Fuß, Schritt usw. Es ist offensichtlich, dass diese weniger objektiv waren. Jedoch erwies sich später auch die topographische Messerzählung als ungeeignet. Als man feststellte, dass die Erde kein perfektes Rotationsellipsoid ist und doch nur ungenaue Meter-Messeinheiten lieferte, musste man sich auf eine neue Konvention einigen. Die ‚Länge‘ eines Stabs kann also gar nicht als ‚Substanzeigenschaft‘ desselben gelten, wenn sie in unterschiedlichen historischen Epochen durch unterschiedliche Messerzähl-Maßstäbe festgestellt wird. Die aktuelle Messerzählung für den Meter ist im internationalen Messeinheitensystem erst seit

---

Press; Wolf Schmid: *Elemente der Narratologie*. 3. Aufl. Berlin: De Gruyter 2014, S. 3; E. M. Forster: *Aspects of the Novel and Related Writings*. London: Arnold 1974, S. 93.

1983 festgelegt. Ihr liegt die Entscheidung zugrunde, Messeinheiten durch Naturkonstanten zu definieren. Die heutige Metereinheit entspricht der Länge der Strecke, die das Licht im Vakuum während der Dauer von 1/299792458 Sekunden zurücklegt. Dies ist eine Messerzählung, die aufgrund der Lichtgeschwindigkeit als Naturkonstante definiert wird, so wie sie von Einstein 1905 auch für die Zeit bzw. Gleichzeitigkeit und für die Länge der Stäbe eingeführt wurde.

Einen Beleg für die Konventionalität dieser Messvorschriften liefert die Presseerklärung[54] der Physikalisch-Technischen Bundesanstalt, des Instituts für Metrologie, die verkündet, dass die Messvorschriften fast aller physikalischer Basiseinheiten am 16. November 2018 in Versailles grundlegend revidiert wurden: Sie wurden durch verschiedene Kombinationen von Naturkonstanten neu definiert. Ab dem 20. Mai 2019 traten neue Messvorschriften und neue Definitionen für die Maßeinheiten Kilogramm, Ampere und Kelvin in Kraft, die künftig ausschließlich durch sieben Naturkonstanten definiert sein werden, darunter die Lichtgeschwindigkeit im Vakuum, die Boltzmann-Konstante oder die Planck-Konstante.

> Die Staaten der Meterkonvention haben auf ihrer 26. Generalkonferenz für Maße und Gewichte (Conférence Générale des Poids et Mesures, CGPM) am 16. November 2018 in Versailles eine grundlegende Revision des Internationalen Einheitensystems (SI) beschlossen. In Zukunft werden sich alle SI-Einheiten auf die festgelegten Werte von sieben ausgewählten Naturkonstanten beziehen. Die Generalkonferenz folgt damit einer Empfehlung des Internationalen Komitees für Maße und Gewichte (Comité International des Poids et Mesures, CIPM), des höchsten Expertengremiums in der Welt der Metrologie. Die Neudefinitionen werden am 20. Mai 2019, dem Weltmetrologietag, in Kraft treten.[55]

54 Vgl. Jens Simon: „Naturkonstanten als Hauptdarsteller. Generalkonferenz für Maß und Gewicht (CGPM) verabschiedet Revision des Internationalen Einheitensystems". In: *Website der Physikalisch-Technischen Bundesanstalt.* 16. November 2018. https://www.ptb.de/cms/forschung-entwicklung/forschung-zum-neuen-si/nachrichten/nachricht.html?tx_news_pi1%5Bnews%5D = 9041&tx_news_pi1%5Bcontroller%5D = News&tx_news_pi1%5Baction%5D = detail&tx_news_pi1%5Bday%5D = 16&tx_news_pi1%5Bmonth%5D = 11&tx_news_pi1%5Byear%5D = 2018&cHash = e76c955f43ac7200b2aad452ad735266 (zuletzt besucht am 08. Juli 2022).

55 Simon: „Naturkonstanten als Hauptdarsteller" (Anm. 54). Hierzu noch eine weitere Erläuterung der technischen Bundesanstalt zur Definition des Meters: „Die frühere Definition des Meters über eine Lichtwellenlänge als elementare Länge war beispielsweise eine solche ‚einfache Zuordnung'. Das neue SI verlangt dagegen eine größere Transferleistung. So werden etwa alle Größen der Mechanik – die aus den Einheiten für Zeit, Länge und Masse gebildet werden – durch die drei Konstanten einer Frequenz, einer Geschwindigkeit und einer Wirkung repräsentiert. Was hier im Wesentlichen geschieht, ist die Darstellung der Welt in einem neuen Koordinatensystem." In: Physikalisch-Technische Bundesanstalt (PTB) (Hrsg.): *Das neue Internationale Einheitensystem (SI).* PTB-Infoblatt. Braunschweig, 02. Januar 2018, Stand Mai 2020.

Interessant ist hierbei, dass man sich bis dahin noch nicht einmal auf die Messerzählung der scheinbar einfachsten und am weitesten verbreiteten physikalischen Größe, die des Kilogramms, einigen konnte.[56]

Wie van Fraassen und Mecke betonen, geht jeder Messung eine physikalische Theorie voraus, die die Konventionen der Herstellung dieser Zeichenfunktion überhaupt festlegt. Auf Grundlage einer solchen Messerzählung lassen sich empirische Phänomene durch Zahlen und physikalische Einheiten im theoretischen Raum der Physik symbolisch darstellen. Die Zahl hat die Funktion, das konventionell festgelegte Messsystem mit dem gemessenen Körper in Verbindung zu setzen. Die Zahl stellt im semiotischen Sinne eine Verbindung her, sie ist das gemeinsame Dritte, das die Zeichenfunktion stiftet, welche wiederum die gewünschte Körpermit der Skalendimension verbindet.

Aus semiotischer Perspektive könnte man mit Lotman den Prozess der Selektion außerdiskursiver Elemente und ihre Repräsentation im diskursiven semio-logischen Raum der Physik auch einen Prozess der externen Umcodierung nennen. Relevante Wissenselemente werden selektiert und semiotisiert, das heißt in die Semiosphäre symbolisch bzw. semio-logisch integriert. Mit der primären Dimension Modellierung geht also stets eine externe Umcodierung einher. Es sind hier epistemische Praktiken der Gestaltung von Messungen, der Erhebung und Fixierung von Daten, sowie auch Schreibweisen, Verfahren und Strategien der Repräsentation gemeint. Zusätzlich verdeutlicht der Terminus ‚Codierung‘, dass der Prozess der Semiotisierung ein regelgeleiteter Prozess ist: mit der Codierung sind die syntaktischen, semantischen und pragmatischen Regeln der Gestaltung gemeint. Auf diese Symbolisierungsregeln einigen sich Gemeinschaften durch langwierige Kommunikations- und Aushandlungs-

56 Das Kilogramm wurde bisher durch ein Bezugsobjekt definiert, das im Hochsicherheitstrakt des Internationalen Büros für Maß und Gewicht (BIPM) in Sèvres bei Paris aufgehoben wird. Das Bezugsobjekt war ein Metallzylinder. Kopien davon wurden abgefertigt und an anderen Orten in der Welt aufgehoben. Vergleichsmessungen zwischen dem originalen Bezugsobjekt und seinen Kopien erwiesen jedoch, dass die Masse dieser Prototypen schwanken. Somit musste diese Messerzählung neu konzeptualisiert werden und eine relationale Basis zwischen Naturkonstanten umcodiert werden. Zwei Messerzählungen konkurrieren im Moment weltweit miteinander. Im Jahre 2007 wurde auf der 23. Generalkonferenz für Maße und Gewicht der Auftrag an internationale Metrologieinstitute vergeben, eine Neudefinition des Kilogramms vorzuschlagen. Dafür wurden weltweit mehrere Experimente initiiert: „Nachdem einige auf der Strecke blieben, [...] sind es zwei grundsätzlich unterschiedliche Verfahren, die das Rennen gemacht haben. Das ist zum einen das Prinzip der Wattwaage, welches unter anderem von Großbritannien, Frankreich, der USA und Kanada favorisiert wird, und da ist zum anderen das Prinzip des Zählens von Atomen mithilfe von hochreinen Siliziumkugeln.“ In: Jens Simon: „Das Kilogramm-Problem – und seine Lösung“. In: *Maße für alle*. Hrsg. von Physikalisch-Technische Bundesanstalt (PTB). Braunschweig, Berlin 2018. S. 12. Ich danke Klaus Mecke für den Hinweis auf dieses Problem.

prozesse im Rahmen des Forschungsprozesses. Mit Ecos Semiotischer-Code-Theorie ist dieser Prozess noch etwas weiter präzisierbar: Geschieht der Übertragungsvorgang nach konventionellen Regeln, so spricht Eco von einem Codierungsprozess, der epistemisch und kommunikativ unproblematisch ist, einem Codierungsprozess nach der Verhältnisbestimmung der *ratio facilis*.[57]

Es könnte jedoch auch der Fall eintreten, dass die Codierungsregeln im Zuge der Modellierung geändert werden müssen. Werden aufgrund dessen neue Regeln eingeführt, die der Adressatengemeinschaft – im Falle Einsteins der wissenschaftlichen Gemeinschaft – noch unbekannt sind, dann ist es (nach Umberto Ecos Semiotik) ein Codierungsvorgang nach der Verhältnisbestimmung der *ratio difficilis*.[58] Das wäre eine Codierungsform, die sich ihre Regeln selbst gibt oder sie aus einem anderen konzeptuellen Frame übernimmt. Der *ratio difficilis* steht der Aushandlungsprozess noch bevor. Bei ihrem ersten Einsatz spielt deshalb die Art der Modellierung eine wichtige Rolle.

Ich unterscheide zwischen *ratio facilis* und *ratio difficilis*, weil ich damit eine Hypothese verbinden möchte: Je größer der Anteil an neuen Regeln ist und je unkonventioneller die Vorstellungen sind, die durch die Modellierung eingeführt werden, desto wichtiger ist die Art, *wie* diese eingeführt werden. In solchen *Ratio-difficilis*-Fällen – so meine spätere Argumentation – ist selbst der faktuale wissenschaftliche Text auf Narrativität und Fiktivität, auf die Verfahren und Schreibweisen des Gedankenexperiments angewiesen. Das durch die Modellierung vorgestellte neue Wissen nimmt über das Gedankenexperiment[59] und über dessen Narrativierungsstrategien

---

57 Zu Ecos semiotischer Codetheorie vgl. Umberto Eco: *Semiotik. Entwurf einer Theorie der Zeichen*. Übers. von Günter Memmert. München: Fink 1987, S. 76–197.

58 Vgl. Eco: *Semiotik* (Anm. 57), S. 245–247.

59 Vgl. zur literatur- und kulturwissenschaftlichen Forschung zur Funktion von narrativen Gedankenexperimenten: Thomas Macho und Annette Wunschel (Hrsg.): *Science & Fiction. Über Gedankenexperimente in Wissenschaft, Philosophie und Literatur*. Neuausgabe. Frankfurt a. M.: Fischer 2004; David Davies: „Thought Experiments and Fictional Narratives". In: *Croatian Journal of Philosophy* VII.19 (2007). S. 29–45. Zur Forschungsperspektive der Philosophie: Holger Andreas: „Zur Wissenschaftslogik von Gedankenexperimenten". In: *Deutsche Zeitschrift für Philosophie* 59 (2011). S. 75–91; Albrecht Behmel: *Was sind Gedankenexperimente? Kontrafaktische Annahmen in der Philosophie des Geistes – der Turingtest und das Chinesische Zimmer*. Stuttgart: Ibidem 2001; Marco Buzzoni: „Zum Verhältnis zwischen Experiment und Gedankenexperiment in den Naturwissenschaften". In: *Journal for General Philosophy of Science* 38.2 (2007). S. 219–237; Ulrich Gähde: „Gedankenexperimente in Erkenntnistheorie und Physik. Strukturelle Parallelen". In: *Rationalität, Realismus, Revision*. Vorträge des 3. internationalen Kongresses der Gesellschaft für Analytische Philosophie vom 15. bis zum 18. September 1997 in München. Hrsg. von Julian Nida-Rümelin. Berlin, New York: De Gruyter 2000. S. 457–464. Aus der Perspektive der Wissenschaftstheorie: Alisa Bokulich: „Rethinking Thought Experiments". In: *Perspectives on Science* 9 (2001). S. 285–307. Aus der Perspektive der Physik: Michael Bishop: „An Epistemological Role for Thought

seinen Weg zum propositional gesicherten und konventionell semiotisierten Wissen. Das Gedankenexperiment ist textstrategisch in einem Schwellenraum der Liminalität angelegt, in dem alte Codes nicht mehr vollständig gelten und neue Regeln noch nicht vollständig etabliert wurden. Das Gedankenexperiment bietet also den Raum für die Erprobung und Aushandlung neuer Codes.

Es ist wichtig, diesen Prozess zuerst allgemein zu beschreiben, weil Einstein in der Abhandlung von 1905 im Grunde genau das tut: Er schlägt eine Veränderung der Messerzählung für die Zeit- und Längendimension vor. Er fordert, dass beide physikalischen Größen aufgrund einer Messerzählung gemessen werden sollen, deren zentraler Parameter die Konstanz der Lichtgeschwindigkeit sein soll. Darauf wird im dritten Abschnitt dieses Kapitels ausführlich eingegangen. Daraus wird resultieren, dass es keine absolute Gleichzeitigkeit und somit auch keine absolute Zeit mehr geben wird. Doch zunächst zurück zur Abhandlung „Physik und Realität": Einstein argumentiert, dass die Schichtenstruktur der Modellierung deshalb notwendig ist, weil dem Theoretiker die primäre Dimension der Modellierung der empirischen Daten noch nicht genügt. „Diese kann [...] einen wirklich wissenschaftlich eingestellten Geist nicht befriedigen, da die so gewinnbare Gesamtheit von Begriffen und Relationen der logischen Einheitlichkeit völlig entbehrt" (PuR, S. 317). Deshalb kann der Theoretiker hier nicht stehen bleiben. Er muss über eine solche primäre Dimension der Modellierung hinausgehen, denn eine durch Beobachtungsdaten festgehaltene Modellierung ist nur die erste Stufe der Selektion. Sie ist zugleich die Stufe der externen Umcodierung, die diese Beobachtungs- bzw. Messdaten überhaupt erst in einem theoretischen Rahmen situiert, um sie logisch zu analysieren.

1.2 Sekundäre Dimension der Modellierung

Die primäre Dimension der Modellierung stellt als erste Stufe jedoch noch keinen theoretischen Gewinn dar. Ich zitiere weiterhin aus Einsteins Abhandlung „Physik und Realität":

> Um diesem Mangel abzuhelfen, erfindet man ein begriffs- und relationsärmeres System, welches die primären Begriffe und Relationen der „ersten Schicht" als logisch abgeleitete Begriffe und Relationen enthält. Dieses neue „sekundäre System" erkauft die gewonnene höhere logische Einheitlichkeit mit dem Umstande, dass seine an den Anfang gestellten Begriffe (Begriffe

Experiments". In: *Idealization in Contemporary Physics.* Hrsg. von Niall Shanks. Amsterdam, Atlanta, GA: Rodopi 1998. S. 19–33. Aus der Perspektive der Science and Technology Studies: James Robert Brown: *The Laboratory of the Mind. Thought Experiments in the Natural Sciences.* 2. Aufl. New York, London: Routledge 2010.

der zweiten Schicht) nicht mehr unmittelbar mit Komplexen von Sinneserlebnissen verbunden sind. (PuR, S. 317)

Das Ziel der theoretischen Modellierung ist die logische Korrelation der Begriffe untereinander zum Zwecke weiterer logischer Ableitungen. Deren Ergebnisse ermöglichen eine neue Realitätssicht, welche durch das Modell (re-)präsentiert wird. Die (Re-)Präsentation hat sich dann als empirisch adäquat zu erweisen. Für die Physik leistet diesen Erweis das symbolische Inventar der Mathematik mit ihrem Repertoire an Operationen. Deshalb folgt im theoretischen Prozess die zweite Dimension der sekundären Modellierung. Doch die komplexe mathematische Modellierung geht stets einher mit einem Verlust an Semantizität – die Möglichkeit des Rückgriffs auf ‚unmittelbare Komplexe von Sinnerlebnissen' nimmt ab; zumal die mathematische Modellierung eine rein symbolische ist.

Die Mathematik setzt einen neuen Rahmen, der ein neues *keying*, also neue Codes und operative Restriktionen mit sich bringt, aber auch andere Möglichkeiten logischer Korrelationen. In diesem sekundären Rahmen wird gefragt, unter welchem systematischen Gesichtspunkt die primären Modellierungsdaten betrachtet werden sollen. Gemäß dieser Fragestellung wird darüber entschieden, welche Korrelationen zwischen der symbolischen Konfiguration der Daten hergestellt werden können und zu welchem Zweck das geschieht. Dies wird durch die sekundäre Dimension der Modellierung geleistet. Die sekundäre Dimension der Modellierung der Physik findet im Rahmen der symbolischen, mathematischen Modellierung statt.[60] Im cartesischen System der Koordinaten werden Größen, die durch Messun-

60 Ein Beispiel hierfür aus der Physik: Anna geht jeden Wochentag in die Schule. Sie hat mehrere Optionen, um den Schulweg zurückzulegen: zu Fuß, mit dem Fahrrad oder mit dem Schulbus. Möchte man die Zeit ermitteln, die Anna für ihren Schulweg jeweils zu Fuß, mit dem Fahrrad bzw. mit dem Bus benötigt, so könnte man das cartesische Koordinatensystem als symbolischen Referenzrahmen einsetzen, um Annas Geschwindigkeit als Funktion der Zeit darzustellen. Das versteht man unter der primären Dimension der Modellierung: die Projektion eines Vorgangs aus dem externen Raum in den internen semiologischen Raum. Zudem erfolgt eine Umcodierung, um die relevanten Größen des Vorgangs in einen theoretischen Raum zu integrieren. Dies geschieht durch die Zuweisung entsprechender Symbole für wissensrelevante Größen: Ein Koordinatensystem wird eingeführt, dessen x-Achse für die Eintragung der Orte steht und dessen t-Achse für die Eintragung der Zeiten steht. Die zurückgelegte Wegstrecke wird durch eine Linie symbolisiert, die entlang der x-Achse gemessen wird; für die dafür benötigte Zeit würde die t-Achse als Referenz stehen. Zeiten und Orte des Weges zur Schule werden miteinander korreliert. Die Größe ‚Geschwindigkeit' (v) wird dann durch die Korrelation des Ortes als Funktion von Zeit angegeben: $v = x \div t$. Die Geschwindigkeit ist eine physikalische Größe. Sie beschreibt, wie schnell Anna im Lauf der Zeit ihren Ort verändert, indem sie sich in eine gewisse Richtung bewegt. Im Rahmen der sekundären Dimension der Modellierung verwandelt sich die Geschwindigkeit von einer physikalischen in eine mathematische Größe. Sie wird zu einer vektoriellen

gen ermittelt und im Zuge der primären Modellierung im theoretisch-symbolischen Raum dargestellt werden, zueinander ins Verhältnis gesetzt. Das sekundäre System ist ein System, das weitgehend einer logischen, systematischen Form angehört. In Cassirers Systematik wäre diese die symbolische Form der mathematischen Physik.

Klaus Mecke weist darauf hin, dass Messgrößen nicht mit Zustandsgrößen verwechselt werden dürfen. Messgrößen sind logisch der primären Dimension der Modellierung zuzuordnen, Zustandsgrößen hingegen der sekundären Dimension der Modellierung: „Zustandsgrößen sind physikalische Messgrößen, übersetzt in ein mathematisches Modell. Zustandsgrößen sind keine Messgrößen, da sie nicht nur Zahlen sind, sondern eine Reihe von mathematischen Strukturen in sich tragen“.[61] Die Zustandsgrößen sind also Größen, die mit mathematischen Objekten verbunden werden, um mit ihnen im Rahmen der Symbolwelt nach den Regeln und Codes der Mathematik operieren zu können. „So ist die Messgröße ‚Ort‘ [in der Mechanik] einfach eine [...] Zahl, die Zustandsgröße ‚Ort‘ dagegen eine stetige und differenzierbare Funktion $r(t)$, wenn die Modellerzählung ‚Punktteilchen‘ verwendet wird.“[62] Im konzeptuellen Rahmen der Feldtheorie hingegen – zum Beispiel im Maxwell'schen Frame – kann der gleichen Größe des Ortes eine andere Form der mathematischen Konzeptualisierung als Zustandsgröße zugewiesen werden. Hier geschieht keine Projektion von außerhalb der Semiosphäre in den theoretischen Raum. Es handelt sich vielmehr um die regelgeleitete Modellierungspraxis innerhalb eines spezifischen Feldes der Semiosphäre, nämlich innerhalb des symbolischen Referenzrahmens der Mathematik.

Größe, weil mit ‚x‘ sowohl ein Punkt im Raum als auch eine Richtung symbolisiert wird. Als vektorielle Größe ist die Geschwindigkeit eine mathematische Größe. Als mathematische Größe überschreitet diese Größe eine Schwelle von der primären zur sekundären Dimension der Modellierung, von der physikalischen Messung zur mathematischen Modellierung. In Meckes Terminologie ist es der Übertritt von der Messerzählung zur Modellerzählung. Zustandsgrößen, das heißt mathematische Objekte wie Vektoren, unterscheiden sich von Messgrößen dadurch, dass sie mehr mathematische Struktur mit sich tragen. Möchte man nun vergleichen, in welcher Zeit Anna den Weg von daheim zur Schule zu Fuß, mit dem Fahrrad oder mit dem Bus zurücklegt, so ermittelt man die Differenzen zwischen den jeweiligen Geschwindigkeiten, indem man die Größen miteinander korreliert. Alle relevanten Größen sind bereits aus dem externen Raum in den symbolischen Raum projiziert worden, eine Korrelation zwischen symbolischen Größen wird hergestellt. Die Geschwindigkeit ist eine Größe erster Ordnung. Weitere symbolische Konventionen und Operationen der Differentialgeometrie werden dann eingesetzt und geben die regelgeleitete Modellierungspraxis an, um die Zeit und die Geschwindigkeit zu korrelieren, die Anna als Fußgängerin, Fahrradfahrerin oder als Busfahrgast bis zur Schule benötigt, zu ermitteln. Während die externe Umcodierung ein Korrelationsakt erster Ordnung ist, ist die interne Umcodierung ein Korrelationsakt zweiter Ordnung.

61 Mecke: „Zahl und Erzählung“ (Anm. 19), S. 61.

62 Mecke: „Zahl und Erzählung“ (Anm. 19), S. 61. Ergänzung von AH.

Die Modellierung mathematischer Größen nenne ich sekundäre Dimension der Modellierung, weil die physikalischen Größen in eine andere semio-logische Sphäre übergehen. Die Mathematik arbeitet mit neuen Strukturen und Operationen, Codes und Konventionen und formt Zustandsgrößen als Funktionsbegriffe.[63] Für die Gewinnung dieser Funktionsbegriffe kann nicht mehr essentialistisch argumentiert werden. Denn die Mathematik operiert in einem anderen ontologischen Raum der Modellierung. War die primäre Dimension der Modellierung noch durch ein konventionelles Denotationssystem mit der empirischen Realität verbunden, so ist es die sekundäre, die mathematische Dimension der Modellierung nicht mehr in gleichem Maße. Ihr System ist wesentlich freier und autonomer. Sie kann sich ihre Regeln größtenteils selbst setzen. Hier können Korrelationen als prinzipielle Setzungen stattfinden, wenn sie sich in der symbolischen Modellierung als logisch kohärent erweisen, ohne dass man in diesem Stadium der Modellierung die empirische Adäquatheit der mathematischen Formulierung stets überprüft. Diese wird im Auge behalten, aber erst das Ergebnis der Modellierung wird überprüft. Ich zitiere hier den Mathematiker Hermann Weyl aus seinem Aufsatz „Wissenschaft als symbolische Konstruktion des Menschen".

> Nur diese ganze zusammenhängende Theorie, in die auch die Raumgeometrie als ein integrierender Bestandteil hineinverwoben ist, kann durch Beobachtung nachgeprüft werden. [...] Letzten Endes verwachsen alle Teile der Physik einschließlich der Geometrie zu einer unlöslichen Einheit, von der kein Stück für sich eine selbständige und an der Beobachtung verifizierbare Bedeutung hat. [...] Wir haben wirklich nichts in Händen behalten als die symbolische Konstruktion; und das genügt auch. Hätte es noch einer Bestätigung bedurft, so hat sie die Entwicklung der neueren Physik durch Relativitätstheorie und Quantentheorie geliefert.[64]

Der Übergang von der primären zur sekundären Dimension der Modellierung könnte mit Lotman eine interne Umcodierung genannt werden. Ist er epistemisch unproblematisch und geschieht nach konventionellen Regeln, so ist er nach Eco ein Übergangsvorgang des Typus *ratio facilis*. Wird aber eine vollkommen neue Modellerzählung eingeführt, die nach neuen Regeln verläuft, so ändern sich auch die Codierungsregeln im Zuge der Modellierung. Dann handelt es sich um einen Semiotisierungsprozess der *ratio difficilis*. Das geschieht meistens dann, wenn neue ma-

---

63 Vgl. Ernst Cassirer: *Substanzbegriff und Funktionsbegriff. Untersuchungen über die Grundfragen der Erkenntniskritik*. Text und Anm. bearb. von Reinold Schmücker. In: ders.: *Gesammelte Werke. Hamburger Ausgabe*. Bd. 6. Hrsg. von Birgit Recki. Hamburg: Meiner 2000. Vgl. auch Kap. II.1 in diesem Buch, S. 85–97.

64 Hermann Weyl: „Wissenschaft als symbolische Konstruktion des Menschen" (1949). In: ders.: *Gesammelte Abhandlungen*. Bd. 4. Hrsg. von Komaravolu Chandrasekharan. Berlin, Heidelberg, New York: Springer 1968. S. 289–345, hier S. 310–311, 313. Vgl. auch ders.: „Wissenschaft als symbolische Konstruktion des Menschen". In: *Eranos-Jahrbuch 1948* (1949). S. 375–431.

thematische Schreibweisen, neue Operationen oder neue Kovarianz-Regeln eingeführt werden, die sich dann per Rückkopplung auch auf die primäre Dimension der Modellierung auswirken. Es baut sich eine gewisse Spannung gegenüber der primären Modellierung auf. Einerseits wird die Wiedererkennbarkeit der Objekte, die durch die primäre Modellierung in den semiologischen Raum der Physik eingeführt wurden, zum Problem, so Einstein in „Physik und Realität“:

> Dieses neue „sekundäre System“ erkauft die gewonnene höhere logische Einheitlichkeit mit dem Umstande, dass seine an den Anfang gestellten Begriffe (Begriffe der zweiten Schicht) nicht mehr unmittelbar mit Komplexen von Sinneserlebnissen verbunden sind. (PuR, S. 317)

Andererseits muss aber die theoretische Modellierung – nun vom Ende her betrachtet – erstens mit der primären korrelierbar sein und sich zweitens als empirisch adäquat erweisen. Das ist die Forderung nach der semantischen und physikalischen Rückkopplungsmöglichkeit, auf die Einstein mit dem ‚Prinzip der Signifikation‘ in seiner Nobelpreisrede aufmerksam macht.[65] Die sekundäre Dimension der Modellierung ermöglicht es, neue, vielleicht sogar tiefere mathematische Korrelationen zwischen den mathematischen Zustandsgrößen herzustellen. Dadurch können Äquivalenzen nicht zwischen den empirischen Phänomenen selbst, aber zwischen den mathematisch modellierten symbolischen Größen entdeckt werden, welche diese Phänomene in einem bestimmten theoretischen Raum repräsentieren.[66] An dieser Stelle ist für kurze Zeit erahnbar, was Einstein mit den „brüchig gewordenen Fundamenten“ meint. Schon die Entwicklung der Speziellen Relativitätstheorie brachte das Problem mit sich, von der euklidischen Geometrie, von dem sogenannten ‚euklidischen Frame‘, zum ‚nicht-euklidischen Lorentz-Frame‘ wechseln zu müssen. Nur dieser war der richtige Frame für die Konzeptualisierung der Theorie.

---

65 Vgl. Albert Einstein: „Fundamental Ideas and Problems of the Theory of Relativity. Lecture Delivered to the Nordic Assembly of Naturalists at Gothenburg, July 11, 1923“. In: *The Official Website of the Nobel Prize.* Juni 2018. https://www.nobelprize.org/uploads/2018/06/einstein-lecture.pdf (zuletzt besucht am 08. Juli 2022).

66 Ein Beispiel für eine Größe zweiter Ordnung, die durch die sekundäre Dimension der Modellierung berechnet werden kann, ist die Beschleunigung. Der Betrag der momentanen Geschwindigkeit ergibt sich durch die Berechnung der zurückgelegten Wegstrecke pro Zeitintervall. Die Beschleunigung wiederum ist eine Größe zweiter Ordnung, sie ist der Vektor der zeitlichen Änderung der Geschwindigkeit. Die sekundäre Dimension der Modellierung könnte eine Äquivalenz zweiter Ordnung für Größen anzeigen, die auf der Ebene ersten Ordnung unterschiedlich sind. Dies wirkt sich dann später wieder zurück auf die Art, wie man Phänomene primär modelliert, das heißt in den theoretischen Raum situiert und repräsentiert.

1.3 Tertiäre Dimension der Modellierung

So führt Einstein vor, dass man, um der Komplexität der Modellierung gerecht zu werden, ein zusätzliches tertiäres System einzuführen hat: „Weiteres Streben nach logischer Einheitlichkeit führt zur Aufstellung eines noch ärmeren tertiären Systems von Begriffen und Relationen zur Deduktion der Begriffe und Relationen der sekundären (und damit indirekt der primären) Schicht" (PuR, S. 317). Interessanterweise deutet Einstein hier auf eine mögliche Rückkopplung der tertiären Ebene zurück auf die sekundäre und die primäre Ebene hin. Darauf werde ich im Zusammenhang mit der Speziellen Relativitätstheorie im Abschnitt 2.6 zurückkommen. Zudem erklärt sich Einstein aber an dieser Stelle nicht mit jenen einig, die die Stufen der Modellierung lediglich als zunehmende Abstraktion deuten. Es geht vielmehr (das hatte auch Cassirer in seiner Untersuchung der wissenschaftlichen Praxis der theoretischen Physik in der „Philosophie der symbolischen Formen" beschrieben)[67] um die Umformung der herkömmlichen Modellierungsordnung. Diese Umformung wird nötig infolge einer neuen symbolischen Setzung und infolge der Feststellung möglicher Korrelationen zwischen mathematischen Strukturen, welche neue Konfigurationen und neue Modellierung eröffnen. Einstein verwendet hierfür folgende anschauliche Bildlichkeit:

> Ein Anhänger der Abstraktions- bzw. Induktions-Theorie würde die vorgenannten Schichten „Abstraktions-Stufen" nennen. Ich halte es aber für unrichtig, die logische Unabhängigkeit der Begriffe gegenüber den Sinneserlebnissen zu verschleiern; es handelt sich nicht um eine Beziehung wie die der Suppe zum Rindfleisch, sondern eher wie die der Garderobe-Nummer zum Mantel. (PuR, S. 317)

Die Verbindung zwischen Garderobennummer und Mantel kann aus semiotischer Perspektive als eine dreistellige Zeichenfunktion dargestellt werden. Auf den Mantel als gesuchtes Objekt und auf seine Position im Raum verweist ein drittes symbolisches Zeichen, zum Beispiel die 42, die Zahl auf dem Messingplättchen, welche die Verbindung zwischen Mantel und seinem Besitzer herstellt. Doch die Zahl allein nützt noch nichts. Sie ist nur ein Symbol, das auf die allgemeine Ordnung der natürlichen Zahlen verweist, auf das Ordnungssystem, das jeder Zahl eine Nachbarschaft zuweist, keine Zahl auslässt und eine aufsteigende Reihen-

67 Vgl. Ernst Cassirer: *Philosophie der symbolischen Formen*. Teil 3: *Phänomenologie der Erkenntnis*. Text und Anm. bearb. von Julia Clemens. Hamburg: Meiner 2010. Siehe den dritten Teil: „Die Bedeutungsfunktion und der Aufbau der wissenschaftlichen Erkenntnis", S. 323–556. Hier speziell noch: „‚Symbol' und ‚Schema' im System der modernen Physik", S. 518–556. Vgl. auch Kap. II.1.4 in diesem Buch, S. 93–97.

folge der Zahlen zulässt.[68] Darauf basierend führt der Mensch das Konzept der Garderobe ein, das auf diesem System semiologischer Konventionen gründet.

Es ist die menschliche Vernunft, die dieses semiologische System von Zeichenfunktionen und seine darunterliegenden Konventionen eingeführt hat. Alle Positionen im Raum sind äquivalent, insofern jeder Position eine natürliche Zahl zugewiesen worden ist. Die Ordnung der natürlichen Zahlen hilft dem Garderobier, sich schnell im Raum zu orientieren. Die Zahl selbst als Inbegriff der mathematischen Exaktheit ist janusköpfig, denn sie vereint eine doppelte Funktion in sich: die der Äquivalenz *und* die der Differenz. Die Äquivalenz wird in Bezug zu allen anderen Zahlen aus der Menge der natürlichen Zahlen festgestellt. In Bezug darauf ist sie ein „Gleiches unter Gleichen". Ihr Zahlenwert zeichnet sie jedoch vor allen anderen Zahlen aus. In diesem konkreten Kontext übernimmt sie auch eine besondere Funktion durch die Stiftung einer Identitätsrelation – in Bezug zum Messingplättchen aus der Hand des Theaterbesuchers. Sie verweist auf die Möglichkeit der Herstellung einer Zeichenfunktion mit zwei Funktoren als Objekten, die sich entsprechen: dem Messingplättchen aus der Hand des Besuchers und dem Garderobehaken mit dem Mantel des Besuchers.

Doch ausgerechnet durch die Herstellung dieser Identitätsrelation zwischen Haken und Messingplättchen zeichnet sich die Zahl 42 in Bezug auf die restliche Menge der natürlichen Zahlen dadurch aus, dass sie eine Differenz markiert. Denn es gibt nur diese eine Zahl, die eine Identitätsrelation als Zeichenfunktion stiften kann und auf den Mantel des Besuchers verweist. Das unterscheidet sie von allen anderen Zahlen. Dies wissen sowohl der Theaterbesucher als auch der Garderobier. Denn die Konvention der symbolischen Zeichenfunktion ist vom Menschen hergestellt und setzt somit alle Zuweisungsrelationen voraus, die zuverlässig sind. Diese konventionellen und deshalb stabilen Zuweisungsrelationen dienen dem Menschen als *„animal symbolicum"*[69] zur Orientierung, zur symbolischen Modellierung von Wirklichkeitserfahrungen. Sie wird durch Menschen symbolisch organisiert. Doch das modellierende Spiel mit Zeichen ist eine Möglichkeit, die vorausgehende Zeichenkonventionen voraussetzt. Die Aufgabe der Theorie ist, das suggeriert diese Stelle, die noch mathematisch strukturlose ‚Leere' sukzessiv mit mehreren Schichten an Struktur (u. a. auch Zahlenkörpern, Zeichenkonventionen, mathematischen Operationen) aufzufüllen, sodass anhand dieser Strukturen mathematische Objekte operieren, miteinander korreliert und transformiert werden können.

---

68 Vgl. das Kapitel über Zahlensysteme in: Cassirer: *Substanzbegriff und Funktionsbegriff* (Anm. 63). Vgl. insbesondere die beiden Kapitel „Zur Theorie der Begriffsbildung", S. 1–26 und „Die Zahlbegriffe", S. 27–70.

69 Reinhard Kaiser: „Vorbemerkung". In: Ernst Cassirer: *Versuch über den Menschen. Einführung in eine Philosophie der Kultur*. Hrsg. von Reinhard Kaiser. Hamburg: Meiner 1996, S. 5.

Im Folgenden soll gezeigt werden, dass die dreifachen Dimensionen der Modellierung deshalb notwendig sind, weil jede Modellierungsdimension einen neuen Frame eröffnet. Jeder Frame bietet ein neues Ordnungssystem mit leicht veränderten Regeln und neuen Codes (ein anderes *keying*, eine neue Modulation in Goffmans Terminologie). Deshalb entfaltet jede Dimension – aufgrund spezifischer Regeln und Schreibweisen – neue Möglichkeiten zur Herstellung von Beziehungsrelationen und auch neue Wahrscheinlichkeiten der Beschreibung, als Möglichkeiten der Reorganisation von Wirklichkeitserfahrung. Jedoch: Trotz aller unterschiedlichen Regeln und Codes, trotz der Spannungen und Differenzen zwischen den verschiedenen Dimensionen, zeichnet sich eine gelungene Gesamtmodellierung dadurch aus, dass ihre ternäre Struktur Kohärenz aufweist. Und zwar dadurch, dass sie Konkordanz und Diskordanz aneinanderkoppelt, weil diese wechselseitig aufeinander angewiesen sind. Deshalb sind sie auf ein geeignetes *emplotment* angewiesen.

Die Dimensionen nehmen wechselseitig Bezug aufeinander und bedingen sich gegenseitig. Jedoch lässt jede neue Rahmung neue Prinzipien der symbolischen Organisation von Wirklichkeitserfahrung erkennen. Wie lässt sich dann eine kohärente Konfiguration errichten, die sich am Ende als empirisch adäquat erweist? Vielleicht gilt auch hier das „*principal of minimal departure*“, wie es Marie-Laure Ryan für die narrative Modellierung aufzeigte.[70] In meiner Lesart würde das bedeuten, dass die Regeln jeder sukzessiven Dimension der Modellierung durchaus von der ersten abweichen können, sonst wären sie als neue Ebenen ja auch gar nicht gerechtfertigt. Sie dürfen aber stets nur so weit abweichen, dass sich die Modellierung weiterhin mit der ersten Dimension noch rückkoppeln lässt und sie sich am Ende – wenn es zur Phase der Interformation und Transformation kommt – als empirisch adäquat erweist.

So sind aus der Perspektive der Prozessmodellierung sowohl Faktizität als auch Fiktivität transient. Denn der Übergang vom primären Rahmen der Modellierung als ehemals angenommene Faktizität geschieht durch eine vorübergehende Fiktivierung im Rahmen einer Probesimulation und führt schließlich zu einem neuen Rahmen der Faktualisierung im Experiment. Erweist sich die theoretische Vorhersage als überprüfbar, so hat sie das Potential, einen neuen Rahmen als Matrix der Transformation der symbolischen Organisation von Wirklichkeitserfahrung zu setzen.

---

70 Vgl. Marie-Laure Ryan: *Possible Worlds, Artificial Intelligence, and Narrative Theory*. Bloomington: Indiana University Press 1991. Vgl. hier insbesondere das Kapitel: „Reconstructing the Textual Universe. The Principle of Minimal Departure“, S. 48–60.

Morgan und Morrison sprechen sich in ihrem Ansatz der „models as mediating instruments" für eine Form der Autonomisierung der Modellierung sowohl von den empirischen Daten als auch von den Theorien aus.[71] Diese theoretische Forschungslage scheint mir ein guter Ausgangspunkt zu sein, um dafür zu argumentieren, dass der Prozess der Modellierung die Phasen der Selektion, Denotation und schließlich der symbolischen (Re-)Präsentation durch Exemplifikation durchgeht und sich damit Schritt für Schritt autonomer wird. Diesen Weg möchte ich anhand von Einsteins Artikel „Zur Elektrodynamik bewegter Körper" beschreiben: den Weg von der ehemaligen Faktizität zur vorübergehenden Fiktivierung im Modell – als experimentelle Probesimulation neuer Modellierungsverfahren durch Interformation und zur anschließenden Faktualisierung in der Physik. Nimmt man diese Hypothese an, so würde das bedeuten, dass die Ordnungssysteme jeder sukzessiven Modellierungsebene sich von einer früheren unterscheiden, aber nur insofern, als dass sie noch weiterhin in einer kohärenten Konfiguration dargestellt werden können. Dazu Einstein: „So geht es fort, bis wir zu einem System von denkbar grösster Einheitlichkeit und Begriffsarmut der logischen Grundlagen gelangt sind, das mit der Beschaffenheit des sinnlich Gegebenen vereinbar ist" (PuR, S. 317). Die deutliche Trennung der Modellierungsdimensionen ist in der vorliegenden Beschreibung idealtypisch zu verstehen. Sie soll als heuristisches Instrument nutzen. Die Textwirklichkeit sieht ein wenig anders aus – hier kommen Übergänge, Überlagerungen und Rückkopplungen vor, so merkt Einstein dazu an:

> Ferner sind die Schichten nicht klar gegeneinander abgegrenzt. Nicht einmal die Zugehörigkeit eines Begriffes zur primären Schicht ist völlig scharf. Es handelt sich hierbei eben um freigebildete Begriffe, die mit einer für die Anwendung hinreichenden Sicherheit mit Komplexen von Sinneserlebnissen intuitiv verknüpft sind, so dass bei dem Konstatieren des Zutreffens oder Nicht-Zutreffens eines Satzes für einen besonderen Erlebnisfall (Experiment) keine Unsicherheit besteht. (PuR, S. 317–318)

Zusammenfassend: Durch die primäre Dimension der Modellierung werden die Daten, die wissensrelevanten Größen eines ‚realen Vorgangs' durch eine regelgeleitete Modellierungspraxis in einen theoretischen Raum situiert. Die Theorie bestimmt, wie dieser symbolische Rahmen aussieht, welche Parameter als relevante Größen zu symbolisieren sind und wie die Korrelationen der Größen untereinander erfolgen. Deshalb spricht van Fraassen von der Messung als „Situierung in einem theoretischen Raum": *„measurement is an operation that locates an item (already classified as in the domain of a given theory) in a logical space (provided*

71 Vgl. Mary S. Morgan und Margaret C. Morrison: „Models as Mediating Instruments". In: dies (Hrsg.): *Models as Mediators. Perspectives on Natural and Social Sciences*. Cambridge, New York: Cambridge University Press 1999. S. 10–37.

by the theory to represent a range of possible states or characteristics of such items).“[72]

Inzwischen ist es in der Physik und Wissenschaftstheorie *common sense*, dass kaum eine Messung ohne theoretische Annahmen durchgeführt werden kann. Deshalb ist auch die primäre Modellierung als Messung keine vollständige Abbildung. Sie ist die Projektion relevanter Daten und ihre externe Umcodierung in physikalische Größen, in die Sprache der Physik. Durch die Darstellung in einem spezialisierten semiologischen Raum kann mit ihr operiert werden. Die physikalische Größe wird in der nächsten Phase in eine mathematische Größe, in eine Zustandsgröße,[73] intern umcodiert und in die Semiosphäre der Mathematik überführt. In diesem Rahmen kann mit der Größe nach dem *keying*, nach den Regeln und Methoden der Mathematik, sekundär modelliert werden. Mit der externen Umcodierung ist die Anwendung jener semiotischen Regeln gemeint, die den Übergang vom semiotisch amorphen Außenbereich in den semiotischen Bereich der Messerzählung gewährleisten. Die interne Umcodierung entspricht dem semiotischen Übergang zwischen der primären und der sekundären Dimension der Modellierung, in Meckes Terminologie von der Messerzählung zur Modellerzählung. Es wäre ein semiologischer Prozess zweiter Ordnung, geht es doch um den Unterschied bzw. um den Übergang zwischen den Messgrößen der Physik, die von spezifischen Regeln bestimmt sind, zu den Zustandsgrößen der Mathematik, für die wiederum eigene Regeln und Strukturen gelten.

Im Falle der *ratio facilis* verlaufen die semiologischen Praktiken nach herkömmlichen, bekannten und gesellschaftlich akzeptierten Konventionen. Eine interne Umcodierung nach der *ratio facilis* ist die Verwandlung physikalischer Größen in mathematische Größen. Die mathematische Zustandsgröße und die entsprechende physikalische Größe sind miteinander verschränkt und somit doppelt codiert: durch *mathesis* und durch selektive *mimesis*. Die mimetische Messung bindet die Größe zurück an die Empirie und Referentialität. Die *mathesis* führt die Größe fort in die sekundäre, symbolische, mathematische Modellierung. Hier können Symmetrie-Korrelationen zwischen den mathematischen Größen hergestellt werden. Die formalen Symmetrie-Korrelationen bzw. die Vektor-Addition oder die skalare Multiplikation sind wohldefiniert und logisch nachvollziehbar. Sie lassen sich aber unabhängig davon herstellen, was sie ‚bedeuten‘. Es gibt für sie keine semantische Dimension. Aus semiotischer Perspektive sind sie rein syntaktisch codiert. Sie haben im System der Mathematik, das mit Hjelmslev als „monoplanar“[74]

72 Van Fraassen: *Scientific Representation* (Anm. 22), S. 164.

73 Vgl. Mecke: „Zahl und Erzählung“ (Anm. 19), S. 61.

74 Vgl. Louis Hjelmslev: *Prolegomena zu einer Sprachtheorie.* München: Hueber 1974. S. 101–110. H. S. 110. Vgl auch Kap. IV in diesem Buch, S. 176–177.

bezeichnet werden kann, weil es nur eine syntaktische und keine semantische Dimension hat, keinen Anspruch auf semantische Referentialität. Sybille Krämer nannte die mathematischen Operationen, die durch Descartes und Leibniz eingeführt wurden, „operative[n] Symbolismus“.[75]

Im Falle der *ratio difficilis* jedoch geraten die Regeln und Konventionen der Messung selbst unter die Beobachtungslupe. Sie werden problematisiert, als defizitär eingestuft und im Zuge der Modellierung verändert, selbst wenn dadurch ein Bruch mit der Tradition entsteht. Das ist die Funktion der tertiären Dimension der Modellierung: Sie ermöglicht die probeweise Änderung der Regeln nach der Verhältnisbestimmung der *ratio difficilis* – durch Verschränkung mit Verfahren einer anderen, in gewisser Weise unvereinbaren Form der Modellierung eines anderen Bereichs der Semiosphäre. Welcher dieser ist, steht vorher nicht fest. Doch man weiß zumindest, wonach man sucht. Das neue Gebiet wird so ausgesucht, dass die Verschränkung der beiden Prinzipien, Modellierungsverfahren bzw. Darstellungsweisen für beide Frames neue Wege der Erkenntnis erschließt.

Im Falle der Speziellen Relativitätstheorie beobachtete Einstein die primären und sekundären Dimensionen der Modellierung der Mechanik und der Elektrodynamik und befand sie für widersprüchlich. Was folgte, war die Transformation der Regeln der Mechanik durch die Modellierungspraxis der Elektrodynamik. Doch dadurch wurden, das wird zu zeigen sein, nicht einfach die Regeln des ersten theoretischen Systems durch die des zweiten ersetzt. Vielmehr veränderten beide Regelwerke einander wechselseitig. Insofern ist auch die Interformation eine Modellierungspraxis des Typs *ratio difficilis*, weil die Überkreuzung der Regeln und Modellierungspraktiken etwas völlig Neues ergibt.

Einstein wählt in der „Elektrodynamik bewegter Körper“ den Weg der Umcodierung, der sich *in actu* vollzieht, mitten im Prozess der Modellierung. Es wird nicht (wie beim Meter) der gesellschaftliche Konsens gesucht und die Entscheidung wird nicht durch einen Beschluss der französischen Nationalversammlung herbeigeführt. Vielmehr stellt sich im Zuge der Modellierung heraus, dass diese nicht mehr nach bekannten Regeln ausgeübt werden kann, indem man Modellierungscodes – nach der *ratio facilis* – routinemäßig anwendet. Einsteins Umcodierung der Messung der Zeit (Gleichzeitigkeit) und der Länge des Meterstabs vollzieht sich im Rahmen eines Gedankenexperiments. Abrupt bricht seine Umcodierung der primären Messerzählung mit jedwedem konventionellen Konsens über die Messung

75 Sybille Krämer: *Berechenbare Vernunft. Kalkül und Rationalismus im 17. Jahrhundert*. Berlin, New York: De Gruyter 1991, S. 2. Vgl. hier vor allem den Hauptteil der Arbeit: „Die Verdrängung des ontologischen Symbolismus durch den operativen Symbolismus in der Frühen Neuzeit“, S. 88–371 und hier insbesondere das Kapitel: „Die neuzeitliche Mathematik als Pionierin des operativen Symbolgebrauchs“, S. 88–158.

der Zeit und der Länge, der vor 1905 gegolten hatte. Willard van Quine wählte als Motto für „Word and Object" ein Zitat von Otto Neurath, das genau diesen Vorgang illustriert:

> Wie Schiffer sind wir, die ihr Schiff auf offener See umbauen müssen, ohne es jemals in einem Dock zerlegen und aus besten Bestandteilen neu errichten zu können.[76]

Ich behaupte, dass dieser Schnittpunkt ein wichtiger Kreuzungspunkt ist, an dem sich die Verfahren der theoretischen Modellierung der Physik und die Verfahren der poetischen Modellierung der Literatur am nächsten stehen. Es ist der Schnittpunkt der Interformation.

2 Der Prozess der Interformation in Einsteins „Zur Elektrodynamik bewegter Körper"

2.1 Der Widerspruch zwischen Mechanik und Elektrodynamik

In Einsteins Abhandlung von 1905, der Geburtsurkunde der Speziellen Relativitätstheorie, liegt der Fall vor, dass die regelgeleitete Praxis der Modellierung zweier verschiedener theoretisch und experimentell gesicherter Bereiche der Physik, die der Mechanik und der Elektrodynamik miteinander verglichen werden und dabei Widersprüche festgestellt werden. Die erste Hälfte von Einsteins Abhandlung, die ersten fünf Abschnitte, sind der Mechanik gewidmet und die zweite Hälfte, mit den letzten fünf Abschnitten, der Elektrodynamik. Entscheidende Prinzipien dieser fundamentalen Theorien der Physik erwiesen sich als miteinander unvereinbar. Zwar hatte sich die Elektrodynamik vor dem Hintergrund der Mechanik entwickelt: Zum Beispiel verwendeten Coulomb und Ampère die Prinzipien und Gleichungen der Newton'schen Fernwirkungstheorie, als sie die ersten theoretischen Modelle für die Beschreibung der Elektrizität bzw. für die Beziehungen zwischen Elektrizität und Magnetismus vorlegten. Auch James Clerk Maxwell, dem die vollständige Modellierung der Elektrodynamik als Feldtheorie gelang, bezog sich in den ersten beiden Abhandlungen, die später zur Ableitung seiner berühmten Feldgleichungen führten, „On Faraday's Lines of Force"[77] und „On

76 Otto Neurath, zitiert in: Willard van Orman Quine: *Word and Object*. Vorwort von Patricia Smith Churchland. Vorwort zur Neuausgabe von Dagfinn Føllesdal. Cambridge, MA: The MIT Press 2013, S. vii. Deutsche Fassung: ders.: *Wort und Gegenstand*. Hrsg. und übers. von Joachim Schulte und Dieter Birnbacher. Stuttgart: Reclam 2011, S. 5.

77 James Clerk Maxwell: „On Faraday's Lines of Force". In: *Transactions of the Cambridge Philosophical Society* 10 (1856). S. 27–83.

Physical Lines of Force“,[78] noch auf Modelle, die in der dynamischen Tradition der Mechanik standen.[79] Später emanzipierte er sich aber davon und formulierte die Elektrodynamik als Feldtheorie: „A Dynamical Theory of the Electromagnetic Field“.[80] Einstein stellte fest, dass es zwar durchaus Gemeinsamkeiten zwischen den beiden fundamentalen physikalischen Theorien Mechanik und Elektrodynamik gab, gleichwohl aber auch große Widersprüche. Beispielsweise ließ sich das Galilei'sche Relativitätsprinzip nicht auf das Faraday'sche Induktionsgesetz übertragen.

Deshalb schlägt Einstein eine Überkreuzung der Prinzipien vor: Galt die Lichtgeschwindigkeit als absolute Größe in der Elektrodynamik, so sollte diese auch für die Modellierungspraktiken der Mechanik angenommen werden, das heißt auch für bewegte bzw. ruhende Körper. Galten Bewegung und Ruhe als relative Größen in der Mechanik, so sollte dieses Modellierungsprinzip auch für die Gesetze der Elektrodynamik gelten. Ich zitiere hier den Ausgangspunkt der Argumentation Einsteins aus der „Elektrodynamik bewegter Körper“:

> Die folgenden Überlegungen stützen sich auf das Relativitätsprinzip und auf das Prinzip der Konstanz der Lichtgeschwindigkeit, welche beiden Prinzipien wir folgendermaßen definieren.
> 1. Die Gesetze, nach denen sich die Zustände der physikalischen Systeme ändern, sind unabhängig davon, auf welches von zwei relativ zueinander in gleichförmiger Translationsbewegung befindlichen Koordinatensystemen diese Zustandsänderungen bezogen werden.
> 2. Jeder Lichtstrahl bewegt sich im „ruhenden“ Koordinatensystem mit der bestimmten Geschwindigkeit *V*, unabhängig davon, ob dieser Lichtstrahl von einem ruhenden oder bewegten Körper emittiert ist. (EbK, S. 895)

---

78 James Clerk Maxwell: „On Physical Lines of Force. Teil 1: The Theory of Molecular Vortices applied to Magnetic Phenomena“. In: *The London, Edinburgh, and Dublin Philosophical Magazine and Journal of Science* 21.139 (1861). S. 161–175; ders.: „On Physical Lines of Force. Teil 2: The Theory of Molecular Vortices Applied to Electric Currents“. In: *The London, Edinburgh, and Dublin Philosophical Magazine and Journal of Science* 21.140 (1861). S. 281–291; ders.: „On Physical Lines of Force. Teil 3: The Theory of Molecular Vortices Applied to Statical Electricity“. In: *The London, Edinburgh, and Dublin Philosophical Magazine and Journal of Science* 23.151 (1862). S. 12–24; ders.: „On Physical Lines of Force. Teil 4: The Theory of Molecular Vortices Applied to the Action of Magnetism on Polarized Light“. In: *The London, Edinburgh, and Dublin Philosophical Magazine and Journal of Science* 23.152 (1862). S. 85–95.

79 Zur Methodik und Systematik dieser Modellierungen vgl. die Darstellung von Daniel M. Siegel: *Innovation in Maxwell's Electromagnetic Theory. Molecular Vortices, Displacement Current, and Light.* Cambridge: Cambridge University Press 1991.

80 James Clerk Maxwell: „A Dynamical Theory of the Electromagnetic Field“. In: *Philosophical Transactions of the Royal Society of London* 155.0 (1865). S. 459–512; ders.: *A Treatise on Electricity and Magnetism.* 2 Bände. Hrsg. von W. D. Niven. 2. Aufl. Oxford: Clarendon Press 1881.

2.2 Übertragung der Konstanz der Lichtgeschwindigkeit auf die Mechanik

Im ersten Teil der Einstein'schen Abhandlung – in den ersten fünf Abschnitten des mechanischen, kinematischen Teils – überträgt Einstein das Prinzip, das aus den Mess- und Modellierungspraktiken der Elektrodynamik resultierte, die Konstanz der Lichtgeschwindigkeit, auf die Mechanik. Die Geschwindigkeit des Lichtes wurde im 19. Jahrhundert mit unterschiedlichen Methoden gemessen. Einerseits mit astronomischen Mitteln, namentlich mit der Messung der Schattenbewegungen der Jupiter-Monde durch Ole Römer (1686) und Christiaan Huygens, andererseits mit terrestrischen Mitteln (Fizeau 1849 und Foucault 1851).[81] Beide Methoden lieferten übereinstimmende Ergebnisse und bestimmten die Lichtgeschwindigkeit bei ca. 300.000 m/s. Erst aus Maxwells Gleichungen ging hervor, dass das Licht elektromagnetische Strahlung ist und deshalb den Gesetzen des Elektromagnetismus unterworfen ist. Michelson und Morley erbrachten durch Interferometer-Messungen den entscheidenden Nachweis dafür, dass die Geschwindigkeit des Lichts konstant bleibt und unabhängig vom Bewegungszustand des Körpers ist, der sie emittiert.[82] Im theoretischen Frame der Mechanik hatte man noch angenommen, dass die Geschwindigkeit des Lichts, das von einem Körper emittiert wird, stets von der Geschwindigkeit dieses Körpers abhängig sei, das heißt von dessen Bewegungszustand. Dies revidiert Einstein in § 5 seiner Abhandlung. Daraus resultieren die Rekonfiguration des theoretischen Rahmens der Mechanik und dessen relativistische Neu-Modellierung. Das betrifft sowohl die primäre als auch die sekundäre Modellierungspraxis der Mechanik, das heißt sowohl die praktischen Prinzipien der Messung als auch die Prinzipien der theoretischen Modellierung. Daraus ergibt sich zudem auch eine Rekonzeptualisierung der Begriffe der Zeit (besser gesagt: der Gleichzeitigkeit) und des Raumes (als Ausdehnung eines Objektes).

81 Vgl. zu diesen Messungen, Experimenten und ihrem wissenschaftshistorischen Hintergrund sowie ihre Bedeutung für die Spezielle Relativitätstheorie: Born: *Die Relativitätstheorie Einsteins* (Anm. 5), S. 73–124, sowie Hentschel: *Interpretationen und Fehlinterpretationen* (Anm. 18).

82 Vgl. Albert Abraham Michelson: „The Relative Motion of the Earth and the Luminiferous Ether“. In: *American Journal of Science* 22 (1881). S. 120–129; Albert Abraham Michelson und Edward W. Morley: „Influence of Motion of the Medium on the Velocity of Light“. In: *American Journal of Science* 31 (1886). S. 377–386; dies.: „On the Relative Motion of the Earth and the Lumineferous Ether“. In: *American Journal of Science* 34 (1887). S. 273–285.

2.3 Übertragung des Relativitätsprinzips auf die Elektrodynamik

Im zweiten Teil der Arbeit – Abschnitt 6 bis 10 des elektrodynamischen Teils – wendet Einstein das Relativitätsprinzip, das aus der Mechanik stammt, auf die Elektrodynamik an. Für die Elektrodynamik um 1905 galt das Relativitätsprinzip noch nicht. Das Relativitätsprinzip, das für die Mechanik akzeptiert wurde – das heißt die Unmöglichkeit der Unterscheidung von Bewegung und Ruhe als absolute Größen – sollte nach Einstein auch auf die Modellierungspraktiken der Elektrodynamik übertragen werden und für diese gelten. Hinzu kamen noch die im kinematischen Teil der Abhandlung hergeleiteten Lorentz-Transformationen. Daraus folgte die relativistische Umformulierung der Elektrodynamik. Aus dieser Intersektion resultierte sofort die Rekonzeptualisierung der primären als auch die der sekundären Modellierung in der Elektrodynamik.

Das Relativitätsprinzip besagt, dass Bewegung und Ruhe an sich keine absoluten, sondern relative Größen seien, die nur in Bezug auf das eigene Referenzsystem unter Einbeziehung eines zusätzlichen, fremden Referenzsystems feststellbar seien. In seinem „Dialog über die beiden hauptsächlichsten Weltsysteme“ gibt Galilei dazu folgendes Gedankenexperiment[83] wieder: Ein Beobachter, der sich unter dem Deck eines Schiffes mitten im Meer befinde und das eigene Bezugssystem nicht zu dem eines Landufers ins Verhältnis setzen könne, könne bei einer geradlinigen, gleichmäßigen Bewegung des Schiffes nicht entscheiden, ob das Schiff stehe oder sich bewege. Galilei führt aus, dass der Beobachter eine Entscheidung über den Zustand des Schiffes nur dann fällen könne, wenn er ein ruhendes Ufer als Bezugsgröße zur Bewegung des Schiffes einbeziehen könne bzw. wenn das Schiff seinen Zustand der gleichmäßigen, geradlinigen Bewegung ändere, das heißt bremse oder beschleunige. Galilei[84] und Newton hatten daraus geschlossen, dass es prinzipiell keinen Unterschied geben konnte zwischen einem ruhenden und einem gleichförmig bewegten Inertialsystem. Die Gesetze der Physik mussten in beiden Systemen gleichermaßen gelten. Nicht die Ruhe oder die Bewegung, die relativ sind, sondern erst die Beschleunigung ist diejenige relevante, invariante Größe in Bezug auf die sogenannten Galilei-Transformationsgleichungen, die in die physikalische Modellierung Einzug findet. Das ist ein fundamentales Prinzip der Physik, das von Galilei in seinem „Dialog über die beiden hauptsächlichsten Weltsysteme“ formuliert wird und dessen Signifikanz nicht überschätzt werden kann: Es hat später die Newton'schen Prinzipien der Mechanik und die Einstein'schen Prinzipien der Relativitäts-

---

83 Vgl. Galileo Galilei: *Dialog über die beiden hauptsächlichsten Weltsysteme*. Hrsg. von Emil Strauss. Wiesbaden: Marix Verlag 2014, S. 220–222.

84 Vgl. Galilei: *Dialog über die beiden hauptsächlichsten Weltsysteme* (Anm. 82), S. 220–222.

theorie in fundamentaler Weise geprägt. Doch im Frame der Elektrodynamik galt dieses Prinzip für das Faraday'sche Induktionsgesetz nicht. Darauf werde ich gleich zurückkommen.

Die Relativierung des Begriffs der absoluten Ruhe ist in der Argumentation Einsteins im Artikel von 1905 der zentrale Ausgangspunkt. Fortan soll das Prinzip nicht mehr nur für Phänomene gelten, mit denen sich die Mechanik beschäftigt, sondern auch für elektrodynamische Prozesse und für die Formulierung ihrer Gesetze:

> Beispiele ähnlicher Art, sowie die mißlungenen Versuche, eine Bewegung der Erde relativ zum „Lichtmedium" zu konstatieren, führen zu der Vermutung, daß dem Begriffe der absoluten Ruhe nicht nur in der Mechanik, sondern auch in der Elektrodynamik keine Eigenschaften der Erscheinungen entsprechen, sondern daß vielmehr für alle Koordinatensysteme, für welche die mechanischen Gleichungen gelten, auch die gleichen elektrodynamischen und optischen Gesetze gelten [...]. (EbK, S. 891)

Für die klassische Mechanik hatte man die sogenannten Galilei-Transformationen.[85] Sie erlaubten es, von einem Koordinatensystem zu einem anderen zu transformieren. Wenn der Zustand eines bewegten, aber nicht beschleunigten Systems definiert war, konnte man Ort und Geschwindigkeit eines sich dagegen bewegenden, unbeschleunigten Systems berechnen. Die fundamentalen Gleichungen der theoretischen Physik sollten die Eigenschaft der Galilei-Kovarianz besitzen, dass sie sich stets forminvariant gegenüber diesen Galilei-Transformationen zeigten – ein fundamentales Prinzip der Physik, das sich bis ins 19. Jahrhundert auch bewährt hatte.

Für Maxwells Gleichungen galt das nur eingeschränkt, bis auf das Faraday'sche Induktionsgesetz, das ein Bestandteil des Maxwell'schen Gleichungssystem ist. Wendete man die Galilei-Transformationen auf dieses an, veränderte sich die Form der Gleichungen; sie blieben nicht invariant gegenüber den Galilei-Transformationen: Es machte einen Unterschied, ob die Gleichungen auf ruhende oder bewegte Bezugssysteme angewandt wurden. Sie widersprachen dem Relativitätsprinzip, wie man es vom Newton-Frame der Mechanik kannte.

2.4 Faradays Induktionsgesetz

Das ist der Ausgangspunkt, den Einstein in den Vorüberlegungen des Beitrags „Zur Elektrodynamik bewegter Körper" setzt: die Feststellung von Asymmetrien in Bezug auf das Faraday'sche Induktionsgesetz. Beobachtet man, wie ein Magnet und ein leitendes Medium nah beieinander untereinander elektrodynamisch wechsel-

85 Vgl. Cassirer: *Zur Einstein'schen Relativitätstheorie* (Anm. 12).

wirken, so bemerkt man, dass ihre Wechselwirkung nicht symmetrisch ist. Setzt man den Magneten in Bewegung, während sich der Leiter noch in Ruhe befindet, so bildet sich in der Umgebung des Magneten ein elektrisches Feld, aus dem – bei der Berührung mit dem Leiter – Strom erzeugt wird. Das Umgekehrte jedoch gilt nicht: Wenn der Magnet stillsteht und der Leiter in dessen Nähe bewegt wird, so entsteht um den Magneten herum kein elektrisches Feld. Stattdessen entsteht in dem Leiter eine elektromotorische Kraft, der an sich „keine Energie entspricht“ (EbK, S. 891). Setzt man aber voraus, dass für beide Bewegungen die „Gleichheit der Relativbewegung“ (EbK, S. 891) gilt, dann lässt sich, wie Einstein zeigt, trotz der genannten Differenz (elektrisches Feld *um* den Magneten bzw. elektromotorische Kraft *im* Leiter) eine Äquivalenz feststellen. Die elektrischen Ströme, die aus beiden Bewegungen resultieren, manifestieren sich als Phänomene zwar unterschiedlich, doch Einstein zeigt durch seine theoretische Modellierung, dass zwischen ihnen eine Äquivalenz festzustellen ist: Größe und Verlauf der elektrischen Ströme, die aus den unterschiedlichen Bewegungen resultieren, sind vergleichbar. Daraus schließt Einstein, dass, gemessen an dem beobachteten Effekt (der Größe und dem Verlauf der elektrischen Ströme) nur die Relativbewegungen zählen.

Dies ist das Ausgangsszenario, das Einstein vor den Augen des Lesers hervorruft. Er führt das Beispiel der Relativbewegung zwischen Leiter und Magnet und die Erzeugung von elektrischem Strom vor und evoziert damit implizit die gesamte diskursive Formation der Vereinigung von Elektrizität und Magnetismus. Sie begann mit Hans Christian Oersteds Entdeckung der Ablenkung der Magnetpole durch elektrische Ströme.[86] Sie wurde durch André-Marie Ampère[87] und Charles Augustine Coulomb[88] zunächst als Fernwirkungstheorie im Sinne der Mechanik theoretisch modelliert. Schließlich entdeckte Michael Faraday das Induktionsgesetz, die Wirkung bewegter Magnete auf elektrische Leiter.[89] Er führte auf experimentellem Wege – durch primäre Modellierung – die Nahwirkungstheorie, das heißt die

86 Vgl. hierzu auch Robert M. Brain, Robert S. Cohen und Ole Knudsen (Hrsg.): *Hans Christian Ørsted and the Romantic Legacy in Science. Ideas, Disciplines, Practices*. Dordrecht: Springer 2007.

87 Vgl. André-Marie Ampère und Jacques Babinet: *Exposé des nouvelles découvertes sur l'électricité et le magneétisme, de mm. Œrsted, Arago, Ampère, H. Davy, Biot, Erman, Schweiger, De La Rive, etc.* Paris: Chez Méquignon-Marvis 1822; André-Marie Ampère: *Théorie des phénomènes électro-dynamiques, uniquement déduite de l'expérience*. Paris: Chez Méquignon-Marvis 1826.

88 Vgl. Charles Augustine de Coulomb: „Premier mémoire sur l'électricité et le magnétisme“. In: *Histoire de l'Académie Royale des Sciences* (1785). S. 569–577; ders.: „Second mémoire sur l'électricité et le magnétisme“. In: *Histoire de l'Académie Royale des Sciences* (1785). S. 578–611; ders.: *Mémoires sur l'Électricité et le Magnétisme, extraits des Mémoires de l'Académie Royale des Sciences de Paris, publiés dans années 1785 à 1789*. Avec planches et tableaux. Paris 1785–1789.

89 Vgl. Michael Faraday: „On the Physical Character of the Lines of Magnetic Force“. In: *The London, Edinburgh, and Dublin Philosophical Magazine and Journal of Science* 3 (1852). S. 401–429;

Feldtheorie ein. Dieser Prozess der Vereinigung zwischen Elektrizität und Magnetismus gipfelte schließlich in der theoretischen Modellierung von Maxwells Gleichungen des Elektromagnetismus.[90] Diese Gleichungen lieferten eine präzise Beschreibung elektrodynamischer und optischer Phänomene, die ab 1865 – dem Datum ihrer Erstveröffentlichung – bis 1905 experimentell bestätigt wurde. Aus ihnen ging auch der theoretische Wert der Lichtgeschwindigkeit im Vakuum hervor, der ebenfalls durch zahlreiche Messungen und Experimente bestätigt wurde. Dennoch fügte sich all dies nicht dem Relativitätsprinzip der Mechanik.

Doch sowohl das Relativitätsprinzip als auch das Prinzip der gleichförmigen Ausbreitung des Lichts im Vakuum waren fundamental. Um einen Widerspruch zu vermeiden, steht Einstein vor dem Dilemma, entweder auf das Prinzip der Relativität oder auf das der Konstanz der Lichtgeschwindigkeit verzichten zu müssen. Ein beträchtliches Dilemma, weil er für seine Argumentation, für die Modellierung der Speziellen Relativitätstheorie, beide benötigt. Was tut Einstein? Er behält beide Prinzipien bei, obwohl sie sich im alten Rahmen widersprechen, und nimmt just diesen Widerspruch zum Anlass, die Prinzipien beider Theorien in eine neue theoretische Konfiguration zu überkreuzen und die Theorien umzuformen.

Diese neue theoretische Konfiguration der Relativitätstheorie diente dazu, die beiden Prinzipien zu vereinen, aber dafür beide Theorierahmen – den der Mechanik und den der Elektrodynamik – insoweit zu verändern, wie es durch die Überkreuzung der Prinzipien notwendig wird, um ihre Widersprüche darzustellen und die Differenzen zwischen ihnen auszuhandeln. Ausgerechnet der aufrechterhaltene Widerspruch ruft eine neue Dynamik auf, weil er einen Rekonzeptualisierungsprozess in Gang setzt. Dieser zielt darauf ab (wie Born anmerkt), Denkgewohnheiten von Denknotwendigkeiten scharf zu trennen – sowohl was die Mechanik als auch was die Elektrodynamik betrifft. Es stellte sich heraus, dass keines der beiden Prinzipien, weder das der Relativität noch das der Konstanz der Lichtgeschwindigkeit, verzichtbar war, denn beide bestätigten sich als denk*notwendig*.

Die Konzepte des Raumes und der Zeit hingegen, die in der Mechanik Newtons und in der Kant'schen Philosophie noch als absolut galten, entpuppten sich als Denk*gewohnheiten*, die selbst eines Re-Framings bedurften. Die Widersprüche, die sich durch diese Interformation von Prinzipien zeigen, prozessualisieren die weitere Modellierung insofern, als dass sie fast jedes überlieferte Konzept der beiden herkömmlichen Theorien in Frage stellen: Für die Mechanik die Konzepte der absoluten Gleichzeitigkeit, der absoluten Länge, der absoluten Masse und der Additivi-

---

ders.: *Experimental-Untersuchungen über Elektricität.* 4 Bände. Hrsg. von Friedrich Steinle. Frankfurt a. M.: Verl. Harri Deutsch 2004.

90 Vgl. Maxwell: „On Faraday's Lines of Force" (Anm. 76); ders.: „A Dynamical Theory of the Electromagnetic Field" (Anm. 79); ders.: *A Treatise on Electricity and Magnetism* (Anm. 79).

tät der Geschwindigkeiten. Für die Elektrodynamik das Konzept des Äthers, das den elektrodynamischen Modellierungen zugrunde lag.

Im Folgenden sollen die Argumentationsstruktur der Abhandlung nachvollzogen, die oben erwähnten Modellierungsphasen aufgezeigt und Einsteins Lösung dargestellt werden. Diese Lösung setzt nach meiner Auffassung einen interformativen Modellierungsprozess nach den drei bereits vorgestellten Dimensionen voraus. Jede Modellierungsdimension setzt durch neue Schreibweisen, Regeln und Codierungen einen neuen Rahmen der Perspektivierung von Wirklichkeitserfahrung frei.

Zum besseren Verständnis der Praxis der Interformation im Falle der Speziellen Relativitätstheorie seien zunächst die verschiedenen Etappen des Prozesses der Neu–Modellierung an den folgenden drei Grafiken eines Doppelkegels Stufe für Stufe beschrieben (siehe Abb. VII.1–1, VII.1–2 und VII.1–4). Gemäß diesem Modell der Interformation schlage ich vor, Einsteins Modellierung der Speziellen Relativitätstheorie am Schnittpunkt des Doppelkegels anzusiedeln. Einstein geht von zwei fundamentalen Theorien der Physik aus, von der Mechanik und von der Elektrodynamik. Ich stelle diese beiden Bereiche der Formation entlang der Mantellinie der linken Mantelfläche dar. Für die Modellierungen der Mechanik steht die untere Hälfte des Doppelkegels. Für die Modellierungen der Elektrodynamik steht die obere Hälfte des Doppelkegels. Diese Zweiteilung ist gerechtfertigt, weil Einsteins Abhandlung ihrerseits die erste Hälfte (die ersten fünf Abschnitte) der Mechanik, und die zweite Hälfte (mit den letzten fünf Abschnitten) der Elektrodynamik widmet.

Die Mechanik war das Ergebnis der Theoretisierung des 17. und 18. Jahrhunderts durch Galilei, Newton und ihre Nachfolger. Die Elektrodynamik wurde im 19. Jahrhundert im Wesentlichen durch Oersted, Ampère, Coulomb, Faraday und Maxwell konzeptualisiert. Beide stelle ich auf der linken Mantellinie des Doppelkegels dar, die den Aufbau und die Theorienformation darstellt, die nach der herkömmlichen Praxeologie der Modellierung verläuft. Zudem differenziere ich sowohl für die Mechanik als auch für die Elektrodynamik zwischen der Praxis der primären Dimension der Modellierung der physikalischen Messungen (*A1, B1*) und der Praxis der sekundären Dimension der mathematischen Modellierung (*A2, B2*).

Ich beginne mit dem unteren Teil des Kegels und ordne für die Mechanik Punkt *A1* der *primären Dimension der Modellierung* zu, für die beispielhaft Galileis Messungen und Experimente stehen, die er im „Dialog über die beiden hauptsächlichsten Weltsysteme“ (1632)[91] und in „Unterredung und mathematische Demonstration über zwei neue Wissenszweige die Mechanik und die Fallgesetze

91 Galilei: *Dialog über die beiden hauptsächlichsten Weltsysteme* (Anm. 82). Vgl. auch das Original: Galileo Galilei: *Dialogo sopra i due massimi sistemi del mondo, tolemaico e copernicano*. Florenz: Landini 1632.

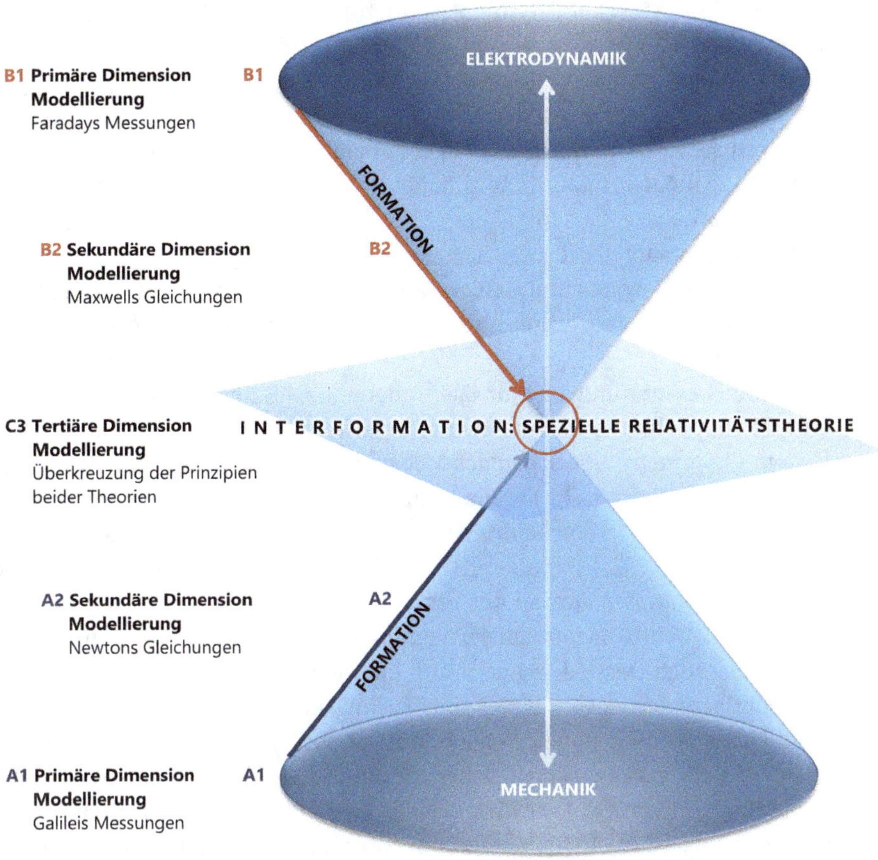

Abb. VII.1-1: Der Prozess der Interformation in Einsteins Relativitätstheorie. Teil I: Formation (© Aura Heydenreich).

betreffend" (1638)[92] darstellt. Galilei führte das Relativitätsprinzip in die Mechanik ein und zeigte, wie Masse und Geschwindigkeit grundsätzlich zu messen sind. Dazu gehört, die wissensrelevanten Merkmale empirischer Körper auszuwählen und diese in einem symbolischen Konfigurationsrahmen darzustellen, damit sie aufeinander bezogen werden können. Das sind die Anfänge der experimentellen Physik.

92 Galileo Galilei: *Unterredung und mathematische Demonstration über zwei neue Wissenszweige die Mechanik und die Fallgesetze betreffend.* Leipzig 1890. Vgl. auch das Original: ders.: *Discorsi e dimostrazioni matematiche intorno à due nuove scienze attenentia alla mecanica & i movimenti locali.* Leiden: Elsevirius 1638.

Ebenfalls für die Mechanik ordne ich entlang der linken Mantellinie des unteren Kegels Punkt *A2* für die *sekundäre Dimension der Modellierung* an. Mit der sekundären Modellierung ist die symbolische, mathematische Modellierung gemeint, die sich der mathematischen Verfahren der Differentialgeometrie bedient. Exemplarisch steht dafür Newtons „Philosophiae Naturalis Principia Mathematica" von 1687,[93] die den späteren Weg dafür wies, die theoretische Formulierung der Mechanik im *conceptual frame* der Differentialgeometrie zu realisieren. Der Pfeil auf der Kegelmantellinie zeigt nach oben, in Richtung des Schnittpunkts des Doppelkegels, weil Newtons und Galileis Modellierungen in die Spezielle Relativitätstheorie eingehen, jedoch durch die Spezielle Relativitätstheorie umgeformt werden.

Eine ähnliche Anordnung ist für Elektrodynamik auf der Mantellinie des oberen Teils des Doppelkegels anzunehmen. Am äußersten linken Punkt des oberen Kegels steht die *primäre Dimension der Modellierung* der Elektrodynamik, die ich mit *B1* bezeichne. Dafür steht Faraday mit seinen bahnbrechenden Messungen und Experimenten, die in den zahlreichen Bänden der „Experimental Researches in Electricity" (1831–1855) dokumentiert sind.[94] Faradays Methode wurde von Friedrich Steinle mit der Formel des „explorativen Experimentierens" auf den Punkt gebracht.[95] Zur Konzeptualisierung der Elektrodynamik haben natürlich unter anderem auch Oersted, Ampère und Coulomb beigetragen. Letztere stützten ihre Überlegungen noch auf Newtons Fernwirkungstheorie. Faraday wählte einen radikal neuen Weg und schlug anhand von Experimenten eine Feldtheorie vor.[96] Sie wird auch Nahwirkungstheorie genannt, um ihren radikal neuen konzeptuellen Rahmen von der Fernwirkungstheorie Newtons im 17. Jahrhundert zu unterscheiden. Faradays Induktionsgesetz von 1831,[97] das die Entstehung eines elektrischen Feldes bei der Änderung der magnetischen Flussdichte beschreibt,

---

93 Isaac Newton: *Philosophiae Naturalis Principia Mathematica. Societatis Regiae ac typis Josephi Streater*. London 1687.

94 Vgl. Michael Faraday: *Experimental Researches in Electricity. Series 1 (1831)–30 (1855).* 2 Bände. Hrsg. von Friedrich Balck. Clausthal-Zellerfeld 2016; Friedrich Steinle: „Einleitung. Michael Faraday und seine ‚Experimental Researches in Electricity'". In: Michael Faraday: *Experimental-Untersuchungen über Elektricität*. Bd. 1. Hrsg. von Friedrich Steinle. Frankfurt a. M.: Verl. Harri Deutsch 2004. S. 4–32.

95 Vgl. Friedrich Steinle: *Explorative Experimente. Ampère, Faraday und die Ursprünge der Elektrodynamik*. Stuttgart: Steiner 2005; ders.: „How Experiments Make Concepts Fail. Faraday and Magnetic Curves". In: *Going Amiss in Experimental Research*. Hrsg. von Giyyôrâ Hôn, Jutta Schickore und Friedrich Steinle. Dordrecht: Springer 2010. S. 119–135; ders.: „Experiment and Mathematisation in Early Electrodynamics". In: *Oberwolfach Report* 2.4 (2005). S. 3215–3218.

96 Vgl. Faraday: „On the Physical Character of the Lines of Magnetic Force" (Anm. 88).

97 Vgl. Faraday: *Experimental Researches in Electricity* (Anm. 93), Bd. 1: Series 1 (1831).

findet Erwähnung in Einsteins Vorüberlegungen zur „Elektrodynamik bewegter Körper". Das Induktionsgesetz erwies sich aus dem Grund als problematisch, weil es mit dem Relativitätsprinzip der klassischen Mechanik nicht übereinstimmte.

James Clerk Maxwell beruft sich in seinen Arbeiten ausdrücklich auf Faradays Experimente und führt dessen Annahmen theoretisch fort. Ihm gelingt 1865 die mathematische – sekundäre Dimension der Modellierung – der Elektrodynamik in „A Dynamical Theory of the Electromagnetic Field".[98] In der Grafik ist dieser Punkt auf der linken Mantellinie des oberen Kegels rot mit *B2* markiert. Durch seine Gleichungen und durch die neu eröffneten Möglichkeiten der sekundären Dimension der Modellierung gelingt Maxwell die theoretische Vereinigung aller bis dahin bekannten Fachgebiete der Elektrizität und des Magnetismus zur Theorie des Elektromagnetismus: die Volta'sche Elektrizität, das Coulomb-Gesetz, Faradays Induktionsgesetz, Phänomene des Magnetismus und der Elektrolyse, bis hin zu den optischen Phänomenen. Hertz gelingt es dann 1888, nachzuweisen, dass die sekundäre Dimension der Modellierung Maxwells empirisch adäquat ist und auch die elektromagnetischen Wellen, das heißt die elektromagnetischen Lichtphänomene umfasst. Faradays Induktionsgesetz, die Maxwell-Hertz–Gleichungen und Lorentz' Beiträge zur Elektrodynamik spielen eine entscheidende Rolle für die Argumentationsstruktur in Einsteins Artikel von 1905. Alle bisher genannten primären Messpraktiken und sekundären mathematischen Modellierungen finden sich auf dem Schaubild im Rahmen der Abhandlung „Zur Elektrodynamik bewegter Körper" auf der Schnittfläche (*C3*) überlagert, der so genannten „Hyperfläche der Gegenwart von 1905", jener Ebene, auf der sie wechselseitig umgeformt und in eine neue, relativistische Modellierung überführt werden. Darauf gehe ich im nächsten Abschnitt ein.

Die Grafik des Doppelkegels stellt dar, dass die Prinzipien und Modellierungspraktiken der Elektrodynamik und der Mechanik, obwohl sie unvereinbar sind (symbolisiert durch die unterschiedlich ausgerichteten Kegelformen und durch die unterschiedlichen Farben der Pfeile), trotzdem beide im Rahmen der Einstein'schen ternären relativistischen Konfiguration übernommen und darin beide nach neuen – nun miteinander korrelierten – Formprinzipien transformiert werden.

2.5 Korrelierte Intersektion

Die Intersektion der Modellierungsprinzipien ereignet sich nach der vorliegenden Grafik (siehe Abb. VII.1–2) am Schnittpunkt *C3*, der zugleich Treffpunkt der Formationslinien ist und den Ausgangspunkt der Transformationsdynamik bildet.

98 Maxwell: „A Dynamical Theory of the Electromagnetic Field" (Anm. 79).

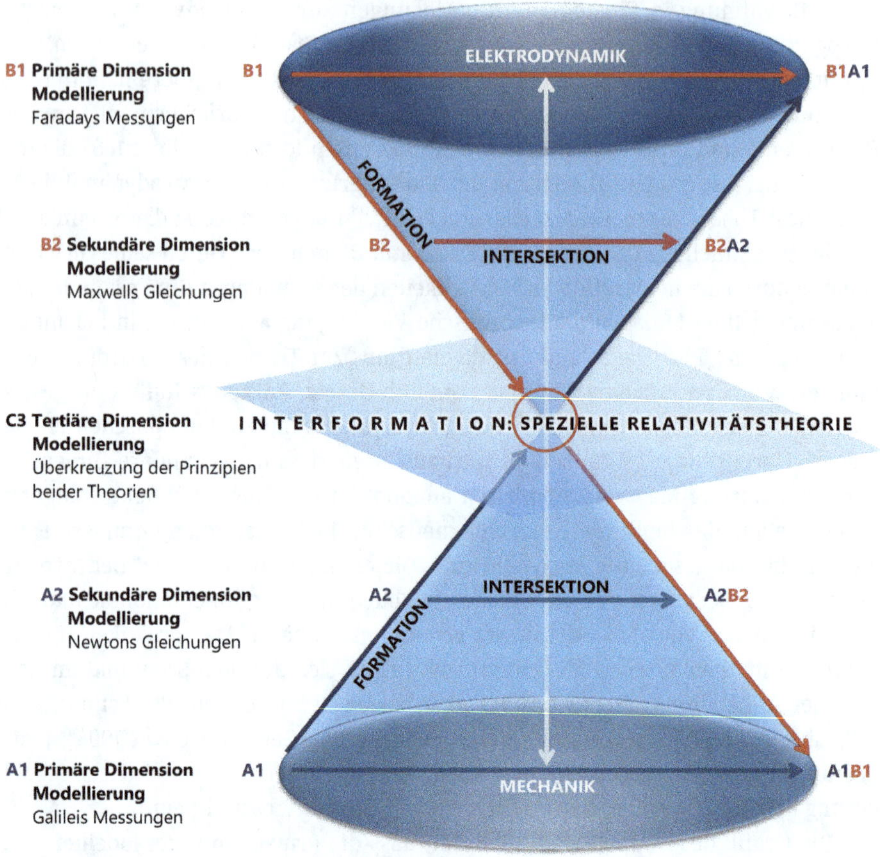

Abb. VII.1–2: Der Prozess der Interformation in Einsteins Relativitätstheorie. Teil II: Korrelierte Intersektion (© Aura Heydenreich).

Hier treffen sich die Erkenntnisse und Modellierungsprinzipien beider Theorien, überlagern sich und werden in die Spezielle Relativitätstheorie überführt. Diesen Prozess der Transformation symbolisieren die Pfeile, die auf der rechten Seite des Doppelkegels vom Schnittpunkt der Interformation ausgehen. Der Nexus der Superposition kann durch die Matrix in Abb. VII.1–3 dargestellt werden.

Diese Matrix erhebt keinen Anspruch darauf, mathematische Transformationsverhältnisse nachzuvollziehen. Sie dient lediglich der vereinfachten Darstellung meiner Argumentationsstruktur und soll verdeutlichen, wie die primären und sekundären Dimensionen der Modellierung beider Theorien jeweils paarweise aufeinander überlagert werden. Die primäre Mess-Modellierung der Mechanik wird überlagert mit der primären Mess-Modellierung der Elektrodynamik: $A1 \ast B1$. Die

Ursprüngliche Modellierungen	Korrelierte Intersektion	Transformation
$\begin{pmatrix} A1 \\ A2 \end{pmatrix} * \begin{pmatrix} B1 \\ B2 \end{pmatrix}$	$A1 * B1 + A2 * B2$	$= C3$
INTERFORMATION		

Abb. VII.1-3: Formation, Intersektion und Transformation im Prozess der Interformation (© Aura Heydenreich).

sekundäre, symbolische Modellierung der Mechanik (die Newton-Gleichungen) wird überlagert mit der sekundären Modellierung der Elektrodynamik (Maxwell-Gleichungen) $A2 \ast B2$. Daraus ergibt sich die doppelt korrelierte Intersektion. Doch um dies zu gewährleisten, ist noch eine dritte Ebene notwendig: die der tertiären Dimension der Modellierung der Transformationsrelation, welche die beiden ursprünglichen Theorien samt ihrer Prinzipien, Mess– und Modellierungskonventionen transformiert und in die Spezielle Relativitätstheorie überführt (*C*3).

2.6 Epistemische Transformationen der Speziellen Relativitätstheorie

Die überlagerte Form der Modellierung und die darin hergestellten neuen Korrelationen zeigen, dass es notwendig sein wird, gewisse Annahmen der herkömmlichen Theorien der Mechanik und der Elektrodynamik zu revidieren. Dies symbolisieren die Transformationspfeile, die von dem Punkt der Interformation ausgehen (siehe Abb. VII.1–4). Sie führen zu den Kegelbodenflächen zurück, der rote Pfeil nach unten zur primären Dimension der Modellierung der Mechanik und der blaue Pfeil nach oben zur primären Dimension der Modellierung der Elektrodynamik. Sie zeigen, dass es eine Rückkopplung mit den zwei ursprünglichen primären und sekundären Modellierungen der linken Seite gibt. Durch diese Rückkopplung werden die ursprünglichen primären und sekundären Modellierungen transformiert – dies findet sich abgebildet auf der rechten Seite des Kegels. Am Ende der Einstein'schen Interformation stehen folgende Ergebnisse. Ich beziehe mich zunächst auf die untere Seite des Kegels:

– *A*1, das für die primäre Dimension der Modellierung der Mechanik steht, wird im unteren Kegel von links nach rechts überführt (blauer horizontaler Pfeil), zum Punkt *A*1*B*1. *B*1, das für die primäre Modellierung der Elektrodynamik steht, durchquert die gesamte interformative Konfiguration diagonal von oben nach unten (rote Pfeile, diagonal), wird durch die Lorentz-Transformation und durch die symbolische Reorganisation der sekundären Modellierungen

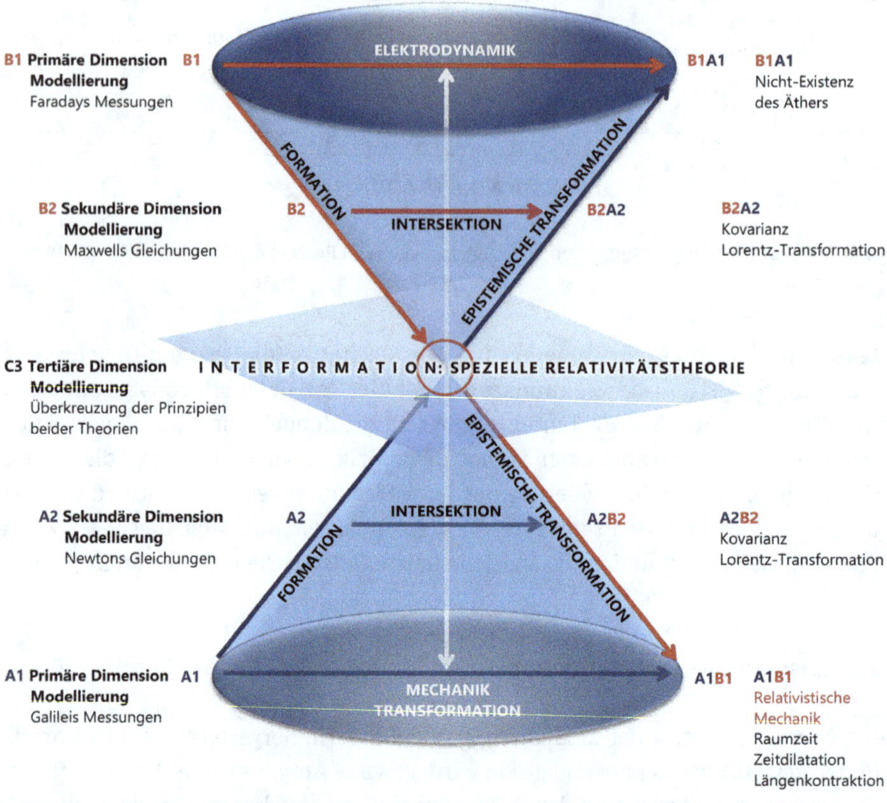

Abb. VII.1-4: Der Prozess der Interformation in Einsteins Relativitätstheorie. Teil III: Epistemische Transformation (© Aura Heydenreich).

(*A*2 ∗ *B*2) neu konfiguriert und mit *A*1 überlagert. Die Messerzählung der Mechanik, *A*1, transformiert sich durch Intersektion mit der Messerzählung der Elektrodynamik, *B*1, also mit dem Konzept der Konstanz der Lichtgeschwindigkeit, zu *A*1*B*1: die Mechanik wird mit der tertiären Transformationsrelation (Lorentz-Transformation) rückgekoppelt und dadurch selbst transformiert. Die Relativität der Gleichzeitigkeit und die Relativität der Längenmessung sind das Ergebnis dieser ersten Intersektion *A*1*B*1. So ergibt sich eine Rekonzeptualisierung der absoluten Zeit und der absoluten Länge.

– *A*2, die sekundäre Dimension der Modellierung der Mechanik Newtons, wandert symbolisch von links nach rechts (blauer Pfeil, horizontal), wird mit der sekundären mathematischen Modellierungsdimension Maxwells überlagert, die von *B*2 diagonal nach unten übertragen wird. Beide werden korreliert und zu *A*2 ∗ *B*2 transformiert. Die Galilei-Transformation wird durch die Lorentz-Transformation ersetzt, das Relativitätsprinzip in seiner veränderten Form gilt aufgrund der Kovarianz gegenüber der Lorentz-Transformationen.

Nun beziehe ich mich auf den oberen Kegel, auf die Modellierungen der Elektrodynamik:

- *B*1 wird oben von links nach rechts überführt (roter Pfeil, horizontal) und trifft dort auf *A*1. *A*1 wird von unten nach oben übertragen (blaue Pfeile, diagonal) und durchquert die gesamte interformative Modellierung – in allen drei ausdifferenzierten Stadien – auf der Diagonale. Damit wird ebenfalls die Lorentz-Transformation im Schnittpunkt der Interformation durchquert, und dadurch wird auch *A*1 transformiert und schließlich am obersten Ende des Doppelkegels rechts mit *B*1 überlagert. Dies sorgt für die Rekonzeptualisierung der Elektrodynamik durch die Intersektion und Superposition $B1 \ast A1$: Die Messerzählungen der Vertreter der Elektrodynamik um 1900 gingen noch von der Existenz eines Äthers aus, in dem sich die elektrodynamischen Phänomene wellenartig ausbreiteten. Einsteins Relativitätstheorie zeigt, dass die Annahme des Äthers überflüssig ist.
- Zudem berücksichtigt ist die Reorganisation der sekundären Dimension der Modellierung ($A2 \ast B2$): Die mathematische Dimension der Elektrodynamik, die von Maxwell ausging und von Lorentz weiterentwickelt wurde, *B*2, bleibt gültig. Einstein zeigt jedoch, dass auch für sie das Relativitätsprinzip in der von ihm vorgeschlagenen Form gilt: $B2 \ast A2$. Somit wird gezeigt, dass beide: und $B2 \ast A2$ Lorentz-kovariant sind – und somit auch miteinander äquivalent.

Die oben beschriebene Konfiguration der epistemischen Transformation durch die Spezielle Relativitätstheorie ist ein Beispiel für den Prozess der Interformation im Rahmen der theoretischen Physik, wobei hier zwei verschiedene Theorien verschränkt werden. Zwei sich widersprechende Prinzipien fundamentaler Theorien werden überkreuzt und in eine neue theoretische Konfiguration überführt, in deren Rahmen sie sich gegenseitig umformen. Da es bei dieser Umformung Spannungen und Widerstände gibt, bleiben die Modellierungsprinzipien beider Referenzrahmen teilweise erhalten, teilweise werden sie in wechselseitigem Bezug aufeinander umgeformt. Dieses gilt – nach der Argumentation Einsteins – für beide Richtungen, sowohl für die Mechanik als auch für die Elektrodynamik, allerdings in unterschiedlichen Ausmaßen: Die Mechanik wird stärker transformiert als die Elektrodynamik.

Die neue Modellierungskonfiguration hat eine dreifache Funktion: Sie führt vor, dass es zwischen den Modellierungspraktiken beider Traditionen gewisse Äquivalenzen auf sekundärer Ebene gibt. Sie macht aber auch deutlich, dass es auf primärer Ebene Differenzen zwischen den Theorien gibt. Als Folge dieser beiden

Feststellungen schlage ich die ternäre Modellierung vor, die in der Darstellung, die Einstein in seiner Abhandlung vorlegt, eine Weise des *emplotments* aufweist, die mathematische und diegetische Modellierungsverfahren kombiniert, um sowohl den Äquivalenzen als auch den Differenzen Rechnung zu tragen. Das heißt – in Ricœurs Terminologie –, dass die ternäre Modellierung sowohl die vorliegenden Diskordanzen als auch die Konkordanzen modelliert und problematisiert, zusätzlich aber die Funktion hat, zwischen ihnen – modulierend – zu vermitteln. Das veranschaulicht der Doppelkegel der Interformation für die Spezielle Relativitätstheorie.

Deren Ergebnis hat natürlich einen doppelten Preis, den Einstein schon in den Vorüberlegungen des Artikels ankündigt: Wenn man diese Überkreuzung der Prinzipien dieser zweier verschiedener Wissensordnungen – der Mechanik und der Elektrodynamik – annimmt und ihre Konsequenzen im Zuge des Prozesses der Interformation theoretisch modelliert, dann wird man keinen vernünftigen Grund mehr angeben können, um die Notwendigkeit eines absoluten Raumes und einer absoluten Gleichzeitigkeit anzunehmen, wie dies Newton noch postulieren musste. Zudem entfällt die Notwendigkeit, den Äther anzunehmen. Ausgerechnet gegen diese Hypothese – gegen den Verzicht auf den Äther als Träger elektromagnetischer Prozesse – haben sich Hendrik Anton Lorentz und Henri Poincaré ausgesprochen, die beide durch ihre Theorien den Weg zur Speziellen Relativitätstheorie entscheidend vorbereitet haben. Miller[99] und Hentschel[100] stellen diese Verweigerung beider Theoretiker, die jeweils unterschiedliche Gründe dafür angaben, ausführlich dar. Dies soll als Beleg dazu dienen, dass der Prozess der Interformation auch (vielleicht sogar: gerade) für diejenigen, die mit den Konzepten der Theorie aufs Engste vertraut waren, eine epistemische Herausforderung darstellte.

Spannungen und Widerstände ergeben sich daraus, dass am Schnittpunkt der tertiären Dimension der Modellierung, am Kreuzungspunkt der Interformation, ein Moment der Kreativität eingebettet ist, der der regelgeleiteten Modellierung möglicherweise entgeht. An diesem Punkt autonomisiert sich die Modellierung in einem kurzen und flüchtigen, aber entscheidenden Moment der *inventio*. Man könnte meinen, es sei der Moment der aristotelischen *anagnorisis*, des Wieder-Erkennens. Und dies geschieht, weil das, woran man davor als Erkenntnis festhielt, plötzlich nicht mehr gilt. Dieser Moment markiert einen Wendepunkt: Die drei tragenden Momente der Modellierung werden umgedeutet: Die primäre Dimension der Modellierung, die durch die Messungen der Mechanik geprägt war, ändert ihren Index und orientiert sich neu, indem sie auch auf die Messpraxis der Elektrodynamik Rücksicht nimmt.

99 Vgl. Miller: *Albert Einstein's Special Theory of Relativity* (Anm. 13), S. 253–264.
100 Vgl. Hentschel: *Interpretationen und Fehlinterpretationen* (Anm. 18), S. 293–333.

Diejenige primäre Modellierungspraxis wiederum, die aus den Messdaten der Elektrodynamik hervorging, berücksichtigt nun auch die Messpraktiken der Mechanik. Für beide Theorien gilt ab jetzt die Kovarianz der Lorentz-Transformation.

3 Narratologische Analyse von Einsteins „Zur Elektrodynamik bewegter Körper"

Nachdem ich den Prozess der physikalischen Interformation vorgestellt habe, soll nun im dritten Teil des Kapitels die Analyseperspektive in Richtung einer *interformativen Erzähltheorie* hin verlagert werden. Denn nun gilt es zu klären, wie sich dieser Prozess der Interformation vollzieht: Unter welchen Gesichtspunkten könnte man behaupten, dass Einsteins Abhandlung narrative Verfahren einsetzt? Welche Funktionen haben diese narrativen Verfahren im Prozess der Interformation in der Physik?

Um dies zu klären, muss zunächst der Begriff der Narrativität problematisiert werden. Unter welchen Umständen kann man einem naturwissenschaftlichen Fachtext wie Einsteins Abhandlung „Zur Elektrodynamik bewegter Körper" Narrativität zuschreiben, ohne dabei Abstriche an ihrem Anspruch auf Objektivität zu machen?

Der Begriff der Narrativität hat seit dem *narrative turn* nicht nur in der Literaturwissenschaft Hochkonjunktur, sondern auch in der Geschichtswissenschaft,[101] in der Psychologie, in den Kognitionswissenschaften, in der Politikwissenschaft, in

101 Vgl. Hayden V. White: *Metahistory. The Historical Imagination in Nineteenth-Century Europe.* Baltimore: Johns Hopkins University Press 1973; ders.: „The Historical Text as Literary Artifact". In: ders.: *Tropics of Discourse. Essays in Cultural Criticism.* Baltimore: Johns Hopkins University Press 1978. S. 81–100; ders.: „Literary Theory and Historical Writing". In: ders.: *Figural Realism. Studies in the Mimesis Effect.* Baltimore: Johns Hopkins University Press 1999. S. 1–26, 176–182; Daniel Fulda: *Wissenschaft aus Kunst. Die Entstehung der modernen deutschen Geschichtsschreibung 1760–1860.* Berlin, New York: De Gruyter 1996; ders.: „Literary Criticism and Historical Science. The Textuality of History in the Age of Goethe – and Beyond". In: *The Discovery of Historicity in German Idealism and Historism.* Hrsg. von Peter Koslowski. Berlin, Heidelberg: Springer 2005. S. 112–133; Stephan Jaeger: „Multiperspektivisches Erzählen in der Geschichtsschreibung des ausgehenden 20. Jahrhundert. Wissenschaftliche Inszenierungen von Geschichte zwischen Roman und Wirklichkeit". In: *Multiperspektivisches Erzählen. Zur Theorie und Geschichte der Perspektivenstruktur im englischen Roman des 18. bis 20. Jahrhunderts.* Hrsg. von Vera Nünning und Ansgar Nünning. Trier: WVT 2000. S. 323–346; ders.: „Erzählen im historiographischen Diskurs". In: *Wirklichkeitserzählungen. Felder, Formen und Funktionen nichtliterarischen Erzählens.* Hrsg. von Christian Klein und Matías Martínez. Stuttgart: Metzler 2009. S. 110–135.

der Soziologie, in der Anthropologie, in der Medizin[102] und in den Rechtswissenschaften.[103] Diese inflationäre Verbreitung des Terminus des ‚Narrativs' über alle möglichen gesellschaftlichen und disziplinären Sphären hinweg hat denkbar viele skeptische Reaktionen hervorgerufen. Ich zitiere stellvertretend Gerald Prince:

> One says „narrative" instead of „explanation" or „argumentation" (because it is more tentative); one prefers „narrative" to „theory," „hypothesis," or „evidence" (because it is less scientistic); one speaks of a „narrative" rather than „ideology" (because it is less judgmental); one substitutes „narrative" for „message" (because it is more indeterminate).[104]

Peter Brooks versuchte andererseits, solche skeptischen Positionen etwas zu relativieren und Argumente dafür anzuführen, warum die intensive Verbreitung des Begriffs verständlich sei:

> While I think the term has been trivialized through overuse, I believe the overuse responds to a recognition that narrative is one of the principal ways we organize our experience of the world – a part of our cognitive tool kit that was long neglected by psychologists and philosophers.[105]

Die hier skizzierte Kontroverse nahm die narratologische Forschung zum Anlass, den Begriff der ‚Narrativität' zu problematisieren, angesichts der vielen Ansätze, die existieren, um ihn zu definieren. Ich umreiße hier nur ein paar davon:

> [O]ne will define narrative without difficulty as the representation of an event or sequence of events [...]. (Genette)[106]

> [N]arrative is a representation of a causally related series of events. (Richardson)[107]

---

102 Vgl. Rita Charon: *Narrative Medicine. Honoring the Stories of Illness*. Oxford, New York: Oxford University Press 2006; Cary A. Brown, Bruce D. Dick und Robyn Berry: „How Do You Write Pain? A Preliminary Study of Narrative Therapy for People with Chronic Pain". In: *Diversity in Health and Care* 7.1 (2010). S. 43–56.

103 Vgl. Greta Olson: „Narration and Narrative in Legal Discourse" (2014). In: *The Living Handbook of Narratology*. Hrsg. von Peter Hühn, Jan Christoph Meister, John Pier und Wolf Schmid. Hamburg: Hamburg University Press.

104 Gerald Prince: „Revisiting Narrativity". In: *Grenzüberschreitungen / Transcending Boundaries. Narratologie im Kontext / Narratology in Context*. Hrsg. von Walter Grünzweig und Andreas Solbach. Tübingen: Narr 1999. S. 43–51, hier S. 45.

105 Peter Brooks, zitiert in: William Safire: „On Language". In: *The New York Times Magazine* (05. Dezember 2004). S. 36.

106 Gérard Genette: „Frontiers of Narrative". In: ders.: *Figures of Literary Discourse*. Übers. von Alan Sheridan. New York, NY: Columbia University Press 1982. S. 127–144, hier S. 127.

107 Brian Richardson: „Recent Concepts of Narrative". In: *Style* 34 (2000). S. 168–175, hier S. 170.

> A narration is the symbolic presentation of a sequence of events. (Scholes)[108]

> A story is not narrative, but the representation of a story is. [...] [A] media-independent concept of narrative is nothing more than a [...] useful [...] abstraction. (Jannidis)[109]

> [A]n object is a narrative if it is taken to be the logically consistent representation of at least two asynchronous events that do not pressupose or imply each other. (Prince)[110]

> What we get in a narrative text are not events as such, but signs, the representations of events. [...] narrative is a semiotic representation of a series of events [...]. (Onega und Landa)[111]

> [T]he fabula is presented in a certain manner. A fabula is a series of logically and chronologically related events. (Bal)[112]

In den oben genannten Beispieldefinitionen, die ich dem Artikel von David Rudrum[113] entnommen habe, sind überwiegend Positionen vertreten, deren Kerndefinition des Erzählens auf zwei Säulen beruht: Sequentialität und Temporalität.

H. Porter Abbott weist im einschlägigen Artikel „Narrativity"[114] aus dem „Living Handbook of Narratology" darauf hin, dass das Konzept der Narrativität im Rahmen der klassischen strukturalistischen Narratologie kaum thematisiert wurde. Porter Abbotts Feststellung vertritt auch Wolf Schmid in seinen „Elementen der Narratologie". In der klassischen Narratologie habe man sich auf eine Minimalbedingung einer Definition des Erzählens konzentriert, nämlich die, „dass mindestens *eine* Veränderung *eines* Zustands in einem gegebenen zeitlichen Moment dargestellt wird."[115] Forster hatte dazu das klassische Beispiel geprägt: „The king died

---

108 Robert Scholes: „Language, Narrative, and Anti-Narrative". In: *On Narrative*. Hrsg. von W. J. T. Mitchell. Chicago: University of Chicago Press 1981. S. 200–208, hier S. 205.

109 Fotis Jannidis: „Narrative and Narratology". In: *What Is Narratology? Questions and Answers Regarding the Status of a Theory*. Hrsg. von Tom Kindt und Hans-Harald Müller. Berlin, New York: De Gruyter 2008. S. 35–54, hier S. 50.

110 Gerald Prince: „Narrativehood, Narrativenes, Narrativity, Narratability". In: *Theorizing Narrativity*. Hrsg. von John Pier und José Ángel García Landa. Berlin, New York: De Gruyter 2008. S. 19–27, hier S. 19.

111 Susana Onega und José Angel García Landa (Hrsg.): *Narratology. An Introduction*. London: Longman 1996, S. 5–6.

112 Mieke Bal: *Narratology. Introduction to the Theory of Narrative*. Übers. von Christine van Boheemen. 2. Aufl. Toronto: University of Toronto Press 1985, S. 5.

113 Vgl. David Rudrum: „From Narrative Representation to Narrative Use. Towards the Limits of Definition". In: *Narrative: The journal of the Society for the Study of Narrative Literature* 13.2 (2005). S. 195–204, hier S. 199–200, 202.

114 Abbott: „Narrativity" (Anm. 53).

115 Schmid: *Elemente der Narratologie* (Anm. 53), S. 3. Hervorhebung im Original.

and then the queen died.“[116] Genette unterbot Forsters Beispiel und strich den zweiten Satz. Der verbliebene Satz „The king died.“ sollte als Beispiel für eine Minimaldefinition des Erzählens genügen.[117] Marie-Laure Ryan betonte, dass beide Kriterien zwar notwendig für eine Minimaldefinition des Erzählens sind, aber noch nicht hinreichend, um die Kategorie der Narrativität zu definieren und zwar so, dass die skizzierte Definition es erlauben soll, zwischen einem wissenschaftlichen und einem metaphorischen Gebrauch des Begriffs zu unterscheiden.[118]

Gerald Prince wies in diesem Sinne auf die Notwendigkeit hin, zwischen zwei verschiedenen Fragestellungen zu differenzieren. Die erste lautet „What is anarrative?“[119] und zielt auf eine extensionale Definition ab. Das Explanandum ist hier substantivisch gedacht, bezieht sich auf Entitäten und indiziert eine Klasse von Objekten, die als Erzählungen definiert werden können. Die zweite Frage, die gestellt werden kann, lautet „What is narrative?“ und bezieht sich auf einen adjektivischen Gebrauch des Wortes. Es geht um eine Qualität, um Merkmale der Narrativität und nicht um eine Entität, die definiert werden soll. Diese Frage zielt auf eine skalare Definition der Narrativität ab, die ein Bündel von relevanten Merkmalen präsentiert, die einem Text bis zu einem bestimmten Grad zugeschrieben werden können, ohne damit auszuschließen, dass der Text auch andere Merkmale aufweisen könne. So identifizierte zum Beispiel Jean-Michel Adam in „Le récit“[120] eine narrative Ebene der Signifikation neben anderen textuellen Ebenen (der deskriptiven und der explikativen), die im gleichen Text koexistieren können. In die gleiche Richtung argumentierte auch Seymour Chatman, der drei Typen von textuellen Verfahren unterscheidet, die im gleichen Text in unterschiedlichen Dominanzverhältnissen koexistieren können: argumentative, beschreibende und erzählende Verfahren.[121] Auch Marie-Laure Ryan betont, dass für die zeitgenössische Narratologie die Definition der strukturalistischen Erzählforschung, die sich lediglich auf Sequentialität als entscheidendes Kriterium beschränkte, nicht ausreiche. Ryan schlägt vor, den semiotischen Status der Texte zu berücksichtigen:

---

116 Forster: *Aspects of the Novel and Related Writings* (Anm. 53), S. 93.

117 Vgl. Gérard Genette: *Nouveau discours du récit*. Paris: Seuil 1983. Deutsch: ders.: *Die Erzählung*. Hrsg. von Jochen Vogt. Übers. von Andreas Knop. München: Fink 1994, S. 203.

118 Vgl. Marie-Laure Ryan: „Toward a Definition of Narrative“. In: *The Cambridge Companion to Narrative*. Hrsg. von David Herman. Cambridge: Cambridge University Press 2007. S. 22–35, hier S. 24.

119 Prince: „Narrativehood, Narrativenes, Narrativity, Narratability“ (Anm. 109), S. 19–20.

120 Jean-Michel Adam: *Le récit*. Paris: Presses Universitaires de France 1999.

121 „The text-types routinely operate *at each other's service*.“ In: Seymour Chatman: *Coming to Terms. The Rhetoric of Narrative in Fiction and Film*. Ithaca, London: Cornell University Press 1990, S. 10–11.

> Most narratologists agree that narrative consists of material signs, the discourse, which convey a certain meaning (or content), the story, and fulfill a certain social function. This characterization outlines three potential domains for a definition: discourse, story, and use. These domains correspond, roughly, to the three components of semiotic theory: syntax, semantics, and pragmatics.[122]

Somit wäre eine Definition der Narrativität anhand semiotischer Kategorien zu erzielen: Ryan schlägt im „Cambridge Companion to Narrative"[123] eine plurikriteriale Definition der Narrativität vor, die verschiedene Dimensionen vereint: die räumliche, die zeitliche, die mentale, die formale und die pragmatische Dimension.[124]

> We may in fact question the need for a watertight definition: why couldn't narrativity be a scalar property rather than a strictly binary one, and narrative a fuzzy set allowing different degrees of membership, but centered around prototypical cases that everybody recognizes as narrative? In a scalar conception of narrative, definition becomes a series of concentric circles that spell increasingly narrow conditions, as we move from the outer to the inner circles [...].[125]

Darunter subsumiert Ryan mehrere Kriterien der Narrativität, die sich aber fast alle auf die Ebene der *histoire*, das heißt auf die semantische Ebene beziehen: Die räumliche Dimension setzt voraus, dass eine diegetische Welt repräsentiert wird, die von Individuen als Figuren bevölkert ist. Die temporale Dimension umfasst zwei Kriterien, die vorsehen, dass die diegetische Welt in einer bestimmten Zeit situiert ist und eine signifikante Transformation erfährt, die durch außergewöhnliche Ereignisse verursacht wird. Die mentale Dimension setzt voraus, dass die in der Welt dargestellten Figuren intelligente Aktanten sein sollen, während manche der darin repräsentierten Ereignisse den Aktanten als intentionale Akte zugeschrieben werden können sollen. Unter der vierten, formalen und pragmatischen Dimension wird subsumiert, dass die Ereignissequenz als ganzheitliche kausale Kette repräsentiert sein soll. Zumindest manche Ereignisse sollten der *storyworld* als Fakten zugeschrieben werden können. Als letztes pragmatisches Kriterium wird angemahnt, dass die Geschichte kommunikative Relevanz und eine gewisse Signifikanz haben soll.[126] David Rudrum plädierte dafür, die pragmatische Dimension der Narrativität etwas stärker zu betonen. Er schlägt einen definitorischen Ansatz vor, der sich sehr stark an Wittgensteins „Philosophischen Untersuchungen" orientiert:

---

122 Ryan: „Toward a Definition of Narrative" (Anm. 117), S. 24.

123 David Herman (Hrsg.): *The Cambridge Companion to Narrative*. Cambridge: Cambridge University Press 2007.

124 Vgl. Ryan: „Toward a Definition of Narrative" (Anm. 117), S. 28.

125 Marie-Laure Ryan: „Semantics, Pragmatics, and Narrativity. A response to David Rudrum". In: *Narrative: The journal of the Society for the Study of Narrative Literature* 14.2 (2006). S. 188–196, hier S. 193.

126 Vgl. Ryan: „Toward a Definition of Narrative" (Anm. 117), S. 29.

> The question of use is therefore intimately bound up with the question of social practices and conventions. Generally, competent members of a linguistic community are able to recognise the use for which a narrative is intended and respond appropriately. [...] Once again, the key factor in making these classifications is the use to which the text is put.[127]

Auch meine vorliegende Arbeit vertritt die Position, Narrativität nicht als essentialistisches Kriterium zu verstehen. Ich möchte für einen funktionsanalytisch orientierten Zugang zur Narrativität plädieren, mit dem Ziel, zu zeigen, wie wissenschaftliche Texte Narrativität einsetzen, obwohl sie hauptsächlich theoretisch, mathematisch und physikalisch argumentieren. Denn es gibt auch noch epistemische Spielräume für die Narrativität, wie zu zeigen sein wird.

Im Folgenden sollen die Definition von Matías Martínez in dem Handbuch „Erzählen" von 2017 und die von ihm genannten Merkmale herangezogen werden, um zu diskutieren, inwiefern die Kriterien, die die Narratologie anführt, auch für Einsteins Abhandlung zutreffen. Für Martínez' Definition entscheide ich mich deshalb, weil sie einen integrativen definitorischen Ansatz verfolgt, der sowohl die Kriterien der klassischen als auch die der postklassischen Narratologie beachtet, sowohl die Ebene des *discours* als auch die der *histoire* berücksichtigt sowie syntaktische, semantische und pragmatische Dimensionen einbezieht.

Martínez geht zunächst von der Minimaldefinition des Erzählens der klassischen Narratologie als „Geschehensdarstellung"[128] aus. Unter Geschehensdarstellung subsumiert er drei notwendige definitorische Merkmale des Erzählens: die Konkretheit, die Temporalität und die Kontiguität. Martínez erweitert diese Minimaldefinition jedoch zu einer Formel mit der Variable *x* und fasst kurz und prägnant zusammen: „Erzählen ist Geschehensdarstellung + *x*".[129] Die Komponente *x* steht als Platzhalter für neun weitere in der Erzählforschung problematisierte Kriterien – mit dem Ziel, zu einer umfassenden transgenerischen und transmedialen Definition der Narrativität zu gelangen, die hinreichend differenziert ist, um die Ebenen des *discours*, (Kriterien 1–2: doppelte Zeitlichkeit, Vermittlungsinstanz), der *histoire*, (Kriterien 3–7: Kausalität, Intentionalität, Ganzheit, Emplotment, Experientialität) und der Pragmatik des Erzählens (Kriterien 8–9: Erzählwürdigkeit, Konversationelle Zugzwänge, Detaillierung, Relevanzsetzung, Kondensierung, Pointierung usw.) zu behandeln.[130]

Im Folgenden werde ich anhand einer *interformativen Lektüre* die erzählerischen Funktionen, Darstellungsformen und Rahmungsstrategien in Einsteins „Zur Elektrodynamik bewegter Körper" untersuchen. Wiederholt ist darauf hingewiesen

---

127 Rudrum: „From Narrative Representation to Narrative Use" (Anm. 112), S. 199–200, 202.

128 Matías Martínez (Hrsg.): *Erzählen. Ein interdisziplinäres Handbuch*. Stuttgart: Metzler 2017, S. 2.

129 Martínez: *Erzählen* (Anm. 127), S. 3.

130 Vgl. Martínez: *Erzählen* (Anm. 127), S. 3.

worden, dass die[131] Gedankenexperimente, die Einstein vor den Augen des Lesers vollzieht, eine narrative Struktur haben.[132] Meine Analyse ist etwas breiter aufgestellt und zielt darauf ab, die epistemische Funktion des Erzählens im Prozess der Interformation zu beleuchten. Ich werde an geeigneter Stelle auf die oben genannten Kriterien eingehen und zudem auf weitere einschlägige Positionen der Erzählforschung zurückgreifen, um die Kategorie der epistemischen Narrativität zu beleuchten.

Mit dem Kriterium der *Konkretheit* ist für Martínez' Definition impliziert, dass „[j]ede Erzählung [...] ‚mimetische', das heißt singuläre und konkrete Gegenstände und Sachverhalte dar[stellt]".[133] Dies trifft auch für die „Elektrodynamik bewegter Körper" zu. Das zweite Kriterium ist das der *Temporalität*, denn die „Geschehensdarstellung ist Darstellung eines Zeitverlaufs. Jedes Geschehen ist als solches durch ein ‚vorher vs. nachher', durch eine Sequenz chronologisch geordneter Ereignisse strukturiert: $e_1 \rightarrow e_2 \rightarrow e_3 \rightarrow \ldots \rightarrow e_n$."[134] Da kaum ein literarischer Text ohne die Dimension der Temporalität auskommt, ist es wichtig zu wissen, durch welche Erzählstrategien Einsteins Text Temporalität neu definiert. Dieser Aspekt ist auch aus der Meta-Perspektive der Narratologie relevant, die Temporalität als Grundkriterium der Narrativität versteht. Denn Einsteins Abhandlung bricht inhaltlich mit den alten Wissensordnungen der Definition der Temporalität und zeigt, dass keine Chronologie absolut gegeben sein kann: Temporalität wird immer relativ zu einem gewissen Bezugssystem definiert. Einstein macht den Vorschlag einer neuen symbolischen Ordnung der Organisation von Temporalität, wie unter 3.4 zu zeigen sein wird.

Als weiteres notwendiges Kriterium nennt Martínez die *Kontiguität*: „Die dargestellten Ereignisse müssen nicht nur chronologisch geordnet, sondern auch räumlich, zeitlich oder kausal aufeinander bezogen sein."[135] Auch im Hinblick auf dieses Kriterium ist es bemerkenswert zu beobachten, was in Einsteins Abhandlung epistemisch ausgelöst wird. Das Kriterium der Kontiguität erhält deshalb eine sehr tiefe neue Bedeutung, weil es Einstein auf der Basis symbolischer und

---

131 Vgl. Catherine Z. Elgin: „The Laboratory of the Mind". In: *A Sense of the World. Essays on Fiction, Narrative and Knowledge*. Hrsg. von John Gibson, Wolfgang Huemer und Luca Pocci. New York, London: Routledge 2007. S. 43–54; Mélanie Frappier, Letitia Meynell und James Robert Brown (Hrsg.): *Thought Experiments in Philosophy, Science, and the Arts*. New York, London: Routledge 2012.

132 Latour hat eine Lektüre der populärwissenschaftlichen Schrift Einsteins zur Relativitätstheorie aus der Perspektive der Science and Technology Studies vorgelegt, die auf das Greimas'sche Konzept des „shift in", „shift out" rekurriert. Vor dem soziologischen Argumentationshintergrund fokussiert Latour die von der Erzählinstanz eingesetzten Praktiken, um Macht auszuüben. Meine Argumentation ist nicht soziologisch, sondern kultursemiotisch und narratologisch grundiert und geht in eine andere Richtung.

133 Martínez: *Erzählen* (Anm. 127), S. 2.

134 Martínez: *Erzählen* (Anm. 127), S. 2.

135 Martínez: *Erzählen* (Anm. 127), S. 2.

mathematischer Symmetrie-Überlegungen inhaltlich zu demonstrieren gelingt, dass Raum und Zeit nicht getrennt zu konzeptualisieren sind, sondern sich als Raumzeit-Kontinuum mathematisch und physikalisch aufeinander beziehen – die symbolische Symmetrierelation der Lorentz-Transformation demonstriert es bereits. Dieser logischen und zugleich narrativ-performativen Demonstration widmet sich die kommende Analyse Schritt für Schritt.

3.1 Die Vermittlungsinstanz als Form- und Organisationsprinzip

Ein weiteres entscheidendes Merkmal des Erzählens ist die Existenz einer *Vermittlungsinstanz*. „Nicht die erzählte Welt, sondern die ‚Wahrnehmung der Welt durch ein betrachtendes Medium'[136] in Gestalt eines Erzählers steht hier im Vordergrund."[137] Die Einstein'sche Abhandlung präsentiert eine plurale Vermittlungsinstanz in Wir-Form, die in der narratologischen Forschung bisher nur punktuell problematisiert wurde, wie Uri Margolin,[138] Monika Fludernik[139] und Natalya Bekhta[140] zeigten. Es gilt im Folgenden, herauszuarbeiten, was diese Instanz kennzeichnet. Monika Fludernik verweist sogar darauf, dass es ein Charakteristikum der Wir-Narrative sei, die systematische Grenze zwischen der Extra- und der Intradiegese zu unterlaufen oder zu konterkarieren.[141]

Folgende Parameter der Erzählinstanz sollen beobachtet werden, um darzustellen, wie diese als Stimme die Form- und Organisationsprinzipien des Textes „Zur Elektrodynamik bewegter Körper" konstituiert: Ein erstes Kriterium ist die Explizitheit der Stimmendarstellung – also der Grad an Offenheit oder Verborgenheit der Erzähl- als Vermittlungsinstanz. Ein zweites Kriterium ist die Beziehung der Instanz zur erzählten Welt – das ist das ontologische Bestimmungsmerkmal. Hinzu kommt drittens die repräsentationslogische Bestimmung zwischen Erzählstimmen und Erzählebenen. Viertens ist nach der Darstellung des Adressaten dieser Vermittlungsinstanz

136 Käte Friedemann: *Die Rolle des Erzählers in der Epik*. Unveränd. reprograf. Nachdruck der Ausgabe Berlin 1910. Darmstadt: Wiss. Buchges. 1965, S. 40.

137 Martínez: *Erzählen* (Anm. 127), S. 4.

138 Vgl. Uri Margolin: „Telling Our Story. The Plural and the Dual in ‚We' Fictional Narratives". In: *Language and Literature* 5.2 (1996). S. 115–133.

139 Vgl. Monika Fludernik: „The Category of ‚Person' in Fiction. You and We Narrative-Multiplicity and Indeterminacy of Reference". In: *Current Trends in Narratology*. Hrsg. von Greta Olson. Berlin, New York: De Gruyter 2011. S. 101–144.

140 Vgl. Natalya Bekhta: „Emerging Narrative Situations. A Definition of We-Narratives Proper". In: *Emerging Vectors of Narratology*. Hrsg. von Per Krogh Hansen, John Pier, Philippe Roussin und Wolf Schmid. Berlin, Boston: De Gruyter 2017. S. 101–126.

141 Vgl. Fludernik: „The Category of ‚Person' in Fiction" (Anm. 138), S. 101.

zu fragen. All die genannten Parameter des Erzählers helfen dabei, die Frage zu beantworten, wer jeweils auf den unterschiedlichen Erzählebenen erzählt, sieht, wahrnimmt, vermittelt und somit den interformativen Prozess mitkonstituiert. Ich zitiere nun erneut aus Einsteins Abhandlung „Zur Elektrodynamik bewegter Körper“:

> Wir wollen diese Vermutung (deren Inhalt im folgenden „Prinzip der Relativität“ genannt werden wird) zur Voraussetzung erheben und außerdem die mit ihm nur scheinbar unverträgliche Voraussetzung einführen, daß sich das Licht im leeren Raume stets mit einer bestimmten, vom Bewegungszustande des emittierenden Körpers unabhängigen Geschwindigkeit V fortpflanze. Diese beiden Voraussetzungen genügen, um zu einer einfachen und widerspruchsfreien Elektrodynamik bewegter Körper zu gelangen unter Zugrundelegung der Maxwellschen Theorie für ruhende Körper. (EbK, S. 891–892)

An dieser Stelle der Abhandlung betritt die Erzählinstanz der wissenschaftlichen Kommunikation die Bühne der theoretisch-physikalischen Modellierung, ausgerechnet an der Stelle, an der der Prozess der Interformation startet.

Die Stimme gibt sich als eine Wir-Instanz zu erkennen. Sie ist eine Erzählinstanz, die einen Prozess der faktualen wissenschaftlichen Kommunikation eröffnet und die als Vermittlungsinstanz für eine Wirklichkeitserzählung wirkt,[142] die begründetes Wissen darlegt. Natürlich ist dies ein üblicher Erzählgestus für die wissenschaftlichen Publikationen um 1900; er wurde als *pluralis auctoritatis* oder als Bescheidenheitsgestus wahrgenommen. Wird durch das ‚wir‘ die wissenschaftliche Autorität des bereits institutionalisierten Expertendiskurses apostrophiert? Sicherlich ist mit dem ‚wir‘ auch diejenige wissenschaftliche Expertengemeinschaft impliziert, die sich auf die gemeinsamen Prinzipien, Codes und Modellierungskonventionen verständigt hat, die der kollektive Wir-Erzähler hier unter den Prinzipien der Mechanik und der Elektrodynamik subsumiert. Sie steht für den kulturell akzeptierten bzw. wissenschaftlich sanktionierten Wissensstand zum Startzeitpunkt der Modellierungs-Konfiguration. Sie wird den Leser entlang der gesamten Abhandlung als Vermittlungsinstanz begleiten.

Jedoch mutet diese Instanz dem Leser mehr zu als viele andere Wir-Instanzen seiner Zeit. Denn ausgerechnet diese kollektive Wir-Erzählinstanz, die die anderen Akteure des wissenschaftlichen Feldes hier so großzügig einbindet, wird im Zuge dieses Aufsatzes Umcodierungen und Rekonzeptualisierungen vornehmen, die die Erzählungen der Physik in Sphären jenseits des konzeptuellen Bezugrahmens katapultieren wird, jenseits der theoretischen Prinzipien, Codes und Modellierungskonventionen, die vor 1905 galten.

---

142 Vgl. Christian Klein und Matías Martínez (Hrsg.): *Wirklichkeitserzählungen. Felder, Formen und Funktionen nicht-literarischen Erzählens*. Stuttgart: Metzler 2009.

Die Erzählinstanz wird zum abstrakten Organisationsprinzip des Diskurses der Modellierung, das die Notwendigkeit der abstrakten Rekonzeptualisierungen vor den Augen des Lesers performativ vorführt. Die Wir-Erzählinstanz ist somit auch eine prospektive Erzählinstanz, die die implizite Hoffnung formuliert, dass sich eine symbolische Form findet, die die neue, relativistische Modellierung mitträgt. Insofern impliziert die Wir-Erzählinstanz stets auch ein ‚du', den Adressaten; auf ihn zielt die gesamte logische und rhetorische Argumentationsstrategie des Textes. Interessanterweise fallen bei dieser wissenschaftlichen Diskursstrategie Adressat und Adressant in der Wir-Instanz zusammen, sie scheinen zu verschmelzen. Doch kann sich der Leser, der Adressat, unter diesem ‚wir' auch wirklich subsumiert fühlen? Welche mathematischen und narrativen Darstellungsstrategien setzt die Vermittlungsstimme ein, um ihn zu überzeugen? Wie ergänzen sich diese gegenseitig? Nötig ist eine Immersionsstrategie für den Adressaten: Sie setzt die alten und die neuen Rahmen der Beobachtung und der Begriffsbildung kontrastiv vor dessen reflexive Vernunft.

Als Vermittlungsinstanz der wissenschaftlichen Kommunikation ist der Wir-Stimme ein gewisses epistemisches Profil zuzuschreiben. Es ist eine selbstreflexive Erzählinstanz, die ihr epistemisches Wissensprofil angesichts neuer Gedankenexperimente und Argumente stets mitreflektiert. Deshalb wird diese kollektive Erzählinstanz, wie zu zeigen sein wird, sorgfältig und vielschichtig konfiguriert. Man kann beobachten, wie sich dieses epistemische Profil zunächst im Rahmen des konventionellen Frames als Stimme konstituiert und dann allmählich zum Formungsprinzip der Transformation wird. Die narratologische Analyse zeigt, wie sich diese Stimme in der Auseinandersetzung mit den Gedankenexperimenten und den daraus zu ziehenden Schlüssen als Form- und Organisationsprinzip der Erzählung sich epistemisch prozessual verändert. Gerade die Einführung neuer Rahmungen gibt ihr die Möglichkeit, sich als Erzählstimme stetig neu zu konfigurieren. Diese Veränderung des epistemologischen Wissensprofils der Erzählinstanz soll im Folgenden beobachtet werden. Zugleich gilt es die jeweiligen narrativen Rahmungsverfahren aufzuzeigen, durch die die Interformation vollzogen wird.

3.2 Die ternäre diegetische Rahmenkonstruktion

Der Erzähler erster Ordnung befindet sich auf jener Ebene, die man mit Wolf Schmid primäre Ebene bzw. mit Gérard Genette die Ebene der Extradiegese nennen kann: Die primäre faktuale Erzählinstanz setzt einen Rahmen, indem sie Prinzipien überkreuzt, Inertialsysteme einführt, die Position der Koordinatensysteme im Raum festlegt, die geometrische Struktur des Raumes und die Bedingungen der Möglichkeit der Definition von Gleichzeitigkeit definiert. Zugleich bestimmt sie eine regelgeleitete Handlungspraxis für die Messung von Zeiten, Längen und für die Beobachtung und Messung elektromagnetischer Prozesse für beide Beobachterfiguren. Der extradiegetische Erzähler spricht (mathematisch gesehen) aus der Perspektive eines mathematischen Raums, der noch nicht wohl definiert ist, weil er noch oszilliert zwischen dem euklidischen Raum (dem des Newton-Frames) und einem möglichen nicht-euklidischen Raum, den es erst zu definieren gilt.

Die sekundäre Ebene bzw. Ebene der Intradiegese setzt einen neuen Rahmen, nämlich den des performativen Gedankenexperiments. Diese Ebene, auf der die Beobachter agieren, sei hier ‚sekundäre intradiegetische Ebene' genannt. Auf ihr spielt sich das Geschehen unmittelbar vor den Augen des Lesers ab, ohne dass eine Vermittlungsinstanz distanzierend dazwischen wirkt. Hier gelten eigene Regeln, denn es geht darin um eine spezielle Beobachtungs- und Experimentalanordnung, in der die Konstanz der Lichtgeschwindigkeit zum Messprinzip für die Konzeptualisierung der Gleichzeitigkeit wird. Deshalb werden bestimmte Bedingungen eingeführt: Als Experimentalbühne dient ein mathematisch homogener und isotroper Raum. Zudem werden die Bezugsysteme der Beobachterfiguren eingeführt, die die Messungen durchführen. Diese Bezugssysteme sind Inertialsysteme, also gleichmäßig bewegte oder ruhende Systeme, die nicht beschleunigt sind. Das ist der zweite Rahmen der Experimentalanordnung der Intradiegese, in der Beobachter auf ihren Weltlinien wandeln, Lichtereignisse wahrnehmen, Messungen durchführen und Messergebnisse aus ihrem je eigenen Bezugssystem verkünden. Das Kriterium der Wahrnehmung deutet auf die Fokalisierungsstruktur in der Genette'schen Terminologie bzw. auf die Perspektivenstruktur des Textes im Textinterferenzmodell von Wolf Schmid hin.[143]

Die Ebene der tertiären Modellierung, auf der die Lorentz-Transformation eingeführt wird, sei hier als metadiegetische Ebene nach Genette bzw. tertiäre Ebene nach Wolf Schmid bezeichnet. Die dritte Ebene der Metadiegese konstituiert deshalb den Wendepunkt der Erkenntnis, weil es sich hier endgültig feststellen lässt, dass dieser Raum in seiner Fundamentalgeometrie kein euklidischer (mehr) sein kann. Der einschlägige geometrische Raum wird erst später durch den Mathematiker Minkowski einen Namen erhalten: Es ist der Minkowski-Raum. Die Minkowski-Geometrie basiert auf der Symmetrie der Lorentz-Gruppe. Der Minkowski-Raum unterscheidet sich vom extradiegetischen euklidischen Raum in fundamentaler Weise dadurch, dass sich in ihm, in dieser neuen Welt, wie Minkowski ihn selbst nennt, Raum und Zeit als Dimensionen zu einem vierdimensionalen Raumzeitkontinuum vereinigen. Minkowski nimmt ausdrücklich auf das Raumzeitkontinuum Bezug, das Einstein in seiner Abhandlung theoretisch konstituiert hatte:

> Die Anschauungen über Raum und Zeit, die ich Ihnen entwickeln möchte, sind auf experimentell–physikalischem Boden erwachsen. Darin liegt ihre Stärke. Ihre Tendenz ist

143 Vgl. Schmid: *Elemente der Narratologie* (Anm. 53).

eine radikale. Von Stund’ an sollen Raum für sich und Zeit für sich völlig zu Schatten herabsinken und nur noch eine Art Union der beiden soll Selbständigkeit bewahren.[144]

Die Grafik in Abb. VII.1–5 gibt eine Übersicht über die in Einsteins Abhandlung vertretenen Erzählebenen.

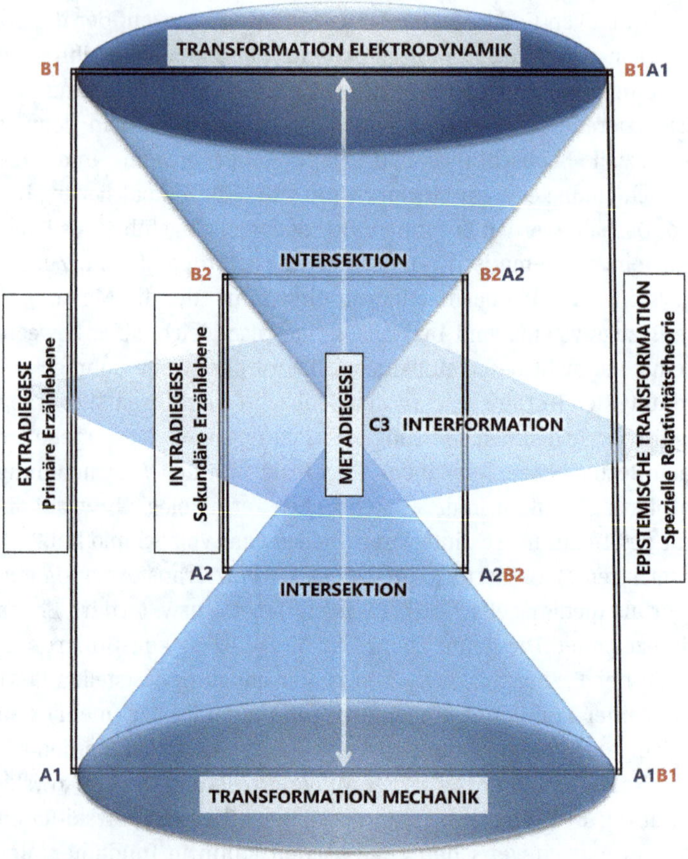

Abb. VII.1–5: Analyse der „Elektrodynamik der bewegten Körper“ aus der Perspektive der interformativen Narratologie: Darstellung der Erzählebenen des Prozesses der Interformation (© Aura Heydenreich).

144 Hermann Minkowski: *Raum und Zeit. Vortrag, gehalten auf der 80. Natur-Forscher-Versammlung zu Köln am 21. September 1908*. Mit einem Portrait von Hermann Minkowski und einem Vorwort von A. Gutzmer. Sonderdruck aus dem 18. Band der Jahresberichte der Deutschen Mathematiker-Vereinigung. Leipzig, Berlin: Teubner 1909, S. 1.

Zusätzlich möchte ich zeigen, dass diese von Einstein so sorgfältig konstruierte ternäre Architektur von Rahmungen und Erzählebenen am Ende der Abhandlung eine metaleptische Transgression erfährt: Die metadiegetische Binnenebene verwandelt sich, wird zum epistemischen Ausgangspunkt für alle wichtigen Theorien der Physik nach 1905. Diese kommen, um sich als fundamentale Naturgesetze zu konstituieren, nicht mehr umhin, die nicht-euklidische, Minkowski'sche bzw. Riemann'sche Geometrie zu berücksichtigen und eine Kovarianz gegenüber der Lorentz-Symmetriegruppe nachzuweisen. Das sind Forderungen, die Einstein mit dieser Abhandlung nachhaltig stellt.

3.3 Primäre Ebene: Extradiegese

3.3.1 Die relativistische Umformulierung der Mechanik

Der erste Schritt der Modellierung im Text ist die Rekonzeptualisierung der klassischen Zeitkonzeption in der Physik. Einstein stellt zunächst fest, dass das Konzept der Zeit in der Physik nicht logisch stringent definiert ist. Der Weg, den er hier wählt, ist der des Übergangs von einem absoluten Begriff (wie ihn noch Newton definiert hatte) zu einem relationalen Funktionsbegriff, der dem theoretischen und experimentellen Bezugsrahmen der Physik entspricht. Vor der Definition der Gleichzeitigkeit bestimmt Einstein die Elemente, die in die Modellierungskonfiguration seiner Theorie eingehen werden: Es geht um die Kinematik starrer Körper, um Beobachterfiguren mit Uhren und um elektromagnetische Phänomene und Prozesse (Licht). Obwohl die Argumentation auf die Umfunktionierung sehr abstrakter Konzepte abzielt, bedient sie sich also eines ganz konkreten Settings, konkreter materieller Objekte und Bezugsgrößen und sehr einfacher Beobachterfiguren.

Noch scheint es so, als seien die Elemente perfekt kompatibel und einfach zu vereinbaren. Wenn es um die Bewegung der starren Körper geht, dann ist durch die Gesetze der Mechanik bereits alles verstanden – so die Behauptung. Man müsse diese Gesetze nur konsequent anwenden – auch unter Berücksichtigung elektromagnetischer Prozesse. Doch das ist der Haken: Messungen der elektromagnetischen Prozesse (z. B. Michelsons und Morleys Experiment zur Lichtgeschwindigkeit) hatten ergeben, dass die Lichtgeschwindigkeit überall konstant bleibt und somit unabhängig ist von der Bewegung des Körpers, der sie emittiert. Dieses Prinzip musste nun konsequent mit den restlichen Prinzipien der Mechanik überlagert werden, selbst um den Preis, dass manch andere herkömmlichen Codes und Konventionen rekonzeptualisiert werden müssten: „Wollen wir die *Bewegung* eines materiellen Punktes beschreiben, so geben wir die Werte seiner Koordinaten in Funktion der Zeit [an]“ (EbK, S. 892; Hervorhebung i. Orig.). Dies ist eine Modellierungspraxis, die in der Physik seit der Einführung des cartesischen Koordinatensystems gilt.

Doch nun trennt der gleiche Wir-Erzähler die mathematische Operation einerseits von der physikalischen Signifikation andererseits:

> Es ist nun wohl im Auge zu behalten, daß eine derartige mathematische Beschreibung erst dann einen physikalischen Sinn hat, wenn man sich vorher darüber klar geworden ist, was hier unter „Zeit“ verstanden wird. Wir haben zu berücksichtigen, daß alle Urteile, in welchen die Zeit eine Rolle spielt, immer Urteile über *gleichzeitige Ereignisse* sind. (EbK, S. 892–893; Hervorhebung i. Orig.)

Die mathematische Notation funktioniert im Rahmen des cartesischen Koordinatensystems und ist darin rein relational wohl definiert. Nimmt man aber Bezug auf physikalische Größen, so könnten die symbolische Notation der Mathematik und die referentiell-semantische Signifikation der Physik auseinanderdriften. In der Nobelpreis-Rede von 1923 blickt Einstein zurück auf die Entwicklung der Relativitätstheorie und setzt neben dem bereits vorgestellten Relativitätsprinzip eine zweite epistemologische Forderung als Ausgangspunkt seiner Überlegungen, die für die vorliegende Analyse wichtig ist. Sie besagt, dass man den Konzepten, die die physikalische Theorie einführt, bzw. den Unterscheidungen, die sie macht, stets Bedeutung zuschreiben können muss. Im Rahmen der vorliegenden Arbeit sei diese Bedingung die ‚Bedingung der Signifikation‘ genannt: „Also, concepts and distinctions are only admissible to the extent that observable facts can be assigned to them without ambiguity (stipulation that *concepts and distinctions should have meaning*). This postulate, pertaining to epistemology, proves to be of fundamental importance.“[145]

Aus semiologischer Perspektive könnte die Aussage darauf hinweisen, dass Einstein die theoretische Modellierung als biplanares System im Sinne Hjelmslevs betrachtet. Für Hjelmslev ist eine formale Sprache wie die der Mathematik[146] ein monoplanares System, weil es nur die syntaktische Dimension der operationalen Verknüpfungen aufweist, jedoch keine zweite Dimension der semantischen Bedeutungen. Diese Sprache der Mathematik ist für die physikalische Modellierung auf sekundärer Ebene wichtig. Doch sie sollte laut Einstein stets an die primäre Dimension der physikalischen Modellierung (an die der Messerzählung) rückgebunden werden können. Den mathematischen Operationen sollten auch physikalische Bedeutungen zugewiesen werden können. So können durchaus Spannungen und Differenzen zwischen primärer und sekundärer Dimension entstehen. Deshalb stellt Einstein in seiner Nobelpreisrede diese Bedingung der Rückkopplung an messbare Größen her. Damit ist die Forderung der Rückbindung an die Semantizität gemeint,

---

145 Einstein: „Fundamental Ideas and Problems of the Theory of Relativity“ (Anm. 65), S. 482. Hervorhebung von AH.

146 Vgl. Louis Hjelmslev: *Prolegomena zu einer Sprachtheorie*. München: Hueber 1974, S. 101–110.

um die Modellierung vom Ende her an der Realität wieder rückkoppeln zu können, aber so, dass die Modellierung zugleich den Blick auf die Realität verändert. Deshalb gibt es nach der tertiären Dimension der Modellierung erst eine Rückkopplung zur sekundären, gefolgt von der Transformation. Dann folgt eine nächste Rückkopplung an die primäre Dimension der Modellierung, die ebenfalls eine Transformation erfährt. Dadurch, dass sich Einstein diesem Problem tatsächlich stellte und ihm nicht auswich, kam es dazu, dass er die ‚Ortszeit', die Lorentz als theoretische Hilfsgröße postuliert hatte, zur eigentlichen physikalischen Zeit erklären konnte. Poincaré hielt die Ortszeit noch für ein mathematisches Konstrukt. Einstein gelang es, die Definition der Zeit tatsächlich physikalisch zu operationalisieren und damit aber auch die klassische Definition der absoluten Zeit zu revidieren. Das Konzept der Zeit scheint nicht nur rein mathematisch, anhand der cartesischen Koordinaten, bestimmbar zu sein. Einen empirisch adäquaten Begriff der Zeit gewinnt man nach Einstein nur, wenn man diesen nicht abstrakt denkt, sondern ihn erstens an Ereignisse koppelt, ihn zweitens mit dem Konzept der Gleichzeitigkeit korreliert und ihn drittens mit Hilfe der Naturkonstante der Lichtgeschwindigkeit bestimmt.

3.4 Sekundäre Ebene: Intradiegese

Um dies vor den Augen des Lesers vorzuführen, eröffnet die Abhandlung gleich ab dem ersten Abschnitt eine zweite Erzählebene, nämlich die eines Gedankenexperiments. Repräsentationslogisch ist sie eine intradiegetische Ebene. Protagonisten dieser Erzählung sind Figuren als Beobachter, die Messhandlungen in der eigenen Welt vollführen und die Ereignisse in eigenen und fremden Bezugsystemen betrachten und bewerten. Hatte die primäre Wir-Erzählinstanz eine konative Vermittlungsfunktion, die die Messhandlungen der Beobachter kommentiert und bewertet, so haben die Beobachterfiguren eine performative Funktion: Sie führen die Messungen – zwar fiktiv, aber immersiv – direkt vor den Augen des Lesers vor. Der Modus der Distanz, in dem der Erzähler operiert, wird variiert mit dem Modus der Nähe, in dem die Beobachterfiguren agieren. Insofern können die Passagen, in denen die Beobachter die Messungen performativ vor den Augen der Leser vorführen, als *mimesis*-Passagen gelten, die eingebettet sind in den Gesamtprozess der *diegesis*. Wohlgemerkt geht es hier nicht um den Platon'schen Begriff der *mimesis* als ‚Nachahmung', sondern um die *mimesis praxeos* nach Aristoteles – um eine Praxis, die der Herstellung von Evidenz dient. Zu den spezifischen narrativen Verfahren der Wir-Erzähler in literarischen Texten stellte auch Fludernik fest:

> One can achieve such a sliding scale by noting that in [...] *we* texts the barrier between the diegetic and extradiegetic levels is already porous since the first-person narrators [...] share an existential core with a narrator or narratee on the extradiegetic plane [...]. The successful strategy of *you* and *we* narrative has been to draw the reader into the text by way of imaginative *immersion* [...]. Paradoxically, the strategies we have been looking at [...] do not use metafictional strategies to call attention to the fictionality of the texts. Rather, they at first lure the reader into safe identification, enhancing the assumption of a *continuity* between the fictional and factual realms.[147]

3.4.1 Die Relativität der Gleichzeitigkeit

Ab hier wird das bisher leichthin angenommene Konzept der Gleichzeitigkeit in Frage gestellt. Einstein fragt konsequent nach: Was bedeutet Gleichzeitigkeit denn eigentlich? Dabei stellt er fest, dass jedes Urteil über die Zeit im Grunde nur dadurch gefällt werden kann, dass man ein Urteil über Gleichzeitigkeit fällt. Auch für die Bestimmung der Zeit ist der Vergleich zweier Bezugssysteme miteinander notwendig, denn zwangsläufig setzt sie stets zwei verschiedene Ereignisse miteinander in Beziehung: „Wenn ich z. B. sage: ‚Jener Zug kommt hier um 7 Uhr an,‘ so heißt dies etwa: ‚Das Zeigen des kleinen Zeigers meiner Uhr auf 7 und das Ankommen des Zuges sind gleichzeitige Ereignisse‘“ (EbK, S. 893).

Nun stellt sich ein neues Problem für Einstein: Es genügt nicht, nur die Zeit des Bezugssystems eines Beobachters durch die Anzeige seiner persönlichen Uhr zu definieren. Wichtig ist, Ereignisse miteinander zu korrelieren, die an unterschiedlichen Orten stattfinden. Würde der Uhrzeiger des ersten Beobachters als Messinstrument genügen, um die Eigenzeit eines anderen Beobachters anzuzeigen, der sich nicht am gleichen Ort befindet? Könnte man in dieser Weise zwei Ereignisfolgen miteinander korrelieren? Als Lösung läge nahe, beide Beobachter mit je einer eigenen Uhr zu versehen. Damit hätte man aber, so Einstein, nichts anderes als eine Möglichkeit eingeführt, um einerseits die Zeit des ersten Beobachters *A* zu definieren und andererseits die Zeit des Beobachters *B* zu definieren. Man hätte noch keine zuverlässige Regel gefunden, die die Zeiten beider miteinander korreliert bzw. aufeinander bezieht. Die beiden Zeitenangaben seien somit nicht nur unabhängig voneinander definiert, sie könnten sogar auch unterschiedlich sein.

Als nächstes wird in der Darstellung auf Verfahren der Fokalisierung rekurriert. Nimmt man an, dass sich an dem Punkt *A* eine Uhr befindet sowie ein Beobachter, der den Zeitpunkt, zu dem ein Lichtstrahl eintrifft, von dieser Uhr abliest und markiert, so stellt man fest, dass dieser seine Uhr nicht mit einem Beobachter

147 Fludernik: „The Category of ‚Person‘ in Fiction“ (Anm. 138), S. 122. Hervorhebungen im Original. Fludernik bezieht sich hier auf Ryan: *Possible Worlds* (Anm. 70).

B korrelieren kann, der seinerseits von seiner Uhr die Zeit abliest, zu der ein Lichtsignal bei ihm eintrifft. Wahrnehmungs- und Wissenshorizont jedes Beobachters sind – aus narratologischer Perspektive – entweder intern oder extern fokalisiert. Es gibt in der Relativitätstheorie gleichsam keine Null-Fokalisierung. In Einsteins Duktus wird dies so formuliert:

> Wir könnten uns allerdings damit begnügen, die Ereignisse dadurch zeitlich zu werten, daß ein samt der Uhr im Koordinatenursprung befindlicher Beobachter jedem von einem zu wertenden Ereignis Zeugnis gebenden, durch den leeren Raum zu ihm gelangenden Lichtzeichen die entsprechende Uhrzeigerstellung zuordnet. Eine solche Zuordnung bringt aber den Übelstand mit sich, daß sie vom Standpunkte des mit der Uhr versehenen Beobachters nicht unabhängig ist, wie wir durch die Erfahrung wissen. (EbK, S. 893)

Einstein schlägt vor, die intern fokalisierten Wissens- und Wahrnehmungsinstanzen mit einem Kriterium für die Zeitmessung auszustatten, das ihnen Beides ermöglicht: sowohl genaue Zeitmessungen relativ zu ihrem Bezugssystem vorzunehmen als auch diese miteinander zu korrelieren. Wie wird dies möglich? Indem man die Eigenzeiten der beiden Beobachterinstanzen erstens in symbolische Formen umcodiert und zweitens mit fundamentalen physikalischen Prinzipien korreliert, wie dem der Konstanz der Lichtgeschwindigkeit.

So gelingt es, definitorisch festzusetzen, dass die Zeit, die ein Lichtstrahl benötigt, um vom ersten Beobachterstandort t_A zum zweiten Beobachterstandort t_B zu gelangen, gleich ist mit der Zeit, die ein Lichtstrahl benötigt, nachdem er von t_B reflektiert wird, um zum Punkt t'_A zurückzugelangen. Das lässt sich in die symbolische Formrelation modellieren:

$$t_B - t_A = t'_A - t_B$$

Mit dieser symbolischen Formrelation für die Synchronizität ausgestattet, überprüft Einstein die Gültigkeit der vorgeschlagenen Äquivalenz-Relation, die drei Kriterien zu erfüllen hat: Erstens das der Reflexivität (das heißt Identität): $t_A = t_A$; Zweitens das Kriterium der Symmetrie: wenn die Uhr in A mit der Uhr in B synchron ist, so kann man implizit daraus schließen, dass auch die Uhr in B mit der Uhr in A synchron ist. Und schließlich das Kriterium der Transitivität, der Übertragung der Synchronizitätsrelation auf ein drittes Element: Läuft die Uhr in A sowohl zur Uhr in B als auch in Bezug zur Uhr in C synchron, so läuft auch die Uhr in B synchron zur Uhr in C.

Zusammenfassend gesagt, schlägt der erste Abschnitt zunächst eine Definition der Gleichzeitigkeit vor, die die ‚Zeit' als Begriff rekonzeptualisiert: Sie wird in ein operationales Konzept der Physik umfunktioniert. Die Definition der Zeit kann ohne eine vernünftige Definition der Gleichzeitigkeit nicht realisiert werden. Eine vernünftige Definition der Gleichzeitigkeit ist aber nur unter Rückgriff auf das

Prinzip der Konstanz der Lichtgeschwindigkeit operationalisierbar. Im zweiten und vierten Abschnitt stellt man fest, dass ausgerechnet die Größe, die die Synchronizität der Messergebnisse zwischen zwei Beobachtungssystemen garantieren soll, dies zwar tut, aber nur unter der Bedingung einer Differenz, die Zeitdilatation genannt wird. Durch diese neue Definition der Synchronisation von Uhren, die Einstein einführt, wird klar, dass zwei Beobachter in der Regel nicht die gleiche Wahrnehmungssituation eines und desselben Ereignisses haben werden, wenn sie sich in unterschiedlichen Bezugssystemen als Inertialsysteme befinden, die sich parallel zueinander bewegen. Denn es ist das Licht, das die Information über den Vorfall des Ereignisses transportiert. Das Licht hat aber nur eine begrenzte Geschwindigkeit. Die Information kann nicht beide Beobachter gleichzeitig erreichen, wenn sie sich in unterschiedlichen Inertialsystemen in Ruhe oder Bewegung befinden. Deshalb ist eine tertiäre Dimension der Modellierung nötig, um die Orte und Zeiten der Koordinatenachsen der Beobachtungsstandorte ineinander zu transformieren und die Wahrnehmungs- und Wissenshorizonte der Beobachter somit extern zu korrelieren.

> Hierbei ist
>
> $$\text{Geschwindigkeit} = \frac{\text{Lichtweg}}{\text{Zeitdauer}}$$
>
> wobei „Zeitdauer“ im Sinne der Definition des § 1 aufzufassen ist. (EbK, S. 895)

Der Inbegriff der Einstein’schen Interformation ist in der verdichteten Schreibweise des oben zitierten Bruchs „Lichtweg/Zeitdauer“ gedanklich konzentriert. Dieser signalisiert auch die Änderung der Codes der Messerzählung: Zwar sind nach wie vor Uhren im Einsatz – auch in Einsteins Gedankenexperiment. Doch es kommt eine weitere relevante Größe hinzu, nämlich die Lichtgeschwindigkeit. Sie ist eine Naturkonstante und garantiert, dass die Uhren synchron laufen. Sie steht im Zähler dieses Bruchs, die Zeitdauer steht im Nenner. Die Dauer, die das Licht braucht, um einen bestimmten Weg zurückzulegen, bleibt immer konstant im Vakuum, unabhängig von Richtung und Bezugsystem. Deshalb wird die Lichtgeschwindigkeit zur relevanten Größe – nicht die Uhr. (Sehr wohl relevant sind die Uhren für die Eigenzeiten ihrer Besitzer. Die Konstanz der Lichtgeschwindigkeit ist aber relevant für die Korrelation der Informationen der beiden Beobachter.) Die Zeitdauer wird durch die Vermittlung einer Naturkonstante gemessen: die Lichtgeschwindigkeit. Die Uhr ist also die relevante Größe erster Ordnung. Die Lichtgeschwindigkeit ist die relevante Korrelationsgröße zweiter Ordnung, um die gemessenen Eigenzeiten zweier Beobachter aufeinander zu beziehen. Zwischen dem neuen Einstein-Lorentz’schen Begriff der ‚Eigenzeit‘ und dem alten Newton-Kant’schen Begriff der ‚absoluten Zeit‘ ist also ein epistemischer Bruch festzustellen. Die Bestimmung des Zeitpunkts eines Ereignisses ist nun abhängig von der Lichtgeschwindigkeit. Der Lichtweg bestimmt die Zeitdauer und definiert diese implizit immer als relativ zum Bezugsystem des Beobachters. So zeigt Einstein, dass es keine absolute Gleichzeitigkeit gibt.

3.4.2 Zeitdilatation und Längenkontraktion

Der vierte Abschnitt wiederholt das Gedankenexperiment des zweiten Abschnitts nun unter der Verwendung der Lorentz–Transformation. Erneut geht es um die Messung der Zeitdauer, die ein Lichtstrahl benötigt, um seinen Weg zwischen zwei Spiegeln hin und zurück zu bestreiten.

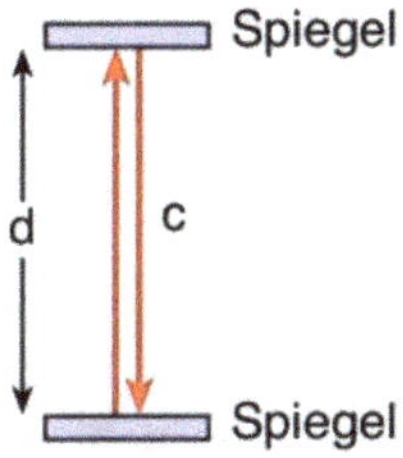

Abb. VII.1–6: Abbildung der bewegten Lichtuhr aus der Perspektive des Beobachters *A*, der sich mit der Lichtuhr bewegt.[148]

Nehmen wir nun an, dass sich die oben gezeigte Uhr mit einer sehr hohen Geschwindigkeit (nahe der Lichtgeschwindigkeit) an der Erde vorbei bewegt. Der Weg des Lichtstrahls und sein Eintreffen am Ursprungsspiegel wird nun von zwei verschiedenen Beobachtern beobachtet: Von einem Beobachter *A*, der sich mit der Lichtuhr bewegt, und von einem Beobachter *B*, der die Lichtuhr von der Erde her beobachtet. Der Beobachter *A*, der sich mit der Lichtuhr bewegt (Abb. VII.1–6), berechnet den Weg des Lichts zwischen den beiden Ereignissen (dem ersten Ereignis der Lichtemission von dem ersten Spiegel, und dem zweiten des Wiedereintreffens des Lichtstrahls zurück am ersten Spiegel) als die doppelte Wegstrecke des Lichts geteilt durch die Lichtgeschwindigkeit: $t = \frac{2d}{c}$. Der Beobachter *B*, der sich auf der Erde befindet (Abb. VII.1–7), misst für das gleiche Ereignis eine andere Zeitdauer, denn aus seiner Erd–Perspektive sieht die Beobachtungsanordnung anders aus als aus der Perspektive des bewegten Beobachters.

Aus der Perspektive des Erdbeobachters *B* benötigt das Licht (oder ein Photon) eine längere Zeit vom Ausgangsspiegel bis zum Endspiegel und zurück, weil sich die Lichtuhr zwischendurch durch den Raum bewegt. Das Licht legt für ihn nicht einen doppelten geraden Weg ($2d$) zurück, wie für den Beobachter *A*, son-

148 Quelle: https://physikunterricht-online.de/jahrgang-12/zeitdilatation/ (zuletzt besucht am 26. Juni 2023).

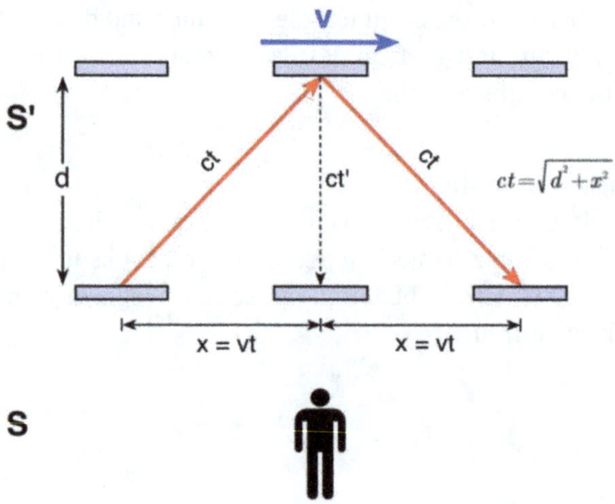

Abb. VII.1-7: Abbildung der bewegten Lichtuhr aus der Perspektive des Erdbeobachters *B*.[149]

dern einen doppelten diagonalen Weg (2*ct*), der länger ist als der Weg, den der bewegte Beobachter misst (2*d*). Der Weg, den der Erdbeobachter misst, kann mit dem Pythagoras-Theorem ausgerechnet werden: $(ct)^2 + (ct')^2 = (vt)^2$. Die von ihm gemessene Zeit ist folglich länger als die vom bewegten Beobachter gemessene Zeit. In ausgerechneter Form beträgt sie:

$$t = t' \frac{1}{\sqrt{1 - \frac{v^2}{c^2}}}$$

So erklärt sich das relativistische Konzept der Zeitdilatation. Der Faktor auf der rechten Seite der Gleichung ist der Lorentz-Faktor. Somit erweist sich auch, dass Uhren, die von Beobachtern in bewegten Koordinatensystemen getragen werden, aus der Perspektive des ruhenden Systems langsamer laufen als die Uhren der Beobachter im ruhenden System. Das Licht stellt die semio–logische Zeichenkorrelation her, indem es die Information über das Eintreffen eines Ereignisses transportiert. Doch auch die Lichtgeschwindigkeit ist begrenzt. Die Information kann nicht gleich schnell an beide Beobachter gelangen, wenn einer von ihnen ruht und ein anderer sich bewegt. Die Beobachter beobachten das gleiche Ereignis zu unterschiedlichen Zeiten, je nachdem, wie weit sie von der Lichtquelle entfernt sind. Diese Differenz wird immer bestehen bleiben. Zeitangaben werden

149 Quelle: https://physikunterricht-online.de/jahrgang-12/zeitdilatation/ (zuletzt besucht am 26. Juni 2023).

also immer relativ zum eigenen Bezugssystem gemacht. Für die Korrelation zwischen den Bezugssystemen bedarf es nun der Interformation: Denn die Konstanz der endlichen Lichtgeschwindigkeit verhindert die absolute Simultaneität und stellt klar, dass für jedes Bezugssystem seine Eigenzeit gilt. Jedes Bezugssystem ermöglicht aber durch eine Transformationsrelation eine Korrelation mit dem anderen Bezugssystem.

3.4.3 Ereignishorizonte der Beobachter und ihre Begrenzung

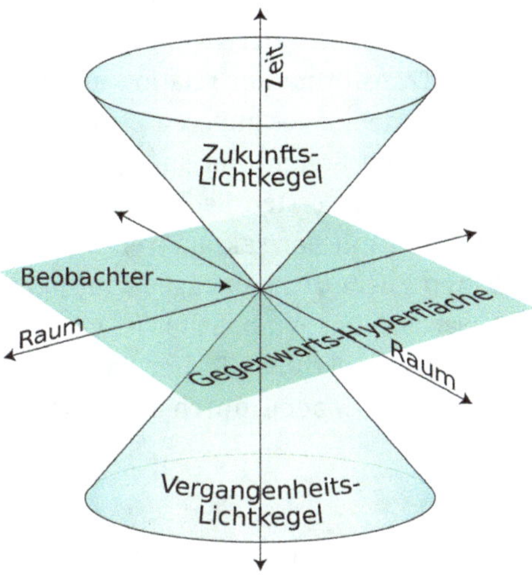

Abb. VII.1–8: Lichtkegel in einer Raumzeit mit zwei Raumdimensionen, Vorwärtskegel in positiver Zeitrichtung. Der Beobachter eines Ereignisses E befindet sich im Schnittpunkt von Vergangenheits- und Zukunftskegel (Gegenwart).[150]

Minkowski hat 1908 gezeigt, dass die kausale Struktur der vierdimensionalen Raumzeit durch raumartige, zeitartige und lichtartige Vektoren definiert ist (siehe Abb. VII.1–8). Das Licht formt den Lichtkegel, die lichtartigen Differenzvektoren werden mit den Mantellinien des Kegels identifiziert. Die lichtartigen Vektoren begrenzen den Ereignishorizont jedes Beobachters, der sich auf einer Weltlinie befindet. Die mittlere Achse des Lichtkegels symbolisiert den zeitartigen Differenzvektor. Der untere Lichtkegel repräsentiert die Vergangenheit des Beobachters, mit allen Ereignissen und Vorgängen, die er prinzipiell wahrnehmen konnte. Der obere Lichtkegel stellt die Zukunft dar. Die Grenzen des Lichtkegels sind die Grenzen der Welt des Beobachters. Alle Ereignisse, die im Lichtkegel stattfinden, können ihn errei-

150 Quelle: https://commons.wikimedia.org/wiki/File:World_line-de.svg (zuletzt besucht am 26. Juni 2023). Urheber der deutschen Version: Bernhardius bei *de.wikipedia*, Original SVG: K. Aainsqatsi bei *en.wikipedia*, Original PNG–Version: Stib bei *en.wikipedia*.

chen. Die Ereignisse, die außerhalb des Lichtkegels stattfinden, können die Wahrnehmung des Beobachters prinzipiell nicht erreichen. Ein Betrachter, der sich nur auf der Ebene der Empirie bewegen würde und nicht über eine symbolische Rahmungsstruktur verfügen würde, könnte aufgrund der Begrenzung seines Ereignishorizonts in der vierdimensionalen Minkowski-Welt nicht beobachten, was außerhalb seines Ereignishorizonts passiert. Das wird von der Relativitätstheorie so postuliert.

Deshalb ist das Gedankenexperiment als symbolische, materiell fixierte, epistemisch orientierte Narration notwendig. Seine Funktion besteht darin, dass in diesen Ereignishorizont ein fiktiver Beobachter situiert wird, um die Begrenzung seines Ereignishorizonts vorzuführen und um die Konsequenzen zu zeigen, die aus dieser Begrenzung zu ziehen sind: die Notwendigkeit der Existenz einer tertiären Dimension der Modellierung, die eine Transformationsrelation aufweist. Durch diese kann mathematisch auf das Bezugsystem eines anderen Beobachters objektiv geschlossen werden, selbst wenn sich sein Ereignishorizont prinzipiell außerhalb der Reichweite des Ereignishorizontes des ersten Beobachters befindet. Somit können primäre Kontextabhängigkeit mit der sekundären symbolischen Kontextunabhängigkeit auf einer dritten Ebene zusammengedacht und in eine symbolische Konfiguration integriert werden. Die Symbolizität ist eine notwendige Bedingung für die kontextunabhängige Objektivität. Später kann sie in Faktizität übergehen, solange das mathematische Modell durch Experimente nicht falsifiziert wird.

3.4.4 Ternäres Beobachtungssystem

Insofern inszeniert die Erzählinstanz hier ein theoretisches System der Modellierung auf dreifacher Beobachtungsebene:

Erstens beobachten die Figuren das Eintreffen der Lichtereignisse und machen ihre Zeitangaben hierzu. Sie beobachten jedoch nicht nur die Ereignisse des eigenen Systems, sondern auch das Eintreffen von Ereignissen im fremden System, und kommen zu einem anderen Ergebnis als die Beobachter in ihrem jeweiligen System. Das gleiche Ereignis wird also durch eine intern codierte Eigenzeit für das eigene System markiert sowie durch eine andere extern codierte Zeitmessung in Bezug auf die ‚fremde Zeit' des anderen Bezugssystems.

Zweitens beobachtet die Wir-Instanz beide Messvorgänge der Beobachterfiguren und verwertet die unterschiedlichen Ergebnisse, obwohl das Ereignis ‚gleichzeitig' schien. Der Erzähler der Exegese hat aber als Wir-Erzähler (das hat Monika Fludernik gezeigt) die Besonderheit, dass er den herkömmlichen Kategorisierungen widerspricht und die ontologischen Grenzen zwischen den Erzählebenen metaleptisch überschreitet.[151] Er tritt als ‚Reflektor', als Teil-Instanz der kollektiven Wir-Instanz in die diegetische Ebene ein, vergleicht die Messergebnisse der beiden Beobachter miteinander und stellt fest, dass Beobachter, die die gleichen Vorgänge zum gleichen Zeitpunkt gemessen haben, zu unterschiedlichen Interpretationen der Messergebnisse gekommen waren. Die Wir-Instanz rekonzeptualisiert also den Begriff der Gleichzeitigkeit in der Physik, indem sie diese durch die Konstanz der Lichtgeschwindigkeit umdefiniert.

Drittens beobachtet der implizite Leser wiederum sowohl die Ergebnisse der Messvorgänge, die bei gleichzeitigen Ereignissen unterschiedlich sind, als auch den Beobachtungs-, Auswertungs- und Reflexionsprozess der Wir-Instanz in Bezug auf die Differenz der Messergebnisse. Die Ergebnisse des Gedankenexperiments sind: Gleichzeitigkeit ist relativ. Zeitdilatation existiert objektiv. Jede Zeitangabe ist nur relativ zum eigenen Bezugssystem möglich. Jeder Beobachter hat eine autonome Eigenzeit, die jedoch nicht monadisch unkorreliert bleibt, sondern mit der des anderen in Zusammenhang gebracht werden kann, ohne eine absolute Zeit anzunehmen.

Jeder Beobachter, der im Einstein'schen Erzähluniversum agiert, hat aufgrund seines Ereignishorizonts die Definitionshoheit über die eigene Zeitlichkeit. Wenn zwei Beobachter das gleiche Ereignis von verschiedenen Standorten aus verschiedenen Bezugssystemen beobachten, dann kann der erste Beobachter zwar über die Zeitlichkeit des zweiten Beobachters Angaben machen, aber die Eigenzeit des ersten Beobachters wird mit der Eigenzeit des zweiten Beobachters nicht übereinstimmen. Und obwohl beide Eigenzeiten gelten, gibt es dennoch eine Transformationsrelation, die es ermöglicht, die Zeit des Koordinatensystems des einen Beobachters in die Zeit des Koordinatensystems des anderen Beobachters zu transformieren, sodass die doppelte Zeitlichkeit objektiv gilt. Doch mit welchen Argumentationsverfahren und mit welchen narrativen Verfahren wird dies umgesetzt?

Dieses Inklusionsschema der Rahmenerzählungen hat die herkömmlichen Schemata epistemischer Routinen schon längst überholt. Ein neuer Rahmen der symbolischen Reorganisation sollte nun durch Exemplifikation, durch *representation as*, und durch *creation as reconfiguration* konstruiert werden.

3.5 Tertiäre Ebene: Metadiegese

Einsteins Abhandlung setzt funktionale Narrativität ein, um die epistemischen Konsequenzen der Intersektion des Relativitätsprinzips mit der Konstanz der

151 Vgl. Fludernik: „The Category of ‚Person' in Fiction" (Anm. 138), S. 122.

Lichtgeschwindigkeit performativ vorzuführen. Die Erzählung erst schafft die Bedingungen für Beobachtungen aus unterschiedlichen Perspektiven. Dies gewährt dem Adressaten einen epistemischen Zugang zu den Aussagen der Relativitätstheorie, sodass er deren epistemologische Konsequenzen reflektieren kann. Denn das Relativitätsprinzip geht von der Existenz zweier Bezugssysteme der Beobachtung und der Differenz zwischen ihnen aus. Gibt es grundsätzlich eine Möglichkeit, diese Beobachtungen miteinander zu korrelieren, ihre Eigenständigkeit zu berücksichtigen und sie dennoch in die Objektivität zu überführen? Diese Möglichkeit gibt es, wie zu zeigen sein wird, doch sie wird weder durch die Empirie noch durch die primäre Dimension der Modellierung der Messerzählung gewährleistet. Die mathematische Modellierung, verschränkt mit dem Gedankenexperiment, eröffnet diese Sicht der Objektivierung zweier relativer Beobachtungen. Sie verbindet das Relativitätsprinzip mit einem Prinzip der Invarianz, das die Objektivierung der Beobachtung auf einer tertiären Ebene garantiert. Diese Invarianz lässt sich aber auch nicht verabsolutieren. Jede Invarianz gilt, wie Felix Klein in seinem „Erlanger Programm“[152] gezeigt hat, immer gegenüber einer Transformationsgruppe. Diese Transformationsrelation wird auf der dritten Ebene der Modellierung symbolisch konfiguriert. Somit wird ein übergeordnetes symbolisches Bezugsystem angegeben, demgegenüber Kovarianz gilt. Dieses Bezugsystem legt den Rahmen der möglichen Referenz fest. *Mathesis* und *diegesis* zusammen konstituieren dieses Bezugsystem als Rahmen möglicher Referenz und instanziieren seine Merkmale.

3.5.1 Lorentz-Koordinaten- und Zeittransformation

Im dritten Abschnitt der „Elektrodynamik bewegter Körper“ erfolgt die Demonstration der Vereinbarkeit der beiden fundamentalen Prinzipien aus Mechanik und Elektrodynamik, die zunächst unvereinbar erschienen: das Relativitätsprinzip und die Konstanz der Lichtgeschwindigkeit. Sodann wird deutlich, dass diese Vereinbarkeit zwar möglich ist, aber nur unter der Annahme einer internen Umcodierung: durch die Umformung bzw. die Ersetzung der Galilei-Transformationen der Mechanik durch die Lorentz-Transformationen der Elektrodynamik. Unter dieser Bedingung kann das Relativitätsprinzip erhalten bleiben und auch für die Elektrodynamik gelten. Die Gleichungen der Mechanik durften kein Bezugssystem dem anderen vorziehen. Vor diesen Gesetzen waren alle Bezugssysteme gleichberechtigt, das heißt, dass sie für jedes Bezugssystem gleichermaßen galten. Dafür gab es die Bedingung, dass die Modellierungen der Mechanik invariant sein müssen gegenüber den Galilei-

152 Felix Klein: *Das Erlanger Programm. Vergleichende Betrachtungen über neuere geometrische Forschungen*. Hrsg. von Hans Wußing. Leipzig: Geest & Portig 1974.

Transformationen.[153] Einstein führt in seinem dritten Abschnitt vor, dass dieses Prinzip der Mechanik an sich beibehalten werden kann, wenn man es transformiert, das heißt umformuliert: Die Modellierungen der Mechanik sollen nicht mehr kovariant gegenüber den Galilei-Transformationen sein, sondern gegenüber den Lorentz-Transformationen. Dafür gilt es, ein anderes Transformationsprinzip einzuführen als das, das in der Rahmenerzählung, in der Welt der primären Erzählinstanz, ursprünglich galt. Die Transformationsrelationen der extradiegetischen Ebene waren noch die Galilei-Transformationen. Die Transformationsrelationen der metadiegetischen Ebene sind die Lorentz-Transformationen. Worin liegt der Unterschied? Weshalb ist dies wichtig?

Nach Einstein lautet die Aussage der Lorentz-Transformationen: Ist ein Beobachter mit konstanter Geschwindigkeit in x-Richtung gegenüber einem anderen Beobachter bewegt, so hängen die Koordinaten (x', y', z' für den Raum und t' für die Zeit), die er einem Ereignis zuschreibt, durch die spezielle Lorentz-Transformation mit den Koordinaten (x, y, z, t) des anderen Beobachters für dasselbe Ereignis zusammen, falls die beiden Bezugssysteme zum Zeitpunkt $t = t' = 0$ miteinander übereinstimmen. Die beiden Koordinatensysteme unterscheiden sich voneinander in den x'- und t'-Richtungen durch den Lorentz-Faktor.

$$t' = \frac{t - \frac{v}{c^2}x}{\sqrt{1 - \frac{v^2}{c^2}}}$$

$$x' = \frac{x - vt}{\sqrt{1 - \frac{v^2}{c^2}}}$$

$$y' = y$$

$$z' = z$$

Das oben gezeigte Gleichungssystem der Lorentz-Transformation hat mehrere Funktionen: Es bietet die Möglichkeit, mit unterschiedlichen Eigenzeiten von Beobachtern zu operieren, weil das Gleichungssystem sie korreliert. Es rechtfertigt die Legitimierung der Eigenzeit jedes einzelnen Beobachtersystems als Inertialsystem. Es rechtfertigt auch, warum die Phänomene der Lorentz-Kontraktion und der Zeitdilatation nicht notwendigerweise paradox sind, sondern jeweils ihre Berechtigung haben, selbst wenn dies der klassischen Mechanik, dem bisherigen Regelwerk der Physik, und dem ‚gesunden Menschenverstand' widerspricht.

---

153 Vgl. Schröder: *Spezielle Relativitätstheorie* (Anm. 6).

Die Beobachterfiguren agieren in Messerzählungen, die durch wechselnde Modellerzählungen variiert werden. Sie kombinieren wahlweise unterschiedliche Parameter des konzeptuellen Frames der Newton'schen Mechanik mit Parametern des Maxwell-Frames bzw. des Lorentz-Frames der Elektrodynamik, führen die Messungen vor und teilen mit, was in ihrem jeweiligen Bezugssystem zu sehen ist. Überdies teilen sie auch mit, was sie über das Bezugssystem des jeweils anderen Beobachters aus dem eigenen Bezugssystem messen bzw. beobachten und feststellen können. Dennoch gibt es aber eine regelgeleitete Handlungs- als Modellierungspraxis, um von den Raumzeit-Koordinaten, von der Weltlinie eines Beobachtersystems auf die Raumzeit-Koordinaten, die Weltlinie eines anderen Beobachtersystems zu transformieren. Die Lorentz-Transformation steht für eine symbolisch-mathematische Modellierungspraxis, der die grundsätzliche handlungstheoretische Maxime eingeschrieben ist, dass kein Beobachter und kein Beobachtungssystem in seinem Wissens- und Wahrnehmungshorizont bevorzugt werden darf. Sie fordert die prinzipielle Gleichwertigkeit aller inertialen Bezugssysteme in ihren Beobachtungs-, Wahrnehmungs-, und Wissenshorizonten, vorausgesetzt, dass diese die neue regelgeleitete Handlungspraxis der Messkonventionen respektieren.

Das Ziel ist, Folgendes zu zeigen: Die Größen erster Ordnung – die der primären Messmodellierung – können in verschiedenen Bezugssystemen untereinander Differenzen aufweisen, sodass jedes Bezugssystem gleichberechtigt ist, unter der Bedingung, dass die symbolische Form zweiter Ordnung Äquivalenzen zeigt, wenn die gegebenen Transformationsregeln dritter Ordnung angewendet werden. Das gelingt durch die Einführung einer dritten Ordnung, eines dritten Rahmens der Modellierung, von dem aus man sehen und verstehen kann, warum beide, sowohl die Differenz- als auch die Äquivalenzrelation, notwendig sind. Sie sind auf verschiedenen Ebenen angesiedelt und erfüllen verschiedene Funktionen: Die Differenz-Relation fungiert auf der primären Ebene der Modellierung. Sie übernimmt die symbolische Referenzrelation der Denotation, verweist auf unterschiedliche Phänomene der äußeren Realität und bewahrt somit die Kontextabhängigkeit der Messung und der semiotischen Kommunikation. Dadurch kann noch Information vermittelt werden, die auf bestehenden Codes basiert.

Auf der Ebene der sekundären Modellierung ist die symbolische Referenzrelation primär durch das monoplanare System der Mathematik definiert, das nur syntaktisch, aber nicht semantisch operiert. Die Referenzrelation verweist lediglich auf die eigene mathematische Formrelation. Wenn beide sekundären Ebenen der symbolischen Modellierung, die der Mechanik und die der Elektrodynamik, quantitative Gleichheit aufweisen, dann können diese verschränkt werden. Das wird möglich durch die tertiäre Modellierung, die eine Transformationsrelation aufweist, durch die aus einem Bezugssystem auf ein zweites transformiert werden kann.

Das ist das wichtigste Merkmal der Interformation: ihre Janusköpfigkeit. Sie kann Kontextabhängigkeit auf der primären Dimension der Modellierung, auf der Ebene der Denotation, symbolisieren: Auf dieser Ebene bleibt die Differenz erhalten. Sie kann aber zugleich auf der zweiten Dimension der symbolischen Modellierung, die der Exemplifikation, über die Denotation hinausgehen, die erste Ebene vorübergehend suspendieren und umprägen, und somit eine symbolische Äquivalenz zwischen Bereichen herstellen, die davor nicht zusammengedacht wurden. Es geht also um Differenz und Kontextabhängigkeit auf der Ebene der Denotation einerseits und um Äquivalenz auf der Ebene der Exemplifikation andererseits, unter der Angabe der Notwendigkeit einer Transformation. Diese janusköpfige Konfiguration hat jedoch nur dann Bestand, wenn zugleich eine dritte Modellierungsebene existiert, die eine Konfiguration mit einer Symmetrie-Transformation errichtet. Diese Symmetrie-Transformation macht nachvollziehbar, warum sowohl die Differenz auf der Denotationsebene – die aber temporär suspendiert wird – als auch die Äquivalenz auf der Exemplifikationsebene im Rahmen der ternären Konfiguration legitim sind: Die Äquivalenz legitimiert die Symmetrierelation, die Differenz induziert die Notwendigkeit der Rückkopplung zu den sekundären und den primären Modellierungen vor der Interformation und ihre nachträgliche Transformation. Die tertiäre Ebene ist die Ebene der Kovarianz. Sie zeigt die Symmetrierelationen auf, die die kovariante Transformation von einem Bereich zum anderen ermöglichen.

3.5.2 Interdiegetische Funktion der Lorentz-Transformation

Die Lorentz-Transformationsrelation ist zwischen den Weltlinien situiert. Sie vermittelt zwischen ihnen, so dass beide Beobachtersysteme als gleichwertig gelten können. Aus diesem Grund hat die Lorentz-Transformation eine interdiegetische Vermittlungsfunktion. Das ist ihre funktionslogische Bestimmung. Aus erzählontologischer Perspektive operiert die Lorentz-Transformation als Transformationsprinzip zwischen den Weltenlinien. Man könnte sie deshalb als inter-diegetisch bezeichnen. Sie darf keiner Welt angehören, um sie beide miteinander verbinden zu können. Sie formuliert als Form- und Organisationsprinzip noch zusätzliche Regeln zur Korrelation und Transformation der Messergebnisse der Beobachter, sodass die Gleichwertigkeit der Bezugssysteme trotz der widersprüchlichen Messergebnisse legitim ist. Somit sind auch beide unterschiedlichen Messergebnisse objektiv gültig. Denn die Transformationsrelation besagt, dass die physikalischen Gleichungen, die überhaupt einen Anspruch darauf haben, den Rang eines fundamentalen Naturgesetzes einzunehmen, dies nur unter der Bedingung leisten können, dass die Gleichberechtigung aller inertialen Bezugssysteme und deren Perspektiven gewährleistet ist.

Äquivalenz zweiter Ordnung bedeutet, dass gezeigt werden kann, dass die Regeln für die Beschreibung der Naturvorgänge jeweils die gleichen bleiben, selbst wenn die Beobachter aus ihren intern fokalisierten Messperspektiven zu unterschiedlichen Ergebnissen kommen. Doch obwohl die Informationen notwendigerweise unterschiedlich sein müssen, zeigt sich durch das Prinzip der Interformation, dass die unterschiedlichen Betrachtungsperspektiven, obwohl sie relativ sind, dennoch grundsätzlich gleichberechtigt sind, dank der Lorentz-Transformation.

Die Lorentz-Transformation vermittelt zwischen den Koordinaten der Weltlinien der intern fokalisierten Beobachter. So könnte man von den Beobachterfiguren behaupten, dass sie zwar intern fokalisiert sind, aber durch die Lorentz-Transformation werden die Wissens- und Wahrnehmungshorizonte der beiden Beobachter objektiv so korreliert, dass sie ihre subjektive Betrachtung von ihrer Weltlinie aus, von ihrem subjektiven Wissens- und Wahrnehmungshorizont erhalten können, ohne dass die Relativität zum Relativismus verabsolutiert wird. Die tertiäre Dimension der Modellierung ermöglicht eine Mediation zwischen den Perspektiven der beiden Beobachter. Der jeweilige Beobachter präsentiert zum einen das *durch ihn* intern fokalisierte Ergebnis und zum anderen das *von ihm* extern fokalisierte Ergebnis, das sich auf den anderen Beobachter bezieht.

Die interne Fokalisierung des ersten Systems und die interne Fokalisierung des zweiten Beobachtersystems müssen aber, wenn sie sich widersprechen, nicht in polare, antipodische Gegensätze zerfallen. Denn es gibt einen dritten Weg, eine Möglichkeit der Mediation bzw. Transformation von einem Bezugssystem in das andere. So wird gewährleistet, dass beide Bezugssysteme sowohl in ihren Wahrnehmungs- als auch in ihren Wissensmöglichkeiten gleichberechtigt sind.

Die Messergebnisse der beiden Beobachter unterscheiden sich voneinander und sind dennoch gleichwertig. Das ist die scheinbare Paradoxie, die die spezielle Relativitätstheorie ihren Rezipienten zumutet. Doch dafür gibt es eine logische Erklärung, selbst wenn diese intuitiv nicht leicht nachzuvollziehen ist: Die Ergebnisse unterscheiden sich voneinander, weil sich die Beobachter relativ zueinander bewegen und weil es im Erzähluniversum der Speziellen Relativitätstheorie grundsätzlich keine Null-Fokalisierung gibt. Wenn es keine absolute Gleichzeitigkeit gibt, dann gibt es auch keine absolute Zeit und keinen absoluten Raum. Es gibt grundsätzlich keine übergeordnete Wissens- und Wahrnehmungsinstanz. Damit werden Newtons Konzeptionen des absoluten Raums und der absoluten Zeit als Denkgewohnheiten entlarvt und für verzichtbar erklärt.

Interessanterweise kommt es aber zur epistemischen Rückkopplung – zurück von der tertiären zur sekundären bis hin zur primären Ebene. Diese epistemische Rückkopplung führt zur sukzessiven Rekonzeptualisierung der Begriffe der zweiten und ersten Ebene im Lichte der Transformationsleistung der Interformation. Erst die Lorentz-Transformationen können die Größen von einem Bezugssystem ins andere überführen. Auf der Modellierungsdimension erster Ordnung (bzgl. der Messungen von Zeiten und Längen von Objekten) ergibt sich eine Differenz. Doch die unterschiedlichen Messergebnisse erscheinen aus der Perspektive der mathematischen Strukturen, die die Gleichungen auf zweiter Ebene modellieren, als äquivalent. Deshalb stehen Äquivalenz und Differenz nicht im Widerspruch zueinander. Sie heben sich auch nicht gegenseitig auf. Die Äquivalenz wird auf der Ebene zweiter Ordnung modelliert, die Differenz auf der Ebene erster Ordnung hingegen wird erhalten. Sie setzen unterschiedliche Modellierungsniveaus voraus und bedingen sich gegenseitig. Die Grundbedingung der Relativitätstheorie ist, dass alle Bezugssysteme, die sich gleichförmig bewegen, bei ihren Messungen und der Angabe von Größen gleichberechtigt sind. In der Allgemeinen Relativitätstheorie gilt dieses Grundpostulat der Gleichberechtigung für alle Bezugssysteme, auch für alle beschleunigten Systeme. Die Differenzen, die sich bei den Messungen von Größen aus der Perspektive unterschiedlicher Bezugssysteme ergeben, entstehen nicht aufgrund von Messfehlern, die es zugunsten einer ‚korrekten Beobachtung' zu vereinheitlichen gälte. Sie sind deshalb legitim, weil sie durch die Struktur der Raumzeit bedingt sind.

Auch Längen von Objekten können nicht mehr als absolute Größen beschrieben werden, sondern nur noch als relative Größen. Die Länge des Körpers, der sich bewegt, erscheint für den ruhenden Beobachter verkürzt: „Ein starrer Körper, welcher in ruhendem Zustande ausgemessen die Gestalt einer Kugel hat, hat also in bewegtem Zustande – vom ruhenden System aus betrachtet – die Gestalt eines Rotationsellipsoides" (EbK, S. 903). Das Umgekehrte gilt auch: Die Länge des ruhenden Körpers erscheint dem bewegten Beobachter verkürzt. Die Beschreibungen sind grundsätzlich nur relativ zum eigenen Inertialsystem möglich. Jedoch ist wiederum über die Lorentz-Transformation eine Äquivalenz zweiter Ordnung gegeben, die es erlaubt, aus einem Koordinatensystem in ein zweites zu übersetzen, ohne dass ein einziger Beobachter seine eigene Beobachtung absolut setzen kann und die des anderen ignorieren kann.

Daraus ist zu schlussfolgern, dass sich der Prozess der Objektivierung auf drei Ebenen vollzieht, denen unterschiedliche Funktionen zuzuschreiben sind. Er ist ein ternärer Prozess der Objektivierung durch Interformation. Notwendige Bedingung für die Objektivierung ist dabei die Vermittlung der Symmetrie-Gruppe der Lorentz-Transformationen.

Wenn ich das Vorgenannte im Rahmen dieses Kapitels häufig wiederhole, dann deshalb, weil viele populärwissenschaftliche Darstellungen der Relativitätstheorie die Differenz erster Ordnung auf der Ebene der primären physikalischen Effekte schildern und die damit einhergehende notwendige Äquivalenz zweiter Ordnung und die Transformationsrelation dritter Ordnung vernachlässigen. Das ist ein Problem, denn so kam es dazu, dass das Missverstehen der Aussagen der Relativitätstheorie zu leichtfertigen Parolen, wie ‚alles ist relativ' führen konnte. Einstein selbst warnt davor, das Relativitätsprinzip mit dem Relativismus zu verwechseln. Die Spezielle Relativitätstheorie ist ein wunderbares Beispiel dafür, wie phänomenale

Differenzen erster Ordnung auf formale Äquivalenzen zweiter Ordnung zurückgeführt werden können, unter dem Rückgriff einer dritten Ebene der Transformation, die die Differenzen im Inneren erhält. Damit wird klar, dass auch für die Physik der Weg zur Objektivität grundsätzlich nur durch die Berücksichtigung der spezifischen Differenz der Bezugsysteme und ihrer Perspektiven möglich ist. Für den internen Diskurs der Physik war dies immer schon klar, für den externen Diskurs in der Semiosphäre wird diese Unterscheidung aber weniger reflektiert.

Meine Lesart der Einstein'schen Abhandlung kommt zu dem Schluss, dass es wichtig ist, die primäre Dimension der Modellierung in ihrer Relativität und Kontextabhängigkeit und die sekundäre Dimension der Modellierung in ihrer Kovarianz und Kontextunabhängigkeit stets gemeinsam zu denken. Sie bedingen sich gegenseitig. Durch die tertiäre Metaebene wird erkennbar, warum sowohl die Differenzen auf primärer Ebene als auch die Äquivalenzen auf sekundärer Ebene notwendig sind.

Mit Goodman, Elgin und Frigg ist der Prozess der ‚Repräsentation als‘ ein Prozess der symbolischen Bezugnahme, der nicht (mehr) von Abbildung oder Denotation bestimmt wird, wichtig ist vielmehr die Exemplifikation. Die theoretische Modellierung macht Aspekte der Realität sichtbar, die zuvor aus unterschiedlichen Gründen nicht manifest waren. Dafür steht die Exemplifikation: für die Hervorhebung relevanter Merkmale eines Modells im Hinblick auf seinen Gebrauch. Sie wählt einschlägige Merkmale aus und stellt sie vordergründig dar, während sie andere Merkmale vielleicht unerwähnt lässt, weil sie nicht signifikant sind.

Ich schlage folgende Systematik vor: Für die Ebene der *representation of,* der Denotation, ist die primäre Dimension der Modellierung zu reservieren. Für die Ebene der *representation as*, der sekundären Dimension der Modellierung, ist die symbolische Form der Bezugnahme der Exemplifikation zu reservieren (wobei die erste vorübergehend suspendiert wird – im Rahmen des Gedankenexperiments). Für die Ebene der Transformation, für die tertiäre Dimension der Modellierung, ist die Formulierung der *representation through* zu reservieren: die Repräsentation durch die Intersektion der Modellierungspraktiken und deren wechselseitige Umcodierung: *„creation as reconfiguration“*[154] wie Goodman und Elgin diesen Prozess nennen.

3.5.3 Creation as reconfiguration

Eine Annäherung zum epistemischen Charakter dieser Disruption bieten auch Nelson Goodman und Catherine Elgin. Sie beschreiben diesen epistemischen Pro-

154 Catherine Z. Elgin: „Creation as Reconfiguration. Art in the Advancement of Science“. In: *International Studies in the Philosophy of Science* 16 (2002). S. 13–25.

zess der Hervorbringung neuer, innovativer Ideen, die sich nicht in das bestehende epistemische Korpus integrieren lassen, sondern diesen subvertieren, Brüche im Fundament aufzeigen und somit eine Transformation auslösen, als Prozess des „*creation as reconfiguration*".[155] Nelson Goodman und Catherine Elgin weisen darauf hin, dass es in diesem Fall um einen anderen Erkenntnisweg geht als den der Gewinnung neuer Informationen im Rahmen eines bestehenden theoretischen Frames.

> Ordinarily, cognitive advancement is construed as the growth of knowledge. It is accomplished by the acquisition of new (justified or reliably generated) true beliefs. A person becomes aware of a hitherto unknown but properly grounded truth and smoothly incorporates it into his epistemic corpus. On this picture, information comes in discrete bits, and the growth of knowledge is additive. To be sure, we learn some things this way. If I was previously ignorant of the atomic number of gold, I learn something new when I find out that it is 79.[156]

Goodman und Elgin zufolge ist die Hervorbringung neuer Informationen durch die Forschung wichtig, um ein bereits bestehendes theoretisches Modell zu ergänzen oder zu vervollständigen. Dies ist aber lediglich ein additiver Erkenntnisprozess, weil sich neue Informationen problemlos in das vorhandene „epistemic corpus"[157] der theoretischen Modellierung integrieren ließen, ohne dass Codes verändert werden müssten.

> Adding discrete bits of information to one's epistemic corpus does not advance understanding much. The reason is this: That the atomic number of gold is 79 is not at all surprising. No expectations are violated, for the fact fits neatly with what I already knew or reasonably believed. Nor does the information generate fruitful consequences. It does, of course, equip me to infer infinitely many more truths. But they are on the whole pretty insignificant, being logical consequences of things I already know.[158]

Dies sei zwar wichtig, so Elgin, es sei aber keine besondere Herausforderung für die Erkenntnis. Das heißt, dass es keinen disruptiven Effekt gibt, denn was die neue Information tut, ist, das zu bestätigen, was die Wissenschaftsgemeinschaft bereits logisch hergeleitet hatte. Ganz anders die Interformation. Führt man diese These Goodmans und Elgins mit der Code-Semiotik Ecos zusammen, so entspräche dies einer Modellierungspraxis im Modus der *ratio facilis* – der Integration von Information in ein bereits konstituiertes epistemisches Modell, das auf überlieferte Codes basiert und alle Annahmen des Modells bestätigt: „Moreover, the newly acquired information creates no ripples. I don't need to reassess formerly

155 Elgin: „Creation as Reconfiguration" (Anm. 153), S. 14.
156 Elgin: „Creation as Reconfiguration" (Anm. 153), S. 14.
157 Elgin: „Creation as Reconfiguration" (Anm. 153), S. 14.
158 Elgin: „Creation as Reconfiguration" (Anm. 153), S. 14.

accepted conclusions, reconsider my methods, or revise my standards. Rather like a piece in a jigsaw puzzle, the new information fits neatly into a cognitive slot that was already prepared for it."[159]

Eine größere Herausforderung wäre der Vorschlag der Änderung bestehender Codes eines Bereichs der Semiosphäre und dessen Ausrichtung an Codierungen einer anderen Theorie durch Überlagerung von Codes. Nach der Überlagerung und der wechselseitigen Umformung wären die Wissensordnungen des Zielgebiets völlig neu zu organisieren. Das entspricht dem oben gezeigten Prozess der Interformation.

Wenn sich dieser Vorschlag am epistemischen Horizont abzeichnet, eröffnet er bereits eine neue Sicht auf ein Gebiet und seine symbolischen Wissensordnungen. Nimmt man diese ein, so wird sichtbar, dass auf diesem Gebiet womöglich Widersprüche bestehen, die zuvor übersehen worden waren. Versucht man die beiden Sichten miteinander zu verbinden, so entstehen Risse im alten Fundament. Ist der Vorschlag der Überlagerung aber vielversprechend, werden die alten Codes in Frage gestellt werden und revidiert werden müssen. Das ist die erkenntnistheoretische Herausforderung der Interformation.

Betont man andererseits die Differenzen zu stark und kümmert sich nicht um die Gemeinsamkeiten, dann funktioniert der Transfer nicht. Gibt es einen Ausgang aus dieser Aporie? Eine Möglichkeit habe ich durch meine Analyse skizziert. Sie besteht darin, die Differenz nicht zu ignorieren, sondern mit ihr epistemisch zu operieren. Damit gewährt die Differenz den epistemischen Zugang zu den Problemen der Modellierung. Die Differenz setzt die Dynamik der Modellierung in Bewegung. Ist sie eine tragende Differenz, dann führt sie dorthin, wo ein neuer symbolischer Rahmen für die Reorganisation der Wirklichkeitserfahrung konstituiert werden kann, der sich unter weiteren hinzugenommenen epistemischen Kriterien als adäquat zu erweisen hat. Es ist wichtig, den drei entscheidenden operativen Komponenten des epistemischen Prozesses, der durch die Interformation induziert wird, adäquate Modellierungsdimensionen zuzuweisen. Ebenfalls wichtig ist die Schreibweise der neuen Modellierung, denn zur epistemischen Plausibilisierung hat sie im Moment, in dem sie sich entfaltet, nichts Anderes als sich selbst. Das erlaubt die ternäre Modellierung der Interformation durch die Konjunktion von *mathesis* und *diegesis*.

Ich fasse diesen Abschnitt zusammen: Nelson Goodman hat in den „Sprachen der Kunst", in seiner Theorie der Symbolsysteme, darauf hingewiesen, dass es wichtig sei, zwischen zwei Formen des Referenzbezugs durch symbolische Repräsentation zu unterscheiden: zwischen Denotation und Exemplifikation. Die Denotation ist die konventionelle Form des Referenzbezugs auf die empirische Realität. Die Exemplifikation hingegen modelliert ihren Referenzbezug selbst: Sie führt

159 Elgin: „Creation as Reconfiguration" (Anm. 153), S. 14.

Merkmale der Objekte durch Selbstreferenz vor, die zunächst symbolisch modelliert sind, aber später in der Realität beobachtet werden könnten. Die primäre Ebene der Denotation verbindet die Modellierung mit der unmittelbaren Referenz der empirischen Realität, während die sekundäre symbolische Ebene der Exemplifikation zusätzliche mögliche Korrelationen der symbolischen Organisation der Wirklichkeit bietet. Damit ist die Referenzrelation janusköpfig: einerseits gebunden an die herkömmliche empirische Realität durch die Messung, andererseits gebunden an die symbolische Modellierung durch die Mathematik. Die tertiäre Ebene ist die der Transformation. Was dann die tertiäre Modellierung vorschlägt, ist die Orientierung an der symbolischen Codierung eines anderen theoretischen Bereichs und die Möglichkeit der Überlagerung der beiden Codes der symbolischen Modellierung. Doch das geschieht nicht voraussetzungslos: Die tertiäre Dimension der Modellierung hat dafür eine geeignete komplexe Symmetrie- und Transformationsrelation zu errichten, die eine doppelte Funktion erfüllt: die Akzeptanz der Differenzen zwischen den primären Messmodellierungen der beiden Bereiche sowie das Aufzeigen der Äquivalenzen zwischen den bestehenden mathematischen Konfigurationen und die Integration ihrer Konsequenzen. Wenn die symbolische Integration aufgrund einer komplexen Symmetrierelation logisch überzeugend gelingt, dann kommt es zur erneuten Rückkopplung mit den beiden sekundären und primären Dimensionen der Modellierung beider Theorien – und diese werden dabei transformiert. Dieses Rückkopplungsverfahren der Transformation findet sich auf meinem Schaubild zum Prozess der Interformation und zur resultierenden epistemischen Transformation.[160] Das heißt, dass der gesamte ternäre Modellierungsprozess von diesem Schnittpunkt der Interformation aus zu lesen ist: als wechselseitige Transformation beider früheren primären und sekundären Dimensionen der Modellierung.

Im Falle der Speziellen Relativitätstheorie wird eine mathematische Äquivalenz zwischen den drei Dimensionen des Raumes und einer Dimension der Zeit (bzw. zwischen Masse und Energie) hergestellt. Die quantitative Gleichheit entsteht in der symbolischen Form der Zahlen, die rein monoplanar symbolisieren und nur syntaktische, formale Regeln kennen, aber keine semantischen Regeln. Die semantischen Korrespondenzregeln zu ihren realen Referenten werden nachträglich durch die operationalen Definitionen der Physik hergestellt. Symbolisch werden dadurch Funktionsbegriffe definiert; die Designata sind für bestimmte Konzepte der Physik, die nur mathematisch modellierte Referenzen haben und die keine angemessene semantische Entsprechung erhalten. Die Sprache der Physik sieht sich deshalb gezwungen, sich der Monoplanarität des symbolischen Sys-

160 Vgl. Abb. VII.1–4: Der Prozess der Interformation in Einsteins Relativitätstheorie. Teil III: Epistemische Transformation (S. 388).

tems der Mathematik ein Stück weit zu unterwerfen.[161] Solange das theoretische Modell noch nicht reif genug ist, um Experimente für seine Bestätigung oder Falsifizierung zu generieren, gilt es trotzdem, eine Welt zu skizzieren, die dieses neue theoretische Modell vorschlägt. Spätestens dadurch kommt die Biplanarität der symbolischen Formen, die Semantizität der Erzählung ins Spiel. Sie erlaubt es, eine probesimulative symbolische Welt zu errichten, die im Gedankenexperiment den Index der transienten Fiktivität trägt.

Die Kunst des *emplotments* in diesem Rahmen der symbolischen Konfiguration besteht darin, die epistemische Fruchtbarkeit der Äquivalenz *und* der Differenz aufzuzeigen und ihnen den jeweiligen epistemischen Ort bzw. ihre Funktion in der Architektur der Modellierung zuzuweisen, sodass zwar Widersprüche auftreten, diese aber in produktiver Weise zum Anlass der Transformation werden können. *Mathesis* und *diegesis* können idealerweise Hand in Hand arbeiten, um die Funktionen der Interformation und der Transformation zu übernehmen. Die *diegesis* braucht die *mathesis*, um die Interformation und die Transformation logisch zu fundieren. Aber die *mathesis* braucht ihrerseits die *diegesis*, um den ternären epistemischen Rahmen der Transformation zu konfigurieren und um das neue Weltmodell semantisch zu plausibilisieren. Die Mathematik verfügt nicht über einen biplanaren Modus der syntaktischen und der semantischen Relationierung. Sie ist autonom und hat keinen Anspruch auf Referentialität. Welche Form des Referenzbezugs bleibt dann dieser Modellierung übrig, um anschaulich zu werden? Worauf baut das neue Modell der Speziellen Relativitätstheorie semantisch auf? Als wichtiger Stützpunkt erweist sich an dieser Stelle die *diegesis*: der Erzählprozess und seine Rahmungsverfahren. Die *diegesis* kann nämlich eine Rahmungsstruktur der Betrachtung konfigurieren, die die Neuordnung des Wissens anschaulich plausibilisiert.

---

161 Das Kriterium der Mono- oder Biplanarität entscheidet sich bei Hjelmslev an der Existenz zweier Ebenen der Sprache, die nach unterschiedlichen Codes geregelt werden, die nicht deckungsgleich sind. Beispielhaft dafür die Verbform „bin“, die auf Lautebene durch phonetische Regeln, auf inhaltlicher Ebene durch morphologische Regeln (Verb, I. Ps. Singular, Indikativ) codiert ist. „Aber die Entscheidung, inwieweit Spiele oder andere Quasi-Zeichensysteme wie die reine Algebra Sprachen sind oder nicht, muß darin gesucht werden, ob eine erschöpfende Beschreibung von ihnen das Operieren mit zwei Ebenen notwendig macht oder ob das Einfachheitsprinzip so weit durchgeführt werden kann, daß man sich begnügen kann mit einer zu operieren. Die Voraussetzung für die Notwendigkeit des Operierens mit zwei Ebenen muß sein, daß ganz und gar nicht gezeigt werden kann, daß die zwei Ebenen, wenn sie tentativ aufgestellt werden, durchgehend gleiche Struktur haben mit einer eineindeutigen Relation zwischen den Funktiven der einen Ebene und den Funktiven der anderen Ebene. Wir wollen damit ausdrücken, dass die Ebenen nicht wechselseitig konform sein dürfen.“ In: Hjelmslev: *Prolegomena zu einer Sprachtheorie* (Anm. 145), S. 109–110.

3.5.4 Die relativistische Umformulierung der Elektrodynamik

Nun folgt der zweite Teil der Abhandlung Einsteins, nämlich die Neu-Modellierung und Rekonzeptualisierung der Elektrodynamik. Ab dem sechsten Abschnitt werden die herkömmlichen, das heißt formativen Modellierungen der Elektrodynamik behandelt. Sie werden einerseits mit den formativen Modellierungen der Mechanik konfrontiert. Daraus ergibt sich andererseits aber auch Einsteins Forderung, dass das Relativitätsprinzip – nun in seiner im dritten Abschnitt veränderten Form – aufgrund der Lorentz-Transformationen auch für die Maxwell'schen Gleichungen der Elektrodynamik gilt.

Wenn die Forderung des Relativitätsprinzips für die Gleichungen der Elektrodynamik stimmt, dann müssten die gleichen Gesetze sowohl für bewegte als auch für ruhende Inertialsysteme gelten. Dafür wird die Demonstration der Kovarianz der Maxwell-Gleichungen gegenüber den Lorentz-Transformationen eingefordert und vorgeführt. Die Gleichungen für bewegte bzw. ruhende Systeme stimmen miteinander überein, bis auf einen Faktor, den sogenannten Lorentz-Faktor, der interessanterweise die gleiche Form hat wie bei den Gleichungen, die die Raum- und Zeitkoordinaten bestimmen. Daraus ergibt sich eine wichtige Konsequenz: Die Lorentz-Transformationen gelten sowohl für die Gleichungen der Mechanik (das heißt für die Bewegung der Körper in Zeit und Raum) als auch für die Gleichungen der Elektrodynamik (das heißt für die Gesetze der Optik, der Elektrizität, des Magnetismus). Von nun an müssen alle Gesetze, die in den Bestimmungsrahmen der Lorentz-Transformationen fallen, kovariant gegenüber diesen sein. Somit verknüpfen diese fundamentalen Transformationen die Mechanik mit der Elektrodynamik. Die Änderungen, die damit in der Formulierung der Elektrodynamik einhergehen, fasst Einstein durch folgende Revision zusammen:

1. Ist ein punktförmiger elektrischer Einheitspol in einem elektromagnetischen Felde bewegt, so wirkt auf ihn außer der elektrischen Kraft eine „elektromotorische Kraft", welche unter Vernachlässigung von mit der zweiten und höheren Potenzen von v/V multiplizierten Gliedern gleich ist dem mit der Lichtgeschwindigkeit dividierten Vektorprodukt der Bewegungsgeschwindigkeit des Einheitspoles und der magnetischen Kraft. (Alte Ausdrucksweise.)
2. Ist ein punktförmiger elektrischer Einheitspol in einem elektromagnetischen Felde bewegt, so ist die auf ihn wirkende Kraft gleich der an dem Orte des Einheitspoles vorhandenen elektrischen Kraft, welche man durch Transformation des Feldes auf ein relativ zum elektrischen Einheitspol ruhendes Koordinatensystem erhält. (Neue Ausdrucksweise.) (EbK, S. 909–910)

Daraus ergibt sich, dass elektrische und magnetische Felder dem Relativitätsprinzip, so wie es von Einstein formuliert wurde, unterstehen. Die Asymmetrie bezüglich des Faraday'schen Induktionsgesetzes, die in den Vorüberlegungen der Abhandlung noch angesprochen wurde, ein elektrisches Feld um einen bewegten Magneten entsteht, wenn dieser entlang eines ruhenden Stromleiters bewegt wird, während eine elektromotorische Kraft in einem bewegten Leiter entstehen würde, wenn dieser in die Nähe eines Magneten kommen würde, erscheint nur noch relativ: Die elektromotorische Kraft erscheint nur aus der Sicht des bewegten Beobachters. Da die Lichtgeschwindigkeit ohnehin invariant gegenüber bewegten bzw. ruhenden Systemen ist und da die Maxwell-Gleichungen ergeben, dass die elektromagnetischen Wellen mit dem Licht gleichgesetzt werden können, so ist das von Einstein neu formulierte Relativitätsprinzip kompatibel mit dem Prinzip der Konstanz der Lichtgeschwindigkeit.

3.5.5 Umcodierung des Doppler-Effekts

Im siebten Abschnitt von Einsteins Abhandlung wird im Lichte dieser Erkenntnis das Modell des klassischen Doppler-Effekts revidiert. In seiner vorrelativistischen Form wird der Doppler-Effekt so interpretiert, dass die Frequenz, die Tonhöhe, mit der ein Empfänger ein Schallsignal empfängt, davon abhängt, ob und wie sich der Empfänger in dem Medium bewegt, in dem sich die Schallwelle ausbreitet. Für Tonsignale ist dieses Medium die Luft. Derselbe Effekt würde auch für Lichtsignale erwartet werden, doch können die Gleichungen, die dies angeben, im Rahmen der Relativitätstheorie nicht die gleichen sein, denn diese nimmt an, dass der Äther lediglich eine Hypothese ist, die nun, nach der Speziellen Relativitäts-

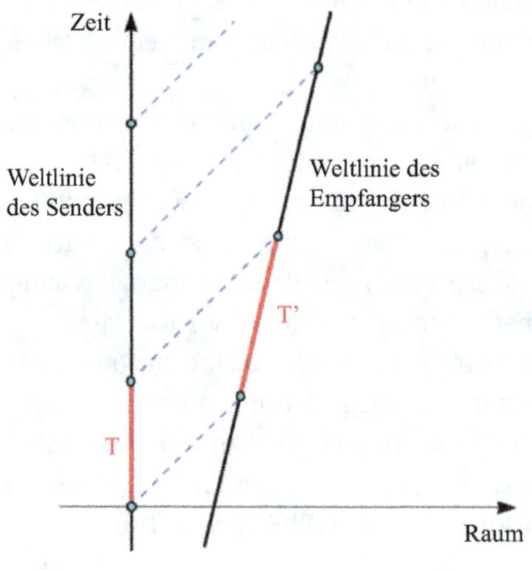

Abb. VII.1–9: Grafik zur Darstellung des relativistischen Doppler–Effekts nach Franz Embacher.[162]

162 Quelle: http://homepage.univie.ac.at/franz.embacher/SRT/Dopplereffekt.html (zuletzt besucht am 26. Juni 2023).

theorie, nicht mehr angenommen werden muss. Das heißt, dass sich die Lichtwellen durch gar kein Medium ausbreiten. Der Doppler–Effekt besteht dennoch. Die Faktoren, die ihn bedingen, sind aber nur noch die Frequenz, mit der das Licht beobachtet wird, und die Relativgeschwindigkeiten zweier Beobachter zueinander, weil es keinen absoluten ruhenden Raum mehr gibt.

Die Grafik in Abb. VII.1–9 entstammt der Darstellung des relativistischen Doppler-Effekts durch Franz Embacher. Ihre wesentliche Aussage ist, dass ein bewegter Beobachter, der auf seiner Weltlinie Informationen durch Lichtsignale erhält, die von der Weltlinie des Senders aus gesendet wurden, diese Informationen zu einer anderen Frequenz und Periodendauer erhält als jener Frequenz und Periodendauer, zu denen die Lichtwellen gesendet wurden. Die Informationen werden per Lichtsignal übermittelt und sind somit zeitverschoben, wenn sie beim Empfänger ankommen. Die Ursache für diese Differenz in Frequenz und Periodendauer liegt in der Struktur der Raumzeit. Ausgerechnet an dem transversalen Doppler-Effekt lässt sich also auch der Beweis für die Zeitdilatation ablesen, die eine bewegte Uhr erfährt.[163] Man stellt hier fest, wie sich die Aussagen über die relativistische Raumzeit mit denen über die Übermittlung der Information via Licht als elektromagnetische Welle decken. Obwohl die relativistische Zeitdilatation und der relativistische Doppler-Effekt – phänomenal betrachtet – unterschiedlich erscheinen, entspringen sie der gleichen Symmetrie-Relation, die aber in der klassischen Physik nicht vorkommt. Im achten Abschnitt zieht Einstein die Konsequenz aus den im siebten Abschnitt angegebenen Zusammenhängen und zeigt, dass die relativistischen Gesetze auch für die Phänomene der Optik gelten, wenn man bei jeder Messung in Rechnung stellt, dass „die Energie und die Frequenz eines Lichtkomplexes sich nach demselben Gesetze mit dem Bewegungszustande des Beobachters ändern“ (EbK, S. 914).

3.5.6 Äquivalenz zwischen Masse und Energie

Den neunten Abschnitt nutzt Einstein, um zu zeigen, dass auch die Masse der Körper, die in der klassischen Physik noch als unveränderlich galt, im konzeptuellen Referenzrahmen der Relativitätstheorie nur relativ zu bestimmten Bezugssystemen angegeben werden kann und dass sie zudem aus verschiedenen Perspektiven verschieden erscheint. Einem Körper, der ruht, wird seine Ruhemasse zugestanden. Doch von einem bewegten Körper aus betrachtet wird demselben Körper eine dynamische Masse zugeschrieben, die nicht mit der Ruhemasse übereinstimmt. Insofern könnte auch ein anderes Grundgesetz der Mechanik zur Erhaltung der Masse

---

163 Die ausführliche Herleitung dieses Beweises kann nachgelesen werden in Schröder: *Spezielle Relativitätstheorie* (Anm. 6), S. 121.

revidiert werden. Da nun anzunehmen ist, dass ein bewegter Körper auch seine Masse verändert, kann das Gesetz der Erhaltung der Masse ebenfalls nicht mehr gelten – neben Länge und Volumen eines Körpers eine weitere primäre Größe, die Galilei als objektive Größe für die Begründung der Physik postuliert hatte und die sich nun nach der Relativitätstheorie als relativ erweist.[164] Doch auch in diesem Fall stimmt das Argument nicht, dass sich somit ‚alles' als relativ erweise. Die Masse verwandelt sich, sie wird in Feld-Energie umgeformt. Andere Größen werden nun als invariant erachtet, es gelten die Gesetze der Erhaltung des relativistischen Impulses und der Erhaltung der Energie. Die neue Symmetrie-Gruppe eröffnet neue Freiheiten der Transformation. Auch dies erweisen die Lorentz-Transformationen. Und sie erweisen, dass das Gesetz der nichtrelativistischen Impulserhaltung als Grenzfall der Mechanik auch im Rahmen der Relativitätstheorie gilt. Diese bleibt annähernd gültig für alle Fälle, in denen die Geschwindigkeiten der Körper verhältnismäßig klein sind.

Dieser berühmten Aussage, der Äquivalenz von Masse und Energie, widmet Einstein den letzten, zehnten Abschnitt seines Aufsatzes. Die Formel allerdings, die dank ihrer formalen Einfachheit zur Ikone der modernen Wissenschaft wurde, $E = mc^2$, leitet er erst in einem späteren Aufsatz ab.[165] Jedoch bleibt die Erkenntnis, dass die Masse in der relativistischen Physik als eine spezielle Form von (Feld-)Energie, als ‚Ruhe-Energie' des Körpers betrachtet werden kann.

Kehren wir zum Martínez' Definition der Narrativität zurück, so ist ein nächstes Merkmal der Narrativität, das Martínez angibt, das der Kausalität: „Von wohlgebildeten Erzählungen wird häufig verlangt, dass die Ereignisse nicht nur chronologisch aufeinander, sondern auch kausal auseinander folgen müssten. Zustandsveränderungen wären so durch einen kausalen Ursache-Wirkungszusammenhang motiviert“.[166] Dass Einsteins physikalische Wirklichkeitserzählung diesem Kriterium ebenfalls entspricht, steht außer Zweifel. Jedoch überrascht sie ihren Leser auch dadurch, dass sie klassische Kausalitätsverhältnisse der Newton'schen Mechanik aushebelt und stattdessen aufgrund von Symmetrierelationen neue, überraschende Kausalitätsverhältnisse vorschlägt: zum Beispiel, dass die Masse eines Körpers aufgrund seiner zunehmenden Beschleunigung nahe der Lichtgeschwindigkeit abnehmen und sich in Energie verwandeln kann. Dieses kausale Verhältnis war weder der *scientific community* vor Einstein noch der breiteren Semiosphäre vorstellbar gewe-

---

164 Für eine wissenschaftstheoretische Betrachtung dieses Problems der primären und sekundären Qualitäten in der klassischen und in der modernen Physik vgl. das Kapitel „Appearance vs. Reality in the Science“. In: Van Fraassen: *Scientific Representation* (Anm. 22), S. 270–276.

165 Fadner stellt die historische Entwicklung der Masse-Energie-Relation dar in: W. L. Fadner: „Did Einstein Really Discover ‚E = mc2'?“. In: *American Journal of Physics* 56.2 (1988). S. 114–122.

166 Martínez: *Erzählen* (Anm. 127), S. 4.

sen. Die Konzeptualisierung der mathematischen Äquivalenz zwischen Masse und Energie und die der Äquivalenz zwischen Raum und Zeit gilt aufgrund der Disruption früher geltender Kausalitätsverhältnisse als erzählwürdig – und zwar nicht nur für die *scientific community*, sondern auch für die breitere kulturelle Semiosphäre.

3.6 Metaleptische Transgression

Wichtig ist, noch Folgendes festzuhalten. Die Ebene der Metadiegese wird im Rahmen der Modellierung herausgearbeitet und hervorgebracht. Das Ziel ist, sie im Rahmen der Modellierung so weit logisch zu legitimieren, dass sie nicht nur eine Binnenmodellierung bleibt. Ihre vollständige logische, mathematische Legitimierung und ihre narrative Plausibilisierung durch das Gedankenexperiment führen dazu, dass sie eine Metamorphose vollzieht: Von der Metadiegese auf dritter Modellierungs-Ebene breitet sie sich aus, gewinnt immer mehr an Legitimation und verwandelt sich durch eine metaleptische Transgression zum externen symbolischen Rahmen der Organisation von Wirklichkeitserfahrungen. Falls die Experimente die Vorhersagen der Speziellen Relativitätstheorie bestätigen und die Theorie nicht falsifiziert wird, darf sie bis zu ihrer Falsifizierung durch die Wissenschaftsgemeinschaft als Fakt anerkannt werden. Sie wird von dort aus zum Startpunkt, zur Standardannahme aller folgenden theoretischen Modellierungen in der Physik nach 1905, die fortan den relativistischen Code und die Kovarianz der Lorentz-Transformation zu berücksichtigen haben. Erst dann, wenn sie diese neu aufgestellten symbolischen Codes der Relativitätstheorie berücksichtigt haben, können neue physikalische Theorien zu Fundamentalgesetzen avancieren.

Schließlich diffundieren diese rekonzeptualisierten Begriffe der Raumzeit, die eine Zeit lang nur als interner Code der physikalischen Semiosphäre existierten, in andere semio-logische Diskurssphären. Sie werden durch epistemische Rückkopplung mit den restlichen Diskurssphären und durch den Transfer von Konzepten erneut extern umcodiert und induzieren auch dort die Infragestellung epistemischer Routinen aufgrund der Interformation.

4 Zusammenfassung der interformativen und narratologischen Analyse

Funktionslogisch betrachtet hat die primäre Erzählebene mit ihrer Erzählinstanz eine konative Funktion, die sekundäre Ebene des Gedankenexperiments eine performative Funktion, während die tertiäre Ebene eine interformative und eine transformative Funktion innehat.

Repräsentationslogisch betrachtet ist die erste Ebene die der Extradiegese, in welcher der Wir-Erzähler in die Problematik einführt und die Prinzipien darlegt, die der theoretischen Modellierung und der Argumentation zugrunde liegen. Zudem kommentiert und reflektiert die Erzählinstanz die unterschiedlichen Ergebnisse der wiederholt variierten Gedankenexperimente in der Intradiegese, vor und nach der Transformation. Das Gedankenexperiment befindet sich auf der zweiten Ebene der Diegese. Es führt die Relativität der Messungen jedes einzelnen Beobachters und die Kontextabhängigkeit ihrer Wahrnehmungs- und Wissenshorizonte vor. Die dritte Erzählebene ist aus repräsentationslogischer Sicht die Ebene der Metadiegese, die eine Transformationsmöglichkeit anbietet, um die Weltlinien der beiden Bezugssysteme bei Erhaltung der Differenz und der Gleichberechtigung ihrer Wahrnehmungs- und Wissenshorizonte miteinander zu korrelieren.

4.1 Vorschlag zu einer interformativen Wissenschaftsnarratologie

Die neuere Forschung der postklassischen Narratologie, die sich phänomenologischen, kognitiven, kulturwissenschaftlichen und kontextorientierten Ansätzen geöffnet hat, diskutiert die Kategorie der Narrativität sehr intensiv;[167] sie hat sie auch transgenerisch und transmedial perspektiviert. Warum sollte Narrativität sich dann nicht auch transsemiologisch perspektivieren lassen? Wie könnte eine Narratologie der Naturwissenschaften aussehen, die mit den Konzepten des Raumzeitkontinuums, der Weltlinien von Beobachtern, der Begrenzung ihres Wahrnehmungshorizonts und mit dem Konzept der Interformation operiert?

Diese Frage nach der interformativen Wissenschaftsnarratologie zu stellen, ist deshalb interessant, weil sich beobachten lässt, dass Einstein in seiner Abhandlung disruptive Konzepte vorstellt, die nicht nur dem alltäglichen Menschenverstand widersprechen, sondern auch gegen viele Postulate der klassischen physikalischen Theorie verstoßen, die vor Einstein als gesichertes Wissen galten. Umso mehr spielt auch die Narrativität eine entscheidende Rolle – stellt sich doch die Frage, welche Art von *emplotment* überzeugend und geeignet ist, ihm mathematische und physikalische, kulturelle und pragmatische Relevanz zuzuschreiben, um der neuen symbolischen Organisation der Wirklichkeitserfahrung Sinn zu verleihen. Die Frage der Relevanz hängt also mit der der Disruptivität zusammen.

---

167 Vgl. Prince: „Revisiting Narrativity“ (Anm. 103); ders.: „Narrativehood, Narrativenes“ (Anm. 109); Marie-Laure Ryan: „The Modes of Narrativity and Their Visual Metaphors“. In: *Style* 26.3 (1992). S. 368–387; dies.: „Toward a Definition of Narrative“ (Anm. 117).

Paul Ricœur problematisierte die Kategorie der Temporalität in „Zeit und Erzählung“ und fügte die Kategorie des *emplotments,* der Konfiguration, der Gestaltung der Fabel als Kennzeichen der Narrativität hinzu. Der Begriff der *mimesis* (im aristotelischen Sinne der *mimesis praxeos*) wurde bei Ricœur als kulturelle Praxis eingeführt, die im Zuge der ternären Konfiguration Ebene für Ebene neu konzeptualisiert wird: von der Präfiguration zur Konfiguration und schließlich zur Refiguration. Hayden White hatte gezeigt, dass die Kategorie des *emplotments* auch für die Analyse der wissenschaftlichen Diskurse der Geschichtsschreibung von Relevanz ist. Martínez erwähnt diese Spielart des *emplotments,* die für die Analyse der Einstein'schen Abhandlung ebenfalls relevant erscheint:

> Eine andere Variante ist die besonders von Hayden White bekannt gemachte Theorie des *emplotment*: Auch eine kausal verknüpfte Kette von Ereignissen bedürfe noch der zusätzlichen Integration unter ein kulturell relevantes Handlungsschema (Plot), um ein Geschehen zu einer prägnanten Gesamthandlung zu bündeln. Solche Handlungsschemata verliehen einer disparaten Menge von Ereignissen die Prägnanz einer kulturell relevanten Konfiguration. Erst das *emplotment,* die Subsumtion von Ereignissen unter ein Handlungsschema, gebe einem Geschehen Sinn.[168]

4.2 Disruptivität

Porter Abbott zufolge ist Greimas die einzige große Ausnahme der strukturalistischen Narratologie, weil er das Konzept der Narrativität problematisiert. Wie Ricœur gibt auch Greimas eine wegweisende Definition der Narrativität als *„un principe organisateur de tout discours“*.[169] Richtungsweisend ist laut Abbott das entscheidende Greimas'sche Kriterium der Narrativität als „Disruptivität“:[170] „It is also important to note that, for Greimas, narrativity is a disorganizing as well as an organizing force in that it disrupts old orders even as it generates new ones. It is ‚the irruption of the discontinuous‘ into the settled discourse ‚of a life, a story, an individual, a culture,‘ disarticulating the existing discourse ‚into discrete states between which it sets transformations‘“.[171]

168 Martínez: *Erzählen* (Anm. 127), S. 4. Hervorhebungen im Original.

169 Algirdas Julien Greimas und Joseph Courtés: *Sémiotique. Dictionnaire raisonné de la thèorie du langage*. Paris: Hachette 1979, S. 23.

170 Algirdas Julien Greimas: „A Problem of Narrative Semiotics. Objects of Value“. In: ders.: *On Meaning. Selected Writings in Semiotic Theory*. Übers. von Paul J. Perron und Frank H. Collins. Minneapolis: University of Minnesota Press 1987. S. 84–105, hier S. 104.

171 Abbott: „Narrativity“ (Anm. 53), § 9. Hervorhebung von AH. Abbott zitiert hier aus Greimas: „A Problem of Narrative Semiotics“ (Anm. 169), S. 104.

Dieses zentrale Kriterium der Narrativität als Disruptivität ist für die narratologische Analyse der Einstein'schen Abhandlung entscheidend. Wenn man dieses Merkmal der Ereignishaftigkeit, das *tellability* (‚Erzählwürdigkeit'), impliziert und im Sinne der Disruption und symbolischen Reorganisation von Wissensordnungen als zentrales Merkmal der Narrativität herausstellt, dann lassen sich interessante Verbindungen sowohl zu Ricœurs Theorie der Narrativität als *emplotment* als auch zur Kategorie der Interformation herstellen. Denn die in der ersten Hälfte des Kapitels aufgezeigte Überlagerung davor nicht vereinbarer Wissensordnungen führt unmittelbar zur Disruption der alten Ordnungen und schließlich zu ihrer Transformation.

4.3 Experientialität

Monika Fludernik, Peter Hühn und Wolf Schmid kritisierten die Definitionsansätze der klassischen Narratologie, die lediglich auf Temporalität und Sequenzialität als Definitionsmerkmale der Narrativität setzten, und schlugen eigene Kriterien vor, die in der Definition von Matías Martínez angeführt werden und die anschließend noch diskutiert werden sollen. Monika Fludernik führte in ihrem Ansatz der „natural narratology“[172] das Kriterium der Erfahrungshaftigkeit (*experientiality*) ein: „experientiality, namely the quasi-mimetic evocation of ‚real-life experience'“[173]. Hingegen seien die Darstellung von Geschehen und Handlungsschemata kein notwendiges Merkmal von Narrativität: „narrativity should be detached from its dependence on plot and be redefined as the representation of experientiality“.[174] Programmatisch dazu ist Fluderniks Äußerung, die bemängelt, dass sie Forsters Minimaldefinition „The king died and then the queen died of grief“[175] als exemplarische Form der Narrativität nie überzeugt hätte.[176] Für Fludernik ist Narrativität im Kontext ihres Ansatzes der *natural narratology* keine inhärente Eigenschaft von Texten, sie stellt sich vielmehr als Diskurseffekt ein. Im Zuge kognitivistisch orientierter Narratologie geht es eher um eine dynamische Interaktion zwischen Text und Leser: „I concentrate on the structural properties of conversational storytelling (its episodic structure) and on the dynamic interaction or dialectic between the

172 Monika Fludernik: *Towards a ‚Natural' Narratology*. London: Routledge 1996, S. 9.

173 Fludernik: *Towards a ‚Natural' Narratology* (Anm. 171), S. 12.

174 Monika Fludernik: *An Introduction to Narratology*. Übers. von Patricia Häusler-Greenfield und Monika Fludernik. London, New York: Routledge 2009, S. 109.

175 Forster: *Aspects of the Novel and Related Writings* (Anm. 53), S. 14.

176 Vgl. Fludernik: *Towards a ‚Natural' Narratology* (Anm. 171), S. 11.

news value of the tale and its impact on the experiencer's retrospective evaluation (reportability vs. narrative ‚point').“[177]

Auf das Kriterium der *reportability*, den *narrative point*, hatte zuvor auch Labov aufmerksam gemacht, wie Bruner anmerkt: „It is to Labov's great credit to have recognized and provided a linguistic account of narrative structure in terms of two components – what happened and why it is worth telling.“[178] Fludernik verweist auf diese zusätzlichen Kriterien der Narrativität, die ihren Einzug in die postklassische Narratologie fanden und sehr intensiv diskutiert werden:

> For the narrator the experientiality of the story resides not merely in the events themselves but in their emotional significance and exemplary nature. The events become tellable precisely because they have started to mean something to the narrator on an emotional level. It is this conjunction of experience reviewed, reorganized, and evaluated (‚point') that constitutes narrativity.[179]

Selbstverständlich kann es in faktualen wissenschaftlichen Texten, wie Einsteins „Elektrodynamik bewegter Körper“, nicht darum gehen, den Grad der emotionalen Involvierung des Erzählers zu analysieren. Es geht aber darum, ob man Kriterien dafür angeben kann, warum die Fakten, die in dem wissenschaftlichen Artikel dargelegt werden, in der dynamischen Interaktion mit dem Rezipienten erzählwürdig sind. Der Leser ist der Adressat der immersiven Gedankenexperimente, die in Einsteins Text eingesetzt werden.[180] Das Gedankenexperiment wird dafür eingesetzt, um Denkereignisse erfahrbar zu machen, die exemplarischer Natur sind. Experimentiert wird mit der Rekonzeptualisierung grundlegender Konzepte, die für die anthropologische Erfahrung relevant sind: die Relativität der Gleichzeitigkeit, die Zeitdilatation, die Raumkontraktion, die Relativität der Masse. Dem Leser werden neue Messerzählungen und ihre Ergebnisse durch die Handlungen der Beobachterfiguren in probesimulativen Gedankenexperimenten performativ vorgeführt. Sie werden somit für ihn erfahrbar und sollen zur Revision und Reorganisation der gesamten Raumzeit-Erfahrungen führen. Die immersive Funktion der epistemischen Experientialität ist notwendig, um die neuen

---

177 Fludernik: *Towards a ‚Natural' Narratology* (Anm. 171), S. 11. Hervorhebung von AH.

178 Jerome Bruner: „The Narrative Construction of Reality“. In: *Critical Inquiry* 18.1 (1991). S. 1–21, hier S. 12.

179 Monika Fludernik: „Natural Narratology and Cognitive Parameters“. In: *Narrative Theory and the Cognitive Sciences*. Hrsg. von David Herman. Stanford: CSLI 2003. S. 243–267, hier S. 245. Vgl. dies.: *Towards a ‚Natural' Narratology* (Anm. 171), S. 70.

180 Zur narratologischen Kategorie der Immersion vgl. Marie-Laure Ryan: *Narrative as Virtual Reality. Immersion and Interactivity in Literature and Electronic Media*. Baltimore: Johns Hopkins University Press 2001; dies.: *Narrative as Virtual Reality 2. Revisiting Immersion and Interactivity in Literature and Electronic Media*. 2. Aufl. Baltimore: Johns Hopkins University Press 2015.

Konzepte und das damit verbundene neue Weltmodell zu vermitteln und damit epistemisch zu plausibilisieren und zu legitimieren. Das erfordert ein *emplotment*, das Erfahrungshaftigkeit zumindest als Diskurseffekt konstruiert.

4.4 Ereignishaftigkeit und Erzählwürdigkeit

Erzählwürdigkeit ist dem Inhalt der Einstein'schen Abhandlung von 1905 deshalb zuzuschreiben, weil der Text die Relativität der Gleichzeitigkeit, die Zeitdilatation, die Einführung des Raumzeitkontinuums und die Äquivalenz von Masse und Energie vorführt. Alle vier sind disruptive Konzepte im Sinne von Greimas und Porter Abbott, denn sie führen zur Subversion alter physikalischer Wissensordnungen und implizit zur Reorganisation der symbolischen und anthropologischen Wirklichkeitserfahrung. Auch Martínez führt die Kriterien der Ereignishaftigkeit (*eventfulness*) und Erzählwürdigkeit (*tellability*) als Charakteristika des Erzählens auf:

> Besonders einflussreich für den Begriff der Ereignishaftigkeit einer Handlung war die Sujet-Theorie Jurij M. Lotmans. Er bezeichnet nicht einzelne Handlungssegmente, sondern die globale Handlungsstruktur eines narrativen Textes als ein umfassendes ‚Ereignis' (oder auch ‚Sujet'). Ein solches ‚Ereignis' entsteht, indem der Held der Geschichte die Grenze zwischen zwei Teilräumen der erzählten Welt überschreitet.[181]

Wolf Schmid und Peter Hühn haben das Kriterium der Ereignishaftigkeit zum wichtigsten definitorischen Kriterium der Narrativität erklärt. Beide gehen dabei, wie die vorliegende Studie auch, von Lotmans Konzeption der Literatur als sekundärer Modellierung und von seiner Definition des *sujets* von Erzählungen aus. Das ist ein Typus der Zustandsveränderung der besonderen Art, den Lotman in den Kategorien des Raums und unter Rückgriff auf semantische Felder definiert: „Ein Ereignis im Text ist die Versetzung einer Figur über die Grenze eines semantischen Feldes.“[182] Doch Lotman geht es als Kultursemiotiker natürlich nicht nur um die Überschreitung einer topographischen Grenze – diese kann auch pragmatischer, ethischer, psychologischer oder epistemologischer Natur sein. Wolf Schmid hat dieses Konzept des Ereignisses von Lotman übernommen und weiterentwickelt:

> In der heutigen Narratologie wird das Konzept des Ereignisses etwas weiter gefasst als bei Lotman. Ein Ereignis ist nicht notwendig die Verletzung einer Norm. Es besteht nicht notwendig in der Abweichung von dem in einer gegebenen narrativen Welt Gesetzmäßigen, dessen Vollzug die Ordnung dieser Welt aufrechterhält. […] Ein Ereignis kann auch darin

181 Martínez: *Erzählen* (Anm. 127), S. 4.

182 Jurij M. Lotman: *Die Struktur literarischer Texte.* Übers. von Rolf-Dietrich Keil. München: Fink 1972. S. 336.

> bestehen, dass eine Figur eine neue Erkenntnis macht, ein falsches Verständnis revidiert, sich zu neuen Werten bekennt [...].[183]

Wolf Schmid betont, sowohl in „Elemente der Narratologie" als auch in seiner jüngeren Publikation „Mentale Ereignisse. Bewusstseinsveränderungen in europäischen Erzählwerken vom Mittelalter bis zur Moderne",[184] dass dieses Merkmal der Ereignishaftigkeit nicht nur auf literarisch-fiktionale Texte im engeren Sinne zutrifft, sondern auch für argumentative und deskriptive Texte. Schmid gibt zudem an, inwiefern sich auch deskriptiven bzw. faktualen wissenschaftlichen Texten Ereignishaftigkeit zuschreiben lässt:

> Das ist [...] eine Narrativität, die nicht auf das Beschriebene, sondern auf den Beschreibenden und seine Deskriptionshandlung bezogen ist. Die Zustandsveränderungen, von denen hier erzählt wird, beziehen sich nicht auf die *Diegesis* [...], sondern [...] auf die *Exegesis*. Es handelt sich bei den *exegetischen Zustandsveränderungen* um Veränderungen im Bewusstsein der beschreibenden oder erzählenden Instanz [...].[185]

Ich habe die Kriterien der Disruptivität von Wissensordnungen, der Ereignishaftigkeit und der Erzählwürdigkeit deshalb behandelt, weil sie für die Analyse der epistemischen Narrativität des Einstein'schen Textes wichtig sind, als ein Modus, der zum deskriptiven und zum argumentativen Modus komplementär hinzutritt. Auch in Einsteins Abhandlung geht es um die Überschreitung von Erkenntnisgrenzen. Die Erkenntnisse der Relativitätstheorie stellten das erkenntnistheoretische Fundament der Physik vor 1905 in Frage. Auf dieses Kriterium werde ich bei der Diskussion von Wolf Schmids Konzept der Ereignishaftigkeit und Erzählwürdigkeit zurückkommen.

Schmid arbeitet den Lotman'schen Gedanken weiter aus, indem er Kriterien angibt, mit denen man eine hohe Ereigniswürdigkeit und eine entsprechende hohe Erzählwürdigkeit identifizieren kann. Die erste Bedingung ist für Schmid diejenige der Faktizität (im Rahmen der fiktiven Welt).[186] Für Einsteins Text trifft dieses Kriterium der Faktizität doppelt zu: Die Zeitdilatation und Längenkontraktion, die beide gegen alle möglichen früheren Regeln und Experimente der Physik vor 1905 verstoßen, werden zunächst im fiktiven Gedankenexperiment vorgeführt und dann argumentativ begründet. Sie verursachen eine Disruption der Tradition der Wissensordnungen, eine Verletzung der Regeln des semantischen und des epistemischen Raums der gesamten Semiosphäre. Sie werden nachträg-

---

183 Wolf Schmid: *Mentale Ereignisse. Bewusstseinsveränderungen in europäischen Erzählwerken vom Mittelalter bis zur Moderne*. Berlin, Boston: De Gruyter 2017, S. 66–67.
184 Schmid: *Mentale Ereignisse* (Anm. 182).
185 Schmid: *Elemente der Narratologie* (Anm. 53), S. 7. Hervorhebungen im Original.
186 Vgl. Schmid: *Mentale Ereignisse* (Anm. 182), S. 68.

lich durch zahlreiche Experimente nachgewiesen. Das Kriterium der Faktizität für die Ereignishaftigkeit und Erzählwürdigkeit wäre somit nicht nur erfüllt, sondern sogar neu interpretiert. Durch seine Theorie zwingt Einstein den Leser zu einer logischen Überprüfung der bisher angenommenen Fakten. Durch die vorgestellten Gedankenexperimente induziert er eine Rekonzeptualisierung dessen, was als Faktum gelten kann.

Das zweite Kriterium Wolf Schmids ist das der Resultativität: Die Ereignisse werden „nicht nur begonnen, [...] sondern sind resultativ, d. h. gelangen in der jeweiligen narrativen Welt des Textes zu einem gewissen Abschluss."[187] Soweit dies in einem argumentativen Text theoretischer Natur möglich ist, in dem man keine praktischen Experimente vollziehen kann, führt Einsteins Text nicht nur die Relativität der Gleichzeitigkeit, die Zeitdilatation und die Längenkontraktion sowie die Nicht-Existenz des Äthers vor, sondern sichert sie auf der argumentativen Ebene durch das mathematische Modell der Lorentz-Transformation auch mathematisch ab.

Das dritte Kriterium der Narrativität und Ereignishaftigkeit ist das der Relevanz. Für Schmid ist der Relevanzbegriff ‚relativ', denn es gilt zu fragen: „relevant für wen?" und er fügt hinzu: „Triviale, alltägliche Veränderungen bilden kein Ereignis."[188] Der Begriff ist also ebenenspezifisch, instanzenbezogen und kontextsensitiv. Diese Frage stellt sich auch im Falle der Speziellen Relativitätstheorie. Denn ihre Gültigkeit beschränkt sich auf empirische Phänomene, die sich mit einer Geschwindigkeit nahe an der Lichtgeschwindigkeit bewegen. Im Alltagsleben wird man ihnen kaum begegnen. Jedoch sind auf epistemologischer Basis Zeit und Raum qualitativ nicht mehr voneinander unterscheidbar. Sie verschmelzen zu einem vierdimensionalen Raumzeitkontinuum, wie Einstein gezeigt hat. Zudem sind die Relativität und Kontextabhängigkeit der Eigenzeit jedes Beobachters jedes Bezugssystems kulturell von höchster Relevanz, wie die kulturelle Rezeption der Relativitätstheorie erwiesen hat. Deshalb werde ich in weiteren Kapiteln darstellen, wie die Relativitätstheorie in weiteren Erzählungen der Semiosphäre erneut selbst interformativ umcodiert wird.

„Die Ereignishaftigkeit einer Zustandsveränderung nimmt in dem Maße zu, wie eine Revision des erreichten neuen Zustands unwahrscheinlich ist."[189] So definiert Schmid die Kriterien der Konsekutivität und Irreversibilität. Man könnte ganze Bibliotheken von Literatur anführen, um die Folgen der Speziellen Relativitätstheorie zu belegen. An dieser Stelle genügt es allerdings, anzuführen, dass sie

187 Schmid: *Mentale Ereignisse* (Anm. 182), S. 70.
188 Schmid: *Mentale Ereignisse* (Anm. 182), S. 72.
189 Schmid: *Mentale Ereignisse* (Anm. 182), S. 79.

noch nicht widerlegt wurde. Solange die Spezielle Relativitätstheorie gilt, werden sich alle weiteren fundamentalen Theorien der Physik daran messen müssen, sie in ihren Modellierungen zu berücksichtigen.

In Einsteins Abhandlung leistet die Erzählung den Übergang von der alten Faktizität zur transienten Fiktivität durch die modellierte Probesimulation des narrativen Gedankenexperiments hin zu neuen Dimensionen der Faktualität (die sich freilich erst im realen, empirischen Experiment erweisen müssen). Den Übergang kann sie ausgerechnet durch Selbstreferenz leisten, durch den Verweis auf die eigene Form. Denn auch im Falle der theoretischen Modellierung der Physik klafft eine Lücke zwischen der alten empirischen Faktizität der Messmodellierung *vor* der Interformation und der Messmodellierung *nach* der Interformation. Die subtilen Differenzen liegen in den symmetrischen Formrelationen, die mathematisch modelliert sind. Für die Errichtung des neuen Weltmodells ist auf die Referentialität der alten Denotation nicht mehr zu rekurrieren. Zeit, Raum, Masse, Licht und Energie können nach der theoretischen Modellierung durch Interformation nicht mehr die gleiche sprachliche Bedeutung haben wie vor dem Prozess der Interformation.

Die frühere Bedeutung basierte auf früheren semiotischen Regeln, die noch auf Kants *a-priori*-Kategorien des Raums und der Zeit und auf Newtons Modellierungskonventionen zurückgingen. Diese haben sich nun grundlegend geändert. Wie steht es um die Semantizität des neuen Modells, das Einstein vorschlägt? Hier stehen sich *mathesis* und *diegesis* nahe, denn beiden mangelt es in diesem Fall an konventioneller Denotation bzw. an herkömmlicher Referentialität. Auch die Mathematik kann auf nichts Äußerliches verweisen, sondern lediglich auf das symbolische Modell, das sie durch Formsymmetrien und Form-Transformationen selbst herstellt. Die semantische Interpretation ist in diesem Fall auf reine Formreflexion und deshalb auf die Interpretation angewiesen. Die Zeichen sind nur in Selbstbezug auf ihre Konfiguration zu lesen und zu interpretieren. Die gewöhnliche Referenzbeziehung des Modells auf empirische Faktizität bzw. auf semiotische Denotationsrelationen, die durch Codes festgelegt sind, wird umgekehrt und in Frage gestellt, sodass die symbolische Modellierung als solche zum Thema wird. Darauf machen *mathesis* und *diegesis* im Verbund aufmerksam.

Das ist das fundamentale Problem, das ich durch die narratologische Analyse von Einsteins Abhandlung verdeutlichen wollte: Aus der Perspektive einer interformativen Wissenschaftsnarratologie könnte man Folgendes behaupten: Der *discours* – der hier der mathematischen Transformationsrelation entspricht – wird durch die Überkreuzung von Prinzipien geformt, deshalb sind die Parameter der Umformung mathematisch nachvollziehbar. Es tritt das Problem auf, dass der neue *discours* sich von der alten, vor-relativistischen *histoire* ein Stück weit autonomisiert, aber seine mathematischen Regeln der Umformung sind nun bekannt. Doch wie bekannt ist nun die *histoire*, die innere Welt der Diegese, die auch durch die Parameter des Raums und der Zeit wesentlich konstituiert wird? Die mathematische Umformung war möglich, weil sie sich von der Semantizität ein Stück autonomisiert hatte. Doch nach welchen Codes werden nun die semantischen Signifikationsrelationen der vierdimensionalen Raumzeit neu konfiguriert? Wie werden sie re-semiotisiert? Wie geschieht die Neu-Referentialisierung bzw. die Re-(Präsentation)? Einfacher gefragt: Wie werden *histoire* und *discours* wieder in Einklang gebracht? Die *histoire* ist nichts Nachträgliches, sondern *histoire* und *discours* gehören unmittelbar zusammen, sie bedingen sich gegenseitig. Ohne den *plot* des Gedankenexperiments, ohne die Plausibilisierung durch das Gedankenexperiment kommt es auch nicht zur Legitimierung durch die symbolische Form der Lorentz-Transformation. Ich vermute, dass die Relativitätstheorie deshalb so viel Resonanz in unterschiedlichen literarischen Darstellungen erfährt, weil sie – wie die Quantentheorie auch – die Aporie der Semantizität angesichts der autonomisierten formalen mathematischen Modellierung mit sich trägt.

An dieser Stelle bestätigt Esser mit Blick auf Goodman das, was in meiner Analyse von Einsteins Text unter Einbeziehung von Ecos *ratio difficilis* und Lotmans interner und externer Umcodierung festzustellen war: „Diese Umkehrung des Zeichenprozesses soll exemplifikatorische von denotativen Symbolen dadurch differenzieren, dass für erstere die Regeln der Decodierung aus dem Zeichen selbst gewonnen werden kann, während denotative Symbole durch fremdreferentielle Sinnzusammenhänge erschlossen werden.“[190] Die Regeln der Symbolisierung sind nun ‚nur‘ noch durch ihre Schreibweisen organisiert. „Die Struktur der Darstellung selbst wäre daraufhin zu betrachten, *wie* sie einen geistigen Gehalt zur Darstellung bringt, *wie* sie ihn in sinnlicher Form ‚erscheinen‘ lässt [...].“[191]

Cassirer weist auf diese Gemeinsamkeit symbolischer Formen als Grundformen der menschlichen Erkenntnis hin: „Jede echte geistige Grundfunktion hat mit der Erkenntnis den einen entscheidenden Zug gemeinsam, dass ihr eine ursprünglich-bildende, nicht bloß nachbildende Kraft innewohnt. [...] Dies gilt für die Kunst, wie es für die Erkenntnis gilt“.[192] Deshalb gewährt Cassirer in seinem

---

190 Andrea Esser: „Kunst als Symbolsystem“. In: *Symbole, Systeme, Welten. Studien zur Philosophie Nelson Goodmans*. Hrsg. von Jakob Steinbrenner, Oliver R. Scholz und Gerhard Ernst. Heidelberg: Synchron 2005. S. 61–73, hier S. 65.

191 Esser: „Kunst als Symbolsystem“ (Anm. 189), S. 67.

192 Ernst Cassirer: *Philosophie der symbolischen Formen*. Teil 1: *Die Sprache*. Text und Anm. bearb. von Claus Rosenkranz. In: ders.: *Gesammelte Werke. Hamburger Ausgabe*. Bd. 11. Hrsg. von Birgit Recki. Hamburg: Meiner 2001, S. 7.

„System der symbolischen Formen" Sprache, Kunst und Mathematik je ein autonomes Gebiet. Wie Goodman ist auch er der Meinung, dass die „künstlerische Anschauung [...] nicht durch das Bild hindurch auf ein anderes, das in ihm ausgedrückt und dargestellt wird"[193], blickt. *Poesis* und *mathesis* sind formal und semantisch dicht. Weder sind sie Spiegel, die die Realität irgendwie abbilden, noch sind sie transparent, um durch sie hindurch etwas Anderes sichtbar zu machen. Sie machen sich vielmehr selbst sichtbar durch Exemplifikation und zeigen dadurch das Potential an Kreativität, das durch den Prozess der Interformation eröffnet wird. Das sind neue Regeln, aber auch neue Freiheiten. Die Autonomie der *mathesis* und der *poesis* drückt sich genau in der Ausgestaltung dieser Freiheiten aus, die sie durch die eigenen Regeln der Modellierung hervorgebracht haben. „Auf diese hin müssen Darstellungen der Kunst entworfen werden, wenn sie beanspruchen, Weltversionen zu sein"[194] – so Esser. Wahrscheinlich stimmt dies in gleichem Maße auch für theoretische Modellierungen. Doch auch die Erzählung hat ihre gesonderte Funktion:

> Dann nämlich vermitteln uns Symbole der Kunst „Erkenntnis", sofern ihre Formen in der sinnlichen Rezeption Strukturen bewusst werden lassen, durch die wir nicht nur *etwas* erkennen, sondern mit denen wir auch auf unsere *Weisen* der Welterzeugung selbst, auf unsere Formen der Herstellung von Gegenstandsbezügen treffen.[195]

Die Mathematik konfiguriert durch die Modellierung den Gegenstand der Betrachtung, während die Erzählung die Strukturbedingungen der Betrachtung konfiguriert.

Es ist eine regelgeleitete Modellierung, weil sowohl die Modellierungsregeln der Mechanik als auch die der Elektrodynamik bekannt sind. Jedoch werden diese durch Interformation beide transformiert und somit beide neu erzählt. Die regelgeleitete Intersektion von Prinzipien ist gesichert. Aber das, was sich aus der Interformation ergibt, entspricht nicht mehr den Regeln der diskursiven Formationen, die in die Interformation Eingang gefunden haben. Wie ist das Ergebnis der Interformation aus der Perspektive der Semantik und der Pragmatik der Signifikation zu lesen und zu interpretieren?

Der Interformation sind *mathesis* und *poesis* vorausgegangen. Die operationalen Ergebnisse im mathematischen Umfeld der Lorentz-Transformation sind nach

---

193 Ernst Cassirer: „Der Begriff der symbolischen Form im Aufbau der Geisteswissenschaften". In: ders.: *Wesen und Wirkung des Symbolbegriffs*. Darmstadt: Wiss. Buchges. 1965. S. 169–200, hier S. 190.

194 Esser: „Kunst als Symbolsystem" (Anm. 189), S. 69.

195 Esser: „Kunst als Symbolsystem" (Anm. 189), S. 69.

der Interformation logisch nachvollziehbar. Die Spannungen und Widerstände spielen sich auf semantischer Ebene ab. Denn das Konzept der Raumzeit kann mathematisch zwar auf eine vierdimensionale Raumzeitmannigfaltigkeit vereinigt werden, das hat Minkowski 1908 gezeigt.[196] Doch was bedeutet die vierdimensionale Raumzeitmannigfaltigkeit für andere semio-logischen Diskurssphären? Wie geht man dort mit dem Raumzeitkontinuum um, angesichts dessen, dass die primäre Alltagsintuition jedes Menschen sehr wohl (und mit guten Gründen) weiterhin zwischen Raum und Zeit unterscheidet? In den nächsten vier Kapiteln werde ich durch meine interformativen Lektüren auf ein paar exemplarische Fallbeispiele aus der literarischen und der physikalischen Diskurssphäre eingehen.

Die Spannungen und Widerstände spielen sich jetzt auf der semantischen Ebene der Korrelation und Interpretation ab. Dann stellt sich die Frage: Wie stellt man Verbindungen zwischen den operationalen Konzepten und den anschaulichen ‚Phänomenen der Realität‘ neu her? Welche semiotischen Codes gelten ab jetzt für die interne Semiosphäre der Physik und für die externe kulturelle Semiosphäre? Welchen Grad an ausdifferenzierter operationaler Modellierung kann der externen kulturellen Semiosphäre zugemutet werden? Wie lassen sich die logisch-mathematischen Operationen semiotisieren? Verfügt die herkömmliche Sprache über das notwendige semiologische Repertoire dafür, oder ist das *emplotment* durch *poesis* und *diegesis* notwendig? Kann man mit ihrem eigenlogischen schöpferischen Potential rechnen? Vielleicht durch neue Prozesse der Interformation?

196 Vgl. Minkowski: „Raum und Zeit“ (Anm. 3).

VII.2 Zur epistemischen Funktion der Interformation zwischen Astrophysik und Literatur. Carl Sagans Roman „Contact" und Kip Thornes theoretisches Modell der durchquerbaren Raumzeittunnel

Das folgende Kapitel untersucht interformative Modellierungsprozesse zwischen Literatur und Allgemeiner Relativitätstheorie im Rahmen der theoretischen Astrophysik. Es geht um das theoretische Modell des „durchquerbaren Raumzeittunnels",[1] eines astrophysikalischen Objekts, das auf Einsteins Feldgleichungen der Allgemeinen Relativitätstheorie[2] basiert. Die Frage nach der potenziellen Existenz eines solchen astrophysikalischen Objektes, das zwei entlegene Orte des Universums verbinden könnte, stellte sich konkret in den Jahren 1984/85 für den Autor Carl Sagan, als er an seinem Roman „Contact"[3] arbeitete. Sagan war an der Cornell University als Direktor des *Zentrums für Raumforschung* tätig und wandte sich mit dieser Frage an Kip Thorne, einen der führenden Experten auf dem Gebiet der Allgemeinen Relativitätstheorie und Astrophysik,[4] der 2017 gemeinsam mit Rainer Weiss und Barry C. Barish den Physik-Nobelpreis für die Detektion der

---

1 Michael S. Morris und Kip S. Thorne: „Wormholes in Spacetime and Their Use for Interstellar Travel. A Tool for Teaching General Relativity". In: *American Journal of Physics* 56.5 (1988). S. 395–412. Vgl. hierzu auch Michael S. Morris, Kip S. Thorne und Ulvi Yurtserver: „Wormholes, Time Machines, and the Weak Energy Condition". In: *Physical Review Letters* 61.13 (1988). S. 1446–1449; dies.: „Traversible Wormholes, Closed Timelike Curves, and the Averaged Weak Energy Condition". In: *Abstracts of Contributed Papers. Twelfth International Conference on General Relativity and Gravitation (GR12).* Boulder, CO, 02.–07. Juli 1989. S. 247; Fernando Echeverria, Gunnar Klinkhammer und Kip S. Thorne: „Billiard Balls in Wormhole Spacetimes with Closed Timelike Curves. Classical Theory". In: *Physical Review D: Particles and Fields* 44.4 (1991). S. 1077–1099.

2 Vgl. Albert Einstein: „Die formale Grundlage der allgemeinen Relativitätstheorie". In: *Sitzungsberichte der Preussischen Akademie der Wissenschaften zu Berlin* (1914). S. 1030–1085; ders.: „Die Feldgleichungen der Gravitation". In: *Sitzungsberichte der Preussischen Akademie der Wissenschaften zu Berlin* (1915). S. 844–847; ders.: „Die Grundlage der allgemeinen Relativitätstheorie". In: *Annalen der Physik* 49 (1916). S. 769–822.

3 Carl Sagan: *Contact. A Novel.* New York: Simon and Schuster 1985.

4 Gemeinsam mit John Archibald Wheeler und Charles Misner hatte Thorne 1973 das Buch „Gravitation" veröffentlicht, das bis heute als Referenzwerk zu Einsteins Allgemeiner Relativitätstheorie gilt. Vgl. Charles W. Misner, Kip S. Thorne und John A. Wheeler: *Gravitation. With a new foreword by David I. Kaiser and a new preface by Charles W. Misner and Kip S. Thorne.* Princeton, Oxford: Princeton University Press 2017.

https://doi.org/10.1515/9783110729887-011

durch Einstein theoretisch vorhergesagten Gravitationswellen erhielt.[5] Über die Zusammenarbeit zwischen Kip Thorne und Carl Sagan gibt Thornes Buch „Black Holes and Time Warps: Einstein's Outrageous Legacy“ Aufschluss.[6] Thorne berichtet dort, wie er Sagans literarische Fragestellung aufnahm, sie zu seiner eigenen Forschungsfrage erklärte und gemeinsam mit seinem Doktoranden Michael Morris drei Jahre lang an deren theoretischer Modellierung arbeitete. 1988 erschienen dazu zwei wissenschaftliche Fachpublikationen, die in den renommierten Journalen „Physical Review Letters“[7] und „American Journal of Physics“[8] erschienen. Im Folgenden werde ich diesen bemerkenswerten interformativen Prozess rekonstruieren, der eine Frage aus der Literatur in die theoretische Physik transferiert und sie dort mathematisch umcodiert in ein theoretisches Problem, das die Forschungsdiskurse der theoretischen Physik in diesem Bereich reorganisiert. Um auf die *constraints* der literarischen Fragestellung eingehen zu können, perspektivieren Kip Thorne und Michael Morris die physikalische Forschungsfrage neu. Dies führt dazu, dass die Astrophysik ihre Herangehensweise an Lösungsansätze der Einstein'schen Feldgleichungen ändert.[9]

Das exemplarische Fallbeispiel untersuche ich in drei Schritten: Im ersten Abschnitt wird der Roman „Contact“ von Carl Sagan kurz vorgestellt. In der erzählten Welt des Romans war das Konzept der durchquerbaren Wurmlöcher nötig, um der Astronautin Ellie Arroway eine fiktive Reise zur Wega zu ermöglichen, einem Stern, der 25 Lichtjahre von der Sonne entfernt ist. Mathematische Modellvorschläge zur Durchquerung von Raumzeit waren bereits ab 1916 aufgekommen, unmittelbar nach Einsteins Veröffentlichung der Grundgleichungen der Allgemeinen Relativitätstheorie.[10] Die existierenden Ansätze und Zugänge zu diesem Problem bezogen sich auf mikroskopische Bereiche, auf Elementarteilchen. Diesem wissenschaftshistorischen Hintergrund der Lösungen der Einstein'schen Feldgleichungen[11] widmet sich der zweite Abschnitt meines Kapitels. Die Zusammenarbeit zwischen Carl Sagan

---

5 Vgl. The Nobel Foundation: „Press Release: The Nobel Prize in Physics 2017“. In: *The Official Website of the Nobel Prize.* 03. Oktober 2017. https://www.nobelprize.org/uploads/2018/06/press-40.pdf (zuletzt besucht am 08. Juli 2022).

6 Vgl. Kip S. Thorne: *Black Holes and Time Warps. Einstein's Outrageous Legacy*. New York: Norton & Company 1994.

7 Vgl. Morris, Thorne und Yurtserver: „Wormholes“ (Anm. 1).

8 Vgl. Morris und Thorne: „Wormholes in Spacetime“ (Anm. 1).

9 Ich werde im Folgenden die Termini ‚Wurmloch‘ und ‚Raumzeittunnel‘ als Synonyme verwenden, so wie das in der Fachliteratur, zum Beispiel in der einschlägigen Monographie „Lorentzian Wormholes“ von Mat Visser, geschieht. Vgl. Matt Visser: *Lorentzian Wormholes. From Einstein to Hawking*. New York, Berlin: Springer 1996, S. 97–201.

10 Vgl. Einstein: „Die formale Grundlage der allgemeinen Relativitätstheorie“ (Anm. 2).

11 Vgl. Einstein: „Die Feldgleichungen der Gravitation“ (Anm. 2).

und Kip Thorne im Umfeld der Publikation des Romans „Contact“ gilt in der einschlägigen Fachliteratur als Ausgangspunkt der Renaissance des Wurmlochkonzepts, wie Mat Visser dies in der Monographie „Lorentzian Wormholes: From Einstein to Hawking“[12] attestiert.[13] Hier führte eine literarische Fragestellung, aufgeworfen durch Carl Sagan im Jahr 1985, zur Rekonzeptualisierung einer Fragestellung auf dem Feld der Astrophysik durch Kip Thorne. Gemäß der literarischen Fragestellung sollte es nicht mehr um mikroskopische Wurmlöcher auf Elementarteilchenniveau gehen, sondern um die theoretische Modellierung von Wurmlöchern, die sich für Menschen als durchquerbar erweisen könnten. Dieser Rekonzeptualisierung widmet sich der dritte Abschnitt meines Kapitels mit einer ausführlichen Lektüre des Artikels „Wormholes in Spacetime and Their Use for Interstellar Travel“ von Kip Thorne und Michael Morris, wobei ich die epistemischen Funktionen der interformativen Verfahren analysiere, die für die Re-Konzeptualisierung der durchquerbaren Raumzeittunnel zum Einsatz kommen.

1 Die Suche nach außerirdischer Intelligenz in „Contact“: Kommunikationscodes eines informationstheoretischen Palimpsests

Der Roman „Contact“[14] schildert das leidenschaftliche Engagement der Astronomin Ellie Arroway für die Durchsetzung eines Projekts namens *Argus*, das der Suche nach Botschaften außerirdischer Intelligenz im interplanetaren Raum mithilfe von Radioteleskopen gilt. Arroway hat beinahe die gesamten Kapazitäten des NASA-Observatoriums *Argus* in den Dienst dieser Aufgabe gestellt, doch andere Wissenschaftler sowie Vertreter der zuständigen Förderinstitution, der *National Scientific Agency*, beäugen das Projekt kritisch.

Obwohl der Roman in der amerikanischen Literatur ein großer Erfolg war, auch dank der Verfilmung[15] Robert Zemeckis’ mit Jodie Foster in der Titelrolle, widmet sich bisher keine literaturwissenschaftliche Publikation seinem wissenschaftshistorischen Kontext oder den Bezügen zwischen Literatur und Allgemeiner Relativitätstheorie. Beleuchtet wurden in der Literaturwissenschaft bisher

12 Vgl. Visser: *Lorentzian Wormholes* (Anm. 9), S. 97–201.

13 Vgl. Morris und Thorne: „Wormholes in Spacetime“ (Anm. 1).

14 Sagan: *Contact* (Anm. 3). Im Folgenden werden Zitate aus dem Roman im Haupttext zitiert. Die Zitatnachweise erfolgen in Klammern, direkt im Anschluss an das Zitat. Hierfür wird die Sigle „C“ verwendet, gefolgt von der Seitenzahl.

15 Vgl. *Contact*. Reg. von Robert Zemeckis. Warner Home Video 1997.

Konzeptualisierungen der Transzendenz an der Schnittstelle zwischen Theologie, Wissenschaft und Literatur,[16] zudem wurden die genrespezifischen Verfahren der *Science-Fiction*-Literatur untersucht, wie z. B. die Aspekte der Suche nach extraterristrischen Intelligenzformen.[17]

Im Roman empfängt das Forscherteam um Ellie Arroway eines Tages ein Signal aus dem All, das aus dem Umkreis des Sterns Wega gesendet zu sein scheint. Das Signal wird überprüft, die Entzifferung der Botschaft erfordert jedoch erst die Entschlüsselung des Codes, in dem die Botschaft chiffriert wurde. Kultursemiotische, informationstheoretische und physikalische Kompetenzen sind dafür gefragt, denn es ist nicht klar, auf welcher Basis diese Kommunikation abläuft. Verwenden die außerirdischen Wesen die gleichen Modulationsfrequenzen wie die Argus-Station? Wie kann man überhaupt mit einer anderen Gemeinschaft kommunizieren, ohne zu wissen, ob man mit ihr über einen gemeinsamen Code verfügt? Ohne dies geklärt zu haben, kann man weder von ‚Botschaft‘ noch von ‚Kommunikation‘ sprechen.

Die Schwierigkeiten sind zahlreich: Der Sender der Nachricht ist unbekannt, der Kanal, durch den die Botschaft übermittelt worden ist, ist unerforscht, der Code gilt für lange Zeit als unentzifferbar, und die Botschaft ist komplex. Sie umfasst eine dreifache Kommunikationsebenenstruktur und erfordert die gebündelte Expertise verschiedener Fachgebiete, um sie zu entziffern. Ellie Arroway vergleicht die Struktur der Botschaft mit einem Palimpsest: „In classical time, thousands of years ago, when parchment was in short supply, people would write over an old parchment, making what's called a palimpsest. There was writing under writing under writing“ (C, S. 100). Doch das ist die Definition eines Palimpsests, das lediglich Schriftschichten und Kulturtechniken der Vergangenheit materiell synthetisiert. Die Botschaft im Roman jedoch weist darüber hinaus eine Struktur auf, die medienhistorische Schichten und informationstheoretische Kulturtechniken miteinander überlagert. Die erste Schicht erfordert die Entzifferung algorithmischer Formeln. Diese Codierungsstufe ist die des mathematischen Denkens, und so entdeckt das Forscherteam zunächst auch eine Serie von Primzahlen. Der Code der Primzahlen unterscheidet sich vom Rest der Töne und Geräusche im Weltall dadurch, dass er die Existenz

16 Vgl. Christopher Douglas: *If God Meant to Interfere. American Literature and the Rise of the Christian Right*. Ithaca, London: Cornell University Press 2016; Bryan P. Stone: „Religious Faith and Science in Contact“. In: *Journal of Religion and Film* 2.2 (1998).

17 Vgl. Douglas W. Coleman: „So You Want to Communicate with Space Aliens?“. In: *LACUS Forum* 34 (2009). S. 55–63; Thomas J. Morrissey: „Teaching the Alphabet to the Ants. ‚The Adventures of Pinocchio‘ and Carl Sagan's ‚Contact‘“. In: *Extrapolation: A Journal of Science Fiction and Fantasy* 43.2 (2002). S. 163–170.

einer symbolischen Intelligenz nahelegt. Eine Sequenz von Primzahlen würde der symbolischen Sphäre und somit der Semiosphäre angehören.

Diese führt zu einer zweiten Schicht, zu einer medialen Bildnachricht, einer Filmaufnahme. Diese zweite Signal-Stufe nutzt als Übermittlungscode die Modulation der Polarisation von Lichtwellen. Für die Entzifferung des Codes spielt es eine Rolle, ob die Polarisation links- oder rechtsgerichtet ist und mit welcher Frequenz sie gesendet worden ist. Ellie zufolge ergeben die statistischen Analysen, dass die verschiedenen Frequenzen der Polarisationsmodulation in einen Code übersetzt werden können, in dem eine verschlüsselte Datensammlung von Diagrammen steckt. „When a wave of light comes at you – visible light, radio light, any kind of light – it's vibrating at right angles to your line of sight. If that vibration rotates, it is said to be elliptically polarized. If it rotates clockwise, the polarization is called right-handed; counterclockwise, it's left-handed. [...] Anyway, by varying between the two kinds of polarization, you could transmit information" (C, S. 83–84). Es stellt sich letztendlich heraus, dass diese dritte Kommunikationsebene die Anleitung für den Bau eines Dodekaeders bereithält, der als Raumsonde fungieren soll, um eine Reise zur Wega zu ermöglichen.

Die Frage, die sich Carl Sagan für seinen Roman stellte, überstieg 1988 die Grenze der menschlichen Erkenntnis: Gäbe es prinzipiell die Möglichkeit, dass eine außerirdische überlegene Zivilisation eine Brücke durch die Raumzeit schafft, so dass ein Astronaut eine interstellare Reise zur Wega unternehmen könne? Carl Sagan hatte als Astronom nicht genug Kenntnisse der theoretischen Physik und wandte sich mit seiner Frage daher an Kip Thorne. Thorne nahm die Fragestellung ernst und widmete ihr nach eigener Aussage nicht weniger als drei Jahre Forschungszeit (von 1985 bis 1988) – mit dem Ziel, für den besagten Raumzeittunnel ein mathematisches Modell zu erstellen, das als Lösung der Einstein'schen Gleichungen der Allgemeinen Relativitätstheorie gelten konnte. Die Bedingungen, die zu erfüllen waren, damit ein menschliches Wesen eine interstellare Zeitreise überleben und nicht gegen geltende physikalischen Naturgesetze verstoßen würde, waren folgende: Die durchquerbare Brücke durch die interstellare Raumzeit sollte durch ein mathematisch exaktes Modell dargestellt werden; die Reise sollte innerhalb eines überschaubaren Zeitraums zurückgelegt werden können; die durchschnittliche Dauer eines Menschenlebens sollte nicht überschritten werden; die Außenbeobachter, die auf der Erde zurückblieben und den Reiseaufbruch registrierten, sollten trotz der Relativität der Gleichzeitigkeit, die durch die Spezielle Relativitätstheorie postuliert wird, auch noch die Rückkehr des Reisenden beobachten können. Man wusste zwar, dass das Modell technisch noch nicht umsetzbar war, dennoch sollte dessen Realisierbarkeit mathematisch berechnet werden können, so dass es auch für die fiktive Welt des Romans plausibel sein würde. Gesucht wurde also ein mathematisches Modell, das im Einklang stehen sollte mit den geltenden Prinzipien der Speziellen und Allgemeinen Relativitätstheorie, der Quantentheorie und der Astrophysik.

2 Kip Thornes wissenschaftliche Abhandlung „Wormholes in Spacetime"

Der Roman Sagans stellt die Fragen, die es im Rahmen der theoretischen Physik zu klären gilt. Dies tut er, indem er technische Möglichkeiten einer avancierten fremden Zivilisation auf der Wega imaginiert, die es erlauben, einen Raumzeittunnel zu bauen. Welche Bedingungen wären dieser Zivilisation durch die geltenden physikalischen Gesetze gestellt? Das ist der Ausgangspunkt der Argumentation der wissenschatlichen Publikation, die Michael Morris und Kip Thorne zu diesem Thema in einer renommiertesten Fachzeitschrift der Physik vorlegten. Ich zitiere die Ausgangsfrage des Artikels „Wormholes, Time Machines, and the Weak Energy Condition", der 1988 in den „Physical Review Letters" erschienen ist, weil sie die gleiche Argumentationslinie verfolgt wie der Artikel im American „Journal of Physics":

> Normally theoretical physicists ask, „What are the laws of physics?" and/or, „What do those laws predict about the Universe?" In this Letter we ask, instead, „What constraints do the laws of physics place on the activities of an arbitrarily advanced civilization?" This will lead to some intriguing queries about the laws themselves.
>
> We begin by asking whether the laws of physics permit an arbitrarily advanced civilization to construct and maintain wormholes for interstellar travel.[18]

Thorne und Morris erklären sich somit bereit, die theoretische Fragestellung grundsätzlich zu rekonzeptualisieren: nicht mehr danach zu fragen, was die Naturgesetze verbieten, sondern was die theoretischen Modellierungen an bisher ungeahnten Spielräumen bergen. Wenn man annehmen würde, dass das kopernikanische Prinzip stimmt und dass die Naturgesetze, die für die Menschen gelten, auch für jene fremde Zivilisation gelten würden – welche Restriktionen geltender Gesetze wären bei der theoretischen Modellierung eines solchen durchquerbaren Raumzeittunnels zu beachten?

Um welches mathematische Objekt der Allgemeinen Relativitätstheorie handelt es sich? Für dessen Darstellung beziehe ich mich hier auf Matt Vissers Standardwerk „Lorentzian Wormholes. From Einstein to Hawking".[19] Zunächst seien in aller Kürze ein paar Grundbegriffe der Allgemeinen Relativitätstheorie erläutert. Die historische Genealogie der Raumzeittunnel kann bis zu den Anfängen

18 Morris, Thorne und Yurtserver: „Wormholes" (Anm. 1).

19 Vgl. Visser: *Lorentzian Wormholes* (Anm. 9).

von Einsteins Allgemeiner Relativitätstheorie zurückverfolgt werden.[20] Alle in der Physik unternommenen Versuche, diese Raumzeittunnel theoretisch zu postulieren, stellen als mathematische Objekte Lösungen von Einsteins Feldgleichungen der Allgemeinen Relativitätstheorie dar:

$$G_{\alpha\beta} + \Lambda g_{\alpha\beta} = \mathrm{K} T_{\alpha\beta}$$

Nachdem Einstein 1915 die Allgemeine Relativitätstheorie veröffentlicht hatte, legte Karl Schwarzschild 1916 die erste Lösung vor.[21] Er schlug die sogenannte Schwarzschild-Metrik vor, die das Gravitationsfeld eines nicht rotierenden und elektrisch nicht geladenen (kugelsymmetrischen) Massenpunktes bzw. gravitativen Feldes beschrieb. Die Allgemeine Relativitätstheorie ist eine Feldtheorie, die Mathematik, mit der die theoretische Physik hier operiert, ist die Differentialgeometrie. Raum und Zeit sind vereint in einem gemeinsamen Raumzeitkontinuum, das eine Krümmung aufweist. In der Allgemeinen Relativitätstheorie ist die Gravitation durch die Krümmung der Raumzeit repräsentiert. Die Raumzeit ist in der Allgemeinen Relativitätstheorie eine vierdimensionale differenzierbare Mannigfaltigkeit mit einer Lorentz-Metrik, die die Signatur der Raumzeit wiedergibt. Die Lorentz-Signatur kennt vier Dimensionen, die als (–, +, +, +) dargestellt werden. Die drei „+“-Signaturen stehen für die drei Dimensionen des Raumes, die „–“-Signatur steht für die Zeitdimension. Gemeinsam ergeben sie das vierdimensionale Raumzeitkontinuum.[22] Die Krümmung der Raumzeit in der Umgebung des Objekts entspricht dem gravitativen Feld dieses Objektes. Um dieses gravitative Feld zu beschreiben, ist die Metrik der Raumzeit wichtig.

Ein Wurmloch wäre entsprechend ein Tunnel durch die Raumzeit, der zwei weit entfernte Raumzeitpunkte des Universums direkt miteinander verbinden könnte. So fantastisch diese Idee auch klingt, griff gleichwohl auch Einstein selbst sie auf, nachdem auch Hermann Weyl darüber in seinem Artikel „Feld und Materie“[23] spekuliert hatte. 1935 legten Einstein und Rosen eine Lösung der Einstein'schen Feldgleichungen und damit auch das Konzept der Einstein-Rosen-Brücke vor, die eine wichtige Station in der historischen Genealogie der Wurmlöcher darstellt. In der Zusammenfassung, die der Abhandlung vorausgeht, geben Einstein und Rosen an:

---

20 Vgl. Einstein: „Die Grundlage der allgemeinen Relativitätstheorie“ (Anm. 2).

21 Vgl. Karl Schwarzschild: „Über das Gravitationsfeld eines Massenpunktes nach der Einsteinschen Theorie“. In: *Sitzungsberichte der Preussischen Akademie der Wissenschaften zu Berlin* 1 (1916). S. 189–196.

22 Vgl. Visser: *Lorentzian Wormholes* (Anm. 9), S. 9.

23 Vgl. Hermann Weyl: „Feld und Materie“. In: *Annalen der Physik* 65.14 (1921). S. 541–563.

> The writers investigate the possibility of an atomistic theory of matter and electricity which, while excluding singularities of the field, makes use of no other variables than the $g_{\mu\nu}$ of the general relativity theory and the φ_μ of the Maxwell theory. By the consideration of a simple example they are led to modify slightly the gravitational equations which then admit regular solutions for the static spherically symmetric case. These solutions involve the mathematical representation of physical space by a space of two identical sheets, a particle being represented by a „bridge“ connecting these sheets.[24]

Die *Einstein-Rosen-Brücke* wurde von John Wheeler 1957 anlässlich seines theoretischen Entwurfs mit der metaphorischen Bezeichnung ‚Wurmloch‘ umschrieben.

> This analysis *forces* one to consider situations [...] where there is a net flux of lines of force through what topologists would call a handle of the multiply–connected space and what physicists might perhaps be excused for more vividly terming a „wormhole“.[25]

Die metaphorische Bezeichnung, für die sich Wheeler in seinem Originalartikel noch entschuldigte, hat sich letztendlich durchgesetzt.[26]

Thorne und Morris erklären das Objekt der Wurmlöcher anhand einer einfachen Definition: „Such a wormhole is a short ‚handle‘ in the topology of space, which links widely separated regions of the Universe“.[27] Um dies zu illustrieren, geben sie folgende Grafik (Abb. VII.2–1) an, anhand derer sie eine Typologie astrophysikalischer Objekte einführen. Sie unterscheiden zwischen dem *inter-universe wormhole* (a), das unser Universum mit einem anderen Universum verbinden könnte, und dem *intra–universe wormhole* (b). Dieses könnte zwei Regionen miteinander verbinden, die innerhalb unseres Universums sehr weit voneinander entfernt sind.[28]

Der sogenannte Schwarzschild-Radius definiert den Ereignishorizont dieses Objektes. Befindet sich ein Beobachter in der inneren Sphäre des Objektes, ist keine Verbindung mit dem Außenbereich mehr möglich. Die Struktur der Raumzeit und die Endlichkeit der Lichtgeschwindigkeit bedingen es, dass Außen- und Innensphäre durch diese Grenzfläche als Ereignishorizont getrennt sind. Der Ereignishorizont bildet die Grenze für den Informationsaustausch und für kausale Zusammenhänge.

24 Albert Einstein und Nathan Rosen: „The Particle Problem in the General Theory of Relativity“. In: *Physical Review* 48.1 (1935). S. 73–77, hier S. 73.

25 Charles W. Misner und John A. Wheeler: „Classical Physics as Geometry. Gravitation, Electromagnetism, Unquantized Charge, and Mass as Properties of Curved Empty Space“. In: *Annals of Physics* 2.6 (1957). S. 525–603, hier S. 532. Hervorhebung im Original. Vgl. auch ders.: „On the Nature of Quantum Geometrodynamics“. In: *Annals of Physics* 2.6 (1957). S. 604–614.

26 Vgl. John A. Wheeler: *Geometrodynamics*. New York: Academic 1962.

27 Morris, Thorne und Yurtserver: „Wormholes“ (Anm. 1), S. 1446.

28 Vgl. Morris und Thorne: „Wormholes in Spacetime“ (Anm. 1), S. 396. Im Folgenden werden Zitate aus dem Aufsatz im Haupttext zitiert. Die Zitatnachweise erfolgen in Klammern, direkt im Anschluss an das Zitat. Hierfür wird die Sigle „WiS“ verwendet, gefolgt von der Seitenzahl.

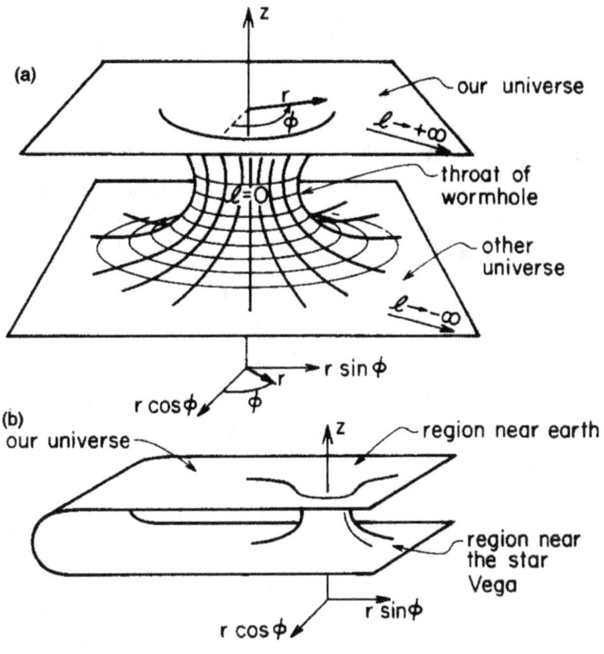

Abb. VII.2-1: Wurmloch-Typologie nach Morris und Thorne.[29]

Ein Ereignishorizont bildet sich jedoch erst, wenn sich die Masse eines astronomischen Objektes, zum Beispiel der Kern eines Sterns, so stark komprimiert, dass ein Wert erreicht wird, der unter dem Schwarzschild-Radius liegt. Jedes Objekt, dessen Masse sich bis unter dem Schwarzschild-Radius verdichtet, wird zum ‚Schwarzen Loch'.[30] Wurmlöcher werden vor allem durch ihre Brückenfunktion konzeptualisiert. Die Unterscheidung zwischen den Schwarzen Löchern und den Wurmlöchern als astrophysikalischen Objekten ist deshalb schwierig, weil sich ein Wurmloch unter bestimmten Bedingungen[31] in ein Schwarzes Loch verwandeln kann. Der Terminus des Schwarzen Lochs wurde 1962 durch John Wheeler, Kip Thornes Doktor-

29 Morris und Thorne: „Wormholes in Spacetime" (Anm. 1), S. 396.

30 Ludwig Flamm untersuchte 1916 Schwarzschilds Lösung der Einstein'schen Feldgleichungen und stellte fest, dass die Schwarzschild-Metrik positive und negative Lösungen erlaubt. Flamm stellte fest, dass es nicht nur die Lösung des ‚Schwarzen Loches' geben müsste, sondern dass die Schwarzschild-Metrik auch eine zweite Lösung erlaubte, die später die Bezeichnung ‚Weißes Loch' erhielt. Vgl. Ludwig Flamm: „Beiträge zur Einsteinschen Gravitationstheorie". In: *Physikalische Zeitschrift* 17 (1916). S. 448–454.

31 Es liegen inzwischen Forschungsideen vor, die darlegen, dass beide astrophysikalischen Objekte unter bestimmten Voraussetzungen ineinander umwandelbar wären: Vgl. Hisa-aki Shinkai

vater, eingeführt, um ein Objekt zu bezeichnen, das mit dem *terminus technicus* „gravitationally completely collapsed object“[32] identifiziert war. Damit wird ein astrophysikalisches Objekt bezeichnet, eine Region des Raumes, die so starke gravitative Kräfte auf seine Umgebung ausübt, dass alles, was in die Nähe seines Ereignishorizonts gelangt, ins Innere eingezogen wird. Innerhalb des Ereignishorizonts weist das Objekt eine Krümmungssingularität auf. Das wäre der Ort, an dem die Gravitationskräfte so stark sind, dass die Krümmung der Raumzeit divergiert. Schwarze Löcher sind dafür bekannt, Materie und elektromagnetische Energie (z. B. Licht), die sich in ihrer Umgebung befinden, komplett aufzusaugen.

Das mathematische Objekt der Wurmlöcher gab es bereits vor der theoretischen Modellierung durch Morris und Thorne. Doch frühere Modellierungen sahen nicht vor, dass diese Objekte von Menschen durchquert werden können. Thorne fasst den Forschungsstand vor Beginn seiner Arbeit an den Wurmlöchern in „Black Holes and Time Warps“ wie folgt zusammen:

> Wormholes are not mere figments of a science fiction writer's imagination. They were discovered mathematically, as a solution to Einstein's field equation, in 1916, just a few months after Einstein formulated his field equation; and John Wheeler and his research group studied them extensively, by a variety of mathematical calculations, in the 1950s. However, none of the wormholes that had been found as solutions of Einstein's equation, prior to [...] 1985, was suitable for Carl Sagan's novel, because none of them could be traversed safely.[33]

Bei allen früheren Modellen handelte es sich um mikroskopische astrophysikalische Objekte – bis 1984/1985, als Sagan das Modell wieder aufgriff und in seinen Roman „Contact“ für die oben beschriebene Reise Ellies und ihrer Astronautenkollegen zur Wega literarisch darstellen wollte. Eine Version dieses Romanentwurfs schickte er Kip Thorne als Experten für die Allgemeine Relativitätstheorie mit der Frage, wie dieses Wurmloch zu modellieren sei, damit es den geltenden astrophysikalischen Theorien entspreche. Die entscheidende Bedingung, die der Roman fordert – dass der Raumzeittunnel für Menschen durchquerbar sein sollte –, war von keinem der vorhandenen Modelle erfüllt worden: Die Frage nach ihr hatte sich schlicht nicht gestellt. Nun aber geriet die handlungsdiegetische Forderung eines Romans zur Herausforderung für die theoretische Modellierung in der Astrophysik.

---

und Sean A. Hayward: „Fate of the First Traversible Wormhole. Black-Hole Collapse or Inflationary Expansion“. In: *Physical Review D: Particles and Fields* 66.4 (2002). Art. 044005.

32 John A. Wheeler mit Kenneth W. Ford: *Geons, Black Holes, and Quantum Foam. A Life in Physics*. New York: Norton 1998, S. 296.

33 Thorne: *Black Holes and Time Warps* (Anm. 6), S. 486.

Die forschungsgeschichtlichen Details waren hier aus zwei Gründen zu erläutern: erstens, um die schwierige Forschungslage darzustellen, vor der Thorne und Morris standen, und zweitens, um zu zeigen, dass der Ausgangspunkt dieses Forschungsprozesses tatsächlich durch beide semio-logischen Diskurssphären motiviert ist, sowohl durch die der Astrophysik als auch durch die Literatur. Thorne und Morris selbst beschreiben im Fachartikel den Ausgangspunkt ihrer Forschertätigkeit, der durch die Idee des Romans motiviert wurde: „We were stimulated to find them in the summer of 1985, when Carl Sagan sent one of us a prepublication draft of his novel *Contact* and requested assistance in making the gravitational physics in it as accurate as possible. Sagan, in response to our preliminary description of these solutions' properties, incorporated them into his novel at the galley proof stage" (WiS, S. 397; Hervorhebung i. Orig.). Hier wird deutlich, dass Sagan sogar eine Vorfassung dieser Lösungen literarisch umcodiert und in seinen Text integriert hatte. Sagans Roman wird in der Abhandlung ausführlich zitiert. Morris und Thorne setzen die Zitate in einen Rahmen, der deutlich macht, dass sie einer ganz anderen semio-logischen Diskurssphäre entnommen sind, in der andere Logiken der Verwendung von Zeichen gelten als in der Physik. Diese markierte Zitation der diskursiven Praxis der Literatur im wissenschaftlichen Fachartikel bezeichne ich *transdiskursive Interpolation*. Die Editionsphilologie bezeichnet mit dem Begriff der ‚Interpolation' eine von fremder Hand vorgenommene Einfügung in einem Text. Hier nun soll unter ‚fremder Hand' eine fremde semio–logische diskursive Praxis verstanden werden, die im eigenen (hier: wissenschaftlichen) Kontext in diesem Fall zwar klar markiert wird, jedoch reichlich befremdlich wirkt. Die Romanzitate stehen gleich auf der zweiten Seite der wissenschaftlichen Publikation, sind typographisch eingerahmt und mit dem Titel „Box 1. Excerpts from Contact by Carl Sagan" versehen (WiS, S. 397; Hervorhebung i. Orig.). So wird die Andersartigkeit des literarischen Diskurses markiert, der hier in die wissenschaftliche Argumentation seinen Eingang findet. Die Überkreuzung der diskursiven Praktiken vollzieht sich buchstäblich im Medium des wissenschaftlichen Artikels und markiert den Nexus der transdiskursiven Interpolation. Die Schnittstelle zwischen den Diskurssphären nenne ich transdiskursive Kontaktzone. Diese wiederum markiert den Ausgangspunkt für den Prozess der Interformation. Die ausführlichen Romanzitate werden in der wissenschaftlichen Abhandlung grafisch abgesetzt (siehe Abb. VII.2–2).

Die Autoren gehen mit ihren relativ unkonventionellen Quellen offen um. Es ist ihnen bewusst, dass sie damit eine Grenze zwischen zwei Diskurssphären überschreiten, und sie diskutieren und reflektieren dies auch (WiS, S. 397). Kip Thorne selbst reflektiert in seinem sechs Jahre später erschienenen Buch „Black Holes and Time Warps" – das man als Epitext zur wissenschaftlichen Publikation bezeichnen könnte – die epistemische Funktion dieser transdiskursiven Interpolation. Die literarische Fragestellung, so räumt Thorne ein, war für die Theoriekonstitution des-

Box 1. Excerpts from *Contact* by Carl Sagan.[19]

After traveling through some sort of "tunnel" that took them in less than an hour from Earth to an orbit around the star Vega, five of the characters in the novel speculate on the nature of the tunnel:

"You see," Eda explained softly, "if the tunnels are black holes there are real contradictions implied. There is an interior tunnel in the exact Kerr solution of the Einstein Field Equations, but it's unstable. The slightest perturbation would seal it off and convert the tunnel into a physical singularity through which nothing can pass. I have tried to imagine a superior civilization that would control the internal structure of a collapsing star to keep the interior tunnel stable. This is very difficult. The civilization would have to monitor and stabilize the tunnel forever. It would be especially difficult with something as large as the dodecahedron falling through."

"Even if Abonnema can discover how to keep the tunnel open, there are many other problems," Vaygay said. "Too many. Black holes collect problems faster than they collect matter. There are the tidal forces. We should have been torn apart in the black hole's gravitational field. We should have been stretched like people in the paintings of El Greco or the sculptures of . . . Giacometti. Then other problems: As measured from Earth it takes an infinite amount of time for us to pass through a black hole, and we could never, never return to Earth. Maybe this is what happened. Maybe we will never go home. Then, there should be an inferno of radiation near the singularity. This is a quantum mechanical instability. . . "

"And finally," Eda continued, "a Kerr-type tunnel can lead to grotesque causality violations. With a modest change of trajectory inside the tunnel, one could emerge from the other end as early in the history of the universe as you might like—a picosecond after the big bang, for example. That would be a very disorderly universe."

"Look, fellas," she said, "I'm no expert in General Relativity. But didn't we see black holes? Didn't we fall into them? Didn't we emerge out of them? Isn't a gram of observation worth a ton of theory?"

"I know, I know," Vaygay said in mild agony. "It has to be something else. Our understanding of physics can't be so far off. Can it?"

He addressed this last question, a little plaintively, to Eda, who only replied, "A naturally occurring black hole can't be a tunnel; they have impassible singularities at their centers."

pages 347,348

Eda was, considering the circumstances, very relaxed. She soon understood why. While she and Vaygay had been undergoing lengthy interrogations, he had been calculating.

"I think the tunnels are Einstein–Rosen bridges," he said. "General relativity admits a class of solutions, called wormholes, similar to black holes, but with no evolutionary connection—they cannot be generated, as black holes can, by the gravitational collapse of a star. But the usual sort of wormhole, once made, expands and contracts before anything can cross through; it exerts disastrous tidal forces, and it also requires—at least as seen by an observer left behind—an infinite amount of time to get through."

Ellie did not see how this represented much progress, and asked him to clarify. The key problem was holding the wormhole open. Eda had found a class of solutions to his field equations that suggested a new macroscopic field, a kind of tension that could be used to prevent a wormhole from contracting fully. Such a wormhole would pose none of the other problems of black holes; it would have much smaller tidal stresses, two-way access, quick transit times as measured by an exterior observer, and no devastating interior radiation field.

"I don't know whether the tunnel is stable against small perturbations," he said. "If not, they would have to build a very elaborate feedback system to monitor and correct the instabilities."

page 406

397 Am. J. Phys., Vol. 56, No. 5, May 1988 M. S. Morris and K. S. Thorne 397

Abb. VII.2-2: Eingerahmte Zitate aus Carl Sagans Roman „Contact", abgebildet nach dem Fachartikel von Michael Morris und Kip Thorne.[34]

halb einzigartig, weil man es im Feld der theoretischen Physik[35] nicht zu wagen pflegte, solche Fragen wie die von Carl Sagan zu stellen:

> We physicists, I believe, have tended to avoid such questions because they are so close to science fiction. While many of us may enjoy reading science fiction or may even write some, we fear ridicule from our colleagues for working on research close to the science fiction fringe. We therefore have tended to focus on [...] other, less radical, types of questions: „What kinds of things occur naturally in the Universe?" [...] By 1988 it seemed clear to me that we physicists had been much too conservative in our questions. Already, one *Sagan-type question* (as I shall call them) was beginning to bring a payoff.[36]

34 Morris und Thorne: „Wormholes in Spacetime" (Anm. 1), S. 397.

35 Sechs Jahre später berichtete Thorne in „Black Holes and Time Warps", dass er als Doktorvater größte Bedenken hatte, seinem Doktoranden Michael Morris dieses Thema zu überlassen und mit ihm gemeinsam darüber zu publizieren. Doch Morris selbst sah darin gar kein Problem. Vgl. Thorne: *Black Holes and Time Warps* (Anm. 6), S. 508.

36 Thorne: *Black Holes and Time Warps* (Anm. 6), S. 493. Hervorhebung im Original.

In der grafisch abgesetzten und umrahmten Passage mit den Exzerpten aus Sagans Roman wird in der wissenschaftlichen Abhandlung das physikalische Forschungsproblem *in nuce* umrissen. Thorne und Morris fassen die Romanexzerpte zusammen und präsentieren diese sowohl als Zusammenfassung der bisherigen Forschungsprobleme als auch als Ausgangspunkt für eine mögliche Lösung. Ich analysiere im Folgenden die diskursiven Praktiken der wissenschaftlichen Abhandlung und des Romans und stelle sie zunächst einander gegenüber, um zu zeigen, wie sie sich überlagern und miteinander verschränken. Das Forschungsproblem und die wichtigsten physikalischen Facetten des benötigten explorativen Modells werden doppelt präsentiert. Zunächst im wissenschaftlichen Duktus: Welche physikalischen Argumente sprechen dagegen? Das astrophysikalische Objekt, das Sagan gemäß der Angabe von Thorne im ersten Entwurf seines Romans für die Durchquerung der Raumzeit imaginierte, war ein Schwarzes Loch. Doch dieser erste Entwurf führte in eine handlungsdiegetische und wissenschaftliche Sackgasse, so Thorne und Morris. Die Durchquerung eines Schwarzen Lochs erschien aus mehreren Gründen aussichtslos. Vergleicht man die wissenschaftliche Argumentation der Abhandlung von Morris und Thorne mit dem Dialog der Figuren im Roman von Sagan, die sich bereits auf der interstellaren Reise zur Wega befinden, stellt man fest, dass die Argumente bis in den Wortlaut übereinstimmen. Jedoch unterscheiden sich Darstellungen und Schreibweisen an entscheidender Stelle auch. Die Romanfiguren, die Teil der fiktiven Welt sind, nehmen das Geschehen so wahr, als sei es intern fokalisiert. Ihr Wissens- und Wahrnehmungshorizont ist zunächst begrenzt auf die Raumzeit im Dodekahedron. Da die Darstellung somit perspektiviert ist, kommen auch die Affekte und Emotionen der Figuren zur Geltung. Mit Marie-Laure Ryan könnte man davon sprechen, dass der textstrategische Effekt des literarischen Diskurses der der kognitiven Immersion der Leser ist.[37] Mit Fludernik und Caracciolo könnte man dafür auch die Kategorie der narrativen Experientialität ins Feld führen.[38] Ich gebe hier das im wissenschaftlichen Artikel als Interpolation übernommene Zitat aus Sagans Roman wieder:

> Black holes collect problems faster than they collect matter. There are the tidal forces. We should have been torn apart in the black hole's gravitational field. We should have been

---

37 Vgl. zur kognitiven Immersion als narratologische Kategorie: Marie-Laure Ryan: *Narrative as Virtual Reality. Immersion and Interactivity in Literature and Electronic Media.* Baltimore: Johns Hopkins University Press 2001; dies.: „Cognitive Maps and the Construction of Narrative Space". In: *Narrative Theory and the Cognitive Sciences.* Hrsg. von David Herman. Stanford: CSLI 2003. S. 214–242.

38 Vgl. Marco Caracciolo: *The Experientiality of Narrative. An Enactivist Approach.* Berlin, Boston: De Gruyter 2014; Monika Fludernik: „Towards a ‚Natural' Narratology Twenty Years After". In: *Partial Answers: Journal of Literature and the History of Ideas* 16.2 (2018). S. 329–347.

> stretched like people in the paintings of El Greco or the sculptures of ... Giacometti. Then other problems: As measured from Earth it takes an infinite amount of time for us to pass through a black hole, and we could never, never return to Earth. [...] Then, there should be an inferno of radiation near the singularity. This is a quantum mechanical instability ... (C, S. 347–348; zitiert in WiS, S. 397)

Zusammengefasst spricht Vaygay, eine fiktive Figur des Romans, folgende physikalische Probleme an: Einsteins Feldgleichungen sehen vor, dass die Gezeitenkräfte im Inneren des Schwarzen Lochs unendlich stark werden. Deshalb ist der Eingang eines Schwarzen Lochs eine Einbahnstraße – fällt ein Objekt hinein, wird es zerstört. Außerdem hört die Raumzeit in der Krümmungssingularität des Schwarzen Lochs auf zu existieren. Hin- *und* Rückfahrt zur Erde seien somit für die Figuren unmöglich. Das postuliert die Allgemeine Relativitätstheorie. Nun kommen aber auch die Gesetze der Quantengravitation ins Spiel, die den Charakter der Raumzeit verändern. Die Raumzeit weist in der Nähe der Krümmungssingularität des Schwarzen Lochs keine Metrik mehr auf. Sie ist nur noch probabilistisch zu berechnen. Der Raum hat in dieser Sphäre keine bestimmte Krümmung und keine sichere Topologie mehr, sondern nur noch eine gewisse Wahrscheinlichkeit für eine bestimmte Krümmung oder Topologie.

Interessanterweise werden genau die gleichen Argumente für die Inadäquatheit des Modells der Schwarzen Löcher sowohl von den fiktiven Figuren im Roman „Contact" als auch von den Autoren des wissenschaftlichen Fachtexts diskutiert. Thorne und Morris führen zu Beginn ihres Artikels im wissenschaftlichen Sprachduktus die gleichen Gründe an, um die Rekonzeptualisuerung der Fragestellung zu plausibilisieren: Die Grenzregionen des Schwarzen Lochs erlauben keinen Durchgang von Materie, Licht und Energie zwischen Innen und Außen (WiS, S. 395). Am Horizont des Schwarzen Lochs sind die Gezeitenkräfte extrem hoch, sodass kein Astronaut diese Schwelle lebend passieren könnte: „[T]he adventurer will be killed by tidal gravity before even reaching the horizon" (WiS, S. 395). Daraus folgt, dass der Eingang des Schwarzen Lochs praktisch eine Einbahnstraße ist. „Things can fall in, but nothing can emerge. Thus, two-way travel (which is often invoked) is forbidden" (WiS, S. 395). Thorne und Morris ziehen auch rotierende Schwarze Löcher in Erwägung, die die sogenannte Kerr-Metrik aufweisen. Die schnelle Kontraktion und Expansion der Schwarzen Löcher erzeugen probabilistische Raumkrümmungen, die in Raumzeitsingularitäten münden. Aber auch für rotierende Schwarze Löcher im Sinne Kerrs nehmen Thorne und Morris an, dass diese in ihrem Inneren keine Tunnel zu anderen Raumzeitregionen des Universums bilden können, sondern eher Krümmungssingularitäten mit hohen Gezeitenkräften, die jeden Astronauten auseinanderreißen würden. Interessanterweise wird diese Lösung auch von den Figuren im Roman diskutiert und verworfen.

> „You see," Eda explained softly, „if the tunnels are black holes, there are real contradictions implied. There is an interior tunnel in the exact Kerr solution of the Einstein Field Equations, but it's unstable. The slightest perturbation would seal it off and convert the tunnel into a physical singularity through which nothing can pass." (C, S. 347)

Morris und Thorne gehen dann zu einer anderen Klasse der Lösungen von Einstein-Gleichungen über, zu den sogenannten Schwarzschild-Wurmlöchern, die jedoch mit den gleichen Problemen behaftet sind wie die Schwarzen Löcher, die eine Schwarzschild–Metrik aufweisen. Dabei handelt es sich um die Gravitationskräfte, um die schnellen Expansionen und Kontraktionen, die die Astronauten zerreißen würden (WiS, S. 396). Nachdem diese Gründe im wissenschaftlichen Fachtext und im Roman angeführt worden sind, wird im Fachtext von Morris und Thorne darauf hingewiesen, dass die zweite Passage des Zitats aus Carl Sagans Roman eine mögliche Lösung des Problems enthält:

> Two relevant passages from Sagan's novel are reproduced in Box 1. The first passage describes the objections to black holes as means of interstellar travel, and a portion of the second passage describes the objections to Schwarzschild wormholes. [...] The remainder of the second passage describes some key features of the traversible wormhole solutions, including *the wormholes' ability to remain always open, very small tidal forces*, [...] (WiS, S. 397; Hervorhebung v. AH)

Dieser Satz wird im Fachtext von Morris und Thorne durch die „Box 1" unterbrochen. Es folgt ein Romanauszug, der somit seinerseits von dem wissenschaftlichen Text eingerahmt wird (siehe Abb. VII.2–3).

Der literarische Text stellt das explorative Modell im Entwurf vor, im Rahmen eines Dialogs zwischen den Romanfiguren:

> „I think the tunnels are Einstein-Rosen bridges," he said. „General relativity admits a class of solutions, called wormholes, similar to black holes, but with no evolutionary connection – they cannot be generated, as black holes can, by the gravitational collapse of a star. But the usual sort of wormhole, once made, expands and contracts before anything can cross through; it exerts disastrous tidal forces, and it also requires – at least as seen by an observer left behind – an infinite amount of time to get through." [...] *The key problem was holding the wormhole open.* (C, S. 406; zitiert in WiS, S. 397; Hervorhebung v. AH)

Ein möglicher Lösungsweg für dieses Problem klingt im literarischen Text an, der im wissenschaftlichen Text zitiert wird:

> Eda had found a class of solutions to his field equations that suggested a new macroscopic field, a kind of tension that could be used to prevent a wormhole from contracting fully. Such a wormhole would pose none of the other problems of black holes; it would have *much smaller tidal stresses, two-way access, quick transit times as measured by an exterior observer, and no devastating interior radiation field.* (C, S. 406; zitiert in WiS, S. 397; Hervorhebung v. AH)

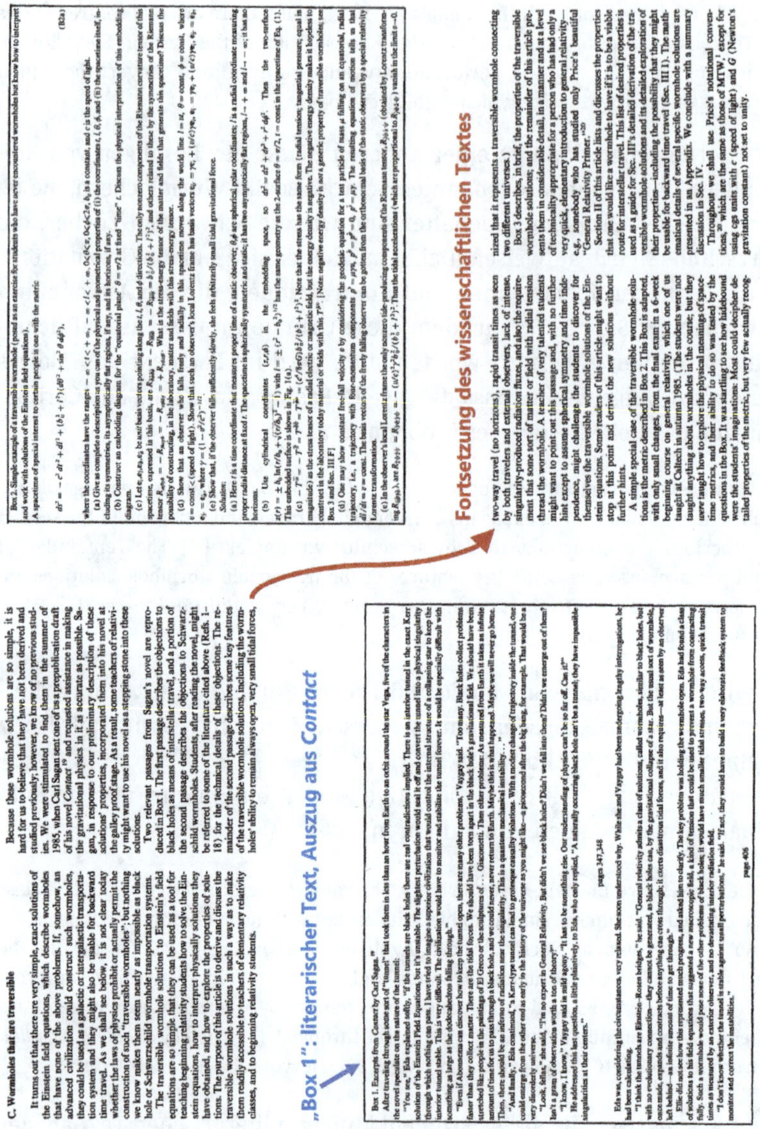

Abb. VII.2–3: Auszug aus dem Fachartikel von Thorne/Morris mit dem Zitat aus dem Roman „Contact“, hier eingerahmt auf der linken Seite.[39]

39 Morris und Thorne: „Wormholes in Spacetime“ (Anm. 1), S. 397–398.

Sodann wird der Rahmen um das literarische Zitat geschlossen und der wissenschaftliche Text fortgesetzt. Schließlich stellen Thorne und Morris ein eigenes Modell vor, dessen theoretische Konzeption durch den Roman von Carl Sagan inspiriert ist. Vergleicht man den literarischen und den fachwissenschaftlichen Text, so merkt man, dass die Argumentationen bis in die Wortwahl hinein übereinstimmen. Deshalb nenne ich die epistemische Konzeptualisierung eines neuen Forschungsansatzes, der Elemente beider diskursiven Praktiken aufnimmt, *Interkonfiguration*. An dieser Stelle wird der wissenschaftliche Text wiederaufgenommen, und es werden die Randbedingungen für das wissenschaftliche Modell formuliert:

> [...] *two-way travel (no horizons), rapid transit times as seen by both travelers and external observers*, lack of intense, singularity-produced *radiation fluxes*, and also the requirement that some sort of *matter or field with radial tension* thread the wormhole. (WiS, S. 398; Hervorhebung v. AH)

Genau an dieser Stelle ist der Nexus der Superposition der Schreibweisen beider semio-logischer Diskurssphären deutlich. Die physikalischen Eigenschaften des Modells, die im literarischen und im wissenschaftlichen Text präsentiert werden, stimmen weitgehend überein. Die Durchquerungszeit soll sowohl aus der Sicht des Reisenden durch das Wurmloch als auch aus der Sicht der externen Beobachter kurz genug sein, so dass ein Mensch während seiner Lebensspanne das Wurmloch auch wieder verlassen kann. Darauf weist Eda, der Relativitätstheoretiker, im Roman hin: „‚I don't know whether the tunnel is stable against small perturbations,' he said. ‚If not, they would have to build a very elaborate feedback system to monitor and correct the instabilities.'" (C, S. 406; zitiert in WiS, S. 397)

Das ist die entscheidende Crux. Das, was im Roman spekulativ und explorativ durch die Figur Eda angesprochen wird, versucht die physikalische Abhandlung im weiteren Verlauf theoretisch bzw. mathematisch zu leisten, wie hier zu zeigen sein wird. Weil es aber ein schwieriges Unterfangen ist, müssen Morris und Thorne zunächst die Herangehensweise an die theoretische Modellierung rekonzeptualisieren. Das ist einer der wichtigsten Schritte im Prozess der Interformation: die Interkonfiguration.

Dieser These möchte ich im weiteren Verlauf des Kapitels folgen, um zu zeigen, dass die literarische Idee der durchquerbaren Wurmlöcher für sich genommen natürlich noch nicht ausreichend ist. Hier berühren wir einen nächsten entscheidenden Punkt des Prozesses der Interformation: die Notwendigkeit der Umcodierung. Die zentrale Fragestellung muss zunächst umcodiert und in die diskursive Praxis der theoretischen Physik eingeführt und plausibilisiert werden, um dann mathematisch modelliert zu werden. Jedoch wird zu zeigen sein, dass auch die semio-logische Diskurssphäre der theoretischen Physik, die mathematische Modellierung, ihrerseits intern umcodiert und transformiert werden muss, um an die literarische Fragestellung ankoppeln zu können. Dafür gilt es eine strukturelle Leerstelle des physikalischen Diskurses zu finden, die noch Spielräume der mathematischen Modellierung zulässt. Nur so ist die Kopplung zwischen literarischem und physikalischem Diskurs möglich. Wenn die traditionelle mathematische Modellierung jedoch keine Spielräume der Flexibilität aufweist, dann schlagen Thorne und Morris vor, den Ansatz der mathematischen Modellierung selbst so zu ändern, dass Spielräume eröffnet werden. Das ist die Idee der Interformation: Erstens neue Denk-Spielräume zu eröffnen, zweitens trägt sie aber auch zur Modellierung dieser Spielräume bei, um echte Alternativen zu den bestehenden Ansätzen hervorbringen zu können. Thorne und Morris sind sich bewusst, dass die diskursiven Sphären der Literatur und der theoretischen Physik im Widerspruch zueinander stehen. Es scheint genauso schwer, eine argumentative Brücke zwischen einem Roman und einer physikalischen Theorie herzustellen, wie einen Raumzeittunnel mathematisch darzustellen, der zwei verschiedene so weit entfernte Orte im Universum verbindet.

Wie gehen Morris und Thorne mit dieser widersprüchlichen System- und Prozessdynamik um? Sie argumentieren folgendermaßen: Bliebe man sehr rigide innerhalb der Grenzen des Expertendiskurses der Physik und Mathematik, würde man keine Lösung für durchquerbare Wurmlöcher finden. Dennoch könne man den sicheren Boden des Diskurses der Mathematik und theoretischen Physik auch nicht leichtfertig verlassen. Deshalb differenzieren Thorne und Morris, wie zu zeigen sein wird, drei Dimensionen der Modellierung aus: erstens die rigorose mathematisch-theoretische, zweitens eine etwas flexiblere physikalische Dimension, die durchaus mit narrativen Verfahren in Form von Gedankenexperimenten modelliert werden könnte, und eine dritte ‚ästhetische‘ Dimension. Thorne und Morris geben zu, dass sie beim Übergang von der ersten zur zweiten und dritten Stufe der Modellierung auch ihren Argumentationsstil notwendigerweise ändern müssen, was zu analysieren sein wird.

3 Interformative Modellierung: Analyse der wissenschaftlichen Argumentation

3.1 Kriterien der interformativen Modellierung

Thorne und Morris präsentieren sieben Kriterien, die das theoretische Modell der von Menschen durchquerbaren Wurmlöcher erfüllen müsste. Analysiert man diese Kriterien genau, so findet man hier Bedingungen und Einschränkungen formuliert, die jeweils durch beide semio-logischen Diskurssphären, ihre diskursiven Praxen und epistemischen Erfordernisse bedingt werden. Man beachte im

Folgenden, dass auch die Kriterien selbst sich an den Schnittstellen der Diskurssphären situieren. Die ersten vier Kriterien sind mathematisch bedingt und nicht verhandelbar:

(1) Das Modell des durchquerbaren Wurmlochs soll eine Lösung der Einstein'schen Feldgleichungen sein.
(2) Die Metrik, die die Signatur der Raumzeit definiert, soll sphärisch und statisch sein.
(3) Die Raumzeit soll keine Krümmungssingularitäten aufweisen.
(4) Das Objekt soll zwei Öffnungen haben, die eine Verbindung zwischen zwei unterschiedlichen Punkten des Universums herstellen.

Die nächsten zwei Kriterien resultieren direkt aus der Handlungsdiegese des Romans – Thorne und Morris sprechen von „usability criteria", funktionalen „Kriterien der Brauchbarkeit" (WiS, S. 400), wodurch der Weg zur explorativen Modellierung im Sinne Gelferts[40] eröffnet wird.

(5) Das Objekt darf keinen Ereignishorizont aufweisen, denn dieser würde den Zugang bzw. den Ausgang und somit die Hin- und Herreise des Astronauten/der Astronautin durch den Raumzeittunnel verhindern. Die gravitativen Kräfte, die der Astronaut/die Astronautin erfährt, müssen sich in Grenzen halten. Sie müssen so gering sein, dass der Astronaut/die Astronautin die Reise gut überstehen kann.
(6) Der/die Reisende muss in der Lage sein, das Wurmloch in einer geeigneten Zeit zu durchqueren. Thorne und Morris geben etwa ein Jahr an, gemessen sowohl aus der Perspektive des Reisenden als auch aus der Perspektive der externen Beobachter auf der Erde.

Aufschlussreich ist, wie Thorne und Morris diese Forderungen gruppieren: Die ersten vier Forderungen sind solche der mathematischen Konsistenz und operieren somit im Rahmen der Systemdynamik – Thorne und Morris nennen sie „basic wormhole criteria" (WiS, S. 400). Die Forderungen (5) und (6) hingegen ergeben

40 Axel Gelfert prägte dieses Konzept der explorativen Modellierung in Anlehnung an Friedrich Steinles wissenschaftshistorische Studien zu explorativem Experimentieren. Vgl. hierzu Friedrich Steinle: *Explorative Experimente. Ampère, Faraday und die Ursprünge der Elektrodynamik*. Stuttgart: Steiner 2005. Vgl. zum Komplex der Literarisierung wissenschaftlicher Experimentalpraxen: Michael Gamper (Hrsg.): *Experiment und Literatur. Themen, Methoden, Theorien*. Göttingen: Wallstein 2010; Michael Gamper, Martina Wernli und Jörg Zimmer (Hrsg.): *„Es ist nun einmal zum Versuch gekommen". Experiment und Literatur I: 1580–1790*. Göttingen: Wallstein 2009; dies (Hrsg.): *„Wir sind Experimente: wollen wir es auch sein!". Experiment und Literatur II: 1790–1890*. Göttingen: Wallstein 2010; Michael Bies und Michael Gamper (Hrsg.): *„Es ist ein Laboratorium, ein Laboratorium für Worte". Experiment und Literatur III: 1890–2010*. Göttingen: Wallstein 2011.

sich aus dem interformativen Prozess durch die Diegese des Romans. Thorne und Morris nennen sie „the wormhole's parameters for human physiological comfort, so we shall call them ‚usability criteria‘“ (WiS, S. 400). Sie repräsentieren den prozessdynamischen Teil der Interformation. An dieser Stelle überlagern sich die physikalischen mit den literarischen Modellierungen. Schließlich geht es bei der siebten Forderung um ästhetische Kriterien, wie Thorne und Morris selbst angeben.

> Properties 1 through 4 we shall call the ‚basic wormhole criteria.‘ Properties 5 and 6 will help us tune the wormhole's parameters *for human physiological comfort*, so we shall call them ‚usability criteria.‘ By means of Property 7, we shall tune the parameters *for our own aesthetic comfort* – i. e., we shall tune them to make the wormhole's construction material as compatible as possible with our present prejudices about the forms of matter allowed by the laws of physics. (WiS, S. 400; Hervorhebung v. AH)

Die Parameter, die nach ästhetischen Kriterien modelliert werden sollen, sind zugleich die zentrale Crux des Forschungsproblems.

(7) Die Materie und Felder, die die Geometrie des Wurmlochs beeinflussen, und die die Krümmung der Raumzeit bedingen, sollten aus physikalischer Perspektive angemessen sein.

Thorne und Morris verwenden den Terminus „physically reasonable“. *Physically reasonable* bedeutet, dass die Raumzeittunnel die geeignete Strukturstabilität aufweisen, damit die Durchquerung mit einer Raumsonde gewährleistet wäre (WiS, S. 399–400).

Die Quintessenz des Prozesses der Interformation lässt sich hier darin resümieren, dass die Kriterien (1) bis (4) aus systemdynamischer Perspektive eingehalten werden müssen. Gleichzeitig sollen die Forderungen (5) bis (7) Spielräume eröffnen für die prozessdynamische Modellierung und für die Rekonzeptualisierung gewisser Kategorien im System.

Wie aber können Spielräume eröffnet werden? Wie vollzieht sich die Flexibilisierung herkömmlicher ‚epistemischer Routinen‘ der Modellierung? Der Schnittpunkt der Interformation, die Überlagerung der System- mit der Prozessdynamik, ist der entscheidende Punkt der Innovation, wie ich zeigen möchte. Die herkömmlichen Vorgehensweisen aller theoretischer Modellierungen vor 1988, die sich allein im systemdynamischen Frame der theoretischen Physik abgespielt haben, nahmen als Ausgangspunkt den Energie-Impuls-Tensor ($KT_{\alpha\beta}$), die rechte Seite der Feldgleichungen Einsteins

$$G_{\alpha\beta} + \Lambda g_{\alpha\beta} = KT_{\alpha\beta}$$

mit dem Ziel, die Geometrie des Raumzeittunnels zu berechnen, die durch die linke Seite der Gleichung dargestellt wird. Man kalkulierte den Energie-Impuls-

Tensor ($KT_{\alpha\beta}$), löste die Einstein'schen Feldgleichungen und untersuchte dann, ob Krümmungssingularitäten in den Lösungen vorhanden waren. Waren sie gegeben, so war es (aus weiter oben bereits erläuterten Gründen) ausgeschlossen, dass diese Wurmloch-Lösungen für Menschen durchquerbar sein konnten.[41] Der theoretische Rahmen der durchquerbaren Raumzeittunnel ist an der Schnittstelle der zwei fundamentalen physikalischen Theorien des 20. und 21. Jahrhunderts situiert, zwischen der Allgemeinen Relativitätstheorie und der Quantenfeldtheorie. Die Allgemeine Relativitätstheorie ist die Theorie, die durch die linke Seite der Einstein'schen Feldgleichungen ($G_{\alpha\beta} + \Lambda g_{\alpha\beta}$) repräsentiert wird. Diese stellt die Geometrie der Raumzeit dar.

$$G_{\alpha\beta} + \Lambda g_{\alpha\beta} = KT_{\alpha\beta}$$

Die Quantenfeldtheorie ist die Theorie, die durch die rechte Seite der Gleichung repräsentiert wird, sie stellt den Energie-Impuls-Tensor $KT_{\alpha\beta}$ der Gleichung dar. Das Grundproblem, das auch durch den interformativen Prozess angegangen werden muss, ist, dass die linke Seite der Gleichung, die Perspektive der Allgemeinen Relativitätstheorie, Lösungen zulassen würde, um die Welt der befahrbaren Wurmlöcher symbolisch zu repräsentieren. Durch die rechte Seite der Gleichung, die Seite der Quantenfeldtheorie der Materie, ergeben sich allerdings sehr enge Einschränkungen.

3.2 Neuer Ansatz: Rekonzeptualisierung der Fragestellung

Beiden Theorien liegen unterschiedliche Prinzipien zugrunde. Dies machen sich Thorne und Morris zunutze. Sie argumentieren, herausgefordert durch die Romanidee, dass die Allgemeine Relativitätstheorie eine Raumzeitgeometrie erlauben würde, die sich als durchquerbarer Raumzeittunnel modellieren ließe. Folglich wird die rechte Seite der Gleichung nicht mehr als Restriktion verstanden, sondern als epistemische Herausforderung und als Anlass für Exploration. Sie wird zu einem Schlüsselproblem für künftige Forschungsdiskurse der Physik. Thorne und Morris eröffnen mit dieser Rekonzeptualisierung der Fragestellung einen neuen Forschungsansatz, wie zu zeigen sein wird.

> It turns out that there are very simple, exact solutions of the Einstein field equations, which describe wormholes that have none of the above problems. If, somehow, an advanced civilization could construct such wormholes, they could be used as a galactic or intergalactic

41 So die übereinstimmende Einschätzung von Morris und Thorne: „Wormholes in Spacetime" (Anm. 1), S. 400 und Visser: *Lorentzian Wormholes* (Anm. 9), S. 101.

> transportation system [...]. As we shall see below, it is not clear today whether the laws of physics prohibit or actually permit the construction of such „traversible wormholes“; but nothing we know makes them seem nearly as impossible as black hole or Schwarzschild wormhole transportation systems. (WiS, S. 397)

Morris und Thorne geben an, dass sie sich entschieden haben, von der herkömmlichen Weise der theoretischen Modellierung abzuweichen und einen anderen Weg zu gehen. Sie sprechen von der „Änderung der Philosophie der Lösung von Feldgleichungen“ (WiS, S. 402; Übers. v. AH). Sie gehen also nicht mehr, wie das vor ihnen konventionell stets berechnet wurde, zuerst vom Energie-Impuls-Tensor $KT_{\alpha\beta}$ aus, sondern von der notwendigen Raumzeitgeometrie $g_{\alpha\beta}$. Als Ausgangspunkt wählen sie also nicht mehr den quantenfeldtheoretischen, sondern den relativitätstheoretischen Ansatz. Sie erklären diesen deshalb für relevant, weil er die Forderungen der menschlichen Durchquerbarkeit erfüllen kann. Sie berechnen zunächst, wie die Raumzeitgeometrie des Tunnels aussehen müsste, damit dieser von Menschen bzw. Romanfiguren durchquerbar sein könnte. Nachdem sie diese Raumzeitgeometrie festgelegt haben, suchen sie nach einem geeigneten Energie-Impuls-Tensor. Der Energie-Impuls-Tensor ist also nicht mehr der Ausgangs-, sondern er wird zum Zielpunkt einer zukünftigen explorativen theoretischen Modellierung. Der epistemische Effekt der literarischen Fragestellung ist nicht der, dass sich eine geeignete Lösung der Einstein’schen Feldgleichungen für die Wurmlöcher findet, sondern dass die Fragestellung rekonzeptualisiert wird. Mit dieser Rekonzeptualisierung der Fragestellung geht auch eine neue Vorgehensweise bei der Lösung der Gleichungen einher, die als prozessdynamische Modellierung festzuhalten ist: Der herkömmliche Lösungsweg, den ich ‚intraformativ‘ nennen möchte, weil er im Rahmen der semio-logischen Diskurssphäre der Physik bleibt, erweist sich als Holzweg. Aber die Fragestellung wird nicht aufgegeben, sondern aus einer neuen Perspektive neu ausgerichtet: Damit wird ein neuer *inter*formativer Lösungsweg beschritten. Da Thorne und Morris ein bestimmtes theoretisches Modell von Wurmlöchern forderten, das – so zuerst von der Literatur formuliert – auch bestimmte menschliche und nicht nur mathematische Kriterien einzuhalten hatte, nehmen sie auch diese explorative theoriekonstitutive Perspektive ein.

> In our study of traversible wormholes the philosophy of solving the field equations [...] must be altered somewhat from the usual one. We desire solutions with certain properties (enumerated in Sec. II), and to achieve them we must be willing to let the builders of a wormhole synthesize, or search throughout the universe for, materials or fields with whatever stress-energy tensor might be required. (WiS, S. 402)

Sodann kommen sie zu den Forderungen, die sich aus dem Kriterium der ‚menschlichen Brauchbarkeit‘ ergeben: die Abwesenheit eines Ereignishorizontes, schnelle Durchquerungszeiten, geringe gravitative Gezeitenkräfte. Der neue Ansatz zur Lösung der Gleichungen sieht vor, dass die rechte Seite der Gleichung, der quantenfeldtheoretisch bedingte Energie-Feld-Tensor, nicht der Ausgangspunkt der theoretischen Modellierung sein soll, sondern das Ziel: „Stated mathematically, we wish to control the functions $b(r)$ and $\Phi(r)$ so as to shape the wormhole to our specifications; [...]“ (WiS, S. 402).

Thorne und Morris gehen nun von der linken Seite der Einstein'schen Feldgleichungen aus, von der Geometrie der Raumzeit. Sie kalkulieren die Raumzeitkrümmung für diese Geometrie und leiten aus den Einstein'schen Feldgleichungen ab, welche Materie-Energie-Verteilung notwendig ist, um die Wurmlöcher stabil durchquerbar zu halten. Sodann stellen sie fest, dass die benötigte Energiedichte gegen geltende (quantenfeld-)theoretische Vorgaben, wie das Energieerhaltungsgesetz, verstößt. Sie postulieren, dass eine gewisse, erst noch zu bestimmende physikalische Entität benötigt wird, um die Wände der Wurmlöcher zu stabilisieren. Für diese Aufgabe führen sie ein epistemisches Objekt[42] ein, die sogenannte *exotische Materie* – die zunächst einmal als Platzhalter für eine epistemische Leerstelle dient, um künftige astrophysikalische Forschungsdiskurse zu organisieren. Denn es stellte sich heraus, dass nach dem neuen Modellierungsansatz das Innere des Raumzeittunnels eine negative Energiedichte aufwies. Wie diese aussehen sollte, dazu hatte in der Physik um 1988 herum niemand eine Vorstellung.

> Science fiction stories [...] and films often use black holes for rapid interstellar travel: Intrepid adventurers plunge into a black hole and find themselves almost immediately emerging at some distant location in our universe [...] – much to the annoyance of relativity afficionados who can marshal a long list of objections[.] (WiS, S. 395)

Das Zitat ist zugleich der Eingangssatz des Artikels im „American Journal of Physics“. Hier nähern sich Thorne und Morris einerseits dem literarischen Science-Fiction-Diskurs, distanzieren sich jedoch andererseits von dessen Schreibweisen. In ihrer Abhandlung geht es nicht darum, was wirklich bereits technisch machbar ist, sondern darum, den Spielraum der theoretischen Modellierungen der Physik auszuloten. Das denkbar Mögliche soll mithin nicht auf das technisch Machbare reduziert werden. Eine erzählerisch konfigurierte Idee könnte die epistemische Imaginationskraft beflügeln, um herauszufinden, was die Lösungen der Einstein-Gleichungen theoretisch hergeben würden, wenn man sich die Mühe machen würde, diese Spielräume auszuloten. Den Spielräumen werden wiede-

---

42 Im Sinne von Hans-Jörg Rheinberger: *Experiment, Differenz, Schrift. Zur Geschichte epistemischer Dinge*. Marburg an der Lahn: Basilisken-Presse 1992; ders.: *Experimentalsysteme und epistemische Dinge. Eine Geschichte der Proteinsynthese im Reagenzglas*. Übers. von Gerhard Herrgott. 3. Aufl. Göttingen: Wallstein 2019.

rum enge Grenzen gesetzt durch das, was Mathematik und Logik erlauben, und durch das, was frühere Modelle bereits gezeigt haben.

Der Prozess der Interformation hat mehrere epistemische Funktionen, die ich als die *explorative*, die *performative*, die *immersive* und die *persuasive* Funktion bezeichnen möchte. Denn nicht nur die Idee des Romans wird bei Thorne und Morris fortgeführt – auch für seine narrativen Verfahren gibt es interformative Entsprechungen. Sie werden wissenschaftlich eingesetzt, um diverse Aspekte dieser Welt der Wurmlochmodelle performativ vorzuführen. Die Narration eröffnet die Möglichkeit der epistemischen Exploration. Wie gehen Thorne und Morris konkret vor?

Der erste Teil der Abhandlung, die Einleitung, hatte die Schwierigkeiten bestehender Modelle dargestellt. Der zweite Teil stellte die notwendigen Eigenschaften des astrophysikalischen Objektes vor, die die Durchquerung durch Menschen denkbar machten. Der dritte Teil der Abhandlung widmet sich nun der konkreten Ausführung des theoretischen Modells. Hier wird deutlich, dass sich die Argumentation in drei unterschiedliche Blöcke teilt. Der erste Block liefert die konsistente mathematische Lösung der Einstein'schen Feldgleichungen. Berücksichtigt werden dabei: die mathematische Form der Raumzeitmetrik (WiS, S. 400), die statisch und sphärisch ist, und die Einstein-Tensoren, die die Geometrie der Raumzeit bestimmen.

Sodann folgt die explorative Modellierung, die sich auf die Kriterien (5) bis (7) bezieht, deren Voraussetzungen und Randbedingungen durch die Romandiegese vorgegeben sind. Deshalb kehren Thorne und Morris in ihrer wissenschaftlichen Argumentation zur Situation der Romanfiguren zurück. Der narrative Diskurs wird performativ, immersiv, explorativ und persuasiv funktionalisiert.

Wie bereits gezeigt, entspricht die Argumentation der fiktiven Figuren in der Romandiegese der Argumentationslinie des wissenschaftlichen Artikels. Der Unterschied besteht natürlich wiederum in den narrativen Techniken und Schreibweisen. Die Figuren des Romans befinden sich bereits in jener Raumsonde auf dem Weg zur Wega und agieren in dieser Szenerie. Für die Romanfiguren hat die Argumentation eine existentielle Dimension. Der narrative Text kann somit den Sog der kognitiven Immersion entfalten. Diesen Begriff verwende ich nach Marie-Laure Ryans narratologischer Terminologie.[43] Die These der kognitiven Immersion ist gerade die, dass der Sog, der durch eine spannende Romanhandlung entfaltet wird, den Leser gelegentlich vergessen lässt, dass es sich um Fiktion handelt. Das *emplotment* suggeriert die existentielle Bedrohung der Figuren in dieser Situation auf dem Weg zur Wega,

---

43 Vgl. zur *kognitiven Immersion* als narratologische Kategorie: Ryan: *Narrative as Virtual Reality* (Anm. 37); dies.: „Cognitive Maps and the Construction of Narrative Space“ (Anm. 37).

in der kein bekanntes physikalisches Gesetz mehr gilt. Es geht um eine ‚liminale' Situation: Alte, bekannte Naturgesetze gelten *nicht mehr*, und neue Modellierungen neuer Naturgesetze, wie die des astrophysikalischen Modells des Raumzeittunnels, gelten *noch nicht*. Eine Reise durch ein durchquerbares Wurmloch ist jedoch schwer vorstellbar, solange nicht klar ist, wie dieses mathematische, physikalische oder kosmologische Objekt beschaffen sein soll. Deshalb lohnt es sich, die Perspektive einer Beobachterin einzuführen, für die gilt, dass der theoretisch zu modellierende Raumzeittunnel durchquerbar sein soll. Vielleicht ist dies auch der Hintergrund für die transdiskursive Interpolation entscheidender Dialogzitate aus dem Roman „Contact" in die wissenschaftliche Publikation. Die Romanfigur Ellie wird im wissenschaftlichen Text im Dialog mit den Astronauten-Kollegen zitiert:

> „Look, fellas," she said, „I'm no expert in General Relativity. But didn't we see black holes? Didn't we fall into them? Didn't we emerge out of them? Isn't a gram of observation worth a ton of theory?"
> „I know, I know," Vaygay said in mild agony. „It has to be something else. Our understanding of physics can't be so far off. Can it?"
> He addressed this last question, a little plaintively, to Eda, who only replied, „A naturally occurring black hole can't be a tunnel; they have impassible singularities at their centers." (C, S. 347–348; zitiert in WiS, S. 397)

Thorne und Morris greifen auf den Roman zurück und führen die Perspektive der Romanfigur Ellie Arroway ein – als sogenannten Vektor für die kognitive Immersion.[44] Sie schlagen vor, folgende Perspektive einzunehmen, um sich das wissenschaftlich Dargelegte vorzustellen:

> If somehow an adventurer were to pass unscathed through a Kerr tunnel and emerge into some distant region of our own universe, by adjusting slightly her trajectory through the tunnel *(we adopt the spirit of* Contact *in which the protagonist and wormhole traveler is Dr. Ellie Arroway)* she could emerge *whenever* she wishes[.] (WiS, S. 396; Hervorhebung in Klammern v. AH, sonst i. Orig.)

Wir haben es hier mit der Überschreitung der Grenze der diegetischen Romanwelt zu tun, da suggeriert wird, dass die Perspektive der fiktiven Figur in den faktualen, wissenschaftlichen Diskurs übernommen werden soll – und zwar, bemerkenswerterweise, unter Beibehaltung des weiblichen Pronomens „she/her". So wird eine fiktive weibliche Romanfigur zur Perspektivierungsfigur eines Gedankenexperiments

---

44 Vgl. zur Idee der *kognitiven Immersion*: David S. Miall: „Neuroaesthetics of Literary Reading". In: *Neuroaesthetics*. Hrsg. von Martin Skov und Oshin Vartanian. Amityville: Baywood 2009. S. 233–247; Rolf A. Zwaan, Gabriel A. Radvansky, Amy E. Hilliard und Jacqueline M. Curiel: „Constructing Multidimensional Situation Models During Reading". In: *Scientific Studies of Reading* 2.3 (1998). S. 199–220.

in einer wissenschaftlichen Abhandlung. Weshalb nun entscheiden sich die Autoren der wissenschaftlichen Publikation dafür, die Perspektive der fiktiven Ellie konsequent einzunehmen? Weil der erzählende Anteil an der Argumentation nicht nur ein rhetorisch-persuasiver ist. Die Erzählung hat ihren eigenständigen Anteil an der Erzeugung dieses explorativen Modells. Es erscheint paradox, eine fiktive Figur zur Plausibilisierung einer wissenschaftlichen Argumentation heranzuziehen. Motiviert werden kann dies jedoch über die kognitive Immersion. In der Terminologie Jean-Marie Schaeffers wäre die Figur Ellies in diesem Fall der Vektor der Immersion*:* „An immersion vector is in some way the key of access thanks to which we can enter into that universe."[45]

Die Figur Ellies ist der Schlüssel zur Exemplifikation der Möglichkeiten von Wahrnehmung und Beobachtung innerhalb des Raumzeittunnels. Zudem wird durch diese diegetische Dimension der Argumentation auch die Aspektualität der neu ‚erzeugten Welt' dargestellt. Auch an weiteren Stellen in ihrer Abhandlung führen Thorne und Morris konsequent Ellies Perspektive an. Die Argumentation des Fachtextes wechselt somit zur Spielart des Gedankenexperiments, das als interformative Fortführung des Romans in einer anderen semio-logischen Diskurssphäre gelesen werden kann.

> Turn attention now to a thought experiment in which a traveler journeys radially through a wormhole, beginning at rest in a space station in the lower universe, [...] and ending at rest in a space station in the upper universe, [...]. Denote by $v(r)$ the radial *velocity of the traveler as she passes radius r*, as measured by a static observer there [...] (WiS, S. 403; Hervorhebung v. AH)

> [...] if the observer falls sufficiently slowly, *she feels* arbitrarily small tidal gravitational force. [...] Traveler feels tidal-gravity accelerations *between different parts of her body* with magnitude [...][.] (WiS, S. 398–399; Hervorhebung v. AH)

> *Her* velocity is also constrained by the demand that *she not feel* too large an acceleration[.] (WiS, S. 409; Hervorhebung v. AH)

> For concreteness, ask *her* to accelerate away from the lower station [...] until *she* is halfway to the throat, then decelerate [...] until *she* comes to rest at the throat, then accelerate away from the throat [...] until *she* is halfway to the upper station, then finally decelerate [...] until *she* comes to rest at the upper station. (WiS, S. 409; Hervorhebung v. AH)

45 Jean-Marie Schaeffer: *Why Fiction?* Übers. von Dorrit Cohn. Lincoln: University of Nebraska Press 2010, S. 218. Französisches Original: dies.: *Pourquoi la fiction?* Paris: Seuil 1999. „Immersion postures are the perspectives, the immersion scenes that the vectors assign to us. They determine the aspectuality or the particular modality with which the universe manifests itself to us from the fact that we enter it thanks to a key of access, an immersion vector" (S. 218–219).

3.3 Einführung eines neuen epistemischen Objekts

Der heikelste Bereich der Wurmlochkonstruktion ist ihre verengte Mitte, metaphorisch als „the throat“ bezeichnet. Damit diese für Menschen stabil durchquerbar bleibt, sehen Thorne und Morris eine bestimmte Raumzeitgeometrie vor. Um die Wände des Wurmlochs zu stabilisieren, müssen sie Bedingungen für den Energie-Impuls-Tensor setzen, die äußerst problematisch sind. Um diesen Bedingungen zu genügen, führen sie ein epistemisches Objekt ein, das bisher noch nie experimentell beobachtet wurde. Auch in diesem Sinne benennen sie es als „exotische Materie“*:* „The constraint $\tau_0 > \rho_0 c^2$ is deeply troublesome; it says that in the throat the tension must be so large as to exceed the total density of mass-energy $\rho_0 c^2$. We shall call material with this property, $\tau > \rho c^2 > 0$, ‚exotic‘“ (WiS, S. 405). Eine solche Metaphorik ist nicht ohne Beispiel in der zeitgenössischen Kosmologie – man denke an den Begriff ‚Dunkle Energie‘.

Diese Form von Modellierung erweist sich als *noch* nicht empirisch adäquat (ein ‚noch‘, das Thorne und Morris intensiv betonen). Das exotische Material wird benötigt, um zu gewährleisten, dass die Wände des Wurmlochs stabil befahrbar bleiben. Thorne und Morris führen die Argumentation aus der Perspektive der Romanfigur weiter. In der Zusammenfassung des theoretischen Modells, das Thorne und Morris in der Box 3 auf Seite 399 angeben, ist deutlich zu sehen, welche Funktion diese *interne* Perspektivierung hat: Sie kann mit einer *externen* Perspektivierung kontrastiert werden und hat mit dem Konzept der Eigenzeit[46] in der speziellen Relativitätstheorie[47] zu tun. Den wissenschaftlichen Autoren geht es um die argumentative Einschränkung durch Perspektivierung bezüglich des je-

---

46 Vgl. zur literarischen und kulturwissenschaftlichen Perspektivierung dieses Begriffs: Michael Gamper und Helmut Hühn: *Was sind ästhetische Eigenzeiten?* Hannover: Wehrhahn 2014; dies (Hrsg.): *Zeit der Darstellung. Ästhetische Eigenzeiten in Kunst, Literatur und Wissenschaft*. Hannover: Wehrhahn 2014; Michael Gamper, Helmut Hühn und Steffen Richter (Hrsg.): *Formen der Zeit. Ein Wörterbuch der ästhetischen Eigenzeiten*. Hannover: Wehrhahn 2020; Michael Gamper (Hrsg.): *Ästhetische Eigenzeiten der Wissenschaften*. Hannover: Wehrhahn 2020.

47 Zum Stellenwert dieses Konzepts in der Speziellen Relativitätstheorie vgl. auch Aura Heydenreich: „Albert Einstein's ‚Physics and Reality‘ and ‚The Electrodynamics of Moving Bodies‘. The Process of Interformation, Semiologic Foundations and Epistemic Transformations (Part II)“. In: *Physics and Literature. Concepts – Transfer – Aestheticization*. Hrsg. von Aura Heydenreich und Klaus Mecke. Berlin, Boston: De Gruyter 2021. S. 105–138. Zur epistemischen Funktion der Narration und den unterschiedlichen narrativen Ebenen, die in Einsteins Gedankenexperiment eingesetzt werden, um das Konzept der Eigenzeit zu plausiblisieren vgl. dies.: „Epistemic Narrativity in Albert Einstein's Treatise on Special Relativity. A Narratological Approach to ‚The Electrodynamics of Moving Bodies‘. The Process of Interformation (Part I)“. In: *Physics and Literature. Concepts – Transfer – Aestheticization*. Hrsg. von Aura Heydenreich und Klaus Mecke. Berlin, Boston: De Gruyter 2021. S. 49–103.

weiligen Bezugssystems eines Beobachters. Die Lösungen der Feldgleichungen und die Forderung der Abwesenheit einer Krümmungssingularität ergeben:

> (Field equations) + (absence of horizon at throat) $\Rightarrow \tau > \rho c^2$ in throat $\Rightarrow$ traveler moving through throat at very high speed sees negative massenergy density $\Rightarrow$ violation of weak, strong, and dominant energy conditions in throat („exotic" matter that *might* – but it is not known for sure – be forbidden by laws of physics). (WiS, S. 399; Hervorhebung i. Orig.)

Die exotische Materie soll nicht als Substanzbegriff verstanden werden, denn sie ist als Materie empirisch nicht nachweisbar. Sie soll als Funktionsbegriff im Sinne Cassirers[48] verstanden werden, der epistemisch konzeptualisiert wird, um weitere theoretische Modellierungen zu ermöglichen.

3.4 Interformative Verfahren zwischen Literatur und Physik

Es ist deshalb legitim, von einer Fortführung des Gedankenexperiments mit anderen Mitteln zu sprechen, weil die Perspektive der Romanfigur Ellie im wissenschaftlichen Fachtext reifiziert wird. Die Kategorie der Perspektivierung findet ihr interformatives Äquivalent in der Struktur der *frames of reference*, die die Spezielle Relativitätstheorie vorsieht. So argumentieren auch Thorne und Morris. An dieser Stelle überlagern sich literarische und relativitätstheoretische Modellierungsansätze im Verfahren der Perspektivierung:

> If wormhole travel is to be at all convenient for human beings, the traveler's journey must satisfy [...] constraints: (i) the entire trip should require less than or of order 1 year as measured both by the traveler and by people who live in the stations, [...] (ii) the acceleration **a** felt by the traveler must not exceed by much [...] Earth gravity; [...] As an aid to discussing the accelerations felt by the traveler, we introduce the orthonormal basis of her own reference frame, $e_{\hat{0}}', e_{\hat{1}}', e_{\hat{2}}', e_{\hat{3}}'$. (WiS, S. 403; Hervorhebung i. Orig.)

Zum einen gibt es die Figur Ellie, für die ein bestimmtes Bezugssystem als *frame of reference* angegeben wird. Durch sie wird der Fortgang des Gedankenexperiments intern fokalisiert. Das bedeutet auch, dass die entscheidenden physikalischen Größen: a) die Eigenzeit der Überquerung des Wurmlochs, b) die Beschleunigung, die die Reisende dabei erfährt und c) die Gezeitenkräfte, die ihr Körper zu spüren bekommt (WiS, S. 403), immer relativ zu diesem Bezugssystem des Inneren des Wurmlochs berechnet werden. Zum anderen gibt es externe Beobachter, „who live

48 Vgl. Ernst Cassirer: *Substanzbegriff und Funktionsbegriff. Untersuchungen über die Grundfragen der Erkenntniskritik*. Text und Anm. bearb. von Reinold Schmücker. In: ders.: *Gesammelte Werke. Hamburger Ausgabe*. Bd. 6. Hrsg. von Birgit Recki. Hamburg: Meiner 2000.

in the stations“ (WiS, S. 403) und die das Experiment extern fokalisieren. „Denote by $v(r)$ the radial velocity of the traveler as she passes radius, as measured by a static observer there“ (WiS, S. 403; Hervorhebung v. AH). Die Raum- und Zeit-Koordinaten von Ellies intern fokalisiertem Bezugsystem sind durch Indizes angegeben, die aus arabischen Ziffern bestehen: $e_{\hat{0}}'$, $e_{\hat{1}}'$, $e_{\hat{2}}'$, e_3' (WiS, S. 403). Die Koordinaten des externen Bezugssystems, die eine extern fokalisierte Raumzeit-Basis haben, werden mit griechischen Indizes verzeichnet: $e_{\hat{t}}$, $e_{\hat{r}}$, $e_{\hat{\theta}}$, $e_{\hat{\phi}}$ (WiS, S. 404). Die Raum- und Zeit-Koordinaten beider Bezugssysteme können durch die Lorentz-Transformation von einem Bezugssystem ins andere transformiert werden.

> Expressed in terms of the orthonormal basis of the static observers, $e_{\hat{t}}$, $e_{\hat{r}}$, $e_{\hat{\theta}}$, $e_{\hat{\phi}}$, the traveller's basis is given by the standard special relativity Lorentz transformation[.] (WiS, S. 403–404)

> By transforming the components [...] of the Riemann tensor from the static observers' frame $e_{\hat{t}}$, $e_{\hat{r}}$, $e_{\hat{\theta}}$, $e_{\hat{\phi}}$ to the traveler's frame $e_{\hat{0}}$, $e_{\hat{1}}'$, $e_{\hat{2}}'$, e_3' [a special relativity type transformation (Lorentz transformation) since both sets of basis vectors are orthonormal][.] (WiS, S. 404; Text in eckiger Klammer i. Orig.)

Während die Perspektiven der beiden Beobachter als relativ zu dem je eigenen Bezugssystem betrachtet werden müssen, ist die Lorentz-Transformation kovariant.[49] Dieses Argument ist wichtig, wenn es um die Konzeptualisierung der exotischen Materie geht: Sie ist – hier verwende ich die Terminologie Ernst Cassirers – nicht als Substanzbegriff zu konzeptualisieren, sondern als Funktionsbegriff. Die Idee dabei ist, dass sie nicht Gefahr laufen soll, vorschnell ontologisiert zu werden. Solange sie ein Funktionsbegriff bleibt, können die Forschungsdiskurse, die sie konzeptualisieren, mit ihr als flexiblerem Parameter umgehen. Wie argumentieren Thorne und Morris, um das epistemische Objekt einzuführen? Indem sie es in einem ersten Schritt funktional konzeptualisieren und somit de-essentialisieren und in einem zweiten Schritt relativ zu jedem Beobachtungssystem als unterschiedlich wahrnehmbar darstellen. Das Problem dabei ist, dass die exotische Materie ein fundamentales Prinzip der Physik verletzt: das der Energieerhaltung. Die Beobachterin, die den Raumzeittunnel mit einer sehr hohen Geschwindigkeit durchquert, wird in ihrem eigenen Raumzeit-Bezugssystem eine negative Energiedichte beobachten. „Such an observer sees an energy density [[...] on her time basis vector [...]] [...]. If such an observer moves sufficiently fast [...], the observer will see a negative density of mass-energy!“ (WiS, S. 405; Text in eckiger Klammer i. Orig.). Jedoch

49 Vgl. zur Funktion der Lorentz-Transformation in der Konzeptualisierung der Einstein'schen Speziellen Relativitätstheorie und zu ihrer epistemischen Funktion im Prozess der Interformation: Heydenreich: „Epistemic Narrativity in Albert Einstein's Treatise on Special Relativity“ (Anm. 47), S. 79–82, bzw. dies.: „Albert Einstein's ‚Physics and Reality‘ and ‚The Electrodynamics of Moving Bodies‘“ (Anm. 47), S. 122–133. Vgl. auch Kap. VII.1 zu Einsteins Relativitätstheorie in diesem Buch, hier speziell S. 414–417.

wäre es denkbar, dass die externen statischen Beobachter in ihrem eigenen Raumzeit-Bezugssystem keine Verletzung des Energieerhaltungsprinzips beobachten: „One might wish to require $\rho \geq 0$ everywhere (static observers see nonnegative mass-energy density)“ (WiS, S. 399). Das ist der Grund, weshalb Morris und Thorne das Verfahren der doppelten Perspektivierung einsetzen.

Gemäß der Selbstauskunft der Autoren werden in der dritten Phase der explorativen Modellierung Schreibweise und Stil der Argumentation geändert. „In the remainder of this section we shall ponder the possible existence of the exotic material necessary for wormhole construction. Our pondering will lead us to the forefront of current research – and in doing so will necessitate a change of style“ (WiS, S. 405). Thorne und Morris weisen darauf hin, dass in den 1960er und 1970er Jahren die meisten Physiker der Überzeugung waren, dass kein Beobachter jemals in der Lage sein wird, negative Energiedichte zu messen. Jedoch deuten sie auf ein paar Ausnahmen hin, die durch neueste Forschungsentwicklungen belegt werden: Stephen Hawkings Entdeckung der thermischen Strahlung Schwarzer Löcher, der sogenannten Hawking-Strahlung,[50] interpretieren Thorne und Morris als mögliches Indiz dafür, dass die Energieerhaltungsrestriktionen kurzzeitig verletzt werden können. Sie weisen auf die Quantenfeldtheorie hin und auf die Dirac'schen Operatoren der Erzeugung und Vernichtung[51] von Quantenobjekten: „In fact, particle creation always entails a violation of the energy conditions“ (WiS, S. 405). Das hätte zur Folge, dass ein statischer Beobachter, der sich oberhalb des Horizontes eines isolierten Schwarzen Lochs befinden würde, einen Wahrscheinlichkeitswert einer zeitunabhängigen, negativen Energiedichte erwarten würde (WiS, S. 406). Diese negative Energiedichte wird assoziiert mit der Erzeugung von Energiepartikeln im Rahmen des Horizonts des Schwarzen Lochs. Strahlten diese Energiepartikel aus, dann könnte dieser Prozess als negative Energiedichte gedeutet werden. Thorne und Morris rekurrieren schließlich auf folgende Argumentationslinie: Es könnte sein, dass die Naturgesetze die Existenz der exotischen Materie nicht erlaubten. Aber dieses Verbot ist noch nicht definitiv – denn auch die Nicht-Existenz der exotischen Materie ist theoretisch nicht bewiesen. Insofern wären beide Forschungsrichtungen vielversprechend: sowohl die theoretische Suche nach der exotischen Materie als auch der Versuch, zu beweisen, dass es sie nicht gibt.

> It may well be that the fundamental laws of physics forbid exotic material on the macroscopic scales required for wormhole building; but the authors know of no way to prove so

---

50 Vgl. Stephen W. Hawking: „Particle Creation by Black Holes“. In: *Communications in Mathematical Physics* 43.3 (1975). S. 199–220.

51 Vgl. hierfür Kap. IX.4 in dieser Arbeit (S. 576–584) zu den Interpretationen der Dirac-Gleichung in der Quantenfeldtheorie.

> and, in fact, would not be extremely surprised if a quantum-field-theoretic example of such material were found in the near future. The search for such an example, or an impossibility proof, is an interesting challenge. (WiS, S. 406)

Thorne und Morris weisen zudem auf die Fallibilität der Gültigkeit theoretischer Annahmen hin und geben etliche Belege dafür an: „Similarly, the beliefs of the 1960s and early 1970s that matter must always possess positive energy density and satisfy $|\tau| \leq \rho c^2$, [...] have been supplanted more recently by the realization that this is not so“ (WiS, S. 406). Die Interformation zwischen der literarischen und der astrophysikalischen semio-logischen Diskurssphäre führt nicht zur Lösung des Problems, sondern zur Reorganisation der Fragestellung zu dem Zweck, flexiblere Zugänge der theoretischen Modellierung in der Astrophysik zu ermöglichen.

Thorne and Morris plädieren schließlich für eine explorative Form der theoretischen Modellierung. Sie argumentieren im Sinne einer rechtfertigenden Eristik auch gegen die Vorurteile und epistemischen Routinen der wissenschaftlichen Expertengemeinschaft: „It may well be that today's widely held prejudices [...] when averaged over macroscopic scales and over time (exotic material) will also fall when we better understand the laws of physics“ (WiS, S. 406). Das Problem ist deshalb noch nicht lösbar, weil es genau am neuralgischen Schnittpunkt zwischen Allgemeiner Relativitätstheorie und Quantenfeldtheorie situiert ist. Die beiden fundamentalen Theorien des 20. Jahrhunderts gehen in dieser Beziehung von widersprüchlichen Annahmen aus und machen widersprüchliche Vorhersagen, weil sie noch nicht vereinheitlicht sind.

Und schließlich rekurrieren Thorne und Morris auf Plausibilierungsstrategien, die sie interformativ, durch den abermaligen Rekurs auf die literarischen Textstrategien zu legitimieren versuchen. Sie kehren am Ende des Artikels zurück zum Roman und betonen eine der genuinsten und virtuosesten Techniken literarischer Texte, nämlich ihren explorativen Umgang mit Leerstellen, der andere Diskurse epistemisch reorganisieren kann. Dieses Argument machen sich Thorne und Morris zusätzlich zunutze für die theoretische Modellierung. Sagans „Contact“ wird von Thorne zitiert als fiktiver Raum für Probehandlungen, die die epistemischen Funktionen der Interformation exemplifizieren. Zitiert sei hier jene Romanstelle, die auch bei Thorne und Morris zitiert wird, denn sie ist der Dreh- und Angelpunkt der Interformation:

> Ellie did not see how this represented much progress, and asked him to clarify. The key problem was holding the wormhole open. Eda had found a class of solutions to his field equations that suggested a new macroscopic field, a kind of tension that could be used to prevent a wormhole from contracting fully. Such a wormhole would pose none of the other problems of black holes; it would have much smaller tidal stresses, two-way access, quick transit times as measured by an exterior observer, and no devastating interior radiation field. (C, S. 406; zitiert in WiS, S. 397)

Wissenschaftlicher Artikel und literarischer Text zitieren sich wechselseitig, um die literarische und wissenschaftliche Modellierung wechselwirkend zu legitimieren. Der

Roman versucht damit die Plausibilisierung der Handlung, indem das Modell Thornes in den Worten der Figur Edas als Relativitätstheoretiker präsentiert wird. Die wissenschaftliche Abhandlung wiederum zitiert den Roman und funktionalisiert ihn, um eine größere Offenheit für neue Fragestellungen und Denkmöglichkeiten in der physikalischen Forschung plausibel zu machen. Thorne und Morris betonen ausdrücklich die epistemische Funktion der Imagination für die physikalische Forschung:

> Note the emphasis on the word *imagine*; we today are far from being able to analyze such a process theoretically. Any such analysis will require a reliable understanding of quantum gravity. (WiS, S. 407; Hervorhebung v. AH)
>
> Such better understanding (the discovery by Eda of a field that produces an anisotropic stress with $\tau > \rho c^2 > 0$ along one direction), is the key in Sagan's novel (Box 1) to an understanding of the characters' wormhole travel experiences. (WiS, S. 406)

Diese Lösung wurde durch Thorne suggeriert und durch Sagan literarisch dargestellt. Thorne arbeitete drei Jahre lang an der Ausführung seines theoretischen Modells, und als er es der wissenschaftlichen Öffentlichkeit vorstellte, rekurrierte er auf interformative Verfahren mit klaren Bezügen auf den literarischen Diskurs, um seiner epistemischen Gemeinschaft Mut zu machen, neue Wege des Denkens einzuschlagen. In ihren Schlussfolgerungen geben Thorne und Morris an:

> The wormhole solutions to Einstein's equations presented in this article are not only a pedagogical tool for teaching general relativity. [...] The topology change required for wormhole formation may not be classically allowed, is not quantum mechanically understood, and might be quantum mechanically forbidden. [...] Nevertheless, we do not know today enough to either affirm or refute these difficulties, and we correspondigly cannot rule out traversible spacetime wormholes. (WiS, S. 407)

4 Reorganisation der Forschungsdiskurse

Der in diesem Kapitel vorgestellte Prozess der Interformation hat die epistemische Funktion der Reorganisation der Forschungsdiskurse. Mit ihrer wissenschaftlichen Abhandlung haben Thorne und Morris bestehende Ansätze rekonzeptualisiert und damit eine rege Forschungsaktivität angestoßen. Fortan sollte ihr interformatives exploratives Modell die Forschungsdiskurse neu organisieren – dies wird eindrucksvoll evident aus der statistischen Erhebung, die die Anzahl der Zitationen des Wurmloch–Artikels von Thorne und Morris zwischen 1988 und 2022 verzeichnet. Zwischen 1988 und 2022, so die Statistiken der wissenschaftlichen Datenbank *Web of Science*, haben nicht weniger als 1501 wissenschaftliche Artikel die Fragestellung aufgegriffen und fortgeführt (siehe Abb. VII.2–4).

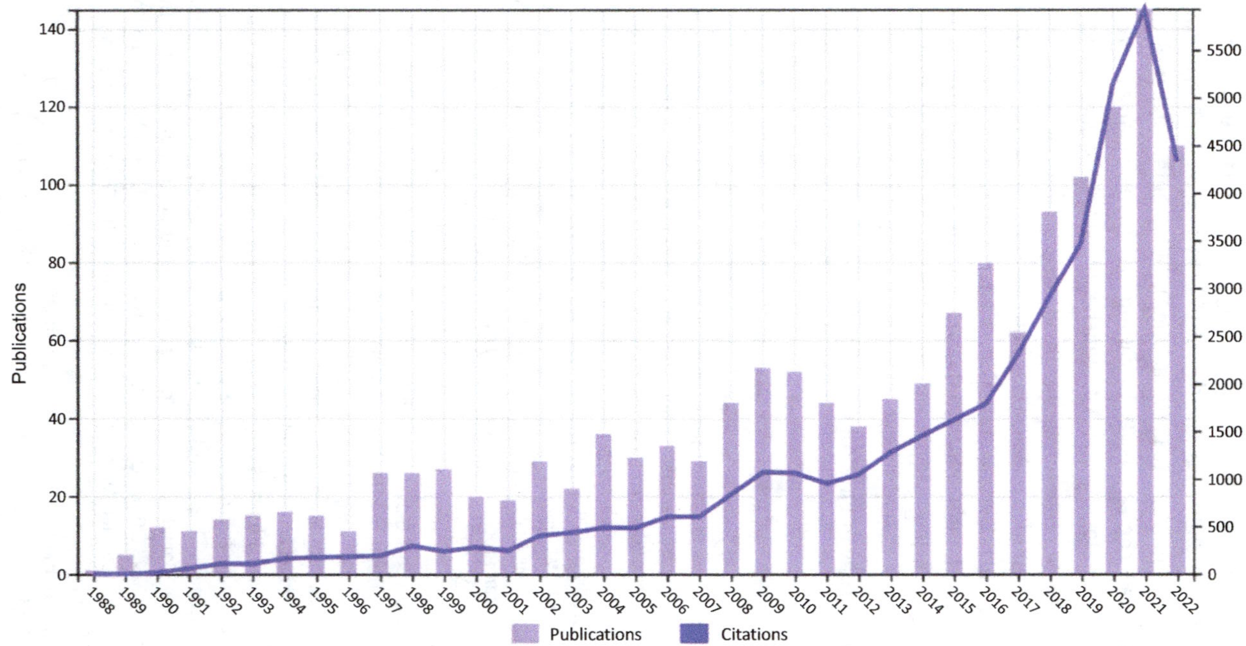

Abb. VII.2-4: Zitationsindex für die wissenschaftliche Publikation von Thorne und Morris. Quelle: Web of Science 2022.[52]

52 Quelle: *Web of Science* (zuletzt besucht am 02. Oktober 2022).

Verschiedene Wissenschaftszweige sind daran beteiligt, die explorative Forschung, die zum Teil auch vom dargestellten Prozess der Interformation ausging, weiterzuführen: Astronomie und Astrophysik (6459 Zitationen),[53] Elementarteilchenphysik (7014 Zitationen), mathematische Physik (960 Zitationen),[54] *Quantum Science Technology* (761 Zitationen), Kosmologie[55] und Astroteilchenphysik,[56] *Computer Science* und *Artificial Intelligence* (533 Zitationen), Ingenieurswissenschaften (359 Zitationen), Optik (213 Zitationen) und *Earth Sciences*[57] haben den Vorschlag aufgegriffen und theoretisch weitergeführt. Die folgende Grafik (siehe Abb. VII.2–5) gibt eine Übersicht über wissenschaftliche Fachjournale, in denen die Artikel erschienen sind: Es handelt sich um hochrangige Titel wie „Physical Review Letters",[58] „Classical and Quantum Gravity",[59] „General Relativity und Gravitation",[60] „Modern Physics Letters"[61] und „The European Physical Journal".[62]

---

53 Vgl. Z. Yousaf, M. Ilyas und M. Zaeem-ul-Haq Bhatti: „Static Spherical Wormhole Models in *f*(*R*,*T*) Gravity". In: *The European Physical Journal Plus* 132.6 (2017). Art. 268.

54 Vgl. Kimet Jusufi: „Deflection Angle of Light by Wormholes Using the Gauss-Bonnet Theorem". In: *International Journal of Geometric Methods in Modern Physics* 14.12 (2017). Art. 1750179; Fayçal Hammad: „Revisiting Black Holes and Wormholes under Weyl Transformations". In: *Physical Review D: Particles and Fields* 97.12 (2018). Art. 124015; M. Sharif und Iqra Nawazish: „Wormhole Geometry and Noether Symmetry in *f*(*R*) Gravity". In: *Annals of Physics* 389 (2018). S. 283–305.

55 Vgl. Rami Ahmad El-Nabulsi: „Wormholes in Fractional Action Cosmology". In: *Canadian Journal of Physics* 95.6 (2017). S. 605–609; Deng Wang und Xin-He Meng: „Wormholes from Cosmological Reconstruction Based on Gaussian Processes". In: *Physics of the Dark Universe* 16 (2017). S. 81–86.

56 Vgl. Deng Wang und Xin-He Meng: „Traversable Braneworld Wormholes Supported by Astrophysical Observations". In: *Frontiers of Physics* 13.1 (2018). Art. 139801; P. H. R. S. Moraes, R. A. C. Correa und R. V. Lobato: „Analytical General Solutions for Static Wormholes in *f*(*R*,*T*) Gravity". In: *Journal of Cosmology and Astroparticle Physics* 7 (2017). Art. 029.

57 Vgl. Felix Willenborg, Saskia Grunau, Burkhard Kleihaus und Jutta Kunz: „Geodesic Motion around Traversable Wormholes Supported by a Massless Conformally Coupled Scalar Field". In: *Physical Review D: Particles and Fields* 97.12 (2018). Art. 124002.

58 Vgl. Xiao Yan Chew, Burkhard Kleihaus und Jutta Kunz: „Spinning Wormholes in Scalar-Tensor Theory". In: *Physical Review D: Particles and Fields* 97.6 (2018). Art. 064026.

59 Vgl. Amarjit Tamang, Alexander A. Potapov, Regina Lukmanova, Ramil Izmailov und Kamal K. Nandi: „On the Generalized Wormhole in the Eddington-Inspired Born-Infeld Gravity". In: *Classical and Quantum Gravity* 32.23 (2015). Art. 235028; Takafumi Kokubu, Hideki Maeda und Tomohiro Harada: „Does the Gauss-Bonnet Term Stabilize Wormholes?". In: *Classical and Quantum Gravity* 32.23 (2015). Art. 235021.

60 Vgl. Malihe Heydari-Fard und Mohaddese Heydari-Fard: „Inhomogeneous Exact Solution in Brane Gravity and its Applications". In: *General Relativity and Gravitation* 49.2 (2017). Art. 21.

61 Vgl. S. Habib Mazharimousavi und M. Halilsoy: „Wormhole Solutions in *f*(*R*) Gravity Satisfying Energy Conditions". In: *Modern Physics Letters A* 31.34 (2016). Art. 1650192.

62 Vgl. Ali Övgün und Kimet Jusufi: „Stability of Effective Thin-Shell Wormholes under Lorentz Symmetry Breaking Supported by Dark Matter and Dark Energy". In: *The European Physical Journal Plus* 132.12 (2017). Art. 543.

Abb. VII.2–5: Index wissenschaftlicher Fachzeitschriften, in denen die „traversible wormhole“ Publikation von Thorne und Morris zwischen 1988 und 2022 zitiert wurde. Die Größe der Quadrate ist korreliert mit der Anzahl der Zitationen. Quelle: Web of Science 2022.[63]

63 Quelle: *Web of Science* (zuletzt besucht am 02. Oktober 2022).

Thorne und Morris haben gezeigt, dass die Mathematik der Einstein'schen Feldgleichungen das Modell der durchquerbaren Wurmlöcher im Rahmen der Allgemeinen Relativitätstheorie prinzipiell zulässt. Die Forschungsfragen, die sich im Anschluss an ihren Artikel stellen, sind: Ist die Änderung der Raumzeittopologie, so wie sie Thorne und Morris vorschlagen, erlaubt?[64] Wie steht es um die Verletzung des Energieerhaltungsgesetzes?[65] Ist exotische Materie wirklich notwendig?[66] Wie könnte sie modelliert werden?[67] Wie viel exotische Materie ist notwendig, um die Raumzeittunnel zu stabilisieren?[68] Ergeben die neuesten Forschungen im Gebiet der Quantengravitation neue Möglichkeiten der Modellierung von durchquerbaren Wurmlöchern?[69]

Zu den epistemischen Funktionen der Interformation im Falle des explorativen Modells des durchquerbaren Wurmlochs gehört es auch, eine erkenntnistheoretische, formale Leerstelle zu identifizieren, um einen probesimulativen Raum zu generieren, in dem unterschiedliche Diskurse konkurrieren um die Plausibilisierung und Legitimierung des Modells bis hin zum Nachweis seiner empirischen Adäquatheit. Fiktionale und faktuale Texte sind in diesem Fall komplementär und verschränken sich sogar in ihren Funktionen. Gerade die Tatsache, dass das explorative Modell noch keinen ontologischen, empirisch nachweisbaren

---

64 Vgl. Bruno J. Barros und Francisco S. N. Lobo: „Wormhole Geometries Supported by Three-Form Fields“. In: *Physical Review D: Particles and Fields* 98.4 (2018). Art. 044012; Kimet Jusufi: „Conical Morris-Thorne Wormholes with a Global Monopole Charge“. In: *Physical Review D: Particles and Fields* 98.4 (2018). Art. 044016; Ping Gao, Daniel Louis Jafferis und Aron C. Wall: „Traversable Wormholes via a Double Trace Deformation“. In: *Journal of High Energy Physics* 12 (2017). Art. 151.

65 Vgl. Elisabetta Di Grezia, Emmanuele Battista, Mattia Manfredonia und Gennaro Miele: „Spin, Torsion and Violation of Null Energy Condition in Traversable Wormholes“. In: *The European Physical Journal Plus* 132.12 (2017). Art. 537; Matt Visser: „The Quantum Physics of Chronology Protection“. In: *The Future of Theoretical Physics and Cosmology*. Celebrating Stephen Hawking's 60th birthday. Hrsg. von Gary W. Gibbons, E. Paul S. Shellard und Stuart J. Rankin. Cambridge: Cambridge University Press 2003. S. 161–176.

66 Vgl. P. K. Sahoo, P. H. R. S. Moraes, Parbati Sahoo und G. Ribeiro: „Phantom Fluid Supporting Traversable Wormholes in Alternative Gravity with Extra material terms“. In: *International Journal of Modern Physics D* 27.16 (2018). Art. 1950004.

67 Vgl. Carlos Sabín: „One-Dimensional Sections of Exotic Spacetimes with Superconducting Circuits“. In: *New Journal of Physics* 20.5 (2018). Art. 053028.

68 Vgl. P. H. R. S. Moraes und P. K. Sahoo: „Nonexotic Matter Wormholes in a Trace of the Energy-Momentum Tensor Squared Gravity“. In: *Physical Review D: Particles and Fields* 97.2 (2018). Art. 024007.

69 Vgl. I. D. Novikov, D. I. Novikov und N. S. Kardashev: „The Role of Pressure as a Source of Gravity and Wormholes“. In: *Astronomy Reports* 62.7 (2018). S. 421–425; Jesús Mateos und Carlos Sabín: „Quantum Simulation of Traversable Wormhole Spacetimes in a Bose-Einstein Condensate“. In: *Physical Review D: Particles and Fields* 97.4 (2018). Art. 044045.

Objektcharakter hat, sondern noch ein epistemisches Objekt ist, ist eine gute Voraussetzung für die Steigerung der Komplexität der Forschungsdiskurse.

Der systemdynamische Teil der wissenschaftlichen Modellierung berücksichtigt herkömmliche mathematische Codes, Prinzipien und spezifische physikalische Randbedingungen. Ohne diese wohl bedachten *constraints* würde das Modell gar keinen Eingang in den wissenschaftlichen Diskurs finden. Diese sind natürlich die Bedingungen der Möglichkeit wissenschaftlicher Diskursivierung. Die prozessdynamische Dimension der Modellierung führt hingegen explorative Möglichkeitsräume vor. Der Zweck dieser Verfahren ist die Modellierung als Mediation. Auch in diesem Fall sind längst nicht alle Widersprüche vollständig gelöst. Aber erst die explorative Modellierung ermöglicht eine Rekonzeptualisierung der Fragestellung und somit einen noch differenzierteren diskursiven Umgang mit dem Forschungsproblem.

5 Der Film „Interstellar“: Intermedial-interformative Filmproduktion

Das interformative explorative Modell hat auch in anderen Medien seine Wirkung entfaltet – so schlug es sich in der Zusammenarbeit zwischen Kip Thorne und dem Regisseur Christopher Nolan an dem Film „Interstellar“ nieder. Die Art der Zusammenarbeit kehrt sich hier um: Zunächst hat Kip Thorne die Idee zum Film und schreibt einen Drehbuchentwurf. Danach wird Christopher Nolan gefragt, ob er Regie führen möchte. Eine neue Form der wissenschaftlich-künstlerischen Zusammenarbeit wird praktiziert. Der Film „Interstellar“ steht in einem gewissen genealogischen Zusammenhang zum Roman „Contact“. Es ist die Fortführung der naturwissenschaftlich-künstlerischen Arbeit mit anderen Mitteln. Denn der Film geht auf Kip Thornes wissenschaftlichen Modellierungen zurück. Diesmal begibt sich Thorne auf der Suche nach einem Künstler, Regisseur, Dramaturgen mit dem er an dem Projekt interformativ zusammenwirken kann, um die wissenschaftliche Vision ästhetisch zu plausibilisieren, sichtbar zu machen und vielleicht auch zu legitimieren. In dem Film „Interstellar“ konnte allein aufgrund der verwendeten Filmtechnik die erste drei–dimensionale Simulation eines durchquerbaren Wurmlochs gezeigt werden, die auf Berechnungen und Vorhersagen Kip Thornes beruht, das heißt auf der Allgemeinen Relativitätstheorie. Thorne hat diese Zusammenarbeit in seinem Buch „The Science of Interstellar“ dokumentiert.[70] Man sieht das im Film visualisierte Wurmloch in der Abb. VII.2–6.

70 Kip S. Thorne: *The Science of „Interstellar“*. New York: Norton & Company 2014.

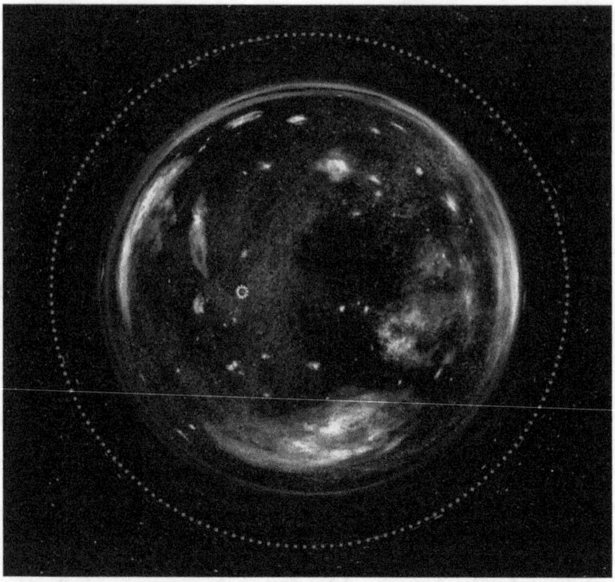

Abb. VII.2-6: Erstes simuliertes dreidimensionales Bild eines Wurmlochs nach Kip Thornes Berechnungen gemäß den Einstein'schen Feldgleichungen – der gepunktete Kreis ist der sogenannte Einstein-Ring des Wurmlochs. (Simulation des Double Negative Teams für den „Interstellar“-Filmtrailer).[71]

2015 entstanden aus der Zusammenarbeit an diesem Film zwei neue wissenschaftliche Publikationen, die wissenschaftliche Erkenntnisse präsentieren, die durch die Filmarbeit entstanden sind: „Gravitational Lensing by Spinning Black Holes in Astrophysics, and in the Movie Interstellar“ von Eugénie von Tunzelmann und Kip Thorne.[72] Der zweite Artikel zur filmischen Visualisierung des Wurmlochs durch dreidimensionale Filmtechniken ist in dem gleichen „American Journal of Physics“ erschienen, in dem auch das erste Modell des durchquerbaren Wurmlochs präsentiert wurde: „Visualizing Interstellar's Wormhole“ von Oliver James und Kip Thorne.[73] Dies ist im Grunde die Fortsetzung des interformativen Projekts zwischen Sagan und Thorne, nun mit anderen Mitteln. Das böte einen

71 Oliver James, Eugénie Tunzelmann, Paul Franklin und Kip S. Thorne: „Visualizing *Interstellar*'s Wormhole“. In: *American Journal of Physics* 83.6 (2015). S. 486–499, hier S. 10.

72 Oliver James, Eugénie von Tunzelmann, Paul Franklin und Kip S. Thorne: „Gravitational Lensing by Spinning Black Holes in Astrophysics, and in the Movie *Interstellar*“. In: *Classical and Quantum Gravity* 32.6 (2015). Art. 065001.

73 James, Tunzelmann, Franklin und Thorne: „Visualizing *Interstellar*'s Wormhole“ (Anm. 71).

neuen Fall für die Untersuchung der Interformation, diesmal aber unter Einsatz anderer interformativer Verfahren, aus film-, medientheoretischer und astrophysikalischer Perspektive. Der Ausgangspunkt künftiger Forschungen zu den epistemischen Funktionen der Interformation sei hiermit durch das folgende Zitat benannt:

> In 1988, in connection with Carl Sagan's novel *Contact*, later made into a movie, one of the authors published an article in this journal about wormholes as a tool for teaching general relativity.
> This article is a follow-up, a quarter century later, in the context of Christopher Nolan's movie *Interstellar* and Kip Thorne's associated book *The Science of Interstellar*. Like *Contact*, *Interstellar* has real science built into its fabric, thanks to a strong science commitment by the director, screenwriters, producers, and visual effects team, and thanks to Thorne's role as an executive producer.
> Although wormholes were central to the theme of *Contact* and to many movies and TV shows since then, including *Star Trek* and *Stargate*, none of these have depicted correctly a wormhole as it would be seen by a nearby human. *Interstellar* is the first to do so. The authors of this paper, together with Christopher Nolan who made key decisions, were responsible for that depiction.
> This paper has two purposes: (i) To explain how *Interstellar's* wormhole images were constructed and explain the decisions made on the way to their final form.[74]

Abschließend wird an dieser Stelle die Liste der Disziplinen und Forschungszweige aufgeführt, die gemäß der Datenbank *Web of Science* die beiden *Wormhole*-Publikationen von Morris und Thorne zitieren und somit von den epistemischen Funktionen des Prozesses der Interformation indirekt profitieren.[75]

Web of Science Categories	Record Count	% of 12.892
Physics Particles Fields	7014	54.406
Astronomy Astrophysics	6459	50.101
Physics Multidisciplinary	3078	23.875
Physics Mathematical	960	7.446
Physics Nuclear	912	7.074
Quantum Science Technology	761	5.903
Computer Science Artificial Intelligence	533	4.134
Engineering Electrical Electronic	359	2.785
Computer Science Interdisciplinary Applications	265	2.056

74 James, Tunzelmann, Franklin und Thorne: „Visualizing *Interstellar*'s Wormhole" (Anm. 71), S. 486. Hervorhebungen im Original.

75 Quelle: https://www.webofscience.com/wos/woscc/analyze-results/5b185299-e907-451c-a10c-3c9b4ff5cfe3-530291b1 (zuletzt besucht am 02. Oktober 2022).

(fortgesetzt)

Web of Science Categories	**Record Count**	**% of 12.892**
Optics	213	1.652
Multidisciplinary Sciences	212	1.644
Computer Science Information Systems	202	1.567
Telecommunications	169	1.311
Engineering Multidisciplinary	158	1.226
Physics Atomic Molecular Chemical	139	1.078
Physics Applied	133	1.032
Computer Science Theory Methods	119	0.923
Materials Science Multidisciplinary	109	0.845
Energy Fuels	81	0.628
Operations Research Management Science	79	0.613
Computer Science Software Engineering	74	0.574
Mathematics	73	0.566
Mathematics Applied	71	0.551
Mathematics Interdisciplinary Applications	70	0.543
Engineering Mechanical	69	0.535
Physics Condensed Matter	69	0.535
Mechanics	47	0.365
Education Scientific Disciplines	44	0.341
Automation Control Systems	43	0.334
Mathematical Computational Biology	42	0.326
Environmental Sciences	40	0.310
Engineering Civil	38	0.295
Instruments Instrumentation	38	0.295
Neurosciences	35	0.271
Chemistry Multidisciplinary	32	0.248
Geosciences Multidisciplinary	31	0.240
Green Sustainable Science Technology	30	0.233
Nanoscience Nanotechnology	30	0.233
History Philosophy Of Science	29	0.225
Engineering Aerospace	28	0.217
Thermodynamics	26	0.202
Chemistry Physical	25	0.194
Engineering Biomedical	21	0.163
Computer Science Hardware Architecture	20	0.155
Engineering Industrial	19	0.147
Engineering Chemical	18	0.140
Physics Fluids Plasmas	18	0.140
Chemistry Analytical	16	0.124
Engineering Manufacturing	15	0.116
Environmental Studies	14	0.109
Materials Science Characterization Testing	12	0.093
Water Resources	12	0.093

(fortgesetzt)

Web of Science Categories	Record Count	% of 12.892
Construction Building Technology	11	0.085
Imaging Science Photographic Technology	10	0.078
Biology	9	0.070
Engineering Environmental	9	0.070
Remote Sensing	9	0.070
Engineering Geological	7	0.054
Statistics Probability	7	0.054
Electrochemistry	6	0.047
Robotics	6	0.047
Education Educational Research	5	0.039
Transportation Science Technology	5	0.039
Acoustics	4	0.031
Computer Science Cybernetics	4	0.031
Engineering Marine	4	0.031
Materials Science Biomaterials	4	0.031
Meteorology Atmospheric Sciences	4	0.031
Philosophy	4	0.031
Biochemical Research Methods	3	0.023
Biochemistry Molecular Biology	3	0.023
Management	3	0.023
Materials Science Textiles	3	0.023
Medical Informatics	3	0.023
Metallurgy Metallurgical Engineering	3	0.023
Oceanography	3	0.023
Engineering Ocean	2	0.016
Geochemistry Geophysics	2	0.016
Health Care Sciences Services	2	0.016
Medicine General Internal	2	0.016
Psychology Experimental	2	0.016
Radiology Nuclear Medicine Medical Imaging	2	0.016
Surgery	2	0.016
Agricultural Engineering	1	0.008
Agronomy	1	0.008
Art	1	0.008
Biophysics	1	0.008
Biotechnology Applied Microbiology	1	0.008
Chemistry Applied	1	0.008
Clinical Neurology	1	0.008
Crystallography	1	0.008
Economics	1	0.008
Engineering Petroleum	1	0.008

VIII Interformation zwischen Literatur und Relativitätstheorie

VIII.1 *Closed timelike curves*: Gödels Lösung der Einstein'schen Feldgleichungen in der Allgemeinen Relativitätstheorie und Bachs „Musikalisches Opfer“ als interformative Konfigurationsmodelle narrativer Identitätskonstruktionen in Richard Powers' „The Time of Our Singing“

New York, Frühjahr 1949. David Strom, Physiker deutsch-jüdischer Herkunft und an der Columbia-Universität tätig, ist unterwegs zum Metropolitan Museum of Art, um die Abteilung für Mittelalterliche Kunst, *The Cloister*, zu besuchen. Der Sonntagsausflug ist ein Initiationsritus, den David für seine ihn begleitenden Söhne, Jonah und Joseph, sieben und acht Jahre alt, zelebriert.[1] Strom, der in seinem Hauptberuf Vorlesungen über Einsteins Relativitätstheorie hält, erklärt den Söhnen auch in seiner Freizeit, dass die alte Vorstellung des geordneten, linearen Zeitflusses von der Vergangenheit über die Gegenwart zur Zukunft obsolet ist. Zudem erläutert er ihnen, dass der Begriff des „Jetzt“ nicht mehr von Beobachtern zweier verschiedener Bezugssysteme simultan definiert werden kann, weil nicht die Zeit als Bezugskonstante gilt, sondern die Lichtgeschwindigkeit. Für die Kinder ist das Prinzip der Relativität der Gleichzeitigkeit zu kompliziert. Dennoch stellt Joseph eine einfache Frage nach dessen Folgen: Wenn jeder Unterschiedliches unter „Jetzt“ versteht, wie sind wir dann noch fähig, uns zu verabreden? Ist die Newton'sche Zeitkonzeption nicht als soziale Konvention notwendig? Diese Diskrepanz macht ein Paradox des Erziehungsprojektes deutlich, dem sich David verschrieben

1 Die Erzählerstimme lässt den Status dieser Romanszene in der Schwebe. Es bleibt unklar, ob sie im vergangenen Leben des erinnerten Erzähler-Ich Joseph Strom tatsächlich passiert ist, oder ob die Erzählinstanz des erinnernden Ich, Joseph Strom fünfzig Jahre später, sie als symbolische Probehandlung mit metanarrativem Charakter inszeniert. John Dewey liest die Passage als „ästhetisches Konstrukt“, das aus der Perspektive des erinnernden Ich retrospektiv inszeniert wird. Vgl. hierzu Joseph Dewey: „Little Knots, Tied in the Clothing of Time. ‚The Time of our Singing‘ as a Dual Time Narrative“. In: *Intersections. Essays on Richard Powers.* Hrsg. von Stephen J. Burn und Peter Dempsey. Champaign, London: Dalkey Archive Press 2008. S. 198–214, hier S. 199.

https://doi.org/10.1515/9783110729887-012

hat: Die Jungen sollen sehr früh ins Denken der relativistischen Zeitkonzeption eingeübt werden, noch bevor sie die gesellschaftliche Konvention zum Maßstab ihres Denkens erklären. Diese Fähigkeit, Konventionen als Setzungen zu hinterfragen, sollen sie nicht früh genug einüben können. Sie werden sie in ihrem späteren Leben angesichts der zahlreichen gesellschaftlichen Projektionen, denen sie ausgeliefert sein werden, brauchen. Damit klingt schon die erste Aporie des Romans an: Jonah und Joseph fällt es nicht leicht, eine kulturelle Gemeinschaft zu identifizieren, der sie angehören – denn ihr Vater ist ein deutscher Jude, ihre Mutter, Delia Daley, ist Afro-Amerikanerin. Ihre Ehe, 1941 in New York legitim geschlossen, gilt in drei Vierteln der übrigen US-Bundesstaaten als Verbrechen. Die Akzeptanz der afro-amerikanischen und der weißen Communities für jene Mitglieder, die entsprechend ihrer Herkunft für ein Gemeinschaftsprojekt stehen, ist nicht selbstverständlich. Das ist das Dilemma, mit dem die Söhne konfrontiert werden: Sie gehören qua Geburt der weißen *und* der schwarzen Gemeinschaft an und subvertieren durch ihre bloße Existenz die Legitimität der Grenzziehungen, die als Identitätsbildungsmechanismen fungieren. Sie konfrontieren ihre Gemeinschaften mit Ambivalenzerfahrungen und werden unverschuldet zu Projektionsflächen wechselseitiger Schuldzuweisungen. Mutter und Vater haben die Grenzüberschreitung gewagt, ihr Eheexperiment wird mit dem Tod Delias und der tragischen Vereinsamung Davids enden. Hat die spirituelle Macht ihrer Liebe dennoch die Kraft, Denkmöglichkeiten zu eröffnen für eine Zukunft, in der eine solche Gemeinschaft Akzeptanz finden wird? Kann die Kunst hierzu als Vermittlungsinstanz fungieren?

Jonah hört in dieser Szene den kunst- und zeittheoretischen Ausführungen des Vaters nicht aufmerksam zu, sondern beschäftigt sich mit einem ausgestellten Manuskript, dessen Noten für ihn, das große musikalische Talent, keinen Sinn ergeben. Es folgt einem ihm unbekannten mittelalterlichen Notationssystem, dessen Code ihm der Vater verrät. Die Szene endet in einem Konzert, einem *cantus firmus*, einem neuen Initiationserlebnis, von dem Joseph und Jonah zutiefst beeindruckt sind. Joseph schildert es als einen Zeitriss, der die Projektion in die eigene Zukunft ermöglicht, bis zu dem Punkt, an dem alle möglichen Enden seines Ich sich vereinigen werden.

Die Szene im Museum führt die drei Hauptthemen des Romans vor, die im Vordergrund meines Kapitels stehen: die Aporie der Zeit in der Physik, die Aporie der Identität angesichts der hybriden Herkunft der Söhne und die Musik. Ich möchte im Folgenden zeigen, wie die Problematik der Identität im Spannungsfeld zwischen Kontinuität und Wandel durch eine narrative Struktur exponiert wird, die sich auf Prinzipien der Physik und auf künstlerische Bauformen der Musik stützt und diese interformativ verschränkt. Die beiden Kontexte sind in den Biografien der Figuren David und Delia verankert, prägen die narrative Gestalt des Romans und weisen zudem Ähnlichkeiten untereinander auf. Für die Musik sind es Grundverfahren der Fugen- und Kanonkomposition: Augmentation, Diminution, Umkehrung und Krebsgang, die in Johann Sebastian Bachs kontrapunktischen Kompositionen allgemein und auch im „Musikalischen Opfer" praktiziert werden,[2] das im Roman intertextuell markiert wird. Für die Physik ist es hauptsächlich Kurt Gödels Modell der *closed timelike curves* als kosmologische Lösung der Einstein'schen Feldgleichungen in der Relativitätstheorie,[3] sowie die Prinzipien der Zeitdilatation und Raumkontraktion. Die Idee verdankt sich wohl Douglas Hofstadters Kulttext „Gödel, Escher, Bach", der auch dem zweiten Roman von Richard Powers *The Gold Bug Variations* als Prätext zugrunde liegt. Hofstadter beschreibt dort Analogien als informationserhaltenden Isomorphien zwischen Verfahren der Musik und der formalen Logik.[4] Im Roman *The Times of Our Singing* werden Verfahren der Musik zu Verfahren der theoretischen Physik in Beziehung gesetzt, was ich im Folgenden zeigen werde.[5]

---

2 Vgl. Hans Theodore David: *J. S. Bach's Musical Offering. History, Interpretation and Analysis.* New York: Schirmer 1945. Zur Struktur, Komposition und Geschichte der Textedition des „Musikalischen Opfers" vgl. Johann Sebastian Bach: *Neue Ausgabe sämtlicher Werke.* Bd. 8.1: *Kanons, Musikalisches Opfer.* Hrsg. von Christoph Wolff. Kassel, Basel: Bärenreiter 1976. Bach hat sich das *thema regium* nicht selbst ausgedacht, es ist historisch überliefert, dass er es von Seiner königlichen Hoheit Friedrich dem II. erhalten hat mit dem Wunsch, daraus eine Fuge zu komponieren. Das war für Bach in mehrerlei Hinsicht eine kompositionstechnische Herausforderung, die er meisterhaft löste.

3 Vgl. Kurt Gödel: „An Example of a New Type of Cosmological Solutions of Einstein's Field Equations of Gravitation". In: *Review of Modern Physics* 21.3 (1949). S. 447–450. Vgl. auch Kurt Gödels Vorlesungsskript zu seiner kosmologischen Lösung: ders.: „Lecture on Rotating Universes". In: ders.: *Collected Works.* Bd. 3: *Unpublished Essay and Lectures.* Hrsg. von Solomon Feferman. New York, Oxford: Oxford University Press 1995. S. 269–289. Eine gut verständliche Einführung in die physikalische Problematik der Zeitreisen, für die Kurt Gödel die erste mathematisch gültige Lösung bietet, findet sich in: J. Richard Gott: *Time Travel in Einstein's Universe. The Physical Possibilities of Travel Through Time.* Boston, New York: Mariner Book 2002.

4 Meine Vermutung ist, dass Konzeption und Genese des Romans mit der Darstellung der rekursiven Schleifen als informationserhaltende Isomorphien, so wie sie Douglas Hofstadter dargestellt hat, im Zusammenhang stehen. Hofstadter bezieht sich in seiner Argumentation jedoch auf Gödels Unvollständigkeitssatz in der formalen Logik und nicht auf Gödels kosmologische Arbeit. Diese wurde in der Physikcommunity verhältnismäßig wenig rezipiert, angesichts dessen, dass Gödel kein Physiker, sondern Logiker und Mathematiker war. Vgl. Douglas R. Hofstadter: *Gödel, Escher, Bach. An Eternal Golden Braid.* New York: Basic Books 1979.

5 Ein früherer Entwurf dieses Kapitels ist bereits in englischer Sprache veröffentlicht worden. Für die vorliegende Arbeit wurde dieser überarbeitet und aktualisiert. Die Vorstudie ist veröffentlicht in: Aura Heydenreich: „‚Closed Timelike Curves'. Gödel's Solution for Einstein's Field Equations in the General Theory of Relativity and Bach's ‚The Musical Offering' as Configuration Models for Narrative Identity Constructions in Richard Powers's ‚The Time of Our Singing'". In: *Narrated Communities and Narrated Realities. Erzählen als Erkenntnisprozess und kulturelle Praxis.* Hrsg. von Hermann Blume, Christoph Leitgeb und Michael Rössner. Amsterdam: Rodopi 2015. S. 153–173.

1 Interformativität und narrative Identitätskonstruktion

Die oben genannten Isomorphien sollen nicht nur als statische formale Strukturen gedacht werden, denn sie entfalten auch das Potential zur Differenzierung und zur Transformation. Diese sind zwei wichtige Voraussetzungen für die Interformation. Erst dann erweisen sich die Isomorphie-Verfahren auch fruchtbar für eine literarische Interpretation. Ich möchte an dem Roman von Richard Powers zeigen, dass durch die Herstellung der narrativen Verschränkungsverfahren der asymptotischen Annäherung auf der sekundären (formalen) Ebene die Idee einer Transformation auf tertiärer Ebene eröffnet werden kann. Im Gegensatz zu den rein strukturellen Isomorphien handelt es sich bei interformativen Verfahren um dynamische Formen der Modellierung zwischen zwei semio-logischen Diskurssphären. Sie eröffnen neue Möglichkeiten, diese Sphären zumindest lokal zu verbinden, um sie dann zu verändern. Zudem soll in diesem Kapitel gezeigt werden, wie sich die Konzeption der Interformation mit Ricœurs Konzeption der narrativen Identität verbinden lässt, um die Dynamik der Transformation deutlich zu machen.

Auf der primären Ebene geht es um die Konstruktion eines Identitätsnarrativs für die beiden Söhne der Familie Strom, Joseph und Jonah, die sowohl der weißen als auch der schwarzen *community* angehören, aber gerade deshalb von keiner akzeptiert und integriert werden. Die Biografie der Mutter Delia, die der Musik gewidmet ist, deren Karriere als Sängerin klassischer europäischer Musik aufgrund ihrer schwarzen Herkunft in der damaligen amerikanischen Gesellschaft nicht denkbar war, bildet einen Pfeiler des identitätsstiftenden Narrativs der beiden Söhne Jonah und Joseph. Jonah wird ein gefeierter Musiker, der sich hauptsächlich auf das klassische europäische Musikrepertoire von Bach bis Schubert spezialisiert. David Strom, der Vater, steht in der Familie für die theoretische Physik, die als Wissenschaft primär auch als mit der Kunst unvereinbar erscheint. Der zweite Sohn, Joseph, fungiert zugleich als Erzähler des Romans und entwickelt aufgrund der Vorstellungen des Vaters zur Allgemeinen Relativitätstheorie ein narrativ-interformatives Modell der Erzählung, das Musik und Physik auf der Ebene der sekundären Modellierung, des *discours*, auf raffinierte Weise textstrategisch verschränkt und als narratives identitätsstiftendes Modell für die gesamte Familie performativ – und interformativ – darstellt, wie zu zeigen sein wird. Es ist das Modell der *closed timelike curves*, der geschlossenen Zeitkurven aus der Physik, mit dem Gödel die Kosmologie eines möglichen Universums beschreibt. Hinzu kommt das Modell der Bach'schen musikalischen Komposition, die den Titel „Das musikalische Opfer" trägt. Musik und Physik werden durch eine tertiäre Ebene, die der Temporalität, verschränkt. Die Überkreuzung dieser beiden Modelle über die Zeit als interformatives Funktionskonzept der Physik, Musik und Narration leistet der Roman, um Verfahren zur Identitätskonstruktion aufgrund ethischer Reflexion denkbar zu machen. Gemeint ist die Fähigkeit, zur Formung des Selbst ein Identitätsnarrativ zu konstruieren, das die Andersheit eines anderen Identitätsnarrativs nicht nur akzeptiert, sondern sogar als Möglichkeit der Formung und Veränderung des eigenen Identitätsnarrativs bewusst einbezieht und reflektiert.

Die Differenzen werden jedoch nicht aufgehoben. Sie bleiben auf primärer Ebene erhalten, aber sie werden reflektiert als Konstitutionsbedingungen neuer Identitätsnarrative ganzer Gemeinschaften, die die wechselseitige Anerkennung als Bedingung der eigenen Formung und Veränderung sehen.

Auf die Bedeutung der physikalischen Zeitkonzeption für die temporale Struktur des Romans wurde in der Forschung bereits hingewiesen. John Dewey führt jedoch die Zeitkonzeption, an der David arbeitet, auf die Quantentheorie zurück.[6] Das Zeitschleifenproblem ist aber eine Konsequenz der Allgemeinen Relativitätstheorie, in der die Zeit als Teil eines Raumzeitkontinuums definiert wird. Heinz Ickstadt verweist auf Einsteins Erbe und deutet die polytemporale Struktur des Romans als Möglichkeit für die simultane Vergegenwärtigung von Vergangenheit und Zukunft, die die Chancen der friedlichen Bildung einer hybriden Gemeinschaft antizipiert.[7] Julia Kozyrakis führt die rekursive Wiederkehr von Themen, Szenen und Motiven im Roman auf das Modell des *Rondos* zurück. Das Modell eignet sich besonders für das im Roman variierte „Vogel und Fisch“-Thema, das für die Identität steht und von struktureller Bedeutung für den Roman ist, worauf ich später zurückkommen werde. Der physikalische Hintergrund der rekursiven narrativ-temporalen Romankonzeption wird in der Sekundärliteratur nicht bedacht.[8] Meike Reher sieht die Technik des Kontrapunkts im Roman realisiert, wobei sie die Erzählung der Eltern und die der Söhne als kontrapunktisch verarbeitete Themen markiert.[9]

---

6 Vgl. Dewey: „Little Knots“ (Anm. 1), S. 207.

7 Vgl. Heinz Ickstadt: „Surviving the Particular? Uni(versali)ty and Multiplicity in the Novels of Richard Powers“. In: *European Journal of American Studies* 1 (2007). S. 1–13, hier S. 8–11. Vgl. auch ders.: „‚A-Synchronous Messaging‘. The Multiple Functions of Richard Powers’ Fictions“. In: *Ideas of Order. Narrative Patterns in the Novels of Richard Powers*. Hrsg. von Antje Kley und Jan D. Kucharzewski. Heidelberg: Winter 2012. S. 23–44.

8 Vgl. Yulia Kozyrakis: „Sightless Sound. Music and Racial Self-fashioning in Richard Powers’ ‚The Time of Our Singing‘“. In: *Ideas of Order. Narrative Patterns in the Novels of Richard Powers*. Hrsg. von Antje Kley und Jan D. Kucharzewski. Heidelberg: Winter 2012. S. 175–194.

9 Vgl. Meike Reher: *Die Darstellung von Musik im zeitgenössischen englischen und amerikanischen Bildungsroman. Peter Ackroyd, Vikram Seth, Richard Powers, Frank Conroy, Paul Auster*. Frankfurt a. M.: Peter Lang 2010, S. 262–286.

Meine Analyse baut auf den Ergebnissen der bisherigen Forschung auf und plädiert dafür, dass sowohl das physikalische als auch das musikalische Modell[10] durch interformative Verschränkungsverfahren die narrative Struktur des Romans in asymptotischer Annäherung prägen. Ziel ist es, zu zeigen, wie die durch Musik und Physik inspirierte Romankonfiguration identitätsstiftende Elemente für die sich herauszubildende hybride Gemeinschaft hervorbringt. Die analytischen Folien, vor deren Hintergrund die Aporie der Identitätsbildung trotz Rassendiskriminierung analysiert wird, sind Paul Ricœurs Konzeption der narrativen Identität[11] des Selbst als ein Anderer[12] und René Girards Studien[13] zum mimetischen Begehren,[14] die die sogenannte Entdifferenzierung als Ursache für die Auslösung der Gewalt ausmachen und die Funktion des Opfers in diesem Kontext analysieren.

2 Musikalische Exposition

Für die Physik steht der Vater, für die Musik die Mutter, die ihre eigene Karriere opfert, um sich der musikalischen Erziehung der Kinder zu widmen. Sie selbst versteht dies nicht als Opfer, sondern als Geschenk an ihre Kinder. Damit klingt

---

10 Die Analogien zwischen Musik und Physik wären auf der Ebene der poetischen Verfahren nicht möglich, wenn es nicht eine tieferliegende Gemeinsamkeit der beiden Bereiche gäbe: Wurden doch Töne zunächst mathematisch, ab dem 19. Jahrhundert durch Frequenzmessung bestimmt. Die Kontroversen zwischen Vertretern der naturwissenschaftlich legitimierten Harmonielehre und der ästhetisch begründeten Melodielehre bestimmen die musiktheoretischen Debatten der Aufklärung und werden in literarischen Texten späterer Epochen reflektiert, wie Christine Lubkoll für die Zeit um 1800 gezeigt hat. Vgl. Christine Lubkoll: *Mythos Musik. Poetische Entwürfe des Musikalischen in der Literatur um 1800*. Freiburg im Breisgau: Rombach 1995. Zur musiktheoretischen Debatte siehe S. 9–69.

11 Seine Konzeption der narrativen Identität als Ergebnis der Überkreuzung der Referenzen von Geschichte und Fiktion entwickelt Ricœur zunächst in dem dreibändigen Werk „Zeit und Erzählung", speziell im dritten Band: Paul Ricœur: *Zeit und Erzählung*. Bd. 3: *Die erzählte Zeit*. Übers. von Andreas Knop. München: Fink 1991, S. 389–439.

12 Ricœurs Konzeption der narrativen Identität wird fortgesetzt und um ethische Komponenten erweitert in „Das Selbst und die narrative Identität". In: Paul Ricœur: *Das Selbst als ein Anderer*. Übers. von Jean Greisch. 2. Aufl. München: Fink 2005, S. 173–207. Eine Bilanz der kritischen Auseinandersetzung mit Ricœurs Identitätskonzeption bieten die Beiträge des Bandes, der von David Wood herausgegeben wurde: David Wood (Hrsg.): *On Paul Ricœur. Narrative and Interpretation*. London, New York: Routledge 1991.

13 Vgl. René Girard: *Das Heilige und die Gewalt*. Übers. von Elisabeth Mainberger-Ruth. Zürich: Benziger 1987.

14 Vgl. hierzu auch René Girard: *Figuren des Begehrens. Das Selbst und der Andere in der fiktionalen Realität*. Übers. von Elisabeth Mainberger-Ruth. Wien: Lit 2012.

die Ambivalenz der Opferthematik an, die sich durch den ganzen Roman zieht und auf die Vorlage jenes musikalischen Strukturmodells anspielt, dessen Kompositionsprinzipien modellbildend für die narrative Konfiguration des Romans sind: Johann Sebastian Bachs „Musikalisches Opfer“.[15] Bach schrieb dieses Quodlibet, eine Sammlung kontrapunktischer Sätze, vier Jahre vor seinem Tod. Anlass war sein Besuch bei Friedrich II. Der preußische König stellte den Komponisten vor das Rätsel eines schwierigen musikalischen Themas. Bach löste die Aufgabe zunächst als 3-stimmige Improvisation einer Fuge und entsprach der Aufgabe Friedrichs, die zweite, 6-stimmige Fuge zu komponieren, erst Monate später.[16] In Gänze variiert das Werk das königliche *thema regium* in zwei Fugen, zehn Kanons, einer kanonischen Fuge und einer Sonate.[17]

2.1 Die Kunst der Fuge

Das doppelte Dilemma, das der Zeit und der Identität, verdichtet sich in den zwei Hauptthemen des Romans, die, wie in einer musikalischen Komposition, zunächst exponiert und dann durch verschiedene Stimmen und narrative Gestaltungsformen variiert werden. Und tatsächlich entsprechen die ersten vier Kapitel von „The Time of Our Singing“ dem Strukturmodell einer Bach'schen Fuge: Charakteristisch für eine Fuge ist, dass die Stimmen nicht gleichzeitig, sondern nacheinander einsetzen. Dabei spielen zwei Elemente eine besondere Rolle: das Thema (Subjekt) und das Gegenthema (Kontrasubjekt oder Kontrapunkt). Die anführende Stimme lässt das Hauptthema in der Tonika vollständig erklingen. Sodann setzt die begleitende Stimme mit dem Thema ein, das in der Dominante erklingt. Schließlich erscheint in einer nächsten Stimme das Gegenthema, das Kontrasub-

15 Um mögliche Strukturparallelen zwischen Musik und Literatur zu markieren ist natürlich auf die lange Tradition des Forschungsgebietes „Musik und Literatur“ hinzuweisen, vgl. z. B. Steven Paul Scher (Hrsg.): *Literatur und Musik. Ein Handbuch zur Theorie und Praxis eines komparatistischen Grenzgebietes*. Berlin, Bielefeld: Schmidt 1984. Speziell zu den Strukturparallelen zwischen Musik und Literatur vgl. darin: Horst Petri: „Form- und Strukturparallelen in Literatur und Musik“, S. 221–242. Ich stütze meine Analyse auf den Ansatz Werner Wolfs, weil dessen intermedialitätstheoretischer Zugang am Schnittpunkt zwischen Musiktheorie und Narratologie angesiedelt ist und weil letztere auch der methodische Zugang ist, der die Ausleuchtung physikalisch-literarischer Verfahren ermöglicht. Werner Wolf: *The Musicalization of Fiction. A Study in the Theory and History of intermediality*. Amsterdam: Rodopi 1999.

16 Vgl. David: *J. S. Bach's Musical Offering* (Anm. 2).

17 Zur Struktur, Komposition und Geschichte der Textedition des „Musikalischen Opfers“ vgl. Bach: *Neue Ausgabe sämtlicher Werke*, Bd. 8.1 (Anm. 2).

jekt.[18] Ist das Thema einmal in allen Stimmen erklungen, spricht man von einer ersten Durchführung, der Exposition.

2.2 Literarische Exposition: Identität als Widerspruch

Das Hauptthema des Romans ist gleich zu seinem Debüt vollständig da: die Zeit durch John Dowlands „Time stands still". Jonah singt es in der Eröffnungsszene des Romans, anlässlich des Wettbewerbs *America's Next Voice*, der dem Repertoire des klassischen europäischen Kunstlieds gewidmet ist. Im Roman hat das Thema die Funktion eines *cantus firmus*, einer besonders hervorgehobenen Melodie, die von mehreren Stimmen kontrapunktiert wird.[19] Jonah, der es vorträgt, gewinnt den Wettbewerb souverän und wird mit gerade zwanzig Jahren als eines der vielversprechendsten Talente der amerikanischen Kunstliedszene gefeiert. Außer dem Thema der Zeit kommt in diesem Expositionskapitel auch das der Identität vor, denn die entscheidende Frage, die Joseph und Jonah nach dem Konzert gestellt wird, ist: „What exactly are you boys?"[20] Es ist die Frage nach ihrer Herkunft. Joseph, der homodiegetische Erzähler, kommentiert: „The question we grew up on. The question no Strom ever figured out how to read, let alone answer" (TS, S. 6). Die Schwierigkeit dieser Identitätsfrage äußert sich in Jonahs ambivalenter Erwiderung, die auf unterschiedliche Musiktraditionen verweist. Durch diesen Verweis stellt der Roman schon in seiner Exposition selbstreflexiv aus, dass die Identitätsbildung dieser gesellschaftlich nicht akzeptierten Familie stellvertretend im und durch das Medium der Kunst plausibilisiert wird. Doch die Lieder, die Jonah anzitiert, skizzieren nicht einen Antwortversuch auf diese Frage des gesamten Romans. Sie spiegeln das Dilemma des Ein- und Ausschlusses, dem die Kinder ausgeliefert

18 Eine klare Formdefinition der Fuge, die alle ihre Eigenheiten umfasst, ist schwer zu geben. Deshalb orientiert sich auch die vorliegende Definition am Prototypus von Bachs Fugenschaffen, das allgemeinen Vorbildcharakter hat. Vgl. Emil Platen: „Fuge". In: *Die Musik in Geschichte und Gegenwart*. Bd. 1.3. Hrsg. von Ludwig Finscher. 2. Aufl. Kassel: Bärenreiter 1999. S. 930–958, hier S. 931.

19 Eine ähnliche Funktion hat das *thema regium* in Bachs „Musikalischem Opfer": „[...] the Royal Theme is not an ideal fugal subject, as it is unsuitable for *strettos* of any kind. But with its beautifully curved, incisive melody and energetic rhythm, it offers excellent possibilities as a *canto fermo* – for the invention of countersubjects and unlimited opportunities for variation. In this way Bach has mainly used it." In: Johann Sebastian Bach: *Musikalisches Opfer. Musical Offering. Offrande musicale*. Taschenpartitur. Hrsg. von Hans Gal. London: Boosey & Hawkes 1952.

20 Richard Powers: *The Time of Our Singing*. London: Vintage 2004, S. 6. Im Folgenden werden Zitate aus dem Roman im Haupttext zitiert. Die Zitatnachweise erfolgen in Klammern, direkt im Anschluss an das Zitat. Hierfür wird die Sigle „TS" verwendet, gefolgt von der Seitenzahl.

sind. Der Beginn von Schuberts „Winterreise", „Fremd bin ich eingezogen", verweist darauf, dass diese Kinder als virtuose Interpreten des europäischen Kunstliedes für die weiße Gemeinschaft um 1950 kaum Akzeptanz finden. Das zweite Lied-Zitat „„I am my mammy's ae bairn, / Wi' unco folk I weary, Sir ... '" (TS, S. 6) imitiert satirisch die Verweigerung der afro-amerikanischen Gemeinschaft, Kinder, die weißer Herkunft sind, zu integrieren. Dieses Wechselspiel zwischen Inklusion und Exklusion durchzieht den ganzen Roman.

Den zweiten Teil der Exposition bildet das zweite Kapitel, welches in den Ausführungen des Vaters das Thema des Zeitstillstands aus relativitätstheoretischer Perspektive vorstellt. So variiert der Vater als Kontrasubjekt der führenden Stimme das Hauptthema im physikalischen Sinne: Er arbeitet an einer Lösung von Einsteins Feldgleichungen in der Allgemeinen Relativitätstheorie, die der Mathematiker Kurt Gödel geliefert hat. Es geht um eine kosmologische Lösung, der zufolge das Universum als ein rotierendes zu verstehen ist, in dem es geschlossene kausale Zeitschleifen gibt.[21] In Gödels Universum sind der lineare Zeitstrom und die absolut gesetzte Reihenfolge der Vergangenheit, Gegenwart und Zukunft obsolet. Die Zeit steht still.

Ebenfalls im zweiten Kapitel des Romans wird aber auch das Gegenthema erklingen, das der Identität, und zwar durch die Stimme des Kontrasubjekts in der Dominante, die Stimme der Mutter Delia. Vorgeführt wird sie angesichts der allabendlichen musikalischen Rätsel-Kanon-Improvisationen der Familie: Die Mutter bietet das Thema, der Vater hat einen Takt Zeit, um einen passenden Kontrapunkt zu setzen, der es umschmeichelt und variiert, woraufhin die Kinder die Variation mit eigenen Ideen fortsetzen. Die *closed timelike curves* werden hier schon, in der Exposition, mit Bachs Musik in Verbindung gesetzt:

> After dinner, they came together in tunes. Rossini while washing the dishes, W. C. Handy while drying. They crawled through *loopy timelike holes* in the evening, five lines braiding in space, each one curling back on the other, spinning in place. They'd do workhorse Bach chorales, taking their pitches from Jonah, the boy with the magic ear. (TS, S. 11; Hervorhebung v. AH)

Die einzige Regel dieses Familien-Kanonspiels ist, dass jede Stimme im Laufe des Abends das Dilemma der gesamten Familie ausspricht, die fehlende Akzeptanz ihrer Herkunftsgemeinschaften: „Doch wo bauen sie ihr Nest?" Vergleichen wir die oben beschriebene Stimmführung des Romananfangs mit einer Fugenexposition, so erkennen wir Strukturparallelen: Das erste Kapitel wird von den Stimmen der Brüder dominiert, das zweite vom Vater als Subjekt der führenden Stimme (Thema Zeit), und von der Mutter, dem Kontrasubjekt, welches das Gegenthema

21 Vgl. Gödel: „An Example of a New Type of Cosmological Solutions" (Anm. 3). Vgl. auch Gödel: „Lecture on Rotating Universes" (Anm. 3); Gott: *Time Travel in Einstein's Universe* (Anm. 3).

der Identität variiert. Sodann folgt eine Passage der „freien Stimme", die als „Das Gesicht meines Bruders" betitelt ist, und schließlich das Aufeinandertreffen des Punkts und Kontrapunkts im Zwischenspiel.

Die beiden Themen werden zu einem erzählerischen Ereignis enggeführt, das als Initiationserlebnis für die Gründung der Familie Strom gilt: Marian Andersons Kunstlied-Konzert zu Ostern 1939, das im Freien vor dem Abraham Lincoln Memorial in Washington stattfinden musste, weil ihr als Afro-Amerikanerin, obwohl sie in Europa größte Erfolge feierte, verwehrt wurde, auf der Bühne aufzutreten. Dem Konzert wohnen 75000 Besucher bei. Es gilt als eines der Schlüsselereignisse der afro-amerikanischen Emanzipationsbewegung in den USA.[22] Delia und David besuchen beide dieses Konzert, die Liebe zur Musik besiegelt ihre Liebesgemeinschaft und ermutigt sie zu ihrem Eheexperiment.

2.3 Doppelte narrative Zeitstruktur: Linearität und Zirkularität

Gleichzeitig erfüllt die Exposition auch eine narrative Funktion, denn hier vollführt sich die Inszenierung des Erzählvorgangs. Die Geschichte der Familie Strom wird in doppelten Strängen erzählt, jeder davon hat seine eigene temporale Struktur. Joseph erzählt seine eigene Geschichte und die des Bruders prospektiv, aus der Perspektive des erinnerten Ich und als homodiegetischer Erzähler. Die Geschichte der Eltern wird in einer pendelnden Kombination zwischen retrospektivem Erzählen, beginnend mit dem entscheidenden Ereignis des Todes der Mutter, zurück in die Kindheit der Mutter erzählt. Außer dem retrospektiven Strang gibt es auch wiederkehrende Zeitschleifen, deren Ausgangspunkt in der Raumzeit von Marian Andersons Kunstlied-Konzert ist. Sechsmal wird die Handlung in Zeitschleifen zu diesen beiden Ereignissen zurückkehren: Zum Konzert als Ursprung der Ehe und zum Tod der Mutter als ihrem brutalen Ende. Liebe und Tod verdichten sich zugleich im kontrapunktischen Thema des Gegensubjekts, im Dilemma der Gemeinschaftsidentität: „Der Vogel und der Fisch können sich verlieben. Doch wo bauen sie ihr Nest?" Im Unterschied zum *cantus firmus* erscheint das Gegenthema nicht schon bei der ersten Erwähnung vollständig im Erzähltext. Im zweiten Kapitel der Exposition klingt nur der zweite Teil des jüdischen Sprichworts an – in der Darstellung des musikalischen Rätselkanons. Der Kreis schließt sich erst später, denn der erste Teil des Gegenthemas wird erst auf der Beerdi-

22 Die historische Bedeutung dieses Schlüsselereignisses für die amerikanische Bürgerrechtsbewegung zeichnet Raymond Arsenault nach in: Raymond Arsenault: *The Sound of Freedom. Marian Anderson, the Lincoln Memorial, and the Concert That Awakened America*. New York: Bloomsbury 2009.

gung der Mutter, dreizehn Kapitel später, erklingen: als Grundthema eines musikalischen Quodlibets, das der Vater gemeinsam mit den Gästen in Erinnerung an das abendliche Familienritual vorführt. Josephs Erzählerstimme bezeichnet Vaters Stück als „our [...] musical offering“ (TS, S. 144).

3 Das Wagnis der Grenzüberschreitung

Nicht nur die Struktur, sondern auch der Titel des „Musikalischen Opfers“ wird im Roman für die Thematisierung seiner zentralen Problematik funktionalisiert. Diese ist die Konstruktion der Identität einer neuen Gemeinschaft, die Afro- und weiße Amerikaner vereint. Ruth, die Schwester von Josephs und Jonah, geht als Erwachsene den ungeklärten Umständen des Todes ihrer Mutter nach. Ihre Recherchen legen einen Lynchmord nahe, bestätigt wird diese These aber nicht. Klar wird indes, dass die Ermittlungen der Behörden zu früh aufgehört hatten. Die Reaktionen beider Communities auf die Ehe Davids und Delias zeigen, dass der Roman nicht einseitig die Weißen für diesen potentiellen Lynchmord verantwortlich macht. Selbst das familiäre Umfeld Delias reagiert auf ihr Wagnis der Grenzüberschreitung mit Isolierung und Ausstoßung. Aus ihrer Familie wird lediglich einer ihrer Brüder ihre Beerdigung besuchen, jedoch ohne sich als solcher zu erkennen zu geben. Und aus der Sicht der Weißen ist Delia als Begleiterin Davids der Öffentlichkeit höchstens als Kindermädchen vermittelbar. Diese gesellschaftlichen Reaktionen decken sich mit dem kulturtheoretischen Befund René Girards in „Das Heilige und die Gewalt“: Ihm zufolge ist in der traditionellen Mentalität einer Gemeinschaft die Idee tief verankert, dass die gewaltfreie Ordnung in einer Gesellschaft durch den Erhalt klarer hierarchischer Differenzen gewährleistet wird.[23]

3.1 Entdifferenzierung und Gewaltausbruch

Delia und David begehen das „Verbrechen“, sich über Differenzen hinwegzusetzen und eine Entdifferenzierung herbeizuführen. Beide Gemeinschaften – die der Weißen und die der Schwarzen – fühlen sich dadurch sowohl in ihrem Selbstverständnis, das sich via Abgrenzung konstituiert, als auch in ihrer Sicherheit bedroht. Die instinktive Konsequenz für das Vergehen der Entdifferenzierung ist der willkürliche Gewaltausbruch. Wer dieses Vergehens schuldig ist, wird aus der

23 Vgl. Girard: *Das Heilige und die Gewalt* (Anm. 13), S. 275.

Gemeinschaft ausgeschlossen. Durch seine Opferung wird ein Exempel statuiert, das von künftigen Wiederholungen abschrecken soll. Durch den Tod des Opfers wird schließlich eine endgültige Differenz eingeführt, die das System erneut stabilisiert. Ob Delias Tod solchen Umständen zu verdanken ist, lässt der Roman offen. Dass die Gemeinschaft ihr Wagnis bestraft, wird durch ihren endgültigen Ausschluss deutlich. Gemäß Girard führt der Tod des Opfers paradoxerweise auch zu seiner nachträglichen Huldigung, weil er die Stabilität der Ordnung garantiert. Im Roman wird zudem nicht nur das Bild der Mutter vergöttlicht, sondern auch ihr Vermächtnis funktionalisiert, die Musik.

3.2 Fundamentale Aporien

Um die Schwierigkeiten der Identitätsbildung einer neuen Gemeinschaft der Weißen und Schwarzen aufzuzeigen, legt der Autor dem Roman ein narratives Modell zugrunde, in dem das Vermächtnis der Mutter, die Musik, und das Vermächtnis des Vaters, die Physik, sich kontrapunktisch umspielen und im harmonischen Gleichklang ertönen. Damit die vier scheinbar disparaten Bereiche Musik, Physik, Identität und Narration sich miteinander verschränken, ist ihnen ein gemeinsamer Nenner zugrunde gelegt: die Zeit. Die Verbindungen der Zeit zu Physik, Musik, Identität und Narration lassen sich am musikalischen Hauptthema des Romans aufzeigen, John Dowlands „Time Stands Still".

> Time stands still with gazing on her face,
> Stand still and gaze for minutes, hours, and years to her give place.
> All other things shall change, but she remains the same,
> Till heavens changed have their course and time hath lost his name.
>
> (TS, S. 3)

Werner Wolf differenziert in „The Musicalization of Fiction"[24] die Ausgestaltungen des Begriffes des ‚Themas' in den Medien Musik und Literatur und sieht den Unterschied vor allem darin, dass das musikalische Thema als wiedererkennbare Notensequenz zum Teil unverändert, zum Teil stark variierend rekurriert,[25] also auf der Ebene der Signifikanten anzusiedeln ist. Das Thema eines literarischen Werks hingegen, ist nicht als Zeichensequenz erkennbar, sondern übt als abstraktes mentales Konzept seine integrative Funktion auf der Ebene der Signifikate

---

24 Wolf: *The Musicalization of Fiction* (Anm. 15), S. 19.

25 Die Fuge wird üblicherweise als „selbständiger Typus kontrapunktischer Satztechnik definiert, der als Gattungsprinzip die imitatorische Durchführung eines zentralen musikalischen Gedankens (das so genannte soggetto, Thema) zugrunde liegt." In: Platen: „Fuge" (Anm. 18), S. 931.

aus. Das Medium der Literatur vertrage weniger Signifikanten-Rekurrenz, weil sie als redundant empfunden werden würde.[26] Powers' Roman verbindet beide Verfahren durch Interformation miteinander. Das musikalische Hauptthema des Romans „Time Stands Still“ wird genauso wie das fridericianische *thema regium* im „Musikalischen Opfer“ im Roman dreizehnmal wiederholt.[27] Das Lied „Time Stands Still“ reflektiert zugleich inhaltlich alle Ideenstränge und Aporien, die der Roman konzeptuell problematisiert. Zudem thematisiert es autopoetologisch auch seine ästhetischen und konzeptionellen Probleme.

Bereits in der ersten Zeile der ersten *stanza* erscheint das Hauptthema des Romans – der Stillstand der Zeit. Es ist ein aporetisches Problem in der Physik, mit dem sich Vater David beschäftigt, ein Problem, dessen mathematische Lösung ein Universum postuliert, das neue Möglichkeiten des Denkens – z. B. Zeitreisen – eröffnen wird. Die erste Zeile repräsentiert zweitens die metaästhetische Reflexion der Narrationskonzeption: Wie könnte die narrative Identität als Ausdruck der Temporalität konstituiert werden?

Die zweite Zeile des Lieds wirkt wie eine Reflexion auf das thematisch-konzeptionelle Problem des Romans: Wie könnte der geliebten verstorbenen Mutter trotz der vergehenden Zeit ein Denkmal gesetzt werden? Wie könnte ein Kunstwerk erschaffen werden, das an den bitteren Preis des Ausschlusses erinnert, den Delia für ihren Mut zu zahlen hatte? Metaästhetisch wird also reflektiert, wie das Vermächtnis der Mutter, die Musik, die ästhetische Ordnung eines literarischen Textes prägen kann, der die Denkverbote der Gesellschaft, die zu Delias tragischem Schicksal beigetragen haben, sichtbar macht. In der dritten Zeile ist schließlich *in nuce* die Kernidee der narrativen Identitätskonzeption konzentriert, die im Folgenden mit Ricœurs einschlägiger Theorie herausgearbeitet werden soll: „All other things shall change, but she remains the same“. Es ist das Paradox der Dauer im Wechsel, die Idee der Identität aufgrund einer Kontinuität, die trotz und dank einer dynamischen Veränderung besteht.

---

26 Vgl. Wolf: *The Musicalization of Fiction* (Anm. 15), S. 19.

27 Barry Lewis hat herausgearbeitet, dass auch in Powers' Roman „The Gold Bug Variations“, der auf Bachs „Goldberg Variations“ zurückgreift, strukturelle Parallelen festzustellen sind zwischen der Rekurrenz des musikalischen Themas bei Bach und der literarischen Themenvariation in der Narration: „In *The Gold Bug Variations*, the theme of ‚variations‘ is pursued not just across the four dominant topics (genetics, music, history, art) but is also embedded in the form of the book. Its thirty-two chapters are verbal correlations of the thirty-two divisions of Bach's *Goldberg Variations*. Within this structure, there are certain repeated themes, including the theme of repetition itself.“ In: Barry Lewis: „Vertical Perfection, Horizontal Inevitability in Richard Powers' ‚The Gold Bug Variations‘“. In: *Ideas of Order. Narrative Patterns in the Novels of Richard Powers*. Hrsg. von Antje Kley und Jan D. Kucharzewski. Heidelberg: Winter 2012. S. 45–66, hier S. 50.

3.3 Identität als strukturerhaltende Transformation

Der Roman stellt sowohl inhaltlich als auch in seinen ästhetischen Verfahren folgende Frage: Wie kann die riskante Bildung einer neuen Gemeinschaft, deren grenzüberschreitende Tendenz gesellschaftlich sanktioniert wird, nicht als abrupter Wechsel, sondern als kontinuierlicher Übergang plausibilisiert werden, sodass sie allmählich gesellschaftliche Akzeptanz findet? Mit welchen Verfahren kann ein Kunstwerk geschaffen werden, dessen ästhetisches Fundament gleichzeitig Dauer, Wiedererkennbarkeit *und* kontinuierliche Transformation denkbar macht? Die vierte Zeile enthält die gewagte Quintessenz des narrativen Romanexperiments und nennt den Preis, der gezahlt werden muss. Die Zeile „Till heavens changed have their course and time hath lost his name" nennt das Wagnis: Das, was für immer als sicher galt, „heavens", die grundlegende kosmologische Ordnung, wird umgedacht werden. Die Zeit, das fundamentale *a priori*, das dem Denken jeder kosmologischen Ordnung zugrunde liegt, wird ihr intuitiv verstandenes Wesen verlieren. All diese Fundamente werden sich verändern, um Raum zu schaffen für die Verewigung des grundsätzlich Vergänglichen, für die Würdigung eines menschlichen Lebens, für die ästhetische Huldigung eines menschlichen Opfers.

Der Roman bietet in seiner ästhetischen Machart eindrucksvolle Antworten auf all diese Fragen, wie im Folgenden zu zeigen sein wird. Die Analyse des musikalischen Hauptthemas ergab, dass die Zeit das Fundament aller anderen Romanhauptthemen bildet. Musik, Physik und Identität werden narrativ vor allem in ihrer temporalen Dimension verschränkt. Die Zeit als Konzept der primären und sekundären Dimension der Modellierung (*histoire* und *discours*) bietet – metanarrativ, metafiktional und metaästhetisch reflektiert – den Zugang zum interformativen Prozess.

Die Aporien des Zeitstillstands und der Zeitmessung wurden bereits von Augustinus bedacht, wie Ricœurs „Zeit und Erzählung" am Beispiel der Aufführung einer Melodie zeigt.[28] An ihr wird deutlich, dass es unmöglich ist, das „Jetzt" wahrzunehmen: In dem Moment, in dem es ausgesprochen wird, ist es schon vergangen. Um dieses Dilemma zu beheben, schlägt Augustinus das Konzept der dreifachen Gegenwart vor: die Gegenwärtigkeit der Vergangenheit als Erinnerung, die Gegenwärtigkeit der Gegenwart als Dauer, die Gegenwärtigkeit der Zukunft als Erwartung. Damit wird ein Konzept der psychologischen Zeit eingeführt, die mit dem der kosmologischen Zeit schwer vereinbar ist. Deshalb verknüpft Ricœur die augustinische Aporie der Zeit mit der aristotelischen Theorie der Fabelkomposition. Seine Untersuchung

28 Vgl. Paul Ricœur: *Zeit und Erzählung*. Bd. 1: *Zeit und historische Erzählung*. Übers. von Rainer Rochlitz. München: Fink 1988, S. 17–32.

gilt dem Problem der narrativen Identität, die den Nachweis erbringen soll, wie die Fabelkomposition die Aporie der Unvereinbarkeit der psychologischen und der kosmologischen Zeit durch die Überkreuzung der Referenz zwischen Geschichte und Fiktion überbrückt.

Powers' Roman schlägt für das narrative Dilemma der Vergegenwärtigung des Bildes Delias in der dreifachen Gegenwart ein analoges Konzept vor, das aber der Kosmologie, der Allgemeinen Relativitätstheorie entnommen ist: das Konzept der Zeitschleifen. Sie bilden zwar eine mathematische Lösung der Einstein'schen Feldgleichungen, ihr Effekt ist aber der gleiche. Die kosmologische Zeitkonzeption Gödels ist mit der psychologischen, intuitiven, menschlichen Zeitkonzeption nicht mehr vereinbar. Deshalb wird sie im Roman mit einem Verfahren gleichgesetzt, das der menschlichen Wahrnehmung bereits vertraut ist, dem des *canon perpetuum* in der Musik. Die rekursiven Schleifen als informationserhaltende Isomorphien zwischen Musik und Physik bieten den Schlüssel zum interformativen Modell der Zeitschleifen, was auf makronarrativer Ebene die Rückkunft des Erzählaktes an das immer gleiche Ereignis legitimiert.

4 Gödels Universum: *Closed timelike curves*

Um die physikalischen Implikationen dieses kosmologischen Modells zu erläutern, erlaube ich mir einen kurzen Exkurs in die theoretische Physik, der sich dadurch rechtfertigt, dass dieses Thema das ganze Forscherleben des Vaters, David Strom als theoretischer Physiker, prägt. Im Roman gibt es auch Andeutungen darüber, dass das Forschungsthema des Vaters auch die Erziehung der Kinder prägt.[29] Jo-

29 Der Kontext naturwissenschaftlichen Wissens spielt für die Genese zahlreicher Romane Powers' eine wichtige Rolle. Powers' Roman „Generosity. An Enhancement“ und seine Reportage „The Book of Me“ beschäftigen sich mit den Diskursen der Humangenetik, der Sequenzierung des menschlichen Genoms. Vgl. hierzu: Karin Höpker: „Happiness in Distress. Richard Powers' Generosity and Narratives of the Biomedical Self“. In: *Ideas of Order. Narrative Patterns in the Novels of Richard Powers.* Hrsg. von Antje Kley und Jan D. Kucharzewski. Heidelberg: Winter 2012. S. 285–312; Heike Schäfer: „The Pursuit of Happiness 2.0. Consumer Genomics, Social Media, and the Promise of Literary Innovation in Richard Powers' Novel ‚Generosity'. An Enhancement“. In: *Ideas of Order. Narrative Patterns in the Novels of Richard Powers.* Hrsg. von Antje Kley und Jan D. Kucharzewski. Heidelberg: Winter 2012. S. 263–284. Einen historisch-systematischen Überblick über die *literature-and-science*-Debatte im anglo-amerikanischen Sprachraum und den Stellenwert, den Richard Powers' Werk in diesem Kontext einnimmt, bietet Jan Kucharzewski in seiner Monografie: Jan D. Kucharzewski: *Propositions about Life. Reengaging Literature and Science.* Heidelberg: Winter 2011, wobei er sich den Romanen „Gain, Galatea 2.0“ und „Plowing in the Dark“ in Einzelanalysen widmet.

seph ordnet den Nachlass seines Vaters David und gibt seine Aufzeichnungen einem Kollegen zur Durchsicht. Dieser verrät Joseph, dass das Forschungsinteresse des Vaters der Gültigkeit der Zeitschleifen im Gödel-Universum gegolten hatte.[30]

In der Allgemeinen Relativitätstheorie sind Raum und Zeit auf globaler Ebene nicht mehr voneinander getrennt. Die Zeitdimension schließt sich den drei Dimensionen des Raumes an und wird zu einem vierdimensionalen Raumzeitkontinuum. Diese Raumzeit wird durch eine vierdimensionale Mannigfaltigkeit M von Ereignissen und einer darauf definierten Metrik g bestimmt. Zentrale Gleichungen der Allgemeinen Relativitätstheorie, an denen Gödel und (der fiktive) Strom arbeiten, sind Einsteins Feldgleichungen.[31] Sie bestimmen, wie bereits im vorhergehenden Kapitel dargestellt, das Verhältnis zwischen der Raumzeitgeometrie und der Verteilung der Masse und Energie im Universum:

$$G_{\alpha\beta} + \Lambda g_{\alpha\beta} = \mathrm{k}T_{\alpha\beta}$$

$G_{\alpha\beta} + \Lambda g_{\alpha\beta}$ ist der Einstein-Tensor, und $\mathrm{k}T_{\alpha\beta}$ der Energie-Impuls-Tensor. Der Einstein-Tensor gibt die Informationen über die Raumzeitgeometrie an. Der Energie-Impuls-Tensor beschreibt die Dichteverteilung von Materie und Energie im Universum. Die rechte und linke Seite der Gleichung stehen in steter Wechselwirkung: Die Raumzeitgeometrie bestimmt, wie Materie und Felder sich bewegen müssen. Die Verteilung der Masse und Energie beeinflusst aber ihrerseits die Geometrie der Raumzeit. Jede Lösung der Einstein-Gleichung ergibt eine gültige Raumzeit und Massen-Energieverteilung.

Gödels Lösung von 1949 ergab ein Universum, das rotiert, statt zu expandieren. Sie erlaubte zudem geschlossene zeitartige Kurven. So wie man auf einer Kugel einen Punkt verlassen, sich westwärts bewegen und zum Ausgangspunkt zurückkehren kann, so erlaubt auch die gekrümmte Raumzeit die Fortbewegung eines Beobachters in die Zukunft und seine Ankunft in der Vergangenheit.

---

30 Die Darstellung der kosmologischen Lösung Kurt Gödels erfolgt nach: Chris Smeenk und Christian Wütrich: „Time Travel and Time Machines“. In: *The Oxford Handbook of Philosophy of Time*. Hrsg. von Craig Callender. Oxford, New York: Oxford University Press 2011. S. 577–632. Smeenk und Wütrich bieten auch eine kritische Auseinandersetzung mit dem Problem der Verletzung der Kausalität und mit den logischen Paradoxien, die sich aus Gödels mathematischer Lösung der Einstein-Gleichungen ergeben.

31 Zur Genese und zum wissenschaftshistorischen Kontext der Einstein'schen Feldgleichungen vgl. John Norton: „How Einstein Found His Field Equations, 1912–1915“. In: *Einstein and the History of General Relativity*. Hrsg. von Don Howard und John Stachel. Boston: Birkhäuser 1989. S. 101–159.

Ein grundsätzliches Problem dieser Lösung ist, dass es nur ein stationäres, nicht expandierendes Universum zulässt.[32] Doch nach allen bisherigen Erkenntnissen der Astrophysik expandiert das Universum. Strom arbeitete daran, die geschlossenen kausalen Kurven mit den zu seiner Zeit aktuellen physikalischen Erkenntnissen zu vereinbaren. Sein Problem dabei war, dass jeder, der sich auf *closed timelike curves* begibt, mit jeder Zeitdefinition und jedem Zeitmaß in Widerspruch kommt, weil es keinen progressiv-linearen Zeitverlauf mehr gibt. Das ist auch das Vermächtnis, das der Vater seinem Sohn Joseph auf dem Sterbebett hinterlässt.

5 Verschränkung der Verfahren von Musik und Physik

Im Folgenden soll mit dem Analyseinstrumentarium Ricœurs veranschaulicht werden, wie die Verschränkung der Verfahren von Musik und Physik zu einer Konzeption der narrativen temporalen Identität für die neu zu bildende Gemeinschaft der Weißen und Schwarzen führt.[33]

Jetzt schon lässt sich das grundlegende interformative Potential der drei Modelle feststellen, die uns hier beschäftigen: Bachs kompositorische Herausforderung im „Musikalischen Opfer“ war es, das vorgegebene musikalische Thema mit der Technik des Kontrapunkts so auszuführen, dass die melodische und die harmonische, die horizontale und die vertikale Dimension in Einklang kommen.[34] Gödels kosmologisches Modell der *closed timelike curves* zeigt, dass jeder Beobachter, der

32 Palle Yourgrau stellt in seinem wissenschaftshistorischen Überblick die Auseinandersetzung Gödels mit Einsteins Allgemeinen Relativitätstheorie dar und reflektiert die wissenschaftstheoretischen und philosophischen Konsequenzen des Zeitbegriffs, den die Gödel'sche Lösung impliziert: Palle Yourgrau: *Gödel Meets Einstein. Time Travel in the Gödel Universe.* Chicago: Open Court 1999.

33 Daniel Mendelsohn moniert in seiner Rezension, dass die narrative Anlage des Romans, die die Themen Musik und Physik zusammenführt, willkürlich ist, weil die beiden Themen mit der Rassenproblematik in keiner Verbindung stehen. „For all the daring of his idiosyncratic approach to writing about race, it's not clear just what it is about race in America that music, and physics, can finally reveal – except that the problem is intractable. [...] Still, if it seems too artificial, too notional, to talk about color in terms of music – sound and light, music and color, are, in the end, couples as strange as the bird and the fish“. In: Daniel Mendelsohn: „Hidden Harmonies“. In: *The New York Times Book Review* (26. Januar 2003). S. 12–13. Dem soll die Argumentation im Folgenden widersprechen.

34 „The lack of coordination between melodic and rhythmic progression gives this portion [of the theme] an air of stiffness, the only flaw to be detected in the Royal theme.“ In: Hans Theodore Davids Kommentar zum „Musikalischen Opfer“ in: David: *J. S. Bach's Musical Offering* (Anm. 2), S. 16. Ergänzung von AH.

auf seiner Weltlinie der chronologischen Linearität folgt und sich kontinuierlich in die Zukunft begibt, beim Ausgangspunkt seiner Reise in der Vergangenheit ankommt. Die Zeit steht still, die Linearität entpuppt sich paradoxerweise als Zyklizität. Auch Powers' Roman weist, wie bereits gezeigt, dieses doppelte Muster von Progression und Rekursion auf: Der chronologisch-lineare prospektive Erzählstrang des homodiegetischen Erzählers ist verbunden mit der retrospektiv repetitiv-rekursiven Erzählweise des heterodiegetischen Erzählers. Die Struktur des Romans hebt diese Aporien in ein Modell der dissonanten Konsonanz auf: Einerseits wird er strukturiert durch ein teleologisches Strukturierungsprinzip der Melodie, der musikalischen Komposition, die auf ein Ende hinstrebt – der Schlusssteigerung, dem *stretto*. Andererseits ist der Roman strukturiert durch das Zeitschleifenmodell, das Modell des *canon perpetuus*, der zeigt, dass die Muster dessen, was passiert ist, wiederkehrend sind und auch die nachfolgenden Generationen betreffen werden, und dass auch das Wissen des Romans nicht verhindern wird, dass Gewalt durch mimetisches Begehren ausbricht und Opfer fordert: Auch Jonah stirbt in einem Konflikt, der durch rassistische Auseinandersetzungen ausgelöst wurde. Der Tod Roberts, Ruths Mann, bleibt ungeklärt, doch der Rassismusverdacht bleibt bis zum Schluss des Romans.

6 Dialektik der narrativen Identität

Interessant ist die dialektische Dimension dieser Relation zwischen Statik und Dynamik, Progression und Rekursion. Welche funktionelle Relevanz hat sie für die Lösung der Aporie der Identitätskonstruktion? Ricœur zufolge ist die lineare Zeit, die Abfolge der Ereignisse, ein identitätsbedrohender Faktor, der nur dann behoben werden kann, „wenn man ein [...] der ununterbrochenen Kontinuität der Veränderung zugrunde liegendes Prinzip der Beständigkeit der Zeit annehmen kann."[35] Das stärkste Kriterium der Beständigkeit, das dem bedrohenden der Vergänglichkeit entgegengesetzt werden kann, ist das der Struktur. Denn sie bestätigt den relationalen Charakter der Identität, definiert als „Bedingung der Möglichkeit dafür, den Wandel denken zu können als sich vollziehend an etwas, das sich selbst nicht wandelt".[36] Das Dilemma der Identität ist lösbar, wenn ihr eine Struktur zugrunde liegt, die Beständigkeit und Wandel zugleich ermöglicht. „Die gesamte Problematik personaler Identität wird um diese Suche nach einer relationalen Invarianten kreisen und ihr auf diese Weise die starke Bedeutung der Beständigkeit in der Zeit verlei-

35 Ricœur: *Das Selbst als ein Anderer* (Anm. 12), S. 146. Hervorhebung im Original.
36 Ricœur: *Das Selbst als ein Anderer* (Anm. 12), S. 146.

hen.“[37] Das ist die Funktion der *closed timelike curves*, die die Dialektik zwischen Progression und Rekursion ermöglichen.

6.1 Selbigkeit und Selbstheit: Strukturerhaltung und Transformation

Wie tragen sie zur Herausbildung eines Identitätsmodells bei? Um die Dialektik der narrativen Identität zu entfachen, differenziert Ricœur zwei Begriffe: Erstens den der Identität als Selbigkeit im Sinne des gleichbleibenden Selbst, des *idem*, wiedererkennbar und unverändert im Verlauf der Zeit; dies würde dem ersten musikalischen Thema des Romans entsprechen: „Time Stands still“. Zweitens den Begriff der Identität der Selbstheit, im Sinne des *ipse*, der Selbstheit als Ipseität, der eine Identitätskonzeption zugrunde liegt, die die Veränderbarkeit und Wandelbarkeit in der Zeit voraussetzt.[38] Dem entspricht der musikalische Kontrapunkt des Romans, das jüdische Sprichwort von Vogel und Fisch, für das bei gleichbleibender Frage zwölf verschiedene existentielle Antworten variiert werden.

Analog zur DNA-Doppelhelixstruktur des genetischen Codes, die im Zusammenhang mit Bachs Goldbergvariationen[39] die Komposition des Romans „The Goldbug Variations“ bestimmt,[40] möchte ich zeigen, wie die beiden physikalischen und musikalischen Modelle durch isomorphe Verfahren die Organisation eines interformativen narrativen Systems erlauben, das trotz ständiger Variation im Kern erhalten bleibt. Indem die inhaltliche Referenz des musikalischen Themas „Time Stands Still“ mit einem physikalischen Konzept verschränkt wird, wird hier Gödels theoretisches Modell der Physik im Text aktualisiert, das den Stillstand der Zeit impliziert und durch Zeitschleifen realisiert. Gödels *closed timelike curves* liegen als strukturierendes Modell der Narration zugrunde und erzeugen wiederkehrende Muster im *discourse*, in der *histoire*, auf makro- und mikronarrativer Ebene, die die Pluridimensionalität, Simultaneität und Spatialisierung der Bach'schen polyphonen Technik virtuos nachahmen. Die Variation des Kontrapunkts, des Gegenthemas in Form eines Rätselkanons zeigt ihrerseits, wie die temporale Identität konstituiert

37 Ricœur: *Das Selbst als ein Anderer* (Anm. 12), S. 146–147.

38 Vgl. Ricœur: *Das Selbst als ein Anderer* (Anm. 12), S. 173–186.

39 Jay Labinger hat gezeigt, dass im Roman „The Goldbug Variations“ die DNA-Struktur als generativer Code für multiple Deutungsperspektiven gelesen werden kann. Vgl. Jay Labinger: „Encoding an Infinite Message. Richard Powers' ‚The Gold Bug Variations'“. In: *Configurations* 3.1 (1995). S. 79–93.

40 Vgl. Barry Lewis: „Thirty Two Short Paragraphs about ‚The Gold Bug Variations'“. In: *Intersections. Essays on Richard Powers*. Hrsg. von Stephen J. Burn und Peter Dempsey. Champaign, London: Dalkey Archive Press 2008. S. 45–66.

wird und wie sie narrativ funktioniert. Der Roman gibt dreizehn widersprüchliche Antworten auf diese Frage und benennt damit die Aporien der Legitimierung dieser Ehe und der Identitätsbildung ihrer Kinder. Ich zitiere drei Variationen.

> The bird and the fish can fall in love, but they share no word remotely like *nest*. (TS, S. 231; Hervorhebung i. Orig.)

> The bird and the fish can build their nest. But the place they build in will blow out from underneath it. (TS, S. 344)

> The bird and the fish can fall in love, but their only working nest will be the grave. (TS, S. 470)

Man merkt: Auch in diesem Fall gibt es eine invariante Größe, die Liebe als festes Fundament der Ehe, und eine unbeständige Variable, die die Existenzberechtigung dieser Liebesgemeinschaft und die Akzeptanz in der Community stets in Frage stellt. Interessant ist, dass das Zeitschleifenmodell auch hier, im mikronarrativen Bereich, als Verfahren aufgegriffen wird: Yulia Kozyrakis hat gezeigt, dass die Durchführung dieses Themas dem Strukturschema des Kettenrondos entspricht, ABACADAFAG, wobei der erste Vers stets unverändert erscheint, aber durch den zweiten Vers stets neu verändert und kontextualisiert wird.[41]

Dadurch aber, dass zwei Dimensionen und historische Traditionen (die europäische und afro-amerikanische) sich gegenseitig bedingen und stets überkreuzen, stellt sich, wie es im Sprichwort von Vogel und Fisch deutlich wird, das Problem der Widersprüche, der Verschiedenheit, der Konflikte, der Unbeständigkeit und Diskontinuität. Jede Community baut ihre Identität nach dem Identitätsprinzip der Selbigkeit auf. Damit wird die Unveränderlichkeit des eigenen Selbst in Abgrenzung vom Anderen betont und durch Riten und Traditionen verteidigt. Der Roman beklagt, dass sich Weiße und Schwarze gegenseitig kein Entwicklungszugeständnis machen. Sie bilden ihr Identitätskonzept nicht auf die Dialektik zwischen dem Selbst und dem Anderen. Das ist der nächste wichtige Schritt der narrativen Identitätskonzeption Ricœurs, die für den Roman entscheidend ist: die Dialektik des Selbst als ein Anderer.

---

41 Vgl. Kozyrakis: „Sightless Sound“ (Anm. 8).

6.2 Umkehrbarkeit, Unvertretbarkeit, Ähnlichkeit

Ricœur gliedert diese Konzeption der narrativen Identität analytisch in drei Elemente: Umkehrbarkeit, Unvertretbarkeit, Ähnlichkeit.[42] Die erste Idee ist die der Umkehrbarkeit, die im semantischen Kommunikationscode der Liebenden manifest wird: Wenn ich den Geliebten mit „Du“ anspreche, versteht er für sich selbst „Ich“. Spricht er mich mit „Du“ an, fühle ich mich in der ersten Person betroffen. Aus der Sicht der sprachlichen Kommunikation sind die Rollen des Senders und Empfängers umkehrbar.[43] Die Personen selbst sind aber an sich nicht miteinander verwechselbar, schon gar nicht, wenn sie verschiedene Herkünfte haben: deutsch-jüdische, afro-amerikanische. Ricœur spricht hier von Unvertretbarkeit. Selbst wenn Delia versuchte (was sie auch tut), sich in die andere Person und Kultur durch Empathie, Sympathie, Liebe zur Musik zu versetzen, kann sie ihren Ort nicht verlassen und den Davids einnehmen. Die kommunikativen Handlungen der Eltern sind stets geprägt von dem Dilemma der Umkehrbarkeit ihrer Rollen als Liebende und der Unvertretbarkeit ihrer Rollen als Mitglieder ihrer je eigenen Gemeinschaft. Der Versuch der Vertretbarkeit, des Übergangs aus der einen Gemeinschaft in die andere, bedeutet für die beiden Gemeinschaften Entdifferenzierung und Bruch mit den herkömmlichen gesellschaftlichen Ordnungsmuster. Mit dem Dilemma der Entdifferenzierung werden auch die Generation von Jonah und Joseph in ihrer Lebensführung und Identitätsbildung konkret konfrontiert; davor hatte Delias Vater gewarnt. Delias und Davids Erziehungsprojekt ist riskant, weil Jonah, Joseph und Ruth für die Gemeinsamkeiten zwischen den beiden Communities stehen und so die Differenzierungen bedrohen. Was für die jeweiligen Communities der Eltern je für sich identitätsstiftende Momente sind: die Legitimation durch vorhergehende Generationen, Jahrzehnte der gemeinsam erlittenen Unterdrückung, wirken sich nicht stabilisierend, sondern subvertierend auf die Persönlichkeit Josephs und Jonahs aus. Denn nach dieser Logik verursacht das, was den Einschluss erleichtern müsste, stets den Ausschluss. Joseph als Erzähler kommentiert das lakonisch mit den Worten: „Our whole lives were a violation“ (TS, S. 68).

Doch dieses Dilemma hat einen Ausweg, der durch das Denken der Ähnlichkeit gegeben ist. Denn Jonah und Joseph kommt das Privileg zu, nicht nur den Widerspruch, die Differenz, sondern auch die Ähnlichkeit festzustellen, die der Ursprung der Aufhebung der Asymmetrie des Selbst zum Anderen ist. Deshalb erzählt Joseph nicht die Geschichte seines Selbst, sondern die Geschichte seines Bruders: die Geschichte seines Selbst als ein Anderer. Die Ähnlichkeit ist „die Frucht

42 Vgl. Ricœur: *Das Selbst als ein Anderer* (Anm. 12), S. 234–235.
43 Vgl. Ricœur: *Das Selbst als ein Anderer* (Anm. 12), S. 235.

des Austausches zwischen Selbstschätzung und Fürsorge für den Anderen. Dieser Austausch berechtigt dazu, zu sagen, dass ich mich nicht zu schätzen vermag, ohne den Anderen wie mich selbst zu schätzen.“[44]

6.3 Gleichheit im Durchgang durch die Ungleichheit

Selbst wenn zwischen dem Ich und dem Anderen zunächst Asymmetrien bestehen, gibt es dennoch, Ricœur zufolge, die Möglichkeit der Suche nach Gleichheit im Durchgang durch die Ungleichheit.[45] Das ist die Zukunftsvision, die Delia und David vorschwebt, und dafür bedarf es eines viel tieferen, fundamentaleren Denkens, das nicht sofort die Differenz ausweist, sondern in der Lage ist, das Kontinuum zu erkennen. Der Roman setzt dem binären Denkmodell, das nur Grenzziehung oder Entdifferenzierung kennt, ein wesentlich komplexeres Denkmodell der Ähnlichkeit entgegen. Damit ist nicht die Assimilation einer Gemeinschaft durch die andere gemeint, sondern die Bereitschaft beider, sich füreinander zu öffnen, den wechselseitigen Einfluss zu erkennen und die kontinuierlichen Übergänge jenseits von Grenzziehungen zu betonen.

Um diesen Weg zu gehen, ist das Austreten aus dem eigenen System notwendig, die Beobachtung auf zweiter Stufe und die mentale Repräsentation der eigenen Situation. Das ist möglich durch die künstlerische Darstellung, der die Funktion der Selbstreflexion im Sinne der intersubjektiven Transgression zukommt. Der Roman zeigt einerseits auf der Ebene der Handlung, das wäre die primäre, mimetische Dimension der Modellierung, was historisch noch nicht möglich ist, und setzt auf der Ebene der sekundären und tertiären Dimension der Modellierung andererseits die Denkmöglichkeiten ästhetisch um, die Delia und David in ihrem intermentalen Austausch[46] eröffnet haben.

Durch ästhetische Verfahren wird in „The Time of Our Singing“ performativ inszeniert, was gesellschaftlich noch utopisch klingt, was der Roman aber literarisch realisiert. Die Narration ist deshalb auch eine Reflexion über die Liebe als Motor der Denkbarmachung von Möglichkeiten. Modelle und Vorbilder dafür finden sich in dem, was die durch ihr Eheexperiment geopferten Eltern den nachfolgenden Generationen vermacht haben: die Kunst der Mutter, die Musik, und die Wissenschaft des Vaters, die theoretische Physik. Das ursprüngliche Dilemma, die

---

44 Ricœur: *Das Selbst als ein Anderer* (Anm. 12), S. 235. Hervorhebung im Original.

45 Vgl. Ricœur: *Das Selbst als ein Anderer* (Anm. 12), S. 234.

46 Ich beziehe mich mit diesem Begriff auf Alan Palmers Forschung: Alan Palmer: *Fictional Minds*. Lincoln: University of Nebraska Press 2004; ders.: *Social Minds in the Novel*. Columbus: Ohio State University Press 2010.

Aporie der Zeit, erweist sich in diesem Zusammenhang als Erlösung. Sie ist das *tertium comparationis*, der gemeinsame Nenner für Musik und Physik, um interformative Verschränkungsverfahren herzustellen, die die Narration ausstellen kann. Denn eine ganze Reihe von Kompositionstechniken, die sowohl in Bachs „Musikalischem Opfer“ als auch in der Kunst der Fuge allgemein als Mittel der Steigerung und Verdichtung fungieren, finden ihre Entsprechungen in physikalischen Prinzipien der Relativitätstheorie und in den narrativen Verfahren des Romans. Ermöglicht die narrative Identitätskonzeption durch ästhetische Verfahren das, was in der Identitätskonzeption der Personen aus historischer Perspektive noch unmöglich ist: Umkehrbarkeit und Stellvertretbarkeit? Das ist an vier Verfahren zu erweisen: Reversibilität, Zeitdilatation, Raumkontraktion und Rotation.

7 Narrativ-interformative Verfahren

7.1 Zeitdilatation und Augmentation

Für die Technik des gleichzeitigen prospektiven und retrospektiven Erzählens könnte formal Bachs Krebskanon als Strukturprinzip gelten. Hier verläuft die erste Stimme linear, progressiv. Die zweite, imitierende Stimme beginnt gleichzeitig und bewegt sich im Krebsgang, das heißt rückwärts. So begegnen die beiden Stimmen einander auf halbem Wege. Physikalisch ist dieses Phänomen als Reversibilität bekannt.

Ein wichtiger Effekt der Speziellen Relativitätstheorie ist das Phänomen der Zeitdilatation. Der Effekt besagt, dass aus der Sicht eines Beobachters, der sich in einem Inertialsystem im ruhenden Zustand befindet oder sich gleichförmig bewegt, alle anderen bewegten Uhren, die sich in anderen Inertialsystemen befinden, langsamer gehen. Albert Einstein führt dieses Konzept ein durch die radikale Neuinterpretation von Zeit in Raum und als Konsequenz der Konstanz der Lichtgeschwindigkeit.[47] In der Musik spricht man von der Vergrößerung der Tondauer, der sogenannten Augmentation. Eine augmentierte Melodie erklingt in doppelt so großen Notenwerten wie ihre Ausgangsversion und dauert doppelt so lange. Im „Musikalischen Opfer“ hat Bach diese Technik im „Canon a 2 – Per augmentationem, contrario motu“ verwendet.

---

47 Vgl. dazu Albert Einstein: „Zur Elektrodynamik bewegter Körper“. In: *Annalen der Physik* 17 (1905). S. 891–921 und Kap. VII.1 in dieser Arbeit (S. 347–440) zum Prozess der Interformation in Einsteins Spezieller Relativitätstheorie.

Das Urerlebnis der Begegnung Davids und Delias beim Konzert am Lincoln-Memorial wird im Roman repetitiv dargestellt: Zweimal im dramatischen Modus des *showing*. Dabei spielt auch hier der Aspekt der Dauer eine wichtige Rolle, denn die erzählte Zeit der Szene bei gleichbleibendem Modus des *showing* beträgt in dem einen Fall vier Seiten, im anderen Fall acht. Es handelt sich wie bei Bach um den doppelten Notenwert der Augmentation. Hinzu kommt, dass Delia und David selbst das Gefühl haben, dass die Zeit stillgestanden sei, dass ein sogenannter Riss in der Zeit zu spüren war und sie beide währenddessen einen kurzen Einblick in eine mögliche gemeinsame Zukunft hatten.

> Delia looked at the white man, who fought to understand. [...] That is when they must have fallen through the side of time, some trick of physics the scientist set in motion, [...]. Time dilated and took them with it. [...]
> *We physicists talk about time dilation. Curving. Dirac even suggests two different scales for time. But this one* [...] *is more a question for the psychologists.* (TS, S. 225–226; Hervorhebung i. Orig.)

Hier werden also physikalische und musikalische Verfahren durch die Vermittlung narrativer Verfahren der Temporalität interformativ verschränkt.

7.2 Diminution und Lorentz-Kontraktion

Der Relativität der Gleichzeitigkeit, die Vater David seinen Söhnen in der Initiationsszene erklärte, ist sowohl für die Zeitdilatation als auch für einen zweiten Effekt der Speziellen Relativitätstheorie, für die *Lorentzkontraktion*, verantwortlich. Sie besagt, dass ein bewegter Beobachter eine kürzere Distanz zwischen zwei Punkten im Raum misst als ein ruhender.[48] Musikalisch ließe sich eine Isomorphie zur Technik der *Diminution, der Verkleinerung der Tondauer*, herstellen. Bach verwendet sie im dreistimmigen *Ricercar* des „Musikalischen Opfers“: Die immer gedrängtere Rhythmik führt zur Halbierung der Notenwerte. Jonahs Teilnahme am Musikwettbewerb mit „Time stands still“ wird im Roman repetitiv dargestellt: In der Exposition nimmt die Szene fünf Seiten ein und wird aus der Perspektive des erinnernden Ich erzählt, des jetzt stillstehenden Beobachters (TS, S. 3–8). 200 Seiten später wird die gleiche Szene aus der Perspektive des erinnerten Ich als bewegtem Beobachter zeitraffend dargestellt und nimmt nur noch 2 Seiten ein (TS, S. 214–216). Die Zeitraffung

---

48 Eine allgemein verständliche Darstellung der beiden Effekte findet sich in Albert Einstein: *Über die spezielle und die allgemeine Relativitätstheorie* (1916). 24. Aufl. Berlin: Springer Spektrum 2009, S. 11–25.

wird als Technik auch im Kapitel „A tempo“ verwendet, in dem das gesamte Leben des Vaters bis zu seinem Tod, die in der Romanhandlung *in extenso* erzählt wird, hier als *mise en abime* im gedrängten, erregten Rhythmus auf nur sieben Seiten komprimiert wird (TS, S. 88–95). Die Temporalität, das fundamentale Thema, das gleichzeitig physikalische, musikalische und narrative Verfahren bedingt und miteinander verschränkt, wird im Kapiteltitel auch benannt.

7.3 *Closed timelike curves*: Progression und Rekursion

Die Aufhebung der absoluten Gleichzeitigkeit und die Einführung des Prinzips der Konstanz der Lichtgeschwindigkeit erlauben drittens, dass der Beobachter jedes Bezugssystems seine Eigenzeit misst. Das ist eine der Voraussetzungen dafür, dass in Gödels Modell Zeitreisen erlaubt sind. Sie liegen dem dritten interformativen Verfahren, der Rotation, zugrunde: Welchen Stellenwert diese in der Physik hat, habe ich durch die Darstellung von Gödels *closed timelike curves* gezeigt. In Bachs „Musikalischem Opfer“ finden diese ihre Entsprechung in der Technik des sich endlos reduplizierenden Kanons.

Ich hatte erwähnt, dass das Schlüsselereignis, das zur Ehestiftung der Eltern führte, im Roman sechsmal erzählt wird, das heißt, dass der Roman zeitschleifenartig sechsmal zum gleichen Raum zurückkehrt. Dabei ist die erste Erwähnung zugleich die erste Engführung der beiden Themen. Der Erzählerbericht in der Exposition schildert sie im Modus des *telling*, es wird der Weg Delias und Davids auf zwei verschiedenen Weltlinien bis zum Anderson-Konzert (1939) beschrieben. Die vierte Wiederholung ist aus der Retrospektive dargestellt, intern fokalisiert durch David. Der gleiche Ort, Washington, ist Schauplatz der Handlung, doch die dominierende Stimme ist nun die von Martin Luther King, der hier 1963 seine berühmte Rede „I have a dream“ hält. Hier wird der Satz, der die These der Musik als Identitätsstiftungsidee, die die Gründung einer neuen Gemeinschaft denkbar macht, intertextuell markiert: „I have a dream that my four children will one day live in a nation [...] With this faith we will transform the jangling discords of our nation into a symphony“ (TS, S. 277; Hervorhebung i. Orig.). Bei der fünften Wiederholung ist Joseph die führende Stimme, er begleitet seine Neffen, Ruths Kinder, auf dem *Million Man March* von 1995 zum Lincoln Memorial. In diesem Moment verschwindet der jüngste Neffe, Ode, und man erfährt im allerletzten Kapitel des Romans, dass er eine Zeitschleife in die Vergangenheit zurückgelegt und David und Delia getroffen hat. In diesem Moment wird die Szene von 1939 erneut erzählt, die kausale Zeitkurve schließt sich, es stellt sich heraus, dass die Gestalt, die bei der ersten Erwähnung Delia und David zusammengeführt hat, aber unbekannt geblieben war, Ode, ihr Enkelkind ist.

Durch das Rotationsmodell werden Progression und Rekursion miteinander verbunden, die persönliche Zeit in die historische und in die mythische Zeit eingebettet. Das Zeitschleifenmodell ermöglicht die Legitimierung dieser Ehe nicht aufgrund der Traditionen vergangener Generationen, das ist offenbar hoffnungslos, sondern aufgrund des Glaubens an die Zukunft folgender Generationen, im Namen einer Vision, die von den Zeitgenossen für utopisch gehalten wird, die aber von Ode symbolisiert wird. Durch die *closed timelike curves* wird das physikalische Modell postuliert, das dann musikalisch und literarisch performativ vorgeführt und interformativ verschränkt wird. Die einzelnen Ereignisse, die in der Geschichte kontingent erscheinen, gewinnen rückwirkend durch die Fabelkomposition je für sich eine Bedeutung, in dem Maße, in dem sie zur Identitätsstiftung beitragen. Das passiert mit dem kontingenten, bis zum Schluss unerklärten Ereignis des Todes der Mutter. Die rekurrierende Erzählung in Zeitschleifen ermöglicht seine Darstellung aus verschiedenen Perspektiven und führt zur konkordant-diskordanten Synthese, die ihm den symbolisch rituellen Opfercharakter verleihen, der Girard zufolge für die Gründung einer Gemeinschaft notwendig ist.

8 Narrativ-interformative Identitätskonstruktion

Ricœur fasst Identität in Anlehnung an Hannah Arendt als Kategorie der Praxis auf. Definiert wird sie als Antwort auf die Frage, welche Person eine Handlung ausgeführt hat. Diese Frage wird um eine zweite ergänzt, danach, wie die temporale Ausdehnung dieser Identitätszuschreibung darstellbar ist. Ricœurs Antwort ist, dass die Frage nach der Identität einer Person nur vermittels der Narration zu beantworten ist. Um diese Dialektik nicht als furchtbare Antinomie in sich zu begreifen, sondern als fruchtbaren Boden, sind Selbsterforschung und Selbsterkenntnis notwendig. Dies geschieht durch die Schilderung des Selbst als Lesenden und Schreibenden des eigenen Lebens, durch die Schilderung des bunten Gewebes an Geschichten, die einen ausmachen.[49] Diese Identitätsgeschichten entstehen nur in der Auseinandersetzung mit den historischen und fiktiven Erzählungen, die einem durch die umgebende Kultur geliefert werden. Im Falle von Jonah und Joseph Strom ist es die Rezeption der mythischen Erzählungen: die des Orpheus, des Äneas und die der kanonisch gewordenen literarischen Texte, die titelgebend sind für die Kapitel, die ihre Biografie erzählen: „Mein Bruder als Othello", „Mein Bruder als Faust". Das sind die Kapitel, die prospektiv erzählt werden, die die

49 Vgl. Ricœur: *Zeit und Erzählung*, Bd. 3 (Anm. 11), S. 398.

Identitätsbildung der Personen als Entwicklung symbolisieren. Dabei kommen alle Stimmen vor, sowohl die der Schwarzen als auch die der Weißen Community: Schuberts „Winterreise“, Bachs Choräle und Kantaten, Händels „Messias“, *spirituals* und der *gospel*, die Jazz-Musik. Die Kapitel, die in Zeitschleifen erzählt werden, sind durch historisch-chronologische Angaben betitelt, die für die Gründung der Gemeinschaft von entscheidender Bedeutung sind: Marian Andersons Konzert (1939), Martin Luther Kings Rede (1963), The Million Man March (1995). Das Modell der gleichzeitigen Progression und Rekursion wird auch hier, auf der Ebene der Darstellung historischer Ereignisse, deutlich. Die retrospektiv erzählten Zeitschleifen führen vor, wie sich eine Gemeinschaft konstituiert, indem sie die Ereignisse und ihre Erzählungen, die als Zeugnisse für die eigene Gründungsgeschichte gelten, stets neu erzählt, wie in einem *canon perpetuum*. Das Verhältnis ist zirkulär: Die hybride historische Gemeinschaft bildet ihre Identität aus der Rezeption, Performanz und Forterzählung jener kulturellen Praktiken, durch die sie selbst produziert wurde.[50]

Das Ende von Richard Powers' Roman wird durch einen dreiteiligen Schlusssatz inszeniert, der die musikalische Technik des *stretto* nachahmt, die effektvolle, virtuose Schlusssteigerung einer Komposition. Im Roman werden dadurch erstens auf Signifikantenebene Thema und Gegenthema zusammengeführt. Zweitens werden auf konzeptueller Ebene die scheinbar unvereinbaren Bereiche der Musik und der Physik durch die Feststellung einer fundamentalen Isomorphie enggeführt, die einen Schlüssel zur Lösung der Identitätsaporie bietet. Drittens werden hier die Verfahren des Romans erneut autopoetologisch und metaästhetisch reflektiert. In der musikalischen Engführung dirigiert Joseph als Musiklehrer an einer afroamerikanischen Schule den Chor, den sein Neffe Ode, Ruths Sohn, stimmlich anführt:

> We stayed in the swell, working our favorite rondo form [...].
> We rose as far as we ever had. We flowed back [...]. But as we crested one last time, I heard a ringing [...]: my brother singing Dowland. The tune came from a life ago. The words from yesterday:
>
> Bird and fish can fall in love. [...]
>
> Then there was one more obbligato line. Who knew where the tune came from? [...] Improvised. The words, though, were given her:
>
> But where will they build their nest?
>
> Ruth's voice went through me like death. (TS, S. 610–611)

50 Vgl. Ricœur: *Zeit und Erzählung*, Bd. 3 (Anm. 11), S. 398.

Im Schlussrondo überschneiden sich die Themeneinsätze, es verbindet Punkt und Kontrapunkt, Statik und Dynamik, Selbigkeit und Selbstheit, und vereint zugleich zum ersten Mal im Roman die Stimmen der drei Geschwister und die des Neffen Ode in einem gemeinsamen Chor.[51] Der jetzige Stimmführer, Ode, ist derjenige, der Joseph ein paar Tage zuvor eine eigene Komposition überreicht hatte, die ihn zu der Idee verleitete, die Geschichte der eigenen Familie als narrativ-musikalische Komposition zu schreiben: „He'd written independent parts, thinking not only in running lines but also in a series of vertical moments. His chords made sense – delaying, repeating, turning back on themselves before coming home“ (TS, S. 603; Hervorhebung i. Orig.). Ode, als allegorische Musen-Figuration, übergibt Joseph die Idee zur Konfiguration einer Identitätsnarration als Möglichkeit der Selbstreflexion. Am Ende des Romans wird die Szene der ersten Treffens Delias und Davids beim Anderson-Konzert noch einmal erzählt. Das Thema der Identität erfährt jetzt durch Ode eine neue, allerletzte Variation als paradoxe Zukunftsutopie in der Vergangenheit, die den Großeltern eine Vision bahnt, von denen der Leser aber schon zu Beginn des Romans weiß, dass sie ein tragisches Ende haben wird. Entsprechend erfährt der Kontrapunkt hier eine letzte Variation:

> She remembers everything, all that must come to them. The sound is everywhere in her. Now it's right in her range: *my country, thee, thee*. She knows this boy. He's fighting to bring himself into being, willing them the way on.
> „The bird and the fish can make a bish. The fish and the bird can make a fird.“ He chants the words, raps them, a cantering, desperate rhythm. A continent rising. Syncopated pitches in time. All he wants is to go on playing. All available combinations. Go on singing himself into existence, starting up my piece, my song. (TS, S. 630–631; Hervorhebung i. Orig.)

So ergibt auch die hybride Namensbildung aus Vogel und Fisch – Vosch und Figel – auf der oberflächlichen Ebene der reinen Signifikanten keine semantische Möglichkeit der Referentialisierbarkeit, keine gemeinsame Sprache, kein Nest. Oder doch? Die hybride Wortkonstruktion symbolisiert zugleich auch die hybride Identität der Kinder und Enkel dieser Familie.[52] Noch eine Aporie? Wieder ist es

---

51 Richard Eder verkennt die funktionelle Relevanz der musikalischen Vorlage für die Narration und kritisiert, dass das Ende des Romans gerade durch die Engführung aller Themen forciert wirkt. Vgl. dazu Richard Eder: „An Aptitude for Music, a Struggle to Escape History“. In: *The New York Times* (03. Januar 2003). B47.

52 An diesem Punkt stimmt meine Argumentation mit der Heinz Ickstadts überein, der diese Szene aus der Perspektive Deweys liest: „This pivotal moment, [...] marks the continuous need for belonging as much as for trans-cultural crossing and merging on which Powers rests his narrative mediation between cultures, and which is also a meditation on hybridity.“ In: Ickstadt: „Surviving the Particular“ (Anm. 7), S. 9.

Ode, diesmal im physikalischen *stretto*, der das Stichwort dafür gibt. Er allein versteht die Botschaft, die sein Großvater auf dem Sterbebett für die zukünftigen Generationen hinterlassen hat: Sie lautet: „Tell her there is another wavelength everyplace you point your telescope“ (TS, S. 470). Es ist eine quantitative Metapher im Sinne Klaus Meckes.[53] Ode erklärt die grundlegende Analogie so:

> „Mama, wavelength's like color, right?“
> She's almost sure. She nods slowly, ready to improvise if need be.
> „But pitch is wavelength, too?“
> She nods more slowly now. But still yes. [...]
> Her face contorts. The answer struggles up from where she's held it so long. [...] „Where on earth ... ? Who did you hear that ... ?“ [...]
> Someone walking toward her who she thought was buried. Of course. The message was for *him*, her child. Not beyond color; *into* it. Not or; *and*. And new ands all the time. Continuous new frequencies. [...]
> „More wavelengths than there are planets.“ [...] „A different one everywhere you point your telescope.“ (TS, S. 627)

Farben sind Lichtwellen. Musiktöne sind Schallwellen. Lichtwellen und Schallwellen sind beide elektromagnetische Strahlung, beide Teile eines Kontinuums im elektromagnetischen Spektrum. Was sie unterscheidet, ist nur die Wellenlänge und die zunehmende oder abnehmende Frequenz, sie gehen aber ineinander über, es gibt keine dichotomische Differenz. Die Dialektik zwischen Differenz und Kontinuum, die ich strukturell auf der Ebene der Verfahren analysiere, spiegelt sich auf inhaltlicher Ebene wider. Das war die ursprüngliche Idee, die mich dazu geführt hat, zwei so vollkommen unterschiedliche Bereiche wie die der Physik und der Musik auf Ähnlichkeiten, die in den narrativ-interformativen Verfahren des Romans inszeniert werden, darzustellen. Diesen Grundgedanken der Ähnlichkeit im Denken des Selbst als eines Anderen tragen Jonah und Joseph per se, qua Geburt mit sich. Durch die Komposition einer Familienchronik, die ihre narrativen Verfahren aus zwei diametral entgegengesetzten Bereichen bezieht und durch interformative Verfahren kombiniert, gelingt es Joseph, die Identität seiner Familie narrativ, transdiskursiv und interformativ so zu konstellieren, in dem das Selbst nur durch den Anderen möglich wird, der Andere sich nur als Bedingung des Selbst konstituiert.

53 Vgl. Klaus Mecke: „Zahl und Erzählung. Metaphern in Erkenntnisprozessen der Physik“. In: *Quarks and Letters. Naturwissenschaften in der Literatur und Kultur der Gegenwart*. Hrsg. von Aura Heydenreich und Klaus Mecke. Berlin, Boston: De Gruyter 2015. S. 31–85.

VIII.2 Die Zeit als interformativer Funktionsbegriff in Thomas Lehrs „42"

> Für uns gläubige Physiker hat die Scheidung von Vergangenheit, Gegenwart und Zukunft nur die Bedeutung einer wenn auch hartnäckigen Illusion.
>
> Albert Einstein

Albert Einsteins Zitat eröffnet Thomas Lehrs Roman „42" und gibt zugleich Hinweise zur thematischen Ausrichtung des Textes, die als Leseanleitungen zu deuten sind. Dem Text gelingt zweierlei: Zuerst, alle unsere Vorurteile über die Selbstverständlichkeit der Zeit zu verunsichern und stattdessen nicht etwa endgültige Urteile zum Problem der Zeit zu liefern, sondern noch mehr Fragen aufzuwerfen, um dadurch die Komplexität des Problems aufzuzeigen.

1 Der Roman als Gedankenexperiment

Im Roman „42" wird eine Gegenposition zur These Einsteins vertreten: Physikalische und psychologische Zeitkonzeptionen sind zwar miteinander unvereinbar, aber in ihrer Relevanz für den Menschen jeweils nur dann denkbar, wenn er auf beide Pole wechselseitig Bezug nimmt. Lehrs Roman und das Einstein'sche Zitat werfen eine Frage auf, die im Vordergrund meiner Interpretation stehen wird: Kann die Narration eine vermittelnde Funktion übernehmen und aus der Überkreuzung von Physik und Philosophie eine dritte Zeit, eine „menschliche Zeit" entstehen lassen, die die oben genannte Aporie überbrückt?

In meiner Lektüre inszeniert „42" zweierlei: Erstens, inhaltlich ein erzähltes Gedankenexperiment – die Zeit steht still. Zweitens ein formales Erzählexperiment angesichts der Frage: Wie kann der Erzähldiskurs in Bewegung gehalten werden, wenn sein Inhalt der Zeitstillstand ist? Seine Antwort: Der Diskurs kann in Bewegung gehalten werden, indem der Text zugleich die Dynamik des zeittheoretischen Denkens inszeniert. Die Pole der physikalischen Aporetik und der literarischen Zeitlichkeitspoetik machen also, in Anlehnung an Paul Ricœur,[1] die Dialektik meiner Analyse aus.

Doch nun zum Roman selbst: Seine Protagonisten sind siebzig Besucher des Genfer Kernforschungszentrums CERN, die sich nach der Besichtigung des unterirdischen Teilchenbeschleunigers DELPHI in einer Ausnahmesituation wiederfin-

---

1 Vgl. Paul Ricœur: *Zeit und Erzählung*. Bd. 1: *Zeit und historische Erzählung*. Übers. von Rainer Rochlitz. München: Fink 1988, S. 114.

https://doi.org/10.1515/9783110729887-013

den: Beim Verlassen des Aufzugs stellen sie fest, dass für die umgebende Welt die Zeit stehengeblieben ist. Nur sie selbst haben noch Zeit. Nun begeben sie sich auf Ursachensuche. Während es das neu entstandene Universum, das den Regeln der „Neuen Physik“ gehorcht, zu erkunden gilt, werden unermüdlich erkenntnistheoretische und existentielle Fragen erörtert. In der normalen, vollständig mit Zeit ‚begnadeten‘ Welt, die nun der Vergangenheit angehört, ist ein Leben möglich, ohne sich den Kopf über physikalische Theorien zu zerbrechen. In diesem Fall aber weicht die andere Welt der „Fotografierten“[2] (42, S. 78) in einem entscheidenden Punkt von der eigenen, der „Chronifizierten“ (42, S. 92) ab: durch die Zeitlosigkeit. Die Gesetze der herkömmlichen Physik haben nur noch eingeschränkte Geltung. Alltagsangelegenheiten wie das Atmen und das gemeinsame Kommunizieren sind alle durch die Gesetze der „Neuen Physik“ (42, S. 109) bedingt, die es kennenzulernen gilt.

2 Gespaltene Ontologie der Erzählwelt: Zeitstillstand und Zeitfluss

Die fiktive Erzählwelt ist nicht logisch widerspruchsfrei; ihre zweigeteilte Ontologie zwischen Zeitstillstand und Zeitfluss stellt den Satz des Widerspruchs in Frage. Doch die Frage geht zurück an den Leser: Sind denn die Naturgesetze der bekannten Welt widerspruchsfrei? Die gespaltene Ontologie verhindert die chronologische Kompatibilität beider fiktiven Welten, weil die Zeit zugleich steht und vergeht. Somit stellt sich die Frage, aus welcher Perspektive die Geschichte erzählt werden soll: aus der Perspektive der ‚Gezeiteten‘, für die die Zeit weitergeht, oder aus der Perspektive der ‚Fotografierten‘, für die die Zeit stillsteht?[3] Das Wissen über die Zeit, das die CERN-Besucher Adrian, Boris und Anna aus herkömmlichen Alltagsspekulationen besitzen, wird mit den Zeitkonzeptionen konfrontiert, die die Wissenschaftler des Romans, die CERN-Forscher Hayami und Patty Dawson, ins Spiel bringen. Allerdings werden diese nicht von den Wissenschaftlern selbst vorgetragen, sondern stets durch Adrian, den Wissenschaftsjournalisten, als fokalisierende Hauptfigur und autodiegetische Erzählinstanz perspektiviert.

2 Thomas Lehr: *42. Roman*. Berlin: Aufbau 2005, S. 116. Im Folgenden werden Zitate aus dem Roman im Haupttext gekennzeichnet. Die Zitatnachweise erfolgen in Klammern, direkt im Anschluss an das Zitat. Hierfür wird die Sigle „42“ verwendet, gefolgt von der Seitenzahl.

3 Vgl. dazu Michael Gamper: „Ästhetische Eigenzeiten der Physik: am Beispiel von Thomas Lehrs Roman "42"“ In: *Zeit, Stillstellung und Geschichte im deutschsprachigen Gegenwartsroman*. Hannover: Wehrhahn Verlag 2016, 13–30.

Das Interessante an „42“ ist, dass der ontologische Status der erzählten Welt bis zum Schluss unsicher bleibt, weil der Leser nicht weiß, ob das Erzählte jemals die imaginäre Welt des Erzählers verlässt. Die ontologische Unbestimmtheit wird zudem ergänzt durch eine epistemische Unbestimmtheit: Die Figuren wissen nicht, wer den Zeitstillstand verursacht hat. Es kursieren verschiedene Hypothesen unterschiedlicher Glaubwürdigkeit: Die Forschungs-Konkurrenzhypothese liegt nahe und besagt, dass die Absicht einer bestimmten Arbeitsgruppe von „Cernies“ (42, S. 99) dahinterstecken könnte. Ihr Ziel könnte sein, die Arbeiten im Teilchendetektor DELPHI so lange still zu legen, bis ein anderer Teilchendetektor, der LHC, in Betrieb genommen werden kann. Eine andere Hypothese vermutet ein Experiment von Außerirdischen.

Ebenso gut aber kann es sich um ein Experiment der Forschergruppe am DELPHI-Teilchendetektors handeln. Dabei wissen die „Chronifizierten“ (42, S. 127) aber nicht, warum ausgerechnet sie zu diesem Experiment auserkoren worden sind. Darüber hinaus sind die Figuren stets existentiell bedroht, weil sie nicht wissen, ob das Experiment nicht in der nächsten Sekunde beendet werden wird, und sie nach dieser Erfahrung dem Tode geweiht sind. Bis zum Ende? Bis zu welchem Ende? Gibt es eines? Oder beginnt mit dem Zeitstillstand eine neue Zeitrechnung? Wird ihre fünfjährige Weltlinie – auf fünf Jahre ist das narrative Gedankenexperiment[4] des Romans angelegt – nach dem Zeitstillstand in ihrem Gesamtverlauf irgendwo registriert oder kann sie heimlich ungeschehen gemacht werden? Wer entscheidet darüber? Wer trägt die Verantwortung dafür? Wie ist die gesellschaftliche Übereinstimmung über neue Werte und Gesetze für diese Übergangszeit möglich?

3 Liminalität: Ethische Versuchsanordnung

Mit Victor Turner läge eine ethnologisch-anthropologische Lesart des Romans nahe. Ihr zufolge befänden sich die Figuren in einer Phase der „Liminalität“. Victor Turner bezeichnete damit den Zustand einer Zivilisation, die sich in einem Übergangsstadium nach einer Katastrophe befindet.[5] Der Schwellenzustand zeichne sich dadurch aus, dass die Normen, Gesetze und Übereinkünfte aus dem früheren

4 Vgl. dazu auch: Sabine Haupt: „Literatur als Phänomenotechnik, Gedankenexperiment und Diskurszone: Thomas Lehrs Quantenroman „42““ In: *KulturPoetik*. Göttingen: Vandenhoeck & Ruprecht 21 2021, 2, 256–282.

5 Vgl. Victor W. Turner: „Betwixt and Between. The Liminal Period in Rites de Passage“. In: *Symposium on New Approaches to the Study of Religion*. Proceedings of the 1964 Annual Spring Meeting of the American Ethnological Society. Hrsg. von June Helm. Seattle: University of Washington Press 1964. S. 4–20; ders.: „Liminalität und Communitas“. In: *Ritualtheorien. Ein einführendes Handbuch*.

Stadium der Zivilisation nicht mehr gelten, jedoch sei noch unklar, wie der Weg zu neuen Regeln gefunden werden sollte. Die Frage, die sich der Roman stellt, ist: Was passiert, wenn von X Milliarden Weltbewohnern nur noch siebzig Bewohner über Bewegungsmöglichkeiten und damit Machtmöglichkeiten verfügen und ihnen deshalb keine Sanktionsmechanismen drohen? Es kommt zu Diebstahl, Machtmissbrauch, zu sexuellem Missbrauch. Insofern ist der Roman eine fiktive Versuchsanordnung, ein Experiment an den Werten, Normen und Regeln einer Gesellschaft, wobei hier die unterschiedlichen gesellschaftstheoretischen Positionen Rousseaus und Hobbes' antithetisch gegenübergestellt werden. Darüber hinaus ist den Protagonisten nicht klar, wie groß die Reichweite des Zeitstillstands ist: Sie hoffen, dass nur die Gegend um Genf betroffen ist, aber Reisen an die Ostsee, nach München und nach Italien berauben die „Gezeiteten“ (42, S. 78) auch dieser Illusion. Nachdem die Protagonisten die unmittelbaren empirischen Fakten erkundet haben, beginnt jenseits der Beschreibung ihres moralischen Verfalls die philosophische Ergründung des Phänomens Zeit, die mit der Erkundung der physikalischen Naturgesetze zusammenhängt. In dem folgenden Beispiel stellt der Text Kants und Heraklits Zeitkonzeptionen einander gegenüber.

> Zugleich aber waren uns große Mengen Philosophie zugestoßen wie ein täglicher Unfall. Die Zeit existierte nicht unabhängig von uns, wir mussten sie mitbringen, in unseren Köpfen ausspannen, mit unseren Gedanken und Gefühlen, unseren Körpern, in unseren Augen erst nahm der Strom seine Fahrt auf, schwarz aus der Zukunft hervorbrechend, randlos die Gegenwart erfüllend und mit Milliarden von Gedächtnistrümmern übersät, in die Vergangenheit fließend. (42, S. 116)

Als theoretische Grundlage für die Analyse von „42“ ziehe ich Paul Ricœurs „Zeit und Erzählung“ heran. Mit Ricœurs Kategorien verschiedene Lesarten des Romans zu erproben, rechtfertigt sich dadurch, dass beide, Ricœur wie Lehr, von den Aporien der Zeiterfahrung ausgehen und sie im jeweils anderen (theoretischen bzw. poetischen) Diskurs durch die Mittel der Fabelkomposition perspektivisch beleuchten. Die Parallelen sind erstaunlich. Die grundsätzliche Ausgangshypothese Ricœurs ist, dass

> [...] zwischen dem Erzählen einer Geschichte und dem zeitlichen Charakter der menschlichen Erfahrung eine Korrelation besteht, die nicht rein zufällig ist, sondern eine Form der Notwendigkeit darstellt, die an keine bestimmte Kultur gebunden ist. [...] *daß die Zeit in dem Maße zur menschlichen wird, in dem sie sich nach einem Modus des Narrativen gestaltet, und daß die Erzählung ihren vollen Sinn erlangt, wenn sie eine Bedingung der zeitlichen Existenz wird.*[6]

Hrsg. von Andréa Belliger und David J. Krieger. 3. Aufl. Wiesbaden: VS Verlag für Sozialwissenschaften 2006. S. 249–260.

6 Ricœur: *Zeit und Erzählung*, Bd. 1 (Anm. 1), S. 87. Hervorhebung im Original.

Im Mittelpunkt der Ricœur'schen Analyse steht die Theorie der dreifachen Mimesis.

Ricœur unterscheidet zwischen drei verschiedenen Ebenen, die er in ihrer Vermittlungsfunktion analysiert: die Ebene der Präfiguration (des weltlichen Vorverständnisses), die Ebene der Konfiguration (der Umsetzung als fiktionale Darstellung) und die Ebene der mentalen Rekonfiguration des Dargestellten durch den Leser auf der Basis seines Verstehensprozesses.[7] Vorab sei klargestellt: Ricœur versteht das Konzept der *mimesis* nicht im Sinne einer Nachahmung der Wirklichkeit, sondern es geht ihm um den Akt der dichterischen Schöpfung. Der schöpferische Akt der *mimesis* codiert nach Ricœur die Literarizität des Textes und markiert damit den Bruch, welcher den Fiktionsraum eröffnet.[8] Ricœur grenzt sich ab von semiotischen Ansätzen, die ihren Fokus nur auf die Struktur des Textes richten. Ihm geht es vielmehr darum, die Transformation von der Ebene der Präfiguration zur Re-Figuration der Welt darzustellen.

4 Verschränkung von philosophischen und physikalischen Zeitkonzeptionen

Besonders interessant wird der Vergleich zwischen den philosophischen und physikalischen Zeitkonzeptionen, wenn ein Faktor ins Spiel kommt, den Ricœur in seiner Analyse nicht berücksichtigt. Er analysiert die philosophischen Hintergründe der Zeitreflexion und ihre Konsequenzen für die Geschichtsschreibung und die Fiktion. Doch was für Thomas Lehrs Roman zentral ist, wird in Ricœurs Studie „Zeit und Erzählung" nur am Rande bzw. gar nicht thematisiert: Entscheidende Impulse für das Denken der Zeit im 20. Jahrhundert gehen von der Physik aus. Die Gegenthese, die der Roman „42" antritt, ist, dass die Physik mit ihrer zeittheoretischen Reflexion die mythischen Zeitnarrative generiert, für deren Aporetik die Poetik der literarischen Texte Resonanzräume bietet. Hierzu schlage ich eine Abwandlung der Ricœur'schen Prämisse vor:

Physikalische (Zeit-)Konzeptionen werden insofern für den Horizont des Menschen relevant, als sie narrativ konfiguriert werden. Die Narration ist auch in der Hinsicht bedeutungsvoll, weil sie die physikalischen Theorien nicht dem Expertendiskurs überlässt, sondern diese interformativ verschränkt und in den allgemeinen kulturellen Kontext einbettet. Dabei ist zu bedenken, wie literarische Texte mit diesen Zeitkonzeptionen umgehen. Werden ihre Aporien narrativ konstruiert? Wie

7 Vgl. Ricœur: *Zeit und Erzählung*, Bd. 1 (Anm. 1), S. 9.
8 Vgl. Ricœur: *Zeit und Erzählung*, Bd. 1 (Anm. 1), S. 77.

können die Wechselwirkungen zwischen physikalischen Zeitkonzeptionen und literarischen Gestaltungsoptionen beobachtbar gemacht werden? Wie viel Wissen über physikalisches Zeitdenken wird beim Leser vorausgesetzt? Der Fokus der Analyse soll erstens auf das Verhältnis zwischen physikalischen Prinzipien, Theorien und Experimenten und narrativen Strukturen gesetzt werden. Zweitens sollen interformative Verfahren zwischen der Konfiguration des Romanendes und den Interpretationen der Quantentheorie aufgezeigt werden. Diese werden es erlauben, drei verschiedene Lesarten des Romans „42“ abzuleiten.

Einerseits ist das Konzept der Zeit – so Ricœur – einem vielleicht politisch und gesellschaftlich motivierten Prozess der Totalisierung und Singularisierung unterworfen. Demnach wird ‚die Zeit‘ stets als *singularia tantum* konzeptualisiert. Demgegenüber wird auch im literarischen Text deutlich, dass es bereits im Rahmen des semio-logischen Feldes der Physik große Schwierigkeiten gibt, eine einheitliche Zeitkonzeption zu definieren. Auch innerhalb dieser Disziplin werden grundsätzliche Debatten zu Problemen der Reversibilität bzw. Irreversibilität, Kausalität, Relationalität, usw. geführt. Nimmt man noch andere Disziplinen hinzu: Biologie, Geologie, Astronomie, Anthropologie oder Geschichtsschreibung, so wird man mit jeder neuen Disziplin neue, unvereinbare Zeitlichkeitskonzeptionen gewinnen. Auch in diesem Fall gilt: je differenzierter und spezialisierter die Analyseinstrumente, desto tiefer dringt man in den aporetischen Charakter der Zeitlichkeit, desto weiter ist man auch entfernt vom gemeinsamen Nenner einfacher Lösungen.

Ein wesentlicher Unterschied innerhalb physikalischer Theorien ist ihre Hintergrundabhängigkeit oder -unabhängigkeit.[9] Bei den hintergrundunabhängigen Theorien (etwa der Allgemeinen Relativitätstheorie), die im Roman erwähnt wird, ist die Zeit nicht einfach als Abstraktum gegeben, in dem Ereignisse passieren, sondern sie spielt als „Akteurin“ auf der Bühne mit. Genau das versucht der Text nun poetisch zu inszenieren. Indem die Zeit für einige Figuren stillsteht, ist sie nicht mehr nur der absolute Rahmen des Geschehens im Sinne einer vorgegebenen Chronologie, sondern sie spielt als Akteurin mit: als Metaphern-Generator, Mythen-Generator und Hypothesen-Generator ist sie der Motor der erzählten Welt als *histoire* und der Erzählung als *discours*. Die Protagonisten sind stets auf der Suche nach Erkenntnis, auf der Suche nach dem Wesen der Zeit und konkret auf der Suche nach der möglichen Ursache für den Zeitstillstand. Sechs verschiedene Theorien kursieren unter den Protagonisten, und jede davon ist poetologisch deutbar:

9 Vgl. zu dieser Unterscheidung Thomas Thiemann: „Auf der Suche nach dem Heiligen Gral. Schleifen-Quantengravitation“. In: *Physik in unserer Zeit* 39.3 (2008). S. 116–124.

Erstens die Dornröschentheorie, die das Schema der Mythen-, Legenden- und Märchengenese als Möglichkeit der Kontingenzbewältigung evoziert. Zweitens Hayamis MUFO-Theorie, die ich bereits erwähnt habe, die ein Experiment einer fortgeschrittenen Zivilisation von Außerirdischen als Ursache vermutet. Sie entlastet die Protagonisten von quälenden Herkunfts- und Existenz-, aber auch Verantwortungs- und Kompetenzfragen. Implizit wird somit der Roman in die Nähe eines Meta-Science-Fiction–Romans gerückt. Weitere vier Hypothesen werde ich im Zuge der Interpretation problematisieren.

Der narrative Motor des Romans ist die Inkompatibilität zwischen dem Wissen, das sich auf die reale Ebene der Präfiguration bezieht, und dem Wissen, das sich auf die fiktive erzählte Welt bezieht. Die Erzählung wird stets in Bewegung gehalten durch den Versuch, einen Ausgleich zwischen den beiden epistemologischen Standpunkten zu schaffen. Das geschieht, indem alle möglichen Theorien aus der realen Welt anzitiert, auf ihre Geltung hin getestet, als Erklärungsmodelle für die narrative Konfiguration herangezogen und dann wieder verworfen werden. Begriffe wie das Standardmodell der Physik oder die Gleichungen der Thermodynamik und der Quantengravitation werden im Text aktualisiert und erzeugen dann in ihrer epistemologischen Dissonanz ein Gegengewicht zu der scheinbaren Konkordanz, die durch die Handlungsdramaturgie vorgegeben ist. Zudem setzt der Roman seine eigene Zeitsignatur: Er konfiguriert Zeittheorien poetisch und spielt durch, was sich an der menschlichen Zeitwahrnehmung ändern würde, wenn der Geltungsbereich der Relativitätstheorie für die menschlichen Sinne auch wahrnehmbar wäre (und nicht nur für kaum denkbare hohe Geschwindigkeiten gerechnet werden könnte). Eine Nachvollziehbarmachung des Unnachvollziehbaren ist der Text also, ein Gedankenexperiment, das denen von Einstein ähnelt, mit denen er selbst bei der Einführung seiner Theorie argumentierte.[10] So wird eine dritte genuin physikalische Lesart des Romans nahegelegt: Die Protagonisten werden im Text gleichsam wie Elementarteilchen bis nahe der Lichtgeschwindigkeit beschleunigt, sodass sie den Rest des Universums gemäß den Vorhersagen der Relativitätstheorie, unendlich verlangsamt wahrnehmen, bis hin zum Stillstand. Diese Lesart ist bereits im Prolog angelegt: „Wir sind [...] die relativistischen Akrobaten“ (42, S. 16).

10 Vgl. Albert Einstein: „Zur Elektrodynamik bewegter Körper“. In: *Annalen der Physik* 17 (1905). S. 891–921. Siehe dazu auch die Analyse in Kap. VII.1 in dieser Arbeit (S. 347–440) zu Einsteins Relativitätstheorie.

4.1 Parmenides’ Zeitstillstand und Heraklits Zeitfluss

Thomas Lehr und Paul Ricœur gehen von der Annahme aus, dass die Spekulation über die Zeit von einer nicht aufzulösenden aporetischen Dynamik charakterisiert ist, auf die nur die Kunst des Erzählens eine Antwort gibt. Die Narration vermittelt zwar nicht die Antwort auf die Frage, was Zeit ist, aber sie kann die zirkuläre Aporie zwischen der menschlichen Psyche und der Kosmologie formulieren. Das *tertium comparationis* ist die bis heute beunruhigende Frage des Augustinus, dessen Zitat den dichten zeitphilosophischen Exkurs eröffnet, mit dem die vierte Phase des Romans, die der „Depression“ eingeleitet wird: „Was also ist, verflucht noch mal, die Zeit? Der Abgrund, in den wir fallen, seit dem Augenblick unserer Geburt“ (42, S. 221).

Außer der Position von Augustinus kommen noch zwei Positionen antiker Zeitphilosophie zur Geltung, das Konzept des ewigen Zeitstillstands bei Parmenides und das Konzept des kontinuierlichen Zeitflusses bei Heraklit. Ich deute das Konzept der dualen Ontologie des Zeitstillstands und des Zeitflusses im erzählten Universum des Romans „42“ als erzählerische Inszenierung dieser klassischen Dichotomie.

> Die Zeit, dachten wir, damals, als der Apfel noch unbeschwert normal beschwert vom Baume fiel, die Zeit also – plötzlich schien die Luft knapper zu werden und der Boden unter unseren nackten Philosophenfüßen zu knirschen –, das ist der große Fluss, der durch den endlosen gläsernen Schacht des Raumes strömt, der jedes Ding erfasst, überspült, mitreißt auf seinem unumkehrbaren Lauf in die Zukunft. Ein Fluss ohne Ufer, weil nichts nicht in ihm treibt. Der also gar nicht fließt, weil er an nichts vorüberfließt. Um den Fluss zu messen, brauchen wir den Fluss, die Zeit müsste in sich selbst fließen und wiederum in sich. Also gibt es keinen Strom, keinen Pfeil, kein Verrinnen? Sieh auf deine Hand, bis sie zerfällt. (42, S. 221)

4.2 Thermodynamischer Zeitfluss, quantengravitative Zeitaporie

Dieser Dichotomie der Konzepte entspricht im Text eine ungelöste Aporie physikalischer Zeittheorien, deren zentrale Formeln im Roman zitiert werden und im Grunde für die antike Dichotomie des Zeitflusses und des Zeitstillstands stehen: Auf der einen Seite steht die Thermodynamik, deren Zeitbegriff (anschaulich mit dem irreversiblen Zeitpfeil konkretisiert) immer in dieselbe Richtung fließt, bis hin zum „Kältetod“ des Universums. Die symbolischen Formeln der Thermodynamik werden im Roman angegeben (Abb. VIII.2–1), selbst wenn sie für die CERN–Besucher relativ kryptisch bleiben.

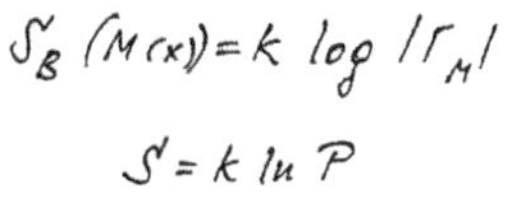

Abb. VIII.2-1: Boltzmanns Entropieformel in unterschiedlichen Schreibweisen in Thomas Lehrs „42“, S. 186.[11]

Auf der anderen Seite wird dieser Position die Theorie der Quantengravitation gegenübergestellt, deren Zeitparameter in der Wheeler-de-Witt–Gleichung „0“ ist, die also gar keine Zeit im Universum vorsieht (Abb. VIII.2–2).

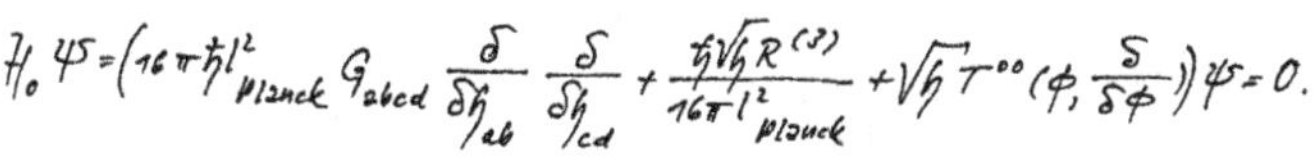

Abb. VIII.2-2: Wheeler-de-Witt-Gleichung im Roman „42“ von Thomas Lehr – in der Handschrift eines Verlagsmitarbeiters, weil im Verlag ein „Formelsatz“ fehlte.[12]

Die beiden Formeln symbolisieren die beiden Pole der Konzept-Aporie. Mit den Gleichungen werden zwei Theorierichtungen zitiert, welche die Zeit auf unterschiedlichen Erkenntnisebenen konzeptualisieren: Der zweite Hauptsatz der Thermodynamik schreibt der Zeit eine Richtung ein, die den Übergang physikalischer Vorgänge von einem unwahrscheinlichen zu einem immer wahrscheinlicheren Zustand symbolisiert. Die Wheeler-de-Witt-Gleichung hingegen scheint den Parameter Zeit gar nicht zu berücksichtigen und damit eben auch nicht ihre Richtung. Spielen die unterschiedlichen Zeitbegriffe, die von diesen Gleichungen impliziert werden, eine Rolle für die Zeitkonfiguration im Roman?

Dass das eine grundsätzliche Aporie ist, und dass die antike philosophische und die zeitgenössische physikalische Zeitreflexion überlagert werden, kann an dem Symbol des Zeitpfeils erläutert werden, der den Widerspruch dicht kondensiert und doppelt codiert. Der Zeitpfeil steht einerseits für Parmenides’ Schüler, Zenon, der mit dem Zeitpfeil-Paradoxon den Stillstand, oder besser gesagt die Nicht-Existenz der Heraklitischen fließenden Zeit zu illustrieren suchte. Andererseits steht der Zeitpfeil, das Symbol der Thermodynamik, auch für das Gegenteil der Zenon’schen Konzeption: Er symbolisiert den irreversiblen Fluss der Zeit.

Hinzu kommt noch eine dritte Position, nämlich die des psychologischen Zeitbegriffes, den Einstein im am Anfang des Kapitels zitierten Motto leugnet. Den inszeniert der Roman aber narrativ umso vehementer. Den Anstoß dazu gab Augustinus,

11 Lehr: *42* (Anm. 2), S. 186.
12 Lehr: *42* (Anm. 2), S. 223.

der die Paradoxie der Zeitwahrnehmung in seinen „Bekenntnissen“ thematisiert. Ricœur liefert eine Analyse des augustinischen Zeitdenkens:

> Der unschätzbare Fund des Augustinus bei seiner Zurückführung der Ausdehnung (*extension*) der Zeit auf die Zerspannung (*distension*) der Seele besteht darin, diese Zerspannung mit dem Riß verknüpft zu haben, der sich unaufhörlich mitten in die dreifache Gegenwart einschleicht: Als Riß zwischen der Gegenwart der Zukunft, der Gegenwart der Vergangenheit und der Gegenwart der Gegenwart. So lässt er die *Dissonanz* wieder und wieder aus der *Konsonanz* zwischen den Intentionen der Erwartung, der Aufmerksamkeit und der Erinnerung selbst entstehen.
> Auf dieses Rätsel der Spekulation über die Zeit antwortet der dichterische Akt der Fabelkomposition (*mise en intrigue*). Die *Poetik* des Aristoteles löst das Rätsel nicht spekulativ auf, ja es löst es überhaupt nicht. Sie setzt dieses Rätsel ins Werk, aber dichterisch, indem sie eine umgekehrt strukturierte Figur der Dissonanz und der Konsonanz hervorbringt.[13]

Augustinus beklagt den existentiellen Zwang der Dissonanz. Ricœur sieht im dichterischen Akt, der Konsonanz und Dissonanz in einer Konfiguration verschränkt, einen möglichen Ausweg aus diesem Dilemma.[14] Der Roman „42“ vereint nun die oben genannten Aporien: Die erzählerische Dissonanz ist der Grundpfeiler einer narrativen Konzeption der Temporalität. Die Meditation über die Zeit und das Gedankenexperiment, das mehrere Dimensionen der Zeit einbezieht, auf biographischer, psychologischer, physikalischer, soziologischer und anthropologischer Ebene, lassen sich in „42“ scheinbar nur durch ein vorgegebenes Szenario bändigen: ein fünfaktiges, der Dramaturgie des klassischen Trauerspiels nachempfundenes. Diese Strukturierung ist der Versuch der Herstellung eines ‚roten Fadens‘ der narrativen Konsonanz, der Versuch der Herstellung einer inneren kohärenten Dramaturgie, um die offensichtlichen unlösbaren Widersprüche zu überspielen. Deshalb wird diese fünfaktige Dramaturgie (die auch deshalb nicht passt, weil sie einer anderen Gattung entnommen ist) nicht von der autodiegetischen Erzählerstimme als ‚Ordnungsinstanz‘ und ‚Formprinzip‘ vorgegeben. Das kann auch als Zeichen dafür gedeutet werden, dass die Erzählinstanz diese Anstrengung der Herstellung erzählerischer Ordnung gar nicht mehr unternimmt. Vielmehr ist es Sperber, der offizielle Chronist der ‚Gezeiteten‘, der die Phasen des Szenarios per „Offiziellem Bulletin“ vorgibt. Die Phasen heißen: „1. Schock; 2. Orientierung; 3. Missbrauch; 4. Depression; 5. Fanatismus“. (42, S. 18)

Dieser Machtanspruch der Figur, die zu einer Figur wird, die selbst die Kompositionsstruktur des gesamten Romans vorgibt, klingt wie ein Kategorienfehler. Zeugt sie doch von einer angedeuteten Machtkonstellation, die zur Konfliktsitua-

13 Ricœur: *Zeit und Erzählung*, Bd. 1 (Anm. 1), S. 39. Hervorhebung im Original.
14 Vgl. Ricœur: *Zeit und Erzählung*, Bd. 1 (Anm. 1), S. 54.

tion wird: Zwischen dem offiziellen Chronisten der Ereignisse in der Diegese (Sperber) und der autodiegetischen Erzählinstanz Adrian, der in der Anlage der Erzählung die Sperber'sche Dramaturgie durch Rückwendungen und Vorausdeutungen stets durchbricht. So wird der Unterschied zwischen der „offiziellen öffentlichen geschichtlichen Zeit", die Ordnung herzustellen versucht, und einer individuellen Bewusstseinszeit, die die offizielle Ordnung stets subvertiert, vorgeführt.

Die Frage, die die Protagonisten des Romans beschäftigt, ist, ob der Stillstand der Zeit rückgängig gemacht werden kann. Zuweilen scheint es den Protagonisten möglich zu sein, dass die „Cernies" das Experiment mit einem Hebelgriff beenden könnten. Doch diese *deus ex machina*-Lösung greift zu kurz. Sie wird dennoch als dramaturgischer Trick genutzt, der den Zeitstillstand, die ewige Gegenwart unterbricht. Die von Ricœur herausgearbeitete *distentio animi* von Augustinus', der Riss, der die dreifache Gegenwart in Frage stellt und die Dissonanz in die Konsonanz einschreibt, hat meiner Ansicht nach eine interessante erzählerische Entsprechung in „42"; nämlich als doppelt codierte Unterbrechung des Zeitstillstands durch einen drei Sekunden langen „RUCK" (42, S. 81), der (subversiv) zugleich „RISS" (42, S. 249) genannt wird, je nachdem aus welcher Perspektive beobachtet wird: Aus der Sicht des Zeitstillstands sind die drei Sekunden, in denen sich die Welt wieder bewegt, ein „RUCK". Aus der Perspektive der herkömmlichen Zeitempfindung des steten Flusses ist der Zeitstillstand eine „unerhörte Begebenheit" und der Bewegungsruck ein entsprechender „RISS". Der „RUCK" bzw. „RISS" ist zugleich eine Metapher für die Dialektik der Bewegung des zeittheoretischen Denkens zwischen Erkenntnisdynamik und Aporetik, die an einer Stelle im Roman mit einer Hamlet-Assoziation unterstrichen wird: Henri Duretoile wird mit einem „in die Unjahre gekommenen Hamlet-Darsteller" verglichen, der „jede Bewegung, die er macht[], mit einer fast spiegelverkehrt genauen Gegenbewegung" widerruft (42, S. 65). Der Vergleich reflektiert das geschilderte Subversionsspiel der Textkonfiguration zwischen *histoire* und *discourse* deren Ordnungsprinzipien sich gegenseitig in Frage stellen. Dies wird durch einen intermedialen Hinweis subtil angedeutet, indem die erzählerische Darstellung des „RUCK"s, ekphrastisch, mit der Darstellung eines Ölgemäldes, verglichen wird:

> DIE FORTSETZUNG DES GANZEN, die ich in Ermangelung eines besseren Einfalls den RUCK getauft habe und die man sich doch viel besser als eine Art Schmelzen vorstellen muss, [...] ganz als hätte man in einem Museum, vor einem Kolossalgemälde mit zahlreichen Figuren stehend, einen Augenblick lang sich des Eindrucks erwehren müssen, die Ölfarbe habe sich erhitzt und von der Leinwand gelöst. (42, S. 82; Hervorhebung i. Orig.)

Interessant bei dieser Passage ist, dass die Fortbewegung der Zeit nicht die im Gemälde erzählte Welt der dargestellten Figuren, das malerische Äquivalent der *his-*

toire, in Bewegung setzt, sondern das Medium selbst – die Farbe – zerfließen lässt. Damit wird das Medium, das die erzählte Welt darstellen soll, zerstört. So wie in einem Film die schwarz eingeblendeten Sequenzen zwischen den Kameraschnitten als disintegrative Risse auf den Film selbst als Medium verweisen, so macht der Text durch intermediale Anspielungen auf seine ästhetische ‚Gemachtheit‘ aufmerksam. Erst dieser Riss ist also der Motor, der die Dynamik der Spekulationen über das Wesen der Zeit in Gang setzt.

Der Erzähler erweist sich als unzuverlässig, schildert er doch eine Welt, die mit seinem eigenen konventionellen Wissen völlig unvereinbar ist. Er muss deshalb ständig entweder die Theorien, die er zur Zeiterklärung heranzieht, revidieren, oder die Welt neu interpretieren. Das führt dazu, dass auch das Erzählen als solches fragwürdig wird, und dass die Reflexion über das erzählende Wort auf metanarrativer Ebene weitergeführt wird – im Vergleich zu den konkurrierenden Medien der Malerei, der Skulptur, des Films und der Fotografie – angesichts des Zeitnotstands.

> Es ist keine Fotografie, es ist ein Skulpturengarten, montiert auf der Betonfläche des PA 8. Die Busfahrer. Die Polizisten. Der noch immer über der Kabeltrommel schwebende Techniker. Lebende Statuen oder Statuen von lebendigen Menschen in Originalgröße und vor ihnen und bald schon um sie herum sind wir, als sich bewegende Zuschauer, wie Museumsbesucher, denen die Kunst, mit der das Leben hier authentisch festgehalten wurde, fast die Sprache raubt. (42, S. 34)

Dies ist der Hintergrund für die vierte Lesart, die Museumstheorie, die nahelegt, dass es sich hier um ein Kunstexperiment handelt, in dem, wie für die Darstellung des Pergamon-Altars, die Welt in einem Augenblick angehalten wird, um sie in einer großen Skulptur zu verewigen. Das schreibt dem gesamten Romanuniversum eine zusätzliche Ebene und zugleich eine poetologische Wende ein, nämlich die Lesart, dass die fiktive Erzählwelt eine reine Imagination Adrians ist, der, als umgekehrter Pygmalion, sein Kunstwerk nicht belebt, sondern das Lebendige im poetischen Kunstwerk imaginär erstarren lässt.

Das Ende des Romans und das finale Experiment fügen diesen Lesarten noch ein paar hinzu: Wichtig ist dabei – sechstens – die Schwellentheorie des klinischen Todes, in dem sich der Körper im Übergangsstadium zwischen Leben und Tod befindet, während das Hirn (im expressionistischen Stil) das gesamte Leben filmartig im Schnelldurchlauf rekapituliert. Auch diese Lesart ist bereits im Prolog angelegt: „Vielleicht gibt es sogar die wirklichen, nicht versteckten Sekunden, in denen das Gehirn noch melden kann, dass das eigene Herz stillsteht, endgültig, in der nun unverrückbaren Landschaft des Körpers. Und so sehe ich dann den Tod, […]“ (42, S. 12). In dieser Lesart ist der Roman auch eine Meditation über die Opposition von Tod und Ewigkeit und über das, was die Kunst der Vergänglichkeit der Dinge entgegensetzen kann. Auch in diesem Zusammenhang tritt das Problem der *ekphrasis* auf den Plan: Kann die Literatur Ewigkeit und Tod zusammendenken, eine ganze Welt in einem Augenblick anhalten, der über den Tod hinaus hinweist? Hätte sie dann eine doppelte Funktion zu erfüllen, durch die ästhetische Darstellung zugleich die Toten vor dem Vergessen zu retten und die Menschen vor dem Vergessen ihrer eigenen Vergänglichkeit zu hüten? Das heißt, mit den Wörtern Ricœurs, eine Erinnerung an den Tod und ein Gedenken der Toten gleichzeitig zu sein?[15]

Zusammenfassend könnte man behaupten, dass der Roman eine präfigurierte Zeitkonzeption voraussetzt, die auf das Vorverständnis des zeitlichen Charakters der Lebenswelt beruht. Vor diesem Hintergrund stellt der Roman dann auf zweiter Ebene eine narrativ konfigurierte Zeitkonzeption auf, die interdiskursive und interformative Züge trägt, nämlich durch die poetische Darstellung konkurrierender biologischer, soziologischer, psychologischer, philosophischer und physikalischer Zeitkonzepte, die wiederum widersprüchliche Lesarten des Romans nahelegen. Dieser Ebene schließen sich sodann jene vom impliziten Leser durch polyperspektivische Modellierung refigurierte Zeitkonzeptionen an. Die Protagonisten versuchen, die Dynamik der sich stets verändernden Zeit-Konzeptionen wenigstens für einen Moment stillzulegen. Demgegenüber steht jedoch das Ergebnis des narrativen *experimentum crucis* und die quantendynamische Verschränkung von Interpretationspositionen in einer überlagerten Superposition.

Für die Ebene der Refiguration ist zu analysieren, wie der Schlusspunkt des Romans jene Eckpfeiler setzt, von denen aus der Leser die epistemologisch-ontologischen Widersprüche und die sich daraus ergebende narrative Dissonanz kognitiv refiguriert. Ricœur fasst die Dynamik der „Poietik" bei Aristoteles als eine Forderung nach Vollendung auf. Das Ende (*teleios*), zu dem Aristoteles ein Werk geführt sehen will, ist nicht nur das Ende des Werkes, sondern auch das Ende seiner Wirkung. Die Frage, die sich stellt, ist, ob und wie diese Forderung in „42" umgesetzt wird. Der Roman spielt genau mit dieser Dialektik. Denn das Ende des Romans, das *experimentum crucis*, suggeriert zwar einen Abschluss im Sinne einer Teleologie, doch weisen sein Ausgang und seine Wirkung nicht auf ein geschlossenes Ende, sondern auf einen wiederholten Anfang hin, auf die Unabschließbarkeit des Befragungsprozesses über das Wesen der Zeit.

Epistemologisch gründet die letzte Versuchsanordnung des Romanschlusses in einer der physikalischen Forschung – speziell der theoretischen Physik –, die seit Beginn des 20. Jahrhunderts zu beobachten ist: Die Diskrepanz zwischen dem ständigen Bestreben nach Vereinheitlichung fundamentaler Theorien, z. B. die Vereinheitlichung der Quantentheorie und der Relativitätstheorie und den zahlreichen

15 Vgl. Ricœur: *Zeit und Erzählung*, Bd. 1 (Anm. 1), S. 135.

Widersprüchen, die dieser Vereinheitlichung im Weg stehen: zum Beispiel auch im zentralen Punkt der Auffassung der Zeit.

Nachdem der ganze Roman relativistische Zeitkonzeptionen reflektiert und narrativ inszeniert, schlägt nun die narrative Darstellung genau ins Gegenteil um und wird zum Schluss quantentheoretisch konfiguriert. Dieser Umschwung betont auch strukturell den formalen Widerspruch, die formale Unvereinbarkeit zwischen den beiden fundamentalen Theorien des zwanzigsten Jahrhunderts.

Narrativ umgesetzt wird die quantentheoretische Versuchsanordnung, die im Roman als finales Experiment in Szene gesetzt wird, genau als Gegenentwurf zum Verlauf des gesamten Romans. Es soll erstens den theoretischen Spekulationen über das Wesen der Zeit ein Ende setzen, weil sie die Verstrickung in zahlreiche andere, tiefere Aporien hervorriefen. Es soll zweitens der Natur eine eindeutige Antwort auf die Situation der ‚Chronifizierten‘ abringen, indem es sie zurückkatapultiert in eine Welt, die Zeit hat. Im Gegensatz zu den formulierten Erwartungen der Romanprotagonisten ist das Ergebnis dieses Experiments, das ich aufgrund seiner Anordnung als quantentheoretisch deute, jedoch überraschend und deshalb selbst interpretationsbedürftig. Bekanntlich ist die Quantenmechanik selbst diejenige physikalische Theorie des 20. Jahrhunderts, die den meisten Anlass zu philosophischen Interpretationen gegeben hat.[16]

5 Verschränkung: literarische und quantenmechanische Interpretationsansätze

Einer der umstrittensten Diskussionspunkte in der Geschichte der quantentheoretischen Interpretationen ist die Rolle des Beobachters.[17] Beeinflusst er durch den Beobachtungsakt den Ausgang des Experimentes? Wie gewiss ist dann der Ausgang? Ist die Wirkung des Beobachters auf das Experiment deterministisch oder nur wahrscheinlichkeitstheoretisch vorhersehbar?

---

16 Vgl. Cord Friebe, Meinard Kuhlmann, Holger Lyre, Paul M. Näger, Oliver Passon und Manfred Stöckler: *Philosophie der Quantenphysik. Zentrale Begriffe, Probleme, Positionen*. 2. Aufl. Berlin, Heidelberg: Springer Spektrum 2018.

17 Vgl. Daniel Greenberger, Klaus Hentschel und Friedel Weinert (Hrsg.): *Compendium of Quantum Physics*. Berlin, Heidelberg: Springer 2009.

5.1 *Scientific fiction*: Kopenhagener Deutung der Quantentheorie

Die Analyse des Ausganges des Experimentes in „42" im Hinblick auf ihre Wirkung auf den Leser lässt sich mit der Diskussion um die Rolle des Beobachters in der Quantentheorie parallelisieren. Der Roman legt zwei Lektüren nahe, die sich gegenseitig widersprechen: Die Protagonisten wünschen sich – auf der Ebene der erzählten Welt – ein eindeutiges Ergebnis in Form des Kollapses der Wellenfunktion.[18] Das wäre die Überführung des quantenmechanischen Systems in eine klassische, bekannte Welt mit einem klassischen Ergebnis. Aus der Perspektive des Lesers würde das bedeuten, dass das finale Experiment und die gesamten Aporien des Romans in eine Lösung enden würden, die auf der Ebene des erzählten Experiments funktioniert und eine mimetische Lesart erlaubt, die nicht weit entfernt ist von der Realität. Das wäre ein naiv-realistischer Ausgang, wobei der Wissenschaft hier die Rolle zugeschrieben würde, durch eindeutige Experimentergebnisse eine Antwort zu liefern und Theorien zu verifizieren oder zu falsifizieren.

Da Wissenschaft in diesem Zusammenhang als instrumentalisiert begriffen wird, die operationalisierbare Ergebnisse liefert, würde ich in diesem Falle von einer *Scientific fiction*-Lesart sprechen. Im Hinblick auf die Zeitbegriffe und die Zeitkonzeptionen würde diese epistemisch implizieren, dass das Wissen für die Interpretation des Romans auf einen Zeitbegriff reduziert wird, der sich aus alltagspragmatischer Perspektive als brauchbar erweisen könnte.

5.2 *Science fiction*-Lesart: *Possible Worlds*-Theorie

Doch der Romanausgang funktioniert nicht so. Der Ausgang des Experiments endet in einem stark verdichteten Erzählexperiment, in dem in der Nachahmung einer filmischen Schreibweise alles nochmals in kontrafaktischen Welten bzw. Paralleluniversen simultan dargestellt wird: Die Phasen des erzählten Experiments werden im Schnelldurchlauf rückwärts gespult, gleichzeitig werden mytho-

---

18 Vgl. Werner Heisenberg: „Die Entwicklung der Deutung der Quantentheorie". In: ders.: *Gesammelte Werke. Collected Works.* Abt. C, Bd. 1: *Physik und Erkenntnis 1927–1955.* Hrsg. von Walter Blum, Hans-Peter Dürr und Helmut Rechenberg. München: Piper 1984. S. 434–449; ders.: „Die Kopenhagener Deutung der Quantentheorie". In: ders.: *Gesammelte Werke. Collected Works.* Abt. C, Bd. 2: *Physik und Erkenntnis 1956–1968.* Hrsg. von Walter Blum, Hans-Peter Dürr und Helmut Rechenberg. München: Piper 1984. S. 27–42; ders.: „Kritik und Gegenvorschläge zur Kopenhagener Deutung der Quantentheorie". In: ders.: *Gesammelte Werke. Collected Works.* Abt. C, Bd. 2: *Physik und Erkenntnis 1956–1968.* Hrsg. von Walter Blum, Hans-Peter Dürr und Helmut Rechenberg. München: Piper 1984. S. 119–136.

logische Erklärungsversuche, philosophische Spekulationen, wissenschaftliche Anstrengungen, alle möglichen Ausgänge des Experimentes in verschiedenen Welten gleichzeitig dargestellt. Quantentheoretisch gelesen wäre dieser Ausgang des Erzählexperimentes die narrative Transponierung der Aussage Wheelers, der gemäß alles, was möglich ist, auch realisiert wird. Die Viele-Welten-Theorie[19] wird im Roman durch die Anspielung auf die Everett-/Wheeler-Deutung der Quantentheorie aktualisiert. Sie legt dem Leser nahe, sich alle möglichen Lösungen in fiktiven kontrafaktischen Welten realisiert zu denken, ohne Entscheidungs- und Unterscheidungskriterien, unter Vernachlässigung der Epistemologie und unter dem Vorbehalt einer verschwenderischen Ontologie. Das wäre – spielerisch gewandt – eine *Science fiction*-Lesart, die aber im Roman konterkariert wird und in eine Anti-Science-fiction-Science-fiction-Lesart verwandelt wird: Da die Beobachter in den vielen verschiedenen Welten nichts über die Existenz der anderen Welten wissen können, würde diese Lesart im Hinblick auf das Denken der Zeit implizieren, dass die wissenschaftlichen Disziplinen und philosophischen Schulen zwar alle ihren eigenen Zeitbegriff entwickelt haben können, dass diese aber in fröhlicher Beliebigkeit nebeneinanderstehen, unhinterfragt von anderen Disziplinen oder auf ihre Relevanz für den Menschen.

5.3 *Science in fiction*-Lesart: Dekohärenztheorie

Eine dritte Lesart, die nahegelegt wird, ist die der quantendynamischen Dekohärenztheorie.[20] Als Gegenentwurf zur Kopenhagener Kollapstheorie, bei der ein Beobachter das quantentheoretische System in die klassische Welt überführen könnte, überträgt sich in dieser Lesart der quantendynamische Zustand des Systems durch Wechselwirkung auf seine Umwelt. Was geschieht, ist die Übertragung des quantentheoretischen Probabilismus auf die Makrowelt. Die Umwelt, also der Beobachter, verschränkt sich mit dem beobachteten Objekt und wird zum quantendynamischen System. Durch die Wechselwirkung zwischen Quantensystem und Umwelt gehen das Quantensystem, die „Messapparatur“ und der Beobachter in den quantenmechanischen Superpositionszustand über. Es geht nicht, wie bei der ersten Lesart, um die Beobachtung der fiktiven Welt mit den

19 Vgl. Hugh Everett: „‚Relative State‘ Formulation of Quantum Mechanics“. In: *Review of Modern Physics* 29.3 (1957). S. 454. Vgl. auch einen anderen Ansatz: Michael Lockwood: „‚Many Minds‘ Interpretations of Quantum Mechanics“. In: *British Journal for the Philosophy of Science* 47 (1996). S. 159–188.

20 Vgl. hierzu Maximilian Schlosshauer: *Decoherence and the Quantum-to-Classical Transition*. 3. Aufl. Berlin: Springer 2008.

Maßstäben der realen Welt, sondern umgekehrt; die multiple Ontologie der fiktiven Welt trägt zur epistemologischen Multidimensionalität des Lektüreprozesses bei. Wird die Theorie der Dekohärenz – unter spielerischem Vorbehalt – auf die Rekonstruktion eines mentalen Modells der erzählten Welt im Bewusstsein des Lesers übertragen, dann folgt daraus die Überführung der zeitaporetischen Denkdynamik auf das Denken des Lesers.

Das wäre meine dritte Lesart, die *Science in fiction*-Lesart, die die Wissenschaft nicht für ihre Problemlösungskompetenz funktionalisiert und auch nicht als Ausgangsszenario für imaginäre Science-fiction–Utopien instrumentalisiert. Vielmehr verstärken sich Wissenschaft und Literatur gegenseitig im gemeinsamen Selbstverständnis, die kontinuierliche Faszination des Denkens, des Forschungsprozesses darzustellen, der mit jedem „gelösten" Problem unendlich viele neue Fragen aufkommen lässt. So gesehen vermittelt der literarische Text die Faszination für das philosophische und wissenschaftliche Denken über die Zeit. Die ursprüngliche Kohärenzstruktur im Denken des Lesers über die Zeit wird durch die Wechselwirkung mit dem Roman in Frage gestellt. Vielmehr wird die Übertragung der Superposition, des „Möglichkeitsdenkens" im Sinne Musils auf das Denken der Leser nahegelegt.

Am Ende des Romans nimmt der Erzähler die Rolle des Lesers in der Superposition vorweg, er selbst befindet sich in einem Verschränkungszustand: zwischen der Wahrnehmung seiner selbst als verstorben auf den Fotografien, die er sichtet, und der Erfahrung, am Leben geblieben zu sein, um davon zu erzählen. Der Wahrscheinlichkeitszustand, die Freiheitsgrade in der Bestimmung immer neuer, widersprüchlicher Zeitkonzeptionen, die Unbestimmtheit zwischen miteinander unvereinbaren Lösungen, übertragen sich auf den Leser. Er wird lernen, die Dynamik der Denkbewegung zu akzeptieren, sie sich anzueignen, sie in der gleichen Ausdifferenzierung stets zu exerzieren und sie als *vita activa* in der eigenen intellektuellen Biografie zu praktizieren.

IX Interformation zwischen Literatur und Quantenfeldtheorie in Dietmar Daths Roman „Dirac“

> A great deal of my work is just playing with equations and seeing what they give.
>
> P.A.M. Dirac

Helge Kragh überliefert in seiner Biografie des Quantenphysikers Paul Dirac (1902–1984), dass Dirac seinen Kollegen Robert Oppenheimer gefragt hätte, warum er Dantes „Divina Commedia“ lese, während er theoretische Physik betreibe. Oppenheimer soll geantwortet haben: „[...] in der Physik versuchen wir, etwas, was vorher niemand gewußt hat, mit Zeichen zu sagen, die jeder versteht. In der Dichtung ist es genau umgekehrt.“[1] Dieses Bonmot wird von Dietmar Dath in die fiktionale Romanbiografie, die den Titel „Dirac“[2] trägt, zitiert. Der wissenschaftshistorisch überlieferte Dialog zwischen Oppenheimer und Dirac wird im Roman fiktiv fortgeführt. Ich zitiere ihn ausführlich zu Beginn des Kapitels, weil er die Problemfelder, denen sich der Roman widmet, vorführt. Oppenheimer versucht, Dirac seine Faszination für die schöne Literatur zu erklären, indem er Parallelen zum physikalischen Erkenntnisprozess zieht. Für ihn symbolisiert Dantes „Divina Commedia“ den Inbegriff einer ästhetischen Komposition, deren Komplexität vielfältige epistemische und ästhetische Valenzen kennt. Er versucht Parallelen zum wissenschaftlichen Erkenntnisprozess aufzubauen:

> „Das ist [...] dasselbe, wie wenn [...] Dante [...] über seine Liebe schreibt: ogni intelletto di la su laà mira. [...]“
>
> „Es bedeutet: Jeder höhere Intellekt betrachtet sie.“ [...]
>
> „[D]a kommt [...] diese Suche ins Spiel, [...] d[ie] mich eben doch sehr an unser wissenschaftliches Arbeiten erinnert [...]. Das ganze Motiv dieser höheren, vergeistigten Liebe hat bei ihm seine Wurzel in der neuplatonischen Philosophie und in deren ziemlich abstraktem Verständnis von Erotik. Dante hat dem eigentlich nur dichterischen Ausdruck verliehen ...“ [...]

1 Dietmar Dath: *Dirac. Roman*. Frankfurt a. M.: Suhrkamp 2006, S. 108. In Helge Kraghs Biografie des Physikers Paul Dirac wird dies folgendermaßen überliefert: „He [Dirac] once said to Oppenheimer: ‚How can you do physics and poetry at the same time? The aim of science is to make difficult things understandable in a simpler way; the aim of poetry is to state simple things in an incomprehensible way. The two are incompatible.‘“ In: Helge Kragh: *Dirac. A Scientific Biography*. Cambridge: Cambridge University Press 1990, S. 258.

2 Dath: *Dirac* (Anm. 1). Im Folgenden werden Zitate aus dem Roman im Haupttext zitiert. Die Zitatnachweise erfolgen in Klammern, direkt im Anschluss an das Zitat. Hierfür wird die Sigle „D“ verwendet, gefolgt von der Seitenzahl.

https://doi.org/10.1515/9783110729887-014

> „Die Idee und Essenz der Schönheit, vorgefunden in einer Achtjährigen, genauso bezeichnend, wie den Deutschen die Quantelung der Strahlung an den Schwarzkörpern erschienen ist." (D, S. 110–111, 113; Hervorhebung v. AH)

Der fiktive Dirac formuliert seine Widerrede im Roman sehr sorgfältig:

> „Ich weiß nicht. Was kann man überhaupt daraus lernen, selbst wenn es Experimente wären? Das, was dieser Dichter macht, meine ich? Es klingt für mich, trotz der grandiosen Perspektive und dem gesamten Aufgebot an himmlischen Intelligenzen, als ob der Dichter zwei ganz verschiedene Probleme unzulässig für nur eins hält: dasjenige seiner Sehnsucht, seiner unerfüllten oder meinetwegen auch erfüllten Liebe zu diesem Mädchen, und dann die Frage, wie er das inszeniert, wie er seine Dichtungen macht, wie er das, was er bloß selbst erlebt hat, in eine Form bringt, die von vielen gelesen und verstanden wird." [...]
> „Ich kann das alles offenbar nicht so gut erklären, wie ich möchte." (D, S. 113–114)

Die Leerstelle, die diesem Dialog eingeschrieben ist, eröffnet das Problemfeld dieses Romans, der im Spannungsfeld zwischen zwei Polen oszilliert: zwischen der ästhetischen Schönheit eines poetischen Gebildes und der erkenntnistheoretischen Schönheit einer Gleichung. Der Roman stellt die grundsätzliche Frage, ob man diese miteinander vergleichen könne. Der Dialog scheitert offenbar an dieser Stelle, das Problem ist zwar erkannt, aber Oppenheimer findet keine geeigneten Worte, die den Vergleich plausibilisieren. Doch um welche Pole geht es konkret in diesem Roman? Auf der einen Seite wird ein komplexes kanonisches Werk der Weltliteratur vorgestellt, das an der Schnittstelle zwischen Mittelalter und Renaissance steht und das nicht nur als kulturelle und philosophische Synthese seines Jahrhunderts gilt, sondern auch den Weg in die Renaissance eröffnet. Am anderen Pol der Kompositionsstruktur des Romans steht eine andere symbolische Form, die die ästhetische und epistemische Komplexität des Denkens ihres Jahrhunderts in etwas kürzerer Form synthetisiert, jedoch ebenfalls den Weg für die Wissenschaft des 20. und 21. Jahrhunderts eröffnet: die Gleichung, mit der Dirac 1928 die Quantenfeldtheorie begründete,[3] die nach ihm benannte Dirac-Gleichung:

$$i\hbar\gamma^{\mu}\frac{\partial\psi}{\partial x^{\mu}} = mc\psi$$

Würde Dirac versuchen, die tiefe Schönheit und hohe Komplexität dieser Gleichung einem Schriftsteller zu vermitteln, käme er auf dem Weg der wörtlichen Kommunikation weiter als der fiktive Oppenheimer in die umgekehrte Richtung?

---

3 Vgl. Paul A. M. Dirac: „The Quantum Theory of the Electron". In: *Proceedings of the Royal Society of London A: Mathematical, Physical and Engineering Sciences* 117.778 (1928). S. 610–624.

Offenbar liegen diesen beiden symbolischen Formen, der „Divina Commedia“ und der Dirac-Gleichung, unterschiedliche Systeme der Signifikation zugrunde, die sich beide nicht in Information übersetzen lassen und unterschiedlichen semio-logischen Diskurssphären angehören.

1 „Wie macht man Literatur aus Physik?“

Gibt es trotzdem Gemeinsamkeiten zwischen diesen beiden Modi, die Wirklichkeit zu erschließen? Dazu gibt das Nachwort des Romans Auskunft, dessen Eröffnungsfrage lautet „Wie macht man aus Literatur Physik? Am besten läßt man es bleiben; hier wurde es nirgends versucht“ (D, S. 381). Das vorliegende Kapitel widmet sich der Widerlegung dieser Aussage, die zu Beginn des Nachwortes steht. Dieses ist mit „Dietmar Dath“ unterzeichnet und auf den September 2006 datiert. Widerlegung deshalb, weil natürlich genau das in diesem Roman versucht wird: Der Roman verschränkt literarische und physikalische Verfahren in eine interformative Romankonfiguration. Das Grundargument, welches das Nachwort anführt, ist das der Interformation: „Physik und Literatur sind nicht einfach zwei Sprachen, aus denen man in die je andere übersetzen könnte“ (D, S. 381). Auf der Ebene der Übersetzung als Übertragung einer inhaltsäquivalenten Information zwischen den beiden semio-logischen Diskurssphären mit ihren unterschiedlichen Logiken der Verwendung von Zeichen räumt das Nachwort dem Roman keine Chance ein. Die Differenzen zwischen den beiden semio-logischen Sphären werden dort benannt. Sie bestehen unter anderem darin, dass Physik und Literatur zwei Arten der Welterschließung sind, die „sich für verschiedene Dinge interessieren“ (D, S. 381). Doch die eigentliche Frage ist: *Wie* erschließen Physik und Literatur die je eigenen Welten? Die Antwort ist: Durch das Wissen der Form. Könnte eine Verschränkung des Wissens um die Form, die den beiden Diskursen inhärent ist, zur Errichtung dieser interformativen Romankonfiguration geführt haben? Könnte eine interformative Romankonfiguration die Wissensdiskurse füreinander transparent machen? Der Roman gibt selbst zu, dass seine Machart der „physikalischen Wissenschaft [...] ethische, erkenntnistheoretische und ästhetische Inspirationen“ (D, S. 381) verdanke.

Ich möchte zeigen, dass eine der Hauptfiguren des Romans, David Dalek, der fiktive Schriftsteller, der in autofiktionaler Gestalt als *alter ego* Dietmar Daths im Roman erscheint, dem weisen Rat des empirischen Autors Dietmar Dath, der sich im Nachwort äußert, nicht folgt. Der empirische Autor rät nämlich, gar nicht zu versuchen, Physik und Literatur zu verschränken. David Dalek versucht vor den Augen der Leser und unter Berücksichtigung der Kritik seiner Freunde als Lektoren, diesen Roman zu schreiben. Dieser wird dem Leser in einzelnen fragmentarischen ‚Häppchen' zugespielt, die von seinen fiktiven Lektoren stets der Kritik unterzogen werden. Der Roman „Dirac" ist einerseits eine fiktionale Metabiografie des Quantentheoretikers Paul Dirac und reflektiert andererseits stets auf metanarrativer und metafiktionaler Ebene, durch welche ästhetischen Textstrategien eine solche Metabiografie im Zeitalter der Postmoderne überhaupt geschrieben werden konnte. Der Roman errichtet eine narrative Beobachtungsstruktur der Sichtbarmachung unterschiedlicher Modi der symbolischen Wissensformung und zeigt, wie Wissensordnungen durch unerwartete Korrelationen auch reorganisiert werden können. Doch um welche semio-logischen Ordnungen geht es hier? Darüber geben der schlichte Titel des Romans „Dirac" und dessen Paratext „Roman" Auskunft. Es geht um Quantentheorie und Literatur.

Das vorliegende Kapitel nimmt sich vor, zu zeigen, dass der Prozess der Interformation sowohl als Verfahren der Textkonfiguration als auch als eine Strategie der Textinterpretation verstanden werden kann. Zweitere wird durch das erste bedingt. Ich werde vorführen, wie dieser Roman durch den wechselseitigen Bezug auf Quantentheorie und Metanarration seine Erzählinstanzen, Erzählwelten, Figurenkonstellation und auch eigene Interpretationsansätze textstrategisch interformativ anlegt und metanarrativ, metafiktional reflektiert. All das geschieht durch Transformationsrelationen, durch die die divergierenden Modellierungskonfigurationen der Literatur und der Quantenphysik miteinander verschränkt werden.

Dietmar Dath, der selbst Literaturwissenschaft und Physik in Freiburg studierte, beschäftigte sich bereits vor der Arbeit am Roman „Dirac", der 2006 erschien, mit dem englischen Quantenphysiker Paul Dirac. 2003 veröffentlichte Dath die Essaysammlung „Höhenrausch", die den Untertitel „Die Mathematik des XX. Jahrhunderts in zwanzig Gehirnen" trägt.[4] Sie erschien in der „Anderen Bibliothek", der Reihe im Eichborn-Verlag, die damals noch von Hans Magnus Enzensberger herausgegeben wurde. Ein Kapitel darin ist Paul Dirac gewidmet. Dirac gilt neben Werner Heisenberg, Erwin Schrödinger, Pascual Jordan und Wolfgang Pauli als einer der Pioniere der theoretischen Physik und als Mitbegründer der Quantenmechanik. Für die Herleitung seiner Dirac-Gleichung erhielt er 1933 gemeinsam mit Erwin Schrödinger und Werner Heisenberg den Physik-Nobelpreis. Der Essay aus der Sammlung „Höhenrausch" gilt als Vorstufe zum Roman „Dirac", der auf der Ebene der *histoire* Diracs Werdegang, die Entwicklung seines konzeptuellen Denkens und die Entwicklung der diskursiven Formation der Quantentheorie zu Beginn des 20. Jahrhunderts darstellt. Der *discours*

4 Dietmar Dath: *Höhenrausch. Die Mathematik des XX. Jahrhunderts in zwanzig Gehirnen*. Frankfurt a. M.: Eichborn 2003.

des Romans ist durch die Dirac-Gleichung als Form- und Organisationsprinzip der Narration modelliert. Sie bleibt lange Zeit eine verborgene Erzählinstanz, schiebt andere Erzählinstanzen zur Tarnung vor, und entlarvt sich erst ganz zum Schluss als Form- und Organisationsprinzip des Romans.

Diesem Gedankengang gehe ich nun in der Analyse des Romans nach, die metanarrative Ebene des Romans legt dies nahe. Die Hinweise sind zwar explizit, aber nicht kohärent angeordnet. Sie erscheinen hie und da, fast zufällig und weisen dennoch auf etwas hin, was ich als eine ternäre interformative Modellierungskonfiguration des Romans zwischen literarischen und quantenphysikalischen Symbolisierungsverfahren bezeichnen möchte. Doch um die notwendigen Fäden, die hier auf metanarrativer Ebene immer wieder aufscheinen, aber fragmentarisch bleiben, zu einer kohärenten Analyse zu knüpfen, muss zunächst der wissenschaftshistorische Kontext der Konzeptualisierung der Quantentheorie zu Beginn des 20. Jahrhunderts (zumindest ausschnittsweise) rekonstruiert werden. Dafür greife ich auf folgende Quellen zurück: erstens auf wissenschaftshistorische Darstellungen zur Quantentheorie, wie die Helge Kraghs,[5] Abraham Pais,[6] Graham Farmelos[7] und Mara Bellers.[8] Zu berücksichtigen sind auch die weiteren Entwicklungen der Quantenelektrodynamik, die durch Richard Feynman und Freeman Dyson ausgearbeitet wurden.[9] Zweitens greife ich für meine Romaninterpretation auf die Originalarbeiten Diracs zur Quantentheorie, wie „The Quantum Theory of the Electron“[10] und auf seine eigenen Beiträge zur Interpretation seiner Gleichung zurück.[11] Drittens berücksichtige ich Diracs Lehrbuch zur Quantentheorie „Principles of Quantum

---

5 Vgl. Kragh: *Dirac* (Anm. 1).

6 Vgl. Abraham Pais, Maurice Jacob, David I. Olive und Michael F. Atiyah: *Paul Dirac. The Man and His Work*. Hrsg. von Peter Goddard. Cambridge: Cambridge University Press 2005.

7 Vgl. Graham Farmelo: *The Strangest Man. The Hidden Life of Paul Dirac, Quantum Genius*. London: Faber 2009.

8 Vgl. Mara Beller: *Quantum Dialogue. The Making of a Revolution*. Chicago: University of Chicago Press 1999.

9 Vgl. Silvan S. Schweber: *QED and the Men who Made It. Dyson, Feynman, Schwinger, and Tomonaga*. Princeton: Princeton University Press 1994.

10 Dirac: „The Quantum Theory of the Electron“ (Anm. 3). Vgl. auch Paul A. M. Dirac: „A Theory of Electrons and Protons“. In: *Proceedings of the Royal Society of London A: Mathematical, Physical and Engineering Sciences* 126.801 (1930). S. 360–365; ders.: „Quantised Singularities in the Electromagnetic Field“. In: *Proceedings of the Royal Society of London A: Mathematical, Physical and Engineering Sciences* 133.821 (1931). S. 60–72; ders.: *The Collected Works of P. A. M. Dirac 1924–1948*. Hrsg. von Richard H. Dalitz. Cambridge: Cambridge University Press 1995.

11 Vgl. Paul A. M. Dirac: „The Physical Interpretation of Quantum Mechanics. Bakerian Lecture“. In: *Proceedings of the Royal Society of London A: Mathematical, Physical and Engineering Sciences* 180.980 (1942). S. 1–40.

Mechanics“,[12] das bis heute als Standardwerk der Fachliteratur gilt, weil es in äußerster Klarheit und Eleganz geschrieben ist. Viertens benutze ich zur Rekonstruktion der Prinzipien, die der relativistischen Quantentheorie zugrunde liegen, Lehrbücher zur relativistischen Quantenmechanik[13] und solche, die speziell der Dirac-Gleichung gewidmet sind.[14] Fünftens greife ich auf wissenschaftsphilosophische Darstellungen zu den epistemologischen Implikationen der Quantentheorie[15] und der Quantenfeldtheorie zurück.[16]

Die Figur Diracs konstituiert sich in diesem Roman durch komplex angelegte Textstrategien, die sich als ästhetische Umcodierungen seiner physikalischen Konzepte erweisen. Dafür konstituiert sich der Roman als eine interessante interformative Wechselwirkungskonfiguration zwischen zwei semio-logischen Ordnungen, die unterschiedliche Transformationsrelationen zwischen diesen exemplifiziert. Die interformativen Verfahren sind auf spezielle Formen der Grenzüberschreitung angewiesen, um die semio-logischen Felder der Literatur und der Physik durch bestimmte Verschränkungsverfahren zu einer interformativen Wechselwirkungskonfiguration zu verschränken. Lotman definiert das Grenzkonzept der Semiosphäre folgendermaßen:

> Ähnlich wie in der Mathematik eine Grenze eine Menge von Punkten genannt wird, die gleichzeitig sowohl zum Außen- als auch zum Innenraum gehören, ist die semiotische Grenze eine Summe von zweisprachigen Übersetzer-„Filtern“, bei deren Passieren der Text in eine andere Sprache [...] übersetzt wird, die sich außerhalb der gegebenen Semiosphäre befindet.[17]

Da klar ist, dass es zwischen dem literarischen und dem physikalischen Feld keine Möglichkeit gibt, Übersetzungen vorzunehmen, die den semantischen Inhalt trans-

---

12 Paul A. M. Dirac: *The Principles of Quantum Mechanics.* 4. Aufl. Oxford: Clarendon Press 1958.

13 Vgl. Armin Wachter: *Relativistische Quantenmechanik.* Berlin, Heidelberg: Springer 2005; Georg Wolschin: *Relativistische Quantenmechanik.* Berlin, Heidelberg: Springer Spektrum 2016.

14 Vgl. Vladislav G. Bagrov und Dmitry Gitman: *The Dirac Equation and its Solutions.* Berlin, New York: De Gruyter 2014; Carsten Kleppel: *Von der Dirac-Gleichung zur Quantenelektrodynamik. Eine verständliche Einführung für Studierende der theoretischen Physik.* Wiesbaden: Springer Spektrum 2015.

15 Vgl. Daniel Greenberger, Klaus Hentschel und Friedel Weinert (Hrsg.): *Compendium of Quantum Physics.* Berlin, Heidelberg: Springer 2009; Cord Friebe, Meinard Kuhlmann, Holger Lyre, Paul M. Näger, Oliver Passon und Manfred Stöckler: *Philosophie der Quantenphysik. Zentrale Begriffe, Probleme, Positionen.* 2. Aufl. Berlin, Heidelberg: Springer Spektrum 2018.

16 Vgl. Paul Teller: *An Interpretive Introduction to Quantum Field Theory.* 3. Aufl. Princeton: Princeton University Press 1995; Meinard Kuhlmann, Holger Lyre und Andrew Wayne (Hrsg.): *Ontological Aspects of Quantum Field Theory.* River Edge: World Scientific 2002.

17 Jurij M. Lotman: „Über die Semiosphäre“. Übers. von Wolfgang Eismann und Roland Posner. In: *Zeitschrift für Semiotik* 12.4 (1990). S. 286–305, hier S. 290. Vgl. Kap. I dieses Buches, S. 59–84.

ferieren, werden andere Verfahren der Verschränkung benötigt. Denn die Semiosphäre jedes einzelnen spezialisierten Feldes ist abgeschlossen, so Lotman: „Die ‚Abgeschlossenheit‘ der Semiosphäre kommt dadurch zum Ausdruck, dass sie mit anderssemiotischen Texten oder mit Nicht-Texten nicht in Berührung kommen kann. Damit diese für sie Realität gewinnen, muss sie die Texte [...] in eine der Sprachen ihres Innenraumes übersetzen und die nichtsemiotischen Fakten semiotisieren.“[18] Für die Semiosphäre der Literatur bedeutet dies, dass die komplexen Konzepte der theoretischen Physik extern umcodiert werden müssen. Die Kopplungsverfahren können nur ästhetische Verfahren und Codes der Literatur als Kunst sein. Erfolgt auch für die literarischen Verfahren eine interne Umcodierung, sodass sie sich als Kopplungsverfahren anschlussfähig erweisen? Wie funktioniert diese doppelte – epistemische und ästhetische – Transformation? Diese Frage stellt die vorliegende Interpretation. Angesichts der Differenzen zwischen den beiden semio-logischen Diskurssphären kann es sich bei der Wechselwirkung jedoch nur um eine asymptotische Annäherung handeln, die zudem alle Differenzen berücksichtigt und reflektiert.

1.1 Konfiguration der Erzählebenen und Erzählwelten des Romans

Drei Erzählebenen bestimmen den Aufbau des Romans. Sie sind in der Romandarstellung nicht fein säuberlich chronologisch voneinander abgetrennt. Im Roman werden kleine ein- bis dreiseitige Fragmente scheinbar willkürlich zusammengesetzt. Die Handlung springt von einem Zeitpunkt in der Vergangenheit zu einem anderen in die Zukunft und wieder zurück. Weltebenen und Zeitebenen werden überlagert. Ordnet man sie nach der Chronologie der Zeitebenen an, so ergibt sich folgendes Tableau:

Zum einen wird die Lebenswelt Diracs 1902–1984 dargestellt. Auf dieser Erzählebene werden vor allem die konzeptionelle Entwicklung der Quantentheorie in Dialogen zwischen ihren wissenschaftlichen Protagonisten problematisiert: Paul Dirac, Erwin Schrödinger, Werner Heisenberg, Robert Oppenheimer, Niels Bohr, Pascual Jordan, Max Born und Albert Einstein. Dieser Ebene liegen sowohl physikalische als auch wissenschaftshistorische Quellen zugrunde, die Dietmar Dath gemäß den eigenen Angaben im Nachwort nutzte. In dieser Erzählwelt dominiert ein heterodiegetischer Erzähler, der als „Beobachter“ apostrophiert wird. Gelegentlich wird die heterodiegetische Erzählstimme mitten im Abschnitt von einer homodiegetischen abgelöst, die sich dann zunehmend als autodiegetische

18 Lotman: „Über die Semiosphäre“ (Anm. 17), S. 290.

Stimme entpuppt, wenn der Leser zum Zeuge der inneren Monologe der fiktiven Figur Dirac wird.

Zweitens gibt es die Erzählwelt auf der Zeitebene der 80er Jahre, die keinen offensichtlichen wissenschaftshistorischen Referenzbezug hat. Es ist die intellektuelle und künstlerische Welt Pauls, Johannas, Candelas, Davids, Christofs und Sonjas im Freiburg der 80er Jahre. Ihre Bildungsbiografie, ihre Adoleszenzerfahrungen, ihre politischen Ideale und ihre kritische Haltung gegenüber der Wachstumsideologie des Kapitalismus werden im Roman dargestellt.

Drittens wird die Lebenswelt der gleichen Figuren, Paul, David, Johanna, Candela und Christof, 20 Jahre später, um 2005 dargestellt. Paul arbeitet als Forscher im Grenzgebiet zwischen Mathematik, Physik und Chemie. Nicole, seine Freundin, wird von Christof, der als Psychiater tätig ist, als autistisch diagnostiziert. David Dalek, dessen Initialen die gleichen wie die des empirischen Autors sind, hat sein Physik-Studium aufgegeben und widmet sich der Schriftstellertätigkeit. In einer Passage wird deutlich, dass es sich um denjenigen Schriftsteller handelt, der bereits einen Essay zu Dirac in einem Essayband publiziert hat, den Hans Magnus Enzensberger herausgegeben hat und dass er als Redakteur bei einer der größten Tageszeitungen Deutschland arbeitet. Die Parallelen zu Dietmar Dath sind gezielt gesetzt, sodass man aus narratologischer Perspektive von Autofiktion im Sinne Serge Doubrovskys[19] bzw. von einer autofiktionalen Inszenierungsstrategie im Sinne Pottbeckers'[20] sprechen kann. Johanna arbeitet als freie Video-, Installations- und Fotokünstlerin, die eine Ausstellung mit Photographien und Installationen gestaltet, die dem Paar Paul und Nicole gewidmet ist. Johanna Rauch hat einen Gegenpart in der virtuellen Welt, nämlich auf der Website, die dem Roman gewidmet wird, deren Webadresse ihren Namen trägt: johannarauch.de/makingof.html.[21] In Nabokov'scher Manier interviewt diese fiktive Figur einen gewissen Autor, der unter den Initialen D. D. firmiert, zur Machart des Romans „Dirac".

19 Das Konzept der Autofiktion erfuhr, nachdem es von Dubrovsky vorgeschlagen wurde, eine erhebliche Resonanz auch in der deutschen Literaturwissenschaft. Ich nenne nur ein paar aktuelle Publikationen hierzu: Sonja Arnold, Stephanie Catani, Anita Gröger, Christoph Jürgensen, Klaus Schenk und Martina Wagner-Egelhaaf (Hrsg.): *Sich selbst erzählen. Autobiographie – Autofiktion – Autorschaft*. Kiel: Ludwig 2018; darin Claudia Mueller-Greene: „Das im fiktionalen Gestrüpp verschwindende Ich. Metaisierung, Fiktionalität und Liminalität in faktualen metaautobiograpahischen Texten am Beispiel von Günter Grass' ‚Beim Häuten der Zwiebel'". In: *Sich selbst erzählen*, S. 123–150; Julia Novak und Lucia Boldrini (Hrsg.): *Experiments in Life-Writing. Intersections of Auto/Biography and Fiction*. Cham: Palgrave Macmillan 2017.

20 Vgl. Jörg Pottbeckers: *Der Autor als Held. Autofiktionale Inszenierungsstrategien in der deutschsprachigen Gegenwartsliteratur*. Würzburg: Königshausen & Neumann 2017.

21 *Website zu Dietmar Daths Roman „Dirac"*. http://johannarauch.de/makingof.html (zuletzt besucht am 08. Juli 2022).

Die Trennung der Erzählwelten, die scheinbar nichts miteinander zu tun haben können, wird subvertiert durch die merkwürdige Eigenschaft der beiden Figuren Christof und Candela, in beiden diegetischen Welten präsent zu sein. Das verstößt gegen das Realitätsprinzip, weil die Existenz in zwei chronologisch sich ausschließenden Welten lediglich durch Zeitreisen in die Vergangenheit erzählerisch zu motivieren ist. Hinzu kommt noch, dass bei der Einführung dieser Figurenkonstellation die heterodiegetische Erzählinstanz eine gewisse apodiktische Haltung an den Tag legt: „Vor zwanzig Jahren, als Johanna, Christof, Candela, Paul, David und Sonja, die alle in dieser Geschichte vorkommen müssen, noch Teenager waren, [...]“ (D, S. 19). Der Hinweis auf die notwendige Existenz der sechs Figuren lässt gehörig aufmerken. Denn oft verweist die Erzählinstanz postmoderner Romane auf die Kontingenz der eigenen ästhetischen Konstruktion. Hier haben wir den genau umgekehrten Fall, der deshalb auffällig ist, weil keine legitimen Gründe für die Notwendigkeit dieser Figurenkonstellation angegeben werden. Der Roman markiert hier eine epistemische Leerstelle. Die Plausibilität der Existenz genau dieser Figurenkonstellation soll nun durch die Interpretation hergestellt werden.

Stellt man dies in Verbindung zur dritten Erzählebene, die zeitlich zwischen den Jahren 2004–2006 angesiedelt ist, dann erfährt man dort, dass David Dalek der Autor eines Romans über den Quantentheoretiker Paul Dirac ist. Somit gilt diese Ebene als metanarrative Reflexionsebene des Romans. Der Roman entsteht vor den Augen des Lesers, während eine seiner Figuren ihn schreibt. Auszüge davon werden während des Schreibprozesses durch seine Figuren Paul, Johanna, Christof und Candela rezipiert und intensiv kritisch diskutiert. Dieser Kunstgriff erlaubt dem metadiegetischen Erzähler David immer wieder, über die Konzeption seiner narrativen Konstruktion zu reflektieren, sie zu legitimieren und sie vor allem zumindest andeutungsweise (das heißt auch auf der Ebene der Modellierung der narrativen Strukturen) in die konzeptionelle Nähe der mathematischen Grundlagen der Quantentheorie anzusiedeln.

David Daleks Unterfangen ist auch deshalb riskant, weil er bei seinen Lesern keine Grundkenntnisse der Quantenphysik voraussetzen kann. Deshalb heißt es im Nachwort auch trocken, der Roman könne dem Interpreten das Studium der Physik nicht ersparen, so wie das Gemälde der Alexanderschlacht dem Betrachter den Geschichtsunterricht nicht ersetze (D, S. 381). Um die Symbolisierungspraxen des Gemäldes deuten zu können, wird man den historischen Kontext dieses Gemäldes kennen müssen. Im Falle der Relation zwischen Kunst und Geschichte ist dies offensichtlich. Kann auch die Physik mit ihren Prinzipien und Symmetrierelationen als Teil der ästhetischen Komposition eines Romans fungieren?

Das ist keine leichte Aufgabe, die sich der fiktive Schriftsteller David Dalek im Roman vornimmt. Seine Freunde setzen sich mit Teilergebnissen dieser Romankonzeption zusammen und oszillieren in ihren Meinungen zwischen Bedauern und scharfer Kritik. Auf metanarrativer und metafiktionaler Ebene werden die Differenzen zwischen den beiden semio-logischen Diskurssphären artikuliert. Gelegentlich entsprechen die metanarrativen bzw. metafiktionalen Urteile der Figuren denen des empirischen Autors im Nachwort: man sollte dieses riskante Unterfangen lieber bleiben lassen. Paul, der als Mathematiker den theoretischen Hintergrund der Dirac'schen Quantenfeldtheorie kennt, weiß um die Herausforderung, der sich David Dalek als fiktiver Autor stellt: „‚Paul Dirac. Über den schreibt David sein nächstes Buch. Er hat's dir erzählt, nehme ich an. Er will uns ja was schicken. Proben. Wie früher.' [...] ‚Das Buch versucht er schon seit Jahren zu schreiben. Ich hab' ein paar Anläufe erlebt ... nicht hübsch, sag' ich dir. Er quält sich damit echt rum'" (D, S. 54).

Johanna urteilt aus künstlerischer Perspektive zurecht sehr scharf. Sie bemängelt einerseits den Stil, die postmoderne Lässigkeit, die Kolloquialität, und andererseits die zu starke Funktionalisierung des Erzählens und der Figuren im Dienste abstrakter Konzepte. Ich zitiere hier den Sprachduktus Johannas in einem Brief an den fiktiven Autor David Dalek:

> ich weiß schon, daß du durch diese ganzen konkreten sachen einfach deine saubere mathematische konstruktion in einen lebensfähigen erzählgang einnähen willst, aber sie wird davon nicht, wie du meinst, gehalten, sondern bloß versteckt. weiß nicht, wie das besser gehen soll, was ich meine, hat auch nix mit einem [...] vorschlag á la mehr reflexion, weniger dialog und schilderung zu tun, aber du darfst nicht so kleinklein ansetzen, wenn du aufs abstrakte ganze gehen willst. (D, S. 69)

Das ist noch eine entscheidende Leerstelle, die der Roman als Reflexionsraum eröffnet: die Frage nach den Verfahren des *emplotments* angesichts so hochabstrakter physikalischer Konzepte, die rein mathematisch operationalisiert sind. Sind gemeinsame Codes zwischen Literatur und Quantenfeldtheorie nicht gegeben, so müsste man sie schaffen. Das scheint die künstlerische Herausforderung des Romans zu sein. So könnten die Leser erahnen, dass für gewisse literarische Texte und physikalische Theorien gleichermaßen das gelten könnte, was Heinrich Hertz über Maxwells Gleichungen behauptete: „One cannot escape the feeling that these mathematical formulae have an independent existence and an intelligence of their own, that they are wiser than we are, wiser even than their discoverers, that we get more out of them than was originally put into them."[22]

22 Heinrich Hertz: *On Maxwell's Equations for Electromagnetism*, zitiert als Motto in: Frank Wilczek: „The Dirac Equation". In: *Proceedings of the Dirac Centennial Symposium*. Florida State University, Tallahassee, USA, 6.–7. Dezember 2002. Hrsg. von Howard Baer und Alexander Belyaev. River Edge, New York: World Scientific 2003. S. 45–74, hier S. 45.

Dies ist ein Zitat, das der theoretische Physiker Frank Wilczek als Motto für seinen Aufsatz wählte, der den schlichten Titel „The Dirac-Equation“ trägt. Frank Wilczek gilt als Begründer der Quantenchromodynamik, ein Forschungszweig der Physik, der auf der Dirac-Gleichung basiert und als einer der fundamentalen Beiträge zum heutigen Standardmodell der Elementarteilchen gilt. 2004 wurde er dafür mit dem Nobelpreis honoriert. Seine Rekonstruktion der fundamentalen Bedeutung der Dirac-Gleichung für die Physik des 20. und 21. Jahrhunderts wird in diesem Kapitel die Folie bilden, vor deren Hintergrund einerseits die erkenntnistheoretische Bedeutung der Gleichung, andererseits ihre ästhetische Eignung bewertet werden soll, um als interformatives Erzählprinzip die narrativen Verfahren des Romans von Dietmar Dath zu organisieren.

Die Gleichung, die Paul Dirac im Jahre 1928 in seinem Artikel „The Quantum Theory of the Electron“ veröffentlicht hat, beschreibt die dynamische Entwicklung des „Elektrons“ relativistisch korrekt. Die Gleichung ist für die Geschichte der Physik deshalb von eminenter Relevanz, weil in ihr die konzeptionelle Vereinigung der Quantentheorie und der speziellen Relativitätstheorie gelingt. Und ausgerechnet diese große Leistung der Verbindung zwischen Quantentheorie und Spezieller Relativitätstheorie führt zur symbolischen Innovation im Rahmen der physikalischen Semiosphäre. Doch zunächst stellt die Lösung der Gleichung ein Problem dar.

Diracs Gleichung weist nicht nur eine positive Lösung auf, die eine sehr gute Beschreibung des Quantenzustands des Elektrons war, sondern auch eine negative Lösung für die es zu der Zeit, als die Gleichung hergeleitet wurde, 1928, noch keine Entsprechung in der Realität gab. Hatte das Elektron womöglich einen Gegenpart? Das wäre eine Hypothese gewesen für die Existenz der Anti-Materie, die keiner der führenden Quantentheoretiker der Zeit akzeptieren konnte. Die negativen Lösungen der Gleichung legten die notwendige Annahme der Existenz von Antimaterie nahe. Man nannte dieses spezielle Teilchen, das buchstäblich aus der Dirac-Gleichung hervorging, Positron. Und das, obwohl 1928 in der Physik-Community niemand mit der Existenz eines Positrons oder mit der Existenz der Antimaterie gerechnet hatte. Und dennoch wurde Diracs theoretische Vorhersage drei Jahre später durch Anderson experimentell bestätigt. Es wurde dann zusätzlich auch klar, dass ein Aufeinandertreffen eines Elektrons mit seinem Anti-Teilchen, dem Positron, dazu führte, dass sie sich beide annihilierten, dass aber genau dieser Auslöschungsprozess nichts anderes als ein Transformationsprozess war, denn daraus resultierte Energie. Der Physiker Frank Wilczek beschreibt das semantische Korrespondenzproblem, das die mathematischen Symbole der Gleichung stellten, folgendermaßen:

> The Dirac equation became the fulcrum on which fundamental physics pivoted. While keeping faith in its mathematical form, physicists were forced to reexamine the meaning of the symbols it contains. [...] A spectacular result was the prediction of *antimatter* – more precisely, that there should be a new particle with the same mass as the electron, but the opposite electric charge, and capable of annihilating an electron into pure energy. Particles of just this type were promptly identified, through painstaking scrutiny of cosmic ray tracks, by Carl Anderson in 1932.[23]

Über die epistemologische Signifikanz dieser problematischen negativen Lösungen der Dirac-Gleichung äußert sich Wilczek weiterhin: „The more profound, encompassing result was a complete reworking of the foundations of our description of matter. In this new physics, particles are mere ephemera. They are freely created and destroyed; indeed, their fleeting existence and exchange is the source of all interactions."[24]

Die Tatsache, dass man Elementarpartikel nicht mehr als isolierte ontologische Entitäten konzeptualisierte, erlaubte erst das Denken in solchen Modellen der Wechselwirkungen und Transformationen zwischen Quantenfeldern, die man durch mathematische Operatoren beschreiben konnte. Die Veröffentlichung der Dirac-Gleichung mit ihren negativen Energie-Lösungen und die experimentelle Bestätigung durch Anderson gelten für die Geschichte der Physik als Geburtsdatum eines neuen Forschungszweigs, der das zwanzigste und einundzwanzigste Jahrhundert dominieren wird: die Quantenfeldtheorie als Vielteilchenphysik.[25] Ihr liegt die relativistische Quantenphysik zugrunde, die durch die Herleitung der Dirac-Gleichung ermöglicht wurde. Infolge der gelungenen konzeptionellen Vereinigung zwischen der Quantentheorie und der Speziellen Relativitätstheorie gilt die Dirac-Gleichung als Fundament der Quantenfeldtheorie. Dies ist die heutige gültige Theorie, die dem Standardmodell der Elementarteilchen zugrunde liegt.[26] Das Grundproblem der Vereinigung der Quantentheorie mit der Allgemeinen Relativitätstheorie wird hingegen bis heute noch angestrebt.

Die These dieses Kapitels lässt sich so formulieren: So wie das Positron aus den Lösungen der Dirac-Gleichung hervorgeht, geht auch das interformative Figurenmodell Diracs als fiktive Figur aus der vielschichtigen narrativen Konfiguration des Romans hervor. Die narrativen Strukturen und ästhetischen Verfahren

---

23 Wilczek: „The Dirac Equation" (Anm. 22), S. 46.

24 Wilczek: „The Dirac Equation" (Anm. 22), S. 46.

25 Vgl. hierzu Schweber: *QED and the Men who Made It* (Anm. 9).

26 Vgl. hierzu Eckhard Rebhan: *Theoretische Physik. Relativistische Quantenmechanik, Quantenfeldtheorie und Elementarteilchentheorie.* Heidelberg: Akademie Spektrum 2010; Gernot Münster: *Von der Quantenfeldtheorie zum Standardmodell. Eine Einführung in die Teilchenphysik.* Berlin, Boston: De Gruyter 2019; Owe Philipsen: *Quantenfeldtheorie und das Standardmodell der Teilchenphysik. Eine Einführung.* Berlin, Heidelberg: Springer Spektrum 2018.

des Romans sind gleichsam interformativ modelliert, und zwar durch die Symmetrierelationen der physikalischen Gleichung und durch die Codierungen der postmodernen Romanästhetik. Der Roman stellt ein Figurenkonfigurationsmodell vor, das zwischen zwei verschiedenen symbolischen Formen oszilliert:

(A) Da ist erstens die Matrix der theoretischen Quantenphysik, die ein Elementarteilchenkonzept vorschlägt, das doppelt gedacht werden musste: Als Materie und Anti-Materie, basierend auf einer komplexen Wellenfunktion aufgrund von vierdimensionalen Operatoren.

(B) Zweitens gibt es ein Modell der Figurenkonfiguration, das sich dem des Operatorenkonzepts der Dirac-Gleichung asymptotisch anzunähern versucht, das aber in der eigenlogischen diskursiven Praxis der Literatur konfiguriert wird. Das literarische *emplotment* weist ebenfalls eine doppelte Struktur auf.

(C) Drittens gibt es ein fiktives metanarratives Leseanleitungs-Modell, im Rahmen dessen die interformative Verschränkung zwischen den beiden semiologischen Diskurssphären als riskante Konfiguration diskutiert und reflektiert wird.

So wie das unbekannte Elementarteilchen aus den Symmetrierelationen der Dirac-Gleichung aufgrund eines vierdimensionalen Operators hervorgeht, so geht auch ein komplexes interformatives Figurenmodell aus der narrativen Konfiguration des Romans hervor, dessen Strukturen eine asymptotische Annäherung an eine isomorphe Konfiguration zu den Symmetrierelationen der Dirac-Gleichung erkennen lassen.

2 Quantentheorie und Epistemologie

Im Roman werden die Debatten um die mathematische Modellierung dieses neuen symbolischen Zugangs zur Erschließung der Welt fiktiv dargestellt. Die Darstellung basiert auf soliden wissenschaftlichen und wissenschaftshistorischen Quellen, die im Nachwort des Romans auch angegeben werden: Paul Diracs Lehrbuch zur Quantentheorie „Principles of Quantum Mechanics“,[27] Helge Kraghs wissenschaftshistorische Biografie „Dirac: A Scientific Biography“,[28] die gesammelten wissenschaftlichen Publikation Diracs „Collected Works 1924–1948“, die

---

27 Dirac: *The Principles of Quantum Mechanics* (Anm. 12).

28 Zudem werden im Nachwort als Quellen noch genannt: Behram Kursunoglu und Eugene P. Wigner (Hrsg.): *Paul Adrien Maurice Dirac. Reminiscences about a Great Physicist.* Cambridge: Cambridge University Press 1987; Karl von Meyenn (Hrsg.): *Quantenmechanik und Weimarer Republik.* Braunschweig: Vieweg 1994; Beller: *Quantum Dialogue* (Anm. 8).

von R. H. Dalitz herausgegeben wurden, und interessanterweise auch Mara Bellers wissenschaftshistorische Darstellung der Entwicklung der Quantentheorie in den zwanziger Jahren des 20. Jahrhunderts „Quantum dialogue. The making of a revolution“[29]. Als methodischen Ausgangspunkt für die wissenschaftshistorische Darstellung der Genese der diskursiven Formation der Quantentheorie setzt Beller auf Bachtins Prinzip der Dialogizität. Sie begründet dies im Unterschied zu Maxwells Theorie des Elektromagnetismus oder Einsteins Spezieller Relativitätstheorie. Jene wurden im Alleingang hergeleitet, die Quantentheorie hingegen entstand durch einen sehr intensiven gedanklichen, mündlichen und schriftlichen Austausch zwischen Werner Heisenberg, Niels Bohr, Pascual Jordan, Wolfgang Pauli und Max Born. Erwin Schrödinger steuerte seine Beiträge von Wien aus bei, während Paul Dirac seine eine eigene Formulierung der Quantentheorie aus Cambridge beisteuerte.

Die Dialogizität ist auch eines der Formprinzipien des Romans.[30] Der Roman stellt dar, wie neue Veröffentlichungen, nämlich mündliche oder briefliche kritische Stellungnahmen der Kollegen auf dem Kontinent, die zum Beispiel von Heisenberg, Oppenheimer, Pauli und Weyl an die Adresse von Diracs Theorie formuliert werden, von diesem zum Anlass genommen werden, seine Theorie weiterzuentwickeln oder an manchen Stellen zu revidieren. Das Ringen um die konkrete mathematische Formulierung der neuen Theorie warf sehr viele Fragen über ihre physikalische Interpretation auf. Sowohl Dirac als auch Heisenberg führten durch ihre Theorien neue mathematische Objekte ein, deren mathematische Funktion zielführend war, die jedoch ontologisch und epistemologisch interpretationsbedürftig blieben. Diese Kontroverse um die Interpretation der Quantentheorie wird im Roman durch fiktive Dialoge zwischen ihren Begründerfiguren dargestellt. Wissenschaftsphilosophisch dauert die Kontroverse in Wirklichkeit bis heute noch an.[31] Und sie ist auch wichtig als epistemologischer Hintergrund für die Interpretation des Romans.

---

29 Mara Beller: *Quantum Dialogue. The Making of a Revolution*. Chicago: University of Chicago Press 1999.

30 Man könnte im Sinne des Narratologen Alan Palmer behaupten, dass der Roman durch die diskursive Darstellung dieses Gedankenaustausches vorführt, wie sich diese Gemeinschaft als *small intermental unit*, als intermentale epistemische Gemeinschaft konstituiert, indem sie permanent im schriftlichen und mündlichen Gedankenaustausch um die gültige symbolische Formulierung der neuen Quantenphysik ringt. Vgl. Alan Palmer: *Fictional Minds*. Lincoln: University of Nebraska Press 2004; ders.: *Social Minds in the Novel*. Columbus: Ohio State University Press 2010.

31 Einen guten Zugang zur Debatte um die Interpretationen der Quantentheorie bietet: Cord Friebe, Meinard Kuhlmann, Holger Lyre, Paul M. Näger, Oliver Passon und Manfred Stöckler: *Philosophie der Quantenphysik. Einführung und Diskussion der zentralen Begriffe und Problemstellungen der Quantentheorie für Physiker und Philosophen*. Berlin, Heidelberg: Springer Spektrum 2015.

Um den besonderen epistemologischen Status der Quantentheorie im Vergleich zu anderen physikalischen Theorien vom 16. bis zum 19. Jahrhundert deutlich zu machen, ist kurz auf die historische Epistemologie Michel Foucaults in der „Ordnung der Dinge“[32] und in der „Archäologie des Wissens“[33] einzugehen. Foucault beschreibt, dass wissenschaftliche Theorien von 16. bis zum 19. Jahrhundert auf ihrem Weg zur Durchsetzung und Etablierung folgende Schwellen zu passieren haben: die Sphäre der empirischen Beobachtung von Anomalien, die Schwelle der Epistemologisierung, das heißt die der Suche nach Ursachen und Erklärungsmodellen für die beobachteten Anomalien, die Schwelle der Wissenschaftlichkeit und schließlich die Schwelle der Formalisierung und der Etablierung der Theorie. Dies kann am kopernikanischen Modell der Astronomie illustriert werden. Dieses Modell ist in bestimmten Hinsichten fast äquivalent zum ptolemäischen Modell, erklärt jedoch gewisse Anomalien, wie die Bahnaberration des Planeten Mars und seine Schleifenbewegungen, physikalisch überzeugender. Nachdem dieses Weltmodell zunächst 1543 von Kopernikus veröffentlicht wurde, wurde es 80 Jahre später durch Keplers Gesetze der Planetenbewegungen hergeleitet. Die endgültige formale mathematische Modellierung erfolgte dann erst 1678 durch die Newton'sche Mechanik; eine Zeitspanne von 135 Jahren liegt also zwischen Kopernikus und Newton.

In der theoretischen Physik des 20. Jahrhunderts lässt sich eine klare Umkehrung der Abfolge dieser Phasen feststellen, so meine These. Max Planck[34] und Albert Einstein[35] hatten zwischen 1900 und 1905 mit ihren ersten wichtigen Beiträgen die Notwendigkeit der Quantisierung des Lichts gezeigt. Bohr arbeitete an der Theorie des Atomspektrums, Heisenbergs Formulierung betont die Quantenaspekte des Lichts. Erwin Schrödinger publizierte 1926 seinen eigenen mathematischen Formalismus der Quantentheorie. Schrödingers Wellenfunktion stand allerdings in einer anderen physikalischen Tradition, die auf Maxwell und de Broglie zurückging. Sie setzte nicht auf Quantenzustände, sondern auf die Wellennatur des Lichts. Der quantentheoretische Formalismus wurde also in dreifacher äquivalenter Aus-

32 Michel Foucault: *Die Ordnung der Dinge. Eine Archäologie der Humanwissenschaften*. Übers. von Ulrich Köppen. Frankfurt a. M.: Suhrkamp 1974.

33 Michel Foucault: *Archäologie des Wissens*. Übers. von Ulrich Köppen. Frankfurt a. M.: Suhrkamp 1981. S. 268 f.

34 Vgl. Max Planck: „Zur Theorie des Gesetzes der Energieverteilung im Normalspectrum“. In: *Verhandlungen der Deutschen Physikalischen Gesellschaft* 2 (1900). S. 237–245; ders.: „Entropie und Temperatur strahlender Wärme“. In: *Annalen der Physik* 306.4 (1900). S. 719–737; ders.: „Ueber irreversible Strahlungsvorgänge“. In: *Annalen der Physik* 306.1 (1900). S. 69–122; ders.: „Ueber das Gesetz der Energieverteilung im Normalspectrum“. In: *Annalen der Physik* 309.3 (1901). S. 553–563.

35 Vgl. Albert Einstein: „Über einen die Erzeugung und Verwandlung des Lichtes betreffenden heuristischen Gesichtspunkt“. In: *Annalen der Physik* 322.6 (1905). S. 132–148.

fertigung hergeleitet: durch die Unbestimmtheitsrelation Heisenbergs 1925–1927,[36] durch Schrödingers Wellenfunktionsgleichung von 1926[37] – Max Born lieferte dazu die statistische Interpretation der Wellenfunktion[38] – und durch die relativistische Formulierung der Dirac-Gleichung von 1928. Die empirische Bestätigung folgte dem Formalismus. Die epistemologische Phase spielte sich jedoch nicht vor der Schwelle der Formalisierung ab, sondern noch lange nach ihr. Im Grunde dauert sie bis heute an. Diese Kontroversen werden in Dietmar Daths Roman fiktiv geführt, jedoch basieren die fiktiven Dialoge auf wissenschaftshistorische Quellen.

Die Wellenfunktion des Elektrons ist das „epistemische Objekt", das Konzept, das im Vordergrund der Kontroverse steht. Blickt man zurück auf die Stufen und Schwellen der Konzeptualisierung des Elektrons zu Beginn des 20. Jahrhunderts,[39] so lässt sich an der Geschichte der Modellierungen des Elektrons als wissenschaftliche Entität die sukzessive Ablösung des Substanzbegriffes durch den Funktionsbegriff ablesen, die Cassirers Diagnose entspricht. 1897 beschrieb Thompson das Elektron noch als ein geladenes Partikel,[40] dessen physikalisches Verhalten mit

---

36 Vgl. Werner Heisenberg: „Über quantentheoretische Umdeutung kinematischer und mechanischer Beziehungen". In: *Zeitschrift für Physik* 33.1 (1925). S. 879–893; Max Born, Werner Heisenberg und P. Jordan: „Zur Quantenmechanik II". In: *Zeitschrift für Physik* 35.8/9 (1926). S. 557–615; Werner Heisenberg: „Über den anschaulichen Inhalt der quantentheoretischen Kinematik und Mechanik". In: *Zeitschrift für Physik* 43.3/4 (1927). S. 172–198.

37 Vgl. Erwin Schrödinger: „Quantisierung als Eigenwertproblem (Erste Mitteilung)". In: *Annalen der Physik* 384.4 (1926). S. 361–376; ders.: „Quantisierung als Eigenwertproblem (Zweite Mitteilung)". In: *Annalen der Physik* 384.6 (1926). S. 489–527; ders.: „Über das Verhältnis der Heisenberg-Born-Jordanschen Quantenmechanik zu der meinem". In: *Annalen der Physik* 384.8 (1926). S. 734–756; ders.: „An Undulatory Theory of the Mechanics of Atoms and Molecules". In: *Physical Review* 28.6 (1926). S. 1049–1070; ders.: „Energieaustausch nach der Wellenmechanik". In: *Annalen der Physik* 388.15 (1927). S. 956–968.

38 Vgl. Max Born und P. Jordan: „Zur Quantenmechanik". In: *Zeitschrift für Physik* 34.1 (1925). S. 858–888.

39 Vgl. dazu Andrew Warwick und Jed Z. Buchwald (Hrsg.): *Histories of the Electron. The Birth of Microphysics.* Cambridge: MIT Press 2001. Vgl. auch Theodore Arabatzis: *Representing Electrons. A Biographical Approach to Theoretical Entities.* Chicago: University of Chicago Press 2006; Steven Weinberg: *The Discovery of Subatomic Particles.* New York: Freeman 1983; Peter Achinstein: *Particles and Waves. Historical Essays in the Philosophy of Science.* New York: Oxford University Press 1991, S. 279–333.

40 Vgl. dazu Isobel Falconer: „Corpuscles, Electrons and Cathode Rays. J. J. Thomson and the ‚Discovery of the Electron'". In: *British Journal for the History of Science* 20.3 (1987). S. 241–276; George E. Smith: „J. J. Thomson and the Electron, 1897–1899". In: *Histories of the Electron. The Birth of Microphysics.* Hrsg. von Andrew Warwick und Jed Z. Buchwald. Cambridge: MIT Press 2001. S. 21–76.

Newtons Dynamik beschrieben werden konnte.[41] Bohr schlug 1913, inspiriert von Einsteins und Plancks Entdeckungen der Quantisierung des Lichts, ein Atommodell vor, dessen Elektronen auf geschlossenen Bahnen um den positiv geladenen Atomkern kreisten.[42] Die Analogie zum Planetenmodell setze sich im außerphysikalischen Raum bis heute durch. Noch heute wird in der Schule dieses Atommodell unterrichtet. Jedoch schlug bereits 1924 Louis de Broglie das Modell des Elektrons als elektromagnetische Welle vor,[43] das von Schrödinger 1927 durch die Wellenfunktion formalisiert wurde.[44] Heisenberg, Born und Jordan schlugen die Quantentheorie in der Formulierung der Matrizenmechanik der Operatoren vor. Dirac gelingt es, die Quantentheorie und Spezielle Relativitätstheorie zu vereinigen und somit auch den Spin des Elektrons zu beschreiben.[45] 1939 schlug Wigner schließlich eine mathematische Modellierung vor, die endgültig nur noch wenig oder gar nichts mehr mit dem anschaulichen Bohr'schen Atommodell zu tun hatte. Er formulierte die symbolische, mathematische Schreibweise, die das Elektron als irreduzible Darstellung der Symmetrie-Relationen der Poincaré-Gruppe definierte.[46] Der kulturphilosophischen Diagnose Cassirers stimmte Hermann

---

41 Vgl. J. J. Thomson: „Cathode Rays“. In: *The London, Edinburgh, and Dublin Philosophical Magazine and Journal of Science* 44.269 (1897). S. 293–316; ders.: „Cathode-Rays“. In: *The Electrician* 39 (1897). S. 104–109; ders.: „On the Charge carried by the Ions produced by Röntgen Rays“. In: *The London, Edinburgh, and Dublin Philosophical Magazine and Journal of Science* 46.283 (1898). S. 528–545; ders.: „The Relation between the Atom and the Charge of Electricity carried by it“. In: *The London, Edinburgh, and Dublin Philosophical Magazine and Journal of Science* 40.247 (1895). S. 511–544.

42 Vgl. Niels Bohr: „On the Constitution of Atoms and Molecules, Part I“. In: *The London, Edinburgh, and Dublin Philosophical Magazine and Journal of Science* 26.151 (1913). S. 1–25; ders.: „On the Constitution of Atoms and Molecules, Part II: Systems Containing Only a Single Nucleus“. In: *The London, Edinburgh, and Dublin Philosophical Magazine and Journal of Science* 26.153 (1913). S. 476–502; ders.: „On the Constitution of Atoms and Molecules, Part III: Systems Containing Several Nuclei“. In: *The London, Edinburgh, and Dublin Philosophical Magazine and Journal of Science* 26.155 (1913). S. 857–875; ders.: „The Structure of the Atom. Nobel Lecture, December 11, 1922“. In: *The Official Website of the Nobel Prize.* Juni 2018. https://www.nobelprize.org/uploads/2018/06/bohr-lecture.pdf (zuletzt besucht am 08. Juli 2022).

43 Vgl. Louis de Broglie: „The Wave Nature of the Electron. Nobel Lecture, December 12, 1929“. In: *The Official Website of the Nobel Prize.* April 2016. https://www.nobelprize.org/uploads/2016/04/broglie-lecture.pdf (zuletzt besucht am 08. Juli 2022).

44 Vgl. Erwin Schrödinger: „Quantisierung als Eigenwertproblem (Dritte Mitteilung)“. In: *Annalen der Physik* 385.13 (1926). S. 437–490.

45 Vgl. Paul A. M. Dirac: „Theory of Electrons and Positrons. Nobel Lecture, December 12, 1933“. In: *The Official Website of the Nobel Prize.* Juni 2018. https://www.nobelprize.org/uploads/2018/06/dirac-lecture.pdf (zuletzt besucht am 08. Juli 2022).

46 Eugene P. Wigner: „On Unitary Representations of the Inhomogeneous Lorentz Group“. In: *The Annals of Mathematics* 40.1 (1939). S. 149–204. Vgl. auch V. Bargmann und Eugene P. Wigner:

Weyl, der Mathematiker, der später zur Grundlegung des Standardmodells der Elementarteilchen beitrug, mit seinem Aufsatz zu, der den Titel „Wissenschaft als symbolische Konstruktion des Menschen“ trägt:

> Letzten Endes verwachsen alle Teile der Physik einschließlich der Geometrie zu einer unlöslichen Einheit, von der kein Stück für sich eine selbständige und an der Beobachtung verifizierbare Bedeutung hat. [...] Aber in der systematischen Theorie sollte man, alle Zwischenstufen überspringend, ein Formelgerüst aus bloßen Symbolen hinstellen, ohne zu erklären, was die Symbole für Masse, Ladung, Feldstärke, usw. bedeuten, und nur am Ende beschreiben, wie diese ganze symbolische Struktur mit unserer unmittelbaren Erfahrung verknüpft ist. Es ist sicher, daß auf der Seite der Symbolik nicht Raum und Zeit, sondern vier unabhängige Variable x, y, z, t auftreten werden; [...] Wir haben wirklich nichts in Händen behalten als die symbolische Konstruktion; und das genügt auch. Hätte es noch einer Bestätigung bedurft, so hat sie die Entwicklung der neueren Physik durch Relativitätstheorie und Quantentheorie geliefert.[47]

Hermann Weyls Darstellung wäre meiner Ansicht nach ein Beleg für die Autonomisierung der sekundären Dimension der Modellierung der Physik durch die Mathematik. Eine perfekte symbolische Konfiguration wird durch die mathematischen Symmetrieklassen gegeben, doch die Korrespondenzen mit den empirischen Phänomenen ergeben sich nur als Ergebnis der Modellierung. Heinrich Hertz formulierte diesen Standpunkt in seiner Schrift „Prinzipien der Mechanik“ folgendermaßen: „Wir machen uns innere Scheinbilder oder Symbole der äußeren Gegenstände, und zwar machen wir sie von solcher Art, daß die denknotwendigen Folgen der Bilder stets wieder die Bilder seien von den naturnotwendigen Folgen der abgebildeten Gegenstände“.[48] Deshalb fragte Weyl im gleichen Artikel:

> Die Grundlagenforschung der Mathematik hat bisher immer versucht, den sachlichen Sinn der Mathematik zu erhellen; ist es ganz aussichtslos, sich dem Problem der Mathematik dadurch zu nähern, daß man das Mathematisieren als eine in Symbolen schaffende Grundtä-

„Group Theoretical Discussion of Relativistic Wave Equations“. In: *Proceedings of the National Academy of Sciences of the United States of America* 34.5 (1948). S. 211–223. Vgl. dazu Eugene P. Wigner: *Group Theory and its Application to the Quantum Mechanics of Atomic Spectra*. Übers. von J. J. Griffin. New York: Academic Press 1959.

47 Hermann Weyl: „Wissenschaft als symbolische Konstruktion des Menschen“ (1949). In: ders.: *Gesammelte Abhandlungen*. Bd. 4. Hrsg. von Komaravolu Chandrasekharan. Berlin, Heidelberg, New York: Springer 1968. S. 289–345, hier S. 311–313. Siehe auch ders.: „Wissenschaft als symbolische Konstruktion des Menschen“. In: *Eranos-Jahrbuch 1948* (1949). S. 375–431. Vgl. auch ders.: „Über den Symbolismus der Mathematik und mathematischen Physik“. In: *Studium generale* 6 (1953). S. 219–228.

48 Heinrich Hertz: *Die Prinzipien der Mechanik. In neuem Zusammenhange dargestellt*. Mit einem Vorworte von H[ermann] von Helmholtz. Hrsg. von Ph. Lenard. In: ders.: *Gesammelte Werke von Heinrich Hertz*. Bd. 3. Leipzig: Barth 1894, S. 1.

> tigkeit des Geistes zu charakterisieren versucht, indem man sie abhebt gegen andere gleich ursprüngliche schöpferische Tätigkeiten wie Sprache und Musik?[49]

Die Dirac-Gleichung, die das Ergebnis der Vereinigung zweier vorhergehenden Theorien war, die der Speziellen Relativitätstheorie und der Quantentheorie, motivierte die epistemische Gemeinschaft der Physik dazu, ihre Prinzipien und Methoden der Forschung zu rekonzeptualisieren. Paul Dirac steht in der Geschichte der Physik symbolisch für denjenigen Typ von Forscherpersönlichkeit, für den die Schönheit einer Gleichung in ihrer formalen Komplexität liegt, und der sich von dieser Schönheit auf seiner epistemologischen Suche leiten lässt. In zahlreichen Vorträgen und Abhandlungen bestätigte Dirac das Primat des mathematischen Denkens für die Konzeption neuer Theorien in der Physik. Exemplarisch hierfür sei Diracs Aussage in einem späten Aufsatz von 1978 zitiert, der die mathematische Fundierung der Quantentheorie reflektiert, „Mathematical Foundations of Quantum Theory“: „I learned to distrust all physical concepts as a basis for a theory. Instead one should put one's trust in a mathematical scheme, even if the scheme does not appear at first sight to be connected with physics.“[50]

Was nach Diracs Plädoyer für die sekundäre Dimension der Modellierung durch Mathematik zähle, seien die Wechselwirkungen, die Transformationen. Dirac ging von Heisenbergs und Schrödingers quantentheoretischen Formalismen aus, die aber noch auf die alte Mechanik Newtons basierten, und zeigte, dass für die neuesten Untersuchungen zu den Atomspektren diese Formalismen umgewandelt werden müssten, damit sie auch für Quantenzustände der Elektronen oder Photonen galten, die sich mit Lichtgeschwindigkeit bewegten. Konzeptionell bestand aber zwischen der Genese der Quantentheorie und der Speziellen Relativitätstheorie gemäß Wilczek eine starre Dichotomie, die noch zurückging auf den Unterschied zwischen Newtons Mechanik, die Partikel favorisierte, und Maxwells Feldtheorie, die eine Wellentheorie war. Die theoretische Leistung Diracs bestand nach Wilczek darin, zu zeigen, dass es eigentlich keinen Anlass zu dieser Kontroverse geben müsste, wenn man den dritten Weg gehe und die Quantentheorie mit der Speziellen Relativitätstheorie vereinigte „After Dirac's revolution had run its course, all were reconciled, in the mind-stretching conceptual amalgam we call a quantum field.“[51] Diracs Ergebnis zwang aber die gesamte Gemeinschaft der Physik zum Umdenken der Grundlagen der eigenen Wissenschaft, wie dies Wilczek attes-

---

49 Weyl: „Wissenschaft als symbolische Konstruktion des Menschen“ (Anm. 46), S. 297.

50 Paul A. M. Dirac: „The Mathematical Foundations of Quantum Theory“. In: *Mathematical Foundations of Quantum Theory*. Hrsg. von A. R. Marlow. New York, San Francisco, London: Academic Press 1978. S. 1–8.

51 Wilczek: „The Dirac Equation“ (Anm. 22), S. 47.

tiert, weil den Partikeln keine Substanzgestalt mehr zugeschrieben werden konnte. Sie wurden von nun an durch mathematische Operatoren definiert. Quantenfelder konnte man von nun an eher durch ihre Wechselwirkungen zwischen zwei Transformationen beschreiben, nicht als stabile ontologische Entitäten.

> The more profound, encompassing result was a complete reworking of the foundations of our description of matter. In this new physics, particles are mere ephemera. They are freely created and destroyed; indeed, their fleeting existence and exchange is the source of all interactions. The truly fundamental objects are universal, transformative [...] quantum fields. These are the concepts that underlie our modern [...] Theory of Matter (usually called, quite inadequately, the Standard Model). And the Dirac equation itself, drastically reinterpreted and vastly generalized, but never abandoned, remains a central pillar in our understanding of Nature.[52]

Dirac wies damit der theoretischen Physik den Weg im weiteren Verlauf des 20. und des 21. Jahrhunderts. Es sollte der Weg sein, der zur heute gültigen Konzeption des Standardmodells der Elementarteilchen führte. Dieses schreibt nicht nur dem Elektron ein Antiteilchen zu, das Positron. Spätere Forschungen der Quantenelektrodynamik von Feynman, Tomohaga und Schwinger, zeigten, dass im Grunde jedes Teilchen ein Antiteilchen besitzt.[53] Dirac gelang also mit seiner Gleichung – ungewollt – der mathematische Nachweis für die Existenz der Anti-Materie.

Der letzte Baustein zum Standardmodell der Elementarteilchen, das Higgs-Teilchen, erfuhr einen ähnlichen Erkenntnisweg. Die Notwendigkeit der Existenz des Higgs-Teilchens wurde zunächst durch Peter Higgs theoretisch postuliert, weil das Standard-Modell der Elementarteilchen dies zu seiner Vervollständigung forderte. Die theoretische Vorhersage liegt seit 1964 vor.[54] Es bedurfte eines enormen technischen Aufwandes und 60 Jahre experimenteller Arbeit am CERN, um das Higgs-Teilchen gemäß der theoretischen Vorhersage empirisch nachzuweisen. Erst 2012 ist diese Arbeit mit Erfolg belohnt worden: Das Higgs-Teilchen ist tatsächlich detektiert worden.[55] Peter Higgs erhielt 2013 dafür den Nobelpreis für

---

52 Wilczek: „The Dirac Equation" (Anm. 22), S. 46–47.

53 Vgl. Schweber: *QED and the Men who Made It* (Anm. 9).

54 Vgl. Peter W. Higgs: „Broken Symmetries, Massless Particles and Gauge Fields". In: *Physics Letters* 12.2 (1964). S. 132–133; ders.: „Broken Symmetries and the Masses of Gauge Bosons". In: *Physical Review Letters* 13.16 (1964). S. 508–509.

55 Vgl. CERN: „CERN Experiments Observe Particle Consistent with Long-Sought Higgs Boson". In: *CERN Accelerating science.* Pressemitteilung. 04. Juli 2012. https://home.cern/news/press-release/cern/cern-experiments-observe-particle-consistent-long-sought-higgs-boson (zuletzt besucht am 08. Juli 2022); dass.: „New Results Indicate that Particle Discovered at CERN is a Higgs Boson". In: *CERN Acce-*

Physik.[56] Ich führe diesen kurzen historischen Exkurs an, um damit die Hypothese zu verbinden, dass sich die theoretische Physik im Zuge des 20. Jahrhunderts mithilfe der Mathematik so weit autonomisiert, dass die sekundäre Dimension der Modellierung Vorhand nimmt. Sie macht theoretische Vorhersagen dafür, wie die Messungen der primären Dimension der Modellierung konzeptualisiert werden müssten, um gewisse Elementarteilchen oder ihre Eigenschaften beobachten zu können. Daran würde ich mit einer zusätzlichen Hypothese anschließen: Je mehr sich die sekundäre Dimension der Modellierung, also die theoretische Modellierung durch die Mathematik autonomisiert, je mehr die Modellierungen zunehmend durch mathematische Formalisierung stattfinden, desto mehr ist man auf die Erzählung angewiesen, um die Modellierungen zu semantisieren. Die Semantisierung gleicht einer Probesimulation der Reorganisation der Wirklichkeit durch neue Symmetrie-Korrelationen.

Für den literarischen Diskurs ist deshalb auch noch entscheidend, dass die Epistemologie der Quantentheorie immer noch Gegenstand zahlreicher physikphilosophischer Kontroversen ist. Das Interpretationsproblem ist bis heute nicht geklärt. Es ist deshalb auch signifikant, dass es bis heute viele Ansätze zur Interpretation der Quantentheorie gibt, die nicht miteinander kompatibel sind.[57] Dirac bestätigt dies mit dem ersten Satz seiner „Bakerian Lecture“, „The physical interpretation of quantum mechanics“: „Modern developments of atomic theory have required alterations in some of the most fundamental physical ideas. This has resulted in [...] being usually easier to discover the equations that describe some particular phenomenon than just how the equations have to be interpreted.“[58] Auf diese Diskrepanz zielt der Roman ab: zwischen einer erfolgreichen Theorie und der Paradoxie, dass ausgerechnet diese Theorie so viele philosophische Fragen immer noch aufwirft. Der symbolische Funktions-Anteil der Theorie ist durch mathematische Symmetrie-Relationen wohl geklärt, während der semantische Anteil der Korrespondenzen zu ontologischen Entitäten in der Realität unter den Theoretikern selbst strittig bleibt. Die Aporie lässt sich an der Entwicklung des theoretischen Denkens Diracs ablesen. Richard Feynman, der basierend auf der Dirac-Gleichung die Theorie der Quantenelektrodynamik herausarbeitete, bezeichnete diese als „the jewel of physics – our proudest possession“. Seine Aussage bezieht sich auf die Präzision der theoretischen Vorhersage, die laut Wilczek so illustriert werden kann:

---

lerating science. Pressemitteilung. 14. März 2013. https://home.cern/news/press-release/cern/new-results-indicate-particle-discovered-cern-higgs-boson (zuletzt besucht am 08. Juli 2022).

56 Vgl. The Nobel Foundation: „Press Release: The Nobel Prize in Physics 2013“. In: *The Official Website of the Nobel Prize*. 08. Oktober 2013. https://www.nobelprize.org/uploads/2018/06/press-21.pdf (zuletzt besucht am 08. Juli 2022).

57 Vgl. Friebe u. a.: *Philosophie der Quantenphysik. Zentrale Begriffe* (Anm. 15).

58 Dirac: „The Physical Interpretation of Quantum Mechanics“ (Anm. 11), S. 1.

> Today the experimental determination of the magnetic moment of the electron is
>
> (g/2) experiment = 1,001 159 652 188 4
>
> While the theoretical prediction, firmly based on QED, calculated to highly accuracy is
>
> (g/2) theory = 1,001 159 652 187 9
>
> Where the uncertainty in the last two digits is indicated.[59]

Vergleicht man die zwei Zahlen, so merkt man, dass sich der Grad an Ungenauigkeit von dem diese quantenfeldtheoretische Vorhersage behaftet ist, sich auf die 12te und 13te Dezimalstelle nach dem Komma bezieht. Doch um diese Präzision zu erreichen, haben die Theoretiker der Quantenelektrodynamik Techniken angewandt, auf die ich an dieser Stelle nicht eingehen kann, die jedenfalls aus logischer Perspektive paradox sind.[60]

Dirac selbst machte keinen Hehl daraus, dass er gegenüber diesen späteren theoretischen Entwicklungen Vorbehalte hatte, trotz ihrer empirischen Erfolge. 1951 schrieb Dirac: „Recent work by Lamb, Schwinger and Feynman and others has been very successful in setting up rules for handling the infinities and substracting them away, so as to leave finite residues that can be compared with experiments, but the resulting theory is an *ugly and incomplete one*. And cannot be considered as a satisfactory solution of the problem of the electron."[61] Noch 1984 schrieb Dirac in seinem letzten wissenschaftlichen Artikel: „These rules of renormalization give surprisingly, excessively good agreement with experiments. Most physicists say that these working rules are, therefore, correct. I feel that this is not an adequate reason. Just because the results happen to be in agreement with experiment does not prove that one's theory is correct."[62]

In diesem Spannungsfeld des naturwissenschaftlichen Denkens situiert sich der Roman Dietmar Daths. Der Roman bleibt aber nicht nur bei der Rekonstruk-

---

59 Wilczek: „The Dirac Equation" (Anm. 22), S. 64.

60 Vgl. Tian Yu Cao und Silvan S. Schweber: „The Conceptual Foundations and the Philosophical Aspects of Renormalization Theory". In: *Synthese* 97.1 (1993). S. 33–108; Nikolaj N. Bogoljubov und Dmitrij V. Širkov: *Introduction to the Theory of Quantized Fields*. New York: Wiley 1959; Laurie M. Brown (Hrsg.): *Renormalization. From Lorentz to Landau (and Beyond)*. New York, Berlin: Springer 1993; F. J. Dyson: „The Radiation Theories of Tomonaga, Schwinger, and Feynman". In: *Physical Review* 75.3 (1949). S. 486–502.

61 Paul A. M. Dirac: „A New Classical Theory of Electrons". In: *Proceedings of the Royal Society of London A: Mathematical, Physical and Engineering Sciences* 209.1098 (1951). S. 291–296, hier S. 291. Hervorhebung im Original.

62 Paul A. M. Dirac: „The Inadequacies of Quantum Field Theory". In: *Paul Adrien Maurice Dirac. Reminiscences about a Great Physicist*. Hrsg. von Behram Kursunoglu und Eugene P. Wigner. Cambridge: Cambridge University Press 1987. S. 194–198.

tion der Konzeptualisierung und Rekonzeptualisierung der mathematischen Modelle der Quantenphysik. Dieser diskursiven Formation wird ein Teil des Romans gewidmet. Ein anderer Teil widmet sich der Rekonzeptualisierung ästhetischer Verfahren im postmodernen Roman und in der bildenden Kunst im 20. und zu Beginn des 21. Jahrhunderts. Diese beiden semio-logischen Diskurssphären mit ihren spezifischen Codierungen und Aussageregularitäten werden durch narrativ modellierte Kopplungsverfahren verschränkt, deshalb bezeichne ich die Romankonfiguration als interformativ.

Es wurde bereits gezeigt, dass die konzeptionelle Arbeit Diracs an der Entwicklung der Quantentheorie in der fiktionalen Metabiografie auf der Ebene der *histoire* thematisiert wird. Im zweiten Teil des Kapitels soll dargestellt werden, dass die Symmetrie- und Erhaltungsrelationen der Dirac-Gleichung die ästhetische Form des Romans auf mehreren Ebenen prägen.

Es ist wichtig zu beobachten, dass die Entwicklung der Quantentheorie und die Entwicklung des Romans in ihrer Prozessualität auf metanarrativer Ebene parallelisiert und verschränkt werden. Es geht um bestimmte Konzeptualisierungsformen und um die hierfür adäquaten Möglichkeiten der Modellierung in mathematisch-physikalischer und in ästhetischer Hinsicht.

Welche sind denn nun die wechselseitigen Bezüge? Dem Leser ist nicht klar, in welchem Verhältnis die Erzählwelt der Dirac-Biografie (1902–1984) zur Erzählwelt des Freundeskreises (1984–1994) steht. Auf dem ersten Blick gibt es keine offensichtlichen inhaltlichen Bezüge zwischen den zwei Welten, die es rechtfertigen würden, dass die Erzählerstimme nach jedem Abschnitt, nach fast jeder Szene unvermittelt von einer Erzählwelt zur anderen wechselt. So ist der gesamte Roman konstruiert. Es gibt keinen kontinuierlichen Erzählstrang, sondern es werden Erzählfragmente aus den drei Zeit- und Raumebenen perspektivisch montiert. Es kann festgestellt werden, dass die Welt der Dirac-Biografie (1902–1984) und die des Freundeskreises (1984–1994) sich repräsentationslogisch auf gleicher primärer narrativer Ebene befinden, während die Welt des Freundeskreises um 2000 repräsentationslogisch auf metanarrativer und metafiktionaler Ebene anzusiedeln ist. Auf der metanarrativ-metafiktionalen Ebene schreibt der fiktive Autor David Dalek den Roman, der die beiden primären Welten miteinander verschränkt. Hier kommen einerseits Dirac und die Quantentheoretiker in einer *storyworld* vor, andererseits die Freiburger Freunde Paul, Johanna, David und Christof und Candela als Jugendliche in einer anderen *storyworld*. Es gibt zwei mysteriöse Gestalten, die „Beobachter“ genannt werden, durch die die beiden Welten perspektiviert werden. Man hat den Eindruck, dass diese beiden zwischen den Welten wechseln können, obwohl die aus ontologischer Perspektive ausgeschlossen wäre, denn die beiden *storyworlds* spielen sich nicht auf simultanen Zeitebenen ab, sondern zeitversetzt, zwischen 1902 und 1984 die Welt Diracs als fiktiver Figur, zwischen 1984 und 1994 die

Welt Pauls, Johannas, Davids, Christofs und Candelas. Sollte es einen Tausch zwischen den beiden Welten geben, dann müsste ein Beobachter in die Zukunft und der andere in die Vergangenheit reisen. Ich zitiere hier eine Beschreibung der Gestalt Diracs als Beobachter:

> Der Beobachter ist ein sehr alter Mann.
> Früher einmal war er groß und schmal, jetzt steigen die Schultern mit jedem Monat, der Kopf nickt nach vorn und nach unten, das Rückgrat sinkt langsam in sich zusammen, Glied um Glied. [...]
> Die schlanken Hände des Beobachters liegen [...] ruhig am Körper an, [...].
> Sie haben kompakte Wahrheiten aufgeschrieben, geheime Namen dafür, wie die Welt ist.
> Der Beobachter war nie Schriftsteller und kein Philosoph, kein Dichter und kein Psychologe.
> Vor zwei Menschenaltern hat er Ingenieur werden sollen. Statt dessen ist er etwas viel Gefährlicheres geworden. (D, S. 28)

Der Roman konfiguriert eine Parallele zwischen unterschiedlichen Stationen der Biografie Paul Diracs und den unterschiedlichen metakonzeptionellen Stadien des Entwurfs seines selbst. Dirac und seine Kollegen diskutieren auf metatheoretischer Ebene die verschiedenen Stadien der Konfiguration und Interpretation der Gleichung. David und seine Freunde diskutieren auf metanarrativer Ebene die verschiedenen Stadien und Entwürfe der aktuellen Romankonfiguration. Das Konzept der metatheoretischen Dialogizität ist also sowohl der Darstellung der Gleichungskonzeption als auch der Darstellung der Romankonzeption eingeschrieben.

Ich werde im Folgenden so vorgehen, dass ich erstens die Ausführungen, die der Roman zur Dirac-Gleichung anführt, zitiere, zweitens den quantentheoretischen Hintergrund dazu rekonstruiere und drittens den textstrategischen Hinweisen des Romans folge, die gewisse Interpretationshypothesen nahelegen. Demgemäß stelle ich eine Interpretationshypothese auf, die den Roman als interformative Wechselwirkungskonfiguration zwischen der Metareflexion der diskursiven Formation der Quantentheorie und der Metareflexion der Konfiguration einer literarischen Biografie eines Wissenschaftlers interpretiert.

2.1 Struktur und Eigenschaften der Dirac-Gleichung

Der Roman selbst führt die Dirac-Gleichung ein und benennt die Originalpublikation, in der sie von Paul Dirac zum ersten Mal veröffentlicht wurde:

> Die Zeitschrift „Proceedings of the Royal Society“ enthält in der Ausgabe vom zweiten Januar Neunzehnhundertachtundzwanzig eine Arbeit mit dem Titel „The Quantum Theory of the Electron“, in der eine relativistische Elektronengleichung entwickelt wird, die als Diracs größter Beitrag zur Physik gilt. (D, S. 168)[63]

Zudem werden im Anschluss alle wichtigen physikalischen Struktureigenschaften dieser Gleichung beschrieben. Der Erzähler weist sich aus durch sehr präzise quantenphysikalische Kenntnisse. Das ist auch schon an der Darstellung der Gleichung erkennbar. Sie enthält alle wesentlichen Merkmale, die in den Lehrbüchern zur relativistischen Quantenphysik angeführt wird. Um dies zu demonstrieren, vergleiche ich die literarische und lehrbuchphysikalische Darstellung der Gleichung anhand entscheidender Merkmale. Im Roman heißt es weiter:

> Sie [die Gleichung] stellt eine ψ-Wellenfunktion mit vier Komponenten vor und liefert positive Wahrscheinlichkeitsdichten für alle gewünschten Größen. Diracs Gleichung führt zum korrekten Spin des Elektrons, der ½ beträgt. Auch der von ihr bestimmte magnetische Impuls des in dieser Hinsicht wie ein kleiner Stabmagnet funktionierenden Teilchens entspricht exakt den gemessenen Eigenschaften des Elektrons, ohne daß in die Figuration der Gleichung diese Voraussetzungen mit irgendwelchen heuristisch unlauteren Mitteln eingeschmuggelt worden wären. (D, S. 168; Ergänzung v. AH)

$$i\hbar\gamma^{\mu}\frac{\partial\psi}{\partial x^{\mu}} = mc\psi$$

Damit ist die transdiskursive Interpolation gesetzt und die transdiskursive Kontaktzone eröffnet, die für den Prozess der Interformation charakteristisch sind.

Für die wissenschaftshistorische Kontextualisierung folge ich hier der ausführlichen Darstellung von Armin Wachter im Lehrbuch „Relativistische Quantenmechanik“[64], beziehe mich zunächst auf die nicht-relativistische Quantenphysik und gehe dann auf die Neuerungen ein, die Dirac einführte, und mit denen er die relativistische Quantentheorie begründete. Die Notation der Dirac-Gleichung sieht Folgendes vor: $\hbar$ ist das Symbol für das Planck'sche Wirkungsquantum. Neben der Lichtgeschwindigkeit, die hier mit „c“ symbolisiert ist, gilt auch die Planck'sche Wirkung als eine Naturkonstante. Mit dessen Entdeckung durch Planck um 1900[65] begann die Geschichte der Quantentheorie. Damit wird das Verhältnis zwischen der Energie und der Frequenz eines Quantenzustands symbolisiert. Planck setzte durch das Symbol des Wirkungsquantums Wellen- und Teilcheneigenschaften eines Quantenzustands

---

63 Das Zitat bezieht sich auf die Originalarbeit Paul Diracs, in der die Gleichung zum ersten Mal veröffentlicht wurde: Dirac: „The Quantum Theory of the Electron“ (Anm. 3).

64 Wachter: *Relativistische Quantenmechanik* (Anm. 13).

65 Vgl. Max Planck: „Über irreversible Strahlungsvorgänge“. In: *Sitzungsberichte der Preussischen Akademie der Wissenschaften zu Berlin* 1 (1899). S. 479–480.

zueinander ins Verhältnis, die davor als inkompatibel galten. Das Symbol „*i*" steht für die imaginäre Einheit einer komplexen Funktion. Das Symbol „ψ" steht für Schrödingers Wellenfunktion. „∂" symbolisiert den Differentialoperator der Wellenfunktion. Das ψ-Symbol, das für die Wellenfunktion steht, bezeichnet einen Zustandsvektor eines quantenmechanischen Systems, das in einem komplexen Hilbert-Raum beschrieben wird. Dieser abstrakte Zustandsvektor enthält die notwendigen Informationen, die die Dynamik des Systems in Raum und Zeit beschreiben. Das quantentheoretische Unbestimmtheitsprinzip besagt, dass die klassischen physikalischen Größen ‚Ort' und ‚Impuls' nicht mehr konkret gleichzeitig und unabhängig voneinander gemessen werden können, sondern dass sie in entsprechende quantentheoretische Operatoren transformiert werden müssen, die bestimmten Kommutatorrelationen entsprechen.[66] Führt man eine Messung an einer dem Operator korrespondierenden dynamischen Variablen aus, so ergibt sich ein sogenannter Eigenwert w_i, der ein Wahrscheinlichkeitsmaß darstellt. Im Rahmen der Quantentheorie können keine genauen Trajektorien mehr angegeben werden, um die Evolution eines Quantenzustands in Raum und Zeit darzustellen. Alles, was man angeben kann, ist ein Wahrscheinlichkeitsmaß, das durch die Formel $|\psi(x,t)|^2$ ausgedrückt wird. Diese Formel gibt einen wahrscheinlichen Erwartungswert dafür an, dass das physikalische System an einem gewissen Raumzeitpunkt (x,t) auffindbar ist. Der statistische Mittelwert, der Erwartungswert einer gewissen Observablen, ergibt sich durch eine große Anzahl gleichartiger Messungen an identischen Quantensystemen.

Die ursprüngliche Darstellung der Wellenfunktion ist Erwin Schrödinger gelungen, der in der quantentheoretischen Debatte eine realistische Position einnahm. Die Wahrscheinlichkeitsinterpretation der Wellenfunktion ist auf Max Born und Pascual Jordan zurückzuführen. Sie gehörten zur Kopenhagener Schule der Quantentheorie, die sogenannte ‚idealistische Positionen' vertrat. Schrödinger wollte sich mit Borns Interpretation der Wahrscheinlichkeitsamplitude nicht zufriedengeben. Ein fiktiver Dialog im Roman stellt diese Kontroverse dar: Der fiktive Schrödinger, der realistische Positionen vertrat und der quantentheoretischen Wellenfunktion noch eine mögliche ontologische Existenz zusprach, argumentiert hier: „Ich kann das nicht so sehen, ich kann damit, hören S', nichts anfangen. Wie soll'n wir uns das vorstellen? Es ist schon gut und recht, zu sagen, das Quadrat der Wellenfunktion gibt eine Wahrscheinlichkeitsdichte an, aber was ist das, was soll das, wie sieht eine Wahrscheinlichkeitsdichte im Raum aus?" (D, S. 154). Schrödinger zeigt sich irritiert davon, dass sich die konkrete Signifikation des mathematischen Formalismus der Kopenhagener Schule in mathematischen Operatoren erschöpfte, die für die physikalische Interpretation keinen anderen Hinweis gaben, als den auf

66 Vgl. Wachter: *Relativistische Quantenmechanik* (Anm. 13), S. 2.

einen Erwartungswert als eine Wahrscheinlichkeitsdichte, die den möglichen Aufenthalt eines Quantenobjekts innerhalb bestimmter Grenzwerte vorhersagte. Sie ging in die Geschichte der Physik als Born'sche Warscheinlichkeitsinterpretation ein.[67] Der fiktive Born verteidigt sie in diesem Romandialog:

> Born unterbricht ihn: „Ich versteh' die Aufregung nicht. Was stört Sie denn an der Wahrscheinlichkeitsinterpretation? Sie gibt dieselben Werte, ohne Zusatzannahmen!“ Schrödinger [...]: „Was nennen S' da eine Zusatzannahme? Daß wir in einer wirklichen Welt leben, in der es Ursachen und Wirkungen gibt? Ich glaube, ob's Ihnen paßt oder nicht, daß es da eine Wolke gibt, wie im Feldbegriff, eine echte Welle, die [...] Ladung und Masse trägt. Sie, nicht wir, Einstein und ich, glauben an Punktpartikel, als reine Abstraktionen, [...]. Sie, Born, wollen aus der Welle eine Wahrscheinlichkeit machen.“ (D, S. 155)

> Kalt lächelnd fährt Heisenberg dem Angreifer über den Mund: „Die Unschärfe ist eine Genauigkeitsgrenze. Durch sie werden alle Formulierungen über Kausalität und Kontinuität, wie Sie das Zeug verstehen, im Grunde gegenstandslos. Weil man die Anfangsbedingungen nie genau kennt, kann man keinen deterministischen Ablauf berechnen. Jede neue Beobachtung wählt aus einer Fülle von Möglichkeiten eine ganz bestimmte aus und beschränkt für spätere Beobachtungen die ferneren Möglichkeiten. Deshalb sind die Gesetzmäßigkeiten der Quantenmechanik statistischer Art – dieselben Gesetzmäßigkeiten, denen Sie eine so schöne Form gegeben haben. Also hören Sie schon auf, nach dem Gral zu suchen, Schrödinger.“ (D, S. 156)

> Dirac sehnt sich nach einem Blatt Papier, einem Bleistift und ein paar grundlegenden Vorgaben seiner Transformationstheorie: Gleichungen statt Scholastik. [...]
> „Nun ja. Also ... Ich weiß nicht, wozu die Debatte gut sein soll. Aber meinetwegen. Ja, Heisenberg hat recht. Ich denke, der klassische Determinismus muß wohl aufgegeben werden.“ (D, S. 156–157)

Dirac gelingt es zu zeigen, dass die Formulierungen Heisenbergs und Schrödingers mathematisch äquivalent sind. Die Anomalie, die Dirac erkannte, befand sich auf der formalen Ebene der sekundären Dimension der Modellierung. Es ging um die Inkompatibilität der Quantentheorie mit der Speziellen Relativitätstheorie. Schrödingers Wellengleichung wies eine Asymmetrie aufgrund der unterschiedlichen Ordnungen der räumlichen und zeitlichen Ableitungen auf.[68] Schrödingers Gleichung geht in die Konzeption der Dirac-Gleichung ein, jedoch entsprach die Gleichung, die Schrödinger 1926 hergeleitet hatte,[69] gewissen Forderungen nicht, die

67 Vgl. Max Born: „Zur Quantenmechanik der Stoßvorgänge“. In: *Zeitschrift für Physik* 37.12 (1926). S. 863–867.

68 Vgl. Wachter: *Relativistische Quantenmechanik* (Anm. 13), S. 5.

69 Vgl. Erwin Schrödinger: „Quantisierung als Eigenwertproblem (Vierte Mitteilung)“. In: *Annalen der Physik* 386.18 (1926). S. 109–139.

durch Einsteins Spezielle Relativitätstheorie gestellt werden. So war die Schrödinger-Gleichung Galilei-invariant, jedoch nicht Lorentz-invariant.[70] Sie entsprach nicht den Forderungen der Speziellen Relativitätstheorie, dass ihre symbolische Form für jedes Inertialsystem unverändert blieb. Zudem gilt die Schrödinger-Gleichung nur für Teilchengeschwindigkeiten, die deutlich kleiner sind als die Lichtgeschwindigkeit, die mit dem Symbol *c* auf der rechten Seite der Gleichung angegeben ist. Deshalb schlug Schrödinger selbst eine relativistisch kovariante Formulierung seiner Gleichung 1926 vor, die durch Klein und Gordon zur sogenannten Klein-Gordon-Gleichung entwickelt wurde.[71] Die relativistische Quantenmechanik, die Dirac mit seiner Gleichung begründet, ist eine Lorentz-invariante Theorie und erfasst die dynamische Entwicklung des Quantenzustands des Elektrons selbst bei Geschwindigkeiten, die der Lichtgeschwindigkeit nahekommen. Sie beschreibt zudem auch die Wechselwirkungen zwischen Licht und Materie und die Mechanismen der Teilchenerzeugung und Teilchenvernichtung und den Spin des Elektrons, eine Größe, die in der klassischen Physik keinen Korrespondenten hat.

Vor Dirac benutzte man noch die sogenannten zweidimensionalen Pauli-Matrizen, diese baute Dirac zu vierdimensionalen Matrizen aus. Auch über die Funktion dieser Matrizen wird auf metatheoretischer Ebene unter den fiktiven Figuren debattiert. Der fiktive Dirac fasst die Kontroverse so zusammen:

> Was man tut, wenn man den Zustand eines Quantensystems beschreibt, ist im Grunde, daß man zwei Mengen von Zahlen aufeinander bezieht. Die eine betrifft ein isoliertes System, das wir nicht kennen – Sie haben es gerade den Anfangszustand genannt. Die andere meint das, was wir messen, ein durch uns gestörtes System. Und es sind leider nur diejenigen Zahlen, die solche störenden Akte des freien Willens beschreiben, was man als Ausgangspunkte für eine Berechnung im Rahmen der Quantenmechanik nehmen kann. Das sind die konjugierten Matrizen, in denen Sie rechnen, Heisenberg. (D, S. 157)

Auch diese Episode der Genese der Gleichungs-Konfiguration wird im Roman durch einen fiktiven Dialog zwischen den Figuren Pauli und Dirac metatheoretisch reflektiert:

> Dirac hört das Phantom sagen, was der lebendige Pauli erst vor kurzem zu ihm gesagt hat: „Das Elektron muß eine Zwei-Komponenten-Wellengleichung erfüllen, die den Elektronenspin enthält, explizit gebunden an den orbitalen Drehimpuls des Elektrons. Bei der Sorte Elektronengleichung, mit der ich bisher arbeite, muß man Größen, die man experimentell

---

70 Vgl. Wolschin: *Relativistische Quantenmechanik* (Anm. 13), S. 1. Vgl. zur Lorentz-Transformation und Lorentz-Invarianz in der Speziellen Relativitätstheorie Kap. VII–1 in dieser Arbeit (S. 347–440) zu Einsteins Spezieller Relativitätsttheorie.

71 Vgl. W. Gordon: „Der Comptoneffekt nach der Schrödingerschen Theorie". In: *Zeitschrift für Physik* 40.1/2 (1926). S. 117–133; O. Klein: „Elektrodynamik und Wellenmechanik vom Standpunkt des Korrespondenzprinzips". In: *Zeitschrift für Physik* 41.6/7 (1927). S. 407–442.

> ermittelt hat, sozusagen von Hand einfügen – ohne Begründung. Meine Gleichung ist nicht relativistisch, das ist der Haken, das macht sie provisorisch, eine bloße Näherung.“
> Dirac hört sich zu Pauli sagen: „Ja, das sehe ich genauso. Aber schauen wir uns Ihre Gleichung trotzdem noch einmal an. Ganz falsch ist sie vielleicht nicht. Wie sieht sie aus, ich meine: rein formal?“
> „Ich bringe eine Matrizendarstellung: 2 x 2-Matrizen.“ [...]
> „Aber warum ... sollten ... wieso müssen wir uns überhaupt an solche Matrizen halten, an Quantitäten, die nur in zwei Reihen und Spalten aufgeschrieben werden können? Warum nicht vier Reihen und Spalten? Warum kann man ... warum sollte man nicht ...“ (D, S. 164–165)

Um die relativistische Kovarianz des quantentheoretischen ψ-Formalismus zu demonstrieren, muss Dirac eine komplexe vierkomponentige Wellenfunktion annehmen. Dafür führt er einen vierdimensionalen Spaltenvektor, den sogenannten Dirac-Spinor ein. Die Wellenfunktion ist dann ein Vierer-Spinor.

$$\psi(x) = \begin{pmatrix} \psi_1(x) \\ \psi_2(x) \\ \psi_3(x) \\ \psi_4(x) \end{pmatrix}$$

Die oben genannten Matrizen sind die mathematischen Operatoren, die die einzelnen Komponenten der Wellenfunktion miteinander verschränken. Die Wellenfunktion, die in der Dirac-Gleichung enthalten ist, und die die Evolution eines Quantensystems in Raum und Zeit beschreibt, ist keine reelle, sondern eine komplexe Wellenfunktion. Die komplexen Zahlen sind eine Menge von Zahlen, die spät in die Mathematik eingeführt wurden, um die Menge der reellen Zahlen so zu erweitern, dass unlösbare Gleichungen lösbar werden.[72] Komplexe Zahlen haben die Eigenschaft, dass sie grundsätzlich aus zwei Teilen bestehen: einem realen Teil a und einem imaginären Teil b, wie die Grafik in Abb. IX–1 zeigt. Die Zahl „*i*“ wird als imaginäre Einheit der komplexen Zahl bezeichnet.

Die komplexen Wellenfunktionen, die Bestandteil der Dirac-Gleichung sind, korrelieren zwei komplexe Zahlen miteinander. In der Abb. IX–2 ist die Konjugation einer komplexen Zahl (mit reellem und imaginärem Anteil) in beiden Koordi-

72 Beispielhaft ging es um die Lösung der Gleichung $x^2 + 1 = 0$. Diese Gleichung besaß keine Lösung in der Menge der reellen Zahlen. Das Problem wird gelöst durch die Einführung einer imaginären Zahl mit der Eigenschaft $i2 = -1$. Die Zahl *i* wird als imaginäre Einheit der komplexen Zahl bezeichnet. Das Konzept der „komplexen Zahlen“ wurde von Carl Friedrich Gauss in seiner Schrift „Theoria residuorum biquadraticorum“ von 1831 eingeführt, um das Gebiet der reellen Zahlen so zu erweitern, dass sie Lösungen für unlösbare Gleichungen ermöglichen. Vgl. hierzu Carl Friedrich Gauss: „Theoria residuorum biquadraticorum, commentatio secunda“. In: *Göttingische gelehrte Anzeigen* 1 (1831). S. 625–640. Neu abgedruckt: ders.: „Theoria residuorum biquadraticorum, commentatio secunda“. In: ders.: *Werke*. Bd. 2. Leipzig: Teubner 1876. S. 169–178.

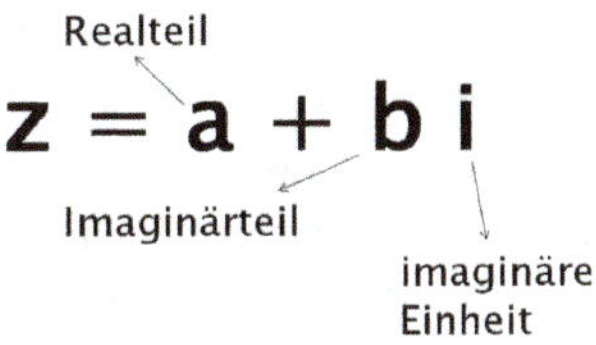

Abb. IX-1: Struktur der komplexen Zahlen.[73]

natenformen zu sehen. Die komplexe Konjugierte entsteht durch Spiegelung an der *x*-Achse, dargestellt durch die untere grüne Diagonale. Die blauen Linien deuten die reellen und imaginären Anteile an. Das Symbol „*i*" steht auch in der Dirac-Gleichung für die imaginäre Einheit:

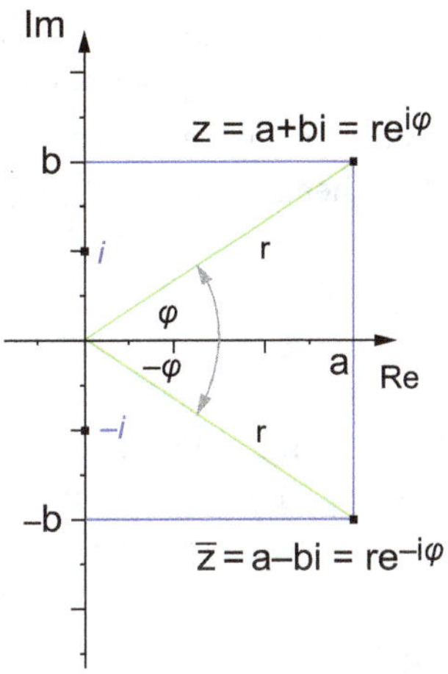

Abb. IX-2: Struktur der komplexen Zahl mit reellem und imaginärem Anteil.[74]

Der Roman verweist auf diese Systematik der symbolischen Konstruktion hin und bietet eine gewagte Lesart, für die ich folgende Konfigurationshypothese anbiete: Geht man davon aus, dass Physik und Literatur mit ihren eigenen symbolischen Mitteln Welten erzeugen, dann ist es interessant zu beobachten, dass in diesem Falle im Roman eine Parallelisierung dargestellt wird, sodass sich die Frage stellt, ob es sich tatsächlich um zwei unabhängig voneinander existierende Erzählwelten

73 Quelle: https://www.mathe-online.at/materialien/Anna.Fallmann/files/Komplexe_Zahlen/Bestandteile_komplexe_Zahl.png (zuletzt besucht am 28.06.2023).

74 Quelle: https://upload.wikimedia.org/wikipedia/commons/c/cc/Gaussebene_Konjugation.png (zuletzt besucht am 28.06.2023).

handelt oder um zwei Welten als zwei verschiedene Facetten einer einzigen „komplexen“ Welt. Es gibt einerseits die komplexen Wellenfunktionen, die die Weltlinien der Quantenzustände durch sogenannte Realteile und Imaginärteile beschreiben. Es gibt aber im Roman auch eine *storyworld*-Konfiguration, die aus einem historischen Realteil – der Dirac-Biografie – und einem imaginären Teil, der Welt der Freiburger Freunde besteht, die scheinbar keine Beziehung zur *storyworld* der Dirac-Biografie haben. Erst die sekundäre repräsentationslogische Ebene der Metanarration und Metafiktion stellt diese Beziehung her. Diese legt eine sehr abstrakte Konfiguration nahe, die mit dem Formalismus der Quantentheorie zusammenhängt. Kann man diese Modi der symbolischen Konstruktion von Welten parallelisieren? Dann wären die beiden *storyworlds*, die Welt Diracs und die Welt der Freiburger Freunde, funktional relationiert. Die *storyworld* Diracs (1902–1984), die der Biografie einer historischen Wissenschaftlerpersönlichkeit gewidmet ist, würde dem Realteil dieser funktionellen Relationierung entsprechen, die *storyworld* der Freiburger Freunde dem imaginären Teil. Der reale und der imaginäre Anteil der komplexen Zahlen sind miteinander verbunden. Der Buchstabe „$\mathbb{C}$“ steht in der Mathematik für die Menge der komplexen Zahlen. Und ausgerechnet diejenigen Figuren im Roman, deren Name mit der C-Initiale beginnt, Cristof und Candela, sind befähigt, zwischen beiden Welten zu wechseln. Man könnte behaupten, dass auch sie als Figurenartefakte so konstruiert sind, dass sie an einer realen und einer imaginären Welt Anteil haben.

Die wohldefinierte Ordnung der getrennten diegetischen Erzählwelten im Roman wird dadurch subvertiert, dass diese Figuren doppelte Identitäten haben: Christof Kien/Christoph Keane und Candela/Die Frau an der Küste. Christof, der ursprünglich der Figurenkonstellation der imaginären Erzählwelt „1984–2004“ angehört, in der metanarrativen Welt Nicole und ihr Asperger-Syndrom therapiert, erscheint punktuell auch in der Erzählwelt der Dirac-Biografie (1902–1984), wiederum als sein Arzt unter dem Namen Keane. Candela, die Figur der Wissenschaftlerin in der Welt der Freiburger Freunde, erscheint als „Frau von der Küste“ in der Welt Diracs. In der Welt der Freiburger Freunde hat nur Nicole eine Beziehung zu ihr. Alle anderen wissen nichts von der Existenz der „Frau von der Küste“. Ich zitiere hier eine Szene des Romans, die sich gegen Ende des Lebens des fiktiven Dirac abspielt, in der sich der Arzt Christoph Keane und die „Frau von der Küste“ treffen.

> Der Alte ist nicht allein: Die Frau von der Küste ist bei ihm, die Keane nie wieder zu sehen erwartet hatte […].
> „Guten Tag, Doktor Keane“, sagt die Frau und drückt die schlaffe Hand des kranken Genies, „ich denke, wir werden Sie hier nicht mehr brauchen.“
> „Was … sind … was haben … Sie mit ihm vor?“ fragt der Arzt konsterniert.

> „Wir werden eine kleine Reise machen", erklärt die Frau.
> Keane will protestieren, auf den Zustand Diracs verweisen, dessen Evidenz dergleichen unmittelbar verbietet, aber es ist der Kranke, der mit brüchiger, erstaunlich klar vernehmlicher Stimme die Angelegenheit entscheidet: „Ja. Eine Reise, noch einmal. An mein Meer." (D, S. 280)

Christof Kien aus der Freiburger *storyworld* erscheint als Christoph Keane in der Dirac *storyworld.* Der Roman verweist selbst auf die metaleptische Transgression. Candela fordert jedoch von Christoph/Cristof dazu absolute Diskretion. Der Leser wiederum hat einen Hinweis zur Plausibilisierung einer gewissen Interpretation: „‚Du solltest das für dich behalten, Christof. Dirac und mich, meine ich.' Der Doktor nickt, sein Eifer dabei überrascht ihn. [...] Erst auf dem Parkplatz, als Keane im Auto sitzt, [...] fällt ihm auf, wie die Frau ihn angeredet hat: Christof. So heiße ich doch gar nicht" (D, S. 139).

Diese „verdoppelten" Charaktere vollziehen Migrationsbewegungen zwischen den Welten, sodass sich die Frage stellt, ob es sich tatsächlich um zwei unabhängig voneinander existierende Erzählwelten handelt oder um zwei Welten als zwei verschiedene Facetten einer einzigen „komplexen" Welt, im Sinne der komplexen Zahlen und der komplexen Wellenfunktion, die ebenfalls einen reellen und einen imaginären Anteil besitzen. Als Beleg dafür gilt, dass $\mathbb{C}$ die symbolische Bezeichnung der Menge der komplexen Zahlen ist, und dass das Quadrupel Candela, Candela*, Christoph, Christof durchgängig diese Initiale trägt.

Dies wirft die Frage auf, ob die zwei Erzählwelten des Romans „Dirac", die sich auf gleicher narrativen Ebene befinden, in einer anderen Weise miteinander relationiert sind, als der Leser dies auf Anhieb erwarten würde. Die Hypothese ist, dass die beiden Erzählwelten ebenfalls durch eine wechselseitige Relationierung, das heißt eine wechselseitige Projektionsbeziehung miteinander verbunden sind. Ein Argument, das diese Hypothese unterstützen würde, ist die Feststellung einer Asymmetrie zwischen der referentiellen Rückkopplung der beiden Erzählwelten. Die Frage, die sich hier stellt, ist, ob es eine „Mapping-Relation" gibt zwischen der Erzählwelt, die einen konkreten referentiellen Kontext in der Dirac-Biografie hat, und der imaginären Erzählwelt, die kein ähnliches „referentielles" Fundament in der Realität hat. Ist die zweite imaginäre Welt eine Korrelationsprojektion der ersten in einen imaginären, internen ästhetischen Raum, deren referentielle Rückgebundenheit nur über die erste Erzählwelt möglich ist?

Candela wird vor der ersten Begegnung mit Dirac als Passagierin in einem Flugzeug dargestellt, die physikalische Gleichungen durchgeht, die sich stichwortartig auf die Operatoren von Diracs physikalischer Theorie beziehen:

> Wenn sie nicht diesen Aufsatz las, hat sie sich die Zeit mit ein paar Übungen in ihrem kleinen gelben Notizbuch vertrieben: Hamilton-Operatoren für die Zeitentwicklung eines Teil-

> chens mit einem Freiheitsgrad unter Potentialeinfluß nach der Schrödinger-Gleichung, selbstadjungierte Operatoren im Hilbert-Raum, Störungssätze.
> Würde der Beobachter dieses Notizbuch durchblättern, dann könnte ihn von dessen Seiten ein Gesicht ansehen, das ihm vertraut ist. (D, S. 41)

Interessanterweise weist das Zitat auf eine bestimmte Funktionalisierung und Umcodierung des Konzepts der Spiegelung hin, mit dem Satz: „Würde der Beobachter dieses Notizbuch durchblättern, dann könnte ihn von dessen Seiten ein Gesicht ansehen, das ihm vertraut ist“ (D, S. 41). Welche Rolle spielen Candelas Notizen und Berechnungen für die Konzeption des Romans? Candela, die „Frau an der Küste“, trifft Dirac zum ersten Mal auf einem Spaziergang an der Meeresküste. Sie selbst wird als „Beobachterin“ apostrophiert, Diracs Figur als „Beobachter“. Der genaue Inhalt ihres Dialogs wird jedoch nicht wiedergegeben. Klar wird nur, dass hiermit der Roman eine wechselwirkende Beobachtungsstruktur zweiter Ordnung konfiguriert:

> Die Beobachterin ist dem Grund ihrer Anwesenheit jetzt sehr nahe.
> Sie blickt durch die Doppellinsen eines kleinen Zeiss-Operngläses auf den alten Mann, [...].
> Sie ist müde, in der Nacht zuvor hat sie nicht geschlafen.
> Gestern abend erst haben ihre Nachforschungen ergeben, daß der Alte sich mit einer nicht allzu kleinen positiven Wahrscheinlichkeit heute morgen hier an diesem Seeufer einfinden würde. (D, S. 41)

Das Stichwort der „positiven Wahrscheinlichkeit“ ist hier relevant. Im Roman hieß es: Die Dirac-Gleichung „stellt eine ψ-Wellenfunktion mit vier Komponenten vor und liefert positive Wahrscheinlichkeitsdichten für alle gewünschten Größen“ (D, S. 168). „Positive Wahrscheinlichkeitsdichte“ bezieht sich auf das Betragsquadrat der Wellenfunktion und zeigt die Aufenthaltswahrscheinlichkeit eines Quantenzustands in einer bestimmten Raumzeit. Candelas Gedanken beziehen sich auf ein Konzept, dass für die Dirac-Gleichung von großer Bedeutung ist, „die positive Wahrscheinlichkeitsdichte“, auf den Erwartungswert des Auftretens jener fiktiven Figur Diracs am Meeresufer.[75]

75 Die Tatsache, dass die Dirac-Gleichung „positive Wahrscheinlichkeitsdichten für alle gewünschten Größen“ (D, S. 165) liefert, wie der Roman anmerkt, gilt als große Leistung Diracs. Lehrbücher zur relativistischen Quantentheorie betonen dies, ich zitiere hier Wachter: „Aufgrund der Hermitezität des Hamilton-Operators erwarten wir, daß die Dirac-Gleichung im Gegensatz zur Klein-Gordon-Gleichung die Definition einer positiv definiten Wahrscheinlichkeitsdichte [...] erlaubt.“ In: Wachter: *Relativistische Quantenmechanik* (Anm. 13), S. 96.

2.2 Komplexe vierdimensionale Figurenkonzeption

Das interessante an der Figurenkonzeption Diracs und Candelas ist ihre Vieldimensionalität. Der Roman weiß um die postmoderne Theoriedebatte der historiographischen Metafiktion, die durch Linda Hutcheon[76] ausgelöst wurde. Er weiß, dass er zwar viele historische Quellen zitieren und einflechten kann, dass die gesamte Konfiguration trotzdem nur eine probabilistische Annäherung an das Leben einer historischen Figur sein kann. Diracs „Weltlinie" setzt sich aus vielen verschiedenen Trajektorien zusammen. Die Romankonfiguration kann nur eine Wahrscheinlichkeitsinterpretation dessen anführen, was überliefert ist. So wie Dirac selbst eine vierkomponentige komplexe Wellenfunktion, den sogenannten Vierer-Spinor eingeführt hat, um die Raumzeit-Evolution eines Quantenzustands probabilisitisch beschreiben zu können, so wird auch in diesem Roman durch dessen Erzähler ein komplexes interformatives Figurenmodell konstituiert, das als probabilistische Darstellung der „Weltlinie" Diracs gelten könnte.

Die Dirac-Gleichung besteht aus einem System von vier gekoppelten partiellen Differentialgleichungen, das sind die Komponenten jenes mathematischen Objektes, das Dirac in die theoretische Physik eingeführt hat, um das Problem der relativistischen Formulierung der Quantentheorie zu lösen: den Dirac-Spinor.

$$\psi(x) = \begin{pmatrix} \psi_1(x) \\ \psi_2(x) \\ \psi_3(x) \\ \psi_4(x) \end{pmatrix}$$

Dirac-Spinoren in $3+1$ Raumzeitdimensionen dienen im Rahmen der Quantenelektrodynamik der mathematischen Beschreibung der Elektronen. Der Dirac-Spinor mit vier Komponenten ist die mathematische Repräsentation eines Elementarteilchens als Quantenfeld.

Anders als die Spezielle Relativitätstheorie unterschied die Quantentheorie vor Dirac noch sehr wohl zwischen den drei Ortskoordinaten und der Zeitkoordinate. Doch nach der Speziellen Relativitätstheorie und nachdem Minkowski gezeigt hatte, dass die vier Dimensionen mathematisch äquivalent sind, musste

76 Vgl. Linda Hutcheon: „Historiographic Metafiction. Parody and the Intertextuality of History". In: *Intertextuality and Contemporary American Fiction*. Hrsg. von Patrick O'Donnell und Robert Con Davis. Baltimore: Johns Hopkins University Press 1989. S. 3–32.

man auch für die Quantentheorie eine Formulierung finden, die gegenüber der Lorentz-Transformation kovariant war und für die Raum- und Zeitdimensionen äquivalent waren. Das leistete Dirac durch die Einführung des vierkomponentigen Spinors.

Das ist der mathematische bzw. physiktheoretische Hintergrund, vor dem die Re-Konstruktion des interformativen Figurenmodells Diracs aus vierdimensionaler Perspektive möglich wird. An dieser Stelle ist erkennbar, wie sich auch der Roman von der rein „substantiellen“ psychologisch-mimetischen Figurenkonzeption loslöst und stattdessen eine an Relationen orientierte Figurenkonzeption konfiguriert. Ich behaupte, dass im Roman eine Funktionsrelation aufgestellt wird: zwischen der theoretischen Debatte auf Metaebene über die Konzeption der Gleichung in der ersten diegetischen Erzählwelt (der Dirac-Biografie) und der ästhetischen Debatte auf Metaebene um die Konzeption des Romans, der nicht nur eine einfache Dirac-Biografie darstellen will, sondern auch die theoretischen und ästhetischen Prinzipien narrativ exemplifiziert, die zu seiner größten Leistung in der Physik führten, die Dirac-Gleichung.

Diese Interpretationshypothese wird durch das kognitive Modell der Figurenrepräsentation und -interpretation legitimiert, das Jens Eder vorgelegt hat.[77] Eders Modell kann in einen weiteren Kontext der aktuelleren Entwicklung der kognitiven Narratologie eingeordnet werden, die durch Richard Gerrig,[78] Fotis Jannidis,[79] Uri Margolin[80] und Alan Palmer[81] vorbereitet wurde. Auch in der deutschsprachigen Literaturwissenschaft beschäftigt man sich vermehrt mit den Konstruktionen von Figurenmodellen, wie eine Fülle von Publikationen belegen.[82]

---

77 Vgl. Jens Eder: *Die Figur im Film. Grundlagen der Figurenanalyse*. 2. Aufl. Marburg: Schüren 2014. Vgl. auch Jens Eder, Fotis Jannidis und Ralf Schneider (Hrsg.): *Characters in Fictional Worlds. Understanding Imaginary Beings in Literature, Film, and Other Media*. Berlin, New York: De Gruyter 2010.

78 Vgl. Richard J. Gerrig und David W. Allbritton: „The Construction of Literary Character. A View from Cognitive Psychology“. In: *Style* 24.3 (1990). S. 380–391.

79 Vgl. Eder u. a.: *Characters in Fictional Worlds* (Anm. 76); Fotis Jannidis: *Figur und Person. Beitrag zu einer historischen Narratologie*. Berlin, New York: De Gruyter 2008.

80 Vgl. Uri Margolin: „[Review Article] Characters in Literary Narrative. Representation and Signification“. In: *Semiotica* 106.3/4 (1995). S. 373–392.

81 Vgl. Palmer: *Fictional Minds* (Anm. 29).

82 Vgl. Lilith Jappe, Olav Krämer und Fabian Lampart (Hrsg.): *Figurenwissen. Funktionalisierung des Wissens bei der narrativen Figurendarstellung*. Berlin, Boston: De Gruyter 2012; Daniel Fulda: „‚Sçavoir l'Histoire; c'est connoitre les hommes‘. Figurenwissen und Historiographie vom späten 17. Jahrhundert bis Schiller“. In: *Figurenwissen. Funktionalisierung des Wissens bei der narrativen Figurendarstellung*. Hrsg. von Lilith Jappe, Olav Krämer und Fabian Lampart. Berlin, Boston: De Gruyter 2012. S. 75–113.

Eders Modell fasst diverse existierende Ansätze in einer integrativen Theorie zusammen und schlägt vor, Figuren als „wiedererkennbare fiktive Wesen mit einem Innenleben zu verstehen, die als kommunikativ konstruierte Artefakte existieren.“[83] Die Figur ist also nach Eder die Synthese eines kommunikativen Prozesses. Ich werde das Modell, das Eder für die Figur in Film vorschlägt, leicht verändern, um es mit literarischen Figuren in Übereinstimmung zu bringen, die mit Bezug auf physikalische Wissensformen modelliert werden. Das Modell der Figurenbildung hängt von mehreren Faktoren ab: Von den Vorgaben des Textes, von dem (wissenschafts-)historischen, konzeptionellen Kontext und von der Interpretationsleistung des Lesers im Rezeptionsprozess. Den Kern der Entstehung von Figuren bildet „die Entwicklung mentaler Figurenmodelle“.[84] Nach der Definition Eders sind „Mentale Modelle [...] multimodale Repräsentationen; sie verbinden verschiedene Formen der Informationsverarbeitung [...] zu einer anschaulich erlebten Ganzheit. Sie sind dynamisch und verändern sich im Zeitverlauf.“[85]

Eder gibt vier Dimensionen der Figurenmodellierung an.[86] Erstens die Dimension der Figur als *fiktives Wesen*. Diese bezieht sich auf die Darstellung der Psyche, der Kognition, der Emotionen und der Persönlichkeitsmerkmale der Figur. Zudem geht es um den Habitus Diracs, seinem Status unter den Quantentheoretikern, seine sozialen Rollen usw. Die zweite Dimension wäre die der Figur als *diskursives Symptom*. Hier spielt eine wichtige Rolle, aus welchen kulturellen Kontexten die Diskurse stammen, durch die die Figur konstituiert wird: die intertextuellen und interformativen Bezüge auf die diskursive Formation der Quantentheorie wurden ausführlich besprochen, auch die soziokulturellen Schemata und die Stereotypen kamen zu Wort. Zudem geht es um die dritte Dimension der *Figuren als Artefakt*: Hier geht es um die textbezogenen Merkmale der Darstellung von Figuren, um die stilistischen und ästhetischen Verfahren, die die Figuren konstituieren, um das ‚Gemachtsein‘ von Figuren, um ihre Eigenschaften als Artefakte: Realismus-Effekte, Typisierungen, ihre Komplexität, Konsistenz, Transparenz, Ambiguität, Dynamik. Kurz: es geht um die ästhetische Erfahrung, um die Wahrnehmung und Reflexion der Figurengestaltung. Und schließlich geht es viertens um die *Dimension der Figur als Symbol*. Darunter versteht Eder die Menge an indirekten Bedeutungen, wofür die Figur steht: als Thementräger, als Personifikation, als allegorische Gestalt oder als Exemplifikation.[87] Was die letzten bei-

83 Eder: *Die Figur im Film* (Anm. 76), S. 709.

84 Eder: *Die Figur im Film* (Anm. 76), S. 709.

85 Eder: *Die Figur im Film* (Anm. 76), S. 709.

86 Ich referiere das Modell der Figurenanalyse aus Eder: *Die Figur im Film* (Anm. 76), S. 131–150, 707–764.

87 Vgl. Eder: *Die Figur im Film* (Anm. 76), S. 136–137.

den Dimensionen der Figur als Artefakt und als Symbol anbetrifft, so lässt sich zeigen, dass der Roman hier eine interessante Konstruktion aufweist.

Eders Modell der Figurenanalyse[88] werde ich zu einem interformativen Modell der Figurenanalyse weiterentwickeln. Ich werde zeigen, wie die Figur Diracs aus dem Wechselverhältnis des ästhetischen Diskursmodells des Romans und des mathematischen Modells der Gleichung entsteht.

Im Folgenden schlage ich vor, mit dem Konzept der Interformativität als Oberbegriff die Dimensionen der Figurenmodellierung, die Jens Eder angibt, zu synthetisieren. Ziel ist, zu zeigen, wie sich das Figurenmodell Diracs an der interformativen Schnittstelle zwischen physikalischen und ästhetischen *Diskursen* einerseits und zugleich zwischen physikalischen und ästhetischen symbolischen *Form-Verfahren* andererseits konstituiert.

Eder weist darauf hin, dass die oben genannten vier Dimensionen der Figurenmodellierung zunächst zu unterscheiden sind, zugleich aber auch zu berücksichtigen ist, dass diese in einem dynamischen Wechselverhältnis stehen und aufgrund von neuen Informationen revidiert und neu synthetisiert werden.

Bei der Betrachtung des narrativen Modells der Figurenkonstruktion Diracs in dem Roman fällt auf, dass die Identitätskonstruktion nicht einfach durch die Zuschreibung von Eigenschaften verläuft, sondern über ein Wechselverhältnis von Relationen. Der ästhetische Prozess der Figurenbildung verläuft nicht so, dass eine wissenschaftliche Persönlichkeit eindimensional mimetisch präsentiert wird. Die Aufgabe wird an den Leser delegiert. Ihm werden zwar im Roman kleine Mosaiksteinchen aufgeboten, aber erst durch die ausführliche Auseinandersetzung mit den Diskursen der Quantentheorie einerseits und mit den postmodernen literarischen Verfahren andererseits erschließt sich allmählich ein Interpretationshorizont und somit auch die Figur Diracs als interformatives Artefakt.

Die Konstruktion des narrativen Figurenmodells Dirac kennt einen realen Referenzbezug auf den Habitus des Wissenschaftlers Paul Dirac, es gibt aber auch einen Referenzbezug, der durch fiktionale Projektion in eine imaginäre Erzählwelt hergestellt wird. Den realen Anteil der Figurengestaltung bestreitet der Roman durch die Darstellung der konzeptuellen Entwicklung der Quantentheorie. Darin fließen ein: die kulturellen und wissenschaftshistorischen Kontexte der Wissenschaftsgemeinschaft der theoretischen Physiker, die die konzeptionelle Entwicklung der Quantentheorie vorangetrieben haben: Planck, Einstein, Bohr, Schrödinger, de Broglie, Heisenberg, Dirac, Pauli, Jordan, Born. Ihre Schriften, Dialoge, Vorträge und Beiträge sind stets präsent in Diracs Bewusstsein. Hinzu kommen Mentalitäten und soziokulturelle Schemata, die typischen stereotypen Charakterisierungen des Habitus

---

88 Vgl. Eder: *Die Figur im Film* (Anm. 76), S. 710.

eines britischen Physikers. Zudem kommt noch entscheidend hinzu die Auseinandersetzung der Figur Diracs mit den physikalischen Prätexten: Clifford, Hamilton, Maxwell usw. Zudem wissenschaftshistorisch überlieferte Dialoge auf Konferenzen zwischen Bohr und Einstein, Heisenberg, Schrödinger, Pauli und Dirac.

Darüber hinaus werden ganze Szenenfragmente des Romans mit Auszügen aus den wissenschaftlichen Publikationen Diracs bestritten. Darin werden in Diracs Formulierungen Schlüsselkonzepte seiner Theorie präsentiert oder Interpretationsvorschläge für die negativen Lösungen seiner Gleichung dargelegt, die sowohl für die Theoriekonzeption als auch für die ästhetische Romankonzeption von Bedeutung sind.

Der imaginäre Anteil der Figurenkonzeption auf zweiter, imaginärer Erzählebene, ist durch das wechselseitige Verhältnis der Figuren zueinander gekennzeichnet. Projektionsflächen der Dimension der Figur Diracs als fiktives Wesen sind die Figuren der imaginären Erzählwelt Paul und Nicole, David und Johanna. Paul und Nicole sind ein Paar, David und Johanna waren es in der Vergangenheit. Paul ist Mathematiker. Dessen psychisches Innenleben ist stets von der Lösung hochkomplexer mathematischer Probleme dominiert. Er arbeitet an der Herstellung eines komplexen Algorithmus, am Code des Programms TURMOBOLE, das auch in der Realität an der Karlsruher Universität unter der Leitung von Professor Reinhard Aldrich entwickelt wurde, wie auf der Website angegeben wird.[89] Es ist ein Programm, das den Berechnungen der elektronischen Struktur von Molekülen in der Quantenchemie dient, die natürlich auch auf der Dirac-Gleichung basieren. Über diese erzählerische Konstruktion wird deutlich, dass das intellektuelle psychische Innenleben Pauls als Figur ebenfalls durch die Aufgabenstellung dieser Gleichung dominiert ist. Darüber wird die Beziehung zum intellektuellen Innenleben Diracs deutlich. Der Urheberin der Ausschreibung kommt man jedoch im Roman erst allmählich auf der Spur. Sie entpuppt sich erst auf der letzten Seite des Romans als Makro-Erzählinstanz als figurales Artefakt der Dirac Gleichung. Erst im Rückblick, durch die Revision aller möglichen vorhergehenden Interpretationshypothesen, wird deutlich, dass die Gleichung ebenfalls als fiktives Wesen im Roman ihre Auftritte hat, als Candela, der Frau von der Küste.

Nicole wiederum ist das korrespondierende Figurenartefakt, an dem das externe Rollenverhalten einer Kunstfigur, wie das des fiktiven Dirac, dargestellt wird. Bei Nicole wurde eine bestimmte Form des Autismus diagnostiziert, man nimmt an, dass die sozialen Interaktionen dieser Figur deshalb etwas eingeschränkt sind.

89 *Website zum Programm TURBOMOLE.* https://www.turbomole.org/ (zuletzt besucht am 08. Juli 2022).

Ähnliches wird auch über den fiktiven Paul Dirac in dessen Umfeld kolportiert. Candela behauptet über sie:

> „Und weil ich mich in der Welt, die ich da betreten habe, nicht auskannte, habe ich eben eine Einheimische gefragt – Nicole. Der Zustand, in dem sich ihr Kopf befindet und den dieser arme Arzt nicht diagnostizieren konnte, bot die Gewähr, daß sie mir helfen konnte – sie würde niemals über Menschen urteilen, die sie nicht kennt, sie würde niemals mit dem Finger auf Wildfremde zeigen, weil sie unter Denken nur zwei Dinge versteht: erstens das Urteilen über der Erfahrung zugängliche Daten und zweitens das Inbeziehungsetzen solcher Daten vermittels logischer Operationen. Der Arzt nannte das Asperger-Syndrom oder schizophren, ich nenne das den Alltag der Vernunft unterwerfen. Auf Nicole kann man sich verlassen, so einfach ist das." (D, S. 348)

Nicole hat als einzige Figur im Roman einen Bezug zur „Frau von der Küste" und ist auch das Sprachrohr ihrer Worte in der Erzählwelt, doch niemand nimmt dies ernst. Alle anderen Figuren tauschen sich miteinander darüber aus, welcher der adäquate kommunikative Umgang mit Nicole sein sollte. Einer, der Normalität als ein Normativ voraussetzt? Oder einer, der ihre Besonderheiten wahrnimmt und sie integriert? Nicoles Verhalten wird von ihrer Umwelt pathologisiert. Diese Figur ist ein Symbol für die soziale Isolation bzw. für die allzu schnelle Pathologisierung eines Genies durch seine soziale Umwelt. Ein Stereotyp, der kulturell und historisch wiederkehrt, und der auch dem historischen Dirac zugeschrieben wird.

Die Schönheit Nicoles übt andererseits eine große Faszination auf die Künstlerin Johanna aus. Sie widmet dem Paar Paul und Nicole eine Ausstellung. Dieses künstlerische Projekt steht im Mittelpunkt der metanarrativen Erzählwelt und illustriert im Grunde performativ in einer Art narrativer *mise en abime*-Konstruktion das, was der gesamte Roman leistet: Es zeigt, wie ein Mensch zum ästhetischen Artefakt wird und in eine imaginäre Kunstwelt projiziert wird. Nicole wird durch die ästhetische Betätigung Johannas zu einer Kunstfigur verwandelt, Johanna widmet ihr eine Porträtserie in einer Fotografieausstellung. An dieser Stelle wird Fiktionalität zur Metafiktionalität potenziert. Es handelt sich um die gleiche Transformation, die der Roman selbst vollzieht, von der realbiographischen Referenzfigur Diracs zur fiktiv dargestellten Kunstfigur Diracs. Anhand des Kunstprojektes Johannas macht der Roman deutlich, dass es hier, gemäß der Unterscheidung Nelson Goodmans, nicht um eine mimetische *representation of*, sondern um eine *representation as* geht. Es geht nicht um die Darstellung der Biografie Diracs im herkömmlichen Sinne, sondern um eine fiktionale Metabiografie, die auf Wissenschaftshistoriographie und Quantenfeldtheorie als Kontexte rekurriert. Dabei wird interformativ vorgeführt und auf Metaebene mitreflektiert, was das wissenschaftliche Denken Diracs epistemisch und ästhetisch bedeutet, welche epistemische und ästhetische Transformationen es impliziert.

Im Detail wird diese Figurenkonstruktion durch David dargestellt, dem Schriftsteller, der auf metanarrativer Ebene den Roman über Dirac schreibt, der hier interpretiert wird. Korrespondierend zur Rezeptionsperspektive des Lesers thematisiert David die Schwierigkeiten dieser Figurenkonstruktion aus Produktionsperspektive. Davids Freunde thematisieren als Leser den Romanentwurf, in dem sie selbst vorkommen, und exerzieren den Rezeptionsprozesses als symbolische Probesimulation vor. So wird David dazu herausgefordert, darzulegen, in welchen kommunikativen Kontexten sein Roman eingebettet ist. Dabei wird deutlich, wie im Roman die konzeptionelle Entwicklung der Quantentheorie durch Dirac im Denkdialog mit seiner Gemeinschaft mit der konzeptionellen Entwicklung des Romans, an dem David schreibt, parallelisiert wird. Mehr als das, die beiden Produktionsprozesse werden aufeinander überlagert, sie stehen in permanenter Wechselwirkung. So wie die Kollegen Diracs die Entstehung und Interpretation der Quantentheorie und der Dirac-Gleichung kommentieren und intellektuell reflektieren, so wird der Entstehungsprozess des Romans von seinen Figuren während seines Produktionsprozesses kommentiert und reflektiert. Sie stehen darüber im schriftlichen, mündlichen und gedanklichen Austausch und bilden somit eine *intermental community* im Sinne Alan Palmers,[90] ähnlich wie die epistemische Gemeinschaft der Quantenphysiker in der Erzählwelt Diracs. Der Roman offenbart sowohl den Prozess seiner ästhetischen Produktion als auch – kaleidoskopartig – durch die Stellungnahmen der jeweiligen Figuren als Leser, die vielfältigen Möglichkeiten seiner Rezeption. Das angelegte Leseverteilungsmodell ist auch Teil der Textstrategien des Romans. Dies wird von David Dalek offenbart. Jeder Figur kommt als kritischem Leser eine andere kritische Aufgabe zu:

> Seine ersten Leser sind immer Paul, Johanna, Christof und Candela gewesen; jedesmal in dieser Reihenfolge, hintereinander, denn er hatte kein Geld für Fotokopien.
> Paul durfte ihm dann verraten, ob die Story wasserdicht war oder logische Fehler hatte. Johanna hat die Arbeiten poetologisch auseinandergenommen und betreut, ihm stilistische Tips gegeben, sie war und ist die schärfste, sorgsamste Kritikerin seiner Sprache. Christof stand das Urteil darüber zu, ob Menschen sich überhaupt verhalten wie da geschildert, [...]. Candela schließlich wußte immer, was ihn am meisten interessierte: ob das Ding langweilig war oder spannend, [...], ob er das Zeug dazu hatte, Leute für seinen Kram zu interessieren, kraft der darin gespeicherten Wahrheit. (D, S. 49)

Dieses Leseverteilungsmodell und seine einzelnen Funktionen entsprechen weitgehend dem Modell, das ich oben beschrieben habe: Paul als Mathematiker ist in der Welt der Freiburger Freunde – man beachte den gleichen Vornamen, wie der von Paul Dirac – die korrespondierende Figur in der Dimension der Figur als fiktives Wesen. Johanna als Künstlerin und Kunstkritikerin kennt alle Feinheiten der diskursiven Formation der postmodernen Ästhetik. Sie beurteilt den Roman auch stets auf metanarrativ-metafiktionaler Ebene aus kritischer Perspektive:

90 Vgl. Palmer: *Fictional Minds* (Anm. 29).

Kritik
[...] erstens: ja, christof hat recht, der imperfekt bremst. zweitens: keine gute idee, uns verschiedene fassungen zu schicken und unterschiedlich genau drüber aufzuklären, wie der gesamtplan aussieht. die fassung im präsens ist alright, zumindest schneller als die andere, aber das erschließt sich so richtig erst, wenn man weiß, daß es sowieso eine gegenwartsebene gibt, eben die der erzählung von den freunden – warum du christof und paul das nicht verraten willst, sehe ich nicht ein, es schafft eine lesemodellverteilung, bei der du dann immer alles, was wir dir zum manuskript sagen, damit wegrelativieren kannst, daß wir den gesamtüberblick nicht haben, [...]. schaff das ab. (D, S. 69)

3 Interpretationsprobleme der Dirac-Gleichung: die negativen Lösungen

Wie bereits dargestellt, gelingt es Dirac, die Spezielle Relativitätstheorie mit der Quantentheorie zu vereinigen. Aber dann entpuppte sich sein erkenntnistheoretischer Sieg als Phyrrhus-Sieg. Denn ausgerechnet die vierkomponentige Wellenfunktion der Dirac-Gleichung ergibt vier Lösungen, zwei mit positiver und zwei mit negativer Energie. Die positiven Lösungen entsprachen der Weltlinie des Elektrons, die negativen Lösungen waren mathematisch korrekt, aber empirisch höchst umstritten. Hätte man diese annehmen wollen, so hätte man sehr viel vom *conceptual frame* der Physik vor 1928 revidieren müssen. Denn aus der symbolischen Vereinigung der beiden Theorien resultierte eine neue Welt der Empirie, die Anti-Materie. Diese neue Welt, die mathematisch vorhergesagt wurde, aber nirgends gedacht, geschweige denn beobachtet wurde, ist symbolisiert durch die negativen Energielösungen der Dirac-Gleichung. So stellten sich die beiden Lösungen der Gleichung dar:

$$E = E_p = \pm \sqrt{p^2c^2 + m^2c^4}$$

Zudem sah die Gleichung Übergänge von einem positiven zu einem negativen Energiezustand vor. Wachter stellt das konkrete Problem folgendermaßen dar: Würde sich ein Atom aufgrund der negativen Energielösungen unterhalb des Energiekontinuums befinden, so wäre es extrem instabil, es würde durch Strahlungsübergänge immer weiter in negative Energieniveaus abrutschen und es käme zur sogenannten Strahlungskatastrophe.[91] Der historische Dirac ist sich dieses Problems bewusst. Er diskutiert es auch in der Abhandlung, in der er die Dirac-Gleichung einführt:

For this second class of solutions W has a negative value. One gets over the difficulty on the classical theory by arbitrarily excluding those solutions that have a negative W. One cannot do

91 Vgl. Wachter: *Relativistische Quantenmechanik* (Anm. 13), S. 17.

> this on the quantum theory, since in general a perturbation will cause transitions from states with W positive to states with W negative. Such a transition would appear experimentally as the electron suddenly changing its charge from – e to e, a phenomenon which has not been observed. [...] The resulting theory is therefore still only an approximation, but it appears to be good enough to account for all the duplexity phenomena without arbitrary assumptions.[92]

Die Figur Heisenbergs im Roman äußert sich zu den umstrittenen Ergebnissen der Dirac-Gleichung folgendermaßen: „‚Es kommt mir vor wie moderne Kunst, ich kann es nicht entschlüsseln, mir nichts darunter vorstellen.' Ist die Komponentenverdopplung ein Artefakt, ein Trick, der aus der Sackgasse der Vergangenheit herausführt oder entspricht ihr etwas Wirkliches?" (D, S. 172).

Für die Physik-Community war das ein vollkommen unbekanntes und nie geahntes Phänomen. Da dieses potenzielle Teilchen die gleiche Masse wie das Elektron hatte, aber eine negative Energie, konnte es eigentlich nur als Antiteilchen des Elektrons interpretiert werden. Doch wie konnte das sein? So wird die Debatte auf metatheoretischer Ebene unter den fiktiven Figuren im Roman auch über die mögliche Interpretation dieser negativen Energie-Lösung geführt. Fast alle Protagonisten der diskursiven Formation der Quantentheorie melden sich zu Wort:

> „Ich habe nur noch wenig Spaß an der Sache, Dirac", gesteht Heisenberg, [...] „Negative Energien! Was soll das sein? Vier Komponenten! Wieso? Positive Elektronen! Was für eine Art Materie wäre das?" [...]
> Dirac wippt auf dem Stuhl: „Es muß einen Weg geben, die negativen Lösungen in ein stimmiges Bild einzufügen." (D, S. 174)

Viele Physiker bemühten sich nun darum, dieser Lösung mit negativer Energie eine physikalisch adäquate Deutung zu geben.[93] Unter ihnen natürlich auch Dirac. An

92 Dirac: „The Quantum Theory of the Electron" (Anm. 3), S. 612.

93 Interessant ist dabei, dass der wissenschaftshistorische Befund mit dem wissenschaftsphilosophischen Befund, den Cassirer in seiner systematischen Schrift „Vom Substanzbegriff zum Relationsbegriff" macht, korrespondiert. Die Grundthese Cassirers ist, dass die mathematische Physik von Beginn an ab Leibniz, Descartes und Galilei und erst recht im neunzehnten und zwanzigsten Jahrhundert zum Beispiel durch die projektive Geometrie Felix Kleins nicht mehr die Materie als Substanz, als Gegenstand der Theoretisierung hat, sondern Erhaltungsgrößen und relationale Gebilde zwischen den Größen, die auf Symmetrie- und Transformationsprinzipien basieren. Die Schlussfolgerung, die aus diesem interdisziplinären Vergleich zu ziehen ist: Gegenstand der Untersuchung der Quantenfeldtheorie sind nicht gegebene Partikeln mit ihren gegebenen Eigenschaften. Der Begriff der Partikel als „Substanzbegriff" ist bereits mit der klassischen Feldtheorie und dann sukzessive mit der Quantentheorie und der Quantenfeldtheorie aufgegeben worden. Gegenstand der Erforschung sind vielmehr komplexe Relationen, die Beziehungen und ihre interaktionalen Effekte. Vgl. dazu Kap. II.1 in dieser Arbeit (S. 85–98) zu Cassirers kulturtheoretische Symbolphilosophie.

diesem Beispiel lässt sich zeigen, dass auch in der Physik eine mathematische Gleichung von höchster Präzision trotzdem einen Spielraum für Interpretation zulässt.

3.1 Die Löchertheorie und das Dirac-Meer

Die Interpretation, die Dirac 1930 anbot, ist in der Wissenschaftsgeschichte als Dirac-Meer bekannt. Diese spielt eine interessante Rolle für das *emplotment* des Romans. Doch soll zunächst der konzeptuelle Hintergrund dieser Interpretation dargestellt werden: Dirac schlug 1930 vor, das Vakuum[94] nicht als Leere zu konzeptualisieren. Er geht davon aus, dass das Vakuum einem „Meer“ gleiche, das vollständig besetzt sei von Elektronen mit negativen Energiezuständen, die durch die Lösungen seiner Gleichung vorhergesagt wurden. Das metaphorische Meer soll als ein theoretisches Modell des Vakuums gelten und als ein infinites Meer von Quantenfeldern mit negativer Energie verstanden werden. Dirac macht sich dabei Wolfgang Paulis Ausschließungsprinzip zu eigen. Pauli hatte es 1925 als quantentheoretisches Prinzip für den Aufbau der Atome vorgeschlagen.[95] Konkret geht es um die Verteilung der Elektronen auf Orbitale. Das Pauli-Prinzip besagte, dass die Wellenfunktion eines Quantensystems antisymmetrisch sei. Deshalb durften sich auf jedem Orbital um den Kern des Atoms nur zwei antisymmetrische Elektronen befinden, eines mit *spin-up*, eines mit *spin-down*. Alle weiteren Elektronen mussten die weiteren Elektronenschalen besetzen. Dirac versuchte damit zu erklären, wieso ein Elektron mit positiver Energie nicht in einen Zustand mit negativer Energie abrutschen konnte: weil die notwendigen Plätze auf den Elektronenschalen dafür bereits besetzt seien. Paulis Ausschlussprinzip erlaubte es nicht, dass sich neue Elektronen darin ansiedeln konnten. Der Roman gibt Diracs Interpretation folgendermaßen wieder:

> „Wir wollen annehmen, daß *alle Energiezustände besetzt sind.*“
> Diese Besetzung, meint Dirac, bedeute ein Elektron pro Zustand, ganz wie das Paulische Ausschlußprinzip besagt. Wenn also ein negativ energetisches Elektron entfernt würde, entstünde ein Loch in der ursprünglichen Verteilung. Ein geisterhaftes Meer erfüllt die Welt, negativ energetische Partikel sind überall. (D, S. 206; Hervorhebung i. Orig.)

Das Vakuum an sich ist aufgrund der negativen Energie nicht beobachtbar. Beobachtbar wird nur ein Elektron, das durch Strahlungsenergie angeregt wird, somit das Vakuum verlässt und ein Loch hinterlässt. Der Antimaterie-Gegenpart des Elek-

94 Vgl. Dirac: „A Theory of Electrons and Protons“ (Anm. 10).
95 Vgl. Wolfgang Pauli: „Über den Zusammenhang des Abschlusses der Elektronengruppen im Atom mit der Komplexstruktur der Spektren“. In: *Zeitschrift für Physik* 31.1 (1925). S. 765–783.

trons soll als ein „Loch im Dirac-Meer" interpretiert werden. Es soll als „Leere" zu deuten sein, als der Ort, der die Absenz eines Partikels markiert. In Diracs Originalartikel „A Theory of Electrons and Protons" von 1930 wird dies so dargestellt:

> We shall have an infinite number of electrons in negative-energy states, and indeed an infinite number per unit volume all over the world, but if their distribution is exactly uniform we should expect them to be complete unobservable. Only the small departure from exact uniformity, brought about by some of the negative-energy states being unoccupied, can we hope to observe.[96]

Dirac schlägt vor, sich vorzustellen, dass es eine Interaktion geben könnte zwischen Photonen und dem Vakuum. Wenn das Vakuum mit Licht, das heißt mit genug Photonen mit ausreichender Energie beschienen wird, dann könnte ein Elektron mit negativer kinetischer Energie ein solches Photon absorbieren und zu einem Zustand mit positiver Energie wechseln. Dieser Zustand wäre, von außen betrachtet, nichts anderes als ein Elektron mit positiver Energie. Die Abwesenheit eines Elektrons mit negativer Ladung würde dann aussehen wie ein Teilchen mit positiver Ladung. Der Roman verzeichnet in fiktiver Form die unmittelbare Rezeption dieses Vorschlags bei den Quantentheoretikern in ganz Europa:

> Nicht nur in Heisenbergs Sessel, auch an anderen Orten auf der neuen Weltkarte der Quantenmechanik sorgt die Veröffentlichung der Diracschen Löchertheorie für Verwunderung. Die römische Gruppe um Enrico Fermi erklärt Diracs Vorschläge für „Käse" und läßt scherzhaft verlauten, man plane, Dirac dafür den Hintern zu versohlen. Wolfgang Pauli, in gewohnter Spötterlaune, formuliert das „Zweite Pauli-Prinzip": „Wenn ein Physiker eine Theorie formuliert, muß er sie sofort auf sich selbst anwenden, Dirac sollte sich also annihilieren." (D, S. 206)

Später wird Dirac gezwungen sein, diese Hypothese aufzugeben und stattdessen anzunehmen, dass es sich nicht um Protonen, sondern um das Positron handelt, um das Antiteilchen des Elektrons. Auch diese theoretische Revision wird im Roman apostrophiert:

> Im Mai Neunzehnhunderteinunddreißig, zurück in Cambridge, schreibt er auf, wie das Problem zu lösen ist: „Ein Loch in jenem hypothetischen Meer, wenn es denn tatsächlich eines gäbe, wäre eine neue Art Teilchen, das der experimentellen Physik bislang unbekannt ist und dieselbe Masse, aber gegenteilige Ladung wie das Elektron hätte." Er nennt das Teilchen „Anti-Elektron". Der erste Baustein dessen, was später „Antimaterie" heißen soll, ist damit benannt, gefunden als rein spekulative, freischwebende mathematische Konstruktion. Monate vergehen über den Debatten, die das auslöst.

96 Dirac: „A Theory of Electrons and Protons" (Anm. 10), S. 363.

> Knapp vor Jahresende trifft aus Amerika, von einem Experimentalphysiker namens Carl Anderson, die Nachricht vom experimentellen Beweis für Diracs kühn postuliertes Teilchen ein. (D, S. 207–208)

3.2 Carl Andersons Entdeckung des Positrons

Während Dirac sich um eine adäquate Interpretation der negativen Energie-Lösungen bemühte, designte der Experimentalphysiker Carl Anderson Experimente, die dazu führten, dass die Spur des Positrons detektiert werden konnte. So wurde das Positron, Antiteilchen des Elektrons, empirisch nachgewiesen.[97] Das glich einem Paukenschlag in der Welt der Physik. Diese äußerst vertrackte Interpretation der Gleichung Diracs, die die meisten Physiker zur Verzweiflung trieb, erwies sich nicht nur als sehr plausibel, sie wurde durch Anderson empirisch belegt. Anbei wird in der Grafik (Abb. IX–3) das erste Bild des Positrons aus der

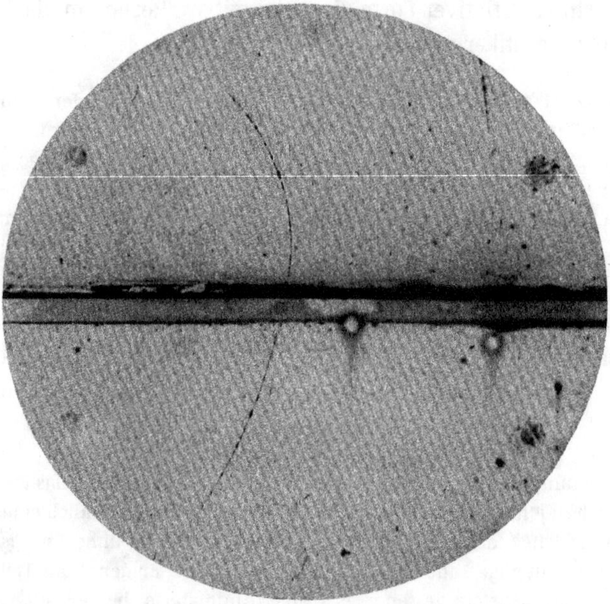

Abb. IX–3: „A 63 million volt positron […] passing through a 6 mm lead plate and emerging as a 23 million volt positron“.[98]

97 Vgl. Carl D. Anderson: „The Positive Electron“. In: *Physical Review* 43.6 (1933). S. 491–494, hier S. 493.

98 Anderson: „The Positive Electron“ (Anm. 96), S. 492.

Originalpublikation Carl Andersons gezeigt. Für diese Entdeckung erhielt er 1936 den Nobelpreis für Physik.

Das Positron gilt seitdem als erstes Teilchen in der Geschichte der Physik, das aus der sekundären mathematischen Modellierung, aus dem symbolischen Ausdruck einer physikalischen Gleichung hervorging. Zugleich kann dies als ein Zeichen für die zumindest partielle Autonomisierung der theoretischen Physik gedeutet werden. Nachdem Einstein, Heisenberg, Dirac ihre Theorien vorgelegt hatten, konnte die theoretische Physik aufgrund der symbolischen Form der Mathematik ihre Autonomie behaupten, und der Experimentalphysik in vielen Fällen den Weg weisen, wonach sie suchen sollte.

Frank Wilczek, der an der Weiterentwicklung der Quantenfeldtheorie in der dritten Generation arbeitete, kommentiert diese für das Jahr 1928 noch aporetische Entdeckung Diracs als den entscheidenden Zeitpunkt, an dem „truly modern physics began“.[99] Frank Wilczek begründet seine Aussage damit, dass Dirac damit gelang, grundsätzliche Dichotomien, die noch das physikalische Denken zu Beginn des 20. Jahrhunderts beherrschten, aufzulösen. Durch seine mathematische Formulierung der Dirac-Gleichung vollzog Dirac den endgültigen Übergang vom Substanzdenken zum Funktionsdenken in der Physik. Die Kontroverse darüber, ob Materie und Licht als Wellen oder als Teilchen zu konzeptualisieren seien, hatte sich erübrigt. Das Problem stelle sich gar nicht mehr, denn Dirac zeigte nicht nur, dass beide Formalismen äquivalent waren, sondern er zeigte auch einen dritten Weg als Ausweg aus der Dichotomie des Welle-Teilchen-Dualismus: das Quantenfeld. Das Modell des Quantenfelds ist nach Dirac diejenige dritte theoretische Beschreibung, die zeigt, dass die metaphorische Beschreibung des „Wellen-Teilchen-Dualismus“ obsolet sei.

Dirac revolutionierte die theoretische Physik im zwanzigsten Jahrhundert dadurch, dass er das Konzept der Quantenfelder von fluktuierenden Partikeln in die theoretische Physik einführte. Er schlug vor, ein Quantenfeld durch „Kreations- und Annihilations-Operatoren“ zu konzeptualisieren, die auf Partikelzustände operieren. Ich werde an dieser Stelle nicht mehr auf weitere Details der Quantentheorie eingehen können, verweise aber an dieser Stelle auf Paul Tellers gute und verständliche Einführung in das Problem der sekundären Quantisierung in „An Interpretive Introduction to Quantum Field Theory“[100]. Ich zitiere lediglich die Stelle aus Diracs Artikel, die im Roman diskutiert wird und die für dessen Interpretation einschlägig ist: „We are therefore led to the assumption that *the holes in the distri-*

---

99 Wilczek: „The Dirac Equation“ (Anm. 22), S. 46.

100 Vgl. Paul Teller: *An Interpretive Introduction to Quantum Field Theory*. 3. Aufl. Princeton: Princeton University Press 1995.

bution of negative energy electrons are the protons.“[101] „When an electron of positive energy drops into a hole and fills it up, we have an electron and proton dissappearing together with emission of radiation.“[102] Somit wurde das Vakuum auch zum Medium erklärt, das dynamische Eigenschaften aufwies. Denn Diracs Deutung sah vor, dass ein Elektron mit negativer Energie, das sich in diesem Vakuum-„Meer“ befand, Strahlung absorbieren und sich aus einem nicht beobachtbaren Zustand in einen beobachtbaren Elektronenzustand verwandeln kann, weil es durch positive Energie angeregt wird.[103] Die Folge dieser Transformation durch Strahlungsabsorbtion ist, dass das negative Elektron ein Loch im Vakuum hinterlässt. Das Interessante an Diracs Interpretation ist, dass er die Abwesenheit eines Elektrons mit negativer Energie als ein Loch darstellt, das aber von einem „Beobachter relativ zum Vakuum als Anwesenheit eines Teilchens mit entgegengesetzter Ladung und entgegengesetzter (also positiver) Energie gedeutet wird.“[104]

Tatsache ist, dass die Interpretation der Lösungen der Dirac-Gleichung ein wichtiger heuristischer Schlüssel ist für das Verständnis der narrativen Konfiguration des Romans „Dirac“.

In der Tat lässt der fiktive Autor nichts unversucht, um seinen eigenen Roman zu erklären und dies offensichtlich auch deshalb, weil ihm ein sehr abstrakter mathematischer Formalismus als symbolische Denkkonstruktion zugrunde liegt. Hier weist er nach, dass dieser Formalismus auch andere Autoren wie Geoffrey Landis zu literarischen Werken inspiriert hat, die sich wiederum in die literarhistorische Genealogie bzw. diskursive Archäologie des Romans „Dirac“ einordnen lassen. Die unterschiedlichen Erzählebenen des Romans hängen mit einer Idee zusammen, die ursprünglich von Dirac stammt und die in der Erzählung von dem amerikanischen Autor Geoffrey A. Landis teilweise umgesetzt wurde. Im Roman wird dieser Auszug aus Landis’ Erzählung als Zitat gekennzeichnet, als eine Quelle von Davids Arbeit:

> *Löcher, Wellen*
> Aus der Erzählung „Ripples in the Dirac Sea“ von Geoffrey A. Landis (David Daleks Arbeitsübersetzung):
> *Nachdem er das Postulat aufgestellt hatte, daß der gesamte Kosmos mit einem unendlich dichten Meer aus negativenergetischen Teilchen angefüllt ist, fuhr Dirac fort und fragte sich, ob wir, die wir im positivenergetischen Universum leben, jemals in Wechselwirkungszusammenhänge mit diesem Meer eintreten können. Was würde passieren, wenn man etwa einem Elektron im negativen Meer genug Energie zuführen würde, um es da hinauszujagen? Zwei*

101 Dirac: „A Theory of Electrons and Protons“ (Anm. 10), S. 363. Hervorhebung im Original.
102 Dirac: „A Theory of Electrons and Protons“ (Anm. 10), S. 363.
103 Ich folge hier erneut Wachter: *Relativistische Quantenmechanik* (Anm. 13), S. VII.
104 Wachter: *Relativistische Quantenmechanik* (Anm. 13), S. VII.

> *Dinge: Erstens würde man scheinbar ein Elektron aus dem Nichts „erschaffen". Zweitens ließe man ein „Loch" in jenem Meer zurück. Das Loch, begriff Dirac, würde sich verhalten, als wäre es selbst eine Art Teilchen, und zwar eines, das genau dem Elektron gliche, mit einem einzigen Unterschied: Es hätte die entgegengesetzte Ladung. Wenn dieses Loch jemals auf ein Elektron träfe, würde das Elektron zurück ins Dirac-Meer stürzen, wodurch sowohl das Elektron wie das Loch vernichtet würden, in einem grellen Energieblitz. Schließlich gab man dem Loch im Dirac-Meer einen eigenen Namen: „Positron".* (D, S. 90–91; Hervorhebung i. Orig.)

Dieses Zitat hat eine doppelte Funktion, es fasst sowohl die Genese der Konfiguration des Romans zusammen als auch die Anstrengungen Diracs, seine eigene Gleichung, die mathematisch vollkommen überzeugte, eine adäquate physikalische Interpretation zu geben. Basierend auf der Analogie mit den Löchern im Meer und ein paar anderen spekulativen Ideen nahm Dirac an, dass der Prozess, durch den ein Photon ein Elektron mit negativer Energie aus dem Vakuum zu einem Elektron mit positiver Energie verwandeln kann, auch als ein Prozess interpretiert werden kann, durch den ein Photon ein Elektron und ein positiv geladenes Partikel herstellt. Das ist die berühmte Dirac'sche Theorie der *creation and annihilation operators*. Der umgekehrte Prozess würde stattfinden, wenn ein Loch bereits existiere. Dann könnte ein Elektron mit positiver Ladung ein Photon emittieren und den vakanten Platz der negativen Energie-Lösung besetzen. Dieses könnte interpretiert werden als die gemeinsame Annihilation eines Elektrons und eines Positrons in pure Energie. Es ging also um die simultane Produktion von Elektronen-Positronen-Paaren, der Existenz eines vorübergehenden Zustands und der möglichen Annihilation von Elektronen-Protonen mit einem Energie-Ausstoß. Einen metanarrativen Hinweis gibt der Roman dazu in folgender Form:

> Ich wollte nur den Verweis am Anfang [...] haben, als [...] Lesetip – Kunden, die diesen Roman nicht begriffen haben, werden auch an folgender Erzählung verzweifeln und so. Ich finde, das Ding ist selbsterklärend, auch ohne den Landis, aber da ich ihm immerhin ein zentrales Motiv verdanke – eben die geheime Verbindung zwischen der Gegenwartsebene und der Dirac-Ebene im Buch, das ja nur deswegen ein Buch über Dirac sein konnte, weil es diese Verbindung gibt, weil die sicherstellt, daß das Gegenwärtige aus dem, wie soll man sagen, aus dem Diracischen herausentwickelt ist – also, weil ich das als Abwandlung eines Landis-Gedankens gedacht habe, sollte für philologisch inklinierte Leserinnen und Leser wenigstens die Erzählung genannt sein. Sie können sie ja dann ausfindig machen und nachlesen, das rundet ihr Bild ab. (D, S. 160–161)

4 Interpretationsprobleme des Romans „Dirac"

Nicht nur die Interpretationsprobleme der Lösungen der Dirac-Gleichung gilt es zu problematisieren, sondern in gleichem Maße auch die Interpretationsprobleme des Romans „Dirac". Drei davon sind besonders zentral, ich habe sie in drei Fragen zusammengefasst:

1. Wer entscheidet?
Die mysteriöse „Frau von der Küste“, die in einer rätselhaften Verbindung zu Nicole steht, und später einen Dialog mit Dirac über die Interpretationsmöglichkeiten seiner Gleichung führen wird, hatte Nicole mitgeteilt: „Du musst entscheiden, wer sterben wird.“ Doch natürlich weiß niemand im Roman, wie diese Frage motiviert und wodurch sie legitimiert wird. Warum sollte jemand sterben müssen? Und wer ist diese mysteriöse Frau? Warum hat sie lediglich zu Nicole Kontakt?

2. Wer nimmt wahr?
Dirac und David scheinen beide wahrzunehmen, doch jeweils die Welt des anderen. Wie ist das möglich? Nicht nur überschreiten die Figuren ihre eigenen Raumzeithorizonte Richtung Zukunft und Vergangenheit, sondern es verschränken sich somit im Grunde auch ihre Wahrnehmungsperspektiven. Was bedeutet das für die Erzählwelten und für die Weise, wie sie dargestellt und von dem Leser wahrgenommen werden?

3. Wer spricht?
Die genaue Analyse der Konstruktion der Erzählinstanz zeigt, dass es sich hier um einen *multi-level narrator* handelt, um eine Erzählinstanz, die auf mehreren Ebenen operiert. Es handelt sich um eine Superposition von Erzählerstimmen, die nicht nur in allen drei Erzählwelten simultan existieren, sondern diese auch scheinbar willkürlich transzendieren. Dirac bewegt sich auf seiner „Weltlinie“ in die Zukunft, während David sich in die Vergangenheit bewegt. Würde der Roman dem realistischen Erzählcode verpflichtet sein, so wäre diese Art von Erzählinstanz nicht denkbar, jedoch wird dies metafiktional reflektiert. Wir haben es hier mit einem von Marie-Laure Ryan bezeichneten „principle of minimum departure“[105] zu tun. Gemeint ist damit eine kleine Abweichung von den normalen Annahmen der anschaulichen Lebenswelt. Dennoch bleibt die Frage der Klärung der Positionierung der Erzählinstanz – oder mit Genette: Wer spricht denn eigentlich in diesem Text?

4.1 Interformative Transformationen

Erst gegen Ende offenbart der Roman endlich den Inhalt des so oft ausgesparten Gesprächs zwischen dem fiktiven Dirac und der fiktiven „Frau von der Küste“. Die Szene heißt „Strand“:

105 Marie-Laure Ryan: *Possible Worlds, Artificial Intelligence, and Narrative Theory*. Bloomington: Indiana University Press 1991.

> Die Hosenbeine hochgekrempelt, den Hosenbund weit hochgezogen, so daß der gebeugte Oberkörper schwach, weil stark verkürzt aussieht, geht der alte Physiker barfuß durch den Sand, [...]. Neben ihm geht die aufgeklärteste Frau aller Zeiten, die sich beim Blick hinaus auf den Atlantik ein bißchen Heimweh einzureden versucht.
> Sie hat jetzt keine gefärbten blonden Haare mehr – die Tarnung ist überflüssig geworden, die Staffage verschwindet, die Verbindungen und Verweise lösen sich voneinander, [...].
> Der Strand ist frei von Nebenfiguren. Einige besonders markante Gebäude sind stehengeblieben, obwohl die Erzählung sich ihrem ortlosen Ende nähert: [...]
> „Du bist sehr still geworden", tadelt die Frau den Gebeugten. „Worüber sollen wir noch reden?" fragt Dirac.
> „[...] Die Frage, was damit gemeint ist, wenn es dauernd heißt, ich käme von der Küste – nämlich der des Dirac-Meers, wo alle negativen Zustände besetzt sind. Oder wir reden über die Welt, die ich für dich und mich geschaffen habe: eine Welt der Ideen, ein göttliches Spiel, um Möglichkeiten auszuprobieren: [...]"
> „Man wird es nicht verhindern", sagt der Beobachter, „es hat schon angefangen, auch hier. Nicht nur in der Welt, die wir beide kennen."
> „Ist das Absicht, daß du nicht sagst: in der wirklichen Welt?"
> „Keine ist wirklicher als die andere. Sie sind verschieden." [...]
> „Ich weiß, das ist das, was du zeigen wolltest. Deshalb hast du dein Gottesspiel mit mir gespielt." [...]
> Die Frau von der Küste lacht: „Presto, es geht gut aus, denn wenn es schlimm ausgeht und keiner merkt's, ist es egal. Also komm, nutzen wir die Zeit bis zur Entscheidung und dozieren miteinander über Quantenmechanik, im schönsten Kirchenlatein: In quantistica electrodynamica, status particulis carens non est stabilis, ideoque ipse non est status vacui. In vacui autem statu multae ..."
> „Ich erinnere mich: die physikalische Interpretation der Quantenelektrodynamik [...]" (D, S. 345–347)

Bisher scheint alles gut nachvollziehbar zu sein. Candela, die als Figur konzipiert wird, die zwischen den beiden Welten operiert, entpuppt sich als die Personifikation einer Erzählstimme, die bisher verborgen war. Sie kam bisher in der Welt Diracs nur als heimliche „Frau von der Küste" vor, als Wissenschaftlerin, von der nie klar war, welche Funktion sie sonst im Roman hat. Nun stellt es sich heraus, dass sie die theoretischen Prinzipien der Dirac-Gleichung sehr wohl kennt, und zwar so gut, dass sie als interformative Erzählinstanz fungieren kann. Sie ist diejenige, die, metaphorisch ausgedrückt, alle ‚Erzähl-Fäden' in der Hand hält und die theoretischen Prinzipien der Gleichung so umcodiert und rekonfiguriert, damit sie in die *emplotment*-Struktur des Romans transformiert werden können. Zu den Subtilitäten dieser Szene gehört, dass der Dialog der „Frau von der Küste" zwar mit dem fiktiven Dirac beginnt, dass aber der Dialogpartner vollkommen unmotiviert wechselt, ohne dass der Leser darüber informiert wird. Dass die „Frau von der Küste" ihren mit Dirac angefangenen Dialog mit David Dalek fortführt, erfährt der Leser, wenn er aufmerksam liest, erst viel später im Dialog:

> „Dein geschenktes zweites Leben ist so gut wie vorbei“, sagt die Frau und bleibt stehen, dem flächig harten dunklen Smaragdgrün der See zugewandt.
> „Ich weiß. Was ich nicht verstehe, ist, wie das alles ...“
> „Ist doch einfach“, fällt sie ihm ins Wort, „ich habe durch meine bloße Existenz, durch mein Auftauchen im Kontinuum, einen Riß verursacht.“ [...] (D, S. 348)

Hier muss erwähnt werden, dass der Name Candela zum einen auf die lateinische Herkunft des Wortes ‚Kerze‘ und zum anderen auf die physikalische Basiseinheit der Lichtstärke verweist. Ich erinnere daran, dass Diracs Konzeption des Vakuums vorsah, sich vorzustellen, dass es eine Interaktion geben könnte zwischen Photonen und dem Vakuum. Wenn das Vakuum mit Licht, das heißt mit genug Photonen mit ausreichender Strahlungsenergie beschienen wird, dann könnte ein Elektron mit negativer kinetischer Energie ein solches Photon absorbieren, und zu einem Zustand mit positiver Energie wechseln. Dieser Zustand wäre, von außen betrachtet, nichts anderes als ein Elektron mit positiver Energie. Man kann annehmen, dass die Figur Candela als Erzählerstimme dieses Phänomen beschreibt. Sie hat mit Licht das Vakuum bestrahlt und damit in der völligen Gleichmäßigkeit der Vakuumzustände einen Symmetriebruch, einen Riss verursacht. Tatsächlich erscheint in der metanarrativen Welt „Nicole“ als neues Figurenartefakt mit positiver Energie. Diese Figur existierte in der Welt der Freiburger Freunde der 80er Jahre nicht. Sie ist durch die Konfiguration der Erzählerstimme erst eingeführt worden. So erklärt sich auch, dass nur Nicole in dieser Welt einen Bezug zur „Frau von der Küste“ hatte, deren Existenz von allen anderen Figuren geleugnet wurde. Und so erklärt sich auch, warum Nicole gefragt wurde, wer sterben soll, weil die Dirac'sche Theorie als Theorie der Erzeugung und Vernichtung von Teilchen interpretiert wurde. Candela, die metanarrative und metafiktionale Figuration der Dirac-Gleichung, doziert im Roman weiterhin:

> „Die Verhältnisse, die vorher geschützt waren, hat man durch mich aufeinander bezogen. Ich mußte ein paar Arrangements verändern, damit ich leben kann, ein paar Wahrscheinlichkeiten neu einrichten, weil ich so unwahrscheinlich bin. Und weil ich mich in der Welt, die ich da betreten habe, nicht auskannte, habe ich [...] Nicole [gefragt]. [...] Und die Leute um Nicole, lauter ausgebrannte, aber anständige Menschen, die selber einmal versucht haben, den Alltag der Vernunft zu unterwerfen – der politischen, wissenschaftlichen, ästhetischen –, sind ein interessanter Pool [...] von Versuchspersonen [...]. Also wollte ich von ihr wissen, wo ich ansetzen kann, um die Geschichte zu öffnen, die mich trägt. Ich brauchte einen Erzähler, ich brauchte einen Anlaß, ich brauchte einen Widerpart. Also habe ich sie gefragt: Wessen Leben ist entbehrlich, in dieser Welt? Und sie hat gesagt: David Dalek.“ (D, S. 348)

Die Frage, die sich hier aber stellt, ist, wer hier mit dem „Widerpart“ gemeint ist? Brauchte die Erzählerin einen Widerpart zu sich selbst? Oder zu Nicole? Oder zur Figur des fiktiven Dirac? Ist David Dalek als fiktiver Autor als Artefakt, als Gegenpart zur Figur Diracs konzipiert, so wie die Dirac-Gleichung das Elektron und seinen Gegenpart, das Anti-Elektron beschrieb, das später als Positron erkannt wurde? Das legt Candela zumindest nahe:

> „Und deshalb hast du mir ein doppeltes Leben gegeben, ein anderes, als Dirac", sagt der Tailgunner [David] und schaut auf seine zitternden Hände. „Deshalb durfte ich er sein, indem ich mir sein Leben ausgemalt habe, als meines, mich Monate und Jahre lang in eine immer weiter ausgreifende Fantasie über diese Biographie ..."
> „Ich hab' euch ausgetauscht, damit das Ding in Schwung kommt. Er, der neue David, wurde Forscher, du, Dirac, wurdest Erzähler: Du hast mir Diracs Leben zu einem Roman gemacht, in den ich passe, und er hat Davids Leben, seine Umstände, seine Gründe und Anlässe wissenschaftlich auseinandergenommen, damit sich das alles vernünftig neu so organisiert, daß David mir als mein Erzähler taugt, für diesen Roman. Involution: die Materie der Erzählung, ihr Stoff, ist Diracs Weg, die dazu komplementäre Antimaterie ist Davids Weg, und wenn ich den Kontakt herstelle ..."
> „Heben beide einander auf, in einem Energieblitz."
> „Eben nicht. Nein, nicht ganz. Es bleibt ein Rest. Um den geht es."
> Ich räuspere mich, um mein Mißfallen daran auszudrücken, wie diese Person mit Menschen, lebenden und toten, verfährt, als wären es bloße Variablen in einem aus Neugier angezettelten Kalkül. [...]
> Ich darf jetzt den Kopf senken, die Augen schließen und aufhören, Dirac zu sein. (D, S. 349)

Die Offenbarung der Erzählerstimme zeigt, dass jedes der vorgestellten Merkmale der Dirac-Gleichung für das Verständnis der Romankonfiguration offensichtlich wichtig ist. Was ich zeigen wollte, ist, dass diese Gleichung in äußerster Verdichtung – gleich einem Palimpsest – die Prinzipien der diskursiven Formationen der Quantentheorie und der Speziellen Relativitätstheorie in höchster Komplexität miteinander verschränkt. Modelle und Konzepte, die die oben genannten Physiker, die als fiktive Figuren im Roman vorkommen, vorgeschlagen haben, sind in dieser symbolischen Form der Gleichung in äußerster Prägnanz verdichtet. In dieser Formel und ihren physikalischen Interpretationen sind die Beiträge Max Plancks, Erwin Schrödingers, Albert Einsteins, Niels Bohrs, Wolfgang Paulis, James Clerk Maxwells, Oskar Kleins, Walter Gordons und vieler anderer symbolisch verdichtet – als palimpsestische Konfiguration einer Archäologie von theoretischen Modellierungen. Deshalb wurde sie am Anfang des Kapitels mit der Komplexität der ästhetischen Konfiguration der „Divina Commedia" als literarischer symbolischer Form verglichen.

Der übliche Einwand, der gegen einen Vergleich der inkompatiblen Sphären der Physik und Literatur angebracht wird, ist der, dass die physikalischen Formeln angeblich so eindeutig sind, während die literarischen Texte so vielschichtig, vieldeutig und interpretationsbedürftig sind. Das mag in den meisten Fällen zutreffen. Dieser Roman zeigt jedoch, dass in der Physik des 20. Jahrhunderts sich etwas Entscheidendes ändert: Nachdem sich die theoretische Physik um 1900 dank der sekundären mathematischen Modellierung sozusagen autonomisiert (ein Prozess, der für die Literatur mit der Schwelle zum 19. Jahrhundert beginnt), sind die Gleichungen der Theoretischen Quantenphysik zur gleichen Zeit hoch präzise in ihren Vorhersagen und höchst interpretationsbedürftig. Auch die Dirac-Gleichung erfuhr im 20. Jahrhundert durch eine nächste Generation von Physikern weitere Interpretationen. Es kamen immer weitere Hinweise auf mögliche Transformationsrelationen, die sich aus der Gleichung ergeben. Interessanterweise können auch diese neueren Interpretationen durch Richard Feynman und seinen Kollegen als Folien gelten für eine nächste Interpretation des Romans, falls die bisherige noch nicht überzeugend war.

4.2 Die Feynman-Stückelberg-Interpretation

Nachdem Diracs negative Energie-Lösungen empirisch bestätigt wurden, erwies es sich als sehr wichtig, ihnen eine etwas elegantere Interpretation zuzuschreiben als diejenige des Dirac-Meers, die sich logisch als wenig transparent erwies.

Nicht nur Dirac, sondern auch der französische Physiker Ernst Stückelberg[106] und der amerikanische Physiker Richard Feynman arbeiteten an einer physikalisch wie mathematisch nachvollziehbaren Interpretation der Dirac-Gleichung. Feynman schlug 1949 in seiner Publikation „The Theory of Positrons“ eine neue Interpretation der negativen Energielösungen der Dirac-Gleichung vor:

> The problem of the behavior of positrons and electrons in given external potentials, neglecting their mutual interaction, is analyzed by replacing the theory of holes by a reinterpretation of the solutions of the Dirac equation. It is possible to write down a complete solution of the problem […] and this solution contains automatically all the possibilities of virtual (and real) pair formation and annihilation together […].[107]

Feynman schlägt ein „re-framing“ vor, eine Neu-Orientierung in der Konzeptualisierung des Erhaltungsgedankens. Dieser ist dank der Erhaltungs-Symmetrierelationen, auf der die Theorie der Elementarteilchen basiert, sehr wichtig. Seine Neu-Orientierung ist darauf ausgerichtet, dass man nicht die Partikel, die Quantenfelder, als Konservierungsgrößen betrachtet. Das impliziert auch, dass man sich nicht mehr auf ihre Entstehung und Zerstörung in Paaren konzentriert. Die Auf-

---

106 Vgl. Ernst C. G. Stueckelberg: „La signification du temps propre en mécanique ondulatoire“. In: *Helvetica Physica Acta* 14 (1941). S. 322–323.

107 Richard P. Feynman: „The Theory of Positrons“. In: *Physical Review* 76.6 (1949). S. 749–759, hier S. 749.

merksamkeit sollte vielmehr auf ihre Ladung gerichtet werden. Wenn man die Erhaltung der Ladung verfolgt, dann können die komplizierten Sachverhalte um Einiges vereinfacht werden.

> The various creation and annihilation operators in the conventional electron field view are required because the number of particles is not conserved, i. e., pairs may be created or destroyed. On the other hand charge is conserved which suggests that if we follow the charge, not the particle, the results can be simplified.[108]

Feynman zeigte, dass das Quantenfeld mit negativer Energie nicht als ein Elektron interpretiert werden konnte, das sich in die Vergangenheit bewegt. Das wäre absurd, denn es verstößt gegen das Energieerhaltungsprinzip. Feynman schlug vielmehr vor, dass das Partikel mit negativer Energie als ein Anti-Partikel mit positiver Energie rekonzeptualisiert werden soll. Es sollte als ein Positron mit positiver Ladung reinterpretiert werden, das sich in die Zeitrichtung und nicht gegen die Zeitrichtung bewegt. Im Klartext bedeutet Feynmans Interpretation, dass die Wellenfunktion eines Elektrons, das sich mit negativer Energie bewegt, mit der Wellenfunktion eines Positrons korrespondiert, das sich in einem symmetrisch gespiegelten Raum zurück in die Zeit bewegt.

> In the approximation of classical relativistic theory the creation of an electron pair (electron A, positron B) might be represented by the start of two world lines from the point of creation, 1. The world lines of the positron will then continue until it annihilates another electron, C, at a world point 2. Between the times t1 and t2 there are then three world lines, before and after only one. However, the world lines of C, B, and A together form one continuous line albeit the „positron part" B of this continuous line is directed backwards in time. Following the charge rather than the particles corresponds to considering this continuous world line as a whole rather than breaking it up into its pieces.[109]

Erst die Interpretation Feynmans, die sich in der Quantenelektrodynamik letztendlich durchgesetzt hat, liefert meiner Ansicht nach den größeren theoretischen Kontext, vor dessen Hintergrund der Roman interpretiert werden kann. Während das Dirac-Meer als Interpretationsvorschlag durch den Roman nahegelegt wird, wird Feynman selbst nur an einer einzigen Stelle im Roman namentlich zitiert. Doch erst seine Deutung erlaubt es, den fragmentarischen Ausschnitten des Romans, den verschiedenen Zeitebenen, die sich überlagern, der Aufspaltung in der realen Referenzwelt und der imaginären Welt, deren Referenzwerte rein symbolisch sind, eine kohärente Interpretation zu geben.

Man könnte sie als verschiedene Dimensionen einer narrativen Konstruktion interpretieren, die auf eine hochkomplexe Symmetrie-Transformation basiert,

---

108 Feynman: „The Theory of Positrons" (Anm. 106), S. 749.
109 Feynman: „The Theory of Positrons" (Anm. 106), S. 749.

auf die Feynman in seiner Interpretation hindeutet: Es geht um die Symmetrie-Transformation, die von Gerhard Lüders 1954 und Wolfgang Pauli 1955 in die Physik eingeführt wurde. Sie bringt die fundamentale Invarianz der physikalischen Gesetze der Quantentheorie zum Ausdruck und nennt sich CPT-Transformation, nach dem Englischen *Charge* (‚Ladung‘), *Parity* (‚Parität‘), das heißt Raumsymmetrie, „T“ für Zeitsymmetrie. Sie ist ein fundamentales Gesetz der Quantenfeldtheorie, das besagt, dass ein Prozess des Austausches in der Physik zulässig ist, wenn zusätzlich zum Austausch eine Spiegelung des Raumes und eine Umkehrung der Zeitrichtung vorgenommen wird. Die Anleitung für die Ausführung der drei Transformationen hintereinander liest sich wie der wissenschaftshistorische Kontext, dem die Lesart zur interformativen Machart des Romans entnommen werden kann.

– Die C-Transformation setzt voraus, dass ein Teilchen durch sein Antiteilchen ersetzt wird und umgekehrt. Die Ladung der Teilchen wechselt dabei ihr Vorzeichen von „–“ zu „+“ oder umgekehrt. Candela hat dies vorgeführt, durch den Austausch zwischen Dirac und David.
– Zudem wird die sogenannte P-Transformation ausgeführt: Diese Transformation wird Raumspiegelung genannt. Das ist die interformative Vorlage für die Spiegelung der zwei Erzählwelten, der aktualen Dirac-Welt 1902–1984 und der gespiegelten imaginären Welt der Freiburger Freunde 1980–2006.
– Schließlich wird die T-Transformation durchgeführt: Sie vollzieht sich als Inversion der Zeitkoordinaten der beteiligten Teilchen. Deshalb kann David als fiktiver Beobachter zurück in die Zeit wandern, in die Welt Diracs, während Dirac mit seiner Gleichung das Organisationsprinzip dazu liefert, die Figurenkonstellation der Freunde in der Welt Davids zu modellieren.

Nun erschließt sich der Dialog zwischen Candela und David Dalek, dem fiktiven Autor der Dirac’schen Romanbiografie, aus einer neuen Interpretationsperspektive, in der Candela, die bisher als verborgene Erzählerin agiert hatte, sich nun in postmoderner Manier selbst entlarvt und die Dirac-Gleichung als verborgenes Form- und Organisationsprinzip der Romankonfiguration offenbart. Sie drückt – narrativ umcodiert – das aus, was die CPT-Transformation in der Quantenfeldtheorie mathematisch repräsentiert.

> „Ich hab’ euch ausgetauscht, damit das Ding in Schwung kommt. Er, der neue David, wurde Forscher, du, Dirac, wurdest Erzähler: Du hast mir Diracs Leben zu einem Roman gemacht, in den ich passe, und er hat Davids Leben, seine Umstände, seine Gründe und Anlässe wissenschaftlich auseinandergenommen, damit sich das alles vernünftig neu so organisiert, daß David mir als mein Erzähler taugt, für diesen Roman. Involution: die Materie der Erzählung, ihr Stoff, ist Diracs Weg, die dazu komplementäre Antimaterie ist Davids Weg, und wenn ich den Kontakt herstelle ...“

„Heben beide einander auf, in einem Energieblitz."
„Eben nicht. Nein, nicht ganz. Es bleibt ein Rest. Um den geht es." (D, S. 349)

Der Rest, der bleibt, ist der Roman. Dirac und David werden zu Erzählern in je einer Erzählwelt, in der sie sich normalerweise logisch nicht aufhalten könnten, es sei denn die CPT-Transformation macht dies logisch möglich. Aufgrund dieser Befunde kann die multimodale Konstruktion der Erzählinstanzen im Roman „Dirac" nun im Detail ausdifferenziert werden.

5 Die interdiegetische Erzählinstanz

Es gibt zum einen auf der Makroebene des Romans eine in weiten Teilen verborgene makronarrative Erzählinstanz, die das Form- und Organisationsprinzip des Romans ist. Diese ist die Dirac-Gleichung, für die Candela als *alter ego* fungiert, die im Grunde den Roman nach der konzeptuellen Struktur der Gleichung narrativ modelliert. Sie verrät ihren Status an einer einzigen Stelle gegen Ende des Romans, in der oben zitierten Passage und gibt sich dann als Candela, die Frau an der Küste, figural zu erkennen.

Als zweite Ebene der multimodalen Erzählinstanz ist die Superposition der Erzählinstanzen David und Dirac als *crossworld interdiegetic narrators*. Man könnte hier sogar von einer narrativen Innovation sprechen. Ich schlage vor, für eine solche Erzählinstanz, die zwischen unterschiedlichen ontologischen Erzählwelten vermittelt, den Terminus der *interdegietischen Erzählinstanz* zu verwenden. Die Richtungen der Weltlinien der beiden Erzähler-Figuren werden vertauscht: Die Weltlinie der Figur Dirac führt in die Zukunft, in die Welt Davids. Die Figur Davids wandert als Beobachter in die Erzählwelt Diracs und erzählt diese aus heterodiegetischer Perspektive. Doch wir hatten beobachten können, dass die Erzählperspektive manchmal mitten im Abschnitt von der heterodiegetischen, distanzierten Sicht, zur homo- oder autodiegetischen Innensicht wechselt, von David zu Dirac. Dieses Diskursmodell erlaubt es, dass die Erzählinstanzen superponiert werden. In der eigenen Welt sind sie homodiegetisch, in der Welt des anderen verwandeln sie sich jeweils in heterodiegetische Erzähler und da sie die narrative Verbindung zwischen den Welten schaffen, sind sie durch die Spiegelung der Welten und durch die Zeitumkehr ihrer Weltlinien interdiegetisch. Sie transzendieren die Raumzeit ihrer jeweiligen Erzählwelt und erweisen sich somit als Mediatoren zwischen den interformativen Diskurssphären der Physik und der Literatur. Auf der dritten, metanarrativen Erzählebene findet sich David im Jahr 2006 als Erzählerinstanz, der den Schreibprozess des Romans reflektiert, den der Leser gerade liest. Die metanarrative, metafiktionale dritte Ebene ist diejenige, die das Ergebnis der Verschränkung beider

Diskurssphären stets kritisch reflektiert und ihre Chancen und Risiken sorgfältig ausbalanciert.

Durch diesen komplexen Transformationsprozess erweisen sich die symbolischen Formen der Physik und der Literatur als (teil-)kommensurabel, durch die konzeptuelle und semio-logische Mediation interformativer Verfahren der Transformation. Auch die Dirac-Gleichung erhält im Lichte dieses Romans eine mehrdimensionale Interpretationsperspektive: Sie ist erstens die verborgene Erzählerin auf makronarrativer Ebene, verkörpert in der fiktiven Welt von Candela als fiktiver Figur. Die Dirac-Gleichung bietet die relativistisch korrekte Darstellung der Dynamik der Elektronen, Positronen, generell aller Fermionen aus dem Standardmodell der Elementarteilchen. Sie ist als konzeptuelles ästhetisches Artefakt das Konfigurationsmodell des Romans „Dirac“, aus dem das Diskursmodell der Figurenkonzeption, der Weltenkonfiguration, der Zeitumkehrung und der Raumspiegelung entspringt. Sie steht zugleich symbolisch für die Komplexität mathematischer und ästhetischer Symmetrierelationen, die physikalische und literarische Zugänge zur Erschließung symbolischer Welten bieten.

Was ich letztendlich zu zeigen versuchte, ist, wie die interformative Transformationsrelation zwischen der Gleichung und den narrativen Verfahren des Romans funktioniert: Der Konzeptualisierungsform der komplexen Wellenfunktion der Dirac-Gleichung entspricht die Konfiguration der Erzählwelten im Roman. Die Tatsache, dass die komplexe Wellenfunktion in Diracs Modellierung einen vierdimensionalen Operator erfordert, entspricht dem interformativen Modell der Figurenkonzeption im Roman. Den relationalen Symmetrieprinzipien der Gleichung entspricht die Konfiguration der Raumzeit im Roman.

X Resümee

Die Interformation ist ein textstrategischer Prozess, der semio-logische Diskurssphären in Wechselwirkung versetzt. Ihre Funktion ist die der symbolischen Probesimulation des „dekonstruktiven“ und rekonstruktiven „Zwischenspiels“[1] zwischen „Beschreibung und Neubeschreibung.“[2]

Nach Lotmans Kommunikationstheorie in „Kultur und Explosion“, die an der Informationstheorie orientiert ist, gilt der Grundsatz, dass, je weniger wahrscheinlich der Inhalt einer Nachricht ist, desto höher deren Informationswert einzustufen ist: „die Übersetzung des Nicht-Übersetzbaren ist Träger hochwertiger Information.“[3] Interformationstheoretisch gewendet bedeutet dies, dass, je weniger wahrscheinlich die Verschränkung semio-logischer Diskurssphären für die Prozesse der Semantisierung und der Semiose ist, desto höher der Innovationsgrad der Interformation sein wird. In seinem Aufsatz „Zum kybernetischen Aspekt der Kultur“[4] schlägt Lotman vor, zu untersuchen, ob nicht jede Kultur über eigene Mechanismen der Erzeugung von Unbestimmtheit verfügt, um semio-logische Diskurssphären miteinander zu verschränken und Wege zur Erzeugung des Neuen zu eröffnen. Ich bin in dieser Arbeit der Frage nachgegangen, inwiefern das Konzept der Interformation als ein solcher Grundmechanismus zu verstehen ist, der in beiden Feldern – dem der Literatur und dem der Wissenschaft – operiert und diese gelegentlich auch miteinander verschränkt, zu Wechselwirkungskonfigurationen der Grenze, der Schwelle und der unsicheren Übergänge zum Neuen, zur kulturellen Explosion und zur epistemisch-ästhetischen Transformation. So ergibt sich als Gegensatz zur Ordnung nicht nur die Unordnung, sondern auch die Überlagerung bestehender Ordnungen zum Zwecke der Dekonstruktion und Reorganisation von Ordnungen. Durch die Spezialisierung der semio-logischen Diskurssphären einerseits und durch ihre gelegentliche interformative Verschränkung andererseits errichtet die Kultur zwei notwendige Mechanismen, die aufeinander angewiesen sind: den der Sedimentation und den der Interformation und epistemisch-ästhetischen Transformation.

1 Paul Ricœur: *Die lebendige Metapher*. Übers. von Rainer Rochlitz. 3. Aufl. München: Fink 2004, S. 28.

2 Paul Ricœur: *Die lebendige Metapher*. (Anm. 1), S. 28.

3 Jurij M. Lotman: *Kultur und Explosion*. Hrsg. von Susi K. Frank. Übers. von Dorothea Trottenberg. Berlin: Suhrkamp 2010, S. 13.

4 Jurij M. Lotman: „Zum kybernetischen Aspekt der Kultur“. In: ders.: *Aufsätze zur Theorie und Methodologie der Literatur und Kultur*. Hrsg. von Karl Eimermacher. Kronberg im Taunus: Scriptor Verlag 1974. S. 417–421, hier S. 418.

https://doi.org/10.1515/9783110729887-015

Danksagung

Die Fertigstellung dieser interdisziplinär angelegten Monographie wäre nicht möglich gewesen ohne die Unterstützung von Personen und Institutionen, denen ich hiermit ausdrücklich danken möchte: Die Arbeit ist als Habilitationsschrift im Rahmen des Interdisziplinären Forschungszentrums für Literatur und Naturwissenschaft ELINAS entstanden. Ich danke Christine Lubkoll und Klaus Mecke für ihre unaufhörliche Unterstützung und für die Mitinitiierung des ELINAS, das als ein *Emerging Field* von der Friedrich-Alexander-Universität Erlangen-Nürnberg großzügig gefördert wurde und von der Philosophischen und der Naturwissenschaftlichen Fakultät getragen wird. Mit ihm wurde eine ungewöhnliche Fächerkooperation eröffnet: Natur- und Kulturwissenschaften führen darin ihre Methoden zusammen zur Untersuchung kulturspezifisch geprägter Wissenschaftssprachen, zur Analyse der Ethik und Rhetorik wissenschaftlicher Argumentation und zur Reflexion der kulturellen Bedeutung natur- und literaturwissenschaftlicher Forschung. Klaus Mecke hat im Rahmen von ELINAS ein Zyklus von Vorlesungen „Physik für Geisteswissenschaftler" angeboten. Alexander Laska bot die Übungen dazu an. Ich danke ihnen dafür, denn dies führte zu meinem Entschluss, weitere Vorlesungen des Erlanger Physik-Departments zu besuchen. Ich danke Gerhard Ernst, Rudolf Freiburg, Sabine Friedrich, Antje Kley, Angelika Lampert, Alexander Laska, Lothar Ley, Miriam Rückelt, Holger Schulze, Michael Sinding, Dirk Vanderbeke, Jörn Wilms, Maria Wolff und Stefan Winter für den regen intellektuellen Austausch in diesem Kontext. Klaus Mecke, Jörn Wilms und Florian Marquardt danke ich dafür, dass ich ihre Vorlesungen und Seminare am Physikalischen Institut besuchen durfte. Viele Aspekte des Ansatzes der Interformation durfte ich den Physikalischen Kolloquien der Institute in Köln, Stuttgart und Erlangen vorstellen und diskutieren, auf zahlreichen Konferenzen der *European Society for Literature, Science and the Arts* und der *International Union of the History and Philosophy of Science*, in interdisziplinären Kolloquien, Sommerschulen und Seminaren des eigenen Instituts und auf Einladung zahlreicher anderer Universitäten. Ich danke meinen Kollegen und Kolleginnen, meinen Studenten und Studentinnen für all ihre wertvollen Anregungen und kritischen Anmerkungen. Miriam Rückelt hat meine Forschung durch unermüdliche Recherche- und Lektoratsarbeit unterstützt, Tina Bayer und Marlene Eckert danke ich auch für die Unterstützung bei der Endredaktion des Manuskripts. Anja Michalski und Stella Diedrich vom De Gruyter Verlag danke ich für die Betreuung der Publikation. Clemens Heydenreich danke ich für die stete Ermunterung zum Pragmatismus und zur Arbeit am Stil.

https://doi.org/10.1515/9783110729887-016

Literaturverzeichnis

Abbott, H. Porter: „Narrativity“ (2014). In: *The Living Handbook of Narratology*. Hrsg. von Peter Hühn, Jan Christoph Meister, John Pier und Wolf Schmid. Hamburg: Hamburg University Press. https://www-archiv.fdm.uni-hamburg.de/lhn/node/27.html (zuletzt besucht am 03. Februar 2023).

Achinstein, Peter: *Particles and Waves. Historical Essays in the Philosophy of Science*. New York: Oxford University Press 1991.

Adam, Jean-Michel: *Le récit*. Paris: Presses Universitaires de France 1999.

Albrecht, Andrea und Franziska Bomski: „Grabenkämpfe und Brückenschläge. Interdisziplinarität in der Praxis“. In: *Scientia Poetica* 26.1 (2022). S. 191–200.

Albrecht, Andrea, Gesa von Essen und Werner Frick (Hrsg.): *Zahlen, Zeichen und Figuren. Mathematische Inspirationen in Kunst und Literatur*. Berlin: De Gruyter 2011.

Ampère, André-Marie: *Théorie des phénomènes électro-dynamiques, uniquement déduite de l'expérience*. Paris: Chez Méquignon-Marvis 1826.

Ampère, André-Marie und Jacques Babinet: *Exposé des nouvelles découvertes sur l'électricité et le magneétisme, de mm. Œrsted, Arago, Ampère, H. Davy, Biot, Erman, Schweiger, De La Rive, etc.* Paris: Chez Méquignon-Marvis 1822.

Anderson, Carl D.: „The Positive Electron“. In: *Physical Review* 43.6 (1933). S. 491–494. https://doi.org/10.1103/PhysRev.43.491.

Andreas, Holger: „Zur Wissenschaftslogik von Gedankenexperimenten“. In: *Deutsche Zeitschrift für Philosophie* 59 (2011). S. 75–91. https://doi.org/10.1524/dzph.2011.59.1.75.

Arabatzis, Theodore: *Representing Electrons. A Biographical Approach to Theoretical Entities*. Chicago: University of Chicago Press 2006.

Aristoteles: *Über den Himmel*. Übers. und erläutert von Alberto Jori. In: ders.: *Aristoteles Werke in deutscher Übersetzung*. Bd. 12,3. Hrsg. von Hellmut Flashar. Berlin: Akademie 2009.

Arnold, Matthew: „Literature and Science (1882)“. In: ders.: *The Complete Prose Works of Matthew Arnold*. Bd. 10: *Philistinism in England and America*. Hrsg. von Robert H. Super. Ann Arbor: University of Michigan Press 1974. S. 53–73.

Arnold, Sonja, Stephanie Catani, Anita Gröger, Christoph Jürgensen, Klaus Schenk und Martina Wagner-Egelhaaf (Hrsg.): *Sich selbst erzählen. Autobiographie – Autofiktion – Autorschaft*. Kiel: Ludwig 2018.

Arsenault, Raymond: *The Sound of Freedom. Marian Anderson, the Lincoln Memorial, and the Concert That Awakened America*. New York: Bloomsbury 2009.

Ashman, Keith M. und Philip S. Baringer (Hrsg.): *After the Science Wars*. London, New York: Routledge 2001.

Bach, Johann Sebastian: *Musikalisches Opfer. Musical Offering. Offrande musicale*. Taschenpartitur. Hrsg. von Hans Gal. London: Boosey & Hawkes 1952.

Bach, Johann Sebastian: *Neue Ausgabe sämtlicher Werke*. Bd. 8.1: *Kanons, Musikalisches Opfer*. Hrsg. von Christoph Wolff. Kassel, Basel: Bärenreiter 1976.

Bachelard, Gaston: *Epistemologie*. Hrsg. von Dominique Lecourt. Übers. von Henriette Beese. Frankfurt a. M.: Fischer Taschenbuch Verlag 1993.

Badura, Christopher und Amy Kind (Hrsg.): *Epistemic Uses of Imagination*. New York, London: Routledge 2021.

Bagrov, Vladislav G. und Dmitry Gitman: *The Dirac Equation and its Solutions*. Berlin, New York: De Gruyter 2014.

https://doi.org/10.1515/9783110729887-017

Bal, Mieke: *Narratology. Introduction to the Theory of Narrative*. Übers. von Christine van Boheemen. 2. Aufl. Toronto: University of Toronto Press 1985.

Bal, Mieke: *Travelling Concepts in the Humanities. A Rough Guide*. Toronto: University of Toronto Press 2002.

Balke, Friedrich, Bernhard Siegert und Joseph Vogl (Hrsg.): *Modelle und Modellierung*. Paderborn: Fink 2014.

Barbour, Julian B.: *Absolute or Relative Motion? A Study from a Machian Point of View of the Discovery and the Structure of Dynamical Theories*. Bd. 1: *The Discovery of Dynamics*. Cambridge: Cambridge University Press 1989.

Bargmann, V. und Eugene P. Wigner: „Group Theoretical Discussion of Relativistic Wave Equations". In: *Proceedings of the National Academy of Sciences of the United States of America* 34.5 (1948). S. 211–223. https://doi.org/10.1073/pnas.34.5.211.

Barnes, Barry, David Bloor und John Henry: *Scientific Knowledge. A Sociological Analysis*. London: Athlone 1996.

Barros, Bruno J. und Francisco S. N. Lobo: „Wormhole Geometries Supported by Three-Form Fields". In: *Physical Review D: Particles and Fields* 98.4 (2018). Art. 044012. https://doi.org/10.1103/PhysRevD.98.044012.

Bazerman, Charles: *Shaping Written Knowledge. The Genre and Activity of the Experimental Article in Science*. Madison: University of Wisconsin Press 1988.

Bazerman, Charles, Robert Krut, Karen Lunsford, Susan McLeod, Suzie Null, Paul Rogers u. a (Hrsg.): *Traditions of Writing Research*. New York: Routledge 2010.

Behmel, Albrecht: *Was sind Gedankenexperimente? Kontrafaktische Annahmen in der Philosophie des Geistes – der Turingtest und das Chinesische Zimmer*. Stuttgart: Ibidem 2001.

Bekhta, Natalya: „Emerging Narrative Situations. A Definition of We-Narratives Proper". In: *Emerging Vectors of Narratology*. Hrsg. von Per Krogh Hansen, John Pier, Philippe Roussin und Wolf Schmid. Berlin, Boston: De Gruyter 2017. S. 101–126. https://doi.org/10.1515/9783110555158.

Bell, John S.: *Speakable and Unspeakable in Quantum Mechanics*. Cambridge: Cambridge University Press 1987.

Beller, Mara: *Quantum Dialogue. The Making of a Revolution*. Chicago: University of Chicago Press 1999.

Benn, Gottfried: „Goethe und die Naturwissenschaften". In: ders.: *Gesammelte Werke in der Fassung der Erstdrucke*. Bd. 3: *Essays und Reden*. Hrsg. von Bruno Hillebrand. Frankfurt a. M.: Fischer 1989. S. 175–206.

Bense, Max: *Aesthetica. Einführung in die neue Aesthetik*. 2. Aufl. Baden-Baden: Agis 1982.

Bense, Max: „Literaturmetaphysik. Der Schriftsteller in der technischen Welt (1950)". In: ders.: *Ausgewählte Schriften in vier Bänden*. Bd. 3. Hrsg. von Elisabeth Walther. Stuttgart: Metzler 1998. S. 159–251. https://doi.org/10.1007/978-3-476-03716-9_2.

Bergengruen, Maximilian: „Moosbruggers Welt. Zur Figuration von Strafrecht und Forensik in Robert Musils Der Mann ohne Eigenschaften". In: *Figurenwissen. Funktionalisierung des Wissens bei der narrativen Figurendarstellung*. Hrsg. von Lilith Jappe, Olav Krämer und Fabian Lampart. Berlin, Boston: De Gruyter 2012. S. 324–344. https://doi.org/10.1515/9783110229141.

Bernsdorff, Hans: „Antonios-Diogenes-Interpretationen". In: *Studien zur Philologie und zur Musikwissenschaft* 7 (2009). S. 1–52.

Bies, Michael und Michael Gamper (Hrsg.): *„Es ist ein Laboratorium, ein Laboratorium für Worte". Experiment und Literatur III: 1890–2010*. Göttingen: Wallstein 2011.

Bishop, Michael: „An Epistemological Role for Thought Experiments". In: *Idealization IX. Idealization in Contemporary Physics*. Hrsg. von Niall Shanks. Amsterdam, Atlanta, GA: Rodopi 1998. S. 19–33.

Black, Max: *Models and Metaphors. Studies in Language and Philosophy*. Ithaca, New York: Cornell University Press 1962.

Black, Max: „More about Metaphor“. In: *Dialectica* 31.3/4 (1977). S. 431–457. https://doi.org/10.1111/j.1746-8361.1977.tb01296.x.

Black, Max: *Models and Metaphors. Studies in Language and Philosophy*. 7. Aufl. Ithaca, New York: Cornell University Press 1981.

Blank, Walter: Art. „Allegorie3“. In: *Reallexikon der deutschen Literaturwissenschaft*. Hrsg. von Klaus Weimar. 3. Aufl. Berlin, New York: De Gruyter 2007. S. 44–48. https://doi.org/10.1515/9783110914672.

Bloor, David: *Knowledge and Social Imagery*. London: Routledge & Paul 1976.

Bloor, David: „The Strengths of the Strong Programme“. In: *Scientific Rationality. The Sociological Turn*. Hrsg. von James Robert Brown. Dordrecht: Springer Netherlands 1984. S. 75–94. https://doi.org/10.1007/978-94-015-7688-8_3.

Blumenbach, Johann Friedrich: *Über den Bildungstrieb und das Zeugungsgeschäfte*. Göttingen: Dieterich 1781.

Blumenberg, Hans: „Weltbilder und Weltmodelle“. In: *Nachrichten der Gießener Hochschulgesellschaft* 30 (1961). S. 67–75.

Blumenberg, Hans: *Die kopernikanische Wende*. Frankfurt a. M.: Suhrkamp 1965.

Blumenberg, Hans: *Die Genesis der kopernikanischen Welt*. 3 Bände. Frankfurt a. M.: Suhrkamp 1981.

Blumenberg, Hans: *Die Lesbarkeit der Welt*. Frankfurt a. M.: Suhrkamp 1981.

Blumenberg, Hans: *Der Prozeß der theoretischen Neugierde*. 4. Aufl. Frankfurt a. M.: Suhrkamp 1988.

Blumenberg, Hans: *Die Genesis der kopernikanischen Welt*. Bd. 1: *Die Zweideutigkeit des Himmels. Eröffnung der Möglichkeit eines Kopernikus*. 2. Aufl. Frankfurt a. M.: Suhrkamp 1989.

Blumenberg, Hans: *Die Legitimität der Neuzeit*. Frankfurt a. M.: Suhrkamp 1996.

Bogoljubov, Nikolaj N. und Dmitrij V. Širkov: *Introduction to the Theory of Quantized Fields*. New York: Wiley 1959.

Bohm, David: „A Suggested Interpretation of the Quantum Theory in Terms of ‚Hidden‘ Variables. I and II“. In: *Physical Review* 85.2 (1952). S. 166–179 und 180–193.

Böhme, Hartmut: „Die Metaphysik der Erscheinungen. Teleskop und Mikroskop bei Goethe, Leeuwenhoek und Hooke“. In: *Kunstkammer, Laboratorium, Bühne. Schauplätze des Wissens im 17. Jahrhundert*. Hrsg. von Helmar Schramm, Ludger Schwarte und Jan Lazardzig. Berlin, New York: De Gruyter 2003. S. 359–396. https://doi.org/10.1515/9783110201765.359.

Bohr, Niels: „On the Constitution of Atoms and Molecules, Part I“. In: *The London, Edinburgh, and Dublin Philosophical Magazine and Journal of Science* 26.151 (1913). S. 1–25. https://doi.org/10.1080/14786441308634955.

Bohr, Niels: „On the Constitution of Atoms and Molecules, Part II: Systems Containing Only a Single Nucleus“. In: *The London, Edinburgh, and Dublin Philosophical Magazine and Journal of Science* 26.153 (1913). S. 476–502. https://doi.org/10.1080/14786441308634993.

Bohr, Niels: „On the Constitution of Atoms and Molecules, Part III: Systems Containing Several Nuclei“. In: *The London, Edinburgh, and Dublin Philosophical Magazine and Journal of Science* 26.155 (1913). S. 857–875. https://doi.org/10.1080/14786441308635031.

Bohr, Niels: „The Structure of the Atom. Nobel Lecture, December 11, 1922“. In: *The Official Website of the Nobel Prize*. Juni 2018. https://www.nobelprize.org/uploads/2018/06/bohr-lecture.pdf (zuletzt besucht am 08. Juli 2022).

Bokulich, Alisa: „Rethinking Thought Experiments“. In: *Perspectives on Science* 9 (2001). S. 285–307.

Bokulich, Alisa: „Explanatory Fictions“. In: *Fictions in Science. Philosophical Essays on Modeling and Idealization*. Hrsg. von Mauricio Suárez. New York, London: Routledge 2009. S. 91–109.

Boltzmann, Ludwig: Art. „Model“. In: *The New Volumes of the Encyclopaedia Britannica*. Bd. 30. 10. Aufl. London: „The Times“ Printing House 1902. S. 788–791.

Bomski, Franziska: *Die Mathematik im Denken und Dichten von Novalis. Zum Verhältnis von Literatur und Wissen um 1800*. Berlin: De Gruyter 2014.

Bomski, Franziska und Stefan Suhr (Hrsg.): *Fiktum versus Faktum? Nicht-mathematische Dialoge mit der Mathematik*. Berlin: Schmidt 2012.

Bondi, Hermann: *Relativity and Common Sense. A New Approach to Einstein*. Illustr. von Kenneth Crook. New York: Doubleday & Company 1964.

Borgards, Roland: „Wissen und Literatur. Eine Replik auf Tilmann Köppe“. In: *Zeitschrift für Germanistik* 17 (2007). S. 425–428.

Borgards, Roland und Harald Neumeyer: „Der Ort der Literatur in einer Geschichte des Wissens. Plädoyer für eine entgrenzte Philologie“. In: *Grenzen der Germanistik. Rephilologisierung oder Erweiterung?* Hrsg. von Walter Erhart. Stuttgart, Weimar: Metzler 2004. S. 210–222.

Borgards, Roland, Harald Neumeyer, Nicolas Pethes und Yvonne Wübben (Hrsg.): *Literatur und Wissen. Ein interdisziplinäres Handbuch*. Stuttgart, Weimar: Metzler 2013.

Born, Max: „Zur Quantenmechanik der Stoßvorgänge“. In: *Zeitschrift für Physik* 37.12 (1926). S. 863–867. https://doi.org/10.1007/BF01397477.

Born, Max: *Die Relativitätstheorie Einsteins*. Komm. und erw. von Jürgen Ehlers und Markus Pössel. 6. Aufl. Berlin, New York: Springer 2001.

Born, Max, Werner Heisenberg und P. Jordan: „Zur Quantenmechanik II“. In: *Zeitschrift für Physik* 35.8/9 (1926). S. 557–615. https://doi.org/10.1007/BF01379806.

Born, Max und P. Jordan: „Zur Quantenmechanik“. In: *Zeitschrift für Physik* 34.1 (1925). S. 858–888. https://doi.org/10.1007/BF01328531.

Brain, Robert M., Robert S. Cohen und Ole Knudsen (Hrsg.): *Hans Christian Ørsted and the Romantic Legacy in Science. Ideas, Disciplines, Practices*. Dordrecht: Springer 2007.

Brandt, Christina: *Metapher und Experiment. Von der Virusforschung zum genetischen Code*. Göttingen: Wallstein 2004.

Brandt, Christina: „Wissenschaft“. In: *Erzählen. Ein interdisziplinäres Handbuch*. Hrsg. von Matías Martínez. Stuttgart: Metzler 2017. S. 210–218.

Breidbach, Olaf, Kerrin Klinger und Matthias Müller: *Camera obscura. Die Dunkelkammer in ihrer historischen Entwicklung*. Stuttgart: Steiner 2013.

Breitbarth, Claudia: „Das mehrdimensionale Spiel mit Authentizitäts- und Historizitätsfiktion in Raoul Schrotts Prosawerken“. In: *Kulturbau. Aufräumen, Ausräumen, Einräumen*. Hrsg. von Peter Hanenberg, Isabel Capeloa Gil, Filomena Viana Guarda und Fernando Clara. Frankfurt a. M.: Lang 2010. S. 335–349.

Broch, Hermann: „Denkerische und dichterische Erkenntnis (1933)“. In: ders.: *Kommentierte Werkausgabe*. Bd. 9,2: *Schriften zur Literatur*. Teil 2: *Theorie*. Hrsg. von Paul Michael Lützeler. Frankfurt a. M.: Suhrkamp 1975. S. 43–49.

Broglie, Louis de: „The Wave Nature of the Electron. Nobel Lecture, December 12, 1929“. In: *The Official Website of the Nobel Prize*. April 2016. https://www.nobelprize.org/uploads/2016/04/broglie-lecture.pdf (zuletzt besucht am 08. Juli 2022).

Bronfen, Elisabeth: „Cross-Mapping. Kulturwissenschaft als Kartographie von erzählender und visueller Sprache“. In: *Kulturwissenschaften. Forschung – Praxis – Positionen*. Hrsg. von Lutz Musner und Gotthart Wunberg. 2. Aufl. Wien: WUV 2003. S. 121–150.

Bronfen, Elisabeth: *Crossmappings. Essays zur visuellen Kultur*. Zürich: Scheidegger & Spiess 2009.

Brown, Cary A., Bruce D. Dick und Robyn Berry: „How Do You Write Pain? A Preliminary Study of Narrative Therapy for People with Chronic Pain“. In: *Diversity in Health and Care* 7.1 (2010). S. 43–56.

Brown, James Robert: *The Laboratory of the Mind. Thought Experiments in the Natural Sciences*. 2. Aufl. New York, London: Routledge 2010.

Brown, Laurie M (Hrsg.): *Renormalization. From Lorentz to Landau (and Beyond)*. New York, Berlin: Springer 1993.

Brüggemann, Heinz: „Das Sichtbar-Unsichtbare der Städte. Zur literarischen ikonographie urbaner Räume aus Teleskopie und Mikroskopie“. In: *Das Unsichtbare sehen. Bildzauber, optische Medien und Literatur*. Hrsg. von Sabine Haupt und Ulrich Stadler. Zürich, Wien, New York: Edition Voldemeer; Springer 2006. S. 235–254.

Bruner, Jerome: „The Narrative Construction of Reality“. In: *Critical Inquiry* 18.1 (1991). S. 1–21.

Buchwald, Jed Z.: *The Rise of the Wave Theory of Light. Optical Theory and Experiment in the Early Nineteenth Century*. Chicago, London: University of Chicago Press 1989.

Busse, Dietrich: „Diskurslinguistik als Epistemologie. Das verstehensrelevante Wissen als Gegenstand linguistischer Forschung“. In: *Methoden der Diskurslinguistik. Sprachwissenschaftliche Zugänge zur transtextuellen Ebene*. Hrsg. von Ingo H. Warnke und Jürgen Spitzmüller. Berlin, New York: De Gruyter 2008. S. 57–87. https://doi.org/10.1515/9783110209372.2.57.

Busse, Dietrich: *Frame-Semantik. Ein Kompendium*. Berlin, Boston: De Gruyter 2012.

Busse, Dietrich: *Sprachverstehen und Textinterpretation. Grundzüge einer verstehenstheoretisch reflektierten interpretativen Semantik*. Wiesbaden: Springer VS 2015.

Busse, Dietrich: „Conceptual History or Discursive History? Some Remarks on the Theoretical Foundations and Methodological Questions of Historically Semantic Epistemologies“. In: *Global Conceptual History. A Reader*. Hrsg. von Margrit Pernau und Dominic Sachsenmaier. London u. a.: Bloomsbury Academic 2016. S. 107–132.

Busse, Dietrich: „Texte, Diskurse, Wissensrahmen. Voraussetzungen und Methoden textsemantischer und diskuranalytischer Arbeit“. In: *Theorie und Praxis der Text- und Diskursanalyse*. Tagungsband. Gewidmet Prof. Lali Kezba-Chundadse zum 70. Geburtstag. Hrsg. von Friederike Schmöe und Levan Tsagareli. Tbilissi (Tiflis, Georgien), Dortmund: Verlag „Universali“ 2017. S. 12–41.

Busse, Dietrich: „Diskurs und Wissensrahmen“. In: *Handbuch Diskurs*. Hrsg. von Ingo H. Warnke. Berlin, Boston: De Gruyter 2018. S. 3–29. https://doi.org/10.1515/9783110296075-001.

Busse, Dietrich: „Historisch-semantische Epistemologie“. In: *Wortschatz. Theorie, Empirie, Dokumentation*. Hrsg. von Stefan Engelberg, Heidrun Kämper und Petra Storjohann. Berlin, Boston: De Gruyter 2018. S. 31–60. https://doi.org/10.1515/9783110538588-003.

Busse, Dietrich: „Konzepte, Diskurse,Wissensrahmen. Möglichkeiten und Grenzen einer integrativen semantisch-epistemologischen Analyse in synchroner und diachroner Perspektive“. In: *Aristokratismus. Historische und literarische Semantik von „Adel“ zwischen Kulturkritik der Jahrhundertwende und Nationalsozialismus (1890–1945)*. Hrsg. von Eckart Conze, Jan de Vries, Jochen Strobel und Daniel Thiel. Münster, New York: Waxmann 2020. S. 151–182.

Büttner, Urs und Ines Theilen (Hrsg.): *Phänomene der Atmosphäre. Ein Kompendium Literarischer Meteorologie*. Stuttgart: Metzler 2017.

Buzzoni, Marco: „Zum Verhältnis zwischen Experiment und Gedankenexperiment in den Naturwissenschaften“. In: *Journal for General Philosophy of Science* 38.2 (2007). S. 219–237. https://doi.org/10.1007/s10838-007-9032-y.

Byrne, Charles J.: *The Moon's Largest Craters and Basins. Images and Topographic Maps from LRO, GRAIL, and Kaguya*. Cham u. a.: Springer 2016.

Campbell, Mary Baine: „Alternative Planet. Kepler's Somnium (1634) and the New World". In: *The Arts of 17th-Century Science. Representations of the Natural World in European and North American Culture*. Hrsg. von Claire Jowitt und Diane Watt. Aldershot: Ashgate 2002. S. 232–249.

Cancik-Kirschbaum, Eva Christiane, Rainer Totzke und Sybille Krämer (Hrsg.): *Schriftbildlichkeit. Wahrnehmbarkeit, Materialität und Operarativität [i. e. Operativität] von Notationen*. Berlin: Akademie 2012.

Cao, Tian Yu und Silvan S. Schweber: „The Conceptual Foundations and the Philosophical Aspects of Renormalization Theory". In: *Synthese* 97.1 (1993). S. 33–108. https://doi.org/10.1007/BF01255832.

Caracciolo, Marco: „Notes for a(nother) Theory of Experientiality". In: *Journal of Literary Theory* 6.1 (2012). S. 177–194. https://doi.org/10.1515/jlt-2011-0010.

Caracciolo, Marco: *The Experientiality of Narrative. An Enactivist Approach*. Berlin, Boston: De Gruyter 2014.

Carrier, Martin: „Die Rettung der Phänomene. Zu den Wandlungen eines antiken Forschungsprinzips". In: *Homo Sapiens und Homo Faber. Epistemische und technische Rationalität in Antike und Gegenwart*. Festschrift für Jürgen Mittelstraß. Hrsg. von Gereon Wolters und Martin Carrier. Berlin, New York: De Gruyter 2005. S. 25–38. https://doi.org/10.1515/9783110923940.25.

Cassirer, Ernst: „Determinismus und Indeterminismus in der modernen Physik". In: ders.: *Zur modernen Physik*. Darmstadt: Wiss. Buchges. 1957. S. 127–376.

Cassirer, Ernst: „Der Begriff der symbolischen Form im Aufbau der Geisteswissenschaften". In: ders.: *Wesen und Wirkung des Symbolbegriffs*. Darmstadt: Wiss. Buchges. 1965. S. 169–200.

Cassirer, Ernst: „Sprache und Mythos – Ein Beitrag zum Problem der Götternamen". In: ders.: *Wesen und Wirkung des Symbolbegriffs*. Darmstadt: Wiss. Buchges. 1965. S. 71–158.

Cassirer, Ernst: „Form und Technik". In: ders.: *Symbol, Technik, Sprache. Aufsätze aus den Jahren 1927–1933*. Hrsg. von Ernst Wolfgang Orth und John Michael Krois. Hamburg: Meiner 1985. S. 39–91.

Cassirer, Ernst: *Zur Metaphysik der symbolischen Formen. Texte und Materialien zu einem Band vier der „Philosophie der symbolischen Formen"*. Hrsg. von John Michael Krois. In: ders.: *Nachgelassene Manuskripte und Texte*. Bd. 1. Hrsg. von Klaus Christian Köhnke. Hamburg: Meiner 1995.

Cassirer, Ernst: *Versuch über den Menschen. Einführung in eine Philosophie der Kultur*. Hrsg. von Reinhard Kaiser. Hamburg: Meiner 1996.

Cassirer, Ernst: *Leibniz' System in seinen wissenschaftlichen Grundlagen*. Text und Anm. bearb. von Marcel Simon. In: ders.: *Gesammelte Werke. Hamburger Ausgabe*. Bd. 1. Hrsg. von Birgit Recki. Hamburg: Meiner 1998.

Cassirer, Ernst: *Das Erkenntnisproblem in der Philosophie und Wissenschaft der neueren Zeit*. Bd. 1. Hrsg. von Tobias Berben. In: ders.: *Gesammelte Werke. Hamburger Ausgabe*. Bd. 2. Hrsg. von Birgit Recki. Hamburg: Meiner 1999.

Cassirer, Ernst: *Das Erkenntnisproblem in der Philosophie und Wissenschaft der neueren Zeit*. Bd. 3: *Die nachkantischen Systeme*. Text und Anm. bearb. von Marcel Simon. In: ders.: *Gesammelte Werke. Hamburger Ausgabe*. Bd. 4. Hrsg. von Birgit Recki. Hamburg: Meiner 2000.

Cassirer, Ernst: *Das Erkenntnisproblem in der Philosophie und Wissenschaft der neueren Zeit*. Bd. 4: *Von Hegels Tod bis zur Gegenwart (1832–1932)*. Hrsg. von Tobias Berben. In: ders.: *Gesammelte Werke. Hamburger Ausgabe*. Bd. 5. Hrsg. von Birgit Recki. Hamburg: Meiner 2000.

Cassirer, Ernst: *Substanzbegriff und Funktionsbegriff. Untersuchungen über die Grundfragen der Erkenntniskritik*. Text und Anm. bearb. von Reinold Schmücker. In: ders.: *Gesammelte Werke. Hamburger Ausgabe*. Bd. 6. Hrsg. von Birgit Recki. Hamburg: Meiner 2000.

Cassirer, Ernst: „Der Begriff der symbolischen Form und die Systematik der symbolischen Formen". In: ders.: *Gesammelte Werke. Hamburger Ausgabe*. Hrsg. von Birgit Recki. Bd. 11: *Philosophie der symbolischen Formen*. Teil 1: *Die Sprache*. Text und Anm. bearb. von Claus Rosenkranz. Hamburg: Meiner 2001. S. 1–15.

Cassirer, Ernst: *Philosophie der symbolischen Formen*. Teil 1: *Die Sprache*. Text und Anm. bearb. von Claus Rosenkranz. In: ders.: *Gesammelte Werke. Hamburger Ausgabe*. Bd. 11. Hrsg. von Birgit Recki. Hamburg: Meiner 2001.

Cassirer, Ernst: *Philosophie der symbolischen Formen*. 3 Teile. In: ders.: *Gesammelte Werke. Hamburger Ausgabe*. Bde. 11–13. Hrsg. von Birgit Recki. Hamburg: Meiner 2001–2002.

Cassirer, Ernst: *Zur Einstein'schen Relativitätstheorie. Erkenntnistheoretische Betrachtungen* (1921). Text und Anm. bearb. von Reinold Schmücker. In: ders.: *Gesammelte Werke. Hamburger Ausgabe*. Bd. 10. Hrsg. von Birgit Recki. Hamburg: Meiner 2001.

Cassirer, Ernst: *Philosophie der symbolischen Formen*. Teil 3: *Phänomenologie der Erkenntnis*. Text und Anm. bearb. von Julia Clemens. In: ders.: *Gesammelte Werke. Hamburger Ausgabe*. Bd. 13. Hrsg. von Birgit Recki. Hamburg: Meiner 2002.

Cassirer, Ernst: *Determinismus und Indeterminismus in der modernen Physik. Historische und systematische Studien zum Kausalproblem*. Text und Anm. bearb. von Claus Rosenkranz. In: ders.: *Gesammelte Werke. Hamburger Ausgabe*. Bd. 19. Hrsg. von Birgit Recki. Hamburg: Meiner 2004.

Cassirer, Ernst: *Descartes. Lehre – Persönlichkeit – Wirkung*. Text und Anm. bearb. von Tobias Berben. In: ders.: *Gesammelte Werke. Hamburger Ausgabe*. Bd. 20. Hrsg. von Birgit Recki. Hamburg: Meiner 2005.

Cassirer, Ernst: *Philosophie der symbolischen Formen*. Teil 3: *Phänomenologie der Erkenntnis*. Text und Anm. bearb. von Julia Clemens. Hamburg: Meiner 2010.

Cat, Jordi: „On Understanding. Maxwell on the Methods of Illustration and Scientific Metaphor“. In: *Studies in History and Philosophy of Science Part B: Studies in History and Philosophy of Modern Physics* 32.3 (2001). S. 395–441. https://doi.org/10.1016/S1355-2198(01)00018-1.

CERN: „CERN Experiments Observe Particle Consistent with Long-Sought Higgs Boson“. In: *CERN Accelerating science*. Pressemitteilung. 04. Juli 2012. https://home.cern/news/press-release/cern/cern-experiments-observe-particle-consistent-long-sought-higgs-boson (zuletzt besucht am 08. Juli 2022).

CERN: „New Results Indicate that Particle Discovered at CERN is a Higgs Boson“. In: *CERN Accelerating science*. Pressemitteilung. 14. März 2013. https://home.cern/news/press-release/cern/new-results-indicate-particle-discovered-cern-higgs-boson (zuletzt besucht am 08. Juli 2022).

Charon, Rita: *Narrative Medicine. Honoring the Stories of Illness*. Oxford, New York: Oxford University Press 2006.

Chatman, Seymour: *Coming to Terms. The Rhetoric of Narrative in Fiction and Film*. Ithaca, London: Cornell University Press 1990.

Chen-Morris, Raz: „Shadows of Instruction and Classical Authorities in Kepler's Somnium“. In: *Journal of the History of Ideas* 66.2 (2005). S. 223–243.

Chew, Xiao Yan, Burkhard Kleihaus und Jutta Kunz: „Spinning Wormholes in Scalar-Tensor Theory“. In: *Physical Review D: Particles and Fields* 97.6 (2018). Art. 064026. https://doi.org/10.1103/PhysRevD.97.064026.

Chung, King-Thom und Jong-Kang Liu: *Pioneers in Microbiology. The Human Side of Science*. New Jersey u. a.: World Scientific 2018.

Clarke, Bruce: „Science, Theory, and Systems“. In: *Interdisciplinary Studies in Literature and Environment* 8.1 (2001). S. 149–165.

Coleman, Douglas W.: „So You Want to Communicate with Space Aliens?“. In: *LACUS Forum* 34 (2009). S. 55–63.

Contact. Reg. von Robert Zemeckis. Warner Home Video 1997.

Cornford, Francis Macdonald: *Plato's Cosmology. The Timaeus of Plato Translated with a Running Commentary*. London: Routledge & Paul 1948.

Coulomb, Charles Augustine de: *Mémoires sur l'Électricité et le Magnétisme, extraits des Mémoires de l'Académie Royale des Sciences de Paris, publiés dans années 1785 à 1789*. Avec planches et tableaux. Paris 1785–1789.

Coulomb, Charles Augustine de: „Premier mémoire sur l'électricité et le magnétisme". In: *Histoire de l'Académie Royale des Sciences* (1785). S. 569–577.

Coulomb, Charles Augustine de: „Second mémoire sur l'électricité et le magnétisme". In: *Histoire de l'Académie Royale des Sciences* (1785). S. 578–611.

Crary, Jonathan: *Techniken des Betrachters. Sehen und Moderne im 19. Jahrhundert*. Übers. von Anne Vonderstein. Dresden, Basel: Verlag der Kunst 1996.

Crary, Jonathan: *Aufmerksamkeit. Wahrnehmung und moderne Kultur*. Übers. von Heinz Jatho. Frankfurt a. M.: Suhrkamp 2002.

Cyrano de Bergerac, Savinien de: *Die Reise zum Mond*. Übers. von Martha Schimper. Frankfurt a. M.: Insel 2004.

Cyrano de Bergerac, Savinien de: *L'Autre Monde. Les États et Empires de la Lune. Les États et Empires du Soleil*. Hrsg. von Jacques Prévot. Paris: Gallimard 2008.

Daiber, Jürgen: *Poetisierte Naturwissenschaft. Zur Rezeption naturwissenschaftlicher Theorien im Werk von Botho Strauß*. Frankfurt a. M.: Lang 1996.

Danneberg, Lutz und Friedrich Vollhardt (Hrsg.): *Wissen in Literatur im 19. Jahrhundert*. Tübingen: Niemeyer 2002.

Daston, Lorraine: „Die Kultur der wissenschaftlichen Objektivität (1998)". In: *Ansichten der Wissenschaftsgeschichte*. Hrsg. von Michael Hagner. Frankfurt a. M.: Fischer Taschenbuch Verlag 2001. S. 137–160.

Daston, Lorraine und Peter Louis Galison: *Objektivität*. Übers. von Christa Krüger. Berlin: Suhrkamp 2017.

Dath, Dietmar: *Höhenrausch. Die Mathematik des XX. Jahrhunderts in zwanzig Gehirnen*. Frankfurt a. M.: Eichborn 2003.

Dath, Dietmar: *Dirac. Roman*. Frankfurt a. M.: Suhrkamp 2006.

David, Hans Theodore: *J. S. Bach's Musical Offering. History, Interpretation and Analysis*. New York: Schirmer 1945.

Davies, David: „Thought Experiments and Fictional Narratives". In: *Croatian Journal of Philosophy* VII.19 (2007). S. 29–45.

Deely, John: „Preface. In Her Own Voice". In: Susan Petrilli: *Sign Crossroads in Global Perspective. Semioethics and Responsibility*. Hrsg. von John Deely. New Brunswick, London: Transaction 2010. S. vii–ix.

Deely, John: „The Seventh Sebeok Fellow. Editor's Introduction". In: Susan Petrilli: *Sign Crossroads in Global Perspective. Semioethics and Responsibility*. Hrsg. von John Deely. New Brunswick, London: Transaction 2010. S. xi–xiii.

Deterding, Klaus: „Die Verteidigungsschrift des ‚Meister Floh'". In: ders.: *E. T. A. Hoffmanns Dichtung und Weltbild*. Bd. 4: *Hoffmanns poetischer Kosmos*. Würzburg: Königshausen & Neumann 2004. S. 103–125.

Dewey, Joseph: „Little Knots, Tied in the Clothing of Time. ‚The Time of our Singing' as a Dual Time Narrative". In: *Intersections. Essays on Richard Powers*. Hrsg. von Stephen J. Burn und Peter Dempsey. Champaign, London: Dalkey Archive Press 2008. S. 198–214.

Di Grezia, Elisabetta, Emmanuele Battista, Mattia Manfredonia und Gennaro Miele: „Spin, Torsion and Violation of Null Energy Condition in Traversable Wormholes“. In: *The European Physical Journal Plus* 132.12 (2017). Art. 537. https://doi.org/10.1140/epjp/i2017-11799-6.

Dicks, D. R.: *Early Greek Astronomy to Aristotle*. London: Thames and Hudson 1970.

Dilmac, Betül: *Literatur und moderne Physik. Literarisierungen der Physik im französischen, italienischen und lateinamerikanischen Gegenwartsroman*. Freiburg im Breisgau: Rombach 2012.

Dirac, Paul A. M.: „The Quantum Theory of the Electron“. In: *Proceedings of the Royal Society of London A: Mathematical, Physical and Engineering Sciences* 117.778 (1928). S. 610–624. https://doi.org/10.1098/rspa.1928.0023.

Dirac, Paul A. M.: „A Theory of Electrons and Protons“. In: *Proceedings of the Royal Society of London A: Mathematical, Physical and Engineering Sciences* 126.801 (1930). S. 360–365. https://doi.org/10.1098/rspa.1930.0013.

Dirac, Paul A. M.: „Quantised Singularities in the Electromagnetic Field“. In: *Proceedings of the Royal Society of London A: Mathematical, Physical and Engineering Sciences* 133.821 (1931). S. 60–72. https://doi.org/10.1098/rspa.1931.0130.

Dirac, Paul A. M.: „The Physical Interpretation of Quantum Mechanics. Bakerian Lecture“. In: *Proceedings of the Royal Society of London A: Mathematical, Physical and Engineering Sciences* 180.980 (1942). S. 1–40.

Dirac, Paul A. M.: „A New Classical Theory of Electrons“. In: *Proceedings of the Royal Society of London A: Mathematical, Physical and Engineering Sciences* 209.1098 (1951). S. 291–296. https://doi.org/10.1098/rspa.1951.0204.

Dirac, Paul A. M.: *The Principles of Quantum Mechanics*. 4. Aufl. Oxford: Clarendon Press 1958.

Dirac, Paul A. M.: „The Mathematical Foundations of Quantum Theory“. In: *Mathematical Foundations of Quantum Theory*. Hrsg. von A. R. Marlow. New York, San Francisco, London: Academic Press 1978. S. 1–8.

Dirac, Paul A. M.: „The Inadequacies of Quantum Field Theory“. In: *Paul Adrien Maurice Dirac. Reminiscences about a Great Physicist*. Hrsg. von Behram Kursunoglu und Eugene P. Wigner. Cambridge: Cambridge University Press 1987. S. 194–198.

Dirac, Paul A. M.: *The Collected Works of P. A. M. Dirac 1924–1948*. Hrsg. von Richard H. Dalitz. Cambridge: Cambridge University Press 1995.

Dirac, Paul A. M.: „Theory of Electrons and Positrons. Nobel Lecture, December 12, 1933“. In: *The Official Website of the Nobel Prize*. Juni 2018. https://www.nobelprize.org/uploads/2018/06/dirac-lecture.pdf (zuletzt besucht am 08. Juli 2022).

Dittrich, Andreas: „Ein Lob der Bescheidenheit. Zum Konflikt zwischen Erkenntnistheorie und Wissensgeschichte“. In: *Zeitschrift für Germanistik* 17 (2007). S. 631–637.

Dotzler, Bernhard J.: „Explorationen. Literaturforschung und die Geschichte des Wissens und der Wissenschaften“. In: *Berichte und Abhandlungen*. Bd. 9. Hrsg. von Berlin-Brandenburgische Akademie der Wissenschaften. Berlin: Akademie 2002. S. 311–327.

Dotzler, Bernhard J. und Sigrid Weigel: „Vorwort. Literaturforschung/Wissenschaftsgeschichte“. In: dies (Hrsg.): *„fülle der combination“. Literaturforschung und Wissenschaftsgeschichte*. München: Fink 2005. S. 9–13.

Douglas, Christopher: *If God Meant to Interfere. American Literature and the Rise of the Christian Right*. Ithaca, London: Cornell University Press 2016.

Dreyer, John L. E.: *A History of Astronomy from Thales to Kepler*. Hrsg. von W. H. Stahl. 2. Aufl. New York: Dover 1953.

Duchesneau, François: „‚Essential force' and ‚formative force'. Models for Epigenesis in the 18th Century". In: *Self-Organization and Emergence in Life Sciences*. Hrsg. von Bernard Feltz, Marc Crommelinck und Philippe Goujon. Dordrecht: Springer 2006. S. 171–186.

Dünne, Jörg und Stepahn Günzel (Hrsg.): *Raumtheorie. Grundlagentexte aus Philosophie und Kulturwissenschaften*. 8. Aufl. Frankfurt a. M.: Suhrkamp 2015.

Dupré, Louis: „Cassirer's Symbolic Theory of Culture and the Historicization of Philosophy". In: *Symbolic Forms and Cultural Studies. Ernst Cassirer's Theory of Culture*. Hrsg. von Cyrus Hamlin und John Michael Krois. New Haven: Yale University Press 2004. S. 35–46.

Dyson, F. J.: „The Radiation Theories of Tomonaga, Schwinger, and Feynman". In: *Physical Review* 75.3 (1949). S. 486–502. https://doi.org/10.1103/PhysRev.75.486.

Echeverria, Fernando, Gunnar Klinkhammer und Kip S. Thorne: „Billiard Balls in Wormhole Spacetimes with Closed Timelike Curves. Classical Theory". In: *Physical Review D: Particles and Fields* 44.4 (1991). S. 1077–1099. https://doi.org/10.1103/PhysRevD.44.1077.

Eco, Umberto: *A Theory of Semiotics*. Bloomington: Indiana University Press 1976.

Eco, Umberto: *Das offene Kunstwerk*. Übers. von Günter Memmert. Frankfurt am Main: Suhrkamp 1977.

Eco, Umberto: *Nachschrift zum „Namen der Rose"*. Übers. von Burkhart Kroeber. 6. Aufl. München: Deutscher Taschenbuch Verlag 1986.

Eco, Umberto: *Lector in fabula. Die Mitarbeit der Interpretation in erzählenden Texten*. Übers. von Heinz-Georg Held. München: Deutscher Taschenbuch Verlag 1987.

Eco, Umberto: *Semiotik. Entwurf einer Theorie der Zeichen*. Übers. von Günter Memmert. München: Fink 1987.

Eco, Umberto: *Kant und das Schnabeltier*. Hrsg. von Herrmann Frank. München: Deutscher Taschenbuch Verlag 2003.

Eco, Umberto: *Die Grenzen der Interpretation*. Hrsg. von Günter Memmert. 3. Aufl. München: Deutscher Taschenbuch Verlag 2004.

Eco, Umberto und Thomas Albert Sebeok (Hrsg.): *Der Zirkel oder im Zeichen der Drei. Dupin, Holmes, Peirce*. Übers. von Christiane Spelsberg und Roger Willemsen. München: Fink 1985.

Eder, Jens: *Die Figur im Film. Grundlagen der Figurenanalyse*. 2. Aufl. Marburg: Schüren 2014.

Eder, Jens, Fotis Jannidis und Ralf Schneider (Hrsg.): *Characters in Fictional Worlds. Understanding Imaginary Beings in Literature, Film, and Other Media*. Berlin, New York: De Gruyter 2010.

Eder, Richard: „An Aptitude for Music, a Struggle to Escape History". In: *The New York Times* (03. Januar 2003). B47.

Einstein, Albert: „Über einen die Erzeugung und Verwandlung des Lichtes betreffenden heuristischen Gesichtspunkt". In: *Annalen der Physik* 322.6 (1905). S. 132–148. https://doi.org/10.1002/andp.19053220607.

Einstein, Albert: „Zur Elektrodynamik bewegter Körper". In: *Annalen der Physik* 17 (1905). S. 891–921. https://doi.org/10.1002/andp.19053221004.

Einstein, Albert: „Die formale Grundlage der allgemeinen Relativitätstheorie". In: *Sitzungsberichte der Preussischen Akademie der Wissenschaften zu Berlin* (1914). S. 1030–1085.

Einstein, Albert: „Die Feldgleichungen der Gravitation". In: *Sitzungsberichte der Preussischen Akademie der Wissenschaften zu Berlin* (1915). S. 844–847.

Einstein, Albert: „Die Grundlage der allgemeinen Relativitätstheorie". In: *Annalen der Physik* 49 (1916). S. 769–822.

Einstein, Albert: „Physik und Realität". In: *Journal of The Franklin Institute: Devoted to Science and the Mechanic Arts* 221.3 (1936). S. 313–347.

Einstein, Albert: *Über die spezielle und die allgemeine Relativitätstheorie* (1916). 24. Aufl. Berlin: Springer Spektrum 2009.

Einstein, Albert: „Fundamental Ideas and Problems of the Theory of Relativity. Lecture Delivered to the Nordic Assembly of Naturalists at Gothenburg, July 11, 1923". In: *The Official Website of the Nobel Prize*. Juni 2018. https://www.nobelprize.org/uploads/2018/06/einstein-lecture.pdf (zuletzt besucht am 08. Juli 2022).

Einstein, Albert und Nathan Rosen: „The Particle Problem in the General Theory of Relativity". In: *Physical Review* 48.1 (1935). S. 73–77. https://doi.org/10.1103/PhysRev.48.73.

Elgin, Catherine Z.: „Creation as Reconfiguration. Art in the Advancement of Science". In: *International Studies in the Philosophy of Science* 16 (2002). S. 13–25. https://doi.org/10.1080/02698590120118792.

Elgin, Catherine Z.: „The Laboratory of the Mind". In: *A Sense of the World. Essays on Fiction, Narrative and Knowledge*. Hrsg. von John Gibson, Wolfgang Huemer und Luca Pocci. New York, London: Routledge 2007. S. 43–54.

Elgin, Catherine Z.: „Exemplification, Idealization, and Understanding". In: *Fictions in Science. Philosophical Essays on Modeling and Idealization*. Hrsg. von Mauricio Suárez. New York, London: Routledge 2009. S. 77–90.

Elgin, Catherine Z.: „Telling Instances". In: *Beyond Mimesis and Convention. Representation in Art and Science*. Hrsg. von Roman Frigg und Matthew C. Hunter. Dordrecht: Springer 2010. S. 1–17. https://doi.org/10.1007/978-90-481-3851-7_1.

Elgin, Catherine Z.: „Making Manifest. The Role of Exemplification in Science and the Arts". In: *Principia: An International Journal of Epistemology* 15.3 (2011). S. 399–413. https://doi.org/10.5007/1808-1711.2011v15n3p399.

Elkana, Yehuda: „Helmholtz' ‚Kraft'. An Illustration of Concepts in Flux". In: *Historical Studies in the Physical Sciences* 2 (1970). S. 263–298. https://doi.org/10.2307/27757308.

Ellinger, Georg: „Das Disziplinarverfahren gegen E. T. A. Hoffmann". In: *Deutsche Rundschau* 32.10 (1906). S. 79–103.

El-Nabulsi, Rami Ahmad: „Wormholes in Fractional Action Cosmology". In: *Canadian Journal of Physics* 95.6 (2017). S. 605–609. https://doi.org/10.1139/cjp-2017-0109.

Embacher, Franz: *Elemente der theoretischen Physik*. Bd. 1: *Klassische Mechanik und Spezielle Relativitätstheorie. Eine Einführung für das Lehramts- und Bachelorstudium*. Wiesbaden: Vieweg+Teubner 2010.

Emter, Elisabeth: *Literatur und Quantentheorie. Die Rezeption der modernen Physik in Schriften zur Literatur und Philosophie deutschsprachiger Autoren (1925–1970)*. Berlin, New York: De Gruyter 1995.

Enke, Ulrike: „Der ‚Trieb in uns, das Ungebildete zu bilden … '. Der Begriff ‚Bildungstrieb' bei Blumenbach und Hölderlin". In: *Hofmannsthal-Jahrbuch* 30 (1998). S. 102–118.

Erdbeer, Robert Matthias: „Poetik der Modelle". In: *Textpraxis: Digitales Journal für Philologie* 11.2 (2015). http://www.uni-muenster.de/textpraxis/robert-matthias-erdbeer-poetik-der-modelle (zuletzt besucht am 08. Juli 2022).

Erdbeer, Robert Matthias, Florian Kläger und Klaus Stierstorfer: „Across Philologies. Modelling and Literary Form". In: dies (Hrsg.): *Literarische Form / Literary Form. Theorien – Dynamiken – Kulturen. Beiträge zur literarischen Modellforschung / Theories – Dynamics – Cultures. Perspectives on Literary Modelling*. Heidelberg: Winter 2018. S. 9–31.

Erdbeer, Robert Matthias, Florian Kläger und Klaus Stierstorfer (Hrsg.): *Literarische Form / Literary Form. Theorien – Dynamiken – Kulturen. Beiträge zur literarischen Modellforschung / Theories – Dynamics – Cultures. Perspectives on Literary Modelling*. Heidelberg: Winter 2018.

Ernst, Gerhard: „Induktion, Exemplifikation und Welterzeugung“. In: *Symbole, Systeme, Welten. Studien zur Philosophie Nelson Goodmans*. Hrsg. von Jakob Steinbrenner, Oliver R. Scholz und Gerhard Ernst. Heidelberg: Synchron 2005. S. 99–109.

Esser, Andrea: „Kunst als Symbolsystem“. In: *Symbole, Systeme, Welten. Studien zur Philosophie Nelson Goodmans*. Hrsg. von Jakob Steinbrenner, Oliver R. Scholz und Gerhard Ernst. Heidelberg: Synchron 2005. S. 61–73.

Eudoxos von Knidos: *Die Fragmente des Eudoxos von Knidos*. Hrsg. und übers. von François Lasserre. Berlin, Boston: De Gruyter 1966.

Euler, Leonhard: *Vernünftige Gedanken von dem Raume, dem Orth, der Dauer und der Zeit. Theils aus dem Französischen des H. Professor Eulers übersetzt, theils aus verschiedenen ungedruckten Briefen dieses berühmten Mannes mitgetheilt. Nebst einigen Anmerkungen und einem Versuche einer unpartheyischen Geschichte der Streitigkeiten über diese Dinge*. Quedlinburg: Schwan 1764.

Evans, Arthur B.: „The Origins of Science Fiction Criticism. From Kepler to Wells“. In: *Science Fiction Studies* 26.2 (1999). S. 163–186.

Everett III, Hugh: „‚Relative State‘ Formulation of Quantum Mechanics“. In: *Review of Modern Physics* 29.3 (1957). S. 454.

Everett III, Hugh: *The Everett Interpretation of Quantum Mechanics. Collected Works 1955–1980 with Commentary*. Hrsg. von Jeffrey A. Barrett und Peter Byrne. Princeton: Princeton University Press 2012.

Fadner, W. L.: „Did Einstein Really Discover ‚E=mc2‘?“. In: *American Journal of Physics* 56.2 (1988). S. 114–122. https://doi.org/10.1119/1.15713.

Fahnestock, Jeanne: „Accomodating Science. The Rhetorical Life of Scientific Facts“. In: *The Literature of Science. Perspectives on Popular Scientific Writing*. Hrsg. von Murdo W. MacRae. Athens: University of Georgia Press 1993. S. 17–36.

Fahnestock, Jeanne: *Rhetorical Figures in Science*. New York: Oxford University Press 1999.

Fahnestock, Jeanne: *Rhetorical Style. The Uses of Language in Persuasion*. Oxford: Oxford University Press 2011.

Falconer, Isobel: „Corpuscles, Electrons and Cathode Rays. J. J. Thomson and the ‚Discovery of the Electron‘“. In: *British Journal for the History of Science* 20.3 (1987). S. 241–276. https://www.jstor.org/stable/4026358 (zuletzt besucht am 08. Juli 2022).

Falkenburg, Brigitte: „Das Verhältnis von formalen Sprachen und verbalen Fachsprachen in den neueren Naturwissenschaften“. In: *Fachsprachen. Ein internationales Handbuch zur Fachsprachenforschung und Terminologiewissenschaft*. Hrsg. von Lothar Hoffmann, Hartwig Kalverkämper und Herbert Weigand. Berlin: De Gruyter 1998. S. 910–921. https://doi.org/10.1515/9783110203271-014.

Falkenburg, Brigitte und Wolfgang Muschik (Hrsg.): *Models, Theories and Disunity in Physics*. Frankfurt a. M.: Klostermann 1998.

Faraday, Michael: „On the Physical Character of the Lines of Magnetic Force“. In: *The London, Edinburgh, and Dublin Philosophical Magazine and Journal of Science* 3 (1852). S. 401–429. https://doi.org/10.1080/14786445208647033.

Faraday, Michael: *Experimental-Untersuchungen über Elektricität*. 4 Bände. Hrsg. von Friedrich Steinle. Frankfurt a. M.: Verl. Harri Deutsch 2004.

Faraday, Michael: *Experimental Researches in Electricity. Series 1 (1831)–30 (1855)*. 2 Bände. Hrsg. von Friedrich Balck. Clausthal-Zellerfeld 2016.

Farmelo, Graham: *The Strangest Man. The Hidden Life of Paul Dirac, Quantum Genius*. London: Faber 2009.

Fetz, Reto Luzius: „Forma formata – forma formans. Zur historischen Stellung und systematischen Bedeutung von Cassirers Metaphysik des Symbolischen". In: *Lebendige Form. Zur Metaphysik des Symbolischen in Ernst Cassirers „Nachgelassenen Manuskripten und Texten"*. Hrsg. von Reto Luzius Fetz und Sebastian Ullrich. Hamburg: Meiner 2008. S. 15–34.

Feynman, Richard P.: „The Theory of Positrons". In: *Physical Review* 76.6 (1949). S. 749–759. https://doi.org/10.1103/PhysRev.76.749.

Fillmore, Charles J.: „Some Problems for Case Grammar". In: *Linguistics. Developments of the Sixties – Viewpoints of the Seventies*. Report of the Twenty-second Annual Round Table Meeting on Linguistics and Language Studies. Hrsg. von Richard J. O'Brien. Washington D.C.: Georgetown University Press 1971. S. 35–56.

Fillmore, Charles J.: „Frame Semantics and the Nature of Language". In: *Origins and Evolution of Language and Speech* 280 (1976). S. 20–32.

Fillmore, Charles J.: „Frames and the Semantics of Understanding". In: *Quaderni di Semantica* (1985). S. 222–254.

Fillmore, Charles J.: „Double-Decker Definitions. The Role of Frames in Meaning Explanations". In: *Sign and Language Studies* 3 (2003). S. 263–295.

Fischer, Pascal und Mariacarla Gadebusch Bondio (Hrsg.): *Literatur und Medizin. Interdisziplinäre Beiträge zu den „Medical Humanities"*. Heidelberg: Winter 2016.

Fisher, Grant, Axel Gelfert und Friedrich Steinle: „Exploratory Models and Exploratory Modeling in Science: Introduction". In: *Perspectives on Science* 29.4 (2021). S. 355–358. https://doi.org/10.1162/posc_e_00374.

Flamm, Ludwig: „Beiträge zur Einsteinschen Gravitationstheorie". In: *Physikalische Zeitschrift* 17 (1916). S. 448–454.

Fleck, Ludwik: *Entstehung und Entwicklung einer wissenschaftlichen Tatsache. Einführung in die Lehre vom Denkstil und Denkkollektiv*. Frankfurt a. M.: Suhrkamp 1980.

Fludernik, Monika: *Towards a ‚Natural' Narratology*. London: Routledge 1996.

Fludernik, Monika: „Natural Narratology and Cognitive Parameters". In: *Narrative Theory and the Cognitive Sciences*. Hrsg. von David Herman. Stanford: CSLI 2003. S. 243–267.

Fludernik, Monika: *An Introduction to Narratology*. Übers. von Patricia Häusler-Greenfield und Monika Fludernik. London, New York: Routledge 2009.

Fludernik, Monika: „The Category of ‚Person' in Fiction. You and We Narrative-Multiplicity and Indeterminacy of Reference". In: *Current Trends in Narratology*. Hrsg. von Greta Olson. Berlin, New York: De Gruyter 2011. S. 101–144. https://doi.org/10.1515/9783110255003.101.

Fludernik, Monika: „Towards a ‚Natural' Narratology Twenty Years After". In: *Partial Answers: Journal of Literature and the History of Ideas* 16.2 (2018). S. 329–347. https://doi.org/10.1353/pan.2018.0023.

Ford, Brian J.: *The Leeuwenhoek Legacy*. Bristol, London: Biopress; Farrand Press 1991.

Forster, E. M.: *Aspects of the Novel and Related Writings*. London: Arnold 1974.

Foucault, Michel: *Die Ordnung der Dinge. Eine Archäologie der Humanwissenschaften*. Übers. von Ulrich Köppen. Frankfurt a. M.: Suhrkamp 1974.

Foucault, Michel: *Archäologie des Wissens*. Übers. von Ulrich Köppen. Frankfurt a. M.: Suhrkamp 1981.

Frank, Horst Joachim: *Handbuch der deutschen Strophenformen*. 2. Aufl. Tübingen, Basel: Francke 1993.

Frappier, Mélanie, Letitia Meynell und James Robert Brown (Hrsg.): *Thought Experiments in Philosophy, Science, and the Arts*. New York, London: Routledge 2012.

Freese, Peter: *From Apocalypse to Entropy and Beyond. The Second Law of Thermodynamics in Post-War American Fiction*. Essen: Verl. Die Blaue Eule 1997.

Frege, Gottlob: „Sense and Reference". In: *The Philosophical Review* 57.3 (1848). S. 209–230.

Frege, Gottlob: „Über Sinn und Bedeutung“. In: *Zeitschrift für Philosophie und philosophische Kritik* 100 (1892). S. 25–50.

Freire Jr, Olival (Hrsg.): *The Oxford Handbook of the History of Quantum Interpretations*. Oxford: Oxford University Press 2022.

Freytag, Wiebke: Art. „Allegorie, Allegorese“. In: *Historisches Wörterbuch der Rhetorik*. Bd. 1. Hrsg. von Gert Ueding. Tübingen: Niemeyer 1992. S. 330–392. https://doi.org/10.1515/9783110962185.94.

Friebe, Cord, Meinard Kuhlmann, Holger Lyre, Paul M. Näger, Oliver Passon und Manfred Stöckler: *Philosophie der Quantenphysik. Einführung und Diskussion der zentralen Begriffe und Problemstellungen der Quantentheorie für Physiker und Philosophen*. Berlin, Heidelberg: Springer Spektrum 2015.

Friebe, Cord, Meinard Kuhlmann, Holger Lyre, Paul M. Näger, Oliver Passon und Manfred Stöckler: *Philosophie der Quantenphysik. Zentrale Begriffe, Probleme, Positionen*. 2. Aufl. Berlin, Heidelberg: Springer Spektrum 2018.

Friedemann, Käte: *Die Rolle des Erzählers in der Epik*. Unveränd. reprograf. Nachdruck der Ausgabe Berlin 1910. Darmstadt: Wiss. Buchges. 1965.

Friedman, J. Tyler und Sebastian Luft (Hrsg.): *The Philosophy of Ernst Cassirer. A Novel Assessment*. Berlin: De Gruyter 2015.

Friedman, Michael: „Ernst Cassirer and Contemporary Philosophy of Science“. In: *Angelaki: Journal of the Theoretical Humanities* 10.1 (2005). S. 119–128. https://doi.org/10.1080/09697250500225792.

Friedman, Michael: „Ernst Cassirer and the Philosophy of Science“. In: *Continental Philosophy of Science*. Hrsg. von Gary Gutting. Malden: Blackwell 2008. S. 69–83. https://doi.org/10.1002/9780470755501.ch6.

Friedrich, Udo: „Weltmetaphorik und Wissensordnung in der frühen Neuzeit“. In: *Enzyklopädistik 1550–1650. Typen und Transformationen von Wissensspeichern und Medialisierungen des Wissens*. Hrsg. von Martin Schierbaum. Berlin: Lit 2009. S. 193–248.

Frigg, Roman: Art. „Models in Physics“ (2009). In: *Routledge Encyclopedia of Philosophy Online (REP Online)*. London: Taylor and Francis. https://doi.org/10.4324/9780415249126-Q135-1.

Frigg, Roman: „Scientific Representation and the Semantic View of Theories“. In: *Theoria: An International Journal for Theory, History and Foundations of Science* 55 (2006). S. 49–65. https://doi.org/10.1387/theoria.553.

Frigg, Roman: „Fiction and Science“. In: *Fictions and Models. New Essays*. Vorwort von Nancy Cartwright. Hrsg. von John Woods. München: Philosophia 2010. S. 247–288.

Frigg, Roman: „Fiction and Scientific Representation“. In: *Beyond Mimesis and Convention. Representation in Art and Science*. Hrsg. von Roman Frigg und Matthew C. Hunter. Dordrecht: Springer 2010. S. 97–138. https://doi.org/10.1007/978-90-481-3851-7_6.

Frigg, Roman: „Models and Fiction“. In: *Synthese* 172.2 (2010). S. 251–268.

Frigg, Roman: *Models and Theories*. Chesham: Acumen Publishing 2012.

Frigg, Roman: „Scientific Representation Is Representation-As“. In: *Philosophy of Science in Practice. Nancy Cartwright and the Nature of Scientific Reasoning*. Hrsg. von Hsiang-Ke Chao und Julian Reiss. Berlin, New York: Springer 2017. S. 149–179. https://doi.org/10.1007/978-3-319-45532-7_9.

Frigg, Roman: „Scientific Modelling and Make-Believe“. In: *Art, Representation, and Make-Believe. Essays on the Philosophy of Kendall L. Walton*. Hrsg. von Sonia Sedivy. New York, London: Routledge 2021. S. 367–383.

Frigg, Roman: *Models and Theories. A Philosophical Inquiry*. London, New York: Routledge 2022.

Frigg, Roman und Stephan Hartmann: Art. „Models in Science“ (2012). In: *The Stanford Encyclopedia of Philosophy. Summer 2018 Edition*. Hrsg. von Edward N. Zalta. Stanford: Stanford University Press.

https://plato.stanford.edu/archives/sum2018/entries/models-science/ (zuletzt besucht am 08. Juli 2022).

Frigg, Roman, Stephan Hartmann und Cyrille Imbert (Hrsg.): *Models and simulations*. Dordrecht: Springer 2009.

Frigg, Roman und Matthew C. Hunter (Hrsg.): *Beyond Mimesis and Convention. Representation in Art and Science*. Dordrecht: Springer 2010.

Frigg, Roman und James Nguyen: „The Fiction View of Models Reloaded". In: *The Monist* 99.3 (2016). S. 225–242. https://doi.org/10.1093/monist/onw002.

Frye, Northrop: *Anatomy of Criticism. Four Essays*. Princeton: Princeton University Press 1957.

Fuchs, V. E., R. C. Wakefield, J. F. Millard und D. G. MacInnes: „The Lake Rudolf Rift Valley Expedition, 1934". In: *The Geographical Journal* 86.2 (1935). S. 114–137. https://doi.org/10.2307/1786587.

Fulda, Daniel: *Wissenschaft aus Kunst. Die Entstehung der modernen deutschen Geschichtsschreibung 1760–1860*. Berlin, New York: De Gruyter 1996.

Fulda, Daniel: „Literary Criticism and Historical Science. The Textuality of History in the Age of Goethe – and Beyond". In: *The Discovery of Historicity in German Idealism and Historism*. Hrsg. von Peter Koslowski. Berlin, Heidelberg: Springer 2005. S. 112–133.

Fulda, Daniel: „‚Sçavoir l'Histoire; c'est connoitre les hommes'. Figurenwissen und Historiographie vom späten 17. Jahrhundert bis Schiller". In: *Figurenwissen. Funktionalisierung des Wissens bei der narrativen Figurendarstellung*. Hrsg. von Lilith Jappe, Olav Krämer und Fabian Lampart. Berlin, Boston: De Gruyter 2012. S. 75–113. https://doi.org/10.1515/9783110229141.75.

Gaderer, Rupert: *Poetik der Technik. Elektrizität und Optik bei E.T.A. Hoffmann*. Freiburg im Breisgau: Rombach 2009.

Gähde, Ulrich: „Gedankenexperimente in Erkenntnistheorie und Physik. Strukturelle Parallelen". In: *Rationalität, Realismus, Revision*. Vorträge des 3. internationalen Kongresses der Gesellschaft für Analytische Philosophie vom 15. bis zum 18. September 1997 in München. Hrsg. von Julian Nida-Rümelin. Berlin, New York: De Gruyter 2000. S. 457–464. https://doi.org/10.1515/9783110805703.457.

Gal, Ofer und Raz Chen-Morris: „Baroque Optics and the Disappearance of the Observer. From Kepler's Optics to Descartes' Doubt". In: *Journal of the History of Ideas* 71.2 (2010). S. 191–217.

Galilei, Galileo: *Sidereus Nuncius magna, longeque admirabilia spectacula pandens*. Venetiis: Baglionum 1610.

Galilei, Galileo: *Dialogo sopra i due massimi sistemi del mondo, tolemaico e copernicano*. Florenz: Landini 1632.

Galilei, Galileo: *Discorsi e dimostrazioni matematiche intorno à due nuove scienze attenentia alla mecanica & i movimenti locali*. Leiden: Elsevirius 1638.

Galilei, Galileo: *Unterredung und mathematische Demonstration über zwei neue Wissenszweige die Mechanik und die Fallgesetze betreffend*. Leipzig 1890.

Galilei, Galileo: *Dialog über die beiden hauptsächlichsten Weltsysteme. Das ptolemäische und das kopernikanische*. Übers. und erläutert von Emil Strauss. Hrsg. von Roman Sexl und Karl von Meyenn. Reprogr. Nachdruck der Ausgabe Leipzig, 1891. Stuttgart: Teubner 1982.

Galilei, Galileo: *Dialogo sopra i due massimi sistemi del mondo tolemaico e copernicano*. Hrsg. von Ottavio Besomi. Padova: Editrice Antenore 1998.

Galilei, Galileo: *Sidereus Nuncius. Nachricht von neuen Sternen*. Hrsg. von Hans Blumenberg. 2. Aufl. Frankfurt a. M.: Suhrkamp 2002.

Galilei, Galileo: *Dialog über die beiden hauptsächlichsten Weltsysteme*. Hrsg. von Emil Strauss. Wiesbaden: Marix Verlag 2014.

Galison, Peter: *Einsteins Uhren, Poincarés Karten. Die Arbeit an der Ordnung der Zeit*. Übers. von Hans Günter Holl. Frankfurt a. M.: Fischer 2003.

Gamper, Michael: „Ästhetische Eigenzeiten der Physik: am Beispiel von Thomas Lehrs Roman "42"" In: *Zeit, Stillstellung und Geschichte im deutschsprachigen Gegenwartsroman*. Hannover: Wehrhahn Verlag 2016, 13–30.

Gamper, Michael: *Elektropoetologie. Fiktionen der Elektrizität 1740–1870*. Göttingen: Wallstein 2009.

Gamper, Michael (Hrsg.): *Experiment und Literatur. Themen, Methoden, Theorien*. Göttingen: Wallstein 2010.

Gamper, Michael: „Rätsel der Atmosphäre. Umrisse einer ‚literarischen Meteorologie'". In: *Zeitschrift für Germanistik* 24 (2014). S. 229–243.

Gamper, Michael (Hrsg.): *Ästhetische Eigenzeiten der Wissenschaften*. Hannover: Wehrhahn 2020.

Gamper, Michael und Helmut Hühn: *Was sind ästhetische Eigenzeiten?* Hannover: Wehrhahn 2014.

Gamper, Michael und Helmut Hühn (Hrsg.): *Zeit der Darstellung. Ästhetische Eigenzeiten in Kunst, Literatur und Wissenschaft*. Hannover: Wehrhahn 2014.

Gamper, Michael, Helmut Hühn und Steffen Richter (Hrsg.): *Formen der Zeit. Ein Wörterbuch der ästhetischen Eigenzeiten*. Hannover: Wehrhahn 2020.

Gamper, Michael, Martina Wernli und Jörg Zimmer (Hrsg.): *„Es ist nun einmal zum Versuch gekommen". Experiment und Literatur I: 1580–1790*. Göttingen: Wallstein 2009.

Gamper, Michael, Martina Wernli und Jörg Zimmer (Hrsg.): *„Wir sind Experimente: wollen wir es auch sein!". Experiment und Literatur II: 1790–1890*. Göttingen: Wallstein 2010.

Gao, Ping, Daniel Louis Jafferis und Aron C. Wall: „Traversable Wormholes via a Double Trace Deformation". In: *Journal of High Energy Physics* 12 (2017). Art. 151. https://doi.org/10.1007/JHEP 12(2017)151.

Gauss, Carl Friedrich: „Theoria residuorum biquadraticorum, commentatio secunda". In: *Göttingische gelehrte Anzeigen* 1 (1831). S. 625–640.

Gauss, Carl Friedrich: „Theoria residuorum biquadraticorum, commentatio secunda". In: ders.: *Werke*. Bd. 2. Leipzig: Teubner 1876. S. 169–178. https://doi.org/10.1017/CBO9781139058230.006.

Art. „gehen". In: *Duden online*. Hrsg. von Dudenredaktion. https://www.duden.de/rechtschreibung/Gehen (zuletzt besucht am 09. Februar 2023).

Geisenhanslüke, Achim: *Gegendiskurse. Literatur und Diskursanalyse bei Michel Foucault*. Heidelberg: Synchron 2008.

Geisenhanslüke, Achim und Georg Mein (Hrsg.): *Schriftkultur und Schwellenkunde*. Bielefeld: transcript 2015.

Gelfert, Axel: *How to Do Science with Models. A Philosophical Primer*. Dordrecht, Cham: Springer 2016.

Gelfert, Axel: „The Ontology of Models". In: *Springer Handbook of Model-Based Science*. Hrsg. von Lorenzo Magnani und Tommaso Bertolotti. Cham: Springer 2017. S. 5–23.

Gelfert, Axel: „Cultures of Modelling. Rudolf Peierls on ‚Model-Making in Physics'". In: *Studia Metodologiczne* 39 (2019). S. 49–71. https://doi.org/10.14746/sm.2019.39.2.

Genette, Gérard: „Frontiers of Narrative". In: ders.: *Figures of Literary Discourse*. Übers. von Alan Sheridan. New York, NY: Columbia University Press 1982. S. 127–144.

Genette, Gérard: *Nouveau discours du récit*. Paris: Seuil 1983.

Genette, Gérard: *Die Erzählung*. Hrsg. von Jochen Vogt. Übers. von Andreas Knop. München: Fink 1994.

Gerrig, Richard J. und David W. Allbritton: „The Construction of Literary Character. A View from Cognitive Psychology". In: *Style* 24.3 (1990). S. 380–391. https://www.jstor.org/stable/42945868 (zuletzt besucht am 08. Juli 2022).

Giannoulis, Markos: *Die Moiren. Tradition und Wandel des Motivs der Schicksalsgöttinnen in der antiken und byzantinischen Kunst*. Münster: Aschendorff 2010.

Giere, Ronald N.: „Why Scientific Models Should Not be Regarded as Works of Fiction“. In: *Fictions in Science. Philosophical Essays on Modeling and Idealization*. Hrsg. von Mauricio Suárez. New York, London: Routledge 2009. S. 248–258.

Gingerich, Owen: *An Annotated Census of Copernicus' „De Revolutionibus“ (Nuremberg, 1543 and Basel, 1566)*. Leiden, Boston, Köln: Brill 2002.

Girard, René: *Das Heilige und die Gewalt*. Übers. von Elisabeth Mainberger-Ruth. Zürich: Benziger 1987.

Girard, René: *Figuren des Begehrens. Das Selbst und der Andere in der fiktionalen Realität*. Übers. von Elisabeth Mainberger-Ruth. Wien: Lit 2012.

Gödel, Kurt: „An Example of a New Type of Cosmological Solutions of Einstein's Field Equations of Gravitation“. In: *Review of Modern Physics* 21.3 (1949). S. 447–450. https://doi.org/10.1023/A:1001959224682.

Gödel, Kurt: „Lecture on Rotating Universes“. In: ders.: *Collected Works*. Bd. 3: *Unpublished Essay and Lectures*. Hrsg. von Solomon Feferman. New York, Oxford: Oxford University Press 1995. S. 269–289.

Godfrey-Smith, P.: „The Strategy of Model-based Science“. In: *Biology and Philosophy* 21 (2006). S. 725–740.

Godfrey-Smith, P.: „Models and Fictions in Science“. In: *Philosophical Studies* 143 (2009). S. 101–116.

Goeth, Sarah Maria Teresa: *Analogie zwischen Wissenschaft und Ästhetik. Eine Vermittlungsfigur der Moderne bei Kant, Novalis und Goethe*. Berlin, Boston: De Gruyter 2023.

Goethe, Johann Wolfgang von: „Urworte. Orphisch“. In: ders.: *Goethes Werke. Hamburger Ausgabe in 14 Bänden*. Bd. 1: *Gedichte und Epen*. Bd. 1. Textkritisch durchgesehen und kommentiert von Erich Trunz. 16., durchges. Aufl. München: Beck 1996. S. 359–360.

Goethe, Johann Wolfgang von: „Goethe an Schiller 21./25.2.1798“. In: ders.: *Sämtliche Werke, Briefe, Tagebücher und Gespräche*. Hrsg. von Karl Eibl. Abt. 2, Bd. 4: *Johann Wolfgang Goethe mit Schiller. Briefe, Tagebücher und Gespräche vom 24. Juni 1794 bis zum 9. Mai 1805*. Teil 1: *Vom 24. Juni 1794 bis zum 31. Dezember 1799*. Hrsg. von Volker C. Dörr und Norbert Oellers. Frankfurt a. M.: Deutscher Klassiker Verlag 1998. S. 507–508.

Goffman, Erving: *Rahmen-Analyse. Ein Versuch über die Organisation von Alltagserfahrungen*. Übers. von Hermann Vetter. 9. Aufl. Frankfurt a. M.: Suhrkamp 2016.

Göller, Thomas: „Zur Frage nach der Auszeichnung der Sprache in Cassirers ‚Philosophie der symbolischen Formen'“. In: *Über Ernst Cassirers Philosophie der symbolischen Formen*. Hrsg. von Hans-Jürg Braun, Helmut Holzhey und Ernst Wolfgang Orth. Frankfurt a. M.: Suhrkamp 1988. S. 137–155.

Goodman, Nelson: *Languages of Art. An Approach to a Theory of Symbols*. 2. Aufl. Indianapolis: Hackett 1976.

Goodman, Nelson: *Ways of Worldmaking*. Indianapolis: Hackett 1978.

Goodman, Nelson: *Weisen der Welterzeugung*. Frankfurt a. M.: Suhrkamp 1990.

Goodman, Nelson: *Sprachen der Kunst. Entwurf einer Symboltheorie*. Übers. von Bernd Philippi. Frankfurt a. M.: Suhrkamp 1997.

Goodman, Nelson: *Languages of Art. An Approach to a Theory of Symbols*. 2. Aufl. Indianapolis: Hackett 2008.

Gordon, W.: „Der Comptoneffekt nach der Schrödingerschen Theorie“. In: *Zeitschrift für Physik* 40.1/2 (1926). S. 117–133. https://doi.org/10.1007/BF01390840.

Gott, J. Richard: *Time Travel in Einstein's Universe. The Physical Possibilities of Travel Through Time*. Boston, New York: Mariner Book 2002.

Grattan-Guinness, I.: *The Search for Mathematical Roots, 1870–1940. Logics, Set Theories and the Foundations of Mathematics from Cantor Through Russell to Gödel*. Princeton: Princeton University Press 2000.

Greenberger, Daniel, Klaus Hentschel und Friedel Weinert (Hrsg.): *Compendium of Quantum Physics*. Berlin, Heidelberg: Springer 2009.

Greimas, Algirdas Julien: „A Problem of Narrative Semiotics. Objects of Value". In: ders.: *On Meaning. Selected Writings in Semiotic Theory*. Übers. von Paul J. Perron und Frank H. Collins. Minneapolis: University of Minnesota Press 1987. S. 84–105.

Greimas, Algirdas Julien und Joseph Courtés: *Sémiotique. Dictionnaire raisonné de la thèorie du langage*. Paris: Hachette 1979.

Greiner-Kemptner, Ulrike: „‚Die endliche Erfahrung der Unendlichkeit'. Zu Raoul Schrotts Roman ‚Finis terrae'". In: *Österreich in Geschichte und Literatur* 42.3–4a (1998). S. 176–183.

Gross, Alan G.: *The Rhetoric of Science*. Cambridge: Harvard University Press 1990.

Gross, Alan G., Joseph E. Harmon und Michael S. Reidy: *Communicating Science. The Scientific Article from the 17th Century to the Present*. Oxford, New York: Oxford University Press 2002.

Grünbein, Durs: *Cyrano oder die Rückkehr vom Mond*. Berlin: Suhrkamp 2014.

Habermas, Jürgen: „Symbolischer Ausdruck und rituelles Verhalten. Ein Rückblick auf Cassirer und Gehlen". In: *Institutionalität und Symbolisierung. Verstetigungen kultureller Ordnungsmuster in Vergangenheit und Gegenwart*. Hrsg. von Gert Melville. Köln: Böhlau 2001. S. 53–67.

Hachmann, Gundela: „Das Erhabene im Krieg. Medialität der Maßlosigkeit bei Raoul Schrott". In: *Zeichen des Krieges in Literatur, Film und den Medien*. Bd. 1: *Nordamerika und Europa*. Hrsg. von Christer Petersen. Kiel: Ludwig 2004. S. 312–330.

Hacking, Ian: *The Social Construction of What?* 3. Aufl. Cambridge: Harvard University Press 1999.

Hallyn, Fernand: *The Poetic Structure of the World. Copernicus and Kepler*. New York, Cambridge: Zone Books 1990.

Hammad, Fayçal: „Revisiting Black Holes and Wormholes under Weyl Transformations". In: *Physical Review D: Particles and Fields* 97.12 (2018). Art. 124015. https://doi.org/10.1103/PhysRevD.97.124015.

Haupt, Sabine und Ulrich Stadler (Hrsg.): *Das Unsichtbare sehen. Bildzauber, optische Medien und Literatur*. Zürich, Wien, New York: Edition Voldemeer; Springer 2006.

Haupt, Sabine: „Literatur als Phänomenotechnik, Gedankenexperiment und Diskurszone: Thomas Lehrs Quantenroman „42"" In: *KulturPoetik*. Göttingen: Vandenhoeck & Ruprecht 21 2021, 2, 256–282.

Hawking, Stephen W.: „Particle Creation by Black Holes". In: *Communications in Mathematical Physics* 43.3 (1975). S. 199–220. https://projecteuclid.org/euclid.cmp/1103899181 (zuletzt besucht am 08. Juli 2022).

Heglmeier, Friedrich: *Die homozentrischen Sphären des Eudoxos und des Kallipos und der Irrtum des Aristoteles*. Dissertation. Erlangen-Nürnberg 1988.

Heinemann, Fritz: „Auf der Suche nach Sinn in einer zerbrochenen Welt". In: *Die neue Rundschau* 60 (1949). S. 85–119.

Heinz, Jutta: „‚Unendlicher Bildungstrieb'. Zu Blumenbachs ‚Bildungstrieb' und seiner Rezeption in Philosophie und Literatur bis hin zu Friedrich Schlegel". In: *Naturforschung und menschliche Geschichte*. Hrsg. von Thomas Bach und Mario Marino. Heidelberg: Winter 2011. S. 175–203.

Heisenberg, Werner: „Über quantentheoretische Umdeutung kinematischer und mechanischer Beziehungen". In: *Zeitschrift für Physik* 33.1 (1925). S. 879–893. https://doi.org/10.1007/BF01328377.

Heisenberg, Werner: „Über den anschaulichen Inhalt der quantentheoretischen Kinematik und Mechanik". In: *Zeitschrift für Physik* 43.3/4 (1927). S. 172–198. https://doi.org/10.1007/BF01397280.

Heisenberg, Werner: „Atomphysik und Kausalgesetz". In: *Merkur* 6 (1952). S. 701–711.

Heisenberg, Werner: „Atome mit Haken und Ösen. Über das Verhältnis von humanistischer Bildung, Naturwissenschaft und Abendland". In: *Neue Deutsche Hefte* 1 (1954). S. 21–28.

Heisenberg, Werner: „Die Entwicklung der Deutung der Quantentheorie". In: ders.: *Gesammelte Werke. Collected Works*. Abt. C, Bd. 1: *Physik und Erkenntnis 1927–1955*. Hrsg. von Walter Blum, Hans-Peter Dürr und Helmut Rechenberg. München: Piper 1984. S. 434–449. https://doi.org/10.1007/978-3-663-14179-2_11.

Heisenberg, Werner: „Die Kopenhagener Deutung der Quantentheorie". In: ders.: *Gesammelte Werke. Collected Works*. Abt. C, Bd. 2: *Physik und Erkenntnis 1956–1968*. Hrsg. von Walter Blum, Hans-Peter Dürr und Helmut Rechenberg. München: Piper 1984. S. 27–42.

Heisenberg, Werner: „Kritik und Gegenvorschläge zur Kopenhagener Deutung der Quantentheorie". In: ders.: *Gesammelte Werke. Collected Works*. Abt. C, Bd. 2: *Physik und Erkenntnis 1956–1968*. Hrsg. von Walter Blum, Hans-Peter Dürr und Helmut Rechenberg. München: Piper 1984. S. 119–136.

Henle, Paul: „Metaphor". In: ders (Hrsg.): *Language, Thought, and Culture*. Ann Arbor: The University of Michigan Press 1958. S. 173–195.

Hentschel, Klaus: *Interpretationen und Fehlinterpretationen der speziellen und der allgemeinen Relativitätstheorie durch Zeitgenossen Albert Einsteins*. Basel, Berlin: Birkhäuser 1990.

Hentschel, Klaus: „Die Funktion von Analogien in den Naturwissenschaften, auch in Abgrenzung zu Metaphern und Modellen". In: ders (Hrsg.): *Analogien in Naturwissenschaften, Medizin und Technik*. Fachtagung der Deutschen Akademie der Naturforscher Leopoldina und der Abteilung für Geschichte der Naturwissenschaften und Technik der Universität Stuttgart vom 17. bis 20. März 2008. Stuttgart: Wiss. Verl.-Ges. 2010. S. 13–66.

Herman, David (Hrsg.): *The Cambridge Companion to Narrative*. Cambridge: Cambridge University Press 2007.

Hertz, Heinrich: *Die Prinzipien der Mechanik. In neuem Zusammenhange dargestellt*. Mit einem Vorworte von H[ermann] von Helmholtz. Hrsg. von Ph. Lenard. In: ders.: *Gesammelte Werke von Heinrich Hertz*. Bd. 3. Leipzig: Barth 1894.

Herwig, Malte: *Bildungsbürger auf Abwegen. Naturwissenschaft im Werk Thomas Manns*. Frankfurt a. M.: Klostermann 2004.

Hesse, Mary B.: *Forces and Fields. The Concept of Action at a Distance in the History of Physics*. London: Nelson 1962.

Hesse, Mary B.: „The Explanatory Function of Metaphor". In: *Logic, Methodology and Philosophy of Science*. Proceedings of the 1964 International Congress at the Hebrew University of Jerusalem. Hrsg. von Yehôšua Bar-Hillēl. Amsterdam: North-Holland 1965. S. 249–260.

Hesse, Mary B.: *Models and Analogies in Science*. 2. Aufl. Notre Dame University of Notre Dame Press 1970.

Heydari-Fard, Malihe und Mohaddese Heydari-Fard: „Inhomogeneous Exact Solution in Brane Gravity and its Applications". In: *General Relativity and Gravitation* 49.2 (2017). Art. 21. https://doi.org/10.1007/s10714-017-2190-2.

Heydenreich, Aura: „‚Closed Timelike Curves'. Gödel's Solution for Einstein's Field Equations in the General Theory of Relativity and Bach's ‚The Musical Offering' as Configuration Models for Narrative Identity Constructions in Richard Powers's ‚The Time of Our Singing'". In: *Narrated*

Communities and Narrated Realities. Erzählen als Erkenntnisprozess und kulturelle Praxis. Hrsg. von Hermann Blume, Christoph Leitgeb und Michael Rössner. Amsterdam: Rodopi 2015. S. 153–173.

Heydenreich, Aura: „Kosmos oder Chaos? Die Rettung der Phänomene im Text-Labyrinth. Platons Kosmologie und Eudoxos' Astronomie in Raoul Schrotts Finis Terrae (1995)". In: *Quarks and Letters. Naturwissenschaften in der Literatur und Kultur der Gegenwart*. Hrsg. von Aura Heydenreich und Klaus Mecke. Berlin, Boston: De Gruyter 2015. S. 203–240. https://doi.org/10.1515/9783110406542-007.

Heydenreich, Aura: „Meister Floh". In: *E.T.A. Hoffmann Handbuch. Leben – Werk – Wirkung*. Hrsg. von Christine Lubkoll und Harald Neumeyer. Stuttgart: Metzler 2015. S. 168–173.

Heydenreich, Aura: „Vom astronomischen Weltmodell zum literarischen Weltbild. Johannes Keplers ‚Somnium' zwischen faktualer Kosmographie und fiktionaler Selenographie – mit einem Kommentar zu Durs Grünbein ‚Cyrano oder Die Rückkehr vom Mond'". In: *Der Himmel als transkultureller ethischer Raum. Himmelskonstellationen im Spannungsfeld von Literatur und Wissen*. Hrsg. von Harald Lesch, Stephanie Waldow und Bernd Oberdorfer. Göttingen: Vandenhoeck & Ruprecht 2016. S. 333–370.

Heydenreich, Aura: „Albert Einstein's ‚Physics and Reality' and ‚The Electrodynamics of Moving Bodies'. The Process of Interformation, Semiologic Foundations and Epistemic Transformations (Part II)". In: *Physics and Literature. Concepts – Transfer – Aestheticization*. Hrsg. von Aura Heydenreich und Klaus Mecke. Berlin, Boston: De Gruyter 2021. S. 105–138. https://doi.org/10.1515/9783110481112-004.

Heydenreich, Aura: „Epistemic Narrativity in Albert Einstein's Treatise on Special Relativity. A Narratological Approach to ‚The Electrodynamics of Moving Bodies'. The Process of Interformation (Part I)". In: *Physics and Literature. Concepts – Transfer – Aestheticization*. Hrsg. von Aura Heydenreich und Klaus Mecke. Berlin, Boston: De Gruyter 2021. S. 49–103. https://doi.org/10.1515/9783110481112-003.

Heydenreich, Aura und Klaus Mecke: „Die Zeit ist der Abgrund, in den wir fallen. Thomas Lehr im Dialog zu 42". In: dies (Hrsg.): *Physik und Poetik. Produktionsästhetik und Werkgenese. Autorinnen und Autoren im Dialog*. Berlin, Boston: De Gruyter 2015. S. 186–227. https://doi.org/10.1515/9783110440362-007.

Heydenreich, Aura und Klaus Mecke: „Librationen. Durs Grünbein im Dialog zu ‚Cyrano oder Die Rückkehr vom Mond' und ‚Vom Schnee oder Descartes in Deutschland'". In: dies (Hrsg.): *Physik und Poetik. Produktionsästhetik und Werkgenese. Autorinnen und Autoren im Dialog*. Berlin, Boston: De Gruyter 2015. S. 50–93. https://doi.org/10.1515/9783110440362-003.

Higgs, Peter W.: „Broken Symmetries and the Masses of Gauge Bosons". In: *Physical Review Letters* 13.16 (1964). S. 508–509. https://doi.org/10.1103/PhysRevLett.13.508.

Higgs, Peter W.: „Broken Symmetries, Massless Particles and Gauge Fields". In: *Physics Letters* 12.2 (1964). S. 132–133. https://doi.org/10.1016/0031-9163(64)91136-9.

Hjelmslev, Louis: *Prolegomena to a Theory of Language*. 2. Aufl. Madison: University of Wisconsin Press 1963.

Hjelmslev, Louis: *Prolegomena zu einer Sprachtheorie*. München: Hueber 1974.

Hoffmann, Christoph: *Unter Beobachtung. Naturforschung in der Zeit der Sinnesapparate*. Göttingen: Wallstein 2006.

Hoffmann, E. T. A.: *Meister Floh. Ein Mährchen in 7 Abentheuern zweier Freunde*. Frankfurt a. M.: Wilmans 1822.

Hoffmann, E. T. A.: *Klein Zaches genannt Zinnober*. In: ders.: *Sämtliche Werke in sechs Bänden*. Hrsg. von Hartmut Steinecke und Wulf Segebrecht. Bd. 3: *Nachtstücke, Klein Zaches, Prinzessin Brambilla*.

Werke 1816–1820. Hrsg. von Hartmut Steinecke mit Gerhard Allroggen. Frankfurt a. M.: Deutscher Klassiker Verlag 1985. S. 531–650.

Hoffmann, E. T. A.: *Prinzessin Brambilla*. In: ders.: *Sämtliche Werke in sechs Bänden*. Hrsg. von Hartmut Steinecke und Wulf Segebrecht. Bd. 3: *Nachtstücke, Klein Zaches, Prinzessin Brambilla. Werke 1816–1820*. Hrsg. von Hartmut Steinecke mit Gerhard Allroggen. Frankfurt a. M.: Deutscher Klassiker Verlag 1985. S. 767–912.

Hoffmann, E. T. A.: *Die Serapions-Brüder*. Hrsg. von Wulf Segebrecht und Ursula Segebrecht. In: ders.: *Sämtliche Werke in sechs Bänden*. Bd. 4. Hrsg. von Hartmut Steinecke und Wulf Segebrecht. Frankfurt a. M.: Deutscher Klassiker Verlag 2001.

Hoffmann, E. T. A.: *Meister Floh. Die „Knarrpanti-Episode"*. Faksimile des Handschriftenteils des Märchens „Meister Floh" von ETA Hoffmann aus dem Geheimen Staatsarchiv, Preußischer Kulturbesitz Berlin. 2 Bände. Hrsg. von Bernhard Schemmel und Johannes Häfner. Nürnberg: ICHverl. Häfner & Häfner 2003.

Hoffmann, E. T. A.: *Meister Floh*. In: ders.: *Sämtliche Werke in sechs Bänden*. Hrsg. von Hartmut Steinecke und Wulf Segebrecht. Bd. 6: *Späte Prosa, Briefe, Tagebücher und Aufzeichnungen, Juristische Schriften. Werke 1814–1822*. Hrsg. von Gerhard Allroggen, Friedhelm Auhuber, Hartmut Mangold, Jörg Petzel und Hartmut Steinecke. Frankfurt a. M.: Deutscher Klassiker Verlag 2004. S. 303–467, 1366–1413.

Hoffmann, Torsten: *Konfigurationen des Erhabenen. Zur Produktivität einer ästhetischen Kategorie in der Literatur des ausgehenden 20. Jahrhunderts (Handke, Ransmayr, Schrott, Strauss)*. Berlin, New York: De Gruyter 2006.

Hoffmann, Torsten: „Poetologisierte Naturwissenschaften. Zur Legitimation von Dichtung bei Durs Grünbein, Raoul Schrott und Botho Strauß". In: *Schreiben am Schnittpunkt. Poesie und Wissen bei Durs Grünbein*. Hrsg. von Kai Bremer, Fabian Lampart und Jörg Wesche. Freiburg im Breisgau: Rombach 2007. S. 171–190.

Hofstadter, Douglas R.: *Gödel, Escher, Bach. An Eternal Golden Braid*. New York: Basic Books 1979.

Höhnel, Ludwig von: *Zum Rudolph-See und Stephanie-See. Die Forschungsreise des Grafen Samuel Teleki in Ost-Aequatorial-Afrika 1887–1888 geschildert von seinem Begleiter*. Wien: Hölder 1892.

Holbeche, Yvonne Jill Kathleen: *Optical Motifs in the Works of E. T. A. Hoffmann*. Göppingen: Kümmerle 1975.

Höpker, Karin: „Happiness in Distress. Richard Powers' Generosity and Narratives of the Biomedical Self". In: *Ideas of Order. Narrative Patterns in the Novels of Richard Powers*. Hrsg. von Antje Kley und Jan D. Kucharzewski. Heidelberg: Winter 2012. S. 285–312.

Höppner, Stefan: „Ultima Thule im Südmeer. Schrotts ‚Tristan da Cunha' als utopischer Roman (mit einem Seitenblick auf ‚Finis Terrae')". In: *Raoul Schrott*. Hrsg. von Heinz Ludwig Arnold. München: Edition Text + Kritik 2007. S. 27–42.

Howard, Don: „The Copenhagen Interpretation". In: *The Oxford Handbook of the History of Quantum Interpretations*. Hrsg. von Olival Freire Jr. Oxford: Oxford University Press 2022. S. 521–542.

Hoyningen-Huene, Paul: „Context of Discovery versus Context of Justification and Thomas Kuhn". In: *Revisiting Discovery and Justification. Historical and Philosophical Perspectives on the Context Distinction*. Hrsg. von Jutta Schickore und Friedrich Steinle. Dordrecht: Springer 2006. S. 119–132.

Hübner, Kurt: „Über den Begriff der Quantenlogik". In: *Sprache im technischen Zeitalter* 4 (1964). S. 925–934.

Hutcheon, Linda: „Historiographic Metafiction. Parody and the Intertextuality of History". In: *Intertextuality and Contemporary American Fiction*. Hrsg. von Patrick O'Donnell und Robert Con Davis. Baltimore: Johns Hopkins University Press 1989. S. 3–32.

Huxley, Aldous: *Literature and Science*. London: Chatto & Windus 1963.

Huxley, Thomas H.: *Science and Education*. New York: Collier 1900.

Ickstadt, Heinz: „Surviving the Particular? Uni(versali)ty and Multiplicity in the Novels of Richard Powers". In: *European Journal of American Studies* 1 (2007). S. 1–13. https://doi.org/10.4000/ejas.1119.

Ickstadt, Heinz: „‚A-Synchronous Messaging'. The Multiple Functions of Richard Powers' Fictions". In: *Ideas of Order. Narrative Patterns in the Novels of Richard Powers*. Hrsg. von Antje Kley und Jan D. Kucharzewski. Heidelberg: Winter 2012. S. 23–44.

Ihde, Don: „Die Kunst kommt der Wissenschaft zuvor. Oder: Provozierte die Camera obscura die Entwicklung der modernen Wissenschaften?". In: *Instrumente in Kunst und Wissenschaft. Zur Architektonik kultureller Grenzen im 17. Jahrhundert*. Hrsg. von Helmar Schramm, Ludger Schwarte und Jan Lazardzig. Berlin, New York: De Gruyter 2006. S. 417–429. https://doi.org/10.1515/9783110199949.417.

Ihmig, Karl-Norbert: *Cassirers Invariantentheorie der Erfahrung und seine Rezeption des „Erlanger Programms"*. Hamburg: Meiner 1997.

Ihmig, Karl-Norbert: *Grundzüge einer Philosophie der Wissenschaften bei Ernst Cassirer*. Darmstadt: Wiss. Buchges. 2001.

Illi, Manuel: *Sprache in Wissenschaft und Dichtung. Diskursive Formationen von Mathematik, Physik, Logik und Dichtung im 17. und 18. Jahrhundert*. Berlin, Boston: De Gruyter 2017.

Iser, Wolfgang: „Akte des Fingierens oder Was ist das Fiktive im fiktionalen Text?". In: *Funktionen des Fiktiven*. Hrsg. von Dieter Henrich und Wolfgang Iser. München: Fink 1983. S. 121–151.

Jaeger, Stephan: „Multiperspektivisches Erzählen in der Geschichtsschreibung des ausgehenden 20. Jahrhundert. Wissenschaftliche Inszenierungen von Geschichte zwischen Roman und Wirklichkeit". In: *Multiperspektivisches Erzählen. Zur Theorie und Geschichte der Perspektivenstruktur im englischen Roman des 18. bis 20. Jahrhunderts*. Hrsg. von Vera Nünning und Ansgar Nünning. Trier: WVT 2000. S. 323–346.

Jaeger, Stephan: „Erzählen im historiographischen Diskurs". In: *Wirklichkeitserzählungen. Felder, Formen und Funktionen nicht-literarischen Erzählens*. Hrsg. von Christian Klein und Matías Martínez. Stuttgart: Metzler 2009. S. 110–135. https://doi.org/10.1007/978-3-476-05228-5_5.

Jäger, Ludwig: „Symbolizität. Anmerkungen zu Cassirer, Kant und Humboldt". In: *Spielräume. Ein Buch für Jürgen Fohrmann*. Hrsg. von Jürgen Brokoff, Elke Dubbels und Andrea Schütte. Bielefeld: Aisthesis 2013. S. 181–201.

Jahn, Ilse mit Erika Krauße (Hrsg.): *Geschichte der Biologie. Theorien, Methoden, Institutionen, Kurzbiographien*. Heidelberg, Berlin: Akademie Spektrum 2000.

Jakobson, Roman: „Closing Statements. Linguistics and Poetics". In: *Style in Language*. Hrsg. von Thomas Albert Sebeok. New York: Wiley 1960. S. 350–377.

Jakobson, Roman: *Selected Writings*. Bd. 2: *Word and Language*. Den Haag, Paris: De Gruyter Mouton 1971.

Jakobson, Roman: „Linguistik und Poetik" (1960). In: ders.: *Poetik. Ausgewählte Aufsätze 1921–1971*. Hrsg. von Elmar Holenstein. Frankfurt a. M.: Suhrkamp 1973. S. 83–121.

James, Oliver, Eugénie Tunzelmann, Paul Franklin und Kip S. Thorne: „Visualizing Interstellar's Wormhole". In: *American Journal of Physics* 83.6 (2015). S. 486–499. https://doi.org/10.1119/1.4916949.

James, Oliver, Eugénie von Tunzelmann, Paul Franklin und Kip S. Thorne: „Gravitational Lensing by Spinning Black Holes in Astrophysics, and in the Movie Interstellar". In: *Classical and Quantum Gravity* 32.6 (2015). Art. 065001. https://doi.org/10.1088/0264-9381/32/6/065001.

Jannidis, Fotis: *Figur und Person. Beitrag zu einer historischen Narratologie*. Berlin, New York: De Gruyter 2008.

Jannidis, Fotis: „Narrative and Narratology“. In: *What Is Narratology? Questions and Answers Regarding the Status of a Theory*. Hrsg. von Tom Kindt und Hans-Harald Müller. Berlin, New York: De Gruyter 2008. S. 35–54. https://doi.org/10.1515/9783110202069.35.

Jannidis, Fotis: „Zuerst Collegium Logicum. Tilmann Köppes Beitrag ‚Vom Wissen in Literatur‘“. In: *Zeitschrift für Germanistik* 18 (2008). S. 373–377.

Jantzen, Jörg: „Physiologische Theorien“. In: Friedrich Wilhelm Joseph Schelling: *Werke. Historisch-kritische Ausgabe*. Bd. 1,9a: *Ergänzungsband zu Werke Band 5 bis 9. Wissenschaftshistorischer Bericht zu Schellings naturphilosophischen Schriften 1797–1800*. Hrsg. von Hans Michael Baumgartner. Stuttgart: Frommann-Holzboog 1994. S. 566–668.

Japp, Uwe: „Das serapiontische Prinzip“. In: *E. T. A. Hoffmann*. Hrsg. von Heinz Ludwig Arnold. München: Edition Text + Kritik 1992. S. 63–75.

Jappe, Lilith, Olav Krämer und Fabian Lampart (Hrsg.): *Figurenwissen. Funktionalisierung des Wissens bei der narrativen Figurendarstellung*. Berlin, Boston: De Gruyter 2012.

Joos, Erich, H. Dieter Zeh, Domenico J. W. Giulini, Claus Kiefer, Joachim Kupsch und Ion-Olimpiu Stamatescu: *Decoherence and the Appearance of a Classical World in Quantum Theory*. 2. Aufl. Berlin u. a.: Springer 2003.

Jusufi, Kimet: „Deflection Angle of Light by Wormholes Using the Gauss-Bonnet Theorem“. In: *International Journal of Geometric Methods in Modern Physics* 14.12 (2017). Art. 1750179. https://doi.org/10.1142/S0219887817501791.

Jusufi, Kimet: „Conical Morris-Thorne Wormholes with a Global Monopole Charge“. In: *Physical Review D: Particles and Fields* 98.4 (2018). Art. 044016. https://doi.org/10.1103/PhysRevD.98.044016.

Kant, Immanuel: „Von dem ersten Grunde des Unterschiedes der Gegenden im Raum (1768)“. In: ders.: *Werkausgabe. Sammlung*. Bd. 2: *Vorkritische Schriften bis 1768*. Bd. 2. Hrsg. von Wilhelm Weischedel. Frankfurt a. M.: Suhrkamp 1985. S. 993–1000.

Kant, Immanuel: *Kritik der reinen Vernunft*. Bd. 1. Hrsg. von Wilhelm Weischedel. In: ders.: *Werkausgabe. Sammlung*. Bd. 3. 20. Aufl. Frankfurt a. M.: Suhrkamp 2014.

Kant, Immanuel: „Von dem Raume“. In: ders.: *Werkausgabe. Sammlung*. Bd. 5: *Schriften zur Metaphysik und Logik*. Bd. 1. Hrsg. von Wilhelm Weischedel. 13. Aufl. Frankfurt a. M.: Suhrkamp 2014. S. 56–69.

Karfik, Filip: *Die Beseelung des Kosmos. Untersuchungen zur Kosmologie, Seelenlehre und Theologie in Platons Phaidon und Timaios*. München, Leipzig: Saur 2004.

Kasper, Lutz: „Metaphern der Physik – eine fachdidaktische Reflexion“. In: *Analogien in Naturwissenschaften, Medizin und Technik*. Fachtagung der Deutschen Akademie der Naturforscher Leopoldina und der Abteilung für Geschichte der Naturwissenschaften und Technik der Universität Stuttgart vom 17. bis 20. März 2008. Hrsg. von Klaus Hentschel. Stuttgart: Wiss. Verl.-Ges. 2010. S. 91–119.

Kasper, Lutz: „Analogien, Metaphern und Modelle der Physik“. In: *Modelle*. Hrsg. von Silke Mikelskis-Seifert. Velber: Friedrich 2011. S. 32–36.

Kassung, Christian: *Entropie-Geschichten. Robert Musils „Der Mann ohne Eigenschaften“ im Diskurs der modernen Physik*. München: Fink 2001.

Kaufmann, Walter: „Die Entwicklung des Elektronenbegriffs“. In: *Physikalische Zeitschrift* 3 (1901). S. 9–15.

Kaufmann, Walter: „Die elektromagnetische Masse des Elektrons“. In: *Physikalische Zeitschrift* 4 (1902). S. 54–57.

Kepler, Johannes: *De Stella Incognita Cygni. Narratio Astronomica*. Prag: Sessius 1606.

Kepler, Johannes: *De Stella nova in pede Serpentarii, et qui sub ejus exortum de novo iniit, trigono igneo, Libellus Astronomicis, Physicis, Metaphysicis, Meteorologicis & Astrologicis Disputationibus endoxois & paradoxois plenus*. Prag: Sessius 1606.

Kepler, Johannes: *Astronomia Nova Aitiologētos, Sev Physica Coelestis, tradita commentariis De Motibvs Stellæ Martis, Ex observationibus G. V. Tychonis Brahe*. Heidelberg: Vögelin 1609.

Kepler, Johannes: *Harmonices Mundi. Libri V*. Frankfurt a. M.: Tampach 1619.

Kepler, Johannes: *Tabulae Rudolphinae, quibus Astronomicae scientiae, temporum longinquitate collapsae Restauratio continetur. A Phoenice illo Astronomorum Tychone, Ex illustri & Generosa Braheorum in Regno Daniae familia oriundo Equite*. Ulm: Jonas Saur 1627.

Kepler, Johannes: *Astronomia nova*. Hrsg. von Max Caspar. In: ders.: *Gesammelte Werke*. Bd. 3. Hrsg. von Walther von Dyck, Max Caspar und Franz Hammer. München: Beck 1938.

Kepler, Johannes: *Mysterium cosmographicum. De stella nova*. Hrsg. von Max Caspar. In: ders.: *Gesammelte Werke*. Bd. 1. Hrsg. von Walther von Dyck, Max Caspar und Franz Hammer. München: Beck 1938.

Kepler, Johannes: *Astronomiae pars optica*. Hrsg. von Franz Hammer. In: ders.: *Gesammelte Werke*. Bd. 2. Hrsg. von Walther von Dyck, Max Caspar und Franz Hammer. München: Beck 1939.

Kepler, Johannes: *Harmonice mundi*. Hrsg. von Max Caspar. In: ders.: *Gesammelte Werke*. Bd. 6. Hrsg. von Walther von Dyck, Max Caspar und Franz Hammer. München: Beck 1940.

Kepler, Johannes: *Epitome astronomiae Copernicanae*. Hrsg. von Max Caspar. In: ders.: *Gesammelte Werke*. Bd. 7. Hrsg. von Walther von Dyck, Max Caspar und Franz Hammer. München: Beck 1953.

Kepler, Johannes: *Kepler's Dream. With the Full Text and Notes of „Somnium, sive astronomia lunaris" Joannis Kepleri*. Hrsg. von John Lear. Übers. von Patricia Frueh Kirkwood. Berkeley: University of California Press 1965.

Kepler, Johannes: *Kepler's „Somnium". The Dream, or Posthumous Work on Lunar Astronomy*. Hrsg. und übers. von Edward Rosen. Madison: University of Wisconsin Press 1967.

Kepler, Johannes: *Joannis Keppleri Somnium seu Opus Posthumum de Astronomia Lunari*. Hrsg. von Matha List und Walther Gerlach. Faksimiledruck der Ausgabe 1634. Osnabrück: Zeller 1969.

Kepler, Johannes: *Somnium seu opus posthumum de astronomia lunari*. Hrsg. von Volker Bialas und Helmuth Grössing. In: ders.: *Gesammelte Werke*. Bd. 11,2. Hrsg. von Walther von Dyck, Max Caspar und Franz Hammer. München: Beck 1993.

Kepler, Johannes: *Astronomia nova. Neue, ursächlich begründete Astronomie*. Durchgesehen und ergänzt sowie mit Glossar und einer Einleitung versehen von Fritz Krafft. Übers. von Max Caspar. Wiesbaden: Marix Verlag 2005 [1929].

Kepler, Johannes: *Schriften zur Optik 1604–1611*. Hrsg. von Rolf Riekher. Frankfurt a. M.: Deutsch 2008.

Kepler, Johannes: *Der Traum, oder: Mond-Astronomie. Somnium sive astronomia lunaris*. Hrsg. von Beatrix Langner. Übers. von Hans Bungarten. Berlin: Matthes & Seitz 2011.

Kern, Hermann: *Labyrinthe. Erscheinungsformen und Deutungen. 5000 Jahre Gegenwart eines Ursymbols*. München: Prestel 1982.

Kind, Amy: *Imagination and Creative Thinking*. Cambridge u. a.: Cambridge University Press 2022.

Kind, Amy und Peter Kung (Hrsg.): *Knowledge through Imagination*. Oxford: Oxford University Press 2016.

Kircher, Athanasius: *Ars Magna Lucis Et Umbrae. In X. Libros digesta: Quibus Admirandae Lucis et Umbrae in mundo, atque adeò universa natura, vires effectusque uti nova, ita varia novorum reconditiorumque speciminum exhibitione, ad varios mortalium usus, panduntur*. Amsterdam 1671.

Kläger, Florian: *Reading into the Stars. Cosmopoetics in the Contemporary Novel*. Heidelberg: Universitätsverlag Winter 2018.

Klausnitzer, Ralf: *Literatur und Wissen. Zugänge – Modelle – Analysen*. Berlin: De Gruyter 2008.

Klein, Christian und Matías Martínez (Hrsg.): *Wirklichkeitserzählungen. Felder, Formen und Funktionen nicht-literarischen Erzählens*. Stuttgart: Metzler 2009.

Klein, Felix: *Das Erlanger Programm. Vergleichende Betrachtungen über neuere geometrische Forschungen*. Hrsg. von Hans Wußing. Leipzig: Geest & Portig 1974.

Klein, O.: „Elektrodynamik und Wellenmechanik vom Standpunkt des Korrespondenzprinzips". In: *Zeitschrift für Physik* 41.6/7 (1927). S. 407–442. https://doi.org/10.1007/BF01400205.

Kleppel, Carsten: *Von der Dirac-Gleichung zur Quantenelektrodynamik. Eine verständliche Einführung für Studierende der theoretischen Physik*. Wiesbaden: Springer Spektrum 2015.

Klinkert, Thomas: *Epistemologische Fiktionen. Zur Interferenz von Literatur und Wissenschaft seit der Aufklärung*. Berlin: De Gruyter 2010.

Klinkert, Thomas und Monika Neuhofer (Hrsg.): *Literatur, Wissenschaft und Wissen seit der Epochenschwelle um 1800. Theorie – Epistemologie – komparatistische Fallstudien*. Berlin, New York: De Gruyter 2008.

Knorr-Cetina, Karin: *Die Fabrikation von Erkenntnis. Zur Anthropologie der Naturwissenschaft*. 3. Aufl. Frankfurt a. M.: Suhrkamp 2012.

Knuuttila, Tarja: *Models as Epistemic Artefacts. Toward a Non-Representationalist Account of Scientific Representation*. Helsinki: University of Helsinki Press 2005.

Knuuttila, Tarja: „Models, Representation, and Mediation". In: *Philosophy of Science* 72.5 (2005). S. 1260–1271. https://doi.org/10.1086/508124.

Köhnen, Ralph: *Das optische Wissen. Mediologische Studien zu einer Geschichte des Sehens*. Paderborn: Fink 2009.

Kokubu, Takafumi, Hideki Maeda und Tomohiro Harada: „Does the Gauss-Bonnet Term Stabilize Wormholes?". In: *Classical and Quantum Gravity* 32.23 (2015). Art. 235021. https://doi.org/10.1088/0264-9381/32/23/235021.

Könnecker, Carsten: „Hermann Brochs Rezeption der modernen Physik. Quantenmechanik und ‚Unbekannte Größe'". In: *Zeitschrift für deutsche Philologie* 118 (1999). S. 205–239.

Könnecker, Carsten: *„Auflösung der Natur – Auflösung der Geschichte". Moderner Roman und NS-„Weltanschauung" im Zeichen der theoretischen Physik*. Stuttgart: Metzler 2001.

Kopernikus, Nikolaus: *Über die Kreisbewegungen der Weltkörper. Erstes Buch. Zweisprachige Ausgabe*. Hrsg. und eingel. von Georg Klaus. Anm. von Aleksander Birkenmajer. Nach der Übers. von C. L. Menzzer. Berlin: Akademie Verlag 1959.

Kopernikus, Nikolaus: *De revolutionibus. Die erste deutsche Übersetzung in der Grazer Handschrift*. Kritische Edition. Bearb. und hrsg. von Andreas Kühne und Jürgen Hamel. In: ders.: *Nicolaus Copernicus Gesamtausgabe*. Bd. III,3. Hrsg. von Heribert M. Nobis u. a. Berlin: Akademie Verlag 2007.

Köppe, Tilmann: „Fiktionalität, Wissen, Wissenschaft. Replik auf Roland Borgards und Andreas Dittrich". In: *Zeitschrift für Germanistik* 17 (2007). S. 638–646.

Köppe, Tilmann: „Vom Wissen in Literatur". In: *Zeitschrift für Germanistik* 17 (2007). S. 398–410.

Köppe, Tilmann: *Literatur und Erkenntnis. Studien zur kognitiven Signifikanz fiktionaler literarischer Werke*. Paderborn: Mentis 2008.

Köppe, Tilmann: „Literatur und Wissen. Zur Strukturierung des Forschungsfeldes und seiner Kontroversen". In: ders (Hrsg.): *Literatur und Wissen. Theoretisch-methodische Zugänge*. Berlin, Boston: De Gruyter 2011. S. 1–28. https://doi.org/10.1515/9783110229189.1.

Köppe, Tilmann (Hrsg.): *Literatur und Wissen. Theoretisch-methodische Zugänge*. Berlin, Boston: De Gruyter 2011.

Koschorke, Albrecht: „Die Grenzen des Systems und die Rhetorik der Systemtheorie". In: *Widerstände der Systemtheorie. Kulturtheoretische Analyse der Werke von Luhmann*. Hrsg. von Albrecht

Koschorke und Cornelia Vismann. Berlin: Akademie 1999. S. 49–60. https://doi.org/10.1524/9783050077857.49.

Koschorke, Albrecht: „Codes und Narrative. Zur Poetik der funktionalen Differenzierung". In: *Grenzen der Germanistik. Rephilologisierung oder Erweiterung?* Hrsg. von Walter Erhart. Stuttgart, Weimar: Metzler 2004. S. 174–185.

Koschorke, Albrecht: „Zur Funktionsweise kultureller Peripherien". In: *Explosion und Peripherie. Jurij Lotmans Semiotik der kulturellen Dynamik revisited*. Hrsg. von Susi K. Frank, Cornelia Ruhe und Alexander Schmitz. Bielefeld: transcript 2012. S. 27–40.

Koschorke, Albrecht: *Wahrheit und Erfindung. Grundzüge einer Allgemeinen Erzähltheorie*. 3. Aufl. Frankfurt a. M.: Fischer 2013.

Koschorke, Albrecht: *Fact and Fiction. Elements of a General Theory of Narrative*. Übers. von Joel Golb. Berlin, Boston: De Gruyter 2018.

Koschorke, Albrecht und Cornelia Vismann (Hrsg.): *Widerstände der Systemtheorie. Kulturtheoretische Analyse der Werke von Luhmann*. Berlin: Akademie 1999.

Kozyrakis, Yulia: „Sightless Sound. Music and Racial Self-fashioning in Richard Powers' ‚The Time of Our Singing'". In: *Ideas of Order. Narrative Patterns in the Novels of Richard Powers*. Hrsg. von Antje Kley und Jan D. Kucharzewski. Heidelberg: Winter 2012. S. 175–194.

Krafft, Fritz: „Der Mathematikos und der Physikos. Bemerkungen zu der angeblichen Platonischen Aufgabe, die Phänomene zu retten". In: Fritz Krafft, Kurt Goldammer und Annemarie Leibbrand-Wettley: *Alte Probleme – neue Ansätze. Drei Vorträge. Würzburg 1964*. Wiesbaden: Steiner 1965. S. 5–24.

Kragh, Helge: *Dirac. A Scientific Biography*. Cambridge: Cambridge University Press 1990.

Krämer, Olav: „Bildliches Denken als Erkenntnismodus zwischen Poesie und Wissenschaft. Grünbein über Dante, Darwin, Hopkins und Goethe". In: *Schreiben am Schnittpunkt. Poesie und Wissen bei Durs Grünbein*. Hrsg. von Kai Bremer, Fabian Lampart und Jörg Wesche. Freiburg im Breisgau: Rombach 2007. S. 241–257.

Krämer, Olav: „Intention, Korrelation,Zirkulation. Zu verschiedenen Konzeptionen der Beziehung zwischen Literatur, Wissenschaft und Wissen". In: *Literatur und Wissen. Theoretisch-methodische Zugänge*. Hrsg. von Tilmann Köppe. Berlin, Boston: De Gruyter 2011. S. 77–115. https://doi.org/10.1515/9783110229189.77.

Krämer, Sybille: *Berechenbare Vernunft. Kalkül und Rationalismus im 17. Jahrhundert*. Berlin, New York: De Gruyter 1991.

Krämer, Sybille: „Kalküle als Repräsentation. Zur Genese des operativen Symbolismus in der Neuzeit". In: *Räume des Wissens. Repräsentation, Codierung, Spur*. Hrsg. von Hans-Jörg Rheinberger, Michael Hagner und Bettina Wahrig-Schmidt. Berlin: Akademie 1997. S. 111–122. https://doi.org/10.1515/9783050071299.111.

Krämer, Sybille: *Figuration, Anschauung, Erkenntnis. Grundlinien einer Diagrammatologie*. Berlin: Suhrkamp 2016.

Krämer, Sybille und Horst Bredekamp (Hrsg.): *Bild – Schrift – Zahl*. München: Fink 2003.

Krämer, Sybille und Christina Ljungberg (Hrsg.): *Thinking with Diagrams. The Semiotic Basis of Human Cognition*. Berlin, Boston: De Gruyter 2016.

Krampen, Martin: „Models of Semiosis (Modelle der Semiose)". In: *Semiotik. Ein Handbuch zu den zeichentheoretischen Grundlagen von Natur und Kultur*. Bd. 1. Hrsg. von Roland Posner, Klaus Robering und Thomas Albert Sebeok. Berlin, New York: De Gruyter 1996. S. 247–287. https://doi.org/10.1515/9783110095845.1.2.247.

Kreuzer, Helmut (Hrsg.): *Die zwei Kulturen. Literarische und naturwissenschaftliche Intelligenz. C. P. Snows These in der Diskussion*. Stuttgart, München: Deutscher Taschenbuch Verlag 1987.

Krüger, Klaus und Alberto Saviello (Hrsg.): *Ästhetiken der Liminalität*. Kromsdorf, Weimar: Jonas 2017.
Kucharzewski, Jan D.: *Propositions about Life. Reengaging Literature and Science*. Heidelberg: Winter 2011.
Küchler-Sakellariou, Petra: *Implosion des Bewußtseins. Allegorie und Mythos in E. T. A. Hoffmanns Märchenerzählungen*. Frankfurt a. M.: Lang 1989.
Kuhlmann, Meinard, Holger Lyre und Andrew Wayne (Hrsg.): *Ontological Aspects of Quantum Field Theory*. River Edge: World Scientific 2002.
Kuhn, Thomas S.: *The Copernican Revolution. Planetary Astronomy in the Development of Western Thought*. Cambridge: Harvard University Press 1957.
Kuhn, Thomas S.: *Die Entstehung des Neuen. Studien zur Struktur der Wissenschaftsgeschichte*. Hrsg. von Lorenz Krüger. Frankfurt a. M.: Suhrkamp 1978.
Kuhn, Thomas S.: *Die kopernikanische Revolution*. Braunschweig: Vieweg 1981.
Kuhn, Thomas S.: *The Structure of Scientific Revolutions*. 4. Aufl. Chicago: University of Chicago Press 2012.
Kursunoglu, Behram und Eugene P. Wigner (Hrsg.): *Paul Adrien Maurice Dirac. Reminiscences about a Great Physicist*. Cambridge: Cambridge University Press 1987.
Labinger, Jay: „Encoding an Infinite Message. Richard Powers' ‚The Gold Bug Variations'". In: *Configurations* 3.1 (1995). S. 79–93. https://doi.org/10.1353/con.1995.0004.
Lakoff, George und Mark Johnson: *Metaphors We Live By*. Chicago: University of Chicago Press 1990.
Lakoff, George und Mark Turner: *More than Cool Reason. A Field Guide to Poetic Metaphor*. Chicago: University of Chicago Press 1989.
Lane, Nick: „The Unseen World. Reflections on Leeuwenhoek (1677) ‚Concerning Little Animals'". In: *Philosophical Transactions of the Royal Society of London B: Biological Sciences* 370.1666 (2015). https://doi.org/10.1098/rstb.2014.0344.
Langer, Susan: *Philosophy in a New Key. A Study in the Symbolism of Reason, Rite, and Art*. Cambridge: Harvard University Press 1942.
Laska, Alexander: *Zur Literarisierung naturwissenschaftlicher Erkenntnis und der Empfindung des Erhabenen. Raoul Schrotts Epos „Erste Erde" – Kritik und Kommentar*. Masterarbeit, 2018. Baden-Baden: Ergon Verlag 2019.
Latour, Bruno: *Science in Action. How to Follow Scientists and Engineers Through Society*. Cambridge: Harvard University Press 1987.
Latour, Bruno: „A Relativistic Account of Einstein's Relativity". In: *Social Studies of Science* 18.1 (1988). S. 3–44. https://doi.org/10.1177/030631288018001001.
Latour, Bruno und Steve Woolgar: *Laboratory Life. The Construction of Scientific Facts*. With a New Postscript and Index by the Authors. Princeton: Princeton University Press 1986.
Leeder, Karen: „‚Erkenntnistheoretische Maschinen'. Questions about the Sublime in the Work of Raoul Schrott". In: *German Life and Letters* 55.2 (2002). S. 149–163. https://doi.org/10.1111/1468-0483.00221.
Lehr, Thomas: *42. Roman*. Berlin: Aufbau 2005.
Leibniz, Gottfried Wilhelm und Samuel Clarke: *The Leibniz-Clarke Correspondence. Together with Extracts from Newton's „Principia" and „Optiks"*. Hrsg. von H. G. Alexander. Manchester: Manchester University Press 1984.
Lenoir, Timothy: *The Strategy of Life. Teleology and Mechanics in Nineteenth Century German Biology*. Dordrecht, Boston, London: Reidel 1982.
Lewis, Barry: „Thirty Two Short Paragraphs about ‚The Gold Bug Variations'". In: *Intersections. Essays on Richard Powers*. Hrsg. von Stephen J. Burn und Peter Dempsey. Champaign, London: Dalkey Archive Press 2008. S. 45–66.

Lewis, Barry: „Vertical Perfection, Horizontal Inevitability in Richard Powers' ‚The Gold Bug Variations'". In: *Ideas of Order. Narrative Patterns in the Novels of Richard Powers*. Hrsg. von Antje Kley und Jan D. Kucharzewski. Heidelberg: Winter 2012. S. 45–66.

Link, Jürgen: „Literaturanalyse als Interdiskursanalyse. Am Beispiel des Ursprungs literarischer Symbolik in der Kollektivsymbolik". In: *Diskurstheorien und Literaturwissenschaft*. Hrsg. von Jürgen Fohrmann und Harro Müller. Frankfurt a. M.: Suhrkamp 1988. S. 284–307.

Link, Jürgen: „Diskursanalyse unter besonderer Berücksichtigung von Interdiskurs und Kollektivsymbolik". In: *Handbuch sozialwissenschaftliche Diskursanalyse*. Bd. 1: *Theorien und Methoden*. Hrsg. von Reiner Keller, Andreas Hirseland, Werner Schneider und Willy Viehöver. 2. Aufl. Wiesbaden: VS Verlag für Sozialwissenschaften 2006. S. 407–430.

Lockwood, Michael: „‚Many Minds' Interpretations of Quantum Mechanics". In: *British Journal for the Philosophy of Science* 47 (1996). S. 159–188.

Look, Brandon C.: „Blumenbach and Kant on Mechanism and Teleology in Nature. The Case of the Formative Drive". In: *The Problem of Animal Generation in Early Modern Philosophy*. Hrsg. von Justin E. H. Smith. Cambridge: Cambridge University Press 2006. S. 355–372.

Lorentz, Hendrik A.: „La théorie électromagnétique de Maxwell et son application aux corps mouvants". In: *Arch. Néerlandaises de sciences exactes et naturelles* 25.363 (1892). S. 1–190.

Lorentz, Hendrik A.: *Versuch einer Theorie der elektrischen und optischen Erscheinungen in bewegten Körpern*. Leiden: Brill 1895.

Lorentz, Hendrik A.: „Maxwell's elektromagnetische Theorie". In: *Enzyklopädie Mathematischer Wissenschaften* 13 (1904). S. 63–144.

Lorentz, Hendrik A.: „Weiterbildung der Maxwellschen Theorie. Elektronentheorie". In: *Enzyklopädie Mathematischer Wissenschaften* 14 (1904). S. 145–288.

Lotman, Jurij M.: *Die Struktur literarischer Texte*. Übers. von Rolf-Dietrich Keil. München: Fink 1972.

Lotman, Jurij M.: *Die Struktur des künstlerischen Textes*. Hrsg. von Rainer Grübel. Frankfurt a. M.: Suhrkamp 1973.

Lotman, Jurij M.: „Zum kybernetischen Aspekt der Kultur". In: ders.: *Aufsätze zur Theorie und Methodologie der Literatur und Kultur*. Hrsg. von Karl Eimermacher. Kronberg im Taunus: Scriptor Verlag 1974. S. 417–421.

Lotman, Jurij M.: „Über die Semiosphäre". Übers. von Wolfgang Eismann und Roland Posner. In: *Zeitschrift für Semiotik* 12.4 (1990). S. 286–305.

Lotman, Jurij M.: *Die Innenwelt des Denkens. Eine semiotische Theorie der Kultur*. Hrsg. von Susi K. Frank, Cornelia Ruhe und Alexander Schmitz. Übers. von Gabriele Leupold und Olga Radetzkaja. Berlin: Suhrkamp 2010.

Lotman, Jurij M.: *Kultur und Explosion*. Hrsg. von Susi K. Frank. Übers. von Dorothea Trottenberg. Berlin: Suhrkamp 2010.

Lubkoll, Christine: *Mythos Musik. Poetische Entwürfe des Musikalischen in der Literatur um 1800*. Freiburg im Breisgau: Rombach 1995.

Mach, Ernst: *Die Mechanik in ihrer Entwickelung. Historisch-kritisch dargestellt*. Leipzig: Brockhaus 1883.

Macho, Thomas und Annette Wunschel (Hrsg.): *Science & Fiction. Über Gedankenexperimente in Wissenschaft, Philosophie und Literatur*. Neuausgabe. Frankfurt a. M.: Fischer 2004.

Magnani, Lorenzo und Nancy J. Nersessian (Hrsg.): *Model-Based Reasoning. Science, Technology, Values*. New York, Boston: Kluwer Academic 2002.

Magnani, Lorenzo, Nancy J. Nersessian und Paul Thagard (Hrsg.): *Model-Based Reasoning in Scientific Discovery. Proceedings of an International Conference on Model-Based Reasoning in Scientific Discovery, held December 17–19, 1998, in Pavia, Italy*. New York u. a.: Kluwer Academic/Plenum Publishers 1999.

Mahl, Bernd: *Goethes ökonomisches Wissen. Grundlagen zum Verständnis der ökonomischen Passagen im dichterischen Gesamtwerk und in den „Amtlichen Schriften“*. Frankfurt a. M.: Lang 1982.

Mahr, Bernd: „Modellieren. Beobachtungen und Gedanken zur Geschichte des Modellbegriffs“. In: *Bild – Schrift – Zahl*. Hrsg. von Sybille Krämer und Horst Bredekamp. München: Fink 2003. S. 59–86.

Mahr, Bernd: „On the Epistemology of Models“. In: *Rethinking Epistemology*. Bd. 1. Hrsg. von Günter Abel und James Conant. Berlin, Boston: De Gruyter 2012. S. 301–352. https://doi.org/10.1515/9783110253573.301.

Maillard, Christine und Michael Titzmann (Hrsg.): *Literatur und Wissen(schaften) 1890–1935*. Stuttgart, Weimar: Metzler 2002.

Maillard, Christine und Michael Titzmann: „Vorstellung eines Forschungsprojekts. ‚Literatur und Wissen(schaften) in der Frühen Moderne‘“. In: dies (Hrsg.): *Literatur und Wissen(schaften) 1890–1935*. Stuttgart, Weimar: Metzler 2002. S. 7–37.

Malinowski, Bernadette: „Literatur und Naturwissenschaft“. In: *Theorien der Literatur. Grundlagen und Perspektiven*. Bd. 2. Hrsg. von Hans Vilmar Geppert und Hubert Zapf. Tübingen: Francke 2005. S. 21–47.

Malinowski, Bernadette: *Literarische Wissenschaftsgeschichte und Wissenschaftstheorie. Kehlmann – Del Giudice – Serres*. Berlin, Boston: De Gruyter 2021.

Malinowski, Bernadette und Gert-Ludwig Ingold: „Chancen und Grenzen des interdisziplinären Dialogs. Erfahrungsbericht über das Seminar ‚Farben und Licht in ästhetischer und physikalischer Perspektive‘“. In: *Physikerinnen stellen sich vor. Dokumentation der Deutschen Physikerinnentagung 2003*. Hrsg. von Cosima Schuster. Berlin: Logos 2004. S. 107–112.

March, Arthur: „Die Denkweise der heutigen Naturwissenschaften“. In: *Die neue Rundschau* 63 (1952). S. 244–259.

Margolin, Uri: „[Review Article] Characters in Literary Narrative. Representation and Signification“. In: *Semiotica* 106.3/4 (1995). S. 373–392. https://doi.org/10.1515/semi.1995.106.3-4.301.

Margolin, Uri: „Telling Our Story. The Plural and the Dual in ‚We‘ Fictional Narratives“. In: *Language and Literature* 5.2 (1996). S. 115–133.

Martínez, Matías (Hrsg.): *Erzählen. Ein interdisziplinäres Handbuch*. Stuttgart: Metzler 2017.

Mateos, Jesús und Carlos Sabín: „Quantum Simulation of Traversable Wormhole Spacetimes in a Bose-Einstein Condensate“. In: *Physical Review D: Particles and Fields* 97.4 (2018). Art. 044045. https://doi.org/10.1103/PhysRevD.97.044045.

Matuschek, Stefan und Sandra Kerschbaumer: „Romantik als Modell“. In: *Aufklärung und Romantik. Epochenschnittstellen*. Hrsg. von Daniel Fulda, Sandra Kerschbaumer und Stefan Matuschek. Paderborn: Fink 2015. S. 141–155.

Maxwell, James Clerk: „On Faraday's Lines of Force“. In: *Transactions of the Cambridge Philosophical Society* 10 (1856). S. 27–83.

Maxwell, James Clerk: „On Physical Lines of Force. Teil 1: The Theory of Molecular Vortices applied to Magnetic Phenomena“. In: *The London, Edinburgh, and Dublin Philosophical Magazine and Journal of Science* 21.139 (1861). S. 161–175. https://doi.org/10.1080/14786446108643033.

Maxwell, James Clerk: „On Physical Lines of Force. Teil 2: The Theory of Molecular Vortices Applied to Electric Currents“. In: *The London, Edinburgh, and Dublin Philosophical Magazine and Journal of Science* 21.140 (1861). S. 281–291. https://doi.org/10.1080/14786446108643056.

Maxwell, James Clerk: „On Physical Lines of Force. Teil 3: The Theory of Molecular Vortices Applied to Statical Electricity“. In: *The London, Edinburgh, and Dublin Philosophical Magazine and Journal of Science* 23.151 (1862). S. 12–24. https://doi.org/10.1080/14786446208643207.

Maxwell, James Clerk: „On Physical Lines of Force. Teil 4: The Theory of Molecular Vortices Applied to the Action of Magnetism on Polarized Light". In: *The London, Edinburgh, and Dublin Philosophical Magazine and Journal of Science* 23.152 (1862). S. 85–95. https://doi.org/10.1080/14786446208643219.

Maxwell, James Clerk: „A Dynamical Theory of the Electromagnetic Field". In: *Philosophical Transactions of the Royal Society of London* 155.0 (1865). S. 459–512. https://doi.org/10.1098/rstl.1865.0008.

Maxwell, James Clerk: *A Treatise on Electricity and Magnetism*. 2 Bände. Hrsg. von W. D. Niven. 2. Aufl. Oxford: Clarendon Press 1881.

Maxwell, James Clerk: „Address to the Mathematical and Physical Sections of the British Association" (1870). In: ders.: *The Scientific Papers of James Clerk Maxwell*. Bd. 2. Hrsg. von W. D. Niven. Cambridge: Cambridge University Press 1890. S. 215–229.

Maxwell, James Clerk: „On Faraday's Lines of Force" (1856). In: ders.: *The Scientific Papers of James Clerk Maxwell*. Bd. 1. Hrsg. von W. D. Niven. Cambridge: Cambridge University Press 1890. S. 155–229.

Mayer, J. Robert: „Bemerkungen über die Kräfte der unbelebten Natur". In: *Annalen der Chemie und Pharmacie* 42.2 (1842). S. 233–240. https://doi.org/10.1002/jlac.18420420212.

Mazharimousavi, S. Habib und M. Halilsoy: „Wormhole Solutions in f(R) Gravity Satisfying Energy Conditions". In: *Modern Physics Letters A* 31.34 (2016). Art. 1650192. https://doi.org/10.1142/S0217732316501923.

Mecke, Klaus: „Das physikalische Modell – eine quantitative Metapher?". In: *Metapher und Modell. Ein Wuppertaler Kolloquium zu Literarischen und Wissenschaftlichen Formen der Wirklichkeitskonstruktion*. Hrsg. von Wolfgang Bergem, Lothar Bluhm und Friedhelm Marx. Trier: Wissenschaftlicher Verlag 1996. S. 225–252.

Mecke, Klaus: „Narratives in Physics. Quantitative Metaphors and FORMULA ∈ tropes". In: *Narrated Communities and Narrated Realities. Erzählen als Erkenntnisprozess und kulturelle Praxis*. Hrsg. von Hermann Blume, Christoph Leitgeb und Michael Rössner. Amsterdam: Rodopi 2015. S. 31–51.

Mecke, Klaus: „Zahl und Erzählung. Metaphern in Erkenntnisprozessen der Physik". In: *Quarks and Letters. Naturwissenschaften in der Literatur und Kultur der Gegenwart*. Hrsg. von Aura Heydenreich und Klaus Mecke. Berlin, Boston: De Gruyter 2015. S. 31–85. https://doi.org/10.1515/9783110406542-002.

Mehrtens, Herbert: *Moderne – Sprache – Mathematik. Eine Geschichte des Streits um die Grundlagen der Disziplin und des Subjekts formaler Systeme*. Frankfurt a. M.: Suhrkamp 1990.

Meisel, Gerhard: „Verkehr und Entropie in Musils Kakanien". In: *Medien und Maschinen. Literatur im technischen Zeitalter*. Hrsg. von Theo Elm und Hans H. Hiebel. Freiburg im Breisgau: Rombach 1991. S. 304–332.

Mendelsohn, Daniel: „Hidden Harmonies". In: *The New York Times Book Review* (26. Januar 2003). S. 12–13.

Mesch, Walter: „Plotins Deutung der platonischen Weltseele. Zur antiken Rezeptionsgeschichte von Timaios 35a". In: *Platons Timaios als Grundtext der Kosmologie in Spätantike, Mittelalter und Renaissance*. Hrsg. von Thomas Leinkauf und Carlos Steel. Leuven: Leuven University Press 2005. S. 41–66.

Mette, Hans Joachim (Hrsg.): *Pytheas von Massalia. De oceano*. Berlin, Boston: De Gruyter 1952.

Meyenn, Karl von (Hrsg.): *Quantenmechanik und Weimarer Republik*. Braunschweig: Vieweg 1994.

Miall, David S.: „Neuroaesthetics of Literary Reading". In: *Neuroaesthetics*. Hrsg. von Martin Skov und Oshin Vartanian. Amityville: Baywood 2009. S. 233–247.

Michelson, Albert Abraham: „The Relative Motion of the Earth and the Luminiferous Ether“. In: *American Journal of Science* 22 (1881). S. 120–129.

Michelson, Albert Abraham und Edward W. Morley: „Influence of Motion of the Medium on the Velocity of Light“. In: *American Journal of Science* 31 (1886). S. 377–386.

Michelson, Albert Abraham und Edward W. Morley: „On the Relative Motion of the Earth and the Lumineferous Ether“. In: *American Journal of Science* 34 (1887). S. 273–285.

Middelhoff, Frederike, Sebastian Schönbeck, Roland Borgards und Catrin Gersdorf (Hrsg.): *Texts, Animals, Environments. Zoopoetics and Ecopoetics*. Freiburg im Breisgau, Berlin: Rombach 2019.

Miller, Arthur I.: *Albert Einstein's Special Theory of Relativity. Emergence (1905) and Early Interpretation (1905–1911)*. Reading, London: Addison-Wesley 1981.

Minkowski, Hermann: *Raum und Zeit. Vortrag, gehalten auf der 80. Natur-Forscher-Versammlung zu Köln am 21. September 1908*. Mit einem Portrait von Hermann Minkowski und einem Vorwort von A. Gutzmer. Sonderdruck aus dem 18. Band der Jahresberichte der Deutschen Mathematiker-Vereinigung. Leipzig, Berlin: Teubner 1909.

Minkowski, Hermann: „Raum und Zeit. Vortrag, gehalten auf der 80. Natur-Forscher-Versammlung zu Köln am 21. September 1908“. In: *Jahresbericht der Deutschen Mathematiker-Vereinigung*. Bd. 18. Leipzig, Berlin: Teubner 1909. S. 75–88.

Minsky, Marvin: „A Framework for Representing Knowledge“. In: *The Psychology of Computer Vision*. Hrsg. von Patric Henry Winston. New York: McGraw-Hill 1975. S. 211–277.

Misner, Charles W., Kip S. Thorne und John A. Wheeler: *Gravitation*. San Francisco: Freeman 1973.

Misner, Charles W., Kip S. Thorne und John A. Wheeler: *Gravitation. With a new foreword by David I. Kaiser and a new preface by Charles W. Misner and Kip S. Thorne*. Princeton, Oxford: Princeton University Press 2017.

Misner, Charles W. und John A. Wheeler: „Classical Physics as Geometry. Gravitation, Electromagnetism, Unquantized Charge, and Mass as Properties of Curved Empty Space“. In: *Annals of Physics* 2.6 (1957). S. 525–603.

Mittelstraß, Jürgen: *La Révolution astronomique. Copernic, Kepler, Borelli*. Paris: Hermann 1961.

Mittelstraß, Jürgen: *Die Rettung der Phänomene. Ursprung und Geschichte eines antiken Forschungsprinzips*. Berlin, Boston: De Gruyter 1962.

Moraes, P. H. R. S., R. A. C. Correa und R. V. Lobato: „Analytical General Solutions for Static Wormholes in f(R,T) Gravity“. In: *Journal of Cosmology and Astroparticle Physics* 7 (2017). Art. 029. https://doi.org/10.1088/1475-7516/2017/07/029.

Moraes, P. H. R. S.& und P. K. Sahoo: „Nonexotic Matter Wormholes in a Trace of the Energy-Momentum Tensor Squared Gravity“. In: *Physical Review D: Particles and Fields* 97.2 (2018). Art. 024007. https://doi.org/10.1103/PhysRevD.97.024007.

Morgan, Mary S. und Margaret C. Morrison: „Models as Mediating Instruments“. In: dies (Hrsg.): *Models as Mediators. Perspectives on Natural and Social Sciences*. Cambridge, New York: Cambridge University Press 1999. S. 10–37. https://doi.org/10.1017/CBO9780511660108.

Morgan, Mary S. und Margaret C. Morrison (Hrsg.): *Models as Mediators. Perspectives on Natural and Social Sciences*. Cambridge, New York: Cambridge University Press 1999.

Morris, Charles William: *Foundations of the Theory of Signs*. Chicago: University of Chicago Press 1938.

Morris, Michael S. und Kip S. Thorne: „Wormholes in Spacetime and Their Use for Interstellar Travel. A Tool for Teaching General Relativity“. In: *American Journal of Physics* 56.5 (1988). S. 395–412. https://doi.org/10.1119/1.15620.

Morris, Michael S., Kip S. Thorne und Ulvi Yurtserver: „Wormholes, Time Machines, and the Weak Energy Condition“. In: *Physical Review Letters* 61.13 (1988). S. 1446–1449.

Morris, Michael S., Kip S. Thorne und Ulvi Yurtserver: „Traversible Wormholes, Closed Timelike Curves, and the Averaged Weak Energy Condition". In: *Abstracts of Contributed Papers. Twelfth International Conference on General Relativity and Gravitation (GR12)*. Boulder, CO, 02.–07. Juli 1989. S. 247.

Morrison, Margaret C.: „Models as Mediators". In: *Jahrbuch 1995/96* (1997). S. 258–261.

Morrison, Margaret C.: „Modelling Nature. Between Physics and the Physical World". In: *Philosophia Naturalis* 35 (1998). S. 65–85.

Morrison, Margaret C.: „Fictions, Representations and Reality". In: *Fictions in Science. Philosophical Essays on Modeling and Idealization*. Hrsg. von Mauricio Suárez. New York, London: Routledge 2009. S. 110–135.

Morrissey, Thomas J.: „Teaching the Alphabet to the Ants. ‚The Adventures of Pinocchio' and Carl Sagan's ‚Contact'". In: *Extrapolation: A Journal of Science Fiction and Fantasy* 43.2 (2002). S. 163–170. https://doi.org/10.3828/extr.2002.43.2.04.

Moynahan, Gregory B.: *Ernst Cassirer and the critical science of Germany, 1899–1919*. London, New York: Anthem Press 2013.

Mueller-Greene, Claudia: „Das im fiktionalen Gestrüpp verschwindende Ich. Metaisierung, Fiktionalität und Liminalität in faktualen metaautobiograpahischen Texten am Beispiel von Günter Grass' ‚Beim Häuten der Zwiebel'". In: *Sich selbst erzählen. Autobiographie – Autofiktion – Autorschaft*. Hrsg. von Sonja Arnold, Stephanie Catani, Anita Gröger, Christoph Jürgensen, Klaus Schenk und Martina Wagner-Egelhaaf. Kiel: Ludwig 2018. S. 123–150.

Müller, Julian: „Ernst Cassirer (1874–1945)". In: *Luhmann-Handbuch. Leben – Werk – Wirkung*. Hrsg. von Oliver Jahraus, Armin Nassehi, Mario Grizelj, Irmhild Saake und Christian Kirchmeier. Stuttgart, Weimar: Metzler 2012. S. 272–276.

Müller, Maik: „Phantasmagorien und bewaffnete Blicke. Funktion optischer Apparate in E.T.A. Hoffmanns ‚Meister Floh'". In: *E.T.A. Hoffmann-Jahrbuch* 11 (2003). S. 104–121.

Münster, Gernot: *Von der Quantenfeldtheorie zum Standardmodell. Eine Einführung in die Teilchenphysik*. Berlin, Boston: De Gruyter 2019.

Natsvlishvili, Marika: *Naturwissenschaft und Literatur im Dialog. Komparatistische Fallstudien zur europäischen Erzählliteratur des 20. Jahrhunderts*. Würzburg: Königshausen & Neumann 2012.

Naumann, Barbara: „Kulturen des symbolischen Denkens. Literatur und Philosophie bei Ernst Cassirer". In: *Literatur und Kulturwissenschaften. Positionen, Theorien, Modelle*. Hrsg. von Hartmut Böhme. Reinbek bei Hamburg: Rowohlt Taschenbuch Verlag 1996. S. 161–186.

Naumann, Barbara: *Philosophie und Poetik des Symbols. Cassirer und Goethe*. München: Fink 1998.

Nersessian, Nancy J.: *Faraday to Einstein. Constructing Meaning in Scientific Theories*. Dordrecht, Boston: Nijhoff; Kluwer Academic 1984.

Nersessian, Nancy J (Hrsg.): *The Process of Science. Contemporary Philosophical Approaches to Understanding Scientific Practice*. Dordrecht: Nijhoff 1987.

Nersessian, Nancy J.: *Creating Scientific Concepts*. Cambridge: MIT Press 2008.

Neuhaus, Stefan: „Soll und Haben. Literarisches und ökonomisches Feld im 19. Jahrhundert". In: *Literatur und Ökonomie*. Hrsg. von Sieglinde Klettenhammer. Innsbruck: Studien Verlag 2010. S. 90–109.

Neumann, Birgit und Ansgar Nünning (Hrsg.): *Travelling Concepts for the Study of Culture*. Berlin, Boston: De Gruyter 2012.

Neumann, Gerhard: „Romantische Aufklärung. Zu E. T. A. Hoffmanns Wissenschaftspoetik". In: *Aufklärung als Form. Beiträge zu einem historischen und aktuellen Problem*. Hrsg. von Helmut Schmiedt und Helmut J. Schneider. Würzburg: Königshausen & Neumann 1997. S. 106–149.

Neumann, Gerhard: „Narration und Bildlichkeit. Zur Inszenierung eines romantischen Schicksalsmusters in E. T. A. Hoffmanns Novelle ‚Doge und Dogaresse'". In: *Bild und Schrift in der Romantik*. Hrsg. von Gerhard Neumann und Guenter Oesterle. Würzburg: Königshausen & Neumann 1999. S. 107–142.

Neumann, Gerhard: „Glissando und Defiguration. E. T. A. Hoffmanns Capriccio ‚Prinzessin Brambilla' als Wahrnehmungsexperiment". In: *Manier – Manieren – Manierismen*. Hrsg. von Erika Greber und Bettine Menke. Tübingen: Narr 2003. S. 63–94.

Newton, Isaac: *Philosophiae Naturalis Principia Mathematica. Societatis Regiae ac typis Josephi Streater*. London 1687.

Newton, Isaac: *Sir Isaac Newton's Mathematische Principien der Naturlehre*. Mit Bemerkungen und Erläuterungen hrsg. von Jakob Philipp Wolfers. Berlin: Oppenheim 1872.

Newton, Isaac: *Die mathematischen Prinzipien der Physik*. Hrsg. und übers. von Volkmar Schüller. Berlin, New York: De Gruyter 1999.

Newton, Isaac: *The Principia. Mathematical Principles of Natural Philosophy*. Hrsg. von I. Bernard Cohen und Anne Miller Whitman. Übers. von I. Bernard Cohen, Anne Miller Whitman und Julia Budenz. Berkeley: University of California Press 1999.

Nguyen, James und Roman Frigg: *Scientific Representation*. Cambridge u. a.: Cambridge University Press 2022.

Nietzsche, Friedrich: „Über Wahrheit und Lüge im außermoralischen Sinne". In: ders.: *Werke. Kritische Gesamtausgabe*. Abt. 3, Bd. 2: *Nachgelassene Schriften 1870–1873*. Hrsg. von Giorgio Colli und Mazzino Montinari. Berlin, New York: De Gruyter 1973. S. 367–384. https://doi.org/10.1515/9783110835304.367.

The Nobel Foundation: „Press Release: The Nobel Prize in Physics 2013". In: *The Official Website of the Nobel Prize*. 08. Oktober 2013. https://www.nobelprize.org/uploads/2018/06/press-21.pdf (zuletzt besucht am 08. Juli 2022).

The Nobel Foundation: „Press Release: The Nobel Prize in Physics 2017". In: *The Official Website of the Nobel Prize*. 03. Oktober 2017. https://www.nobelprize.org/uploads/2018/06/press-40.pdf (zuletzt besucht am 08. Juli 2022).

Nolting, Wolfgang: *Grundkurs Theoretische Physik 4/1. Spezielle Relativitätstheorie*. 9. Aufl. Berlin, Heidelberg: Springer Spektrum 2016.

Norton, John: „How Einstein Found His Field Equations, 1912–1915". In: *Einstein and the History of General Relativity*. Hrsg. von Don Howard und John Stachel. Boston: Birkhäuser 1989. S. 101–159.

Nöth, Winfried: *Handbuch der Semiotik*. 2. Aufl. Stuttgart: Metzler 2000.

Novak, Julia und Lucia Boldrini (Hrsg.): *Experiments in Life-Writing. Intersections of Auto/Biography and Fiction*. Cham: Palgrave Macmillan 2017.

Novikov, I. D., D. I. Novikov und N. S. Kardashev: „The Role of Pressure as a Source of Gravity and Wormholes". In: *Astronomy Reports* 62.7 (2018). S. 421–425. https://doi.org/10.1134/S1063772918070028.

Nuber, Achim: „Globale Gesellschaft in der Gegenwartsliteratur? Ein Essay mit Überlegungen zu Robert Menasses ‚Schubumkehr' und Raoul Schrotts ‚Finis Terrae'". In: *Globale Gesellschaft? Perspektiven der Kultur- und Sozialwissenschaften*. Hrsg. von Peter Schimany und Manfred Seifert. Frankfurt a. M., Berlin: Lang 1997. S. 273–289.

Olson, Greta: „Narration and Narrative in Legal Discourse" (2014). In: *The Living Handbook of Narratology*. Hrsg. von Peter Hühn, Jan Christoph Meister, John Pier und Wolf Schmid. Hamburg: Hamburg University Press. www.lhn.uni-hamburg.de/article/narration-and-narrative-legal-discourse (zuletzt besucht am 12. Februar 2019).

Onega, Susana und José Angel García Landa (Hrsg.): *Narratology. An Introduction*. London: Longman 1996.
Övgün, Ali und Kimet Jusufi: „Stability of Effective Thin-Shell Wormholes under Lorentz Symmetry Breaking Supported by Dark Matter and Dark Energy". In: *The European Physical Journal Plus* 132.12 (2017). Art. 543. https://doi.org/10.1140/epjp/i2017-11829-5.
Özelt, Clemens: *Literatur im Jahrhundert der Physik. Geschichte und Funktion interaktiver Gattungen 1900–1975*. Göttingen: Wallstein Verlag 2018.
Pais, Abraham, Maurice Jacob, David I. Olive und Michael F. Atiyah: *Paul Dirac. The Man and His Work*. Hrsg. von Peter Goddard. Cambridge: Cambridge University Press 2005.
Palmer, Alan: *Fictional Minds*. Lincoln: University of Nebraska Press 2004.
Palmer, Alan: *Social Minds in the Novel*. Columbus: Ohio State University Press 2010.
Parsons, Keith M (Hrsg.): *The Science Wars. Debating Scientific Knowledge and Technology*. Amherst, New York: Prometheus Books 2003.
Pauli, W.: „Über den Zusammenhang des Abschlusses der Elektronengruppen im Atom mit der Komplexstruktur der Spektren". In: *Zeitschrift für Physik* 31.1 (1925). S. 765–783. https://doi.org/10.1007/BF02980631.
Paxson, James: „Kepler's Allegory of Containment, the Making of Modern Astronomy, and the Semiotics of Mathematical Thought". In: *Intertexts* 3 (1999). S. 105–123.
Paxson, James: „Revisiting the Deconstruction of Narratology. Master Tropes of Narrative Embedding and Symmetry". In: *Style* 35.1 (2001). S. 126–150.
Peirce, Charles Sanders: *Collected Papers of Charles Sanders Peirce*. 8 Bände. Hrsg. von Charles Hartshorne und Paul Weiss. 2. Druck. Cambridge, MA: The Belknap Press of Harvard University Press 1960.
Peirce, Charles Sanders: *Collected Papers of Charles Sanders Peirce*. Bd. 5: *Pragmatism and Pragmaticism*. Hrsg. von Charles Hartshorne und Paul Weiss. 4. Druck. Cambridge, MA: The Belknap Press of Harvard University Press 1974.
Peschard, Isabelle: „Making Sense of Modeling. Beyond Representation". In: *European Journal for the Philosophy of Science* 1 (2011). S. 335–352.
Pethes, Nicolas: „Literatur und Wissenschaftsgeschichte. Ein Forschungsbericht". In: *IASL: Internationales Archiv für Sozialgeschichte der deutschen Literatur* 28.1 (2003). S. 181–231.
Pethes, Nicolas: „Poetik/Wissen. Konzeption eines problematischen Transfers". In: *Romantische Wissenspoetik. Die Künste und die Wissenschaften um 1800*. Hrsg. von Gabriele Brandstetter und Gerhard Neumann. Würzburg: Königshausen & Neumann 2004. S. 341–372.
Petri, Horst: „Form- und Strukturparallelen in Literatur und Musik". In: *Literatur und Musik. Ein Handbuch zur Theorie und Praxis eines komparatistischen Grenzgebietes*. Hrsg. von Steven Paul Scher. Berlin, Bielefeld: Schmidt 1984. S. 221–242.
Petrilli, Susan: *Sign Studies and Semioethics. Communication, Translation and Values*. Berlin, Boston: De Gruyter Mouton 2014.
Philipsen, Owe: *Quantenfeldtheorie und das Standardmodell der Teilchenphysik. Eine Einführung*. Berlin, Heidelberg: Springer Spektrum 2018.
Physikalisch-Technische Bundesanstalt (PTB) (Hrsg.): *Das neue Internationale Einheitensystem (SI)*. PTB-Infoblatt. Braunschweig, 02. Januar 2018, Stand Mai 2020. https://www.ptb.de/cms/fileadmin/internet/presse_aktuelles/broschueren/intern_einheitensystem/Das_neue_Internationale_Einheitensystem.pdf (zuletzt besucht am 08. Juli 2022).
Pickering, Andrew: *Constructing Quarks. A Sociological History of Particle Physics*. Edinburgh: Edinburgh University Press 1984.

Pickering, Andrew (Hrsg.): *Science as Practice and Culture*. Chicago, London: University of Chicago Press 1992.

Planck, Max: „Über irreversible Strahlungsvorgänge". In: *Sitzungsberichte der Preussischen Akademie der Wissenschaften zu Berlin* 1 (1899). S. 479–480. https://doi.org/10.1007/978-3-663-13885-3_13.

Planck, Max: „Entropie und Temperatur strahlender Wärme". In: *Annalen der Physik* 306.4 (1900). S. 719–737. https://doi.org/10.1002/andp.19003060410.

Planck, Max: „Ueber irreversible Strahlungsvorgänge". In: *Annalen der Physik* 306.1 (1900). S. 69–122. https://doi.org/10.1002/andp.19003060105.

Planck, Max: „Zur Theorie des Gesetzes der Energieverteilung im Normalspectrum". In: *Verhandlungen der Deutschen Physikalischen Gesellschaft* 2 (1900). S. 237–245.

Planck, Max: „Ueber das Gesetz der Energieverteilung im Normalspectrum". In: *Annalen der Physik* 309.3 (1901). S. 553–563. https://doi.org/10.1002/andp.19013090310.

Platen, Edgar: „Erhabenheit und Transitorik. Postmoderne Romane historischer Arktisexpeditionen in der deutschsprachigen Gegenwartsliteratur (Nadolny, Ransmayr, Köhlmeier, Schrott, Mosebach)". In: *Grenzen überschreiten – transitorische Identitäten. Beiträge zu Phänomenen räumlicher, kultureller und ästhetischer Grenzüberschreitung in Texten vom Mittelalter bis zur Moderne*. Internationale Tagung des MOVENS-Netzwerkes Greifswald, 13.–16. Mai 2010. Hrsg. von Monika Unzeitig. Bremen: Edition Lumière 2011. S. 31–44.

Platen, Emil: „Fuge". In: *Die Musik in Geschichte und Gegenwart*. Bd. 1.3. Hrsg. von Ludwig Finscher. 2. Aufl. Kassel: Bärenreiter 1999. S. 930–958.

Platon: *Zehn Bücher vom Staate*. Buch X: *Politeia*. Hrsg. und übers. von Wilhelm Wiegand. In: ders.: *Platon's Werke*. Abt. 4, Bd. 5. Hrsg. von Wilhelm Sigismund Teufell und Julius Deuschle. Stuttgart: Metzler 1856.

Platon: *Timaios*. Hrsg. von Klaus Widdra. Übers. von Hieronymus Müller und Friedrich Schleiermacher. In: ders.: *Werke in acht Bänden. Griechisch und deutsch*. Bd. 7. Hrsg. von Gunther Eigler. Darmstadt: Wiss. Buchges. 1972.

Platon: *Nomoi (Gesetze). Buch IV–VII*. Übers. und komm. von Klaus Schöpsdau. In: ders.: *Werke. Übersetzung und Kommentar*. Abt. IX, Bd. 2. Hrsg. von Ernst Heitsch und Carl Werner Müller. Göttingen: Vandenhoeck & Ruprecht 2003.

Platon: *Timaios. Griechisch/deutsch*. Hrsg. und übers. von Thomas Paulsen und Rudolf Rehn. Stuttgart: Reclam 2003.

Platon: *Phaidon*. Übers. und komm. von Theodor Ebert. In: ders.: *Werke. Übersetzung und Kommentar*. Abt. I, Bd. 4. Hrsg. von Ernst Heitsch und Carl Werner Müller. Göttingen: Vandenhoeck & Ruprecht 2004.

Poincaré, Henri: „La théorie de Lorentz et le principe de réaction". In: Hendrik A. Lorentz: *Recueil de travaux offerts par les auteurs à H. A. Lorentz, Professeur de physique à l'Université de Leiden, à l'occasion du 25mo anniversaire de son doctorat le 11 décembre 1900*. The Hague: Nijhoff 1900. S. 252–278.

Poincaré, Henri: „Sur le rapports de la Physique expérimentale et la Physique matheématique". In: *Rapports presentés au Congrès international de Physique réuni à Paris en 1900*. Bd. 1. Hrsg. von Charles-Édouard Guillaume und Henri Poincaré. Paris: Gauthiers-Villars 1900. S. 1–29.

Poincaré, Henri: *Electricité et Optique. La lumière et les théories électrodynamiques*. Leçons professées à la Sorbonne en 1888, 1890 et 1899. 2. Aufl. Paris: Carré & Naud 1901.

Poincaré, Henri: *La Science et l'Hypothèse*. Paris: Ernest Flammarion 1902.

Ponzio, Augusto: „Foreword". In: Susan Petrilli: *The Self as a Sign, the World, and the Other. Living Semiotics*. New Brunswick, London: Transaction 2013. S. xiii–xvi.

Poole, William: „Kepler's ‚Somnium' and Francis Godwin's ‚The Man in the Moone'. Births of Science-Fiction 1593–1638". In: *New Worlds Reflected. Travel and Utopia in the Early Modern Period*. Hrsg. von Chloë Houston. Surrey, Burlington: Ashgate 2010. S. 57–69.

Popper, Karl R.: *Objektive Erkenntnis. Ein evolutionärer Entwurf*. Übers. von Hermann Vetter. 2. Aufl. Hamburg: Hoffmann und Campe 1974.

Pottbeckers, Jörg: *Der Autor als Held. Autofiktionale Inszenierungsstrategien in der deutschsprachigen Gegenwartsliteratur*. Würzburg: Königshausen & Neumann 2017.

Powers, Richard: *The Time of Our Singing*. London: Vintage 2004.

Prechtl, Peter: Art. „Modell". In: *Metzler Philosophie Lexikon. Begriffe und Definitionen*. Hrsg. von Peter Prechtl und Franz-Peter Burkard. Stuttgart, Weimar: Metzler 1996. S. 332–333.

Prelli, Lawrence J.: *A Rhetoric of Science. Inventing Scientific Discourse*. Columbia: University of South Carolina Press 1989.

Prince, Gerald: „Revisiting Narrativity". In: *Grenzüberschreitungen / Transcending Boundaries. Narratologie im Kontext / Narratology in Context*. Hrsg. von Walter Grünzweig und Andreas Solbach. Tübingen: Narr 1999. S. 43–51.

Prince, Gerald: „Narrativehood, Narrativenes, Narrativity, Narratability". In: *Theorizing Narrativity*. Hrsg. von John Pier und José Ángel García Landa. Berlin, New York: De Gruyter 2008. S. 19–27. https://doi.org/10.1515/9783110969801.19.

Proff, Peter: „Die Deutung der Begriffe ‚Ellipse', ‚Parabel' und ‚Hyperbel' nach Apollonios von Perge". In: *Gelêrter der arzenîe, ouch apotêker. Beiträge zur Wissenschaftsgeschichte*. Festschrift zum 70. Geburtstag von Willem F. Daems. Hrsg. von Gundolf Keil. Pattensen: Wellm 1982. S. 17–35.

Pytheas von Marseille: *Über das Weltmeer. Die Fragmente*. Hrsg. von Dietrich Stichtenoth. Köln, Graz: Böhlau 1959.

Quine, Willard van Orman: „Two Dogmas of Empiricism". In: *The Philosophical Review* 60.1 (1951). S. 20–43. https://doi.org/10.2307/2181906.

Quine, Willard van Orman: *Word and Object*. Cambridge, MA: The MIT Press 1960.

Quine, Willard van Orman: *Wort und Gegenstand*. Hrsg. und übers. von Joachim Schulte und Dieter Birnbacher. Stuttgart: Reclam 2011.

Quine, Willard van Orman: *Word and Object*. Vorwort von Patricia Smith Churchland. Vorwort zur Neuausgabe von Dagfinn Føllesdal. Cambridge, MA: The MIT Press 2013.

Ratcliff, Marc J.: *The Quest for the Invisible. Microscopy in the Enlightenment*. Farnham, Burlington: Ashgate 2009.

Rebhan, Eckhard: *Theoretische Physik. Relativistische Quantenmechanik, Quantenfeldtheorie und Elementarteilchentheorie*. Heidelberg: Akademie Spektrum 2010.

Reher, Meike: *Die Darstellung von Musik im zeitgenössischen englischen und amerikanischen Bildungsroman. Peter Ackroyd, Vikram Seth, Richard Powers, Frank Conroy, Paul Auster*. Frankfurt a. M.: Peter Lang 2010.

Reichenbach, Hans: *Experience and Prediction. An Analysis of the Foundations and the Structure of Knowledge*. Chicago: University of Chicago Press 1938.

Reichenbach, Hans: „Die philosophische Bedeutung der Relativitätstheorie". In: *Albert Einstein als Philosoph und Naturforscher*. Hrsg. von Paul Arthur Schilpp. Übers. von Hans Hartmann. Stuttgart: Kohlhammer 1955. S. 188–207. https://doi.org/10.1007/978-3-322-88795-5_8.

Reichenbach, Hans: *Philosophie der Raum-Zeit-Lehre*. Hrsg. von Andreas Kamlah und Maria Reichenbach. In: ders.: *Gesammelte Werke in 9 Bänden*. Bd. 2. Braunschweig: Vieweg 1977.

Reisner, Erwin: „Über den philosophischen Sinn der physikalischen Aporien". In: *Neue Deutsche Hefte* 4 (1957/1958). S. 603–615.

Rheinberger, Hans-Jörg: *Experiment, Differenz, Schrift. Zur Geschichte epistemischer Dinge*. Marburg an der Lahn: Basilisken-Presse 1992.

Rheinberger, Hans-Jörg: *Experimentalsysteme und epistemische Dinge. Eine Geschichte der Proteinsynthese im Reagenzglas*. Übers. von Gerhard Herrgott. Göttingen: Wallstein 2001.

Rheinberger, Hans-Jörg: „Begriffsgeschichte epistemischer Objekte". In: *Begriffsgeschichte der Naturwissenschaften. Zur historischen und kulturellen Dimension naturwissenschaftlicher Konzepte*. Hrsg. von Ernst Müller und Falko Schmieder. Berlin, Boston: De Gruyter 2008. S. 1–9. https://doi.org/10.1515/9783110213034.0.1.

Rheinberger, Hans-Jörg: *On Historicizing Epistemology. An Essay*. Übers. von David Fernbach. Stanford: Stanford University Press 2010.

Rheinberger, Hans-Jörg: *Experimentalsysteme und epistemische Dinge. Eine Geschichte der Proteinsynthese im Reagenzglas*. Übers. von Gerhard Herrgott. 3. Aufl. Göttingen: Wallstein 2019.

Richards, Ivor Armstrong: *The Philosophy of Rhetoric*. London: Oxford University Press 1936.

Richardson, Brian: „Recent Concepts of Narrative". In: *Style* 34 (2000). S. 168–175.

Richter, Karl: *Literatur und Naturwissenschaft. Eine Studie zur Lyrik der Aufklärung*. München: Fink 1972.

Ricœur, Paul: „The Model of the Text. Meaningful Action Considered as a Text". In: *New Literary History: A Journal of Theory and Interpretation* 5.1 (1973). S. 91–117.

Ricœur, Paul: *Zeit und Erzählung*. Bd. 1: *Zeit und historische Erzählung*. Übers. von Rainer Rochlitz. München: Fink 1988.

Ricœur, Paul: *Zeit und Erzählung*. Bd. 2: *Zeit und literarische Erzählung*. Übers. von Rainer Rochlitz. München: Fink 1989.

Ricœur, Paul: *Zeit und Erzählung*. Bd. 3: *Die erzählte Zeit*. Übers. von Andreas Knop. München: Fink 1991.

Ricœur, Paul: *Die lebendige Metapher*. Übers. von Rainer Rochlitz. 3. Aufl. München: Fink 2004.

Ricœur, Paul: *Das Selbst als ein Anderer*. Übers. von Jean Greisch. 2. Aufl. München: Fink 2005.

Rössler, Reto: „Hypothese, Abweichung und Traum. Keplers Ellipsen". In: *Kosmos & Kontingenz. Eine Gegengeschichte*. Hrsg. von Reto Rössler, Tim Sparenberg und Philipp Weber. Paderborn: Fink 2016. S. 65–76.

Rousseau, George: „Literature and Science. The State of the Field". In: *ISIS: Journal of the History of Science Society* 69 (1978). S. 583–591.

Rousseau, George: „The Discourse of Literature and Science". In: *University of Hartford Studies in Literature* 19 (1987). S. 1–24.

Rudrum, David: „From Narrative Representation to Narrative Use. Towards the Limits of Definition". In: *Narrative: The journal of the Society for the Study of Narrative Literature* 13.2 (2005). S. 195–204.

Ruestow, Edward G.: *The Microscope in the Dutch Republic. The Shaping of Discovery*. Cambridge: Cambridge University Press 1996.

Ryan, Marie-Laure: *Possible Worlds, Artificial Intelligence, and Narrative Theory*. Bloomington: Indiana University Press 1991.

Ryan, Marie-Laure: „The Modes of Narrativity and Their Visual Metaphors". In: *Style* 26.3 (1992). S. 368–387.

Ryan, Marie-Laure: *Narrative as Virtual Reality. Immersion and Interactivity in Literature and Electronic Media*. Baltimore: Johns Hopkins University Press 2001.

Ryan, Marie-Laure: „Cognitive Maps and the Construction of Narrative Space". In: *Narrative Theory and the Cognitive Sciences*. Hrsg. von David Herman. Stanford: CSLI 2003. S. 214–242.

Ryan, Marie-Laure: „Semantics, Pragmatics, and Narrativity. A response to David Rudrum". In: *Narrative: The journal of the Society for the Study of Narrative Literature* 14.2 (2006). S. 188–196.

Ryan, Marie-Laure: „Toward a Definition of Narrative". In: *The Cambridge Companion to Narrative*. Hrsg. von David Herman. Cambridge: Cambridge University Press 2007. S. 22–35. https://doi.org/10.1017/CCOL0521856965.

Ryan, Marie-Laure: „Transmedial Storytelling and Transfictionality“. In: *Poetics Today: International Journal for Theory and Analysis of Literature and Communication* 34.3 (2013). S. 361–388.

Ryan, Marie-Laure: *Narrative as Virtual Reality 2. Revisiting Immersion and Interactivity in Literature and Electronic Media*. 2. Aufl. Baltimore: Johns Hopkins University Press 2015.

Ryan, Marie-Laure: „Texts, Worlds, Stories. Narrative Worlds as Cognitive and Ontological Concept“. In: *Narrative Theory, Literature, and New Media. Narrative Minds and Virtual Worlds*. Hrsg. von Mari Hatavara, Matti Hyvärinen, Maria Mäkelä und Frans Mäyrä. New York: Routledge 2016. S. 13–28.

Ryckman, T. A.: „Einstein, Cassirer, and General Covariance – Then and Now. On Two Unpuplished Letters from Ernst Cassirer to Kurt Goldstein“. In: *Science in Context* 12.4 (1999). S. 585–619.

Ryckman, Thomas: *The Reign of Relativity. Philosophy in Physics, 1915–1925*. New York: Oxford University Press 2005.

Ryckman, Thomas: „Quantum Interpretations and 20th Century Philosophy of Science“. In: *The Oxford Handbook of the History of Quantum Interpretations*. Hrsg. von Olival Freire Jr. Oxford: Oxford University Press 2022. S. 777–796.

Sabín, Carlos: „One-Dimensional Sections of Exotic Spacetimes with Superconducting Circuits“. In: *New Journal of Physics* 20.5 (2018). Art. 053028. https://doi.org/10.1088/1367-2630/aac0db.

Safire, William: „On Language“. In: *The New York Times Magazine* (05. Dezember 2004). S. 36.

Sagan, Carl: *Contact. A Novel*. New York: Simon and Schuster 1985.

Sahoo, P. K., P. H. R. S. Moraes, Parbati Sahoo und G. Ribeiro: „Phantom Fluid Supporting Traversable Wormholes in Alternative Gravity with Extra material terms“. In: *International Journal of Modern Physics D* 27.16 (2018). Art. 1950004. https://doi.org/10.1142/S0218271819500044.

Schaeffer, Jean-Marie: *Pourquoi la fiction?* Paris: Seuil 1999.

Schaeffer, Jean-Marie: *Why Fiction?* Übers. von Dorrit Cohn. Lincoln: University of Nebraska Press 2010.

Schäfer, Heike: „The Pursuit of Happiness 2.0. Consumer Genomics, Social Media, and the Promise of Literary Innovation in Richard Powers' Novel ‚Generosity‘. An Enhancement“. In: *Ideas of Order. Narrative Patterns in the Novels of Richard Powers*. Hrsg. von Antje Kley und Jan D. Kucharzewski. Heidelberg: Winter 2012. S. 263–284.

Schavernoch, Hans: *Die Harmonie der Sphären. Die Geschichte der Idee des Welteneinklangs und der Seeleneinstimmung*. Freiburg: Alber 1981.

Schenkel, Elmar: *Keplers Dämon. Begegnungen zwischen Literatur, Traum und Wissenschaft*. Frankfurt a. M.: Fischer 2016.

Scher, Steven Paul (Hrsg.): *Literatur und Musik. Ein Handbuch zur Theorie und Praxis eines komparatistischen Grenzgebietes*. Berlin, Bielefeld: Schmidt 1984.

Schiaparelli, Giovanni V.: *Le sfere omocentriche di Eudosso, di Callippo e di Aristotele*. Mailand: Hoepli 1875.

Schiaparelli, Giovanni V.: *Die Vorläufer des Copernicus im Altertum. Historische Untersuchungen*. Übers. von Maximilian Curtze. Leipzig: Quandt & Händel 1876.

Schiaparelli, Giovanni V.: „Die homozentrischen Sphären des Eudoxos, des Kallippos und des Aristoteles“. In: *Abhandlungen zur Geschichte der Mathematik* 22 (1877). S. 101–199.

Schickore, Jutta: Art. „Scientific Discovery“ (2018). In: *The Stanford Encyclopedia of Philosophy. Summer 2018 Edition*. Hrsg. von Edward N. Zalta. Stanford: Stanford University Press. https://plato.stanford.edu/archives/sum2018/entries/scientific-discovery/ (zuletzt besucht am 08. Juli 2022).

Schickore, Jutta und Friedrich Steinle (Hrsg.): *Revisiting Discovery and Justification. Historical and Philosophical Perspectives on the Context Distinction*. Dordrecht: Springer 2006.

Schlaffer, Heinz: *Poesie und Wissen. Die Entstehung des ästhetischen Bewußtseins und der philologischen Erkenntnis*. Frankfurt a. M.: Suhrkamp 1990.

Schlick, Moritz: *Raum und Zeit in der gegenwärtigen Physik. Zur Einführung in das Verständnis der Relativitäts- und Gravitationstheorie*. 3. Aufl. Berlin: Springer 1920.

Schlick, Moritz: „Die Kausalität in der gegenwärtigen Physik". In: *Die Naturwissenschaften* 19.7 (1931). S. 146–162.

Schlosshauer, Maximilian: *Decoherence and the Quantum-to-Classical Transition*. 3. Aufl. Berlin: Springer 2008.

Schmeling, Manfred: *Der labyrinthische Diskurs. Vom Mythos zum Erzählmodell*. Frankfurt a. M.: Athenäum 1987.

Schmeling, Manfred: „Der Erzähler im Labyrinth. Mythos, Moderne und Intertextualität". In: *Europäischer Philhellenismus. Antike griechische Motive in der heutigen europäischen Literatur*. Hrsg. von Evangelos Konstantinou. Frankfurt a. M. u. a.: Lang 1995. 251–226.

Schmeling, Manfred: „Narrativer Konstruktivismus in den Labyrinthen der Postmoderne. Undine Gruenter, Lars Gustaffson und Felix Philipp Ingold". In: *Labyrinth und Spiel. Umdeutungen eines Mythos*. Hrsg. von Hans Richard Brittnacher und Rolf-Peter Janz. Göttingen: Wallstein 2007. S. 252–266.

Schmid, Wolf: *Elemente der Narratologie*. 3. Aufl. Berlin: De Gruyter 2014.

Schmid, Wolf: *Mentale Ereignisse. Bewusstseinsveränderungen in europäischen Erzählwerken vom Mittelalter bis zur Moderne*. Berlin, Boston: De Gruyter 2017.

Schmitz-Emans, Monika: „Die Erfindung der uralten Maschine. Raoul Schrott als Dichter und Archäologe". In: *Die eigene und die fremde Kultur. Exotismus und Tradition bei Durs Grünbein und Raoul Schrott*. Tagung der Evangelischen Akademie Iserlohn im Institut für Kirche und Gesellschaft der EKvW, 28.–29. Mai 2003. Hrsg. von Dieter Burdorf. Iserlohn: Inst. für Kirche und Gesellschaft 2004. S. 11–48.

Schmitz-Emans, Monika: „Optische Künste und Simulacren. Die Poetisierung optischer Reproduktionstechniken in Erzählungen über künstliche Menschenschöpfungen". In: *Das Unsichtbare sehen. Bildzauber, optische Medien und Literatur*. Hrsg. von Sabine Haupt und Ulrich Stadler. Zürich, Wien, New York: Edition Voldemeer; Springer 2006. S. 213–235.

Scholes, Robert: „Language, Narrative, and Anti-Narrative". In: *On Narrative*. Hrsg. von W. J. T. Mitchell. Chicago: University of Chicago Press 1981. S. 200–208.

Scholz, Bernhard: Art. „Allegorie2". In: *Reallexikon der deutschen Literaturwissenschaft*. Bd. 1. Hrsg. von Klaus Weimar. 3. Aufl. Berlin, New York: De Gruyter 2007. S. 40–44. https://doi.org/10.1515/9783110914672.

Schönert, Jörg (Hrsg.): *Literatur und Kriminalität. Die gesellschaftliche Erfahrung von Verbrechen und Strafverfolgung als Gegenstand des Erzählens. Deutschland, England und Frankreich 1850–1880*. Tübingen: Niemeyer 1983.

Schönle, Andreas (Hrsg.): *Lotman and Cultural Studies. Encounters and Extensions*. Madison: University of Wisconsin Press 2006.

Schröder, Ulrich E., mit Claus Lämmerzahl: *Spezielle Relativitätstheorie*. 5. Aufl. Haan-Gruiten: Verl. Europa-Lehrmittel – Nourney Vollmer 2014.

Schrödinger, Erwin: „An Undulatory Theory of the Mechanics of Atoms and Molecules". In: *Physical Review* 28.6 (1926). S. 1049–1070. https://doi.org/10.1103/PhysRev.28.1049.

Schrödinger, Erwin: „Quantisierung als Eigenwertproblem (Dritte Mitteilung)". In: *Annalen der Physik* 385.13 (1926). S. 437–490. https://doi.org/10.1002/andp.19263851302.

Schrödinger, Erwin: „Quantisierung als Eigenwertproblem (Erste Mitteilung)". In: *Annalen der Physik* 384.4 (1926). S. 361–376. https://doi.org/10.1002/andp.19263840404.

Schrödinger, Erwin: „Quantisierung als Eigenwertproblem (Vierte Mitteilung)". In: *Annalen der Physik* 386.18 (1926). S. 109–139. https://doi.org/10.1002/andp.19263861802.

Schrödinger, Erwin: „Quantisierung als Eigenwertproblem (Zweite Mitteilung)“. In: *Annalen der Physik* 384.6 (1926). S. 489–527. https://doi.org/10.1002/andp.19263840602.

Schrödinger, Erwin: „Über das Verhältnis der Heisenberg-Born-Jordanschen Quantenmechanik zu der meinem“. In: *Annalen der Physik* 384.8 (1926). S. 734–756. https://doi.org/10.1002/andp.19263840804.

Schrödinger, Erwin: „Energieaustausch nach der Wellenmechanik“. In: *Annalen der Physik* 388.15 (1927). S. 956–968. https://doi.org/10.1002/andp.19273881504.

Schrödinger, Erwin: „Unsere Vorstellung von der Materie“. In: *Merkur* 7 (1952). S. 131–145.

Schrott, Raoul: *Finis Terrae. Ein Nachlaß*. Innsbruck: Haymon 1995.

Schrott, Raoul: *Tropen. Über das Erhabene*. München: Hanser 1998.

Schwarzschild, Karl: „Über das Gravitationsfeld eines Massenpunktes nach der Einsteinschen Theorie“. In: *Sitzungsberichte der Preussischen Akademie der Wissenschaften zu Berlin* 1 (1916). S. 189–196.

Schweber, Silvan S.: *QED and the Men who Made It. Dyson, Feynman, Schwinger, and Tomonaga*. Princeton: Princeton University Press 1994.

Sharif, M. und Iqra Nawazish: „Wormhole Geometry and Noether Symmetry in f(R) Gravity“. In: *Annals of Physics* 389 (2018). S. 283–305. https://doi.org/10.1016/j.aop.2017.12.012.

Shinkai, Hisa-aki und Sean A. Hayward: „Fate of the First Traversible Wormhole. Black-Hole Collapse or Inflationary Expansion“. In: *Physical Review D: Particles and Fields* 66.4 (2002). Art. 044005. https://doi.org/10.1103/PhysRevD.66.044005.

Siegel, Daniel M.: *Innovation in Maxwell's Electromagnetic Theory. Molecular Vortices, Displacement Current, and Light*. Cambridge: Cambridge University Press 1991.

Simon, Jens: „Das Kilogramm-Problem – und seine Lösung“. In: *Maße für alle*. Hrsg. von Physikalisch-Technische Bundesanstalt (PTB). Braunschweig, Berlin 2018. S. 12. https://www.ptb.de/cms/fileadmin/internet/publikationen/masstaebe/Hefte_Komplett_PDF/mst14.pdf (zuletzt besucht am 14. Juli 2022).

Simon, Jens: „Naturkonstanten als Hauptdarsteller. Generalkonferenz für Maß und Gewicht (CGPM) verabschiedet Revision des Internationalen Einheitensystems“. In: *Website der Physikalisch-Technischen Bundesanstalt*. 16. November 2018. https://www.ptb.de/cms/forschung-entwicklung/forschung-zum-neuen-si/nachrichten/nachricht.html?tx_news_pi1%5Bnews%5D=9041&tx_news_pi1%5Bcontroller%5D=News&tx_news_pi1%5Baction%5D=detail&tx_news_pi1%5Bday%5D=16&tx_news_pi1%5Bmonth%5D=11&tx_news_pi1%5Byear%5D=2018&cHash=e76c955f43ac7200b2aad452ad735266 (zuletzt besucht am 08. Juli 2022).

Simplicius: *On Aristotle „On the Heavens“ 2.1–9*. Übers. von Ian Mueller. London: Duckworth 2004.

Smeenk, Chris und Christian Wütrich: „Time Travel and Time Machines“. In: *The Oxford Handbook of Philosophy of Time*. Hrsg. von Craig Callender. Oxford, New York: Oxford University Press 2011. S. 577–632.

Smith, George E.: „J. J. Thomson and the Electron, 1897–1899“. In: *Histories of the Electron. The Birth of Microphysics*. Hrsg. von Andrew Warwick und Jed Z. Buchwald. Cambridge: MIT Press 2001. S. 21–76.

Smyrnaeus, Theon: *Expositio rerum mathematicarum ad legendum Platonem utilium*. Hrsg. von Eduard Hiller. Leipzig: Teubner 1878.

Snow, C. P.: *The Two Cultures and the Scientific Revolution*. Cambridge: Cambridge University Press 1959.

Snow, C. P.: *Die zwei Kulturen. Literarische und naturwissenschaftliche Intelligenz*. Übers. von Grete Felten und Karl-Eberhardt Felten. Stuttgart: Klett 1963.

Snow, C. P.: *The Two Cultures and a Second Look. An Expanded Version of the Two Cultures and the Scientific Revolution*. 4. Aufl. New York: A Mentor Book 1963.
Sokal, Alan D.: „Transgressing the Boundaries. Towards a Transformative Hermeneutics of Quantum Gravity". In: *Social Text* 46/47 (1996). S. 217–252. https://doi.org/10.2307/466856.
Sokal, Alan D. und Jean Bricmont: *Eleganter Unsinn. Wie die Denker der Postmoderne die Wissenschaften mißbrauchen*. München: Beck 1999.
Specht, Benjamin: *Physik als Kunst. Die Poetisierung der Elektrizität um 1800*. Berlin, Boston: De Gruyter 2010.
Stachowiak, Herbert: *Allgemeine Modelltheorie*. Wien, New York: Springer 1973.
Stadler, Ulrich: „Von Brillen, Lorgnetten, Fernrohren und Kuffischen Sonnenmikroskopen. Zum Gebrauch optischer Instrumente in Hoffmanns Erzählungen". In: *E.T.A. Hoffmann-Jahrbuch* 1 (1992/93). S. 91–105.
Stadler, Ulrich: *Der technisierte Blick. Optische Instrumente und der Status von Literatur. Ein kulturhistorisches Museum*. Würzburg: Königshausen & Neumann 2003.
Steigerwald, Jörn: *Die fantastische Bildlichkeit der Stadt. Zur Begründung der literarischen Fantastik im Werk E. T. A. Hoffmanns*. Würzburg: Königshausen & Neumann 2001.
Steinecke, Hartmut: „‚Dem humoristischen Dichter muß es freistehen ... ‘. Hoffmanns ‚Erklärung‘ vom Februar 1822 als poetologischer und literarischer Text". In: *E.T.A. Hoffmann-Jahrbuch* 11 (2003). S. 122–133.
Steinle, Friedrich: „Einleitung. Michael Faraday und seine ‚Experimental Researches in Electricity‘". In: Michael Faraday: *Experimental-Untersuchungen über Elektricität*. Bd. 1. Hrsg. von Friedrich Steinle. Frankfurt a. M.: Verl. Harri Deutsch 2004. S. 4–32.
Steinle, Friedrich: „Experiment and Mathematisation in Early Electrodynamics". In: *Oberwolfach Report* 2.4 (2005). S. 3215–3218.
Steinle, Friedrich: *Explorative Experimente. Ampère, Faraday und die Ursprünge der Elektrodynamik*. Stuttgart: Steiner 2005.
Steinle, Friedrich: „How Experiments Make Concepts Fail. Faraday and Magnetic Curves". In: *Going Amiss in Experimental Research*. Hrsg. von Giyyôrâ Hôn, Jutta Schickore und Friedrich Steinle. Dordrecht: Springer 2010. S. 119–135.
Stichweh, Rudolf: *Zur Entstehung des modernen Systems wissenschaftlicher Disziplinen. Physik in Deutschland 1740–1890*. Frankfurt a. M.: Suhrkamp 1984.
Stiening, Gideon: „Am ‚Urgrund‘ oder: Was sind und zu welchem Ende studiert man ‚Poetologien des Wissens‘?". In: *KulturPoetik* 7 (2007). S. 234–248.
Stone, Bryan P.: „Religious Faith and Science in Contact". In: *Journal of Religion and Film* 2.2 (1998). https://digitalcommons.unomaha.edu/jrf/vol2/iss2/6/ (zuletzt besucht am 08. Juli 2022).
Streim, Gregor: „‚Risse im Parthenon‘. Reflexionen der modernen Physik in Gottfried Benns Poetik des Absoluten". In: *Ästhetik von unten. Empirie und ästhetisches Wissen*. Hrsg. von Marie Guthmüller und Wolfgang Klein. Tübingen, Basel: Francke 2006. S. 403–425.
Stueckelberg, Ernst C. G.: „La signification du temps propre en mécanique ondulatoire". In: *Helvetica Physica Acta* 14 (1941). S. 322–323. https://doi.org/10.1007/978-3-7643-8878-2_18.
Suárez, Mauricio: „The Role of Models in the Application of Scientific Theories. Epistemological Implications". In: *Models as Mediators. Perspectives on Natural and Social Sciences*. Hrsg. von Mary S. Morgan und Margaret C. Morrison. Cambridge, New York: Cambridge University Press 1999. S. 168–196.
Suárez, Mauricio: „Scientific Representation. Against Similarity and Isomorphism". In: *International Studies in the Philosophy of Science* 17 (2003). S. 225–244.

Suárez, Mauricio (Hrsg.): *Fictions in Science. Philosophical Essays on Modeling and Idealization.* New York, London: Routledge 2009.

Suárez, Mauricio: „Fictions, Inference and Realism". In: *Fictions and Models. New Essays*. Vorwort von Nancy Cartwright. Hrsg. von John Woods. München: Philosophia 2010. S. 225–246.

Swerdlow, Noel M. und Otto Neugebauer: *Mathematical Astronomy in Copernicus's „De revolutionibus"*. 2 Bände. New York u. a.: Springer 1984.

Swinford, Dean: *Through the Daemon's Gate. Kepler's Somnium, Medieval Dream Narratives, and the Polysemy of Allegorical Motifs.* New York: Routledge 2006.

Tamang, Amarjit, Alexander A. Potapov, Regina Lukmanova, Ramil Izmailov und Kamal K. Nandi: „On the Generalized Wormhole in the Eddington-Inspired Born-Infeld Gravity". In: *Classical and Quantum Gravity* 32.23 (2015). Art. 235028. https://doi.org/10.1088/0264-9381/32/23/235028.

Taylor, Alfred E.: *A Commentary on Plato's Timaeus*. Reprint der Ausg. Oxford, 1928. New York, London: Garland 1987.

Teller, Paul: *An Interpretive Introduction to Quantum Field Theory*. 3. Aufl. Princeton: Princeton University Press 1995.

Teller, Paul: „Fictions, Fictionalization, and Truth in Science". In: *Fictions in Science. Philosophical Essays on Modeling and Idealization*. Hrsg. von Mauricio Suárez. New York, London: Routledge 2009. S. 235–247.

Teller, Paul: „Representation in Science". In: *The Routledge Companion to Philosophy of Science*. Hrsg. von Martin Curd und Stathis Psillos. 2. Aufl. London, New York: Routledge 2014. S. 490–496.

Thielmann, Winfried: *Fachsprache der Physik als begriffliches Instrumentarium. Exemplarische Untersuchungen zur Funktionalität naturwissenschaftlicher Begrifflichkeit bei der Wissensgewinnung und -strukturierung im Rahmen der experimentellen Befragung von Natur*. Frankfurt a. M., New York: Lang 1999.

Thielmann, Winfried: *Deutsche und englische Wissenschaftssprache im Vergleich. Hinführen – Verknüpfen – Benennen*. Heidelberg: Synchron 2009.

Thielmann, Winfried: „Concept Formation in Physics from a Linguist's Perspective". In: *Physics and Literature. Concepts – Transfer – Aestheticization*. Hrsg. von Aura Heydenreich und Klaus Mecke. Berlin, Boston: De Gruyter 2021. S. 149–161. https://doi.org/10.1515/9783110481112-006.

Thiemann, Thomas: „Auf der Suche nach dem Heiligen Gral. Schleifen-Quantengravitation". In: *Physik in unserer Zeit* 39.3 (2008). S. 116–124. https://doi.org/10.1002/piuz.200801165.

Thirring, Walter: *Lehrbuch der mathematischen Physik*. Bd. 1: *Klassische dynamische Systeme*. 2., neubearb. Aufl. Wien, New York: Springer 1988.

Thomé, Horst: *Roman und Naturwissenschaft. Eine Studie zur Vorgeschichte der deutschen Klassik.* Frankfurt a. M.: Lang 1978.

Thomson, J. J.: „The Relation between the Atom and the Charge of Electricity carried by it". In: *The London, Edinburgh, and Dublin Philosophical Magazine and Journal of Science* 40.247 (1895). S. 511–544. https://doi.org/10.1080/14786449508620801.

Thomson, J. J.: „Cathode Rays". In: *The London, Edinburgh, and Dublin Philosophical Magazine and Journal of Science* 44.269 (1897). S. 293–316. https://doi.org/10.1080/14786449708621070.

Thomson, J. J.: „Cathode-Rays". In: *The Electrician* 39 (1897). S. 104–109.

Thomson, J. J.: „On the Charge carried by the Ions produced by Röntgen Rays". In: *The London, Edinburgh, and Dublin Philosophical Magazine and Journal of Science* 46.283 (1898). S. 528–545. https://doi.org/10.1080/14786449808621229.

Thorne, Kip S.: *Black Holes and Time Warps. Einstein's Outrageous Legacy*. New York: Norton & Company 1994.

Thorne, Kip S.: *The Science of „Interstellar"*. New York: Norton & Company 2014.

Tichy, Herbert: *See an der Sonne. Auf den Spuren der frühen Menschen.* Wien: Orac 1980.
Titzmann, Michael: „Kulturelles Wissen, Diskurs, Denksystem. Zu einigen Grundbegriffen der Literaturgeschichtsschreibung“. In: *Zeitschrift für französische Sprache und Literatur* 99 (1989). S. 47–61.
Titzmann, Michael: *Anthropologie der Goethezeit. Studien zur Literatur und Wissensgeschichte*. Hrsg. von Wolfgang Lukas. Berlin: De Gruyter 2012.
Titzmann, Michael: „Wissen und Wissensgeschichte. Theoretisch-methodologische Bemerkungen“. In: *Natur – Religion – Medien. Transformationen frühneuzeitlichen Wissens*. Hrsg. von Thorsten Burkard, Markus Hundt, Steffen Martus, Steffen Ohlendorf und Claus-Michael Ort. Berlin: Akademie 2014. S. 17–35. https://doi.org/10.1524/9783050058337.17.
Trilling, Lionel: „The Leavis-Snow Controversy“. In: ders.: *Beyond Culture. Essays on Literature and Learning*. Oxford: Oxford University Press 1980. S. 126–154.
Turner, Victor W.: „Betwixt and Between. The Liminal Period in Rites de Passage“. In: *Symposium on New Approaches to the Study of Religion*. Proceedings of the 1964 Annual Spring Meeting of the American Ethnological Society. Hrsg. von June Helm. Seattle: University of Washington Press 1964. S. 4–20.
Turner, Victor W.: *The Forest of Symbols. Aspects of Ndembu Ritual*. 12. Aufl. Ithaca: Cornell University Press 1970.
Turner, Victor W.: „Liminalität und Communitas“. In: *Ritualtheorien. Ein einführendes Handbuch*. Hrsg. von Andréa Belliger und David J. Krieger. 3. Aufl. Wiesbaden: VS Verlag für Sozialwissenschaften 2006. S. 249–260.
Turner, Victor W.: *The Ritual Process. Structure and Anti-Structure*. 2. Aufl. New Brunswick, London: AldineTransaction 2008.
Uellenberg, Gisela: „Naturforschung und Unerforschlichkeit“. In: *Merkur* 5 (1951). S. 201–203.
van der Waerden, Bartel L.: *Die Astronomie der Griechen. Eine Einführung*. Darmstadt: Wiss. Buchges. 1988.
van Fraassen, Bas C.: *The Scientific Image*. Oxford, New York: Clarendon Press 1980.
van Fraassen, Bas C.: *Laws and Symmetry*. Oxford, New York: Clarendon Press 1989.
van Fraassen, Bas C.: „Literate Experience. The [De-, Re-] Construction of Nature“. In: *Sulla traduzione intersemiotica*. Hrsg. von Nicola Dusi und Siri Nergaard. Bologna: Il Mulino 2000. S. 331–358.
van Fraassen, Bas C.: *Scientific Representation. Paradoxes of Perspective*. Oxford: Clarendon Press 2010.
van Fraassen, Bas C.: *Scientific Representation. Paradoxes of Perspective*. Oxford: Clarendon Press 2013.
van Helden, Albert: „Telescopes and Authority from Galileo to Cassini“. In: *Osiris* 9.1 (1994). S. 8–29.
van Leeuwenhoek, Antoni: *The Collected Letters of Antoni Van Leeuwenhoek / Alle de brieven van Antoni van Leeuwenhoek*. Akt. 17 Bände. Hrsg. von L. C. Palm mit Leeuwenhoek-Commission der Royal Netherlands Academie of Sciences and Letters. Leiden, London: Boutestein; Taylor & Francis 1939 ff.
van Leeuwenhoek, Antoni: „Observationes Microscopicae Antonii Lewenhoeck, circa particulas liquorum globosas, et animalia in femine infectorum masculino. Ex Collectionibus Philosophicis Anglicanis num. 3. Decembr. 10“. In: *Acta Eruditorum* 10 (1682). S. 321–327.
van Leeuwenhoek, Antoni: *Arcana Naturae, ope & beneficio exquisitissimorum Microscopiorum*. Leiden: Boutestein 1696.
van Leeuwenhoek, Antoni: *Arcana Naturae Detecta*. Editio Novissima, Auctior & Correctior. Leiden: Langerak 1722.
Vanderbeke, Dirk: „The and in ‚Science and Literature‘“. In: *Anglistentag 1997 Gießen. Proceedings*. Hrsg. von Raimund Borgmeier, H. Grabes und Andreas H. Jucker. Trier: Wissenschaftlicher Verlag 1998. S. 243–258.

Vanderbeke, Dirk: *Theoretische Welten und literarische Transformationen. Die Naturwissenschaften im Spiegel der ‚science studies' und der englischen Literatur des ausgehenden 20. Jahrhunderts.* Tübingen: Niemeyer 2004.

Vermeulen, Inga, Georg Brun und Christoph Baumberger: „Five Ways of (not) Defining Exemplification". In: *From Logic to Art. Themes from Nelson Goodman.* Hrsg. von Gerhard Ernst, Jakob Steinbrenner und Oliver R. Scholz. Frankfurt a. M.: Ontos 2009. S. 219–250.

Vernadskij, Vladimir I.: *The Biosphere.* Vorwort von Lynn Margulis und Kollegen. Einleitung von Jacques Grinevald. Hrsg. von Mark A. S. McMenamin. Übers. von David B. Langmuir. Überarbeitete und kommentierte Ausgabe. New York: Copernicus 1998.

Visser, Matt: *Lorentzian Wormholes. From Einstein to Hawking.* New York, Berlin: Springer 1996.

Visser, Matt: „The Quantum Physics of Chronology Protection". In: *The Future of Theoretical Physics and Cosmology.* Celebrating Stephen Hawking's 60th birthday. Hrsg. von Gary W. Gibbons, E. Paul S. Shellard und Stuart J. Rankin. Cambridge: Cambridge University Press 2003. S. 161–176.

Vitruvius: *Baukunst.* Bd. 2: *Bücher VI–X.* Nachdruck der Ausgabe Leipzig, 1796. Hrsg. von Beat Wyss. Übers. von August Rode. Zürich: Artemis; Verl. für Architektur 1987.

Vogl, Joseph (Hrsg.): *Poetologien des Wissens um 1800.* München: Fink 1999.

Vogl, Joseph: *Kalkül und Leidenschaft. Poetik des ökonomischen Menschen.* 2. Aufl. Zürich, Berlin: Diaphanes 2004.

Vogl, Joseph: „Poetologie des Wissens". In: *Einführung in die Kulturwissenschaft.* Hrsg. von Harun Maye und Leander Scholz. München: Fink 2011. S. 49–71.

Wachter, Armin: *Relativistische Quantenmechanik.* Berlin, Heidelberg: Springer 2005.

Wallace, David: „Worlds in the Everett Interpretation". In: *Studies in History & Philosophy of Modern Physics* 33B.4 (2002). S. 637–661.

Wang, Deng und Xin-He Meng: „Wormholes from Cosmological Reconstruction Based on Gaussian Processes". In: *Physics of the Dark Universe* 16 (2017). S. 81–86. https://doi.org/10.1016/j.dark.2017.04.006.

Wang, Deng und Xin-He Meng: „Traversable Braneworld Wormholes Supported by Astrophysical Observations". In: *Frontiers of Physics* 13.1 (2018). Art. 139801. https://doi.org/10.1007/s11467-017-0701-y.

Warwick, Andrew und Jed Z. Buchwald (Hrsg.): *Histories of the Electron. The Birth of Microphysics.* Cambridge: MIT Press 2001.

Weinberg, Steven: *The Discovery of Subatomic Particles.* New York: Freeman 1983.

Weizsäcker, Carl Friedrich von: „Das neue Bild vom Weltall". In: *Merkur* 4 (1950). S. 384–403.

Welsh, Caroline und Stefan Willer: „Einleitung. Die wechselseitige Bedingtheit der Wissenskulturen – ein Gegenentwurf zur Trennungsgeschichte". In: dies (Hrsg.): *„Interesse für bedingtes Wissen". Wechselbeziehungen zwischen den Wissenskulturen.* München: Fink 2008. S. 9–18.

Wendler, Reinhard: *Das Modell zwischen Kunst und Wissenschaft.* Paderborn: Fink 2013.

Westman, Robert S.: *The Copernican Question. Prognostication, Skepticism, and Celestial Order.* Berkeley: University of California Press 2011.

Weyl, Hermann: „Feld und Materie". In: *Annalen der Physik* 65.14 (1921). S. 541–563. https://doi.org/10.1002/andp.19213701405.

Weyl, Hermann: „Wissenschaft als symbolische Konstruktion des Menschen". In: *Eranos-Jahrbuch 1948* (1949). S. 375–431.

Weyl, Hermann: „Über den Symbolismus der Mathematik und mathematischen Physik". In: *Studium generale* 6 (1953). S. 219–228. https://doi.org/10.1007/978-3-642-65129-8_3.

Weyl, Hermann: *Gesammelte Abhandlungen.* 4 Bände. Hrsg. von Komaravolu Chandrasekharan. Berlin, Heidelberg, New York: Springer 1968.

Weyl, Hermann: „Wissenschaft als symbolische Konstruktion des Menschen“ (1949). In: ders.: *Gesammelte Abhandlungen*. Bd. 4. Hrsg. von Komaravolu Chandrasekharan. Berlin, Heidelberg, New York: Springer 1968. S. 289–345.

Wheeler, John A.: „Assessment of Everett's ‚Relative State‘ Formulation of Quantum Theory“. In: *Reviews of Modern Physics* 29.3 (1957). S. 463–465.

Wheeler, John A.: „On the Nature of Quantum Geometrodynamics“. In: *Annals of Physics* 2.6 (1957). S. 604–614. https://doi.org/10.1016/0003-4916(57)90050-7.

Wheeler, John A.: *Geometrodynamics*. New York: Academic 1962.

Wheeler, John A., mit Kenneth W. Ford: Geons, Black Holes, and Quantum Foam. A Life in Physics. New York: Norton 1998.

Wheeler, John A. und Wojciech Hubert Zurek (Hrsg.): *Quantum Theory and Measurement*. Princeton, New Jersey: Princeton University Press 1983.

Wheelwright, Philip: *Metaphor and Reality*. Bloomington: Indiana University Press 1962.

White, Hayden V.: *Metahistory. The Historical Imagination in Nineteenth-Century Europe*. Baltimore: Johns Hopkins University Press 1973.

White, Hayden V.: „The Historical Text as Literary Artifact“. In: ders.: *Tropics of Discourse. Essays in Cultural Criticism*. Baltimore: Johns Hopkins University Press 1978. S. 81–100.

White, Hayden V.: „Literary Theory and Historical Writing“. In: ders.: *Figural Realism. Studies in the Mimesis Effect*. Baltimore: Johns Hopkins University Press 1999. S. 1–26, 176–182.

Whitehead, Alfred North: *Process and Reality. An Essay in Cosmology*. Gifford Lectures Delivered in the University of Edinburgh During the Session 1927–28. Hrsg. von David Ray Griffin und Donald W. Sherburne. New York: Free Press 1985.

Wigner, Eugene P.: „On Unitary Representations of the Inhomogeneous Lorentz Group“. In: *The Annals of Mathematics* 40.1 (1939). S. 149–204. https://doi.org/10.2307/1968551.

Wigner, Eugene P.: *Group Theory and its Application to the Quantum Mechanics of Atomic Spectra*. Übers. von J. J. Griffin. New York: Academic Press 1959.

Wilczek, Frank: „The Dirac Equation“. In: *Proceedings of the Dirac Centennial Symposium*. Florida State University, Tallahassee, USA, 6.–7. Dezember 2002. Hrsg. von Howard Baer und Alexander Belyaev. River Edge, New York: World Scientific 2003. S. 45–74.

Wilhelms, Don E.: *Geologic History of the Moon. A Comprehensive Review of Lunar Science and Evolution from the Viewpoint of Historical Geology, Based on Data from both Photogeologic Observations and Lunar-Sample Analysis*. Washington D.C.: United States Gov. Print. Office 1987.

Willenborg, Felix, Saskia Grunau, Burkhard Kleihaus und Jutta Kunz: „Geodesic Motion around Traversable Wormholes Supported by a Massless Conformally Coupled Scalar Field“. In: *Physical Review D: Particles and Fields* 97.12 (2018). Art. 124002. https://doi.org/10.1103/PhysRevD.97.124002.

Wilson, Catherine: *The Invisible World. Early Modern Philosophy and the Invention of the Microscope*. Princeton: Princeton University Press 1995.

Wirth, Uwe: *Die Geburt des Autors aus dem Geist der Herausgeberfiktion. Editoriale Rahmung im Roman um 1800. Wieland, Goethe, Brentano, Jean Paul und E. T. A. Hoffmann*. München: Fink 2007.

Witte, Egbert: *Bildungstrieb. Zur Karriere eines Konzepts zwischen 1780 und 1830*. Hildesheim, Zürich, New York: Georg Olms Verlag 2019.

Wolf, Werner: *The Musicalization of Fiction. A Study in the Theory and History of intermediality*. Amsterdam: Rodopi 1999.

Wolf, Werner: Art. „Intermedialität“. In: *Metzler Lexikon Literatur- und Kulturtheorie. Ansätze – Personen – Grundbegriffe*. Hrsg. von Ansgar Nünning. 5. Aufl. Stuttgart, Weimar: Metzler 2013. S. 344–346.

Wolschin, Georg: *Relativistische Quantenmechanik*. Berlin, Heidelberg: Springer Spektrum 2016.
Wood, David (Hrsg.): *On Paul Ricœur. Narrative and Interpretation*. London, New York: Routledge 1991.
Woodhouse, Nicholas M. J.: *Spezielle Relativitätstheorie*. Berlin, Heidelberg: Springer Spektrum 2016.
Woods, John (Hrsg.): *Fictions and Models. New Essays*. Vorwort von Nancy Cartwright. München: Philosophia 2010.
Yourgrau, Palle: *Gödel Meets Einstein. Time Travel in the Gödel Universe*. Chicago: Open Court 1999.
Yousaf, Z., M. Ilyas und M. Zaeem-ul-Haq Bhatti: „Static Spherical Wormhole Models in f(R,T) Gravity“. In: *The European Physical Journal Plus* 132.6 (2017). Art. 268. https://doi.org/10.1140/epjp/i2017-11541-6.
Zammito, John H.: „Kant's Persistent Ambivalence toward Epigenesis, 1764–90“. In: *Understanding Purpose. Kant and the Philosophy of Biology*. Hrsg. von Philippe Huneman. Rochester, NY, Woodbridge, Suffolk: University of Rochester Press 2007. S. 51–74.
Zemanek, Evi: „Elemental Poetics. Material Agency in Contemporary German Poetry“. In: *Ecological Thought in German Literature and Culture*. Hrsg. von Gabriele Dürbeck, Urte Stobbe, Hubert Zapf und Evi Zemanek. Lanham u. a.: Lexington Books 2017. S. 281–296.
Zhmud, Leonid: „‚Saving the phenomena' between Eudoxus and Eudemus“. In: *Homo Sapiens und Homo Faber. Epistemische und technische Rationalität in Antike und Gegenwart*. Festschrift für Jürgen Mittelstraß. Hrsg. von Gereon Wolters und Martin Carrier. Berlin, New York: De Gruyter 2005. S. 17–24. https://doi.org/10.1515/9783110923940.17.
Ziem, Alexander: *Frames und sprachliches Wissen. Kognitive Aspekte der semantischen Kompetenz*. Berlin: De Gruyter 2008.
Ziem, Alexander: „Frame-Semantik und Diskursanalyse. Skizze einer kognitionswissenschaftlich inspirierten Methode zur Analyse gesellschaftlichen Wissens“. In: *Methoden der Diskurslinguistik. Sprachwissenschaftliche Zugänge zur transtextuellen Ebene*. Hrsg. von Ingo H. Warnke und Jürgen Spitzmüller. Berlin, New York: De Gruyter 2008. S. 89–116. https://doi.org/10.1515/9783110209372.2.89.
Ziem, Alexander: *Frames of Understanding in Text and Discourse. Theoretical Foundations and Descriptive Applications*. Übers. von Catherine Schwerin. Amsterdam, Philadelphia: Benjamins 2014.
Zinner, Ernst: *Entstehung und Ausbreitung der Copernicanischen Lehre*. Durchges. und erg. von Heribert M. Nobis und Felix Schmeidler. 2. Aufl. München: Beck 1988.
Ziolkowski, Theodore: „Hermann Broch und die Relativität im Roman“. In: *Hermann Broch. Perspektiven der Forschung*. Hrsg. von Manfred Durzak. München: Fink 1972. S. 315–328.
Zsellér, Anna: „Das Erhabene der Natur als poetologisches Prinzip bei Raoul Schrott“. In: *Germanistik ohne Grenzen. Studien aus dem Bereich der Germanistik*. Bd. 1. Hrsg. von Szabolcs János-Szatmári. Klausenburg, Großwardein: Partium 2007. S. 235–250.
Zwaan, Rolf A., Gabriel A. Radvansky, Amy E. Hilliard und Jacqueline M. Curiel: „Constructing Multidimensional Situation Models During Reading“. In: *Scientific Studies of Reading* 2.3 (1998). S. 199–220. https://doi.org/10.1207/s1532799xssr0203_2.

Register

https://doi.org/10.1515/9783110729887-018

www.ingramcontent.com/pod-product-compliance
Lightning Source LLC
LaVergne TN
LVHW010646300926
849161LV00005B/1047